H. G. Zachmann

Mathematatik für Chemiker

VCH

Vertrieb:
VCH, Postfach 101161, D-69451 Weinheim (Bundesrepublik Deutschland)
Schweiz: VCH, Postfach, CH-4020 Basel (Schweiz)
United Kingdom und Irland: VCH (UK) Ltd., 8 Wellington Court, Cambridge CB1 1HZ (England)
USA und Canada: VCH, 220 East 23rd Street, New York, NY 10010-4606 (USA)
Japan: VCH, Eikow Building, 10-9 Hongo 1-chome, Bunkyo-ku, Tokyo 113 (Japan)

ISBN 3-527-29224-1 VCH, Weinheim

H. G. Zachmann

Mathematik für Chemiker

5., erweiterte Auflage

VCH

Weinheim · New York
Basel · Cambridge
Tokyo

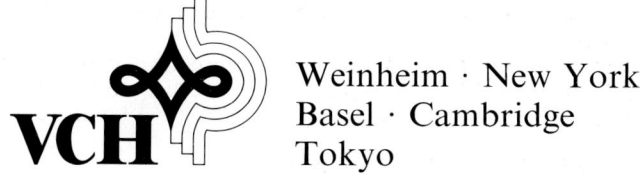

Prof. Dr. Hans Gerhard Zachmann
Institut für Technische und Makromolekulare Chemie
der Universität Hamburg
Bundesstraße 45
D-20146 Hamburg

1. Auflage 1972
2., neubearbeitete Auflage 1974
3., verbesserte Auflage 1977 der 2. Auflage 1974
4. Auflage 1981
Nachdrucke 1984, 1987, 1990 der 4. Auflage 1981
5., erweiterte Auflage 1994

Lektorat: Dr. Hans F. Ebel und Dr. Thomas Mager
Herstellerische Betreuung: Dipl.-Ing. (FH) Hans Jörg Maier

Die Deutsche Bibliothek – CIP-Einheitsaufnahme
Zachmann, Hans G.:
Mathematik für Chemiker / H. G. Zachmann –
5., erweiterte Auflage – Weinheim; New York; Basel; Cambridge; Tokyo; VCH, 1994
ISBN 3-527-29224-1

Gedruckt auf säurefreiem und chlorfrei gebleichtem Papier.

Satz: Krebs-Gehlen Druckerei, D-69502 Hemsbach. Druck: Druckerei Taunusbote, D-61352 Bad Homburg v. d. Höhe. Bindung: iVB, D-64646 Heppenheim.
Printed in the Federal Republic of Germany

Inhaltsverzeichnis

V. Gleichungen höheren Grades

VI. Unendliche Zahlenfolgen und Reihen

VII. Funktionen

IX. Analytische Geometrie

X. Differential- und Integralrechnung von Funktionen einer Veränderlichen

XI. Differential- und Integralrechnung von Funktionen mehrerer Veränderlicher

XII. Vektoranalysis und Tensorrechnung

XIII. Funktionentheorie

XIV. Reihenentwicklung nach orthonormierten Funktionensystemen; Integraltransformationen

XV. Differentialgleichungen

XVI. Gruppentheorie

XVII. Wahrscheinlichkeitsrechnung

XVIII. Fehler- und Ausgleichsrechnung

Vorwort zur ersten Auflage

Die mathematischen Methoden, die in der Chemie angewendet werden, sind äußerst vielfältig: Die Behandlung reaktionskinetischer Fragen ist nur mit Hilfe von Differentialgleichungen möglich. Verschiedene Probleme der makromolekularen Chemie gehören in das Gebiet der Wahrscheinlichkeitsrechnung. Bei der Aufklärung von Molekülstrukturen muß man über Fouriertransformationen, Tensorrechnung und Gruppentheorie Bescheid wissen. Zur Erforschung der chemischen Bindung braucht man partielle Differentialgleichungen und lineare Algebra. Bei der Auswertung von Versuchsergebnissen spielt die Statistik und Fehlerrechnung eine wichtige Rolle.

Vom einzelnen Chemiker kann man im allgemeinen nicht eine vollkommene Beherrschung all dieser Gebiete verlangen. Er muß aber von jedem Bereich der Mathematik soviel wissen, daß er den mathematischen Ableitungen in chemischen Vorlesungen und Lehrbüchern folgen kann und darüber hinaus jederzeit in der Lage ist, seine Kenntnisse in irgendeinem speziellen Gebiet der Mathematik weiter zu vertiefen. Das vorliegende Buch versucht dieses Wissen zu vermitteln. Die grundlegenden mathematischen Betrachtungen und Gedankengänge sowie einige spezielle, besonders für die Chemie wichtige mathematische Methoden sind sehr ausführlich dargestellt. Zahlreiche weitere Ergebnisse der Mathematik sind in knapper Form mitgeteilt. An manchen Stellen fehlen die Beweise; um nicht zu unsauberem Schließen zu verleiten, wurde dies jedesmal ausdrücklich vermerkt.

Um das Lesen des Buches und das Erlernen des Inhalts zu erleichtern, wurden folgende Regeln eingehalten: Die Ergebnisse längerer Überlegungen sind jeweils in einem Satz zusammengefaßt, der durch Kursivdruck hervorgehoben wird. Jeder allgemeinen Betrachtung folgt ein konkretes, möglichst einfaches Beispiel, das in petit gesetzt wurde. Am Ende eines jeden Abschnittes sind jeweils Kontrollfragen und leichte Aufgaben angegeben, deren Lösungen am Schluß des Buches zu finden sind. Wenn der Leser im Verlauf längerer Ausführungen das Ziel der Überlegungen aus den Augen verloren hat, so kann er dieses dem nächstfolgenden kursiv gedruckten Satz entnehmen. Wird es zu schwierig, den Überlegungen in allgemeiner Form zu folgen, so wird es eine Hilfe sein, das nachfolgende konkrete Beispiel (erkenntlich am petit-Druck) zu studieren. Anhand der Kontrollfragen und Aufgaben kann man erkennen, ob der Stoff verstanden worden ist. Die Auswahl der Kontrollfragen zeigt auch, welche Ergebnisse im betreffenden Abschnitt besonders wichtig sind.

Zur Anordnung des Stoffes ist zu sagen, daß die einzelnen Gebiete der Mathematik soweit wie möglich geschlossen dargestellt wurden; das Buch ist somit auch als übersichtliches Nachschlagewerk verwendbar. Nach einer Einführung der Zahlen kommt die Kombinatorik, da diese bei der Definition von Determinanten benötigt wird, Übung im Rechnen mit Summenzeichen vermittelt, das abstrakte Denken schult und auch in der Chemie eine nicht unerhebliche Rolle spielt. Auf die Kombinatorik folgt die elementare lineare Algebra. Als erstes werden dabei in unmittelbarem Anschluß an den Schulstoff Matrizen, Determinanten und Gleichungen behandelt, danach die Vektorrechnung und die analytische Geometrie. Dabei wird das Eigenwertproblem anhand der Abbildung, die die Richtung von Vektoren unverändert läßt, anschaulich eingeführt. Nach einigen Abschnitten über Differential- und Integralrechnung, elementare Funktionentheorie und Vektoranalysis wird auf die höhere lineare Algebra, d. h. den Hilbertraum, die Entwicklung nach Eigenfunktionen usw. eingegangen. Der Versuchung, die gesamte lineare Algebra geschlossen in axiomatischer Weise darzustellen, habe ich aus didaktischen Gründen widerstanden. Eine axiomatische Darstellung eignet sich vorzüglich für eine Rückschau, aber keineswegs für einen Einstieg. Am Ende des Buches stehen die Abschnitte über Gruppentheorie, Wahrscheinlichkeitsrechnung und Fehlerrechnung. Der Wahrscheinlichkeitsrechnung wurde relativ viel Raum gewidmet, da sie in der modernen Chemie eine immer größere Bedeutung gewinnt.

Bei den Vorlesungen, aus denen dieses Buch entstanden ist, habe ich die einzelnen Kapitel nicht in der gleichen Reihenfolge wie im Buch behandelt. Die analytische Geometrie z. B. wurde zunächst vollständig ausgelassen; die Polarkoordinaten und die Darstellung von Kurven in Parameterform wurden im Rahmen der Integralrechnung, an den Stellen, wo dies erforderlich war, eingeführt. Das Kapitel über Wahrscheinlichkeitsrechnung folgte unmittelbar hinter der Integralrechnung, damit die Hörer den Stoff der Differential- und Integralrechnung verarbeiten konnten, bevor dieser weiter angewendet wurde. Einige Gebiete, wie die Funktionentheorie und die partiellen Differentialgleichungen, konnten im Rahmen der zweisemestrigen, vierstündigen Vorlesung nur in stark gekürztem Umfang behandelt werden.

Das Buch wäre nicht ohne die Hilfe zahlreicher Mitarbeiter zustandegekommen. Den Herren Diplomphysikern A. Brather, P. Schmedding, K. Slusallek und K. Wangermann habe ich herzlich zu danken für die Korrektur je eines Teiles des Buches. Sie haben dabei nicht nur zahlreiche Druckfehler ausgemerzt, sondern auch verschiedene Unklarheiten bemerkt, die ich dann beseitigen konnte. Mein besonderer Dank gilt Herrn Dipl.-Ing. H. J. Biangardi, der das gesamte Manuskript einer kritischen Prüfung unterzog und es durch viele wertvolle Ratschläge verbesserte. Dem Verlag Chemie bin ich für seine Bereitschaft, meinen zahlreichen Wünschen hinsichtlich der Ausstattung des Buches nachzukommen, sehr verbunden.

Mainz, Juli 1972 H. G. Zachmann

Vorwort zur zweiten Auflage

In der zweiten Auflage wurden einige Kapitel des Buches wesentlich erweitert. Im Rahmen der Vektorrechnung treten neue Abschnitte über den n-dimensionalen Vektorraum sowie über den reziproken Raum auf, der unter anderem zur Erklärung der Röntgenstrahlinterferenzen benötigt wird. Zur Lösung von Differentialgleichungen werden als weitere Methoden jetzt auch Integraltransformationen und die Greensche Funktion herangezogen. Bei Systemen von Differentialgleichungen wird in konsequenter Weise vom Verfahren der Diagonalisierung der Matrizen bzw. von Normalkoordinaten gebrauch gemacht. Eine starke Erweiterung erfuhr das Kapitel über Gruppentheorie. Dabei wird insbesondere die Darstellungstheorie behandelt, die für die Untersuchung der Molekülschwingungen sowie für die Quantenchemie von Bedeutung ist. Die Ausführungen gehen hier bis zur Einführung von symmetrischen Koordinaten. An verschiedenen Stellen des Buches sind weitere Beispiele und Aufgaben aus dem Bereich der Chemie hinzugekommen. Außerdem wurden unklare Formulierungen verbessert und eine Reihe von Druckfehlern beseitigt.

An dieser Stelle möchte ich für die zahlreichen, wertvollen Anregungen und Hinweise danken, die mir von den Lesern der ersten Auflage zugegangen sind. Soweit wie möglich wurden alle Vorschläge berücksichtigt. Einige Wünsche auf Erweiterung konnten wir nicht erfüllen, weil sonst der Umfang des Buches zu stark angewachsen wäre. Die Anregung, die Anzahl der Beispiele und Aufgaben zu erhöhen, wurde, ebenfalls aus Platzgründen, nur in beschränktem Maße befolgt. Besonders Beispiele aus der Chemie erfordern einen breiteren Raum, weil man dabei jeweils auch gewisse Aussagen der Chemie anführen und erklären muß. Eine speziell auf dieses Buch abgestimmte Aufgabensammlung mit Lösungen ist in Vorbereitung *).

Ich danke auch diesmal Herrn Dipl.-Ing. H. J. Biangardi für die Unterstützung bei der Vorbereitung der Neuauflage, sowie dem Verlag Chemie für seine Bemühungen, meinen Wünschen hinsichtlich Textänderungen und Ausstattung des Buches nachzukommen.

Mainz, Juni 1974 H. G. Zachmann

Vorwort zur dritten Auflage

Für die 3. Auflage wurde der Text der 2. Auflage weitgehend unverändert übernommen. Es mußten lediglich einige Druckfehler korrigiert werden. Der Abschnitt über Linienintegrale ist geringfügig erweitert worden.

Ich darf erneut zahlreichen Lesern für wertvolle Hinweise danken. Mein Dank gilt ferner Herrn Dr. H. J. Biangardi für die Hilfe bei den Korrekturen sowie dem Verlag Chemie für seine Bemühungen bei der Herstellung des Buches.

Hamburg, Juli 1977 H. G. Zachmann

---

*) J. Fuhrmann und H. G. Zachmann: „Übungsaufgaben zur Mathematik für Chemiker“. 2., erweiterte Auflage, VCH Verlagsgesellschaft, Weinheim 1992.

Vorwort zur fünften Auflage

In den letzten 20 Jahren haben Fouriertransformationen eine immer größere Bedeutung in der Chemie erlangt. Sowohl die Infrarotspektroskopie als auch die magnetische Kernresonanzspektroskopie haben durch Einführung von Meßprinzipien, die auf der Fouriertransformation aufbauen, eine gewaltige Verbesserung erfahren, die zu ihrer großen Verbreitung wesentlich beitrug. Aus diesem Grund wurde das Kapitel über die Fouriertransformation um etwa 30 Seiten erweitert. Der Zusammenhang zwischen der reellen und komplexen Schreibweise sowie die Beziehungen zwischen der Fouriertransformation und ihrer Inversen werden ausführlich dargelegt und die in der Chemie wichtigsten Transformationen eingehend diskutiert. Dabei wird auch, wie im übrigen Buch, großer Wert auf leichte Verständlichkeit und Anschaulichkeit gelegt.

Erweitert wurden auch die Abschnitte über die δ-Funktion sowie über das Faltungsprodukt, wobei insbesondere einige Anwendungen in der Chemie eingehend besprochen werden. Außerdem wird ausführlicher auf die graphische Darstellung von Funktionen von zwei Veränderlichen eingegangen, da sich mit Hilfe moderner Computer solche Darstellungen leicht herstellen lassen und somit eine immer breitere Verwendung finden.

Schließlich wurden auch zahlreiche Druckfehler beseitigt. In diesem Zusammenhang danke ich all denjenigen Lesern des Buches, die mich in zum Teil ausführlichen Briefen auf Fehler aufmerksam machten und mir Anregungen für die Verbesserung des Buches gaben. Diese Zuschriften waren eine sehr große Hilfe für mich, da die Erfahrung immer wieder zeigt, wie leicht Fehler beim Schreiben und Korrigieren eines Buches übersehen werden. Auch in Zukunft bin ich allen Lesern für Hinweise und Anregungen äußerst dankbar.

Bei der Herstellung der Neuauflage wurde ich von meinen Mitarbeiterinnen und Mitarbeitern am Institut für Technische und Makromolekulare Chemie der Universität Hamburg mit Eifer und Aufopferung unterstützt. Ihnen gilt mein ganz besonderer Dank. Der VCH Verlagsgesellschaft danke ich für die Anregungen zur Erweiterung der neuen Auflage, für die Unterstützung bei den Korrekturen sowie für die Bemühungen zur Herstellung eines auch drucktechnisch anspruchsvollen Buches.

Hamburg, März 1994 H. G. Zachmann

I. Allgemeine Grundlagen

A. Was ist Mathematik?

Bereits den alten Ägyptern, Babyloniern und Assyrern war der Umgang mit Zahlen und geometrischen Figuren vertraut. Das Rechnen mit Zahlen war für den Handel sowie zur Aufstellung eines Kalenders erforderlich, aus dem der Zeitpunkt der jährlichen Aussaat und der Überschwemmungen entnommen werden konnte. Geometrische Kenntnisse wurden unter anderem zur Feldvermessung und zum Bau der Pyramiden verwendet. Das Wissen über solche Fragen war zum Teil recht weit fortgeschritten; es war z. B. bekannt, daß die Fläche eines Dreiecks gleich der halben Fläche des entsprechenden Rechtecks gleicher Grundline und Höhe ist. Die einzelnen mathematischen Aussagen standen aber im allgemeinen nicht miteinander im Zusammenhang und wurden rein empirisch, d. h. durch Verifizieren an konkreten Beispielen, gewonnen. *In ihren ersten Anfängen war die Mathematik also eine praktische Meß- und Rechenkunst, die aus einer Anzahl von aneinandergereihten empirisch oder intuitiv gewonnenen Sätzen bestand.*

Im Verlauf der weiteren Entwicklung setzte sich allmählich die Erkenntnis durch, daß es Zusammenhänge zwischen den einzelnen mathematischen Aussagen gibt. Es zeigte sich, daß man von einigen wenigen, unmittelbar einleuchtenden mathematischen Sätzen ausgehend alle weiteren Sätze durch streng logisches Schließen ableiten kann. Das älteste uns bekannte Beispiel für einen solchen Aufbau einer mathematischen Untersuchung stellt das im vierten vorchristlichen Jahrhundert entstandene Buch „Elemente“ des griechischen Mathematikers *Euklid von Alexandria* dar. Es umfaßt die gewöhnlich im elementaren Schulunterricht behandelten Sätze der Geometrie, wie den über die Kongruenz von Dreiecken. Euklid beginnt mit einer Definition der Begriffe Punkt, Gerade, Winkel usw. So wird z. B. die Definition gegeben: „Ein Punkt ist, was keine Teile hat“. Im Anschluß daran bringt Euklid 11 Axiome, also grundlegende Sätze, die er als wahr ansieht, ohne sie zu beweisen. Zu diesen Axiomen gehört das bekannte Parallelenaxiom: „Auf einer Ebene kann man durch jeden Punkt außerhalb einer vorgegebenen Geraden g eine und nur eine Gerade legen, die g nicht schneidet“. Von den Axiomen ausgehend leitet dann Euklid durch rein logisches Schließen alle weiteren Sätze der Planimetrie ab.

In ähnlicher Weise wurden später auch die Gesetze für das Rechnen mit Zahlen aus einem Axiomensystem abgeleitet. Schließlich hat die Mathematik außer Zahlen und geometrischen Figuren auch noch andere Gebilde in ihre Betrachtungen eingeschlossen, wie z. B. Matrizen, Vektoren oder Symmetrieoperationen. Heute können beliebige Objekte zum Gegenstand der Mathematik gemacht werden. Was Mathematik ist, läßt sich nicht vom Gegenstand der Untersuchung, sondern allein durch die Art und Weise, wie man bei der Untersuchung vorgeht, definieren. Wir kommen so zu folgender Definition: *Man betreibt dann Mathematik, wenn man von irgendwelchen grundlegenden Aussagen, die man als Axiome bezeichnet, durch eine Kette von streng logischen Schlüssen zu neuen Aussagen, den sogenannten mathematischen Sätzen, kommt.* Ein derartiges Vorgehen bezeichnet man als *Deduktion.* Die Mathematik ist damit eine *deduktive Wissenschaft* oder, wie man auch zu sagen pflegt, eine *axiomatische Wissenschaft.*

Der axiomatische Aufbau der Mathematik, wie er eben beschrieben wurde, weist zwei Probleme auf: *In welcher Weise soll man die Definitionen der grundlegenden Begriffe vornehmen, und wie erkennt man, ob die Axiome, die ohne Beweis allen Ableitungen vorangestellt werden, richtig sind?* Was die erste Frage betrifft, so ist es offensichtlich, daß Euklids Definition des Punktes als „etwas, was keinen Teil hat" äußerst unbefriedigend ist. Die Mathematiker haben versucht, bessere Definitionen zu finden, wie z. B. „ein Punkt ist etwas, das zwar eine Lage, aber keine Ausdehnung besitzt". Hier hat man aber wieder die Begriffe „Lage" und „Ausdehnung" eingeführt, die nicht erklärt sind. Es zeigt sich, daß man bei jedem Versuch, etwas zu definieren, in einen Zirkel gerät, aus dem man nicht herauskommen kann. Ebenso bereitet auch die Frage, wie man die Richtigkeit der Axiome einsehen soll, große Schwierigkeiten.

Es gibt zwei Möglichkeiten, diese Schwierigkeiten zu überwinden. Man kann sich einmal auf die „unmittelbare Einsichtigkeit" der grundlegenden Begriffe und Axiome stützen und nach Kriterien suchen, die angeben, wann etwas unmittelbar einsichtig ist. In dieser Weise ist im besonderen der französische Philosoph und Mathematiker *Blaise Pascal* vorgegangen. Die andere Möglichkeit führt zu einer mehr formalen Lösung. Sie wurde Ende des 19. Jahrhunderts von dem deutschen Mathematiker *David Hilbert* aufgezeigt und besteht in Folgendem: Da eine Definition ohne Zirkelschluß sowie der Beweis eines Axioms grundsätzlich nicht möglich sind, soll man nach Hilbert auf alle Definitionen von Objekten und Beziehungen wie z. B. „Punkte" und „parallel liegen" verzichten und die Axiome so formulieren, daß es offenbleibt, wofür sie gelten. Wenn man anschließend irgendwelche Objekte oder Beziehungen findet, die so beschaffen sind, daß sie die genannten Axiome erfüllen, so gelten für sie auch alle Schlußfolgerungen, die aus den Axiomen gezogen worden sind. Objekte und Beziehungen sind somit durch das Axiomensystem selbst definiert.

Zur Erläuterung dieser Ausführungen betrachten wir das vorher angeführte Axiom Euklids: „Zu zwei verschiedenen Punkten P_1 und P_2 gibt es stets eine Gerade g, die die beiden Punkte verbindet". Nach Hilbert wird daraus das Axiom „Zu zwei P-Dingen P_1 und P_2 gibt es stets ein G-Ding g, das in der Beziehung X zu P_1 und P_2 steht". Was P-Dinge, G-Dinge und die Beziehung X sind, bleibt völlig offen. Erst wenn gezeigt ist, daß das Axiomsystem stimmt, wenn man an Stelle von „P-Dingen" und „G-Dingen" die in der Natur gefundenen Punkte und Geraden annimmt sowie für „Beziehung X" den anschaulichen Begriff „verbindet" einsetzt, kann man die Schlußfolgerungen der Euklidischen Geometrie beispielsweise bei der Landvermessung anwenden. Das Analoge gilt auch für alle anderen Axiomensysteme der Mathematik, wie z. B. für das der reellen Zahlen.

Nach Hilbert wird somit die Mathematik zur Wissenschaft der formalen Systeme. Sie hat sich nur noch um die Richtigkeit der logischen Schlüsse zu kümmern und nicht darum, auf welche konkreten Dinge sie angewendet wird. Daß die Punkte und Geraden, wie wir sie in der Natur betrachten, die gleichen Eigenschaften haben wie die „Punkte" und „Geraden" der Axiome Euklids, muß jeweils nachgewiesen werden. Damit ist auch die Frage geklärt, woher es kommt, daß die Mathematik als reine Geisteswissenschaft sich zur Beschreibung der Naturphänomene anwenden läßt. Immer wenn man zur Beschreibung der Natur Begriffe verwendet, die einem gegebenen Axiomsystem der Mathematik genügen, so gelten auch alle mathematischen Schlußfolgerungen aus diesem System für die Natur.

In Fortführung der Gedanken Hilberts beschäftigt sich zur Zeit eine Gruppe von Mathematikern ausschließlich mit der Entwicklung der abstrakten, logischen Strukturen der Mathematik. Sie veröffentlicht ihre Ergebnisse unter dem Pseudonym „*Bourbaki*". Im vorliegenden Lehrbuch können wir darauf nicht weiter eingehen, sondern werden die Mathematik zwar axiomatisch, aber jeweils vom konkreten Inhalt her entwickeln.

B. Die Sprache der Mathematik

Die Aussagen der Umgangssprache sind häufig nicht eindeutig. So wird beispielsweise das Wort „oder" in sehr unterschiedlichem Sinne gebraucht. Im Satz: „Schwimm, oder Du ertrinkst" verbindet es zwei alternative Möglichkeiten, von denen nur eine zutreffen kann. Wenn dagegen auf einem Schild in einem Büro zu lesen ist: „Wer stiehlt oder betrügt, wird entlassen", so wird hier das Wort „oder" nicht im Sinne des Ausschließens gebraucht; wenn jemand stiehlt *und* betrügt, so wird er natürlich auch entlassen.

Für die Mathematik sind derartige Unsicherheiten untragbar und müssen daher vermieden werden. Am konsequentesten läßt sich das mit Hilfe der *Aussagenlogik* erreichen. In dieser werden den grundlegenden Verknüpfungen bestimmte Symbole zugeordnet. Beispielsweise steht das Symbol „$\wedge$" für die Verknüpfung „und" im Sinne von „sowohl als auch" und das Zeichen „$\vee$" für die Verknüpfung „oder" im oben als zweites genannten Sinne. Auf diese Art erhält man eine sehr kompakte, völlig eindeutige Zeichensprache. Da aber diese Sprache nur mit erheblicher Mühe gelesen werden kann und sich nicht allgemein eingebürgert hat, soll sie im vorliegenden Buch nicht verwendet werden. Wir wollen uns vielmehr bemühen, die gewöhnliche Sprache in möglichst eindeutiger Weise zu benutzen.

Um das zu erreichen, müssen wir vor allem auf die Formulierung mathematischer Sätze eingehen. Sie wird gewöhnlich nach dem folgenden Schema vorgenommen: Man legt zunächst die *Voraussetzungen* dar, unter denen der Satz gilt, gibt dann den Satz in Form einer *Behauptung* an und bringt anschließend den *Beweis* für die Richtigkeit der Behauptung.

Betrachten wir als Beispiel den Satz: Wenn a und b ungerade Zahlen sind, so ist die Summe $a + b$ immer eine gerade Zahl. Im angegebenen Schema lautet dieser Satz wie folgt:

Voraussetzung: a und b sind ungerade Zahlen
Behauptung: $a + b$ ist eine gerade Zahl.
Beweis: Wenn a eine ungerade Zahl ist, so läßt sie sich immer in der Form

$$a = 2p + 1 \tag{1}$$

schreiben, wobei p irgendeine ganze Zahl ist (Beispiel: die Zahl 7 kann als $2 \cdot 3 + 1$ dargestellt werden). Ebenso kann man die ungerade Zahl b in der Form

$$b = 2q + 1 \tag{2}$$

schreiben, wobei q ebenfalls irgendeine ganze Zahl ist. Für die Summe $a + b$ erhalten wir somit

$$a + b = 2p + 1 + 2q + 1 = 2(p + q + 1). \tag{3}$$

Der auf der rechten Seite dieser Gleichung stehende Ausdruck ist nun sicher durch 2 teilbar (die Division durch 2 ergibt nämlich die ganze Zahl $p + q + 1$), daher ist $a + b$ eine gerade Zahl, was zu beweisen war.

Von besonderem Interesse ist die Frage, ob die Umkehrung eines gegebenen Satzes, die man durch eine Vertauschung der Behauptung und Voraussetzung erhält, richtig ist. Damit dies der Fall ist, muß im ursprünglichen Satz aus dem Zutreffen der Behauptung das Zutreffen der Voraussetzung folgen. Mathematische Sätze, für die das gilt, nennt man *umkehrbar*. Nicht alle mathematischen Aussagen sind umkehrbar.

Betrachten wir als Beispiel den eben angeführten Satz:

Wenn a und b ungerade Zahlen sind,
so ist $a + b$ eine gerade Zahl.

Seine Umkehrung würde lauten:

Wenn $a + b$ eine gerade Zahl ist,
so sind a und b ungerade Zahlen.

Diese Aussage gilt nicht, da beispielsweise die Summe aus 2 und 4, nämlich 6, eine gerade Zahl ist, obwohl 2 und 4 keine ungeraden Zahlen sind. Anders liegen die Verhältnisse beim folgenden Satz:

Wenn in einem Dreieck die Winkel einander gleich sind,
so sind auch die Seiten einander gleich.

Die Umkehrung lautet hier:

Wenn in einem Dreieck die Seiten einander gleich sind,
so sind auch die Winkel einander gleich.

Diese Aussage ist ebenfalls richtig, so daß der Satz über die Winkel und Seiten im Dreieck umkehrbar ist.

Wenn auch die Umkehrung eines Satzes richtig ist, so nennt man dessen Voraussetzung eine *hinreichende und notwendige* Bedingung für die Behauptung. Man sagt z. B.: „Die Bedingung, daß die Winkel in einem Dreieck gleich sind, ist hinreichend und notwendig dafür, daß auch die Seiten einander gleich sind.“ Kürzer kann man das auch in folgender Weise formulieren: Die Seiten eines Dreiecks sind *dann und nur dann* einander gleich, wenn die Winkel einander gleich sind. Ist ein Satz nicht umkehrbar, so nennt man dagegen die Voraussetzung nur eine *hinreichende* Bedingung. Man sagt z. B.: „Die Bedingung, daß a und b ungerade sind, ist hinreichend dafür, daß $a + b$ gerade ist.“ (Sie ist nicht notwendig, denn auch bei geraden Zahlen a und b ist die Summe geradzahlig.) Schließlich gibt es auch Bedingungen, die nur *notwendig* sind.

Man sieht daraus: Aus dem zu Beginn dieses Absatzes angegebenen Schema „Voraussetzung, Behauptung, Beweis“ kann man jeweils nur entnehmen, daß die Voraussetzung hinreichend ist. Will man angeben, ob die Voraussetzung auch eine notwendige Bedingung ist, so muß man den Satz ausführlicher formulieren, wie das eben angedeutet wurde.

Anschließend wollen wir noch einige weitere Beispiele für die verschiedenen Arten von Bedingungen angeben. Im Satz „Wenn Eis unter Atmosphärendruck über 0 °C erhitzt wird, so schmilzt es“ ist die Bedingung „erhitzen“ notwendig und hinreichend für das Schmelzen. In der Aussage: „Wenn die Sonne scheint, so ist es hell“ ist die angeführte Bedingung nur hinreichend, aber nicht notwendig. Im Satz „Wenn es kalt ist, schneit es“ handelt es sich demgegenüber nur um eine notwendige Bedingung; Kälte allein reicht noch nicht für den Schneefall aus, es muß auch noch zu einem Niederschlag kommen.

C. Die verschiedenen Arten des mathematischen Beweises

Der Beweis eines Satzes stellt immer eine lückenlose Kette von logischen Schlüssen dar. Man kann verschiedene Arten von Beweisen nach Form und Aufbau unterscheiden:

1. Direkter Beweis. Bei diesem wird auf direktem Weg von den Voraussetzungen aus zur Behauptung vorgestoßen. Ein Beispiel hierfür stellt der oben dargebrachte Beweis über die Geradzahligkeit der Summe $a + b$ dar. Der direkte Beweis ist die am häufigsten angewendete Beweisform.

2. Indirekter Beweis. Bei dieser Form des Beweises wird zunächst angenommen, daß das Gegenteil der aufgestellten Behauptung richtig ist. Anschließend wird dann gezeigt, daß man dadurch zu einem Widerspruch gegenüber den Voraussetzungen kommt. Daraus kann man dann schließen, daß das Gegenteil nicht richtig ist und somit die Behauptung stimmen muß.

Als Beispiel beweisen wir den Satz: Wenn a^2 eine gerade Zahl ist, so muß auch a eine gerade Zahl sein. Nehmen wir an, der Satz würde nicht stimmen, d. h. a wäre eine ungerade Zahl. Wir könnten dann schreiben

$$a = 2n + 1, \tag{4}$$

wobei n eine beliebige ganze Zahl wäre. Für a^2 würde man dann erhalten

$$a^2 = (2n + 1)^2 = 4n^2 + 4n + 1\,. \tag{5}$$

Dies ist nun aber mit Sicherheit eine ungerade Zahl, da $4n^2$ und $4n$ gerade Zahlen sein müssen und man durch Addition einer Eins zu einer geraden Zahl eine ungerade Zahl erhält. Die Annahme, daß a ungerade ist, führt also zu einem Widerspruch zur obigen Voraussetzung. a muß daher geradzahlig sein.

3. Konstruktiver Beweis. Ein solcher Beweis wird bisweilen zum Nachweis der Existenz irgendeiner Größe a geführt. Er besteht dann darin, daß man ein Verfahren angibt, wie man diese Größe konstruiert. Ein Beispiel hierfür stellt der Beweis der Existenz eines Häufungswertes einer beschränkten unendlichen Zahlenfolge dar, der in Abschn. IV A erbracht wird.

4. Beweis durch vollständige Induktion. Mit Hilfe eines solchen Beweises wird von der Gültigkeit einer Beziehung für eine bestimmte ganze Zahl n, die in der Bedingung auftritt, auf die Gültigkeit für alle ganzen Zahlen n geschlossen. Ein Beispiel stellt der Beweis des binomischen Lehrsatzes dar (Kapitel III D).

Mitunter ergibt sich auch die Notwendigkeit, eine mathematische Behauptung zu widerlegen, also zu zeigen, daß sie falsch ist. *Die Unrichtigkeit einer Behauptung läßt sich manchmal sehr leicht nachweisen. Es genügt, einen Spezialfall zu finden, für den die Behauptung nicht gilt.* Nehmen wir als Beispiel die Behauptung: Alle ungeraden Zahlen sind Primzahlen*). Diese Behauptung trifft für die Zahlen 3, 5 und 7 zu. Wenn wir dagegen die Zahl 9 nehmen, so ist sie nicht mehr richtig, denn 9 ist eine ungerade Zahl, aber keine Primzahl, da sie in die Faktoren $3 \cdot 3$ zerlegt werden kann. Dieses eine Gegenbeispiel reicht bereits aus, um festzustellen, daß die obige Behauptung, alle ungeraden Zahlen seien Primzahlen, falsch ist.

---

*) Primzahlen sind ganze Zahlen, die größer als 1 sind und die sich nicht in Faktoren zerlegen lassen, wie z. B. die Zahlen 3, 5, 17 usw.

D. Deduktion, Induktion und Intuition in der Mathematik

Wir haben ausgeführt, daß man in der Mathematik aus einem System von Axiomen durch eine lückenlose Kette von Beweisen zu neuen Sätzen kommt. Dadurch haben wir die Mathematik als deduktive Wissenschaft gekennzeichnet. Einen deduktiven Aufbau zeigt die Mathematik allerdings nur in ihrer endgültigen Fassung. Beim Aufsuchen neuer Aussagen und beim Versuch, diese zu beweisen, bedient man sich dagegen vielfach auch einer *induktiven* (d. h. die Erfahrung ausnützende) oder einer *intuitiven* Verfahrensweise: Man probiert, errät, versucht zu verallgemeinern oder zieht Analogieschlüsse. Das deduktive, ästhetisch befriedigende Resultat wird erst nach zahlreichen Irrwegen und bedeutend umständlicheren Überlegungen mühsam erarbeitet. Dies muß man sich immer vor Augen halten, wenn man bei dem einen oder anderen eleganten Beweis fragt, wie man auf diesen gekommen sei. Wegen weiterer Einzelheiten und interessanter historischer Beispiele für die Bedeutung der Intuition in der Mathematik sei auf die Bücher von Polya verwiesen.

Fragen und Aufgaben

1. Welches sind die Unterschiede zwischen der Mathematik des alten Ägyptens und der der heutigen Zeit?
2. Wie wurde das Problem des Beweises der Axiome gelöst?
3. Warum kann man die Mathematik, die eine reine Geisteswissenschaft ist, auf naturwissenschaftliche Probleme anwenden?
4. Welche Arten des mathematischen Beweises gibt es?
5. Erkläre den Unterschied zwischen Deduktion, Induktion und Intuition.
6. Untersuche, inwieweit die Bedingungen in den nachfolgenden Sätzen notwendig und hinreichend sind. Bringe alle Sätze, bei denen das möglich ist, auf eine Form, die die Worte „dann und nur dann" enthält: a) Wenn eine organische Verbindung eine COOH-Gruppe enthält, ist sie eine Säure. b) Wenn eine organische Verbindung drei C-Atome und eine COOH-Gruppe enthält, ist sie eine Säure. c) Wenn eine organische Verbindung kein O-Atom enthält, ist sie keine Säure.

II. Einführung der Zahlen

A. Einige Betrachtungen aus der Mengenlehre

1. Begriff der Menge und Operationen mit verschiedenen Mengen

Bevor wir den Zahlenbegriff einführen, müssen wir einige Betrachtungen über Mengen anstellen. Was ist eine Menge? *Eine Menge erhält man durch die Zusammenfassung von irgendwelchen Objekten unserer Anschauung.* Die entsprechenden Objekte nennt man *Elemente der Menge.* Die Objekte „Haus, Katze und Schornstein" z. B. bilden eine Menge von drei Elementen. Ebenso bilden die ganzen Zahlen oder die Gesamtheit aller chemischen Reaktionen, bei denen Sauerstoff frei wird, jeweils eine Menge. Die Elemente einer bestimmten Menge kann man entweder durch Aufzählung angeben, wie das im ersten Beispiel getan wurde, oder durch Angabe irgendwelcher Merkmale, an denen man die Zugehörigkeit eines Elementes zur Menge erkennen kann, wie beim zweiten und dritten Beispiel. Bei der Aufzählung pflegt man die Elemente zwischen geschweifte Klammern zu setzen. Wenn zum Beispiel die Menge M aus den Elementen a und b besteht, so schreibt man

$$M = \{a,b\}.$$

Enthält die Menge kein einziges Element, so spricht man von einer *leeren Menge* und bezeichnet diese mit $\emptyset$.

Wir betrachten nun zwei Mengen M_1 und M_2. Unter der *Summe* oder *Vereinigung* von M_1 und M_2 versteht man diejenige Menge, die durch Vereinigung aller Elemente aus M_1 und M_2 entsteht. Man bezeichnet die Summe mit $M_1 \cup M_2$. Der *Durchschnitt* von M_1 und M_2 wird durch diejenigen Elemente gebildet, die beiden Mengen gemeinsam angehören. Man bezeichnet ihn mit $M_1 \cap M_2$. Das *kartesische Produkt* der beiden Mengen wird durch alle die Elemente gebildet, die man durch Zusammenfassung je eines Elementes aus M_1 mit einem aus M_2 erhält. Man bezeichnet es mit $M_1 \times M_2$. Ist z. B. $M_1 = \{a,b,c\}$ und $M_2 = \{x,y\}$, so wird $M_1 \cup M_2 = \{a,b,c,x,y\}$, $M_1 \cap M_2 = \emptyset$ und $M_1 \times M_2 = \{ax,ay,bx,by,cx,cy\}$.

Sind alle Elemente der Menge M_1 in denen von M_2 enthalten, so sagt man, daß M_1 eine *Teilmenge* von M_2 sei. Besitzen zwei Mengen die gleichen Elemente, so sagt man, die Mengen seien einander *gleich.*

Ein wichtiger Begriff bei der Betrachtung zweier Mengen ist der der *Abbildung.* Gegeben seien z. B. die zwei in Abb. 1 angegebenen Mengen M_1 und M_2. Wir wollen jedem Element der Menge M_1 eines aus der Menge M_2 zuordnen, wie das in Abb. 1 durch die Pfeile geschehen ist. Eine solche Zuordnung bezeichnet man als Abbildung

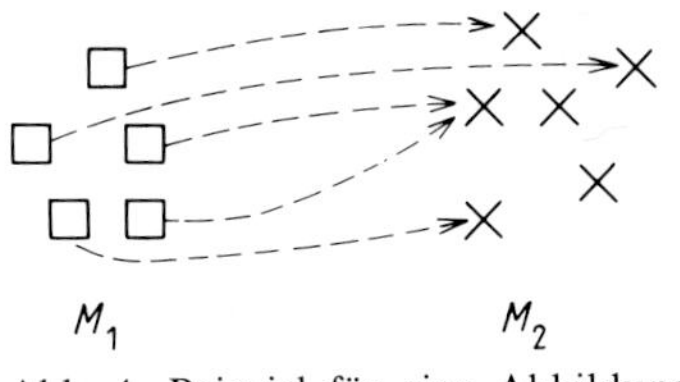

Abb. 1. Beispiel für eine Abbildung der Elemente der Menge M_1 auf die Elemente der Menge M_2.

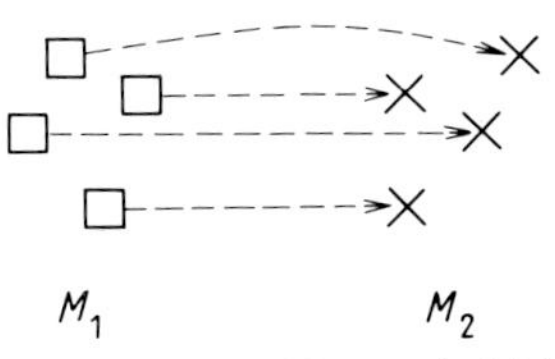

Abb. 2. Beispiel für zwei gleich mächtige Mengen M_1 und M_2.

der Elemente aus M_1 auf die Elemente aus M_2. Wenn nun bei der Abbildung jedem Element der Menge M_1 ein anderes Element der Menge M_2 zugeordnet wird und wenn dabei alle Elemente der Menge M_2 erfaßt werden, so nennt man die beiden Mengen *gleich mächtig*. Dies ist in Abb. 2 der Fall. Man erkennt unmittelbar, daß bei gleicher Mächtigkeit die beiden Mengen die gleiche Anzahl von Elementen aufweisen. Wir wollen aber hier nicht weiter von der Anzahl sprechen, da wir den Begriff der Mächtigkeit einer Menge noch vor dem Zahlenbegriff einführen müssen. Außerdem kann der Begriff der Mächtigkeit auch auf Mengen von unendlich vielen Elementen angewandt werden. Solche Mengen sind nicht immer gleich mächtig (s. das Buch von Robbins und Courant).

2. Relationen und Operationen innerhalb einer Menge

Wir wollen nun die Elemente einer einzigen Menge betrachten. Zwischen diesen Elementen können bestimmte Beziehungen oder, wie man auch sagt, Relationen bestehen. Eine wichtige Relation ist die *Gleichheitsbeziehung*, für die man das Zeichen „=" verwendet. Man sagt, *daß zwei Elemente a und b einander gleich sind, wenn sie hinsichtlich eines bestimmten Gesichtspunktes übereinstimmen.* So gilt beispielsweise innerhalb der Menge der natürlichen Zahlen $2 = 2$, weil mit jeder Zwei die gleiche Anzahl von Dingen gemeint ist. Innerhalb der Menge der rationalen Zahlen ist $\frac{2}{3} = \frac{4}{6}$, weil beide Symbole die gleiche Quantität eines Stoffes darstellen. Zu einer Gleichheit, die sich nicht auf Zahlen bezieht, kommt man, wenn man die Menge aller Menschen auf der Erde betrachtet. Man kann dann definieren: Zwei Menschen a und b sollen dann gleich sein, wenn eines der beiden Eltern von a die gleiche Muttersprache wie eines der beiden Eltern von b spricht. Der Begriff der Gleichheit drückt nicht notwendig eine *Identität* aus, sondern allgemeiner eine Beziehung, die man als *Äquivalenz* bezeichnet. Daß z. B. die Beziehung $\frac{2}{3} = \frac{4}{6}$ keine Identität ist, erkennt man leicht dadurch, daß man sie z. B. auf die Gesamtheit von drei Regenwürmern anwendet.

Weitere wichtige Relationen stellen die *Ordnungsbeziehungen* „größer" und „kleiner" dar. Diese Beziehungen lassen sich immer dann einführen, wenn die Elemente einer Menge in einer bestimmten Reihenfolge angeordnet sind. Sie sind wie folgt definiert: *Wenn von zwei Elementen a und b einer geordneten Menge das Element b in der Reihenfolge der natürlichen Zahlen hinter a steht, so sagen wir, daß b größer ist als a, und schreiben dafür* $b > a$. *Steht umgekehrt b vor a, so sagen wir, daß b kleiner ist als a, und schreiben* $b < a$. Wenn wir also z. B. schreiben $2 < 5$, was sich in die Worte „zwei ist kleiner als fünf" kleiden läßt, so meinen wir damit, daß in der Zahlenreihenfolge zwei vor fünf steht.

Man kann verschiedene Relationszeichen auch gleichzeitig verwenden. $x \geqq 2$ z. B. bedeutet, daß x größer oder gleich 2 sein soll.

Wenn zwischen zwei Elementen a und b einer Menge irgendeine Relation, wie „Gleichheit" oder „größer" besteht, so wollen wir dafür allgemein

$$a \mathscr{R} b$$

schreiben. Für derartige Relationen können nun drei bestimmte Gesetze gelten, denen man eigene Namen zugelegt hat. Es sind dies:

1. Das Gesetz der *Reflexion:*
$$a\mathcal{R}a \tag{1}$$
2. Das Gesetz der *Symmetrie:*
$$a\mathcal{R}b \quad \text{folgt} \quad b\mathcal{R}a \tag{2}$$
3. Das Gesetz der *Transitivität:*
$$a\mathcal{R}b \quad \text{und} \quad b\mathcal{R}c \quad \text{folgt} \quad a\mathcal{R}c\,. \tag{3}$$

Bei jeder Relation, die man einführt, muß man prüfen, welche dieser Gesetze zutreffen. Wenn R für die Gleichheit zweier Zahlen steht, so gelten, wie man leicht einsieht, alle drei Gesetze. Gl. (1) lautet dann $a = a$, d. h. jede Zahl ist sich selbst gleich. Gl. (2) sagt aus, daß aus $a = b$ die Beziehung $b = a$ folgt. Gl. (3) schließlich ergibt, daß aus $a = b$ und $b = c$ die Aussage $a = c$ folgt.

Anders verhält es sich bei der eingangs eingeführten Gleichheit zweier Menschen, die sich nach der Muttersprache eines Elternteils richtet. Hier ist, wie man leicht feststellen kann, das erste und zweite Gesetz erfüllt, nicht aber das Gesetz der Transitivität. Bei den Ordnungsrelationen „größer" und „kleiner" schließlich gilt weder das Gesetz der Reflexion noch das der Symmetrie; es ist sicher falsch zu behaupten, daß $a > a$ sei oder daß aus $a > b$ die Beziehung $b > a$ folge. Das transitive Gesetz gilt dagegen, so daß wir beispielsweise sagen können:
$$\text{aus} \quad a > b \quad \text{und} \quad b > c \quad \text{folgt} \quad a > c\,. \tag{4}$$

Nach der Betrachtung der verschiedenen Beziehungen wollen wir nun einige Gesetzmäßigkeiten über *Operationen* mit Elementen untersuchen. Wenn man eine Menge von Elementen vor sich hat, so kann man eine Operation dadurch definieren, daß man zwei Elementen der Menge, a und b, auf die die Operation angewendet wird, ein drittes Element c zuordnet. So ist z. B. die Operation „plus" in der Menge der natürlichen Zahlen dadurch definiert, daß man den Zahlen 1 und 2 die Zahl 3 zuordnet, den Zahlen 5 und 7 die Zahl 12 usw. Wir wollen im folgenden allgemein eine Operation durch das Zeichen „$*$" bezeichnen, ohne uns auf eine spezielle Bedeutung dieses Zeichens festzulegen. Für eine irgendwie definierte Operation können nun die folgenden Gesetze gelten:

1. *Das kommutative Gesetz:*
$$a * b = b * a\,, \tag{5}$$
wonach man die beiden Elemente bei Anwendung der Operation in der Reihenfolge vertauschen kann.

2. *Das assoziative Gesetz:*
$$(a * b) * c = a * (b * c)\,, \tag{6}$$
demzufolge man bei mehrfacher Anwendung der Operation die Glieder beliebig zusammenfassen kann.

Diese Gesetze *können,* aber sie müssen nicht gelten. Bei der Addition von Zahlen sind sie offensichtlich erfüllt. Bei der im Kapitel IV behandelten Multiplikation der Matrizen dagegen gilt das kommutative Gesetz nicht.

Es ist möglich, bei der betrachteten Menge neben der oben durch „$*$" bezeichneten Operation noch eine zweite einzuführen, die wir mit „$\times$" bezeichnen wollen.

Dann muß man auch für diese zweite Operation angeben, inwieweit die beiden angegebenen Gesetze erfüllt sind. Für die Verknüpfung beider Operationen kann noch ein weiteres Gesetz gelten, nämlich

$$a \times (b * c) = (a \times b) * (a \times c), \tag{7}$$

das man als *distributives Gesetz* bezeichnet. Im Spezialfall der Addition und Multiplikation von Zahlen ergibt das die wohlbekannte Regel für das Auflösen von Klammern

$$a \cdot (b + c) = a \cdot b + a \cdot c \tag{8}$$

und erscheint hier trivial erfüllt. Daß es aber nicht immer gelten muß, sieht man, wenn man Summation und Multiplikation vertauscht. Die Behauptung

$$a + (b \cdot c) = (a + b) \cdot (a + c)$$

ist falsch.

B. Natürliche Zahlen

1. Definition und Darstellung

Mit dem Begriff der Zahl werden wir bereits als Kinder konfrontiert. Wir zählen die Bauklötze in der Schachtel oder die Tage, die noch vergehen müssen, bis wir Geburtstag haben. Dadurch kommen wir auf die Zahlen eins, zwei, drei, vier, ... usw., die man die natürlichen Zahlen nennt. Die natürlichen Zahlen hängen nicht davon ab, was gezählt wird. So bringt beispielsweise die Zahl drei nicht zum Ausdruck, ob es sich um Bauklötze oder Tage handelt. Man abstrahiert beim Zählen von den gezählten Dingen.

In der modernen Mathematik wird der Begriff der Zahl über die Mengenlehre eingeführt, und zwar in folgender Weise: Man ordnet jedem Element einer gegebenen Menge einen Strich zu. Die Menge „drei Bauklötze" führt so zur Strichmenge „|||". Durch Betrachtung verschiedener Mengen erhält man dann die Strichmengen

|, ||, |||, ||||, |||||, ... usw.

Mengen gleicher Mächtigkeit wird jeweils die gleiche Strichmenge zugeordnet. Diejenige Eigenschaft, die Mengen gleicher Mächtigkeit gemeinsam haben, wird nun durch die natürlichen Zahlen beschrieben. Wir können daher sagen: *Jede natürliche Zahl charakterisiert die gemeinsame Eigenschaft einer Klasse von Mengen von jeweils gleicher Mächtigkeit.*

Über die Natur der Zahlen wurden verschiedene philosophische Spekulationen angestellt. Wir wollen darauf nicht eingehen, sondern lediglich den bekannten Ausspruch des großen Mathematikers Kronecker zitieren: „Die natürlichen Zahlen hat Gott gemacht, alles übrige ist Menschenwerk." Es kommt dem Mathematiker gemäß den Ausführungen im Kap. 1 nicht auf die metaphysische Natur der Zahlen an, sondern darauf, wie er mit ihnen operieren kann. Hierzu reicht es, wenn er ein Axiomensystem angibt, durch das die Zahlen definiert sind, und anschließend Rechenoperationen einführt. Dies wird im nächsten Abschnitt getan.

Zuvor erhebt sich noch die Frage, welche *Zeichen* man für die natürlichen Zahlen einführt. Am naheliegendsten wäre es, daß man jede Zahl durch eine entsprechende Anzahl von Strichen darstellt. Dies läßt sich jedoch praktisch nur für kleine Zahlen durchführen. Eine verbesserte Darstellung erhält man dadurch, daß man nur die ersten Zahlen durch Striche symbolisiert, für größere Zahlen aber jeweils neue Symbole einführt. Das wurde unter anderem im *römischen Zahlensystem* getan, wo die Zahlen V, X, L, C, D und M für die Zahlen fünf, zehn, fünfzig, hundert, fünfhundert und tausend eingeführt wurden. Bei sehr großen Zahlen wird aber auch dieses System sehr umständlich.

Einen entscheidenden Fortschritt stellt die Einführung eines Stellensystems dar, wie es unser *Dezimalsystem* ist. Es ist von den Indern erfunden worden und kam durch die Araber nach Europa. In diesem System gibt es, wie wir alle wissen, nur zehn Symbole, nämlich die Ziffern 0, 1, 2, usw. bis 9. Die Zahl, die eine Ziffer in einer mehrzifferigen Zahl repräsentiert, hängt nicht nur von der Ziffer selbst ab, sondern auch von der Stelle, an der die Ziffer steht; an letzter Stelle repräsentiert sie die Einer, an vorletzter die Zehner usw. 3467 bedeutet mithin $3 \cdot 1000 + 4 \cdot 100 + 6 \cdot 10 + 7$, wofür man auch schreiben kann $3 \cdot 10^3 + 4 \cdot 10^2 + 6 \cdot 10^1 + 7 \cdot 10^0$. Da insgesamt zehn Ziffern verwendet werden, spricht man von einem Dezimalsystem. Erst in einem solchen Stellensystem werden die einfachen Rechenregeln der Multiplikation und Division, wie wir sie in der Schule gelernt haben, anwendbar. Das Wesentliche dabei ist nicht, daß das System gerade aus zehn Ziffern aufgebaut ist, der Vorteil für das Rechnen beruht vielmehr allein auf der Tatsache, daß es ein Stellensystem ist.

Neben dem Dezimalsystem hat heute noch ein Stellensystem, das aus zwei Ziffern besteht, nämlich 0 und 1, eine große Bedeutung erlangt. Es wird bei elektronischen Rechenmaschinen verwendet und trägt den Namen *duales* oder *dyadisches Zahlensystem.* Während im Dezimalsystem erst die Zahl zehn durch eine Kombination von zwei Ziffern dargestellt wird, muß man im dualen System bereits bei der Darstellung der Zahl zwei zu zwei Ziffern greifen. Die Zahlen eins, zwei, drei, vier, fünf usw. werden dargestellt durch 1, 10, 11, 100, 101, usw. Die Zahl 10011 z. B. bedeutet in diesem System $1 \cdot 2^4 + 0 \cdot 2^3 + 0 \cdot 2^2 + 1 \cdot 2^1 + 1 \cdot 2^0$, und das ergibt 19. Addition und Multiplikation können im Prinzip nach dem gleichen Schema wie beim Dezimalsystem erfolgen, nur führen hier bereits Zahlen, die größer sind als eins, zu einem Übertrag und nicht erst solche, die größer als neun sind.

2. Das Rechnen mit natürlichen Zahlen

Beim Rechnen mit natürlichen Zahlen muß man von gewissen grundlegenden Aussagen ausgehen, die, wie im Kap. 1 ausgeführt wurde, Axiome genannt werden. Durch diese Axiome ist erst genau definiert, was man unter den Zahlen und den entsprechenden Rechenoperationen versteht. Da wir eine gründliche Ausbildung im elementaren Rechnen erhalten haben, erscheinen sie uns zum Teil als völlig selbstverständliche Aussagen. Trotzdem muß man sie im Interesse eines streng logischen Aufbaues explizit anführen.

Als erstes seien die Axiome genannt, durch die die natürlichen Zahlen definiert sind. Sie lauten in der vom Mathematiker *Peano* stammenden Formulierung:

1. Eins ist eine natürliche Zahl.

2. Zu jeder natürlichen Zahl gibt es genau einen Nachfolger, der wieder eine natürliche Zahl ist. (Den Nachfolger von eins nennt man zwei, den von zwei drei usw.).
3. Es gibt keine natürliche Zahl, deren Nachfolger eins ist.
4. Die Nachfolger zweier verschiedener Zahlen sind verschieden.
5. Gesetz der vollständigen Induktion: Trifft irgendeine mathematische Aussage für eine Zahl n_0 zu und kann man zeigen, daß aus dem Zutreffen für eine beliebige Zahl n folgt, daß die Aussage auch für $n + 1$ zutrifft, so gilt diese Aussage für *alle* Zahlen, die größer oder gleich n_0 sind. Dieses Gesetz ist von entscheidender Bedeutung für den Beweis von mathematischen Sätzen (siehe das Beispiel am Ende dieses Abschnittes).

Betrachten wir insbesondere das 2. Axiom. Aus diesem Axiom folgt, daß die natürlichen Zahlen eine geordnete Menge darstellen. Wir können daher die Ordnungsrelationen einführen und sagen, daß die Zahl a größer als die Zahl b ist ($a > b$), wenn a in der Zahlenreihe hinter b steht, und daß a kleiner als b ist ($a < b$), wenn es vor b steht. Für diese beiden Beziehungen gilt das Gesetz der Transitivität:

$$\text{aus} \quad a > b \quad \text{und} \quad b > c \quad \text{folgt} \quad a > c\,. \tag{9}$$

Als Folge der Ordnung der Zahlen können wir sie auf einer *Zahlengeraden* darstellen (s. Abb. 3).

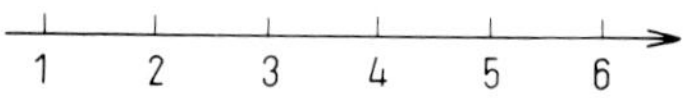

Abb. 3. Die natürlichen Zahlen auf der Zahlengeraden.

Als nächstes sollen nun die Operationen beim Rechnen mit den natürlichen Zahlen eingeführt werden.

Die *Gleichheit* zweier Zahlen bezeichnen wir durch das Gleichheitszeichen „=“. Wir wollen zwei Zahlen als gleich ansehen, wenn sie identisch sind. Für die Gleichheit gelten die drei vorher genannten Gesetze der Reflexivität, Symmetrie und Transitivität:

$$a = a \tag{10}$$

$$\text{aus} \quad a = b \quad \text{folgt} \quad b = a \tag{11}$$

$$\text{aus} \quad a = b \quad \text{und} \quad b = c \quad \text{folgt} \quad a = c\,. \tag{12}$$

Die *Addition* zweier natürlicher Zahlen a und b soll darin bestehen, daß man b mal die Einheit zur Zahl a hinzufügt, d. h., daß man in der Folge der natürlichen Zahlen von a um b Schritte fortschreitet. Man bezeichnet die Addition durch ein Plus-Zeichen „+“, schreibt also $a + b$. Das Resultat der Addition nennt man *Summe*, die Zahlen a und b *Summanden*. Wie man allgemein zeigen kann, gelten für die Addition das kommutative und das assoziative Gesetz:

$$a + b = b + a\,, \tag{13}$$

$$(a + b) + c = a + (b + c)\,. \tag{14}$$

Die *Multiplikation* zweier Zahlen a und b soll darin bestehen, daß man die Zahl a insgesamt b mal zu sich selbst addiert. Man bezeichnet die Multiplikation mit einem

Punkt, schreibt also $a \cdot b$. Vielfach läßt man den Punkt auch weg und setzt die Zahlen einfach nebeneinander. Das Resultat der Multiplikation bezeichnet man als *Produkt*, die beiden Zahlen a und b als *Faktoren*. Auch für die Multiplikation gilt, wie man zeigen kann, das kommutative und das assoziative Gesetz:

$$a \cdot b = b \cdot a \tag{15}$$

$$(a \cdot b) \cdot c = a \cdot (b \cdot c) \,. \tag{16}$$

Bei der Verknüpfung zwischen Addition und Multiplikation gilt das distributive Gesetz:

$$a \cdot (b + c) = a \cdot b + a \cdot c \,. \tag{17}$$

Neben der Addition und der Multiplikation werden noch die beiden Umkehroperationen eingeführt. Die *Subtraktion*, die die Umkehroperation der Addition ist, wird durch ein Minus-Zeichen „–" symbolisiert. Die *Division*, die die Umkehroperation zur Multiplikation ist, wird durch zwei Punkte „:" symbolisiert. Die Subtraktion läßt sich im Bereich der natürlichen Zahlen nur durchführen, wenn a größer als b ist. Auch die Division ist nur in bestimmten Fällen durchführbar. So ergibt 21 : 7 die Zahl 3; 22 : 7 hat dagegen keine Lösung im Bereich der natürlichen Zahlen.

Zu einer inhaltlich gleichen Definition für die verschiedenen Rechenoperationen kommt man auch auf andere Art als oben beschrieben. Man kann die Addition auch durch eine Vereinigung von Mengen und die Multiplikation mit Hilfe des kartesischen Produktes von Mengen definieren. Ferner ist die Addition auch mit Hilfe des Begriffes des Nachfolgers einer Zahl zu erklären. Ihrem Wesen nach stimmen alle diese Definitionen überein. Wegen weiterer Einzelheiten sei auf die Bücher von Meschkowski verwiesen.

3. Zahlentheorie

In den natürlichen Zahlen treten zahlreiche Gesetzmäßigkeiten auf, deren Erforschung die Mathematiker aller Zeiten fasziniert hat. Der Zweig der Mathematik, der sich mit diesen Gesetzmäßigkeiten befaßt, wird *Zahlentheorie* genannt. Wir können im folgenden nur zwei Probleme aus der Zahlentheorie anführen. Wegen weiterer Beispiele sei auf das allgemein verständliche Buch von Courant und Robbins verwiesen.

Eine Vielzahl von Aussagen bezieht sich auf die sogenannten *Primzahlen*. Das sind solche Zahlen, die sich nicht in Faktoren zerlegen lassen, vom trivialen Fall des Produktes der Primzahl selbst mit der Zahl 1 abgesehen. Beispiele für Primzahlen sind 3, 5, 7, 11 usw. Keine Primzahl ist z. B. die Zahl 4, die in 2 mal 2, oder die Zahl 15, die in 3 mal 5 zerlegt werden kann. Die erste Frage, die man sich stellen kann, ist die, *wie die Primzahlen verteilt sind*. Es war möglich nachzuweisen, daß es unendlich viele Primzahlen gibt. Eine Gleichung, mit deren Hilfe man alle Primzahlen berechnen kann, konnte trotz vielfacher Anstrengungen nicht gefunden werden. Man kann nur durch einfaches Ausprobieren mathematische Ausdrücke finden, mit deren Hilfe gewisse Primzahlen berechnet werden können. So ergibt z. B. der Ausdruck

$$n^2 - 79n + 1601$$

ausnahmslos Primzahlen, wenn man für n irgendeine Zahl zwischen 0 und 79 einsetzt.

Eines der bekanntesten Probleme der Zahlentheorie wirft der *große Fermatsche Satz* auf. Er besagt, daß es nicht möglich ist, drei ganze Zahlen a, b und c anzugeben, die für $n > 2$ der Bedingung gehorchen

$$a^n + b^n = c^n . \tag{18}$$

Wichtig bei dieser Aussage ist, daß man die zwei angegebenen Voraussetzungen beachtet:
1. a, b und c sollen ganze Zahlen sein; für nicht ganze Zahlen läßt sich die angegebene Beziehung sehr wohl erfüllen.
2. n soll größer als 2 sein, für $n = 2$ ist die Beziehung sehr wohl auch mit ganzen Zahlen zu erfüllen, es gilt z. B. $3^2 + 4^2 = 5^2$.

Der genannte Satz wurde erstmals von Fermat ausgesprochen, aber nicht bewiesen. Für den Beweis dieses Satzes war ein großer Geldpreis ausgesetzt, der zur Einsendung zahlreicher Lösungsversuche geführt hat. Bei allen diesen Lösungsversuchen wurde aber irgendein Fehler entdeckt. Zur Zeit wird aber ein neuer, vielversprechender Beweis international geprüft.

C. Negative Zahlen

Im vorangegangenen Abschnitt wurde gezeigt, daß die Subtraktion zweier Zahlen, $a - b$, im Bereich der natürlichen Zahlen nur dann durchführbar ist, wenn a größer als b ist. Diese Einschränkung kann man beheben, indem man neue Zahlen einführt. Wir definieren hierzu als erstes die Zahl 0 (null) als Ergebnis der Sub-

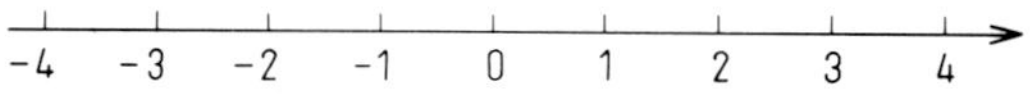

Abb. 4. Die ganzen Zahlen auf der Zahlengeraden.

traktion einer Zahl von sich selbst, also durch $a - a = 0$. Als nächstes führen wir die Zahlen -1, -2, -3, -4, ... usw. ein, die auf der Zahlengerade wie in Abb. 4 angeordnet werden, und setzen fest, daß

$$0 - a = -a \tag{19}$$

ist. Das Minuszeichen vor den natürlichen Zahlen und auf der rechten Seite von Gl. (19) stellt dabei nicht das Symbol für die Subtraktion dar, sondern ist Bestandteil der jeweiligen Zahl. Aus dieser Definition sowie der Forderung, daß die Grundgesetze Gl. (11) bis Gl. (17) auch für die neu eingeführten Zahlen gelten sollen, lassen sich alle aus der elementaren Mathematik her bekannten Gesetze für das Rechnen mit diesen Zahlen ableiten.

Die neu eingeführten Zahlen -1, -2, -3, usw. bezeichnet man als *negative ganze Zahlen.* Entsprechend nennt man die natürlichen Zahlen vielfach auch *positive ganze Zahlen* und bezeichnet sie dann mit $+1$, $+2$, $+3$, usw. Die Gesamtheit der positiven und negativen ganzen Zahlen, ergänzt durch die Null, bilden die *ganzen Zahlen.*

Ein wichtiger Begriff ist auch der des *absoluten Betrages* einer Zahl a, den man mit $|a|$ bezeichnet. Er ist folgendermaßen definiert:

$$\begin{aligned} |a| &= a \quad \text{wenn} \quad a > 0 \quad \text{oder} \quad a = 0 \\ |a| &= -a \quad \text{wenn} \quad a < 0 . \end{aligned} \tag{20}$$

Entsprechend dieser Definition ist beispielsweise der Betrag von 5 sowie der von -5 gleich 5. Der Betrag einer Zahl ist also die Zahl selbst ohne Vorzeichen.

D. Brüche

Durch Einführung der negativen Zahlen wurde erreicht, daß die Subtraktion unbeschränkt durchführbar wurde. Um auch die Division in allen Fällen vornehmen zu können, muß das Zahlensystem nochmals erweitert werden. Wir definieren hierzu neue Zahlen p dadurch, daß sie das Ergebnis der Division zweier Zahlen $a:b$ darstellen sollen. Es soll also gelten:

$$p = a : b \tag{21}$$

oder, was damit gleichbedeutend ist:

$$b \cdot p = a . \tag{22}$$

Die neue Zahl p ist vollständig durch das Zahlenpaar a,b bestimmt, sofern nur $b \neq 0$ ist*⁾, weil die Division durch Null sinnlos ist. Man führt daher für diese Zahl das Symbol $\frac{a}{b}$ ein und bezeichnet sie als *Bruch*. Statt des horizontalen Striches kann man auch einen Schrägstrich verwenden und somit a/b schreiben. a nennt man den Zähler und b den Nenner des Bruches. Wenn a ein ganzzahliges Vielfaches von b ist, so stellt p bzw. der Bruch eine ganze Zahl dar. Z. B. ist $\frac{4}{4} = 1$, $\frac{8}{4} = 2$, usw. Die früher erhaltenen ganzen Zahlen sind also im System der Brüche enthalten. Außerdem werden durch die Brüche auch Zahlen definiert, die im System der ganzen Zahlen nicht enthalten sind, z. B. $\frac{8}{5}$. Wenn a und b einen gemeinsamen Teiler m haben, so kann man in Gl. (22) durch diesen Teiler dividieren, ohne daß sich der Wert von p ändert. Das ist gleichbedeutend mit der *Kürzung* eines Bruches. Außerdem kann man Gl. (22) auch mit einer beliebigen Zahl n multiplizieren, was einer *Erweiterung* des Bruches gleichkommt. Alle Brüche, die man durch Kürzen oder Erweitern erhält, sind einander gleich, d. h. sie stellen die gleiche Zahl dar.

Wir benötigen nun noch Rechengesetze für die Addition und die Multiplikation zweier Brüche. Diese werden so festgelegt, daß die Grundgesetze Gl. (5) bis Gl. (8) gültig bleiben. Falls der Bruch eine ganze Zahl darstellt, muß ferner das Ergebnis das gleiche sein wie beim Durchführen der entsprechenden Operation mit ganzen Zahlen. Man kommt so zu den bekannten Rechenregeln:

$$\frac{a}{b} + \frac{c}{d} = \frac{ad + cb}{bd} \tag{23}$$

---

*⁾ Die Forderung, daß $0 \cdot p = a$ auflösbar sein soll, würde die Widerspruchsfreiheit des Axiomensystems zerstören.

und

$$\frac{a}{b} \cdot \frac{c}{d} = \frac{ac}{bd}. \tag{24}$$

Die Gesamtheit der durch die Division eingeführten Zahlen bezeichnet man als *rationale Zahlen*. In die rationalen Zahlen kann man eine Ordnung einführen, indem man definiert:

$$\frac{a}{b} > \frac{c}{d} \quad \text{wenn} \quad \frac{a}{b} - \frac{c}{d} \quad \text{positiv ist}. \tag{25}$$

Als Folge dieser Ordnung kann man die rationalen Zahlen auf der bereits früher eingeführten Zahlengeraden (s. Abb. 4) unterbringen, und zwar nach folgendem Verfahren: Den Punkt, der der Zahl $\frac{a}{b}$ entspricht, erhält man dadurch, daß man die Einheitsstrecke in b Teile teilt und dann von 0 aus a mal diese Teilstrecke aufträgt. Wenn der Bruch ein positives Vorzeichen hat, so schreitet man dabei nach rechts fort, andernfalls nach links.

Punkte der Zahlengeraden, die rationalen Zahlen entsprechen, nennt man *rationale Punkte*. Über die Lage der rationalen Punkte läßt sich eine wichtige Aussage machen: Sie liegen auf der Zahlengerade überall *dicht*. Mit dieser Aussage meint man, daß sich in jedem noch so kleinen Teilstück der Zahlengeraden rationale Punkte befinden. Diese wichtige Aussage läßt sich sehr einfach beweisen: Damit man einen rationalen Punkt findet, der in einem beliebig kleinen Teilstück der Länge l mit den Endpunkten A und B liegt, muß man den Nenner n der entsprechenden Zahl so groß wählen, daß die Strecke zwischen 0 und $\frac{1}{n}$ kleiner als l ist. Es läßt sich dann immer eine Zahl m so finden, daß der Punkt $\frac{m}{n}$ zwischen A und B liegt.

Besondere Bedeutung haben Brüche mit den Nennern 10, 100, 1000, usw. Man bezeichnet sie als *Dezimalbrüche*. Im Dezimalsystem hat man dafür eine besondere Schreibweise vereinbart: Man setzt fest, daß die erste Ziffer hinter dem Komma innerhalb einer Zahl der Zähler eines Bruches mit dem Nenner 10 ist, die zweite Ziffer der eines Bruches mit dem Nenner 100 usw. Es gilt daher z. B.:

$$2{,}438 = 2 + \frac{4}{10} + \frac{3}{100} + \frac{8}{1000}. \tag{26}$$

Eine solche aus Dezimalbrüchen zusammengesetzte Zahl nennt man *Dezimalzahl*. Eine Dezimalzahl kann endlich viele Stellen oder unendlich viele besitzen. Eine Dezimalzahl heißt periodisch, wenn sich eine gewisse Zahlenfolge immer wieder ohne Ende wiederholt. Beispiele für periodische Dezimalzahlen sind die Zahlen 2,7373737373 ... oder 35,36666666666 ... Es läßt sich zeigen, daß sich jeder Bruch in eine endliche oder in eine periodisch unendliche Dezimalzahl umwandeln läßt und daß umgekehrt jede endliche oder periodisch unendliche Dezimalzahl einem Bruch entspricht. Unendliche nichtperiodische Dezimalzahlen gehören daher nicht mehr in den Bereich der rationalen Zahlen.

E. Irrationale Zahlen

Im vorangegangenen Abschnitt wurde gezeigt, daß die rationalen Zahlen auf der Zahlengeraden überall dicht liegen, d. h., daß in beliebig kleinen Intervallen unendlich viele Zahlen vorkommen. Man könnte vielleicht daraus schließen, daß die rationalen Zahlen die Zahlengerade vollständig bedecken. Das ist aber nicht der Fall. *Zwischen den unendlich vielen, dicht liegenden rationalen Punkten auf der Zahlengeraden liegen vielmehr noch Punkte, die nicht durch rationale Zahlen darstellbar sind.*

Wir wollen im folgenden als Beispiel einen einzigen derartigen nicht rationalen Punkt konstruieren. Wir errichten hierzu auf der Zahlengeraden über der Strecke 0 bis 1 ein rechtwinkliges, gleichschenkliges Dreieck in der Weise, daß die Strecke von 0 bis 1 der Zahlengerade die Kathete a des Dreiecks wird (s. Abb. 5). Anschließend übertragen wir die Länge der Hypotenuse c mit dem Zirkel auf die Zahlengerade und kommen so zum Punkt A. Unsere Behauptung lautet: A ist kein rationaler Punkt, d. h. es gibt keine rationale Zahl, die die Länge der Strecke $\overline{0A}$ angibt.

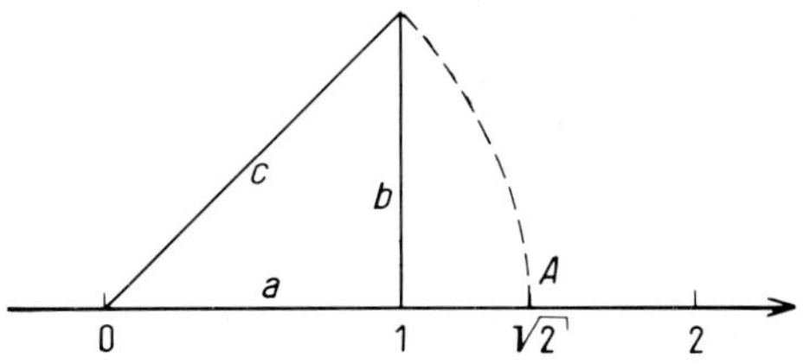

Abb. 5. Konstruktion des Punktes auf der Zahlengerade, der $\sqrt{2}$ repräsentiert.

Beweis: Die Länge der Strecke $\overline{0A}$ ist gleich der von c. Mit Hilfe des Pythagoreischen Lehrsatzes ergibt sich nun

$$c^2 = a^2 + b^2 = 1 + 1 = 2\,. \tag{27}$$

Die Länge der Strecke $\overline{0A}$ ist also durch diejenige Zahl gegeben, die zum Quadrat erhoben 2 ergibt. Man nennt diese Zahl die *Wurzel* von 2 und schreibt dafür $\sqrt{2}$. Wir müssen also zeigen: $\sqrt{2}$ ist keine rationale Zahl, d. h. es gibt keine zwei ganzen teilerfremden Zahlen a und b, für die gilt $\sqrt{2} = \frac{a}{b}$ bzw., nach einfacher Umformung,

$$2b^2 = a^2\,. \tag{28}$$

Wir zeigen dies mit Hilfe eines indirekten Beweises und nehmen hierzu zunächst an, daß es zwei solche Zahlen a und b geben würde. Da 2 als Faktor auf der linken Seite von Gl. (28) steht, ist a^2 eine gerade Zahl. Dem Beweis im Zusammenhang mit Gl. (I, 5) zufolge ist dann auch a eine gerade Zahl. Wir können daher für die Zahl a die Gleichung ansetzen $a = 2n$, in der n eine ganze Zahl ist. Setzen wir das in Gl. (28) ein, so ergibt sich $2b^2 = 4n^2$ oder, nach Kürzung durch 2

$$b^2 = 2n^2\,. \tag{29}$$

Wegen der rechts stehenden 2 müßte nun auch b gerade sein. Aus der Gültigkeit der Gl. (28) würde also folgen, daß sowohl a als auch b den Teiler 2 hätten. Das steht aber im Widerspruch zu der Voraussetzung. Die zwei gesuchten Zahlen a und b kann es daher nicht geben.

Man kann leicht zeigen, daß es außer dem eben erhaltenen Punkt noch unendlich viele andere nicht rationale Punkte gibt. Die zu diesen Punkten gehörigen Zahlen nennt man *irrationale Zahlen.* Da die rationalen Zahlen auf der Zahlengerade überall dicht liegen, kann man die irrationalen Zahlen mit beliebig hoher Genauigkeit durch die rationalen Zahlen annähern. Am bequemsten geht das mit Hilfe der im vorigen Abschnitt eingeführten Dezimalzahlen. Für $\sqrt{2}$ z. B. schreibt man angenähert 1,414. Je mehr Stellen hinter dem Komma angegeben werden, desto besser wird die Annäherung. Eine exakte Darstellung der irrationalen Zahl würde man durch eine *unendliche, nicht periodische Dezimalzahl* erhalten. Außerdem können irrationale Zahlen auch durch *Intervallschachtelungen* oder *Dedekindsche Schnitte* definiert werden, worauf wir aber nicht weiter eingehen.

Mit den irrationalen Zahlen kann man, wie sich zeigen läßt, genauso wie mit den rationalen Zahlen rechnen, da sie ja durch diese angenähert werden. Die rationalen und die irrationalen Zahlen zusammen nennt man die *reellen Zahlen.* Im Bereich der nicht negativen reellen Zahlen läßt sich zusätzlich zu den früher angegebenen Operationen auch das Wurzelziehen unbeschränkt durchführen. Außer den Wurzeln gehören zu den irrationalen Zahlen unter anderem auch die bekannte Zahl π sowie die in Kap. VI eingeführte Zahl e.

Ein wichtiger Begriff ist das *Intervall* zwischen zwei Zahlen a und b. Man versteht darunter alle reellen Zahlen, die zwischen a und b liegen. Wenn man die Zahlen a und b zum Intervall dazuzählt, spricht man von einem *abgeschlossenen Intervall* und schreibt dafür $[a, b]$. Zählt man die Zahlen nicht dazu, so spricht man von einem *offenen Intervall* und schreibt hierfür (a, b). Das Intervall kann schließlich auch nur linksseitig oder nur rechtsseitig offen sein, was dann durch $(a, b]$ bzw. $[a, b)$ ausgedrückt wird. So bezeichnet z. B. $[\sqrt{2}, 3)$ alle reellen Zahlen zwischen $\sqrt{2}$ und 3 einschließlich der $\sqrt{2}$, aber ausschließlich der 3.

F. Komplexe Zahlen

Beim Versuch, quadratische Gleichungen zu lösen, stellt es sich heraus, daß nicht jede Gleichung eine Lösung im Bereich der reellen Zahlen besitzt. Wenn wir z. B. die Gleichung

$$(x - 5)^2 = -4 \tag{30}$$

betrachten, so erhält man daraus, indem man rechts und links die Wurzel zieht und die Zahl 5 auf die rechte Seite bringt,

$$x = 5 \pm \sqrt{-4}. \tag{31}$$

Die Wurzel aus -4 läßt sich nicht ziehen, da keine reelle Zahl zum Quadrat erhoben -4 ergibt. Um hier eine Lösung zu erhalten, führt man nun neue Zahlen ein. Man formt die rechte Seite der Gleichung etwas um,

$$x = 5 \pm \sqrt{-1} \cdot \sqrt{4}, \tag{32}$$

und ersetzt den Ausdruck $\sqrt{-1}$ durch den Buchstaben i. Man kann dann schreiben

$$x = 5 \pm 2\mathrm{i}$$

mit

$$\mathrm{i}^2 = -1 \quad \text{bzw.} \quad \mathrm{i} = +\sqrt{-1}. \tag{33}$$

Den Ausdruck $5 + 2\mathrm{i}$ bzw. $5 - 2\mathrm{i}$ faßt man als eine Zahl neuer Art auf, der man den Namen *komplexe Zahl* beilegt.

Eine komplexe Zahl z ist allgemein durch den Ausdruck

$$z = a + b\mathrm{i} \tag{34}$$

gegeben, wobei a und b reelle Zahlen sind. a nennt man den *Realteil* und b den *Imaginärteil* der Zahl und schreibt dafür auch

$$a = \mathbf{Re}\,(z) \tag{35}$$

$$b = \mathbf{I}\,(z)\,. \tag{36}$$

Unter dem Betrag der komplexen Zahl z, den man mit $|z|$ bezeichnet, versteht man den Ausdruck

$$|z| = +\sqrt{a^2 + b^2}\,. \tag{37}$$

Die Zahl $a - b\mathrm{i}$ nennt man die zu $a + b\mathrm{i}$ *konjugiert komplexe Zahl.* Wenn $a + b\mathrm{i}$ durch das Symbol z repräsentiert wird, so verwendet man für die dazugehörige konjugiert komplexe Zahl $a - b\mathrm{i}$ das Symbol z^*. z^* ist konjugiert komplex zu z, und z ist konjugiert komplex zu z^*.

Jeder komplexen Zahl $a + b\mathrm{i}$ entspricht ein geordnetes Paar von reellen Zahlen (a, b). Komplexe Zahlen kann man daher nicht mehr auf der Zahlengeraden unterbringen. Man kann sie aber mit Hilfe eines rechtwinkeligen Achsenkreuzes durch Punkte in einer Ebene darstellen. Der Zahl $a + b\mathrm{i}$ entspricht dabei der Punkt mit dem Abschnitt a auf der horizontalen Achse, die man Abszisse nennt, und dem Abschnitt b auf der vertikalen Achse, Ordinate genannt (s. Abb. 6). Statt durch den Punkt kann man sich die Zahl z auch durch den in Abb. 6 eingezeichneten Pfeil repräsentiert denken, der den Koordinatenursprung mit dem betrachteten Punkt verbindet. Man bezeichnet die Ebene als die *Gaußsche Zahlenebene* und die Abszisse als die *reelle*, die Ordinate als die *imaginäre Achse.* Man erkennt mit Hilfe des Pythagoreischen Lehrsatzes, daß der durch Gl. (37) definierte Betrag von z durch den Abstand des Punktes vom Koordinatenursprung bzw. durch die Länge des vom Koordinatenursprung zum Punkt gezogenen Pfeiles gegeben ist.

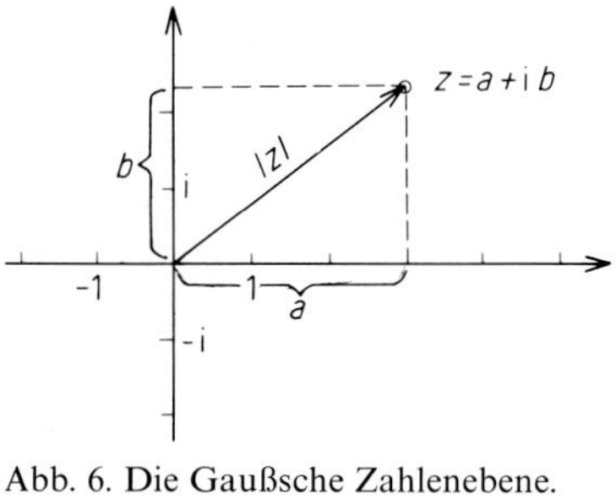

Abb. 6. Die Gaußsche Zahlenebene.

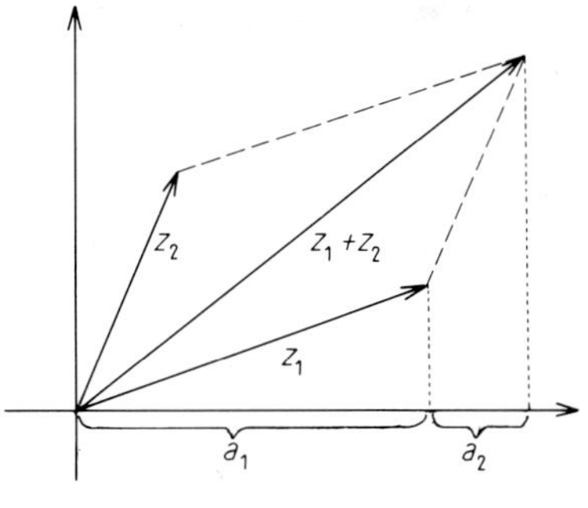

Abb. 7. Addition komplexer Zahlen in der Gaußschen Zahlenebene.

Damit die neu eingeführten Ausdrücke $a + b\mathrm{i}$ den Namen Zahlen zu Recht führen, muß man Regeln angeben, wie man mit ihnen rechnet:

Wir definieren die *Gleichheit* zweier komplexer Zahlen dadurch, daß sie in ihrem Realteil und Imaginärteil übereinstimmen. Die bei den reellen Zahlen eingeführte Ordnungsrelation („größer"- und „kleiner"-Beziehung) läßt sich nicht ohne weiteres auf die komplexen Zahlen übertragen.

Die *Summe* zweier Zahlen $z_1 = a_1 + b_1 \mathrm{i}$ und $z_2 = a_2 + b_2 \mathrm{i}$ definieren wir damit, daß die Realteile und Imaginärteile getrennt summiert werden:

$$z_1 + z_2 = (a_1 + a_2) + (b_1 + b_2)\mathrm{i}\,. \tag{38}$$

Den Pfeil in der Gaußschen Zahlenebene, der der Summe $z_1 + z_2$ entspricht, erhält man durch Aneinanderfügen der Pfeile von z_1 und z_2, wie in Abb. 7 angegeben.

Um die *Multiplikation* zu definieren, erklären wir zunächst die Bedeutung der Potenzen von i. Gemäß der Tatsache, daß i^2 gleich -1 ist, setzen wir

$$\mathrm{i}^2 = -1\,, \quad \mathrm{i}^3 = -1 \cdot \mathrm{i} = -\mathrm{i}\,, \quad \mathrm{i}^4 = \mathrm{i}^2 \cdot \mathrm{i}^2 = 1\,, \quad \text{usw.} \tag{39}$$

Allgemein ist

$$\mathrm{i}^{4n} = 1\,, \quad \mathrm{i}^{4n+1} = \mathrm{i}\,, \quad \mathrm{i}^{4n+2} = -1\,, \quad \mathrm{i}^{4n+3} = -\mathrm{i}\,. \tag{40}$$

Unter Anwendung dieser Regeln führen wir die Multiplikation zweier Zahlen in der Weise aus, daß wir gliedweise multiplizieren, und erhalten

$$(a_1 + b_1 \mathrm{i}) \cdot (a_2 + b_2 \mathrm{i}) = a_1 a_2 - b_1 b_2 + (a_1 b_2 + a_2 b_1) \cdot \mathrm{i}\,. \tag{41}$$

Ein besonders bemerkenswertes Ergebnis erhält man, wenn man eine Zahl z mit der konjugiert komplexen Zahl z^* multipliziert. Es ergibt sich dann mit Hilfe von Gl. (37) das Quadrat des Betrages, $|z|^2$, also eine reelle Zahl

$$z \cdot z^* = (a + b\mathrm{i}) \cdot (a - b\mathrm{i}) = a^2 + b^2 + (ab - ab)\mathrm{i} = a^2 + b^2\,. \tag{42}$$

Die *Division* zweier komplexer Zahlen führen wir in der Weise durch, daß wir zunächst den vorliegenden Bruch mit der Zahl, die zum Nenner konjugiert komplex ist, erweitern. Dadurch wird der Nenner reell, so daß wir den ganzen Ausdruck in einen Realteil und einen Imaginärteil aufspalten können:

$$\begin{aligned} \frac{a_1 + \mathrm{i}b_1}{a_2 + \mathrm{i}b_2} &= \frac{(a_1 + \mathrm{i}b_1) \cdot (a_2 - \mathrm{i}b_2)}{(a_2 + \mathrm{i}b_2) \cdot (a_2 - \mathrm{i}b_2)} = \frac{a_1 a_2 + b_1 b_2 + (a_2 b_1 - a_1 b_2)\mathrm{i}}{a_2^2 + b_2^2} = \\ &= \frac{a_1 a_2 + b_1 b_2}{a_2^2 + b_2^2} + \frac{a_2 b_1 - a_1 b_2}{a_2^2 + b_2^2}\,\mathrm{i}\,. \end{aligned} \tag{43}$$

Damit haben wir alle Operationen, die wir bei den reellen Zahlen verwenden, auch für komplexe Zahlen definiert. Es läßt sich leicht zeigen, daß auch für das Rechnen mit komplexen Zahlen das kommutative, das assoziative und das distributive Gesetz gilt.

Zunächst hat es den Anschein, als ob die Einführung der komplexen Zahlen ein Spiel ist, das zwar nach logisch einwandfreien Regeln verläuft, das aber nicht weiter von Nutzen ist. Das trifft jedoch nicht zu. Mit Hilfe der komplexen Zahlen lassen sich verschiedene Naturvorgänge, wie z. B. Schwingungen besser als mit reellen Zahlen darstellen. Weiterhin gewinnt man wesentlich neue Einblicke in das Wesen der mathematischen Funktionen, wenn man sie auch auf komplexe Variable erweitert. Schließlich kann man mit Hilfe der komplexen Zahlen verschiedene Probleme bei Integrationen und bei Differentialgleichungen lösen, die sonst nicht zu bewältigen wären. Wir kommen auf alle diese Dinge noch in anderen Abschnitten dieses Buches, besonders im Kapitel über Funktionentheorie, zurück.

G. Einige abgeleitete Rechenregeln

1. Das Rechnen mit Summen- und Produktzeichen

Das Rechnen mit allgemeinen Zahlen wird im Elementarunterricht ausgiebig geübt. Dabei wird aber im allgemeinen nicht auf die für die höhere Mathematik äußerst wichtige abgekürzte Schreibweise für Summen und Produkte eingegangen. Wir wollen diese daher im folgenden etwas ausführlicher behandeln.

Um eine Summe über eine größere Anzahl von Summanden in abgekürzter Form schreiben zu können, hat man das *Summenzeichen* $\sum$ eingeführt. Für die Summe aus n Summanden

$$a_1 + a_2 + a_3 + \cdots + a_{n-1} + a_n \tag{44}$$

schreibt man:

$$\sum_{k=1}^{n} a_k \tag{45}$$

und liest: Summe über alle a_k von k gleich 1 bis n. k nennt man den *Summationsindex*,

liert lautet die Anweisung, die ein Summenzeichen der Gestalt $\sum_{k=n_0}^{n} a_k$ gibt, folgendermaßen: *Erteile dem Index k der Reihe nach alle Werte von n_0 bis n und addiere die dabei jeweils unter dem Summenzeichen entstehenden Ausdrücke a_k.* Die Summanden a_k können beliebige Ausdrücke sein, die irgendwie von k abhängen. Es gilt z. B.:

$$\sum_{k=2}^{4} (k^2 + 7) = (4 + 7) + (9 + 7) + (16 + 7) = 50\,. \tag{46}$$

Kommt der Summationsindex im Ausdruck hinter dem Summenzeichen nicht vor, so muß man für jeden Wert von k jeweils den gleichen Ausdruck als Summand schreiben. Es gilt so z. B.

$$\sum_{k=2}^{4} a^2 = a^2 + a^2 + a^2 = 3a^2\,. \tag{47}$$

Für das Rechnen mit Summenzeichen gelten eine Reihe von Regeln, deren Richtigkeit sich einfach dadurch beweisen läßt, daß man den Ausdruck mit dem Summenzeichen durch die Summe, die er darstellt, ersetzt. Sie lauten: Man kann jederzeit den Buchstaben für den Summationsindex austauschen. Darüber hinaus darf man auch z. B. den Index k etwa durch $k + 3$ ersetzen, wenn man die Summationsgrenzen entsprechend abändert. Wir können also z. B. schreiben

$$\sum_{j=2}^{5} a_j = \sum_{k=2}^{5} a_k = \sum_{k=-1}^{2} a_{k+3}\,, \tag{48}$$

da jeder der drei Ausdrücke die Summe $a_2 + a_3 + a_4 + a_5$ darstellt. Des weiteren gilt, wie man sich leicht überzeugen kann,

$$\sum_{k=n_0}^{n} a_k + \sum_{j=n_0}^{n} b_j = \sum_{k=n_0}^{n} (a_k + b_k) \tag{49}$$

und

$$c \cdot \sum_{k=n_0}^{n} a_k = \sum_{k=n_0}^{n} c\,a_k\,. \tag{50}$$

Außer der einfachen Summe ist es bisweilen auch von Vorteil, mehrfache Summen zu verwenden. Der Ausdruck

$$\sum_{k=1}^{2} \sum_{j=1}^{3} a_k b_j \tag{51}$$

z. B. bedeutet: *Erteile zunächst dem Index j alle Werte von* 1 *bis* 3 *und schreibe die Summanden hin. Anschließend erteile dem Index k alle Werte von* 1 *bis* 2 *und vervielfache so die Anzahl der Summanden.* Ausgeführt ergibt das

$$\begin{aligned} \sum_{k=1}^{2} \sum_{j=1}^{3} a_k b_j &= \sum_{k=1}^{2} (a_k b_1 + a_k b_2 + a_k b_3) = \\ &= a_1 b_1 + a_1 b_2 + a_1 b_3 + a_2 b_1 + a_2 b_2 + a_2 b_3\,. \end{aligned} \tag{52}$$

Mit Hilfe einer solchen Doppelsumme läßt sich auch das Produkt zweier Summen umformen. Es gilt

$$\sum_{k=n_0}^{n} x_k \sum_{j=m_0}^{m} y_j = \sum_{k=n_0}^{n} \sum_{j=m_0}^{m} x_k y_j\,. \tag{53}$$

Sollte das Produkt in der Form $\sum_{k=n_0}^{n} x_k \sum_{k=m_0}^{m} y_k$ gegeben sein, bei der in beiden Summen der gleiche Summationsindex auftritt, so muß man vor Bildung der Doppelsumme einen der beiden Summationsindices umbenennen. Das angegebene Produkt ist *nicht* gleich $\sum_{k=n_0}^{n} \sum_{k=m_0}^{m} x_k y_k$, wie man sich leicht durch ein spezielles Beispiel überzeugen kann. Die gleichen Rechengesetze gelten auch für Ausdrücke mit mehr als zwei Einzelsummen.

Die hier angegebenen Rechenregeln für die Transformation von Indices bei einfachen und mehrfachen Summen sowie bei Produkten von Summen sind von größter Wichtigkeit für das praktische Rechnen und müssen daher vollkommen beherrscht werden. Es sei diesbezüglich besonders auf die Übungen am Ende des Kapitels verwiesen.

Ebenso wie eine Summe kann man auch ein *Produkt* über mehrere Faktoren in abgekürzter Weise anschreiben. Man verwendet hierzu das Produktzeichen $\prod$. An Stelle von

$$a_1 a_2 a_3 \dots a_n$$

schreibt man dann

$$\prod_{k=1}^{n} a_k$$

und liest: Produkt über alle a_k von k gleich 1 bis n.

2. Das Rechnen mit Ungleichungen

In einem vorangegangenen Abschnitt haben wir das „größer"- und „kleiner"-Zeichen eingeführt. Diese Zeichen lassen sich dazu verwenden, Relationen zwischen verschiedenen Ausdrücken anzugeben. Es gilt beispielsweise, wie wir hier ohne Beweis anführen wollen, für alle ganzen Zahlen a und b, die größer als 2 sind, die Beziehung

$$a \cdot b > a + b \,. \tag{54}$$

Man kann auch Relationen aufstellen, bei denen gleichzeitig ein Gleichheitszeichen und ein Ungleichheitszeichen auftritt. Die Relation

$$a \geqq b \tag{55}$$

besagt, daß a entweder größer oder gleich b ist. Ausdrücke der Form Gl. (54) oder Gl. (55) sowie entsprechende Ausdrücke mit dem „kleiner"-Zeichen bezeichnet man als *Ungleichungen.* Das Rechnen mit solchen Ungleichungen ist für verschiedene Betrachtungen, unter anderem bei der Untersuchung von unendlichen Reihen, von großer Bedeutung, so daß wir darauf etwas näher eingehen müssen.

Man kann leicht die folgenden Behauptungen beweisen:

1. Ist

$$a > b, \tag{56}$$

so ist auch

$$a + c > b + c \quad \text{für jede reelle Zahl } c \,. \tag{57}$$

Ferner folgt aus Gl. (56)

$$ac > bc \quad \text{für} \quad c > 0 \tag{58}$$

und

$$ac < bc \quad \text{für} \quad c < 0 \,. \tag{59}$$

Aus Gl. (56) folgt schließlich auch

$$-b > -a \,, \tag{60}$$

was man dadurch beweist, daß man auf beiden Seiten $-a-b$ hinzufügt. Wenn man bei einer Ungleichung die Seiten vertauscht, muß man daher im Unterschied zu einer Gleichung auch die Vorzeichen vertauschen! Was hier für das „größer"-Zeichen angegeben wurde, gilt in analoger Weise auch für das „kleiner"-Zeichen.

2. Gilt außer der Ungleichung $a > b$ noch eine zweite Ungleichung $x > y$, so kann man daraus schließen, daß

$$a + x > b + y \tag{61}$$

ist, nicht aber, daß $a - x > b - y$ ist.

3. Eine wichtige Beziehung stellt die *Bernoullische Ungleichung* dar. Sie besagt, daß für $x > 0$ und alle natürlichen Zahlen $n > 1$ gilt

$$(1 + x)^n > 1 + nx\,. \tag{62}$$

Man kann sie leicht durch vollständige Induktion beweisen. Hierzu zeigen wir zunächst, daß die Ungleichung für $n = 2$ richtig ist. Das ist unmittelbar einsichtig, da man in diesem Fall Gl. (62) zufolge erhält $(1 + x)^2 > 1 + 2x$ bzw. durch Ausquadrieren $(1 + x)^2 = 1 + 2x + x^2 > 1 + 2x$; die linke Seite ist um das positive Glied x^2 größer als die rechte. Als nächstes setzen wir nun voraus, daß die Ungleichung für irgendein n, das wir n_0 nennen, bewiesen ist, daß also gilt

$$(1 + x)^{n_0} > 1 + n_0 x\,. \tag{63}$$

Wir zeigen dann, daß daraus folgt, daß die Ungleichung auch für $n_0 + 1$ richtig ist, daß also auch gilt

$$(1 + x)^{n_0 + 1} > 1 + (n_0 + 1)x. \tag{64}$$

Um das zu beweisen, multiplizieren wir Gl. (63) rechts und links mit der positiven Größe $1 + x$ und erhalten

$$(1 + x)^{n_0 + 1} > 1 + (n_0 + 1)x + n_0 x^2\,. \tag{65}$$

Diese Ungleichung bleibt nun auch richtig, wenn man auf der rechten Seite $n_0 x^2$ wegstreicht, weil dadurch diese Seite noch kleiner gemacht wird. Durch das Wegstreichen haben wir aber gerade die zu beweisende Gl. (64) erhalten. Damit ist gezeigt, daß aus der Gültigkeit der Gl. (62) für $n = 2$ die Gültigkeit für $n = 3$ folgt, daraus wieder die Gültigkeit für $n = 4$ usw.

Einige bemerkenswerte Formeln erhält man, wenn man Ungleichungen betrachtet, in denen die absoluten Beträge von Zahlen vorkommen. Aus

$$|x| \leqq a \tag{66}$$

folgt, falls x eine reelle Zahl ist,

$$-a \leqq x \leqq a\,. \tag{67}$$

Ferner gilt noch für reelle und komplexe x die sogenannte *Dreiecksungleichung*

$$|x + y| \leqq |x| + |y|\,, \tag{68}$$

die man besonders leicht an Hand der Abb. 7 einsieht. Sie beruht darauf, daß eine Seite eines Dreiecks immer kleiner als die Summe der beiden anderen ist.

Fragen und Aufgaben

1. Welche Möglichkeiten gibt es, die Elemente einer Menge anzugeben?
2. Erkläre die folgenden Begriffe aus der Mengenlehre: Summe, Vereinigung, Durchschnitt, kartesisches Produkt, Teilmenge, Mächtigkeit.
3. Zähle die Elemente der Menge auf, die von den geraden Zahlen zwischen 15 und 25 gebildet werden. Welche Elemente enthalten mindestens eine Zwei, welche genau eine Zwei?
4. Die Menge M_1 wird aus den einzelnen chemischen Reaktionen, bei denen Wasserstoff abgegeben wird, gebildet. Die Menge M_2 besteht aus den chemischen Reaktionen, bei denen in einem Kohlenwasserstoff ein H-Atom durch ein Cl-Atom ersetzt wird. Gib einige Beispiele für die Elemente dieser Mengen an. Sind die beiden Mengen gleich mächtig?
5. Gegeben seien die Elemente „Stube reinigen", „Eimer mit Farbe auf den Boden stellen" und „Eimer ausgießen". Die Operation „Plus" bedeute das aufeinanderfolgende Ausführen zweier genannter Tätigkeiten. Prüfe, ob hinsichtlich dieser Operation das assoziative und das kommutative Gesetz gilt.
6. Stelle die Zahl vierundzwanzig im römischen Zahlensystem, im Dezimalsystem und im dualen System dar. Addiere im dualen System die Zahlen zwölf und fünf.
7. Welche der beiden folgenden Aussagen ist richtig: a) In der Zahlentheorie werden metaphysische Spekulationen über die Natur der Zahl angestellt. b) In der Zahlentheorie werden die Gesetzmäßigkeiten der natürlichen Zahlen erforscht.
8. Zu welchem Zweck werden die negativen Zahlen, die Brüche, die irrationalen Zahlen und die komplexen Zahlen eingeführt?
9. Welche Zeichen bzw. Zeichenkombinationen stellen im Ausdruck $a + b(c + d) - e(f - g)$ einen Faktor, einen Summand, ein Produkt, eine Summe bzw. eine Differenz dar?
10. Durch welche Gleichung ist der Bruch 2/3 definiert?
11. Was ist ein offenes, ein halboffenes und ein geschlossenes Intervall?
12. Wie kann man zeigen, daß auch bei irrationalen Zahlen die größer- und kleiner-Relation definiert ist?
13. Bilde Summe, Differenz, Produkt und Quotient der Zahlen x und y für: a) $x = 2 + 4\mathrm{i}$, $y = 3 - \mathrm{i}$; b) $x = -2\mathrm{i}$, $y = -5$.
14. Bestimme den Betrag, den Realteil, den Imaginärteil, das Quadrat und die fünfte Potenz der folgenden Zahlen: a) $2 + 4\mathrm{i}$, b) -5, c) 5, d) $-\mathrm{i}$.
15. Mache den Nenner reell und stelle die Zahlen in der Gaußschen Zahlenebene dar: a) $5/(1 + 2\mathrm{i})$, b) $(\mathrm{i} + 1)/(\mathrm{i} - 1)$.
16. Berechne: a) $\sum_{n=2}^{4} (n^2 + 1)$, b) $\sum_{n=1}^{2} (n + 1)(n - 1)$, c) $\sum_{k=1}^{3} 5a$, d) $\sum_{n=1}^{3} (n + 1) \sum_{n=1}^{3} (n - 1)$, e) $\prod_{k=1}^{3} (a + k)$, f) $\sum_{k=1}^{3} k \sum_{k=1}^{3} k$, g) $\sum_{j=0}^{4} (-1)^j (j + 1)$.
17. Vereinfache: a) $\sum_{k=1}^{5} a_k + \sum_{i=3}^{7} a_{i-2}$, b) $\sum_{i=1}^{3} (a_i + 1) \sum_{i=1}^{3} (a_i + 1)$.
18. Zeige mit Hilfe vollständiger Induktion, daß für $n \geqq 5$ gilt $2^n > n^2$.
19. Für welche x gilt: a) $(x - 1)(x + 1) > 1$, b) $|x - 1| > 1$, c) $|(x - 1)/(x + 1)| > 1$.

III. Kombinatorik

A. Permutationen

In der Kombinatorik wird die Anzahl der Anordnungen bestimmt, die eine Reihe von Gegenständen, Elemente genannt, unter bestimmten Gesichtspunkten einnehmen kann. Aufgaben dieser Art treten in den verschiedenen Zweigen der Chemie sehr häufig auf.

Als erstes betrachten wir das folgende Problem: *Gegeben sind n verschiedene Elemente. Auf wieviele Arten kann man diese Elemente in einer Reihe anordnen?* Eine Umstellung der Elemente, die zu einer neuen Anordnung führt, bezeichnet man als Permutation. Gefragt ist also nach der Anzahl der *Permutationen von n Elementen.* Man bezeichnet diese Zahl mit P_n.

Betrachten wir zunächst das Beispiel von drei vorgegebenen Elementen a, b und c. Durch Probieren stellen wir fest, daß es für diese Elemente sechs verschiedene Anordnungen gibt, die in Tab. 1 angegeben sind. Die Zahl sechs kann man auch durch

Tab. 1. Permutationen von 3 Elementen a, b und c.

a	b	c
a	c	b
b	a	c
b	c	a
c	a	b
c	b	a

eine Überlegung erhalten: Wir haben drei Plätze, die wir durch drei Elemente besetzen müssen. Wenn wir den ersten Platz besetzen, so stehen uns hierfür drei Elemente zur Verfügung, nämlich a, b oder c. Es gibt also hierfür drei Möglichkeiten. Zur Besetzung des zweiten Platzes gibt es jeweils nur noch zwei Möglichkeiten. War nämlich der erste Platz z. B. mit a besetzt, so stehen für den zweiten Platz noch b oder c zur Verfügung. Für den dritten Platz gibt es schließlich nur noch eine Möglichkeit. Insgesamt erhält man somit $3 \cdot 2 \cdot 1 = 6$ Möglichkeiten.

Liegen allgemein n Elemente zur Verteilung auf n Plätze vor, so kann man die Anzahl der Permutationen nach dem gleichen Prinzip berechnen. Auf den ersten Platz können n verschiedene Elemente kommen, auf den zweiten jeweils $n - 1$ Elemente, auf den dritten jeweils $n - 2$ Elemente usw., bis dann für den n-ten Platz jeweils genau ein Element übrigbleibt. Die Zahl der Permutationen ist daher durch $n \cdot (n-1) \cdot (n-2) \cdot \ldots \cdot 2 \cdot 1$ gegeben. Für dieses Produkt führt man nun die abgekürzte Schreibweise $n!$ ein, (lies: „n Fakultät" oder „n Faktorielle").

$$n! = n \cdot (n-1) \cdot (n-2) \cdot \ldots \cdot 2 \cdot 1 \,. \tag{1}$$

Damit kommen wir zum Resultat, daß die Zahl der Permutationen P_n von n Elementen gegeben ist durch

$$P_n = n! \,. \tag{2}$$

Jede Permutation kann man auf eine Anzahl von Vertauschungen von je zwei Elementen zurückführen. Wenn man von *abc* z. B. auf *cab* kommt, so kann man das dadurch erreichen, daß man zunächst *c* mit *a* vertauscht und anschließend *a* mit *b*. Eine derartige Vertauschung bezeichnet man jeweils als *Transposition*. Wenn eine Permutation durch eine geradzahlige Anzahl von Transpositionen zustande kommt, so spricht man von einer *geraden Permutation*. Andernfalls nennt man die Permutation *ungerade*.

Bei den bisherigen Betrachtungen wurde vorausgesetzt, daß die Elemente alle voneinander verschieden sind. Sind nun einige Elemente einander gleich, so wird die Anzahl der Permutationen kleiner als bei ausschließlich verschiedenen Elementen, da alle Permutationen, die durch Vertauschung von gleichen Elementen hervorgehen, zusammenfallen und daher nur einmal gezählt werden dürfen. Nehmen wir beispielsweise an, daß bei den vorher betrachteten drei Elementen *a*, *b* und *c* die beiden letzten Elemente einander gleich sind, so daß die zu permutierenden Elemente lauten: *a*, *b*, *b*. Es bleiben dann, wie man leicht durch Probieren feststellen kann, nur noch drei verschiedene Permutationen übrig, die in Tab. 2 angegeben sind.

Tab. 2. Permutationen von 3 Elementen *a*, *b*, *b*.

a	*b*	*b*
b	*a*	*b*
b	*b*	*a*

Um eine allgemeine Formel für die Zahl der Permutationen P_{n,n_1} von n Elementen, von denen n_1 einander gleich sind, zu erhalten, wollen wir einen indirekten Weg einschlagen. Wir nehmen an, wir kennen die gesuchte Zahl P_{n,n_1} und fragen uns, um welchen Faktor sich diese erhöht, wenn man die n_1 gleichen Elemente unterscheidbar macht. Durch Multiplikation von P_{n,n_1} mit diesem Faktor erhält man dann die Zahl P_n der Permutationen von n verschiedenen Elementen. Der gesuchte Faktor ist offensichtlich gleich $n_1!$, da man aus jeder Permutation vor dem Unterscheidbarmachen der Elemente so viele neue Permutationen erhält, wie es Vertauschungsmöglichkeiten der n_1 ehemals gleichen Elemente gibt, d. h. also $n_1!$. Wir können daher schreiben

$$P_n = n_1! \cdot P_{n,n_1}\,, \tag{3}$$

woraus wir dann mit Hilfe von Gl. (2) erhalten

$$P_{n,n_1} = \frac{n!}{n_1!}\,. \tag{4}$$

Bei dem Beispiel aus der Tab. 2 ist $n = 3$ und $n_1 = 2$, und die gesuchte Zahl der Permutationen $P_{3,2}$ ergibt sich nach dieser Formel zu 3, wie wir es auch schon durch Probieren erhalten hatten.

Wenn wir schließlich noch nach der Anzahl der Permutationen von n Elementen fragen, von denen jeweils n_1, n_2, n_3, usw. einander gleich sind, so erhalten wir mit Hilfe ähnlicher Überlegungen wie oben

$$P_{n,n_1,n_2,n_3,\ldots} = \frac{n!}{n_1! \cdot n_2! \cdot n_3! \ldots}, \tag{5}$$

wobei im Nenner so viele Faktoren auftreten, wie es Gruppen von einander gleichen Elementen gibt.

Wir wollen diese Ausführungen durch ein Beispiel aus der Chemie ergänzen. Betrachten wir einen linearen Kohlenwasserstoff aus acht Kohlenstoffatomen, bei dem an einem Ende ein Chlor- und am anderen Ende ein Jod-Atom substituiert ist. Es sollen in der Kohlenstoffkette drei Doppelbindungen

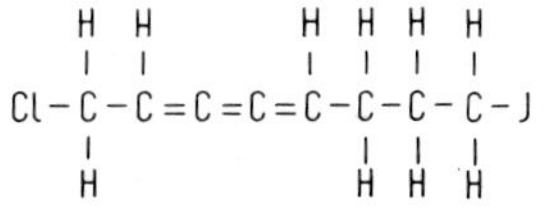

Abb. 1. Beispiel für ein Isomeres des betrachteten Moleküls.

auftreten, während die restlichen vier Bindungen Einfachbindungen sind (s. Abb. 1). Wir fragen, wie viele verschiedene Isomere es hinsichtlich der Anordnungen der Doppelbindungen gibt ohne Rücksicht darauf, ob diese Isomere chemisch stabil sind. Um das Problem zu lösen, betrachten wir die insgesamt auftretenden sieben Bindungen, von denen je drei und je vier einander gleich sind. Die Anzahl der Isomeren ist dann durch die Zahl der Permutationen von sieben Elementen, von denen drei und vier jeweils einander gleich sind, gegeben. Wir erhalten dafür mit Hilfe von Gl. (5)

$$P_{7,3,4} = \frac{7!}{3! \cdot 4!} = \frac{7 \cdot \cancel{6} \cdot 5 \cdot \cancel{4 \cdot 3 \cdot 2 \cdot 1}}{\cancel{1 \cdot 2 \cdot 3 \cdot 4} \cdot 1 \cdot \cancel{2 \cdot 3}} = 35\,. \tag{6}$$

B. Variationen

Das zweite Problem, das wir im Rahmen der Kombinatorik behandeln, läßt sich in folgender Weise formulieren: *Gegeben sind n voneinander verschiedene Elemente. Wie viele Möglichkeiten gibt es, aus diesen Elementen i Elemente herauszugreifen und in verschiedener Weise anzuordnen?* Diese Möglichkeiten bezeichnet man als *Variation von n Elementen zur i-ten Klasse* und verwendet für ihre Anzahl das Symbol $V_{n,i}$.

Betrachten wir zunächst als Beispiel den Fall von $n = 4$ Elementen, die wir mit a, b, c und d bezeichnen wollen, aus denen wir $i = 2$ Elemente herausgreifen. Die verschiedenen Variationen sind für diesen Fall in Tab. 3 angegeben. Man sieht, daß es zwölf verschiedene Variationen gibt, daß also $V_{4,2} = 12$ ist.

Eine allgemeine Formel für $V_{n,i}$ erhalten wir mit Hilfe der folgenden Überlegung: Wir haben n verschiedene Elemente und sollen diese auf i Plätze verteilen. Zur Besetzung des ersten Platzes gibt es n Möglichkeiten, da jedes der vorgegebenen Elemente darauf zu liegen kommen kann. Zur Besetzung des zweiten Platzes gibt es jeweils noch $n - 1$ Möglichkeiten, für den dritten Platz $n - 2$ Möglichkeiten usw., bis schließlich der i-te Platz auf $n - i + 1$ Arten besetzt werden kann. Dadurch erhalten wir insgesamt $n \cdot (n - 1) \cdot (n - 2) \cdot \ldots \cdot (n - i + 1)$ Möglichkeiten, wofür wir kürzer auch $\frac{n!}{(n-i)!}$ schreiben können. Es gilt also

$$V_{n,i} = \frac{n!}{(n-i)!}\,. \tag{7}$$

Man kann nun weiter danach fragen, *wie viele Möglichkeiten es dafür gibt, i Elemente herauszugreifen und in verschiedener Weise anzuordnen unter der Bedingung, daß man jedes Element beliebig oft verwenden kann.* Die einzelnen Anordnungen nennt man in diesem Fall *Variationen von n Elementen zur i-ten Klasse mit Wiederholung.* Man bezeichnet ihre Anzahl mit $\bar{V}_{n,i}$.

Tab. 3. Variationen von 4 Elementen *a, b, c* und *d* zur 2. Klasse ohne Wiederholung.

a	*b*
b	*a*
a	*c*
c	*a*
a	*d*
d	*a*
b	*c*
c	*b*
b	*d*
d	*b*
c	*d*
d	*c*

Wenn wir wieder zu dem Beispiel der 4 Elemente *a, b, c, d* zurückkehren, so kommen bei Zulassung von Wiederholungen zu den Variationen, die in Tabelle 3 angegeben sind, die vier Variationen *aa, bb, cc, dd* hinzu. Es gibt also insgesamt 16 Variationen mit Wiederholung von vier Elementen zur zweiten Klasse. Die Formel für den allgemeinen Fall von *n* Elementen zur *i*-ten Klasse mit Wiederholung gewinnen wir in folgender Weise: Wir müssen *n* Elemente auf *i* Plätze verteilen, wobei jedes Element beliebig oft vorkommen kann. Für die Wahl des ersten Elementes gibt es *n* verschiedene Möglichkeiten, da jedes der *n* vorgegebenen Elemente an erster Stelle stehen kann. Für die Wahl des zweiten Elementes gibt es ebenfalls *n* Möglichkeiten, da ja im Falle der Variationen mit Wiederholung wieder alle vorgegebenen Elemente zur Verfügung stehen. Das gleiche gilt auch für die dritte, vierte usw. bis zur *i*-ten Stelle. Man erhält somit *i* mal den Faktor *n*, also

$$\bar{V}_{n,i} = n^i \,. \tag{8}$$

Wir betrachten nun zwei Beispiele:

1. Wie viele dreistellige Zahlen lassen sich aus den Ziffern eins bis neun schreiben, wenn jede Ziffer nur einmal vorkommen soll? Um diese Aufgabe zu lösen, muß man die Zahl der Variationen von 9 Elementen zur dritten Klasse bestimmen. Mit Hilfe von Gl. (7) ergibt sich

$$V_{9,3} = \frac{9!}{(9-3)!} = \frac{9!}{6!} = 7 \cdot 8 \cdot 9 = 504 \,.$$

2. Wie viele dreistellige Zahlen lassen sich aus den Ziffern eins bis neun schreiben, wenn jede Ziffer beliebig oft vorkommen kann? Bei diesem Problem handelt es sich um die Bestimmung der Zahl der Variationen von 9 Elementen zur dritten Klasse mit Wiederholung. Mit Hilfe von Gl. (8) ergibt sich

$$\bar{V}_{9,3} = 9^3 = 729 \,.$$

Lassen wir die Ziffern null bis neun zu, so haben wir 10 Elemente, und wir erhalten

$$\bar{V}_{10,3} = 10^3 = 1000 .$$

Die gesuchten Variationen stellen die 1000 Zahlen von 0 bis 999 dar, wenn wir übereinkommen, daß die Nullen vor der ersten Ziffer, z. B. in 012, als nicht existent betrachtet werden.

C. Kombinationen

Das dritte und letzte Problem, das uns hier interessiert, ist das folgende: *Gegeben sind n verschiedene Elemente. Auf wie viele Arten lassen sich aus ihnen i Elemente herausgreifen, wenn es auf die Reihenfolge der herausgegriffenen Elemente nicht ankommt und jedes Element nur einmal in einer herausgegriffenen Menge vorkommen darf.* Wir bilden also ungeordnete Gruppen aus je i Elementen. Man nennt solche Gruppen *Kombinationen von n Elementen zur i-ten Klasse* und bezeichnet ihre Anzahl mit $C_{n,i}$.

Wir betrachten wieder als Beispiel den Fall, daß 4 Elemente vorliegen, die wir mit a, b, c und d bezeichnen. Die Kombinationen zur zweiten Klasse von diesen Elementen sind in Tabelle 4 angegeben. Man sieht, daß es sechs Kombinationen gibt. Alle weiteren möglichen Paare, wie z. B. das Paar ba, würden sich von den in Tab. 4 angegebenen nur durch die Reihenfolge unterscheiden und gelten daher nicht als neue Kombinationen, da es ja auf die Reihenfolge der herausgegriffenen Elemente definitionsgemäß nicht ankommen soll. Gerade darin unterscheiden sich die Kombinationen von den bereits behandelten Variationen.

Tab. 4. Kombinationen von 4 Elementen a, b, c, d zur 2. Klasse ohne Wiederholung.

$a\ b$
$a\ c$
$a\ d$
$b\ c$
$b\ d$
$c\ d$

Tab. 5. Kombinationen von 4 Elementen zur 2. Klasse mit Wiederholung.

$a\ b$
$a\ c$
$a\ d$
$b\ c$
$b\ d$
$c\ d$
$a\ a$
$b\ b$
$c\ c$
$d\ d$

Um die Anzahl der Kombinationen zu bestimmen, gehen wir vom Zusammenhang zwischen Kombinationen und Variationen aus. Aus Kombinationen werden Variationen, wenn man jeweils die i Elemente in den einzelnen Gruppen auf alle möglichen Arten permutiert. Wenn man die Zahl der Kombinationen, $C_{n,i}$, mit $i!$ multipliziert, so muß man dementsprechend die Anzahl der Variationen, $V_{n,i}$, erhalten:

$$i!\,C_{n,i} = V_{n,i} .$$

Daraus folgt:

$$C_{n,i} = \frac{n!}{i!(n-i)!} .$$

Für den Ausdruck $\frac{n!}{i!(n-i)!}$ schreibt man gewöhnlich als Abkürzung $\binom{n}{i}$ und liest „n über i“. Es gilt also:

$$C_{n,i} = \binom{n}{i} \tag{9}$$

mit

$$\binom{n}{i} = \frac{n!}{i!(n-i)!} = \frac{n(n-1)\cdot\ldots\cdot[n-(i-1)]}{i!}. \tag{10}$$

Man kann nun noch die Zahl der *Kombinationen von n Elementen zur i-ten Klasse mit Wiederholung* bestimmen, die sich von den zuerst genannten Kombinationen dadurch unterscheidet, daß jedes Element beliebig oft verwendet werden kann. Für das von uns betrachtete Beispiel von vier Elementen sind diese Kombinationen in Tab. 5 angegeben. Man sieht, daß es 10 derartige Kombinationen gibt. Die allgemeine Formel zur Berechnung der Zahl $\bar{C}_{n,i}$ dieser Kombinationen lautet*)

$$\bar{C}_{n,i} = \binom{n+i-1}{i}. \tag{11}$$

Abschließend stellen wir die Bezeichnungen und Formeln für die verschiedenen Fälle von Kombinationen und Variationen in Tab. 6 übersichtlich zusammen.

Tab. 6. Übersicht über die Formeln für Variationen und Kombinationen.

	Variationen d. h. Reihenfolge wesentlich	Kombinationen d. h. Reihenfolge unwesentlich
ohne Wiederholung	$V_{n,i} = \frac{n!}{(n-i)!}$	$C_{n,i} = \binom{n}{i}$
mit Wiederholung	$\bar{V}_{n,i} = n^i$	$\bar{C}_{n,i} = \binom{n+i-1}{i}$

Wir müssen uns nun noch etwas eingehender mit den durch Gl. (10) definierten Ausdrücken $\binom{n}{i}$ befassen, da diese in der Mathematik oft verwendet werden. Man nennt diese Ausdrücke *Binomialkoeffizienten*. Für die Binomialkoeffizienten gilt ein wichtiges Additionstheorem:

$$\binom{n}{i-1} + \binom{n}{i} = \binom{n+1}{i}. \tag{12}$$

Es läßt sich leicht beweisen, indem man die Definitionsgleichung (10) zu Hilfe nimmt. Es ergibt sich dann

$$\binom{n}{i-1} + \binom{n}{i} = \frac{n!}{(i-1)!(n-i+1)!} + \frac{n!}{i!(n-i)!} =$$
$$= \frac{n!(i+n-i+1)}{i!(n-i+1)!} = \frac{(n+1)!}{i!(n-i+1)!} = \binom{n+1}{i}.$$

*) Siehe hierzu Duschek I, S. 53.

Beim Rechnen mit den Fakultäten muß beachtet werden, daß das kleinste gemeinsame Vielfache von $(i-1)!$ und $i!$ die Größe $i!$ ist, da in ihr $(i-1)!$ mit dem Faktor i enthalten ist. Ferner wollen wir feststellen, daß $\binom{n}{n}=1$, $\binom{n}{0}=1$ und $\binom{0}{0}=1$ ist, wenn man dem zunächst sinnlosen Ausdruck $0!$ den Wert 1 zuordnet.

Wir geben nun noch zwei Beispiele für das Berechnen von Kombinationen:

1. Wie viele verschiedene Augenzahlen kann man beim Würfeln mit drei Würfeln erhalten? Lösung: Jeder der drei Würfel kann eine Augenzahl zwischen eins und sechs aufweisen. Mögliche Ergebnisse beim Würfeln sind z. B. die Augenzahlen 1, 5, 2 oder 2, 2, 6. Ein Wurf mit drei Würfeln ist also dadurch gekennzeichnet, daß man aus der Menge von sechs verschiedenen Augenzahlen drei Augenzahlen herausgreift. Da es dabei auf die Reihenfolge nicht ankommt (die Ergebnisse 1, 5, 3 und 1, 3, 5 geben die gleiche Augenzahl) und da außerdem jede Augenzahl mehrfach vorkommen kann, handelt es sich um Kombinationen von 6 Elementen zur dritten Klasse mit Wiederholung. Die Zahl der möglichen Würfe ist also gegeben durch

$$\bar{C}_{6,3}=\binom{6+3-1}{3}=\binom{8}{3}=\frac{8!}{3!\cdot 5!}=\frac{6\cdot 7\cdot 8}{1\cdot 2\cdot 3}=56\,.$$

2. Gegeben sind n gleiche Kugeln. Auf wie viele verschiedene Arten kann man die Kugeln zu k Gruppen von mindestens einem Element zusammenfassen? Das ist ein für die Thermodynamik der Gase bei tiefen Temperaturen sehr wichtiges Problem. Es handelt sich hierbei nicht um Kombinationen von n Elementen zur k-ten Klasse, da erstens die vorgegebenen Elemente einander gleich sind und zweitens die Zahl der

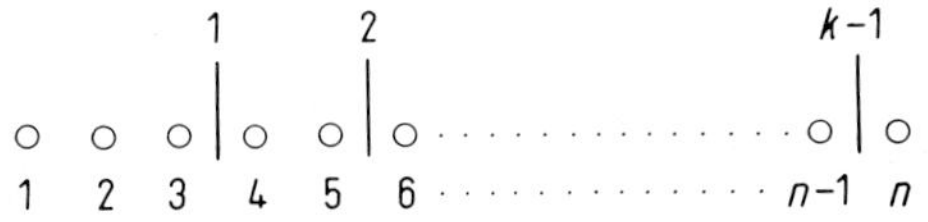

Abb. 2. Zum Problem der Einteilung von n gleichen Kugeln in k Gruppen.

Elemente von Gruppe zu Gruppe verschieden ist. Das Problem ist komplizierter und kann in folgender Weise gelöst werden: Man denkt sich die n Kugeln in einer Reihe aufgezeichnet und die Gruppeneinteilung dadurch vorgenommen, daß man $k-1$ Schieber zwischen die Elemente einführt (s. Abb. 2). Die Zahl der möglichen Gruppeneinteilungen ergibt sich dadurch, daß man feststellt, auf wie viele Arten sich die $k-1$ Schieber auf die $n-1$ Zwischenräume verteilen lassen, d. h. auf wie viele Arten man $k-1$ Zwischenräume aus der Gesamtzahl von $n-1$ Zwischenräumen herausholen kann. Das entspricht gerade der Kombination von $n-1$ Elementen zur $(k-1)$-ten Klasse. Die Zahl der Gruppeneinteilungen ist also

$$\binom{n-1}{k-1}. \tag{13}$$

D. Binomischer Lehrsatz

Wir wollen noch als Ergänzung zur Kombinatorik den Ausdruck $(a+b)^n$ untersuchen. Es gilt

$$(a+b)^0=1, \tag{14}$$

weil jede Zahl zur nullten Potenz eins ergibt. Ferner erhalten wir, daß

$$(a+b)^1=a+b \tag{15}$$

ist und daß

$$(a+b)^2=(a+b)(a+b)=a^2+2ab+b^2 \tag{16}$$

ist. Auch höhere Potenzen von $a + b$ können wir im Spezialfall, d. h. für einen bestimmten Wert der Potenz n immer berechnen. Wir fragen nun: *Gibt es irgendeine allgemeine Formel, durch die sich das Resultat beim Ausrechnen von $(a + b)^n$ für beliebiges n darstellen läßt?* Diese Frage kann bejaht werden. Wir erhalten die gesuchte Formel in folgender Weise:

$(a + b)^n$ ist ein Produkt von n Faktoren:

$$(a + b)^n = \underbrace{(a + b)(a + b)(a + b) \dots (a + b)}_{n \text{ Faktoren}}. \tag{17}$$

Beim Ausmultiplizieren dieses Produktes erhält man eine Summe von Produkten aus je n Faktoren, die entweder a oder b lauten. Wenn wir z. B. aus k Klammern das Glied a nehmen und aus den restlichen $n - k$ Klammern das Glied b, so erhalten wir das Produkt $a^k b^{n-k}$. Wie oft tritt dieses Produkt auf? Die k Klammern, aus denen a stammt, können aus den n Klammern auf der rechten Seite von Gl. (17) auf $\binom{n}{k}$ verschiedene Arten herausgegriffen werden. Das Produkt $a^k b^{n-k}$ kommt daher insgesamt $\binom{n}{k}$ mal vor. Um nun alle Summanden, die beim Ausmultiplizieren der Klammern auftreten, zu erhalten, muß die Zahl k alle Werte zwischen Null und n annehmen. Es ergibt sich somit

$$(a + b)^n = \sum_{k=0}^{n} \binom{n}{k} a^k b^{n-k}. \tag{18}$$

Diese Beziehung gilt – was aus der Ableitung nicht unmittelbar hervorgeht – auch für $n = 0$ und $n = 1$. Für $n = 0$ ergibt sie $(a + b)^0 = \binom{0}{0} a^0 b^0 = 1$ in Übereinstimmung mit Gl. (14). Für $n = 1$ führt sie zu $(a + b)^1 = \binom{1}{0} a^0 b^1 + \binom{1}{1} a^1 b^0 = a + b$, was mit Gl. (15) übereinstimmt. Man nennt die rechte Seite von Gl. (18) die *Binomialentwicklung* von $(a + b)^n$. Sie wird bei mathematischen Betrachtungen häufig angewendet.

Die eben angeführte Ableitung von Gl. (18) stellt recht hohe Anforderungen an das kombinatorische Denkvermögen. Wir wollen daher noch einen weiteren Beweis durch vollständige Induktion erbringen. Hierzu verifizieren wir zunächst, daß Gl. (18) für $n = 0$ richtig ist, was soeben einige Zeilen zuvor getan wurde. Anschließend zeigen wir, daß aus der Gültigkeit von Gl. (18) für ein beliebiges $n = n_0$ die Gültigkeit für $n = n_0 + 1$ folgt. Letzteres bedeutet, daß aus der Beziehung

$$(a + b)^{n_0} = \sum_{k=0}^{n_0} \binom{n_0}{k} a^k b^{n_0 - k} \tag{19}$$

die Gleichung

$$(a + b)^{n_0 + 1} = \sum_{k=0}^{n_0 + 1} \binom{n_0 + 1}{k} a^k b^{n_0 + 1 - k} \tag{20}$$

folgt. Um dies zu zeigen, formen wir zunächst den Ausdruck $(a + b)^n$ unter Verwendung der Gl. (19) um

$$(a + b)^{n_0 + 1} = (a + b)(a + b)^{n_0} = (a + b) \sum_{k=0}^{n_0} \binom{n_0}{k} a^k b^{n_0 - k} =$$

$$= \sum_{k=0}^{n_0} \binom{n_0}{k} a^{k+1} b^{n_0 - k} + \sum_{k=0}^{n_0} \binom{n_0}{k} a^k b^{n_0 - k + 1} .$$

Wir verändern nun den Index der ersten Summe im zuletzt erhaltenen Ausdruck von k auf $k - 1$, was gemäß den Ausführungen von Gl. (54) im Kap. I gestattet ist, und erhalten

$$(a + b)^{n_0 + 1} = \sum_{k=1}^{n_0 + 1} \binom{n_0}{k - 1} a^k b^{n_0 - k + 1} + \sum_{k=0}^{n_0} \binom{n_0}{k} a^k b^{n_0 - k + 1} .$$

Jetzt stehen in den beiden Summen a und b mit gleicher Potenz, so daß man die Summen, soweit der Index die gleichen Zahlen durchläuft, zusammenfassen darf. Dies ist für $k = 1$ bis n der Fall. Von der ersten Summe bleibt dann nur der Index $k = n_0 + 1$ übrig und von der zweiten $k = 0$. Wir erhalten daher

$$= \sum_{k=1}^{n_0} \left[\binom{n_0}{k - 1} + \binom{n_0}{k} \right] \cdot a^k b^{n_0 - k + 1} + \binom{n_0}{n_0} a^{n_0 + 1} b^0 + \binom{n_0}{0} a^0 b^{n_0 + 1} .$$

Auf Grund von Gl. (12) läßt sich der Ausdruck in der eckigen Klammer durch $\binom{n_0 + 1}{k}$ ersetzen. Ferner können wir in den beiden Gliedern außerhalb der Summe, $\binom{n_0}{n_0}$ und $\binom{n_0}{0}$, durch $\binom{n_0 + 1}{n_0 + 1}$ und $\binom{n_0 + 1}{0}$ ersetzen, da wir dadurch ihren Wert nicht verändern. Wir erhalten so

$$= \sum_{k=1}^{n_0} \binom{n_0 + 1}{k} \cdot a^k b^{n_0 - k + 1} + \binom{n_0 + 1}{n_0 + 1} a^{n_0 + 1} b^0 + \binom{n_0 + 1}{0} a^0 b^{n_0 + 1} .$$

Nun können wir noch die beiden letzten Glieder in die Summe einbeziehen, indem wir die Summationsgrenzen erweitern auf $k = 0$ bis $k = n_0 + 1$ und erhalten dann Gl. (20), was zu beweisen war.

Die Berechnung der Binomialkoeffizienten nach der Definitionsformel (10) ist für größere Werte von n umständlich. In leichterer und übersichtlicher Weise kommt man zu diesen Koeffizienten mit Hilfe des sogenannten *Pascalschen Dreiecks*.

Es lautet:

$$
\begin{array}{ccccccccccc}
 & & & & & 1 & & & & & \\
 & & & & 1 & & 1 & & & & \\
 & & & 1 & & 2 & & 1 & & & \\
 & & 1 & & 3 & & 3 & & 1 & & \\
 & 1 & & \underbrace{4 & & 6} & & 4 & & 1 & \\
1 & & 5 & & 10 & & 10 & & 5 & & 1 \\
\cdot & \cdot & \cdot & \cdot & \cdot & \cdot & \cdot & \cdot & \cdot & \cdot & \cdot \\
\cdot & \cdot & \cdot & \cdot & \cdot & \cdot & \cdot & \cdot & \cdot & \cdot & \cdot
\end{array}
$$

Man kommt zu diesem Dreieck, indem man in die erste Zeile die Zahl 1 schreibt, in die zweite Zeile die Zahlen 1, 1 und in die dritte, die Zahlen 1, 2, 1. Die Zahlen jeder weiteren Zeile erhält man dadurch, daß man der Reihe nach je zwei nebeneinanderliegende Zahlen der jeweils darüberliegenden Zeile miteinander addiert, wie das am Beispiel der 10 in der untersten Zeile angedeutet wurde, und anschließend sowohl an den Anfang als auch ans Ende der Zeile noch eine 1 schreibt. Die siebente, nicht angegebene Zeile im obigen Schema würde daher lauten: 1, 6, 15, 20, 15, 6, 1. Wir behaupten nun: *Der Binomialkoeffizient* $\binom{n}{k}$ *steht im Pascalschen Dreieck in der* $(n+1)$*-ten Zeile an* $(k+1)$*-ter Stelle.* Der Wert für $\binom{4}{2}$ wird somit durch die 3. Zahl in der 5. Zeile gegeben und lautet 6. Diese Behauptung ist leicht beweisbar: Daß an den Seiten ausschließlich Einsen stehen folgt daraus, daß $\binom{n}{0} = \binom{n}{n} = 1$ ist. Die Bestimmung der übrigen Zahlen durch Addition aus den jeweils vorher erhaltenen folgt aus der Gültigkeit der Gl. (12).

Mit Hilfe des Pascalschen Dreiecks kann man jede Binomialentwicklung nahezu mühelos vornehmen. Durch Betrachtung von Gl. (18) erkennt man nämlich, daß die Binomialentwicklung aus einer Summe von Ausdrücken der Form $a^k b^{n-k}$ besteht. Wenn man diese Ausdrücke der Reihe nach schreibt, so nimmt die Potenz von a von Summand zu Summand von Null beginnend jeweils um 1 zu, die von b von n beginnend jeweils um eins ab. Die Koeffizienten vor den Summanden können der Reihe nach aus der $(n+1)$-ten Zeile des Pascalschen Dreiecks entnommen werden.

Als Beispiel berechnen wir $(x+y)^4$. Wir führen die Rechnung als erstes mit Hilfe des Pascalschen Dreiecks durch. Die Produkte $x^k y^{n-k}$ in den einzelnen Summanden lauten: $x^0 y^4$, xy^3, x^2y^2, x^3y und x^4y^0. Die Koeffizienten, die vor diesen Produkten stehen müssen, ergeben sich aus der 5-ten Zeile des Pascalschen Dreiecks zu 1, 4, 6, 4, 1. Wir erhalten somit

$$(x+y)^4 = y^4 + 4xy^3 + 6x^2y^2 + 4x^3y + x^4 .$$

Wenn wir dagegen ohne Zuhilfenahme des Pascalschen Dreiecks die Gl. (18) verwenden, so ergibt sich

$$
\begin{aligned}
(x+y)^4 &= \sum_{k=0}^{4} \binom{4}{k} x^k y^{4-k} = \binom{4}{0} x^0 y^4 + \binom{4}{1} x^1 y^3 + \binom{4}{2} x^2 y^2 + \binom{4}{3} x^3 y^1 + \binom{4}{4} x^4 y^0 = \\
&= \frac{4!}{0!4!} y^4 + \frac{4!}{1!3!} xy^3 + \frac{4!}{2!2!} x^2y^2 + \frac{4!}{3!1!} x^3y + \frac{4!}{4!0!} x^4 = \\
&= y^4 + 4xy^3 + 6x^2y^2 + 4x^3y + x^4 .
\end{aligned}
$$

Fragen und Aufgaben

1. Wird die Anzahl der möglichen Permutationen größer oder kleiner, wenn einige der permutierten Elemente einander gleich werden?
2. Was ist der Unterschied zwischen einer Permutation und einer Inversion?
3. Erläutere den Unterschied zwischen Kombinationen und Variationen, sowie den zwischen Kombinationen mit Wiederholung und Kombinationen ohne Wiederholung.
4. Was versteht man unter einem Binomialkoeffizienten, was unter einer Binomialentwicklung?
5. Wie viele verschiedene zweiziffrige Zahlen lassen sich aus den Ziffern 3, 4 und 7 bilden, wenn man a) jede Ziffer nur einmal, b) jede Ziffer auch mehrmals verwenden darf?
6. Wie viele Anordnungsmöglichkeiten gibt es für die Elemente $abdf$ sowie für die Elemente $abdd$?
7. Teile ein Rechteck durch r senkrechte und s waagrechte Geraden in kleinere, einander gleiche Rechtecke. Auf wieviel Arten kann man von einer Ecke zur diagonal gegenüberliegenden Ecke gelangen, wenn man sich ohne Umweg immer auf Rechteckseiten bewegt?
8. Gegeben sei ein linearer Kohlenwasserstoff aus neun C-Atomen, an dessen Ende sich eine OH-Gruppe befindet. a) Wie viele verschiedene Isomere kann man durch Substitution von zwei Chlor-Atomen erhalten, wenn an jedes C-Atom nur ein Cl-Atom gesetzt werden darf? b) Wie viele Isomere erhält man, wenn man statt der zwei Chlor-Atome ein Chlor-Atom und ein Brom-Atom verwendet? (Bei der Lösung der Aufgabe soll keine Rücksicht auf chemische Stabilität der betrachteten Verbindungen genommen werden.)
9. Gegeben sind fünf verschiedene Atomkerne, deren Drehimpulsvektoren in einem Magnetfeld entweder nach oben oder nach unten gerichtet sein können. Es soll nun bei genau zwei Atomen der Drehimpuls nach oben zeigen. Wie viele Möglichkeiten gibt es, diese Kerne aus der Gesamtzahl der Kerne herauszugreifen?
10. Gegeben sind N Atome, von denen n_1 die Energie ε_1, n_2 die Energie $\varepsilon_2, \ldots$ und n_s die Energie ε_s besitzen sollen. Wie viele Möglichkeiten gibt es, die Atome auf die einzelnen Energiewerte zu verteilen, wenn die Atome a) unterscheidbar und b) ununterscheidbar sind?
11. Berechne: a) $\binom{5}{3}$, b) $\dfrac{a!}{(a+1)!} + \dfrac{b!}{(a-1)!}$.
12. Ein Vergleich der Gl. (9) mit der Gl. (5) zeigt, daß die Anzahl der Kombinationen von n Elementen zur i-ten Klasse identisch ist mit der Anzahl der Permutationen von n Elementen, von denen jeweils $n - i$ und i Elemente einander gleich sind. Begründe dies anschaulich am Beispiel der Aufgabe 8.

IV. Matrizen, Determinanten, lineare Gleichungen

A. Matrizen

Im ersten Kapitel wurde ausgeführt, daß man sich in der Mathematik nicht nur mit Zahlen, sondern auch mit anderen Gebilden beschäftigt. Für diese müssen dann jeweils Rechenoperationen definiert werden, genau so, wie das bei der Einführung der Zahlen getan wurde. Wir wollen nun als neue Rechengrößen Matrizen einführen. Diese lassen sich unter anderem beim Lösen von linearen Gleichungen mit mehreren Unbekannten, bei Koordinatentransformationen, in der Vektor- und Tensorrechnung, sowie in der Quantenmechanik mit großem Vorteil verwenden. Wir behandeln zunächst die Definitionen für Matrizen und die Rechenoperationen, die wir mit ihnen ausführen, ohne anzugeben, warum diese Definitionen so und nicht anders lauten. Die Vorteile der gegebenen Definitionen werden dann später, bei der Anwendung der Matrizen, ersichtlich.

Unter einer Matrix versteht man ein rechteckiges Schema von $m \cdot n$ Zahlen, die in m Zeilen und n Spalten angeordnet sind und mit einer runden Klammer umfaßt werden. Ein Beispiel für eine Matrix ist etwa das folgende Schema:

$$\begin{pmatrix} 2 & 17 \\ 5 & 8 \\ -3 & 0 \end{pmatrix}$$

Hier ist die Zahl der Zeilen m gleich 3 und die Zahl der Spalten n gleich 2. Allgemein schreibt man für eine Matrix $\boldsymbol{A}$ aus m Zeilen und n Spalten

$$\boldsymbol{A} = \begin{pmatrix} a_{11} & a_{12} & \dots & a_{1n} \\ a_{21} & a_{22} & \dots & a_{2n} \\ \vdots & \vdots & & \vdots \\ a_{m1} & a_{m2} & \dots & a_{mn} \end{pmatrix}. \tag{1}$$

Die einzelnen Größen a_{11}, a_{12}, usw. nennt man *Elemente der Matrix.* Man unterscheidet sie, wie ersichtlich, durch Indizes. Der erste Index gibt dabei die Zeile an, in der das Element steht, der zweite die Spalte. a_{35} bedeutet also das Element der Matrix, das in der dritten Zeile und der fünften Spalte steht. Entsprechend sagt man allgemein, daß a_{ik} das Element bedeutet, das in der i-ten Zeile und der k-ten Spalte steht.

Beim Schreiben von Matrizen wollen wir die folgenden Symbole verwenden: Die Elemente von Matrizen sollen durch kleine lateinische Buchstaben mit Indices wiedergegeben werden. Die gesamte Matrix wird durch denselben Buchstaben im Fettdruck repräsentiert. Dabei verwenden wir einen großen Buchstaben, wenn die Matrix mehr als eine Spalte hat, wie in Gl. (1), und einen kleinen, wenn es eine einspaltige Matrix ist, wie in der folgenden Gleichung

$$\boldsymbol{a} = \begin{pmatrix} a_{11} \\ a_{21} \\ \vdots \\ a_{m1} \end{pmatrix}.$$

Wir wollen nun einige Bezeichnungen einführen. Die Matrix, die man aus der Matrix A dadurch erhält, daß man die Zeilen als Spalten und demgemäß die Spalten als Zeilen schreibt, nennt man die zu A *transponierte Matrix* und bezeichnet sie mit A^T. Eine Matrix, bei der $n = m$ ist, die also gleich viele Zeilen und Spalten aufweist, nennt man *quadratische Matrix.* Die Elemente $a_{11}, a_{22}, \ldots, a_{nn}$ bilden dann die *Hauptdiagonale* der Matrix und werden *Diagonalelemente* genannt. Die Summe aus den Diagonalelementen bezeichnet man als *Spur* der Matrix. Gilt $a_{ik} = a_{ki}$ für alle i und k, so nennt man die Matrix *symmetrisch.* Wenn man Zeilen und Spalten vertauscht, geht die Matrix in sich selbst über. Das ist z. B. bei der Matrix

$$\begin{pmatrix} 2 & 1 & 7 \\ 1 & 3 & -2 \\ 7 & -2 & 5 \end{pmatrix} \tag{2}$$

der Fall. Eine Matrix bei der alle Elemente bis auf die Diagonalelemente gleich Null sind, wird als *Diagonalmatrix* bezeichnet. Sind bei einer Diagonalmatrix alle Elemente gleich 1 wie z. B. bei

$$\begin{pmatrix} 1 & 0 & 0 \\ 0 & 1 & 0 \\ 0 & 0 & 1 \end{pmatrix}, \tag{3}$$

so spricht man von einer *Einheitsmatrix* und bezeichnet diese mit $\boldsymbol{E}$. Die Elemente einer Einheitsmatrix lassen sich in besonders einfacher Form angeben, wenn man das sogenannte *Kroneckersymbol* δ_{ik} verwendet. Es ist durch die folgenden Gleichungen definiert:

$$\delta_{ik} = 1 \quad \text{wenn} \quad i = k \tag{4}$$

und

$$\delta_{ik} = 0 \quad \text{wenn} \quad i \neq k\,. \tag{5}$$

Für die Elemente der Einheitsmatrix gilt dann

$$a_{ik} = \delta_{ik}\,. \tag{6}$$

Als nächstes sollen die Regeln für das Rechnen mit Matrizen eingeführt werden. Wir nehmen hierzu die folgenden Definitionen vor:

1. Definition der Gleichheit: Zwei Matrizen mit den Elementen a_{ik} und b_{ik} sind einander gleich, wenn sie in der Zeilenzahl und der Spaltenzahl miteinander übereinstimmen und wenn die einander entsprechenden Elemente jeweils gleich sind:

$$a_{ik} = b_{ik} \quad \text{für alle } i \text{ und } k\,. \tag{7}$$

2. Definition der Addition: Zwei Matrizen können nur dann addiert werden, wenn sie in der Zeilenzahl und der Spaltenzahl miteinander übereinstimmen. Die Addition besteht dann darin, daß die einzelnen, einander entsprechenden Elemente der beiden Matrizen addiert werden. Beispiel:

$$\begin{pmatrix} a_{11} & a_{12} & a_{13} \\ a_{21} & a_{22} & a_{23} \end{pmatrix} + \begin{pmatrix} b_{11} & b_{12} & b_{13} \\ b_{21} & b_{22} & b_{23} \end{pmatrix} = \begin{pmatrix} a_{11}+b_{11} & a_{12}+b_{12} & a_{13}+b_{13} \\ a_{21}+b_{21} & a_{22}+b_{22} & a_{23}+b_{23} \end{pmatrix} \tag{8}$$

Für die Addition gilt, wie leicht einzusehen ist, das kommutative und das assoziative Gesetz.

3. Definition der Multiplikation: Das Produkt zweier Matrizen $\boldsymbol{A}$ und $\boldsymbol{B}$ mit den Elementen a_{ik} und b_{ik} kann nur dann gebildet werden, wenn die Zahl der Spalten der ersten Matrix mit der Zahl der Zeilen der zweiten Matrix übereinstimmt. Die einzelnen Elemente c_{ik} der Produktmatrix $\boldsymbol{C} = \boldsymbol{A} \cdot \boldsymbol{B}$ werden nach folgender Formel gebildet:

$$c_{ik} = a_{i1} b_{1k} + a_{i2} b_{2k} + \cdots + a_{im} b_{mk} = \sum_{l=1}^{m} a_{il} b_{lk} \,. \tag{9}$$

Das Element c_{12} erhält man beispielsweise durch Multiplikation der einzelnen Elemente der ersten Zeile der Matrix $\boldsymbol{A}$ mit den einzelnen Elementen der zweiten Spalte der Matrix $\boldsymbol{B}$ und Addition der einzelnen Produkte. Beispiel:

$$\begin{pmatrix} a_{11} & a_{12} \\ a_{21} & a_{22} \\ a_{31} & a_{32} \end{pmatrix} \begin{pmatrix} b_{11} & b_{12} \\ b_{21} & b_{22} \end{pmatrix} = \begin{pmatrix} a_{11} b_{11} + a_{12} b_{21} & a_{11} b_{12} + a_{12} b_{22} \\ a_{21} b_{11} + a_{22} b_{21} & a_{21} b_{12} + a_{22} b_{22} \\ a_{31} b_{11} + a_{32} b_{21} & a_{31} b_{12} + a_{32} b_{22} \end{pmatrix} .$$

Bei der Multiplikation ist, wie man sich leicht überzeugen kann, nur noch das assoziative Gesetz, aber nicht mehr das kommutative Gesetz erfüllt. Wenn man die Reihenfolge der zu multiplizierenden Matrizen vertauscht, was wegen der geforderten Spalten-Zeilen-Beziehung nur in Sonderfällen möglich ist, so ändert sich im allgemeinen das Resultat der Multiplikation. Das distributive Gesetz gilt dagegen in gleicher Weise wie bei Zahlen. Besonders hervorgehoben werden soll noch, daß die Multiplikation mit der Einheitsmatrix gemäß der durch Gl. (9) gegebenen Regel den Multiplikand unverändert läßt:

$$\boldsymbol{E}\boldsymbol{A} = \boldsymbol{A} \,. \tag{10}$$

Ferner gilt, wie man leicht zeigen kann, für zwei quadratische Matrizen $\boldsymbol{A}$ und $\boldsymbol{B}$

$$(\boldsymbol{A}\boldsymbol{B})^T = \boldsymbol{B}^T \boldsymbol{A}^T \,. \tag{11}$$

Fragen und Aufgaben

1. Was ist eine quadratische Matrix?
2. Schreibe die dreizeilige Diagonalmatrix auf, deren Elemente a) durch $a_{ik} = 5\delta_{ik}$, b) durch $a_{ik} = (i + k)\delta_{ik}$ und c) durch $a_{ik} = i + k$ gegeben sind.
3. Schreibe die zweizeilige Einheitsmatrix auf.
4. Welche Bedingungen müssen zwei Matrizen erfüllen, damit man sie a) addieren, b) multiplizieren kann?
5. Bei welchen Operationen mit Matrizen gilt a) das kommutative, b) das assoziative Gesetz.
6. Multipliziere jeweils die folgenden beiden Matrizen miteinander, sofern das möglich ist. Zeige, daß das kommutative Gesetz im allgemeinen nicht gilt.

   a) $\begin{pmatrix} 1 & 0 & 2 \\ -1 & 1 & 2 \\ 0 & 1 & 0 \end{pmatrix} \begin{pmatrix} 2 & 1 & 0 \\ 1 & 2 & 1 \\ 0 & 1 & 1 \end{pmatrix}$, b) $\begin{pmatrix} x & y \\ x^2 & y^2 \end{pmatrix} (1 \;\; 1)$, c) $\begin{pmatrix} a & b \\ c & a \end{pmatrix} \begin{pmatrix} 1 \\ 1 \end{pmatrix}$, d) $(a \;\; b) \begin{pmatrix} a \\ b \end{pmatrix}$

7. Addiere die einzelnen Matrizenpaare aus Aufgabe 6, sofern das möglich ist.
8. Berechne die 2. Potenz und die n-te Potenz der dreizeiligen Diagonalmatrix $\boldsymbol{A}$ mit den Diagonalelementen $\lambda_1, \lambda_2, \lambda_3$.

B. Determinanten

1. Definition

Einer quadratischen Matrix A aus n Zeilen und n Spalten mit den Elementen a_{ik} kann man immer eine sog. Determinante n-ter Ordnung zuordnen. Man versteht darunter den mathematischen Ausdruck, der aus den Elementen der Matrix in folgender Weise gebildet wird: Man wählt zunächst aus jeder Zeile und aus jeder Spalte der Matrix jeweils genau ein Element, ordnet diese Elemente nach den Zeilen und bildet ihr Produkt

$$a_{1j_1} a_{2j_2}, \dots, a_{nj_n}.$$

Die Größen $j_1, j_2, \dots, j_n$ sind die jeweiligen Spaltenindizes. Da aus jeder Spalte genau ein Element gewählt wurde, bilden die Spaltenindizes $j_1, j_2, \dots, j_n$ eine Permutation der Zahlen 1 bis n. Wenn es sich um eine gerade Permutation (s. Kap. 3) handelt, so fügen wir dem Produkt das positive Vorzeichen bei, bei einer ungeraden Permutation das negative Vorzeichen. Das kann man dadurch zum Ausdruck bringen, daß man vor das Produkt den Faktor $(-1)^{t(j_1, \dots, j_n)}$ setzt, wobei $t(j_1, \dots, j_n)$ die Zahl der Transpositionen angibt, die von der Zahlenfolge $1, 2, \dots, n$ zur Folge $j_1, j_2, \dots, j_n$ führt. Anschließend bilden wir nun die Summe über die Produkte für alle $n!$ Permutationen der Spaltenindizes, was wir durch ein Summenzeichen ohne Angabe der Grenzen andeuten wollen:

$$\sum (-1)^{t(j_1, \dots, j_n)} a_{1j_1} a_{2j_2} \dots a_{nj_n}. \tag{12}$$

Die so erhaltene Summe stellt die gesuchte Determinante dar. Sie wird durch das Symbol $|A|$ oder auch durch das gesamte Koeffizientenschema, das zwischen zwei senkrechten Linien geschrieben wird, bezeichnet. Es gilt somit

$$|A| = \begin{vmatrix} a_{11} & a_{12} & \dots & a_{1n} \\ a_{21} & a_{22} & \dots & a_{2n} \\ \vdots & \vdots & & \vdots \\ a_{n1} & a_{n2} & \dots & a_{nn} \end{vmatrix} = \sum (-1)^{t(j_1, \dots, j_n)} a_{1j_1} a_{2j_2} \dots a_{nj_n}. \tag{13}$$

Wir fassen zusammen: *Unter der Determinante der quadratischen Matrix A mit den Elementen a_{ik} versteht man den in Gl. (12) angegebenen mathematischen Ausdruck bzw. das in Gl. (13) angegebene zwischen zwei senkrechten Linien geschriebene Schema der Elemente a_{ik}, das man als symbolische Darstellung für jenen Ausdruck ansieht.* Wenn die a_{ik} Zahlen sind, so ergibt die Determinante gemäß Gl. (13) eine bestimmte Zahl, die man häufig auch den *Wert der Determinante* nennt.

Eine besondere Bemerkung muß über das Summenzeichen in Gl. (12) gemacht werden. In Wirklichkeit handelt es sich dabei um n Summenzeichen, da über n Größen j_1 bis j_n summiert wird. Der Zahlensatz, den jede Größe durchläuft, ist aber nicht unabhängig von den Werten der jeweils anderen Größen. Es sind vielmehr nur solche Kombinationen $j_1, j_2, \dots, j_n$ zugelassen, die Permutationen von $1, 2, \dots, n$ sind. Das läßt sich nicht in üblicher Weise durch Summationsgrenzen angeben, sondern muß gesondert beschrieben werden.

Als Beispiel betrachten wir die Determinante

$$\begin{vmatrix} a_{11} & a_{12} \\ a_{21} & a_{22} \end{vmatrix}.$$

Die Spaltenindices j_1 und j_2 können entweder die Werte 1,2 oder 2,1 annehmen, da dies die einzigen Permutationen der Zahlen 1 und 2 sind. $t(2,1)$ ist 1, da 2,1 mit Hilfe *einer* Umstellung aus 1,2 hervorgeht. $t(1,2)$ ist gleich 0, da 1,2 ohne Umstellung aus 1,2 hervorgeht. Gl. (13) ergibt daher

$$\begin{vmatrix} a_{11} & a_{12} \\ a_{21} & a_{22} \end{vmatrix} = (-1)^0 a_{11}a_{22} + (-1)^1 a_{12}a_{21} = a_{11}a_{22} - a_{12}a_{21}. \tag{14}$$

Für eine Determinante, deren Elemente Zahlen sind, ergibt sich ebenso

$$\begin{vmatrix} 2 & -3 \\ 1 & 5 \end{vmatrix} = (-1)^0 \cdot 2 \cdot 5 + (-1)^1 \cdot (-3)(1) = 10 + 3 = 13.$$

Die einzelnen Produkte der Determinante, die wir oben über die Permutationen der Spaltenindizes ziemlich abstrakt erklärt haben, lassen sich auch anschaulich am Schema der Elemente recht gut angeben. Jedes Produkt entspricht einem „*Blitz*“, den wir durch das Koeffizientenschema legen können, der in jeder Zeile ein Element trifft, wobei aber niemals zwei Elemente der gleichen Spalte getroffen werden dürfen. Nachfolgend ist ein möglicher „Blitz“ in das Koeffizientenschema einer Determinante 4. Ordnung eingezeichnet:

$$\begin{vmatrix} a_{11} & a_{12} & a_{13} & a_{14} \\ a_{21} & a_{22} & a_{23} & a_{24} \\ a_{31} & a_{32} & a_{33} & a_{34} \\ a_{41} & a_{42} & a_{43} & a_{44} \end{vmatrix}. \tag{15}$$

Die Summation über alle Permutationen der Spaltenindices in Gl. (12) entspricht dem Aufsuchen aller möglichen „Blitze“ im Koeffizientenschema.

2. Verfahren zur Berechnung von Determinanten niedriger Ordnung

Das Aufsuchen der einzelnen Summanden in Gl. (13) ist recht mühselig. Man hat daher für Determinanten niedriger Ordnung rein schematische Verfahren zur Ermittlung dieser Summanden entwickelt.

Beginnen wir der Vollständigkeit halber mit der Determinante 1. Ordnung. Diese besteht aus einem einzigen Element und ist definitionsgemäß gleich diesem Element

$$|a_{11}| = a_{11}. \tag{16}$$

Die Determinante 2. Ordnung wurde bereits in Gl. (14) berechnet. Man sieht, daß man das richtige Ergebnis erhält, wenn man jeweils die beiden Diagonalglieder miteinander multipliziert. Man kann das schematisch in folgender Weise durch zwei diagonale Geraden andeuten:

$$\begin{vmatrix} a_{11} & a_{12} \\ a_{21} & a_{22} \end{vmatrix} = a_{11}a_{22} - a_{12}a_{21}. \tag{17}$$

Diejenige Gerade, die dem Produkt mit negativem Vorzeichen entspricht, wurde gestrichelt.

Die Determinante dritter Ordnung kann in übersichtlicher Weise mit Hilfe der sog. *Regel von Sarrus* ausgerechnet werden. Man fügt an die rechte Seite der Determinante nochmals die erste und zweite Spalte an und multipliziert dann jeweils diejenigen Elemente miteinander, die durch die in Gl. (18) angegebenen Striche verbunden sind. Die mit durchgezogenen Linien angedeuteten Produkte erhalten ein positives Vorzeichen, die durch gestrichelte Linien angegebenen Produkte ein negatives. Man erhält so:

$$\begin{vmatrix} a_{11} & a_{12} & a_{13} \\ a_{21} & a_{22} & a_{23} \\ a_{31} & a_{32} & a_{33} \end{vmatrix} \begin{matrix} a_{11} & a_{12} \\ a_{21} & a_{22} \\ a_{31} & a_{32} \end{matrix} = a_{11}a_{22}a_{33} + a_{12}a_{23}a_{31} + a_{13}a_{21}a_{32} - \tag{18}$$

$$- a_{12}a_{21}a_{33} - a_{11}a_{23}a_{32} - a_{13}a_{22}a_{31}\,.$$

Daß diese Regel mit der durch Gl. (13) gegebenen Definition übereinstimmt, kann leicht nachgeprüft werden.

Bei Determinanten, deren Ordnung höher als drei ist, gibt es leider keine so einfachen Ausrechenverfahren. Die Methoden, die man hier anwenden muß, werden im Abschnitt 5 besprochen. Sie beruhen auf dem sog. Laplaceschen Entwicklungssatz sowie auf verschiedenen Regeln für das Umformen von Determinanten, auf die wir im folgenden eingehen.

3. Laplacescher Entwicklungssatz

Wir müssen zunächst den Begriff des zum Element a_{ij} gehörenden *algebraischen Komplementes* α_{ij} einführen. Wir streichen hierzu in der Determinante $|\boldsymbol{A}|$ die i-te Zeile und j-te Spalte. Die verbliebenen Koeffizienten bilden eine sog. *Unterdeterminante* aus $n-1$ Zeilen und $n-1$ Spalten, die wir mit $|\boldsymbol{A}^{i,j}|$ bezeichnen. Anschließend versehen wir diese Unterdeterminante mit einem positiven Vorzeichen, wenn $i+j$ eine gerade Zahl ist und einem negativen, wenn $i+j$ eine ungerade Zahl ist. Wir erreichen das durch Multiplikation der Unterdeterminante mit $(-1)^{i+j}$. Der so entstandene Ausdruck ist das gesuchte algebraische Komplement α_{ij}

$$\alpha_{ij} = (-1)^{i+j}|\boldsymbol{A}^{i,j}|\,. \tag{19}$$

Als Beispiel bilden wir das algebraische Komplement α_{12} der Determinante

$$|\boldsymbol{A}| = \begin{vmatrix} 1 & 2 & 3 \\ 1 & 1 & 1 \\ 2 & 2 & 4 \end{vmatrix}.$$

Streichung der ersten Zeile und zweiten Spalte führt zur Unterdeterminante

$$|\boldsymbol{A}^{1,2}| = \begin{vmatrix} 1 & 1 \\ 2 & 4 \end{vmatrix} = 4 - 2 = 2\,.$$

Das algebraische Komplement lautet

$$\alpha_{12} = (-1)^{1+2} \cdot 2 = -2\,.$$

Mit Hilfe des algebraischen Komplementes kommt man nun zu folgender Aussage (*Laplacescher Entwicklungssatz*): *Für jede Determinante* $|A|$ *gilt*

$$|\boldsymbol{A}| = a_{i1}\alpha_{i1} + a_{i2}\alpha_{i2} + \cdots + a_{in}\alpha_{in} = \sum_{j=1}^{n} a_{ij}\alpha_{ij} \tag{20}$$

bzw.

$$|A| = a_{1k}\alpha_{1k} + a_{2k}\alpha_{2k} + \cdots + a_{nk}\alpha_{nk} = \sum_{j=1}^{n} a_{jk}\alpha_{jk}\,. \tag{21}$$

i ist dabei der Index einer beliebigen Zeile, k der Index einer beliebigen Spalte von A. Die erste Gleichung bezeichnet man als *Entwicklung der Determinante nach den Elementen der i-ten Zeile*, die zweite als *Entwicklung der Determinante nach den Elementen der k-ten Spalte.*

Als Beispiel führen wir die Entwicklung einer dreireihigen Determinante nach den Elementen der ersten Zeile vor:

$$\begin{vmatrix} a_{11} & a_{12} & a_{13} \\ a_{21} & a_{22} & a_{23} \\ a_{31} & a_{32} & a_{33} \end{vmatrix} = a_{11}\begin{vmatrix} a_{22} & a_{23} \\ a_{32} & a_{33} \end{vmatrix} - a_{12}\begin{vmatrix} a_{21} & a_{23} \\ a_{31} & a_{33} \end{vmatrix} + a_{13}\begin{vmatrix} a_{21} & a_{22} \\ a_{31} & a_{32} \end{vmatrix}. \tag{22}$$

Der Beweis, daß der Entwicklungssatz stimmt, läßt sich leicht führen, wenn man auf die „Blitz"-regel bei der Ausrechnung zurückgreift. Bei der Ausrechnung der Unterdeterminante werden nämlich jeweils sämtliche Blitze durch die Elemente der Matrix gelegt, die nicht in der gleichen Zeile oder Spalte wie das vor der Unterdeterminante als Faktor auftretende Element stehen.

Gl. (20) bzw. (21) stellt den Spezialfall eines allgemeineren Entwicklungssatzes dar, bei dem nicht nach einzelnen Elementen, sondern nach Unterdeterminanten entwickelt wird.

4. Das Rechnen mit Determinanten

Für das Rechnen mit Determinanten gelten eine Reihe von Regeln, die wir im folgenden besprechen wollen.

1. Eine Determinante ändert ihren Wert nicht, wenn man Zeilen und Spalten miteinander vertauscht. Eine solche Vertauschung bezeichnet man als *Spiegelung* oder *Stürzen* der Determinante. Die Richtigkeit dieser Aussage läßt sich leicht nachweisen, wenn man die Determinante mit Hilfe der oben erläuterten „Blitze" berechnet; wir wollen aber auf den Beweis nicht näher eingehen. Aus diesem Vertauschungssatz folgt, *daß alle im folgenden für Zeilen abgeleiteten Sätze auch für Spalten gelten und umgekehrt.*

2. Vertauscht man zwei Zeilen einer Determinante, so wechselt sie ihr Vorzeichen. Dies ist eine Folge davon, daß die Vertauschung zweier Zeilen die Zahl der Inversionen, die zur Erzeugung der Spaltenindizes j_1 bis j_n in Gl. (13) erforderlich sind, um eins verändert.

3. Eine Determinante mit zwei gleichen Zeilen hat den Wert Null. Dies folgt aus der Tatsache, daß die Determinante beim Vertauschen dieser Zeilen auf Grund des obigen Satzes das Vorzeichen ändern müßte, andererseits aber, da es sich um gleiche Zeilen handelt, ihren Wert nicht verändern darf. Beides zusammen ist nur erfüllbar, wenn der Wert der Determinante Null ist.

4. Wenn alle Elemente einer Zeile gleich Null sind, so hat die Determinante den Wert Null. Dies beweist man damit, daß man die Determinante nach dieser Zeile gemäß Gl. (20) entwickelt. Die Faktoren a_{ij} sind dann alle gleich Null.

5. *Eine Determinante wird mit einem Faktor μ multipliziert, indem man alle Elemente einer Zeile mit diesem Faktor multipliziert.* Diese Aussage wird durch Entwicklung der mit μ multiplizierten Determinante nach der Zeile, die diesen Faktor aufweist, nachgewiesen.

6. *Das Produkt von zwei Determinanten wird in der gleichen Weise wie bei Matrizen gebildet.* Man muß die Zeilen der einen Determinante mit den Spalten der anderen multiplizieren, wie das durch Gl. (9) gefordert ist. Der Wert der Determinante, die durch das Produkt der beiden gegebenen Determinanten gebildet wird, ist gleich dem Produkt der Werte der beiden gegebenen Determinanten. Wir erläutern das an einem Beispiel: Die Determinanten

$$\begin{vmatrix} 2 & 1 \\ 2 & 2 \end{vmatrix} \quad \text{und} \quad \begin{vmatrix} 3 & 3 \\ 1 & 2 \end{vmatrix}$$

haben gemäß Gl. (14) die Werte 2 und 3. Für das Produkt der beiden gegebenen Determinanten erhalten wir gemäß Gl. (10) die Determinante

$$\begin{vmatrix} 6+1 & 6+2 \\ 6+2 & 6+4 \end{vmatrix} = \begin{vmatrix} 7 & 8 \\ 8 & 10 \end{vmatrix}.$$

Der Wert dieser Determinante ergibt sich zu $70 - 64 = 6$, was dem Produkt aus 2 und 3 entspricht. Auf den allgemeinen Beweis dieser Aussage wollen wir verzichten.

7. Die Summe zweier Determinanten läßt sich nicht in gleicher Weise wie bei Matrizen bilden, da dann die Summe der Werte der Ausgangsdeterminanten nicht gleich dem Wert der Summendeterminante wäre. Hinsichtlich der Summation läßt sich nur der folgende Satz anführen: *Man kann eine Determinante in die Summe zweier Determinanten aufspalten, indem man die Elemente einer einzigen Zeile jeweils in zwei Summanden aufspaltet und anschließend zwei Determinanten bildet, die die übrigen Zeilen unverändert übernehmen.* Beispiel:

$$\begin{vmatrix} 3 & 2 & 1 \\ 3+1 & 2+2 & 5+5 \\ 6 & 7 & -1 \end{vmatrix} = \begin{vmatrix} 3 & 2 & 1 \\ 3 & 2 & 5 \\ 6 & 7 & -1 \end{vmatrix} + \begin{vmatrix} 3 & 2 & 1 \\ 1 & 2 & 5 \\ 6 & 7 & -1 \end{vmatrix}. \tag{23}$$

Die Richtigkeit dieser Aussage kann bewiesen werden, indem man die ursprünglich gegebene Determinante nach der Zeile mit den aufgespaltenen Elementen entwickelt.

8. *Eine Determinante verändert ihren Wert nicht, wenn man zu den Elementen einer Zeile die mit einem konstanten Faktor λ multiplizierten Elemente einer anderen Zeile addiert.* Es gilt also:

$$\begin{vmatrix} a_{11} & a_{12} & \cdots & a_{1n} \\ a_{21} & a_{22} & \cdots & a_{2n} \\ a_{31} & a_{32} & \cdots & a_{3n} \\ \vdots & \vdots & & \vdots \\ a_{i1} & a_{i2} & \cdots & a_{in} \\ \vdots & \vdots & & \vdots \\ a_{n1} & a_{n2} & \cdots & a_{nn} \end{vmatrix} = \begin{vmatrix} a_{11} & a_{12} & \cdots & a_{1n} \\ a_{21} + \lambda a_{i1} & a_{22} + \lambda a_{i2} & \cdots & a_{2n} + \lambda a_{in} \\ a_{31} & a_{32} & \cdots & a_{3n} \\ \vdots & \vdots & & \vdots \\ a_{i1} & a_{i2} & \cdots & a_{in} \\ \vdots & \vdots & & \vdots \\ a_{n1} & a_{n2} & \cdots & a_{nn} \end{vmatrix}. \tag{24}$$

Der Beweis wird in der Weise geführt, daß man die auf der rechten Seite stehende Determinante gemäß Satz 7 in eine Summe von zwei Determinanten aufspaltet:

$$\begin{vmatrix} a_{11} & a_{12} & \dots & a_{1n} \\ a_{21} & a_{22} & \dots & a_{2n} \\ \vdots & \vdots & & \vdots \\ a_{i1} & a_{i2} & \dots & a_{in} \\ \vdots & \vdots & & \vdots \\ a_{n1} & a_{n2} & \dots & a_{nn} \end{vmatrix} + \begin{vmatrix} a_{11} & a_{12} & \dots & a_{1n} \\ \lambda a_{i1} & \lambda a_{i2} & \dots & \lambda a_{in} \\ \vdots & \vdots & & \vdots \\ a_{i1} & a_{i2} & \dots & a_{in} \\ \vdots & \vdots & & \vdots \\ a_{n1} & a_{n2} & \dots & a_{nn} \end{vmatrix} . \tag{25}$$

Die erste Determinante ist dann die ursprünglich gegebene, die zweite ist aber gleich Null, da in ihr, nachdem man den konstanten Faktor λ herausgehoben hat, die zweite Zeile und die i-te einander gleich sind.

5. Verfahren zur Berechnung von Determinanten beliebiger Ordnung

Die Berechnung von Determinanten beliebig hoher Ordnung kann im Prinzip immer mit Hilfe des Laplaceschen Entwicklungssatzes Gl. (20) erfolgen. Man entwickelt hierzu zunächst die Determinante nach den Gliedern der ersten Reihe. Dabei erhält man eine Summe von Produkten von je einem Element und einer Unterdeterminante. Als nächstes entwickelt man jede dieser Unterdeterminanten nach den Elementen der jeweils ersten Reihe, usw. Dieses Verfahren ist aber sehr umständlich.

Wenn die Elemente der Determinante einfache Zahlen sind, kommt man gewöhnlich rascher zum Ziel, indem man durch Umformungen, wie sie in Abschnitt 4 beschrieben wurden, die gegebene Determinante

$$|A| = \begin{vmatrix} a_{11} & a_{12} & a_{13} & \dots & a_{1n} \\ a_{21} & a_{22} & a_{23} & \dots & a_{2n} \\ a_{31} & a_{32} & a_{33} & \dots & a_{3n} \\ \vdots & \vdots & \vdots & & \vdots \\ a_{n1} & a_{n2} & a_{n3} & \dots & a_{nn} \end{vmatrix} \tag{26}$$

auf die Form

$$|A| = \begin{vmatrix} a_{11} & a_{12} & a_{13} & \dots & a_{1n} \\ 0 & a'_{22} & a'_{23} & \dots & a'_{2n} \\ 0 & 0 & a''_{33} & \dots & a''_{3n} \\ \vdots & \vdots & \vdots & & \vdots \\ 0 & 0 & 0 & 0 & a_{nn}^{(n-1)} \end{vmatrix} \tag{27}$$

bringt, bei der links von der Diagonalen ausschließlich Nullen stehen. Diese Determinante läßt sich nämlich leicht ausrechnen. Die Entwicklung nach der ersten Spalte ergibt a_{11} mal der entsprechenden Unterdeterminante. Entwickelt man diese wieder nach der ersten Spalte, so ergibt sich a'_{22} mal der neuen Unterdeterminante. Indem man so fortfährt, erhält man schließlich

$$|A| = a_{11} a'_{22} a''_{33} \dots a_{nn}^{(n-1)'} . \tag{28}$$

Die Umformung auf die Form Gl. (27) läßt sich immer durchführen. Man verfährt hierzu im einzelnen wie folgt: Man sorgt zunächst dafür – eventuell durch Vertauschen von Zeilen oder Spalten –, daß $a_{11} \neq 0$ ist. Wenn das erreicht ist, multipliziert man die erste Zeile der Determinante mit $-a_{21}/a_{11}$ und addiert sie zur zweiten Zeile. Dadurch wird das erste Glied der zweiten Zeile gleich Null, die anderen Glieder verändern sich zu $a'_{22} \dots a'_{2n}$. Anschließend multipliziert man die erste Zeile mit $-a_{31}/a_{11}$ und addiert sie zur dritten Zeile, wodurch das erste Glied dieser Zeile gleich Null wird. In analoger Weise verfährt man mit allen Zeilen und erhält schließlich eine Determinante, in der überall in der ersten Spalte – außer in der ersten Zeile – Nullen stehen.

$$\begin{vmatrix} a_{11} & a_{12} & a_{13} & \dots & a_{1n} \\ 0 & a'_{22} & a'_{23} & \dots & a'_{2n} \\ 0 & a'_{32} & a'_{33} & \dots & a'_{3n} \\ \vdots & \vdots & \vdots & & \vdots \\ 0 & a'_{n2} & a'_{n3} & \dots & a'_{nn} \end{vmatrix} . \qquad (29)$$

Um die Determinante weiter umzuformen, setzen wir nun voraus, daß $a'_{22} \neq 0$ ist, was wir eventuell erst nach dem Vertauschen zweier Zeilen erreichen*). Wir multiplizieren nun, ähnlich wie vorher, die zweite Zeile mit $-a'_{32}/a'_{22}$ und addieren sie zur dritten, daran anschließend mit $-a'_{42}/a'_{22}$ und addieren sie zur vierten usw. Dadurch wird die Determinante auf die Form

$$\begin{vmatrix} a_{11} & a_{12} & a_{13} & \dots & a_{1n} \\ 0 & a'_{22} & a'_{23} & \dots & a'_{2n} \\ 0 & 0 & a''_{33} & \dots & a''_{3n} \\ \vdots & \vdots & \vdots & & \vdots \\ 0 & 0 & a''_{n3} & \dots & a''_{nn} \end{vmatrix} \qquad (30)$$

gebracht. Nun setzt man voraus, daß $a''_{33} \neq 0$ ist, und formt entsprechend alle Zeilen ab der vierten Zeile um, usw. Das führt man so lange durch, bis man die in Gl. (27) angegebene Form erhalten hat.

Wir betrachten ein Beispiel:

$$\begin{vmatrix} 4 & 2 & -1 \\ 2 & -2 & 1 \\ 1 & 2 & 1 \end{vmatrix} = \begin{vmatrix} 4 & 2 & -1 \\ 2-\frac{2}{4}\cdot 4 & -2-\frac{2}{4}\cdot 2 & 1+\frac{2}{4}\cdot 1 \\ 1-4\cdot\frac{1}{4} & 2-2\cdot\frac{1}{4} & 1+1\cdot\frac{1}{4} \end{vmatrix} = \begin{vmatrix} 4 & 2 & -1 \\ 0 & -3 & \frac{3}{2} \\ 0 & \frac{3}{2} & \frac{5}{4} \end{vmatrix}$$

$$= \begin{vmatrix} 4 & 2 & -1 \\ 0 & -3 & \frac{3}{2} \\ 0\cdot\frac{3}{2} & -\frac{1}{2}\cdot 3 & \frac{5}{4}+\frac{1}{2}\cdot\frac{3}{2} \end{vmatrix} = \begin{vmatrix} 4 & 2 & -1 \\ 0 & -3 & \frac{3}{2} \\ 0 & 0 & 2 \end{vmatrix} = 4(-3)2 = -24 . \qquad (31)$$

Zum selben Ergebnis kommt man selbstverständlich in diesem speziellen Fall auch mit Hilfe der Regel von Sarrus. Der Vorteil der beschriebenen Umformung kommt erst voll zum Tragen, wenn die Ordnung der Determinante größer als 3 ist.

6. Unterdeterminanten und Rang einer Matrix

Wir haben gesehen, daß man jeder quadratischen Matrix A aus n Zeilen und n Spalten eine Determinante n-ter Ordnung $|A|$ zuordnen kann. Wenn man einige Zeilen und Spalten einer solchen Matrix streicht, so erhält man eine entsprechend verkleinerte Matrix, der man ebenfalls eine Determinante zuordnen kann. Man

*) Sollten alle Glieder der zweiten Spalte von der zweiten Zeile an gleich Null sein, dann ist die Determinante gleich Null und die Berechnung ist beendet.

bezeichnet diese auch als *Unterdeterminante* von $|A|$. So ergibt sich beispielsweise aus der Matrix

$$\begin{pmatrix} 1 & 2 & 2 \\ 3 & 1 & 8 \\ 1 & 3 & 7 \end{pmatrix},$$

nach dem Streichen der ersten Zeile und zweiten Spalte die Determinante

$$\begin{vmatrix} 3 & 8 \\ 1 & 7 \end{vmatrix}.$$

Auch aus nichtquadratischen Matrizen kann man Determinanten bilden; man muß hierzu die Anzahl der gestrichenen Zeilen und Spalten so wählen, daß das übrigbleibende Zahlenschema quadratisch ist. So erhält man z. B. aus der Matrix

$$\begin{pmatrix} 1 & 2 & 5 & 6 \\ 0 & 1 & 3 & 2 \\ 1 & 1 & 3 & 1 \end{pmatrix},$$

nach dem Streichen der ersten Zeile sowie der dritten und vierten Spalte die Determinante

$$\begin{vmatrix} 0 & 1 \\ 1 & 1 \end{vmatrix}.$$

Für die Theorie der Gleichungssysteme ist es äußerst wesentlich festzustellen, inwieweit die Determinante bzw. die Unterdeterminanten einer gegebenen Matrix von Null verschieden sind. Insbesondere spielt der Begriff des *Ranges einer Matrix* eine große Rolle. Er ist folgendermaßen definiert: *Eine Matrix hat den Rang r, wenn sie wenigstens eine nichtverschwindende Determinante r-ter Ordnung enthält, während alle Determinanten höherer Ordnung verschwinden.*

So hat z. B. die Matrix

$$\begin{pmatrix} 1 & 2 & 3 \\ 1 & 3 & 1 \end{pmatrix}$$

den Rang 2, da die Determinante aus den ersten zwei Spalten und Zeilen

$$\begin{vmatrix} 1 & 2 \\ 1 & 3 \end{vmatrix}$$

von Null verschieden ist und eine Determinante dritter Ordnung nicht gebildet werden kann. Die Matrix

$$\begin{pmatrix} 1 & 2 & 3 \\ 1 & 3 & 1 \\ 1 & 1 & 5 \end{pmatrix} \tag{32}$$

hat den Rang 2, weil alle Determinanten dritter Ordnung (im vorliegenden Fall gibt es nur eine) verschwinden, während zumindest eine Determinante zweiter Ordnung, nämlich die aus den ersten beiden Zeilen und Spalten, von Null verschieden ist.

Wenn die Matrix mehr als drei Zeilen und Spalten hat, wird es im allgemeinen äußerst mühselig, alle möglichen Determinanten auszurechnen, bis die größte von Null verschiedene gefunden ist. Man kann nun zeigen, daß *man alle in Abschnitt 4 für Determinanten angegebenen Umformungen auch an Matrizen vornehmen kann, ohne daß sich der Rang der Matrix ändert.* Um den Rang einer Matrix zu bestimmen, geht man daher gewöhnlich am besten so vor, daß man durch Zeilenkombinationen, wie sie an Hand der Gl. (26) bis (30) beschrieben wurden, möglichst viele Nullen im linken unteren Bereich der Matrix erzeugt. Bei quadratischen Matrizen erhält man am Ende die in Gl. (27) angegebene Form, bei nicht quadratischen Matrizen etwas abgeänderte Formen. In jedem Fall kann man aber bei den so umgeformten Matrizen sehr rasch und leicht erkennen, welche Unterdeterminanten gleich Null sind. Ein Beispiel findet sich am Ende des nächsten Abschnittes.

7. Lineare Abhängigkeit

Wir wollen nun den wichtigen Begriff der linearen Abhängigkeit der Zeilen einer Matrix einführen und betrachten hierzu zunächst als Beispiel die Matrix

$$\begin{pmatrix} 1 & 1 & 1 & 1 \\ 2 & 9 & -6 & 5 \\ 2 & -1 & 2 & 0 \\ 4 & 1 & 4 & 2 \\ 5 & 8 & 7 & -6 \end{pmatrix}. \tag{33}$$

Man kann sich leicht davon überzeugen, daß in dieser Matrix die Elemente der vierten Zeile nach einem bestimmten Gesetz aus denen der ersten und dritten Zeile gebildet wurden: Jedes Element der vierten Zeile ergibt sich dadurch, daß man das jeweils darüberliegende Element der ersten Zeile mit zwei multipliziert und zum entsprechenden Element der dritten Zeile addiert. Bezeichnet man die Elemente der Matrix mit a_{ik}, so kann man dieses Bildungsgesetz durch die Gleichung

$$a_{4k} = 2a_{1k} + a_{3k} \tag{34}$$

zum Ausdruck bringen. Ebenso, wie man die Elemente der vierten Zeile aus denen der ersten und dritten Zeile erhält, kann man natürlich auch umgekehrt die Elemente der ersten Zeile aus denen der dritten und vierten Zeile bekommen. Durch Umformung von Gl. (34) ergibt sich hierfür

$$a_{1k} = \tfrac{1}{2}a_{4k} - \tfrac{1}{2}a_{3k}\,.$$

Wenn eine derartige Beziehung zwischen den Elementen verschiedener Zeilen besteht, sagt man, die Zeilen seien linear abhängig.

Die allgemeine Definition der linearen Abhängigkeit lautet wie folgt: *Die Zeilen einer Matrix* $\boldsymbol{A}$ *aus m Zeilen und n Spalten heißen linear abhängig, wenn es m Zahlen* $\lambda_1, \lambda_2, \ldots, \lambda_m$ *gibt, die nicht alle Null sind und die den n Gleichungen*

$$\lambda_1 a_{1k} + \lambda_2 a_{2k} + \cdots + \lambda_m a_{mk} = 0 \quad \text{für} \quad k = 1,2,\ldots,n \tag{35}$$

genügen. Lassen sich solche Zahlen nicht finden, so nennt man die Zeilen linear unabhängig.

Daß die hier gegebene Definition mit der im obigen Beispiel verwendeten übereinstimmt, erkennt man durch Auflösen der Gl. (35) nach dem Element einer, beispielsweise der j-ten, Zeile. Es ergibt sich dann

$$a_{jk} = -\frac{\lambda_1}{\lambda_j} a_{1k} - \frac{\lambda_2}{\lambda_j} a_{2k} - \cdots - \frac{\lambda_m}{\lambda_j} a_{mk} \quad \text{für} \quad k = 1,2,\ldots,n\,, \tag{36}$$

wobei das Glied mit a_{jk} auf der rechten Seite selbstverständlich nicht mehr auftritt. Die Gln. (36) stimmen mit den Gln. (34) überein, wenn man setzt

$$-\frac{\lambda_1}{\lambda_4} = 2\,, \qquad -\frac{\lambda_2}{\lambda_4} = 0 \quad \text{und} \quad -\frac{\lambda_3}{\lambda_4} = 1\,. \tag{37}$$

Man sieht, daß bei einer linearen Abhängigkeit die Koeffizienten λ_i nur bis auf einen konstanten Faktor bestimmt sind. Man könnte die lineare Abhängigkeit auch über die Gln. (36) definieren, doch ist bei dieser Formulierung immer eine der Zeilen, in unserem Fall die j-te, von den anderen ausgezeichnet, was nicht im Wesen der linearen Abhängigkeit liegt.

Es besteht ein enger Zusammenhang zwischen dem Rang einer Matrix und der linearen Abhängigkeit der Zeilen. Betrachten wir eine quadratische Matrix A, aus n Zeilen und n Spalten. Wenn die Zeilen linear abhängig sind, kann man die Determinante dieser Matrix mit Hilfe der in Abschn. IV, B 3 beschriebenen Umformungen so verändern, daß in einer Zeile ausschließlich Nullen stehen. Die Determinante ist dann Null, und der Rang der Matrix ist somit kleiner als n. Umgekehrt kann man zeigen, daß bei einem Rang, der kleiner als n ist, die Zeilen der Matrix immer linear abhängig sind. Man kann die Aussagen auch auf nichtquadratische Matrizen ausdehnen. Ohne Beweis wollen wir hierzu den folgenden Satz anführen: *Bei einer Matrix A aus m Zeilen und n Spalten sind bei $m \leqq n$ die Zeilen dann und nur dann linear abhängig, wenn der Rang der Matrix r kleiner als die Zeilenzahl m ist. Bei $m > n$ sind die Zeilen immer linear abhängig.*

In gleicher Weise wie für Zeilen läßt sich auch für Spalten der Matrix eine lineare Abhängigkeit definieren. Es gelten dann dafür die entsprechenden analogen Sätze.

Beispiel: Wir wollen feststellen, ob die Zeilen der Matrix

$$\begin{pmatrix} 1 & 1 & 1 & 1 \\ 2 & 3 & 1 & 5 \\ 3 & 5 & 1 & 9 \end{pmatrix} \tag{38}$$

linear abhängig sind. In diesem Fall ist $m = 3$ und $n = 4$. Da $m < n$ ist, müssen wir den Rang der Matrix berechnen. Wir tun dies durch Umformungen, wie das am Ende des Abschnittes 6 beschrieben wurde. Um in der ersten Spalte Nullen zu erhalten, müssen wir die Elemente der ersten Zeile mit -2 multiplizieren und zur zweiten Zeile addieren, bzw. mit -3 multiplizieren und zur dritten Zeile addieren. Wir kommen so auf die zweite angegebene Matrix der Gl. (39). Die daraus hervorgehende Matrix erhalten wir, indem wir die Elemente der zweiten Zeile mit -2 multiplizieren und zur dritten Zeile addieren.

$$\begin{pmatrix} 1 & 1 & 1 & 1 \\ 2 & 3 & 1 & 5 \\ 3 & 5 & 1 & 9 \end{pmatrix} \rightarrow \begin{pmatrix} 1 & 1 & 1 & 1 \\ 0 & 1 & -1 & 3 \\ 0 & 2 & -2 & 6 \end{pmatrix} \rightarrow \begin{pmatrix} 1 & 1 & 1 & 1 \\ 0 & 1 & -1 & 3 \\ 0 & 0 & 0 & 0 \end{pmatrix} \tag{39}$$

Durch Betrachtung der letzten Matrix erkennen wir, daß wir keine nichtverschwindende Determinante dritter Ordnung bilden können. Es ist daher r kleiner als m, die Zeilen der Matrix sind linear abhängig. (Man erkennt unschwer, daß sich die letzte Zeile der gegebenen Matrix aus der ersten abzüglich der doppelten zweiten Zeile ergibt).

Fragen und Aufgaben

1. Was ist der Unterschied zwischen einer quadratischen Matrix und deren Determinante?
2. In welcher Weise kann man aus nichtquadratischen Matrizen Determinanten bilden?
3. Was ist die Ordnung einer Determinante?
4. Nenne die verschiedenen Methoden zur Berechnung von Determinanten.
5. Wie kann man den Rang einer Matrix bestimmen?
6. Was ist die anschauliche Bedeutung der linearen Abhängigkeit der Zeilen einer Matrix?
7. Berechne die folgende Determinante a) mit Hilfe des Satzes von Sarrus, b) mit Hilfe des Laplaceschen Entwicklungssatzes und c) durch Umformungen, wie sie in Abschnitt IV, B 5 beschrieben wurden.

$$\begin{vmatrix} 1 & 2 & 2 \\ 1 & 3 & 3 \\ 7 & 1 & 1 \end{vmatrix}$$

8. Berechne auf einfachste Weise die folgenden beiden Determinanten

$$\begin{vmatrix} a & 0 & 0 \\ b & 1 & 2 \\ a & 0 & 0 \end{vmatrix}, \quad \begin{vmatrix} 0 & 2 & 1 \\ 1 & 0 & 0 \\ 0 & 1 & 2 \end{vmatrix}.$$

9. Bestimme den Rang der Matrizen

$$\begin{pmatrix} 0 & 0 & 0 & 0 \\ 1 & 0 & 0 & 0 \\ 1 & 1 & 0 & 0 \\ 1 & 1 & 1 & 0 \end{pmatrix}, \quad \begin{pmatrix} ab & b & 3 \\ ab & 0 & 1 \\ 3ab & 2b & 3 \end{pmatrix}, \quad \begin{pmatrix} a & b \\ 2a & b \\ 3a & b \end{pmatrix}.$$

In welcher Matrix sind die Zeilen voneinander linear abhängig?

C. Lineare Gleichungen

1. Einleitung

In der Mathematik tritt vielfach das Problem auf, die Werte einzelner unbekannter Größen, die man mit x_1, x_2, x_3 usw. bezeichnet, aus Gleichungen, denen diese Größen genügen, zu bestimmen. Im allgemeinen Fall eines linearen Systems von m Gleichungen und n Unbekannten kann man schreiben:

$$\begin{aligned} a_{11}x_1 + a_{12}x_2 + \cdots + a_{1n}x_n &= b_1 \\ a_{21}x_1 + a_{22}x_2 + \cdots + a_{2n}x_n &= b_2 \\ &\vdots \\ a_{m1}x_1 + a_{m2}x_2 + \cdots + a_{mn}x_n &= b_m . \end{aligned} \tag{40}$$

Die a_{ik} bezeichnet man als die *Koeffizienten* des Gleichungssystems.

Die obige Schreibweise für das Gleichungssystem ist etwas umständlich. Bedeutend kürzer läßt es sich in folgender Weise angeben:

$$\sum_{j=1}^{n} a_{ij}x_j = b_i \quad \text{für alle } i \text{ von 1 bis } m . \tag{41}$$

Das Summenzeichen sorgt dafür, daß alle Summanden einer Zeile aus Gl. (40) berücksichtigt werden; der Zusatz „für alle i von 1 bis m“ besagt, daß alle m Zeilen auftreten. Eine weitere Schreibweise des Gleichungssystems ergibt sich bei Verwendung von Matrizen. Die Gln. (40) lauten dann:

$$\begin{pmatrix} a_{11} & a_{12} & \dots & a_{1n} \\ a_{21} & a_{22} & \dots & a_{2n} \\ \vdots & \vdots & & \vdots \\ a_{m1} & a_{m2} & \dots & a_{mn} \end{pmatrix} \cdot \begin{pmatrix} x_1 \\ x_2 \\ \vdots \\ x_n \end{pmatrix} = \begin{pmatrix} b_1 \\ b_2 \\ \vdots \\ b_m \end{pmatrix}. \tag{42}$$

Nach Ausführung der Multiplikation erhält man nämlich auf der linken Seite eine Matrix aus einer Spalte und n Zeilen, die mit der linken Seite des Gleichungssystems (40) übereinstimmt, während rechts die rechte Seite des Gleichungssystems (40) steht. Für Gl. (42) kann man auch kürzer schreiben

$$\boldsymbol{A}\boldsymbol{x} = \boldsymbol{b}, \tag{43}$$

wobei $\boldsymbol{A}$, $\boldsymbol{x}$ und $\boldsymbol{b}$ die entsprechenden Matrizen aus Gl. (42) darstellen sollen.

Wir wollen nun einige Sonderfälle bei Gleichungssystemen anführen. Vor allem ist der Fall $m = n$ zu nennen, bei dem die Zahl der Gleichungen mit der Zahl der Unbekannten übereinstimmt. Er ist aus dem elementaren Unterricht am besten bekannt. Aber auch der Fall $m \neq n$ kann auftreten und Lösungen besitzen. Des weiteren ist es auch möglich, daß alle b_i gleich Null sind. Ein solches Gleichungssystem bezeichnet man als *homogenes Gleichungssystem.* Sind dagegen nicht alle $b_i = 0$, so spricht man von einem *inhomogenen Gleichungssystem.*

Zu den Aufgaben der Theorie der linearen Gleichungen gehört es, Verfahren zu entwickeln, mit denen man feststellen kann, ob ein gegebenes Gleichungssystem Lösungen besitzt, und mit denen gegebenenfalls die Lösungen bestimmt werden können. Die Frage nach der Lösbarkeit eines Systems ist in keiner Weise nebensächlich. Bereits ein inhomogenes System von zwei Gleichungen und zwei Unbekannten kann je nach den Werten der Konstanten entweder je eine eindeutige Lösung oder unendlich viele Lösungen oder auch gar keine Lösung für die beiden Unbekannten besitzen.

Die Theorie der Gleichungen spielt nicht nur bei Problemen, bei denen gewisse Zahlengrößen bestimmt werden sollen, eine Rolle, sondern findet auch vielfache Anwendung z. B. in der Vektorrechnung, der analytischen Geometrie und bei der Lösung von Differentialgleichungen. Es ist daher erforderlich, daß wir diese Theorie eingehender behandeln.

Wir untersuchen im folgenden zunächst ein inhomogenes Gleichungssystem von gleich vielen Gleichungen und Unbekannten, bei dem außerdem die Determinante aus dem Koeffizientenschema von Null verschieden ist. Anschließend besprechen wir die Fälle, daß die Koeffizientendeterminante gleich Null ist und daß die Gleichungszahl mit der Zahl der Unbekannten nicht mehr übereinstimmt. Zuletzt gehen wir auf homogene Gleichungssysteme ein.

2. Inhomogene Gleichungssysteme

a) System gleich vieler Gleichungen und Unbekannter mit nicht verschwindender Koeffizientendeterminante

α) Zwei Gleichungen mit zwei Unbekannten

Bevor wir das allgemeine Gleichungssystem behandeln, wollen wir die Verfahren zum Lösen von zwei inhomogenen Gleichungen mit zwei Unbekannten erläutern. Das Gleichungssystem soll in der Form

$$a_{11}x_1 + a_{12}x_2 = b_1 \tag{44}$$

$$a_{21}x_1 + a_{22}x_2 = b_2 \tag{45}$$

gegeben sein, und wir setzen voraus, daß die Determinante aus den Koeffizienten von 0 verschieden ist, d. h.

$$\begin{vmatrix} a_{11} a_{12} \\ a_{21} a_{22} \end{vmatrix} \neq 0\,. \tag{46}$$

Zur Bestimmung der beiden Unbekannten x_1 und x_2 gibt es vier verschiedene Methoden:

1. Eliminationsmethode. Man berechnet in jeder der Gleichungen eine der unbekannten Größen, z. B. x_1 und setzt die erhaltenen Ausdrücke für x_1 einander gleich:

$$x_1 = \frac{b_1 - a_{12}x_2}{a_{11}} \tag{47}$$

$$x_1 = \frac{b_2 - a_{22}x_2}{a_{21}} \tag{48}$$

$$\frac{b_1 - a_{12}x_2}{a_{11}} = \frac{b_2 - a_{22}x_2}{a_{21}}\,. \tag{49}$$

Aus der so erhaltenen Gleichung bestimmt man dann x_2

$$x_2 = \frac{a_{11}b_2 - a_{21}b_1}{a_{11}a_{22} - a_{12}a_{21}}\,. \tag{50}$$

x_1 erhält man, indem man das Resultat für x_2 in Gl. (47) oder in Gl. (48) einsetzt. Es ergibt sich dann

$$x_1 = \frac{a_{22}b_1 - a_{12}b_2}{a_{11}a_{22} - a_{12}a_{21}}\,. \tag{51}$$

2. Substitutionsmethode. Man rechnet eine der Unbekannten in einer Gleichung aus und setzt den erhaltenen Ausdruck in die andere Gleichung ein.

3. Multiplikationsmethode. Man multipliziert die erste Gleichung mit a_{22}, die zweite mit $-a_{12}$ und addiert die beiden Gleichungen:

$$a_{22}a_{11}x_1 + a_{22}a_{12}x_2 - a_{12}a_{21}x_1 - a_{12}a_{22}x_2 = a_{22}b_1 - a_{12}b_2\,. \tag{52}$$

Die Glieder mit x_2 heben sich auf, und man kann unmittelbar x_1 ausrechnen, wofür man den in Gl. (51) stehenden Ausdruck erhält. Zur Berechnung von x_2 kann man in analoger Weise verfahren, indem man die gegebenen Gleichungen mit a_{21} und $-a_{12}$ multipliziert.

4. Determinantenmethode. Betrachtet man die in Gl. (50) und Gl. (51) angegebenen Lösungen genauer, so sieht man, daß im Nenner jeweils die in Gl. (46) angeschriebene Determinante aus den Koeffizienten der beiden Gleichungen steht. Der Zähler der Lösungen entspricht jeweils der Determinante, die man erhält, wenn man in der Determinante aus den Koeffizienten diejenigen Koeffizienten, die vor der auszurechnenden Größe stehen, durch die Glieder b_1 und b_2 ersetzt. Für die Lösungen können wir daher auch schreiben

$$x_1 = \frac{\begin{vmatrix} b_1 & a_{12} \\ b_2 & a_{22} \end{vmatrix}}{\begin{vmatrix} a_{11} & a_{12} \\ a_{21} & a_{22} \end{vmatrix}} \tag{53}$$

und

$$x_2 = \frac{\begin{vmatrix} a_{11} & b_1 \\ a_{21} & b_2 \end{vmatrix}}{\begin{vmatrix} a_{11} & a_{12} \\ a_{21} & a_{22} \end{vmatrix}} . \tag{54}$$

Wir sehen somit, *daß unser Gleichungssystem unter der Voraussetzung Gl. (46) eine eindeutig bestimmte Lösung besitzt.* Die in Gl. (46) gegebene Voraussetzung, daß nämlich die Koeffizientendeterminante von Null verschieden ist, ist wesentlich für diese Feststellung. Ist sie nicht erfüllt, so versagen alle vier Verfahren, weil dann jeweils eine Division durch Null vorkommen würde.

β) *n* Gleichungen mit *n* Unbekannten

Wir gehen nun als nächstes zu einem System von n Gleichungen mit n Unbekannten über

$$\begin{aligned} a_{11}x_1 + a_{12}x_2 + \cdots + a_{1n}x_n &= b_1 \\ a_{21}x_1 + a_{22}x_2 + \cdots + a_{2n}x_n &= b_2 \\ \vdots \\ a_{n1}x_1 + a_{n2}x_2 + \cdots + a_{nn}x_n &= b_n , \end{aligned} \tag{55}$$

das wir abgekürzt in der Form

$$\sum_{j=1}^{n} a_{ij}x_j = b_i \quad \text{für} \quad i = 1 \text{ bis } n \tag{56}$$

schreiben wollen. Wir setzen voraus, daß die Koeffizientendeterminante

$$|A| = \begin{vmatrix} a_{11} & a_{12} & \dots & a_{1n} \\ a_{21} & a_{22} & \dots & a_{2n} \\ \vdots & \vdots & & \vdots \\ a_{n1} & a_{n2} & \dots & a_{nn} \end{vmatrix} \neq 0 \tag{57}$$

ist. Außerdem führen wir eine weitere Determinante ein, die man dadurch erhält, daß man in der Koeffizientendeterminante aus Gl. (57) die k-te Spalte durch die Größen $b_1, b_2, \dots, b_n$ ersetzt. Wir bezeichnen diese Determinante mit $|A^k|$:

$$|A^k| = \begin{vmatrix} a_{11} & \dots & a_{1,k-1} & b_1 & a_{1,k+1} & \dots & a_{1n} \\ a_{21} & \dots & a_{2,k-1} & b_2 & a_{2,k+1} & \dots & a_{2n} \\ \vdots & & \vdots & \vdots & \vdots & & \vdots \\ a_{n1} & \dots & a_{n,k-1} & b_n & a_{n,k+1} & \dots & a_{nn} \end{vmatrix} . \tag{58}$$

Wir behaupten nun:

Wenn die Voraussetzung Gl. (57) erfüllt ist, so besitzt das gegebene Gleichungssystem für die einzelnen Unbekannten $x_1, x_2, \dots, x_n$ eine eindeutig bestimmte Lösung, die durch

$$x_k = \frac{|A^k|}{|A|} \quad \text{für} \quad k = 1, 2, \dots, n \tag{59}$$

gegeben ist. Die in den Gln. (59) enthaltene Aussage bezeichnet man als *Cramersche Regel.*

Um diese Behauptung zu beweisen, müssen wir die Gln. (55) so umformen, daß auf der linken Seite jeweils nur eine Unbekannte übrigbleibt. Man kann das erreichen, indem man die in Abschn. IV B 3 eingeführten algebraischen Komplemente α_{ik} verwendet, und zwar in folgender Weise: Wir multiplizieren die erste Gleichung des gegebenen Gleichungssystems (55) mit α_{1k}, die zweite mit α_{2k}, usw., und summieren über alle Gleichungen. Unter Verwendung der in Gl. (56) angedeuteten Summenschreibweise erhalten wir dann

$$\sum_{i=1}^{n} \alpha_{ik} \sum_{j=1}^{n} a_{ij} x_j = \sum_{i=1}^{n} \alpha_{ik} b_i . \tag{60}$$

k ist dabei ein beliebiger, vorgegebener Index. Anschließend vertauschen wir auf der linken Seite die Reihenfolge der beiden Summationen

$$\sum_{j=1}^{n} \sum_{i=1}^{n} \alpha_{ik} a_{ij} x_j = \sum_{i=1}^{n} \alpha_{ik} b_i . \tag{61}$$

Auf der linken Seite kann man nun die Summe $\sum_{i=1}^{n} \alpha_{ik} a_{ij}$ berechnen, bevor man die Summation über j ausführt. Welchen Wert hat diese Summe? Der Wert hängt offensichtlich davon ab, wie groß j ist. Wenn j der vorgegebenen Zahl k gleich ist, so lautet die Summe $\sum_{i=1}^{n} \alpha_{ij} a_{ij}$, was auf Grund von Gl. (21) nichts anderes ist als die Entwicklung der Determinante $|A|$ nach der j-ten Spalte. Es gilt also:

$$\sum_{i=1}^{n} \alpha_{ik} a_{ij} = |A| \quad \text{wenn} \quad j = k . \tag{62}$$

Ist dagegen $j \neq k$, so kann man diese Summe als Entwicklung einer Determinante mit zwei gleichen Spalten auffassen, nämlich derjenigen Determinante, die man erhält, wenn man in $|A|$ die k-te Spalte gleich der j-ten Spalte setzt. Eine solche Determinante ist aber gleich Null, so daß gilt

$$\sum_{i=1}^{n} \alpha_{ik} a_{ij} = 0 \quad \text{für} \quad j \neq k . \tag{63}$$

Wenn man daher im Ausdruck $\sum_{j=1}^{n} \sum_{i=1}^{n} \alpha_{ik} a_{ij} x_j$ über j summiert, so erhält man für jedes j den Wert Null außer für $j = k$, wo sich dann $|\boldsymbol{A}|x_k$ ergibt. Gl. (60) geht somit über in

$$|\boldsymbol{A}|x_k = \sum_i \alpha_{ik} b_i . \tag{64}$$

Es bleibt noch die Frage offen, was der Ausdruck auf der rechten Seite dieser Gleichung bedeutet. Wenn man die durch Gl. (58) eingeführte Determinante $|\boldsymbol{A}^k|$ nach der k-ten Spalte, also nach den b_i entwickelt, so erhält man genau diesen Ausdruck. Wir können ihn daher durch $|\boldsymbol{A}^k|$ ersetzen. Wenn wir dann noch $|\boldsymbol{A}|$ auf die andere Seite bringen, ergibt sich aus Gl. (64) die Behauptung (59), was zu beweisen war.

Die Gln. (59) eignen sich gut dafür, bei einem Gleichungssystem mit allgemeinen Zahlen die Lösung in einer möglichst eleganten Form zu schreiben. Die Berechnung der in ihnen auftretenden Determinanten ist aber allzu umständlich, wenn man bei einem Gleichungssystem mit besonderen Zahlen die Zahlenwerte der Lösungen ausrechnen möchte. Man kann hierzu andere Lösungsverfahren verwenden, die auf einer Reihe von Eliminationen und Substitutionen beruhen, wie sie an Hand des speziellen Falles von zwei Gleichungen erläutert wurden. Besonders erwähnt sei hier das *Gaußsche Eliminationsverfahren*, das sich auch bei Verwendung von Rechenmaschinen gut eignet. Es besteht aus folgenden Schritten: Man eliminiert als erstes aus der zweiten bis n-ten Gleichung die Unbekannte x_1, indem man diese Gleichungen jeweils entsprechend mit der ersten Gleichung kombiniert*). Man erhält so das System

$$\begin{aligned}
a_{11}x_1 + a_{12}x_2 + a_{13}x_3 + \cdots + a_{1n}x_n &= b_1 \\
a'_{22}x_2 + a'_{23}x_3 + \cdots + a'_{2n}x_n &= b'_2 \\
a'_{32}x_2 + a'_{33}x_3 + \cdots + a'_{3n}x_n &= b'_3 \\
\vdots \\
a'_{n2}x_2 + a'_{n3}x_3 + \cdots + a'_{nn}x_n &= b'_n .
\end{aligned} \tag{65}$$

Anschließend läßt man die erste Gleichung unverändert und eliminiert aus der dritten bis n-ten Gleichung die Unbekannte x_2, indem man jede dieser Gleichungen jeweils mit der zweiten Gleichung kombiniert. Man erhält dann das System

$$\begin{aligned}
a_{11}x_1 + a_{12}x_2 + a_{13}x_3 + \cdots + a_{1n}x_n &= b_1 \\
a'_{22}x_2 + a'_{23}x_3 + \cdots + a'_{2n}x_n &= b'_2 \\
a''_{33}x_3 + \cdots + a''_{3n}x_n &= b''_3 \\
\vdots \\
a''_{n3}x_3 + \cdots + a''_{nn}x_n &= b''_n .
\end{aligned} \tag{66}$$

Das setzt man so lange fort, bis man zum System

$$\begin{aligned}
a_{11}x_1 + a_{12}x_2 + a_{13}x_3 + \cdots + a_{1n}x_n &= b_1 \\
a'_{22}x_2 + a'_{23}x_3 + \cdots + a'_{2n}x_n &= b'_2 \\
a''_{33}x_3 + \cdots + a''_{3n}x_n &= b''_3 \\
\vdots \\
a^{(n-1)}_{n,n}\, x_n &= b^{(n-1)}_n
\end{aligned} \tag{67}$$

*) Dabei ist vorausgesetzt, daß $a_{11} \neq 0$ ist. Wenn das nicht der Fall ist, muß man die Gleichungen umordnen.

kommt. Dabei bedeutet der obere Index $(n - 1)$, daß man $n - 1$ Striche anbringen soll. Aus den erhaltenen Gleichungen kann man die x_i leicht ausrechnen, indem man mit der Auflösung bei der untersten Gleichung anfängt. Aus dieser erhält man unmittelbar den Wert für x_n. Diesen Wert kann man in die zweitunterste Gleichung einsetzen und erhält dann x_{n-1} usw.

b) Allgemeines inhomogenes Gleichungssystem

α) Bedingungen für die Lösbarkeit

Wir haben im vorigen Abschnitt gesehen, daß ein System von n Gleichungen mit n Unbekannten, bei denen die Koeffizientendeterminante $|\boldsymbol{A}|$ von Null verschieden ist, eindeutige Lösungen besitzt. Es erhebt sich nun die Frage, wie die Verhältnisse liegen, wenn $|\boldsymbol{A}| = 0$ ist, oder wenn die Zahl der Gleichungen nicht mit der Zahl der Unbekannten übereinstimmt.

Wir wollen die Verhältnisse zunächst an Hand von speziellen Beispielen untersuchen und betrachten hierzu als erstes ein System von zwei Gleichungen mit zwei Unbekannten. Das Gleichungssystem

$$\begin{aligned} 2x_1 + 4x_2 &= 6 \\ 3x_1 + x_2 &= 3 \end{aligned} \tag{68}$$

hat eine von Null verschiedene Koeffizientendeterminante und hat somit eindeutige Lösungen. Wir erhalten diese dadurch, daß wir die erste Gleichung mit 3, die zweite mit -2 multiplizieren und die beiden Gleichungen addieren. Es ergibt sich

$$x_2 = \tfrac{12}{10} = \tfrac{6}{5}\,. \tag{69}$$

In analoger Weise erhalten wir den Wert von x_1, indem wir die erste Gleichung mit 1 und die zweite mit -4 multiplizieren und dann addieren:

$$x_1 = \tfrac{6}{10} = \tfrac{3}{5}\,. \tag{70}$$

Die Verhältnisse werden ganz anders, wenn wir die zweite Gleichung etwas verändern, so daß das Gleichungssystem lautet

$$\begin{aligned} 2x_1 + 4x_2 &= 6 \\ 3x_1 + 6x_2 &= 9\,. \end{aligned} \tag{71}$$

Die Koeffizientendeterminante ist jetzt gleich Null. Wenn wir dieses Gleichungssystem in der Weise wie vorher mit der Multiplikationsmethode lösen wollen, so fallen immer beide Unbekannten weg. Multiplizieren wir z. B. die obere Gleichung mit 3 und die untere mit -2, so erhalten wir

$$6x_1 + 12x_2 - 6x_1 - 12x_2 = 18 - 18\,, \tag{72}$$

also

$$0 = 0\,.$$

Auch mit keiner anderen in Abschnitt a genannten Methode gelingt es, eine der Unbekannten eindeutig zu bestimmen. Die Ursache dafür ist offensichtlich die, daß die untere Gleichung aus der oberen durch eine Multiplikation mit einem konstanten Faktor, nämlich $\frac{3}{2}$, hervorgeht, daß die Gleichungen also voneinander linear abhängig sind. Das einzige, was die Gleichungen aussagen, ist, daß zwischen x_1 und x_2 die Beziehung

$$x_1 = 3 - 2x_2 \tag{73}$$

besteht. Man kann der Größe x_2 beliebige Werte vorgeben und erhält jedesmal einen dazugehörigen Wert für x_1, so daß x_1 und x_2 die Gln. (71) erfüllen. Da es unendlich viele Werte für x_2 gibt, spricht man hier von einer *einfach unendlichen Lösungsmannigfaltigkeit.*

Ist die Zahl der Gleichungen größer als zwei, so können auch zwei oder mehr Gleichungen von den übrigen linear abhängig sein. Man kann dann auch zwei oder mehr Unbekannten beliebige Werte zuweisen und erhält dementsprechend eine zweifach oder entsprechend mehrfach unendliche Lösungsmannigfaltigkeit.

Zu nochmals anderen Verhältnissen kommt man, wenn man am Gleichungssystem (71) in der zweiten Gleichung das Absolutglied verändert, so daß man z. B. das folgende Gleichungssystem erhält:

$$\begin{aligned} 2x_1 + 4x_2 &= 6 \\ 3x_1 + 6x_2 &= 2\,. \end{aligned} \tag{74}$$

Auch hier ist die Koeffizientendeterminante gleich Null, die beiden Gleichungen sind aber jetzt nur hinsichtlich der Koeffizienten von x_1 und x_2 linear abhängig, nicht aber auch hinsichtlich der Absolutglieder. Wenn wir in diesem Fall die Multiplikationsmethode anwenden, also die erste Gleichung mit 3 und die zweite mit -2 multiplizieren, und dann addieren, so erhalten wir

$$6x_1 + 12x_2 - 6x_1 - 12x_2 = 18 - 4\,, \tag{75}$$

was

$$0 = 14$$

ergibt, also einen Widerspruch. Auch wenn man andere Lösungsverfahren versucht, stößt man immer auf Widersprüche.

Wir sehen hiermit, daß im Falle einer verschwindenden Koeffizientendeterminante das Gleichungssystem entweder gar keine Lösung besitzt, man sagt dann, die Gleichungen seien *widersprüchlich*, oder eine *ein- bis mehrfach unendliche Lösungsmannigfaltigkeit* vorliegt. Ähnliche Fälle gibt es auch, wenn die Zahl der Gleichungen mit der Zahl der Unbekannten nicht übereinstimmt.

Wir wollen nun die Frage nach der Lösbarkeit allgemein behandeln und hierzu ein Gleichungssystem von m Gleichungen mit n Unbekannten betrachten und dabei offenlassen, ob m und n gleich oder verschieden sind:

$$\begin{aligned} a_{11}x_1 + a_{12}x_2 + \cdots + a_{1n}x_n &= b_1 \\ a_{21}x_1 + a_{22}x_2 + \cdots + a_{2n}x_n &= b_2 \\ \vdots \qquad & \\ a_{m1}x_1 + a_{m2}x_2 + \cdots + a_{mn}x_n &= b_m\,. \end{aligned} \tag{76}$$

Für die Lösbarkeit kommt es wesentlich darauf an, inwieweit einerseits die linken Seiten dieser Gleichungen linear abhängig sind und andererseits die gesamten Gleichungen linear abhängig sind. Gemäß den Ausführungen in Abschn. B7 ist nun die Anzahl der linear unabhängigen Zeilen auf der linken Seite der Gleichungen durch den Rang der Koeffizientenmatrix

$$A = \begin{pmatrix} a_{11} a_{12} & \cdots & a_{1n} \\ a_{21} a_{22} & \cdots & a_{2n} \\ \vdots \quad \vdots & & \vdots \\ a_{m1} a_{m2} & \cdots & a_{mn} \end{pmatrix} \tag{77}$$

gegeben. Wir wollen diesen Rang mit r bezeichnen. Die Zahl der linear unabhängigen Gleichungen (einschließlich der Größen b_i) ist durch den Rang der Matrix

$$A_B = \begin{pmatrix} a_{11} a_{12} & \cdots & a_{1n} b_1 \\ a_{21} a_{22} & \cdots & a_{2n} b_2 \\ \vdots \quad \vdots & & \vdots \quad \vdots \\ a_{m1} a_{m2} & \cdots & a_{mn} b_m \end{pmatrix} \tag{78}$$

bestimmt, die man dadurch erhält, daß man zur Matrix A als weitere Spalte die Absolutglieder b_1 bis b_m hinzufügt. Den Rang dieser Matrix wollen wir mit R bezeichnen. Er muß entweder gleich $r + 1$ sein oder gleich r, da andere Rangänderungen beim Hinzufügen einer beliebigen zusätzlichen Spalte zu einer Matrix, wie man sich leicht überlegen kann, nicht möglich sind. Zur Frage der Existenz der Lösungen gilt nun der wichtige Satz: *Notwendig und hinreichend dafür, daß das System Lösungen besitzt, ist, daß* $R = r$ *ist. Ist außerdem auch* $n = r$, *so gibt es für jede Unbekannte nur eine Lösung. Ist dagegen* $n > r$, *so kann man die Werte für* $n - r$ *Unbekannte beliebig vorgeben und dann nur die restlichen* r *Unbekannten aus den vorgegebenen Werten eindeutig bestimmen. Man erhält damit eine* $(n - r)$*-fach unendliche Lösungsmannigfaltigkeit.*

Als Folge dieses Satzes ergibt sich die bereits in Abschnitt a gewonnene Aussage: Ist $m = n$, so existiert eine eindeutige Lösung dann und nur dann, wenn die Koeffizientendeterminante $|A| \neq 0$ ist. Unter dieser Bedingung ist nämlich $r = n$ und $R = r$, weil der Rang einer Matrix aus n Zeilen und Spalten nicht durch Hinzufügen einer weiteren Zeile erhöht werden kann.

Der Beweis des oben angegebenen Satzes ist nicht schwierig, aber etwas umständlich (siehe z. B. Duschek II, S. 274). Wir wollen daher darauf verzichten und uns auf einige Beispiele für dessen Anwendung beschränken.

Beispiel 1: Besitzt das folgende Gleichungssystem Lösungen?

$$\begin{aligned} x_1 + x_2 &= 5 \\ 2x_1 - x_2 &= 7 \\ 4x_1 + x_2 &= 17 \\ 5x_1 - x_2 &= 19\,. \end{aligned} \tag{79}$$

Wir haben hier ein System von 4 Gleichungen und zwei Unbekannten, es ist also $m = 4$ und $n = 2$. Um zu unterscheiden, ob es Lösungen gibt, müssen wir die Ränge r und R der Matrizen A bzw. A_B bestimmen, die durch die Gln. (77) bzw. (78) gegeben sind. Die erste Matrix lautet:

$$A = \begin{pmatrix} 1 & 1 \\ 2 & -1 \\ 4 & 1 \\ 5 & -1 \end{pmatrix} \tag{80}$$

Sie besitzt offensichtlich den Rang $r = 2$, denn sie enthält eine Determinante zweiter Ordnung, die nicht verschwindet (z. B. diejenige aus den ersten beiden Zeilen), und eine Determinante von mehr als zwei Zeilen und Spalten läßt sich nicht bilden. Die zweite Matrix lautet:

$$A_B = \begin{pmatrix} 1 & 1 & 5 \\ 2 & -1 & 7 \\ 4 & 1 & 17 \\ 5 & -1 & 19 \end{pmatrix}. \qquad (81)$$

Der Rang dieser Matrix ist ebenfalls gleich zwei. Man kann zwar dreireihige Determinanten bilden, aber alle derartigen Determinanten verschwinden. Es gilt also $r = R$, so daß das System Lösungen besitzt. Noch besteht die Frage, ob es eindeutige Lösungen besitzt oder unendlich viele. Um diese Frage zu klären, muß man dem angegebenen Satz zufolge den Rang r mit der Zahl der Unbekannten n vergleichen. Wie wir sehen, sind die beiden Größen gleich 2, also einander gleich, so daß es eindeutig bestimmte Lösungen gibt. Man erhält sie, indem man zwei beliebige Gleichungen nach x_1 und x_2 auflöst. Die lineare Abhängigkeit gewährleistet, daß die Lösungen unabhängig davon sind, welche beiden Gleichungen man nimmt.

Beispiel 2: Gegeben ist das Gleichungssystem

$$\begin{aligned} x_1 + x_2 + x_3 &= 4 \\ x_1 - x_2 &= 2 \\ 4x_1 + 2x_2 + 3x_3 &= 15 . \end{aligned} \qquad (82)$$

Es ist gefragt, ob dieses Gleichungssystem Lösungen besitzt. Wir haben gleich viele Gleichungen und Unbekannte, es ist $n = m = 3$. Die Determinante der Koeffizientenmatrix

$$A = \begin{pmatrix} 1 & 1 & 1 \\ 1 & -1 & 0 \\ 4 & 2 & 3 \end{pmatrix} \qquad (83)$$

verschwindet, wie man leicht nachrechnen kann. Die Matrix enthält aber nichtverschwindende Determinanten zweiter Ordnung, z. B. die, die aus den ersten zwei Zeilen und Spalten gebildet werden. Es ist also $r = 2$. Die um die absoluten Glieder erweiterte Matrix

$$A_B = \begin{pmatrix} 1 & 1 & 1 & 4 \\ 1 & -1 & 0 & 2 \\ 4 & 2 & 3 & 15 \end{pmatrix} \qquad (84)$$

enthält eine nichtverschwindende Determinante dritter Ordnung, z. B. die aus den letzten drei Spalten. Der Rang dieser Matrix ist also gleich 3. Da $R > r$ ist, folgt, daß das System widersprüchlich ist, also keine Lösung besitzt.

β) Verfahren zum Auffinden der Lösungen

Nach der Untersuchung über die Lösbarkeit eines Gleichungssystems erhebt sich nun die Frage, wie man die Lösungen findet, falls es welche gibt. Ein Verfahren, das im Prinzip immer angewandt werden kann, ist das folgende:

Man sucht sich in der Koeffizientenmatrix A eine Determinante r-ter Ordnung aus, die nicht verschwindet. Man nimmt dann die r Gleichungen, die zu den Zeilen dieser Determinante gehören, und berechnet aus ihnen die r Unbekannten, die durch die Spaltenindices der ausgewählten Determinante bestimmt sind, wobei man gegebenenfalls die Cramersche Regel verwendet.

Dieses Verfahren, das im Prinzip immer zum Ziel führt, ist gewöhnlich ziemlich umständlich. Man muß nämlich zuerst die Ränge der einzelnen Determinanten bestimmen und anschließend noch die Gleichungen umformen. *Am einfachsten kommt man auch bei einem allgemeinen System von m Gleichungen und n Unbekannten zum Ziel, wenn man die Gleichungen entsprechend dem Gaußschen Eliminationsver-*

fahren (s. Abschn. 2a) umformt. Man kann zwar $m \neq n$ nicht auf genau die gleiche Form wie in Gln. (67) kommen, die Bestimmung der einzelnen Determinanten und die Auflösung der Gleichungen geht aber in jedem Fall bedeutend rascher vor sich.

Wir erläutern das am Beispiel des Gleichungssystems (79). Die Unbekannte x_1 aus der zweiten, dritten und vierten Gleichung kann eliminiert werden, indem wir jeweils diese Gleichungen mit der ersten kombinieren. Wir erhalten so das System

$$\begin{aligned} x_1 + x_2 &= 5 \\ -3x_2 &= -3 \\ -3x_2 &= -3 \\ -6x_2 &= -6\,. \end{aligned} \tag{85}$$

Daraus folgt sofort, daß $x_2 = 1$ und $x_1 = 4$ ist.

3. Homogene Gleichungssysteme

a) Diskussion der Lösbarkeit

Wir betrachten nun noch im besonderen den Spezialfall eines homogenen Gleichungssystems, bei dem alle b_i gleich Null sind.

$$\begin{aligned} a_{11}x_1 + a_{12}x_2 + \cdots + a_{1n}x_n &= 0 \\ a_{21}x_1 + a_{22}x_2 + \cdots + a_{2n}x_n &= 0 \\ \vdots \\ a_{m1}x_1 + a_{m2}x_2 + \cdots + a_{mn}x_n &= 0\,. \end{aligned} \tag{86}$$

Die Anwendung der in Abschn. IV C 2 b besprochenen allgemein gültigen Kriterien für die Lösbarkeit eines Gleichungssystems ergibt folgendes: Um die durch Gl. (78) definierte Matrix $\boldsymbol{A}_B$ zu bilden, muß man im vorliegenden Falle zur Koeffizientenmatrix eine Spalte aus lauter Nullen hinzufügen. Da durch das Hinzufügen von Nullen der Rang einer Matrix nicht erhöht werden kann, gilt $R = r$. Ein homogenes System besitzt daher immer Lösungen. Wenn nun die Anzahl der Unbekannten n gleich dem Rang der Koeffizientenmatrix r ist, so sind die Lösungen eindeutig bestimmt. Allerdings bestehen sie dann darin, daß alle x_i gleich Null sind, da alle Determinanten $|\boldsymbol{A}^k|$ eine Spalte von Nullen aufweisen. Man nennt dies die triviale Lösung und interessiert sich nicht weiter für sie. Ist dagegen $n > r$, so hat man eine $n - r$-fach unendliche Lösungsmannigfaltigkeit. Man kann $n - r$ Unbekannte beliebig vorgeben und die restlichen dann jeweils eindeutig bestimmen.

Wir können also sagen: *Ein lineares, homogenes Gleichungssystem besitzt immer die triviale Lösung, daß alle x_i gleich Null sind. Ist die Zahl der Unbekannten n größer als der Rang der Koeffizientenmatrix r, so gibt es außerdem auch eine $n - r$-fach unendliche Lösungsmannigfaltigkeit.* Allein diese Lösungsmannigfaltigkeit ist von Interesse.

Im nächsten Abschnitt b wird gezeigt, daß man sämtliche Lösungen der genannten Lösungsmannigfaltigkeit mit Hilfe eines sog. fundamentalen Lösungssystems geschlossen darstellen kann. Zuvor soll noch in einem Beispiel die Lösbarkeit eines Gleichungssystems untersucht werden.

1. Beispiel: Untersuche, ob das folgende Gleichungssystem nichttriviale Lösungen besitzt

$$\begin{aligned} x_1 + 2x_2 &= 0 \\ x_1 - x_2 &= 0\,. \end{aligned} \tag{87}$$

Für die Koeffizientendeterminante erhalten wir

$$\begin{vmatrix} 1 & 2 \\ 1 & -1 \end{vmatrix} = -1 - 2 = -3 . \tag{88}$$

Sie ist also von Null verschieden. Das Gleichungssystem hat daher nur die triviale Lösung $x_1 = 0$, $x_2 = 0$.

2. Beispiel: Bestimme die Lösungen des folgenden Gleichungssystems

$$\begin{aligned} x_1 + x_2 + x_3 &= 0 \\ x_1 - x_2 + 2x_3 &= 0 \\ 3x_1 + x_2 + 4x_3 &= 0 . \end{aligned} \tag{89}$$

Für die Koeffizientendeterminante erhält man in diesem Fall, wie man leicht nachrechnen kann, den Wert Null. Die Determinante aus den ersten zwei Zeilen und Spalten der Matrix ist von Null verschieden. Der Rang der Koeffizientenmatrix beträgt somit $r = 2$. Da die Zahl der Unbekannten 3 ist, muß es eine einfach unendliche Lösungsmannigfaltigkeit geben. Man erhält diese, indem man aus den beiden ersten Gleichungen bei fest vorgegebenem x_3 die Größen x_1 und x_2 ausrechnet. Eine Addition dieser Gleichungen ergibt

$$2x_1 + 3x_3 = 0$$

bzw.

$$x_1 = -\tfrac{3}{2}x_3 . \tag{90}$$

In gleicher Weise erhält man durch Subtraktion der zweiten Gleichung von der ersten

$$x_2 = \frac{x_3}{2} . \tag{91}$$

Wenn man einen bestimmten Wert von x_3 vorgibt, erhält man jedesmal bestimmte Werte von x_1 und x_2, durch die die Gleichung befriedigt wird. Wenn wir beispielsweise setzen $x_3 = 1$, so wird $x_1 = -\frac{3}{2}$ und $x_2 = \frac{1}{2}$. Setzen wir $x_3 = 2$, so wird $x_1 = -3$ und $x_2 = 1$ usw.

3. Beispiel: In der Koeffizientenmatrix des Gleichungssystems

$$\begin{aligned} x_1 - x_2 - x_3 + 2x_4 &= 0 \\ x_1 + x_2 + x_3 + x_4 &= 0 \\ 3x_1 - x_2 - x_3 + 5x_4 &= 0 \\ 3x_1 + x_2 + x_3 + 4x_4 &= 0 \end{aligned} \tag{92}$$

verschwinden alle vier- und dreizeiligen Determinanten. Man kann lediglich nichtverschwindende Determinanten zweiter Ordnung bilden, z. B. aus den ersten zwei Zeilen und ersten zwei Spalten der Koeffizientenmatrix. Es ist also $r = 2$. Die Zahl der Unbekannten n ist gleich 4. Es gibt also eine zweifach unendliche Lösungsmannigfaltigkeit. Man kann die ersten zwei Gleichungen des Systems verwenden, um die ersten beiden Unbekannten, nämlich x_1 und x_2 auszurechnen, während man die beiden anderen Unbekannten x_3 und x_4 als fest vorgegebene Konstanten behandelt. Man erhält dann

$$x_2 = \frac{x_4 - 2x_3}{2} \tag{93}$$

$$x_1 = -\frac{3x_4}{2} \tag{94}$$

für beliebige Werte von x_3 und x_4. Wenn wir z. B. $x_3 = 1$ und $x_4 = 1$ setzen, so ergibt sich $x_1 = -\frac{3}{2}$ und $x_2 = -\frac{1}{2}$. Diese vier Werte bezeichnet man als eine Lösung des Gleichungssystems. Andere Lösungen sind in Tab. 1 angegeben.

Tab. 1. Beispiele für Lösungen der Gl. (92)

x_3	x_4	x_1	x_2
1	1	$-\frac{3}{2}$	$-\frac{1}{2}$
0	1	$-\frac{3}{2}$	$\frac{1}{2}$
1	4	-6	1
$\frac{1}{2}$	1	$-\frac{3}{2}$	0

Auch bei diesem Beispiel kommt man mit der Rechnung schneller voran, wenn man statt der umständlichen Rangbestimmungen das Gaußsche Eliminationsverfahren anwendet. Wir eliminieren aus der zweiten, dritten und vierten Gleichung x_1, indem wir diese Gleichungen jeweils mit der ersten kombinieren und erhalten

$$\begin{aligned} x_1 - x_2 - x_3 + 2x_4 &= 0 \\ - 2x_2 - 2x_3 + x_4 &= 0 \\ - 2x_2 - 2x_3 + x_4 &= 0 \\ - 4x_2 - 4x_3 + 2x_4 &= 0\,. \end{aligned} \tag{95}$$

Nun eliminieren wir aus der dritten und vierten Gleichung x_2, indem wir diese mit der zweiten Gleichung kombinieren und erhalten

$$\begin{aligned} x_1 - x_2 - x_3 + 2x_4 &= 0 \\ - 2x_2 - 2x_3 + x_4 &= 0 \\ 0 &= 0 \\ 0 &= 0\,. \end{aligned} \tag{96}$$

Daraus folgen sofort die Gln. (93) und (94).

Es ist zweckmäßig, eine Bezeichnungsweise einzuführen, durch die man einzelne, bestimmte Lösungen einer unendlichen Lösungsmannigfaltigkeit unterscheiden kann. Man kann das mit Hilfe von Indizes tun, die man über das Symbol x_i schreibt. Die in der ersten Zeile der Tab. 1 angegebenen Werte für die Lösung kann man z. B. durch $\overset{1}{x}_1$, $\overset{1}{x}_2$, $\overset{1}{x}_3$, $\overset{1}{x}_4$ bezeichnen, die in der zweiten Zeile angegebenen Werte durch $\overset{2}{x}_1$, $\overset{2}{x}_2$, $\overset{2}{x}_3$, $\overset{2}{x}_4$ usw. Abgekürzt kann man die Lösungen auch mit $\overset{1}{x}_i$, $\overset{2}{x}_i$, usw. bezeichnen.

b) Sätze über Lösungen. Fundamentales Lösungssystem

Über die Lösungen von homogenen Gleichungen gibt es einige interessante Sätze.

Satz 1: *Ist* $\overset{1}{x}_1, \overset{1}{x}_2, \ldots, \overset{1}{x}_n$ *eine Lösung, so ist auch* $\lambda\overset{1}{x}_1, \lambda\overset{1}{x}_2, \ldots, \lambda\overset{1}{x}_n$ *eine Lösung mit beliebigem* λ. Man kann also eine Lösung mit einer konstanten Zahl multiplizieren, und sie bleibt eine Lösung. Das folgt daraus, daß man beim Einsetzen in die Gleichungen λ ausklammern und wegkürzen kann. Auf das Beispiel von Tab. 1 angewendet ergibt sich, daß mit 1, 1, $-\frac{3}{2}$, $-\frac{1}{2}$ auch λ, λ, $-\frac{3}{2}\lambda$, und $-\frac{1}{2}\lambda$ eine Lösung ist für beliebiges λ.

Satz 2: *Hat man eine Reihe von Lösungen* $\overset{1}{x}_i, \overset{2}{x}_i, \overset{3}{x}_i, \ldots$, *so stellt auch eine beliebige Linearkombination davon*

$$\lambda_1 \overset{1}{x}_i + \lambda_2 \overset{2}{x}_i + \lambda_3 \overset{3}{x}_i \ldots \tag{97}$$

eine Lösung dar. Auch dieser Satz läßt sich leicht beweisen, indem man die Linearkombination in das Gleichungssystem einsetzt.

Zu einem weiteren wichtigen Satz kommen wir, wenn wir $n - r$ spezielle Lösungen bilden, indem wir jeweils einer der $n - r$ frei verfügbaren Unbekannten den Wert 1 geben und allen anderen den Wert Null. Wir kommen so zu den Lösungen

$$\begin{array}{l} \overset{1}{x}_1, \overset{1}{x}_2, \ldots, \overset{1}{x}_r, 1, 0, 0, \ldots, 0 \\ \overset{2}{x}_1, \overset{2}{x}_2, \ldots, \overset{2}{x}_r, 0, 1, 0, \ldots, 0 \\ \vdots \quad \vdots \quad \vdots \\ \overset{n-r}{x}_1, \overset{n-r}{x}_2, \ldots, \overset{n-r}{x}_r, 0, 0, 0, \ldots, 1 . \end{array} \tag{98}$$

Es gilt nun, wie wir ohne Beweis anführen:

Satz 3: *Die in Gl. (98) angegebenen $n - r$ Lösungen sind linear unabhängig. Sämtliche Lösungen des homogenen Gleichungssystems lassen sich durch eine Kombination dieser linear unabhängigen Lösungen in der Form*

$$x_i = \lambda_1 \overset{1}{x}_i + \lambda_2 \overset{2}{x}_i + \cdots + \lambda_{n-r} \overset{n-r}{x}_i \tag{99}$$

darstellen, wobei $\lambda_1, \lambda_2, \lambda_3, \cdots, \lambda_{n-r}$ beliebige Werte annehmen. Man nennt die Gln. (99) die *allgemeine Lösung* des gegebenen Gleichungssystems. Ein Lösungssystem wie das in Gln. (98) dargestellte, mit dessen Hilfe man zu einer allgemeinen Lösung gelangen kann, bezeichnet man als *fundamentales Lösungssystem.* Außer dem soeben angegebenen fundamentalen Lösungssystem gibt es noch unendlich viele andere derartige Systeme.

Als Beispiel bestimmen wir das fundamentale Lösungssystem der Gl. (92). Aus den Gln. (93) und (94) ersehen wir, daß man für $x_3 = 1$ und $x_4 = 0$ für die Lösung $x_2 = -1$ und $x_1 = 0$ erhält. Die erste fundamentale Lösung lautet also

$$\overset{1}{x}_1 = 0, \quad \overset{1}{x}_2 = -1, \quad \overset{1}{x}_3 = 1, \quad \overset{1}{x}_4 = 0. \tag{100}$$

Für $x_3 = 0$ und $x_4 = 1$ erhalten wir demgegenüber $x_2 = \frac{1}{2}$ und $x_1 = -\frac{3}{2}$, so daß wir für die zweite fundamentale Lösung schreiben können

$$\overset{2}{x}_1 = -\tfrac{3}{2}, \quad \overset{2}{x}_2 = \tfrac{1}{2}, \quad \overset{2}{x}_3 = 0, \quad \overset{2}{x}_4 = 1. \tag{101}$$

Die allgemeine Lösung hat gemäß Gl. (99) die Form

$$x_i = \lambda_1 \overset{1}{x}_i + \lambda_2 \overset{2}{x}_i, \tag{102}$$

woraus für die einzelnen i die vier Gleichungen

$$x_1 = -\tfrac{3}{2}\lambda_2, \quad x_2 = -\lambda_1 + \tfrac{1}{2}\lambda_2, \quad x_3 = \lambda_1, \quad x_4 = \lambda_2 \tag{103}$$

folgen.

c) Allgemeine Lösung des inhomogenen Systems

In Abschn. C 2 wurde ausgeführt, daß ein inhomogenes Gleichungssystem, bei dem die Zahl der Unbekannten größer als der Rang der Koeffizientenmatrix ist, eine unendliche Lösungsmannigfaltigkeit besitzt. Mit Hilfe der eben erhaltenen Resultate für das homogene System können wir auch die unendliche Lösungsmannigfaltigkeit des inhomogenen Systems in geschlossener Weise angeben. Es gilt der folgende Satz:

Satz 4: *Man erhält sämtliche Lösungen eines inhomogenen Gleichungssystems $\sum_{j=1}^{n} a_{ij} x_j = b_i$ mit $i = 1, 2, \ldots, n$, indem man zu einer speziellen Lösung $\overset{0}{x}_i$ dieses Systems die mit beliebigen Konstanten $\lambda_1, \lambda_2, \lambda_3, \ldots, \lambda_{n-r}$ multiplizierten fundamentalen Lösun-*

gen des entsprechenden homogenen Systems $\sum_{j=1}^{n} a_{ij} x_j = 0$ *addiert. Alle Lösungen des inhomogenen Systems sind somit durch den Ausdruck:*

$$x_i = \overset{0}{x}_i + \lambda_1 \overset{1}{x}_i + \lambda_2 \overset{2}{x}_i + \cdots + \lambda_{n-r} \overset{n-r}{x}_i \quad \text{für} \quad i = 1 \text{ bis } n \tag{104}$$

gegeben. Man nennt die Gln. (104) die *allgemeine Lösung* des inhomogenen Systems.

Wegen des Beweises dieses Satzes verweisen wir auf das Lehrbuch von Duschek II, S. 277.

4. Zusammenhang mit Vektorrechnung und analytischer Geometrie

Zum Abschluß wollen wir noch darauf hinweisen, daß die Theorie der Lösung der Gleichungssysteme eng mit der Vektorrechnung und analytischen Geometrie zusammenhängt.

Man kann die Elemente einer Zeile oder einer Spalte einer Matrix als Komponenten eines Vektors auffassen. Bei n Elementen handelt es sich dabei um einen Vektor im n-dimensionalen Raum. Die Lösungen eines Gleichungssystems mit n Unbekannten können ebenfalls durch Vektoren im n-dimensionalen Raum dargestellt werden. Eine eindeutige Lösung wird dabei durch einen einzigen Vektor dargestellt, eine $n - r$ dimensionale Lösungsmannigfaltigkeit durch ein $n - r$ dimensionales Gebilde im n-dimensionalen Raum. Bei $n = 3$ und $r = 1$ ergibt sich beispielsweise eine Fläche im dreidimensionalen Raum. Das fundamentale Lösungssystem entspricht einem Basissystem im Vektorraum. Wegen weiterer Einzelheiten sei auf das Buch von Sperner verwiesen.

Fragen und Aufgaben

1. Was ist der Unterschied zwischen einem inhomogenen und einem homogenen Gleichungssystem?
2. Wann ist ein Gleichungssystem widersprüchlich?
3. Besitzt ein Gleichungssystem auch dann Lösungen, wenn die Anzahl der Gleichungen nicht mit der Anzahl der Unbekannten übereinstimmt?
4. Wann ist ein inhomogenes Gleichungssystem aus n Gleichungen und n Unbekannten lösbar?
5. Unter welchen Bedingungen besitzt ein inhomogenes Gleichungssystem aus gleich vielen Gleichungen und Unbekannten eine nichttriviale Lösung?
6. Erläutere die Begriffe „fundamentales Lösungssystem“ und „allgemeine Lösung“.
7. Was versteht man unter der Cramerschen Regel, was unter dem Gaußschen Eliminationsverfahren?
8. Prüfe durch Rangbestimmungen, ob die folgenden Gleichungen Lösungen besitzen. Soweit möglich, bestimme die Lösung mit Hilfe der Cramerschen Regel.

   a) $\begin{aligned} x + y &= 5 \\ x - y &= 7 \end{aligned}$ b) $\begin{aligned} x + y &= 0 \\ x - y &= 0 \end{aligned}$ c) $\begin{aligned} x_1 + x_2 + x_3 &= 5 \\ x_1 - x_2 + 2x_3 &= 3 \\ 3x_1 - x_2 + 5x_3 &= 11\,. \end{aligned}$

9. Benütze das Gaußsche Eliminationsverfahren zur Prüfung, ob Lösungen vorhanden sind, und zum Ermitteln der Lösungen. Suche bei unendlichen Lösungsmannigfaltigkeiten ein fundamentales Lösungssystem auf und schreibe die allgemeine Lösung hin:

   a) $\begin{aligned} x_1 + x_2 + x_3 + x_4 &= 0 \\ x_1 - 2x_2 - 2x_3 + 2x_4 &= 0 \\ 2x_1 - x_2 - x_3 + 3x_4 &= 0 \\ 4x_1 - 5x_2 - 5x_3 + 7x_4 &= 0 \end{aligned}$ b) $\begin{aligned} x + 2y &= 7 \\ x - 2y &= 9 \\ 3x + 2y &= 23 \\ 3x - 2y &= 25\,. \end{aligned}$

10. Bestimme die Lösungen auf die einfachste Art:

    a) $\sum_{i=1}^{3} \delta_{ik} x_i = 3$ für $k = 1, 2, 3,$ b) $\sum_{i=1}^{3} ik\delta_{ik} x_i = 3$ für $k = 1, 2.$

V. Gleichungen höheren Grades

A. Gleichungen mit einer Unbekannten

1. Übersicht über die Lösungsmethoden

Wir betrachten nun eine Gleichung der Form

$$a'_n x^n + a'_{n-1} x^{n-1} + a'_{n-2} x^{n-2} + \cdots + a'_1 x + a'_0 = 0\,, \tag{1}$$

in der die Unbekannte x nicht nur in der ersten Potenz, sondern auch in höheren Potenzen auftritt. Die höchste Potenz n von x nennt man den *Grad der Gleichung*. Die Koeffizienten $a'_0, a'_1, \ldots, a'_n$ sollen beliebige reelle oder komplexe Zahlen sein mit der einzigen Einschränkung, daß $a'_n \neq 0$ ist. Man kann dann Gl. (1) immer in eine Form bringen, bei der der Koeffizient von x^n gleich 1 wird. Man dividiert hierzu die ganze Gleichung durch a'_n und erhält

$$x^n + a_{n-1} x^{n-1} + \cdots + a_1 x + a_0 = 0\,. \tag{2}$$

Die a_i sind dabei durch die Quotienten a'_i/a'_n gegeben. Einen Wert von x, der die Gleichung erfüllt, bezeichnet man als *Lösung* oder *Wurzel* der Gleichung.

Wenn $n = 1$ ist, so liegt eine Gleichung ersten Grades vor, die man gewöhnlich als *lineare Gleichung* bezeichnet.

$$x + a_0 = 0\,. \tag{3}$$

Eine solche Gleichung besitzt, wie im vorigen Kapitel gezeigt wurde, immer eine Lösung. Sie lautet $x = -a_0$.

Bei $n = 2$ liegt eine Gleichung zweiten Grades vor, gewöhnlich *quadratische Gleichung* genannt,

$$x^2 + a_1 x + a_0 = 0\,. \tag{4}$$

Um diese Gleichung zu lösen, schreibt man sie zunächst in der Form

$$\left(x + \frac{a_1}{2}\right)^2 - \frac{a_1^2}{4} + a_0 = 0\,, \tag{5}$$

bringt anschließend den Ausdruck $-\dfrac{a_1^2}{4} + a_0$ auf die rechte Seite und zieht dann auf beiden Seiten die Quadratwurzel. Da man dabei der Quadratwurzel sowohl das positive als auch das negative Vorzeichen beilegen kann, erhält man die beiden Lösungen

$$x_1 = -\frac{a_1}{2} + \sqrt{\frac{a_1^2}{4} - a_0} \tag{6a}$$

und

$$x_2 = -\frac{a_1}{2} - \sqrt{\frac{a_1^2}{4} - a_0}\,. \tag{6b}$$

Eine quadratische Gleichung hat also immer zwei Lösungen, die allerdings zusammenfallen, wenn der Ausdruck unter der Wurzel gleich Null ist. Im Unterschied zur linearen Gleichung können die Lösungen auch bei reellen Koeffizienten a_1 und a_0 komplex sein. Außerdem werden sie im allgemeinen durch irrationale Zahlen gegeben, auch wenn die Koeffizienten der Gleichung rationale Zahlen sind.

Für *Gleichungen dritten und vierten Grades* war es ebenfalls möglich, Formeln abzuleiten, mit deren Hilfe die Lösungen aus den Koeffizienten berechnet werden können. Diese Formeln sind aber verhältnismäßig umständlich und werden nur selten benötigt, so daß wir sie hier nicht angeben.

Für *Gleichungen fünften und höheren Grades* konnten solche Formeln nicht gefunden werden. Man hat sogar bewiesen, daß es die gesuchten Formeln nicht gibt, daß aber trotzdem Lösungen existieren (siehe den nächsten Abschnitt). Man kann diese Lösungen auf graphischem Wege ermitteln, indem man die linke Seite von Gl. (2) gleich y setzt und die Kurve, die der Gleichung

$$y = x^n + a_{n-1} x^{n-1} + \cdots + a_1 x + a_0$$

entspricht, in einem rechtwinkligen Koordinatensystem aufzeichnet. Die Lösungen der Gleichung sind dann durch die Schnittpunkte dieser Kurve mit der x-Achse gegeben. Des weiteren kann man auch numerische Methoden verwenden, die in Abschn. X A 6 besprochen werden. Selbstverständlich kann man auch Gleichungen niedrigeren Grades durch graphische und numerische Methoden lösen.

2. Allgemeine Betrachtungen über die Existenz und Eigenschaften der Lösungen

Es gibt einige allgemeine Sätze über die Existenz und Eigenschaften von Lösungen, die wir im folgenden anführen wollen. Diese Sätze sind von größter Wichtigkeit, da sich für Gleichungen von höherem Grad als vier, wie oben erwähnt, keine Formeln zur Berechnung der Lösungen finden ließen und man zunächst nicht wußte, ob solche Lösungen überhaupt existieren.

Im Jahre 1799 bewies der große Mathematiker Gauß in seiner Doktorarbeit den Satz: *Zu jeder Gleichung der Form Gl. (2) mit beliebigen reellen oder komplexen Koeffizienten gibt es mindestens eine, im allgemeinen komplexe Zahl α, die der Bedingung*

$$\alpha^n + a_{n-1}\alpha^{n-1} + \cdots + a_1\alpha + a_0 = 0 \tag{7}$$

genügt. Diese Zahl α erfüllt also die Gleichung, wenn man sie an Stelle von x einsetzt. Man nennt sie eine *Lösung* oder *Wurzel* der Gleichung.

Darauf aufbauend kam Gauß zum sog. *Fundamentalsatz der Algebra: Eine Gleichung n-ten Grades*

$$x^n + a_{n-1} x^{n-1} + \cdots + a_1 x + a_0 = 0 \tag{8}$$

hat genau n Wurzeln $\alpha_1, \alpha_2, \ldots, \alpha_n$, die auch teilweise oder vollständig zusammenfallen können, und mit deren Hilfe man die Gleichung in der Form

$$(x - \alpha_1)(x - \alpha_2) \ldots (x - \alpha_n) = 0 \tag{9}$$

schreiben kann. Damit ist also die Existenz von n Lösungen sichergestellt, ohne daß etwas darüber gesagt ist, wie man diese auffinden kann. Des weiteren ist gezeigt, daß die Koeffizienten $a_0, a_1, \ldots, a_n$ einer Gleichung durch deren Wurzeln $\alpha_1, \alpha_2, \ldots, \alpha_n$ eindeutig bestimmt sind. Man erhält die Koeffizienten, indem man die Klammern in Gl. (9) ausmultipliziert und die entstandenen Summanden nach Potenzen von x ordnet. *Eine Gleichung ist also durch ihre Wurzeln vollständig bestimmt.*

Auf die Methode des Auffindens der Lösungen bezieht sich der dritte Satz: *Eine Berechnung der Wurzeln aus den Koeffizienten der Gleichung mit Hilfe von endlich vielen Rechenoperationen, die auch das Wurzelziehen umfassen, ist prinzipiell nur bei Gleichungen möglich, deren Grad kleiner oder gleich vier ist.* Daraus folgt, daß man Formeln für die Lösung, wie wir sie z. B. in den Gln. (6a) und (6b) angegeben haben, nur für Gleichungen bis zum Grad 4 auffinden kann.

Auf die Beweise dieser Sätze müssen wir verzichten. Der Beweis des ersten Satzes erfordert umfangreiche Kenntnisse der Funktionentheorie. Der dritte Satz beruht auf der Betrachtung von gewissen Gruppeneigenschaften der Lösungen. Der Beweis des zweiten Satzes, des Fundamentalsatzes der Algebra, läßt sich zwar auf elementarem Wege durchführen, ist aber ziemlich umständlich. Wir wollen ihn daher im folgenden an Hand von Beispielen und Anwendungen näher erläutern.

Zunächst betrachten wir zwei Rechenbeispiele:

1. Wie lautet die Gleichung, die die Wurzeln -2, 2 und 3 besitzt? Auf Grund von Gl. (9) kann man für die gesuchte Gleichung schreiben

$$(x + 2)(x - 2)(x - 3) = 0\,. \tag{10}$$

Durch Ausmultiplizieren der Klammern und Ordnen nach Potenzen von x ergibt sich daraus

$$x^3 - 3x^2 - 4x + 12 = 0\,.$$

2. Schreibe die Gleichung

$$x^2 - 3x + 2 = 0 \tag{11}$$

in Form eines Produktes mit ausschließlich linearen Faktoren. Wir bestimmen zunächst die Wurzeln dieser Gleichung. Mit Hilfe der Gln. (6a) und (6b) erhalten wir für die Wurzeln 1 und 2. Unter Zuhilfenahme von Gl. (9) können wir daher die gegebene Gleichung in der Form

$$(x - 1)(x - 2) = 0$$

schreiben.

Ferner wollen wir den Zusammenhang zwischen den Wurzeln $\alpha_1, \alpha_2, \dots, \alpha_n$ einer Gleichung n-ten Grades und den Koeffizienten $a_0, a_1, \dots, a_n$ dieser Gleichung genauer untersuchen. Wir betrachten hierzu eine Gleichung dritten Grades mit den Wurzeln α_1, α_2 und α_3. Auf Grund von Gl. (9) lautet diese Gleichung

$$(x - \alpha_1)(x - \alpha_2)(x - \alpha_3) = 0\,. \tag{12}$$

Multipliziert man die einzelnen Faktoren miteinander, so erhält man

$$x^3 + (-\alpha_1 - \alpha_2 - \alpha_3)x^2 + (\alpha_1\alpha_2 + \alpha_1\alpha_3 + \alpha_2\alpha_3)x - \alpha_1\alpha_2\alpha_3 = 0\,. \tag{13}$$

Schreibt man andererseits die Gleichung in der Form

$$x^3 + a_2x^2 + a_1x + a_0 = 0\,, \tag{14}$$

so folgt durch einen Vergleich der Koeffizienten von x, x^2 und x^3 sowie der absoluten Glieder:

$$a_0 = -\alpha_1\alpha_2\alpha_3\,, \tag{15}$$

$$a_1 = \alpha_1\alpha_2 + \alpha_1\alpha_3 + \alpha_2\alpha_3 \tag{16}$$

und

$$a_2 = -(\alpha_1 + \alpha_2 + \alpha_3)\,. \tag{17}$$

Man sieht, daß bis auf das Vorzeichen a_0 durch das Produkt aller drei Wurzeln, a_1 durch die Summe aller Produkte aus je zwei Wurzeln und a_2 durch die Summe aller „Produkte" aus je einer Wurzel gegeben sind. Es kann leicht gezeigt werden, daß allgemein *bei einer Gleichung n-ten Grades a_0 durch das Produkt aller n Wurzeln mal $(-1)^n$, a_1 durch die Summe aus allen Produkten von je $n-1$ Wurzeln mal $(-1)^{n-1}$ usw. gegeben ist.*

Beispiel: Die Gleichung $x^3 + 2x^2 - x - 2 = 0$ hat, wie man sich durch Einsetzen überzeugen kann, die Wurzel $\alpha_1 = 1$, $\alpha_2 = -1$ und $\alpha_3 = -2$. Die Koeffizienten vor den einzelnen Potenzen von x lauten $a_0 = -2$, $a_1 = -1$ und $a_2 = 2$. Man kann leicht nachweisen, daß z. B. Gl. (17) erfüllt ist. Für $-(\alpha_1 + \alpha_2 + \alpha_3)$ ergibt sich nämlich $-(1 - 1 - 2) = 2$, was mit a_2 übereinstimmt.

Das Problem, geschlossene Formeln für die Lösungen eines Gleichungssystems zu finden, ist identisch mit der Aufgabe, die Beziehungen zwischen den Wurzeln und den Koeffizienten, also z. B. die Gln. (15) bis (17), nach den Wurzeln aufzulösen. Daß dies gemäß dem früher angeführten Satz nur bei Gleichungen bis zum vierten Grad möglich ist, hängt mit speziellen Symmetrieeigenschaften zusammen, die die Beziehungen zwischen Koeffizienten und Wurzeln aufweisen.

Schließlich ergibt sich aus dem Fundamentalsatz der Algebra noch folgendes: *Kennt man eine Lösung α_k einer Gleichung, so kann man die ganze Gleichung durch $x - \alpha_k$ dividieren, ohne daß ein Rest bleibt.* Denn auf Grund der Äquivalenz der Gln. (8) und (9) enthält die Gleichung $x - \alpha_k$ als Faktor. Man kann diese Tatsache verwenden, um den Grad einer Gleichung um eins zu erniedrigen, bevor man sie löst. Dies wird an Hand des folgenden Beispiels erläutert.

Beispiel: Gegeben sei die Gleichung

$$x^3 + 2x^2 - x - 2 = 0\,. \tag{18}$$

Nehmen wir an, daß wir durch Erraten festgestellt haben, daß $x = 1$ eine Lösung ist. Wie lauten die anderen Lösungen der Gleichung? Wir dividieren zunächst die linke Seite der Gleichung durch $x - 1$. Die Division von algebraischen Ausdrücken erfolgt bekanntlich in gleicher Weise wie die von Zahlen. Man schreibt den Dividenden $x^3 + 2x^2 - x - 2$ und den Divisor $x - 1$ auf

$$(x^3 + 2x^2 - x - 2):(x - 1) \tag{19}$$

und fragt, was die Division des ersten Summanden im Dividenden, x^3, durch den ersten Summanden im Divisor, x, ergibt. Sie ergibt x^2. Man notiert dies rechts vom Gleichheitszeichen, multipliziert dann den Divisor mit diesem x^2, schreibt das Ergebnis unter die ersten beiden Summanden des Dividenden und subtrahiert es von diesem:

$$\begin{array}{l} (x^3 + 2x^2 - x - 2):(x - 1) = x^2 \\ \underline{-\,(x^3 - x^2)} \\ \;3x^2 \end{array} \tag{20}$$

Man erhält $3x^2$. Nun schreibt man den nächsten Summanden im Dividenden, nämlich $-x$, neben $3x^2$, dividiert $3x^2$ durch das x des Divisors, notiert das Resultat, nämlich $3x$, wieder rechts vom Gleichheitszeichen, schreibt das Produkt von $3x$ und dem Divisor unter die dritte Zeile und subtrahiert. Dies wiederholt man so oft, bis alle Summanden des Dividenden berücksichtigt wurden. Es ergibt sich so das folgende Divisionsschema:

$$\begin{array}{l} (x^3 + 2x^2 - x - 2):(x - 1) = x^2 + 3x + 2\,. \\ \underline{-\,(x^3 - x^2)} \\ \;3x^2 - x \\ \underline{-\,(3x^2 - 3x)} \\ \;2x - 2 \\ \underline{-\,(2x - 2)} \\ = \;\; = \end{array} \tag{21}$$

Auf Grund des erhaltenen Resultates können wir die gegebene Gl. (18) auch in der Form

$$(x - 1)(x^2 + 3x + 2) = 0 \tag{22}$$

schreiben. Damit nun ein Produkt gleich Null ist, muß einer der beiden Faktoren gleich Null sein. Wenn wir den ersten Faktor gleich Null setzen, ergibt sich $x - 1 = 0$ bzw. $x = 1$, die bereits bekannte Lösung. Durch Nullsetzen des zweiten Faktors erhalten wir

$$x^2 + 3x + 2 = 0,$$

also eine quadratische Gleichung. Löst man diese mit Hilfe der in den Gln. (6a) und (6b) gegebenen Formeln auf, so ergibt sich $x = -2$ und $x = -1$. Die ursprünglich gegebene Gl. (18) hat also die Lösungen 1, -1 und -2.

3. Einige Betrachtungen über Polynome

Einen Ausdruck der Form $x^n + a_{n-1}x^{n-1} + \cdots + a_1x + a_0$, wie er auf der linken Seite von Gl. (2) auftritt, bezeichnet man als *Polynom* n-ten Grades in x. Einen Wert von x, für den das Polynom gleich Null wird, nennt man *Nullstelle* des Polynoms. Die Nullstellen kann man durch Auflösung der entsprechenden Gleichung n-ten Grades bestimmen.

Durch die unmittelbare Übertragung der oben abgeleiteten Sätze für Gleichungen auf Polynome kommt man zu den folgenden Aussagen:

1. *Ein Polynom n-ten Grades hat genau n Nullstellen.*

2. *Ist* α_k *eine Nullstelle eines Polynoms, so ist das Polynom durch* $x - \alpha_k$ *teilbar, ohne daß ein Rest bleibt.*

3. *Ein Polynom n-ten Grades läßt sich in ein Produkt von n Faktoren der Form* $x - \alpha_i$ *zerlegen, wobei die* α_i *die Nullstellen des Polynoms sind*

$$x^n + a_{n-1}x^{n-1} + \cdots a_1x + a_0 = (x - \alpha_1)(x - \alpha_2)\ldots(x - \alpha_n). \tag{23}$$

Als Beispiel wollen wir das Polynom $x^2 + 2x - 8$ in ein Produkt von zwei Faktoren zerlegen. Die Gleichung $x^2 + 2x - 8 = 0$ hat die Lösungen $x = 2$ und $x = -4$. Wir können daher schreiben

$$x^2 + 2x - 8 = (x - 2)(x + 4).$$

B. Gleichungen mit mehreren Unbekannten

Bei Gleichungen höherer Ordnung mit mehreren Unbekannten muß man durch geschicktes Kombinieren der Gleichungen einige Unbekannte eliminieren, so daß man schließlich auf Gleichungen mit jeweils einer einzigen Unbekannten kommt. Die Eliminierung gelingt grundsätzlich immer mit der Substitutionsmethode, bei der man eine Unbekannte in einer Gleichung durch die übrigen ausdrückt und diesen Ausdruck dann in die anderen Gleichungen einsetzt, anschließend in den entstandenen Gleichungen dasselbe mit einer weiteren Unbekannten tut usw. Bei jedem Schritt erhöht sich aber im allgemeinen der Grad der Gleichung, so daß diese Methode nur sehr beschränkt verwendbar ist. In vielen Fällen ist es möglich, durch andersartige, vom jeweiligen Problem abhängige Kombinationen der Gleichungen schneller zum Ziel zu kommen. Diese Verfahren wird man vorziehen. Hat man während der Umformung Gleichungen potenziert, so erhält man am Ende mehr Lösungen, als wirklich vorhanden sind. Man muß dann bei jeder „Lösung“ gesondert prüfen, ob sie die ursprünglichen Gleichungen erfüllt.

Beispiel:

$$\begin{aligned} x_1^2 + x_2^2 &= 5 \\ x_1 x_2 &= 2\,. \end{aligned} \tag{24}$$

Durch Addition der doppelt genommenen zweiten Gleichung zur ersten erhält man $x_1^2 + x_2^2 + 2x_1x_2 = 9$. Da links das Quadrat von $x_1 + x_2$ steht, folgt daraus, indem man rechts und links die Wurzel zieht,

$$x_1 + x_2 = \pm 3\,. \tag{25}$$

Durch Subtraktion der doppelt genommenen zweiten Gleichung von der ersten erhält man auf analoge Art

$$x_1 - x_2 = \pm 1\,. \tag{26}$$

Aus diesen beiden Gleichungen ergeben sich, wenn man sämtliche Vorzeichenkombinationen berücksichtigt, vier verschiedene Lösungen für x_1 und x_2, nämlich 1 und 2, 2 und 1, -1 und -2 sowie -2 und -1. Da während der Umformung die Gleichungen nicht quadriert worden sind, sind alle diese Wertepaare auch Lösungen der ursprünglichen Gln. (24) und (24a).

C. Algebraische und transzendente Zahlen, Konstruktion von Zahlen auf der Zahlengeraden

Zahlen, die sich als Lösungen von Gleichungen mit ganzzahligen Koeffizienten beliebig hohen Grades ergeben, nennt man *algebraische Zahlen.* Hierzu gehören die ganzen Zahlen, die Brüche sowie alle Wurzeln. Es gibt nun, wie wir ohne Beweis anführen wollen, auch irrationale Zahlen, die nicht algebraisch sind, die man also nicht durch Lösen einer Gleichung mit ganzzahligen Koeffizienten erhalten kann. Beispiele hierfür sind die Zahlen π und e. Solche Zahlen nennt man *transzendent.* Die irrationalen Zahlen zerfallen also in algebraische und transzendente Zahlen.

Von besonderem Interesse ist noch die folgende Frage: Wir betrachten eine Zahlengerade, auf der nur die Punkte 0 und 1 angegeben sein sollen. *Welche weiteren Zahlen kann man auf dieser Geraden allein mit Hilfe eines Zirkels und eines Lineals einzeichnen?* Es zeigt sich, daß dies für alle rationalen Zahlen, sowie Zahlen, die Quadratwurzeln aufweisen, möglich ist, wie z. B. -5, $\sqrt{2}$ oder $(3 + \sqrt{2})/\sqrt{5}$. Um beispielsweise die Zahl -5 einzuzeichnen, muß man die Einheitsstrecke mit Hilfe des Zirkels fünfmal hintereinander auftragen. Die Strecke, die einem Bruch a/b entspricht, kann man mit Hilfe der Ähnlichkeitssätze an zwei Strahlen konstruieren. Die Quadratwurzel einer beliebigen Zahl a erhält man als Höhe eines rechtwinkeligen Dreiecks mit den Hypothenusenabschnitten a und 1. Höhere Wurzeln wie z. B. $\sqrt[5]{2}$, sowie alle transzendenten Zahlen kann man dagegen, wie man allgemein beweisen kann*⁾, nicht mit Zirkel und Lineal konstruieren.

Diese Erkenntnis ist von wesentlicher Bedeutung für einige Konstruktionsaufgaben, die in der Geschichte der Mathematik eine große Rolle gespielt haben. Am bekanntesten ist das Problem der *Quadratur des Kreises.* Es besteht darin, zu einem gegebenen Kreis ein Quadrat gleichen Flächeninhalts zu konstruieren. Zahlreiche Versuche, dies zu tun, sind fehlgeschlagen. Heute wissen wir, daß das Problem unlösbar ist. Das Quadrat muß nämlich die Fläche $r^2\pi$ und damit die Seitenlänge $r\sqrt{\pi}$ haben; die Zahl π ist aber, wie oben ausgeführt wurde, nicht konstruierbar. Ebenso ist auch die *Winkeldreiteilung* und die Konstruktion des Würfels, dessen Inhalt doppelt so groß ist wie der eines vorgegebenen Würfels, unmöglich.

---

*⁾ Siehe das Buch von Courant und Robbins, S. 104.

Es sei hier noch betont, daß mit „nicht konstruierbar" immer gemeint ist, daß es keine Konstruktion gibt, die, abgesehen von den notwendigen Ungenauigkeiten bei der Zeichnung, im Prinzip exakt ist. Selbstverständlich gibt es für die genannten Probleme Konstruktionen, die näherungsweise richtig sind und für die Praxis vollkommen ausreichen.

Fragen und Aufgaben

1. Welche Lösungsverfahren gibt es für Gleichungen, deren Grad höher als 1 ist?
2. Wie viele Lösungen hat eine Gleichung fünften Grades? Wie viele dieser Lösungen müssen voneinander verschieden sein?
3. Was besagt der Fundamentalsatz der Algebra?
4. Welchen Grad hat die Gleichung, deren einzige Wurzel die Zahlen 2, -2, 4 sind?
5. Was ist der Unterschied zwischen einem Polynom n-ten Grades und einer Gleichung n-ten Grades?
6. Die Gleichung $x^3 - x^2 - 4x + 4 = 0$ besitzt die Lösung $x = 1$. Bestimme die übrigen Lösungen.
7. Wie lautet die Gleichung, die als Lösung lediglich die Doppelwurzel -3 besitzt?
8. Löse die Gleichung $(x^2 - 2x)(x^2 + 3x - 1) = 0$.
9. Löse das folgende Gleichungssystem: $x^2 - y^2 = 16, \quad x + y = 4$.
10. Zerlege das Polynom $x^2 - 3x - 4$ in Linearfaktoren.

VI. Unendliche Zahlenfolgen und Reihen

A. Unendliche Zahlenfolgen

1. Definition, Bezeichnungen und Beispiele

Ordnet man den natürlichen Zahlen 1, 2, 3, ... nach irgendeiner Vorschrift der Reihe nach reelle Zahlen

$$a_1, a_2, a_3, \ldots \tag{1}$$

zu, so entsteht eine reelle *unendliche Zahlenfolge.* Die Größen a_1, a_2, ... nennt man *Glieder* der Folge. Der Ausdruck „*unendlich*" besagt, daß die Anzahl der Folgenglieder über alle Grenzen wächst und somit durch keine natürliche Zahl angegeben werden kann. Für „unendlich" verwendet man bisweilen das Zeichen ∞. Dieses stellt keine Zahl dar, mit der man nach den üblichen Gesetzen rechnen kann, sondern ist lediglich eine Abkürzung für die oben gemachte Aussage.

Eine Zahlenfolge heißt *beschränkt,* wenn alle ihre Glieder innerhalb eines abgeschlossenen Zahlenintervalls $[x, y]$ liegen. Gibt es kein solches Intervall, so heißt die Folge *unbeschränkt.* Eine Zahl, die größer als jedes Glied der Folge ist, heißt *obere Schranke* der Folge. Entsprechend heißt die Zahl, die kleiner als jedes Glied ist, *untere Schranke.* Bei manchen Folgen kommt es vor, daß die einzelnen Glieder der Bedingung

$$a_1 < a_2 < a_3 < \cdots \tag{2}$$

genügen. Das folgende Glied ist dann immer größer als das vorhergehende. Man spricht dann von einer *streng monoton zunehmenden Folge.* Entsprechend nennt man eine Folge, für die

$$a_1 > a_2 > a_3 > \cdots \tag{3}$$

ist, *streng monoton abnehmend.* Wenn jeweils auch das Gleichheitszeichen gelten kann, läßt man den Zusatz „streng" weg.

Wir wollen diese Begriffe an einigen Beispielen näher erläutern:

1. Die Zahlenfolge

$$1, \frac{1}{2}, \frac{1}{3}, \frac{1}{4}, \ldots \tag{4}$$

gehorcht dem Bildungsgesetz $a_n = \frac{1}{n}$. Sie ist streng monoton abnehmend, da jedes folgende Glied immer kleiner als das vorhergehende ist. Die Folge ist beschränkt, da alle Glieder im Intervall $(0, 1]$ liegen.

2. Die Zahlenfolge

$$1, 4, 9, 16, 25, \ldots \tag{5}$$

gehorcht dem Bildungsgesetz $a_n = n^2$. Sie ist eine unbeschränkte, streng monoton zunehmende Folge.

3. Die Zahlenfolge

$$-1, \frac{1}{2}, -\frac{1}{3}, \frac{1}{4}, -\frac{1}{5}, \frac{1}{6}, \ldots \tag{6}$$

gehorcht dem Bildungsgesetz $a_n = (-1)^n \frac{1}{n}$. Sie ist beschränkt und nicht monoton.

4. Das Bildungsgesetz $a_{2n-1} = \frac{n}{n+1}$ und $a_{2n} = \frac{1}{n+2}$ führt zur Folge

$$\frac{1}{2}, \frac{1}{3}, \frac{2}{3}, \frac{1}{4}, \frac{3}{4}, \frac{1}{5}, \frac{4}{5}, \frac{1}{6}, \ldots \tag{7}$$

Das ist eine beschränkte nicht monotone Folge.

5. Die Zahlenfolge

$$1, \underbrace{\frac{1}{2}}, \underbrace{\frac{1}{3}, \frac{2}{3}}, \underbrace{\frac{1}{4}, \frac{2}{4}, \frac{3}{4}}, \underbrace{\frac{1}{5}, \frac{2}{5}, \frac{3}{5}, \frac{4}{5}}, \frac{1}{6}, \ldots \tag{8}$$

stellt die Gesamtzahl der echten Brüche dar. Die einzelnen Glieder sind so geordnet, daß zunächst alle Brüche mit dem Nenner 2, dann alle mit dem Nenner 3, dann alle mit dem Nenner 4 usw. geschrieben werden. Die Folge ist auf das Intervall $(0, 1]$ beschränkt, und sie ist nicht monoton. Ein einfacher mathematischer Ausdruck für das Bildungsgesetz, wie wir ihn jeweils bei den vorhergehenden Beispielen angegeben haben, läßt sich hier nicht finden.

2. Häufungswerte, Grenzwert, Konvergenz und Divergenz

Zur genaueren Beschreibung des Verhaltens von Zahlenfolgen müssen wir nun einige neue Begriffe einführen.

Wir setzen fest, daß wir unter einer *ε-Umgebung einer beliebigen reellen Zahl x das Zahlenintervall* $[x - \varepsilon, x + \varepsilon]$ *verstehen wollen* (s. Abb. 1). Die Größe ε ist dabei eine nicht genauer festgelegte kleine Größe.

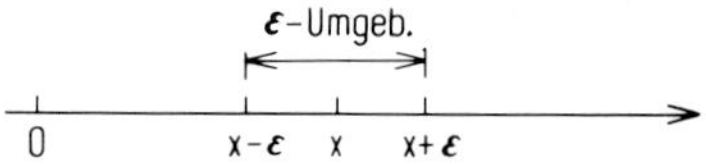

Abb. 1. ε-Umgebung auf der Zahlengeraden.

Des weiteren führen wir den Begriff des *Häufungswertes* ein: *Eine Zahl u ist ein Häufungswert einer Zahlenfolge, wenn in jeder noch so kleinen Umgebung von u unendlich viele Glieder der Folge liegen. u* kann, aber muß nicht ein Glied der Zahlenfolge sein. Statt Häufungswert kann man auch *Häufungspunkt* sagen.

Zur Erläuterung dieser Definition betrachten wir einige Beispiele:

Die Folge Gl. (4), die wir oben als erstes Beispiel betrachtet haben, hat den Häufungswert 0, da in jeder beliebig kleinen Umgebung von 0 immer unendlich viele Glieder der Folge liegen. Nehmen wir als Umgebung z. B. das Intervall $[-0{,}01,\ 0{,}01]$; alle Glieder $\frac{1}{n}$, bei denen $n \geqq 100$ ist, also die Glieder $\frac{1}{100}, \frac{1}{101}, \frac{1}{102}, \ldots$ liegen innerhalb dieses Intervalls. Wenn wir das Intervall $[-10^{-6}, 10^{-6}]$ wählen, so liegen alle Glieder mit $n \geqq 10^6$ in diesem Intervall. Wenn wir allgemein das Intervall $[-\varepsilon, \varepsilon]$ wählen, so liegen alle Glieder, für die $\frac{1}{n} < \varepsilon$ ist, also $n > \frac{1}{\varepsilon}$ ist, innerhalb des Intervalls. In jedem Fall sind das unendlich viele Glieder. Daß 0 ein Häufungspunkt der betrachteten Zahlenfolge ist, kann man sich auch graphisch klarmachen, indem man die Glieder der Zahlenfolge auf der Zahlengeraden einzeichnet (s. Abb. 2),

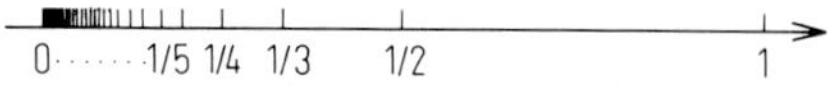

Abb. 2. Darstellung der Folge $1/n$ auf der Zahlengeraden.

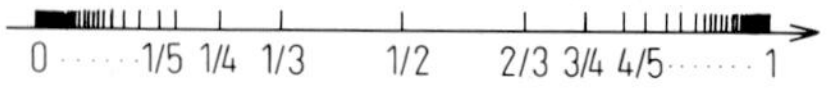

Abb. 3. Darstellung der Folge aus Gl. (7) auf der Zahlengeraden.

Die Folge Gl. (7) hat zwei Häufungswerte, nämlich 0 und 1. Daß Null ein Häufungswert ist, erkennt man daran, daß in jedem noch so kleinen Intervall $[-\varepsilon, \varepsilon]$ um Null alle Folgenglieder a_{2n} liegen, für die $\frac{1}{n+2} < \varepsilon$ also $n + 2 > \frac{1}{\varepsilon}$ ist. Das sind jeweils unendlich viele Glieder. Daß 1 ein Häufungspunkt ist, ergibt sich daraus, daß im Intervall $[1 - \varepsilon, 1 + \varepsilon]$ alle Glieder a_{2n-1} liegen, bei denen $1 - n/(n + 1) = 1/(n + 1) < \varepsilon$ ist, also $n + 1 > \frac{1}{\varepsilon}$. Man erkennt die beiden Häufungswerte deutlich, wenn man die Folgenglieder auf der Zahlengeraden darstellt (s. Abb. 3).

Ein besonders interessantes Verhalten zeigt die Zahlenfolge Gl. (8), die durch sämtliche Brüche gegeben ist. Hier stellt jedes Glied der Folge einen Häufungswert dar, was aus der Tatsache folgt, daß die rationalen Zahlen die Zahlengerade dicht bedecken (s. Abschn. II D).

Für die weiteren Betrachtungen ist der *Satz von Bolzano und Weierstraß* von grundlegender Bedeutung: *Jede beschränkte unendliche Zahlenfolge besitzt mindestens einen Häufungspunkt.* Man kann diesen Satz beweisen, indem man ein Verfahren angibt, wie man diesen Häufungspunkt auffindet (konstruktiver Beweis). Da die betrachtete Zahlenfolge voraussetzungsgemäß beschränkt ist, liegen alle ihre Glieder innerhalb eines Intervalls $[a, b]$. Wenn wir nun das Intervall in zwei Teile zerlegen, so muß mindestens einer dieser Teile unendlich viele Glieder der Folge enthalten, denn wir haben es ja mit einer unendlichen Zahlenfolge zu tun. Wir nehmen nun dieses Intervall mit den unendlich vielen Gliedern und teilen es wieder in zwei Teile. Mindestens eines dieser Teilintervalle muß wieder unendlich viele Glieder enthalten. Dieses Intervall wird nun wieder geteilt usw. Auf diese Weise kommen wir zu einem beliebig kleinen Intervall, das unendlich viele Glieder enthält, womit die Existenz des Häufungspunktes bewiesen ist.

Es ist nun für viele Fragen von Interesse festzustellen, ob eine Folge einen oder mehrere Häufungswerte besitzt. Man hat folgende Definitionen vorgenommen:

Besitzt eine Folge genau einen Häufungspunkt, streben ihre Glieder also nur einem einzigen Wert zu, wenn n über alle Grenzen wächst, so bezeichnet man sie als *konvergent.* Den Häufungswert A, der angestrebt wird, nennt man *Grenzwert* oder *Limes* der Folge. Man schreibt:

$$\lim_{n \to \infty} a_n = A \tag{9}$$

und liest: „limes von a_n für n gegen unendlich ist A". Ist im besonderen $A = 0$, so spricht man von einer Nullfolge.

Folgen, die mehrere Häufungswerte besitzen, bezeichnet man als *unbestimmt divergent.*

Folgen, deren Glieder über alle Grenzen wachsen, nennt man *bestimmt divergent.*

Aus dem Satz von Bolzano und Weierstraß folgt unmittelbar, daß eine beschränkte Folge entweder konvergent oder unbestimmt divergent sein muß.

Von den im ersten Abschnitt besprochenen Beispielen für Folgen sind die in den Gln. (7) und (8) gegebenen unbestimmt divergent, da sie, wie oben gezeigt wurde, jeweils mehrere Häufungspunkte besitzen. Die durch Gl. (5) gegebene Folge ist, wie man unmittelbar erkennt, bestimmt divergent. Bei den übrigen Folgen kann man mit Hilfe der im nächsten Abschnitt besprochenen Konvergenzkriterien nachweisen, daß sie nur einen einzigen Häufungswert besitzen; sie sind daher konvergent.

3. Konvergenzkriterien

Es erhebt sich nun die Frage, woran man erkennt, daß eine gegebene Folge nur einen einzigen Häufungswert besitzt, daß sie also konvergent ist. Hierfür gibt es einige Kennzeichen, *Konvergenzkriterien* genannt, die wir im folgenden besprechen wollen.

Kriterium 1: Wir setzen zunächst die Bedeutung des Ausdruckes „*fast alle*" in folgender Weise fest: Wenn wir sagen, daß fast alle Glieder einer Folge innerhalb eines gewissen Intervalls liegen, so soll das heißen, daß sich innerhalb des Intervalls unendlich viele Glieder befinden, während außerhalb nur endlich viele liegen, also z. B. fünf, siebzehntausend oder eine Million. Das erste Konvergenzkriterium lautet dann: *Eine Folge ist dann und nur dann konvergent gegen A, wenn in jeder beliebig kleinen Umgebung von A fast alle Glieder der Folge liegen.*

Beweis: Die Formulierung „dann und nur dann" besagt, daß das Kriterium sowohl hinreichend als auch notwendig ist (s. Abschn. I B). Wir beweisen zuerst, daß es hinreichend ist, daß also gilt: *Wenn in einer beliebig kleinen Umgebung von A fast alle Glieder der Folge liegen, so konvergiert diese gegen A.* Dies ist leicht gezeigt. Wenn nämlich innerhalb des betrachteten Intervalls unendlich viele Folgenglieder liegen, so muß es gemäß dem Satz von Bolzano und Weierstraß einen Häufungspunkt aufweisen. Daß es der einzige Häufungspunkt der Folge ist, folgt aus der Tatsache, daß außerhalb des Intervalls voraussetzungsgemäß nur endlich viele Glieder liegen und daß man das Intervall beliebig verkleinern kann. Die notwendige Gültigkeit des Kriteriums bedeutet: *Bei jeder Folge, die gegen den Grenzwert A konvergiert, liegen fast alle Glieder in einer beliebig kleinen Umgebung von A.* Dies folgt aus der Tatsache, daß A als Grenzwert gleichzeitig einziger Häufungspunkt der Folge ist.

Kriterium 2: Eine Folge a_n konvergiert dann und nur dann gegen den Grenzwert A, wenn sich zu jeder noch so kleinen Zahl ε eine natürliche Zahl N angeben läßt, so daß gilt:

$$|A - a_n| < \varepsilon \tag{10}$$

für alle

$$n > N\,. \tag{11}$$

Beweis: Wenn die Gln. (10) und (11) erfüllt sind, so liegen alle Glieder mit $n > N$, also unendlich viele Glieder, in einem beliebig kleinen Intervall um A, während sich außerhalb des Intervalls nur die endlich vielen Glieder für $n < N$ befinden. Auf Grund des Kriteriums 1 muß dann die betrachtete Folge konvergieren. Die angegebene Bedingung ist also hinreichend für die Konvergenz. Daß sie auch notwendig ist, ergibt sich auf folgende Weise: Bei einer konvergenten Folge liegen auf Grund des Kriteriums 1 fast alle Glieder in einem beliebig kleinen Intervall um A. Unter diesen Umständen muß sich aber immer ein Index N finden lassen, so daß sich alle Glieder für $n > N$ innerhalb des Intervalls befinden, wie das durch die Gln. (10) und (11) verlangt wird.

Betrachten wir als Beispiel die Folge Gl. (4) mit dem allgemeinen Glied $\frac{1}{n}$. Wir wollen beweisen, daß die Folge gegen Null konvergiert, daß also gilt

$$\lim_{n\to\infty} \frac{1}{n} = 0\,. \tag{12}$$

Wir führen den Beweis mit Hilfe des Kriteriums 2. Zu diesem Zweck müssen wir zeigen, daß zu jeder noch so kleinen Zahl ε eine natürliche Zahl N existiert, so daß

$$\left|0 - \frac{1}{n}\right| < \varepsilon\,, \tag{13}$$

wenn $n > N$ ist. Dies läßt sich nun für unsere Folge leicht durchführen. Aus der Gl. (13) folgt $\frac{1}{n} < \varepsilon$ oder $n > \frac{1}{\varepsilon}$. Damit Gl. (13) für alle $n > N$ erfüllt ist, müssen wir also ansetzen

$$N = \frac{1}{\varepsilon}. \tag{14}$$

Kriterium 3 (Konvergenzkriterium von Cauchy): Eine beschränkte unendliche Zahlenfolge a_n ist dann und nur dann konvergent, wenn es zu jedem noch so kleinen ε eine natürliche Zahl N gibt, so daß

$$|a_m - a_n| < \varepsilon \tag{15}$$

ist, wenn nur

$$n > N \quad \textit{und} \quad m > N \tag{16}$$

ist. Die Gln. (15) und (16) fordern, in Worten ausgedrückt, daß der Unterschied zweier Folgenglieder beliebig klein wird, wenn nur die Indices beliebig groß werden. Die beiden zuerst besprochenen Konvergenzkriterien hatten den Nachteil, daß man jeweils einen möglichen Wert A für den Grenzwert annehmen mußte und dann nur prüfen konnte, ob die Folge gegen diesen Wert A konvergiert. Mit Hilfe des Kriteriums von Cauchy kann man die Frage der Konvergenz allgemeiner ohne irgendwelche Annahmen über den Grenzwert untersuchen.

Beweis: Wenn das Kriterium von Cauchy erfüllt ist, wenn also $|a_m - a_n| < \varepsilon$ ist für alle m und n, die größer als eine bestimmte Zahl N sind, dann liegen unendlich viele Glieder im Intervall $[a_m + \varepsilon, a_m - \varepsilon]$ und nur endlich viele außerhalb. Nach dem Satz von Bolzano und Weierstraß existiert dann in diesem Intervall mindestens ein Häufungswert. Da ε beliebig vermindert werden kann, muß es *genau einen* Häufungswert geben; die Folge ist also konvergent. Daß andererseits die Gln. (15) und (16) bei einer konvergenten Folge notwendig erfüllt sind, zeigt man wie folgt: Nehmen wir an, die betrachtete Folge konvergiere gegen A. Es muß dann zu jedem beliebig kleinen ε' ein N geben, so daß für $n > N$ gilt $|A - a_n| < \varepsilon'$ und für $m > N$ gilt $|A - a_m| < \varepsilon'$. Daraus folgt aber, wenn man Gl. (II, 68) zu Hilfe nimmt,

$$|a_m - a_n| = |a_m - A - (a_n - A)| \leqq |a_m - A| + |a_n - A| \leqq \varepsilon' + \varepsilon' = 2\varepsilon'.$$

Dieses Ergebnis ist nun mit Gl. (15) identisch, wenn man $2\varepsilon' = \varepsilon$ setzt.

Als Beispiel untersuchen wir die Konvergenz der Folge $a_n = 1/n^2$. Mit Hilfe von Gl. (II, 71) kann man schreiben

$$|a_m - a_n| = \left|\frac{1}{m^2} - \frac{1}{n^2}\right| \leqq \left|\frac{1}{m^2}\right| + \left|\frac{1}{n^2}\right| = \frac{1}{m^2} + \frac{1}{n^2}. \tag{17}$$

Das Cauchysche Konvergenzkriterium ist erfüllt, wenn wir eine Zahl N finden können, die so beschaffen ist, daß für $n > N$ und $m > N$ der in Gl. (17) ganz rechts stehende Ausdruck kleiner als jede beliebig kleine Zahl ε wird. Man kann leicht zeigen, daß diese Forderung erfüllt ist, wenn man $N = \sqrt{2/\varepsilon}$ setzt*). Aus

$$n > \sqrt{\frac{2}{\varepsilon}} \quad \text{und} \quad m > \sqrt{\frac{2}{\varepsilon}}$$

folgt nämlich

*) Da $\sqrt{2/\varepsilon}$ im allgemeinen keine ganze Zahl ist, müßte man, genau genommen, statt $N = \sqrt{2/\varepsilon}$ sagen: N soll die nächstgrößere ganze Zahl von $\sqrt{2/\varepsilon}$ sein. Wir verzichten hier und in den folgenden Beispielen auf diese etwas umständliche Formulierung.

$$\frac{1}{n^2} < \frac{\varepsilon}{2} \quad \text{und} \quad \frac{1}{m^2} < \frac{\varepsilon}{2}$$

und damit durch Summation beider Ungleichungen

$$\frac{1}{n^2} + \frac{1}{m^2} < \varepsilon .$$

Die gegebene Folge ist also konvergent.

Wir wollen noch erwähnen, daß die Wahl der Zahl N keineswegs eindeutig ist. Statt Gl. (17) kann man auch schreiben

$$\left|a_m - a_n\right| = \left|\frac{1}{m^2} - \frac{1}{n^2}\right| \leqq \left|\frac{1}{n^2}\right| = \frac{1}{n^2} \; . \tag{18}$$

Dabei wurde vorausgesetzt, daß $n < m$ ist. (Ist das nicht der Fall, so müßte man $1/m^2$ statt $1/n^2$ schreiben.) Wenn wir jetzt $N = 1/\sqrt{\varepsilon}$ setzen, so ist, wie man feststellen kann, der in Gl. (18) ganz rechts stehende Ausdruck kleiner als ε, womit die Konvergenz der Folge ebenfalls bewiesen ist. Daß die Wahl von N nicht eindeutig ist rührt daher, daß man bei den jeweils auftretenden „$\leqq$"-Zeichen den betrachteten Ausdruck dem Betrag nach verschieden stark vergrößern kann (in Gl. (17) stärker als in Gl. (18)). Die Kunst der Beweisführung besteht darin, die Vergrößerung so weit zu führen, daß die Rechnung möglichst einfach wird, aber nicht so weit, daß das gesuchte N auch bei konvergenten Folgen nicht mehr auffindbar ist.

Kriterium 4 (Monotoniesatz): Eine Folge, die beschränkt und monoton ist, konvergiert. Es handelt sich dabei um ein hinreichendes, aber nicht gleichzeitig notwendiges Kriterium. Beschränktheit und Monotonie reichen aus, um die Konvergenz zu gewährleisten, aber nicht jede konvergente Folge ist beschränkt und monoton.

Beweis: Denken wir uns die Folgenglieder auf der Zahlengeraden eingezeichnet (s. Abb. 4). Da es eine beschränkte Folge ist, liegen alle Glieder innerhalb

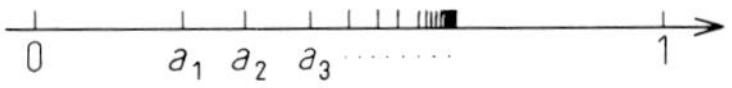

Abb. 4. Zum Beweis des Monotoniesatzes.

eines abgeschlossenen Intervalls und müssen auf Grund des Satzes von Bolzano und Weierstraß mindestens einen Häufungspunkt besitzen. Nehmen wir nun zunächst an, die Folge sei monoton steigend. Links von jedem beliebigen Glied liegen dann immer nur endlich viele Glieder (links vom Glied a_{234} z. B. 233 Glieder). Häufungswerte können sich daher nur weiter rechts als jedes beliebige Glied befinden. Unter diesen Umständen kann es aber nur einen einzigen Häufungswert geben, die Folge ist also konvergent. In analoger Weise läßt sich die Konvergenz bei monoton fallenden Folgen beweisen.

Beispiel: Mit Hilfe des Monotoniesatzes kann man unmittelbar erkennen, daß die durch die Gl. (4) gegebene Folge konvergent ist, denn sie ist sowohl beschränkt als auch monoton.

4. Das Rechnen mit Grenzwerten

Wenn zwei beschränkte Folgen mit den Gliedern a_n bzw. b_n konvergent sind, so konvergieren auch die Folge der Summen $a_n + b_n$, die der Produkte $a_n \cdot b_n$, die der Differenzen $a_n - b_n$ und, falls b_n keine Nullfolge ist, die der Quotienten $\frac{a_n}{b_n}$. Für die Grenzwerte der zusammengesetzten Folgen gilt:

$$\lim_{n\to\infty} (a_n + b_n) = \lim_{n\to\infty} a_n + \lim_{n\to\infty} b_n \tag{19}$$

$$\lim_{n\to\infty}(a_n - b_n) = \lim_{n\to\infty} a_n - \lim_{n\to\infty} b_n \tag{20}$$

$$\lim_{n\to\infty} a_n \cdot b_n = \lim_{n\to\infty} a_n \cdot \lim_{n\to\infty} b_n \tag{21}$$

$$\lim_{n\to\infty}\frac{a_n}{b_n} = \frac{\lim\limits_{n\to\infty} a_n}{\lim\limits_{n\to\infty} b_n} \quad \text{für} \quad \lim_{n\to\infty} b_n \neq 0\,. \tag{22}$$

Bei der Durchführung einer arithmetischen Operation mit den einzelnen Gliedern zweier Folgen muß man also die gleiche Operation auch mit den Grenzwerten dieser Folgen durchführen. Der Beweis dieser Aussage läßt sich leicht mit Hilfe des Kriteriums 2 durchführen.

Die genannten Regeln sind von Bedeutung für das Ausrechnen des Grenzwertes von komplizierteren mathematischen Ausdrücken. Man muß diese Ausdrücke so umformen, daß man sie als Summe, Produkt, Quotient oder Differenz von Folgen erhält, deren Grenzwerte bekannt sind. Anschließend bestimmt man den Grenzwert des gesamten Ausdruckes durch entsprechende arithmetische Operationen mit den Grenzwerten der einzelnen Teilausdrücke.

Als Beispiel berechnen wir den Grenzwert der Zahlenfolge

$$a_n = \frac{n^2 - 1}{n^2 + n + 1}\,. \tag{23}$$

Zuerst formen wir den allgemeinen Ausdruck etwas um, indem wir Zähler und Nenner durch n^2 dividieren:

$$a_n = \frac{1 - \dfrac{1}{n^2}}{1 + \dfrac{1}{n} + \dfrac{1}{n^2}}\,. \tag{24}$$

Nun wenden wir bei der Berechnung von $\lim\limits_{n\to\infty} a_n$ die Gln. (19) bis (22) an und erhalten

$$\lim_{n\to\infty} a_n = \lim_{n\to\infty}\left[\frac{1 - \dfrac{1}{n^2}}{1 + \dfrac{1}{n} + \dfrac{1}{n^2}}\right] = \frac{\lim\limits_{n\to\infty}\left[1 - \dfrac{1}{n^2}\right]}{\lim\limits_{n\to\infty}\left[1 + \dfrac{1}{n} + \dfrac{1}{n^2}\right]} = \frac{\lim\limits_{n\to\infty} 1 - \lim\limits_{n\to\infty}\dfrac{1}{n^2}}{\lim\limits_{n\to\infty} 1 + \lim\limits_{n\to\infty}\dfrac{1}{n} + \lim\limits_{n\to\infty}\dfrac{1}{n^2}}\,. \tag{25}$$

Da nun $\lim\limits_{n\to\infty} 1 = 1$, $\lim\limits_{n\to\infty}\dfrac{1}{n} = 0$ und $\lim\limits_{n\to\infty}\dfrac{1}{n^2} = 0$ ist, ergibt sich

$$\lim_{n\to\infty} a_n = \frac{1 - 0}{1 + 0 + 0} = 1\,. \tag{26}$$

Als weiteres Beispiel bestimmen wir noch den Grenzwert der Folge

$$a_n = q^n\,. \tag{27}$$

Für $q > 1$ und $q < -1$ ist diese Folge, wie man sofort sieht, divergent. Für $q = 1$ lautet sie $1, 1, 1, 1, \ldots$ und ist somit konvergent. Für $q = -1$ stellt sie die oszillierende Folge $+1, -1, +1, -1, \ldots$ dar, die divergiert. Es muß daher nur noch das Verhalten für $|q| < 1$ untersucht werden, d. h. für Werte von q, die zwischen 1 und -1 liegen. Wir nehmen zuerst an, q sei positiv. Wir setzen dann $q = \dfrac{1}{1 + x}$ und erhalten mit Hilfe der Ungleichung von Bernoulli Gl. (II, 62), derzufolge $(1 + x)^n > 1 + nx$ ist,

$$q^n = \frac{1}{(1 + x)^n} < \frac{1}{1 + nx}\,. \tag{28}$$

Daraus folgt

$$\lim_{n\to\infty} q^n \leqq \lim_{n\to\infty} \frac{1}{1+nx} = \lim_{n\to\infty} \frac{\frac{1}{n}}{\frac{1}{n}+x} = 0\,. \tag{29}$$

Da nun der zu berechnende Grenzwert $\lim\limits_{n\to\infty} q^n$ voraussetzungsgemäß positiv sein soll und andererseits auf Grund von Gl. (29) kleiner oder gleich Null sein muß, ist er genau gleich Null. Wir betrachten nun den Fall, daß q negativ ist. Die Folgeglieder haben dann die gleichen absoluten Werte wie beim entsprechenden positiven q, die Vorzeichen oszillieren jedoch. Wenn aber die Folge mit ausschließlich positiven Vorzeichen gegen Null konvergiert, so tut sie das auch bei oszillierenden Vorzeichen. Es gilt somit

$$\lim_{n\to\infty} q^n = 0 \qquad \text{für} \qquad |q| < 1\,. \tag{30}$$

B. Unendliche Reihen

1. Definition, Bezeichnungen und Beispiele

Als unendliche Reihe bezeichnet man eine Summe aus unendlich vielen Summanden, also einen Ausdruck der Form

$$u_1 + u_2 + u_3 + u_4 + \cdots\,. \tag{31}$$

Bei Verwendung des Summenzeichens kann man dafür kürzer schreiben

$$\sum_{i=1}^{\infty} u_i\,. \tag{32}$$

Der obere Index ∞ besagt entsprechend der früher gegebenen Definition, daß i bei einer Summation über alle Grenzen wachsen soll. u_i nennt man das *allgemeine Glied* der Reihe.

Welchen Summenwert kann man einer unendlichen Reihe zuordnen? Auf Grund der bisher eingeführten Rechenregeln können nur endlich viele Summanden addiert werden. Bei einer unendlichen Reihe kann man aber nun die folgenden Definitionen vornehmen: Man läßt die Anzahl der Summanden allmählich größer werden. Wenn die Summe dabei einem bestimmten Grenzwert S zustrebt, so ordnet man diesen Grenzwert der Reihe zu und nennt die Reihe konvergent. Erhält man dagegen keinen eindeutigen Grenzwert, so spricht man von einer divergenten Reihe.

Diese Übereinkunft läßt sich wie folgt in Form von Gleichungen ausdrücken: *Man bildet die einzelnen Teilsummen*

$$\begin{aligned} s_1 &= u_1 \\ s_2 &= u_1 + u_2 \\ s_3 &= u_1 + u_2 + u_3 \\ &\vdots \\ s_n &= u_1 + u_2 + u_3 + \cdots + u_n \end{aligned} \tag{33}$$

und betrachtet die Folge dieser Teilsummen, also die Folge der Zahlen $s_1, s_2, s_3, \ldots$ Wenn diese Folge gegen einen Grenzwert S konvergiert, so bezeichnet man die Reihe als konvergent und schreibt

$$S = u_1 + u_2 + u_3 + \cdots = \sum_{i=1}^{\infty} u_i\,. \tag{34}$$

Ist dagegen die Folge der Teilsummen divergent, so sagt man, die Reihe divergiert. Damit ist die Untersuchung der unendlichen Reihen auf die der unendlichen Folgen zurückgeführt.

Wir erläutern die gegebenen Definitionen an Hand einiger Beispiele. Als erstes betrachten wir die unendliche Reihe

$$1 + \frac{1}{2} + \left(\frac{1}{2}\right)^2 + \left(\frac{1}{2}\right)^3 + \left(\frac{1}{2}\right)^4 + \left(\frac{1}{2}\right)^5 + \cdots . \tag{35}$$

Die einzelnen Teilsummen dieser Reihe lauten, wie man leicht nachrechnen kann: $s_1 = 1$, $s_2 = 1{,}5$, $s_3 = 1{,}75$, $s_4 = 1{,}875$, $s_5 = 1{,}938$, $s_6 = 1{,}969, \ldots$ Wenn man die Folge dieser Teilsummen betrachtet, so hat man den Eindruck, daß sie gegen einen Grenzwert konvergiert, der in der Nähe der Zahl zwei liegt. Wir wollen nachweisen, daß das wirklich der Fall ist.

Hierzu betrachten wir den etwas allgemeineren Fall der Reihe

$$\sum_{i=0}^{\infty} q^i = 1 + q + q^2 + q^3 + \cdots , \tag{36}$$

die *geometrische Reihe* genannt wird und die in die Reihe (35) übergeht, wenn wir $q = \frac{1}{2}$ setzen. Wir fragen, ob diese Reihe für irgendwelche q-Werte konvergiert und, wenn ja, für welche. Die Teilsummen s_n sind für diese Reihe durch

$$s_n = \sum_{i=0}^{n} q^i \tag{37}$$

gegeben. Um zu sehen, ob die Folge aus den s_n konvergiert, wenden wir einen Kunstgriff an. Wir bilden

$$s_n - q s_n = \sum_{i=0}^{n} q^i - \sum_{i=0}^{n} q^{i+1} = q^0 + q^1 + \cdots + q^n - (q^1 + q^2 + \cdots + q^n + q^{n+1}) = 1 - q^{n+1} . \tag{38}$$

Anschließend heben wir auf der linken Seite s_n heraus, so daß in der Klammer $1 - q$ übrigbleibt, und bringen diesen Ausdruck auf die rechte Seite. Gl. (38) geht dann über in

$$s_n = \frac{1 - q^{n+1}}{1 - q} = \frac{1}{1 - q} - \frac{q^{n+1}}{1 - q} . \tag{39}$$

Wenn wir nun noch n gegen unendlich gehen lassen und dabei die Rechenregeln aus Abschn. A 4 beachten, so erhalten wir

$$\lim_{n\to\infty} s_n = \frac{1}{1 - q} - \frac{\lim_{n\to\infty} q^{n+1}}{1 - q} . \tag{40}$$

Für $|q| > 1$ wächst $\lim_{n\to\infty} q^n$ über alle Grenzen, und die Reihe ist divergent. Ist dagegen $|q|$ kleiner als 1, so wird gemäß Gl. (30) $\lim_{n\to\infty} q^n = 0$, und die Reihe konvergiert gegen $\dfrac{1}{1-q}$. Wir können also schreiben:

$$S = \sum_{i=0}^{\infty} q^i = \frac{1}{1 - q} \quad \text{für} \quad |q| < 1 . \tag{41}$$

Für die eingangs betrachtete spezielle Reihe (35), bei der $q = \frac{1}{2}$ ist, erhält man mit dieser Gleichung den Summenwert 2. Durch einen Vergleich mit den oben ausgerechneten Teilsummen sieht man, daß der Summenwert 2 durch diese bereits sehr gut angenähert wird.

Des weiteren betrachten wir noch die Reihe

$$\sum_{i=1}^{\infty} \frac{1}{i} = 1 + \frac{1}{2} + \frac{1}{3} + \frac{1}{4} + \frac{1}{5} + \frac{1}{6} + \frac{1}{7} + \cdots . \tag{42}$$

Diese Reihe, die man als *harmonische Reihe* bezeichnet, konvergiert *nicht*. Der Beweis dafür läßt sich wie folgt erbringen: Wir fassen jeweils diejenigen Glieder ins Auge, deren Nenner eine Potenz von 2 ist, also die Glieder $\frac{1}{2}, \frac{1}{4}, \frac{1}{8}, \frac{1}{16}, \frac{1}{32}, \ldots$ usw., und ersetzen nun die Summanden, die zwischen diesen Gliedern liegen, jeweils durch das nächstfolgende Potenzglied. Es wird also $\frac{1}{3}$ durch $\frac{1}{4}$ ersetzt, dann $\frac{1}{5}$, $\frac{1}{6}$ und $\frac{1}{7}$ jeweils durch $\frac{1}{8}$ usw. Um diese Änderungen zu verdeutlichen, schreiben wir im folgenden die Reihe Gl. (42) und die neu entstandene Reihe untereinander:

$$\begin{array}{c} 1 + \frac{1}{2} + \frac{1}{3} + \frac{1}{4} + \frac{1}{5} + \frac{1}{6} + \frac{1}{7} + \frac{1}{8} + \frac{1}{9} + \frac{1}{10} + \frac{1}{11} + \frac{1}{12} + \frac{1}{13} + \frac{1}{14} + \frac{1}{15} + \frac{1}{16} + \frac{1}{17} + \cdots \\ \updownarrow \quad \updownarrow \quad \updownarrow \quad \updownarrow \quad \updownarrow \quad \updownarrow \quad \updownarrow \quad \updownarrow \quad \updownarrow \quad \updownarrow \quad \updownarrow \quad \updownarrow \quad \updownarrow \quad \updownarrow \quad \updownarrow \quad \updownarrow \quad \updownarrow \\ 1 + \frac{1}{2} + \frac{1}{4} + \frac{1}{4} + \frac{1}{8} + \frac{1}{8} + \frac{1}{8} + \frac{1}{8} + \frac{1}{16} + \frac{1}{16} + \frac{1}{16} + \frac{1}{16} + \frac{1}{16} + \frac{1}{16} + \frac{1}{16} + \frac{1}{16} + \frac{1}{32} + \cdots \end{array} \tag{43}$$

Wir sehen, daß die Summanden der harmonischen Reihe entweder größer sind als die der neu entstandenen Reihe oder bestenfalls gleich groß. Wir zeigen nun, daß die neue Reihe divergiert, und schließen daraus, daß die harmonische Reihe, bei der keines der Glieder kleiner ist als bei der neuen Reihe, auch divergent sein muß. Die Divergenz der neuen Reihe kann man dadurch erkennen, daß man in ihr die Glieder mit jeweils gleichem Nenner zusammenfaßt. Man erhält dann

$$1 + \frac{1}{2} + 2 \cdot \frac{1}{4} + 4 \cdot \frac{1}{8} + 8 \cdot \frac{1}{16} + \cdots + 2^{i-1} \frac{1}{2^i} + \cdots. \tag{44}$$

Daß in Gl. (44) allgemein der Faktor vor dem Glied $\frac{1}{2^i}$ den Wert 2^{i-1} hat, ergibt sich dadurch, daß es zwischen den Summanden $\frac{1}{2^{i-1}}$ und $\frac{1}{2^i}$ genau $2^i - 2^{i-1} = 2^{i-1} \cdot (2 - 1) = 2^{i-1}$ Glieder gibt, die ersetzt werden müssen. Wenn wir in Gl. (44) die Faktoren ausmultiplizieren, so erhalten wir für jeden Summanden $\frac{1}{2}$. Die Reihe Gl. (44) und damit die Reihe Gl. (42) sind somit divergent.

Von Interesse ist auch die Reihe

$$\sum_{n=1}^{\infty} (-1)^{n+1} \frac{1}{n} = 1 - \frac{1}{2} + \frac{1}{3} - \frac{1}{4} + \frac{1}{5} - \frac{1}{6} + - \cdots, \tag{45}$$

bei der das Vorzeichen vor den einzelnen Gliedern abwechselt. Diese Reihe ist, wie im nächsten Abschnitt bewiesen wird, konvergent.

Wir haben gesehen, daß bei den Reihen nicht alle Glieder das positive Vorzeichen haben müssen. Wenn nun insbesondere das Vorzeichen von Glied zu Glied wechselt, so spricht man von einer *alternierenden Reihe*. Ein Beispiel hierfür ist die Reihe aus Gl. (45).

Es gilt der folgende wichtige Satz: *Die Konvergenz einer Reihe aus lauter positiven Gliedern bleibt erhalten, wenn man die Vorzeichen der Glieder beliebig verändert.* Durch solche Veränderungen kann man nämlich die Teilsummen höchstens verkleinern. Hat man dagegen umgekehrt eine konvergente Reihe $\sum u_i$ aus Gliedern mit verschiedenen Vorzeichen, und bildet man daraus die entsprechende Reihe aus den absoluten Gliedern $\sum |u_i|$, so muß diese Reihe nicht konvergent sein. In Sonderfällen, in denen auch $\sum |u_i|$ konvergent ist, sagt man, daß $\sum u_i$ *absolut konvergent* sei.

Betrachten wir als Beispiel die durch Gl. (45) gegebene Reihe mit alternierenden Vorzeichen. Diese Reihe ist, wie bereits erwähnt, konvergent. Die entsprechende Reihe aus den absoluten Gliedern, Gl. (42), divergiert, wie wir an Hand von Gl. (44) gezeigt haben. Die durch Gl. (45) gegebene Reihe ist daher zwar konvergent, aber nicht absolut konvergent.

2. Reihenrest und Güte der Konvergenz

Ein wichtiger Begriff bei konvergenten Reihen ist der sogenannte *Reihenrest* R_n. Er stellt die Summe der Restglieder dar, die nach Bildung der Teilsumme s_n übrigbleiben,

$$R_n = u_{n+1} + u_{n+2} + u_{n+3} + \cdots = \sum_{i=n+1}^{\infty} u_i\,. \tag{46}$$

Aus dieser Definition folgt, daß

$$s_n + R_n = S \tag{47}$$

ist. Da die Teilsummen s_n mit wachsendem n gegen S konvergieren, gilt

$$\lim_{n \to \infty} R_n = 0\,. \tag{48}$$

Häufig versucht man, den Grenzwert einer Reihe angenähert durch eine endliche Teilsumme zu bestimmen. Die Zahl der Glieder n, die man verwenden muß, um den Fehler kleiner als einen vorgegebenen Wert η werden zu lassen, kann man dadurch bestimmen, daß man feststellt, für welchen n-Wert R_n kleiner als η wird. Eine Reihe, bei der bereits wenige Glieder eine gute Annäherung an die Summe der unendlichen Reihe ergeben, nennt man *gut konvergierend*, eine Reihe, bei der das nicht der Fall ist, *schlecht konvergierend.*

Betrachten wir als Beispiel die geometrische Reihe Gl. (36). Durch Vergleich von Gl. (39) mit Gl. (41) ergibt sich, daß

$$R_n = \frac{q^{n+1}}{1-q} \tag{49}$$

ist. Wenn z. B. $q = \frac{1}{2}$ ist, so wird $R_n = \dfrac{1}{2^n}$. Um den Summenwert der Reihe auf die dritte Dezimale genau zu bestimmen, muß $|R_n| < \dfrac{1}{1000}$ sein. Daraus folgt, daß $\dfrac{1}{2^n} < \dfrac{1}{1000}$ oder $2^n > 1000$ sein muß. Das ist bereits bei $n = 10$ erfüllt. Bei der geometrischen Reihe reichen also 10 Glieder aus, um die Summe auf die dritte Dezimale genau zu bestimmen.

3. Konvergenzkriterien

Die Konvergenz der Reihen ist, wie wir gesehen haben, als Konvergenz der *Folgen* der Teilsummen definiert. Kriterien für die Konvergenz der Reihen findet man daher, indem man die in Abschn. A 3 angegebenen Kriterien für die Konvergenz der Folgen entsprechend anwendet.

Die Anwendung des Konvergenzkriteriums von Cauchy Gl. (15) auf die Folgen der Teilsummen s_n ergibt folgendes: Eine unendliche Reihe $\sum u_i$ ist dann und nur dann konvergent, wenn es zu jeder noch so kleinen Zahl ε eine natürliche Zahl N gibt, so daß

$$|s_m - s_n| < \varepsilon\,, \tag{50}$$

wenn nur

$$m > N \quad \text{und} \quad n > N$$

ist. Um diese Aussage so umzuformen, daß sie auf die einzelnen Summanden anwendbar wird, nehmen wir nun an, daß $m > n$ ist, was ohne Einschränkung der Allgemeingültigkeit getan werden kann, und setzen $m = n + p$, wobei p eine natürliche Zahl ist. Es wird dann $s_m - s_n = u_n + u_{n+1} + u_{n+2} + \cdots + u_{n+p}$. Setzt man das in die obige Bedingung Gl. (50) ein, so ergibt sich das *Konvergenzkriterium von Cauchy für Reihen: Eine Reihe $\sum u_i$ ist dann und nur dann konvergent, wenn es zu einer beliebig kleinen Zahl $\varepsilon > 0$ eine natürliche Zahl N gibt, so daß für beliebige natürliche Zahlen p*

$$|u_{n+1} + u_{n+2} + \cdots + u_{n+p}| < \varepsilon \tag{51}$$

ist, wenn nur

$$n > N$$

ist. Wenn man in Gl. (51) $p = 1$ setzt, so ergibt sich $|u_{n+1}| < \varepsilon$. *Bei einer konvergenten Reihe müssen also die einzelnen Summanden u_n gegen Null streben.* Diese Bedingung ist aber nur notwendig und nicht auch hinreichend für die Konvergenz. Allein aus der Tatsache, daß u_n gegen Null strebt, folgt im allgemeinen noch nicht die Konvergenz der Reihe (siehe z. B. die harmonische Reihe Gl. (42)).

Als Beispiel untersuchen wir die Konvergenz der Reihe

$$\sum_{i=1}^{\infty} \frac{1}{2^i} = \frac{1}{2} + \frac{1}{2^2} + \frac{1}{2^3} + \cdots. \tag{52}$$

Es ist $\lim\limits_{n\to\infty} \frac{1}{2^n} = 0$. Die Reihe kann daher konvergent sein, sie muß es aber nicht sein. Die Anwendung des hinreichenden Kriteriums Gl. (51) ergibt

$$|a_n + a_{n+1} + \cdots + a_{n+p}| = \left|\frac{1}{2^n} + \frac{1}{2^{n+1}} + \cdots \frac{1}{2^{n+p}}\right| = \frac{1}{2^n}\left(1 + \frac{1}{2} + \cdots \frac{1}{2^p}\right) =$$
$$\frac{1}{2^n}\frac{1-(\frac{1}{2})^{p+1}}{1-\frac{1}{2}} \leqq \frac{1}{2^n}\frac{1}{1-\frac{1}{2}} = \frac{1}{2^{n-1}}\,. \tag{53}$$

Um den als viertes angegebenen Ausdruck zu erhalten, haben wir die in Gl. (39) angegebene Summenformel für die geometrische Reihe verwendet. Das „kleiner-gleich"-Zeichen rührt daher, daß wir p gegen unendlich gehen ließen und dabei Gl. (40) anwendeten. Auf Grund des oben angegebenen Kriteriums müssen wir nun zu jedem ε eine natürliche Zahl N finden, so daß der in Gl. (53) stehende Ausdruck $1/2^{n-1}$ kleiner als ε wird, wenn nur $n > N$ ist. Dies kann man erreichen. Es soll gelten

$$\frac{1}{2^{n-1}} < \varepsilon\,. \tag{54}$$

Durch Logarithmieren folgt daraus $-(n-1)\lg 2 < \lg \varepsilon$. Multiplikation mit $-1/\lg 2$ ergibt gemäß Gl. (II, 56) und Gl. (II, 59) $n - 1 > -\lg \varepsilon/\lg 2$. Indem wir schließlich noch die Zahl 1 auf die andere Seite bringen, erhalten wir

$$n > 1 - \frac{\lg \varepsilon}{\lg 2}. \tag{55}$$

Die gestellte Forderung ist also erfüllt, wenn wir $N = 1 - \lg \varepsilon/\lg 2$ setzen.

Ein sehr einfach anzuwendendes Kriterium, das jedoch nur für alternierende Reihen gilt, ist das *Konvergenzkriterium von Leibniz: Eine alternierende Reihe $\sum(-1)^i v^i$ ist dann und nur dann konvergent, wenn die v_i monoton abnehmen und wenn $\lim\limits_{i\to\infty} v_i = 0$ ist.* Der Beweis für die Richtigkeit dieses Kriteriums läßt sich am einfachsten in anschaulicher Weise führen, indem man die einzelnen Teilsummen auf der Zahlengeraden einträgt (s. Abb. 5). Man muß dabei abwechselnd nach rechts und links fortschreiten, wobei die Größe der Schritte durch die Glieder der Reihe gegeben ist und daher gegen Null geht.

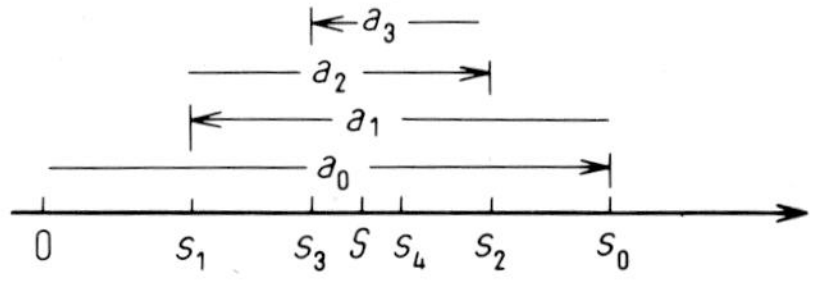

Abb. 5. Zum Beweis des Konvergenzkriteriums von Leibniz.

Als Beispiel betrachten wir die durch Gl. (45) gegebene Reihe.

$1 - \frac{1}{2} + \frac{1}{3} - \frac{1}{4} + \frac{1}{5} - + \cdots$

Da die Größe der Glieder gegen Null geht und das Vorzeichen alterniert, konvergiert diese Reihe.

Eine weitere häufig verwendete Methode zur Bestimmung der Konvergenz einer Reihe beruht auf einem *Vergleich* der gegebenen Reihe mit einer zweiten Reihe, deren Konvergenzeigenschaften bekannt sind. Wir bezeichnen die gegebene Reihe mit $\sum u_i$ und die Vergleichsreihe mit $\sum v_i$. Wenn nun für alle i gilt

$$|u_i| \leqq v_i\,, \tag{56}$$

so bezeichnet man die Reihe $\sum v_i$ als *Oberreihe* oder *Majorante* der Reihe $\sum u_i$. Gilt dagegen für alle i

$$|u_i| \geqq v_i \quad \text{und} \quad v_i \geqq 0\,, \tag{57}$$

so nennt man $\sum v_i$ eine *Unterreihe* oder *Minorante* der Reihe $\sum u_i$. Es gelten nun die folgenden hinreichenden Bedingungen, die sich leicht mit Hilfe des 1. Kriteriums beweisen lassen: *Wenn sich zu einer Reihe $\sum u_i$ eine konvergente Majorante finden läßt, so ist die gegebene Reihe absolut konvergent. Wenn man andererseits zu einer Reihe aus lauter positiven Gliedern eine divergente Minorante findet, so ist die Reihe divergent.* Durch eine derartige Betrachtung haben wir bereits die Divergenz der harmonischen Reihe Gl. (42) bewiesen.

Von besonderem praktischen Wert sind schließlich noch die beiden folgenden Kriterien, die man dadurch beweist, daß man die gegebene Reihe jeweils mit einer geometrischen Reihe Gl. (36) vergleicht.

Quotientenkriterium: Gilt für eine Reihe $\sum u_i$

$$\lim_{n\to\infty} \left| \frac{u_{n+1}}{u_n} \right| = k\,, \tag{58}$$

so ist die Reihe für $k < 1$ konvergent und für $k > 1$ divergent. Für $k = 1$ kann man keine Aussage machen. Existiert der angeführte Grenzwert nicht, besitzt also die Folge $|u_{n+1}/u_n|$ mehrere Häufungspunkte, so ist die Reihe konvergent, wenn der größte Häufungswert kleiner als 1 ist, und divergent, wenn der kleinste Häufungswert größer als 1 ist.

Wurzelkriterium von Cauchy: Gilt für eine Reihe $\sum u_i$

$$\lim_{n\to\infty} \sqrt[n]{|u_n|} = k\,, \tag{59}$$

so ist die Reihe für $k < 1$ konvergent und für $k > 1$ divergent. Für $k = 1$ kann man keine Aussage machen. Existiert der angeführte Grenzwert nicht, so gilt das Analoge wie beim Quotientenkriterium.

Welches der beiden Kriterien man in einem konkreten Fall anwendet, hängt davon ab, welchen Grenzwert man leichter berechnen kann. Besonders betonen wollen wir, daß man in gewissen Fällen, z. B. wenn der Grenzwert k gleich 1 wird, keine Auskunft über die Konvergenz erhält. Ist das bei Anwendung einer der beiden Kriterien der Fall, so empfiehlt es sich, anschließend noch einen Versuch mit dem anderen Kriterium zu machen.

Als Beispiel betrachten wir die Reihe

$$\sum_{\nu=0}^{\infty} \frac{q^\nu}{\nu!} = 1 + q + \frac{q^2}{2!} + \frac{q^3}{3!} + \cdots . \tag{60}$$

Wir versuchen, das Konvergenzverhalten mit Hilfe des Quotientenkriteriums zu bestimmen. Der Grenzwert $\lim\limits_{n\to\infty} |u_{n+1}/u_n|$ existiert. Er ist für alle reellen Werte von q

$$\lim_{n\to\infty} \left|\frac{u_{n+1}}{u_n}\right| = \lim_{n\to\infty} \left|\frac{q^{n+1}\,n!}{(n+1)!\,q^n}\right| = \lim_{n\to\infty} \left|\frac{q}{n+1}\right| = 0 .$$

Da der berechnete Grenzwert kleiner als 1 ist, konvergiert die Reihe für alle q.

Des weiteren betrachten wir noch die Reihe

$$1 + 2q + q^2 + 2q^3 + q^4 + 2q^5 + q^6 + \cdots . \tag{61}$$

Für welche Werte von q konvergiert diese Reihe? Wir wenden zunächst das Quotientenkriterium an. Für geradzahliges n gilt

$$\lim_{n\to\infty} \left|\frac{u_{n+1}}{u_n}\right| = \lim_{n\to\infty} \left|\frac{2q^{n+1}}{q^n}\right| = 2|q| . \tag{62}$$

Für ungeradzahliges n ergibt sich dagegen

$$\lim_{n\to\infty} \left|\frac{u_{n+1}}{u_n}\right| = \lim_{n\to\infty} \left|\frac{q^{n+1}}{2q^n}\right| = \frac{|q|}{2} .$$

Die Folge $|u_{n+1}/u_n|$ hat daher zwei Häufungswerte, nämlich $2|q|$ und $|q|/2$. Auf Grund des Quotientenkriteriums ist die betrachtete Reihe konvergent, wenn der größte Häufungswert kleiner als 1 ist, wenn also gilt $2|q| < 1$ bzw.

$$|q| < \tfrac{1}{2} .$$

Sie ist divergent, wenn der kleinste Häufungswert größer als 1 ist, wenn also $|q|/2 > 1$ ist, bzw.

$$|q| > 2 .$$

Im Bereich $\frac{1}{2} \leqq |q| \leqq 2$ können wir keine Aussage über die Konvergenz machen.

Wir versuchen nun noch, ob man mit Hilfe des Wurzelkriteriums zu Aussagen über diesen Bereich kommt. Der Grenzwert $\lim\limits_{n\to\infty} \sqrt[n]{|u_n|}$ existiert, denn man erhält für geradzahlige n

$$\lim_{n\to\infty} \sqrt[n]{|u_n|} = \lim_{n\to\infty} \sqrt[n]{|q|^n} = |q|$$

und für ungeradzahlige n

$$\lim_{n\to\infty} \sqrt[n]{|u_n|} = \lim_{n\to\infty} \sqrt[n]{2|q|^n} = |q| \lim_{n\to\infty} \sqrt[n]{2} = |q| ,$$

also den gleichen Wert*). Wir können daraus schließen, daß die Reihe konvergiert für

$$|q| < 1$$

und divergiert für

$$|q| > 1 .$$

Diese Aussage widerspricht nicht dem mit dem Quotientenkriterium erhaltenen Resultat, sie ist aber weiterreichend, da sie auch den mit Hilfe des Quotientenkriteriums nicht behandelbaren Bereich $\frac{1}{2} \leqq q \leqq 2$ erfaßt.

---

*) Dabei wurde berücksichtigt, daß $\lim\limits_{n\to\infty} \sqrt[n]{2} = 1$ (vgl. Aufgabe 15 am Ende dieses Kapitels).

4. Das Rechnen mit unendlichen Reihen

Rechenregeln für Summen aus endlich vielen Summanden wurden in Kap. II abgeleitet. Nicht alle dieser Regeln lassen sich unverändert auf unendliche Reihen übertragen.

Wir erwähnen als erstes einige Einschränkungen des assoziativen und kommutativen Gesetzes. Hinsichtlich des assoziativen Gesetzes gilt: *Bei einer konvergenten Reihe darf man die Glieder beliebig durch Klammern zusammenfassen, ohne den Summenwert zu verändern; das Weglassen von Klammern ist dagegen nur dann zulässig, wenn die dadurch entstehende Reihe konvergiert.* Was das kommutative Gesetz betrifft, so *ist eine Vertauschung der Reihenfolge der Glieder im allgemeinen nicht gestattet. Nur wenn die Reihe absolut konvergent ist, ist ihr Summenwert unabhängig von der Reihenfolge der Glieder.* Hängt der Summenwert von der Reihenfolge der Glieder nicht ab, so nennt man die Reihe *unbedingt konvergent*, im anderen Fall spricht man dagegen von *bedingter Konvergenz.* Auf Grund der obigen Aussage ist „absolut konvergent“ gleichbedeutend mit „unbedingt konvergent“ und „nicht absolut konvergent“ gleichbedeutend mit „bedingt konvergent“.

Auf den vollständigen Beweis der obigen Aussagen verzichten wir*) und belegen jeweils lediglich die behauptete Einschränkung in der Gültigkeit des assoziativen und kommutativen Gesetzes durch je ein Beispiel.

Daß man Klammern im allgemeinen nicht weglassen darf, erkennt man an der Reihe $(1-1)+$ $+(1-1)+(1-1)+\cdots$. Diese Reihe besteht aus lauter Nullen und ist somit konvergent. Läßt man die Klammern weg, so kommt man zur Reihe $1-1+1-1+1-1+-\cdots$. Die Teilsummen dieser Reihe oszillieren zwischen 0 und 1, die Reihe ist also divergent.

Die Nichtvertauschbarkeit der Summanden bei einer Reihe, die nicht absolut konvergent ist, soll am Beispiel der Reihe

$$S = 1 - \frac{1}{2} + \frac{1}{3} - \frac{1}{4} + \frac{1}{5} - \frac{1}{6} + \frac{1}{7} - \frac{1}{8} + \frac{1}{9} - \frac{1}{10} + \frac{1}{11} - \frac{1}{12} + - \cdots \tag{63}$$

gezeigt werden. Diese Reihe ist auf Grund des Kriteriums von Leibniz konvergent. Ihren Summenwert bezeichnen wir mit S. Sie ist aber nicht absolut konvergent, da bei lauter positiven Vorzeichen daraus die harmonische Reihe Gl. (42) entsteht, die, wie gezeigt wurde, divergiert. Wir stellen nun die Summanden der Reihe Gl. (63) so um, daß immer zwei positive Glieder auf je ein negatives Glied folgen und erhalten

$$1 + \frac{1}{3} - \frac{1}{2} + \frac{1}{5} + \frac{1}{7} - \frac{1}{4} + \frac{1}{9} + \cdots. \tag{64}$$

Da die Reihe unendlich viele Glieder hat, treten in der neuen Reihe genau die gleichen Summanden wie in der alten auf, nur in einer anderen Reihenfolge. Wir behaupten nun, daß der Summenwert der umgeordneten Reihe $\frac{3S}{2}$ beträgt, also von S verschieden ist. Um das zu beweisen, multiplizieren wir zunächst die Reihe Gl. (63) mit $\frac{1}{2}$ und erhalten

$$\frac{S}{2} = \frac{1}{2} - \frac{1}{4} + \frac{1}{6} - \frac{1}{8} + \frac{1}{10} - \frac{1}{12} + \cdots.$$

Wenn wir nun diese Reihe zur Reihe Gl. (63) addieren, so erhalten wir auf der linken Seite $\frac{3S}{2}$ und, entsprechend unserer Behauptung, auf der rechten genau die Reihe Gl. (64).

Als nächstes führen wir noch einige Gesetze über Addition und Multiplikation von Reihen an, die sich durch Anwendung der Gln. (19) bis (22) auf die Grenzwerte

*) Vgl. hierzu Duschek I, S. 347.

der jeweiligen Teilsummen beweisen lassen: *Wenn man die Glieder einer konvergenten Reihe* $\sum u_i$ *mit einer Konstanten c multipliziert, so vergrößert sich auch der Summenwert um den Faktor c*

$$\sum_{i=1}^{\infty} c u_i = c \cdot \sum_{i=1}^{\infty} u_i . \tag{65}$$

Sind $\sum u_i$ *und* $\sum v_i$ *zwei konvergente Reihen, so konvergiert auch die durch gliedweise Addition entstandene Reihe* $\sum (u_i + v_i)$, und es gilt

$$\sum_{i=1}^{\infty} (u_i + v_i) = \sum_{i=1}^{\infty} u_i + \sum_{i=1}^{\infty} v_i . \tag{66}$$

Zwei Reihen, die absolut konvergent sind, kann man gliedweise multiplizieren, wie man das bei Summen aus endlich vielen Summanden tut:

$$\sum_{i=1}^{\infty} u_i \cdot \sum_{i=1}^{\infty} v_i = \sum_{i=1}^{\infty} \sum_{j=1}^{\infty} u_i v_j . \tag{67}$$

Sind die Reihen nicht absolut konvergent, so ist die gliedweise Multiplikation nicht gestattet. Wegen weiterer Erläuterungen siehe z. B. das Lehrbuch von Strubecker I, S. 534ff.

5. Potenzreihen

Von besonderem Interesse in der Mathematik sind Reihen, die die Form

$$\sum_{i=0}^{\infty} a_i x^i = a_0 + a_1 x + a_2 x^2 + a_3 x^3 + \cdots \tag{68}$$

besitzen, wobei die a_i irgendwelche fest vorgegebenen Koeffizienten sind und x eine beliebige reelle Zahl darstellt. Eine solche Reihe bezeichnet man als *Potenzreihe.* Man fragt sich, wie man aus den vorgegebenen Koeffizienten a_i diejenigen x-Werte bestimmt, für die diese Reihe absolut konvergiert.

Es ist unmittelbar zu erkennen, daß bei absoluter Konvergenz der Reihe für einen bestimmten x-Wert, den wir mit x_0 bezeichnen wollen, die Reihe auch für alle jene x-Werte absolut konvergiert, die der Bedingung $|x| < |x_0|$ genügen. Wenn man nämlich den Betrag von x verkleinert, vermindert man die einzelnen Glieder, so daß eine Reihe entsteht, die eine absolut konvergente Majorante besitzt. Divergiert die Reihe andererseits für einen bestimmten Wert von x, so tut sie das auch für alle dem Betrag nach größeren Werte. Man kann daher zu jeder Potenzreihe eine positive Zahl r angeben, so daß die Reihe für $|x| < r$ konvergiert und für $|x| > r$ divergiert. Diese Zahl r nennt man den *Konvergenzradius* der Reihe.

Den Konvergenzradius einer Reihe kann man mit Hilfe des Wurzelkriteriums von Cauchy bestimmen. Wir nehmen zunächst an, daß die Folge $\sqrt[n]{|a_n|}$ einen Grenzwert besitzt, den wir mit A bezeichnen, so daß gilt:

$$\lim_{n \to \infty} \sqrt[n]{|a_n|} = A . \tag{69}$$

Nach dem Wurzelkriterium Gl. (59) ist die Reihe dann immer absolut konvergent, wenn gilt

$$\lim_{n\to\infty} \sqrt[n]{|u_n|} = \lim_{n\to\infty} \sqrt[n]{|a_n x^n|} = \lim_{n\to\infty} \sqrt[n]{|a_n|}\,|x| = A\cdot|x| < 1\,. \tag{70}$$

und divergiert, wenn

$$\lim_{n\to\infty} \sqrt[n]{|u_n|} = \lim_{n\to\infty} \sqrt[n]{|a_n x^n|} = \lim_{n\to\infty} \sqrt[n]{|a_n|}\,|x| = A\cdot|x| > 1\,. \tag{71}$$

Daraus folgt, daß der Konvergenzradius gegeben ist durch

$$r = \frac{1}{A} = \frac{1}{\lim\limits_{n\to\infty} \sqrt[n]{|a_n|}}\,. \tag{72}$$

Wenn der Grenzwert A unendlich ist, so schrumpft der Konvergenzkreis auf Null zusammen. Besitzt die Folge $\sqrt[n]{|a_n|}$ überhaupt keinen Grenzwert, sondern mehrere endliche Häufungswerte, so kann man zeigen, daß man in Gl. (72) den größten Häufungswert für A einsetzen muß, um den richtigen Konvergenzradius zu erhalten.

In ähnlicher Weise wie mit dem Wurzelkriterium kann man den Konvergenzradius auch mit Hilfe des Quotientenkriteriums bestimmen. Existiert der Grenzwert $\lim\limits_{n\to\infty} |a_{n+1}/a_n|$, so gilt

$$r = \frac{1}{\lim\limits_{n\to\infty} |a_{n+1}/a_n|}\,. \tag{73}$$

Existiert der erwähnte Grenzwert nicht, so darf man jedoch nicht wie beim Wurzelkriterium statt dessen den größten Häufungswert verwenden.

Ein Beispiel für eine Potenzreihe ist die durch Gl. (36) gegebene geometrische Reihe, die wir jetzt in der Form

$$1 + x + x^2 + x^3 + \cdots \tag{74}$$

schreiben. Die einzelnen Koeffizienten a_n sind alle gleich 1, $\lim\limits_{n\to\infty} \sqrt[n]{|a_n|}$ ist daher ebenfalls gleich eins, und wir erhalten für den Konvergenzradius

$$r = 1$$

in Übereinstimmung mit dem bereits früher auf andere Art erhaltenen Ergebnis.

C. Definition von Zahlen durch Reihen

Wenn man den Grenzwert von unendlichen Folgen oder die Summe von unendlichen Reihen berechnet, so erhält man als Resultat häufig eine transzendente Zahl. Das ist eine Zahl, die nicht Wurzel einer Gleichung beliebigen Grades ist, die sich also nicht durch Brüche und Wurzeln aus ganzen Zahlen darstellen läßt. Transzendente Zahlen lassen sich nicht aus den Summanden der Reihe exakt berechnen, weil dies bereits eine Darstellung der Zahl durch Brüche und Wurzeln wäre. Man kann sie nur angenähert über die Teilsummen bestimmen.

Einige durch Reihen definierte transzendente Zahlen haben in der Mathematik eine vielfache Verwendung gefunden, so daß man für sie besondere Bezeichnungen eingeführt hat. Wir wollen hier als Beispiel die Zahl e einführen.

Wir betrachten die unendliche Reihe

$$1 + \frac{1}{1!} + \frac{1}{2!} + \frac{1}{3!} + \frac{1}{4!} + \frac{1}{5!} + \cdots. \tag{75}$$

Um zu prüfen, ob diese Reihe konvergiert, fragen wir, ob wir eine konvergente Majorante zu dieser Reihe finden können. Wenn man die einzelnen Glieder $1/i!$ der gegebenen Reihe für $i \geqq 1$ jeweils durch $1/2^{i-1}$ ersetzt, so vergrößert man jedes Glied, da ja

$$\frac{1}{2^i} \geqq \frac{1}{1 \cdot 2 \cdot 3 \cdot 4 \ldots i}$$

ist. Wir erhalten also auf diese Art eine Majorante.

$$1 + \frac{1}{2} + \frac{1}{2} + \left(\frac{1}{2}\right)^2 + \left(\frac{1}{2}\right)^3 + \left(\frac{1}{2}\right)^4 + \left(\frac{1}{2}\right)^5 + \cdots. \tag{76}$$

Das ist aber bis auf den ersten Summanden 1 die geometrische Reihe $\sum_{i=0}^{\infty} q^i$ mit $q = \frac{1}{2}$. Diese Reihe ist nach Gl. (41) konvergent und hat den Grenzwert 2, so daß die gesamte Reihe Gl. (76) die Summe 3 hat. Da diese Reihe eine Majorante zur gegebenen Reihe Gl. (75) ist, muß diese ebenfalls konvergieren, und zwar gegen einen Wert, der kleiner als 3 ist. Man bezeichnet diesen Wert mit e und nennt ihn die *Eulersche Zahl*

$$\mathrm{e} = 1 + \frac{1}{1!} + \frac{1}{2!} + \frac{1}{3!} + \frac{1}{4!} + \cdots. \tag{77}$$

e kann man angenähert berechnen, indem man die unendliche Summe durch eine endliche ersetzt. So ist beispielsweise die Summe der ersten vier Glieder 2,66... und die der ersten dreizehn Glieder 2,71828183.... Um zu erkennen, wie gut jeweils die Näherungen sind, muß man den Reihenrest abschätzen. Es gilt

$$\begin{aligned} R_n &= \frac{1}{(n+1)!} + \frac{1}{(n+2)!} + \frac{1}{(n+3)!} + \cdots \\ &= \frac{1}{(n+1)!}\left(1 + \frac{1}{n+2} + \frac{1}{(n+2)(n+3)} + \cdots\right) \\ &< \frac{1}{(n+1)!}\left(1 + \frac{1}{n+1} + \frac{1}{(n+1)^2} + \cdots\right) \\ &= \frac{1}{(n+1)!} \frac{1}{1 - \frac{1}{n+1}} = \frac{n+1}{n(n+1)!} = \frac{1}{n!n}. \end{aligned} \tag{78}$$

Mit $n = 3$ wird $R_n = \frac{1}{3!3} = \frac{1}{18} = 0{,}055$. Mit $n = 12$ wird $R_n = \frac{1}{12!12}$. Dieser Wert ist so gering, daß er die achte Stelle hinter dem Komma nicht mehr beeinflußt.

Man kann die Zahl e auch noch auf andere Art erhalten, und zwar als Grenzwert der Zahlenfolge

$$b_n = \left(1 + \frac{1}{n}\right)^n .$$

Wir behaupten also:

$$e = \lim_{n \to \infty} \left(1 + \frac{1}{n}\right)^n . \tag{79}$$

Um das zu beweisen, formen wir den Ausdruck für b_n mit Hilfe des binomischen Lehrsatzes Gl. (III, 18) um. Wir erhalten dann

$$\begin{aligned} \left(1 + \frac{1}{n}\right)^n &= \sum_{i=0}^{n} \binom{n}{i} 1^{n-i} \left(\frac{1}{n}\right)^i = 1 + \frac{n!}{(n-1)!}\frac{1}{n} + \frac{n!}{(n-2)!\,2!}\frac{1}{n^2} \\ &+ \frac{n!}{(n-3)!\,3!}\frac{1}{n^3} + \cdots + \frac{n!}{n!}\frac{1}{n^n} \\ &= 1 + \frac{1}{1!} + \frac{1}{2!}\left(1 - \frac{1}{n}\right) + \frac{1}{3!}\left(1 - \frac{1}{n}\right)\left(1 - \frac{2}{n}\right) + \cdots \\ &+ \frac{1}{n!}\left(1 - \frac{1}{n}\right)\cdots\left(1 - \frac{n-1}{n}\right). \end{aligned} \tag{80}$$

Rechts vom Gleichheitszeichen steht eine Summe. Wenn wir in dieser Summe die Ausdrücke $(1 - \frac{i}{n})$ durch 1 ersetzen, so erhalten wir die Teilsumme der Reihe Gl. (77) für e. Da wir durch dieses Ersetzen die Glieder vergrößert haben, stellt die Folge der Teilsummen der Reihe Gl. (77) eine Majorante zur Folge b_n dar. Die Folge b_n ist daher konvergent und besitzt einen Grenzwert e', für den gilt $e' \leqq e$. Wir müssen nun noch nachweisen, daß gleichzeitig gilt $e' \geqq e$, dann ist unsere Behauptung bewiesen. Dies zeigen wir in folgender Weise. Wir verwenden in der Reihe Gl. (80) nur $m < n$ Glieder. Dadurch wird die Summe höchstens kleiner, und wir können schreiben

$$e' \geqq 1 + \frac{1}{1!} + \frac{1}{2!}\left(1 - \frac{1}{n}\right) + \cdots + \frac{1}{m!}\left(1 - \frac{1}{m}\right)\cdots\left(1 - \frac{m-1}{m}\right). \tag{81}$$

Gehen wir zum Grenzwert $n \to \infty$ über, so erhalten wir daraus

$$e' \geqq 1 + \frac{1}{1!} + \frac{1}{2!} + \cdots + \frac{1}{m!} . \tag{82}$$

Lassen wir schließlich auch m gegen unendlich gehen, so geht die Reihe in e über, und es folgt

$$e' \geqq e ,$$

was zu beweisen war.

Wenn man die Reihe, die rechts in Gl. (80) steht, betrachtet, so ist man versucht, bereits dort den Grenzwert $n \to \infty$ zu bilden, da man meinen könnte, daß dann die einzelnen Klammerausdrücke $(1 - \frac{i}{n})$ gleich 1 werden und diese Reihe somit unmittelbar in die von Gl. (75) übergeht. Dies wäre nicht korrekt, weil i bis $n - 1$ geht und der Grenzwert für das Glied $\left(1 - \dfrac{n-1}{n}\right)$ nicht 1, sondern 0 ist.

Fragen und Aufgaben

1. Welcher Zusammenhang besteht zwischen Folgen und Reihen?
2. Nenne ein Beispiel für eine streng monoton zunehmende Folge, die a) unbeschränkt ist, b) die obere Schranke 5 besitzt.
3. Kann eine Folge mehrere Häufungspunkte haben?
4. Kann eine Folge mehrere Grenzwerte haben?
5. Erläutere den Unterschied zwischen konvergent, bestimmt divergent und unbestimmt divergent.
6. Nenne eine Bedingung, unter der eine Folge mindestens einen Häufungswert haben muß.
7. Was kann man mit Hilfe eines hinreichenden Konvergenzkriteriums feststellen, was mit Hilfe eines notwendigen?
8. Welche Schlüsse kann man aus der Tatsache ziehen, daß die Glieder einer Reihe a) gegen Null streben, b) nicht gegen Null streben?
9. Welche Kriterien für die Konvergenz von Reihen gibt es? Welche davon sind nicht sowohl hinreichend als auch notwendig?
10. Was versteht man unter absoluter Konvergenz einer Reihe?
11. In welchen Fällen darf man die Reihenfolge der Glieder einer unendlichen Reihe vertauschen?
12. Was versteht man unter dem Konvergenzradius einer Potenzreihe?
13. Durch welche Reihe bzw. Folge ist die Zahl e definiert?
14. Zeige mit Hilfe des Konvergenzkriteriums von Cauchy, daß die Folge $a_n = 1/n$ konvergiert. Beweise außerdem die Konvergenz mit Hilfe des Monotoniesatzes.
15. Zeige, daß gilt $\lim\limits_{n\to\infty} \sqrt[n]{a} = 1$ für alle positiven Werte von a. Anleitung: Unterscheide die Fälle $a > 1$, $a = 1$ und $a < 1$. Setze im ersten Fall $\sqrt[n]{a} = 1 + x_n$, im Fall $a < 1$ dagegen $\sqrt[n]{a} = \frac{1}{1 + x_n}$. Wende jeweils die Ungleichung von Bernoulli Gl. (II, 62) an.
16. Beweise, daß die folgenden Reihen konvergent sind
    a) $\sum\limits_{n=1}^{\infty} (-1)^{n+1} \cdot \frac{1}{\sqrt{n}}$
    b) $\sum\limits_{n=0}^{\infty} \frac{1}{2^n} \sin(2^n)$ (mit Hilfe der Majorantenmethode)
    c) $\sum\limits_{n=1}^{\infty} n\left(\frac{1}{4}\right)^n$ (mit Hilfe des Quotientenkriteriums)
    d) $\sum\limits_{n=1}^{\infty} \frac{1}{n(n+1)}$ (mit Hilfe des Cauchyschen Konvergenzkriteriums. Beachte dabei, daß gilt $\frac{1}{v(v+1)} = \frac{1}{v} - \frac{1}{v+1}$).
17. Bestimme den Konvergenzradius der folgenden Potenzreihen
    a) $\sum\limits_{i=0}^{\infty} \frac{x^i}{2^i}$ b) $\sum\limits_{i=0}^{\infty} \left(\frac{i-2}{i^2-1}\right)^i x^i$ c) $\sum\limits_{i=0}^{\infty} \frac{x^i}{i!}$.
18. Berechne die folgenden Ausdrücke durch Zerlegung in Summen, Differenzen, Produkte und Quotienten von Folgen mit bekanntem Grenzwert
    a) $\lim\limits_{n\to\infty} \frac{n-1}{n+1}$ b) $\lim\limits_{n\to\infty} \frac{n^2-n}{n^2-1}$ c) $\lim\limits_{n\to\infty} (an^3 + cn + d)n^{-3}$.

VII. Funktionen

A. Erläuterung des Funktionsbegriffes

Häufig besteht zwischen zwei Größen x und y ein Zusammenhang in der Weise, daß bestimmten Werten von x jeweils bestimmte Werte von y zugeordnet sind. Man sagt dann, y sei eine *Funktion* von x, und schreibt

$$y = f(x). \tag{1}$$

Die Größe x nennt man die *unabhängige Variable* oder auch das *Argument der Funktion*, y die *abhängige Variable*. Anstelle von *Variable* sagt man auch *Veränderliche*. Die Werte von x, für die die Funktion definiert ist, nennt man den *Definitionsbereich* der Funktion; die Werte, die die Größe y annehmen kann, bezeichnet man als *Wertevorrat*. Statt f kann man auch andere Buchstaben verwenden wie F, φ, ψ oder die Bezeichnung für die abhängige Variable y. Im letzten Fall schreibt man

$$y = y(x).$$

Ebenso kann man für x und y andere Buchstaben setzen.

Als erstes Beispiel betrachten wir das Boyle'sche Gesetz, das den Zusammenhang zwischen dem Druck p und dem Volumen V eines Gases angibt. Es gilt

$$V = \frac{C}{p}, \tag{2}$$

C ist eine von der Temperatur und der Masse des Gases abhängige Konstante. Zu bestimmten vorgegebenen Werten des Druckes gehören Gl. (2) zufolge bestimmte Werte des Volumens. Das Volumen ist daher eine Funktion des Druckes, $V = f(p)$.

Zu einem weiteren Beispiel kommen wir, wenn wir nach der Anzahl π der Primzahlen fragen, die kleiner als eine vorgegebene Zahl n ist. π hängt davon ab, wie groß n ist, und ist daher eine Funktion von n,

$$\pi = f(n). \tag{3}$$

Diese Funktion läßt sich aber nicht in Form einer Gleichung schreiben, sondern muß beispielsweise in Tabellenform angegeben werden (s. Tab. 1). Der Definitionsbereich und der Wertevorrat dieser Funktion ist die Menge der natürlichen Zahlen.

Tab. 1.
Anzahl π der Primzahlen, die kleiner als n sind.

n	π
1	0
2	0
3	1
4	2
5	2
6	3
7	3
8	4

In der eben beschriebenen Weise stellt der Funktionsbegriff einen Zusammenhang zwischen Zahlen dar. Man kann den Funktionsbegriff auch viel allgemeiner fassen, indem man definiert: *Eine Funktion stellt eine Vorschrift dar, die jedem Element einer Menge M_1 ein Element einer Menge M_2 zuordnet.* Eine Funktion vermittelt also eine *Abbildung* der Menge M_1 auf die Menge M_2. Im folgenden beschäftigen wir uns ausschließlich mit solchen Funktionen, bei denen die Mengen M_1 und M_2, wie bei den oben betrachteten Beispielen, Zahlen sind.

Häufig tritt auch der Fall auf, daß eine Größe y von mehreren Variablen abhängt. Bei n Variablen $x_1, x_2, \ldots, x_n$ spricht man dann von *einer Funktion von n Veränderlichen* und schreibt

$$y = f(x_1, x_2, \ldots, x_n)\,. \tag{4}$$

Wenn man z. B. die Konstante C in Gl. (2) näher untersucht, so stellt man fest, daß diese durch die Temperatur T und der Anzahl der Mole n des Gases bestimmt wird. Es gilt $C = nRT$, wobei R eine Konstante ist, die man Gaskonstante nennt und die den Wert 0,082 Literatmosphären besitzt; T wird in Grad Kelvin (K) gemessen, das ist die Anzahl der Celsiusgrade plus 273. Die Größe V wird damit eine Funktion der drei Variablen n, T und p

$$V = \frac{nRT}{p}\,. \tag{5}$$

B. Funktionen einer Veränderlichen

1. Darstellung

Wir wollen uns nun der Frage zuwenden, in welcher Weise man einen funktionalen Zusammenhang zwischen zwei Größen x und y angeben kann. Hierfür gibt es eine Reihe von Möglichkeiten.

Der Zusammenhang zwischen x und y kann durch eine Gleichung ausgedrückt werden. Man spricht dann von einer *analytischen Darstellung*. So kann man beispielsweise mit Hilfe der Gleichung

$$y = 2x^2 + 3 \quad \text{für } x \text{ in } [-3, 5] \tag{6}$$

zu jedem Wert von x im Intervall $[-3, 5]$ einen Wert von y ausrechnen.

Eine andere Art der Darstellung ist die über eine *Tabelle* (s. Tab. 1). In diesem Fall ist die Funktion immer nur für endlich viele x-Werte definiert.

Als drittes ist die *graphische Darstellung* in einem *rechtwinkligen* oder, wie man auch sagt, *kartesischen Koordinatensystem* zu nennen. Man führt hierzu ein rechtwinkliges Achsenkreuz ein und bezeichnet die horizontale Achse als *x-Achse* oder *Abszissenachse* und die vertikale Achse als *y-Achse* oder *Ordinatenachse*. Den Schnittpunkt der Achsen nennt man den *Ursprung* 0. Jede Achse weist eine Einteilung auf und wird als Zahlengerade angesehen. Man kann dann jedem reellen Zahlenpaar $x = a$ und $y = b$ genau einen Punkt der Ebene zuweisen, den man mit $P(a|b)$ bezeichnet. Man erhält ihn, indem man im Punkt a der Abszisse eine Parallele zur Ordinate und im Punkt b der Ordinate eine Parallele zur Abszisse einzeichnet und die beiden Geraden zum Schnitt bringt (s. Abb. 1). Als Beispiel sind in Abb. 1 die Punkte $P(2|4)$, $P(-4|-2{,}5)$ und $P(-3|2)$ eingezeichnet.

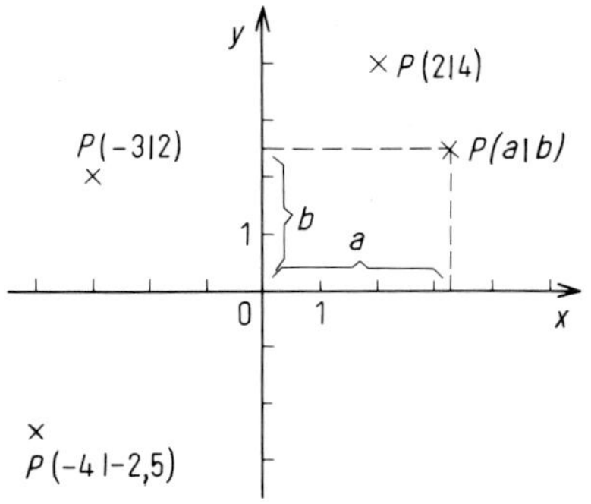

Abb. 1. Rechtwinkeliges kartesisches Koordinatensystem.

Liegt nun eine Funktion $y = f(x)$ vor, so gibt es zu jedem Wert von x aus dem Definitionsbereich der Funktion einen Wert für y und damit einen Punkt im Koordinatensystem. Kann x unendlich viele kontinuierliche Werte annehmen, wie z. B. in Gl. (2), so verschmelzen die Punkte zu einer Kurve, wie sie in Abb. 2 angegeben ist. Nimmt x dagegen nur diskrete Werte an, wie z. B. in Gl. (3), so wird die Funktion durch einzelne getrennte Punkte dargestellt (s. Abb. 3).

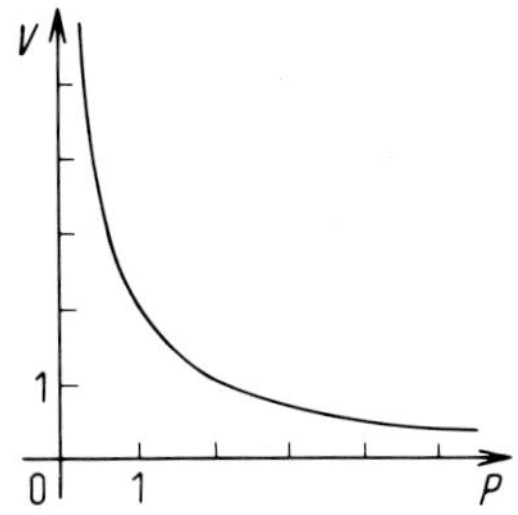

Abb. 2. Graphische Darstellung der Funktion $V = C/p$ mit $C = 2$.

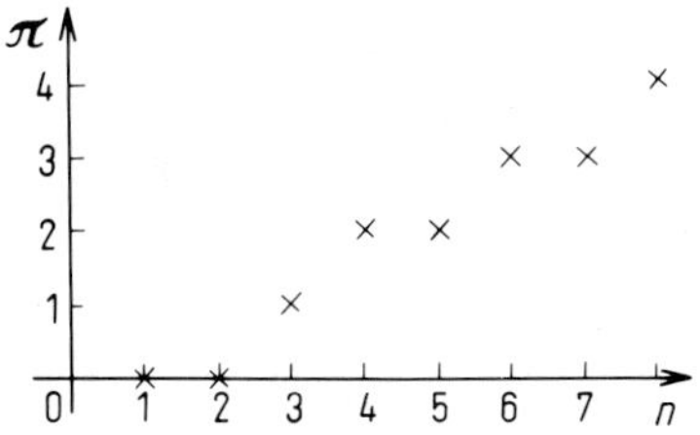

Abb. 3. Graphische Darstellung der Funktion „Anzahl π der Primzahlen, die kleiner als n sind".

Durch eine graphische Darstellung wird der Funktionsverlauf besonders übersichtlich wiedergegeben. Die Genauigkeit der Wiedergabe ist jedoch durch die Zeichengenauigkeit begrenzt.

Wir wollen noch erwähnen, daß man die Größe der Einheiten auf der Abszisse und der Ordinate verschieden wählen kann und daß die Nullpunkte der Achsen nicht mit deren Schnittpunkt zusammenfallen müssen. Ferner gibt es neben den kartesischen Koordinaten noch andere, wie z. B. die Polarkoordinaten, auf die in Abschnitt IX D 2c eingegangen wird.

2. Interpolation und Extrapolation

Häufig kennt man von einer Funktion nur einige Funktionswerte, d. h. bei der graphischen Darstellung nur einige Punkte, man weiß aber, daß die Funktion auch zwischen diesen Punkten definiert ist. Das ist beispielsweise der Fall, wenn die Funktion durch eine Anzahl von diskreten Meßwerten ermittelt wurde. In einem solchen Fall kann man die Punkte durch eine Kurve verbinden. Man bezeichnet dies als

Interpolation. Mit Hilfe einer Interpolation kann man die Funktionswerte angenähert auch für solche Werte der unabhängigen Variablen bestimmen, für die sie zunächst nicht bekannt waren. Manchmal verlängert man die Kurven auch über die Randpunkte hinweg, was man dann als *Extrapolation* bezeichnet.

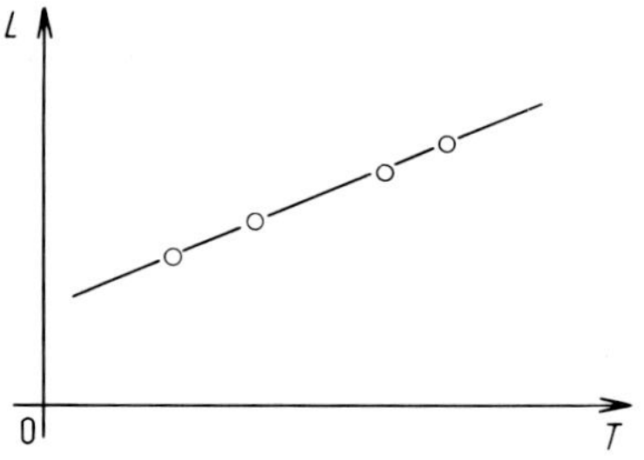

Abb. 4. Interpolation und Extrapolation der als Funktion der Temperatur T gemessenen Länge L eines Stabes.

Als Beispiel ist in Abb. 4 die Länge L eines Stabes als Funktion der Temperatur T angegeben. Die vier Kreise stellen Meßwerte dar. Da man annehmen kann, daß die Länge des Stabes auch bei denjenigen Temperaturen definiert ist, bei denen keine Messungen vorgenommen wurden, haben wir durch die Meßpunkte eine Kurve gelegt. Mit deren Hilfe können wir die Längen auch bei Temperaturen, die zwischen den gemessenen Werten liegen, bestimmen.

Im Beispiel der Abb. 3 wäre es dagegen sinnlos, eine Kurve durch die einzelnen Punkte zu legen, weil die Funktion nur für natürliche Zahlen definiert ist.

3. Umkehrung und implizite Darstellung einer Funktion

Wir betrachten zunächst als Beispiel die Funktion

$$y = x^3 . \tag{7}$$

Jedem Wert von x ist ein Wert von y zugeordnet. Der angegebenen Gleichung zufolge entspricht aber auch umgekehrt jedem Wert von y ein Wert von x. Man erkennt das, indem man diese Gleichung nach x auflöst

$$x = \sqrt[3]{y} . \tag{8}$$

Da Gl. (8) durch Umkehrung von Gl. (7) entsteht, sagt man, daß die „dritte Wurzel" die Umkehrfunktion der „dritten Potenz" ist.

Allgemein definiert man: *Erhält man durch Auflösung der Gleichung*

$$y = f(x) \tag{9}$$

nach x die Beziehung

$$x = \varphi(y) , \tag{10}$$

so nennt man φ die Umkehrfunktion oder inverse Funktion von f. Im obigen Beispiel steht für f „dritte Potenz" und für φ „dritte Wurzel". Die Umkehrfunktion läßt sich nicht immer durch ein bereits bekanntes Symbol ausdrücken. Daher muß man z. B. zur Umkehrung der noch zu besprechenden Sinusfunktion ein neues Zeichen einführen (s. Abschn. 5 d).

Bei Angabe eines funktionellen Zusammenhanges ist es gewöhnlich unwesentlich, welche der beiden Größen als unabhängige Variable angesehen wird. Man bringt daher vielfach alle Glieder der Gleichung $y = f(x)$ bzw. $x = \varphi(y)$ auf die linke Seite, so daß rechts vom Gleichheitszeichen nur noch Null steht. Dadurch ergibt sich eine Beziehung der Form

$$F(x, y) = 0 . \tag{11}$$

Man sagt, daß Gl. (11) die Funktionen f und φ in *impliziter Weise* angibt. Demgegenüber bezeichnet man die Gleichungen $y = f(x)$ und $x = \varphi(y)$ als *explizite Darstellung* der Funktion f bzw. φ.

Beispiele: 1. Die Funktion $y = x^3$ lautet in impliziter Form

$$y - x^3 = 0$$

$F(x, y)$ ist also in diesem Fall durch $y - x^3$ gegeben.

2. Die Gleichung

$$2y + 3x = 0$$

enthält in impliziter Form die Funktionen

$$y = -\tfrac{3}{2}x$$

und

$$x = -\tfrac{2}{3}y .$$

Wenn φ die Umkehrfunktion von f ist, so werden die Gleichungen

$$y = f(x) \tag{12}$$

und

$$x = \varphi(y) \tag{13}$$

durch dieselbe Kurve dargestellt. Wir fragen nun, wie man die Kurve findet, die die Funktion

$$y = \varphi(x) \tag{14}$$

wiedergibt, also die Umkehrfunktion von $y = f(x)$. Gl. (14) geht aus Gl. (13) hervor, indem man x und y vertauscht. Einer Vertauschung von x und y entspricht nun graphisch eine Spiegelung an der Winkelhalbierenden des Koordinatensystems. Wir erhalten daher die gesuchte Kurve, indem wir diejenige, die die Funktion $x = \varphi(y)$, d. h. $y = f(x)$, repräsentiert, an der Winkelhalbierenden spiegeln. Es gilt also: *Ist φ die Umkehrfunktion von f, so erhält man die Kurve, die die Funktion $y = \varphi(x)$ darstellt, durch Spiegelung der zur Funktion $y = f(x)$ gehörenden Kurve an der Winkelhalbierenden des Koordinatensystems.*

Beispiel: Die Funktion $y = x^3$ bzw. $x = \sqrt[3]{y}$ wird durch die ausgezogene Kurve in Abb. 5 dargestellt. Die Funktion $y = \sqrt[3]{x}$ wird durch die strichpunktierte Kurve wiedergegeben, die man durch Spiegelung der erstgenannten Kurve an der Winkelhalbierenden w erhält.

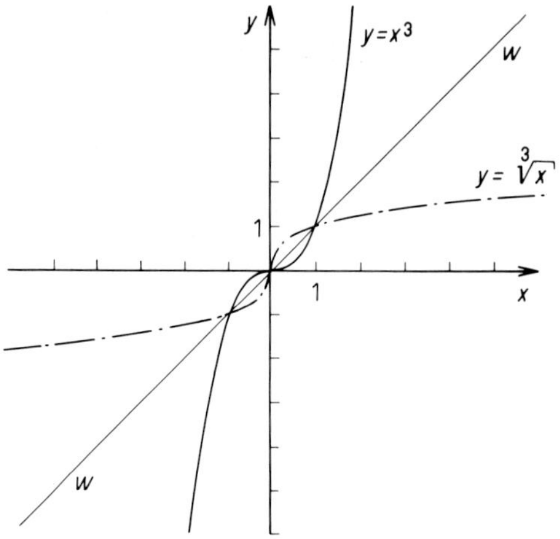

Abb. 5. Graphische Darstellung der Funktion $y = x^3$ und ihrer Umkehrfunktion $y = \sqrt[3]{x}$.

4. Wichtige Begriffe zur Charakterisierung von Funktionen

Unter den *Nullstellen* einer Funktion $y = f(x)$ versteht man diejenigen Werte der unabhängigen Variablen x, für die $y = 0$ wird. Sie sind durch die Schnittpunkte der Kurve $y = f(x)$ mit der Abszisse gegeben, falls diese die Ordinate im Nullpunkt schneidet.

Eine Funktion heißt *streng monoton wachsend*, wenn zu zunehmenden x-Werten wachsende y-Werte gehören (s. Abb. 6, Kurve a). Wenn die y-Werte mit zunehmendem x größer werden *oder* gleichbleiben, so heißt die Funktion *monoton wachsend* ohne den Zusatz streng (s. Abb. 6, Kurve b). In analoger Weise definiert man die Ausdrücke *monoton fallend* und *streng monoton fallend* (s. Abb. 6, Kurve d bzw. c).

Eine Funktion $y = f(x)$ heißt *gerade*, wenn ihre Bildkurve symmetrisch zur Ordinatenachse ist, wenn also gilt

$$f(-x) = f(x). \tag{15}$$

Sie heißt *ungerade*, wenn sie symmetrisch zum Ursprung ist, wenn also gilt

$$f(-x) = -f(x). \tag{16}$$

Beispiele: Die Funktion $y = x^2$ ist in Abb. 7 durch die gestrichelte Kurve dargestellt. Da $(-x)^2 = x^2$ ist, genügt diese Funktion der Gl. (15). Sie ist somit gerade; ihre Bildkurve ist symmetrisch zur y-Achse.

Die Funktion $y = x^3$ ist in Abb. 7 durch die ausgezogene Kurve wiedergegeben. Es gilt $(-x)^3 = -x^3$, die Funktion genügt also der Gl. (16) und ist somit ungerade.

Die Bildkurve zu $y = \pm\sqrt{x}$ ist symmetrisch zur x-Achse.

Eine Funktion $y = f(x)$ heißt *periodisch mit der Periode a*, wenn gilt

$$f(x + a) = f(x). \tag{17}$$

In diesem Fall durchläuft die Variable y mit wachsendem x immer wieder die gleichen Werte (s. Abb. 8). Ein Beispiel für eine periodische Funktion stellt die weiter hinten besprochene Sinusfunktion dar.

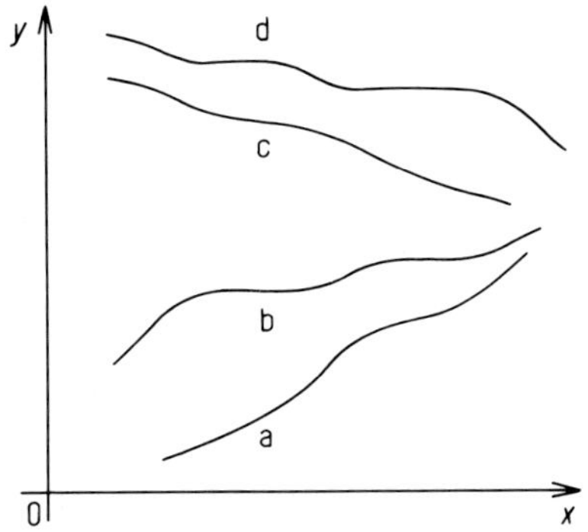

Abb. 6. a) streng monoton wachsende Funktion, b) monoton wachsende Funktion, c) streng monoton fallende Funktion, d) monoton fallende Funktion.

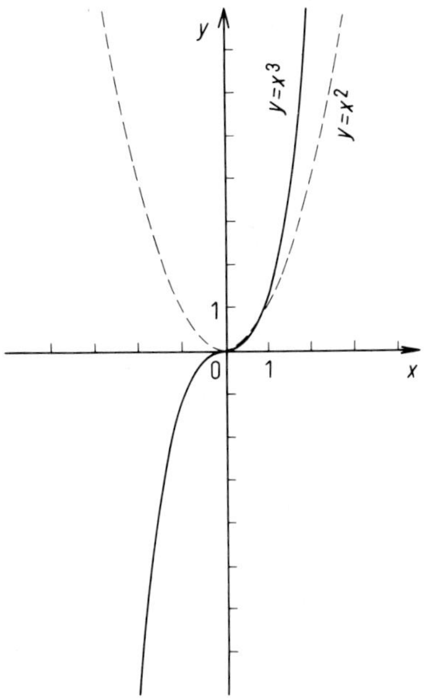

Abb. 7. Graphische Darstellung der Funktionen $y = x^2$ und $y = x^3$.

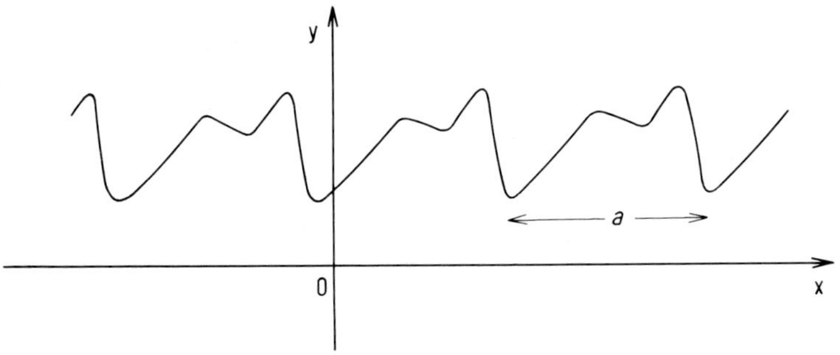

Abb. 8. Graphische Darstellung einer periodischen Funktion mit der Periode a.

Eine durch eine Gleichung $y = f(x)$ vermittelte Zuordnung heißt *eindeutig*, wenn zu jedem Wert x genau ein Wert y gehört. Demgegenüber nennt man sie *mehrdeutig*, wenn es mindestens einen x-Wert gibt, zu dem mehrere Werte von y gehören. Ein Beispiel für eine eindeutige Zuordnung stellt $y = 3x$ dar, während $y = \pm\sqrt{x}$ mehrdeutig ist. Die Bezeichnung Funktion wird im Falle von reellen Veränderlichen gewöhnlich nur für eindeutige Zuordnungen benützt. Bei mehrdeutigen Zuordnungen spricht man von Relationen.

5. Diskussion einiger spezieller Funktionen

a) Algebraische Funktionen

Eine Funktion der Form

$$y = ax + b, \tag{18}$$

in der a und b beliebige reelle Zahlen sind, bezeichnet man als *lineare Funktion.* Sie wird graphisch durch eine Gerade dargestellt, die die Steigung*⁾ a besitzt und die auf der Ordinate das Stück b abschneidet (s. Abb. 9). Die Funktion ist bei positivem

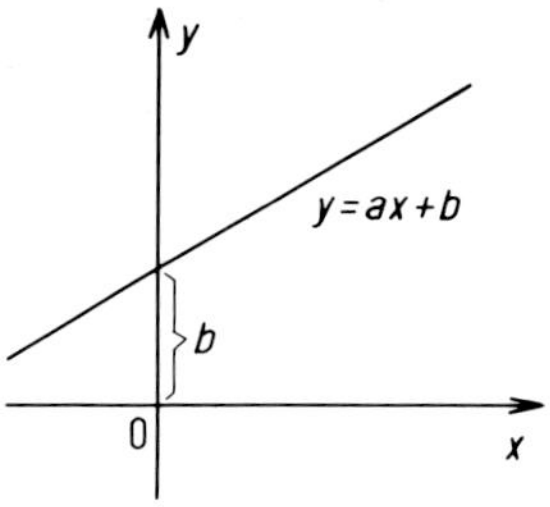

Abb. 9. Graphische Darstellung der linearen Funktion $y = ax + b$.

a streng monoton steigend und bei negativem a streng monoton fallend. Man erkennt ferner, daß es für $a \neq 0$ zu jedem x-Wert nur einen y-Wert gibt und umgekehrt.

Ein Beispiel für eine lineare Funktion ist die thermische Ausdehnung eines Stabes. Hat ein Stab bei einer Temperatur von 0 °C die Länge L_0 und erhöht man die Temperatur um den Wert ΔT, so ist die Länge des Stabes bei der höheren Temperatur durch

$$L = L_0 + \alpha \cdot \Delta T \cdot L_0 \tag{19}$$

gegeben, wobei α eine Konstante ist, die man den linearen Ausdehnungskoeffizienten nennt. L als Funktion von ΔT ist durch eine Gerade mit dem Ordinatenabschnitt L_0 und der Steigung $\alpha \cdot L_0$ gegeben.

Eine Funktion der Form

$$y = a_0 + a_1 x + a_2 x^2 + \cdots + a_n x^n, \tag{20}$$

in der x nur mit positiven, ganzzahligen Potenzen auftritt, bezeichnet man als *ganze rationale Funktion.* Sie ist im Intervall $(-\infty, \infty)$ definiert und eindeutig. Sie zeigt im allgemeinen einen komplizierten Verlauf. Wir wollen lediglich einige wichtige Spezialfälle als Beispiele besprechen.

Die spezielle Funktion

$$y = x^2, \tag{21}$$

die aus Gl. (20) hervorgeht, wenn man $a_2 = 1$ und alle übrigen $a_i = 0$ setzt, ist in Abb. 7 als Kurve dargestellt. Sie ist im Bereich $x > 0$ streng monoton steigend und im Bereich $x < 0$ streng monoton fallend. Sie ist symmetrisch zur y-Achse und eindeutig, aber nicht ein-eindeutig. Zu jedem y-Wert gehören nämlich zwei x-Werte, z. B. zu $y = 4$ die Werte $x = 2$ und $x = -2$. Das gleiche gilt für alle Funktionen, die durch irgendeine geradzahlige Potenz von x gegeben sind, also für $y = x^4$, $y = x^6$, usw.

Ein anderes Verhalten zeigt die in der gleichen Abbildung dargestellte Funktion

$$y = x^3. \tag{22}$$

---

*⁾ Steigung = Tangens des Winkels, den die Gerade mit der positiven x-Achse einschließt.

Diese ist symmetrisch zum Ursprung, monoton steigend im ganzen Definitionsbereich $(-\infty, +\infty)$ und ein-eindeutig, da die dritte Wurzel, die bei der Bildung der Umkehrfunktion auftritt, nur das positive Vorzeichen hat. Das gleiche gilt für alle Funktionen, die durch eine beliebige ungerade Potenz von x gegeben sind, also $y = x^5$, $y = x^7$, usw.

Der Bruch zweier ganzer rationaler Funktionen stellt eine sog. *gebrochene rationale Funktion* dar

$$y = \frac{a_0 + a_1 x + a_2 x^2 + \cdots + a_n x^n}{b_0 + b_1 x + b_2 x^2 + \cdots + b_m x^m}. \tag{23}$$

Eine solche Funktion ist eindeutig. Sie ist nicht im gesamten Zahlenintervall von $-\infty$ bis $+\infty$ definiert; man muß vielmehr aus dem Definitionsbereich die Nullstellen des Polynoms im Nenner ausnehmen, da die Division durch Null nicht durchführbar ist.

Die einfachste gebrochene rationale Funktion ist durch die Gleichung

$$y = \frac{1}{x} \tag{24}$$

gegeben. Sie ist für alle x außer für $x = 0$ definiert und wird graphisch durch die beiden Äste einer Hyperbel dargestellt (s. Abb. 10).

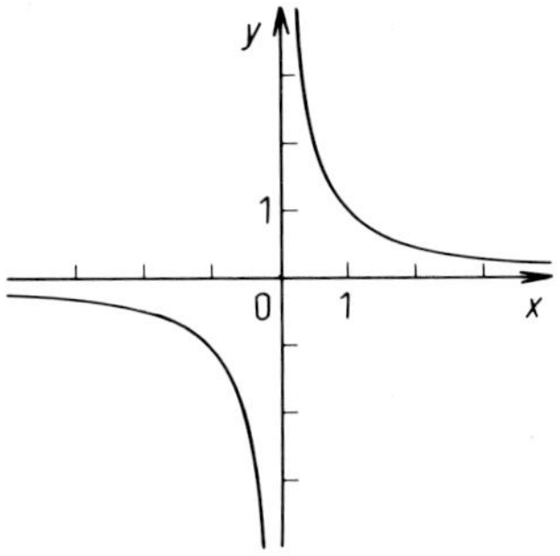

Abb. 10. Graphische Darstellung der Funktion $y = 1/x$.

Eine Funktion, die sich implizit in der Form

$$P(x, y) = 0 \tag{25}$$

darstellen läßt, wobei $P(x, y)$ ein beliebiges Polynom in x und y ist, nennt man *algebraische Funktion*. Ein Beispiel für Gl. (25) stellt die Beziehung

$$y^2 - x^2 + 2xy + 3 = 0$$

dar. Löst man eine solche Gleichung nach y auf, so erhält man eine Funktion, die im Unterschied zu den oben betrachteten Funktionen auch Wurzeln von x aufweist.

Beispiele: Die Gleichung $y^3 - x = 0$ definiert die algebraische Funktion

$$y = \sqrt[3]{x}, \tag{26}$$

die man durch Auflösen der gegebenen Gleichung nach y erhält. In gleicher Weise definiert die Gleichung $y^2 + 2xy - 3 = 0$ die algebraische Funktion $y = -x \pm \sqrt{x^2 + 3}$.

Die algebraischen Funktionen enthalten als Sonderfall die gebrochenen rationalen Funktionen, diese wiederum die ganzen rationalen Funktionen und diese die linearen Funktionen. „Algebraische Funktion“ ist also der übergeordnete Begriff für alle hier behandelten Funktionen.

Alle Funktionen, die nicht algebraisch sind, nennt man *transzendent*. Einige transzendente Funktionen sind in den Naturwissenschaften von großer Bedeutung, so daß wir sie im folgenden besprechen wollen.

b) Exponentialfunktionen

Als erstes führen wir die Exponentialfunktion

$$y = a^x \tag{27}$$

an, in der a eine beliebige positive Zahl sein soll. Für welche Werte von x ist diese Funktion definiert? Zunächst einmal für ganze Zahlen; a^{-3} bedeutet beispielsweise, daß man a dreimal als Faktor nehmen und anschließend das Reziproke davon bilden soll. Des weiteren ist sie auch für beliebige Brüche und damit für alle rationalen Zahlen definiert; gemäß den bekannten Regeln für das Potenzrechnen ist nämlich z. B. $a^{5/3} = \sqrt[3]{a^5}$. Unter Zuhilfenahme der Brüche kann man schließlich die Funktion auch für nichtrationale Werte von x definieren, da man alle nichtrationalen Zahlen durch rationale Zahlen annähern (s. Abschn. II E) und den Funktionswert für ein nichtrationales x dann durch den entsprechend angenäherten Funktionswert in beliebiger Genauigkeit angeben kann. *Die Funktion $y = a^x$ ist also für alle reellen Zahlen x definiert.*

Als Beispiel gibt Abb. 11 die Funktion

$$y = \mathrm{e}^x \tag{28}$$

wieder, wobei e die in Abschn. VI C eingeführte Eulersche Zahl 2,718... ist. Sie steigt, von Null kommend, streng monoton an und wächst über alle Grenzen, wenn x gegen ∞ geht.

Von besonderem Interesse ist auch die Funktion

$$y = \mathrm{e}^{-x}, \tag{29}$$

die ebenfalls in Abb. 11 graphisch dargestellt ist. Das Ersetzen von x und $-x$ äußert sich in einer Spiegelung der Kurve an der y-Achse.

Die Funktion Gl. (29) kommt sehr häufig in der Physik und Chemie vor, z. B. beim radioaktiven Zerfall. Ist N_0 die Anzahl der Teilchen eines radioaktiv zerfallenden Produktes zum Zeitpunkt Null, so ist die Zahl der Teilchen N zu einem späteren Zeitpunkt t gegeben durch

$$N = N_0 \cdot \mathrm{e}^{-kt}, \tag{30}$$

wobei k eine Stoffkonstante ist. Die Zahl der Teilchen fällt auf Grund dieser Gleichung mit zunehmender Zeit immer langsamer auf Null ab. Nach der Zeit $t = \frac{1}{k}$ ist der Exponent gerade -1, so daß sie auf den e-ten Teil abgenommen hat, also auf nicht ganz ein Drittel. Häufig fragt man, nach welcher Zeit die Zahl der Teilchen auf die Hälfte gesunken ist. Diese Zeit nennt man dann die *Halbwertszeit* τ. Wir können sie leicht ausrechnen, indem wir in Gl. (30) $t = \tau$ und $N = \frac{N_0}{2}$ setzen

$$\frac{N_0}{2} = N_0 \mathrm{e}^{-k\tau}. \tag{31}$$

Daraus folgt

$$\tau = \frac{1}{k} \ln 2\,, \tag{32}$$

wobei das Symbol ln die im nächsten Abschnitt definierte Logarithmusfunktion ist, die Umkehrfunktion zur Exponentialfunktion.

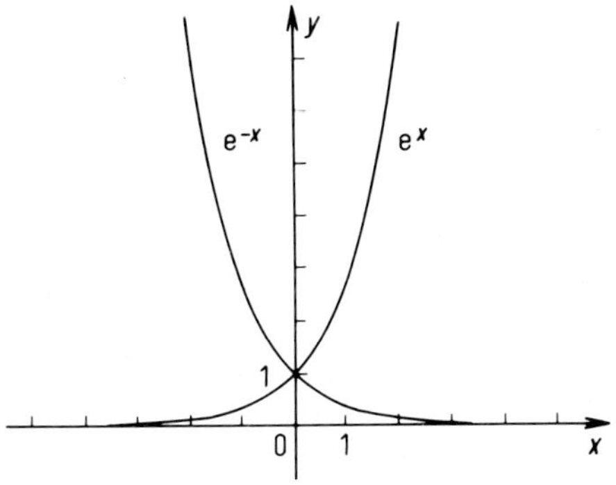

Abb. 11. Graphische Darstellung der Funktionen $y = e^x$ und $y = e^{-x}$.

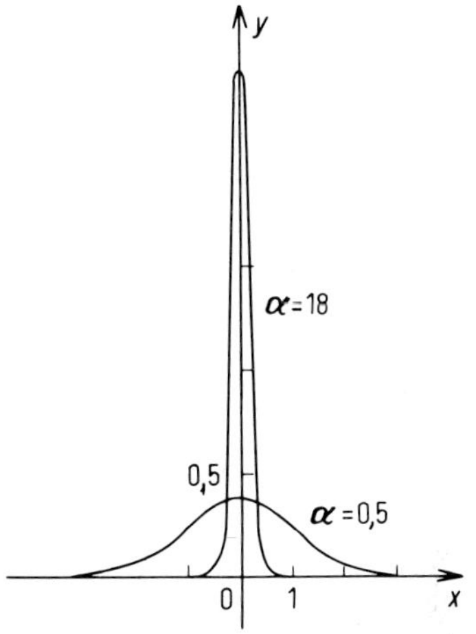

Abb. 12. Graphische Darstellung der Funktion $y = \sqrt{\frac{\alpha}{\pi}}\, e^{-\alpha x^2}$.

Eine weitere wichtige Funktion ist durch die Gleichung

$$y = \sqrt{\frac{\alpha}{\pi}}\, e^{-\alpha x^2}\,, \tag{33}$$

gegeben. Sie ist in Abb. 12 graphisch dargestellt. Man erkennt leicht, daß die Funktion ihren größten Wert $y = \sqrt{\alpha/\pi}$ bei $x = 0$ hat und daß sie symmetrisch zur y-Achse verläuft. Man nennt diese Funktion die *Gaußsche Glockenkurve*. Bei welchem x-Wert ist der y-Wert vom Maximum auf die Hälfte abgesunken? Indem wir in Gl. (33) $y = \frac{1}{2} \cdot \sqrt{\frac{\alpha}{\pi}}$ setzen, erhalten wir für diesen x-Wert

$$x = \sqrt{\frac{1}{\alpha} \ln 2}\,. \tag{34}$$

Je größer α ist, desto rascher fällt die Kurve ab und desto größer wird der maximale y-Wert (s. Abb 12). Die Fläche unter der Kurve ist für alle α, wie aus Gl. (XI, 134) hervorgeht, gleich 1. Im Grenzfall, wenn α unendlich wird, wird die Kurve unendlich hoch und unendlich schmal, so daß man sie durch einen Strich darstellen kann, der mit der Ordinate zusammenfällt. Die „Fläche" unter ihr bleibt dabei gleich 1. Der Grenzwert dieser Funktion ist eine Darstellung der sogenannten *Diracschen Deltafunktion* $\delta(x)$:

$$\delta(x) = \lim_{\alpha \to \infty} \sqrt{\frac{\alpha}{\pi}} \cdot e^{-\alpha x^2}\,. \tag{35}$$

$\delta(x)$ ist nicht im eigentlichen Sinne eine Funktion, da der Limes für $\alpha \to \infty$ nicht existiert. $\delta(x)$ kann aber für verschiedene Probleme fruchtbar verwendet werden, wobei man immer so vorgeht, daß man den Ausdruck hinter dem Limeszeichen zuerst mit irgendwelchen anderen Ausdrücken kombiniert und erst anschließend den Grenzübergang ausführt (s. Abschn. XIV A 5).

Häufig tritt auch eine Gaußsche Glockenkurve auf, die gegenüber der entsprechenden Kurve in Abb. 12 um ein Stück a längs der x-Achse verschoben ist (s. Abb. 13).

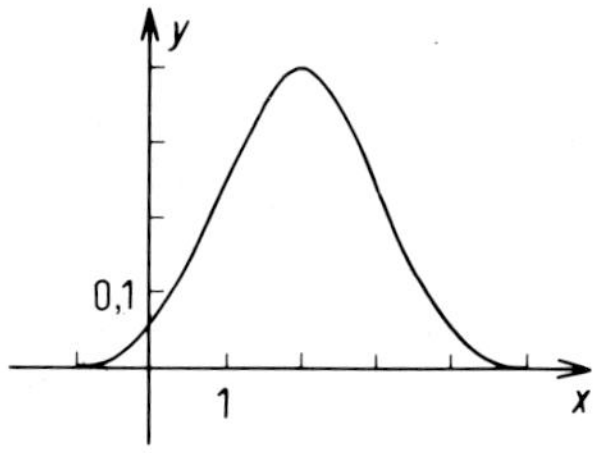

Abb. 13. Graphische Darstellung der Funktion $y = \sqrt{\frac{\alpha}{\pi}}\,e^{-\alpha(x-a)^2}$ mit $\alpha = 0{,}5$ und $a = 2$.

Man erhält die Gleichung dieser Kurve, indem man in Gl. (33) die Größe x durch $x - a$ ersetzt

$$y = \sqrt{\frac{\alpha}{\pi}}\,e^{-\alpha(x-a)^2}\,. \tag{36}$$

Abschließend ist noch zu erwähnen, daß man an Stelle von e^x häufig auch $\exp x$ schreibt. Diese Schreibweise ist besonders bei komplizierter gebauten Exponenten übersichtlicher. Gl. (36) z. B. lautet in dieser Schreibweise

$$y = \sqrt{\frac{\alpha}{\pi}}\exp\left[-\alpha(x-a)^2\right].$$

c) Logarithmusfunktionen

Wir fragen nun nach der Umkehrfunktion der im vorangegangenen Abschnitt besprochenen Exponentialfunktion $y = a^x$. Das ist diejenige Funktion, die zu einem vorgegebenen y-Wert den dazugehörigen x-Wert liefert. Die Umkehrung der Exponentialfunktion läßt sich nun nicht durch bereits bekannte Funktionen ausdrücken, wie das bei der algebraischen Funktion der Fall war. Man muß ihr vielmehr einen neuen Namen und ein neues Symbol zuordnen. Wir führen hierfür das Symbol ${}^a\log y$ ein und nennen diese Funktion den „*Logarithmus zur Basis a von y*". ${}^a\log y$ *ist also diejenige Zahl, zu der man a erheben muß, um y zu erhalten.* Mit dieser Bezeichnungsweise gilt, daß aus

$$y = a^x$$

die Beziehung

$$x = \log_a y$$

folgt.

Wenn im Speziellen $a = 10$ ist, so daß man die Funktion $y = 10^x$ umkehrt, so erhält man als Umkehrfunktion den Logarithmus zur Basis 10, den man als *dekadischen oder Briggsschen Logarithmus* bezeichnet. Für $\log_{10}$ schreibt man gewöhnlich als Abkürzung lg. Ist andererseits $a = \mathrm{e}$, so spricht man vom *natürlichen Logarithmus*, den man häufig mit ln bezeichnet. Es gilt somit $\lg 100 = 2$, weil $10^2 = 100$ ist, und $\ln 100 = 4{,}6$, weil $\mathrm{e}^{4,6} = 100$ ist.

Wir wollen nun die Logarithmusfunktion etwas eingehender besprechen und schreiben sie daher in der Form

$$y = \log_a x\,, \tag{37}$$

in der zum Unterschied zur bisherigen Schreibweise die Größe x die unabhängige Variable ist. In Abb. 14 ist als Beispiel der Logarithmus zur Basis $a = \mathrm{e}$ angegeben, also die Funktion $y = \ln x$. Man erhält diese Kurve gemäß den Ausführungen in Abschn. VII B 3 durch Spiegelung der in Abb. 11 gegebenen Kurve von $y = \mathrm{e}^x$ an der Winkelhalbierenden des Koordinatensystems. Man sieht, daß $\ln x$ eine streng

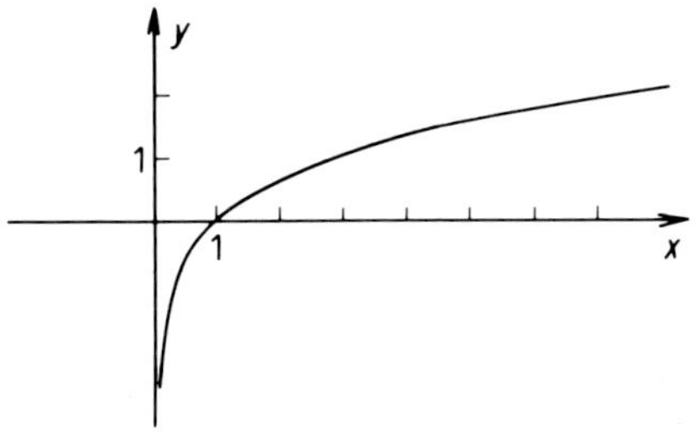

Abb. 14. Graphische Darstellung der Funktion $y = \ln x$.

monoton anwachsende Funktion ist, die im Bereich $(0 < x < \infty)$ definiert ist.

Für das Rechnen mit Logarithmen kann man einige wichtige Regeln ableiten. Auf Grund der Definition der Logarithmusfunktion gilt

$$a^{\log_a u} = u\,. \tag{38}$$

Aus der Tatsache, daß man Potenzen mit gleicher Grundzahl dadurch multipliziert, daß man die Hochzahlen addiert, folgt, daß

$$\log_a(u \cdot v) = \log_a u + \log_a v\,. \tag{39}$$

Da bei der Division zweier Potenzen die Hochzahlen subtrahiert werden, gilt

$$\log_a \frac{u}{v} = \log_a u - \log_a v\,. \tag{40}$$

Durch Zurückführen auf das Rechnen mit Potenzen folgt ferner

$$\log_a u^v = v \cdot \log_a u\,. \tag{41}$$

Für die Umrechnung des Logarithmus einer Zahl u von der Basis a zur Basis b gilt

$$\log_a u = \log_a b \cdot \log_b u\,. \tag{42}$$

Man erhält diese Beziehung, indem man auf Grund von Gl. (38) setzt $\log_a u = {}^a\!\log b^{\log_b u}$ und anschließend den auf der rechten Seite stehenden Ausdruck mit Hilfe von Gl. (41) umformt.

Wir wenden die zuletzt abgeleitete Gl. (42) an, um aus dem dekadischen Logarithmus den natürlichen Logarithmus auszurechnen. Auf Grund dieser Gleichung gilt: $\ln u = \ln 10 \cdot \lg u$. Aus einer Tabelle bzw. angenähert aus der graphischen Darstellung in Abb. 14 kann man entnehmen, daß $\ln 10 \approx 2{,}3$. Damit ergibt sich die Umrechnung

$$\ln u \approx 2{,}3 \cdot \lg u\,. \tag{43}$$

Wenn wir z. B. in Gl. (43) u gleich 100 setzen, so ergibt sich

$$\ln 100 \approx 2{,}3 \cdot \lg 100 = 2{,}3 \cdot 2 = 4{,}6\,.$$

Die Logarithmusfunktion wurde hier durch Umkehrung der Exponentialfunktion eingeführt. Weiter hinten (s. Abschn. X B 1 sowie Tab. X, 1) wird gezeigt, daß man sie auch auf andere Art, nämlich mit Hilfe des Integrals der Funktion $1/x$, definieren kann.

d) Kreisfunktionen

Wir definieren nun die sogenannten Kreisfunktionen $\sin x$, $\cos x$, $\operatorname{tg} x$ und $\operatorname{ctg} x$, die einem Winkel x jeweils eine Zahl zuordnen.

Zunächst müssen wir einige Erläuterungen zum Argument der Funktion, dem Winkel x, geben. Dieser Winkel soll nicht in Graden, sondern im Bogenmaß gemessen werden, das wie folgt definiert ist: Man zeichnet einen Einheitskreis, also einen Kreis mit dem Radius 1, und trägt zwei Mittelpunktsstrahlen ein (s. Abb. 15); *der Winkel, den diese Strahlen einschließen, wird dann durch die Länge des Bogens x gemessen, den*

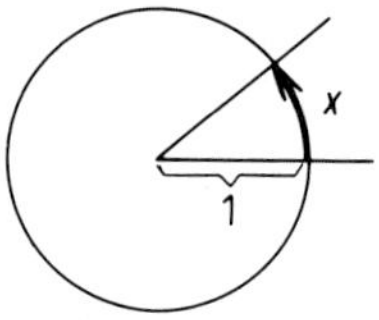

Abb. 15. Zur Definition des Winkels im Bogenmaß.

die Strahlen am Kreis abschneiden. Einem Winkel von 360° im Gradmaß entspricht im Bogenmaß der Wert 2π. Allgemein entspricht einem Winkel x_{gr} im Gradmaß der Bogen

$$x = x_{gr} \frac{2\pi}{360} = x_{gr} \frac{\pi}{180}\,. \tag{44}$$

Außerdem setzt man fest, daß ein Winkel das positive Vorzeichen erhält, wenn er im Gegenuhrzeigersinn gemessen wird, und ein negatives, wenn wir ihn im Uhrzeigersinn messen.

Wir definieren nun die *Sinus*funktion

$$y = \sin x \tag{45}$$

durch die Länge der in Abb. 16 mit $\sin x$ bezeichneten Strecke, die positiv gezählt wird, wenn sie in der oberen Halbebene liegt, und negativ, wenn sie in der unteren liegt. Nach dieser Definition ist $\sin 0 = 0$. Wenn x bis auf $\frac{\pi}{2}$ anwächst, so wächst

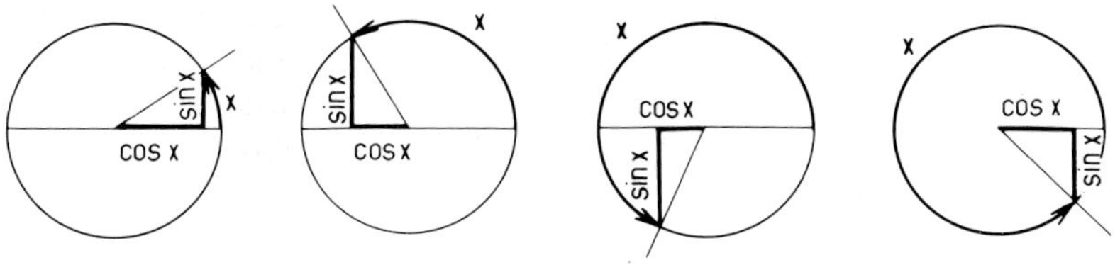

Abb. 16. Zur Definition von sin x und cos x.

sin x bis auf 1 an. Mit größer werdendem x fällt sin x wieder ab, wird 0 bei $x = \pi$ und negativ für noch größere x. Überschreitet der Winkel x den Wert 2π, so wiederholt sich der Verlauf der Funktion, so daß wir schreiben können

$$\sin(x + n \cdot 2\pi) = \sin x\,, \tag{46}$$

wobei n eine beliebige ganze Zahl ist. sin x ist also eine periodische Funktion mit der Periode 2π. Wir erkennen ferner aus der Darstellung am Einheitskreis, daß gilt

$$\sin(-x) = -\sin x\,. \tag{47}$$

Eine graphische Darstellung der Funktion ist in Abb. 17 gegeben. Der Definitions-

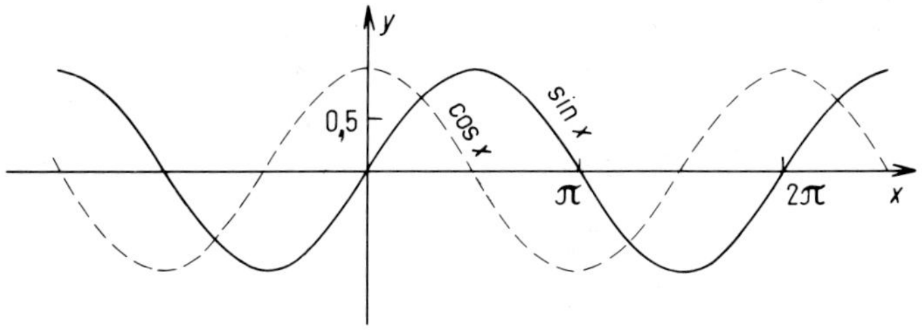

Abb. 17. Graphische Darstellung der Funktionen $y = \sin x$ und $y = \cos x$.

bereich der Funktion ist das Zahlenintervall $(-\infty, +\infty)$, der Wertevorrat das Intervall $[-1, 1]$.

Als nächstes definieren wir die *Kosinus*funktion

$$y = \cos x \tag{48}$$

durch die Längen der in Abb. 16 mit cos x bezeichneten Strecken. Der Funktionsverlauf ist in Abb. 17 dargestellt. Auch der Kosinus ist wie die Sinusfunktion periodisch mit der Periode 2π; im Unterschied zum Sinus gilt aber

$$\cos(-x) = \cos x\,. \tag{49}$$

Ferner definieren wir die *Tangens*funktion

$$y = \tan x \tag{50}$$

und die Kotangensfunktion*)

$$y = \cot x \tag{51}$$

*) Bisweilen bezeichnet man den Tangens auch mit tg und den Kotangens mit ctg.

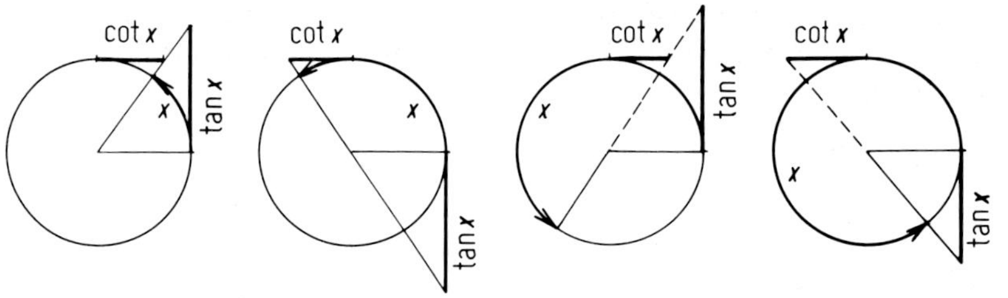

Abb. 18. Zur Definition von tg x und ctg x.

durch die in Abb. 18 eingezeichneten Strecken auf den Tangenten an den Einheitskreis. Die Strecken erhalten ein positives Vorzeichen, wenn sie vom Berührungspunkt der Tangente nach oben bzw. nach rechts verlaufen, ein negatives, wenn sie nach unten bzw. nach links weisen. Die graphischen Darstellungen der Funktionen sind in Abb. 19 und Abb. 20 wiedergegeben.

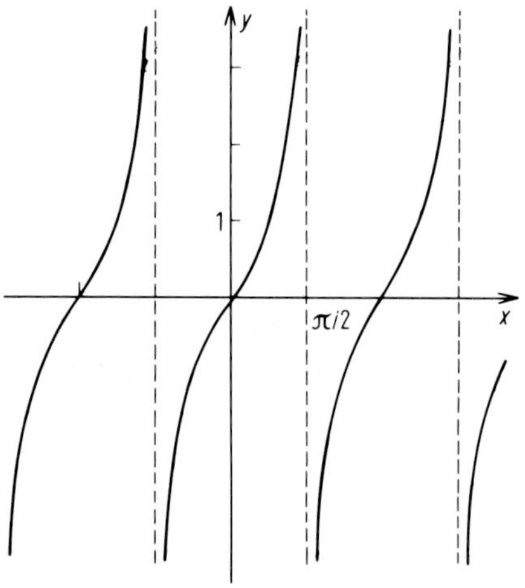

Abb. 19. Graphische Darstellung der Funktion $y = \tan x$.

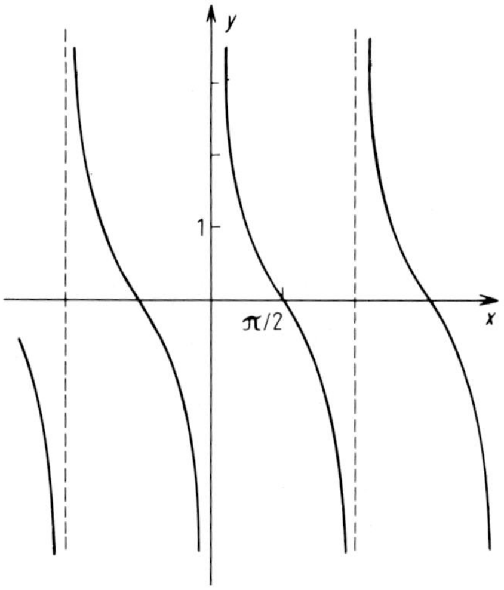

Abb. 20. Graphische Darstellung der Funktion $y = \cot x$.

Betrachten wir die Tangensfunktion näher: Bei Annäherung des Winkels x an $\frac{\pi}{2}$ wächst der $\tan x$ immer weiter an und wird schließlich bei $x = \frac{\pi}{2}$ unendlich. Wenn x den Wert $\frac{\pi}{2}$ überschreitet, so schneidet in Abb. 18 der entsprechende Strahl die Tangente im negativen Abschnitt, und der Tangens kommt dann aus dem negativ Unendlichen allmählich wieder auf Null zurück. Bei $x = \frac{\pi}{2}$ zeigt die Funktion daher einen Sprung von $+\infty$ auf $-\infty$. Aus Abb. 19 sieht man ferner, daß der Tangens eine periodische Funktion mit der Periode π ist. Ein ähnliches Verhalten zeigt auch der Kotangens.

Die Kreisfunktionen sind in Tabellen dargestellt, aus denen die Funktionswerte bei Bedarf entnommen werden.

Zwischen den einzelnen Kreisfunktionen gibt es verschiedene Zusammenhänge, die aus der Elementarmathematik bekannt sind und die wir daher im folgenden ohne Beweis zusammenstellen:

$$\cos x = \sin\left(\tfrac{\pi}{2} - x\right) \tag{52}$$

$$\operatorname{ctg} x = \operatorname{tg}\left(\tfrac{\pi}{2} - x\right) \tag{53}$$

$$\tan x = \frac{\sin x}{\cos x} \tag{54}$$

$$\cot x = \frac{\cos x}{\sin x} = \frac{1}{\operatorname{tg} x} \tag{55}$$

$$\sin^2 x + \cos^2 x = 1 \tag{56}$$

Des weiteren gibt es noch die *Additionstheoreme*, von denen wir nur einige anführen:

$$\sin(x + u) = \sin x \cdot \cos u + \cos x \cdot \sin u \tag{57}$$

$$\cos(x + u) = \cos x \cdot \cos u - \sin x \cdot \sin u \tag{58}$$

$$\sin x - \sin u = 2 \cos \frac{x + u}{2} \sin \frac{x - u}{2}. \tag{59}$$

Weitere Zusammenhänge können aus den allgemein bekannten Formelsammlungen entnommen werden.

e) Zyklometrische Funktionen

Die Umkehrfunktionen der oben eingeführten Kreisfunktionen kann man nicht durch bereits bekannte mathematische Ausdrücke darstellen. Man muß daher für sie neue Namen einführen. Ihre Funktionswerte kann man aus den Tabellen oder graphischen Darstellungen der Kreisfunktionen entnehmen, indem man diese in umgekehrter Richtung liest.

Betrachten wir als erstes die Funktion

$$y = \sin x\,. \tag{60}$$

Wir bezeichnen denjenigen Winkel x im Bogenmaß, dessen Sinus gleich y ist, als Arcus Sinus y und schreiben dafür Arcsin y. Die Umkehrung von Gl. (60) lautet dann

$$x = \operatorname{Arcsin} y\,. \tag{61}$$

Der Verlauf von Arcsin y kann aus Abb. 17 entnommen werden, indem man dort y als die unabhängige Variable auffaßt. Für $y = 0$ wird der zugehörige Bogen x gleich $0, \pi, 2\pi, \ldots$ usw. Für $y = 1$ wird der zugehörige Bogen $\pi/2, 3\pi/2, \ldots$ usw. Man sieht, daß der Arcus Sinus nur für Werte im Intervall $[-1, +1]$ definiert ist, daß er alle Werte zwischen $-\infty$ und ∞ annehmen kann und daß er unendlich vieldeutig ist. Mit x_0 gehören nämlich auch alle Werte

$$x = x_0 + n \cdot 2\pi \quad \text{sowie} \quad x = (\pi - x_0) + n \cdot 2\pi \tag{62}$$

zum gleichen Argument y, wobei n eine beliebige ganze Zahl sein kann. Um diese

Mehrdeutigkeit zu beseitigen, hat man nun die *Hauptwerte* von Arcsin y eingeführt, die man mit arcsin y bezeichnet. Man versteht darunter jeweils allein denjenigen Wert von x, der zwischen $-\pi/2$ und $\pi/2$ liegt. Durch die Beschränkung auf diese Werte wird der Arcus Sinus eindeutig und somit zu einer Funktion.

Unter Verwendung der eben eingeführten Funktion kann man eine Gleichung auflösen, in der x unter dem Sinus steht. Aus

$$\sin x - a = 0 \tag{63}$$

folgt $\sin x = a$ bzw.

$$x = \operatorname{Arcsin} a\,. \tag{64}$$

Dabei muß beachtet werden, daß Arcus sinus a unendlich vieldeutig ist. Mit Hilfe des Hauptwertes arcsin a kann man auch schreiben

$$x = \arcsin a + n \cdot 2\pi \quad \text{sowie} \quad x = \pi - \arcsin a + n \cdot 2\pi\,. \tag{65}$$

Ferner wollen wir noch anführen, daß für $-\pi/2 \leqq x \leqq \pi/2$ definitionsgemäß gilt

$$\arcsin(\sin x) = x\,. \tag{66}$$

Ebenso wie zum Sinus kann man auch zu den drei anderen Kreisfunktionen die Umkehrfunktionen bilden. Man kommt so zu den Funktionen arccos y, arctan y und arccot y. Die vier angeführten Arcusfunktionen bezeichnet man als *zyklometrische Funktionen.*

f) Hyperbelfunktionen und ihre Umkehrungen

Wir führen nun noch vier weitere Funktionen ein, die man als Hyperbelfunktionen bezeichnet: den *sinus hyperbolicus*, den man durch das Zeichen sinh symbolisiert und der definiert ist durch

$$\sinh x = \frac{e^x - e^{-x}}{2}\,; \tag{67}$$

den *cosinus hyperbolicus*, der mit cosh bezeichnet wird und der gegeben ist durch

$$\cosh x = \frac{e^x + e^{-x}}{2}\,; \tag{68}$$

und schließlich noch den *tangens hyperbolicus* und den *cotangens hyperbolicus* mit den Bezeichnungen tanh bzw. coth, die durch die Beziehungen

$$\tanh x = \frac{\sinh x}{\cosh x} \tag{69}$$

und

$$\coth x = \frac{\cosh x}{\sinh x} \tag{70}$$

definiert sind. Der Verlauf von $\sinh x$ und $\cosh x$ ist in Abb. 21 dargestellt. Die Verwandtschaft dieser Funktionen mit den Kreisfunktionen wird in Abschn. XIII A 2 nachgewiesen.

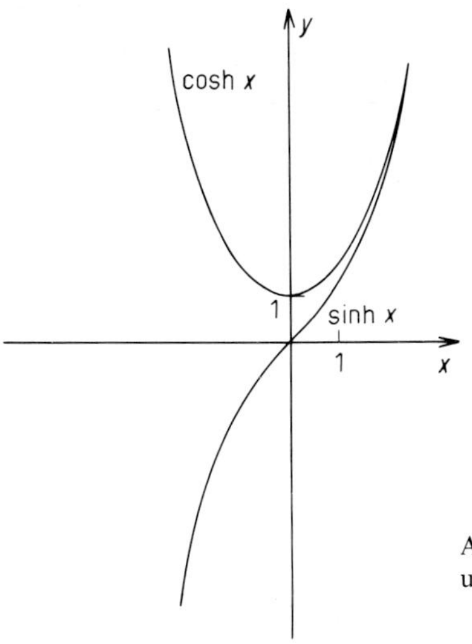

Abb. 21. Graphische Darstellung der Funktionen $y = \cosh x$ und $y = \sinh x$.

Die Umkehrfunktionen zu den Hyperbelfunktionen nennt man *area sinus hyperbolicus*, *area cosinus hyperbolicus* usw. und bezeichnet sie mit arsinh, arcosh, artanh und arcoth.

Die Hyperbelfunktionen spielen bei verschiedenen Naturgesetzen eine Rolle, so z. B. bei der Abhängigkeit der Magnetisierung eines Stoffes von der magnetischen Feldstärke (s. Übungsaufgabe 7 zu Abschn. X D).

g) Einige weitere spezielle Funktionen

Wir wollen nun einige Funktionen diskutieren, die ein vom mathematischen Standpunkt aus interessantes Verhalten zeigen.

Die Funktion

$$y = \sin \frac{1}{x} \tag{71}$$

ist für alle x-Werte definiert außer für den Wert $x = 0$, weil die Division durch Null nicht durchführbar ist. Die Nullstellen der Funktion, also die x-Werte, für die $y = 0$ wird, sind durch die Bedingung festgelegt, daß $\frac{1}{x} = \pm n\pi$ ist, woraus folgt

$$x = \pm \frac{1}{\pi n} \quad \text{für} \quad n = 1,2,3,\ldots\ .$$

Man sieht daraus, daß es unendlich viele Nullstellen gibt, die mit immer enger werdendem Abstand von beiden Seiten an den Nullpunkt heranrücken. Der Wertevorrat der Funktion umfaßt das Intervall $[-1,1]$. Die x-Werte, für die y gleich 1 wird, folgen aus der Bedingung $\frac{1}{x} = \frac{\pi}{2} + n \cdot 2\pi$ zu

$$x = \frac{2}{\pi + n \cdot 4\pi}$$

und rücken ebenfalls mit wachsendem n von beiden Seiten mit immer kleineren Abständen an den Ursprung heran. Das gleiche ergibt sich für die Stellen mit $y = -1$.

Zeichnet man die Funktion im einzelnen auf, so erhält man die in Abb. 22 angegebene Kurve, die mit wachsender Annäherung an den Nullpunkt in immer engeren Abständen oszilliert. Am Nullpunkt selbst, wo y praktisch auf der Stelle oszillieren würde, ist die Funktion nicht definiert.

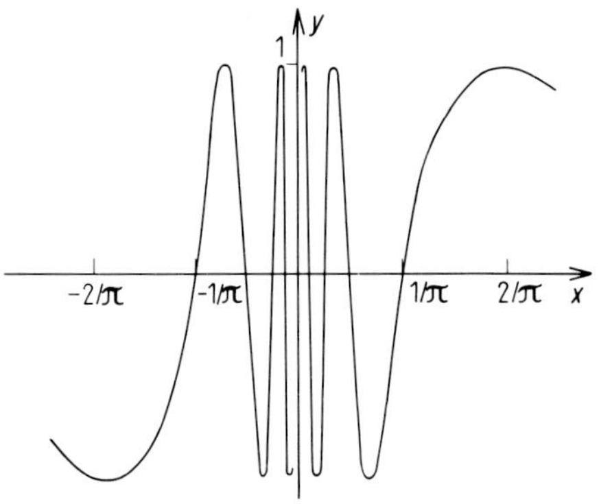

Abb. 22. Graphische Darstellung der Funktion $y = \sin\frac{1}{x}$.

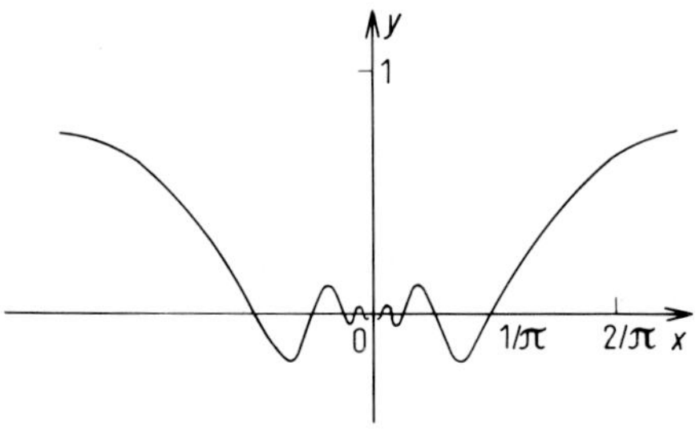

Abb. 23. Graphische Darstellung der Funktion $y = x\sin\frac{1}{x}$.

Anders verhält sich die Funktion

$$y = x\sin\frac{1}{x}\,. \tag{72}$$

Auch diese Funktion oszilliert wie die vorgenannte. Das Oszillationsintervall wird aber immer kleiner mit kleiner werdendem x (s. Abb. 23). Für $x = 0$ ist die Funktion wie die vorhergenannte nicht definiert, da dann in Gl. (72) eine Division durch Null auftreten würde.

Man kann nun fragen, welchem *Grenzwert* sich der Funktionswert y nähert, wenn x immer kleiner wird. Im Fall der Abb. 22 nähert sich y wegen der Oszillation zwischen 0 und 1 keinem bestimmten Grenzwert; für noch so kleine x-Werte kann y immer alle Werte zwischen 0 und 1 annehmen. Im Fall der Abb. 23 nähert sich y dagegen dem Grenzwert Null, da das Oszillationsintervall gegen Null geht. Wir sehen, daß die in dieser Abbildung dargestellte Funktion an der Stelle $x = 0$ zwar nicht definiert ist, bei Annäherung an diese Stelle aber einem eindeutig definierten Grenzwert zustrebt.

Interessante Funktionen erhält man, wenn als Variable der Betrag von x vorkommt. So wird beispielsweise die Funktion

$$y = |x| \tag{73}$$

durch zwei Geraden dargestellt, die im Ursprung zusammentreffen (Abb. 24) und dort eine Spitze bilden.

Des weiteren soll noch erwähnt werden, daß eine Funktion auch durch mehrere analytische Ausdrücke definiert werden kann, die jeweils in verschiedenen Definitionsbereichen gelten. So wird z. B. durch die Gleichungen

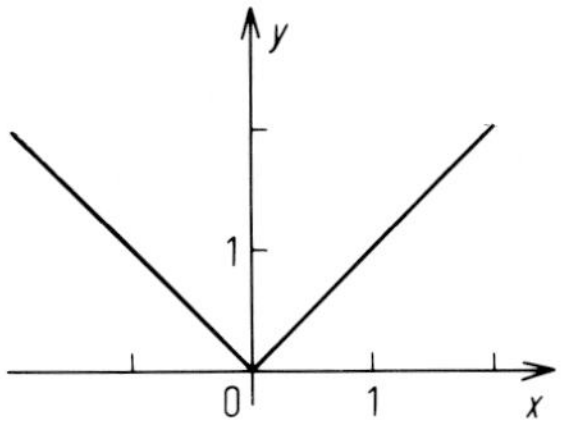

Abb. 24. Graphische Darstellung der Funktion $y = |x|$.

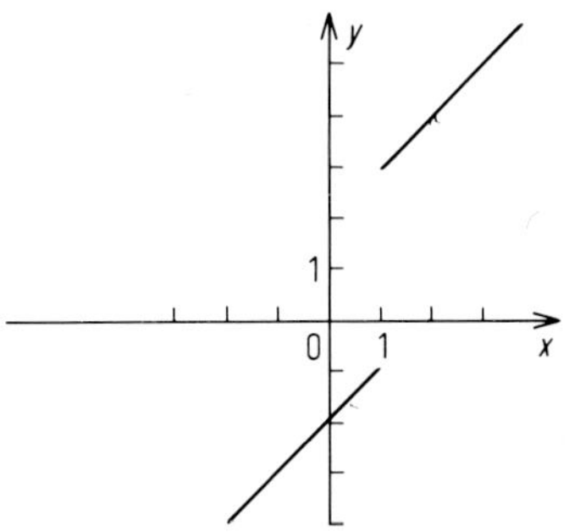

Abb. 25. Graphische Darstellung der durch die Gln. (74) gegebenen Funktion.

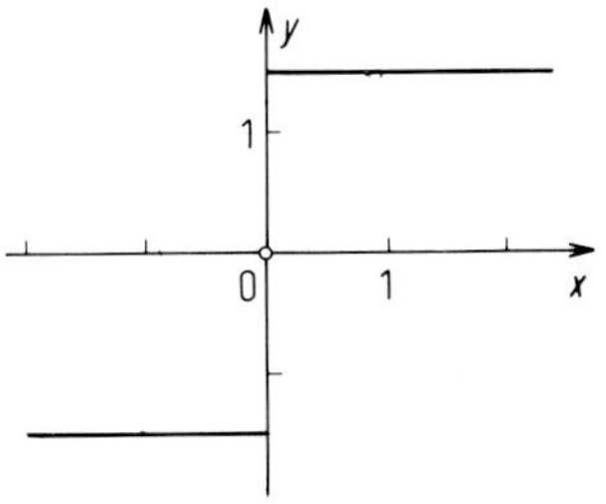

Abb. 26. Graphische Darstellung der durch die Gln. (75) gegebenen Funktion.

$$\begin{aligned} y &= x + 2 \quad \text{für} \quad x > 1 \\ y &= x - 2 \quad \text{für} \quad x \leqq 1 \end{aligned} \tag{74}$$

die in Abb. 25 dargestellte Funktion angegeben. Die Gleichungen

$$\begin{aligned} y &= 1{,}5 \quad \text{für} \quad x > 0 \\ y &= 0 \quad \text{für} \quad x = 0 \\ y &= -1{,}5 \quad \text{für} \quad x < 0 \end{aligned} \tag{75}$$

führen zu der in Abb. 26 dargestellten Funktion.

6. Einführung des Begriffs der Stetigkeit

a) Allgemeine Definition der Stetigkeit

Wir wollen nun den Begriff der Stetigkeit einer Funktion einführen und diesen zunächst in nicht ganz strenger Form an Beispielen erläutern.

Betrachten wir hierzu die Funktion $y = x^2$, die durch eine Parabel dargestellt wird (s. Abb. 7). Wenn wir das Argument x verändern, so ist damit jedesmal auch eine Änderung des y-Wertes verbunden. *Diese Änderung läßt sich beliebig vermindern, wenn die Änderungen von x genügend klein gewählt werden.* Eine Funktion, die diese Eigenschaft besitzt, bezeichnet man als *stetig*. Ein anderes Verhalten zeigt die Funktion, die in Abb. 25 wiedergegeben ist. Bei einem Anwachsen der Abszisse x von einem Wert unter 1 auf einen Wert über 1 beträgt die Änderung der Ordinate immer mehr als 4, ganz gleich, wie klein die Änderung von x gewählt wird. Das rührt daher, daß die Funktion an der Stelle $x = 1$ einen *Sprung* macht. Wir sagen, daß sie an dieser Stelle *unstetig* ist. Als Unstetigkeitsstellen bezeichnet man außerdem auch solche Stellen, an denen eine Funktion *unendlich wird* oder an denen sie *unbestimmt wird*, wie in Abb. 22 bei $x = 0$.

Diese anschauliche Definition des Begriffes Stetigkeit läßt sich wie folgt in Formeln fassen: *Eine Funktion $y = f(x)$ ist an der Stelle $x = x_0$ dann und nur dann stetig, wenn es zu jeder noch so kleinen Größe $\varepsilon > 0$ eine Größe $\delta > 0$ gibt, so daß gilt*

$$|f(x) - f(x_0)| < \varepsilon, \tag{76}$$

wenn nur

$$|x - x_0| < \delta. \tag{77}$$

δ hängt dabei im allgemeinen sowohl von ε als auch von x_0 ab.

Man kann leicht zeigen, daß auf Grund dieser Definition z. B. die Funktion $y = x^2$ an der Stelle $x = x_0$ stetig ist. Es ist

$$|f(x) - f(x_0)| = |x^2 - x_0^2| = |(x - x_0)^2 + 2x_0(x - x_0)| \leq |x - x_0|^2 + 2|x_0|\,|x - x_0|. \tag{78}$$

Wir setzen nun voraus, daß $|x - x_0| < 1$ ist, so daß $|x - x_0|^2 < |x - x_0|$ ist und wir schreiben können

$$|x - x_0|^2 + |2x_0(x - x_0)| \leqq |x - x_0| + |2x_0|\,|x - x_0| = |x - x_0|(1 + |2x_0|).$$

Wegen der angeführten Ungleichungen ist die Forderung Gl. (76) erfüllt, wenn

$$|x - x_0|(1 + |2x_0|) < \varepsilon$$

ist, was wiederum dann zutrifft, wenn

$$|x - x_0| < \frac{\varepsilon}{1 + |2x_0|} \tag{79}$$

ist. Wenn also

$$\delta = \frac{\varepsilon}{1 + |2x_0|} \tag{80}$$

gesetzt wird, ist das angegebene Stetigkeitskriterium erfüllt.

In ähnlicher Weise wie im obigen Beispiel kann man nachweisen, daß z. B. alle rationalen Funktionen oder alle Exponentialfunktionen jeweils im gesamten Definitionsbereich stetig sind. Der Nachweis der Stetigkeit von Funktionen, die durch kompliziertere mathematische Ausdrücke gegeben sind, kann häufig mit Hilfe der folgenden beiden Sätze erbracht werden:

Satz 1: Summe, Differenz und Produkt von stetigen Funktionen sind jeweils wieder eine stetige Funktion. Das gleiche gilt auch für den Quotienten, sofern nur der Nenner nicht Null wird.

Satz 2: Hat man zwei stetige Funktionen $y = f(t)$ und $t = \varphi(x)$ und setzt man sie in der Weise zusammen, daß man die Funktion $y = f[\varphi(x)] = F(x)$ erhält, so ist diese Funktion ebenfalls stetig.

Der Beweis dieser Sätze erfolgt durch Anwendung der in den Gln. (76) und (77) angegebenen Stetigkeitskriterien, worauf wir hier nicht näher eingehen.

Beispiele: 1. Die Funktionen $y = \sin x$ und $y = e^x$ sind für alle x stetig. Daher sind auch die Funktionen $y = \sin x + e^x$ und $y = e^x \cdot \sin x$ stetig. Da $e^x > 0$ ist, ist ferner auch $y = \frac{\sin x}{e^x}$ stetig für alle x.

2. $y = \sin t$ und $t = x^2$ sind stetige Funktionen. Daher ist auch die durch Zusammensetzung erhaltene Funktion $y = \sin x^2$ stetig.

Unstetigkeit einer Funktion entsteht gewöhnlich durch *Unendlichwerden*, durch einen *endlichen Sprung* (s. Abb. 25), durch einen *unendlichen Sprung* (s. Abb. 19) oder als Folge des *Unbestimmtwerdens* (s. Abb. 22 und Abb. 23). Wenn man eine Unstetigkeit infolge Unbestimmtheit der Funktion dadurch beseitigen kann, daß man der Funktion an der Unstetigkeitsstelle einen bestimmten Wert zuweist, so spricht man von einer *hebbaren Unstetigkeit* (s. Abschn. 7, Funktion $x \sin \frac{1}{x}$).

Wenn eine Funktion nicht stetig ist, sondern *endlich viele* Unstetigkeitsstellen aufweist, so bezeichnet man sie als *stückweise stetig*. Eine Funktion, die in keinem Punkt ihres Definitionsbereichs stetig ist, nennt man *total unstetig*. Ein Beispiel für eine solche Funktion ist gegeben durch $f(x) = 1$ für rationale x und $f(x) = 0$ für irrationale x.

b) Gleichmäßige Stetigkeit

Ein weiterer wichtiger Begriff ist der der *gleichmäßigen Stetigkeit*. Wie bei der Definition der Stetigkeit ausgeführt wurde und wie auch Gl. (80) zeigt, hängt die in Gl. (77) auftretende Größe δ nicht nur von ε, sondern auch von der betrachteten Stelle x_0 ab. Es fragt sich nun, ob es möglich ist, *die Schranke δ so zu wählen, daß sie nur von ε abhängt*, daß also für alle Werte x_0 bei einem vorgegebenen Wert ε immer das gleiche δ gilt. Wenn das möglich ist, bezeichnet man die Funktion als *gleichmäßig stetig*. Die gleichmäßige Stetigkeit ist ein wichtiger Begriff, da verschiedene mathematische Sätze nur für Funktionen gelten, die eine solche Art von Stetigkeit aufweisen.

Es gilt der Satz: *Jede in einem abgeschlossenen Intervall stetige Funktion ist in diesem Intervall auch gleichmäßig stetig.* Wir verzichten auf den allgemeinen Beweis dieses Satzes und verifizieren ihn lediglich am Beispiel der Funktion $y = x^2$.

Die Funktion $y = x^2$ ist, wie im Anschluß an Gl. (78) gezeigt wurde, für alle Werte von x stetig. Die Größe δ hängt aber Gl. (80) zufolge auch von x_0 ab. Wir betrachten nun das Intervall $[a,b]$, das aus zwei beliebigen reellen Zahlen a und b gebildet wird, und zeigen, daß die Funktion in diesem Intervall *gleichmäßig* stetig ist. Der dem Betrag nach größere Wert von a und b sei mit m bezeichnet. Es gilt dann für alle x_0 aus $[a,b]$ die Beziehung $|x_0| \leqq m$. Der kleinste Wert, den δ als Funktion von x_0 auf Grund von Gl. (80) annehmen kann, ist daher durch

$$\delta = \frac{\varepsilon}{1 + 2m}$$

gegeben. Wenn wir diesen kleinsten Wert von δ verwenden, so wird, gemäß Gln. (78) bis (79), $|f(x) - f(x_0)| < \varepsilon$ für alle $|x - x_0| < \delta$ und beliebiges x_0 aus $[a,b]$, was zu beweisen war.

Es soll noch betont werden, daß eine Funktion, die nur in einem offenen Intervall stetig ist, in diesem Intervall im allgemeinen *nicht* gleichmäßig stetig ist.

Die Funktion $y = 1/x$ z. B. ist im halboffenen Intervall $(0,1]$ stetig, aber nicht gleichmäßig stetig. Bei der Annäherung von x_0 an Null läßt sich in der entsprechenden Beziehung für δ die Größe x_0 nicht durch eine entsprechende Schranke ersetzen.

c) Grenzwerte, rechts- und linksseitige Stetigkeit

Zu feineren Unterscheidungen hinsichtlich des Begriffes der Stetigkeit kommt man mit Hilfe von Grenzwertbetrachtungen. Betrachten wir eine beliebige Funktion $y = f(x)$ und nehmen wir an, daß sich x von großen Werten kommend, also auf der Abszisse von rechts her, einem bestimmten Wert x_0 immer weiter nähert. Wenn dabei y einem bestimmten Wert, den wir A nennen wollen, beliebig nahe kommt, so sagen wir, daß $f(x)$ dem *rechtsseitigen Grenzwert A* zustrebt, und schreiben

$$\lim_{x^+ \to x_0} f(x) = A\,. \tag{81}$$

Die erwähnte Forderung „*beliebig nahe*" heißt, daß es zu jedem noch so kleinen $\varepsilon > 0$ ein $\delta > 0$ gibt, so daß gilt

$$|f(x) - A| < \varepsilon, \tag{82}$$

wenn nur

$$|x - x_0| < \delta \tag{83}$$

und außerdem $x > x_0$ ist. In analoger Weise definiert man auch einen *linksseitigen Grenzwert*

$$\lim_{x^- \to x_0} f(x) = B, \tag{84}$$

der nicht mit dem rechtsseitigen Grenzwert übereinstimmen muß (siehe als Beispiel die Funktion in Abb. 25 an der Stelle $x = 1$).

Grenzwertbestimmungen hängen auf das engste mit Untersuchungen der Stetigkeit zusammen. Es gilt (wegen Beweis siehe Übungsaufgabe 21): Eine Funktion $f(x)$ ist an der Stelle $x = x_0$ dann und nur dann stetig, wenn

$$\lim_{x^+ \to x_0} f(x) = \lim_{x^- \to x_0} f(x) = f(x_0) \tag{85a}$$

ist, wenn also der rechtsseitige und der linksseitige Grenzwert gleich sind und mit dem Funktionswert übereinstimmen. In diesem Fall schreibt man auch

$$\lim_{x \to x_0} f(x) = f(x_0). \tag{85b}$$

Darüber hinaus kann man mit dem Grenzwertbegriff den Stetigkeitsbegriff noch verfeinern. Man definiert: Eine Funktion heißt *nur rechtsseitig stetig*, wenn allein der rechtsseitige Grenzwert mit dem Funktionswert übereinstimmt. Sie heißt *nur linksseitig stetig*, wenn allein der linksseitige Grenzwert gleich dem Funktionswert ist.

Betrachten wir als Beispiel die Funktion aus Abb. 25 an der Stelle $x = 1$ genauer. Wenn wir uns dieser Stelle von links nähern, so kommen wir zum Grenzwert -1. Nähern wir uns dagegen von rechts, so kommen wir zum Grenzwert $+3$. Es ist also in diesem Fall $A = 3$ und $B = -1$. Der Funktionswert ist -1. Die Funktion ist an dieser Stelle nur linksseitig stetig. Für alle anderen x-Werte ist sie stetig, da dort jeweils linksseitiger Grenzwert, rechtsseitiger Grenzwert und Funktionswert übereinstimmen.

Bei der Funktion aus Abb. 26 lautet an der Stelle $x = 0$ der linksseitige Grenzwert $-1{,}5$ und der rechtsseitige Grenzwert $+1{,}5$. Der Funktionswert ist an dieser Stelle 0. Die Funktion ist hier unstetig. Würden wir ihr an der Stelle $x = 0$ den Funktionswert $-1{,}5$ zuordnen, so wäre sie linksseitig stetig.

Als letztes betrachten wir noch die Funktion aus Abb. 24 an der Stelle $x = 0$. Wir erkennen, daß hier der linksseitige Grenzwert, der rechtsseitige Grenzwert und der Funktionswert gleich 0 sind. Die Funktion ist also auch an der „Spitze" stetig.

7. Zuordnung von Funktionswerten mit Hilfe von Grenzwerten

Eine weitere Bedeutung erlangt der Grenzwertbegriff bei der Zuordnung von Funktionswerten zu x-Werten, für die die Funktion nicht definiert ist. Wir erläutern das am folgenden Beispiel:

Die in Abb. 23 dargestellte Funktion

$$y = x \sin \frac{1}{x}$$

ist in den offenen Intervallen $(0, +\infty)$ und $(0, -\infty)$ definiert. Wir haben bereits mit Hilfe von Abb. 23 erkannt, daß

$$\lim_{x^- \to 0} \left(x \cdot \sin \frac{1}{x} \right) = \lim_{x^+ \to 0} \left(x \cdot \sin \frac{1}{x} \right) = 0 \tag{86}$$

ist. Wenn wir daher der Funktion an der Stelle $x = 0$, an der sie durch Gl. (72) nicht definiert ist, den Wert 0 zuordnen, so erhalten wir eine im ganzen Intervall $(-\infty, \infty)$ stetige Funktion. Bei $x = 0$ besteht also eine hebbare Unstetigkeit.

In gleicher Weise kann man auch bei der Funktion

$$y = \frac{\sin x}{x} \tag{87}$$

verfahren. Sie ist für $x = 0$ nicht definiert. Um den Grenzwert zu berechnen, dem sie zustrebt, wenn x gegen Null geht, vergleichen wir die Größen x, $\sin x$ und $\operatorname{tg} x$ am

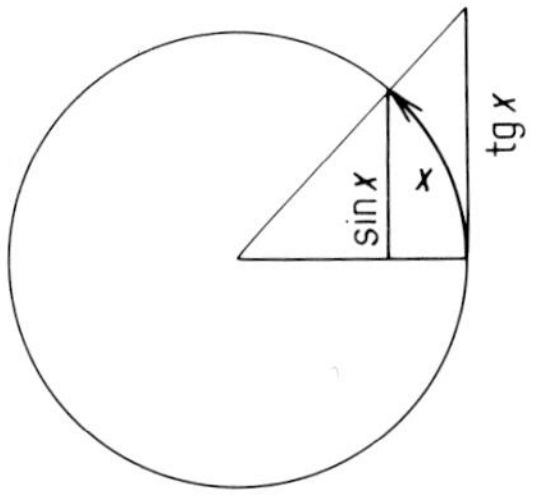

Abb. 27. Zur Berechnung von $\lim\limits_{x \to 0} \frac{\sin x}{x}$.

Einheitskreis (s. Abb. 27). Wir erkennen durch Streckenvergleich, daß gilt

$$\sin x \leqq x \leqq \tan x \,. \tag{88}$$

Wenn wir diese Ungleichungen durch $\sin x$ dividieren, ergibt sich

$$1 \leqq \frac{x}{\sin x} \leqq \frac{1}{\cos x}, \tag{89}$$

woraus durch Umformung folgt

$$1 \geqq \frac{\sin x}{x} \geqq \cos x \,. \tag{90}$$

Wenn nun x gegen Null strebt, so strebt $\cos x$ gegen 1, so daß $\frac{\sin x}{x}$ als untere und obere Schranke 1 hat und somit genau gleich 1 sein muß. Damit können wir schreiben

$$\lim_{x \to 0} \frac{\sin x}{x} = 1 \,. \tag{91}$$

Wir werden in Abschn. X E noch ein besonders bequem anwendbares Verfahren zur Berechnung von Grenzwerten kennenlernen (Regel von De L'Hospital).

Selbstverständlich gibt es Fälle, in denen an einer unbestimmten Stelle der Funktion auch der Grenzwert nicht existiert und die Unstetigkeit also nicht auf die eben beschriebene Art beseitigt werden kann. Beispiele hierfür sind die Funktionen $y = \sin(1/x)$ und $y = 1/x$ jeweils für $x = 0$ (s. Abb. 22 bzw. 10).

8. Sätze über stetige Funktionen

Wie bereits ausgeführt, hat man es meistens mit stetigen Funktionen zu tun. Für solche Funktionen gelten nun eine Reihe von wichtigen Sätzen, deren Richtigkeit leicht einzusehen ist und die wir ohne Beweis anführen.

Satz 1: *Jede in einem abgeschlossenen Intervall* $[a,b]$ *stetige Funktion ist in diesem Intervall auch beschränkt*, d. h. sie weist keine Unendlichkeitsstellen auf.

Satz 2 (Satz von Weierstraß): *Jede in einem abgeschlossenen Intervall stetige Funktion besitzt in diesem Intervall einen größten Wert M und einen kleinsten Wert m (s. Abb. 28).* Bei monotonen Funktionen liegen diese beiden Werte jeweils an den Intervallgrenzen.

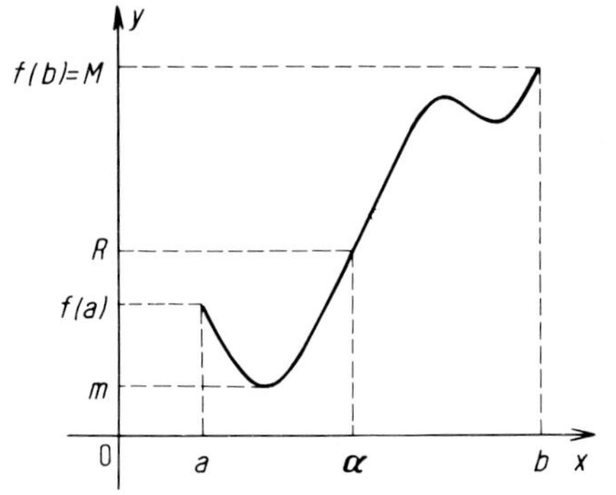

Abb. 28. Zur Erläuterung des Satzes von Weierstraß und des Zwischenwertsatzes von Bolzano.

Satz 3 (Zwischenwertsatz von Bolzano): *Eine im Intervall* $[a,b]$ *stetige Funktion nimmt jeden zwischen* $f(a)$ *und* $f(b)$ *gelegenen Wert im betrachteten Intervall mindestens einmal an.* Die Richtigkeit dieses Satzes ist einzusehen, wenn man bedenkt, daß eine stetige Funktion graphisch durch eine Kurve dargestellt wird, die keine Sprünge aufweist. In Abb. 28 wird beispielsweise der Funktionswert R an der Stelle α angenommen. Als Spezialfall dieses Satzes folgt: *Wenn* $f(a)$ *und* $f(b)$ *verschiedene Vorzeichen aufweisen, so muß es mindestens einen Wert* x_0 *zwischen a und b geben, für den* $f(x_0) = 0$. Eine stetige Kurve, die z. T. oberhalb und z. T. unterhalb der x-Achse verläuft, muß also irgendwann auch die x-Achse schneiden.

Beispiele: 1. Gilt für eine in $[a,b]$ stetige Funktion $f(a) = 2$ und $f(b) = 7$, so gibt es ein x_0, das zwischen a und b liegt, für das $f(x_0)$ z. B. 4 ist.

2. Gilt $f(a) = 2$ und $f(b) = -4$, so gibt es ein x_0 zwischen a und b, für das die Funktion Null wird.

Satz 4: *Ist eine Funktion* $f(x)$ *in einem Intervall eindeutig, stetig und streng monoton, so hat auch deren Umkehrfunktion diese Eigenschaften.*

9. Definition von Funktionen durch unendliche Reihen

Abschließend wollen wir noch anführen, daß Funktionen auch durch konvergente unendliche Reihen definiert werden können. In den Summanden der Reihe muß hierzu die unabhängige Variable x auftreten. Es gilt: *Eine unendliche Summe von beliebigen Funktionen* $\varphi_1(x), \varphi_2(x), \varphi_3(x), \ldots$ *definiert für diejenigen Werte von x, für die sie konvergiert, eine Funktion* $f(x)$

$$f(x) = \sum_{i=0}^{\infty} \varphi_i(x)\,. \tag{92}$$

Wir führen nun, wie bei gewöhnlichen Reihen, den Begriff der Teilsummen

$$f_n(x) = \sum_{i=0}^{n} \varphi_i(x) \tag{93}$$

ein und können dann schreiben

$$f(x) = \lim_{n \to \infty} f_n(x)\,. \tag{94}$$

Die neue Funktion ist jetzt als Grenzwert einer Folge von bekannten Funktionen definiert.

Als Beispiel betrachten wir die in Gl. (VI, 36) angeführte geometrische Reihe, für die wir unter Verwendung des Buchstabens x statt q schreiben $\sum_{i=1}^{\infty} x^i$. Die Reihe konvergiert, wie bereits ausgeführt wurde, für $|x| < 1$. Wir setzen nun

$$y = \sum_{i=0}^{\infty} x^i\,, \tag{95}$$

und ordnen dadurch jedem Wert von x, der der Konvergenzbedingung $|x| < 1$ genügt, einen y-Wert zu. Die geometrische Reihe stellt also eine Funktion mit dem Definitionsbereich $(-1,1)$ dar. In Abb. 29 ist der Verlauf dieser Funktion angegeben. Bei der Berechnung der Funktionswerte wurde die Tatsache aus-

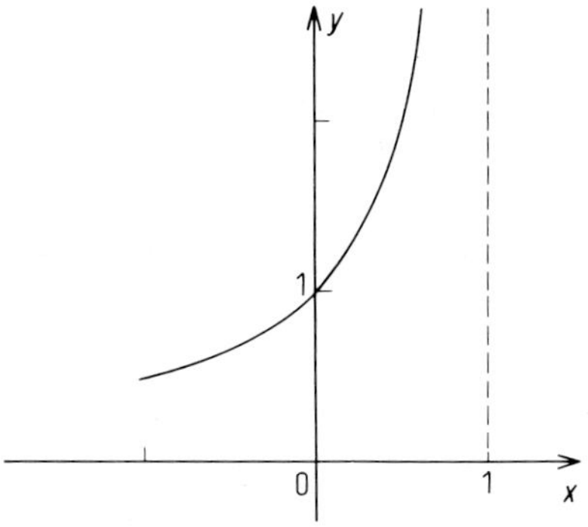

Abb. 29. Graphische Darstellung der Funktion $y = \sum_{i=0}^{\infty} x^i$.

genutzt, daß der Summenwert der Reihe durch $\frac{1}{1-x}$ gegeben ist, daß also die Funktion $y = \sum_{i=0}^{\infty} x^i$ für $|x| < 1$ mit der Funktion $\frac{1}{1-x}$ identisch ist. Für $|x| > 1$ divergiert die in Gl. (95) auftretende Reihe, so daß diese Gleichung dort keine Funktion definiert.

Von besonderem Interesse im hier betrachteten Zusammenhang sind solche Reihen, deren Summe sich nicht wie im obigen Beispiel durch eine geschlossene Formel darstellen läßt. Durch solche Reihen werden nämlich neue Funktionen definiert, die verschiedentlich, besonders beim Lösen von Differentialgleichungen, eine wesentliche Rolle spielen (s. Abschn. XV C 4). Des weiteren wird aber auch gezeigt werden (s. Abschn. X D), daß man bekannte Funktionen in Reihen entwickeln kann, was für verschiedene Betrachtungen vorteilhaft ist.

Wir müssen nun den wichtigen Begriff der gleichmäßigen Konvergenz einer Folge $f_n(x)$ einführen. Zu dessen Erklärung schließen wir an die Definition der gewöhnlichen Konvergenz an. Entsprechend dieser Definition konvergiert die Folge der Teilsummen $f_n(x)$ gegen $f(x)$, wenn es zu jedem $\varepsilon > 0$ ein N gibt, so daß gilt

$$|f_n(x) - f(x)| < \varepsilon, \tag{96}$$

wenn nur

$$n > N$$

ist. Dabei wird im allgemeinen N sowohl von ε als auch von x abhängen. *Wenn es nun möglich ist, in einem gewissen Bereich von x die Zahl N so zu bestimmen, daß sie nur von ε, aber nicht mehr von x abhängt, so bezeichnet man die Folge $f_n(x)$ für diesen x-Bereich als gleichmäßig konvergent.* Von gleichmäßiger Konvergenz kann man also nur bei Funktionsfolgen und nicht auch bei Zahlenfolgen, wo ja keine Veränderliche x auftritt, sprechen. Es gilt, wie sich zeigen läßt, der Satz: *Eine in einem abgeschlossenen Intervall konvergente Folge ist in diesem Intervall auch gleichmäßig konvergent.*

Ein besonderes Problem stellt die Stetigkeit von Funktionen dar, die durch eine konvergente unendliche Reihe definiert sind. Bei unkritischer Betrachtung könnte man annehmen, daß die Funktion $f(x)$ stetig ist, wenn die $f_n(x)$ nicht nur konvergieren, sondern auch stetig sind. Das trifft nicht zu. Es zeigt sich, wie wir ohne Beweis anführen, daß man zusätzlich zur Stetigkeit verlangen muß, daß die Funktionen $f_n(x)$ nicht nur schlechthin konvergieren, sondern daß sie *gleichmäßig* konvergieren. Es gilt also: *Die als Grenzwert einer Funktionsfolge $f_n(x)$ definierte Funktion $f(x)$ ist stetig, wenn die Funktionen $f_n(x)$ stetig sind und wenn die Folge gleichmäßig gegen $f(x)$ konvergiert.*

C. Funktionen mehrerer Veränderlicher

1. Darstellung

a) Rechtwinkelige Koordinaten

Wir wollen nun zu Funktionen von mehreren Veränderlichen übergehen. Als erstes besprechen wir die verschiedenen Möglichkeiten, solche Funktionen darzustellen.

Besonders wichtig ist die *analytische Darstellung*, d. h. die Wiedergabe durch eine Gleichung. Sie ist für beliebig viele unabhängige Variable möglich. Ein Beispiel ist die in Gl. (5) angegebene Abhängigkeit des Volumens V eines idealen Gases von der Molzahl n, dem Druck p und der Temperatur T

$$V = \frac{nRT}{p}.$$

Die Angabe der Funktion in einer *Tabelle* ist nur bei höchstens zwei unabhängigen Variablen möglich. Man benötigt hierfür eine rechteckige Tabelle aus mehreren Zeilen und Spalten. Die Werte der einen unabhängigen Variablen werden in die oberste Zeile, die der anderen in die erste Spalte eingetragen. Die jeweils zugehörigen Funktionswerte kommen in das Mittelfeld. Bei mehr als zwei unabhängigen Variablen muß man für einzelne bestimmte Werte der weiteren Variablen jeweils eine neue derartige Tabelle anfertigen; man erhält so eine Vielzahl von Tabellen.

Als Beispiel setzen wir in der obigen Gleichung $n = 1$ und erhalten dadurch eine Funktion von zwei Variablen p und T. Diese ist in Tab. 2 dargestellt. In der obersten Zeile sind einige Werte des Druckes, in der ersten Spalte einige Temperaturwerte und im Mittelfeld die zugehörigen Volumenwerte angegeben. Zu einem Druck von beispielsweise 1,5 atm und einer Temperatur von 200 K gehört der Tabelle zufolge ein Volumen von 24,6 l. Um zusätzlich noch die Abhängigkeit des Volumens von n darzustellen, muß man für jeden n-Wert eine weitere Tabelle anfertigen.

Tab. 2. Volumen eines idealen Gases (in l) als Funktion des Druckes p und der Temperatur T für $n = 1$

T [K] \ p [atm]	0,5	1,0	1,5	2,0
100	4,1	8,2	12,3	16,4
200	8,2	16,4	24,6	32,8
300	12,3	24,6	36,9	49,2

Von großer Bedeutung ist schließlich auch die *graphische Darstellung*. Betrachten wir zuerst den Fall einer Funktion von zwei Veränderlichen, die wir in der Form

$$z = f(x, y) \tag{97}$$

schreiben. Um diese Funktion darzustellen, führen wir ein rechtwinkliges räumliches Koordinatensystem ein, das aus drei senkrecht zueinander stehenden Achsen besteht, die wie in Abb. 30 angegeben, mit x, y und z bezeichnet werden. Einem Wertetripel $x = a$, $y = b$ und $z = c$ ordnen wir nun einen Punkt im Raum zu, den wir in der Weise erhalten, daß wir zunächst die Strecke a auf der x-Achse auftragen, vom

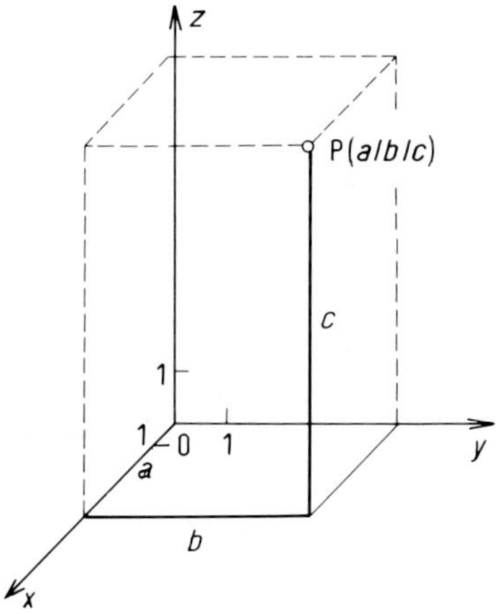

Abb. 30. Dreidimensionales rechtwinkliges kartesisches Koordinatensystem.

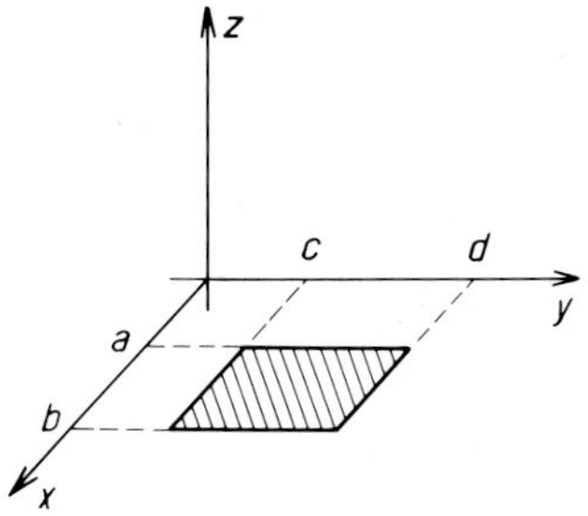

Abb. 31. Beispiel für einen rechteckförmigen Bereich der x,y-Ebene.

Endpunkt dieser Strecke die Strecke b auf einer Parallelen zur y-Achse und vom so erhaltenen Punkt wiederum die Strecke c parallel zur z-Achse. Dabei werden jeweils positive Werte in Pfeilrichtung und negative Werte entgegengesetzt zur Pfeilrichtung aufgetragen.

Durch was für ein Gebilde wird der Definitionsbereich einer Funktion, also die Gesamtheit der x- und y-Werte, für die die Funktion definiert ist, in diesem Koordinatensystem dargestellt? Jedem Wertepaar x, y entspricht ein Punkt der x, y-Ebene des räumlichen Koordinatensystems. Die Gesamtheit der x,y-Paare erfüllt daher einen bestimmten *Bereich* (man sagt auch *Gebiet*) der x,y-Ebene. Wenn die Funktion beispielsweise für alle x-Werte aus dem Intervall $[a,b]$ und alle y-Werte aus dem Intervall $[c,d]$ definiert ist, so ist der Definitionsbereich das in Abb. 31 schraffierte Rechteck.

Nehmen wir nun zunächst an, die durch Gl. (97) gegebene Funktion sei eindeutig. Sie ordnet dann jedem Wertepaar x, y einen z-Wert zu, also jedem Punkt des Definitionsbereiches in der x, y-Ebene eine z-Koordinate und somit einen Punkt im Raum. Die Gesamtheit dieser Punkte im Raum stellt eine irgendwie geartete Fläche dar (s. Abb. 32). Diese Fläche muß so begrenzt sein, daß ihre Projektion auf die

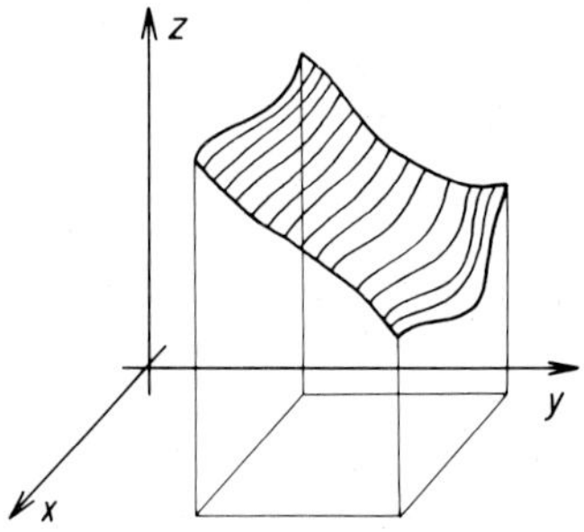

Abb. 32. Zur graphischen Darstellung einer Funktion von zwei Veränderlichen.

x, y-Ebene den Definitionsbereich der Funktion ergibt. Wir sehen also: *Während eine Funktion einer Veränderlichen durch die Kurve in einer Ebene dargestellt wird, wird eine Funktion von zwei Veränderlichen durch eine Fläche im dreidimensionalen Raum wiedergegeben.* Wenn die Funktion im Unterschied zu obiger Annahme mehrdeutig ist, so werden jedem Punkt der x, y-Ebene mehrere Raumpunkte zugeordnet, so daß übereinanderliegende Flächenstücke entstehen, wie z. B. bei einer Kugel.

Wir wollen als Beispiel die Funktion

$$V = \frac{nRT}{p} \tag{98}$$

betrachten und dabei die Molzahl n gleich 1 setzen, so daß wir eine Funktion von zwei Variablen, nämlich p und T, vor uns haben. Der Definitionsbereich dieser Funktion umfaßt alle positiven Werte von p und T. Die Darstellung ergibt die in Abb. 33 angegebene Fläche. Bei konstantem T-Wert, d. h. in Ebenen, die parallel zur $p - v$-Ebene liegen, müssen jeweils Hyperbeln auftreten, wie an Hand der Abb. 10 erläutert wurden.

Als zweites Beispiel betrachten wir die Gleichung

$$x^2 + y^2 + z^2 = 1 , \tag{99}$$

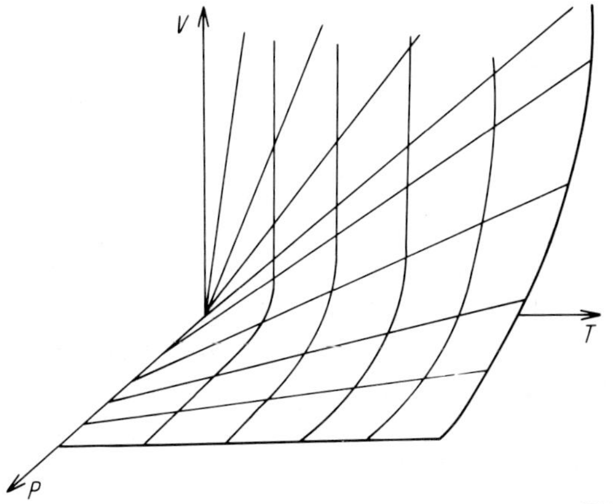

Abb. 33. Graphische Darstellung der Funktion $V = \frac{RT}{p}$.

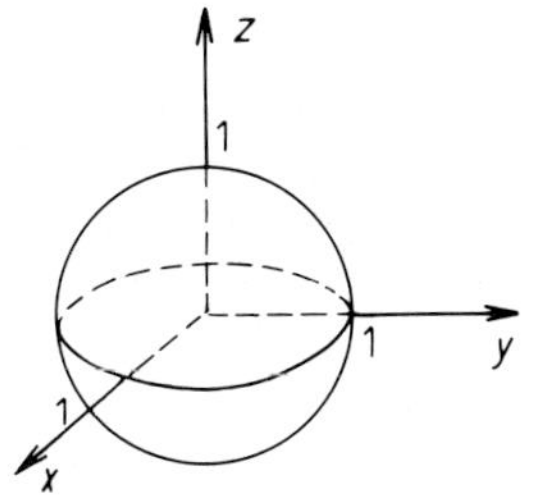

Abb. 34. Graphische Darstellung der Funktion $z = \pm\sqrt{1 - x^2 - y^2}$.

aus der folgt

$$z = \pm\sqrt{1 - x^2 - y^2}\,. \tag{100}$$

Die Funktion ist nur für solche x und y-Werte definiert, für die $x^2 + y^2 \leqq 1$ ist, da andernfalls der Ausdruck unter der Wurzel negativ wird. Dieser Bedingung genügen, wie sich leicht überlegen läßt, alle Punkte innerhalb und am Rande eines Kreises um den Ursprung mit dem Radius 1. Auf der Kreislinie, auf der $x^2 + y^2 = 1$ ist, wird $z = 0$. Zu jedem Punkt innerhalb des Kreises gehören zwei Werte von z, die sich nur durch das Vorzeichen unterscheiden. Die Auftragung dieser Werte zeigt, daß man eine Kugel erhält (s. Abb. 34).

Bei der Darstellung einer Funktion von zwei Veränderlichen durch eine Fläche in einem räumlichen Koordinatensystem erhält man gewöhnlich einen guten Überblick über den Funktionsverlauf. Sie eignet sich aber nicht zum Ablesen genauer Zahlenwerte. Bedeutend besser ist das bei sogenannten *Netztafeln* möglich, bei denen die Funktion durch eine Kurvenschar in der Ebene dargestellt wird. Man erhält diese Kurvenschar, indem man einer Veränderlichen einen konstanten Wert beilegt und dann durch eine Kurve den Zusammenhang zwischen den beiden anderen Veränderlichen darstellt. Anschließend erteilt man der ersten Veränderlichen einen zweiten konstanten Wert und erhält wieder eine Kurve usw.

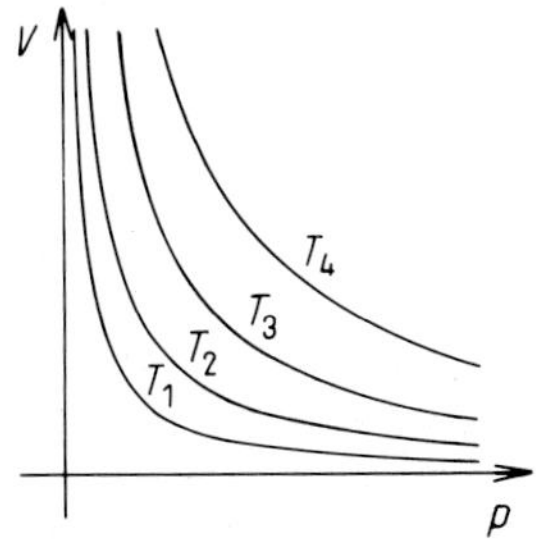

Abb. 35. Netztafel der Funktion $V = \frac{RT}{p}$.

In Abb. 35 ist das für die Funktion $V = RT/p$ getan, wobei jeweils der Zusammenhang zwischen p und V für konstante Temperaturen $T_1, T_2, T_3, \ldots$ usw. angegeben ist. Ein ähnliches Verfahren wendet man auch bei der Herstellung von Landkarten an, wenn man Linien konstanter Höhe einzeichnet.

a) b) c)

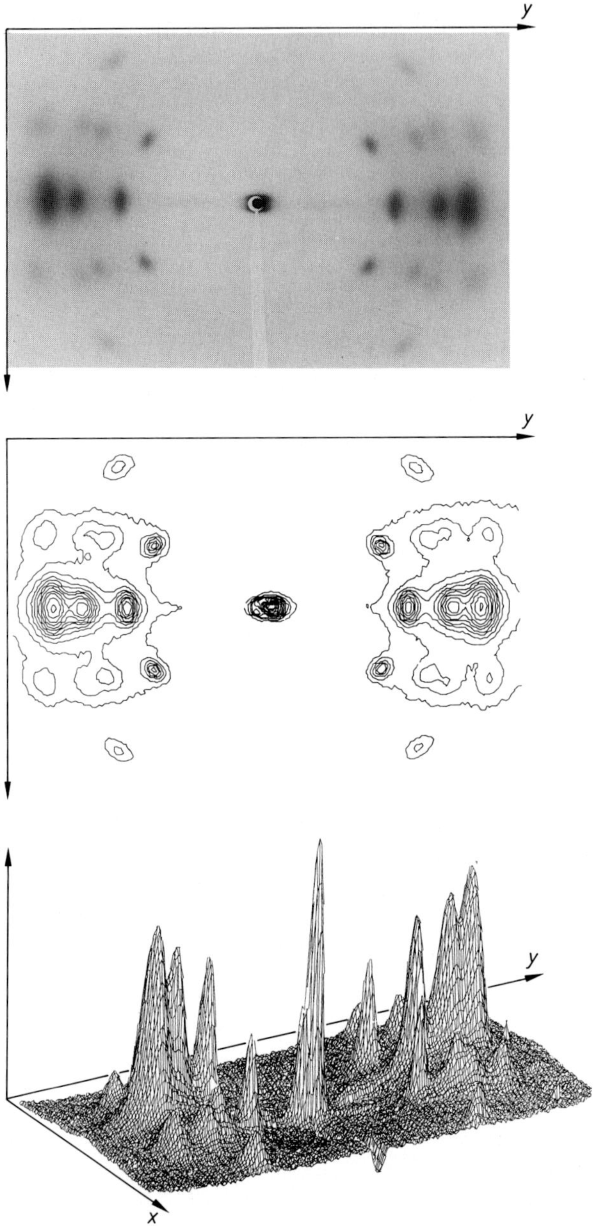

Abb. 36. Verschiedene Darstellungen der Intensität I der Röntgenstreuung einer Faser aus Polyethylenterephthalat als Funktion der zwei Ortskoordinaten x und y auf dem Film mit der photographisch registrierten Streuung. a) Kopie des photographisch aufgenommenen Streubildes. Die Schwärzung ist proportional zur Intensität I der gestreuten Röntgenstrahlung; b) Darstellung der Verteilung der Streuintensität in der x,y-Ebene mit Hilfe von Linien konstanter Streuintensität (Konturdiagramm); c) Perspektivische Darstellung von I als Funktion von x und y in einem dreidimensionalen Koordinatensystem. Die steilen Maxima entsprechen Bereichen größter Schwärzung (Kristallreflexe).

Eine weitere Möglichkeit der Darstellung ergibt sich dadurch, daß man in der xy-Ebene Kurven konstanten Wertes von z einzeichnet. Eine solche Darstellung findet man beispielsweise auf Landkarten, wo Kurven konstanter Sehhöhe, sogenannte Höhenlinien, eingezeichnet sind. Diese sollen die Sehhöhe als Funktion der beiden Ortskoordinaten wiedergeben.

Seit man in der Lage ist, mit Hilfe von Computern perspektivische dreidimensionale Darstellungen zu erzeugen und aus einer solchen Darstellung automatisch andere Darstellungen abzuleiten, macht man von der Möglichkeit, Funktionen von mehreren Variablen graphisch wiederzugeben, immer häufiger Gebrauch. Wir betrachten im folgenden das Beispiel der Röntgenstreuung.

Abb. 36a zeigt das photographisch aufgenommene Röntgenstreubild einer Faser aus Polyethylenterephthalat. Man erkennt hier deutlich eine Reihe von Kristallreflexen. Der Teil b) dieser Abbildung gibt die Intensitätsverteilung in einem Konturdiagramm wieder, welches Linien konstanter Streuintensität in der xy-Ebene aufweist. Im Teil c) der Abbildung ist schließlich die Streuintensität als Funktion der beiden Koordinaten x und y, die auch in der Filmaufnahme eingezeichnet sind, dargestellt. Man sieht, daß einer zunehmenden Schwärzung des Films eine zunehmende Streuintensität entspricht, so daß die Kristallreflexe als deutliche Maxima der Funktion in Erscheinung treten.

Bei Funktionen von mehr als zwei unabhängigen Veränderlichen ist eine graphische Darstellung ebenfalls mit Hilfe von Netzdiagrammen möglich. Es treten dann entsprechend mehr Parameter an den Kurven auf. Eine ausführlichere Besprechung dieser Darstellung findet man im Lehrbuch von Asmus.

b) Dreieckskoordinaten

Von besonderem Interesse ist bisweilen die Darstellung einer Funktion von drei Variablen x, y, z, deren Summe eine konstante Zahl ist, $x + y + z = a$. Ein Beispiel ist der Schmelzpunkt T_m eines Dreikomponentensystems, also einer Mischung von drei verschiedenen Stoffen X, Y, Z, als Funktion der Konzentrationen dieser Komponenten. Wenn man die Konzentrationen der einzelnen Komponenten in Prozent mit x, y, z wiedergibt, so gilt

$$x + y + z = 100 \tag{1}$$

Im Grunde genommen ist T_m eine Funktion von nur zwei unabhängigen Variablen; die dritte Variable ist immer durch die zwei anderen eindeutig bestimmt. Es erweist sich aber häufig als zweckmäßig, eine Darstellung zu verwenden, bei der alle drei Variablen explizit auftreten. Dies ist der Fall, wenn man die sogenannten Dreieckskoordinaten verwendet:
Man zeichnet ein gleichseitiges Dreieck. Die Eckpunkte X, Y, Z stellen jeweils die Konzentrationen 100% X, 100% Y bzw. 100% Z dar (s. Abb. 37a). Die Gerade XY entspricht unterschiedlichen Konzentrationen x und y bei $z = 0$. x und y ergänzen sich daher jeweils auf 100%. In der Zeichnung sind auf der unteren Dreieckseite die Prozente von Y angegeben; man könnte aber ebensogut auch die Prozentzahlen von X angeben und den Pfeil nach links zeigen lassen. Analoges gilt für die beiden

anderen Seiten des Dreiecks. Wenn alle drei Konzentrationen von Null verschieden sind, liegen die entsprechenden Punkte im Inneren des Dreiecks.

Um beispielsweise den Punkt P_0 zu finden, der die Werte $x = x_0 = 0{,}6$, $y = y_0 = 0{,}3$ und $z = z_0 = 0{,}1$ repräsentiert, zeichnet man als erstes durch den Punkt $x = 0{,}6$ auf der Dreiecksseite ZX eine Gerade, die parallel zur Dreiecksseite ist, die dem Punkt X gegenüber liegt (s. Abb. 37b). Diese Gerade repräsentiert alle Wertetripel x, y, z, für die $x = 0{,}6$ ist. In analoger Weise findet man eine Gerade, die alle Punkte repräsentiert, für die $y = 0{,}3$ ist (s. Abb. 37c). Der Schnittpunkt beider Geraden stellt den gesuchten Punkt P_0 dar. Statt der Geraden $y = 0{,}3$ hätte man auch die Gerade $z = 0{,}1$ zeichnen können, die zum selben Punkt geführt hätte (s. Abb. 37d). Letzteres läßt sich leicht beweisen:

Da x durch die Strecke BY und y durch die Strecke XA gegeben ist (s. Abb. 37d) und ferner $x + y + z = 100$ sein muß, ist z durch die Strecke AB gegeben. ABP ist aber ein gleichseitiges Dreieck, so daß AB gleich BP ist. Schließlich ist gleich $\mathrm{YC} = z$, wie man anhand der Abb. 37d leicht erkennen kann.

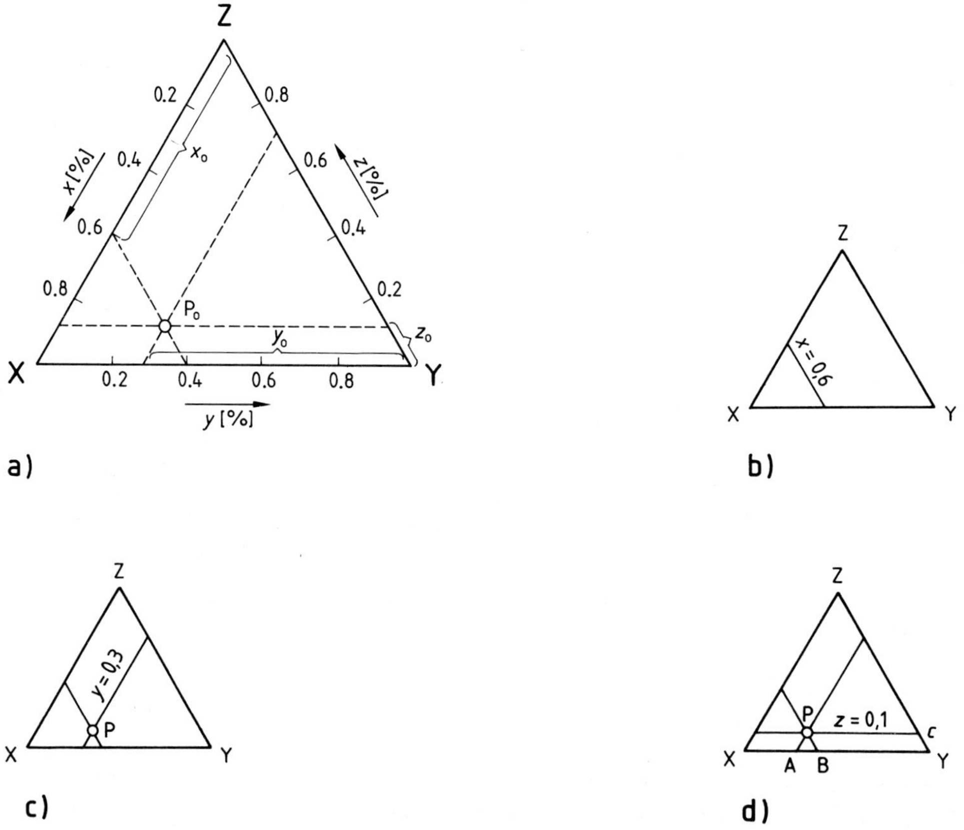

Abb. 37. Dreieckskoordinaten. a) Wiedergabe des Koordinatensystems. b) Aufsuchen aller Punkte, für die $x = 0{,}6$ ist. c) Aufsuchen aller Punkte, für die $y = 0{,}3$ ist. d) Aufsuchen aller Punkte, für die $z = 0{,}1$ ist.

Man sieht also: *Um zu erkennen, welche Konzentrationen zu einem Punkt P_0 in Dreieckskoordinaten gehören, zieht man zu diesem Punkt Parallelen zu den drei Achsen und liest die entsprechenden Konzentrationen jeweils an den Schnittpunkten dieser Parallelen mit den Dreieckseiten ab, wie in Abb. 37a angegeben.* Durch Anwendung von Ähnlichkeitssätzen der Geometrie kann man zeigen, daß x, y, z auch durch die Abstände des Punktes P von den Seiten YZ, XZ bzw. XY gegeben sind, wenn die Höhe des Dreiecks gleich 100 gesetzt wird.

Die Schmelzpunkte, die zu den einzelnen Konzentrationen gehören, kann man entweder durch Konturlinien oder in dreidimensionaler Darstellung angeben.

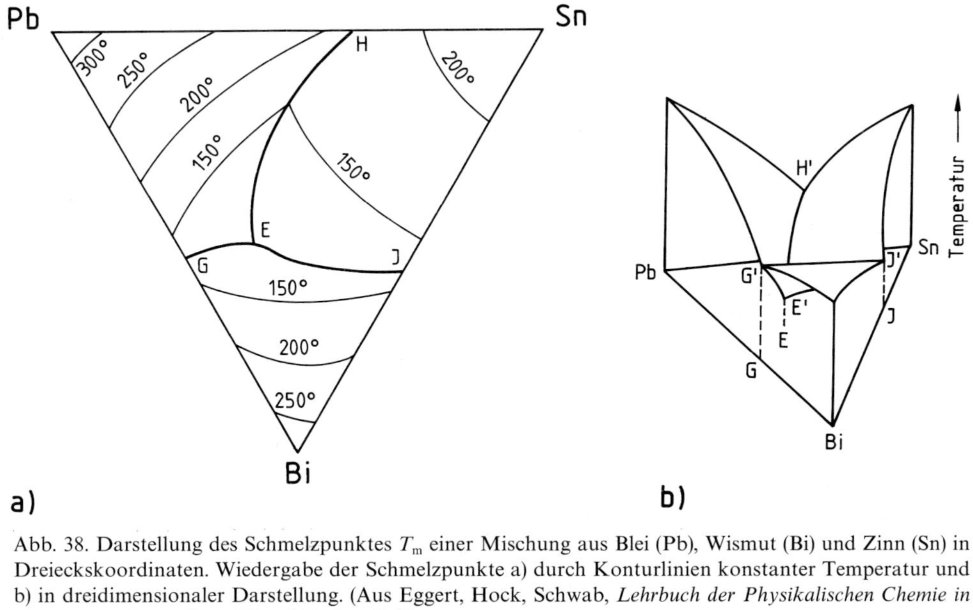

Abb. 38. Darstellung des Schmelzpunktes T_m einer Mischung aus Blei (Pb), Wismut (Bi) und Zinn (Sn) in Dreieckskoordinaten. Wiedergabe der Schmelzpunkte a) durch Konturlinien konstanter Temperatur und b) in dreidimensionaler Darstellung. (Aus Eggert, Hock, Schwab, *Lehrbuch der Physikalischen Chemie in elementarer Darstellung,* Hirzel Verlag 1968)

Als Beispiel gibt Abb. 38 den Schmelzpunkt einer Mischung von Blei (Pb), Wismut (Bi) und Zinn (Sn) in Abhängigkeit von den Konzentrationen dieser Komponenten wieder. In Bild a) sind die Punkte, die Konzentrationen mit jeweils gleichem Schmelzpunkt repräsentieren, durch Linien verbunden (Konturdiagramm). Punkte, an denen sich zwei solche Linien schneiden, entsprechen einem Eutektikum aus zwei Komponenten. So fällt beispielsweise längs der Linie HE ein eutektisches Gemisch aus Pb und Sn aus. Der Punkt E entspricht einem Eutektikum aus allen drei Komponenten. Im Bild b) sind die Schmelztemperaturen in einem perspektivischen dreidimensionalen Bild wiedergegeben.

2. Einige Betrachtungen über Definitionsbereiche

Wir wollen nun etwas intensiver auf die verschiedenen Arten des Definitionsbereichs einer Funktion eingehen. Wir erwähnten bereits den rechteckförmigen Bereich (s. Abb. 31), bei dem x alle Werte in $[a,b]$ und y alle Werte in $[c,d]$ annehmen kann. Ein anders gearteter Bereich ist in Abb. 36 angegeben. Die Größe x kann hier wieder alle Werte in $[a,b]$ annehmen, die Grenzen, innerhalb derer sich y bewegen kann, sind aber nicht zwei konstante Zahlen, sondern hängen von x ab. Die untere

Grenze ist durch die Funktion $\varphi_1(x)$, die obere durch $\varphi_2(x)$ gegeben. Schließlich kann der Definitionsbereich aus einer Fläche mit Löchern bestehen (s. Abb. 37) oder aus isolierten Punkten.

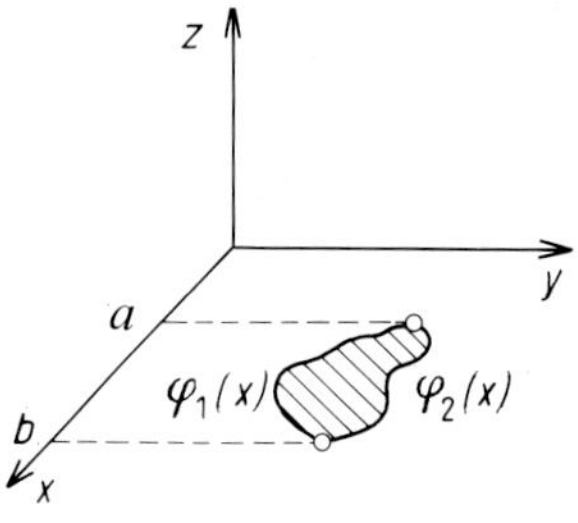

Abb. 39. Beispiel für einen Bereich der x, y-Ebene mit nicht konstanten Grenzen für y.

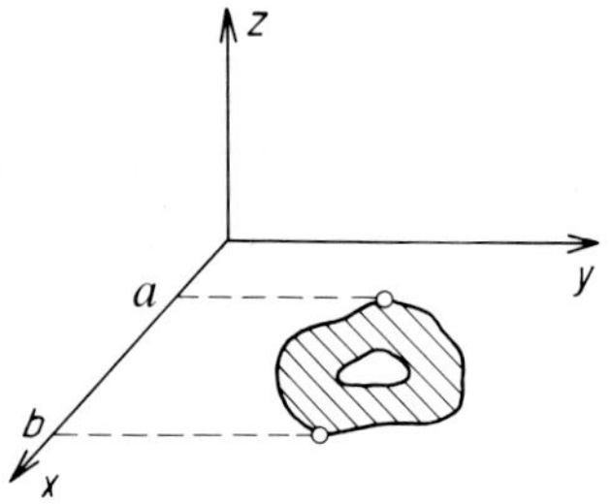

Abb. 40. Beispiel für einen zweifach zusammenhängenden Bereich der x, y-Ebene.

Die Bereiche in Abb. 31 und Abb. 39 nennt man *einfach zusammenhängend*, weil jede geschlossene Kurve im Bereich weit zusammengezogen werden kann, ohne daß sie den Bereich verläßt. Der Bereich in Abb. 40 heißt dagegen *mehrfach zusammenhängend*, weil es eine Kurve gibt, nämlich die, die das Loch umschließt, die innerhalb des Bereiches nicht beliebig zusammengezogen werden kann (s. Abb. 41 a). Durch den in Abb. 41 b angedeuteten Schnitt wird er in einen einfach zusammenhängenden Bereich verwandelt; eine das Loch umschließende Kurve, die dann nicht zusammenziehbar ist, kann man nämlich jetzt nicht mehr einzeichnen. Man hat nun die folgende Bezeichnung eingeführt: *Ein Bereich heißt* $(n+1)$*-fach zusammenhängend, wenn genau n Schnitte erforderlich sind, um ihn in einen einfach zusammenhängenden Bereich zu verwandeln.*

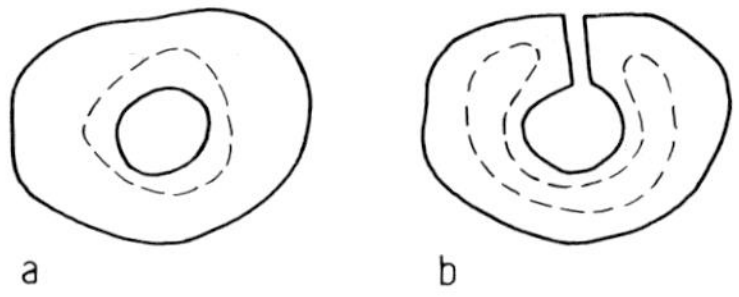

Abb. 41. Zur Erklärung des Begriffs „mehrfachzusammenhängender Bereich".

3. Stetigkeit und gleichmäßige Stetigkeit

In Analogie zu Funktionen von einer Veränderlichen definiert man folgendermaßen: *Eine Funktion von n Veränderlichen*

$$z = f(x_1, x_2, x_3, \ldots, x_n) \tag{101}$$

heißt stetig an der Stelle $x_1^0, x_2^0, \ldots, x_n^0$, *wenn es zu jedem* $\varepsilon > 0$ *ein* $\delta > 0$ *gibt, so daß*

$$|f(x_1, x_2, \ldots, x_n) - f(x_1^0, x_2^0, \ldots, x_n^0)| < \varepsilon, \tag{102}$$

wenn nur

$$\left| \sqrt{\sum_{i=1}^{n} (x_i - x_i^0)^2} \right| < \delta \tag{103}$$

ist. Im allgemeinen hängt δ sowohl von ε als auch von den einzelnen Veränderlichen $x_1, x_2, \ldots, x_n$ ab. Wenn nun δ nur von ε, nicht aber auch von den x_i^0 abhängt, bezeichnet man die Funktion als *gleichmäßig stetig.* Für zahlreiche Sätze werden wir später verlangen, daß die Funktion gleichmäßig stetig ist. Es gilt der Satz: *Eine in einem abgeschlossenen und beschränkten Bereich stetige Funktion ist in diesem Bereich auch gleichmäßig stetig.*

Wie schon bei den Funktionen einer einzigen Veränderlichen (vgl. Abschnitt B 6a) gezeigt wurde, äußern sich Unstetigkeitsstellen in einem Sprung, im Unendlichwerden oder im Unbestimmtwerden des Funktionswertes. Wir wollen darauf nicht näher eingehen.

4. Quadratische Formen

Abschließend gehen wir im besonderen auf die Funktion

$$z = ax^2 + 2bxy + cy^2 \tag{104}$$

ein. a, b und c sollen beliebige reelle Zahlen sein. Den Ausdruck auf der rechten Seite der Gleichung nennt man eine *quadratische Form.* Von wesentlicher Bedeutung ist die Frage, welchen Bedingungen die Koeffizienten a, b und c genügen müssen, damit z für alle möglichen Werte von x und y das gleiche Vorzeichen besitzt. Sie spielt eine wichtige Rolle bei der Diskussion der Extrema von Funktionen mehrerer Veränderlicher in der analytischen Geometrie sowie bei der Untersuchung der Stabilität von thermodynamischen Systemen.

Wir wollen zunächst einige Bezeichnungen einführen:

1. Die Form heißt *definit,* wenn z für sämtliche Werte von x und y das gleiche Vorzeichen besitzt und nur für $x = y = 0$ den Wert Null annimmt; ist das Vorzeichen positiv, so nennt man sie *positiv definit,* im anderen Fall *negativ definit.*

2. Die Form ist *semidefinit,* wenn z für sämtliche Werte von x und y das gleiche Vorzeichen besitzt und nicht nur für $x = y = 0$ den Wert Null annimmt.

3. Die Form ist *indefinit,* wenn z sowohl positive als auch negative Werte annimmt.

Beispiele: 1. Die Form $x^2 + y^2$ ist positiv definit, da sie für alle Werte von x und y größer als Null ist mit Ausnahme von $x = y = 0$.

2. Die Form $-x^2 - y^2$ ist, wie eine zum ersten Beispiel analoge Überlegung zeigt, negativ definit.

3. Die Form $x^2 + 2xy + y^2$ ist positiv semidefinit. Sie ist nämlich identisch mit $(x + y)^2$. Dieser Ausdruck wird gleich Null für alle x und y, die der Bedingung $x + y = 0$ genügen, also z. B. für $x = 2$ und $y = -2$. Für alle anderen Werte von x und y ist er positiv.

4. Die Form $x^2 - y^2$ ist indefinit, denn sie ist z. B. für $x \neq 0$, $y = 0$ größer als Null und für $x = 0$, $y \neq 0$ kleiner als Null.

Wir fragen nun, wie man allgemein den Charakter der Form aus den Koeffizienten a, b und c berechnen kann. Wir schreiben hierfür Gl. (104) etwas um, indem wir a ausklammern und die ersten beiden Glieder quadratisch ergänzen:

$$z = a\left[\left(x + \frac{b}{a}y\right)^2 + \frac{ac - b^2}{a^2}y^2\right]. \tag{105}$$

Wir sehen nun: Wenn

$$ac - b^2 > 0 \tag{106}$$

ist, so ist der Ausdruck in der Klammer für alle x und y außer $x = y = 0$ positiv, da die übrigen Größen nur in Form von Quadraten auftreten. Für $x = y = 0$ ist er Null. z besitzt daher für alle Werte von x und y das Vorzeichen von a. Die Form ist also für $a > 0$ *positiv definit* und für $a < 0$ *negativ definit*. (Der Fall $a = 0$ ist ausgeschlossen, wenn Gl. (106) gilt.) Ist dagegen

$$ac - b^2 = 0, \tag{107}$$

so ist der Ausdruck in der Klammer Null für alle x und y, die der Bedingung $x + \frac{b}{a} y = 0$ genügen, und positiv für alle übrigen Werte von x und y. Die Form ist dann *semidefinit*. Ist schließlich

$$ac - b^2 < 0, \tag{108}$$

so ist die Form, wie man sich leicht überlegen kann, *indefinit*. Diese Resultate sind in Tab. 3 in übersichtlicher Form zusammengestellt.

Tab. 3. Zur Untersuchung quadratischer Formen.

$ac - b^2$	a	Charakter
> 0	> 0	positiv definit
	< 0	negativ definit
$= 0$	> 0	positiv semidefinit
	< 0	negativ semidefinit
< 0		indefinit

Beispiel: Wie verhält sich die quadratische Form $-6x^2 + 4xy - y^2$? Es ist $a = -6$, $b = 2$ und $c = -1$. Man erhält

$$ac - b^2 = 6 \cdot 1 - 4 = 2 > 0, \tag{109}$$

die Form ist also definit. Da $a < 0$ ist, ist sie negativ definit.

Die Gl. (104) kann man mit Hilfe von Matrizen auch in der Form

$$z = (x \;\; y)\begin{pmatrix} a & b \\ b & c \end{pmatrix}\begin{pmatrix} x \\ y \end{pmatrix} \tag{110}$$

schreiben. Multipliziert man nämlich die Matrizen gemäß der Regel Gl. (IV, 9) aus, so geht Gl. (110) in Gl. (104) über. Jeder quadratischen Form kann man daher eine quadratische Matrix zuordnen, durch die die Form dann vollständig bestimmt ist. Der Ausdruck $ac - b^2$ stellt nun die Determinante dieser Matrix dar

$$ac - b^2 = \begin{vmatrix} a & b \\ b & c \end{vmatrix}. \tag{111}$$

Der Charakter der Form hängt also gemäß Tab. 3 vom Wert dieser Determinante ab. Diese Betrachtung kann man auf mehr als zwei Variable verallgemeinern. Es gilt beispielsweise der Satz: *Eine quadratische Form mit n Variablen ist positiv definit,* wenn die entsprechende zugeordnete Determinante und deren Hauptunterdeterminanten*) *positiv sind.* Allgemein läßt sich das Problem der Untersuchung der Definitheit einer quadratischen Form auf die Bestimmung der Eigenwerte der zugehörigen Matrix zurückführen. Wegen weiterer Einzelheiten siehe die Bücher von Erwe und Caratheodory.

Fragen und Aufgaben

1. Beschreibe verschiedene Möglichkeiten zur Darstellung einer Funktion a) von einer unabhängigen Variablen, b) von zwei unabhängigen Variablen, c) von drei unabhängigen Variablen.
2. Durch was für ein Gebilde wird der Definitionsbereich einer Funktion in kartesischen Koordinaten dargestellt a) bei einer unabhängigen Variablen, b) bei zwei unabhängigen Variablen?
3. Kann die Umkehrfunktion einer mehrdeutigen Funktion eindeutig sein?
4. Gib je ein Beispiel für eine Funktion an, die a) streng monoton fallend ist, b) symmetrisch zum Ursprung ist, c) periodisch ist.
5. Wie unterteilen sich die algebraischen Funktionen?
6. Nenne einige transzendente Funktionen.
7. Welcher Zusammenhang besteht zwischen der Gaußschen Glockenkurve und der Diracschen Deltafunktion?
8. Wie lautet der Definitonsbereich, der Wertevorrat und die jeweilige Umkehrfunktion der folgenden Funktionen a) $y = \ln x$, b) $y = \arcsin x$, c) $y = \operatorname{artgh} x$?
9. Was ist eine Netztafel?
10. Erläutere die Begriffe Stetigkeit und rechtsseitige Stetigkeit. Inwieweit lassen sich diese Begriffe auf Funktionen von zwei unabhängigen Variablen übertragen?
11. Welche Arten von Unstetigkeit gibt es?
12. Erkläre die Begriffe gleichmäßige Stetigkeit und gleichmäßige Konvergenz.
13. Was ist der Unterschied zwischen einer positiv definiten quadratischen Form und einer positiv semidefiniten quadratischen Form?
14. Gib die folgenden Funktionswerte an: a) arcsin 1, b) arccos 2, c) arctg 2, d) sinh 2, e) ln 10.
15. Löse die Gleichungen: a) $\cos x + 0{,}5 = 0$, b) $\operatorname{arctg} x = 1$, c) $\sin x - 2 = 0$.
16. Skizziere den Verlauf der Funktionen: a) $y = x \ln x$, b) $y = \operatorname{artgh} x$.
17. Die Anzahl der Atome N eines radioaktiven Präparats nimmt gemäß dem Gesetz $10^{18} \cdot e^{-0{,}2t}$ mit der in Tagen gemessenen Zeit t ab. Berechne die Zeit, nach der die Hälfte des Präparats zerfallen ist. Stelle die Funktion graphisch in einem kartesischen Koordinatensystem dar.
18. Die sog. Molrefraktion*) eines Stoffes ist näherungsweise als Funktion der Frequenz ν des einfallenden Lichtes durch $\sum_{i=1}^{n} \frac{A_i}{\nu^2 - \nu_i^2}$ gegeben, wobei A_i und ν_i Stoffkonstanten sind. Zu welchem Funktionstyp gehört diese Funktion? Diskutiere ihren Verlauf für $n = 3$.
19. Der Bruchteil der Moleküle eines idealen Gases, deren Geschwindigkeit in der Umgebung Δv des Wertes v liegt, ist durch $\frac{4v^2}{\sqrt{\pi}}\left(\frac{m}{2kT}\right)\exp\left(-\frac{mv^2}{2kT}\right)\Delta v$ gegeben. T ist die absolute Temperatur, m die Masse eines Moleküls und k eine Konstante. Diskutiere die Abhängigkeit von v.
20. Beweise, daß die durch Gl. (85) gegebene Definition der Stetigkeit mit der durch Gl. (76) und (77) gegebenen vollständig übereinstimmt.
21. Untersuche die Definitheit der folgenden quadratischen Formen:
    a) $x^2 + xy + y^2$; b) $x^2 - 2xy + y^2$.

---

*) Die Hauptunterdeterminanten erhält man, indem man die letzte Zeile und Spalte streicht, oder die zwei letzten Zeilen und Spalten usw.

*) Aus der Molrefraktion kann man den Brechungsindex n eines Stoffes berechnen.

VIII. Vektoralgebra

A. Definition des Skalars und des Vektors

Einige physikalische Größen, wie z. B. die Temperatur, sind bereits vollständig beschrieben, wenn man lediglich eine Maßzahl angibt. Solche Größen bezeichnet man als *Skalare.* Bei anderen Größen, wie z. B. der Kraft oder der Geschwindigkeit, muß man außer der Maßzahl auch noch die Richtung angeben. Derartige Größen nennt man *Vektoren.* Die entsprechende Maßzahl heißt dann der *Betrag* des Vektors. Ein Vektor wird graphisch durch einen Pfeil dargestellt, dessen Länge seinen Betrag angibt.

Wenn z. B. ein Flugzeug mit 750 km/h nach Nordwesten fliegt, so ist seine Geschwindigkeit ein Vektor mit dem Betrag 750 km/h und der Richtung „Nordwesten". Dieser Vektor kann durch den in Abb. 1 gezeigten Pfeil wiedergegeben werden.

Führt man ein rechtwinkliges Koordinatensystem ein, so sind der Betrag und die Richtung eines Vektors eindeutig durch dessen Projektionen auf die drei Koordinatenachsen bestimmt. Diese Projektionen nennt man die Komponenten des Vektors. Abb. 2 zeigt einen Vektor $\boldsymbol{a}$ mit seinen Komponenten a_x, a_y und a_z. Der betrachtete Vektor greift am Koordinatenursprung an. Bei einer Parallelverschiebung des Vektors ändern sich dessen Komponenten nicht, was man für den zweidimensionalen Fall mit Hilfe von Abb. 3 erkennen kann. Dadurch unterscheiden sich die Komponenten eines Vektors wesentlich von den Koordinaten eines Raumpunktes.

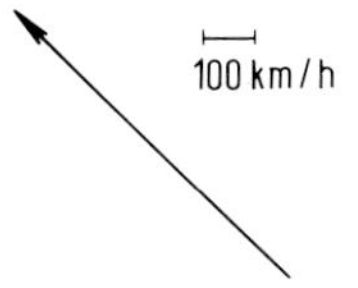

Abb. 1. Beispiel für einen Vektor.

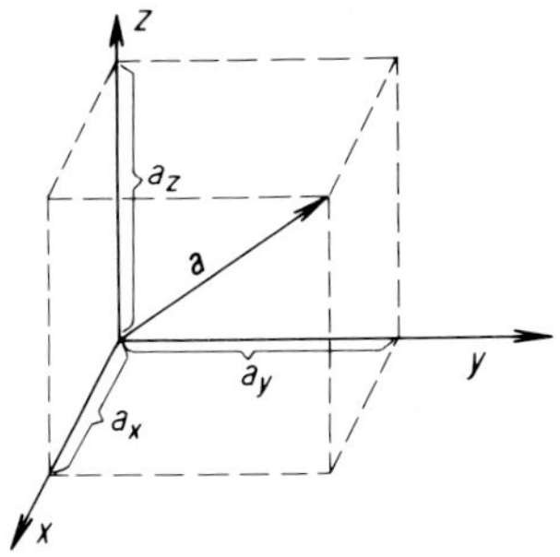

Abb. 2. Darstellung der Komponenten eines Vektors.

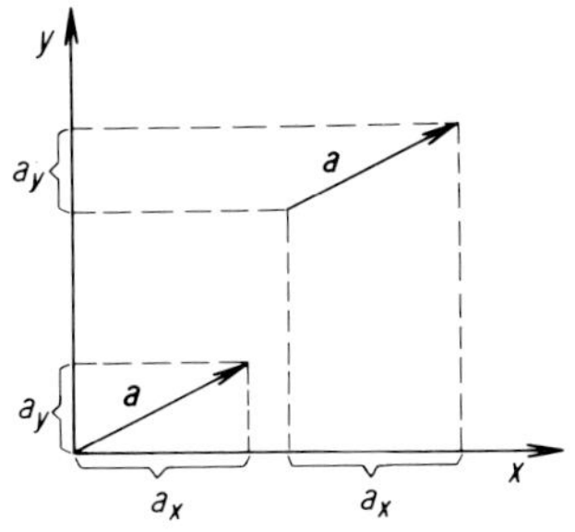

Abb. 3. Unabhängigkeit der Komponenten eines Vektors von dessen Ansatzpunkt.

Für das Folgende setzen wir fest, *daß wir Vektoren mit gleichen Komponenten als einander gleich ansehen wollen.* Da sich bei einer Parallelverschiebung eines Vektors seine Komponenten nicht ändern, sind somit alle Vektoren gleicher Länge und Richtung unabhängig von ihrem Ansatzpunkt einander gleich. Das ist eine wesentliche, keineswegs selbstverständliche Definition. Ihr zufolge ist ein Vektor durch seine drei Komponenten vollständig definiert. Man kann diese in Form einer einspaltigen Matrix schreiben

$$\boldsymbol{a} = \begin{pmatrix} a_x \\ a_y \\ a_z \end{pmatrix}. \tag{1}$$

Wie bereits angedeutet, bezeichnen wir im folgenden Vektoren mit kleinen Buchstaben im Fettdruck, z. B. $\boldsymbol{a}$. Für die Komponenten eines Vektors verwenden wir jeweils den gleichen Buchstaben wie für den Vektor selbst, jedoch im Normaldruck und mit einem Index versehen. Die Komponenten des Vektors $\boldsymbol{a}$ lauten somit a_x, a_y und a_z. Für den Betrag des Vektors $\boldsymbol{a}$ schreiben wir schließlich $|\boldsymbol{a}|$ oder a. Bisweilen pflegt man Vektoren auch mit Buchstaben im Normaldruck und einem darübergeschriebenen Pfeil, $\vec{a}$, oder durch gotische Buchstaben, $\mathfrak{a}$, zu bezeichnen.

Mit Hilfe des Pythagoräischen Lehrsatzes erkennt man anhand von Abb. 2, daß das Quadrat des Betrages des Vektors gleich der Summe der Quadrate der Komponenten ist,

$$|\boldsymbol{a}|^2 = a_x^2 + a_y^2 + a_z^2 \,. \tag{2}$$

Die Winkel, die der Vektor mit den Koordinatenachsen einschließt, lassen sich mit Hilfe trigonometrischer Gleichungen ausrechnen.

Von besonderem Interesse ist das Verhalten von Skalaren und Vektoren bei einer *Drehung des Koordinatensystems.* Während der Wert eines Skalars dabei unverändert bleibt, ändern sich die Komponenten eines Vektors, wie man leicht einsieht, in gleicher Weise wie die Ortskoordinaten eines Raumpunktes (s. Gln. IX, 139). Diese Tatsache kann man dazu benützen, eine Definition von Skalaren und Vektoren zu geben, die nicht an anschauliche Begriffe wie Länge und Richtung gebunden ist: *Eine Größe, zu deren vollständiger Kennzeichnung nur eine einzige, bei einer Koordinatendrehung unverändert bleibende Maßzahl erforderlich ist, heißt Skalar. Eine Größe, die durch drei Zahlen gekennzeichnet wird, die sich bei einer Drehung des Koordinatensystems wie die Koordinaten eines Raumpunktes verändern, nennt man dagegen einen Vektor.*

In gleicher Weise kann man auch ein System von 2 Zahlen als Vektor in der Ebene definieren. Man kann ferner formal auch einen Vektor von mehr als drei Dimensionen einführen und bezeichnet dann allgemein n Zahlen, die die entsprechenden Transformationsgleichungen erfüllen als *Vektor im n-dimensionalen Raum.*

Fragen und Aufgaben

1. Wodurch unterscheidet sich ein Vektor von einem Skalar?
2. Was versteht man unter dem Betrag und unter den Komponenten eines Vektors?
3. Welche Festsetzung mußte getroffen werden, damit ein Vektor durch seine Komponenten eindeutig definiert ist?

B. Algebraische Operationen mit Vektoren

1. Summe von Vektoren

Vektoren stellen neuartige mathematische Größen dar. Um mit ihnen rechnen zu können, muß man zunächst Rechenoperationen definieren. Man wählt die Definitionen so, daß man das Rechnen mit Vektoren möglichst vielseitig anwenden kann.

Als erstes definieren wir die Addition. *Unter der Summe zweier Vektoren **a** und **b** versteht man den Vektor **c**, dessen Komponenten durch die Summe der Komponenten von **a** und **b** gegeben sind.*

$$\begin{aligned} c_x &= a_x + b_x \\ c_y &= a_y + b_y \\ c_z &= a_z + b_z . \end{aligned} \tag{3}$$

Man nennt **c** auch den resultierenden Vektor. Graphisch führt man die Summation so durch, daß man den Vektor **b** parallel verschiebt, bis sein Ansatzpunkt am Pfeilende von **a** liegt. Der Summenvektor **c** ist dann durch den Pfeil gegeben, der vom Anfangspunkt von **a** zum Endpunkt von **b** führt (s. Abb. 4). Daß diese Konstruktion richtig ist, erkennt man unmittelbar aus Abb. 5, wo sie noch einmal im Rahmen eines Koordinatensystems durchgeführt wurde. Statt mit der angegebenen Dreiecks-

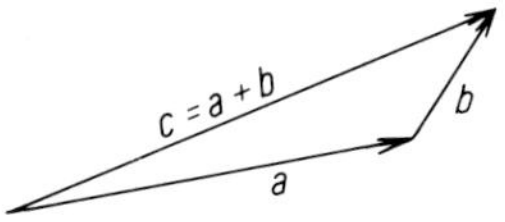

Abb. 4. Konstruktion der Summe zweier Vektoren **a** und **b**.

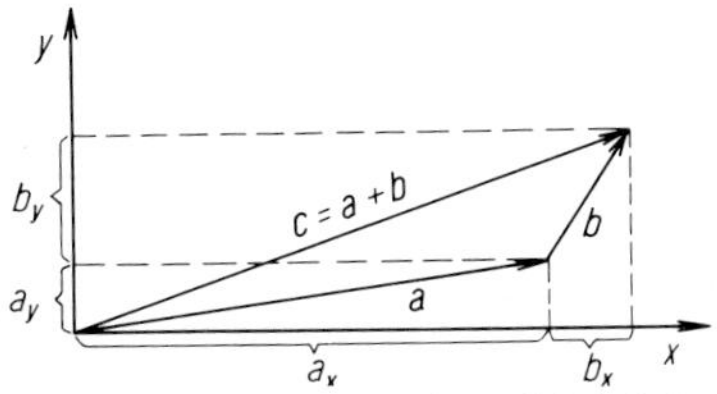

Abb. 5. Zum Beweis der Richtigkeit der Konstruktionsvorschrift für die Summation zweier Vektoren **a** und **b**.

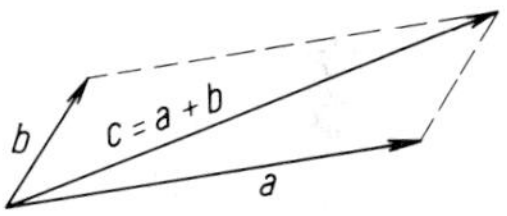

Abb. 6. Konstruktion der Summe zweier Vektoren **a** und **b**.

konstruktion kann man den Summenvektor auch über ein Parallelogramm finden, wie aus Abb. 6 hervorgeht.

An Hand der Gln. (3) erkennt man, daß für die Vektoraddition das kommutative und das assoziative Gesetz gilt,

$$\boldsymbol{a} + \boldsymbol{b} = \boldsymbol{b} + \boldsymbol{a} \tag{4}$$

$$\boldsymbol{a} + (\boldsymbol{b} + \boldsymbol{c}) = (\boldsymbol{a} + \boldsymbol{b}) + \boldsymbol{c} . \tag{5}$$

Mit Hilfe der angegebenen Definition der Vektoraddition lassen sich viele physikalische Probleme lösen. Wenn auf einen Körper zwei Kräfte **a** und **b** mit gleichem Ansatzpunkt wirken, so kann man diese durch eine einzige Kraft, die gemäß den Gln. (3) bzw. Abb. 6 gebildet wird, ersetzen. Bewegt sich in einem Kasten ein Molekül mit der Geschwindigkeit $\boldsymbol{v}_1$ und bewegt sich der Kasten relativ zum Laboratorium mit einer Geschwindigkeit $\boldsymbol{v}_2$, so ist die Geschwindigkeit des Moleküls relativ zum Laboratorium durch $\boldsymbol{v}_1 + \boldsymbol{v}_2$ gegeben.

Als Beispiel addieren wir noch zwei Vektoren, die in einer Ebene liegen und die die Komponenten

$$\begin{aligned} a_x &= 3 , \quad & a_y &= 2 \\ b_x &= -2 , \quad & b_y &= 1 \end{aligned} \tag{6}$$

besitzen. Gemäß den Gln. (3) hat dann der Summenvektor **c** die Komponenten

$$c_x = 1 , \quad c_y = 3 .$$

Die graphische Durchführung der Addition mit Hilfe des Vektorparallelogramms ist aus Abb. 7 ersichtlich.

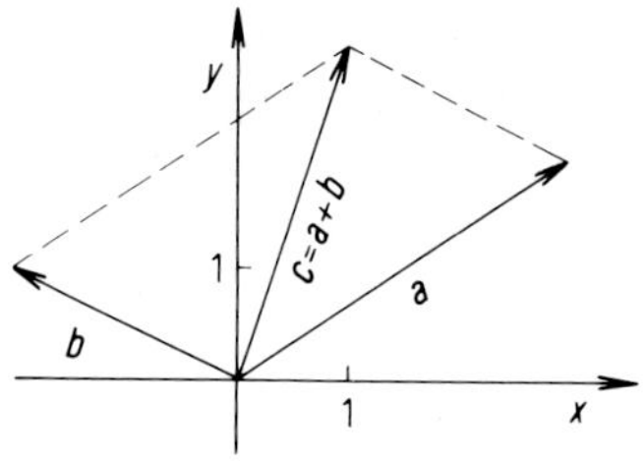

Abb. 7. Summation der durch Gl. (6) gegebenen Vektoren.

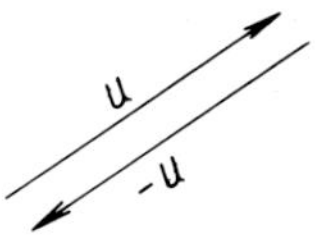

Abb. 8. Zur Definition des Vektors $-\boldsymbol{u}$.

2. Differenz von Vektoren

Als nächstes treffen wir folgende Festsetzung: *Unter dem Vektor* $-\boldsymbol{u}$ *versteht man den Vektor, der den gleichen Betrag wie* $\boldsymbol{u}$ *hat, der aber in die entgegengesetzte Richtung weist* (s. Abb. 8). Die Komponenten von $-\boldsymbol{u}$ sind dann dem Betrage nach gleich denen von $\boldsymbol{u}$, sie besitzen aber das entgegengesetzte Vorzeichen.

Mit Hilfe dieser Festsetzung können wir auch die Differenz zweier Vektoren definieren: *Unter der Differenz* $\boldsymbol{a} - \boldsymbol{b}$ *versteht man die Summe aus* $\boldsymbol{a}$ *und* $-\boldsymbol{b}$, *also*

$$\boldsymbol{a} - \boldsymbol{b} = \boldsymbol{a} + (-\boldsymbol{b}) . \tag{7}$$

Als Beispiel berechnen wir die Differenz der beiden durch die Gln. (6) definierten Vektoren $\boldsymbol{a}$ und $\boldsymbol{b}$. Der Vektor $-\boldsymbol{b}$ hat in diesem Fall die Komponenten 2 und -1. Für die Komponenten des Differenzvektors $\boldsymbol{a} - \boldsymbol{b}$ ergeben sich durch Addition dieser Komponenten zu denen von $\boldsymbol{a}$ die Werte 5 und 1.

Zieht man einen Vektor von sich selbst ab, bildet man also z. B. die Differenz $\boldsymbol{a} - \boldsymbol{a}$, so erhält man einen Vektor, dessen Komponenten alle gleich Null sind. Einen solchen Vektor bezeichnet man als *Nullvektor*.

3. Zerlegung eines Vektors

Von Bedeutung ist auch die Zerlegung eines Vektors $\boldsymbol{u}$ in zwei andere Vektoren $\boldsymbol{a}$ und $\boldsymbol{b}$, die mit dem Vektor $\boldsymbol{u}$ in der gleichen Ebene liegen. Die Zerlegung ist nur dann in eindeutiger Weise durchführbar, wenn noch zusätzliche Forderungen gestellt werden. Man kann die beiden Richtungen vorgeben, in denen die zwei Vektoren weisen sollen (s. Abb. 9a); die vollständige Bestimmung der Vektoren erfolgt dann durch Ergänzung der gegebenen Größen zu einem Parallelogramm (s. Abb. 9b). Statt der beiden Richtungen kann man auch nur die Länge und die Richtung eines Vektors vorgeben (s. Abb. 10). Entsprechendes gilt auch für eine Zerlegung eines Vektors in drei Vektoren, die nicht in einer Ebene liegen (s. auch Abschn. VIII, C).

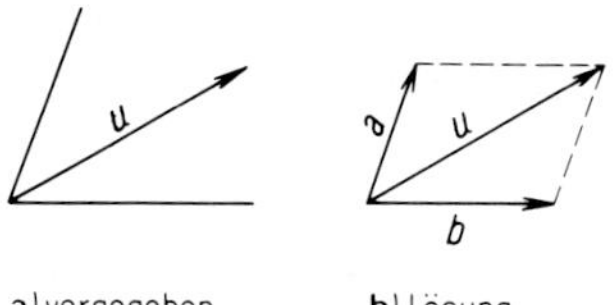

Abb. 9. Zerlegung eines Vektors in zwei Vektoren vorgegebener Richtung.

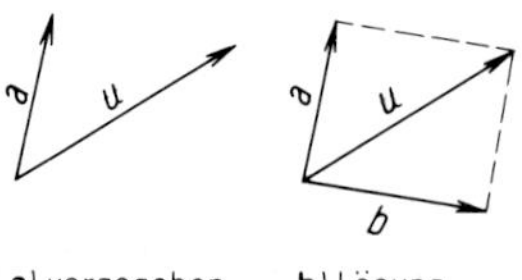

Abb. 10. Zerlegung eines Vektors bei einem vorgegebenen Vektor.

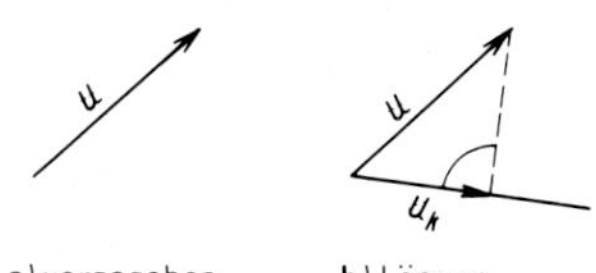

Abb. 11. Bestimmung der Komponente eines Vektors in einer vorgegebenen Richtung.

Wenn man allgemein nur von der Komponente eines Vektors in einer bestimmten Richtung spricht, ohne irgendwelche Angaben über die Richtung der anderen Komponente zu machen, so setzt man immer eine Zerlegung in zwei zueinander senkrechte Richtungen voraus. Man erhält dann die gesuchte Komponente $|\boldsymbol{u}_k|$, indem man das Lot auf die vorgegebene Richtung fällt (s. Abb. 11). Bezeichnet man den Winkel zwischen $\boldsymbol{u}$ und $\boldsymbol{u}_k$ mit φ, so gilt

$$|\boldsymbol{u}_k| = |\boldsymbol{u}| \cos \varphi \,. \tag{8}$$

4. Multiplikation eines Vektors mit einem Skalar

Schließlich definieren wir noch: *Die Multiplikation eines Vektors* $\boldsymbol{a}$ *mit einem Skalar* λ *ergibt einen Vektor* $\boldsymbol{c}$ *mit den Komponenten*

$$\begin{aligned} c_x &= \lambda a_x \\ c_y &= \lambda a_y \\ c_z &= \lambda a_z \,. \end{aligned} \tag{9}$$

Man kann sich leicht überlegen, daß $\boldsymbol{c}$ die gleiche Richtung wie $\boldsymbol{a}$ hat, sich aber dem Betrage nach von $\boldsymbol{a}$ um den Faktor λ unterscheidet.

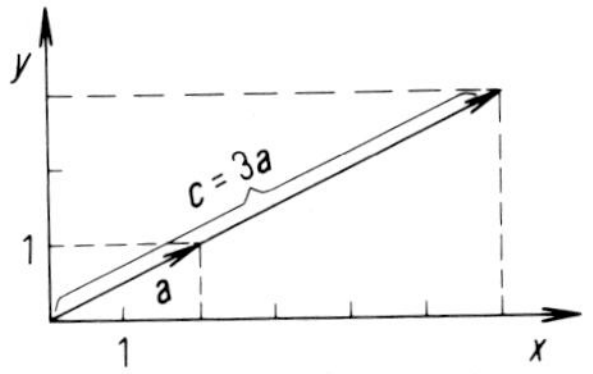

Abb. 12. Multiplikation eines Vektors mit einem Skalar.

Abb. 12 zeigt als Beispiel die Vektoren $\boldsymbol{a}$ mit den Komponenten $a_x = 2$, $a_y = 1$ und $\boldsymbol{c} = 3\boldsymbol{a}$ mit den Komponenten $c_x = 6$, $c_y = 3$.

5. Einheitsvektoren und Darstellung eines Vektors durch die Summe der aus den Komponenten gebildeten Vektoren

Einen Vektor vom Betrag 1 *nennt man einen Einheitsvektor*. Einheitsvektoren können verschiedene Richtungen haben. Von besonderer Bedeutung sind nun diejenigen Einheitsvektoren, die in Richtung der Koordinatenachsen liegen. *Man bezeichnet den Einheitsvektor in Richtung der x-Achse mit* $\boldsymbol{i}$, *den in Richtung der y-Achse mit* $\boldsymbol{j}$ *und den in Richtung der z-Achse mit* $\boldsymbol{k}$.

Die Komponenten a_x, a_y und a_z eines Vektors $\boldsymbol{a}$ sind skalare Größen. Multipliziert man diese mit den Einheitsvektoren $\boldsymbol{i}, \boldsymbol{j}, \boldsymbol{k}$, so erhält man drei Vektoren $a_x\boldsymbol{i}$, $a_y\boldsymbol{j}$ und $a_z\boldsymbol{k}$, die in Richtung der x-, y- bzw. z-Achse liegen und deren Beträge durch a_x, a_y und a_z gegeben sind. Die Summe dieser drei Vektoren ist der Vektor $\boldsymbol{a}$,

$$\boldsymbol{a} = a_x\boldsymbol{i} + a_y\boldsymbol{j} + a_z\boldsymbol{k} \,. \tag{10}$$

Man kann sich davon leicht anhand von Abb. 13 überzeugen, indem man dort die Summationen wie in Abb. 6 angegeben durchführt*⁾.

*⁾ In manchen Lehrbüchern werden die Vektoren $a_x\boldsymbol{i}$, $a_y\boldsymbol{j}$ und $a_z\boldsymbol{k}$ als Komponenten des Vektors $\boldsymbol{a}$ bezeichnet und die Zahlenwerte a_x, a_y und a_z als Koordinaten des Vektors.

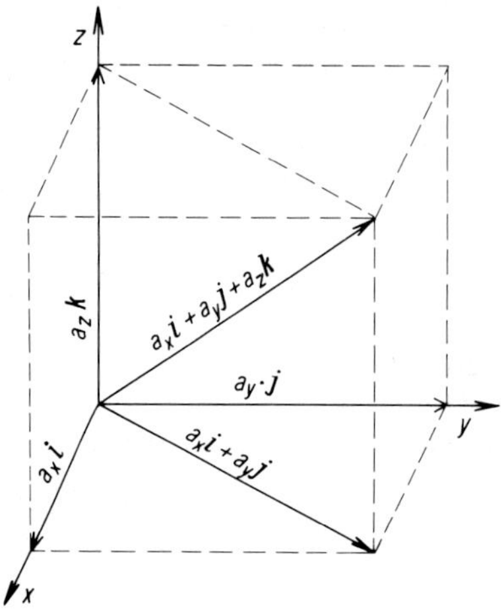

Abb. 13. Vektor als Summe seiner Komponenten in einem kartesischen Koordinatensystem.

6. Skalares Produkt

Die Multiplikation von Vektoren kann ebenso wie die Addition willkürlich definiert werden. Es hat sich als zweckmäßig erwiesen, zwei verschiedene Arten der Multiplikation einzuführen. Man bezeichnet die entsprechenden Produkte als skalares und als vektorielles Produkt. Wir beschäftigen uns als erstes mit dem skalaren Produkt.

Das skalare Produkt zweier Vektoren ***a*** *und* ***b*** *bezeichnet man mit einem Punkt. Man versteht darunter die skalare Größe, die sich durch Multiplikation der Beträge der beiden Vektoren und des Kosinus des von ihnen eingeschlossenen Winkels* φ *ergibt (s. Abb. 14).* Es gilt also

$$\boldsymbol{a} \cdot \boldsymbol{b} = |\boldsymbol{a}||\boldsymbol{b}| \cos \varphi \,. \tag{11}$$

$|\boldsymbol{b}| \cos \varphi$ ist die Komponente des Vektors $\boldsymbol{b}$ in Richtung des Vektors $\boldsymbol{a}$. Wenn wir diese Komponente mit $|\boldsymbol{b}_a|$ bezeichnen, so können wir auch schreiben

$$\boldsymbol{a} \cdot \boldsymbol{b} = |\boldsymbol{a}||\boldsymbol{b}_a| \,. \tag{12}$$

In gleicher Weise ergibt sich

$$\boldsymbol{a} \cdot \boldsymbol{b} = |\boldsymbol{a}_b||\boldsymbol{b}| \,. \tag{13}$$

Es gilt daher auch die folgende Definition: *Das skalare Produkt zweier Vektoren erhält man durch Multiplikation des Betrages eines Vektors mit der Komponente des zweiten Vektors in Richtung des ersten.*

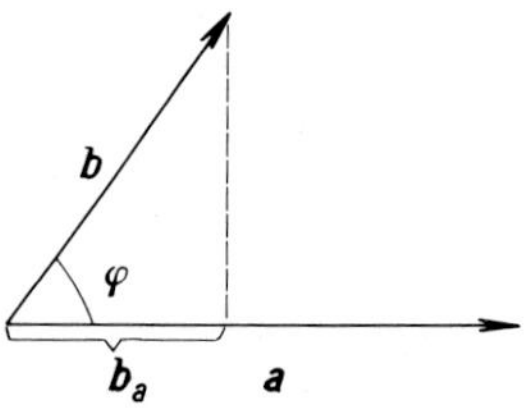

Abb. 14. Zur Definition des skalaren Produkts.

Aus dieser Definition folgen unmittelbar die folgenden Sätze: *Das skalare Produkt zweier paralleler Vektoren ist durch das Produkt der Beträge der beiden Vektoren gegeben.*

Das skalare Produkt zweier von Null verschiedener Vektoren ist dann und nur dann gleich Null, wenn die Vektoren aufeinander senkrecht stehen (orthogonale Vektoren).

Das skalare Produkt eines Vektors $\boldsymbol{a}$ *mit sich selbst, das man mit* $\boldsymbol{a}^2$ *bezeichnet, ist gleich dem Quadrat des Betrages dieses Vektors*

$$\boldsymbol{a}^2 = \boldsymbol{a} \cdot \boldsymbol{a} = |\boldsymbol{a}|\,|\boldsymbol{a}| \cos 0 = |\boldsymbol{a}|^2 . \tag{14}$$

Man kann des weiteren auch leicht beweisen, daß das kommutative Gesetz

$$\boldsymbol{a} \cdot \boldsymbol{b} = \boldsymbol{b} \cdot \boldsymbol{a} \tag{15}$$

und das distributive Gesetz

$$\boldsymbol{a} \cdot (\boldsymbol{b} + \boldsymbol{c}) = \boldsymbol{a} \cdot \boldsymbol{b} + \boldsymbol{a} \cdot \boldsymbol{c} \tag{16}$$

gelten. Bei einem Skalar λ als Faktor ist ferner sowohl das kommutative als auch das assoziative Gesetz erfüllt,

$$\lambda(\boldsymbol{a} \cdot \boldsymbol{b}) = (\lambda \boldsymbol{a}) \cdot \boldsymbol{b} = \boldsymbol{a} \cdot (\lambda \boldsymbol{b}) . \tag{17}$$

Wir wollen nun noch eine Formel ableiten, mit der man das skalare Produkt durch die Komponenten der beiden Vektoren ausdrücken kann. Wenn wir die Vektoren $\boldsymbol{a}$ und $\boldsymbol{b}$ gemäß Gl. (10) in Komponenten zerlegen, so können wir schreiben

$$\boldsymbol{a} \cdot \boldsymbol{b} = (a_x \boldsymbol{i} + a_y \boldsymbol{j} + a_z \boldsymbol{k}) \cdot (b_x \boldsymbol{i} + b_y \boldsymbol{j} + b_z \boldsymbol{k}) . \tag{18}$$

Auf der rechten Seite der Gleichung steht das skalare Produkt zweier Vektoren, die jeweils als Summe dreier Vektoren gegeben sind. Wegen der Gültigkeit des distributiven Gesetzes Gl. (16) können wir die Klammern wie bei gewöhnlichen algebraischen Ausdrücken ausmultiplizieren. Wir müssen dabei beachten, daß die skalaren Produkte der Einheitsvektoren $\boldsymbol{i}, \boldsymbol{j}$ und $\boldsymbol{k}$ mit sich selbst gemäß Gl. (14) jeweils gleich 1 sind. Die Produkte von je zwei verschiedenen Einheitsvektoren sind, da diese senkrecht aufeinanderstehen, jeweils gleich Null. Wir erhalten somit

$$\begin{aligned} \boldsymbol{a} \cdot \boldsymbol{b} = {} & a_x b_x \boldsymbol{i}^2 + a_x b_y \boldsymbol{i} \cdot \boldsymbol{j} + a_x b_z \boldsymbol{i} \cdot \boldsymbol{k} + a_y b_x \boldsymbol{i} \cdot \boldsymbol{j} + a_y b_y \boldsymbol{j}^2 + a_y b_y \boldsymbol{j} \cdot \boldsymbol{k} + \\ & + a_z b_x \boldsymbol{i} \cdot \boldsymbol{k} + a_z b_y \boldsymbol{j} \cdot \boldsymbol{k} + a_z b_z \boldsymbol{k}^2 = a_x b_x + a_y b_y + a_z b_z . \end{aligned} \tag{19}$$

Daraus folgt das endgültige Resultat

$$\boldsymbol{a} \cdot \boldsymbol{b} = a_x b_x + a_y b_y + a_z b_z . \tag{20}$$

Das skalare Produkt ist also durch die Summe der Produkte der jeweils entsprechenden Komponenten gegeben.

Stellt man einen Vektor als Matrix dar, wie in Gl. (1) angegeben, so kann man für das skalare Produkt von $\boldsymbol{a}$ und $\boldsymbol{b}$ auch $\boldsymbol{a}^T \boldsymbol{b}$ schreiben, wobei $\boldsymbol{a}^T$ die zu $\boldsymbol{a}$ transponierte Matrix ist, die aus einer einzigen Zeile besteht. $\boldsymbol{a}^T \boldsymbol{b}$ ergibt nämlich auf Grund der Regeln für die Multiplikation von Matrizen gerade den auf der rechten Seite von Gl. (20) stehenden Ausdruck.

Eine mögliche Anwendung des skalaren Produktes stellt die Berechnung der Arbeit dar. Die Arbeit, die eine konstante Kraft $\boldsymbol{k}$ längs eines Weges $\boldsymbol{s}$ leistet, ist gegeben durch das Produkt aus der Komponente der Kraft in Richtung des Weges und der Länge des Weges, also durch

$$A = \boldsymbol{k} \cdot \boldsymbol{s} . \tag{21}$$

Ist die Kraft eine Funktion des zurückgelegten Weges, so ist die Arbeit durch ein entsprechendes Integral gegeben.

Beispiele: 1. Wie groß ist die Arbeit beim Ziehen eines Handwagens über eine Entfernung von 200 m, wenn die Deichsel um 30° nach oben gerichtet ist und längs der Deichsel eine Kraft von 15 kp wirkt? Es ist

$$A = \boldsymbol{k} \cdot \boldsymbol{s} = k \cdot s \cdot \cos\varphi = 15 \cdot 200 \cdot \cos 30^\circ = 1500 \cdot \sqrt{3} = 2600 \text{ kpm} . \tag{22}$$

2. Zwei Vektoren $\boldsymbol{a}$ und $\boldsymbol{b}$ haben die Komponenten 2, 2, 5 und -1, 8, 7. Wie groß ist das skalare Produkt dieser Vektoren? Mit Hilfe von Gl. (20) ergibt sich

$$\boldsymbol{a} \cdot \boldsymbol{b} = 2 \cdot (-1) + 2 \cdot 8 + 5 \cdot 7 = -2 + 16 + 35 = 49 . \tag{23}$$

7. Vektorielles Produkt

Das vektorielle Produkt zweier Vektoren $\boldsymbol{a}$ und $\boldsymbol{b}$ bezeichnet man durch ein Kreuz, $\boldsymbol{a} \times \boldsymbol{b}$. *Man versteht darunter einen Vektor* $\boldsymbol{c}$, *dessen Betrag durch Multiplikation der Beträge von* $\boldsymbol{a}$ *und* $\boldsymbol{b}$ *mit dem Sinus des von den Vektoren eingeschlossenen Winkels* φ *erhalten wird:*

$$|\boldsymbol{c}| = |\boldsymbol{a}|\,|\boldsymbol{b}| \sin\varphi . \tag{24}$$

Der Vektor $\boldsymbol{c}$ *steht senkrecht auf* $\boldsymbol{a}$ *und* $\boldsymbol{b}$. *Er ist so orientiert, daß man, bei einer Betrachtung von seiner Pfeilspitze aus, den Vektor* $\boldsymbol{a}$ *im Gegenuhrzeigersinn drehen muß, um ihn zum Vektor* $\boldsymbol{b}$ *zu bringen* (s. Abb. 15). Man sagt in einem solchen Fall, daß die Vektoren $\boldsymbol{a}$, $\boldsymbol{b}$ und $\boldsymbol{c}$ ein *Rechtssystem* bilden.

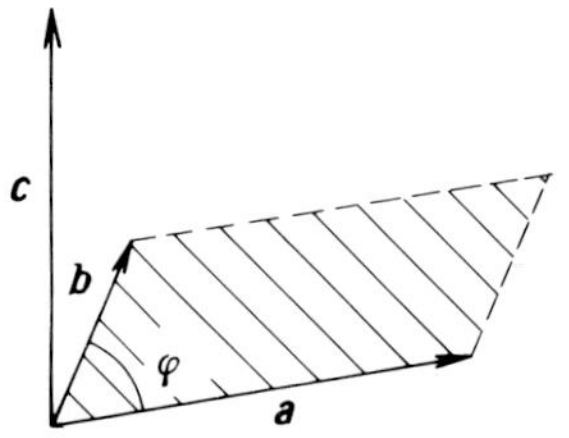

Abb. 15. Zur Definition des vektoriellen Produkts.

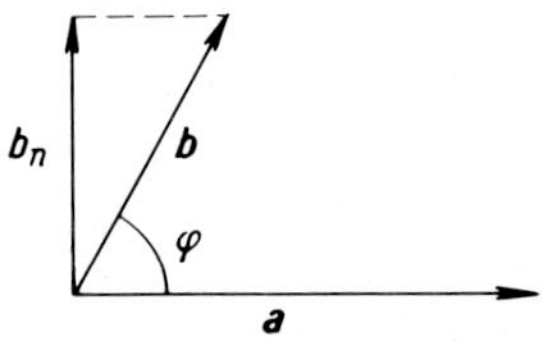

Abb. 16. Zur Erläuterung von Gl. (25).

Bezeichnet man die senkrecht auf $\boldsymbol{a}$ stehende Komponente des Vektors $\boldsymbol{b}$ mit $\boldsymbol{b}_n$ (s. Abb. 16), so gilt $|\boldsymbol{b}_n| = |\boldsymbol{b}| \sin\varphi$.

Man kann daher auch schreiben

$$|\boldsymbol{c}| = |\boldsymbol{a} \times \boldsymbol{b}| = |\boldsymbol{a}|\,|\boldsymbol{b}_n| . \tag{25}$$

In gleicher Weise folgt

$$|\boldsymbol{c}| = |\boldsymbol{a} \times \boldsymbol{b}| = |\boldsymbol{a}_n|\,|\boldsymbol{b}| . \tag{26}$$

Man erkennt, daß das vektorielle Produkt dem Betrag nach den Flächeninhalt des in Abb. 15 schraffierten Parallelogramms angibt. Daraus folgt, daß das vektorielle Produkt zweier zueinander paralleler Vektoren verschwindet.

Für das vektorielle Produkt gilt weder das assoziative noch das kommutative Gesetz. Bei einer Vertauschung der Reihenfolge der beiden Vektoren ergibt sich vielmehr

$$\boldsymbol{a} \times \boldsymbol{b} = -\boldsymbol{b} \times \boldsymbol{a}, \tag{27}$$

was man leicht an Hand der Definition über die Richtung des Produktvektors nachweist. Für die Multiplikation mit einem Skalar λ gilt sowohl das assoziative als auch das kommutative Gesetz:

$$\lambda[\boldsymbol{a} \times \boldsymbol{b}] = (\lambda \boldsymbol{a}) \times \boldsymbol{b} = \boldsymbol{a} \times (\lambda \boldsymbol{b}). \tag{28}$$

Schließlich wollen wir noch ohne Beweis anführen, daß das distributive Gesetz gilt

$$\boldsymbol{a} \times (\boldsymbol{b} + \boldsymbol{c}) = \boldsymbol{a} \times \boldsymbol{b} + \boldsymbol{a} \times \boldsymbol{c}. \tag{29}$$

Von besonderem Interesse ist die Frage nach den vektoriellen Produkten der Einheitsvektoren $\boldsymbol{i}, \boldsymbol{j}$ und $\boldsymbol{k}$. Es gilt

$$\boldsymbol{i} \times \boldsymbol{i} = 0, \quad \boldsymbol{j} \times \boldsymbol{j} = 0 \quad \text{und} \quad \boldsymbol{k} \times \boldsymbol{k} = 0 \tag{30}$$

und, da je zwei verschiedene Vektoren aufeinander senkrecht stehen,

$$\boldsymbol{i} \times \boldsymbol{j} = \boldsymbol{k}, \quad \boldsymbol{j} \times \boldsymbol{k} = \boldsymbol{i} \quad \text{und} \quad \boldsymbol{k} \times \boldsymbol{i} = \boldsymbol{j} \tag{31}$$

bzw. unter Beachtung von Gl. (27)

$$\boldsymbol{j} \times \boldsymbol{i} = -\boldsymbol{k}, \quad \boldsymbol{k} \times \boldsymbol{j} = -\boldsymbol{i} \quad \text{und} \quad \boldsymbol{i} \times \boldsymbol{k} = -\boldsymbol{j}. \tag{32}$$

Wir wollen nun wieder eine Formel ableiten, mit der die Komponenten des Produktvektors aus den Komponenten der beiden gegebenen Vektoren berechnet werden können. Indem wir $\boldsymbol{a}$ und $\boldsymbol{b}$ gemäß Gl. (10) durch die Komponenten darstellen, ergibt sich unter Beachtung der Gln. (30) bis (32)

$$\begin{aligned}
\boldsymbol{a} \times \boldsymbol{b} &= (a_x \boldsymbol{i} + a_y \boldsymbol{j} + a_z \boldsymbol{k}) \times (b_x \boldsymbol{i} + b_y \boldsymbol{j} + b_z \boldsymbol{k}) = \\
&= a_x b_x \boldsymbol{i} \times \boldsymbol{i} + a_x b_y \boldsymbol{i} \times \boldsymbol{j} + a_x b_z \boldsymbol{i} \times \boldsymbol{k} + \\
&\quad + a_y b_x \boldsymbol{j} \times \boldsymbol{i} + a_y b_y \boldsymbol{j} \times \boldsymbol{j} + a_y b_z \boldsymbol{j} \times \boldsymbol{k} + \\
&\quad + a_z b_x \boldsymbol{k} \times \boldsymbol{i} + a_z b_y \boldsymbol{k} \times \boldsymbol{j} + a_z b_z \boldsymbol{k} \times \boldsymbol{k} = \\
&= (a_y b_z - a_z b_y)\boldsymbol{i} + (a_z b_x - a_x b_z)\boldsymbol{j} + (a_x b_y - a_y b_x)\boldsymbol{k}.
\end{aligned} \tag{33}$$

Das in der letzten Zeile angegebene Resultat ist in der angegebenen Form ziemlich schwierig zu merken. Unter der Berücksichtigung der Regeln für die Berechnung einer dreireihigen Determinante Gl. (IV, 18) folgt, daß dieser Ausdruck auch durch die Determinante

$$\begin{vmatrix} \boldsymbol{i} & \boldsymbol{j} & \boldsymbol{k} \\ a_x & a_y & a_z \\ b_x & b_y & b_z \end{vmatrix}$$

wiedergegeben ist. Wir können daher schreiben

$$\boldsymbol{a} \times \boldsymbol{b} = \begin{vmatrix} \boldsymbol{i} & \boldsymbol{j} & \boldsymbol{k} \\ a_x & a_y & a_z \\ b_x & b_y & b_z \end{vmatrix} . \tag{34}$$

Das vektorielle Produkt wird unter anderem bei der Beschreibung einer Drehbewegung verwendet. Betrachten wir einen Massenpunkt, der in der x,y-Ebene um die Achse z rotiert (s. Abb. 17). Zur Beschreibung der Drehbewegung führt man gewöhnlich die *Winkelgeschwindigkeit* $\boldsymbol{\omega}$ ein. Diese ist ein Vektor, der in Richtung der Drehachse liegt und so orientiert ist, daß von dessen Pfeilspitze aus gesehen die Bewegung im Gegenuhrzeigersinn erfolgt (s. Abb. 17). Der Betrag von $\boldsymbol{\omega}$ ist der je Zeiteinheit zurückgelegte

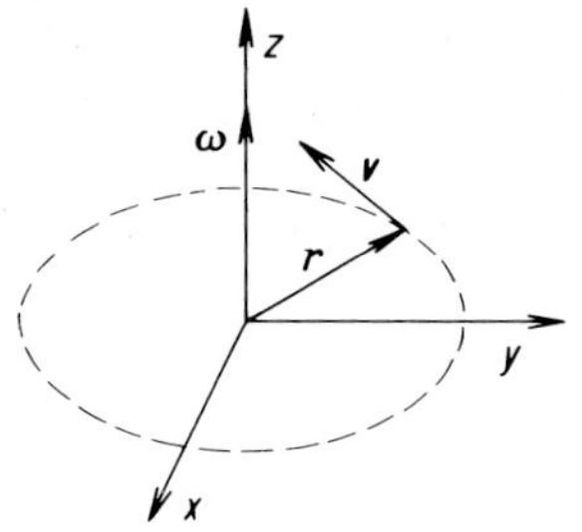

Abb. 17. Zur Definition der Winkelgeschwindigkeit.

Winkel im Bogenmaß. Wenn man die jeweilige Lage des Massenpunktes durch den Ortsvektor $\boldsymbol{r}$ beschreibt, der vom Zentrum der Drehung zum Massenpunkt weist, so ist dann die jeweilige Geschwindigkeit $\boldsymbol{v}$ des Massenpunktes durch

$$\boldsymbol{v} = \boldsymbol{\omega} \times \boldsymbol{r}$$

gegeben.

Als Beispiel berechnen wir das vektorielle Produkt der beiden Vektoren $\boldsymbol{a}$ und $\boldsymbol{b}$ mit den Komponenten 1, −1, 0 und 2, 3, 1. Wir erhalten mit Hilfe von Gl. (30)

$$\boldsymbol{a} \times \boldsymbol{b} = \begin{vmatrix} \boldsymbol{i} & \boldsymbol{j} & \boldsymbol{k} \\ 1 & -1 & 0 \\ 2 & 3 & 1 \end{vmatrix} = (-1 + 0)\boldsymbol{i} - (1 - 0)\boldsymbol{j} + (3 + 2)\boldsymbol{k} = -\boldsymbol{i} - \boldsymbol{j} + 5\boldsymbol{k} .$$

Der erhaltene Vektor besitzt also die Komponenten −1, −1, 5.

Ein interessantes Verhalten des vektoriellen Produktes ist bei der Spiegelung des Koordinatensystems zu beobachten. Ein Vektor wie die Geschwindigkeit oder die Kraft, der sich wie eine orientierte Strecke transformiert, ändert dabei die Vorzeichen seiner Komponenten. Man spricht daher in diesem Fall von *polaren Vektoren.* Die Komponenten des Vektors, der das vektorielle Produkt darstellt, bleiben dagegen unverändert. Man bezeichnet diesen daher als *axialen Vektor*. Solange man nur Drehungen des Koordinatensystems betrachtet, gibt es keinen Unterschied zwischen axialen und polaren Vektoren, bei Spiegelungen ist aber der angeführte Unterschied bei der Transformation der Komponenten zu beachten.

Die Besonderheit des vektoriellen Produktes äußert sich noch in anderer Weise. Die in den vorangegangenen Abschnitten eingeführten Operationen mit Vektoren, wie die Addition, die Zerlegung in Komponenten und das skalare Produkt, lassen sich sinngemäß auch auf Vektoren in einem Raum beliebiger Dimensionszahl n übertragen. Bei dem durch Gl. (20) definierten skalaren Produkt beispielsweise treten dann an Stelle von 3 Summanden n Summanden auf. Das vektorielle Produkt kann man dagegen nur im dreidimensionalen Raum definieren. Es stellt, wie man zeigen kann, den Sonderfall eines Tensors dar.

8. Mehrfache Produkte

Von Interesse sind auch Produkte von mehr als zwei Vektoren. Wir betrachten im besonderen die skalare Multiplikation eines Vektors $\boldsymbol{a}$ mit dem vektoriellen Produkt zweier Vektoren $\boldsymbol{b}$ und $\boldsymbol{c}$,

$$\boldsymbol{a} \cdot [\boldsymbol{b} \times \boldsymbol{c}] .$$

Man bezeichnet diesen Ausdruck als *Spatprodukt.*

Das Spatprodukt ist ein Skalar, der eine anschauliche geometrische Bedeutung hat. Die Vektoren $\boldsymbol{a}$, $\boldsymbol{b}$ und $\boldsymbol{c}$ definieren als Kanten einen Körper, der durch drei Paare paralleler Ebenen begrenzt wird und den man als *Parallelepiped* bezeichnet (siehe Abb. 18). *Das Spatprodukt gibt das Volumen V dieses Parallelepipeds an, und zwar mit einem positiven oder negativen Vorzeichen versehen, je nachdem ob die Vektoren* $\boldsymbol{a}, \boldsymbol{b}, \boldsymbol{c}$ *ein Rechtssystem oder ein Linkssystem bilden:*

$$V = \boldsymbol{a} \cdot [\boldsymbol{b} \times \boldsymbol{c}] \quad \textit{wenn} \quad \boldsymbol{a}, \boldsymbol{b}, \boldsymbol{c} \textit{ ein Rechtssystem}$$
$$V = -\boldsymbol{a} \cdot [\boldsymbol{b} \times \boldsymbol{c}] \quad \textit{wenn} \quad \boldsymbol{a}, \boldsymbol{b}, \boldsymbol{c} \textit{ ein Linkssystem.}$$

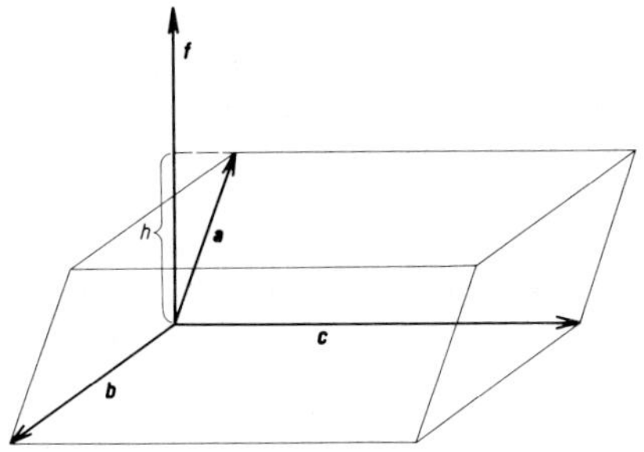

Abb. 18. Zur Definition des Spatproduktes dreier Vektoren $\boldsymbol{a}$, $\boldsymbol{b}$ und $\boldsymbol{c}$.

Man kann diese Aussage leicht beweisen: $\boldsymbol{b} \times \boldsymbol{c}$ ist ein Vektor $\boldsymbol{f}$, der senkrecht auf das Parallelogramm mit den Seiten $\boldsymbol{b}$ und $\boldsymbol{c}$ steht und dessen Betrag gleich dem Flächeninhalt dieses Parallelogramms ist. Das Skalarprodukt aus $\boldsymbol{a}$ und $\boldsymbol{f}$ ist Gl. (13) zufolge das Produkt aus $|\boldsymbol{f}|$ und der Komponente von $\boldsymbol{a}$ in Richtung von $\boldsymbol{f}$. Diese Komponente ist dem Betrage nach gleich der Höhe h des Parallelepipeds (s. Abb. 18). Wenn $\boldsymbol{a}, \boldsymbol{b}, \boldsymbol{c}$ ein Rechtssystem bilden, so ist die Komponente von $\boldsymbol{a}$ positiv. $\boldsymbol{a} \cdot \boldsymbol{f} = \boldsymbol{a} \cdot [\boldsymbol{b} \times \boldsymbol{c}]$ stellt dann das Produkt aus Höhe und Grundfläche dar, was bekanntlich das Volumen ergibt. Bilden die Vektoren $\boldsymbol{a}, \boldsymbol{b}, \boldsymbol{c}$ dagegen ein Linkssystem, so ist die betrachtete Komponente von $\boldsymbol{a}$ negativ und das Spatprodukt ergibt das Volumen V mit einem negativen Vorzeichen.

Es ist ferner leicht einzusehen, daß gilt

$$\boldsymbol{a} \cdot [\boldsymbol{b} \times \boldsymbol{c}] = [\boldsymbol{a} \times \boldsymbol{b}] \cdot \boldsymbol{c} = \boldsymbol{b} \cdot [\boldsymbol{c} \times \boldsymbol{a}] . \qquad (35\,\mathrm{a})$$

Jedes dieser Spatprodukte gibt nämlich das Volumen des Parallelepipeds an, wobei lediglich beim ersten das Parallelogramm mit den Seiten $\boldsymbol{b}$ und $\boldsymbol{c}$ die Grundfläche ist, beim zweiten das mit den Seiten $\boldsymbol{a}$ und $\boldsymbol{b}$ und beim dritten das mit den Seiten $\boldsymbol{c}$ und $\boldsymbol{a}$. Die Reihenfolge der Vektoren ist dabei immer die gleiche. Vertauscht man dagegen zwei Vektoren miteinander, so ändert man die Reihenfolge und kommt von einem Rechtssystem in ein Linkssystem bzw. umgekehrt. Das Spatprodukt ändert dann sein Vorzeichen. Daher gilt z. B.

$$\boldsymbol{a} \cdot [\boldsymbol{b} \times \boldsymbol{c}] = -\boldsymbol{a} \cdot [\boldsymbol{c} \times \boldsymbol{b}]. \tag{35b}$$

Wenn man das Spatprodukt aus den Komponenten der entsprechenden Vektoren berechnen will, so geht man am besten von Gl. (34) für das Vektorprodukt aus. Für das Vektorprodukt $\boldsymbol{b} \times \boldsymbol{c}$ kann man dann schreiben

$$\boldsymbol{b} \times \boldsymbol{c} = \boldsymbol{i} \cdot \begin{vmatrix} b_y & b_z \\ c_y & c_z \end{vmatrix} - \boldsymbol{j} \cdot \begin{vmatrix} b_x & b_z \\ c_x & c_z \end{vmatrix} + \boldsymbol{k} \cdot \begin{vmatrix} b_x & b_y \\ c_x & c_y \end{vmatrix}.$$

Daraus folgt unter Beachtung von Gl. (20) für die Berechnung eines skalaren Produktes aus den Komponenten

$$\boldsymbol{a} \cdot [\boldsymbol{b} \times \boldsymbol{c}] = a_x \begin{vmatrix} b_y & b_z \\ c_y & c_z \end{vmatrix} - a_y \begin{vmatrix} b_x & b_z \\ c_x & c_z \end{vmatrix} + a_z \begin{vmatrix} b_x & b_y \\ c_x & c_y \end{vmatrix}.$$

Die rechte Seite dieser Gleichung kann man aber wieder als Entwicklung einer entsprechenden dreizeiligen Determinante auffassen, so daß man anstelle von obiger Gleichung auch schreiben kann

$$\boldsymbol{a} \cdot [\boldsymbol{b} \times \boldsymbol{c}] = \begin{vmatrix} a_x & a_y & a_z \\ b_x & b_y & b_z \\ c_x & c_y & c_z \end{vmatrix}.$$

Da man bei einer Determinante Zeilen und Spalten vertauschen darf (siehe Abschn. IV, B 4), gilt ebenso

$$\boldsymbol{a} \cdot [\boldsymbol{b} \times \boldsymbol{c}] = \begin{vmatrix} a_x & b_x & c_x \\ a_y & b_y & c_y \\ a_z & b_z & c_z \end{vmatrix}. \tag{36}$$

Das Spatprodukt ist also durch die in obiger Weise gebildete Determinante aus den Komponenten der Vektoren gegeben. Die Gln. (35a) und (35b) folgen bei der Determinantenschreibweise unmittelbar aus den entsprechenden Gesetzen über die Vertauschung von Zeilen in Determinanten (s. Abschnitt IV, B 4).

Als Beispiel betrachten wir das Parallelepiped, das durch die Vektoren

$$\boldsymbol{a} = \begin{pmatrix} 1 \\ 1 \\ 1 \end{pmatrix}, \quad \boldsymbol{b} = \begin{pmatrix} 2 \\ 0 \\ 0 \end{pmatrix}, \quad \boldsymbol{c} = \begin{pmatrix} 1 \\ 1 \\ 0 \end{pmatrix}$$

aufgebaut wird. Die Vektoren bilden in der angegebenen Reihenfolge ein Rechtssystem. Mit Hilfe von Gl. (36) sowie der für das Ausrechnen der Determinante maßgeblichen Gl. (IV, 18) ergibt sich

$$V = \boldsymbol{a} \cdot [\boldsymbol{b} \times \boldsymbol{c}] = \begin{vmatrix} 1 & 2 & 1 \\ 1 & 0 & 1 \\ 1 & 0 & 0 \end{vmatrix} = 1 \cdot 0 \cdot 0 + 2 \cdot 1 \cdot 1 + 1 \cdot 1 \cdot 0 - 1 \cdot 0 \cdot 1 - 1 \cdot 1 \cdot 0 - 2 \cdot 1 \cdot 0 = 2. \tag{37}$$

Fragen und Aufgaben

1. Wie ist die Summe, die Differenz, das skalare Produkt und das vektorielle Produkt von Vektoren definiert? Wie führt man die Multiplikation eines Vektors mit einem Skalar aus?
2. Welche oben genannten Operationen mit Vektoren sind kommutativ bzw. assoziativ?

3. Für welche der oben genannten Kombinationen von Operationen mit Vektoren gilt das distributive Gesetz?
4. Wie wird das Produkt zweier Vektoren definiert?
5. Was ist ein Einheitsvektor?
6. Gegeben sind zwei Vektoren $\boldsymbol{a}$ und $\boldsymbol{b}$ mit den Koordinaten

$$\boldsymbol{a} = \begin{pmatrix} 3 \\ -1 \\ 2 \end{pmatrix} \quad \text{und} \quad \boldsymbol{b} = \begin{pmatrix} 2 \\ 5 \\ 0 \end{pmatrix}.$$

Bestimme rechnerisch und graphisch $\boldsymbol{a} + \boldsymbol{b}$, $\boldsymbol{a} - \boldsymbol{b}$, $\boldsymbol{a} \cdot \boldsymbol{b}$, $\boldsymbol{a} \times \boldsymbol{b}$, $-\boldsymbol{a}$, $6\boldsymbol{b}$, sowie den Betrag des Vektors $\boldsymbol{a}$ in Richtung des Vektors $\boldsymbol{b}$.
7. Zerlege auf graphischem Wege den Vektor $\boldsymbol{a}$ mit einer Länge von 3 cm in zwei Komponenten, die mit $\boldsymbol{a}$ den Winkel $\pi/6$ bzw. $-\pi/6$ einschließen.
8. Berechne die Komponente eines Vektors der Länge 10 in Richtung einer Geraden, die mit dem Vektor den Winkel $\pi/4$ einschließt.
9. Der Drehimpuls $\boldsymbol{l}$ eines Elektrons der Masse m, das mit der Geschwindigkeit $\boldsymbol{v}$ in der x,y-Ebene um den Koordinatenursprung kreist, ist durch $\boldsymbol{l} = m[\boldsymbol{r} \times \boldsymbol{v}]$ gegeben. $\boldsymbol{r}$ ist der Vektor, der vom Koordinatenursprung zum Elektron führt und der die Koordinaten x,y,z besitzt. Bestimme mit Hilfe von Gl. (34) die Komponenten des Drehimpulses a) allgemein, b) unter der Voraussetzung, daß die Beträge von $\boldsymbol{r}$ und $\boldsymbol{v}$ konstant sind.
10. Bestimme das Volumen des Parallelepipeds, das durch die folgenden 3 Vektoren bestimmt ist:

$$\boldsymbol{a} = \begin{pmatrix} 1 \\ 0 \\ 0 \end{pmatrix}, \quad \boldsymbol{b} = \begin{pmatrix} -1 \\ -1 \\ -1 \end{pmatrix}, \quad \boldsymbol{c} = \begin{pmatrix} 2 \\ 2 \\ 3 \end{pmatrix}.$$

C. Lineare Abhängigkeit und Darstellung in verschiedenen Räumen

1. Lineare Abhängigkeit von Vektoren

Es gilt die folgende Definition: *m Vektoren $\overset{1}{\boldsymbol{a}}, \overset{2}{\boldsymbol{a}}, \ldots, \overset{m}{\boldsymbol{a}}$ heißen linear abhängig, wenn es m Zahlen $\lambda_1, \lambda_2, \ldots, \lambda_m$ gibt, die nicht alle verschwinden und für die gilt*

$$\lambda_1 \overset{1}{\boldsymbol{a}} + \lambda_2 \overset{2}{\boldsymbol{a}} + \cdots + \lambda_m \overset{m}{\boldsymbol{a}} = 0. \tag{38a}$$

Ausführlicher geschrieben besteht diese Beziehung aus drei Gleichungen

$$\begin{aligned} \lambda_1 \overset{1}{a}_x + \lambda_2 \overset{2}{a}_x + \cdots + \lambda_m \overset{m}{a}_x &= 0 \\ \lambda_1 \overset{1}{a}_y + \lambda_2 \overset{2}{a}_y + \cdots + \lambda_m \overset{m}{a}_y &= 0 \\ \lambda_1 \overset{1}{a}_z + \lambda_2 \overset{2}{a}_z + \cdots + \lambda_m \overset{m}{a}_z &= 0. \end{aligned} \tag{38b}$$

Wie erkennt man, ob m Vektoren linear abhängig sind? Die Gln. (38b) stellen ein System von 3 homogenen Gleichungen zur Bestimmung der m Unbekannten $\lambda_1, \lambda_2, \ldots, \lambda_m$ dar. Das System besitzt auf Grund der Ausführungen in Abschn. IV C 3 nur dann Lösungen, wenn der Rang der Koeffizientenmatrix kleiner als m ist. Wir können also sagen: *m Vektoren sind dann und nur dann linear abhängig, wenn der Rang r der aus ihren Komponenten gebildeten Matrix*

$$\begin{pmatrix} \overset{1}{a}_x & \overset{2}{a}_x & \ldots & \overset{m}{a}_x \\ \overset{1}{a}_y & \overset{2}{a}_y & \ldots & \overset{m}{a}_y \\ \overset{1}{a}_z & \overset{2}{a}_z & \ldots & \overset{m}{a}_z \end{pmatrix} \tag{39}$$

kleiner oder gleich m ist. Da die Zeilenzahl 3 ist, muß auf alle Fälle gelten $r \leqq 3$.

Wir wollen nun die anschauliche Bedeutung der linearen Abhängigkeit untersuchen und betrachten hierzu als erstes zwei Vektoren $\overset{1}{\boldsymbol{a}}$ und $\overset{2}{\boldsymbol{a}}$. Wenn diese Vektoren linear abhängig sind, so gibt es zwei Zahlen, λ_1 und λ_2, für die gilt

$$\lambda_1 \overset{1}{\boldsymbol{a}} + \lambda_2 \overset{2}{\boldsymbol{a}} = 0 \tag{40}$$

oder, unter der Voraussetzung, daß $\lambda_2 \neq 0$ ist,

$$\overset{2}{\boldsymbol{a}} = -\frac{\lambda_1}{\lambda_2} \overset{1}{\boldsymbol{a}}. \tag{41}$$

Die beiden Vektoren unterscheiden sich also nur um einen Zahlenfaktor und besitzen daher auf Grund der Ausführungen im Zusammenhang mit Gl. (9) die gleiche Richtung (s. Abb. 19a). Man sagt auch, sie seien *kollinear*. Wenn die beiden Vektoren nicht linear abhängig sind, so haben sie nicht die gleiche Richtung. Sie definieren dann, wie man anschaulich leicht erkennt (s. Abb. 19b) eine Ebene. Man sagt auch, sie

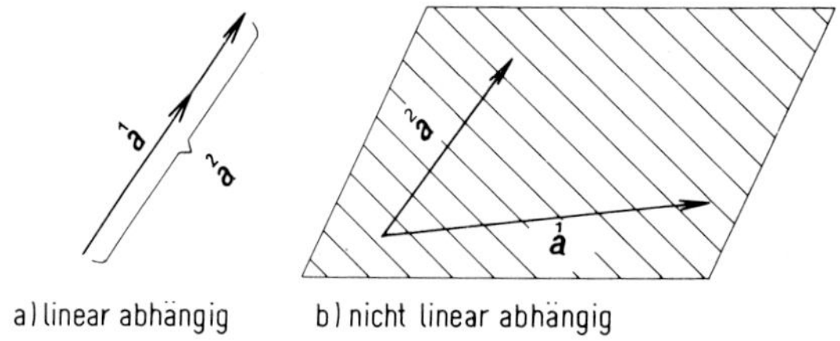

Abb. 19. Zur linearen Abhängigkeit von zwei Vektoren.

spannen eine Ebene auf. Es gilt also: *Zwei linear abhängige Vektoren sind kollinear; zwei nicht linear abhängige Vektoren spannen eine Ebene auf.*

Für drei linear abhängige Vektoren gilt

$$\lambda_1 \overset{1}{\boldsymbol{a}} + \lambda_2 \overset{2}{\boldsymbol{a}} + \lambda_3 \overset{3}{\boldsymbol{a}} = 0 \tag{42}$$

oder, unter der Voraussetzung daß $\lambda_3 \neq 0$ ist,

$$\overset{3}{\boldsymbol{a}} = -\frac{\lambda_1}{\lambda_3} \overset{1}{\boldsymbol{a}} - \frac{\lambda_2}{\lambda_3} \overset{2}{\boldsymbol{a}} \tag{43}$$

Den Vektor $\overset{3}{\boldsymbol{a}}$ erhält man also, indem man die Vektoren $\overset{1}{\boldsymbol{a}}$ und $\overset{2}{\boldsymbol{a}}$ mit bestimmten Zahlen multipliziert und anschließend addiert. Man erkennt unmittelbar, daß $\overset{3}{\boldsymbol{a}}$ in der gleichen Ebene wie $\overset{1}{\boldsymbol{a}}$ und $\overset{2}{\boldsymbol{a}}$ liegen muß (s. Abb. 20a). Wenn die Vektoren nicht

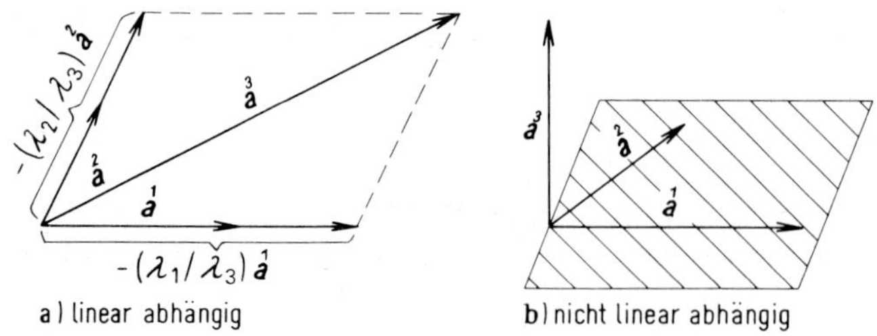

Abb. 20. Zur linearen Abhängigkeit von drei Vektoren.

linear abhängig sind, so liegen sie nicht in einer Ebene, sondern spannen, wie Abb. 20b zeigt, einen dreidimensionalen Raum auf. Wir sehen also: *Drei linear abhängige Vektoren liegen in einer Ebene. Drei nicht linear abhängige Vektoren spannen einen dreidimensionalen Raum auf.*

Vier Vektoren $\overset{1}{\boldsymbol{a}}$, $\overset{2}{\boldsymbol{a}}$, $\overset{3}{\boldsymbol{a}}$ und $\overset{4}{\boldsymbol{a}}$ im dreidimensionalen Raum sind immer linear abhängig. Wie nämlich eingangs gezeigt wurde, ist $r \leqq 3$. Da jetzt $m = 4$ ist, muß daher die Bedingung $r \leqq m$ in jedem Fall erfüllt sein. Man kann also immer vier Zahlen $\lambda_1, \lambda_2, \lambda_3, \lambda_4$ finden, die nicht alle gleich Null sind und für die gilt

$$\lambda_1 \overset{1}{\boldsymbol{a}} + \lambda_2 \overset{2}{\boldsymbol{a}} + \lambda_3 \overset{3}{\boldsymbol{a}} + \lambda_4 \overset{4}{\boldsymbol{a}} = 0 \tag{44}$$

bzw. unter der Voraussetzung, daß $\lambda_4 \neq 0$ ist,

$$\overset{4}{\boldsymbol{a}} = -\frac{\lambda_1}{\lambda_4}\overset{1}{\boldsymbol{a}} - \frac{\lambda_2}{\lambda_4}\overset{2}{\boldsymbol{a}} - \frac{\lambda_3}{\lambda_4}\overset{3}{\boldsymbol{a}}. \tag{45}$$

Die erhaltene Gleichung besagt, daß man den Vektor $\overset{4}{\boldsymbol{a}}$ in Komponenten, die die Richtungen der Vektoren $\overset{1}{\boldsymbol{a}}$, $\overset{2}{\boldsymbol{a}}$ und $\overset{3}{\boldsymbol{a}}$ haben, zerlegen kann.

Als Beispiel fragen wir danach, ob die drei Vektoren

$$\overset{1}{\boldsymbol{a}} = \begin{pmatrix} 1 \\ 1 \\ 1 \end{pmatrix} \qquad \overset{2}{\boldsymbol{a}} = \begin{pmatrix} -1 \\ 2 \\ 0 \end{pmatrix} \qquad \overset{3}{\boldsymbol{a}} = \begin{pmatrix} 1 \\ 0 \\ 2 \end{pmatrix}$$

linear abhängig sind. Um diese Frage zu beantworten, müssen wir die in Gl. (39) angegebene Matrix bilden

$$\begin{pmatrix} 1 & -1 & 1 \\ 1 & 2 & 0 \\ 1 & 0 & 2 \end{pmatrix}$$

und feststellen, ob der Rang dieser Matrix kleiner als die Anzahl der Vektoren, also kleiner als 3 ist. Mit Hilfe der in Gl. (IV, 18) erläuterten Regel von Sarrus kann man leicht feststellen, daß die Determinante der angegebenen Matrix verschwindet, d. h. daß $r < 3$ ist. Die gegebenen Vektoren sind also linear abhängig und liegen daher in einer Ebene.

2. Darstellung eines Vektors mit Hilfe eines beliebigen Dreibeins

a) Allgemeines Dreibein

Die Zerlegung eines Vektors in Komponenten gemäß Gl. (45) ist bisweilen mehrdeutig, beispielsweise dann, wenn alle vier Vektoren in einer Ebene liegen. Wir fragen nun, unter welchen Bedingungen die Zerlegung nur auf eine einzige Art vorgenommen werden kann. Es gilt hierzu der folgende Satz: *Wenn die Vektoren $\overset{1}{\boldsymbol{a}}$, $\overset{2}{\boldsymbol{a}}$ und $\overset{3}{\boldsymbol{a}}$ voneinander linear unabhängig sind, so kann man jeden beliebigen Vektor $\boldsymbol{b}$ auf eindeutige Art in Komponenten $\beta_1, \beta_2, \beta_3$ in den Richtungen von $\overset{1}{\boldsymbol{a}}$, $\overset{2}{\boldsymbol{a}}$ bzw. $\overset{3}{\boldsymbol{a}}$ zerlegen, so daß gilt*

$$\boldsymbol{b} = \beta_1 \overset{1}{\boldsymbol{a}} + \beta_2 \overset{2}{\boldsymbol{a}} + \beta_3 \overset{3}{\boldsymbol{a}}. \tag{46}$$

Rein anschaulich kann man diesen Satz unmittelbar einsehen. Eine entsprechende Zerlegung ist in Abb. 21 angegeben. Analytisch beweist man die Eindeutigkeit

---

*) Dieser Abschnitt kann von einem weniger interessierten Leser überschlagen werden.

wie folgt: Man zeigt, daß es drei eindeutig bestimmte Zahlen β_1, β_2 und β_3 gibt, so daß Gl. (46) bzw. die daraus folgenden Gleichungen für die Komponenten

$$\begin{aligned} b_x &= \beta_1 \overset{1}{a}_x + \beta_2 \overset{2}{a}_x + \beta_3 \overset{3}{a}_x \\ b_y &= \beta_1 \overset{1}{a}_y + \beta_2 \overset{2}{a}_y + \beta_3 \overset{3}{a}_y \\ b_z &= \beta_1 \overset{1}{a}_z + \beta_2 \overset{2}{a}_z + \beta_3 \overset{3}{a}_z \end{aligned} \tag{47}$$

erfüllt sind. Dies ist leicht einzusehen. Die Gln. (47) sind drei inhomogene Gleichungen für die drei Unbekannten β_1, β_2 und β_3. Die Koeffizientendeterminante wird

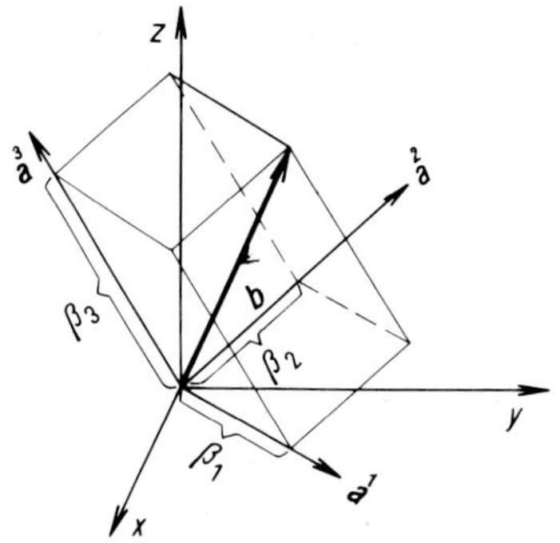

Abb. 21. Zerlegung eines Vektors nach Komponenten in Richtungen eines vorgegebenen Vektortripels $\overset{1}{\boldsymbol{a}}$, $\overset{2}{\boldsymbol{a}}$, $\overset{3}{\boldsymbol{a}}$.

aus den Komponenten der Vektoren $\overset{1}{\boldsymbol{a}}$, $\overset{2}{\boldsymbol{a}}$ und $\overset{3}{\boldsymbol{a}}$ gebildet. Da diese Vektoren voraussetzungsgemäß voneinander linear unabhängig sind, ist diese Determinante von Null verschieden, und das Gleichungssystem muß gemäß den Ausführungen in Abschn. IV, C 2a eindeutig lösbar sein.

Drei linear unabhängige Vektoren $\overset{1}{\boldsymbol{a}}$, $\overset{2}{\boldsymbol{a}}$ und $\overset{3}{\boldsymbol{a}}$ bezeichnet man als Dreibein. Die Zahlen β_1, β_2 und β_3 nennt man die Komponenten des Vektors $\boldsymbol{b}$ bezüglich des Dreibeins $\overset{1}{\boldsymbol{a}}$, $\overset{2}{\boldsymbol{a}}$, $\overset{3}{\boldsymbol{a}}$. Die Einheitsvektoren $\boldsymbol{x}, \boldsymbol{y}, \boldsymbol{z}$ in Richtung der x-, y- bzw. z-Achse bilden ebenfalls ein Dreibein. b_x, b_y, b_z sind dementsprechend die Komponenten des Vektors $\boldsymbol{b}$ bezüglich des Dreibeins $\boldsymbol{x}$, $\boldsymbol{y}$, $\boldsymbol{z}$. Zur Darstellung eines Vektors kann man statt der Komponenten b_x, b_y, b_z auch die Komponenten β_1, β_2, β_3 verwenden. Man sagt: *Durch die Größen b_x, b_y, b_z ist der Vektor $\boldsymbol{b}$ in dem durch das Dreibein $\boldsymbol{x}$, $\boldsymbol{y}$, $\boldsymbol{z}$ gegebenen Raum dargestellt, durch die Größen β_1, β_2, β_3 in dem durch das Dreibein $\overset{1}{\boldsymbol{a}}$, $\overset{2}{\boldsymbol{a}}$, $\overset{3}{\boldsymbol{a}}$ aufgespannten Raum.* Den Übergang von einem Zahlentripel zum anderen nennt man eine *Transformation der Darstellung* von einem Raum in den anderen. Das jeweilige Dreibein, mit dessen Hilfe der Vektor dargestellt wird, bezeichnet man auch als *Basis.*

Um β_1, β_2 und β_3 aus b_x, b_y, b_z und den Komponenten des Dreibeins $\overset{1}{\boldsymbol{a}}$, $\overset{2}{\boldsymbol{a}}$, $\overset{3}{\boldsymbol{a}}$ auszurechnen, muß man die Gln. (47) nach den β_i auflösen. Mit Hilfe der Cramerschen Regel Gl. (IV, 59) folgt z. B. für β_1

$$\beta_1 = \frac{\begin{vmatrix} b_x & \overset{2}{a}_x & \overset{3}{a}_x \\ b_y & \overset{2}{a}_y & \overset{3}{a}_y \\ b_z & \overset{2}{a}_z & \overset{3}{a}_z \end{vmatrix}}{\begin{vmatrix} \overset{1}{a}_x & \overset{2}{a}_x & \overset{3}{a}_x \\ \overset{1}{a}_y & \overset{2}{a}_y & \overset{3}{a}_y \\ \overset{1}{a}_z & \overset{2}{a}_z & \overset{3}{a}_z \end{vmatrix}}. \tag{48}$$

Die untere Determinante ist Gl. (36) zufolge gleich dem Spatprodukt $\overset{1}{\boldsymbol{a}} \cdot [\overset{2}{\boldsymbol{a}} \times \overset{3}{\boldsymbol{a}}]$, d. h. dem Volumen V des durch die Vektoren $\overset{1}{\boldsymbol{a}}$, $\overset{2}{\boldsymbol{a}}$ und $\overset{3}{\boldsymbol{a}}$ als Kanten definierten Parallelepipeds. Für die obere Determinante kann man, wie man sich leicht überzeugen kann, in ähnlicher Weise schreiben $\boldsymbol{b} \cdot [\overset{2}{\boldsymbol{a}} \times \overset{3}{\boldsymbol{a}}]$. Damit ergibt sich

$$\beta_1 = \frac{\boldsymbol{b} \cdot [\overset{2}{\boldsymbol{a}} \times \overset{3}{\boldsymbol{a}}]}{\overset{1}{\boldsymbol{a}}[\overset{2}{\boldsymbol{a}} \times \overset{3}{\boldsymbol{a}}]} . \tag{49}$$

Analoge Gleichungen gelten für β_2 und β_3.

Zur besseren Veranschaulichung der Komponenten β_1, β_2 und β_3 führt man das zum Dreibein $\overset{1}{\boldsymbol{a}}$, $\overset{2}{\boldsymbol{a}}$, $\overset{3}{\boldsymbol{a}}$ reziproke Dreibein $\overset{1}{\boldsymbol{a}}{}^*$, $\overset{2}{\boldsymbol{a}}{}^*$, $\overset{3}{\boldsymbol{a}}{}^*$ ein, das definiert ist durch

$$\overset{k}{\boldsymbol{a}}{}^* \cdot \overset{l}{\boldsymbol{a}} = \delta_{lk} . \tag{50}$$

Für $\overset{1}{\boldsymbol{a}}$ z. B. folgen aus diesen Gleichungen die Beziehungen

$$\overset{1}{\boldsymbol{a}}{}^* \cdot \overset{1}{\boldsymbol{a}} = 1, \quad \overset{1}{\boldsymbol{a}}{}^* \cdot \overset{2}{\boldsymbol{a}} = 0, \quad \overset{1}{\boldsymbol{a}}{}^* \cdot \overset{3}{\boldsymbol{a}} = 0 .$$

Aus der zweiten und dritten Beziehung muß man schließen, daß $\overset{1}{\boldsymbol{a}}{}^*$ senkrecht auf $\overset{2}{\boldsymbol{a}}$ und $\overset{3}{\boldsymbol{a}}$ steht. Die erste Gleichung besagt, daß der Betrag von $\overset{1}{\boldsymbol{a}}{}^*$ gleich dem reziproken Betrag von $\overset{1}{\boldsymbol{a}}$ ist und daß $\overset{1}{\boldsymbol{a}}{}^*$ und $\overset{1}{\boldsymbol{a}}$ einen Winkel einschließen müssen, der kleiner als 90° ist. In ähnlicher Weise sind in den Gl. (50) drei Beziehungen für $\overset{2}{\boldsymbol{a}}{}^*$ enthalten, aus denen folgt, daß $\overset{2}{\boldsymbol{a}}{}^*$ senkrecht auf $\overset{1}{\boldsymbol{a}}$ und $\overset{3}{\boldsymbol{a}}$ steht usw. Aus dieser anschaulichen Interpretation erkennt man, daß man für die Vektoren des reziproken Dreibeins auch schreiben kann

$$\begin{aligned} \overset{1}{\boldsymbol{a}}{}^* &= \frac{\overset{2}{\boldsymbol{a}} \times \overset{3}{\boldsymbol{a}}}{\overset{1}{\boldsymbol{a}} \cdot [\overset{2}{\boldsymbol{a}} \times \overset{3}{\boldsymbol{a}}]} \\ \overset{2}{\boldsymbol{a}}{}^* &= \frac{\overset{3}{\boldsymbol{a}} \times \overset{1}{\boldsymbol{a}}}{\overset{1}{\boldsymbol{a}} \cdot [\overset{2}{\boldsymbol{a}} \times \overset{3}{\boldsymbol{a}}]} \\ \overset{3}{\boldsymbol{a}}{}^* &= \frac{\overset{1}{\boldsymbol{a}} \times \overset{2}{\boldsymbol{a}}}{\overset{1}{\boldsymbol{a}} \cdot [\overset{2}{\boldsymbol{a}} \times \overset{3}{\boldsymbol{a}}]} . \end{aligned} \tag{51}$$

Denn auch nach diesen Definitionen steht z. B. $\overset{1}{\boldsymbol{a}}{}^*$ senkrecht auf $\overset{2}{\boldsymbol{a}}$ und $\overset{3}{\boldsymbol{a}}$ und hat den oben angegebenen Betrag usw. Wir wollen aber hervorheben, daß die Gln. (50) allgemein für Vektoren in einem Raum beliebiger Dimensionszahl gelten, während die Gln. (51) nur für den Sonderfall des dreidimensionalen Raumes zu verwenden sind.

Mit Hilfe des reziproken Dreibeins folgt nun aus Gl. (51) und Gl. (49) $\beta_1 = \boldsymbol{b} \cdot \overset{1}{\boldsymbol{a}}{}^*$. Rechnet man auch in entsprechender Weise β_2 und β_3 aus, so ergibt sich insgesamt

$$\begin{aligned} \beta_1 &= \boldsymbol{b} \cdot \overset{1}{\boldsymbol{a}}{}^* \\ \beta_2 &= \boldsymbol{b} \cdot \overset{2}{\boldsymbol{a}}{}^* \\ \beta_3 &= \boldsymbol{b} \cdot \overset{3}{\boldsymbol{a}}{}^* . \end{aligned} \tag{52}$$

Als Beispiel führen wir das Dreibein

$$\overset{1}{\boldsymbol{a}} = \begin{pmatrix} 1 \\ 1 \\ 1 \end{pmatrix}, \quad \overset{2}{\boldsymbol{a}} = \begin{pmatrix} 2 \\ 0 \\ 0 \end{pmatrix}, \quad \overset{3}{\boldsymbol{a}} = \begin{pmatrix} 1 \\ 1 \\ 0 \end{pmatrix} \tag{53}$$

ein (siehe Abb. 22). Gl. (37) zufolge ist dann

$$\overset{1}{\boldsymbol{a}} \cdot [\overset{2}{\boldsymbol{a}} \times \overset{3}{\boldsymbol{a}}] = 2\,.$$

Mit Hilfe der Gln. (50) ergibt sich

$$\overset{1}{\boldsymbol{a}}{}^* = \frac{\begin{vmatrix} \boldsymbol{i} & \boldsymbol{j} & \boldsymbol{k} \\ 2 & 0 & 0 \\ 1 & 1 & 0 \end{vmatrix}}{2} = \frac{2\boldsymbol{k}}{2} = \boldsymbol{k}$$

und in gleicher Weise

$$\overset{2}{\boldsymbol{a}}{}^* = \tfrac{1}{2}\boldsymbol{i} - \tfrac{1}{2}\boldsymbol{j}$$

$$\overset{3}{\boldsymbol{a}}{}^* = \boldsymbol{j} - \boldsymbol{k}\,.$$

Der Vektor $\boldsymbol{b}$ mit den Komponenten $b_x = 1, b_y = 0, b_z = 0$ hat bezüglich des neu eingeführten Dreibeins den Gln. (51) zufolge die Komponenten

$$\begin{aligned} \beta_1 &= \boldsymbol{b} \cdot \overset{1}{\boldsymbol{a}}{}^* = 1 \cdot 0 + 0 \cdot 0 + 0 \cdot 1 = 0 \\ \beta_2 &= \boldsymbol{b} \cdot \overset{2}{\boldsymbol{a}}{}^* = 1 \cdot \tfrac{1}{2} + 0 \cdot (-\tfrac{1}{2}) + 0 \cdot 0 = \tfrac{1}{2} \\ \beta_3 &= \boldsymbol{b} \cdot \overset{3}{\boldsymbol{a}}{}^* = 1 \cdot 0 + 0 \cdot 1 + 0 \cdot (-1) = 0\,. \end{aligned} \tag{54}$$

Er liegt also in Richtung des Vektors $\overset{2}{\boldsymbol{a}}$, wie auch aus Abb. 22 hervorgeht.

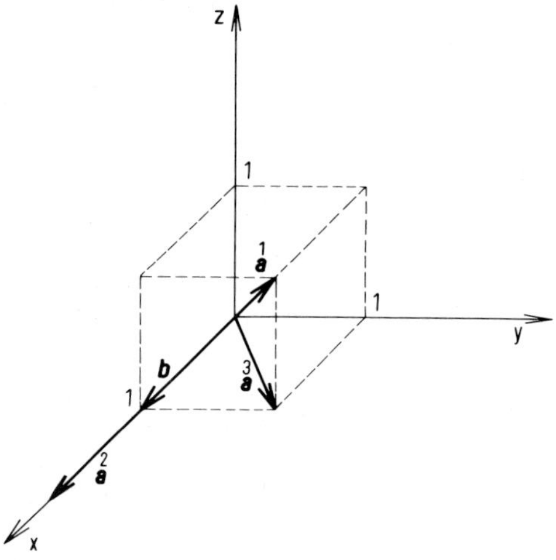

Abb. 22. Darstellung des durch Gl. (53) gegebenen Dreibeins $\overset{1}{\boldsymbol{a}}, \overset{2}{\boldsymbol{a}}, \overset{3}{\boldsymbol{a}}$.

Reziproke Dreibeine spielen in der Chemie eine wichtige Rolle. Ein Beispiel hierfür ist die Berechnung der Streuung von Röntgenstrahlen durch ein Kristallgitter. Wir wollen die entsprechenden Zusammenhänge im folgenden kurz andeuten.

Das Kristallgitter beschreibt man durch ein Dreibein $\boldsymbol{a}, \boldsymbol{b}, \boldsymbol{c}$, das durch die Kanten der Elementarzelle gegeben ist. Das hierzu reziproke Dreibein $\boldsymbol{a}^*, \boldsymbol{b}^*, \boldsymbol{c}^*$ faßt man nun als Kanten der Elementarzelle des sogenannten *reziproken Gitters* auf. Zu einer Streuung kommt es nur dann, wenn die Differenz $\Delta \boldsymbol{s}$ des Wellenzahlvektors*) der gestreuten Welle und desjenigen der einfallenden Welle gleich dem 2π-fachen eines Vektors im reziproken Gitter ist. Diese Aussage folgt in einfacher Weise aus den von Laueschen Interferenzbedingungen. Diese Bedingungen lauten

*) Unter dem Wellenzahlvektor versteht man einen Vektor in Richtung der Fortpflanzungsrichtung der Welle mit dem Betrag $2\pi/\lambda$, wobei λ die Wellenlänge ist.

$$\Delta \boldsymbol{s} \cdot \boldsymbol{a} = 2\pi h$$
$$\Delta \boldsymbol{s} \cdot \boldsymbol{b} = 2\pi k$$
$$\Delta \boldsymbol{s} \cdot \boldsymbol{c} = 2\pi l \ ,$$

wobei h, k und l ganze Zahlen sein müssen. Löst man diese Gleichungen nach $\Delta \boldsymbol{s}$ auf, so ergibt sich in gleicher Weise wie beim Übergang von den Gln. (52) zu den Gln. (47) – nur daß jetzt die Rollen zwischen dem Dreibein und dem reziproken Dreibein vertauscht sind –

$$\Delta \boldsymbol{s} = 2\pi(h\boldsymbol{a}^* + k\boldsymbol{b}^* + l\boldsymbol{c}^*) \,.$$

b) Orthonormiertes Dreibein

Wir müssen nun noch einige spezielle Dreibeine betrachten. Stehen drei linear unabhängige Vektoren $\overset{1}{\boldsymbol{a}}$, $\overset{2}{\boldsymbol{a}}$, $\overset{3}{\boldsymbol{a}}$ senkrecht aufeinander, so spricht man von einem *orthogonalen Dreibein.* Wenn jeder von drei linear unabhängigen Vektoren den Betrag 1 hat, so spricht man von einem *normierten Dreibein* und bezeichnet die entsprechenden Vektoren mit $\overset{1}{\boldsymbol{e}}$, $\overset{2}{\boldsymbol{e}}$ und $\overset{3}{\boldsymbol{e}}$. Ein normiertes Dreibein, das gleichzeitig orthogonal ist, bezeichnet man als *orthonormiert.* Ein solches Dreibein besteht also aus drei aufeinander senkrecht stehenden Vektoren der Länge 1. Für die Vektoren eines orthonormierten Dreibeins gelten bestimmte Beziehungen: Aus der Bedingung, daß jeder der drei Vektoren die Länge 1 besitzt, folgt

$$\overset{1}{\boldsymbol{e}}{}^2 = \overset{2}{\boldsymbol{e}}{}^2 = \overset{3}{\boldsymbol{e}}{}^2 = 1 \,. \tag{55}$$

Da die Vektoren aufeinander senkrecht stehen, gilt außerdem noch

$$\overset{1}{\boldsymbol{e}} \cdot \overset{2}{\boldsymbol{e}} = \overset{1}{\boldsymbol{e}} \cdot \overset{3}{\boldsymbol{e}} = \overset{2}{\boldsymbol{e}} \cdot \overset{3}{\boldsymbol{e}} = 0 \,. \tag{56}$$

Die angegebenen Bedingungen sind sowohl notwendig, als auch hinreichend. Es gilt daher der Satz: *Erfüllen drei Vektoren $\overset{1}{\boldsymbol{e}}$, $\overset{2}{\boldsymbol{e}}$, $\overset{3}{\boldsymbol{e}}$ die Gln. (55) und (56), so bilden sie ein orthonormiertes Dreibein.*

Aus drei linear unabhängigen Vektoren $\overset{1}{\boldsymbol{a}}$, $\overset{2}{\boldsymbol{a}}$, $\overset{3}{\boldsymbol{a}}$ kann man immer ein normiertes Dreibein $\overset{1}{\boldsymbol{e}}$, $\overset{2}{\boldsymbol{e}}$, $\overset{3}{\boldsymbol{e}}$ bilden, indem man jeden Vektor durch seinen Betrag dividiert,

$$\overset{1}{\boldsymbol{e}} = \frac{\overset{1}{\boldsymbol{a}}}{|\overset{1}{\boldsymbol{a}}|}, \quad \overset{2}{\boldsymbol{e}} = \frac{\overset{2}{\boldsymbol{a}}}{|\overset{2}{\boldsymbol{a}}|}, \quad \overset{3}{\boldsymbol{e}} = \frac{\overset{3}{\boldsymbol{a}}}{|\overset{3}{\boldsymbol{a}}|} \,. \tag{57}$$

Man kann ferner aus jedem Dreibein $\overset{1}{\boldsymbol{a}}$, $\overset{2}{\boldsymbol{a}}$, $\overset{3}{\boldsymbol{a}}$ auch ein orthonormiertes Dreibein bilden. Das Verfahren hierzu bezeichnet man als *Erhard-Schmidtsches Orthogonalisierungsverfahren.* Dieses besteht in folgendem: Man bildet als erstes aus dem Vektor $\overset{1}{\boldsymbol{a}}$ einen normierten Vektor

$$\overset{1}{\boldsymbol{e}} = \frac{\overset{1}{\boldsymbol{a}}}{|\overset{1}{\boldsymbol{a}}|} \,. \tag{58a}$$

Anschließend bildet man aus $\overset{2}{\boldsymbol{a}}$ einen zu $\overset{1}{\boldsymbol{a}}$ orthogonalen Vektor $\overset{\tilde{2}}{\boldsymbol{a}}$, indem man vom Vektor $\overset{2}{\boldsymbol{a}}$ dessen Komponente in Richtung von $\overset{1}{\boldsymbol{a}}$ abzieht. Diese als Vektor genommene Komponente ist gegeben durch $(\overset{2}{\boldsymbol{a}} \cdot \overset{1}{\boldsymbol{e}}) \cdot \overset{1}{\boldsymbol{e}}$, so daß man schreiben kann

$$\overset{\tilde{2}}{\boldsymbol{a}} = \overset{2}{\boldsymbol{a}} - (\overset{2}{\boldsymbol{a}} \cdot \overset{1}{\boldsymbol{e}}) \cdot \overset{1}{\boldsymbol{e}} \,.$$

Der Vektor

$$\overset{2}{e} = \frac{\overset{\tilde{2}}{a}}{|\overset{\tilde{2}}{a}|} \tag{58 b}$$

steht somit senkrecht auf $\overset{1}{e}$ und ist normiert. Nun bildet man noch aus $\overset{3}{a}$ einen zu $\overset{2}{a}$ und $\overset{1}{a}$ senkrecht stehenden Vektor $\overset{\tilde{3}}{a}$, indem man von $\overset{3}{a}$ dessen Komponenten in Richtung von $\overset{1}{a}$ und $\overset{2}{a}$ abzieht,

$$\overset{\tilde{3}}{a} = \overset{3}{a} - (\overset{3}{a} \cdot \overset{1}{e}) \cdot \overset{1}{e} - (\overset{3}{a} \cdot \overset{2}{e}) \cdot \overset{2}{e},$$

und dividiert diesen Vektor durch seinen Betrag,

$$\overset{3}{e} = \frac{\overset{\tilde{3}}{a}}{|\overset{\tilde{3}}{a}|}. \tag{58 c}$$

$\overset{1}{e}$, $\overset{2}{e}$ und $\overset{3}{e}$ stellt dann ein orthonormiertes Dreibein dar.

Bei einem orthogonalen Dreibein hat Gl. (50) zufolge $\overset{1}{a}{}^*$ die gleiche Richtung wie $\overset{1}{a}$, $\overset{2}{a}{}^*$wie $\overset{2}{a}$ und $\overset{3}{a}{}^*$ wie $\overset{3}{a}$. Die Vektoren des reziproken Gitters unterscheiden sich von denen des Gitters selbst daher nur jeweils um einen Faktor. Bei einem orthonormierten Dreibein $\overset{1}{e}, \overset{2}{e}, \overset{3}{e}$ ist das Spatprodukt $\overset{1}{e} \cdot [\overset{2}{e} \times \overset{3}{e}]$ gleich 1, da es das Volumen eines Würfels der Kantenlänge 1 ergibt. Da außerdem auch der Betrag von $\overset{i}{e} \times \overset{j}{e}$ für $i \neq j$ gleich eins ist, gilt den Gln. (50) zufolge

$$\overset{1}{e}{}^* = \overset{1}{e}, \quad \overset{2}{e}{}^* = \overset{2}{e} \quad \text{und} \quad \overset{3}{e}{}^* = \overset{3}{e}. \tag{53}$$

Ein orthonormiertes Dreibein ist daher mit dem entsprechenden reziproken Dreibein identisch. Daher gehen die Gln. (51) für die Transformation der Komponenten eines Vektors über in

$$\begin{aligned} \beta_1 &= \boldsymbol{b} \cdot \overset{1}{e} \\ \beta_2 &= \boldsymbol{b} \cdot \overset{2}{e} \\ \beta_3 &= \boldsymbol{b} \cdot \overset{3}{e}. \end{aligned} \tag{60}$$

Diese Gleichungen kann man auch anschaulich gut verstehen: Wenn ein Vektor in Komponenten in drei aufeinander senkrecht stehenden Richtungen zerlegt wird, ergibt sich jede Komponente aus dem skalaren Produkt des Vektors und des Einheitsvektors in der entsprechenden Richtung.

Als Beispiel betrachten wir ein Koordinatensystem x, y, z und ein orthonormiertes Dreibein

$$\overset{1}{e} = \begin{pmatrix} \frac{\sqrt{2}}{2} \\ \frac{\sqrt{2}}{2} \\ 0 \end{pmatrix} \quad \overset{2}{e} = \begin{pmatrix} -\frac{1}{2} \\ \frac{1}{2} \\ \frac{\sqrt{2}}{2} \end{pmatrix} \quad \overset{3}{e} = \begin{pmatrix} \frac{1}{2} \\ -\frac{1}{2} \\ \frac{\sqrt{2}}{2} \end{pmatrix} \tag{61}$$

(s. Abb. 23). Daß dieses Dreibein tatsächlich orthonormiert ist, kann man leicht nachprüfen, indem man zeigt, daß die Gln. (55) und (56) erfüllt sind. Es gilt z. B.

$$\overset{1}{e}{}^2 = \left(\frac{\sqrt{2}}{2}\right)^2 + \left(\frac{\sqrt{2}}{2}\right)^2 + 0^2 = 1$$

und

$$\overset{1}{e} \cdot \overset{2}{e} = \frac{\sqrt{2}}{2}\left(-\frac{1}{2}\right) + \frac{\sqrt{2}}{2} \cdot \frac{1}{2} + 0 \cdot \frac{\sqrt{2}}{2} = 0\,.$$

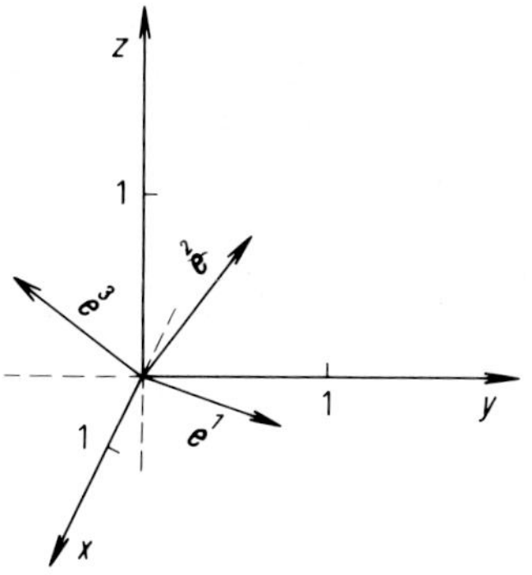

Abb. 23. Das durch die Gln. (52) gegebene orthonormierte Dreibein.

In gleicher Weise ergibt sich auch, daß $\overset{2}{e}{}^2 = \overset{3}{e}{}^2 = 1$ und $\overset{1}{e} \cdot \overset{3}{e} = \overset{2}{e} \cdot \overset{3}{e} = 0$ ist. Es sei nun ein Vektor $\boldsymbol{b}$ gegeben, der bei Darstellung im x, y, z-Raum die Komponenten

$$\boldsymbol{b} = \begin{pmatrix} 1 \\ 1 \\ 0 \end{pmatrix} \tag{62}$$

besitzt. (Die Matrix gibt also Komponenten an, die wir gewöhnlich mit b_x, b_y, b_z bezeichnen.) Wir fragen nun nach den Komponenten des Vektors in dem vom Dreibein Gln. (52) aufgespannten Raum. Mit Hilfe der Gln. (50) ergibt sich

$$\beta_1 = \boldsymbol{b} \cdot \overset{1}{e} = 1 \cdot \frac{\sqrt{2}}{2} + 1 \cdot \frac{\sqrt{2}}{2} + 0 \cdot 0 = \sqrt{2}$$

$$\beta_2 = \boldsymbol{b} \cdot \overset{2}{e} = 1 \cdot \left(-\frac{1}{2}\right) + 1 \cdot \frac{1}{2} + 0 \cdot \frac{\sqrt{2}}{2} = 0$$

$$\beta_3 = \boldsymbol{b} \cdot \overset{3}{e} = 1 \cdot \frac{1}{2} + 1 \cdot \left(-\frac{1}{2}\right) + 0 \cdot \frac{\sqrt{2}}{2} = 0\,.$$

Bei einer Darstellung im eben angegebenen Raum hat also der Vektor die Komponenten

$$\boldsymbol{b} = \begin{pmatrix} \sqrt{2} \\ 0 \\ 0 \end{pmatrix}.$$

Man erkennt leicht, daß $\boldsymbol{b}$ die gleiche Richtung wie $\overset{1}{e}$ hat.

c) Transformationsgleichungen in Matrixform

Die Gln. (47) zur Berechnung der Komponenten b_x, b_y, b_z aus den Komponenten β_1, β_2, β_3, lassen sich auch in Matrixform anschreiben. Wir führen die beiden Matrizen

$$\boldsymbol{b} = \begin{pmatrix} b_x \\ b_y \\ b_z \end{pmatrix} \quad \text{und} \quad \boldsymbol{\beta} = \begin{pmatrix} \beta_1 \\ \beta_2 \\ \beta_3 \end{pmatrix} \tag{63}$$

sowie die aus den Vektoren $\overset{1}{\boldsymbol{a}}$, $\overset{2}{\boldsymbol{a}}$, $\overset{3}{\boldsymbol{a}}$ gebildete Matrix

$$\boldsymbol{A} = \begin{pmatrix} \overset{1}{a}_x & \overset{2}{a}_x & \overset{3}{a}_x \\ \overset{1}{a}_y & \overset{2}{a}_y & \overset{3}{a}_y \\ \overset{1}{a}_z & \overset{2}{a}_z & \overset{3}{a}_z \end{pmatrix} \tag{64}$$

ein. Die Gln. (47) lauten dann

$$\boldsymbol{b} = \boldsymbol{A}\,\boldsymbol{\beta}. \tag{65}$$

Wir bilden nun noch aus den Komponenten des reziproken Dreibeins $\overset{1}{\boldsymbol{a}}{}^*$, $\overset{2}{\boldsymbol{a}}{}^*$, $\overset{3}{\boldsymbol{a}}{}^*$ die Matrix

$$\boldsymbol{A}^* = \begin{pmatrix} \overset{1}{a}{}^*_x & \overset{2}{a}{}^*_x & \overset{3}{a}{}^*_x \\ \overset{1}{a}{}^*_y & \overset{2}{a}{}^*_y & \overset{3}{a}{}^*_y \\ \overset{1}{a}{}^*_z & \overset{2}{a}{}^*_z & \overset{3}{a}{}^*_z \end{pmatrix}. \tag{66}$$

Mit Hilfe der entsprechenden transponierten Matrix $\boldsymbol{A}^{*T}$, die durch Vertauschung von Zeilen und Spalten der Matrix $\boldsymbol{A}^*$ erhalten wird, lassen sich dann die Gln. (52) in der Form

$$\boldsymbol{\beta} = \boldsymbol{A}^{*T}\boldsymbol{b} \tag{67}$$

anschreiben. Wir sehen also: Bildet man aus den Komponenten eines Dreibeins eine Matrix entsprechend Gl. (64), so kann man mit Hilfe dieser Matrix die Komponenten eines Vektors bezüglich des Dreibeins in die bezüglich der Koordinatenachsen mit Hilfe von Gl. (65) transformieren.

Bildet man das Produkt $\boldsymbol{A}^{*T}\cdot\boldsymbol{A}$, so erhält man wegen der Gln. (50) die Einheitsmatrix. Die Matrix, mit der man $\boldsymbol{A}$ multiplizieren muß, um die Einheitsmatrix zu erhalten, nennt man nun allgemein die *reziproke* oder *inverse Matrix* und bezeichnet sie mit $\boldsymbol{A}^{-1}$. Es folgt daher

$$\boldsymbol{A}^{-1} = \boldsymbol{A}^{*T}. \tag{68}$$

Wird die Matrix aus einem orthonormierten Dreibein gebildet, so nennt man sie orthogonal. Da in diesem Fall das Dreibein mit dem reziproken Dreibein identisch ist, gilt $\boldsymbol{A}^* = \boldsymbol{A}$ und es wird

$$\boldsymbol{A}^{-1} = \boldsymbol{A}^T. \tag{69}$$

Man erhält also die zu einer orthogonalen Matrix reziproke Matrix durch einfaches Vertauschen von Zeilen und Spalten.

d) Kovariante und kontravariante Komponenten *)

Einen Vektor $\boldsymbol{b}$ kann man auch eindeutig durch seine Komponenten β_1^*, β_2^*, β_3^* bezüglich des reziproken Dreibeins $\overset{1}{\boldsymbol{a}}{}^*$, $\overset{2}{\boldsymbol{a}}{}^*$, $\overset{3}{\boldsymbol{a}}{}^*$ charakterisieren. Es gilt dann

$$\boldsymbol{b} = \beta_1^*\overset{1}{\boldsymbol{a}}{}^* + \beta_2^*\overset{2}{\boldsymbol{a}}{}^* + \beta_3^*\overset{3}{\boldsymbol{a}}{}^*. \tag{70}$$

Wenn man sich nur auf das ursprüngliche Dreibein $\overset{1}{\boldsymbol{a}}$, $\overset{2}{\boldsymbol{a}}$, $\overset{3}{\boldsymbol{a}}$ bezieht, so nennt man die Zahlen β_1^*, β_2^*, β_3^* die *kovarianten Komponenten* von $\boldsymbol{b}$ bezüglich des Dreibeins

*) Dieser Abschnitt kann von weniger interessierten Lesern überschlagen werden.

$\overset{1}{\boldsymbol{a}}$, $\overset{2}{\boldsymbol{a}}$, $\overset{3}{\boldsymbol{a}}$ und die Zahlen β_1, β_2, β_3 zur Unterscheidung davon die *kontravarianten Komponenten*. Die Komponenten im bisherigen Sinne waren also immer kontravariante Komponenten. Im Falle von orthonormierten Dreibeinen, bei denen, wie gezeigt wurde, jedes Dreibein mit dem zugehörigen reziproken Dreibein identisch ist, sind die kovarianten und kontravarianten Komponenten einander gleich und eine Unterscheidung ist nicht erforderlich.

Geometrisch werden die kontravarianten Komponenten durch Parallelprojektion des Vektors auf den entsprechenden Vektor des Dreibeins erhalten, wie in Abb. 24a für den zweidimensionalen Fall veranschaulicht. Die kovarianten Koordinaten ergeben sich durch eine Senkrechtprojektion, wie in Abb. 24b gezeigt. Man kann dies leicht nachweisen. Die skalare Multiplikation von Gl. (70) mit $\overset{i}{\boldsymbol{a}}$ ergibt wegen der Gln. (52)

$$\beta_i = \boldsymbol{b} \cdot \overset{i}{\boldsymbol{a}}. \tag{71}$$

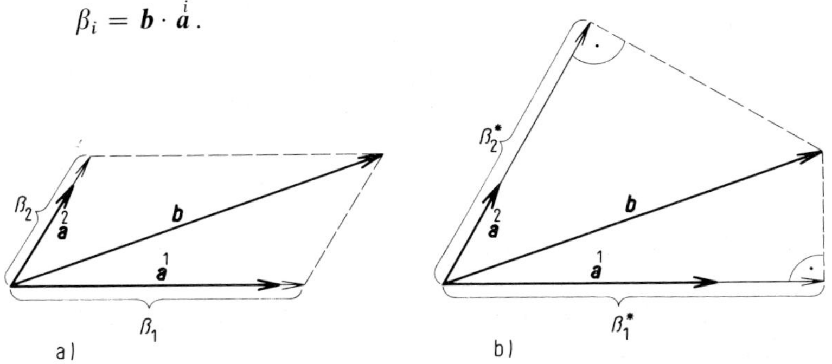

Abb. 24. Kontravariante (a) und kovariante (b) Komponenten eines Vektors $\boldsymbol{b}$ bezüglich eines Zweibeins $\overset{1}{\boldsymbol{a}}$, $\overset{2}{\boldsymbol{a}}$.

Bei der Transformation von einer Darstellung in die andere transformieren sich die kovarianten Koordinaten nach einem anderen Gesetz als die kontravarianten. So kann man z. B. zeigen, daß die Koordinaten des über Gl. (XII, 8) eingeführten Gradienten kovariante Koordinaten sind. Da diese Unterscheidung aber bei orthonormierten Dreibeinen, also auch bei rechtwinkligen Koordinatenachsen wegfällt und wir uns im wesentlichen auf rechtwinklige Koordinatenachsen beschränken werden, gehen wir darauf nicht weiter ein.

e) Betrag und skalares Produkt im allgemeinen Fall *)

Für das Quadrat des Betrages eines Vektors $\boldsymbol{b}$ mit den Komponenten b_x, b_y, b_z in einem rechtwinkligen Koordinatensystem gilt Gl. (2) zufolge

$$|\boldsymbol{b}|^2 = b_x^2 + b_y^2 + b_z^2 \,. \tag{72}$$

Geht man nun zu einer Darstellung in einem beliebigen Dreibein $\overset{1}{\boldsymbol{a}}$, $\overset{2}{\boldsymbol{a}}$, $\overset{3}{\boldsymbol{a}}$ über, so kann man $\boldsymbol{b}$ nicht in so einfacher Weise aus den neuen Komponenten β_1, β_2, β_3 berechnen. Mit Hilfe von Gl. (47) ergibt sich vielmehr aus Gl. (72)

$$\begin{aligned}|\boldsymbol{b}|^2 = {} & (\beta_1 \overset{1}{a}_x + \beta_2 \overset{2}{a}_x + \beta_3 \overset{3}{a}_x) + (\beta_1 \overset{1}{a}_y + \beta_2 \overset{2}{a}_y + \beta_3 \overset{3}{a}_y) + \\ & + (\beta_1 \overset{1}{a}_z + \beta_2 \overset{2}{a}_z + \beta_3 \overset{3}{a}_z)\,.\end{aligned}$$

*) Dieser Abschnitt kann von weniger interessierten Lesern überschlagen werden.

Führt man die Quadrate aus und ordnet entsprechend, so erhält man

$$|\boldsymbol{b}|^2 = \sum_{i=1}^{3} \sum_{k=1}^{3} g_{ik} \beta_i \beta_k \tag{73}$$

mit

$$g_{ik} = \overset{i}{\boldsymbol{a}} \cdot \overset{k}{\boldsymbol{a}} \,. \tag{74}$$

Das Koeffizientenschema g_{ik} nennt man den *fundamentalen Metriktensor*. Bilden nun die Vektoren $\overset{1}{\boldsymbol{a}}, \overset{2}{\boldsymbol{a}}, \overset{3}{\boldsymbol{a}}$ ein orthonormiertes Dreibein, so gilt wegen der Gln. (55) und (56)

$$g_{ik} = \delta_{ik} \tag{75}$$

und man erhält

$$|\boldsymbol{b}|^2 = \beta_1^2 + \beta_2^2 + \beta_3^2 \,. \tag{76}$$

Bei einem orthogonalen, aber nicht normierten Dreibein treten ebenfalls nur reine Quadrate auf, die jedoch mit zusätzlichen Koeffizienten versehen sind. Bei nichtorthogonalen Dreibeinen treten auch gemischte Produkte der Komponenten β_i auf. Aus der Formel zur Berechnung des Quadrates des Betrages eines Vektors erfährt man daher, ob das Dreibein orthonormiert ist.

Ähnliches gilt auch für das skalare Produkt zweier Vektoren.

Fragen und Aufgaben

1. Wie erkennt man, ob m vorgegebene Vektoren linear abhängig sind?
2. Welche anschauliche Bedeutung hat die lineare Abhängigkeit von Vektoren?
3. Unter welcher Bedingung läßt sich ein Vektor eindeutig in Komponenten, die die Richtungen von drei vorgegebenen Vektoren haben, zerlegen?
4. Was ist ein Dreibein, ein normiertes Dreibein und ein orthonormiertes Dreibein?
5. Was versteht man unter der Darstellung eines Vektors in einem bestimmten Raum?
6. Untersuche ob die folgenden Vektoren in einer Ebene liegen:

$$\boldsymbol{a} = \begin{pmatrix} 2 \\ 1 \\ 0 \end{pmatrix}, \quad \boldsymbol{b} = \begin{pmatrix} -1 \\ -1 \\ -1 \end{pmatrix}, \quad \boldsymbol{c} = \begin{pmatrix} 1 \\ 0 \\ 0 \end{pmatrix}.$$

7. Prüfe ob die in Aufgabe 6 angegebenen Vektoren ein orthonormiertes Dreibein darstellen.
8. Wie lautet die Darstellung des Vektors $\boldsymbol{b}$ mit den Koordinaten $b_x = 2$, $b_y = -2$, $b_z = -2$ im Raum, der durch das orthonormierte Dreibein

$$\overset{1}{\boldsymbol{e}} = \begin{pmatrix} \frac{1}{\sqrt{2}} \\ \frac{1}{\sqrt{2}} \\ 0 \end{pmatrix}, \quad \overset{2}{\boldsymbol{e}} = \begin{pmatrix} -\frac{1}{\sqrt{3}} \\ \frac{1}{\sqrt{3}} \\ \frac{1}{\sqrt{3}} \end{pmatrix}, \quad \overset{3}{\boldsymbol{e}} = \begin{pmatrix} \frac{1}{\sqrt{6}} \\ -\frac{1}{\sqrt{6}} \\ \frac{2}{\sqrt{6}} \end{pmatrix}$$

aufgespannt wird?

D. Der n-dimensionale Vektorraum

Bisher haben wir uns vor allem auf Vektoren im dreidimensionalen Raum beschränkt. Unsere Ausführungen lassen sich nun auf einen Raum beliebiger Dimensionszahl n übertragen.

Ein n-Tupel von n Zahlen $b_1, b_2, \ldots, b_n$ faßt man als *Vektor* $\boldsymbol{b}$ *im n-dimensionalen Raum* auf, und schreibt

$$\boldsymbol{b} = \begin{pmatrix} b_1 \\ b_2 \\ \vdots \\ b_n \end{pmatrix}. \tag{77}$$

Die Zahlen $b_1, b_2, \ldots, b_n$ nennt man die *Komponenten* des Vektors. Summe und Differenz von Vektoren sowie der Nullvektor sind in gleicher Weise wie im dreidimensionalen Raum definiert, die Gesamtheit aller Vektoren bilden den sogenannten *n-dimensionalen Vektorraum.*

Wir haben in Abschnitt VIII C 2e gesehen, daß im dreidimensionalen Raum die Formel für den Betrag eines Vektors und für das skalare Produkt zweier Vektoren wesentlich davon abhängt, ob das Koordinatensystem orthogonal oder schiefwinklig ist. Bei einem orthogonalen System ist die Länge durch die Summe der Quadrate der Komponenten gegeben, bei einem schiefwinkligen treten noch zusätzliche Koeffizienten sowie gemischte Glieder auf. Umgekehrt sagt die Formel für den Betrag eines Vektors etwas über das Koordinatensystem aus. Wenn nun das Quadrat des Betrages eines Vektors $\boldsymbol{b}$ in einem n-dimensionalen Vektorraum gegeben ist durch

$$|\boldsymbol{b}|^2 = \sum_{i=1}^{n} b_i^2 , \tag{78}$$

so nennt man diesen Vektorraum *euklidisch*, andernfalls nichteuklidisch. Entsprechendes gilt auch für das skalare Produkt.

Man bezeichnet n linear unabhängige Vektoren $\overset{1}{\boldsymbol{a}}, \overset{2}{\boldsymbol{a}}, \ldots, \overset{n}{\boldsymbol{a}}$ als n-Bein. Die Vektoren $\overset{1}{\boldsymbol{a}}{}^*, \overset{2}{\boldsymbol{a}}{}^*, \ldots, \overset{n}{\boldsymbol{a}}{}^*$, die definiert sind durch

$$\overset{k}{\boldsymbol{a}} \cdot \overset{l}{\boldsymbol{a}}{}^* = \delta_{kl} , \tag{79}$$

nennt man das zu $\overset{1}{\boldsymbol{a}}, \overset{2}{\boldsymbol{a}}, \ldots, \overset{n}{\boldsymbol{a}}$ reziproke n-Bein. Analog zur Interpretation der Gln. (47) im dreidimensionalen Raum, bezeichnet man die Zahlen $\beta_1, \beta_2, \ldots, \beta_n$, die gegeben sind durch

$$b_j = \sum_{l=1}^{n} \beta_l \overset{l}{a}_j , \tag{80}$$

als Komponenten des Vektors $\boldsymbol{b}$ bezüglich des Dreibeins $\overset{1}{\boldsymbol{a}}, \overset{2}{\boldsymbol{a}}, \ldots, \overset{n}{\boldsymbol{a}}$. Man kann die β_l aus Gl. (80) ausrechnen, indem man diese Beziehung skalar mit $\overset{k}{a}{}_j^*$ multipliziert und über alle j summiert. Es ergibt sich, wenn man auf der rechten Seite die Reihenfolge der Summationen vertauscht,

$$\sum_{j=1}^{n} \overset{k}{a}{}_j^* b_j = \sum_{l=1}^{n} \sum_{j=1}^{n} \beta_l \overset{l}{a}_j \overset{k}{a}{}_j^* . \tag{81}$$

Die rechte Seite ist wegen der Gln. (79) einfach gleich β_k, so daß man erhält

$$\beta_k = \sum_{j=1}^{n} \overset{k}{a}{}_j^* b_j . \tag{82}$$

Dies stimmt völlig mit der entsprechenden Gl. (52) für den dreidimensionalen Fall überein. Statt Dreibein sagt man auch *Basis.*

Wie im dreidimensionalen Fall kann man nun den Begriff des orthogonalen, des normierten und des orthonormierten Dreibeins einführen. Ferner kann man die Vektoren des n-Beins $\overset{1}{\boldsymbol{a}}, \overset{2}{\boldsymbol{a}}, \ldots, \overset{n}{\boldsymbol{a}}$ analog zu Gl. (64) zu einer Matrix $\boldsymbol{A}$ und die Vektoren $\overset{1}{\boldsymbol{a}}{}^*, \overset{2}{\boldsymbol{a}}{}^*, \ldots, \overset{n}{\boldsymbol{a}}{}^*$ zu einer Matrix $\boldsymbol{A}^*$ zusammenfassen. Es gelten dann alle Beziehungen des dreidimensionalen Raumes.

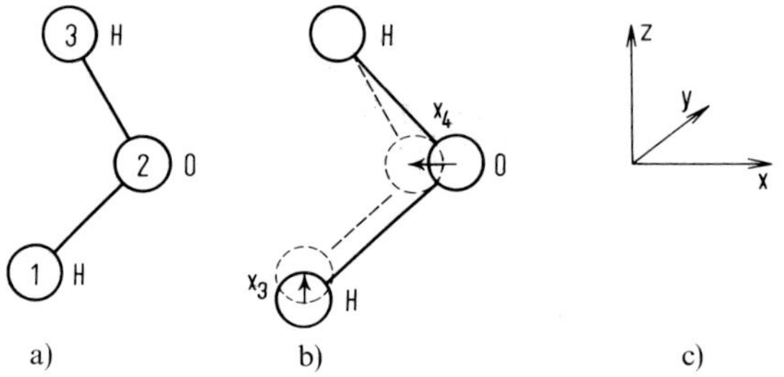

Abb. 25. Zur Veranschaulichung der Komponenten des neundimensionalen Vektors, der die Auslenkungen der Atome eines H_2O-Moleküls angibt. a) Atome in Gleichgewichtsstellung. b) Atome in Auslenkung entsprechend Gl. (83). c) Richtungen der Koordinatenachsen.

Um auf ein Beispiel aus der Chemie für einen höherdimensionalen Vektorraum zu kommen, betrachten wir die Schwingungen eines Moleküls aus N Atomen. Die Lage eines jeden Atoms kann man durch drei Koordinaten angeben, die jeweils die Auslenkung aus der Ruhelage in die x-, y- bzw. z-Richtung eines vorgegebenen Koordinatensystems angeben. Wir bezeichnen die drei Koordinaten für das erste Atom mit x_1, x_2, x_3, die für das zweite Atom mit x_4, x_5, x_6, usw. bis zu den Koordinaten x_{3N-2}, x_{3N-1}, x_{3N} für das N-te Atom. Die $3N$ Zahlen $x_1, x_2, \ldots, x_{3N}$ faßt man nun als Vektor eines $3N$-dimensionalen Raumes auf. Betrachten wir als Beispiel das Wassermolekül H_2O. N ist gleich 3, so daß die Lagen der einzelnen Atome durch einen Vektor in einem neundimensionalen Raum angegeben werden. Wenn wir die Atome, wie in Abb. 25a angedeutet, durchnumerieren und das ebenfalls in der Abbildung angegebene Koordinatensystem zugrunde legen, so besagt z. B. der Vektor

$$\boldsymbol{x} = \begin{pmatrix} 0 \\ 0 \\ 0{,}2 \\ -0{,}3 \\ 0 \\ 0 \\ 0 \\ 0 \\ 0 \end{pmatrix}, \tag{83}$$

daß das untere H-Atom um $-0{,}2$ in z-Richtung und das O-Atom um 0,3 in x-Richtung ausgelenkt ist, wie in Abb. 25b angedeutet.

Man kann den Begriff des Vektors noch stärker erweitern, indem man die Dimensionszahl n ins Unendliche anwachsen läßt. Dann können auch Funktionen als Vektoren aufgefaßt werden (s. Abschn. XIV E). Entsprechend wird auch der Begriff des Vektorraums erweitert. Man definiert: *Eine Menge von Elementen* $\boldsymbol{a}, \boldsymbol{b}, \boldsymbol{c}, \ldots$ *bildet einen reellen Vektorraum (reellen linearen Raum), wenn*

1. *Eine Addition definiert ist, so daß man bei der Addition zweier Elemente wieder ein Element der Menge erhält. Außerdem soll das assoziative Gesetz*

$$(\boldsymbol{a} + \boldsymbol{b}) + \boldsymbol{c} = \boldsymbol{a} + (\boldsymbol{b} + \boldsymbol{c})$$

gelten, es soll ein Nullelement $\mathbf{0}$ *vorkommen, so daß für jedes Element* $\boldsymbol{f}$ *gilt*

$$\boldsymbol{f} + \mathbf{0} = \boldsymbol{f}$$

und es soll zu jedem Element $\boldsymbol{f}$ *ein negatives* $-\boldsymbol{f}$ *existieren, so daß* $\boldsymbol{f}$

$$\boldsymbol{f} + (-\boldsymbol{f}) = 0$$

ist.

2. *Die Multiplikation mit Skalaren definiert ist, so daß man bei Multiplikation jedes Elementes mit einem Skalar wieder ein Element der Menge erhält und die Multiplikation mit 1 das multiplizierte Element selbst ergibt. Außerdem soll für zwei Skalare* α *und* β *das assoziative Gesetz*

$$\alpha(\beta\boldsymbol{a}) = (\alpha\beta)\boldsymbol{a}$$

gelten. Schließlich sollen noch die beiden distributiven Gesetze

$$(\alpha + \beta)\boldsymbol{a} = \alpha\boldsymbol{a} + \beta\boldsymbol{a}$$
$$\alpha(\boldsymbol{a} + \boldsymbol{b}) = \alpha\boldsymbol{a} + \alpha\boldsymbol{b}$$

gelten.

Wenn außerdem noch ein skalares Produkt zweier Elemente bzw. der Betrag eines Elementes definiert ist, so spricht man von einem *metrischen Raum*, der je nach der Art der Definition (s. Ausführungen bei Gl. (78)) *euklidisch* oder *nichteuklidisch* ist. Schließlich wollen wir noch erwähnen, daß man auch Vektoren, die komplexe Zahlen als Komponenten haben, betrachten kann und entsprechend zu einem *komplexen Vektorraum* kommt.

Man kann sich leicht davon überzeugen, daß im dreidimensionalen Vektorraum alle genannten Bedingungen erfüllt sind.

IX. Analytische Geometrie

A. Aufgaben der analytischen Geometrie

Im vorangegangenen Kapitel wurde gezeigt, daß man bei Einführung eines Koordinatensystems die Lage von Punkten eindeutig durch Zahlen angeben kann, die Form von Kurven bzw. Flächen durch Gleichungen. Die Einführung des Koordinatensystems eröffnet also die Möglichkeit, geometrische Probleme rechnerisch zu behandeln, sowie umgekehrt rechnerische Fragen geometrisch zu interpretieren. Der Zweig der Mathematik, der sich mit diesen Aufgaben befaßt, wird *analytische Geometrie* genannt.

Im folgenden besprechen wir zunächst einige Beispiele für den Zusammenhang zwischen Gleichungen und geometrischen Gebilden. Im Anschluß daran gehen wir auf Abbildungen und Koordinatentransformationen ein. Diese sind von wesentlicher Bedeutung in der Differential- und Integralrechnung, bei der Lösung von Differentialgleichungen sowie in der Vektor- und Tensorrechnung.

B. Beispiele für die analytische Darstellung von Kurven und Flächen

1. Darstellung durch Gleichungen in *x*, *y* und *z*

a) Ebenes Koordinatensystem

Wir beschränken uns zunächst auf zweidimensionale Probleme und betrachten hierzu eine Ebene, in der ein rechtwinkeliges Koordinatensystem mit den Achsen x und y eingezeichnet ist. Da ebene Probleme im Schulunterricht ausgiebig behandelt werden, besprechen wir nur einige wenige Gleichungen von grundlegender Bedeutung.

Für den *Abstand* d zweier Punkte P_1 und P_2 mit den Koordinaten (x_1, y_1) bzw. (x_2, y_2) ergibt sich mit Hilfe des Pythagoräischen Lehrsatzes (s. Abb. 1)

$$d = \sqrt{(x_2 - x_1)^2 + (y_2 - y_1)^2}\,. \tag{1}$$

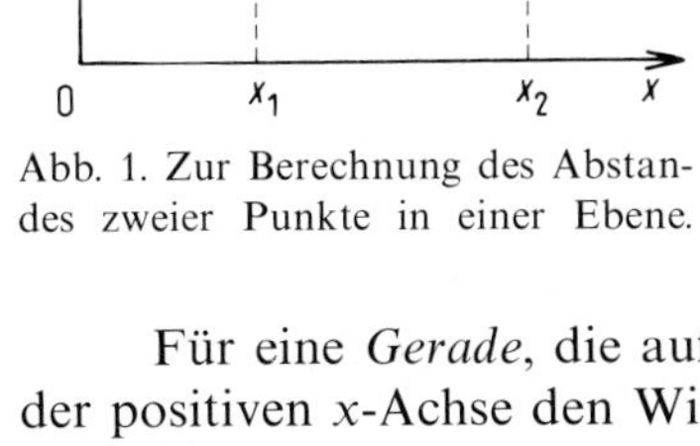

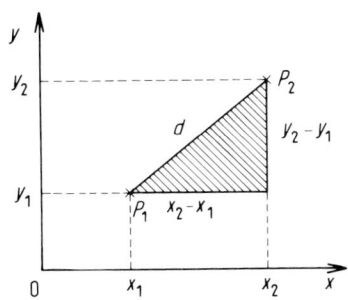

Abb. 1. Zur Berechnung des Abstandes zweier Punkte in einer Ebene.

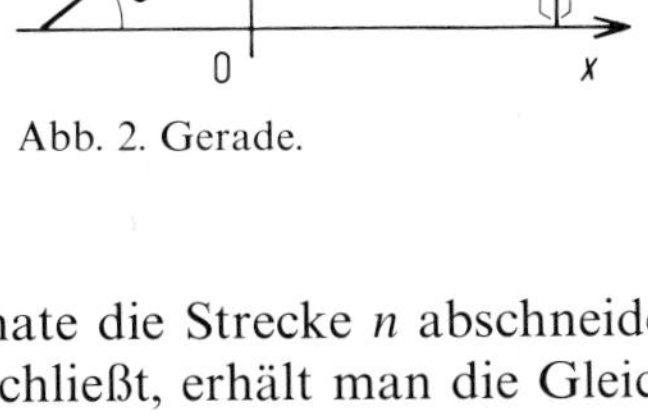

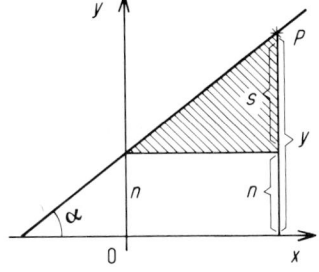

Abb. 2. Gerade.

Für eine *Gerade*, die auf der Ordinate die Strecke n abschneidet und die mit der positiven x-Achse den Winkel α einschließt, erhält man die Gleichung

$$y = mx + n\,, \tag{2}$$

mit $m = \operatorname{tg} \alpha$. m heißt die *Steigung* der Geraden. Zum Beweis betrachte man Abb. 2. Man sieht, daß die Koordinate y eines beliebigen Punktes P auf der Geraden gleich der Summe der beiden Strecken n und s ist, wobei s als Kathete des schraffierten Dreiecks durch $x \operatorname{tg} \alpha = xm$ gegeben ist. Wir können also sagen: *Jede Gerade wird durch eine lineare Gleichung zwischen x und y dargestellt. Umgekehrt entspricht jeder linearen Gleichung zwischen x und y eine Gerade.*

Die Gleichung eines *Kreises* mit dem Radius r, dessen Mittelpunkt mit dem Ursprung des Koordinatensystems zusammenfällt (s. Abb. 3), lautet

$$x^2 + y^2 = r^2 \,. \tag{3}$$

Der genannte Kreis ist nämlich definitionsgemäß der Ort aller Punkte, die vom Koordinatenursprung den Abstand r haben. Der Abstand eines Punktes mit den Koordinaten (x,y) vom Ursprung, dessen Koordinaten $(0,0)$ lauten, ist nun Gl. (1) zufolge durch $\sqrt{x^2 + y^2}$ gegeben. Alle Punkte, die der Gleichung $\sqrt{x^2 + y^2} = r$ bzw. $x^2 + y^2 = r^2$ gehorchen, haben daher den Abstand r vom Ursprung und liegen somit auf dem betrachteten Kreis.

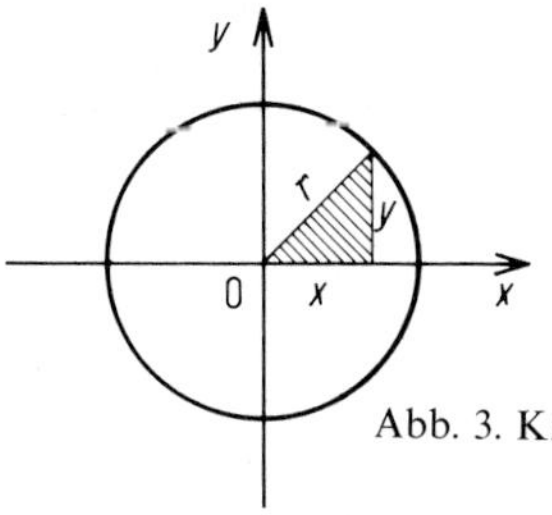

Abb. 3. Kreis.

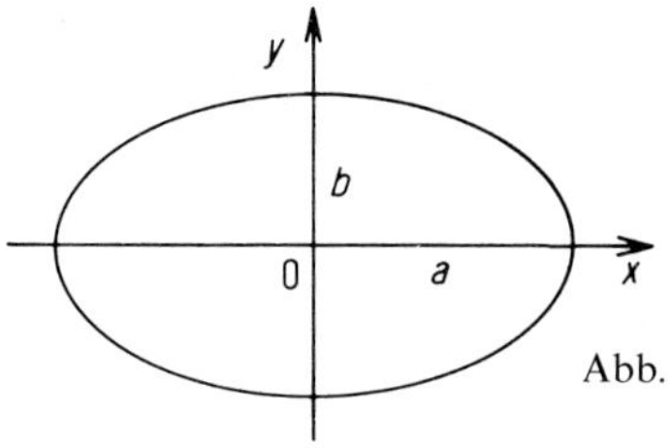

Abb. 4. Ellipse.

Die Kurve, die durch die Gleichung

$$\frac{x^2}{a^2} + \frac{y^2}{b^2} = 1 \tag{4}$$

gegeben ist, bezeichnet man als *Ellipse*. Sie ist in Abb. 4 aufgezeichnet. Die Größen a und b sind die sogenannten *Halbachsen* der Ellipse. Die Kurve, die der Gleichung

$$\frac{x^2}{a^2} - \frac{y^2}{b^2} = 1 \tag{5}$$

entspricht (s. Abb. 5), heißt *Hyperbel*. Die zur Gleichung

$$y^2 = 2px \tag{6}$$

gehörende Kurve (s. Abb. 6) nennt man schließlich *Parabel*. a,b und p können beliebige reelle Zahlen sein.

Kreis, Ellipse, Hyperbel und Parabel bilden die sogenannten *Kegelschnitte*. Man kann sie nämlich, wie sich zeigen läßt, als Schnitt eines Kegels mit einer Ebene erhalten. Die angegebenen Gleichungen entsprechen allerdings Kegelschnitten in einer ganz speziellen Lage relativ zum Koordinatensystem; die Symmetrieachsen der jeweiligen Kurve fallen mit den Koordinatenachsen zusammen. Wenn man die Kurven aus dieser Lage verdreht oder verschiebt, so werden die Gleichungen entsprechend komplizierter (s. Abschn. D 4).

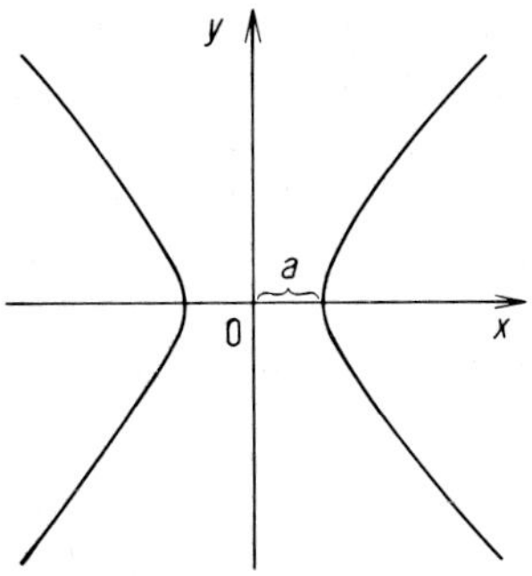

Abb. 5. Hyperbel.

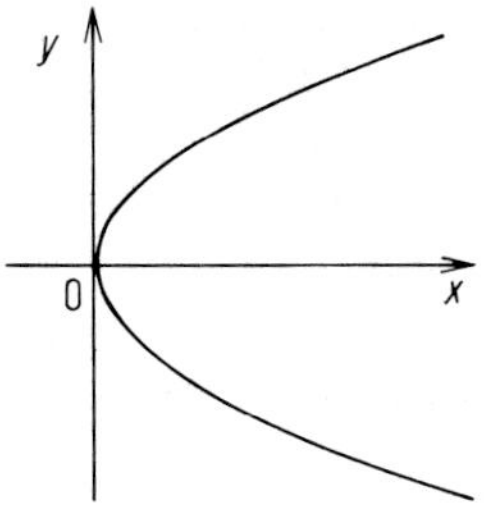

Abb. 6. Parabel.

b) Räumliches Koordinatensystem

Wir gehen nun auf dreidimensionale Probleme über und führen hierzu ein räumliches, rechtwinkeliges Koordinatensystem mit den Achsen x, y und z ein.

Als erstes fragen wir wieder nach dem *Abstand d* zweier Punkte P_1 und P_2 mit den Koordinaten (x_1, y_1, z_1) und (x_2, y_2, z_2). Er ist Abb. 7 zufolge durch $d = \sqrt{\overline{P_1C}^2 + \overline{CP_2}^2} = \sqrt{\overline{P_1B}^2 + \overline{BC}^2 + \overline{CP_2}^2}$ gegeben, woraus folgt

$$d = \sqrt{(x_2 - x_1)^2 + (y_2 - y_1)^2 + (z_2 - z_1)^2}\,. \tag{7}$$

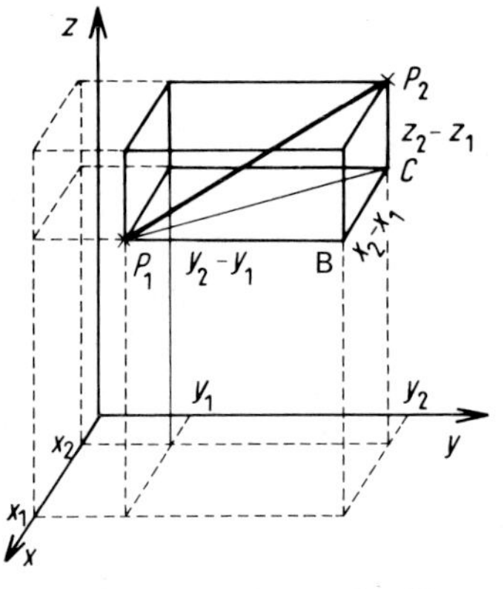

Abb. 7. Zur Berechnung des Abstandes zweier Punkte im Raum.

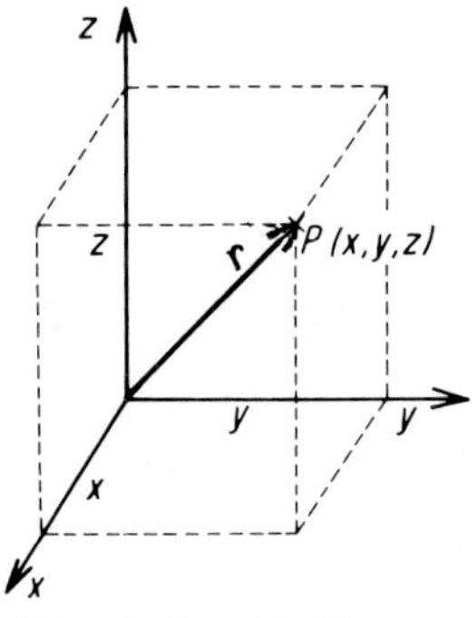

Abb. 8. Zur Einführung des Ortsvektors $\boldsymbol{r}$.

Als nächstes führen wir an, daß *eine Ebene im Raum allgemein durch eine lineare Gleichung in den Koordinaten gegeben ist und daß umgekehrt jeder linearen Gleichung eine Ebene im Raum entspricht.* Dies läßt sich besonders übersichtlich mit Hilfe der Vektorrechnung beweisen: Die Lage eines Punktes im Raum mit den Koordinaten x, y, z kann man auch durch einen Vektor $\boldsymbol{r}$ festlegen, der vom Koordinatenursprung zum Punkt P geht. Einen solchen Vektor nennt man *Ortsvektor*. Die Komponenten von $\boldsymbol{r}$ sind dann die Koordinaten x, y, z des Punktes (s. Abb. 8).

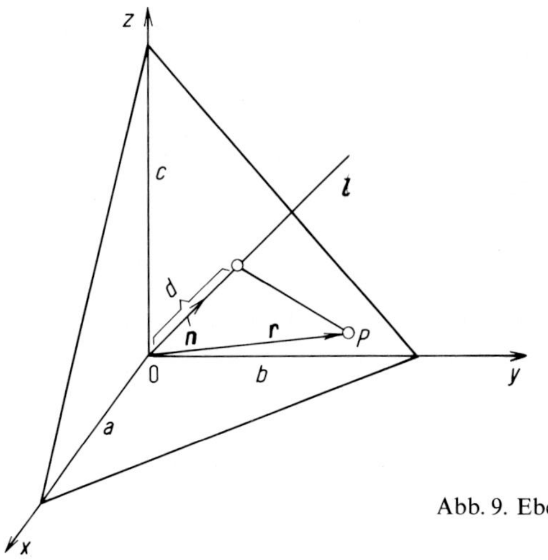

Abb. 9. Ebene mit den Achsenabschnitten a, b und c.

Um nun die Gleichung einer gegebenen Fläche zu finden, fällt man vom Koordinatenursprung die Normale l auf die Ebene (s. Abb. 9) und bezeichnet den Einheitsvektor in Richtung der Normalen mit $\boldsymbol{n}$ und den Abstand der Ebene vom Koordinatenursprung mit d. Die Projektion eines Vektors $\boldsymbol{r}$, der zu einem beliebigen Punkt P der Ebene führt, auf die Normale l muß dann immer gleich d sein. Diese Projektion ist nun auf Grund von Gl. (VIII, 12) durch das Skalarprodukt der beiden Vektoren $\boldsymbol{r}$ und $\boldsymbol{n}$ gegeben. Es gilt also

$$\boldsymbol{r} \cdot \boldsymbol{n} = d . \tag{8}$$

Wir bezeichnen nun die Komponenten von $\boldsymbol{n}$ mit n_1, n_2 und n_3. Die Komponenten von $\boldsymbol{r}$ sind die Koordinaten x, y und z. Auf Grund von Gl. (VIII, 20) folgt daher aus Gl. (8)

$$n_1 x + n_2 y + n_3 z = d .$$

Das ist eine lineare Gleichung in x, y und z.

Um die Lage der Ebene im Raum anschaulich anzugeben, muß man versuchen, deren Gleichung auf die Form

$$\frac{x}{a} + \frac{y}{b} + \frac{z}{c} = 1 \tag{9}$$

zu bringen. Die Größe a ist dann der Wert, den x annimmt, wenn man y und z gleich Null setzt. Das bedeutet, daß a die Strecke angibt, die die Ebene auf der x-Achse abschneidet. Entsprechend gibt b den Abschnitt auf der y-Achse und c den auf der z-Achse an (s. Abb. 9). Tritt in der Gleichung kein x, y und z freies Glied auf, so kann man diese nur auf die Form

$$\frac{x}{a} + \frac{y}{b} + \frac{z}{c} = 0 \tag{10}$$

bringen, bei der rechts vom Gleichheitszeichen Null statt 1 steht. Die Ebene geht in diesem Fall durch den Koordinatenursprung. Man erkennt das daran, daß die Koordinaten (0,0,0) die Gleichung erfüllen.

Wir wollen noch erwähnen, daß eine lineare Gleichung auch dann eine Ebene darstellt, wenn nicht alle drei Variablen x, y und z in der Gleichung vorkommen. Das Fehlen einer Variablen bedeutet Gl. (9) zufolge, daß der Abschnitt auf der betreffenden Achse unendlich wird. die Ebene also parallel zu dieser Achse verläuft.

Die Gleichung

$$2x + y - 4z = 5$$

entspricht, da sie linear in x, y und z ist, einer Ebene. Um die Lage dieser Ebene im Koordinatensystem zu bestimmen, dividieren wir die ganze Gleichung durch 5 und erhalten

$$\frac{x}{\frac{5}{2}} + \frac{y}{5} + \frac{z}{-\frac{5}{4}} = 1 .$$

Ein Vergleich mit Gl. (8) zeigt, daß die Ebene auf der x-Achse die Strecke 5/2, auf der y-Achse die Strecke 5 und auf der z-Achse die Strecke $-5/4$ abschneidet.

Die Gleichung

$$z = 2 , \qquad (11)$$

die sich auf die Form

$$\frac{z}{2} = 1$$

bringen läßt, stellt eine Ebene dar, deren Abschnitte auf der x- und y-Achse unendlich sind. Der Abschnitt auf der z-Achse beträgt 2. Die Ebene verläuft also im Abstand 2 parallel zur x,y-Ebene (s. Abb. 10). Daß alle Punkte, deren z-Koordinate unabhängig von x und y gleich zwei ist, auf dieser Ebene liegen, ist auch anschaulich leicht einzusehen.

Die Gleichung

$$2x - y = 0 \qquad (12)$$

stellt eine Ebene dar, die durch den Ursprung geht (weil auf der rechten Seite Null steht) und die parallel zur z-Achse liegt (weil z in der Gleichung nicht vorkommt). Die Schnittkurve zwischen dieser Ebene und der x,y-Ebene ist durch Gl. (12) gegeben. Sie ist eine Gerade g, die durch den Ursprung geht und die Steigung 2 aufweist. Damit ergibt sich die in Abb. 11 angegebene Lage für die Ebene.

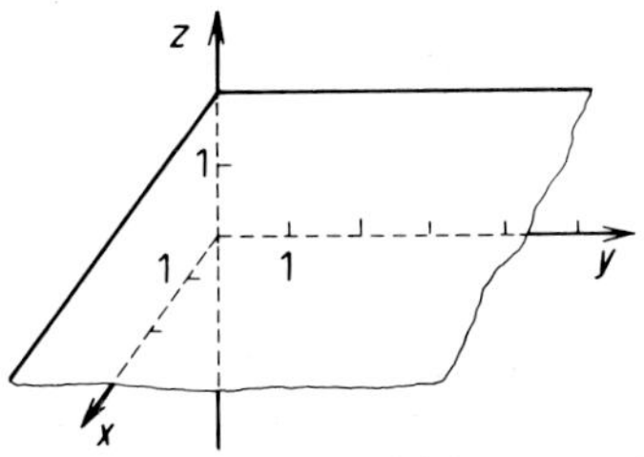

Abb. 10. Ebene zur Gleichung $z = 2$.

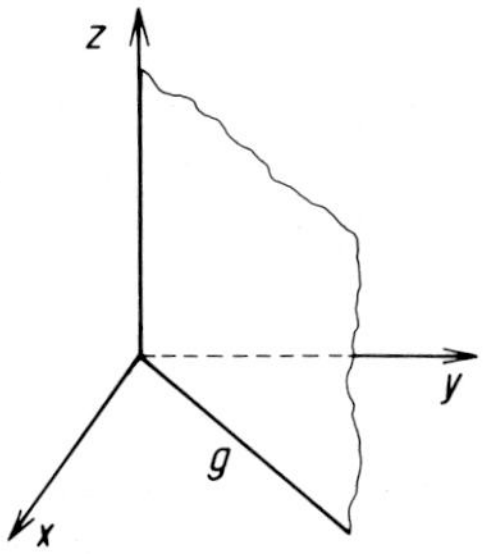

Abb. 11. Ebene zur Gleichung $2x - y = 0$.

Wir wollen hier noch betonen, daß Gl. (12) auf zwei verschiedene Arten interpretiert werden kann. In einem zweidimensionalen Koordinatensystem mit den Achsen x und y stellt sie eine Gerade dar. In einem dreidimensionalen System repräsentiert sie dagegen die in Abb. 11 angegebene Ebene. Gl. (12) sagt nämlich aus, daß im dreidimensionalen Raum lediglich zwischen x und y eine Beziehung besteht, der z-Wert kann für jedes Paar von x und y beliebige Werte annehmen. Das Analoge gilt für alle Fälle, bei denen in der Gleichung weniger Variable auftreten, als Koordinatenachsen vorhanden sind.

Eine *Kugel* um den Ursprung mit dem Radius r wird durch die Gleichung

$$x^2 + y^2 + z^2 = r^2 \tag{13}$$

wiedergegeben. Die Punkte der Kugel unterliegen nämlich alle der Bedingung, daß sie vom Koordinatenursprung den Abstand r besitzen sollen.

Die Gleichung

$$\frac{x^2}{a^2} + \frac{y^2}{b^2} + \frac{z^2}{c^2} = 1 \tag{14}$$

stellt ein sogenanntes *Ellipsoid* dar. Angaben über die Form dieser Fläche erhält man, wenn man sie mit Ebenen, die parallel zur x,y-Ebene liegen, zum Schnitt bringt. Solche Ebenen sind durch die Gleichung

$$z = \alpha \tag{15}$$

gegeben. Für die Schnittkurve, die definitionsgemäß beiden Flächen angehört, gilt sowohl Gl. (14) als auch Gl. (15). Durch Elimination von z aus diesen beiden Gleichungen erhält man

$$\frac{x^2}{a^2} + \frac{y^2}{b^2} + \frac{\alpha^2}{c^2} = 1 \quad \text{oder} \quad \frac{x^2}{a^2\left(1 - \frac{\alpha^2}{c^2}\right)} + \frac{y^2}{b^2\left(1 - \frac{\alpha^2}{c^2}\right)} = 1.$$ Das ist,

wie ein Vergleich mit Gl. (4) zeigt, die Gleichung einer Ellipse. Das Ellipsoid ergibt also beim Schnitt mit Flächen, die parallel zur x,y-Ebene liegen, Ellipsen. Das gleiche gilt auch für den Schnitt mit Flächen, die parallel zur y,z-Ebene bzw. zur x,z-Ebene liegen. Durch Weiterführung dieser Betrachtung erkennt man, daß die gegebene Fläche die in Abb. 12 angegebene Form besitzt.

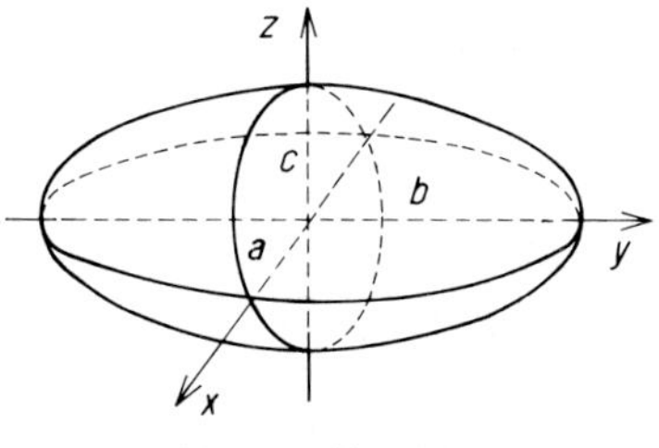

Abb. 12. Ellipsoid.

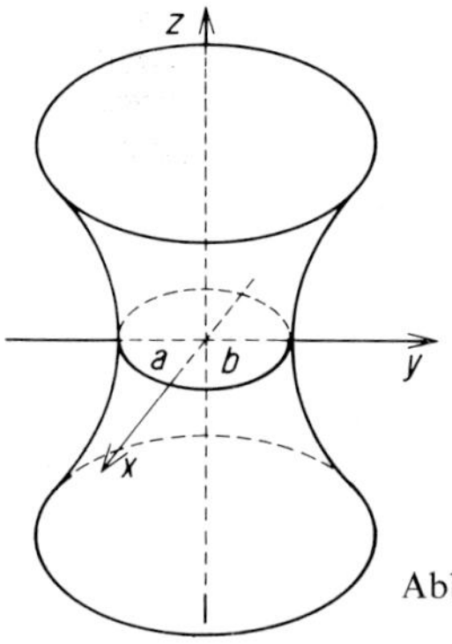

Abb. 13. Einschaliges Hyperboloid.

Die Gleichung

$$\frac{x^2}{a^2} + \frac{y^2}{b^2} - \frac{z^2}{c^2} = 1 \tag{16}$$

stellt ein sogenanntes *einschaliges Hyperboloid* dar. Schnitte mit Ebenen, die die y-Achse enthalten, liefern Ellipsen, solche mit Ebenen, die die z-Achse schneiden, Hyperbeln. Man kommt so auf die in Abb. 13 dargestellte Fläche.

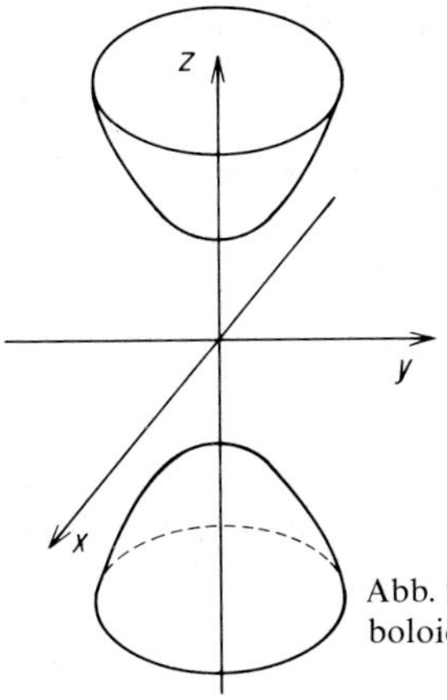

Abb. 14. Zweischaliges Hyperboloid.

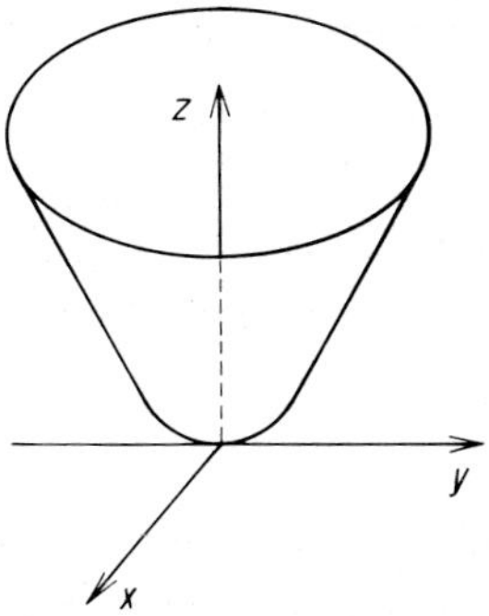

Abb. 15. Elliptisches Paraboloid.

Die Gleichung

$$\frac{x^2}{a^2} + \frac{y^2}{b^2} - \frac{z^2}{c^2} = -1 \tag{17}$$

stellt ein sogenanntes *zweischaliges Hyperboloid* dar, dessen Form in Abb. 14 angegeben ist. Die Beziehung

$$\frac{x^2}{a^2} + \frac{y^2}{b^2} = 2z \tag{18}$$

ergibt ein *elliptisches Paraboloid* (s. Abb. 15), und

$$\frac{x^2}{a^2} - \frac{y^2}{b^2} = 2z \tag{19}$$

stellt ein *hyperbolisches Paraboloid* dar, das die Form einer Sattelfläche hat (s. Abb. 16).

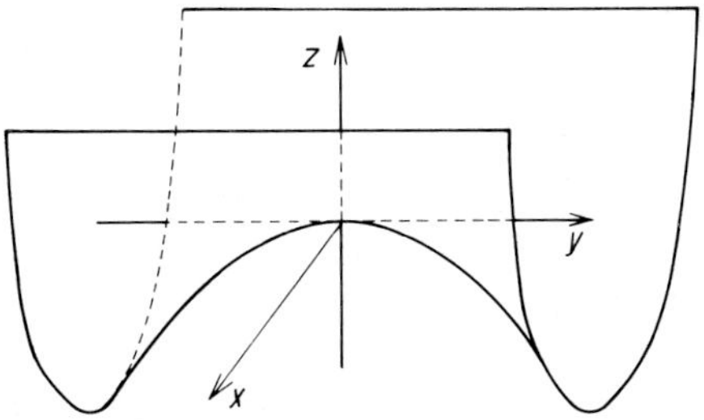

Abb. 16. Hyperbolisches Paraboloid.

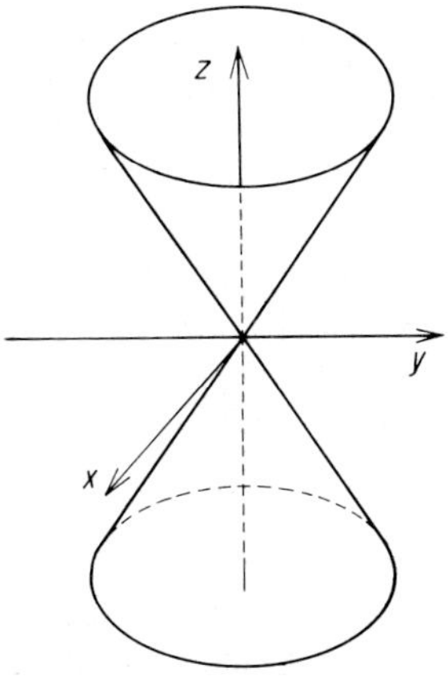

Abb. 17. Doppelkegel.

Die Gleichung

$$\frac{x^2}{a^2} + \frac{y^2}{b^2} - \frac{z^2}{c^2} = 0 \tag{20}$$

schließlich führt zu einem *Doppelkegel* mit elliptischer Grundfläche (s. Abb. 17).

Ein besonderes Problem stellt die Darstellung von Kurven im dreidimensionalen Raum dar. Einer Gleichung entspricht, wie wir gesehen haben, in einem räumlichen Koordinatensystem immer eine Fläche. Geometrisch ergibt sich eine Kurve durch den Schnitt zweier Flächen. So erhält man beispielsweise als Schnitt einer Kugel mit einer Ebene einen Kreis und als Schnitt zweier Ebenen eine Gerade. Die Schnittfigur ist durch diejenigen Koordinatenwerte x, y, z gegeben, die den Gleichungen *beider* Flächen genügen. *Eine Kurve ist daher durch die beiden Gleichungen der Flächen gegeben, durch deren Schnitt sie zustande kommt.*

Beispielsweise stellen die beiden Gleichungen

$$\begin{aligned} x^2 + y^2 + z^2 &= 49 \\ z &= 5 \end{aligned} \tag{21}$$

die Schnittkurve der durch die erste Gleichung gegebenen Kugel mit der Ebene $z = 5$ dar. Diese Schnittkurve ist ein Kreis *Kr* in einer Ebene parallel zur x,y-Ebene (s. Abb. 18).

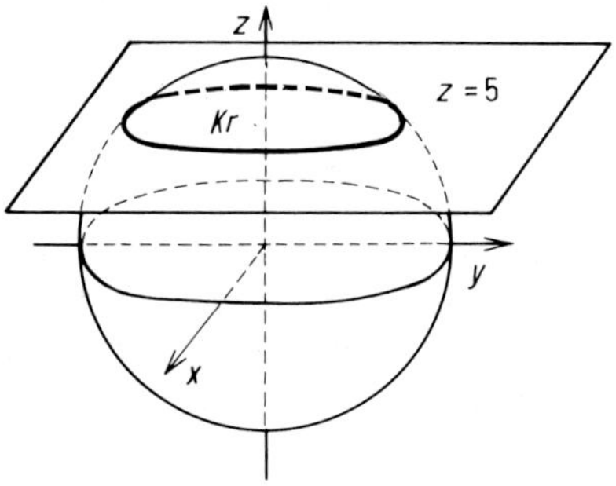

Abb. 18. Der durch die Gln. (21) gegebene Kreis.

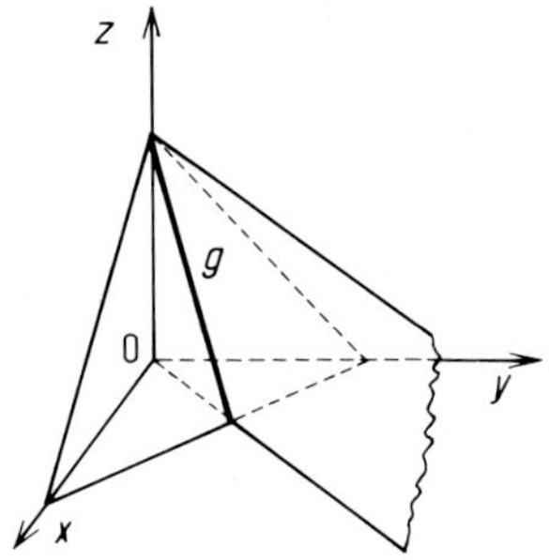

Abb. 19. Die durch die Gln. (22) gegebene Gerade.

Der Schnitt der beiden Ebenen

$$\begin{aligned} x + y + z &= 1 \\ x - y &= 0 \end{aligned} \tag{22}$$

ergibt die in Abb. 19 angegebene Gerade g.

Wir fragen nun noch, wie man die Richtung einer Geraden in einem räumlichen Koordinatensystem angeben kann. Im ebenen Koordinatensystem ist sie durch eine einzige Maßzahl charakterisiert, dem Tangens des Winkels, den sie mit der positiven x-Achse einschließt. Im räumlichen Koordinatensystem dagegen charakterisiert man die Richtung einer Geraden durch die Kosinusse der drei Winkel α, β und γ, die die Gerade mit den Koordinatenachsen x, y, z einschließt (s. Abb. 20). Man nennt $\cos\alpha$, $\cos\beta$ und $\cos\gamma$ die drei *Richtungskosinusse* der Geraden. Von den drei Richtungskosinussen braucht man nur zwei zu kennen. Der dritte kann unmittelbar berechnet

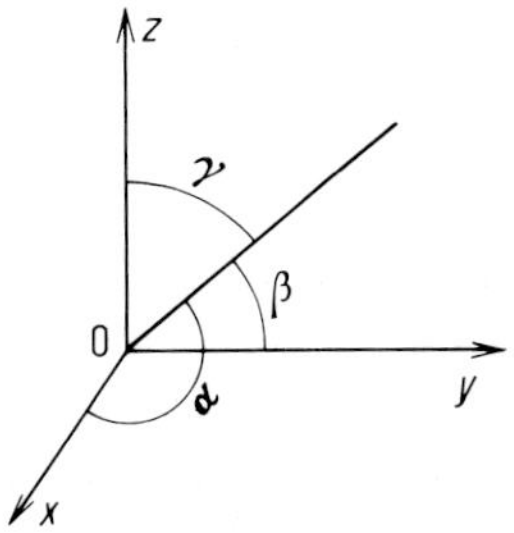

Abb. 20. Zur Definition der Richtungskosinusse.

werden. Es gilt nämlich, wie man mit Hilfe elementarer trigonometrischer Betrachtungen zeigen kann,

$$\cos^2 \alpha + \cos^2 \beta + \cos^2 \gamma = 1 . \tag{23}$$

2. Parameterdarstellung

Wir haben bisher Kurven und Flächen durch Gleichungen dargestellt, bei denen alle auftretenden Variablen auch Koordinaten der Punkte waren. Eine in verschiedener Hinsicht vorteilhaftere Darstellung erhält man, wenn man in den Gleichungen zusätzliche Parameter verwendet.

Nehmen wir an, daß x und y Funktionen einer als *Parameter* bezeichneten weiteren Variablen t sind.

$$\begin{aligned} x &= x(t) \\ y &= y(t) . \end{aligned} \tag{24}$$

Zu jedem Wert von t gehört dann auch je ein Wert der Größen x und y, also ein Punkt in der x,y-Ebene. Wenn $x(t)$ und $y(t)$ stetige Funktionen von t sind, so entspricht auf Grund der Gln. (24) einem Intervall von t eine Kurve in der x,y-Ebene. Sind nicht nur zwei, sondern drei Koordinaten x, y und z als Funktion von t gegeben,

$$\begin{aligned} x &= x(t) \\ y &= y(t) \\ z &= z(t) , \end{aligned} \tag{25}$$

so ist jedem Wert von t ein Wertetripel x, y, z, also ein Punkt im Raum, zugeordnet. Einem Intervall von t entspricht dann eine Kurve im Raum. Wir sehen also: *Unter Verwendung eines Parameters t werden durch zwei Gleichungen der Form Gl.* (24) *eine Kurve in der Ebene und durch drei Gleichungen der Form Gl.* (25) *eine Kurve im Raum dargestellt.*

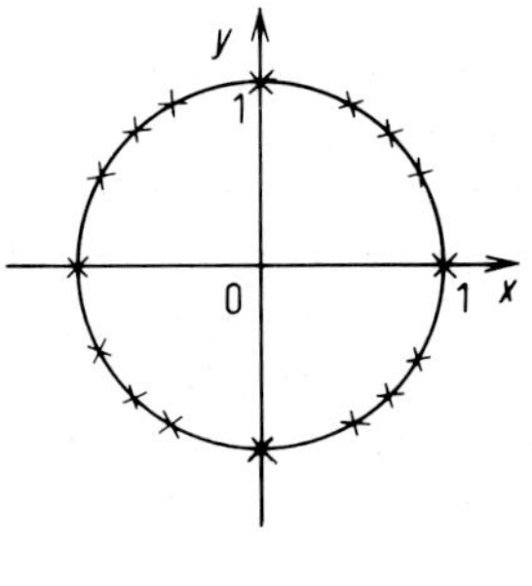

Abb. 21. Der durch die Gln. (26) gegebene Kreis.

Tab. 1
x und y als Funktionen von t gemäß Gl. (26).

t	x	y
0	1	0
$\frac{\pi}{6}$	$\frac{1}{2}\sqrt{3}$	$\frac{1}{2}$
$\frac{\pi}{4}$	$\frac{1}{2}\sqrt{2}$	$\frac{1}{2}\sqrt{2}$
$\frac{\pi}{3}$	$\frac{1}{2}$	$\frac{1}{2}\sqrt{3}$
$\frac{\pi}{2}$	0	1
$\frac{3\pi}{4}$	$-\frac{1}{2}\sqrt{2}$	$\frac{1}{2}\sqrt{2}$
π	1	0
$\frac{3\pi}{2}$	0	-1
2π	1	0

Die Gleichungen

$$\begin{aligned} x &= \cos t \\ y &= \sin t \end{aligned} \tag{26}$$

führen für einzelne Werte des Parameters t zu den in Tab. 1 angegebenen Werten für x und y. Durchläuft t das Intervall von 0 bis 2π, so durchlaufen die entsprechenden Punkte einen Kreis (s. Abb. 21).

Die Beziehungen

$$\begin{aligned} x &= a \cos t \\ y &= a \sin t \\ z &= kt \end{aligned} \tag{27}$$

führen zu einer wendeltreppenförmigen Kurve, die man *Helix* nennt (s. Abb. 22). Mit wachsendem t muß sich nämlich der Raumpunkt hinsichtlich der x,y-Ebene auf einem Kreis mit dem Radius a bewegen, während seine z-Koordinate gleichmäßig ansteigt. Den Abstand zweier übereinanderliegender Punkte bezeichnet man als Ganghöhe d. Es gilt, wie man leicht einsieht, $d = 2\pi k$.

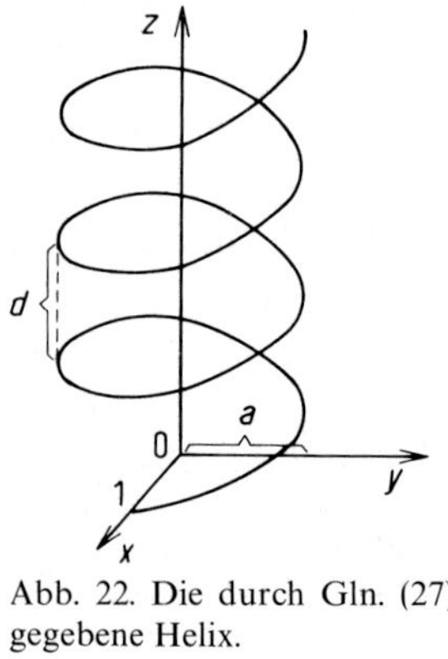

Abb. 22. Die durch Gln. (27) gegebene Helix.

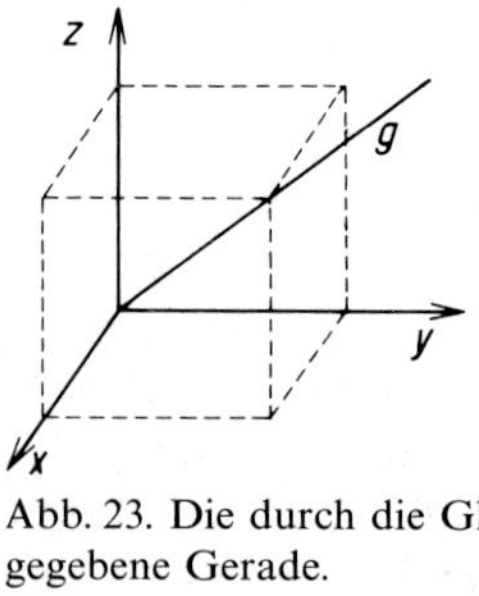

Abb. 23. Die durch die Gln. (28) gegebene Gerade.

Die Gleichungen

$$\begin{aligned} x &= t \\ y &= t \\ z &= t \end{aligned} \tag{28}$$

ergeben die in Abb. 23 angegebene, durch den Ursprung gehende Gerade g.

In ähnlicher Weise wie bei der Kurve erkennt man: *Eine Fläche im Raum wird durch drei Gleichungen mit zwei Parametern u und v dargestellt:*

$$\begin{aligned} x &= x(u,v) \\ y &= y(u,v) \\ z &= z(u,v)\,. \end{aligned} \tag{29a}$$

Die Gleichungen

$$\begin{aligned} x &= u\cos v \\ y &= u\sin v \\ z &= \mathrm{u} \end{aligned} \tag{29b}$$

stellen einen Doppelkegel dar, wie in Abb. 17 dargestellt, jedoch mit kreisförmiger Querschnittsfläche. Für $u =$ const. durchlaufen nämlich die x- und y-Koordinaten einen Kreis (vgl. Gl. (26)), während z konstant gleich u ist. Der Kreis befindet sich also in einer Ebene, die parallel zur x,y-Ebene im Abstand u von dieser liegt. Wenn nun u anwächst, wird der Radius des Kreises immer größer, und der Kreis entfernt sich immer weiter von der x,y-Ebene. Wegen der linearen Beziehung zwischen z und u entsteht so der Mantel eines Kegels.

Wenn man von der Parameterdarstellung einer Kurve bzw. Fläche zu der im vorigen Abschnitt besprochenen parameterfreien Darstellung übergehen will, muß man die Parameter aus den entsprechenden Gleichungen eliminieren. Will man umgekehrt von der Darstellung durch Koordinaten zu einer Parameterdarstellung kommen, so muß man im Falle einer Geraden eine der Variablen gleich irgendeiner Funktion von t setzen und diese Funktion dann in die ursprüngliche Gleichung einsetzen. Analog hierzu verfährt man auch im Falle einer Fläche.

Um beispielsweise aus den Gln. (26) die gewohnte Kreisgleichung zu erhalten, muß man daraus die Größe t eliminieren. Hierzu quadriert man die Gleichungen und addiert sie anschließend. Es ergibt sich $x^2 + y^2 = 1$.

Will man dagegen die Funktion

$$y = x^2 \tag{30}$$

in Parameterform darstellen, so muß man als erstes die Größe x irgendeiner Funktion von t gleichsetzen. Schreibt man daher $x = \sin t$, so ergibt sich durch Einsetzen in Gl. (30) $y = \sin^2 t$. Die Parameterform von Gl. (30) lautet also

$$\begin{aligned} x &= \sin t \\ y &= \sin^2 t\,. \end{aligned} \tag{31a}$$

Ebensogut kann man aber auch $x = 2t$ setzen und kommt dann zur Parameterform

$$\begin{aligned} x &= 2t \\ y &= 4t^2\,. \end{aligned} \tag{31b}$$

Die Gln. (30), (31 a) und (31 b) stellen jeweils dieselbe Kurve dar.

Fragen und Aufgaben

1. Wie kann man geometrische Probleme der rechnerischen Behandlung zugänglich machen?
2. Gib die Gleichungen der verschiedenen Kegelschnitte an.
3. Was für eine Kurve erhält man beim Schnitt eines Ellipsoides mit einer seiner Symmetrieebenen?
4. Wie kann man eine Kurve im Raum analytisch darstellen?
5. Beschreibe die Flächen, die durch die folgenden Gleichungen gegeben sind: a) $2x + 3y - z = 2$, b) $2x + 3y = 2$, c) $2x + 3y - z = 0$, d) $3x^2 + y^2 + z^2 = 9$, e) $z = x^2 + y^2$.
6. Eliminiere die Parameter und bestimme die geometrischen Gebilde, die durch die folgenden Gleichungen gegeben sind:

   a) $x = r \sin u \cos v$ b) $x = at$
   $y = r \sin u \sin v$ $y = bt + c$
   $z = r \cos u$
7. Gib Parameterformen der Gleichung eines Kreises mit dem Radius r sowie einer Ellipse mit den Halbachsen a und b an.
8. Wie lautet die Gleichung einer Ellipse mit den Halbachsen a und b, die sich in einer Ebene befindet, die parallel zur x,z-Ebene im Abstand d von dieser liegt? Der Mittelpunkt der Ellipse soll auf der y-Achse liegen.
9. Wie lauten die Koordinaten der Eckpunkte eines Würfels der Kantenlänge von 1, von dem ein Eckpunkt im Koordinatenursprung liegt, wenn drei Kanten des Würfels mit den positiven Koordinatenachsen zusammenfallen? Wie lauten die Richtungscosinusse der Raumdiagonalen sowie der drei Flächendiagonalen, die vom Eckpunkt im Koordinatenursprung ausgehen?
10. Ein Polypropylenmolekül besteht aus einer großen Anzahl von aneinandergekettcten $[-CH_2-CH(CH_3)-]$-Einheiten. Die Kohlenstoffatome der CH_3-Gruppen liegen auf einer Helix mit der Ganghöhe 6,5 Å und dem Durchmesser 4,5 Å (siehe Abb. 22). Wie lautet die Gleichung dieser Helix, wenn ihre Achse mit der z-Achse zusammenfällt und eines der C-Atome unmittelbar auf der x-Achse liegt? Siehe auch Seite 177, Aufgabe 13.

C. Abbildungen

1. Begriff der Abbildung

Gegeben seien zwei ebene kartesische Koordinatensysteme. Die Achsen des einen Systems bezeichnen wir mit x und y, die des zweiten mit u und v. Ferner seien zwei Funktionen

$$\begin{aligned} u &= \varphi_1(x,y) \\ v &= \varphi_2(x,y) \end{aligned} \tag{32}$$

gegeben, die in ihrem Definitionsbereich B ein-eindeutig sind. Durch die Gln. (32) wird dann jedem Punkt des Bereichs B der x,y-Ebene ein Punkt eines bestimmten Bereichs B' der u,v-Ebene zugeordnet (s. Abb. 24). Die Gleichungen vermitteln also eine *Abbildung des Bereichs B der x,y-Ebene auf den Bereich B′ der u,v-Ebene.*

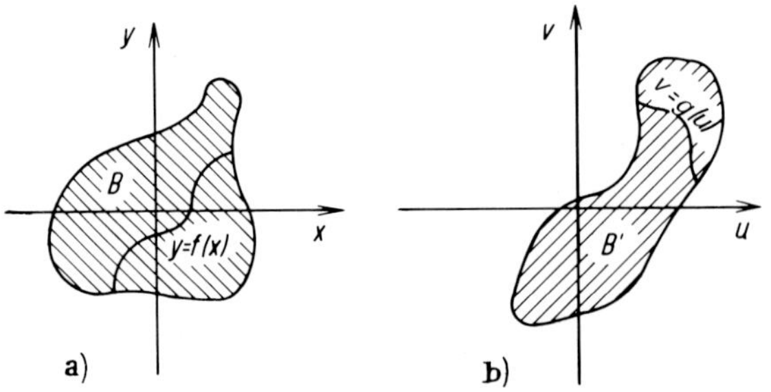

Abb. 24. Abbildung eines Bereichs B der x,y-Ebene auf einen Bereich B' der u,v-Ebene.

Da die Gln. (32) ein-eindeutig sind, kann man sie umkehren. Die Umkehrfunktionen sollen mit

$$\begin{aligned} x &= \psi_1(u,v) \\ y &= \psi_2(u,v) \end{aligned} \tag{33}$$

bezeichnet werden. Sie vermitteln die entsprechend umgekehrte Abbildung des Bereichs B' der u,v-Ebene auf den Bereich B der x,y-Ebene.

Wir betrachten nun eine Kurve in der x,y-Ebene, deren Gleichung $y = f(x)$ lautet. Bei der Abbildung auf die u,v-Ebene geht diese Kurve in eine entsprechende *Bildkurve* über. *Man erhält die Gleichung $v = g(u)$ der Bildkurve, indem man die in den Gln* (33) *auftretenden Ausdrücke für x und y in $y = f(x)$ einsetzt,*

$$\psi_2(u,v) = f(\psi_1(u,v)),$$

und die erhaltene Gleichung nach v auflöst.

Wir untersuchen als Beispiel die Abbildung, die durch die Gleichungen

$$\begin{aligned} u &= \frac{x}{2} \\ v &= y \end{aligned} \tag{34}$$

gegeben wird. Die dazugehörigen Umkehrfunktionen lauten

$$\begin{aligned} x &= 2u \\ y &= v\,. \end{aligned} \tag{35}$$

In der x,y-Ebene seien vorgegeben (s. Abb. 25) ein Punkt mit den Koordinaten

$$x = 2{,}5 \quad \text{und} \quad y = 1{,}5\,, \tag{36}$$

ein Kreis K, dessen Gleichung

$$x^2 + y^2 = 4 \tag{37}$$

lautet, sowie das in der Abbildung schraffierte Quadrat. Wir bestimmen die Bilder dieser Objekte in der

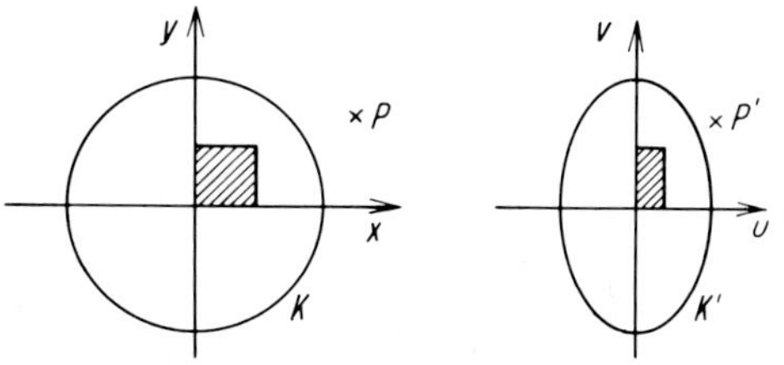

Abb. 25. Abbildung eines Punktes, eines Kreises und eines Quadrates mit Hilfe der Gln. (34).

u,v-Ebene. Der Punkt P geht bei der Abbildung in einen Punkt P' über, für dessen Koordinaten man mit Hilfe der Gln. (34) erhält

$$u = 1{,}25 \quad \text{und} \quad v = 1{,}5\,.$$

Der Kreis geht in eine Kurve über, deren Gleichung sich ergibt, wenn man in Gl. (37) die durch die Gln. (35) gegebenen Ausdrücke für x und y einsetzt. Man erhält dabei

$$4u^2 + v^2 = 4$$

bzw.

$$u^2 + \frac{v^2}{4} = 1 \tag{38}$$

Das ist die Gleichung einer Ellipse, die in Abb. 25 mit K' bezeichnet wurde. Schließlich kann man sich leicht davon überzeugen, daß das schraffierte Quadrat der x,y-Ebene in das schraffierte Rechteck der u,v-Ebene übergeht.

Man kann bei der Abbildung auch das neue Koordinatensystem unmittelbar auf das alte zeichnen, so daß die entsprechenden Koordinatenachsen jeweils zusammenfallen. Die Größen u und v geben dann die Koordinaten eines neuen Punktes im alten System an (s. hierzu das Beispiel in Abschn. C 2c).

So wie in der Ebene kann man auch *Abbildungen im Raum* vornehmen. Sie werden hier durch drei Gleichungen

$$\begin{aligned} x &= \varphi_1(u,v,w) \\ y &= \varphi_2(u,v,w) \\ z &= \varphi_3(u,v,w) \end{aligned} \tag{39}$$

bzw. ihre Umkehrungen

$$\begin{aligned} u &= \psi_1(x,y,z) \\ v &= \psi_2(x,y,z) \\ w &= \psi_3(x,y,z) \end{aligned} \tag{40}$$

vermittelt. Durch diese Gleichungen wird – jeweils in ihren Definitionsbereichen – einem dreidimensionalen Bereich des x,y,z-Raumes ein entsprechender Bereich im u,v,w-Raum zugeordnet und umgekehrt. Die Gleichungen $x = \frac{1}{2}u$, $y = v$, $z = w$ z. B. führen eine Kugel des x,y,z-Raumes in ein Ellipsoid des u,v,w-Raumes über.

Wir müssen hier noch anführen, daß man im Falle von Abbildungen, die durch lineare Gleichungen vermittelt werden, andere Bezeichnungen für die Koordinatenachsen als oben verwendet. Anstelle von x,y,z setzt man die Symbole x_1, x_2, x_3 und anstelle von u,v,w die Symbole y_1, y_2, y_3. Den Raum, der zu den Koordinatenachsen x_1, x_2, x_3 gehört, nennt man den x-Raum, den anderen den y-Raum. Bei Verwendung dieser Bezeichnungen kann man die Abbildungsgleichungen in übersichtlicherer Weise schreiben.

2. Diskussion einiger spezieller Abbildungen

a) Parallelverschiebung

Wir betrachten als erstes die durch die Gleichungen

$$\begin{aligned} y_1 &= x_1 + b_1 \\ y_2 &= x_2 + b_2 \\ y_3 &= x_3 + b_3 \end{aligned} \tag{41}$$

vermittelte Abbildung eines Raumes mit den Koordinatenachsen x_1, x_2, x_3 auf einen Raum mit den Koordinatenachsen y_1, y_2, y_3. Die angegebenen Gleichungen bewirken, daß jeder Punkt unabhängig von seiner Lage um die Strecken b_1, b_2 und b_3 in die drei Raumrichtungen verschoben wird. Sie führen daher zu einer *Parallelverschiebung* oder, wie man auch sagt, *Translation* der abzubildenden Objekte. Bei einer solchen Abbildung bleibt die Länge einer Strecke sowie der Winkel, den zwei Geraden einschließen, unverändert. Man bezeichnet die Abbildung daher als *längen- und winkeltreu.*

Als Beispiel betrachten wir die Abbildung im zweidimensionalen Raum

$$\begin{aligned} y_1 &= x_1 + 2 \\ y_2 &= x_2 - 1. \end{aligned} \tag{42}$$

Ein Kreis um den Ursprung im x-Raum (s. Abb. 26)

$$x_1^2 + x_2^2 = 9 \tag{43}$$

wird dadurch in einen Kreis im y-Raum abgebildet, bei dem jeder Punkt um 2 in x_1-Richtung und -1 in x_2-Richtung verschoben ist. Also ist auch der Mittelpunkt um diese Beträge verschoben. Die Gleichung

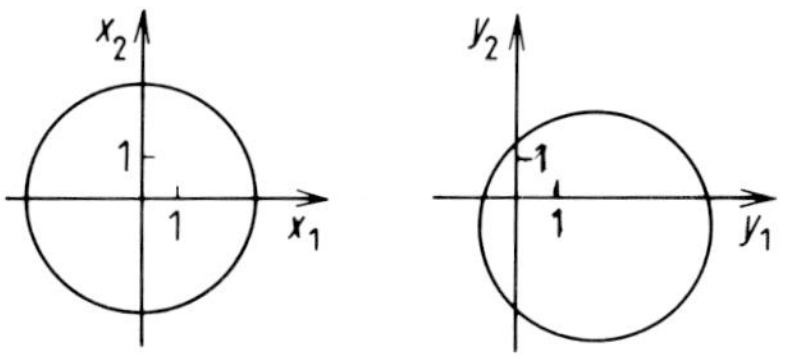

Abb. 26. Abbildung eines Kreises mit Hilfe der Gln. (42) aus dem x_1, x_2-Raum in den y_1, y_2-Raum.

des Kreises im y-Raum erhält man, indem man zunächst die Gln. (42) nach x_1 und x_2 auflöst

$$\begin{aligned} x_1 &= y_1 - 2 \\ x_2 &= y_2 + 1 \end{aligned} \tag{44}$$

und die erhaltenen Ausdrücke für x_1 und x_2 in Gl. (43) einsetzt:

$$(y_1 - 2)^2 + (y_2 + 1)^2 = 9\,. \tag{45}$$

b) Affine Abbildung mit festliegendem Koordinatenursprung

α) Eigenschaften der Abbildung

Als nächstes betrachten wir die Abbildungen, die allgemein durch das lineare Gleichungssystem

$$\begin{aligned} y_1 &= a_{11}x_1 + a_{12}x_2 + a_{13}x_3 \\ y_2 &= a_{21}x_1 + a_{22}x_2 + a_{23}x_3 \\ y_3 &= a_{31}x_1 + a_{32}x_2 + a_{33}x_3 \end{aligned} \tag{46}$$

vermittelt werden. Man bezeichnet diese als *affine Abbildungen mit festliegendem Koordinatenursprung*. Führt man die einspaltigen Matrizen

$$\boldsymbol{y} = \begin{pmatrix} y_1 \\ y_2 \\ y_3 \end{pmatrix}, \qquad \boldsymbol{x} = \begin{pmatrix} x_1 \\ x_2 \\ x_3 \end{pmatrix} \tag{47}$$

sowie die Matrix

$$\boldsymbol{A} = \begin{pmatrix} a_{11} & a_{12} & a_{13} \\ a_{21} & a_{22} & a_{23} \\ a_{31} & a_{32} & a_{33} \end{pmatrix} \tag{48}$$

ein, so kann man die Gln. (46) auch in der Form

$$\boldsymbol{y} = \boldsymbol{A}\,\boldsymbol{x} \tag{49}$$

schreiben. Damit die Gln. (46) eindeutig nach den x_i auflösbar sind, setzen wir voraus, daß $|\boldsymbol{A}| = 0$ ist.

Welche Eigenschaften weisen die hier betrachteten Abbildungen auf? Als erstes ist anzuführen, daß *der Ursprung des alten Koordinatensystems auf den Ursprung des neuen Koordinatensystems abgebildet wird.* Setzt man nämlich in die Gln. (46) $x_1 = x_2 = x_3 = 0$, so erhält man $y_1 = y_2 = y_3 = 0$. Des weiteren erkennt man leicht, daß *eine Ebene in eine Ebene und eine Gerade in eine Gerade übergeführt werden.* Die angegebenen Gebilde werden nämlich durch lineare Gleichungen dargestellt, und die Linearität dieser Gleichungen kann nicht verloren gehen, wenn man die Variablen gemäß den Gln. (46) durch lineare Funktionen anderer Variablen substituiert. Schließlich kann man noch zeigen, daß *das Verhältnis der Längen von Strecken erhalten bleibt.* Die Länge einer Strecke sowie der Winkel zwischen zwei Geraden wird dagegen im allgemeinen verändert, wie man leicht an Hand von speziellen Beispielen nachweisen kann.

Als Beispiel betrachten wir die Abbildung, die durch die Gleichungen

$$\begin{aligned} y_1 &= x_1 + 3x_2 \\ y_2 &= 2x_1 - x_2 \end{aligned} \tag{50}$$

vermittelt wird. Durch Auflösung der Gleichungen nach x_1 und x_2 erhält man die Umkehrformeln

$$\begin{aligned} x_1 &= \tfrac{1}{7} y_1 + \tfrac{3}{7} y_2 \\ x_2 &= \tfrac{2}{7} y_1 - \tfrac{1}{7} y_2 \end{aligned} \tag{51}$$

Wir suchen die Bilder der Geraden g_1, die durch die Gleichung

$$x_2 = x_1\,, \tag{52}$$

sowie der Geraden g_2, die durch die Gleichung

$$x_2 = -x_1 \tag{53}$$

gegeben sind (s. Abb. 27). Die Gleichung der Bildkurve von g_1 erhalten wir, indem wir die durch die Gln. (51) gegebenen Ausdrücke für x_1 und x_2 in Gl. (52) einsetzen. Es ergibt sich

$$y_2 = \tfrac{1}{4} y_1\,. \tag{54}$$

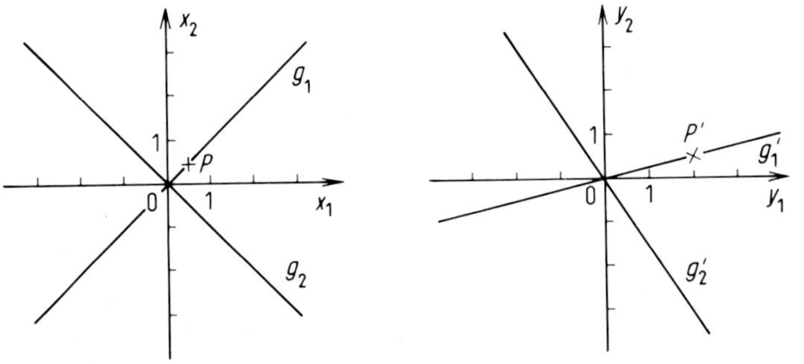

Abb. 27. Die durch die Gln. (50) vermittelte Abbildung zweier Geraden.

In entsprechender Weise leitet man für die Bildkurve von g_2 die Gleichung

$$y_2 = -\tfrac{3}{2} y_1 \tag{55}$$

ab. Man sieht, daß die Bildkurven wieder Geraden sind, daß aber der Schnittwinkel der Geraden, der ursprünglich $\pi/2$ betrug, durch die Abbildung vergrößert wurde (s. Abb. 27). Des weiteren suchen wir noch das Bild des Punktes P mit den Koordinaten $x_1 = 0{,}5$, $x_2 = 0{,}5$ auf. Mit Hilfe der Gln. (50) erkennen wir, daß der Bildpunkt P' die Koordinaten $y_1 = 2$ und $y_2 = 0{,}5$ besitzt. Die Strecke OP ist von der Strecke $O'P'$ verschieden.

β) Aufeinanderfolge mehrerer Abbildungen

Wir betrachten nun noch den Fall, daß man zunächst eine Abbildung des x-Raumes auf den y-Raum vornimmt,

$$\boldsymbol{y} = \boldsymbol{A}\,\boldsymbol{x}\,, \tag{56}$$

und anschließend eine weitere Abbildung auf den z-Raum, die durch die Gleichung

$$\boldsymbol{z} = \boldsymbol{B}\,\boldsymbol{y} \tag{57}$$

vermittelt werden soll. Wir fragen nach dem Zusammenhang zwischen $\boldsymbol{z}$ und $\boldsymbol{y}$. Indem wir Gl. (56) in Gl. (57) einsetzen, sehen wir, daß gilt $\boldsymbol{z} = \boldsymbol{B}\boldsymbol{A}\,\boldsymbol{x}$. Das Produkt der beiden Matrizen $\boldsymbol{B}$ und $\boldsymbol{A}$ ist nun wieder eine Matrix, die wir $\boldsymbol{C}$ nennen. Die Abbildung des x-Raumes auf den z-Raum wird also durch eine Matrix $\boldsymbol{C}$ vermittelt,

$$\boldsymbol{z} = \boldsymbol{C}\,\boldsymbol{x}\,, \tag{58}$$

die durch das Produkt der Matrizen der einzelnen Abbildungen $\boldsymbol{A}$ und $\boldsymbol{B}$ gegeben ist

$$\boldsymbol{C} = \boldsymbol{B}\boldsymbol{A}\,. \tag{59}$$

γ) Umkehrung der Abbildung

Wir suchen nun eine allgemeine Formel für die Umkehrung der durch die Gln. (46) vermittelten Abbildung auf. Um diese zu finden, müssen wir die Gln. (46) nach x_1, x_2 und x_3 auflösen. Mit Hilfe der Cramerschen Regel Gl. (IV, 59) erhalten wir für x_1

$$x_1 = \frac{\begin{vmatrix} y_1 & a_{12} & a_{13} \\ y_2 & a_{22} & a_{23} \\ y_3 & a_{32} & a_{33} \end{vmatrix}}{|\boldsymbol{A}|} \tag{60}$$

wobei $\boldsymbol{A}$ die aus dem Koeffizientenschema a_{ik} gebildete Determinante darstellt. Indem wir die Determinante im Zähler von Gl. (60) in der ersten Spalte gemäß Gl. (IV, 21) entwickeln, ergibt sich

$$x_1 = \frac{\alpha_{11}}{|\boldsymbol{A}|}\,y_1 + \frac{\alpha_{21}}{|\boldsymbol{A}|}\,y_2 + \frac{\alpha_{31}}{|\boldsymbol{A}|}\,y_3\,, \tag{61}$$

wobei α_{ik} das algebraische Komplement des Gliedes in der i-ten Zeile und der k-ten Spalte der Determinante $|\boldsymbol{A}|$ ist. In analoger Weise erhalten wir für die zwei anderen Unbekannten

$$x_2 = \frac{\alpha_{12}}{|\boldsymbol{A}|}\,y_1 + \frac{\alpha_{22}}{|\boldsymbol{A}|}\,y_2 + \frac{\alpha_{32}}{|\boldsymbol{A}|}\,y_3 \tag{62}$$

$$x_3 = \frac{\alpha_{13}}{|\boldsymbol{A}|}\,y_1 + \frac{\alpha_{23}}{|\boldsymbol{A}|}\,y_2 + \frac{\alpha_{33}}{|\boldsymbol{A}|}\,y_3\,. \tag{63}$$

Die Koeffizienten der drei Gleichungen (61) bis (63) bilden wieder eine Matrix. Wir bezeichnen diese mit $\boldsymbol{A}^{-1}$ und können dann an Stelle der Gln. (61) bis (63) schreiben

$$x = A^{-1} y \tag{64}$$

mit

$$A^{-1} = \begin{pmatrix} \frac{\alpha_{11}}{|A|} & \frac{\alpha_{21}}{|A|} & \frac{\alpha_{31}}{|A|} \\ \frac{\alpha_{12}}{|A|} & \frac{\alpha_{22}}{|A|} & \frac{\alpha_{32}}{|A|} \\ \frac{\alpha_{13}}{|A|} & \frac{\alpha_{23}}{|A|} & \frac{\alpha_{33}}{|A|} \end{pmatrix}. \tag{65}$$

Für die Matrix A^{-1} gilt

$$A^{-1} A = E, \tag{66}$$

wobei E die Einheitsmatrix ist. Man kann diese Gleichung leicht beweisen, indem man Gl. (49) auf beiden Seiten von links mit A^{-1} multipliziert und das Resultat unter Berücksichtigung von Gl. (64) mit Gl. (66) vergleicht. A^{-1} ist daher die bereits in Abschnitt VIII C 2c eingeführte inverse Matrix von A. Die Spaltenvektoren von A^{-1} sind dementsprechend die reziproken Zeilenvektoren von A. Damit ist jetzt auch gezeigt, wie man die inverse Matrix ausrechnet.

Analoge Gleichungen gelten auch, wenn die Anzahl der Variablen von 3 verschieden ist.

Beispiel: Die Abbildung Gl. (50) wird durch die Matrix

$$A = \begin{pmatrix} 1 & 3 \\ 2 & -1 \end{pmatrix} \tag{67}$$

vermittelt. Um die reziproke Matrix A^{-1} zu bestimmen, müssen wir zunächst die algebraischen Komplemente der Elemente von A ermitteln. Auf Grund der Gl. (IV, 19) wird $\alpha_{11} = -1$, $\alpha_{12} = -2$, $\alpha_{21} = -3$ und $\alpha_{22} = 1$. Ferner hat die Determinante $|A|$ den Wert -7. Wir erhalten somit über Gl. (65)

$$A^{-1} = \begin{pmatrix} \frac{1}{7} & \frac{3}{7} \\ \frac{2}{7} & -\frac{1}{7} \end{pmatrix}. \tag{68}$$

Man kann sich leicht davon überzeugen, daß $A^{-1}A$ unter Anwendung von Gl. (IV, 9) die Einheitsmatrix ergibt.

δ) Eigenwerte und Eigenvektoren

Gemäß der eingangs gegebenen Deutung ordnet eine Abbildung jedem Punkt im x-Raum mit den Koordinaten x_1, x_2 und x_3 einen Punkt im y-Raum mit den Koordinaten y_1, y_2 und y_3 zu. Die angegebenen Zahlentripel bzw. die entsprechenden Matrizen x, y kann man nun nicht nur als die Koordinaten eines Raumpunktes, sondern auch als die Komponenten eines Ortsvektors ansehen, der vom Koordinatenursprung zu diesem Raumpunkt führt (s. Abb. 28). *Man kann daher die Abbildungsgleichungen auch dahingehend interpretieren, daß sie Ortsvektoren aus dem x-Raum auf solche im y-Raum abbilden.* Die Matrizen x und y bezeichnet man dann kurz als *Vektoren* oder, um auszudrücken, daß die Vektorkomponenten als Spalte einer Matrix angegeben sind, als *Spaltenvektoren.*

Beispiel: Durch die Gleichungen $y_1 = 0{,}5x_1$ und $y_2 = x_2$ wird beispielsweise der Punkt P mit den Koordinaten $x_1 = 2$, $x_2 = 2$ in den Punkt P' mit den Koordinaten $y_1 = 1$, $y_2 = 2$ übergeführt bzw. der Ortsvektor mit den Komponenten (2, 2) in x-Raum in den Ortsvektor mit den Komponenten (4, 2) im y-Raum (Abb. 28).

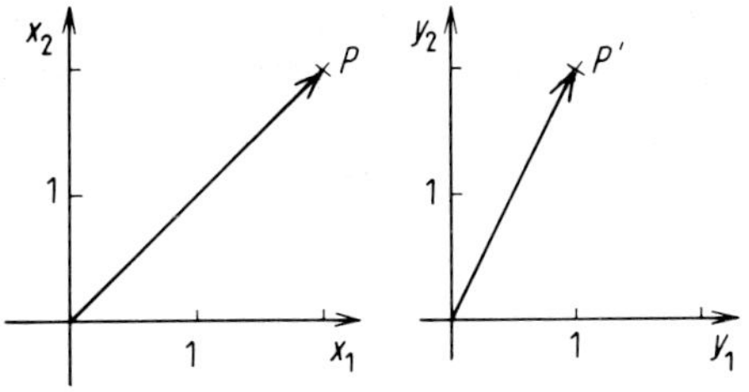

Abb. 28. Beispiel für die Abbildung eines Ortsvektors.

Da eine affine Abbildung im allgemeinen nicht längen- und winkeltreu ist, verändert sie gewöhnlich sowohl die Länge als auch die Richtung des Ortsvektors. Im folgenden wollen wir nun die Frage untersuchen, ob es zu einer vorgegebenen Abbildung vielleicht auch einzelne Vektoren gibt, die nur ihre Länge und nicht auch ihre Richtung verändern. Die auftretenden Gleichungen wollen wir dabei jeweils nebeneinander auf zweierlei Arten schreiben; auf der linken Seite in ausführlicher Form, auf der rechten in der raumsparenden Matrizenform.

Allein eine Längenänderung liegt dann vor, wenn die Komponenten des Vektors $\boldsymbol{y}$ durch Multiplikation der entsprechenden Komponenten von $\boldsymbol{x}$ mit einem konstanten Faktor λ entstehen, wenn also gilt

$$\begin{aligned} y_1 &= \lambda x_1 \\ y_2 &= \lambda x_2 \\ y_3 &= \lambda x_3 \end{aligned} \quad \text{bzw.} \quad \boldsymbol{y} = \lambda \boldsymbol{x}. \tag{69}$$

Unter Berücksichtigung der Abbildungsgleichungen (46) bzw. (49) folgt daraus

$$\begin{aligned} a_{11}x_1 + a_{12}x_2 + a_{13}x_3 &= \lambda x_1 \\ a_{21}x_1 + a_{22}x_2 + a_{23}x_3 &= \lambda x_2 \\ a_{31}x_1 + a_{32}x_2 + a_{33}x_3 &= \lambda x_3 \end{aligned} \quad \text{bzw.} \quad \boldsymbol{A}\boldsymbol{x} = \lambda \boldsymbol{x}. \tag{70}$$

Bringt man alle Glieder auf die linke Seite, so ergibt sich*)

$$\begin{aligned} (a_{11} - \lambda)x_1 + a_{12}x_2 + a_{13}x_3 &= 0 \\ a_{21}x_1 + (a_{22} - \lambda)x_2 + a_{23}x_3 &= 0 \\ a_{31}x_1 + a_{32}x_2 + (a_{33} - \lambda)x_3 &= 0 \end{aligned} \quad \text{bzw.} \quad (\boldsymbol{A} - \lambda \boldsymbol{E})\boldsymbol{x} = 0. \tag{71}$$

Das ist ein System von drei homogenen Gleichungen für drei Unbekannte x_1, x_2 und x_3, wobei es noch offen ist, welchen Wert man dem Parameter λ gibt. Gemäß den Ausführungen über die Lösbarkeit von homogenen Gleichungssystemen besitzt dieses System nur dann nichttriviale Lösungen, wenn die Determinante aus den Koeffizienten gleich Null ist, wenn also gilt

$$\begin{vmatrix} a_{11} - \lambda & a_{12} & a_{13} \\ a_{21} & a_{22} - \lambda & a_{23} \\ a_{31} & a_{32} & a_{33} - \lambda \end{vmatrix} = 0 \quad \text{bzw.} \quad |\boldsymbol{A} - \lambda \boldsymbol{E}| = 0. \tag{72}$$

*) In Matrizenschreibweise gilt $\lambda \boldsymbol{x} = \lambda \boldsymbol{E} \boldsymbol{x}$, wobei $\boldsymbol{E}$ die Einheitsmatrix ist.

Gl. (72) stellt nach Ausrechnen der Determinante eine Gleichung 3. Grades in λ dar, die man die *Säkulargleichung* oder *charakteristische Gleichung* nennt. Sie besitzt drei Lösungen $\lambda_1, \lambda_2, \lambda_3$. Nehmen wir nun an, alle drei Lösungen seien reell. Für jeden Wert von λ besitzen dann die Gln. (70) ein nichttriviales Lösungssystem. Wir bezeichnen die zu λ_1 gehörige Lösung mit

$$\overset{1}{\boldsymbol{x}} = \begin{pmatrix} \overset{1}{x}_1 \\ \overset{1}{x}_2 \\ \overset{1}{x}_3 \end{pmatrix}, \tag{73}$$

die zu λ_2 gehörige mit

$$\overset{2}{\boldsymbol{x}} = \begin{pmatrix} \overset{2}{x}_1 \\ \overset{2}{x}_2 \\ \overset{2}{x}_3 \end{pmatrix} \tag{74}$$

und die zu λ_3 gehörige mit

$$\overset{3}{\boldsymbol{x}} = \begin{pmatrix} \overset{3}{x}_1 \\ \overset{3}{x}_2 \\ \overset{3}{x}_3 \end{pmatrix}. \tag{75}$$

Dic drei angeführten Matrizen stellen dann die gesuchten Vektoren dar, die bei der vorgegebenen Abbildung nur die Länge verändern. Zu Werten von λ, die nicht reell sind, gibt es keine derartigen Vektoren.

Wir sehen also: *Wenn die Säkulargleichung (72) einer Abbildung reelle Lösungen für λ hat, so läßt sich zu jedem reellen Wert λ_i von λ ein Vektor $\overset{i}{\boldsymbol{x}}$ finden, der bei der Abbildung seine Richtung unverändert beibehält und nur seine Länge um den Faktor λ_i verändert.* Man nennt die λ_i *Eigenwerte* und die $\overset{i}{\boldsymbol{x}}$ *Eigenvektoren.* Ohne Beweis wollen wir noch das folgende anführen: *Wenn $\boldsymbol{A}$ eine symmetrische Matrix ist, so sind alle Eigenwerte reell. Eigenvektoren, die zu verschiedenen Eigenwerten gehören, stehen dann aufeinander senkrecht.* Man bezeichnet solche Eigenvektoren als *orthogonal.*

Bei der Lösung des homogenen Gleichungssystems tritt immer ein frei verfügbarer Parameter auf. Man kann diesen so bestimmen, daß jeder Eigenvektor die Länge 1 besitzt, daß also für jeden Eigenvektor gilt

$$\sqrt{x_1^2 + x_2^2 + x_3^2} = 1\,. \tag{76}$$

Wenn das getan wurde, bezeichnet man die Eigenvektoren als *normiert. Ein orthogonales System von normierten Eigenvektoren bezeichnet man als orthonormales System.*

Die eben angestellten Überlegungen lassen sich in gleicher Weise auch im Falle, daß die Anzahl der Variablen nicht drei sondern allgemein n ist, durchführen.

Als Beispiel für die Bestimmung der Eigenwerte und der Eigenvektoren betrachten wir die Abbildung

$$\begin{aligned} y_1 &= x_1 \\ y_2 &= x_2 + \sqrt{6}\,x_3 \\ y_3 &= \sqrt{6}\,x_2 + 2x_3\,. \end{aligned} \tag{77}$$

Die Matrix $\boldsymbol{A}$ lautet in diesem Fall

$$\boldsymbol{A} = \begin{pmatrix} 1 & 0 & 0 \\ 0 & 1 & \sqrt{6} \\ 0 & \sqrt{6} & 2 \end{pmatrix}. \tag{78}$$

Das zu lösende homogene Gleichungssystem (71) hat die Form

$$\begin{aligned} (1-\lambda)x_1 &= 0 \\ (1-\lambda)x_2 + \sqrt{6}\,x_3 &= 0 \\ \sqrt{6}\,x^2 + (2-\lambda)x_3 &= 0\,. \end{aligned} \tag{79}$$

Die Säkulargleichung (72) lautet

$$|\boldsymbol{A} - \lambda\boldsymbol{E}| = \begin{vmatrix} 1-\lambda & 0 & 0 \\ 0 & 1-\lambda & \sqrt{6} \\ 0 & \sqrt{6} & 2-\lambda \end{vmatrix} = (1-\lambda)[(1-\lambda)(2-\lambda)-6] = 0\,.$$

Die letzte Beziehung stellt eine Gleichung dritten Grades für λ dar. Ihre Lösungen erhält man, indem man als erstes den Koeffizienten $1-\lambda$ und anschließend den Ausdruck in der eckigen Klammer gleich Null setzt. Es ergibt sich

$$\lambda_1 = 1\,, \quad \lambda_2 = 4 \quad \text{und} \quad \lambda_3 = -1\,. \tag{80}$$

Zu jedem dieser Werte müssen die Gln. (79) ein Lösungssystem $\overset{i}{x}$ ergeben. Indem wir zunächst $\lambda = 1$ setzen, gehen die Gln. (79) über in

$$\begin{aligned} 0 &= 0 \\ \sqrt{6}\,x_3 &= 0 \\ \sqrt{6}\,x_2 + x_3 &= 0\,. \end{aligned} \tag{81}$$

Daraus ergibt sich $x_3 = 0$ und $x_2 = 0$. x_1 kann einen beliebigen Wert a annehmen, da es in den Gleichungen nicht vorkommt. Aus der Normierungsbedingung Gl. (76) folgt $a = 1$, so daß man für den zu $\lambda = 1$ gehörigen normierten Eigenvektor, den wir mit $\overset{1}{y}$ bezeichnen wollen, erhält

$$\overset{1}{y} = \begin{pmatrix} 1 \\ 0 \\ 0 \end{pmatrix}. \tag{82}$$

Durch ähnliche Rechnungen erhält man für den zweiten Eigenwert $\lambda = 4$, $x_1 = 0$, $x_2 = \frac{\sqrt{6}}{3}b$, $x_3 = b$, wobei b eine beliebige reelle Zahl ist. Mit Hilfe der Normierungsbedingungen folgt daraus

$$\overset{2}{y} = \begin{pmatrix} 0 \\ \sqrt{\frac{2}{5}} \\ \sqrt{\frac{3}{5}} \end{pmatrix} \tag{83}$$

und als drittes normiertes Lösungssystem schließlich

$$\overset{3}{y} = \begin{pmatrix} 0 \\ -\sqrt{\frac{3}{5}} \\ \sqrt{\frac{2}{5}} \end{pmatrix}. \tag{84}$$

Die erhaltenen drei Eigenvektoren sind in Abb. 29 angegeben. Der erste hat die Richtung der x_1-Achse, die beiden anderen liegen in der x_2,x_3-Ebene. Man kann sich leicht davon überzeugen, daß diese drei Vektoren bei der durch Gl. (77) gegebenen Abbildung nur ihre Länge um die in den Gln. (80) angegebenen Faktoren 1, 4 bzw. -1 verändern.

Ohne Beweis wollen wir noch das Folgende erwähnen: Kommen m gleiche Eigenwerte vor, weil die entsprechende Eigenwertgleichung m zusammenfallende Wurzeln hat, so besitzen jeweils auch beliebige Linearkombinationen der dazuge-

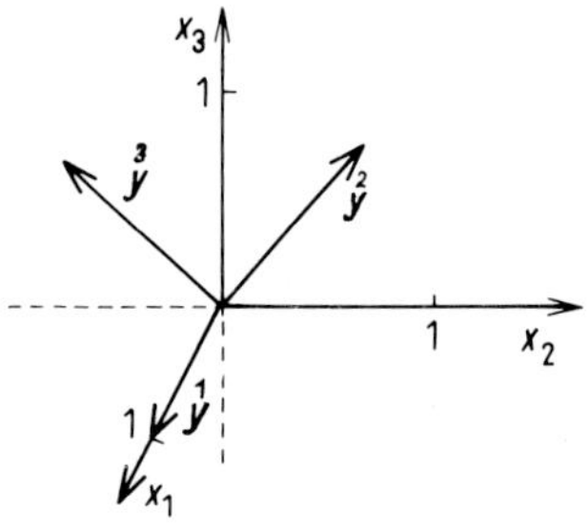

Abb. 29. Die durch die Gln. (82) bis (84) angegebenen orthonormierten Eigenvektoren.

hörigen m Eigenvektoren die Eigenschaft, Eigenvektoren zu sein. Man erhält eine m-fach unendliche Lösungsmannigfaltigkeit, aus der sich immer m zueinander senkrechte Eigenvektoren finden lassen.

c) Drehung und Spiegelung als Sonderfall affiner Abbildungen

α) Eigenschaften der Abbildungsmatrizen

Wie wir gesehen haben, verändert sich bei einer affinen Abbildung im allgemeinen die Länge einer Strecke. Wir fragen nun danach, ob vielleicht bei einigen speziellen affinen Abbildungen mit festbleibendem Koordinatenursprung die Länge von Strecken konstant bleibt.

Um diese Frage zu untersuchen, schreiben wir zunächst nochmals die Abbildungsgleichungen in allgemeiner Form und zwar gleich für eine beliebige Anzahl von n Variablen. Sie lauten in Matrixform

$$\boldsymbol{y} = \boldsymbol{A}\,\boldsymbol{x} \tag{85}$$

bzw. ausgeschrieben

$$y_j = \sum_{i=1}^{n} a_{ji} x_i \quad \text{für} \quad j = 1, 2, 3, \ldots n\,. \tag{86}$$

Im Falle $n = 3$ gehen diese Gleichungen in die Gln. (49) bzw. (46) über. Das Längenquadrat eines Ortsvektors im x-Raum ist nun durch $\sum_{i=1}^{n} x_i^2$ gegeben, das eines Vektors im y-Raum durch $\sum_{j=1}^{l} y_j^2$. Die Bedingung, daß die Länge eines Vektors bei der Abbildung unverändert bleiben soll, lautet daher

$$\sum_{j=1}^{n} y_j^2 = \sum_{i=1}^{n} x_i^2 \tag{87}$$

oder, wenn man die y_j mit Hilfe der Gln. (86) ersetzt,

$$\sum_{j=1}^{n} \left(\sum_{i=1}^{n} a_{ji} x_i \right)^2 = \sum_{i=1}^{n} x_i^2\,. \tag{88}$$

Es gilt nun

$$\left(\sum_{i=1}^{n} a_{ji} x_i\right)^2 = \sum_{k=1}^{n} a_{jk} x_k \cdot \sum_{l=1}^{n} a_{jl} x_l = \sum_{k=1}^{n} \sum_{l=1}^{n} a_{jk} a_{jl} x_k x_l . \tag{89}$$

Setzt man dies in Gl. (88) ein, so ergibt sich nach einer Vertauschung der Reihenfolge der Summationen

$$\sum_{k=1}^{n} \sum_{l=1}^{n} \left(\sum_{j=1}^{n} a_{jk} a_{jl}\right) x_k x_l = \sum_{i=1}^{n} x_i^2 . \tag{90}$$

Daraus kann man unmittelbar die Bedingungen ablesen, denen die a_{ij} unterliegen müssen, damit die Längen der Vektoren bei der Abbildung konstant bleiben: Wenn k und l verschiedene Werte annehmen, so führt das auf der linken Seite von Gl. (90) zu einem Summanden, der ein gemischtes Produkt $x_k x_l$ aufweist. Auf der rechten Seite kommen aber keine gemischten Produkte vor. Daher muß der Koeffizient von $x_k x_l$ für $k \neq l$ gleich Null sein,

$$\sum_{j=1}^{n} a_{jk} a_{jl} = 0 \quad \text{für} \quad k \neq l . \tag{91}$$

Für $k = l$ erhält man auf der linken Seite rein quadratische Summanden. Da rechts die Koeffizienten vor den rein quadratischen Gliedern gleich 1 sind, muß daher gelten

$$\sum_{j=1}^{n} a_{jk} a_{jl} = 1 \quad \text{für} \quad k = l . \tag{92}$$

Beide Gleichungen lassen sich mit Hilfe des durch die Gln. (IV, 4) und (IV, 5) eingeführten Kroneckersymbols in der Form

$$\sum_{j=1}^{n} a_{jk} a_{jl} = \delta_{kl} \tag{93}$$

schreiben.

Faßt man die Spalten der Matrix $\boldsymbol{A}$ als Vektoren auf, so besagt Gl. (93), daß das gemäß Gl. (IV, 20) gebildete Skalarprodukt zweier verschiedener Spaltenvektoren gleich Null ist, während das Quadrat eines jeden Vektors gleich 1 ist. Die Spaltenvektoren bilden also ein orthonormiertes System. Wir können also sagen: *Wenn bei einer Matrix $\boldsymbol{A}$ die Spaltenvektoren ein orthonormiertes System bilden, so bleiben bei der durch diese Matrix vermittelten Abbildung die Längen der Ortsvektoren konstant.* Eine Matrix, die diese Bedingung erfüllt, heißt *orthogonal.* Ebenso heißen auch die dazugehörigen Abbildungen orthogonal. Sie stellen einen Spezialfall der affinen Abbildungen dar. Wir werden weiter unten zeigen, daß es sich dabei um Drehungen und Spiegelungen handelt.

Beispiel: Die Matrix

$$\boldsymbol{A} = \begin{pmatrix} \frac{1}{2} & -\frac{\sqrt{3}}{2} \\ \frac{\sqrt{3}}{2} & \frac{1}{2} \end{pmatrix} \tag{94}$$

ist orthogonal, da

$$\sum_{j=1}^{2} a_{j1} a_{j1} = \frac{1}{2} \cdot \frac{1}{2} + \frac{\sqrt{3}}{2} \cdot \frac{\sqrt{3}}{2} = 1$$

$$\sum_{j=1}^{2} a_{j1} a_{j2} = \frac{1}{2} \cdot \left(-\frac{\sqrt{3}}{2}\right) + \frac{\sqrt{3}}{2} \cdot \frac{1}{2} = 0 \tag{95}$$

$$\sum_{j=1}^{2} a_{j2} a_{j2} = \left(-\frac{\sqrt{3}}{2}\right) \cdot \left(-\frac{\sqrt{3}}{2}\right) + \frac{1}{2} \cdot \frac{1}{2} = 1$$

ist.

Orthogonale Matrizen zeigen einige interessante Eigenschaften. Gl. (93) in Matrizenform geschrieben lautet

$$\boldsymbol{A}^T \boldsymbol{A} = \boldsymbol{E}, \tag{96}$$

wobei $\boldsymbol{A}^T$ die zu $\boldsymbol{A}$ transponierte Matrix ist, die man aus $\boldsymbol{A}$ durch Vertauschen der Zeilen und Spalten erhält. Gemäß Gl. (66) folgt daraus, *daß bei orthogonalen Matrizen die inverse Matrix gleich der transponierten ist,*

$$\boldsymbol{A}^{-1} = \boldsymbol{A}^T. \tag{97}$$

Dies wurde auch bereits im Rahmen der Vektorrechnung bewiesen (siehe Abschnitt VIII C 2c).

$\boldsymbol{A}^{-1}$ vermittelt als Umkehrmatrix von $\boldsymbol{A}$ ebenfalls eine orthogonale Abbildung. Die Spalten von $\boldsymbol{A}^{-1}$ müssen daher ebenfalls ein orthonormiertes Vektorsystem darstellen. Da die Spalten von $\boldsymbol{A}^{-1}$ auf Grund von Gl. (97) mit den Zeilen der Matrix $\boldsymbol{A}$ übereinstimmen, folgt daraus, daß *auch die Zeilen einer orthogonalen Matrix $\boldsymbol{A}$ ein orthonormiertes Vektorsystem bilden, daß also gilt*

$$\sum_{j=1}^{n} a_{ij} a_{kj} = \delta_{ik}. \tag{98}$$

Als Beispiel weisen wir die Gültigkeit der Gln. (98) für die orthogonale Matrix in Gl. (94) nach. Es ist

$$\sum_{j=1}^{2} a_{1j} a_{1j} = \frac{1}{2} \cdot \frac{1}{2} + \left(-\frac{\sqrt{3}}{2}\right) \cdot \left(-\frac{\sqrt{3}}{2}\right) = 1$$

$$\sum_{j=1}^{2} a_{1j} a_{2j} = \frac{1}{2} \cdot \frac{\sqrt{3}}{2} + \left(-\frac{\sqrt{3}}{2}\right)\left(\frac{1}{2}\right) = 0$$

$$\sum_{j=1}^{2} a_{2j} a_{2j} = \frac{\sqrt{3}}{2} \cdot \frac{\sqrt{3}}{2} + \frac{1}{2} \frac{1}{2} = 1.$$

β) Aufsuchen der orthogonalen Matrizen zweiter Ordnung

Wir wollen nun für den Fall $n = 2$ die verschiedenen orthogonalen Matrizen explizit bestimmen und untersuchen, welche Abbildungen sie vermitteln.

Eine Matrix zweiter Ordnung ist allgemein durch

$$\boldsymbol{A} = \begin{pmatrix} a_{11} & a_{12} \\ a_{21} & a_{22} \end{pmatrix} \tag{99}$$

gegeben. Wenn die Matrix orthogonal sein soll, so müssen zwischen ihren Elementen auf Grund der Gln. (93) die Beziehungen

$$\begin{aligned} a_{11}^2 + a_{21}^2 &= 1 \\ a_{12}^2 + a_{22}^2 &= 1 \\ a_{11}a_{12} + a_{21}a_{22} &= 0 \end{aligned} \qquad (100)$$

bestehen. Die vier unbekannten Elemente der Matrix müssen so bestimmt werden, daß diese Gleichungen erfüllt sind.

Die ersten beiden Gleichungen sind erfüllt, wenn man zwei Größen φ und ψ einführt und setzt

$$\begin{aligned} a_{11} &= \cos\varphi\,, \quad & a_{21} &= \sin\varphi \\ a_{12} &= \sin\psi\,, \quad & a_{22} &= \cos\psi\,. \end{aligned} \qquad (101)$$

Damit auch die dritte Gleichung erfüllt ist, muß gelten

$$\cos\varphi\sin\psi + \sin\varphi\cos\psi = 0, \qquad (102)$$

also

$$\sin(\varphi + \psi) = 0\,. \qquad (103)$$

Aus dieser Gleichung folgt $\varphi + \psi = n\pi$, also

$$\psi = n\pi - \varphi \qquad (104)$$

mit $n = 0, 1, 2, \ldots$ Für alle geradzahligen n ist nun $\cos\psi = \cos\varphi$ und $\sin\psi = -\sin\varphi$, und man erhält die Matrix

$$\boldsymbol{A}^{D2} = \begin{pmatrix} \cos\varphi & -\sin\varphi \\ \sin\varphi & \cos\varphi \end{pmatrix}. \qquad (105)$$

Für alle ungeradzahligen n ist $\cos\psi = -\cos\varphi$ und $\sin\psi = \sin\varphi$, und man erhält

$$\boldsymbol{A}^{S2} = \begin{pmatrix} \cos\varphi & \sin\varphi \\ \sin\varphi & -\cos\varphi \end{pmatrix}. \qquad (106)$$

Man kann nun leicht zeigen, *daß $\boldsymbol{A}^{D2}$ eine Drehung um den Winkel φ vermittelt, während $\boldsymbol{A}^{S2}$ eine Spiegelung an der Geraden, die mit der x-Achse den Winkel $\varphi/2$ einschließt, darstellt.* Wir wollen hier nur das erstere beweisen und betrachten hierzu einen Vektor der Länge 1, der mit der x-Achse den Winkel α einschließt. Der Punkt, den dieser Vektor repräsentiert (s. Abb. 30), hat dann die Koordinaten $x_1 = \cos\alpha$ und $x_2 = \sin\alpha$, also

$$\boldsymbol{x} = \begin{pmatrix} \cos\alpha \\ \sin\alpha \end{pmatrix}. \qquad (107)$$

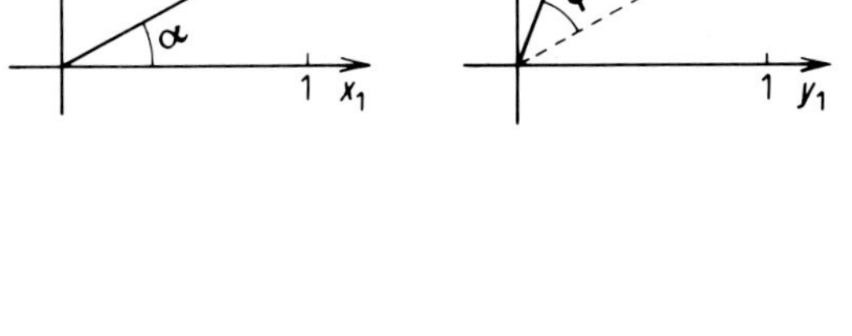

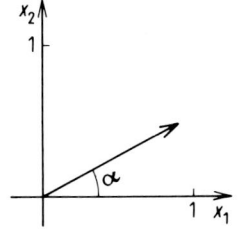

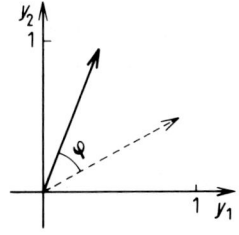

Abb. 30. Drehung um den Winkel φ als Sonderfall einer Abbildung.

Durch die Matrix $\boldsymbol{A}^{D2}$ wird dieser Punkt übergeführt in

$$\begin{aligned}\boldsymbol{y} &= \begin{pmatrix}\cos\varphi & -\sin\varphi\\ \sin\varphi & \cos\varphi\end{pmatrix}\begin{pmatrix}\cos\alpha\\ \sin\alpha\end{pmatrix} = \\ &= \begin{pmatrix}\cos\varphi\,\cos\alpha - \sin\varphi\,\sin\alpha\\ \sin\varphi\,\cos\alpha + \cos\varphi\,\sin\alpha\end{pmatrix} = \begin{pmatrix}\cos(\alpha+\varphi)\\ \sin(\alpha+\varphi)\end{pmatrix},\end{aligned} \tag{108}$$

wobei bei der letzten Umformung die trigonometrischen Additionstheoreme verwendet wurden. $\cos(\alpha + \varphi)$ und $\sin(\alpha + \varphi)$ sind die Koordinaten eines Einheitsvektors, der gegenüber dem gegebenen Vektor $\boldsymbol{x}$ um den Winkel φ gedreht ist. In gleicher Weise weist man auch die Spiegeleigenschaften von $\boldsymbol{A}^{S2}$ nach.

Bei der graphischen Darstellung der besprochenen Abbildungen läßt man vielfach die beiden Koordinatensysteme x_1, x_2 und y_1, y_2 zusammenfallen, so daß dann die Drehung bzw. die Spiegelung deutlicher erkannt wird. Die Koordinaten y_1, y_2 stellen dann die Koordinaten eines neuen Punktes im alten System dar.

Als Beispiel betrachten wir eine Spiegelung an einer Geraden, die mit der x-Achse den Winkel $\varphi/2 = \pi/6$ einschließt. Es ist dann $\sin\varphi = \sqrt{3}/2$ und $\cos\varphi = 1/2$. Die durch Gl. (106) gegebene Abbildungsmatrix lautet also

$$\boldsymbol{A}^{S2} = \begin{pmatrix}\frac{1}{2} & \frac{\sqrt{3}}{2}\\ \frac{\sqrt{3}}{2} & -\frac{1}{2}\end{pmatrix}, \tag{109}$$

was zu den Transformationsgleichungen

$$\begin{aligned}y_1 &= \frac{1}{2}x_1 + \frac{\sqrt{3}}{2}x_2\\ y_2 &= \frac{\sqrt{3}}{2}x_1 - \frac{1}{2}x_2\end{aligned} \tag{110}$$

führt. Der Punkt P mit den Koordinaten $x_1 = 2$, $x_2 = 2$, bzw. der entsprechende Ortsvektor (s. Abb. 31) wird durch die Abbildungsgleichungen (110) in einen Punkt P' mit den Koordinaten $y_1 = \sqrt{3} + 1$, $y_2 = \sqrt{3} - 1$ überführt. Man sieht deutlich, daß das einer Spiegelung an der gestrichelt eingezeichneten Geraden entspricht. In Abb. 32 ist diese Spiegelung auch noch für den Fall, daß die beiden Koordinatensysteme zusammenfallen, angegeben, bei dem y_1 und y_2 die Koordinaten eines neuen Punktes im alten System sind.

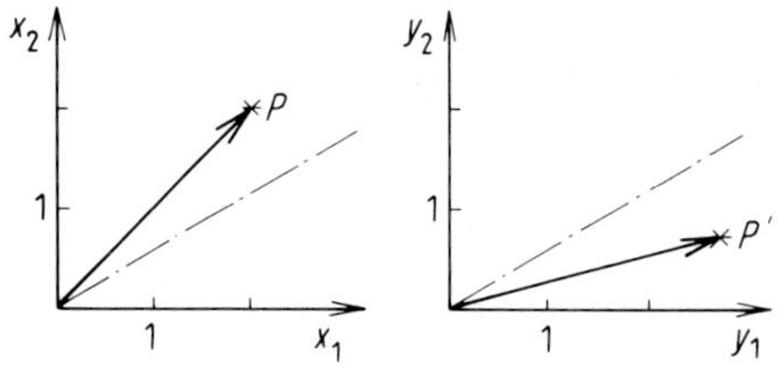

Abb. 31. Die durch die Matrix aus Gl. (109) vermittelte Spiegelung eines Vektors an der Geraden s.

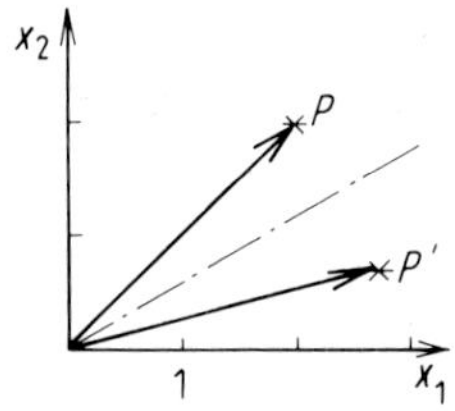

Abb. 32. Die durch die Matrix aus Gl. (109) vermittelte Spiegelung eines Vektors an der Geraden s beim Zusammenfallen der beiden Koordinatensysteme.

Als weiteres Beispiel betrachten wir das in Abb. 33 angegebene Benzolmolekül. Es weist eine sechszählige Symmetrieachse auf. Das bedeutet, daß der Punkt B aus dem Punkt A durch eine Drehung $\varphi = \pi/3$ um den Ursprung des Koordinatensystems hervorgeht. In gleicher Weise geht der Punkt C aus dem Punkt B durch eine solche Drehung hervor, usw. Man kann daher die Koordinaten der Punkte B, C, D,

E und F aus denen des Punktes A mit Hilfe einer Abbildung gewinnen. Da $\varphi = \pi/3$ ist, ist $\sin\varphi = \sqrt{3}/2$ und $\cos\varphi = 1/2$. Die in Gl. (105) gegebene Matrix, die eine Drehung vermittelt, lautet daher

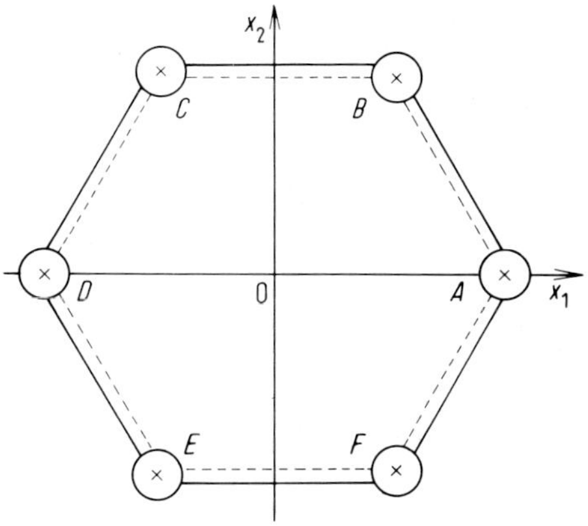

Abb. 33. Benzolmolekül in einem Koordinatensystem.

$$A^{D2} \begin{pmatrix} \frac{1}{2} & -\frac{\sqrt{3}}{2} \\ \frac{\sqrt{3}}{2} & \frac{1}{2} \end{pmatrix}. \tag{111}$$

Der Punkt A in Abb. 33 hat die Koordinaten $x_1^A = 1$ und $x_2^A = 0$. Für die Koordinaten des Punktes B erhält man daraus

$$A^{D2} \begin{pmatrix} 1 \\ 0 \end{pmatrix} = \begin{pmatrix} \frac{1}{2} & -\frac{\sqrt{3}}{2} \\ \frac{\sqrt{3}}{2} & \frac{1}{2} \end{pmatrix} \begin{pmatrix} 1 \\ 0 \end{pmatrix} = \begin{pmatrix} \frac{1}{2} \\ \frac{\sqrt{3}}{2} \end{pmatrix}, \tag{112}$$

also $x_1^B = \frac{1}{2}$ und $x_2^B = \frac{1}{2}\sqrt{3}$. Für den dritten Punkt erhält man

$$A^{D2} \begin{pmatrix} 1 \\ 0 \end{pmatrix} = \begin{pmatrix} \frac{1}{2} \\ \frac{\sqrt{3}}{2} \end{pmatrix} = \begin{pmatrix} \frac{1}{2} & -\frac{\sqrt{3}}{2} \\ \frac{\sqrt{3}}{2} & \frac{1}{2} \end{pmatrix} \begin{pmatrix} \frac{1}{2} \\ \frac{\sqrt{3}}{2} \end{pmatrix} = \begin{pmatrix} \frac{1}{4} \quad -\frac{3}{4} \\ \frac{\sqrt{3}}{4} \quad \frac{\sqrt{3}}{4} \end{pmatrix} = \begin{pmatrix} -\frac{1}{2} \\ \frac{\sqrt{3}}{2} \end{pmatrix}, \tag{113}$$

also $x_1^C = -\frac{1}{2}$ und $x_2^C = \frac{1}{2}\sqrt{3}$. In gleicher Weise erhält man auch die Koordinaten der übrigen Punkte.

Die Matrizen, die eine Drehung bzw. Spiegelung im dreidimensionalen Raum vermitteln, wollen wir hier nicht ableiten. Wir erhalten sie in Abschn. D 4 aus den entsprechenden Gleichungen für eine Koordinatentransformation.

d) Nichtlineare Abbildungen

Wir wollen nun noch ein Beispiel für eine Abbildung kennenlernen, die durch ein nichtlineares Gleichungssystem vermittelt wird. Bei einer solchen Abbildung wird im allgemeinen eine Gerade in eine gekrümmte Kurve transformiert.

Gegeben seien zwei ebene Koordinatensysteme mit den Koordinatenachsen x, y bzw. r, φ. Wir führen eine Abbildung durch mit Hilfe der Gleichungen

$$\begin{aligned} x &= r\cos\varphi \\ y &= r\sin\varphi\,. \end{aligned} \tag{114}$$

Die Umkehrfunktionen dieser Gleichungen lauten

$$\begin{aligned} r &= +\sqrt{x^2 + y^2} \\ \varphi &= \arctan\tfrac{y}{x}\,. \end{aligned} \tag{115}$$

Sie sind mehrdeutig. Wir verabreden daher, daß wir bei der Wurzel nur das positive Vorzeichen zulassen und beim arctg für Punkte aus dem ersten und zweiten Quadranten der x, y-Ebene die Werte zwischen 0 und π verwenden, für den dritten und vierten Quadranten die Werte zwischen π und 2π. *Die Gln.* (114) *vermitteln dann eine ein-eindeutige Abbildung der gesamten x, y-Ebene mit Ausnahme des Ursprungs auf einen Streifen der r, φ-Ebene, der durch die Bedingungen*

$$0 < r < \infty\,, \qquad 0 \leqq \varphi < 2\pi \tag{116}$$

gegeben ist.

Wir wollen nun die Abbildungen einiger besonderer Kurven aufsuchen. Als erstes betrachten wir einen Kreis K mit dem Radius a in der x, y-Ebene

$$x^2 + y^2 = a^2 \tag{117}$$

(s. Abb. 34). Die Gleichung der Bildkurve dieses Kreises in der r, φ-Ebene erhalten

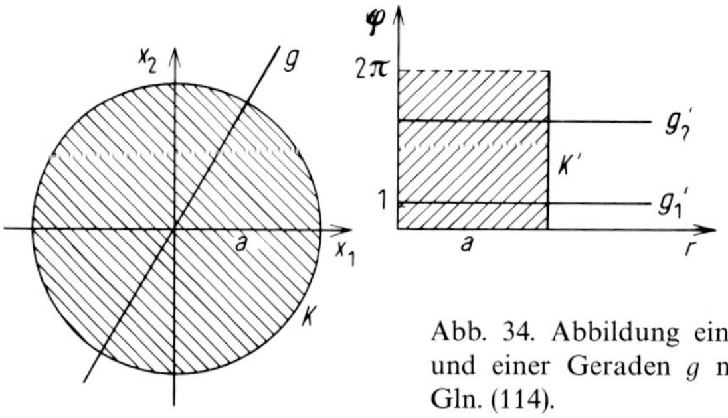

Abb. 34. Abbildung eines Kreises k und einer Geraden g mit Hilfe der Gln. (114).

wir, wenn wir x und y in der Kreisgleichung gemäß den Gln. (114) durch r und φ ersetzen. Es ergibt sich

$$r^2 \cos^2 \varphi + r^2 \sin^2 \varphi = a^2\,. \tag{118}$$

Beachtet man, daß

$$\cos^2 \varphi + \sin^2 \varphi = 1$$

ist, so folgt daraus

$$r^2 = a^2$$

bzw.

$$r = a\,. \tag{119}$$

Die Bildkurve des Kreises ist also die zur φ-Achse parallele Gerade K' im Abstand a vom Koordinatenursprung, die wegen Gln. (116) von $\varphi = 0$ bis $\varphi = 2\pi$ gilt. Der Fläche des Kreises entspricht die schraffierte Rechteckfläche.

Als nächstes bilden wir noch die Gerade g ab, die der Gleichung

$$y = mx \tag{120}$$

gehorcht. Auf die gleiche Art wie vorher erhalten wir

$$r \sin \varphi = mr \cdot \cos \varphi\,, \tag{121}$$

woraus folgt

$$\tan \varphi = m$$

bzw.

$$\varphi = \arctan m\,. \tag{122}$$

Der arctg m ist nun vieldeutig. Gemäß der eingangs getroffenen Verabredung ist für den Teil der Geraden, der im 1. Quadranten liegt, der Wert zwischen 0 und π zu nehmen – wir nennen ihn φ_1 –, für den Teil im dritten Quadranten derjenige zwischen π und 2π, der sich im vorliegenden Fall von φ_1 um π unterscheidet. g wird also auf die in Abb. 34 eingezeichneten zwei Geraden g'_1 und g'_2 abgebildet.

3. Systematische Unterteilung der Abbildungen; Erlanger Programm

Im vorigen Abschnitt wurden einige besonders wichtige Abbildungen eingehend diskutiert. Im folgenden wollen wir nun eine allgemeine systematische Übersicht über die verschiedenen Abbildungen und die Zusammenhänge zwischen ihnen geben.

Wir führen als erstes die sogenannten *projektiven Abbildungen* an. Sie werden durch gebrochene lineare Funktionen vermittelt, bei denen der Nenner in allen Gleichungen derselbe ist. Die Abbildungsgleichungen im zweidimensionalen Fall haben also die Form

$$\begin{aligned} y_1 &= \frac{a_{11}x_1 + a_{12}x_2 + b_1}{\alpha_1 x_1 + \alpha_2 x_2 + \alpha_3} \\ y_2 &= \frac{a_{21}x_1 + a_{22}x_2 + b_2}{\alpha_1 x_1 + \alpha_2 x_2 + \alpha_3}\,. \end{aligned} \tag{123}$$

Man kann zeigen, daß sich eine solche Abbildung durch eine Projektion der Punkte einer Ebene x_1, x_2 auf eine zweite y_1, y_2 durch ein von einem gewissen Punkt S ausgehendes Strahlenbündel veranschaulichen läßt. Es werden dabei Gerade in Gerade umgewandelt. Außerdem bleibt das Doppelverhältnis von Strecken konstant. Die Längen von Strecken, das Längenverhältnis zweier Strecken sowie die Winkel werden aber im allgemeinen verändert.

Setzt man in den Gln. (123) $\alpha_1 = \alpha_2 = 0$ und $\alpha_3 = 1$, so erhält man die sogenannten *affinen Abbildungen*

$$\begin{aligned} y_1 &= a_{11}x_1 + a_{12}x_2 + b_1 \\ y_2 &= a_{21}x_1 + a_{22}x_2 + b_2\,. \end{aligned} \tag{124}$$

Diese stellen also einen Sonderfall der projektiven Abbildungen dar. Bei ihnen werden nicht nur Gerade in Gerade übergeführt, auch das Längenverhältnis zweier Strecken bleibt erhalten.

Sind in den Gln. (124) die b_i gleich Null, so ergeben sich die *affinen Abbildungen mit festliegendem Koordinatenursprung*

$$\begin{aligned} y_1 &= a_{11}x_1 + a_{12}x_2 \\ y_2 &= a_{21}x_1 + a_{22}x_2 , \end{aligned} \tag{125}$$

deren Eigenschaften im vorigen Abschnitt besprochen wurden.

Wenn für die Koeffizienten in den Gln. (125) die durch Gl. (93) gegebenen Orthogonalitätsrelationen gelten, so liegt der Sonderfall einer *Drehung* oder *Spiegelung* vor. Die Abbildung ist dann auch längen- und winkeltreu.

Schließlich wollen wir noch einmal auf die Gln. (124) zurückkommen und annehmen, daß die $a_{ik} = \delta_{ik}$ sind. Die Gln. (124) gehen dann über in

$$\begin{aligned} y_1 &= x_1 + b_1 \\ y_2 &= x_2 + b_2 , \end{aligned} \tag{126}$$

und man gelangt so zu den im vorigen Abschnitt ausführlich besprochenen *Parallelverschiebungen*, die ebenfalls längen- und winkeltreu sind. Parallelverschiebungen und Drehungen zusammen bezeichnet man als *Bewegungen*. Nimmt man noch die Spiegelungen hinzu, so spricht man von *erweiterten Bewegungen*.

Wir haben gesehen, daß bei bestimmten Abbildungen jeweils bestimmte geometrische Größen unverändert bleiben. Man sagt, diese Größen seien jeweils die *Invarianten* der entsprechenden Abbildungen. So ist beispielsweise der Winkel zwischen zwei Geraden eine Invariante der orthogonalen Abbildungen. Im Jahre 1872 wurde nun von Felix Klein in seinem berühmten „*Erlanger Programm*" die Forderung erhoben, die Sätze der Geometrie danach einzuteilen, hinsichtlich welcher Abbildungen sie invariant sind. Auf diesem Programm baut die gesamte moderne Geometrie auf. Wir können darauf nicht ausführlich eingehen, sondern wollen nur folgendes anführen:

Alle Aussagen über geometrische Größen, die bei Abbildungen aus der erweiterten Bewegungsgruppe, also bei Drehungen, Spiegelungen und Parallelverschiebungen, unverändert bleiben, bilden die *metrische Geometrie* oder *Euklidische Geometrie*. Dazu gehören die Aussagen über die Länge von Strecken und die Größe von Winkeln, also z. B. die Sätze über die Kongruenz von Dreiecken. Entsprechend gehören zur *affinen Geometrie* alle Betrachtungen, die sich lediglich auf das Verhältnis von Strecken beziehen, wie z. B. die Sätze über die Ähnlichkeit von Dreiecken. Die *projektive Geometrie* schließlich besteht aus den Aussagen, die sich auf das Doppelverhältnis der Abstände von vier auf einer Geraden liegenden Punkten oder auf die Koinzidenz von Punkten und Geraden beziehen.

Fragen und Aufgaben

1. Wie wird eine Abbildung analytisch wiedergegeben?
2. Wie werden die Abbildungen, die Gerade in Gerade überführen, systematisch unterteilt? Welche Größen bleiben bei den einzelnen Abbildungen invariant?
3. Welche Abbildungen sind längen- und winkeltreu?
4. Was versteht man unter einer orthogonalen Matrix? Welche Abbildungen werden durch solche Matrizen vermittelt?
5. Was versteht man unter der Umkehrmatrix von A? Wie bildet man die Umkehrmatrix a) im allgemeinen Fall, b) falls A orthogonal ist?
6. Wie findet man die Eigenwerte und die Eigenvektoren einer Matrix? Welche anschauliche Bedeutung besitzen diese Größen?
7. Unter welcher Bedingung hat eine Matrix mit Sicherheit reelle Eigenwerte?

8. Sind die Eigenwerte einer orthogonalen Matrix reell?
9. Gegeben sind ein Punkt P mit den Koordinaten (2,2), eine Gerade $x_2 = 3x_1$, ein Kreis $x_1^2 + x_2^2 = 1$ und ein Rechteck, dessen Eckpunkte die Koordinaten (0,0), (3,0), (3,2) und (0,2) besitzen. Bestimme die Bilder dieser Objekte bei folgenden Abbildungen: a) $y_1 = 2x_1$, $y_2 = 4x_2$, b) $y_1 = x_1 + x_2$, $y_2 = x_2$, c) die durch die Gln. (114) vermittelte Abbildung.
10. Bestimme die Eigenwerte und Eigenvektoren der folgenden Matrizen:

$$\text{a)}\begin{pmatrix} 2 & 5 \\ 5 & 1 \end{pmatrix}, \quad \text{b)}\begin{pmatrix} 1 & 2 \\ -2 & 1 \end{pmatrix}.$$

11. Wie lautet eine Matrix, die eine Drehung um $\varphi = \pi/6$ vermittelt?
12. Wie lautet die Gleichung der Ellipse mit den Halbachsen $a = 5$ und $b = 3$, wenn die Halbachse a mit der Abszisse den Winkel $\pi/6$ einschließt?
13. Durchläuft man das in Aufgabe 10, Seite 158 angeführte helixförmige Molekül von unten nach oben, so trifft man im Verlauf einer jeden vollen Umdrehung der Helix auf drei C-Atome. Wie lautet die Abbildungsmatrix, mit deren Hilfe man aus den Koordinaten x_1, x_2, x_3 eines C-Atoms jeweils die Koordinaten y_1, y_2, y_3 des nächstfolgenden C-Atoms berechnen kann? Anleitung: Zerlege die Bewegung in eine Drehung und in eine Translation.
14. Gilt $\boldsymbol{AB} = \boldsymbol{BA}$, so gibt es eine Koordinatentransformation durch die die Matrizen $\boldsymbol{A}$ und $\boldsymbol{B}$ gleichzeitig diagonalisiert werden. Anleitung: Zeige, daß $\boldsymbol{A}$ und $\boldsymbol{B}$ die gleichen Eigenvektoren besitzen.

D. Koordinatentransformationen

1. Allgemeines

Im vorigen Abschnitt wurde gezeigt, daß durch ein Gleichungspaar der Form

$$\begin{aligned} y_1 &= \varphi_1(x_1, x_2) \\ y_2 &= \varphi_2(x_1, x_2) \end{aligned} \tag{127}$$

eine Abbildung von Punkten der x_1, x_2-Ebene auf Punkte der y_1, y_2-Ebene vermittelt wird. Ein solches Gleichungssystem läßt sich nun auch noch in anderer Weise interpretieren. Man kann festsetzen, daß die einzelnen Punkte im Raum unverändert bleiben sollen und daß stattdessen *durch die Gleichungen ein neues Koordinatensystem eingeführt wird*, das relativ zum alten System entsprechend verschoben, gedreht oder gekrümmt ist. Man spricht in diesem Fall von einer *Koordinatentransformation.*

Betrachten wir beispielsweise die Gleichungen

$$\begin{aligned} y_1 &= x_1 + b_1 \\ y_2 &= x_2 + b_2\,. \end{aligned} \tag{128}$$

Als Abbildung gedeutet, bewirken diese Gleichungen eine Verschiebung der Raumpunkte um b_1 bzw. b_2 in die beiden Raumrichtungen (s. Abb. 35a). Als Koordinatentransformation aufgefaßt, bewirken sie eine Verschiebung des Koordinatensystems um $-b_1$ bzw. $-b_2$ (s. Abb. 35b). Die mit Hilfe der Matrix Gl. (105) erhaltenen Gleichungen vermitteln, wenn man sie als Abbildung auffaßt, eine Drehung der Raumpunkte um den Koordinatenursprung um den Winkel φ. Bei der Deutung als Koordinatentransformation stellen sie eine entsprechende Drehung des Koordinatensystems um den Winkel $-\varphi$ dar.

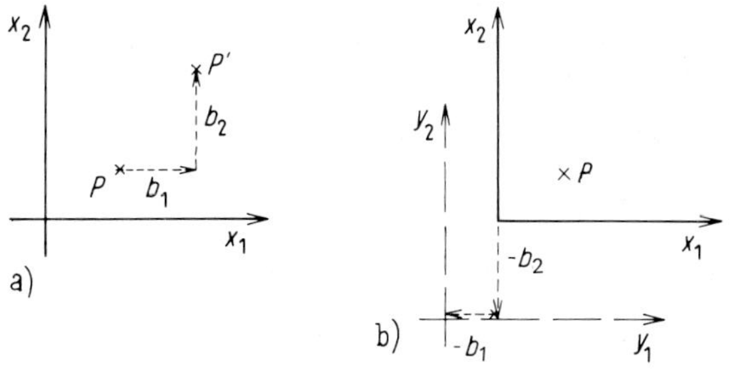

Abb. 35. Interpretation der Gln. (128) als Abbildung a) und als Koordinatentransformation b).

Wir können allgemein feststellen: *Wenn ein Gleichungssystem als Abbildung gedeutet eine Bewegung (Parallelverschiebung oder Drehung) der Raumpunkte vermittelt, so bewirkt es als Koordinatentransformation die entsprechend umgekehrte Bewegung für die Koordinatenachsen.* Bei Abbildungen, die keine Bewegungen darstellen, ist der Zusammenhang mit der jeweiligen Koordinatentransformation nicht so leicht überschaubar.

Im folgenden wollen wir nun einige wichtige Koordinatentransformationen eingehender besprechen.

2. Diskussion einiger spezieller Transformationen

a) Affine Transformationen mit festbleibendem Koordinatenursprung *)

Bei den bisherigen Betrachtungen wurde immer ein kartesisches Koordinatensystem zugrundegelegt, das ist ein System, bei dem die Koordinatenachsen einen rechten Winkel einschließen. Bei der Untersuchung von Koordinatentransformationen erweist es sich nun als zweckmäßig, auch Systeme in die Betrachtungen einzuschließen, bei denen die Achsen andere Winkel einschließen. Solche Systeme bezeichnet man als *schiefwinkelig*. Abb. 36 zeigt ein schiefwinkeliges Koordinatensystem, in welches ein Punkt mit seinen Koordinaten eingezeichnet wurde.

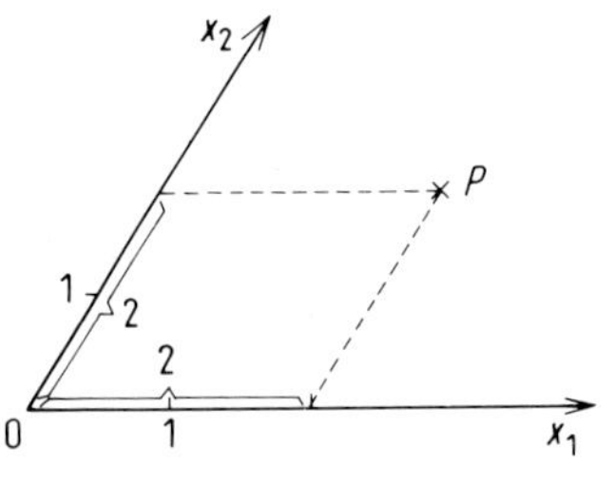

Abb. 36. Beispiel für ein schiefwinkeliges Koordinatensystem.

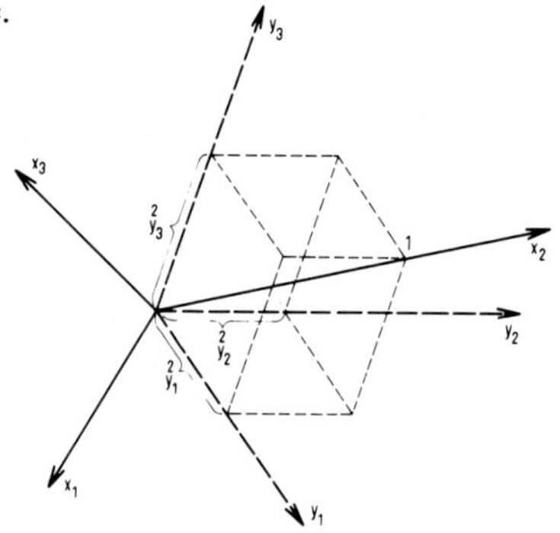

Abb. 37. Zur Transformation von einem schiefwinkeligen Koordinatensystem auf ein anderes solches System.

Wir untersuchen nun die Transformation von einem schiefwinkligen System mit den Koordinaten x_1, x_2 und x_3 auf ein zweites mit den Koordinaten y_1, y_2 und y_3 (s. Abb. 37). Beide Systeme sollen den gleichen Ursprung haben. Die Winkel zwischen den Koordinatenachsen sowie die Einheitsstrecken auf den Achsen können aber verschieden sein. Wir bezeichnen die Koordinaten, die der Einheitspunkt auf der x_1-Achse im neuen System hat, mit $\overset{1}{y}_1, \overset{1}{y}_2, \overset{1}{y}_3$ und die des Einheitspunktes auf der x_2-Achse mit $\overset{2}{y}_1, \overset{2}{y}_2, \overset{2}{y}_3$ und die des Einheitspunktes auf der x_3-Achse mit $\overset{3}{y}_1, \overset{3}{y}_2, \overset{3}{y}_3$. Als Beispiel sind in Abb. 37 die Koordinaten $\overset{2}{y}_1, \overset{2}{y}_2, \overset{2}{y}_3$ eingezeichnet.

Die Koordinaten eines Punktes transformieren sich nun bei einer linearen Transformation in gleicher Weise wie die Komponenten eines Vektors. Wir können daher einfach die Gln. (VIII, 47), die für die Transformation eines Vektors gelten, auf

*) Dieser Abschnitt kann von weniger interessierten Lesern überschlagen werden.

unser Problem übertragen. Den Komponenten $\beta_1, \beta_2, \beta_3$ in Gl. (VIII, 47) entsprechen im vorliegenden Fall die Koordinaten x_1, x_2, x_3, den Komponenten b_x, b_y, b_z, die Koordinaten y_1, y_2, y_3 und den Vektoren $\overset{1}{\boldsymbol{a}}, \overset{2}{\boldsymbol{a}}, \overset{3}{\boldsymbol{a}}$ die Vektoren $\overset{1}{\boldsymbol{y}}, \overset{2}{\boldsymbol{y}}, \overset{3}{\boldsymbol{y}}$, die gegeben sind, durch

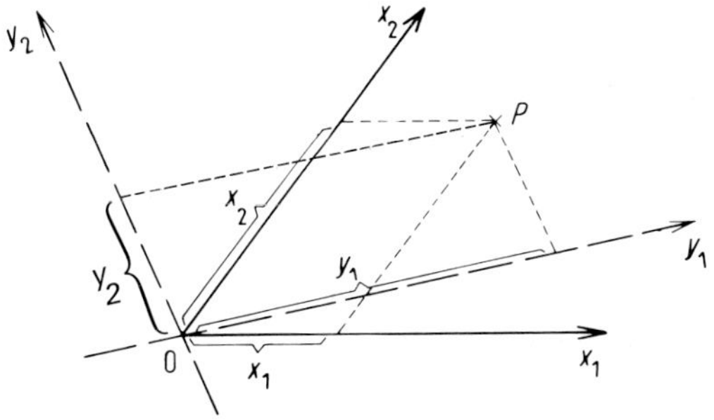

Abb. 38. Zur Ableitung der Transformationsgleichungen.

$$\overset{1}{\boldsymbol{y}} = \begin{pmatrix} \overset{1}{y}_1 \\ \overset{1}{y}_2 \\ \overset{1}{y}_3 \end{pmatrix}, \quad \overset{2}{\boldsymbol{y}} = \begin{pmatrix} \overset{2}{y}_1 \\ \overset{2}{y}_2 \\ \overset{2}{y}_2 \end{pmatrix}, \quad \overset{3}{\boldsymbol{y}} = \begin{pmatrix} \overset{3}{y}_1 \\ \overset{3}{y}_2 \\ \overset{3}{y}_3 \end{pmatrix}. \tag{129}$$

Die Transformationsformeln lauten daher

$$\begin{aligned} y_1 &= x_1 \overset{1}{y}_1 + x_2 \overset{2}{y}_1 + x_3 \overset{3}{y}_1 \\ y_2 &= x_1 \overset{1}{y}_2 + x_2 \overset{2}{y}_2 + x_3 \overset{3}{y}_2 \\ y_3 &= x_1 \overset{1}{y}_3 + x_2 \overset{2}{y}_3 + x_3 \overset{3}{y}_3 . \end{aligned} \tag{130}$$

Die Transformationsgleichungen kann man besonders übersichtlich in Matrizenform anschreiben. Bildet man aus den Koordinaten jeweils eine einspaltige Matrix

$$\boldsymbol{x} = \begin{pmatrix} x_1 \\ x_2 \\ x_3 \end{pmatrix}, \quad \boldsymbol{y} = \begin{pmatrix} y_1 \\ y_2 \\ y_3 \end{pmatrix} \tag{131}$$

und faßt man noch die durch Gl. (129) gegebenen Vektoren zu einer Matrix

$$\boldsymbol{S} = \begin{pmatrix} \overset{1}{y}_1 & \overset{2}{y}_1 & \overset{3}{y}_1 \\ \overset{1}{y}_2 & \overset{2}{y}_2 & \overset{3}{y}_2 \\ \overset{1}{y}_3 & \overset{2}{y}_3 & \overset{3}{y}_3 \end{pmatrix} \tag{132}$$

zusammen, so lassen sich die Transformationsgleichungen (130) in der Form

$$\boldsymbol{y} = \boldsymbol{S}\boldsymbol{x} \tag{133}$$

schreiben. Zur Auflösung dieses Gleichungssystems nach den x_i muß man die Umkehrmatrix $\boldsymbol{S}^{-1}$ bestimmen. Es gilt dann

$$\boldsymbol{x} = \boldsymbol{S}^{-1}\boldsymbol{y} .$$

Die abgeleiteten Transformationsgleichungen sind mit den Gln. (46) bzw. (49) identisch, die eine affine Abbildung bei festliegendem Ursprung vermitteln. Die

Koordinatentransformation von einem schiefwinkeligen Koordinatensystem auf ein anderes mit gleichem Ursprung entspricht also dieser Abbildung. Man nennt sie daher eine *affine Transformation mit konstant bleibendem Ursprung.*

Zusammenfassend kann man sagen: *Die Transformation von einem schiefwinkeligen Koordinatensystem auf ein anderes mit gleichem Ursprung, aber im allgemeinen anderen Achsenrichtungen und Einheitsstrecken, wird durch ein lineares Gleichungssystem der Form der Gln. (135) vermittelt. Die Transformationsmatrix* **S** *wird aus den Koordinaten der Einheitspunkte auf den Achsen des alten Systems im neuen System gebildet.*

Im zweidimensionalen Fall geht die Matrix **S** über in

$$\boldsymbol{S} = \begin{pmatrix} \overset{1}{y}_1 & \overset{2}{y}_1 \\ \overset{1}{y}_2 & \overset{2}{y}_2 \end{pmatrix} \tag{134}$$

und die Transformationsgleichungen lauten

$$\begin{aligned} y_1 &= x_1 \overset{1}{y}_1 + x_2 \overset{2}{y}_1 \\ y_2 &= x_1 \overset{1}{y}_2 + x_2 \overset{2}{y}_2 \,. \end{aligned} \tag{135}$$

In Abb. 38 sind die entsprechenden Koordinaten eingezeichnet.

Als Beispiel betrachten wir die Transformation von einem Koordinatensystem, dessen Achsen x_1 und x_2 einen Winkel von $\pi/3$ einschließen, auf ein rechtswinkeliges System mit den Achsen y_1 und y_2, wobei die y_1-Achse mit der x_1-Achse einen Winkel von $\pi/6$ einschließt (s. Abb. 39). Man sieht an Hand

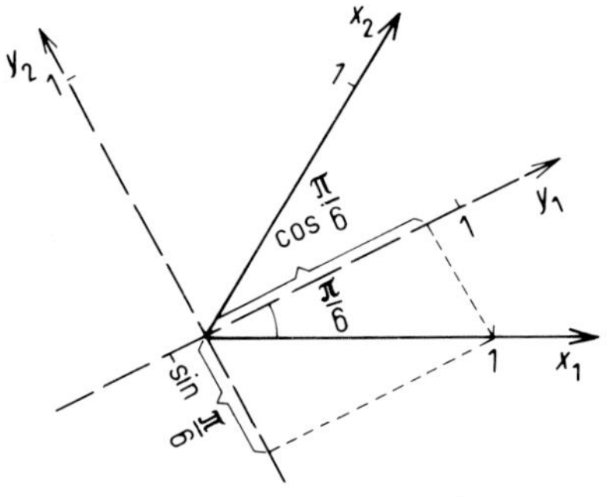

Abb. 39. Die durch die in Gl. (136) gegebene Matrix **S** bewirkte Koordinatentransformation.

der Abbildung, daß die Koordinaten des Einheitspunktes auf der x_1-Achse die Werte $\overset{1}{y}_1 = \cos\pi/6 = \sqrt{3}/2$ und $\overset{1}{y}_2 = -\sin\pi/6 = -1/2$ sind. Durch eine analoge geometrische Betrachtung erhält man für die Koordinaten des Einheitspunktes auf der x_2-Achse $\overset{2}{y}_1 = \cos\pi/6 = \sqrt{3}/2$ und $\overset{2}{y}_1 = \sin\pi/6 = 1/2$. Die Transformationsmatrix lautet somit

$$\boldsymbol{S} = \begin{pmatrix} \dfrac{\sqrt{3}}{2} & \dfrac{\sqrt{3}}{2} \\ -\dfrac{1}{2} & \dfrac{1}{2} \end{pmatrix}. \tag{136}$$

Für die Transformationsgleichungen ergibt sich mit Hilfe dieser Matrix

$$\begin{aligned} y_1 &= \frac{\sqrt{3}}{2} x_1 + \frac{\sqrt{3}}{2} x_2 \\ y_2 &= -\frac{1}{2} x_1 + \frac{1}{2} x_2 \,. \end{aligned} \tag{137}$$

Wenn das neue System nicht rechtwinkelig ist, so wird die Berechnung der Transformationsmatrix etwas schwieriger. Man muß dann schiefwinkelige Dreiecke berechnen und den bekannten Sinussatz anwenden.

b) Drehung des Koordinatensystems als Sonderfall der affinen Transformation *)

Wir untersuchen nun noch als Sonderfall einer affinen Transformation die Drehung eines kartesischen Koordinatensystems. Als erstes betrachten wir dabei die Drehung eines zweidimensionalen Systems um den Winkel φ. Aus Abb. 40 kann man entnehmen, daß die Koordinaten des Einheitspunktes auf der x_1-Achse im neuen System die Werte $\overset{1}{y}_1 = \cos\varphi$, $\overset{1}{y}_2 = -\sin\varphi$ haben, die des Einheitspunktes auf der x_2-Achse die Werte $\overset{2}{y}_1 = \sin\varphi$, $\overset{2}{y}_2 = \cos\varphi$. Die Transformationsmatrix lautet somit

$$\boldsymbol{S} = \begin{pmatrix} \cos\varphi & \sin\varphi \\ -\sin\varphi & \cos\varphi \end{pmatrix}. \tag{138}$$

Diese Matrix geht aus der Abbildungsmatrix Gl. (105) hervor, wenn man dort den Winkel φ durch $-\varphi$ ersetzt. Dies ist einsichtig, denn eine Drehung des Koordinatensystems um den Winkel φ muß sich auf die Koordinaten eines Punktes ebenso auswirken wie eine Drehung des Raumes um $-\varphi$. Die Matrix in Gl. (138) ist daher orthogonal. Eine Drehung des Koordinatensystems bezeichnet man als orthogonale Transformation.

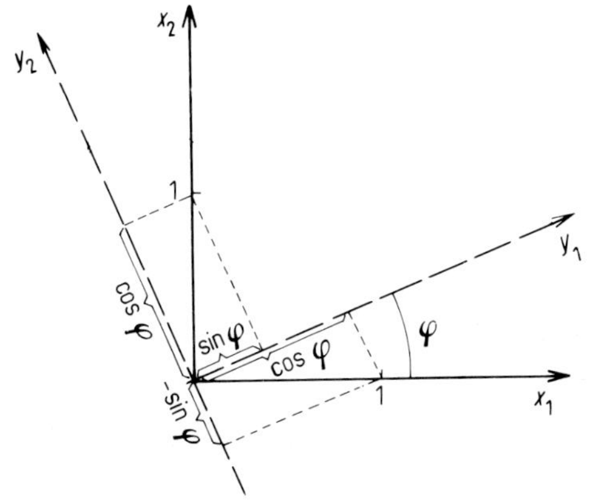

Abb. 40. Drehung eines zweidimensionalen Koordinatensystems um den Winkel φ.

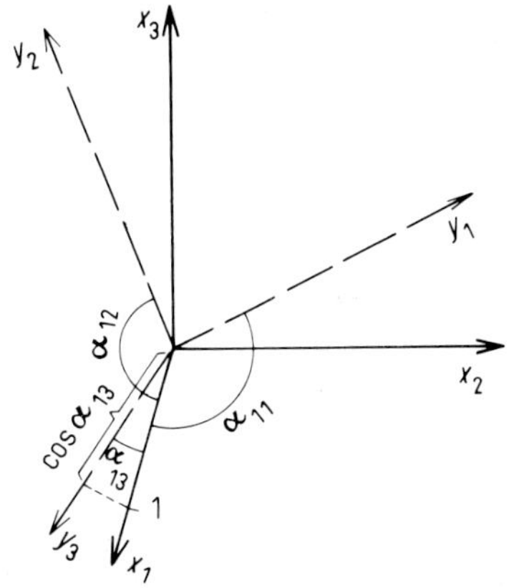

Abb. 41. Drehung eines dreidimensionalen Koordinatensystems.

Als nächstes betrachten wir eine Drehung im dreidimensionalen Raum. Die Koordinatenachsen des ursprünglich gegebenen Systems bezeichnen wir wieder mit x_1, x_2, x_3 und die des daraus durch Drehung hervorgegangenen Systems mit y_1, y_2, y_3. Die Richtungskosinusse der x_1-Achse im neuen System nennen wir $\cos\alpha_{11}$, $\cos\alpha_{12}$ und $\cos\alpha_{13}$ (s. Abb. 41), die der x_2-Achse $\cos\alpha_{21}$, $\cos\alpha_{22}$ und $\cos\alpha_{23}$ und die der

*) Dieser Abschnitt kann von weniger interessierten Lesern überschlagen werden.

x_3-Achse $\cos\alpha_{31}$, $\cos\alpha_{32}$ und $\cos\alpha_{33}$. Da die Richtungskosinusse die Koordinaten des jeweiligen Einheitspunktes angeben, erhält man damit als Transformationsmatrix

$$\boldsymbol{S} = \begin{pmatrix} \cos\alpha_{11} & \cos\alpha_{21} & \cos\alpha_{31} \\ \cos\alpha_{12} & \cos\alpha_{22} & \cos\alpha_{32} \\ \cos\alpha_{13} & \cos\alpha_{23} & \cos\alpha_{33} \end{pmatrix}. \tag{139}$$

Die erhaltene Matrix ist wieder orthogonal. Zwischen ihren Elementen gelten daher die in den Gln. (93) und (98) angegebenen Beziehungen. Das sind insgesamt sechs Gleichungen. Von den neun Elementen der Matrix sind daher nur drei frei wählbar. Man kann daher die Matrix in Gl. (139) auch in einer solchen Form schreiben, daß sie nur drei Variable enthält. Ein Beispiel für drei derartige Variable stellen die sogenannten *Eulerschen Winkel* φ, ψ und ϑ dar. Um das System x_1, x_2, x_3 in das System y_1, y_2, y_3 zu überführen, dreht man zunächst das erstgenannte System um die x_3-Achse, bis x_1 mit der Schnittlinie η der y_1, y_2-Ebene und der x_1, x_2-Ebene zusammenfällt (s. Abb. 42a). Den dadurch entstehenden Drehwinkel nennt man φ.

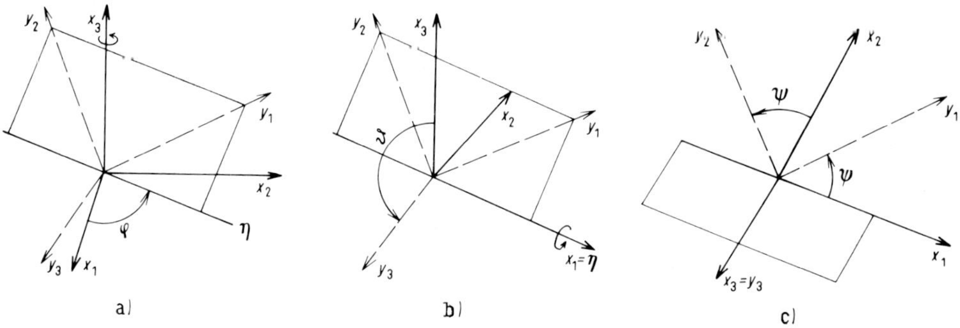

Abb. 42. Zur Definition der Eulerschen Winkel φ, ϑ, ψ.

Anschließend dreht man das System um η, bis x_3 mit y_3 zusammenfällt (s. Abb. 42b). Den entsprechenden Drehwinkel nennt man ϑ. Schließlich dreht man das System um die neue x_3- bzw. y_3-Achse, bis x_1 mit y_1 und dadurch auch x_2 mit y_2 zusammenfällt (s. Abb. 42c). Den dabei auftretenden Winkel nennt man ψ. Jede dieser drei Drehungen läßt jeweils eine Koordinatenachse konstant und verändert nur die zwei übrigen wie bei einer Drehung in der Ebene. Demgemäß kann man sie durch eine Matrix der Form Gl. (138) darstellen, die durch eine 1 zu einer Matrix dritter Ordnung erweitert ist. Zur ersten Drehung gehört die Matrix

$$\boldsymbol{S}_\varphi = \begin{pmatrix} \cos\varphi & \sin\varphi & 0 \\ -\sin\varphi & \cos\varphi & 0 \\ 0 & 0 & 1 \end{pmatrix}, \tag{140}$$

zur zweiten die Matrix

$$\boldsymbol{S}_\vartheta = \begin{pmatrix} 1 & 0 & 0 \\ 0 & \cos\vartheta & \sin\vartheta \\ 0 & -\sin\vartheta & \cos\vartheta \end{pmatrix}. \tag{141}$$

und zur dritten die Matrix

$$\boldsymbol{S}_\psi = \begin{pmatrix} \cos\psi & \sin\psi & 0 \\ -\sin\psi & \cos\psi & 0 \\ 0 & 0 & 1 \end{pmatrix}. \tag{142}$$

Die gesamte Drehung ist durch das Produkt dieser Matrizen gegeben, also

$$\boldsymbol{S} = \boldsymbol{S}_\psi \boldsymbol{S}_\vartheta \boldsymbol{S}_\varphi \,. \tag{143}$$

Als Beispiel fragen wir nach der Matrix, die eine Drehung des Koordinatensystems um die x_3-Achse um 30° in Gegenuhrzeigerrichtung beschreibt (s. Abb. 43). Wir lösen die Aufgabe zuerst mit Hilfe

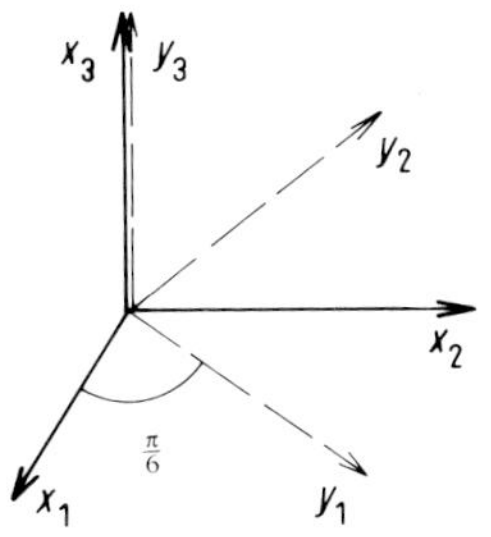

Abb. 43. Die durch die in Gl. (144) gegebene Matrix bewirkte Koordinatentransformation.

der Eulerschen Winkel. Es ist $\varphi = \pi/6$, $\vartheta = 0$ und $\psi = 0$. Mit Hilfe der Gln. (140) bis (143) erhalten wir

$$\boldsymbol{S} = \begin{pmatrix} \frac{1}{2}\sqrt{3} & \frac{1}{2} & 0 \\ -\frac{1}{2} & \frac{1}{2}\sqrt{3} & 0 \\ 0 & 0 & 1 \end{pmatrix} \cdot \begin{pmatrix} 1 & 0 & 0 \\ 0 & 1 & 0 \\ 0 & 0 & 1 \end{pmatrix} \cdot \begin{pmatrix} 1 & 0 & 0 \\ 0 & 1 & 0 \\ 0 & 0 & 1 \end{pmatrix} = \begin{pmatrix} \frac{1}{2}\sqrt{3} & \frac{1}{2} & 0 \\ -\frac{1}{2} & \frac{1}{2}\sqrt{3} & 0 \\ 0 & 0 & 1 \end{pmatrix}. \tag{144}$$

Man kann in diesem Fall $\boldsymbol{S}$ ebensogut über Gl. (139) mit Hilfe der Richtungskosinusse der neuen Achsen bestimmen. Die Richtungskosinusse der y_1-Achse betragen $\sqrt{3}/2$, $1/2$, 0, die der y_2-Achse $1/2$, $\sqrt{3}/2$, 0 und die der y_3-Achse 0, 0, 1. Setzt man dies in Gl. (126) ein, so erhält man die in Gl. (144) angegebene Matrix.

c) Transformation auf krummlinige Koordinaten

Anstatt durch die kartesischen Koordinaten x und y kann man die Lage eines Punktes P in einer Ebene auch durch die beiden folgenden Größen angeben: den Abstand r des Punktes vom Koordinatenursprung und den Winkel φ, den die Verbindungsgerade zwischen Ursprung und Punkt mit der positiven x-Achse einschließt (s. Abb. 44). Es gilt dann, wie man aus dem Dreieck in Abb. 44 erkennt,

$$\begin{aligned} x &= r\cos\varphi \\ y &= r\sin\varphi\,, \end{aligned} \tag{145}$$

bzw. als Umkehrung

$$\begin{aligned} r &= +\sqrt{x^2 + y^2} \\ \varphi &= \arctan\tfrac{y}{x}\,. \end{aligned} \tag{146}$$

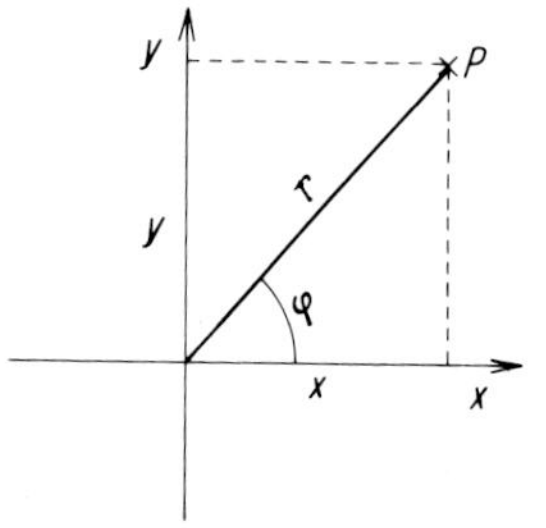

Abb. 44. Zur Definition der ebenen Polarkoordinaten r, φ.

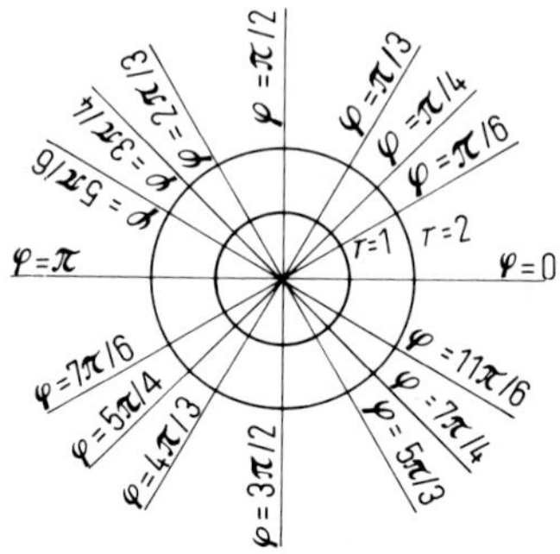

Abb. 45. Kurven konstanten r- bzw. konstanten φ-Wertes.

Da die Arcustangensfunktion mehrdeutig ist, muß man bei der Bestimmung von φ jeweils aus dem Vorzeichen von x und y erkennen, in welchem Quadrant der Punkt liegt, und dann den entsprechenden Wert von φ wählen. Anstelle der zweiten Gl. (146) kann man auch eine der folgenden Beziehungen benützen

$$\varphi = \arccos \frac{x}{\sqrt{x^2 + y^2}} \quad \text{oder} \quad \varphi = \arcsin \frac{y}{\sqrt{x^2 + y^2}} \quad ,$$

die mit Hilfe von Abb. 44 leicht ableitbar sind. r kann beliebige positive Werte und den Wert Null annehmen, φ beliebige Werte von 0 bis 2π. Mann nennt r und φ die *Polarkoordinaten* des Punktes P.

Während bei den bisher betrachteten Koordinatensystemen ein konstanter Koordinatenwert jeweils durch eine Gerade wiedergegeben wurde, sind jetzt nur noch Kurven mit konstanten φ-Werten Gerade, während solche mit konstanten r-Werten Kreise sind (s. Abb. 45). Man bezeichnet daher die Polarkoordinaten als krummliniges Koordinatensystem. Eine Transformation von einem kartesischen System auf ein krummliniges System wird nur durch nichtlineare Gleichungen bewirkt.

In vielen Fällen ist es vorteilhaft, eine Funktion in Polarkoordinaten statt in rechtwinkligen Koordinaten anzugeben. Betrachten wir als Beispiel die Streuung von unpolarisiertem Licht durch Elektronen. Die Abhängigkeit der gesamten Intensität I vom Streuwinkel Θ ist durch den sogenannten „Polarisationsfaktor" $C(1 + \cos^2\Theta)$ gegeben, wobei C eine Konstante ist. Abb. 46a zeigt I als Funktion von Θ in einem kartesischen Koordinatensystem und Abb. 46b in Polarkoordinaten, wobei Θ als Koordinate φ gewählt und I gleich r gesetzt wurde. Abb. 46b vermittelt einen unmittelbareren Eindruck der Abhängigkeit der Streuung von Θ als Abb. 46a.

Im räumlichen Fall kann ein Punkt statt durch x,y,z durch seinen Abstand r vom Ursprung, dem Winkel ϑ zwischen Ortsvektor und z-Achse und einem sogenannten Azimutwinkel φ, der aus Abb. 47 entnommen werden kann, charakterisiert werden. Es gilt

$$\begin{aligned} x &= r \sin \vartheta \cos \varphi \\ y &= r \sin \vartheta \sin \varphi \\ z &= r \cos \vartheta \end{aligned} \qquad (147)$$

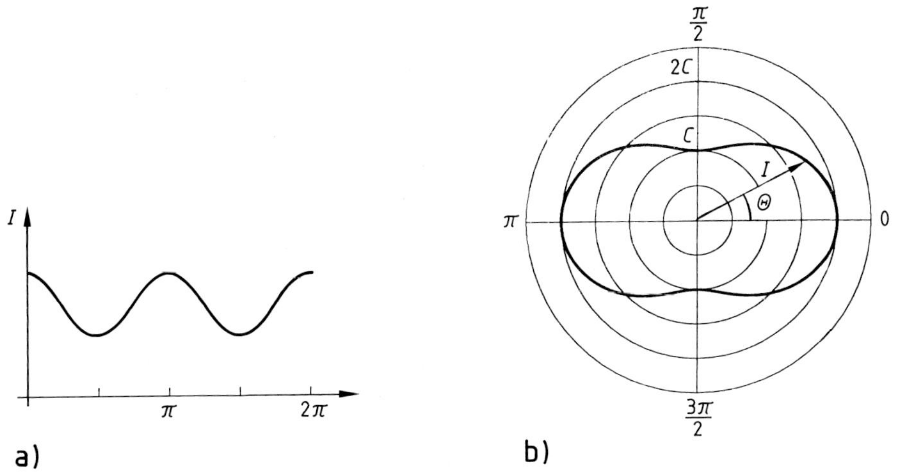

Abb. 46. Streuung von unpolarisiertem Licht durch Elektronen. Gestreute Intensität I als Funktion des Streuwinkels, a) in kartesischen Koordinaten, b) in Polarkoordinaten.

bzw. die Umkehrung

$$
\begin{aligned}
r &= \sqrt{x^2 + y^2 + z^2} \\
\varphi &= \arctan \tfrac{y}{x} \\
\vartheta &= \arctan \sqrt{\frac{x^2 + y^2}{z}} \,.
\end{aligned}
\tag{148}
$$

r, ϑ und φ nennt man die *räumlichen Polarkoordinaten* oder *Kugelkoordinaten* des Punktes P. Die Werte, die sie annehmen können, sind durch $r \geqq 0$, $0 \leqq \vartheta < \pi$ und $0 \leqq \varphi < 2\pi$ gegeben. Hinsichtlich der Mehrdeutigkeit bei der Berechnung von φ gilt das gleiche wie bei ebenen Polarkoordinaten.

Des weiteren kann man die Lage eines Punktes im Raum auch durch die in Abb. 47 eingezeichneten Größen ρ, φ und die alte Koordinate z angeben. Man erhält dann die Transformationsgleichungen

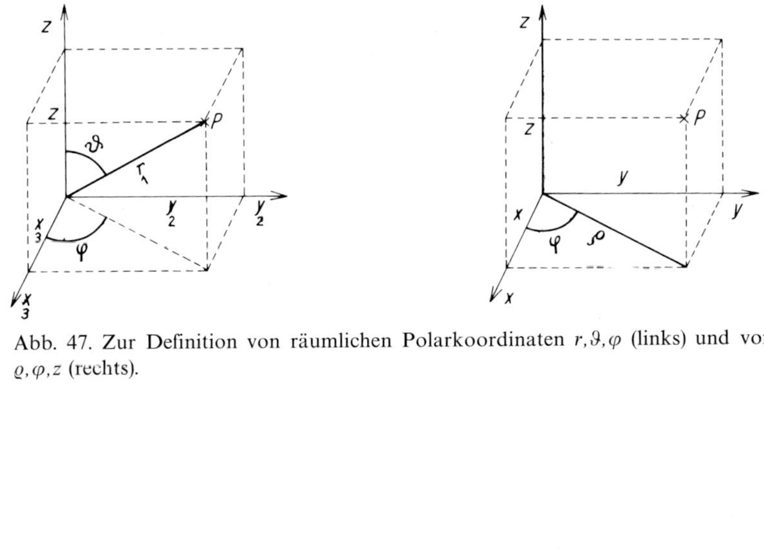

Abb. 47. Zur Definition von räumlichen Polarkoordinaten r, ϑ, φ (links) und von Zylinderkoordinaten ϱ, φ, z (rechts).

$$\begin{aligned} x &= \rho \cos \varphi \\ y &= \rho \sin \varphi \\ z &= z\,. \end{aligned} \tag{149}$$

Die Umkehrungen ergeben sich analog zu denen bei ebenen Polarkoordinaten. Die so eingeführten Koordinaten bezeichnet man als *Zylinderkoordinaten.*

Die hier eingeführten krummlinigen Koordinatensysteme sind von besonderer Bedeutung bei der Berechnung von Bereichsintegralen (s. Abschn. IX C) sowie beim Lösen von Differentialgleichungen (s. Abschn. XV E). Wenn beispielsweise eine Funktion des Ortes kugelsymmetrisch ist, d. h. wenn der Funktionswert nur vom Abstand vom Koordinatenursprung abhängt, werden die Darstellung der Funktion und die oben genannten Rechnungen bedeutend einfacher, wenn man Kugelkoordinaten anstelle von kartesischen Koordinaten verwendet.

Beispiele: 1. Wie lauten die Kugelkoordinaten des Punktes P mit den kartesischen Koordinaten $x = 1$, $y = 1$, $z = 1$? Gl. (148) zufolge gilt

$$\begin{aligned} r &= \sqrt{3} \\ \varphi &= \operatorname{arctg} 1 = \frac{\pi}{4} \\ \vartheta &= \operatorname{arctg} \frac{\sqrt{2}}{2} = 0{,}91\,. \end{aligned}$$

2. Wie lautet die Gleichung der Kugel $x^2 + y^2 + z^2 = 4$ in räumlichen Polarkoordinaten? Indem wir die durch die Gln. (147) gegebenen Ausdrücke für x, y und z in die gegebene Kugelgleichung einsetzen, ergibt sich

$$r^2 \sin^2 \vartheta \cos^2 \varphi + r^2 \sin^2 \vartheta \sin^2 \varphi + r^2 \cos^2 \vartheta = 4\,.$$

Daraus folgt

$$r^2 \{\sin^2 \vartheta (\cos^2 \varphi + \sin^2 \varphi) + \cos^2 \vartheta = 4$$

bzw., da $\cos^2 \varphi + \sin^2 \varphi = 1$ und $\sin^2 \vartheta + \cos^2 \vartheta = 1$ sind,

$$r = 2\,. \tag{150}$$

Die Gleichung einer Kugel ist also in Polarkoordinaten bedeutend einfacher als in kartesischen Koordinaten.

3. Wie lautet die Gleichung der Parabel $y = x^2$ in Polarkoordinaten? Indem wir x und y in der Parabelgleichung gemäß den Gln. (145) ersetzen, erhalten wir $r \cdot \cos \varphi = r^2 \sin^2 \varphi$ oder

$$r = \frac{\cos \varphi}{\sin^2 \varphi}\,. \tag{151}$$

3. Änderung einer Abbildungsmatrix bei der Koordinatentransformation

a) Allgemeine Transformation. Invarianz der Spur

Gegeben sei eine Matrix $\boldsymbol{A}$, die eine Abbildung

$$\boldsymbol{y} = \boldsymbol{A}\,\boldsymbol{x} \tag{152}$$

von einem n-dimensionalen x-Raum in einen n-dimensionalen y-Raum vermitteln möge. n kann z. B. gleich 2 oder gleich 3 sein. Des weiteren führen wir sowohl im

x-Raum als auch im y-Raum eine affine Koordinatentransformation durch. Wir versehen die neuen Koordinaten, um sie von den alten unterscheiden zu können, jeweils mit einem Dach. Die Transformationsmatrix bezeichnen wir mit $\boldsymbol{S}$. Die Transformationsgleichungen lauten dann

$$\hat{\boldsymbol{x}} = \boldsymbol{S}\boldsymbol{x}\,, \qquad \hat{\boldsymbol{y}} = \boldsymbol{S}\boldsymbol{y} \tag{153}$$

bzw.

$$\boldsymbol{x} = \boldsymbol{S}^{-1}\hat{\boldsymbol{x}}\,, \qquad \boldsymbol{y} = \boldsymbol{S}^{-1}\hat{\boldsymbol{y}}\,. \tag{154}$$

Wir fragen nun, wie die Abbildungsmatrix $\boldsymbol{A}$ im neuen Raum aussieht.

Indem wir die Gln. (154) in Gl. (152) einsetzen, erhalten wir

$$\boldsymbol{S}^{-1}\hat{\boldsymbol{y}} = \boldsymbol{A}\boldsymbol{S}^{-1}\hat{\boldsymbol{x}}\,. \tag{155}$$

Durch Multiplikation der Gleichung auf beiden Seiten mit $\boldsymbol{S}$ ergibt sich daraus

$$\hat{\boldsymbol{y}} = \boldsymbol{S}\boldsymbol{A}\boldsymbol{S}^{-1}\hat{\boldsymbol{x}}\,. \tag{156}$$

Wenn wir nun die Abbildungsmatrix im neuen Koordinatensystem mit $\hat{\boldsymbol{A}}$ bezeichnen, so folgt daraus

$$\hat{\boldsymbol{A}} = \boldsymbol{S}\boldsymbol{A}\boldsymbol{S}^{-1}. \tag{157}$$

Es gilt also: *Vermittelt die Matrix $\boldsymbol{A}$ eine Abbildung von einem x-Raum auf einen y-Raum und wird in beiden Räumen eine affine Koordinatentransformation mit Hilfe einer Matrix $\boldsymbol{S}$ vorgenommen, so ist die Abbildungsmatrix im neuen System durch $\hat{\boldsymbol{A}} = \boldsymbol{S}\boldsymbol{A}\boldsymbol{S}^{-1}$ gegeben.*

Wir betrachten ein Beispiel im zweidimensionalen Raum. Die Abbildung möge durch die Matrix

$$\boldsymbol{A} = \begin{pmatrix} 0 & 0 \\ 0 & 3 \end{pmatrix} \tag{158}$$

vermittelt werden, die Transformation bestehe aus einer Drehung um den Winkel φ, so daß für $\boldsymbol{S}$ gemäß Gl. (138) gilt

$$\boldsymbol{S} = \begin{pmatrix} \cos\varphi & \sin\varphi \\ -\sin\varphi & \cos\varphi \end{pmatrix}.$$

Für die reziproke Matrix erhält man nach Gl. (97)

$$\boldsymbol{S}^{-1} = \begin{pmatrix} \cos\varphi & -\sin\varphi \\ \sin\varphi & \cos\varphi \end{pmatrix}.$$

Mit Hilfe dieser Matrizen ergibt sich Gl. (157) zufolge

$$\hat{\boldsymbol{A}} = \boldsymbol{S}\boldsymbol{A}\boldsymbol{S}^{-1} = \begin{pmatrix} \cos\varphi & \sin\varphi \\ -\sin\varphi & \cos\varphi \end{pmatrix} \begin{pmatrix} 0 & 0 \\ 0 & 3 \end{pmatrix} \begin{pmatrix} \cos\varphi & -\sin\varphi \\ \sin\varphi & \cos\varphi \end{pmatrix} =$$

$$= \begin{pmatrix} 0 & 3\sin\varphi \\ 0 & 3\cos\varphi \end{pmatrix} \begin{pmatrix} \cos\varphi & -\sin\varphi \\ \sin\varphi & \cos\varphi \end{pmatrix} = \begin{pmatrix} 3\sin^2\varphi & 3\sin\varphi\cos\varphi \\ 3\sin\varphi\cos\varphi & 3\cos^2\varphi \end{pmatrix}.$$

Setzt man insbesondere $\varphi = \pi/2$, so erhält man

$$\hat{\boldsymbol{A}} = \begin{pmatrix} 3 & 0 \\ 0 & 0 \end{pmatrix}.$$

Dieses Resultat ist anschaulich sehr gut verständlich. $\boldsymbol{A}$ vermittelt nämlich, wie man sich leicht überlegen kann, eine Streckung des Raumes um den Faktor 3 in x_2-Richtung und $\hat{\boldsymbol{A}}$ eine solche in x_1-Richtung.

Es ist unmittelbar einsichtig, daß nach einer Drehung des Koordinatensystems um 90° eine Streckung in x_2-Richtung in eine solche in x_1-Richtung übergeht.

Eine für verschiedene Anwendungen wichtige Größe ist die Spur einer Matrix $\boldsymbol{A}$. Man bezeichnet diese mit $\operatorname{Sp} \boldsymbol{A}$ und versteht darunter die Summe der Diagonalelemente von $\boldsymbol{A}$, also

$$\operatorname{Sp} \boldsymbol{A} = \sum_i a_{ii} . \tag{159}$$

Es gilt der wichtige Satz: *Bei einer Transformation einer Matrix $\boldsymbol{A}$ gemäß Gl.* (157) *mit einer Matrix $\boldsymbol{S}$ bleibt die Spur der Matrix unverändert,*

$$\operatorname{Sp}(\boldsymbol{S}\boldsymbol{A}\boldsymbol{S}^{-1}) = \operatorname{Sp} \boldsymbol{A} .$$

Man bezeichnet daher die Spur als eine *invariante* Größe einer Matrix. Beweis: Wir betrachten zunächst zwei beliebige Matrizen $\boldsymbol{B}$ und $\boldsymbol{C}$. Für diese Matrizen gilt

$$\operatorname{Sp}(\boldsymbol{B}\boldsymbol{C}) = \operatorname{Sp}(\boldsymbol{C}\boldsymbol{B}) .$$

Man beweist dies, indem man auf die Definitionsgleichung (IV, 9) des Matrizenproduktes zurückgreift:

$$\operatorname{Sp}(\boldsymbol{B}\boldsymbol{C}) = \sum_i (\boldsymbol{B}\boldsymbol{C})_{ii} = \sum_i \sum_l b_{il} c_{li} = \sum_l \sum_i c_{li} b_{il} = \sum_l (\boldsymbol{C}\boldsymbol{B})_{ll} = \operatorname{Sp}(\boldsymbol{C}\boldsymbol{B}) .$$

Bei der Berechnung der Spur eines Produktes von zwei Matrizen kann man also die Reihenfolge der Matrizen beliebig vertauschen. Dies gilt auch für mehr als zwei Matrizen, wie man in gleicher Weise zeigen kann. Wendet man dies an, so ergibt sich

$$\operatorname{Sp}(\boldsymbol{S}\boldsymbol{A}\boldsymbol{S}^{-1}) = \operatorname{Sp}(\boldsymbol{A}\boldsymbol{S}\boldsymbol{S}^{-1}) = \operatorname{Sp} \boldsymbol{A} , \tag{160}$$

was zu beweisen war.

b) Diagonalisierung von Matrizen

Gegeben sei eine Matrix $\boldsymbol{A}$, die eine Abbildung vermitteln möge. Wir fragen nun, ob es eine Koordinatentransformation gibt, durch die $\boldsymbol{A}$ in eine Diagonalmatrix verwandelt wird oder, wie man kurz sagt, diagonalisiert wird. Es gilt hierzu der folgende Satz: *Hat die Matrix $\boldsymbol{A}$, die eine Abbildung im n-dimensionalen Raum vermittelt, n reelle Eigenwerte $\lambda_1, \lambda_2, \ldots, \lambda_n$ und n zugehörige orthogonale Eigenvektoren*

$$\overset{1}{\boldsymbol{x}} = \begin{pmatrix} \overset{1}{x}_1 \\ \overset{1}{x}_2 \\ \vdots \\ \overset{1}{x}_n \end{pmatrix}, \overset{2}{\boldsymbol{x}} = \begin{pmatrix} \overset{2}{x}_1 \\ \overset{2}{x}_2 \\ \vdots \\ \overset{2}{x}_n \end{pmatrix}, \ldots, \overset{n}{\boldsymbol{x}} = \begin{pmatrix} \overset{n}{x}_1 \\ \overset{n}{x}_2 \\ \vdots \\ \overset{n}{x}_n \end{pmatrix}, \tag{161}$$

*so gibt es stets eine Koordinatentransformation, durch die **A** diagonalisiert wird. Man findet die entsprechende Transformationsmatrix **S**, indem man aus den n Eigenvektoren die Matrix*

$$\boldsymbol{X} = \begin{pmatrix} \overset{1}{x}_1 & \overset{2}{x}_1 & \dots & \overset{n}{x}_1 \\ \overset{1}{x}_2 & \overset{2}{x}_2 & & \overset{n}{x}_2 \\ \vdots & \vdots & & \vdots \\ \overset{1}{x}_n & \overset{2}{x}_n & & \overset{n}{x}_n \end{pmatrix} \tag{162}$$

bildet und setzt

$$\boldsymbol{S} = \boldsymbol{X}^{-1}\,. \tag{163}$$

Die Abbildungsmatrix im neuen Koordinatensystem lautet

$$\hat{\boldsymbol{A}} = \boldsymbol{S}\boldsymbol{A}\boldsymbol{S}^{-1} = \boldsymbol{X}^{-1}\boldsymbol{A}\boldsymbol{X} = \begin{pmatrix} \lambda_1 & 0 & \dots & 0 \\ 0 & \lambda_2 & \dots & 0 \\ \vdots & \vdots & & \vdots \\ 0 & 0 & & \lambda_n \end{pmatrix}\,. \tag{164}$$

Der Beweis dieses Satzes ist einfach: Da die Matrix $\boldsymbol{A}$ die Eigenwerte $\lambda_1, \lambda_2, \dots, \lambda_n$ und die Eigenvektoren $\overset{1}{\boldsymbol{x}}, \overset{2}{\boldsymbol{x}}, \dots, \overset{n}{\boldsymbol{x}}$ besitzt, gilt

$$\boldsymbol{A}\overset{k}{\boldsymbol{x}} = \lambda_k \overset{k}{\boldsymbol{x}} \quad \text{für} \quad k = 1, 2, \dots, n\,. \tag{165}$$

Daraus folgt, wie man leicht nachprüfen kann,

$$\boldsymbol{A}\boldsymbol{X} = \begin{pmatrix} \lambda_1 \overset{1}{x}_1 & \lambda_2 \overset{2}{x}_1 & \dots & \lambda_n \overset{n}{x}_1 \\ \lambda_1 \overset{1}{x}_2 & \lambda_2 \overset{2}{x}_2 & \dots & \lambda_n \overset{n}{x}_2 \\ \vdots & \vdots & & \vdots \\ \lambda_1 \overset{1}{x}_n & \lambda_2 \overset{2}{x}_n & \dots & \lambda_n \overset{n}{x}_n \end{pmatrix}\,. \tag{166}$$

Führt man nun die Matrix

$$\boldsymbol{\Lambda} = \begin{pmatrix} \lambda_1 & 0 & \dots & 0 \\ 0 & \lambda_2 & \dots & 0 \\ \vdots & \vdots & & \vdots \\ 0 & 0 & \dots & \lambda_n \end{pmatrix} \tag{167}$$

ein, so kann man statt Gl. (166) auch schreiben

$$\boldsymbol{A}\boldsymbol{X} = \boldsymbol{X}\boldsymbol{\Lambda}\,. \tag{168}$$

Multipliziert man nun noch beide Seiten dieser Gleichung von links mit $\boldsymbol{X}^{-1}$, so ergibt sich, da $\boldsymbol{X}^{-1}\boldsymbol{X}\boldsymbol{\Lambda} = \boldsymbol{E}\boldsymbol{\Lambda} = \boldsymbol{\Lambda}$ ist,

$$\boldsymbol{X}^{-1}\boldsymbol{A}\boldsymbol{X} = \boldsymbol{\Lambda}\,, \tag{169}$$

also die zu beweisende Gl. (164).

Von besonderem Interesse ist der Fall, daß $\boldsymbol{A}$ symmetrisch ist. Wie im vorigen Abschnitt ausgeführt wurde, lassen sich dann immer n zueinander orthogonale und damit linear unabhängige Eigenvektoren finden, so daß *symmetrische Matrizen immer auf Diagonalform gebracht werden können.* Die Matrix $\boldsymbol{X}$ ist dann orthogonal, so daß $\boldsymbol{X}^{-1} = \boldsymbol{X}^T$ ist und wir schreiben können

$$\boldsymbol{X}^T \boldsymbol{A} \boldsymbol{X} = \boldsymbol{\Lambda}\,. \tag{170}$$

Wenn dagegen eine Matrix $\boldsymbol{A}$ eine Drehung darstellt, so kann man sie sicher nicht diagonalisieren, da eine Diagonalmatrix ja eine Streckung oder Stauchung des Raumes bewirkt. Die Eigenwerte der Matrix sind dann nicht alle reell.

Als Beispiel führen wir die Diagonalisierung der Matrix

$$\boldsymbol{A} = \begin{pmatrix} 3 & \sqrt{12} \\ \sqrt{12} & -1 \end{pmatrix} \tag{171}$$

durch. Als erstes müssen die Eigenwerte und Eigenvektoren bestimmt werden. Es ergibt sich

$$|\boldsymbol{A} - \lambda \boldsymbol{E}| = \begin{vmatrix} 3-\lambda & \sqrt{12} \\ \sqrt{12} & -1-\lambda \end{vmatrix} = \lambda^2 - 2\lambda - 15 = 0\,.$$

Daraus folgt $\lambda_1 = 5$ und $\lambda_2 = -3$. Damit können wir gemäß Gl. (164) bereits die Diagonalform der Matrix $\boldsymbol{A}$ angeben. Sie lautet

$$\boldsymbol{\Lambda} = \begin{pmatrix} 5 & 0 \\ 0 & -3 \end{pmatrix}. \tag{172}$$

Die Eigenvektoren ergeben sich aus dem Gleichungssystem

$$\begin{aligned} (3-\lambda)x_1 + \sqrt{12}\,x_2 &= 0 \\ \sqrt{12}\,x_1 + (-1-\lambda)x_2 &= 0\,, \end{aligned}$$

indem man für λ die Werte 5 bzw. -3 einsetzt. Wir erhalten $\overset{1}{x}_1 = a$, $\overset{1}{x}_2 = \frac{a}{\sqrt{3}}$, wobei a eine beliebige Konstante ist, oder nach Normierung gemäß Gl. (76)

$$\overset{1}{\boldsymbol{x}} = \begin{pmatrix} \frac{\sqrt{3}}{2} \\ \frac{1}{2} \end{pmatrix}.$$

Auf gleiche Art ergibt sich für den zweiten Eigenvektor

$$\overset{2}{\boldsymbol{x}} = \begin{pmatrix} \frac{1}{2} \\ -\frac{\sqrt{3}}{2} \end{pmatrix}.$$

Damit erhalten wir

$$\boldsymbol{X} = \begin{pmatrix} \frac{\sqrt{3}}{2} & \frac{1}{2} \\ \frac{1}{2} & -\frac{\sqrt{3}}{2} \end{pmatrix}.$$

$\boldsymbol{X}^{-1}$ ist gleich $\boldsymbol{X}^T$ und hat, wie man erkennt, die gleiche Form wie $\boldsymbol{X}$. Man kann sich leicht überzeugen, daß $\boldsymbol{X}^{-1}\boldsymbol{A}\boldsymbol{X}$ tatsächlich die durch die Gl. (172) gegebene Matrix $\boldsymbol{\Lambda}$ ergibt.

Unter Zuhilfenahme einer Transformation auf Diagonalform kann man besonders einfach eine beliebig hohe Potenz einer Matrix $\boldsymbol{A}$ berechnen. Wenn man Gl. (169) von links mit $\boldsymbol{X}$ und von rechts mit $\boldsymbol{X}^{-1}$ multipliziert, ergibt sich

$$\boldsymbol{A} = \boldsymbol{X}\boldsymbol{\Lambda}\boldsymbol{X}^{-1}\,.$$

Daraus erhält man sofort $\boldsymbol{A}^2 = \boldsymbol{X}\boldsymbol{\Lambda}\boldsymbol{X}^{-1}\boldsymbol{X}\boldsymbol{\Lambda}\boldsymbol{X}^{-1} = \boldsymbol{X}\boldsymbol{\Lambda}^2\boldsymbol{X}^{-1}$ und durch entsprechend mehrfache Multiplikation

$$\boldsymbol{A}^n = \boldsymbol{X}\boldsymbol{\Lambda}^n\boldsymbol{X}^{-1}\,. \tag{173}$$

Da $\boldsymbol{\Lambda}$ eine Diagonalmatrix ist, erhält man $\boldsymbol{\Lambda}^n$ einfach dadurch, daß man die Diagonalelemente einzeln zur n-ten Potenz erhebt (siehe Aufgabe 8 in Abschnitt IV A). Daraus folgt: *Die n-te Potenz einer Matrix* $\boldsymbol{A}$ *kann man dadurch bestimmen, daß man sie entsprechend Gl. (169) auf Diagonalform bringt, anschließend die Diagonalmatrix* $\boldsymbol{\Lambda}$ *potenziert und dann* $\boldsymbol{\Lambda}^n$ *gemäß Gl. (173) wieder zurücktransformiert. Für große Werte von n bedeutet dies häufig eine wesentliche Rechenvereinfachung.*

Die Diagonalisierung der Matrizen wird im nächsten Abschnitt bei der Transformation der quadratischen Form auf Normalform benötigt sowie für die Transformation von Tensoren auf Hauptachsen. Des weiteren ist sie von größerer Bedeutung für verschiedene Probleme der Quantenchemie. Dort hat man es mit Matrizen von komplexen Elementen zu tun. Wir wollen hier daher noch einige Sätze über solche Matrizen zusammenstellen.

Wenn man eine Matrix $\boldsymbol{A}$ aus komplexen Elementen an der Diagonalen spiegelt und dann jedes Element durch das jeweils konjugiert-komplexe ersetzt, so nennt man die so erhaltene Matrix die zu $\boldsymbol{A}$ *adjungte Matrix* und bezeichnet sie mit $\boldsymbol{A}^+$. Eine Matrix, die gleich der zu ihr adjungierten ist,

$$\boldsymbol{A} = \boldsymbol{A}^+\,, \tag{174}$$

nennt man *selbstadjungiert* oder *hermitesch*. Man kann nun zeigen, daß *eine hermitesche Matrix n-ter Ordnung n reelle Eigenwerte besitzt, zu denen sich n zueinander orthogonale Eigenvektoren finden lassen, mit deren Hilfe sich dann* $\boldsymbol{A}$ *nach Gl. (164) diagonalisieren läßt.* Des weiteren kann man auch mit komplexen Matrizen Spaltenvektoren von reellen oder komplexen Zahlen transformieren. Wenn der Betrag des Spaltenvektors bei der Transformation unverändert bleibt, so nennt man $\boldsymbol{A}$ eine *unitäre* Matrix. Die Begriffe hermitisch und unitär entsprechen den Begriffen symmetrisch und orthogonal im Reellen.

Fragen und Aufgaben

1. Was ist der Unterschied zwischen einer Abbildung und einer Koordinatentransformation?
2. Durch welche Gleichungstypen werden die folgenden Koordinatentransformationen bewirkt: a) Parallelverschiebung, b) Drehung, c) Übergang von rechtwinkeligen zu schiefwinkeligen Koordinaten, d) Übergang von kartesischen zu krummlinigen Koordinaten?
3. Welcher Unterschied besteht zwischen räumlichen Polarkoordinaten und Zylinderkoordinaten?
4. Wie verändert sich eine Abbildungsmatrix bei einer Koordinatentransformation?
5. Wie findet man diejenige Koordinatentransformation, durch die eine gegebene Abbildungsmatrix diagonalisiert wird?

6. Welche Abbildungsmatrizen kann man mit Sicherheit durch eine Koordinatentransformation diagonalisieren?
7. Die Abbildungsmatrix $\boldsymbol{A}$ möge eine bestimmte Bewegung des Raumes bewirken, die Transformationsmatrix $\boldsymbol{S}$ die gleiche Bewegung für ein Koordinatensystem. Was ergibt das Produkt $\boldsymbol{AS}$?
8. Transformiere die folgenden Gleichungen auf Zylinderkoordinaten und bestimme die jeweils dargestellte Fläche: a) $z - x^2 - y^2 = 0$, b) $x^2 + y^2 - 1 = 0$, c) $z - \sqrt{x^2 + y^2} = 0$.
9. Bringe auf kartesische Koordinaten und bestimme die jeweils dargestellte Kurve: a) $\operatorname{tg} \varphi = 1$, b) $r = 2$, c) $r = \varphi$, d) $\rho = 1$ und $z = 2\varphi$.
10. In welchem Bereich liegen die Polarkoordinaten ϑ und φ, wenn für die kartesischen Koordinaten x, y und z gilt: a) $x > 0, y > 0, z > 0$, b) $x < 0, y > 0, z > 0$, c) $x > 0, y > 0, z < 0$, d) $x < 0, y < 0, z < 0$?
11. Ein ebenes kartesisches Koordinatensystem wird um den Winkel $\pi/4$ gedreht. Bestimme die Transformationsmatrix $\boldsymbol{S}$. Vor der Drehung seien zwei Abbildungen durch die Matrizen

$$\boldsymbol{A} = \begin{pmatrix} 2 & 0 \\ 0 & 2 \end{pmatrix} \quad \text{und} \quad \boldsymbol{B} = \begin{pmatrix} 0 & 0 \\ 0 & 2 \end{pmatrix}$$

definiert. Bestimme die entsprechenden Abbildungsmatrizen im gedrehten Koordinatensystem.
12. Bestimme, soweit vorhanden, die Koordinatentransformationen, durch die die folgenden Matrizen diagonalisiert werden:

$$\text{a)} \begin{pmatrix} 3 & 1 \\ 1 & 2 \end{pmatrix} \quad \text{b)} \begin{pmatrix} \frac{3}{2} & -\frac{1}{2} \\ -\frac{1}{2} & \frac{3}{2} \end{pmatrix}$$

13. Bestimme die 8. Potenz der Matrix $\boldsymbol{A} = \begin{pmatrix} \frac{3}{2} & -\frac{1}{2} \\ -\frac{1}{2} & \frac{3}{2} \end{pmatrix}$
14. Gilt $\boldsymbol{A} = \boldsymbol{B}$, so gibt es eine Koordinatentransformation, durch die $\boldsymbol{A}$ und $\boldsymbol{B}$ gleichzeitig diagonalisiert werden. Beweise dies für den Fall, daß die Eigenwerte nicht entartet sind. Anleitung: Zeige, daß $\boldsymbol{A}$ und $\boldsymbol{B}$ die gleichen Eigenvektoren besitzen.

E. Diskussion der allgemeinen Gleichung 2. Grades. Hauptachsentransformation *)

Wir fragen nun danach, was für eine Kurve einer Gleichung der Form

$$a_{11}x_1^2 + 2a_{12}x_1x_2 + a_{22}x_2^2 = 1 \tag{175}$$

zugeordnet ist. Ohne das gemischt-quadratische Glied $2a_{12}x_1x_2$ würde diese Gleichung gemäß den Ausführungen in Abschn. IX B je nach den Werten der Koeffizienten a_{11} und a_{12} einen Kreis, eine Ellipse, oder eine Hyperbel darstellen. Es soll nun gezeigt werden, daß man durch eine geeignete Drehung des Koordinatensystems das gemischt-quadratische Glied zum Verschwinden bringen kann.

Um die Ausführungen besonders übersichtlich gestalten zu können, wollen wir Gl. (175) in Matrizenform schreiben. Hierzu bilden wir aus den Koeffizienten dieser Gleichung die symmetrische Matrix

$$\boldsymbol{A} = \begin{pmatrix} a_{11} & a_{12} \\ a_{12} & a_{22} \end{pmatrix}. \tag{176}$$

Man beachte dabei, daß in der Matrix links unten a_{12} steht, also nicht a_{21} wie im allgemeinen Fall. Des weiteren führen wir noch die einspaltige Matrix

$$\boldsymbol{x} = \begin{pmatrix} x_1 \\ x_2 \end{pmatrix} \tag{177}$$

*) Dieser Abschnitt kann von weniger interessierten Lesern überschlagen werden.

und die dazu transponierte Matrix

$$\boldsymbol{x}^T = (x_1 x_2) \tag{178}$$

ein. Man kann sich dann leicht davon überzeugen, daß die Matrizengleichung

$$\boldsymbol{x}^T \boldsymbol{A} \boldsymbol{x} = 1 \tag{179}$$

mit Gl. (175) identisch ist.

Wir nehmen nun eine Drehung des Koordinatensystems vor mit Hilfe der orthogonalen Matrix $\boldsymbol{S}$. Wenn wir die Koordinaten im neuen System mit einem Dach versehen, gilt dann

$$\boldsymbol{x} = \boldsymbol{S}^{-1} \hat{\boldsymbol{x}} \tag{180}$$

bzw., bei Berücksichtigung der Gln. (IV,11) und (97),

$$\boldsymbol{x}^T = (\boldsymbol{S}^{-1} \hat{\boldsymbol{x}})^T = \hat{\boldsymbol{x}}^T \boldsymbol{S}\,. \tag{181}$$

Durch Einsetzen der erhaltenen Ausdrücke für $\boldsymbol{x}$ und $\hat{\boldsymbol{x}}$ in Gl. (179) ergibt sich $\hat{\boldsymbol{x}}^T \boldsymbol{S} \boldsymbol{A} \boldsymbol{S}^{-1} \hat{\boldsymbol{x}} = 1$ oder

$$\hat{\boldsymbol{x}}^T \hat{\boldsymbol{A}} \hat{\boldsymbol{x}} = 1 \tag{182}$$

mit

$$\hat{\boldsymbol{A}} = \boldsymbol{S} \boldsymbol{A} \boldsymbol{S}^{-1}\,. \tag{183}$$

Gl. (182) stellt wieder eine quadratische Gleichung dar, deren Koeffizienten durch die Matrix $\boldsymbol{A}$ gegeben sind. Auf der linken Seite der Gln. (175), (179) bzw. (182) steht jeweils eine quadratische Form (s. Abschn. VII C 4). Wir können unser Resultat daher auch in die Worte kleiden: Bei der Drehung eines Koordinatensystems geht eine quadratische Form $\boldsymbol{x}^T \boldsymbol{A} \boldsymbol{x}$ wieder in eine quadratische Form $\hat{\boldsymbol{x}}^T \hat{\boldsymbol{A}} \hat{\boldsymbol{x}}$ über mit $\hat{\boldsymbol{A}} = \boldsymbol{S} \boldsymbol{A} \boldsymbol{S}^{-1}$. $\boldsymbol{A}$ wird also wie eine Abbildungsmatrix transformiert.

Da $\boldsymbol{A}$ symmetrisch ist, kann man, gemäß den Ausführungen im vorigen Abschn. IX D 3b, die Transformation $\boldsymbol{S}$ immer so wählen, daß $\boldsymbol{A}$ eine Diagonalmatrix wird. Man muß hierzu die Säkulargleichung $|\boldsymbol{A} - \lambda \boldsymbol{E}| = 0$ lösen, zu den dadurch bestimmten Eigenwerten λ_1 uns λ_2 die Eigenvektoren $\overset{1}{\boldsymbol{x}}$ und $\overset{2}{\boldsymbol{x}}$ bestimmen und mit diesen die durch Gl. (162) definierte Matrix $\boldsymbol{X}$ bilden. Anschließend setzt man $\boldsymbol{S} = \boldsymbol{X}^{-1}$. Bei einer Transformation mit Hilfe der so bestimmten Matrix $\boldsymbol{S}$ geht $\boldsymbol{A}$ über in

$$\hat{\boldsymbol{A}} = \begin{pmatrix} \lambda_1 & 0 \\ 0 & \lambda_2 \end{pmatrix}. \tag{184}$$

Gl. (182) nimmt dann die Form

$$\lambda_1 \hat{x}_1^2 + \lambda_2 \hat{x}_2^2 = 1 \tag{185}$$

an. Das ist die Gleichung der gegebenen Kurve im neuen Koordinatensystem. Die Form der Kurve hängt von den Werten λ_1 und λ_2 ab. Bei $\lambda_1 > 0$ und $\lambda_2 > 0$ handelt es sich um eine Ellipse. Ist $\lambda_1 \cdot \lambda_2 < 0$, haben also die Eigenwerte verschiedene Vorzeichen, so ist die Kurve eine Hyperbel. Ist eines der λ gleich Null, so entartet die Kurve in ein Geradenpaar. Sind schließlich beide λ negativ, so liegt die Kurve nicht im Reellen. Die Symmetrieachsen der genannten Kurven fallen nicht mit den alten

Koordinatenachsen x_1 und x_2 zusammen, sondern mit den neuen Achsen $\overset{1}{x}_1$ und $\overset{1}{x}_2$, die gegenüber den alten um einen Winkel φ gedreht sind. φ wird gemäß Gl. (138) aus $\boldsymbol{S}$ bestimmt. Die Umwandlung von Gl. (175) in Gl. (185) bezeichnet man als *Hauptachsentransformation.*

Wir können also zusammenfassend sagen: Um zu erkennen, was für eine Kurve durch Gl. (175) gegeben ist, muß man eine solche Drehung des Koordinatensystems vornehmen, daß das gemischt-quadratische Glied in dieser Gleichung verschwindet, d. h. daß die Matrix $\boldsymbol{A}$ in Gl. (176) diagonalisiert wird. Im neuen Koordinatensystem hat dann die Gleichung der Kurve die Form $\lambda_1 x_1^2 + \lambda_2 x_2^2 = 1$, wobei λ_1 und λ_2 die Eigenwerte der Matrix $\boldsymbol{A}$ sind.

Als Beispiel betrachten wir die Gleichung

$$x_1 x_2 = 1\,. \tag{186}$$

Die Matrix $\boldsymbol{A}$ lautet in diesem Fall $\boldsymbol{A} = \begin{pmatrix} 0 & \frac{1}{2} \\ \frac{1}{2} & 0 \end{pmatrix}$. Um die Drehmatrix $\boldsymbol{S}$ zu bestimmen, müssen wir zunächst die Säkulargleichung

$$|\boldsymbol{A} - \lambda \boldsymbol{E}| = \begin{vmatrix} -\lambda & \frac{1}{2} \\ \frac{1}{2} & -\lambda \end{vmatrix} = 0 \tag{187}$$

lösen. Wir erhalten

$$\lambda^2 - \tfrac{1}{4} = 0$$

oder

$$\lambda_1 = -\tfrac{1}{2} \quad \text{und} \quad \lambda_2 = +\tfrac{1}{2} \tag{188}$$

und somit als Gleichung im neuen Koordinatensystem

$$-\frac{\hat{x}_1^2}{2} + \frac{\hat{x}_2^2}{2} = 1\,. \tag{189}$$

Es ist also $\lambda_1 < 0$ und $\lambda_2 > 0$, so daß wir es mit einer Hyperbel zu tun haben. Nun müssen wir noch die Lage der Hyperbel ermitteln, indem wir die Eigenvektoren der Matrix $\boldsymbol{A}$ bestimmen und die Matrix $\boldsymbol{S}$ bilden. Wir setzen hierzu in die Gln. $(\boldsymbol{A} - \lambda \boldsymbol{E})\boldsymbol{x} = 0$, die in unserem Fall

$$\begin{aligned} -\lambda x_1 + \tfrac{1}{2} x_2 &= 0 \\ \tfrac{1}{2} x_1 - \lambda x_2 &= 0 \end{aligned} \tag{190}$$

lauten, zunächst den ersten und dann den zweiten Wert von λ ein. Für $\lambda = -\frac{1}{2}$ erhalten wir $x_1 = a$, $x_2 = -a$, wobei a beliebig sein kann. Bei Normierung auf 1 ergibt sich $x_1 = \frac{1}{\sqrt{2}}$ und $x_2 = -\frac{1}{\sqrt{2}}$, also

$$\overset{1}{\boldsymbol{x}} = \begin{pmatrix} \frac{1}{\sqrt{2}} \\ -\frac{1}{\sqrt{2}} \end{pmatrix}. \tag{191}$$

Für $\lambda = \frac{1}{2}$ ergibt sich in gleicher Weise

$$\overset{2}{\boldsymbol{x}} = \begin{pmatrix} \frac{1}{\sqrt{2}} \\ \frac{1}{\sqrt{2}} \end{pmatrix}. \tag{192}$$

$\boldsymbol{S}$ erhalten wir gemäß den Gln. (162) und (163), indem wir die beiden Spaltenmatrizen $\overset{1}{\boldsymbol{x}}$ und $\overset{2}{\boldsymbol{x}}$ nebeneinandersetzen und die entstehende Matrix an der Diagonalen spiegeln

$$\boldsymbol{S} = \begin{pmatrix} \frac{1}{\sqrt{2}} & -\frac{1}{\sqrt{2}} \\ \frac{1}{\sqrt{2}} & \frac{1}{\sqrt{2}} \end{pmatrix}. \tag{193}$$

Ein Vergleich mit Gl. (138) zeigt, daß dies eine Drehmatrix mit dem Winkel $\varphi = -\pi/4$ ist. Das ungestrichene Koordinatensystem geht also aus dem gestrichenen durch eine Drehung um den Winkel $\pi/2$ im Uhrzeigersinn hervor. Weiterhin ersieht man aus Gl. (189), daß die Hyperbel die $\hat{x}_2$-Achse schneidet, so daß wir schließlich die in Abb. 48 eingezeichnete Hyperbel bekommen, die die x_1- und x_2-Achse zur Asymptote hat.

Als nächstes wollen wir noch eine Gleichung zweiten Grades mit zwei Veränderlichen in allgemeiner Form

$$a_{11}x_1^2 + 2a_{12}x_1x_2 + a_{22}x_2^2 + b_1x_1 + b_2x_2 + c = 0, \tag{194}$$

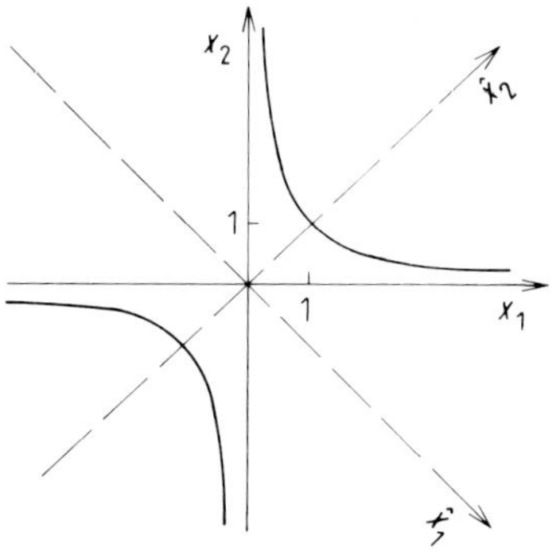

Abb. 48. Die durch Gl. (186) bzw. (189) gegebene Kurve.

in der auch lineare Glieder auftreten, betrachten. Um zu erkennen, was für eine Kurve einer solchen Gleichung entspricht, muß man als erstes wieder eine Drehung des Koordinatensystems vornehmen, durch die das gemischt-quadratische Glied $2a_{12}x_1x_2$ zum Verschwinden gebracht wird. Anschließend beseitigt man noch durch eine Parallelverschiebung des Koordinatensystems soweit wie möglich die linearen Glieder. Man erkennt so, daß Gl. (194), abgesehen von Sonderfällen, die zu Geraden oder imaginären Kurven führen, einen Kegelschnitt darstellt, dessen Mittelpunkt nicht mehr mit dem Koordinatenursprung zusammenfallen muß.

In ähnlicher Weise wie bei zwei Veränderlichen kann man auch die allgemeine Gleichung zweiten Grades mit drei Veränderlichen

$$\begin{aligned} a_{11}x_1^2 + a_{22}x_2^2 + a_{33}x_3^2 + 2a_{12}x_1x_2 + 2a_{13}x_1x_3 \\ + 2a_{23}x_2x_3 + b_1x_1 + b_2x_2 + b_3x_3 + c = 0 \end{aligned} \tag{195}$$

durch Koordinatentransformationen umwandeln. Man kommt so, von Sonderfällen abgesehen, auf eine der Gln. (14) bis (20). Gl. (195) stellt also eine der dort angegebenen Flächen dar, die aber jetzt eine beliebige Lage im Raum einnehmen kann. Wegen eines Beispiels siehe den Abschnitt XII B über Tensorrechnung.

Mit Hilfe der angestellten Betrachtungen lassen sich allgemein irgendwelche quadratische Formen von n Variablen durch eine Koordinatentransformation auf eine Form bringen, die keine gemischtquadratischen Glieder aufweist. Nehmen wir an, eine Größe z sei eine Funktion von n Variablen $x_1, x_2, \ldots, x_n$, wobei es sich bei dieser Funktion im besonderen um eine quadratische Form handeln soll, d. h.

$$z = \sum_{i=1}^{n} \sum_{k=1}^{n} a_{ik} x_i x_k \quad \text{mit} \quad a_{ik} = a_{ki}. \tag{196}$$

Die n Variablen seien zu einem Vektor

$$x = \begin{pmatrix} x_1 \\ x_2 \\ \vdots \\ x_n \end{pmatrix} \tag{197}$$

zusammengefaßt, die a_{ik} zu einer Matrix

$$A = \begin{pmatrix} a_{11} & a_{12} & \cdots & a_{1n} \\ a_{21} & a_{22} & \cdots & a_{2n} \\ \vdots & \vdots & & \vdots \\ a_{n1} & a_{n2} & \cdots & a_{nn} \end{pmatrix}, \tag{198}$$

so daß man schreiben kann

$$z = x^T A x\,. \tag{199}$$

Führt man nun eine Koordinatentransformation mit einer Matrix $S = X^{-1}$, wobei X die Matrix ist, die entsprechend Gl. (162) aus den Eigenvektoren der Matrix A gebildet wird, so geht A in eine Diagonalmatrix

$$\hat{A} = SAS^{-1} = \begin{pmatrix} \hat{a}_{11} & 0 & 0 \cdots & 0 \\ 0 & \hat{a}_{22} & 0 \cdots & 0 \\ \vdots & \vdots & \vdots & \vdots \\ 0 & 0 & 0 \cdots & \hat{a}_{nn} \end{pmatrix} \tag{200}$$

über. Bezeichnet man ferner die neuen Koordinaten mit $\hat{x}$, so erhält man

$$z = \sum_{l=1}^{n} \hat{a}_{ll}\, \hat{x}_l^2\,. \tag{201}$$

Als besonders wichtiges Beispiel aus der Chemie betrachten wir die Schwingungen eines Moleküls aus N Atomen. Der jeweilige Zustand wird durch die Auslenkungen der einzelnen Atome aus ihren Gleichgewichtslagen in den drei Raumrichtungen charakterisiert, also durch die $3N$ Größen $x_1, x_2, \ldots, x_{3N}$ (siehe Abb. VIII, 25). Die potentielle Energie U ist gegeben durch die eine quadratische Form dieser Auslenkungen

$$U = \frac{1}{2} \sum_{i=1}^{3N} \sum_{k=1}^{3N} a_{ik} x_i x_k\,. \tag{202}$$

Für die Kraft k_l in Richtung x_l (der Index l legt dabei sowohl das Atom als auch die Richtung der Kraft fest) ergibt sich

$$k_l = \frac{\partial u}{\partial x_l} = \frac{1}{2}\left[\sum_{i=1}^{3N} a_{il} x_i + \sum_{k=1}^{3N} a_{lk} x_k\right] = \sum_{k=1}^{3N} a_{lk} x_k\,. \tag{203}$$

Durch eine Koordinatentransformation mit einer entsprechend Gl. (162) gebildeten Matrix, die die $x_1, x_2, \ldots, x_{3N}$ überführt in neue Auslenkungen $q_1, q_2, \ldots, q_{3N}$, kann man erreichen, daß die Matrix A in eine Diagonalmatrix $\hat{A}$ übergeführt wird und der Ausdruck für die potentielle Energie nur noch rein quadratische Glieder enthält

$$U = \frac{1}{2} \sum_{l=1}^{n} \hat{a}_{ll} q_l^2\,. \tag{204}$$

Man bezeichnet die neuen Koordinaten als Normalkoordinaten. Mit Hilfe der Normalkoordinaten lassen sich die Bewegungsgleichungen in einfacherer Form lösen (siehe Abschnitt XV C 3).

Fragen und Aufgaben

1. Was für eine Kurve wird durch eine allgemeine Gleichung zweiten Grades mit zwei Veränderlichen dargestellt?
2. Was für eine Fläche wird durch eine allgemeine Gleichung zweiten Grades mit drei Veränderlichen dargestellt?
3. Was versteht man unter einer Hauptachsentransformation?
4. Wie verändert sich eine quadratische Form bei einer Drehung des Koordinatensystems?
5. Was für eine Kurve wird jeweils durch die folgenden Gleichungen dargestellt: a) $x_1^2 + x_1 x_2 + x_2^2 = 1$, b) $x_1^2 - 2x_1 x_2 - 2x_2^2 = 2$, c) $x_1^2 + 2x_1 x_2 + x_2^2 = 1$?

X. Differential- und Integralrechnung von Funktionen einer Veränderlichen

A. Differentiation von Funktionen

1. Die erste Ableitung einer Funktion

Gegeben sei eine Kurve $y = f(x)$ in einem rechtwinkligen Koordinatensystem (s. Abb. 1). Wir stellen uns die Aufgabe, die Steigung der Tangente im Kurvenpunkt P mit den Koordinaten x und y zu berechnen. Unter der Steigung verstehen wir dabei den Tangens des Winkels α, den die Tangente mit der positiven x-Achse bzw. einer Parallelen zu dieser Achse einschließt (s. Abb. 1).

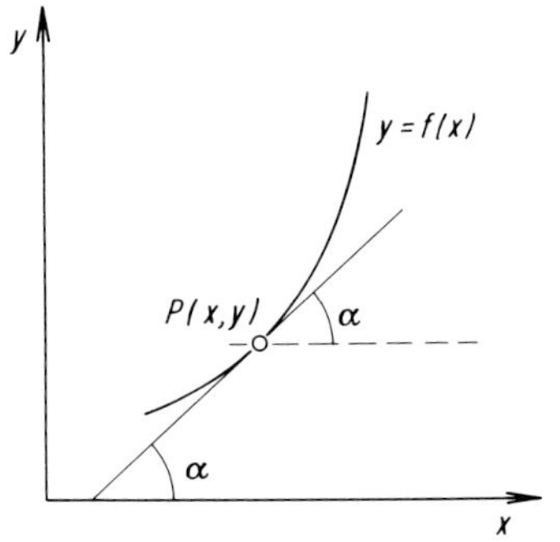

Abb. 1. Kurve mit Tangente im Punkt P.

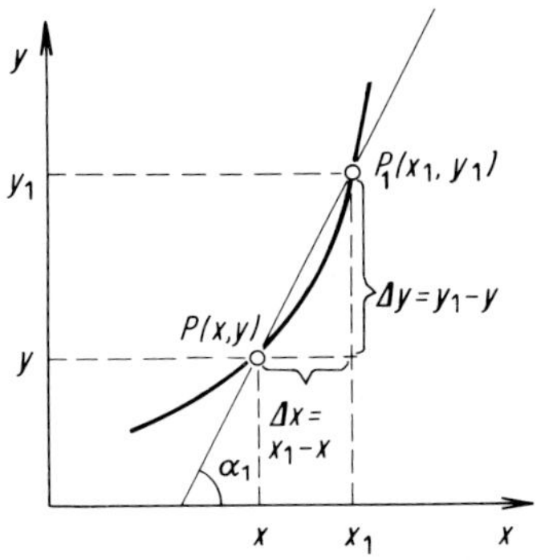

Abb. 2. Zur Definition des Differenzen- und Differentialquotienten.

Um die gestellte Aufgabe zu lösen, betrachten wir zunächst noch einen zweiten Kurvenpunkt P_1 mit den Koordinaten x_1 und y_1 (s. Abb. 2) und legen durch die Punkte P und P_1 eine Gerade. Eine solche Gerade, die die gegebene Kurve in zwei Punkten schneidet, bezeichnet man als Sekante. Wir führen nun die Größen Δx und Δy ein über die Beziehungen

$$\Delta x = x_1 - x \tag{1}$$

$$\Delta y = y_1 - y = f(x + \Delta x) - f(x) \,. \tag{2}$$

Die Steigung der Sekante, d. h. der Tangens des Winkels α_1, den diese mit der positiven x-Achse einschließt, ist dann, wie Abb. 2 zeigt, gegeben durch

$$\tan \alpha_1 = \frac{\Delta y}{\Delta x} = \frac{f(x + \Delta x) - f(x)}{\Delta x} \,. \tag{3}$$

Von der Steigung der Sekante kommt man nun zu der der Tangente, indem man den Punkt P_1 immer näher an P heranrückt, bis schließlich beide Punkte zusammenfallen. Mathematisch ausgedrückt heißt das, daß man einen Grenzübergang ausführt, bei dem x_1 gegen x strebt bzw. Δx gegen Null. Mit Hilfe des in Gl. (VII, 85b) angegebenen Limeszeichens können wir somit schreiben

$$\tan\alpha = \lim_{\Delta x\to 0}\frac{\Delta y}{\Delta x} = \lim_{\Delta x\to 0}\frac{f(x+\Delta x)-f(x)}{\Delta x}. \tag{4}$$

Damit ist eine Beziehung für die gesuchte Steigung der Tangente abgeleitet.

Die in Gl. (3) auftretende Größe $\Delta y/\Delta x$ nennt man den *Differenzenquotient.* Den Ausdruck $\lim_{\Delta x\to 0}\Delta y/\Delta x$, der in Gl. (4) auftritt, bezeichnet man dagegen als *Differentialquotient.* Der Differentialquotient, der, wie bereits ausgeführt, die Steigung der Tangente angibt, ist im allgemeinen von Kurvenpunkt zu Kurvenpunkt verschieden; er ist also eine Funktion des Abszissenwertes x. Man bezeichnet diese Funktion als *erste Ableitung* von $f(x)$ und schreibt für sie $f'(x)$, $y'(x)$ oder y'. Bisweilen bezeichnet man den Differentialquotient auch mit $\frac{dy}{dx}$, um die enge Anlehnung an den Differenzenquotient zu betonen. Wir können also schreiben

$$y' = \lim_{\Delta x\to 0}\frac{f(x+\Delta x)-f(x)}{\Delta x} \tag{5}$$

oder auch

$$\frac{dy}{dx} = \lim_{\Delta x\to 0}\frac{f(x+\Delta x)-f(x)}{\Delta x}. \tag{6}$$

Damit ergibt sich zusammenfassend: *Die Steigung der Tangente an einem Punkt der Kurve $y = f(x)$ ist durch die sogenannte erste Ableitung der Funktion $f(x)$ gegeben. Diese ist eine Funktion von x, die man mit $f'(x)$, $y'(x)$, y' oder $\frac{dy}{dx}$ bezeichnet. Sie kann über Gl. (5) berechnet werden.*

Das Aufsuchen der Ableitung einer Funktion stellt eine wichtige mathematische Operation dar, die man als *Differenzieren* oder *Differentiation* bezeichnet. Bei dieser Operation muß immer der Grenzwert in Gl. (5) ausgerechnet werden. Man muß dabei so vorgehen, daß man den Bruch kürzt, bevor man den Grenzübergang vornimmt. Andernfalls erhält man 0/0. Das ist ein unbestimmter Ausdruck, weil jede beliebige Zahl bei einer Multiplikation mit Null wieder Null ergibt.

Als Beispiel differenzieren wir die Funktion $y = x^2$. Mit Hilfe von Gl. (5) erhalten wir, da jetzt $f(x) = x^2$ ist,

$$y' = \lim_{\Delta x\to 0}\frac{(x+\Delta x)^2 - x^2}{\Delta x}. \tag{7}$$

Daraus ergibt sich

$$y' = \lim_{\Delta x\to 0}\frac{x^2 + 2x\Delta x + \Delta x^2 - x^2}{\Delta x} = \lim_{\Delta x\to 0}(2x + \Delta x). \tag{8}$$

Wenn man nun den Grenzübergang durchführt, erhält man

$$y' = 2x. \tag{9}$$

Wir sehen daraus, daß die Tangente im Ursprung, wo $x = 0$ ist, die Steigung 0 besitzt. Mit wachsendem x nimmt die Steigung immer stärker zu. Für negative x-Werte wird $\mathrm{tg}\,\alpha$ negativ; α ist hier größer als $\frac{\pi}{2}$. Das entspricht genau dem Verhalten, das wir auch anschaulich erkennen (s. Abb. 3).

Wären wir in Gl. (7) bereits vor der Kürzung zum Grenzübergang übergegangen, indem wir dort x_1 durch x ersetzten, so hätten wir dagegen den sinnlosen Ausdruck $\frac{0}{0}$ erhalten.

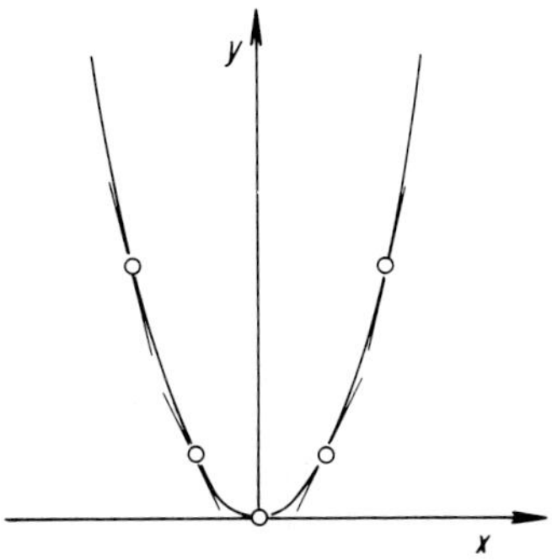

Abb. 3. Die Kurve $y = x^2$ mit einigen Tangenten.

Man pflegt für die Ableitung einer Funktion f vielfach auch $\boldsymbol{D}f$ zu schreiben und nennt dann $\boldsymbol{D}$ den Differentialoperator. Anstelle von „Differenzieren" sagt man dann auch, daß man „den Differentialoperator $\boldsymbol{D}$ auf die Funktion f anwendet". Bei einer Differentiation nach der Variablen x ist also $\boldsymbol{D}$ gleichbedeutend mit $\frac{d}{dx}$.

Besonders wichtig ist es, darauf hinzuweisen, daß *nicht alle stetigen Funktionen eine Ableitung besitzen.* Stetigkeit ist eine notwendige, aber keine hinreichende Voraussetzung hierfür. Eine Funktion, die in einem gewissen Bereich eine Ableitung besitzt nennt man dort *differenzierbar.* Die gewöhnlich auftretenden Funktionen sind differenzierbar, es gibt aber auch Ausnahmen, wie die folgenden Beispiele zeigen.

Die in Abb. VII,24 dargestellte Funktion ist an der Stelle $x = 0$ stetig, aber nicht differenzierbar. Sie besitzt nämlich, wie man anschaulich erkennt, an dieser Stelle keine eindeutig bestimmte Tangente. Weierstraß konnte sogar eine Funktion konstruieren, die im ganzen Definitionsbereich stetig ist, aber nirgends eine Ableitung besitzt.

2. Das Rechnen mit Differentialen

Wir fragen nun, welche Bedeutung den Größen dx und dy, die über Gl. (6) eingeführt wurden, zukommt. Wir bringen hierzu diese Gleichung mit Hilfe von Gl. (2) auf die Form

$$\frac{dy}{dx} = \lim_{\Delta x \to 0} \frac{\Delta y}{\Delta x}. \tag{10}$$

Diese Beziehung wurde von Leibniz und Newton im 17. Jahrhundert eingeführt. Sie war zunächst mit einem gewissen Mystizismus umgeben. Um nicht auf den sinnlosen Ausdruck $\frac{0}{0}$ zu stoßen, interpretierte man sie in der Weise, daß Δx und Δy nicht direkt Null werden sollten, sondern lediglich „unendlich kleine Größen", die man dann mit dx und dy bezeichnete. Damit wurde eine neue Art von Zahlen eingeführt, die kleiner als jede positive reelle Zahl sein sollten, aber doch nicht Null. Das Rechnen mit ihnen erforderte nach Meinung der damaligen Zeit einen besonderen „mathematischen Sinn". Heute, wo der Begriff des Grenzwertes klar umrissen ist, kann man auf diese Umschreibungen verzichten. $\frac{dy}{dx}$ *stellt nicht den Quotienten zweier unendlich kleiner Größen dar, sondern symbolisiert die Zahl, die man durch den oben beschriebenen Prozeß der Grenzwertbildung erhält.*

Daneben kann man den Größen dx und dy auch eine gewisse eigenständige Bedeutung erteilen, die aber nichts mit unendlich kleinen Größen gemein hat. *Die Größe dy bedeutet vielmehr den auf der Tangente in P auftretenden Zuwachs in y beim Fortschreiten um ein Stück dx auf der Abszisse* (s. Abb 4). Man erkennt nämlich anschaulich, daß gilt $dy = dx \cdot \operatorname{tg} \alpha$. Ersetzt man den $\operatorname{tg} \alpha$ gemäß Gl. (4) und (5) durch $f'(x)$, so folgt daraus

$$dy = f'(x)\,dx\,, \tag{11}$$

was mit der Definitionsgleichung $\dfrac{dy}{dx} = f'(x)$ auch formal übereinstimmt. Die so definierten Größen dx und dy nennt man *Differentiale*. Die Größe dx kann dabei beliebig gewählt werden und z. B. auch eine Länge von 3 km haben. Zu jedem dx gehört aber ein durch Gl. (11) eindeutig bestimmtes dy.

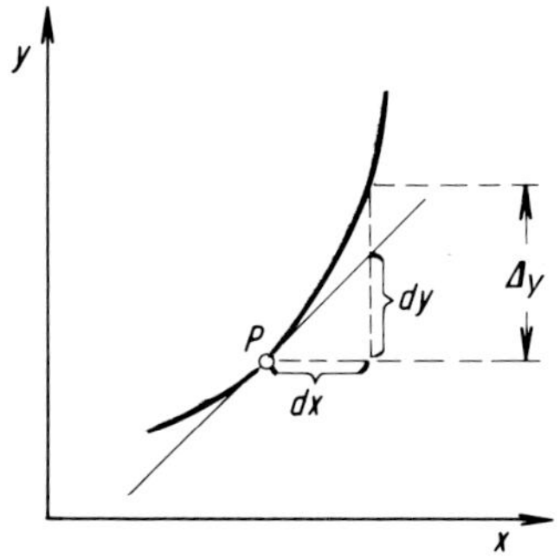

Abb. 4. Zur Definition des Differentials.

Als Beispiel berechnen wir das Differential dy der Funktion $y = x^2$. Gemäß Gl. (9) gilt $f'(x) = 2x$, so daß wir schreiben können

$$dy = 2x \cdot dx\,. \tag{12}$$

Im Punkt mit der Abszisse $x = 1$ erhält man für ein $dx = 2$ ein $dy = 4$, für ein $dx = 4{,}5$ ein $dy = 9$ usw. Man kann die Richtigkeit des Resultates leicht graphisch nachweisen, indem man die entsprechenden Differentiale in Abb. 3 einzeichnet.

Die Schreibweise in Differentialen ist auch bei der Bildung der Ableitung von inversen und zusammengesetzten Funktionen von Vorteil (siehe die Gln. (46) und (55)).

3. Differentiation einiger spezieller Funktionen

Wir wollen nun zeigen, wie man die Ableitung einiger einfacher spezieller Funktionen bildet. Bei allen im folgenden angeführten Rechnungen besteht das Problem darin, den jeweiligen Ausdruck für $\dfrac{\Delta y}{\Delta x}$ so umzuformen, daß durch Δx dividiert werden kann, bevor man den Grenzübergang durchführt.

Als erstes betrachten wir die Funktion

$$y = c\,, \tag{13}$$

wobei c eine Konstante ist. y ist hier unabhängig von x, so daß $f(x + \Delta x) = f(x) = c$ ist und man mit Hilfe von Gl. (5) erhält

$$y' = \lim_{\Delta x \to 0} \frac{c - c}{\Delta x} = \lim_{\Delta x \to 0} \frac{0}{\Delta x}\,. \tag{14}$$

Da der Ausdruck unter dem Limeszeichen für jedes beliebige $\Delta x \neq 0$ gleich Null ist, ist er das auch für den gesuchten Grenzwert. Es ergibt sich somit:

$$y' = 0\,. \tag{15}$$

Die Ableitung einer Konstanten ist gleich Null. Das ist auch vom anschaulichen Standpunkt aus klar, da eine Konstante durch eine Parallele zur x-Achse graphisch dargestellt wird, die offensichtlich überall die Steigung Null besitzt.

Als nächstes betrachten wir die Funktion

$$y = x^n \tag{16}$$

und setzen voraus, daß n eine positive ganze Zahl ist. Mit Hilfe des binomischen Lehrsatzes Gl. (18) aus Kap. III ergibt sich

$$y' = \lim_{\Delta x \to 0} \frac{f(x + \Delta x) - f(x)}{\Delta x} = \lim_{\Delta x \to 0} \frac{(x + \Delta x)^n - x^n}{\Delta x} =$$

$$= \lim_{\Delta x \to 0} \left[\frac{1}{\Delta x} \left(\binom{n}{1} \cdot x^{n-1}\, \Delta x + \binom{n}{2} x^{n-2}\, \Delta x^2 + \cdots + \binom{n}{n} x^{\circ}\, \Delta x^n \right) \right]. \tag{17}$$

Wenn wir nun zum Grenzwert übergehen, werden alle Glieder außer dem ersten gleich Null. Unter Berücksichtigung, daß $\binom{n}{1} = n$ ist, folgt daher

$$y' = n x^{n-1}\,. \tag{18}$$

Im Falle, daß $n = 2$ ist, wird $y' = 2x$, was mit Gl. (9) identisch ist.

Für die Ableitung der Funktion

$$y = \sin x \tag{19}$$

erhalten wir mit Hilfe der Gl. (VII, 59)

$$y' = \lim_{\Delta x \to 0} \frac{\sin(x + \Delta x) - \sin x}{\Delta x} = \lim_{\Delta x \to 0} \left[\frac{1}{\Delta x} \cdot 2 \cdot \cos \frac{2x + \Delta x}{2} \sin \frac{\Delta x}{2} \right] =$$

$$= \lim_{\Delta x \to 0} \cos\left(x + \frac{\Delta x}{2}\right) \lim_{\Delta x \to 0} \frac{\sin \frac{\Delta x}{2}}{\frac{\Delta x}{2}}\,. \tag{20}$$

Der erste Ausdruck geht bei der Grenzwertbildung in $\cos x$ über, der zweite, Gl. (VII, 91) zufolge, in 1. Es ergibt sich somit

$$y' = \cos x\,. \tag{21}$$

Auf ähnliche Art zeigt man, daß die Funktion

$$y = \cos x \tag{22}$$

die Ableitung

$$y' = -\sin x \tag{23}$$

besitzt.

Für die Funktion

$$y = \log_a x \tag{24}$$

ergibt sich mit Hilfe der Gln. (VII, 40) und (VII, 41)

$$y' = \lim_{\Delta x \to 0} \frac{\log_a(x + \Delta x) - \log_a x}{\Delta x} = \lim_{\Delta x \to 0} \left[\frac{1}{\Delta x} \log_a \frac{x + \Delta x}{x} \right] =$$

$$= \lim_{\Delta x \to 0} \log_a \left(1 + \frac{\Delta x}{x}\right)^{\frac{1}{\Delta x}} = \lim_{\Delta x \to 0} \left[\frac{1}{x} \log_a \left(1 + \frac{\Delta x}{x}\right)^{\frac{x}{\Delta x}} \right] =$$

$$= \frac{1}{x} \log_a \left[\lim_{\Delta x \to 0} \left(1 + \frac{\Delta x}{x}\right)^{\frac{x}{\Delta x}} \right].$$

Wegen der Stetigkeit der Logarithmusfunktion konnten in dieser Gleichungskette die Zeichen lim und log in der Reihenfolge vertauscht werden. Man kann nun schreiben

$$\lim_{\Delta x \to 0} \left(1 + \frac{\Delta x}{x}\right)^{\frac{x}{\Delta x}} = \lim_{n \to \infty} \left(1 + \frac{1}{n}\right)^n,$$

da in beiden Fällen der Exponent das reziproke des zu 1 addierten Gliedes ist, das jeweils gegen Null geht. Auf Grund von Gl. (VI, 79) ist der zweite Grenzwert gleich der Eulerschen Zahl e. Wir erhalten somit

$$y' = \frac{1}{x} \log_a \mathrm{e}. \tag{25}$$

Auf Grund von Gl. (VII, 42) gilt ferner $\log_a a = \log_a \mathrm{e} \cdot \ln a$, woraus $\log_a \mathrm{e} = \log_a a / \ln a = 1/\ln a$ folgt. Gl. (25) nimmt daher die Form

$$y' = \frac{1}{x \cdot \ln a} \tag{26}$$

an. Handelt es sich speziell um den natürlichen Logarithmus, so wird

$$y' = \frac{1}{x}. \tag{27}$$

4. Einige allgemeine Regeln für das Differenzieren

Es seien $u(x)$ und $v(x)$ zwei Funktionen, die in einem bestimmten Intervall definiert und differenzierbar sind. Wir wollen zeigen, daß dann auch die Summe, das Produkt und der Quotient dieser Funktionen differenzierbar sind, und Formeln zur Berechnung der Ableitungen durch die Ableitungen von u und v aufsuchen.

Als erstes betrachten wir die Summe $y(x) = u(x) + v(x)$. Für deren Ableitung erhalten wir

$$y' = \lim_{\Delta x \to 0} \frac{y(x + \Delta x) - y(x)}{\Delta x} = \lim_{\Delta x \to 0} \frac{u(x + \Delta x) + v(x + \Delta x) - u(x) - v(x)}{\Delta x} =$$

$$= \lim_{\Delta x \to 0} \frac{u(x + \Delta x) - u(x)}{\Delta x} + \lim_{\Delta x \to 0} \frac{v(x + \Delta x) - v(x)}{\Delta x} = u'(x) + v'(x). \tag{28}$$

Indem wir für y' schreiben $(u + v)'$, gilt somit

$$(u + v)' = u' + v'. \tag{29}$$

Das Analoge gilt auch für mehr als zwei Funktionen. *Eine Summe von Funktionen kann also gliedweise differenziert werden.* Ein besonderer Fall ist der, daß die Funktion $v(x)$ eine Konstante ist. Es ist dann $v' = 0$ und somit $y' = u'$. Eine additive Konstante verschwindet also bei der Differentiation.

Als Beispiel bilden wir die Ableitung der Funktion

$$y = x^2 + x^3 + 3\,. \tag{30}$$

Durch gliedweise Differentiation erhalten wir mit Hilfe von Gl. (29)

$$y' = 2x + 3x^2\,.$$

Wir betrachten nun das *Produkt* $y(x) = u(x) \cdot v(x)$. Für dessen Ableitung ergibt sich

$$\begin{aligned} y' &= \lim_{\Delta x \to 0} \frac{y(x+\Delta x) - y(x)}{\Delta x} = \lim_{\Delta x \to 0} \frac{u(x+\Delta x)v(x+\Delta x) - u(x)v(x)}{\Delta x} = \\ &= \lim_{\Delta x \to 0} \frac{u(x+\Delta x)v(x+\Delta x) - u(x)v(x+\Delta x) + u(x)v(x+\Delta x) - u(x)v(x)}{\Delta x} = \\ &= \lim_{\Delta x \to 0} \left[v(x+\Delta x) \frac{u(x+\Delta x) - u(x)}{\Delta x} \right] + \lim_{\Delta x \to 0} \left[u(x) \frac{v(x+\Delta x) - v(x)}{\Delta x} \right] = \\ &= u'(x)v(x) + v'(x)u(x)\,. \end{aligned} \tag{31}$$

Wenn wir für y' setzen $(uv)'$, können wir somit schreiben

$$(uv)' = u'v + v'u\,. \tag{32}$$

Hat man ein Produkt von n Funktionen $u_1, u_2, u_3, \ldots, u_n$, so erhält man durch entsprechende Erweiterung der Produktenregel

$$(u_1 u_2 \ldots u_n)' = u'_1 u_2 u_3 \ldots u_n + u_1 u'_2 u_3 \ldots u_n + \cdots + u_1 u_2 u_3 \ldots u'_n\,. \tag{33}$$

Ein Produkt von Funktionen wird also gemäß Gl. (32) bzw. Gl. (33) differenziert. Die in diesen Gleichungen zum Ausdruck kommende Regel heißt *Produktregel.* Ist insbesondere in Gl. (32) u eine Konstante,

$$y = c \cdot v\,, \tag{34}$$

so ergibt sich

$$y' = cv'\,. \tag{35}$$

Eine multiplikative Konstante bleibt also bei der Differentiation unverändert erhalten.

Als Beispiel bilden wir die Ableitung der Funktion

$$y = x \cdot \sin x\,. \tag{36}$$

Wenn wir $x = u$ und $\sin x = v$ setzen, erhalten wir mit Hilfe von Gl. (32)

$$y' = \sin x + x \cdot \cos x\,. \tag{37}$$

Ferner leiten wir noch die Funktion

$$y = 5x^2 \ln x \sin x \tag{38}$$

ab. Die Konstante bleibt dabei unverändert, der Rest wird gemäß Gl. (33) differenziert. Es ergibt sich

$$y' = 5\left[2x \ln x \sin x + x^2 \cdot \frac{1}{x} \sin x + x^2 \ln x \cos x\right] =$$
$$= 5x[2 \ln x \sin x + \sin x + x \ln x \cos x].$$

Als drittes betrachten wir die Funktion $y(x) = \dfrac{u(x)}{v(x)}$ und schließen diejenigen x-Werte, für die $v(x) = 0$ ist, aus dem Definitionsbereich aus. Für die Ableitung erhalten wir dann

$$y' = \lim_{\Delta x \to 0} \frac{y(x+\Delta x) - y(x)}{\Delta x} = \lim_{\Delta x \to 0} \left[\frac{1}{\Delta x}\left(\frac{u(x+\Delta x)}{v(x+\Delta x)} - \frac{u(x)}{v(x)}\right)\right] =$$
$$= \lim_{\Delta x \to 0} \frac{1}{\Delta x} \cdot \frac{u(x+\Delta x)v(x) - v(x+\Delta x)u(x)}{v(x)v(x+\Delta x)} =$$
$$= \lim_{\Delta x \to 0} \left[\frac{1}{v(x)v(x+\Delta x)} \cdot \frac{u(x+\Delta x)v(x) - v(x+\Delta x)u(x)}{\Delta x}\right]. \tag{39}$$

Der erste Ausdruck ergibt im Grenzwert $\dfrac{1}{[v(x)]^2}$. Der zweite wird durch Umformungen analog zu denen in Gl. (31)

$$u'(x)v(x) - v'(x)u(x).$$

Wenn wir $(\frac{u}{v})'$ statt y' schreiben, gilt also

$$\left(\frac{u}{v}\right)' = \frac{u'v - v'u}{v^2}. \tag{40}$$

Der Quotient zweier Funktionen wird also gemäß Gl. (40) differenziert. Man bezeichnet diese Gleichung als die *Quotientenregel.* Im Spezialfall, daß $u(x) = 1$ ist, also für die Funktion

$$y(x) = \frac{1}{v(x)}, \tag{41}$$

erhält man

$$y' = -\frac{v'}{v^2} \tag{41}$$

Als Beispiel bilden wir die Ableitung von

$$y = \frac{x}{\cos x}. \tag{42}$$

Mit $u = x$ und $v = \cos x$ ergibt sich

$$y' = \frac{\cos x + x \cdot \sin x}{\cos^2 x}.$$

Des weiteren fragen wir nach der Ableitung einer *zusammengesetzten Funktion* $y = f(\varphi(x))$, die wir auch in der Form

$$y = f(u) \tag{43}$$

mit

$$u = \varphi(x) \tag{44}$$

schreiben können. Ein Beispiel hierfür ist $y = \lg \sin x$, wobei lg für f und sin für φ steht. Wir erhalten für den Differenzenquotient, wenn wir die durch Δx hervorgerufene Änderung von u mit Δu bezeichnen,

$$\begin{aligned}\frac{\Delta y}{\Delta x} &= \frac{f(\varphi(x+\Delta x)-f(\varphi(x))}{\Delta x} = \frac{f(u+\Delta u)-f(u)}{\Delta x} = \\ &= \frac{f(u+\Delta u)-f(u)}{\varphi(x+\Delta x)-\varphi(x)} \cdot \frac{\varphi(x+\Delta x)-\varphi(x)}{\Delta x} \\ &= \frac{f(u+\Delta u)-f(u)}{\Delta u} \cdot \frac{\varphi(x+\Delta x)-\varphi(x)}{\Delta x}.\end{aligned} \tag{45}$$

Wenn wir zum Grenzübergang $\Delta x \to 0$ übergehen, so ergibt sich, da dabei auch Δu gegen Null geht,

$$\frac{dy}{dx} = \frac{dy}{du}\frac{du}{dx}. \tag{46}$$

Wir haben hier die Ableitungen in Form von Differentialquotienten geschrieben, um jeweils deutlich zu machen, nach welcher Veränderlichen differenziert wird. Es gilt also: *Wenn man eine zusammengesetzte Funktion $y = f(\varphi(x))$ differenzieren soll, so muß man dieser Regel zufolge zunächst eine neue Variable $u = \varphi(x)$ einführen, nach diesem u differenzieren und anschließend das Resultat mit der „inneren" Ableitung du/dx multiplizieren.* Man bezeichnet dies als die *Kettenregel.*

Gl. (46) scheint übrigens unmittelbar erfüllt zu sein, wenn man auf der rechten Seite durch du kürzt. Dies ist aber natürlich kein Beweis für die Richtigkeit, da die Differentialquotienten im allgemeinen untrennbare Symbole sind, von denen nicht ohne weiteres ein Teil weggekürzt werden darf.

Als Beispiel für die Anwendung der Kettenregel differenzieren wir die Funktion

$$y = \sin t^2. \tag{47}$$

Wir führen hier für t^2 die Variable u ein, so daß in der Schreibweise der Gln. (43) und (44) gilt: $y = \sin u$ und $u = t^2$. Mit Hilfe von Gl. (46) ergibt sich dann

$$\frac{dy}{dt} = \cos u \cdot 2t = \cos t^2 \cdot 2t = 2t \cdot \cos t^2. \tag{48}$$

Wir wollen nun noch auf die *Umkehrfunktion* einer gegebenen Funktion $y = f(x)$ eingehen. Wie in Abschn. VII B 8 ausgeführt wurde, besitzt eine Funktion $y = f(x)$, die im Intervall $[a,b]$ stetig, eindeutig und streng monoton ist, eine Umkehrfunktion $x = \varphi(y)$, die ebenfalls stetig, streng monoton und eindeutig ist. Die Forderung der Stetigkeit von $f(x)$ ist nun auf alle Fälle erfüllt, wenn $f'(x)$ existiert. Die strenge Monotonie ist gewährleistet, wenn entweder im gesamten Intervall $f'(x) > 0$ ist (die Funktion steigt dann) oder überall $f'(x) < 0$ ist (die Funktion fällt dann). Wir kommen daher zu dem Satz: *Ist die Funktion $y = f(x)$ im Intervall $[a,b]$ differenzierbar und gilt dort entweder überall $f'(x) < 0$ oder überall $f'(x) > 0$, so besitzt sie eine stetige, eindeutige und monotone Umkehrfunktion $x = \varphi(y)$.* Ferner wollen wir nun noch zeigen: *Die Umkehrfunktion ist unter den genannten Voraussetzungen auch differenzierbar. Es gilt*

$$\varphi'(y) = \frac{1}{f'(x)}. \tag{49}$$

Beweis: Aufgrund von Gl. (5) und unter Einführung der Bezeichnungen $x + \Delta x = x_1$ sowie $y + \Delta y = y_1$ ist die gesuchte Ableitung $\varphi'(y)$ durch die Beziehung

$$\varphi'(y) = \lim_{\Delta y \to 0} \frac{\varphi(y + \Delta y) - \varphi(y)}{\Delta y} = \lim_{y_1 \to y} \frac{x_1 - x}{y_1 - y} \tag{50}$$

definiert. Andererseits gilt

$$f'(x) = \lim_{\Delta x \to 0} \frac{f(x + \Delta x) - f(x)}{\Delta x} = \lim_{x_1 \to x} \frac{y_1 - y}{x_1 - x}. \tag{51}$$

Es ist nun zu zeigen, daß aus der Existenz des Grenzwertes in Gl. (51) diejenige des Grenzwertes in Gl. (50) folgt und daß entsprechend Gl. (49) gilt

$$\lim_{y_1 \to y} \frac{x_1 - x}{y_1 - y} = \frac{1}{\lim\limits_{x_1 \to x} \frac{y_1 - y}{x_1 - x}}. \tag{52}$$

Wir können schreiben

$$\frac{1}{\lim\limits_{x_1 \to x} \frac{y_1 - y}{x_1 - x}} = \lim_{x_1 \to x} \frac{1}{\frac{y_1 - y}{x_1 - x}} = \lim_{x_1 \to x} \frac{x_1 - x}{y_1 - y}. \tag{53}$$

Wegen der Stetigkeit der Funktionen $f(x)$ und $\varphi(y)$ kann man statt $\lim\limits_{x_1 \to x}$ auch $\lim\limits_{y_1 \to y}$ schreiben und damit die Gleichungskette fortsetzen,

$$\lim_{x_1 \to x} \frac{x_1 - x}{y_1 - y} = \lim_{y_1 \to y} \frac{x_1 - x}{y_1 - y}. \tag{54}$$

Damit ist Gl. (52) bewiesen.

Wenn man Gl. (49) in Form von Differentialquotienten schreibt, so ergibt sie

$$\frac{dx}{dy} = \frac{1}{\frac{dy}{dx}}. \tag{55}$$

Diese Gleichung ist eine Identität, wenn man $\frac{dx}{dy}$ als gewöhnlichen Bruch auffaßt. Trotzdem darf man das nicht als Beweis für die Richtigkeit von Gl. (55) ansehen, da, wie bereits bemerkt wurde, der Differentialquotient ein zunächst untrennbares Symbol ist. Daß Gl. (55) nicht ohne Einschränkung gültig ist, erkennt man daran, daß man zu ihrer Ableitung eine Reihe von Voraussetzungen für $f(x)$ treffen muß.

5. Differentiation weiterer spezieller Funktionen

Durch Anwendung der im vorigen Abschnitt angegebenen allgemeinen Regeln können wir nun noch die Ableitungen einiger weiterer Funktionen bestimmen, die im 1. Abschnitt nicht untersucht werden konnten.

Wir beginnen mit der Funktion

$$y = a^x. \tag{56}$$

Um diese Funktion zu differenzieren, betrachten wir die Umkehrfunktion

$$x = \log_a y\,. \tag{57}$$

Für die Ableitung dieser Funktion gilt nach Gl. (26)

$$x' = \frac{1}{y \cdot \ln a}\,. \tag{58}$$

Mit Hilfe von Gl. (49) erhält man daraus

$$y' = \frac{1}{x'} = y \cdot \ln a\,. \tag{59}$$

Wenn wir noch die Größe y gemäß Gl. (56) durch a^x ersetzen, so folgt für die gewünschte Ableitung

$$y' = a^x \cdot \ln a\,. \tag{60}$$

Im Spezialfall, daß

$$y = \mathrm{e}^x \tag{61}$$

ist, ergibt sich daraus

$$y' = \mathrm{e}^x\,. \tag{62}$$

Als nächstes differenzieren wir die Potenzfunktion

$$y = x^n \tag{63}$$

unter der Annahme, daß n eine beliebige reelle Zahl ist. Die früher angeführte Gl. (18) gibt die Ableitung dieser Funktion nur für den Fall an, daß n eine natürliche Zahl ist. Um die gestellte Aufgabe zu lösen, schreiben wir den Ausdruck x^n in etwas anderer Form (s. Gl. (VII, 38)):

$$y = \mathrm{e}^{n \cdot \ln x}\,. \tag{64}$$

Diesen Ausdruck differenzieren wir nun mit Hilfe der im vorigen Abschnitt abgeleiteten Kettenregel Gl. (46). Indem wir

$$y = \mathrm{e}^u \tag{65}$$

und

$$u = n \cdot \ln x \tag{66}$$

setzen, erhalten wir

$$y' = \frac{dy}{dx} = \frac{dy}{du} \cdot \frac{du}{dx} = \mathrm{e}^u \cdot n \cdot \frac{1}{x} = \mathrm{e}^{n \cdot \ln x} \cdot n \cdot \frac{1}{x} = x^n \cdot n \cdot \frac{1}{x} = n \cdot x^{n-1}. \tag{67}$$

Es ergibt sich also das gleiche Resultat wie für natürliche Zahlen n.

Um die Funktion

$$y = \tan x \tag{68}$$

zu differenzieren, machen wir von der Tatsache Gebrauch, daß $\operatorname{tg} x = \frac{\sin x}{\cos x}$ ist, und erhalten mit Hilfe der Quotientenregel Gl. (40)

$$y' = \left(\frac{\sin x}{\cos x}\right)' = \frac{\cos x \cos x - \sin x(-\sin x)}{\cos^2 x} =$$

$$= \frac{\cos^2 x + \sin^2 x}{\cos^2 x} = \frac{1}{\cos^2 x}. \tag{69}$$

In gleicher Weise kann man auch die Funktion $y = \operatorname{ctg} x$ ableiten.

Von Interesse ist auch die Ableitung der zyklometrischen Funktionen. Man nimmt hier wieder den Satz über die Umkehrfunktion zu Hilfe. Wir erläutern das

Tab. 1. Erste Ableitung von Funktionen.

y	y'	Definitionsber. der abzuleitenden Funktion
x^n	$n x^{n-1}$	$-\infty < x < \infty$
a^x	$a^x \ln a$	$-\infty < x < \infty$
e^x	e^x	$-\infty < x < \infty$
${}^a\log x$	$\frac{1}{x \ln a}$	$x > 0$
$\ln x$	$\frac{1}{x}$	$x > 0$
$\sin x$	$\cos x$	$-\infty < x < \infty$
$\cos x$	$-\sin x$	$-\infty < x < \infty$
$\operatorname{tg} x$	$\frac{1}{\cos^2 x}$	$-\infty < x < \infty$
$\operatorname{ctg} x$	$-\frac{1}{\sin^2 x}$	$-\infty < x < \infty$
$\arcsin x$	$\frac{1}{\sqrt{1-x^2}}$	$-1 \leqq x \leqq 1$
$\arccos x$	$-\frac{1}{\sqrt{1-x^2}}$	$-1 \leqq x \leqq 1$
$\operatorname{arctg} x$	$\frac{1}{1+x^2}$	$-\infty < x < \infty$
$\operatorname{arcctg} x$	$-\frac{1}{1+x^2}$	$-\infty < x < \infty$
$\sinh x$	$\cosh x$	$-\infty < x < \infty$
$\cosh x$	$\sinh x$	$-\infty < x < \infty$
$\operatorname{tgh} x$	$\frac{1}{\cosh^2 x}$	$-\infty < x < \infty$
$\operatorname{ctgh} x$	$-\frac{1}{\sinh^2 x}$	$-\infty < x < \infty$
$\operatorname{arsinh} x$	$\frac{1}{\sqrt{1+x^2}}$	$-\infty < x < \infty$
$\operatorname{arcosh} x$	$\frac{1}{\sqrt{x^2-1}}$	$x > 1$
$\operatorname{artgh} x$	$\frac{1}{1-x^2}$	$-1 < x < 1$
$\operatorname{arctgh} x$	$-\frac{1}{x^2-1}$	$\lvert x \rvert > 1$

am Beispiel der Funktion

$$y = \arcsin x\,. \tag{70}$$

Wenn wir daraus x ausrechnen, erhalten wir

$$x = \sin y\,. \tag{71}$$

Daraus ergibt sich

$$x' = \cos y \tag{72}$$

und

$$y' = \frac{1}{x'} = \frac{1}{\cos y} = \frac{1}{\sqrt{1-\sin^2 y}} = \frac{1}{\sqrt{1-x^2}}\,. \tag{73}$$

Die hyperbolischen Funktionen lassen sich leicht differenzieren, wenn man auf ihre Definition durch die Exponentialfunktion zurückgreift. Um z. B. die Funktion

$$y = \sinh x \tag{74}$$

abzuleiten, macht man davon Gebrauch, daß $\sinh x = \dfrac{e^x - e^{-x}}{2}$ ist. Es ergibt sich

$$y' = \left(\frac{e^x - e^{-x}}{2}\right)' = \frac{e^x + e^{-x}}{2} = \cosh x\,. \tag{75}$$

Dabei wurde berücksichtigt, daß die Ableitung der Summe zweier Funktionen gleich ist der Summe der Ableitungen dieser Funktionen und daß man den Ausdruck e^{-x} mit Hilfe der Kettenregel ableiten muß; man setzt $-x = u$ und erhält $(e^{-x})' = -e^{-x}$.

Die durch Umkehrung der hyperbolischen Funktionen erhaltenen Ausdrücke kann man wieder wie bei den zyklometrischen Funktionen durch Anwendung der für die Umkehrfunktionen geltenden Gl. (49) ableiten.

Schließlich wollen wir noch die Funktion

$$y = x^x \tag{76}$$

differenzieren. Hierzu logarithmieren wir zunächst Gl. (76),

$$\ln y = x \ln x,$$

und differenzieren die logarithmierte Gleichung auf beiden Seiten nach x. Auf der linken Seite müssen wir hierzu die Kettenregel, auf der rechten die Produktregel anwenden. Es ergibt sich

$$\frac{1}{y}\,y' = \ln x + \frac{x}{x}$$

oder mit Hilfe von Gl. (76)

$$y' = x^x(\ln x + 1)\,. \tag{77}$$

Man bezeichnet die Differentiation des Logarithmus einer Funktion als *logarithmisches Differenzieren.*

In Tab. 1 sind eine Reihe von wichtigen Funktionen mit ihren Ableitungen zusammengestellt. Mit Hilfe dieser Tabelle und den allgemeinen Regeln aus dem vorigen Abschnitt kann man auch recht kompliziert erscheinende Funktionen, die man durch irgendwelche Kombinationen und Zusammensetzungen der in der Tabelle angegebenen Grundfunktionen erhält, ableiten.

Wir berechnen als Beispiel die Ableitung der Funktion

$$y = \sqrt{1 + x^2} \cdot \ln x + \arcsin x\,, \tag{78}$$

Durch Anwendung der Summen- und Produktregel Gl. (29) bzw. (32) ergibt sich

$$y' = \left(\sqrt{1 + x^2}\right)' \cdot \ln x + \sqrt{1 + x^2} \cdot \frac{1}{x} + \frac{1}{\sqrt{1 - x^2}}\,. \tag{79}$$

$\left(\sqrt{1 + x^2}\right)'$ bedeutet dabei die Ableitung der Funktion $\sqrt{1 + x^2}$. Um diese zu bestimmen, wendet man die Kettenregel Gl. (46) an, indem man $1 + x^2 = u$ setzt. Man erhält

$$\left(\sqrt{1 + x^2}\right)' = \left(\sqrt{u}\right)' \cdot u' = \frac{1}{2 \cdot \sqrt{u}} \cdot 2x = \frac{x}{\sqrt{1 + x^2}}\,.$$

Damit ergibt sich

$$y' = \frac{x \cdot \ln x}{\sqrt{1 + x^2}} + \frac{\sqrt{1 + x^2}}{x} + \frac{1}{\sqrt{1 - x^2}}\,. \tag{80}$$

6. Numerisches Differenzieren

Die Ableitung einer gegebenen Funktion $y = f(x)$ kann man näherungsweise dadurch bestimmen, daß man statt des Differentialquotienten den Differenzenquotienten $\frac{\Delta y}{\Delta x}$ berechnet. Dieser stimmt mit dem Differentialquotienten desto besser überein, je kleiner die Schritte Δx gewählt wurden.

Wir erläutern das Verfahren am Beispiel der Funktion

$$y = 5x^2\,. \tag{81}$$

Als erstes muß man zu einer Reihe von x-Werten die dazugehörigen y-Werte ausrechnen. Das Ergebnis dieser Rechnung ist für einige x-Werte in der zweiten Spalte der Tab. 2 angegeben. Als nächstes bestimmt man dann den gesuchten Differenzenquotient durch Division der jeweiligen Änderungen des y-Wertes durch die des x-Wertes (s. dritte Spalte der Tabelle). Um zu sehen, wie gut die Differenzenquotienten mit den Differentialquotienten übereinstimmen, wurden nun noch die gegebene Funktion abgeleitet

$$y' = 10x\,,$$

und die exakten Werte für y' berechnet (s. 4. Spalte der Tabelle). Man sieht, daß diese mit den Werten für $\frac{\Delta y}{\Delta x}$ nicht allzu schlecht übereinstimmen. Wenn man die Schritte von Δx kleiner wählt, kann man die Übereinstimmung noch beliebig verbessern.

Die angenäherte Bestimmung der Ableitung durch den Differenzenquotienten bezeichnet man als *numerisches Differenzieren*, da dabei lediglich mit Zahlenwerten gerechnet wird. Ein solches Differenzieren ist besonders dann von Bedeutung, wenn die Funktion nicht in analytischer Form gegeben ist, sondern in Form einer Tabelle oder graphischen Darstellung. Es stellt dann die einzige Möglichkeit dar, die Ableitung einer Funktion zu bestimmen.

Wenn man die Ableitung durch elektronische Rechenmaschinen bestimmt, benutzt man dieses Verfahren bisweilen auch bei Funktionen, deren analytische Darstellung bekannt ist.

Tab. 2. Numerische Differentiation

x	y	$\frac{\Delta y}{\Delta x}$	y'
0,00	0,00	$\frac{0{,}0125}{0{,}05} = 0{,}250$	0,00
0,05	0,0125	$\frac{0{,}0375}{0{,}05} = 0{,}750$	0,5
0,10	0,0500	$\frac{0{,}0625}{0{,}05} = 1{,}250$	1,0
0,15	0,1125	$\frac{0{,}0875}{0{,}05} = 1{,}750$	1,5
0,20	0,2005	$\frac{0{,}1125}{0{,}05} = 2{,}250$	2,0
0,25	0,3125		

7. Höhere Ableitungen

Im Abschnitt 1 wurde gezeigt, daß man beim Differenzieren einer Funktion $y = f(x)$ wieder eine Funktion von x erhält, die man mit $f'(x)$ bezeichnet und die erste Ableitung von $f(x)$ nennt. Wenn man nun $f'(x)$ differenziert, erhält man im allgemeinen erneut eine Funktion von x, die man die 2. Ableitung von $f(x)$ nennt und mit $f''(x)$ bezeichnet. Entsprechend kommt man auch zu einer 3. Ableitung $f'''(x)$ usw. Für die n-te Ableitung schreibt man allgemein $f^{(n)}(x)$. Statt

$$f''(x), f'''(x), \ldots, f^{(n)}(x) \tag{82}$$

kann man auch die Symbole

$$y'', y''', \ldots, y^{(n)} \tag{83}$$

oder

$$\frac{d^2y}{dx^2}, \frac{d^3y}{dx^3}, \ldots, \frac{d^ny}{dx^n} \tag{84}$$

verwenden. Die zuletzt angeführten Symbole bezeichnet man auch als die höheren Differentialquotienten.

Die Schreibweise der höheren Differentialquotienten läßt sich wie folgt begründen: Der erste Differentialquotient lautet, wie weiter vorn ausgeführt,

$$y' = \frac{dy}{dx}. \tag{85}$$

Für den zweiten Differentialquotienten ergibt sich durch konsequente Anwendung der Symbole

$$y'' = \frac{dy'}{dx} = \frac{d}{dx}\left(\frac{dy}{dx}\right) = \frac{d}{dx} \cdot \frac{dy}{dx}. \tag{86}$$

Man zieht nun im Zähler die Symbole d und dy zu d^2y und im Nenner die Symbole dx und dx zu $(dx)^2 = dx^2$ zusammen und kommt so auf die oben angegebene Bezeichnung. In gleicher Weise kommt man auch zu den höheren Ableitungen.

Unter Verwendung der Operatorschreibweise (siehe Abschn. X A 1) bezeichnet man die n-te Ableitung der Funktion f mit $\boldsymbol{D}^n f$. Diese Schreibweise läßt sich leicht deuten: Dritte Ableitung z. B. bedeutet ein dreimaliges Anwenden des Operators $\boldsymbol{D}$ auf f, also $\boldsymbol{D}\boldsymbol{D}\boldsymbol{D}f = \boldsymbol{D}^3 f$. Bei einer Differentiation nach der Variablen x ist also $\boldsymbol{D}^n$ gleichbedeutend mit $\frac{d^n}{dx^n}$.

Die Funktion

$$y = \sin x \tag{87}$$

hat die Ableitungen $y' = \cos x$, $y'' = -\sin x$, $y''' = -\cos x$, $y^{(4)} = \sin x$, wonach sich die Funktionen immer in der gleichen Reihenfolge wiederholen. Wir können daher allgemein schreiben

$$\begin{aligned} y^{(4n)} &= \sin x \\ y^{(4n+1)} &= \cos x \\ y^{(4n+2)} &= -\sin x \\ y^{(4n+3)} &= -\cos x \quad \text{für alle } n = 0,1,2,\ldots \end{aligned} \tag{88}$$

Die Funktion

$$y = ax^2 + bx + c \tag{89}$$

hat die Ableitungen

$$\begin{aligned} y' &= 2ax + b \\ y'' &= 2a \\ y''' &= 0. \end{aligned} \tag{90}$$

Alle weiteren Ableitungen sind gleich Null.

8. Mittelwertsatz der Differentialrechnung

Wir führen im folgenden einen wichtigen Satz an, den man den *Mittelwertsatz der Differentialrechnung* nennt: *Ist $f(x)$ eine in einem Intervall (a,b) differenzierbare und für $x = a$ und $x = b$ stetige Funktion, so gibt es im Inneren des Intervalls mindestens eine Stelle ζ, für die gilt*

$$f'(\zeta) = \frac{f(b) - f(a)}{b - a}, \tag{91}$$

an der also, anschaulich gesprochen, die Tangente die gleiche Steigung hat wie die Sekante (s. Abb. 5).

Im Spezialfall, daß $f(a) = f(b) = 0$ ist, ist auch $f'(\zeta) = 0$, und der Satz nimmt die Form an (s. Abb. 5b): *Zwischen zwei Nullstellen einer Funktion, die die oben genannten Bedingungen erfüllt, liegt mindestens eine Stelle, bei der auch die Ableitung Null ist, also die Tangente horizontal liegt* (s. Abb. 5b). Diese Aussage bezeichnet man als *Satz von Rolle.*

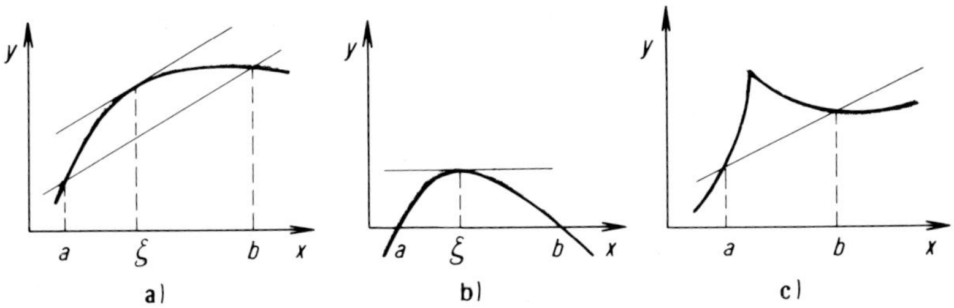

Abb. 5. Zum Mittelwertsatz der Differentialrechnung.

Die Richtigkeit des Mittelwertsatzes einschließlich des spezielleren Satzes von Rolle ist ohne weiteres anschaulich aus den Abb. 5a und 5b erkennbar. Man sieht auch, daß die Voraussetzung der Differenzierbarkeit erfüllt sein muß, da andernfalls die Funktion den in der Abb. 5c angegebenen Verlauf zeigen könnte. Der Satz kann selbstverständlich auch rein analytisch bewiesen werden, worauf wir aber hier verzichten.

Wir wollen nun noch den Mittelwertsatz in einer etwas anderen Form schreiben. Aus Gl. (91) erhalten wir durch eine einfache Umstellung

$$f(b) = f(a) + (b - a) f'(\zeta) .$$

Wir setzen nun $a = x$ und $b = x + \Delta x$. ζ ist dann durch den Ausdruck

$$\zeta = x + \vartheta \Delta x \tag{92}$$

gegeben, wobei ϑ eine bestimmte Zahl zwischen 0 und 1 ist. Unsere Gleichung nimmt dann die Form an:

$$f(x + \Delta x) = f(x) + \Delta x \, f'(x + \vartheta \Delta x) . \tag{93}$$

9. Anwendungen des Differenzierens

a) Geschwindigkeit

Eine wichtige Anwendung des Differenzierens erfolgt bei der Definition der Geschwindigkeit einer ungleichförmigen Bewegung.

Stellen wir uns einen Zug vor, der sich auf einer geraden Strecke bewegt und der im Verlauf der Zeit jeweils verschieden stark gebremst und beschleunigt wird. Wenn man den zurückgelegten Weg s des Zuges als Funktion der Zeit t graphisch

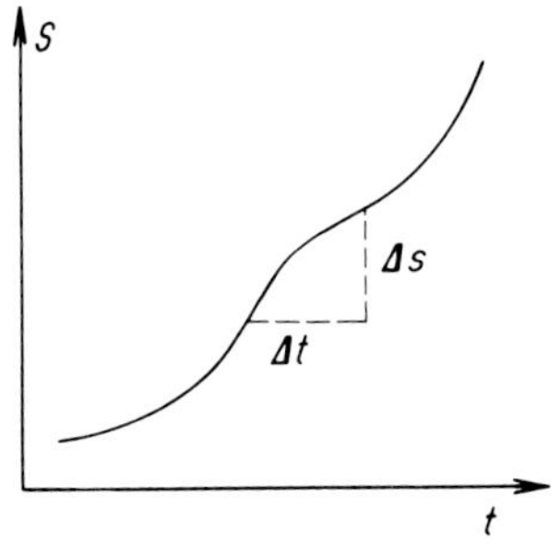

Abb. 6. Zur Berechnung der mittleren Geschwindigkeit.

darstellt, erhält man eine irgendwie gekrümmte Kurve (vgl. Abb. 6). s ist eine Funktion von t:

$$s = s(t)\,. \tag{94}$$

Man kann nun die *mittlere Geschwindigkeit* $\bar{v}$ des Zuges auf einer Wegstrecke Δs dadurch bestimmen, daß man die Zeit Δt mißt, die er zum Zurücklegen dieser Strecke benötigt. $\bar{v}$ ist dann gegeben durch

$$\bar{v} = \frac{\Delta s}{\Delta t}\,. \tag{95}$$

Diese mittlere Geschwindigkeit wird im allgemeinen davon abhängen, wie groß man Δs wählt und an welcher Stelle des Weges man die Messung vornimmt.

Will man die Geschwindigkeit an einer ganz bestimmten Stelle bzw. zu einem genau bestimmten Zeitpunkt ermitteln, so muß man Δs bzw. Δt möglichst klein machen. Der Idealfall ist erreicht, wenn man zum Grenzübergang $\lim\limits_{\Delta t \to 0} \frac{\Delta s}{\Delta t}$, also zum Differentialquotienten $\frac{ds}{dt}$ kommt. Diese durch den Differentialquotienten gegebene Geschwindigkeit bezeichnet man als die *momentane Geschwindigkeit* v. Es gilt also

$$v = \lim_{\Delta t \to 0} \frac{\Delta s}{\Delta t} = s'(t)\,. \tag{96}$$

Sie stellt selbstverständlich wieder eine Funktion der Zeit dar, die durch die Ableitung der Funktion $s(t)$ erhalten wird. Im Sonderfall, daß die Geschwindigkeit des Zuges konstant gleich c ist, gilt $s = c \cdot t$, und es wird $v = s' = c$. Die momentane Geschwindigkeit stimmt mit der mittleren überein.

Als Beispiel für eine ungleichförmige Bewegung betrachten wir den freien Fall. Es gilt hier $s = \frac{g}{2}t^2$ mit $g = 9{,}81\ \mathrm{m/s^2}$. Für die Geschwindigkeit folgt mit Hilfe von Gl. (96) $v = \frac{ds}{dt} = gt$. Sie nimmt also mit der Zeit linear zu.

Die Ableitung einer Funktion nach der Zeit bezeichnet man auch dadurch, daß man einen Punkt über die sich ändernde Größe setzt. In diesem Sinne kann man schreiben

$$v = \dot{s}\,. \tag{97}$$

Der Begriff der Geschwindigkeit wird nicht nur bei Bewegungen verwendet, sondern allgemein bei Funktionen, die sich zeitlich ändern. Wenn z. B. bei einer chemischen Reaktion aus zwei Stoffen A und B ein dritter Stoff C entsteht

$$\mathrm{A} + \mathrm{B} \rightarrow \mathrm{C}\,, \tag{98}$$

so ist die Menge des entstandenen Stoffes M_c eine Funktion der Zeit t:

$$M_c = M_c(t)\,. \tag{99}$$

Die *mittlere Reaktionsgeschwindigkeit* kann man als den Quotienten aus der Änderung der Stoffmenge ΔM_c und der hierfür benötigten Zeit Δt definieren

$$\bar{v} = \frac{\Delta M_c}{\Delta t}\,. \tag{100}$$

Die *momentane Reaktionsgeschwindigkeit* ist durch die zeitliche Ableitung der Funktion $M_c(t)$ gegeben,

$$v = \frac{dM_c}{dt} = \dot{M}_c\,. \tag{101}$$

b) Näherungsweise Berechnung von Funktionsänderungen

Eine weitere Anwendungsmöglichkeit des Differenzierens ergibt sich mit Hilfe der bereits als Gl. (11) angeführten Beziehung

$$dy = f'(x)\,dx\,. \tag{102}$$

Vielfach tritt das Problem auf, die Änderung Δy zu berechnen, die eine von x abhängige Größe $y = f(x)$ erfährt, wenn sich x um $dx = \Delta x$ verändert. Man setzt in einem solchen Fall gewöhnlich

$$\Delta y \approx dy \tag{103}$$

und erhält dann mit Hilfe von Gl. (102)

$$\Delta y \approx f'(x)\,\Delta x\,. \tag{104}$$

Man nähert also bei diesem Vorgehen die tatsächliche Änderung Δy der Größe y durch die entsprechende Änderung dy auf der Tangente an (s. Abb. 4). Je kleiner Δx ist, desto besser wird die Näherung.

Als Beispiel betrachten wir den Dampfdruck p über einer Flüssigkeit als Funktion der Temperatur T

$$p = C \cdot \exp\left[-\frac{L}{RT}\right]. \tag{105}$$

L ist dabei die Verdampfungswärme, R und C sind bekannte Konstanten. Für die Änderung von p, die durch eine Änderung von T um ΔT verursacht wird, ergibt sich allgemein mit Hilfe von Gl. (102)

$$\Delta p \approx \frac{dp}{dT}\,\Delta T\,.$$

$\frac{dp}{dT}$ berechnet man, indem man $p = C \cdot e^u$ setzt mit $u = -L/(RT)$ und die Kettenregel Gl. (46) anwendet. Man erhält

$$\frac{dp}{dT} = \frac{dp}{du} \cdot \frac{du}{dT} = C \cdot e^u \cdot \left(+\frac{L}{R} \cdot \frac{1}{T^2}\right) = \frac{LC}{RT^2} \exp\left[-\frac{L}{RT}\right].$$

Es gilt also näherungsweise

$$\Delta p \approx \frac{LC}{RT^2} \exp\left[-\frac{L}{RT}\right] \cdot \Delta T\,. \tag{106}$$

Man wendet Gl. (104) vielfach auch in solchen Fällen an, bei denen man streng genommen nur einen Differenzenquotienten und keinen Differentialquotienten bilden kann. Um das zu erläutern, betrachten wir irgendeine thermodynamische Größe Y, die von der Molekülzahl N eines Stoffes in der Weise abhängen möge, daß gilt

$$Y = C \cdot N^2 \tag{107}$$

mit irgendeiner Konstanten C. Wir fragen nun, um wieviel sich Y ändert, wenn die Teilchenzahl von N_0 auf $N_0 + 1$ zunimmt.

Nach der Zunahme ist Y gemäß Gl. (107) durch $C \cdot (N_0 + 1)^2$ gegeben, zuvor durch $C \cdot N_0^2$. Für die gesuchte Änderung, die wir mit ΔY bezeichnen wollen, ergibt sich daher *exakt*

$$\Delta Y = C \cdot (N_0 + 1)^2 - C \cdot N_0^2 = C \cdot (N_0^2 + 2N_0 + 1 - N_0^2) = C \cdot (2N_0 + 1). \tag{108}$$

Näherungsweise pflegt man dafür gewöhnlich mit Hilfe von Gl. (104) zu setzen

$$\Delta Y \approx \frac{dY}{dN} \cdot \Delta N. \tag{109}$$

Mit Hilfe von Gl. (107) folgt daraus

$$\Delta Y \approx 2CN \cdot 1 = 2CN.$$

Das Resultat stimmt mit Gl. (108) bis auf die Zahl 1, die dort zusätzlich auftritt, überein. Da in der Thermodynamik gewöhnlich solche Stoffmengen betrachtet werden, für die N die Größe von etwa 10^{23} hat, spielt dieser Unterschied praktisch keine Rolle (Fehler von $10^{-21}\%$!). Der Differentialquotient in Gl. (109) ist streng genommen physikalisch sinnlos, da die Funktion Y nur für ganze Zahlen definiert ist. Da N sehr groß ist und somit 1 sehr klein gegen N ist, erhält man trotzdem angenähert das richtige Ergebnis.

Fragen und Aufgaben

1. Wie sind die folgenden Begriffe definiert und welche anschauliche Bedeutung haben sie: Differenzenquotient, Differentialquotient, 1. Ableitung, 2. Ableitung, Differential?
2. Gib die folgenden Regeln für das Differenzieren an: a) Summenregel, b) Produktregel, c) Quotientenregel, d) Kettenregel.
3. Man gebe aus dem Gedächtnis die erste Ableitung der folgenden Funktionen an: x^n, e^x, $\ln x$, $\sin x$, $\cos x$, $\sqrt{x}$.
4. Was besagt der Mittelwertsatz der Differentialrechnung?
5. Differenziere mit Hilfe der Definitionsgleichung für den Differentialquotienten $y = 2x^3$.
6. Differenziere und schreibe die Ausdrücke für das Differential dy an: a) $y = x^2 \cdot \cos x$, b) $y = x \cdot e^{ax} + b \cdot \sin x \cdot \cos x + x^2 \cdot \operatorname{tg} x$, c) $y = \sin x^2 + \ln x + \arccos x + \arcsin 1/x$.
7. Berechne den Unterschied zwischen dy und Δy für folgende Funktionen an der Stelle $x = 1$ für $dx = 1$: a) $y = x^2$, b) $y = \sin x$, c) $y = \ln x$.
8. Bestimme von der Funktion $y = \sin x$ an der Stelle $x = \pi/2$ den Differentialquotient sowie den Differenzenquotient mit $\Delta x = 1; 0{,}5; 0{,}1; 0{,}01$.
9. Bestimme die ersten Ableitungen der Funktionen $y = \cosh x$ und $y = \operatorname{tgh} x$ unter Zugrundelegung der Definitionsgleichung Gl. (VII, 68) bzw. Gl. (VII, 69).
10. Bestimme die erste, zweite und dritte Ableitung der Funktion $y = \arcsin x$.
11. Beim radioaktiven Zerfall nimmt die Zahl der Teilchen N nach dem Gesetz $N = N_0 \cdot e^{-\frac{t}{\tau}}$ ab. Bestimme die Zerfallsgeschwindigkeit: a) als Funktion der Zeit t, b) als Funktion der jeweiligen Teilchenzahl N.

B. Integration von Funktionen

1. Das bestimmte Integral

a) Begriff des bestimmten Integrals

Gegeben ist eine Funktion $y = f(x)$, die in einem Intervall $[a,b]$ stetig ist sowie nur positive Werte annimmt und die durch die in Abb. 7 eingezeichnete Kurve graphisch dargestellt sei. Wir stellen uns die Aufgabe, den Inhalt der Fläche zu berechnen, die zwischen dieser Kurve und der x-Achse im Intervall $[a,b]$ liegt. Diese Fläche ist in Abb. 7 durch Schraffierung gekennzeichnet.

Die Berechnung der Fläche soll zunächst näherungsweise durchgeführt werden. Wir unterteilen sie hierzu in eine Anzahl von n Streifen, die wir dadurch erhalten, daß wir das Intervall $[a,b]$ in n Teilintervalle zerlegen und an jedem Teilpunkt die Ordinate errichten (s. Abb. 8). Die Abszissenwerte der Teilpunkte bezeichnen wir

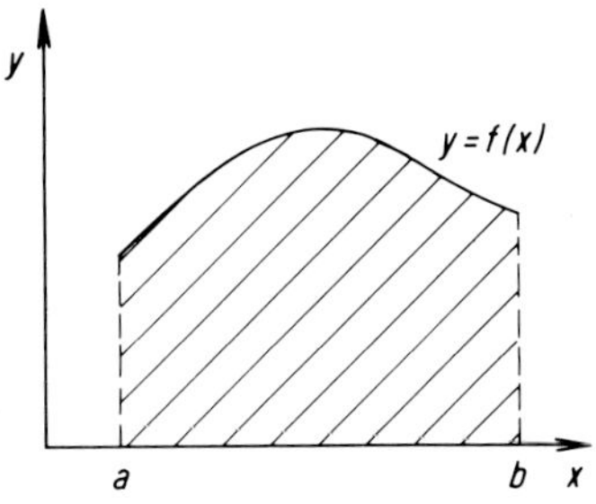

Abb. 7. Zur Definition des bestimmten Integrals.

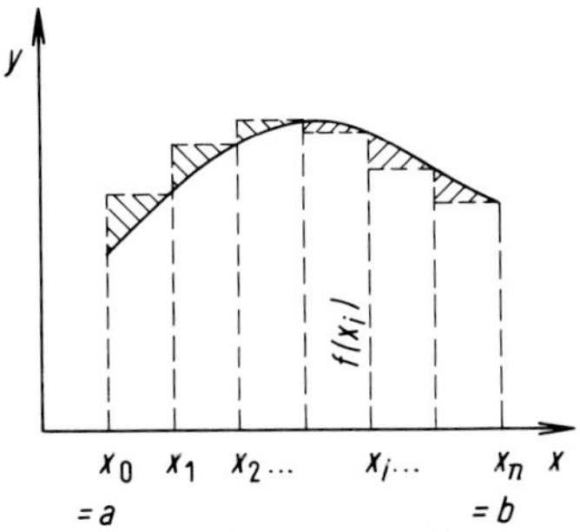

Abb. 8. Zur Annäherung der Fläche durch eine Summe von Rechtecken.

mit $x_1, x_2, \ldots, x_i, \ldots, x_{n-1}$, den Abszissenwert a mit x_0 und den Abszissenwert b mit x_n. Den Flächeninhalt der einzelnen Streifen ersetzen wir nun näherungsweise durch den Flächeninhalt der Rechtecke, deren Höhe jeweils durch den Ordinatenwert an der rechtsseitigen Begrenzung des Intervalls gegeben ist. Das i-te Rechteck hat somit die Grundlinie $x_i - x_{i-1}$, die wir auch mit Δx_i bezeichnen wollen, und die Höhe $f(x_i)$. Der Flächeninhalt F unter der Kurve ist nun näherungsweise durch die Summe der Flächeninhalte der Rechtecke gegeben,

$$F \approx \sum_{i=1}^{n} f(x_i)(x_i - x_{i-1}) \,. \tag{110}$$

Wenn wir ferner die Intervalle $x_i - x_{i-1}$ alle gleich groß wählen und mit Δx bezeichnen, so ergibt sich daraus

$$F \approx \sum_{i=1}^{n} f(x_i)\,\Delta x \tag{111}$$

mit

$$\Delta x = x_i - x_{i-1} = \frac{b-a}{n} \tag{112}$$

und

$$x_i = a + i\,\Delta x \,. \tag{113}$$

Der gesuchte Flächeninhalt unter der Kurve unterscheidet sich von der tatsächlich berechneten Summe der Flächen der Rechtecke durch die in Abb. 8 schraffierten Flächenstücke. Je feiner die Unterteilung gemacht wird, d. h. je größer die Zahl der Streifen bzw. je kleiner Δx wird, desto kleiner werden diese Flächenstücke. Wenn n über alle Grenzen wächst und daher Δx gegen Null geht, so verschwinden sie vollständig. Die Summe der Flächen der jetzt unendlich schmalen Rechtecke stimmt dann mit der gesuchten Fläche exakt überein. Wir können daher schreiben

$$F = \lim_{n\to\infty} \sum_{i=1}^{n} f(x_i)\,\Delta x = \lim_{n\to\infty} \sum_{i=1}^{n} f(x_i)\,\frac{b-a}{n} \,. \tag{114}$$

Den auf der rechten Seite von Gl. (114) stehenden Ausdruck bezeichnet man als das *bestimmte Integral* der Funktion $f(x)$ zwischen den Grenzen a und b. Man verwendet hierfür das von Leibniz stammende Symbol $\int_a^b f(x)\,dx$, wobei das Integralzeichen „$\int$" durch Stilisierung des Summenzeichens „$\sum$" in Gl. (114) entstand und dx die auf Null zusammengeschrumpfte Differenz Δx symbolisch darstellt. Wir können also sagen: *Ist $f(x)$ eine im Intervall $[a,b]$ stetige und positive Funktion, so wird die Fläche zwischen der Kurve, die diese Funktion repräsentiert, und der x-Achse in den Grenzen $x = a$ und $x = b$ durch das bestimmte Integral $\int_a^b f(x)\,dx$ wiedergegeben. Dieses ist definiert durch*

$$\int_a^b f(x)\,dx = \lim_{n\to\infty} \sum_{i=1}^{n} f(x_i)\Delta x. \tag{115}$$

Die Funktion $f(x)$, über die integriert wurde, nennt man den *Integranden*, die Größe x die *Integrationsvariable*. Selbstverständlich ist der Wert des Integrals unabhängig davon, welche Bezeichnung man für die Integrationsvariable wählt. Es ist z. B.

$$\int_a^b f(x)\,dx = \int_a^b f(u)\,du\,. \tag{116}$$

Wir haben bisher vorausgesetzt, daß $f(x)$ positiv ist. Diese Voraussetzung wollen wir nun fallen lassen und auch Funktionen betrachten, für die $f(x) < 0$ ist, für die die Kurve also unterhalb der x-Achse liegt. Wir setzen fest, daß auch für diesen Fall das bestimmte Integral durch Gl. (114) definiert sein soll. Es stellt dann wieder die Fläche zwischen der Kurve und der x-Achse dar, aber diesmal mit einem negativen Vorzeichen versehen. Daraus folgt: *Wenn die Funktion $f(x)$ im Intervall $[a,b]$ zum Teil positiv und zum Teil negativ ist, so gibt das bestimmte Integral dieser Funktion in den Grenzen a und b die Summe der einzelnen Flächenstücke zwischen der Kurve und der x-Achse wieder, wobei Flächenstücke oberhalb der x-Achse positiv und solche unterhalb dieser Achse negativ gezählt werden* (s. Abb. 9). Im Sonderfall, daß die beiden Flächenanteile gleich groß sind, wird das Integral gleich Null (siehe z. B. die Integration über die Funktion $y = \sin x$ im nächsten Abschnitt).

Wir wollen nun noch die Grenzen a und b vertauschen und festsetzen, daß auch in diesem Fall, wo dann die obere Grenze kleiner ist als die untere, das bestimmte Integral durch Gl. (119) definiert sein soll. Als Folge dieser Vertauschung wird jetzt x_i jeweils kleiner als x_{i-1}, so daß die Differenz $\Delta x = x_i - x_{i-1}$ in Gl. (115) negativ

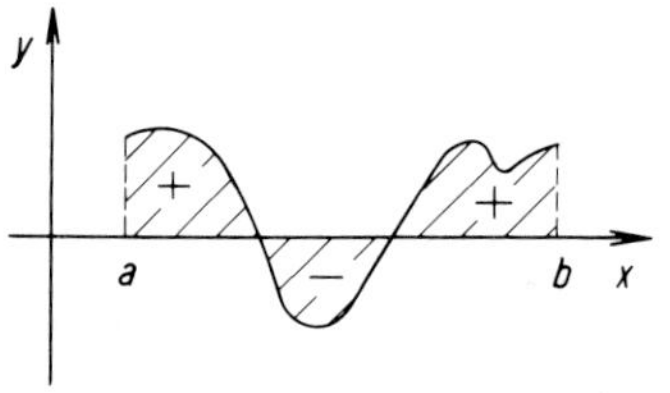

Abb. 9. Positive und negative Beiträge zum bestimmten Integral.

wird. Alles andere bleibt unverändert. *Eine Vertauschung der Grenzen hat somit zur Folge, daß das Integral sein Vorzeichen wechselt*

$$\int_a^b f(x)\,dx = -\int_b^a f(x)\,dx\,. \tag{117}$$

Wir haben hier den Begriff des bestimmten Integrals einer stetigen Funktion $f(x)$ anschaulich eingeführt und auf die Existenz des Grenzwertes in Gl. (115) aus der Existenz eines Flächeninhaltes geschlossen. Man kann nun auch unabhängig von irgendwelchen geometrischen Betrachtungen durch rein rechnerische Überlegungen zeigen, daß der in Gl. (114) angeführte Grenzwert existiert und daß er unabhängig ist von der Art der Einteilung in die Teilintervalle $x_i - x_{i-1}$ sowie davon, durch welchen Ordinatenwert in jedem Teilintervall die Höhe des Rechtecks bestimmt wird.

b) Beispiele zur Berechnung bestimmter Integrale mit Hilfe der Summenformel

Wir wollen nun für einige spezielle Funktionen zeigen, wie man das bestimmte Integral über den in Gl. (115) angegebenen Grenzwert einer Summe berechnet. Bei solchen Berechnungen ist zu beachten, daß man die Summation jeweils vor der Grenzwertbildung in geeigneter Weise durchführen muß, da man andernfalls eine sinnlose Summe aus unendlich vielen unendlich kleinen Summanden erhält.

Als erstes stellen wir uns die Aufgabe, die Funktion $y = mx$ im Intervall $[0,b]$ zu integrieren, also das bestimmte Integral

$$\int_0^b mx\,dx \tag{118}$$

zu bestimmen. Wir teilen hierzu das Intervall gemäß Gl. (112) in n gleiche Teile der Größe

$$\Delta x = \frac{b}{n}\,. \tag{119}$$

Es ist dann Gl. (113) zufolge

$$x_i = i \cdot \frac{b}{n} \qquad i = 1, 2, \ldots, n$$

und

$$f(x_i) = m \cdot i \cdot \frac{b}{n}\,. \tag{120}$$

Für die Summe in Gl. (115) erhält man dann mit Hilfe der Gln. (119) und (120)

$$\sum_{i=1}^{n} f(x_i)\,\Delta x = \sum_{i=1}^{n} m \cdot i \cdot \frac{b}{n} \cdot \frac{b}{n} = \frac{mb^2}{n^2} \sum_{i=1}^{n} i = \frac{mb^2}{n^2}\,\frac{n(n+1)}{2} = \frac{mb^2}{2} \cdot \frac{n+1}{n}\,.$$

Dabei wurde davon Gebrauch gemacht, daß $\sum_{i=1}^{n} i = 1 + 2 + \cdots + n = \dfrac{n(n+1)}{2}$

ist, was sich mit Hilfe der bekannten Formel für die Summe einer arithmetischen Reihe beweisen läßt. Wenn wir nun zum Grenzwert übergehen, ergibt sich

$$\lim_{n\to\infty} \sum_{i=1}^{n} f(x_i)\,\Delta x = \lim_{n\to\infty} \frac{mb^2}{2}\cdot\frac{n+1}{n} = \frac{mb^2}{2}\lim_{n\to\infty}\left(1+\frac{1}{n}\right) = \frac{mb^2}{2}.$$

Es gilt somit

$$\int_0^b mx\,dx = \frac{mb^2}{2}. \tag{121}$$

Daß dieses Resultat richtig ist, kann man auch leicht auf andere Art zeigen. Die Funktion $y = mx$ wird graphisch durch eine Gerade dargestellt. Das gesuchte Integral ist durch den Flächeninhalt zwischen dieser Geraden und der Abszisse im Intervall $[0, b]$ gegeben (s. Abb. 10). Diese Fläche ist ein Dreieck mit der Grundlinie

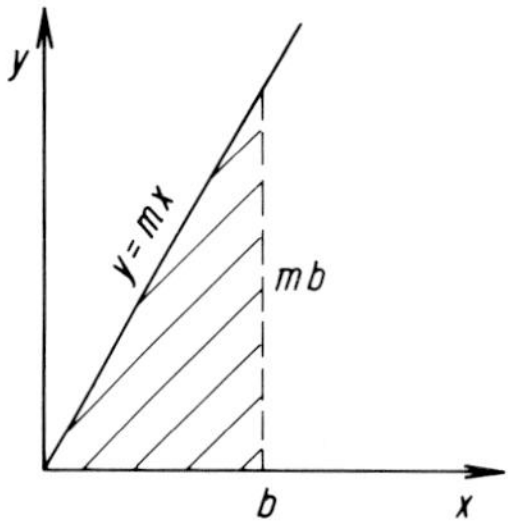

Abb. 10. Zur Berechnung des bestimmten Integrals Gl. (121).

b und der Höhe mb. Die Fläche dieses Dreiecks ist nach den Regeln der Geometrie durch das halbe Produkt aus Grundlinie und Höhe gegeben, was $\frac{mb^2}{2}$ ergibt in Übereinstimmung mit dem Resultat der Integration.

Als zweites betrachten wir noch das Integral

$$\int_a^b \sin x\,dx. \tag{122}$$

Es gilt gemäß den Gln. (112) und (113)

$$\Delta x = \frac{b-a}{n}$$

und

$$x_i = a + i\cdot\frac{b-a}{n} = a + i\,\Delta x \quad \text{für} \quad i = 1, 2, \ldots, n. \tag{123}$$

Damit ergibt sich

$$f(x_i) = \sin(a + i\,\Delta x). \tag{124}$$

Für die Summe in Gl. (115) erhält man daher

$$\begin{aligned}\sum_{i=1}^{n} f(x_i)\,\Delta x &= \sum_{i=1}^{n}\sin(a+i\,\Delta x)\,\Delta x = \Delta x\sum_{i=1}^{n}\sin(a+i\,\Delta x) = \\ &= \frac{\Delta x}{2\sin\frac{\Delta x}{2}}\sum_{i=1}^{n} 2\sin\frac{\Delta x}{2}\sin(a+i\,\Delta x),\end{aligned} \tag{125}$$

wobei wir bei der letzten Umformung mit $2\sin\frac{\Delta x}{2}\Big/\left(2\sin\frac{\Delta x}{2}\right)$ multipliziert und so den Ausdruck nicht verändert haben, Indem wir nun das Additionstheorem aus Gl. (VII,58) einmal für das positive, einmal für das negative Vorzeichen schreiben und dann beide Gleichungen kombinieren, erhalten wir die allgemein gültige Beziehung

$$2\sin u \sin v = \cos(u - v) - \cos(u + v)\,. \tag{126}$$

Wenn wir diese Beziehung auf Gl. (125) anwenden, ergibt sich

$$\begin{aligned}
&\frac{\Delta x}{2\sin\frac{\Delta x}{2}}\sum_{i=1}^{n} 2\sin\frac{\Delta x}{2}\sin(a + i\,\Delta x) = \frac{\Delta x}{2\sin\frac{\Delta x}{2}}\sum_{i=1}^{n}\left[\cos\left(a + i\,\Delta x - \frac{\Delta x}{2}\right)\right.\\
&\quad\left.-\cos\left(a + i\,\Delta x + \frac{\Delta x}{2}\right)\right] = \frac{\Delta x}{2\sin\frac{\Delta x}{2}}\left[\cos\left(a + \frac{\Delta x}{2}\right) - \cos\left(a + \frac{3\,\Delta x}{2}\right)\right.\\
&\quad\left.+\cos\left(a + \frac{3\,\Delta x}{2}\right) - \cos\left(a + \frac{5\,\Delta x}{2}\right) + \cdots - \cos\left(a + \frac{(2n+1)\,\Delta x}{2}\right)\right]\\
&\quad= \frac{\Delta x}{2\sin\frac{\Delta x}{2}}\left[\cos\left(a + \frac{\Delta x}{2}\right) - \cos\left(a + \frac{2n+1}{2}\Delta x\right)\right].
\end{aligned} \tag{127}$$

Wir gehen nun zum Grenzwert über und berücksichtigen, daß $a + \frac{2n+1}{2}\Delta x = a + n\,\Delta x + \frac{\Delta x}{2} = b + \frac{\Delta x}{2}$ ist,

$$\lim_{n\to\infty}\sum_{i=1}^{n} f(x_i)\,\Delta x = \lim_{\Delta x\to 0}\frac{\frac{\Delta x}{2}}{\sin\frac{\Delta x}{2}}\cdot\lim_{\Delta x\to 0}\left[\cos\left(a + \frac{\Delta x}{2}\right) - \cos\left(b + \frac{\Delta x}{2}\right)\right]. \tag{128}$$

Der erste Grenzwert ist auf Grund von Gl. (VII,91) gleich 1, der zweite geht in $\cos a - \cos b$ über. Damit haben wir abgeleitet, daß

$$\int_a^b \sin x\,dx = \cos a - \cos b \tag{129}$$

ist.

Wir sehen, daß das Integral immer dann gleich Null wird, wenn

$$b = a \pm 2n\pi \quad \text{für} \quad n = 0, 1, 2, 3, \ldots \tag{130}$$

ist, da dann wegen der periodischen Eigenschaft der Cosinusfunktion $\cos a = \cos b$ wird. In Übereinstimmung mit diesem Resultat stellen wir an Hand der Abb. VII,17 fest, daß sich dann die Flächenanteile oberhalb und unterhalb der Abszisse kompensieren.

Schließlich wollen wir noch das Integral über eine konstante Funktion $y = c$ ermitteln. Hier ist $f(x_i) = c$, und wir erhalten unter Beachtung der Ausführungen bei Gl. (II, 47)

$$\int_a^b c\,dx = \lim_{n\to\infty}\sum_{i=1}^{n} c\cdot\frac{b-a}{n} = c\lim_{n\to\infty}\sum_{i=1}^{n}\frac{b-a}{n} = c\cdot\lim_{n\to\infty}\left[n\cdot\frac{b-a}{n}\right] = c\cdot(b-a)\,. \tag{131}$$

Wir können uns hier auf diese wenigen Beispiele zur Ermittlung des bestimmten Integrals durch den Grenzwert der Summenformel beschränken. In Abschn. 3 und 4 wird nämlich gezeigt, daß man das bestimmte Integral im allgemeinen nicht in dieser Weise ausrechnen muß, sondern daß man es mit Hilfe von Tab. 1 einfacher ermitteln kann.

c) Einige Sätze über bestimmte Integrale

Für bestimmte Integrale gelten einige einfach zu beweisende Sätze, die im folgenden angeführt werden sollen.

Satz 1: *Bei der Unterteilung eines Intervalls $[a,c]$ in zwei Teilintervalle $[a,b]$ und $[b,c]$ ist das Integral über das gesamte Intervall gleich der Summe der Integrale über die Teilintervalle.*

$$\int_a^c f(x)\,dx = \int_a^b f(x)\,dx + \int_b^c f(x)\,dx\,. \tag{132}$$

Diese Aussage folgt aus der Tatsache, daß das Integral die Fläche unter der entsprechenden Kurve darstellt und daß diese Fläche in zwei Flächen aufgespalten werden kann (s. Abb. 11).

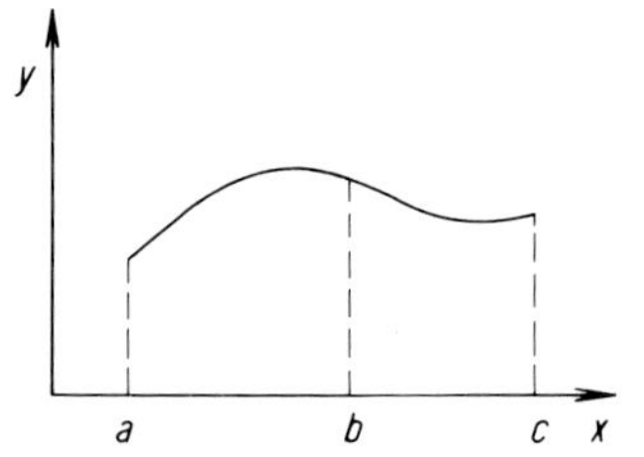

Abb. 11. Zur Unterteilung des Integrationsbereichs.

Satz 2: *Ein konstanter Faktor des Integranden kann vor das Integralzeichen geschrieben werden,*

$$\int_a^b c\cdot\varphi(x)\,dx = c\cdot\int_a^b \varphi(x)\,dx\,. \tag{133}$$

Diesen Satz beweist man am einfachsten mit Hilfe der in Gl. (115) gegebenen Definition des Integrals durch den Grenzwert einer Summe. Ein konstanter Faktor kann dort vor das Summenzeichen und vor das Limeszeichen gezogen werden.

Satz 3: *Das Integral über die Summe oder Differenz zweier Funktionen ist gleich der Summe bzw. Differenz der Integrale über die einzelnen Funktionen*

$$\int_a^b [\varphi(x) \pm f(x)]\,dx = \int_a^b \varphi(x)\,dx \pm \int_a^b f(x)\,dx\,. \tag{134}$$

Auch dieser Satz läßt sich in sehr einfacher Weise über die Definition des Integrals als Grenzwert einer Summe beweisen.

d) Integralabschätzung und Mittelwertsatz der Integralrechnung

Wir wollen nun einige Verfahren kennen lernen, mit deren Hilfe man ein bestimmtes Integral *abschätzen* kann, d. h. eine obere oder untere Schranke für dieses Integral bestimmen kann. Aus der anschaulichen Definition des Integrals als Fläche folgt unmittelbar folgendes: *Ist im Intervall* $[a,b]$ *die Funktion* $f(x)$ *stetig und ist in diesem Intervall überall*

$$f(x) \geqq 0,$$

so folgt daraus

$$\int_a^b f(x)\,dx \geqq 0. \tag{135}$$

Sind ferner im Intervall $[a,b]$ *die Funktionen* $f(x)$ *und* $g(x)$ *stetig und gilt in diesem Intervall überall*

$$f(x) \geqq g(x),$$

so folgt daraus

$$\int_a^b f(x)\,dx \geqq \int_a^b g(x)\,dx. \tag{136}$$

Das entsprechende gilt auch für das „kleiner-oder-gleich-Zeichen".

Des weiteren kann man mit Hilfe von Abb. 12 folgendes erkennen: *Wird der größte Wert einer Funktion* $f(x)$ *mit* M *und der kleinste mit* m *bezeichnet, so gilt*

$$m(b-a) \leqq \int_a^b f(x)\,dx \leqq M(b-a). \tag{137}$$

Denn die durch das Integral gegebene Fläche unter der Kurve muß mindestens so groß sein wie die des Rechtecks mit der Grundlinie $b - a$ und der Höhe m; sie kann

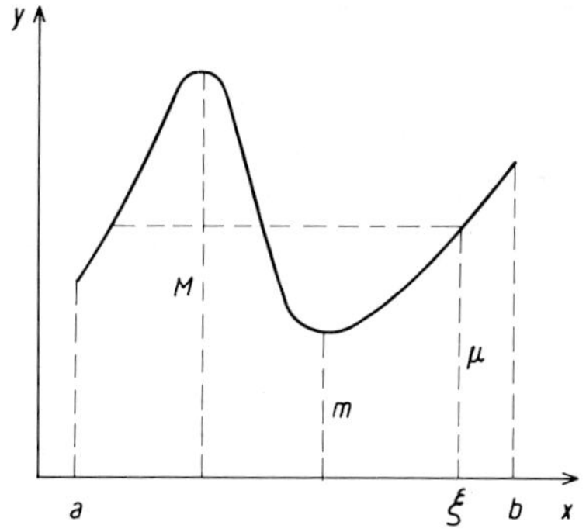

Abb. 12. Zum Mittelwertsatz der Integralrechnung.

aber andererseits bestimmt nicht größer sein als die des entsprechenden Rechtecks mit der Höhe M.

Statt der Beziehung Gl. (137) kann man auch schreiben

$$\int_a^b f(x)\,dx = \mu(b-a) \tag{138}$$

mit

$$m \leqq \mu \leqq M\,. \tag{139}$$

Da die Funktion $f(x)$ im Intervall $[a,b]$ den größten Wert M und den kleinsten Wert m besitzt, muß sie als stetige Funktion jeden beliebigen Wert zwischen M und m mindestens einmal annehmen, also auch den Wert μ. Die Stelle, an der sie gleich μ wird, wollen wir mit ξ bezeichnen,

$$f(\xi) = \mu\,.$$

Wir können dann behaupten: *Für eine in $[a,b]$ stetige Funktion $f(x)$ gilt*

$$\int_a^b f(x)\,dx = f(\xi)(b-a) \tag{140}$$

mit

$$a < \xi < b \tag{141}$$

Für ξ kann man statt Gl. (141) auch schreiben

$$\xi = a + \vartheta(b-a)$$

mit

$$0 < \vartheta < 1\,.$$

Gl. (140) geht dann über in

$$\int_a^b f(x)\,dx = f[a + \vartheta(b-a)](b-a)\,. \tag{142}$$

Diese Aussage bezeichnet man als *ersten Mittelwertsatz der Integralrechnung.*

Geometrisch gedeutet, sagt der angeführte Mittelwertsatz aus, daß die Fläche unter der Kurve gleich ist der Fläche des Rechtecks mit der Basis $b - a$ und einer bestimmten Höhe $\mu = f(\xi)$, die zwischen dem größten und dem kleinsten Funktionswert liegt (s. Abb. 12, in der die Decklinie des entsprechenden Rechtecks gestrichelt eingezeichnet ist).

Schließlich führen wir noch ohne Beweis den *verallgemeinerten ersten Mittelwertsatz an: Sind $f(x)$ und $p(x)$ im Intervall $[a,b]$ stetige Funktionen von x und bezeichnet man mit M und m das Maximum bzw. das Minimum der Funktion $f(x)$ in diesem Intervall, so gilt*

$$\int_a^b p(x)\cdot f(x)\,dx = f(\xi)\int_a^b p(x)\,dx\,. \tag{143}$$

2. Das unbestimmte Integral

a) Definition der Stammfunktion

Wir wollen eine Funktion $F(x)$ Stammfunktion der Funktion $f(x)$ nennen, wenn gilt

$$F'(x) = f(x) . \tag{144}$$

So ist z. B. die Funktion $\sin x$ eine Stammfunktion zu $\cos x$, weil $(\sin x)' = \cos x$ ist. Ebenso sind auch die Funktionen $\sin x + 5$ oder $\sin x + ab^2$ Stammfunktionen zu $\cos x$, weil die additiven Konstanten 5 bzw. ab^2 bei der Differentiation verschwinden. *Eine Funktion kann also viele verschiedene Stammfunktionen besitzen.*

Es fragt sich nun, wie sich die verschiedenen Stammfunktionen voneinander unterscheiden können. Hierzu gilt der sogenannte *Fundamentalsatz der Differential- und Integralrechnung: Die Differenz zweier verschiedener Stammfunktionen* $F_1(x)$ und $F_2(x)$ *von* $f(x)$ *ist stets eine Konstante,*

$$F_1(x) - F_2(x) = c . \tag{145}$$

Darüber hinaus gilt: *Ist* $F(x)$ *eine Stammfunktion zu* $f(x)$, *so ist auch die Funktion*

$$F(x) + c \tag{146}$$

mit einer beliebigen Konstanten c eine Stammfunktion. Man findet also alle möglichen Stammfunktionen, indem man zu einer beliebigen Stammfunktion $F(x)$ alle möglichen Konstanten addiert.

Daß mit jeder Funktion $F(x)$ auch $F(x) + c$ eine Stammfunktion ist, folgt daraus, daß die additive Konstante beim Differenzieren wegfällt. Daß sich weiterhin die Stammfunktionen einer gegebenen Funktion $f(x)$ nur durch additive Konstanten unterscheiden können, zeigt man wie folgt: Wir bezeichnen zwei verschiedene Stammfunktionen mit $F_1(x)$ und $F_2(x)$ und die Differenz dieser beiden Funktionen mit $G(x)$:

$$G(x) = F_1(x) - F_2(x) .$$

Bildet man nun die Ableitung, so erhält man

$$G'(x) = F_1'(x) - F_2'(x) = f(x) - f(x) = 0 . \tag{147}$$

Eine Funktion, deren Ableitung gleich Null ist, muß aber eine Konstante sein, da nach dem Mittelwertsatz der Differentialrechnung Gl. (93) für beliebige Werte x_1 und Δx gelten muß

$$G(x_1 + \Delta x) = G(x_1) + \Delta x\, G'(x + \vartheta\, \Delta x) = G(x_1) \tag{148}$$

mit $0 \leqq \vartheta \leqq 1$. Also ist, wie behauptet,

$$G(x) = c . \tag{149}$$

Das Aufsuchen der Stammfunktion stellt die Umkehrung des Differentiationsprozesses dar. Die weiter vorn angegebene Tabelle 1, die die Funktionen und ihre Ableitungen darstellt, gibt daher in der linken Spalte jeweils die Stammfunktion der Funktion in der rechten Spalte an.

b) Definition des unbestimmten Integrals

Wir kehren nun wieder zum bestimmten Integral $\int_a^b f(x)\,dx$ zurück und stellen fest, daß dieses Integral unter anderem auch von der oberen Grenze abhängt. Wir können also sagen, daß es eine Funktion von b ist, und schreiben

$$\varphi(b) = \int_a^b f(x)\,dx\,. \tag{150}$$

Wir wollen nun die Integrationsvariable x durch u ersetzen und den Buchstaben x stattdessen als Bezeichnung für die obere Grenze des Integrals verwenden. Gl. (150) lautet dann

$$\varphi(x) = \int_a^x f(u)\,du\,. \tag{151}$$

Über die Funktion $\varphi(x)$ läßt sich eine Aussage machen, die wohl die wichtigste in der Differential- und Integralrechnung ist. Sie lautet: *Die Funktion*

$$\varphi(x) = \int_a^x f(u)\,du \tag{152}$$

ist eine differenzierbare und daher stetige Funktion in x. Sie besitzt die Ableitung

$$\varphi'(x) = f(x)\,. \tag{153}$$

$\varphi(x)$ ist also eine bestimmte Stammfunktion von $f(x)$.

Dieser Satz läßt sich leicht beweisen. Es gilt unter Berücksichtigung der Gln. (152), (132) und (142)

$$\frac{\varphi(x + \Delta x) - \varphi(x)}{\Delta x} = \frac{1}{\Delta x}\left[\int_a^{x+\Delta x} f(u)\,du - \int_a^x f(u)\,du\right] = \frac{1}{\Delta x}\int_x^{x+\Delta x} f(u)\,du =$$
$$= \frac{1}{\Delta x} f(x + \vartheta\,\Delta x)\cdot \Delta x = f(x + \vartheta\,\Delta x)\,. \tag{154}$$

Dabei ist ϑ eine Größe zwischen Null und 1. Bildet man den Grenzübergang $\Delta x \to 0$, so erhält man daraus

$$\varphi'(x) = \lim_{\Delta x \to 0} \frac{\varphi(x + \Delta x) - \varphi(x)}{\Delta x} = \lim_{\Delta x \to 0} f(x + \vartheta\,\Delta x) = f(x)\,. \tag{155}$$

Die Gesamtheit aller Stammfunktionen von $f(x)$, die sich in der Form $\varphi(x) + \bar{c}$ schreiben lassen, nennt man das *unbestimmte Integral* von $f(x)$. Man bezeichnet dieses mit $\int f(x)\,dx$. Es gilt daher

$$\int f(x)\,dx = \varphi(x) + \bar{c}\,. \tag{156}$$

Statt $\varphi(x)$ kann man auch eine beliebige andere Stammfunktion $F(x)$ von $f(x)$ nehmen,

$$\int f(x)\,dx = F(x) + c\,. \tag{157}$$

Wir stellen somit fest: *Man erhält das unbestimmte Integral einer Funktion $f(x)$, indem man irgendeine Stammfunktion von $f(x)$ nimmt und eine beliebige additive Konstante hinzufügt.*

Da das Aufsuchen der Stammfunktion die Umkehrung der Differentiation darstellt, kann man für viele Funktionen $f(x)$ eine Stammfunktion mit Hilfe der Tab. 1 auffinden.

Die Stammfunktion von $\cos x$ lautet $\sin x$. Es gilt daher

$$\int \cos x\, dx = \sin x + c\,. \tag{158}$$

Die Stammfunktion von x ist die Funktion $\frac{x^2}{2}$, so daß wir erhalten

$$\int x\, dx = \frac{x^2}{2} + c\,. \tag{159}$$

3. Berechnung des bestimmten Integrals mit Hilfe der Stammfunktion

Das bestimmte Integral einer stetigen Funktion $f(x)$ läßt sich nun in sehr einfacher Weise berechnen, wenn man die Stammfunktion von $f(x)$ kennt. Wie im vorigen Abschnitt ausgeführt wurde, gilt

$$\int_a^x f(u)\, du = \varphi(x)\,, \tag{160}$$

wobei $\varphi(x)$ eine genau *bestimmte* Stammfunktion von $f(x)$ ist. Nehmen wir nun an, wir kennen *irgendeine* Stammfunktion von $f(x)$, beispielsweise diejenige, die aus Tab. 1 entnommen werden kann und die wir mit $F(x)$ bezeichnen. Wir wissen dann, daß sich $\varphi(x)$ nur um eine additive Konstante c von $F(x)$ unterscheidet, so daß wir schreiben können

$$\varphi(x) = F(x) + c\,, \tag{161}$$

d. h.

$$\int_a^x f(u)\, du = F(x) + c\,. \tag{162}$$

Wenn wir nun noch c ermitteln, so haben wir damit das bestimmte Integral allein über die Stammfunktion ohne Durchführung der in Gl. (115) angegebenen Summation berechnet.

Um die Konstante c zu bestimmen, berücksichtigen wir, daß das bestimmte Integral gleich Null wird, wenn die Größe des Integrationsbereiches auf Null zugeht, wenn also $x = a$ wird. Es muß daher gelten

$$\int_a^a f(u)\, du = F(a) + c = 0\,. \tag{163}$$

Daraus ergibt sich

$$c = -F(a) \tag{164}$$

und

$$\int_a^x f(u)\,du = F(x) - F(a)\,. \tag{165}$$

Wir ersetzen nun noch x durch b und erhalten

$$\int_a^b f(x)\,dx = F(b) - F(a)\,. \tag{166}$$

Dies ist eine der wichtigsten Formeln der Integralrechnung, da wir mit ihrer Hilfe das bestimmte Integral aller Funktionen ermitteln können, die in der zweiten Spalte von Tab. 1 auftreten. Sie besagt in Worten: *Um das bestimmte Integral einer Funktion $f(x)$ in den Grenzen a und b zu bestimmen, sucht man zunächst deren Stammfunktion auf und bildet dann gemäß Gl. (166) die Differenz $F(b) - F(a)$.*

Wir wollen die Integration mit Hilfe von Gl. (166) an Hand von einigen Beispielen vorführen. Bei diesen Rechnungen werden wir als Abkürzung das Symbol $F(x)|_a^b$ einführen, das die Bedeutung

$$F(x)|_a^b = F(b) - F(a) \tag{167}$$

besitzen soll. Anstelle des senkrechten Striches verwendet man bisweilen auch zwei eckige Klammern, die den Ausdruck, in den die Grenzen eingesetzt werden sollen, umfassen.

Als erstes berechnen wir das bereits weiter vorne untersuchte Integral $\int_0^b m\,x\,dx = m\int_0^b x\,dx$. Aus Tab. 1 entnehmen wir, daß eine Stammfunktion von x die Funktion $\frac{x^2}{2}$ ist. So erhalten wir mit Hilfe von Gl. (166) und der in Gl. (167) eingeführten Schreibweise

$$\int_0^b x\,dx = \frac{x^2}{2}\bigg|_0^b = \frac{b^2}{2} - \frac{0}{2} = \frac{b^2}{2}\,. \tag{168}$$

Es gilt daher

$$\int_0^b m\,x\,dx = m\int_0^b x\,dx = \frac{m b^2}{2}\,. \tag{169}$$

Das Ergebnis stimmt mit demjenigen von Gl. (121) überein.

Als nächstes bestimmen wir das Integral $\int_a^b \sin x\,dx$. Mit Hilfe von Gl. (166) und Tab. 1 erhalten wir

$$\int_a^b \sin x\,dx = -\cos x\,|_a^b = -(\cos b - \cos a) = \cos a - \cos b\,, \tag{170}$$

was wieder mit dem früher erhaltenen Resultat aus Gl. (129) übereinstimmt.

Schließlich wollen wir noch das Integral $\int\limits_0^{\frac{1}{2}} \frac{1}{\sqrt{1-x^2}}\,dx$ berechnen. Wir erhalten

$$\int\limits_0^{\frac{1}{2}} \frac{1}{\sqrt{1-x^2}}\,dx = \arcsin x \Big|_0^{\frac{1}{2}} = \frac{\pi}{6} - 0 = \frac{\pi}{6}. \tag{171}$$

Dabei wurde berücksichtigt, daß $\arcsin \frac{1}{2} = \frac{\pi}{6}$ ist, was aus der Beziehung $\sin \frac{\pi}{6} = \frac{1}{2}$ folgt.

4. Verfahren zur Integration

a) Allgemeines

Im vorigen Abschnitt wurde gezeigt, daß man das bestimmte Integral einer Funktion, deren Stammfunktion bekannt ist, mit Hilfe von Gl. (166) ausrechnen kann. Auf diese Art erfaßt man alle in der zweiten Spalte von Tab. 1 angegebenen Funktionen. Ist die Stammfunktion der zu integrierenden Funktion nicht bekannt, so kann man versuchen, durch gewisse Integralumformungen auf Integranden mit bekannter Stammfunktion zu kommen. Einige Verfahren hierfür sollen im folgenden besprochen werden. Die dabei behandelten Beispiele umfassen nur einen kleinen Teil der Funktionen, deren Integrale in mathematisch geschlossener Weise darstellbar sind. Wegen eines vollständigen Verzeichnisses aller Funktionen mit bekannten Integralen muß auf ein mathematisches Nachschlagewerk verwiesen werden (siehe z. B. das Handbuch von Bronstein und Semendjajew).

b) Zerlegung des Integrals in eine Summe von Integralen

Besteht der Integrand aus einer Summe von Funktionen mit jeweils bekannten Stammfunktionen, so zerlegt man das Integral gemäß Gl. (134) in eine entsprechende Summe von Integralen, die man dann einzeln über die jeweiligen Stammfunktionen berechnet. Das Analoge gilt für Differenzen.

Als Beispiel berechnen wir $\int\limits_0^{\pi} (x + x^2 + \sin x)\,dx$. Es ergibt sich

$$\int\limits_0^{\pi} (x + x^2 + \sin x)\,dx = \int\limits_0^{\pi} x\,dx + \int\limits_0^{\pi} x^2\,dx + \int\limits_0^{\pi} \sin x\,dx = \frac{x^2}{2}\Big|_0^{\pi} + \frac{x^3}{3}\Big|_0^{\pi} - \cos x\Big|_0^{\pi} =$$

$$= \frac{\pi^2}{2} + \frac{\pi^3}{3} + 1 + 1. \tag{172}$$

c) Abspaltung eines konstanten Faktors

Besteht der Integrand aus einem konstanten Faktor und einer Funktion mit bekannter Stammfunktion, so kann man den Faktor gemäß Gl. (133) vor das Integralzeichen ziehen und die Integration anschließend über die Stammfunktion vornehmen.

Es gilt z. B.

$$\int\limits_a^b \frac{3}{x^2}\,dx = 3\int\limits_a^b \frac{1}{x^2}\,dx = 3\left[-\frac{1}{x}\Big|_a^b\right] = -\frac{3}{b} + \frac{3}{a}. \tag{173}$$

Durch Kombination der Zerlegung in Summanden und Abspaltung von Faktoren kann man auch die folgende Integration durchführen:

$$\int_1^2 \left(2x^2 + \frac{4}{x} - e^x\right) dx = \frac{2x^3}{3}\bigg|_1^2 + 4\ln x\bigg|_1^2 - e^x\bigg|_1^2 =$$
$$= \frac{16}{3} - \frac{2}{3} + 4(\ln 2 - \ln 1) - e^2 + e^1 \approx 2{,}75\,. \tag{174}$$

d) Substitution einer neuen Variablen

Häufig tritt das Problem auf, ein Integral der Form $\int h(\psi(x))\,dx$ zu berechnen, in dem der Integrand eine zusammengesetzte Funktion ist. Ein Beispiel hierfür stellt das Integral $\int \cos 2x\,dx$ dar. Hier ist $\psi(x) = 2x$, und das Funktionszeichen h steht für den Cosinus. Ein solches Integral kann man in vielen Fällen mit Hilfe des folgenden Satzes berechnen: *Führt man in ein unbestimmtes Integral der Form $\int h(\psi(x))\,dx$ die neue Variable*

$$u = \psi(x) \tag{175}$$

ein, so gilt unter der Voraussetzung, daß zu $u = \psi(x)$ eine eindeutige Umkehrfunktion

$$x = \varphi(u) \tag{176}$$

gehört,

$$\int h(\psi(x))\,dx = \int h(u)\,\varphi'(u)\,du\,. \tag{177}$$

Wenn dann der auf der rechten Seite dieser Gleichung stehende Integrand eine bekannte Stammfunktion besitzt, so ist das Problem der Integration gelöst. Bei einem bestimmten Integral muß man darauf achten, daß man bei der Transformation der Variablen auch die Grenzen entsprechend transformiert. Es ergibt sich

$$\int_a^b h(\psi(x))\,dx = \int_{\psi(a)}^{\psi(b)} h(u)\,\varphi'(u)\,du\,, \tag{178}$$

wobei $\psi(a)$ und $\psi(b)$ entsprechend Gl. (175) die Werte von u für $x = a$ bzw. $x = b$ darstellen.

Zum Beweis von Gl. (177) bezeichnen wir die Stammfunktion von $h(\psi(x))$ mit $F(x)$. Es gilt dann

$$F'(x) = h(\psi(x))\,. \tag{179}$$

Gl. (177) ist bewiesen, wenn man zeigt, daß die Stammfunktion von $h(u)\,\varphi'(u)$ durch $F(\varphi(u))$ gegeben ist. Das ist tatsächlich der Fall, denn es gilt auf Grund der Kettenregel Gl. (46), sowie wegen Gl. (179)

$$\frac{dF(\varphi(u))}{du} = \frac{dF}{d\varphi}\cdot\frac{d\varphi}{du} = h(u)\,\varphi'(u)\,. \tag{180}$$

Die in Gl. (177) enthaltene Vorschrift zur Berechnung des Integrals $\int h(\psi(x))\,dx$ besagt, daß man in diesem Integral

$$\psi(x) \text{ durch } u \quad \text{ und } \quad dx \text{ durch } \varphi'(u)\,du \tag{181}$$

ersetzen soll. Die zweite Beziehung ergibt sich unmittelbar aus Gl. (176), wenn man diese Gleichung differenziert,

$$\frac{dx}{du} = \varphi'(u), \tag{182}$$

und anschließend du auf die andere Seite der Gleichung bringt. Das ist aber noch kein Beweis der Gl. (177), da man Differentialquotienten im allgemeinen nicht wie Brüche behandeln darf. Nur wegen des weiter oben gebrachten exakten Beweises kann man das durch Gl. (177) bzw. (181) beschriebene Verfahren zur praktischen Berechnung der Integrale anwenden. Man braucht sich dabei nicht die Formel Gl. (178) zu merken, sondern kann einfach dx durch Differentiation von Gl. (176) ausrechnen und dann in das Integral einführen, wie in den folgenden Beispielen gezeigt wird.

Als erstes bestimmen wir das Integral

$$\int \sin 2x\,dx\,. \tag{183}$$

Wir setzen

$$u = 2x \tag{184}$$

und erhalten durch Differentiation

$$dx = \frac{1}{2}\,du\,. \tag{185}$$

Wir können also mit Hilfe von Gl. (181) schreiben

$$\int \sin 2x\,dx = \int \sin u \cdot \frac{1}{2}\,du = -\frac{1}{2}\cos u = -\frac{1}{2}\cos 2x\,. \tag{186}$$

Im Falle eines bestimmten Integrals mit den Grenzen 0 und $\pi/2$ ergibt sich

$$\int_0^{\pi/2} \sin 2x\,dx = \int_0^{2\cdot\pi/2} \sin u\,\frac{1}{2}\,du = \frac{1}{2}\int_0^{\pi} \sin u\,du = -\frac{1}{2}\cos u\Big|_0^{\pi} =$$

$$= -\frac{1}{2}[\cos\pi - \cos 0] = -\frac{1}{2}(-1-1) = 1\,. \tag{187}$$

Um das Integral $\int \frac{dx}{a^2+x^2}$ zu bestimmen, setzt man $u = x/a$, und $dx = a\,du$ und erhält mit Hilfe der in Tab. 1 angegebenen Stammfunktion von $\frac{1}{1+x^2}$

$$\int \frac{dx}{a^2+x^2} = \int \frac{a\cdot du}{a^2(1+u^2)} = \frac{1}{a}\int \frac{du}{1+u^2} = \frac{1}{a}\operatorname{arctg} u = \frac{1}{a}\operatorname{arctg}\frac{x}{a}\,. \tag{188}$$

Zur Berechnung des Integrals $\int \sin mx \cdot \sin nx\,dx$ muß man berücksichtigen, daß auf Grund von Gl. (126) mit $u = mx$ und $v = nx$ gilt

$$\sin mx \sin nx = \frac{1}{2}\{\cos[(m-n)x] - \cos[(m+n)x]\}\,. \tag{189}$$

Wenn wir das in das Integral einsetzen und anschließend $(m-n)x = u$ und $(m+n)x = v$ setzen, so erhalten wir für $m \neq n$

$$\int \sin mx \sin nx\,dx = \frac{1}{2}\int \cos[(m-n)x]\,dx - \frac{1}{2}\int \cos[(m+n)x]\,dx$$

$$= \frac{1}{2}\int \cos u \cdot \frac{1}{m-n}\,du - \frac{1}{2}\int \cos v\,\frac{1}{m+n}\,dv \tag{190}$$

$$= \frac{\sin u}{2(m-n)} - \frac{\sin v}{2(m+n)} = \frac{\sin[(m-n)x]}{2(m-n)} - \frac{\sin[(m+n)x]}{2(m+n)}\,.$$

Wenn $m = n$ ist, so ist $\cos[(m-n)\cdot x] = \cos 0 = 1$, und das erste Integral ergibt $\frac{x}{2}$. Man erhält somit das Resultat

$$\int (\sin nx)^2 \, dx = \frac{x}{2} - \frac{\sin 2nx}{4n}. \tag{191}$$

e) Partielle Integration

Zu einem weiteren Integrationsverfahren kommt man, wenn man von Gl. (32)

$$(uv)' = u'v + uv' \tag{192}$$

ausgeht. Indem man rechts und links integriert und beachtet, daß $\int (uv)' \, dx = uv$ ist, erhält man

$$uv = \int u'v \, dx + \int uv' \, dx. \tag{193}$$

Durch Umstellung der Gleichung ergibt sich die für das folgende wichtige Beziehung

$$\int uv' \, dx = uv - \int u'v \, dx. \tag{194}$$

Wenn man statt des unbestimmten Integrals das *bestimmte* Integral zwischen den Grenzen a und b bildet, so leitet man in der gleichen Weise die Beziehung

$$\int_a^b uv' \, dx = uv\Big|_a^b - \int_a^b u'v \, dx \tag{195}$$

ab. Gl. (194) bzw. Gl. (195) lassen sich mit Erfolg zur Integration verschiedener Funktionen verwenden. Die Anwendung dieser Gleichungen bezeichnet man als *partielle Integration.*

Betrachten wir als erstes Beispiel das Integral $\int x \sin x \, dx$. Indem wir $x = u$ und $\sin x = v'$ setzen und beachten, daß dann $u' = 1$ und $v = -\cos x$ ist, ergibt sich mit Hilfe von Gl. (194)

$$\int x \sin x \, dx = -x\cos x - \int 1\cdot(-\cos x)\, dx = -x\cos x + \int \cos x \, dx = -x\cos x + \sin x. \tag{196}$$

In ähnlicher Weise berechnet man das Integral $\int x^a \cdot \ln x$ für $a \neq -1$, indem man $\ln x = u$ und $x^a = v'$ setzt. Es ergibt sich

$$\int x^a \ln x \, dx = \frac{x^{a+1}}{a+1}\ln x - \int \frac{1}{x}\frac{x^{a+1}}{a+1}\, dx = \frac{x^{a+1}}{a+1}\ln x - \frac{1}{a+1}\int x^a \, dx = \frac{x^{a+1}}{a+1}\ln x - \frac{x^{a+1}}{(a+1)^2}. \tag{197}$$

Bisweilen kommt man nach mehrfacher Durchführung der partiellen Integration wieder zum Ausgangsintegral selbst. In diesem Fall kann man die erhaltene Beziehung als *Bestimmungsgleichung* für das Integral benutzen.

Dies ist z. B. der Fall beim Integral $\int e^{ax} \sin bx \, dx$. Wenn man in diesem Integral $e^{ax} = u$ und $\sin bx = v'$ setzt, so wird $u' = a e^{ax}$ (Kettenregel) und $v = -\frac{1}{b}\cos bx$ (Substitution $z = bx$!). Durch partielle Integration erhält man daher

$$\int e^{ax} \sin bx \, dx = -\frac{1}{b} e^{ax} \cos bx + \frac{a}{b}\int e^{ax}\cos bx \, dx. \tag{198}$$

Wenn man nun das auf der rechten Seite stehende Integral nochmals partiell integriert, geht Gl. (198) über in

$$\int e^{ax}\sin bx\,dx = -\frac{1}{b}e^{ax}\cos bx + \frac{a}{b^2}e^{ax}\sin bx - \frac{a^2}{b^2}\int e^{ax}\sin bx\,dx\,. \tag{199}$$

Auf der rechten Seite steht nun wieder das Ausgangsintegral. Gl. (199) stellt also eine Bestimmungsgleichung für dieses Integral dar. Indem man den Ausdruck $-\frac{a^2}{b^2}\int e^{ax}\sin bx\,dx$ auf die linke Seite bringt, erhält man das gesuchte Endresultat

$$\int e^{ax}\sin bx\,dx = \frac{e^{ax}}{a^2+b^2}(a\sin bx - b\cos bx)\,. \tag{200}$$

f) Rekursion

Durch partielle Integration kann man auch die Potenz einer Funktion im Integranden sukzessive herabsetzen. Man bezeichnet dies als Rekursion.

Als Beispiel betrachten wir das Integral $\int \cos^n x\,dx$. Wir schreiben es in der Form $\int \cos^{n-1}x\cdot\cos x\,dx$ und setzen $\cos^{n-1}x = u$ und $\cos x = v'$. Durch partielle Integration erhalten wir dann

$$\int \cos^n x\,dx = \int \cos^{n-1}x\cdot\cos x\,dx = \sin x\cos^{n-1}x + \int (n-1)\cos^{n-2}x\sin^2 x\,dx\,.$$

Indem wir $\sin^2 x$ durch $1-\cos^2 x$ ersetzen, ergibt sich

$$\int \cos^n x\,dx = \sin x\cos^{n-1}x + (n-1)\int \cos^{n-2}x\,dx - (n-1)\int \cos^n x\,dx\,.$$

Bringt man den Ausdruck $(n-1)\int \cos^n x\,dx$ auf die linke Seite, so erhält man

$$\int \cos^n x\,dx + (n-1)\int \cos^n x\,dx = \sin x\cos^{n-1}x + (n-1)\int \cos^{n-2}x\,dx\,,$$

woraus folgt

$$\int \cos^n x\,dx = \frac{\sin x\cdot\cos^{n-1}x}{n} + \frac{n-1}{n}\int \cos^{n-2}x\,dx\,. \tag{201}$$

Ist nun n gleich zwei oder drei, so ist damit das Integrationsproblem gelöst, da das auf der rechten Seite stehende Integral dann auswertbar ist. Ist jedoch $n > 3$, muß man mit Hilfe von Gl. (201) die Potenz im Integral $\int \cos^{n-2}x\,dx$ nochmals um 2 reduzieren, usw.

g) Partialbruchzerlegung

Wir wollen uns nun mit der Integration einer gebrochenen rationalen Funktion beschäftigen, bei der das Polynom im Zähler einen kleineren Grad als das im Nenner hat. Es gilt der folgende Satz: *Jede gebrochene rationale Funktion*

$$\frac{h(x)}{g(x)} = \frac{a_0 + a_1x + \cdots + a_nx^n}{b_0 + b_1x + \cdots + b_mx^m} \tag{202}$$

mit $n < m$ kann man in eine Summe von Brüchen zerlegen, die sich elementar integrieren lassen. Um die Zerlegung vorzunehmen, muß man die Nullstellen von $g(x)$ aufsuchen. *Hat* $g(x)$ *m verschiedene reelle Nullstellen* $\alpha_1, \alpha_2, \ldots, \alpha_m$, *so kann man schreiben*

$$\frac{h(x)}{g(x)} = \frac{A_1}{(x - \alpha_1)} + \frac{A_2}{(x - \alpha_2)} + \cdots + \frac{A_m}{(x - \alpha_m)}, \tag{203}$$

wobei $A_1, A_2, \ldots, A_n$ eindeutig bestimmte reelle Zahlen sind. *Kommt eine der Nullstellen mehrfach vor, z. B. die Nullstelle* α_k *g-mal, so muß man in obiger Summe statt*

$$\frac{A_k}{x - \alpha_k}$$

den Ausdruck

$$\frac{A_{k,1}}{x - \alpha_k} + \frac{A_{k,2}}{(x - \alpha_k)^2} + \cdots + \frac{A_{k,g}}{(x - \alpha_k)^g} \tag{204}$$

schreiben. Kommen schließlich auch konjugiert komplexe Lösungen vor, so entspricht z. B. dem Lösungspaar $\alpha_l + i\beta_l$ *und* $\alpha_l - i\beta_l$, *das g-fach auftreten möge, ein Beitrag*

$$\frac{B_{l,1}x + C_{l,1}}{[(x - \alpha_l)^2 + \beta_l^2]} + \frac{B_{l,2}x + C_{l,2}}{[(x - \alpha_l)^2 + \beta_l^2]^2} + \cdots + \frac{B_{l,g}x + C_{l,g}}{[(x - \alpha_l)^2 + \beta_l^2]^g}, \tag{205}$$

wobei die $B_{l,i}$ und $C_{l,i}$ wieder eindeutig durch das Problem bestimmt sind. Die so vorgenommene Umformung der gebrochenen rationalen Funktion bezeichnet man als *Partialbruchzerlegung.*

Die Existenz und Eindeutigkeit einer solchen Zerlegung läßt sich allgemein beweisen. Wir wollen auf diesen allgemeinen Beweis verzichten und nur das Problem diskutieren, wie man eine derartige Zerlegung vornimmt, wie man also die Zahlen A_i, B_i, C_i usw. bestimmt. Hierzu wendet man das folgende Verfahren an: Man schreibt eine Gleichung an, bei der auf der linken Seite die gegebene gebrochene Funktion steht und auf der rechten Seite die einzelnen Partialbrüche gemäß dem obigen Satz mit unbestimmt gelassenen Zahlen A_i, B_i, C_i. Anschließend bringt man die Gleichung auf gleichen Nenner, läßt diesen dann weg und bestimmt die gesuchten Zahlen aus der Bedingung, daß die Koeffizienten von x, x^2 usw. sowie die absoluten Glieder auf beiden Seiten der Gleichung jeweils einander gleich sein müssen.

Als erstes Beispiel erläutern wir die Partialbruchzerlegung der Funktion

$$\frac{2x}{x^2 - 1}. \tag{206}$$

Der Nenner besitzt zwei Nullstellen, nämlich $x = 1$ und $x = -1$. Gemäß Gl. (203) setzen wir

$$\frac{2x}{x^2 - 1} = \frac{A_1}{x - 1} + \frac{A_2}{x + 1}. \tag{207}$$

Indem wir die Gleichungen auf den gemeinsamen Nenner $x^2 - 1$ bringen und diesen dann fortlassen, erhalten wir

$$2x = A_1(x + 1) + A_2(x - 1).$$

Wenn wir rechts nach Potenzen von x ordnen, ergibt sich daraus

$$2x = x(A_1 + A_2) + A_1 - A_2.$$

Durch Koeffizientenvergleich erhält man die Gleichungen

$$A_1 + A_2 = 2$$
$$A_1 - A_2 = 0,$$

aus denen dann für die Unbekannten A_1 und A_2 folgt

$$A_1 = 1 \quad \text{und} \quad A_2 = 1. \tag{208}$$

Die gesuchte Partialbruchzerlegung lautet somit

$$\frac{2x}{x^2 - 1} = \frac{1}{x - 1} + \frac{1}{x + 1}. \tag{209}$$

Im zweiten Beispiel wollen wir die Funktion

$$\frac{x}{x^4 - 2x^3 + 2x^2 - 2x + 1} \tag{210}$$

in Partialbrüche zerlegen. Der Nenner hat die Nullstellen i, $-i$ sowie die zweifache Nullstelle 1. Gemäß den Ausführungen des obigen Satzes müssen wir daher ansetzen

$$\frac{x}{x^4 - 2x^3 + 2x^2 - 2x + 1} = \frac{A_{11}}{x - 1} + \frac{A_{12}}{(x - 1)^2} + \frac{Bx + C}{(x^2 + 1)}. \tag{211}$$

Indem wir die Gleichung auf den gemeinsamen Nenner $(x - 1)^2(x^2 + 1)$ bringen, diesen weglassen und auf der rechten Seite jeweils Glieder mit gleichen Potenzen von x zusammenfassen, erhalten wir

$$x = x^3(A_{11} + B) + x^2(A_{12} - A_{11} - 2B + C) + x(A_{11} + B - 2C) - A_{11} + A_{12} + C. \tag{212}$$

Durch Vergleich der Koeffizienten vor x^3, x^2, x und x^0 erhalten wir die Bedingungen

$$\begin{aligned} A_{11} \quad\quad\; + B \quad\quad\quad &= 0 \\ -A_{11} + A_{12} - 2B + C &= 0 \\ A_{11} \quad\quad\; + B - 2C &= 1 \\ -A_{11} + A_{12} \quad\quad\; + C &= 0, \end{aligned} \tag{213}$$

woraus sich ergibt

$$A_{11} = B = 0, \quad A_{12} = \tfrac{1}{2} \quad \text{und} \quad C = -\tfrac{1}{2}. \tag{214}$$

Die Partialbruchzerlegung lautet daher

$$\frac{x}{x^4 - 2x^3 + 2x^2 - 2x + 1} = \frac{1}{2(x - 1)^2} - \frac{1}{2(x^2 + 1)}. \tag{215}$$

Wir müssen nun noch auf die Integration der auftretenden Partialbrüche eingehen. In Gl. (203) und Gl. (204) treten Brüche vom Typ $\frac{A}{(x - \alpha)^k}$ auf. Diese lassen sich durch eine Substitution $z = x - \alpha$ leicht berechnen. Es ergibt sich

$$\int \frac{A\,dx}{(x - \alpha)^k} = \frac{A}{(1 - k)(x - \alpha)^{k-1}} \quad \text{für} \quad k > 1 \tag{216}$$

und, für $k = 1$,

$$\int \frac{A\,dx}{x - \alpha} = A \ln|x - \alpha|. \tag{217}$$

In Gl. (205) treten Brüche des Typs $\frac{Bx + C}{[(x - \alpha)^2 - \beta^2]^k}$ auf. Diese kann man durch quadratische Ergänzung, Substitution und partielle Integration ebenfalls berechnen. Durch die Substitution $z = (x - \alpha)/\beta$ geht das Integral über in

$$\int \frac{Bx + C}{[(x-\alpha)^2 + \beta^2]^k} dx = \int \frac{B\beta z + B\alpha + C}{[\beta^2 z^2 + \beta^2]^k} \cdot \beta\, dz =$$
$$= \frac{B}{\beta^{2k-2}} \int \frac{z\,dz}{(z^2+1)^k} + \frac{1}{\beta^{2k-1}} \int \frac{B\alpha + C}{(z^2+1)^k} \, . \, dz.$$

Das erste der beiden Integrale auf der rechten Seite berechnet man unmittelbar mit Hilfe der Substitution $y = z^2 + 1$:

$$\int \frac{z\,dz}{(z^2+1)^k} = \int \frac{z}{y^k} \cdot \frac{dy}{2z} = \frac{1}{2} \int \frac{dy}{y^k} = \begin{cases} \ln|z^2+1| & \text{für} \quad k = 1 \\ \dfrac{(z^2+1)^{k+1}}{k+1} & \text{für} \quad k \neq 1 . \end{cases}$$

Beim zweiten Integral führt die Substitution $z = \operatorname{tg} t$ zu

$$\int \frac{B\alpha + C}{(z^2+1)^k} dz = \int \frac{B\alpha + C}{(\operatorname{tg}^2 t + 1)^k} \frac{dt}{\cos^2 t} = \int \frac{(B\alpha + C)\,dt}{(\operatorname{tg}^2 t \cos^2 t + \cos^2 t)^k \cos^{2-2k} t} =$$
$$= (B\alpha + C) \int \cos^{2k-2} t \, dt .$$

Das zuletzt erhaltene Integral kann man durch Rekursion entsprechend Gl. (201) bestimmen bzw. in Tabellen nachschlagen. In ausführlicheren Tabellen sind auch unmittelbar die Integrale über die Ausdrücke in Gl. (205) nachzuschlagen, so daß man sich die oben angeführten umständlichen Umformungen ersparen kann.

Von Interesse ist auch noch der Fall einer gebrochenen rationalen Funktion, wie sie in Gl. (202) angegeben wurde, im Falle daß $n > m$ ist. Eine solche Funktion kann man durch eine Division der Polynome nach den Regeln, die aus der elementaren Mathematik bekannt sind (s. Gl. V, 21), in eine Summe aus einer ganzen rationalen Funktion und einer gebrochenen rationalen Funktion zerlegen, bei der der Nenner einen geringeren Grad hat als der Zähler. Diese kann man dann getrennt integrieren.

Wir erhalten z. B. für die rationale Funktion

$$\frac{x^3 + x^2 + x - 1}{x^2 - 1} \tag{218}$$

mit Hilfe des in Gl. (V, 21) angegebenen Verfahrens

$$\begin{array}{l} (x^3 + x^2 + x - 1) : (x^2 - 1) = x + 1 . \\ \underline{x^3 - x} \\ \quad x^2 + 2x \\ \quad \underline{x^2 - 1} \\ \quad\quad 2x + 1 - 1 \end{array} \tag{219}$$

Die Division ergibt also $x + 1$ mit dem Rest $2x$, so daß wir schreiben können

$$\frac{x^3 + x^2 + x - 1}{x^2 - 1} = x + 1 + \frac{2x}{x^2 - 1} . \tag{220}$$

h) Definition von Funktionen durch Integrale

Es gibt eine beträchtliche Anzahl von Funktionen, deren Integrale nicht durch irgendwelche bekannten analytisch gegebenen Funktionen ausgedrückt werden können. So ist es z. B. nicht gelungen, eine Funktion zu finden, die das Integral

$$\int_1^x \frac{e^u}{u}\, du \tag{221}$$

ausdrückt. Man konnte vielmehr die prinzipielle Unmöglichkeit des Auffindens einer derartigen Funktion beweisen. Dennoch ordnet dieses Integral jedem x-Wert eine genau bestimmte Zahl zu. Man kann daher sagen, daß es eine neue, vorher unbekannte Funktion definiert.

Es gibt noch zahlreiche weitere Funktionen, die durch Integrale definiert sind. Diese Funktionen spielen in der Physik und Chemie zum Teil eine wesentliche Rolle. Ein Beispiel hierfür stellt die in Gl. (XVII, 52) angegebene Gaußsche Fehlerfunktion dar.

5. Uneigentliche Integrale

Bei den bisherigen Betrachtungen haben wir vorausgesetzt, daß die zu integrierende Funktion innerhalb der Integrationsgrenzen keine Unendlichkeitsstellen aufweist und daß auch der Integrationsbereich endlich ist. Wir wollen nun untersuchen, inwieweit man eine Integration sinnvoll definieren kann, wenn man diese Voraussetzungen fallen läßt.

Wir betrachten als erstes eine Funktion $f(x)$, die an der Stelle $x = \gamma$ unendlich wird (s. Abb. 13). Man kann dann die Funktion nicht bis zu dieser Stelle integrieren,

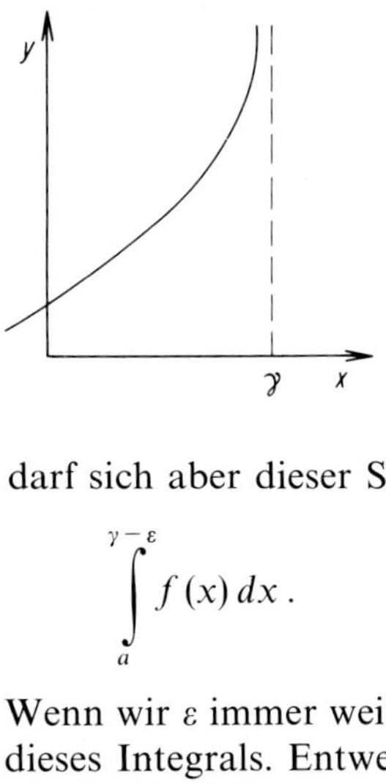

Abb. 13. Zur Definition des uneigentlichen Integrals.

darf sich aber dieser Stelle beliebig nähern. Untersuchen wir nun das Integral

$$\int_a^{\gamma-\varepsilon} f(x)\, dx\,. \tag{222}$$

Wenn wir ε immer weiter verkleinern, gibt es zwei Möglichkeiten für das Verhalten dieses Integrals. Entweder wird dessen Wert immer größer und wächst schließlich wie der Funktionswert über alle Grenzen; man sagt dann, daß das Integral *divergiert*. Oder der Wert des Integrals bleibt endlich. Man sagt dann, daß das Integral *konvergiert*. In diesem Fall definiert man das zunächst nicht existierende Integral $\int_a^x f(x)\, dx$ durch diesen Grenzwert. Es gilt also: *Wird $f(x)$ an der Stelle $x = \gamma$ unendlich und existiert der Grenzwert* $\lim\limits_{\varepsilon \to 0} \int_a^{\gamma-\varepsilon} f(x)\, dx$, *so setzt man*

$$\int_a^\gamma f(x)\,dx = \lim_{\varepsilon\to 0} \int_a^{\gamma-\varepsilon} f(x)\,dx \tag{223}$$

und nennt $\int_a^\gamma f(x)\,dx$ *ein konvergentes uneigentliches Integral.* Man sagt auch einfach, daß dieses Integral existiert. In analoger Weise kann man ein uneigentliches Integral für den Fall, daß die untere Grenze eine Unendlichkeitsstelle ist, definieren:

$$\int_\gamma^b f(x)\,dx = \lim_{\varepsilon\to 0} \int_{\gamma+\varepsilon}^b f(x)\,dx\,. \tag{224}$$

Daß das Integral $\int_a^{\gamma-\varepsilon} f(x)\,dx$ mit immer weiterer Annäherung an eine Unendlichkeitsstelle endlich bleiben kann, mag vielleicht zunächst verwunderlich erscheinen. Man kann dies damit erklären, daß der Bereich, innerhalb dessen $f(x)$ anwächst, genügend schmal ist. Bei der Unterteilung der Fläche unter der Kurve in Rechtecke heißt das, daß zwar die Höhe der Rechtecke unendlich wird, die Breite aber dafür hinreichend rasch gegen Null geht.

Wir betrachten als Beispiel das Integral

$$\int_a^1 \frac{1}{\sqrt{x}}\,dx\,. \tag{225}$$

Wenn a gegen Null geht, so wird die Funktion $1/\sqrt{x}$ unendlich. Auf Grund der ursprünglich gegebenen Definition dürfen wir also die untere Grenze nicht auf Null absinken lassen. Nun bilden wir den Grenzwert

$$\lim_{\varepsilon\to 0} \int_\varepsilon^1 \frac{1}{\sqrt{x}}\,dx = \lim_{\varepsilon\to 0} 2\sqrt{x}\,\Big|_\varepsilon^1 = \lim_{\varepsilon\to 0} [2 - 2\sqrt{\varepsilon}] = 2\,. \tag{226}$$

Wir können also auf Grund der eben getroffenen Erweiterung des Integralbegriffs sagen, daß das Integral $\int_0^1 \frac{dx}{\sqrt{x}}$ existiert und gleich 2 ist.

Wenn wir dagegen das Integral

$$\int_a^1 \frac{1}{x^2}\,dx \tag{227}$$

betrachten, so stellen wir fest, daß

$$\lim_{\varepsilon\to 0} \int_\varepsilon^1 \frac{1}{x^2}\,dx = \lim_{\varepsilon\to 0} -\frac{1}{x}\Big|_\varepsilon^1 = \lim_{\varepsilon\to 0}\left[-1 + \frac{1}{\varepsilon}\right] \tag{228}$$

ist, so daß das Integral $\int_0^1 \frac{dx}{x^2}$ nicht existiert.

Allgemein gilt, wie sich leicht zeigen läßt, daß das Integral

$$\int_0^1 \frac{1}{x^\alpha}\,dx \tag{229}$$

für $\alpha < 1$ existiert, für $\alpha \geqq 1$ dagegen nicht existiert.

Als nächstes wollen wir nun den Integrationsbereich bis in das Unendliche erstrecken. Man definiert: *Existiert der Grenzwert* $\lim\limits_{b\to\infty}\int_a^b f(x)\,dx$, *so schreibt man*

$$\int_a^\infty f(x)\,dx = \lim_{b\to\infty}\int_a^b f(x)\,dx \tag{230}$$

und nennt $\int_a^\infty f(x)\,dx$ *das bis in das Unendliche erstreckte uneigentliche Integral der Funktion* $f(x)$. Der angeführte Grenzwert existiert, wenn sich das Integral $\int_b^\infty f(x)\,dx$ beliebig verkleinern läßt, wenn es also zu jedem noch so kleinen ε eine Größe B gibt, so daß gilt

$$\left|\int_b^\infty f(x)\,dx\right| < \varepsilon\,, \tag{231}$$

wenn nur

$$b > B \tag{232}$$

ist. In entsprechender Weise definiert man auch ein uneigentliches Integral, wenn die untere Grenze minus unendlich wird.

Wir betrachten hierzu wieder ein Beispiel, und zwar das Integral

$$\int_0^\infty e^{-x}\,dx\,. \tag{233}$$

Es gilt

$$\int_0^A e^{-x}\,dx = -e^{-x}\Big|_0^A = -e^{-A} + e^0 = 1 - e^{-A}\,. \tag{234}$$

Daher wird

$$\lim_{A\to\infty}\int_0^A e^{-x}\,dx = 1 \tag{235}$$

und wir können schreiben

$$\int_0^\infty e^{-x}\,dx = 1\,. \tag{236}$$

6. Anwendungen des Integrierens

a) Flächenberechnungen

Wir stellen uns nun die Aufgabe, die Fläche zu berechnen, die zwischen einer durch die Gleichung $y = f(x)$ gegebenen Kurve und der Abszisse des Koordinatensystems liegt und die sich von $x = a$ bis $x = b$ erstreckt. Wenn die Kurve ausschließlich oberhalb der x-Achse verläuft, ist der gesuchte Flächeninhalt definitionsgemäß durch $\int_a^b f(x)\,dx$ gegeben. Bei einer Kurve, die zum Teil auch unterhalb dieser Achse liegt, stellt dieses Integral aber nur Flächendifferenzen dar, da die Flächenanteile unterhalb der x-Achse negativ werden. Um auch im allgemeinen Fall den richtigen Flächeninhalt zu erhalten, muß man daher wie folgt vorgehen: Man zerlegt den Integrationsbereich in Teilbereiche, in denen die Kurve entweder ausschließlich über oder ausschließlich unter der Abszisse liegt. Anschließend versieht man die Integrale über die unterhalb der Abszisse liegenden Kurventeile mit einem negativen Vorzeichen und addiert sodann sämtliche Integrale. Die so erhaltene Summe stellt die gesamte Fläche dar.

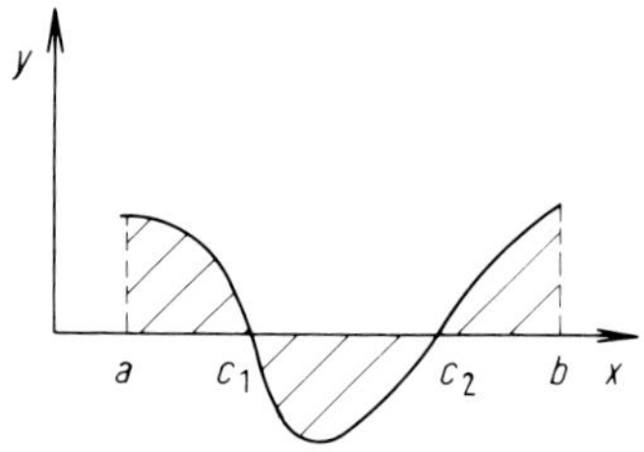

Abb. 14. Berechnung der Fläche zwischen einer Kurve und der x-Achse.

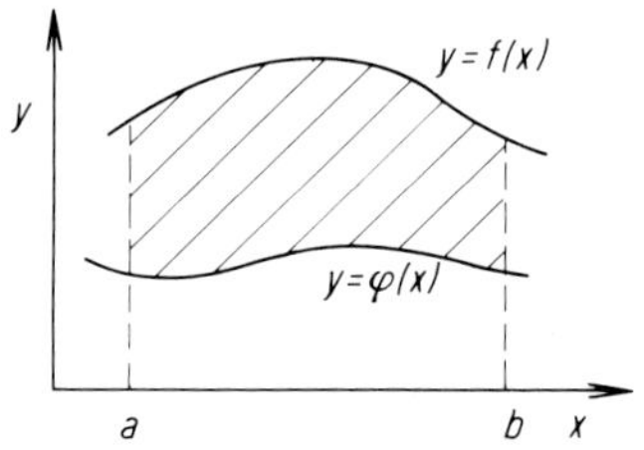

Abb. 15. Berechnung der Fläche zwischen zwei Kurven.

Wenn z. B. die Funktion $y = f(x)$ die in Abb. 14 angegebene Kurve mit Nullstellen bei c_1 und c_2 darstellt, so ist der Inhalt der gesuchten Fläche, die in der Abbildung schraffiert wurde, gegeben durch

$$F = \int_a^{c_1} f(x)\,dx - \int_{c_1}^{c_2} f(x)\,dx + \int_{c_2}^{b} f(x)\,dx\,. \tag{237}$$

Des weiteren wollen wir noch nach dem Inhalt eines Flächenstückes fragen, das durch zwei verschiedene sich nicht schneidende Kurven begrenzt ist. Die Gleichung der oberen Kurve möge $y = f(x)$ lauten, die der unteren Kurve $y = \varphi(x)$ (s. Abb. 15).

Der gesuchte Flächeninhalt ist dann durch die Differenz der Inhalte der Flächen unter den einzelnen Kurven gegeben, also durch

$$F = \int_a^b f(x)\,dx - \int_a^b \varphi(x)\,dx = \int_a^b [f(x) - \varphi(x)]\,dx\,. \tag{238}$$

Diese Formel gilt auch für den Fall, daß die Kurven $f(x)$ und $\varphi(x)$ teilweise oder ganz unterhalb der x-Achse liegen.

b) Berechnung der Arbeit

Wir betrachten einen Körper, der mit einer konstanten Kraft $k = k_0$ längs eines Weges x_0 bewegt wird. Nach den Gesetzen der Physik leistet man dabei die Arbeit A:

$$A = k_0 x_0 \,. \tag{239}$$

Trägt man die Kraft als Funktion des Weges graphisch auf, so erhält man, da die Kraft konstant ist, eine Parallele zur Abszisse (s. Abb. 16).

Die Arbeit ist in diesem Kraft-Weg-Diagramm offensichtlich durch die Fläche zwischen der Kraftkurve und der Abszisse gegeben.

Ist die Kraft nicht konstant, sondern hängt sie vom zurückgelegten Weg ab,

$$k = k(x)\,, \tag{240}$$

so erhält man bei der graphischen Darstellung keine Parallele, sondern irgend eine

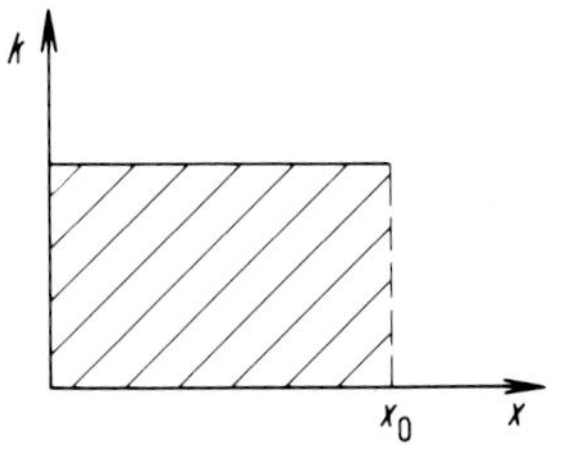

Abb. 16. Graphische Darstellung einer konstanten Kraft.

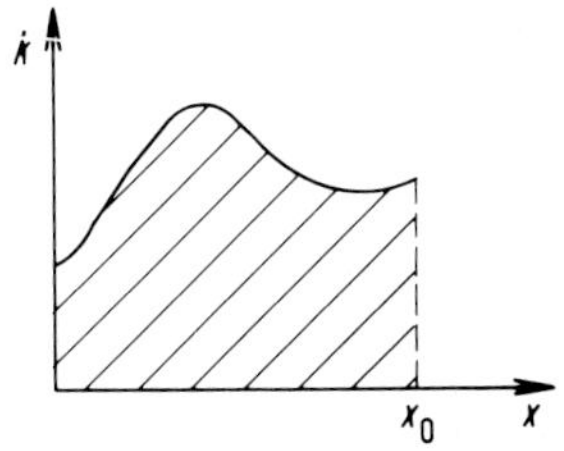

Abb. 17. Graphische Darstellung einer vom Weg abhängigen Kraft.

andere Kurve (s. Abb. 17). Die Arbeit, die beim Zurücklegen des Weges x_0 geleistet wird, läßt sich dann nicht mit Hilfe der Gl. (239) berechnen. Man muß vielmehr den Weg in n gleich große Wegstrecken Δx unterteilen, in denen die Kraft annähernd konstant ist, dann für jede dieser Wegstrecken die Arbeit

$$\Delta A_i = k(x_i)\,\Delta x \tag{241}$$

ausrechnen und anschließend über alle Wegstrecken summieren

$$\sum_{i=1}^{n} \Delta A_i = \sum_{i=1}^{n} k(x_i)\,\Delta x \,. \tag{242}$$

Wenn man dann noch zum Grenzwert $n \to \infty$ übergeht, so erhält man den exakten Wert für die Arbeit. Der Grenzwert der angegebenen Summe stellt aber das bestimmte Integral $\int_0^{x_0} k(x)\,dx$ dar, so daß wir schreiben können

$$A = \int_0^{x_0} k(x)\,dx \,. \tag{243}$$

Die Arbeit ist also durch das bestimmte Integral der Kraft über den Weg gegeben. Bei einer konstanten Kraft ist $k(x) = k_0$, und man erhält

$$\int_0^{x_0} k_0\,dx = k_0 x\Big|_0^{x_0} = k_0 x \tag{244}$$

in Übereinstimmung mit Gl. (239).

Betrachten wir als Beispiel eine Feder. Wenn man diese Feder um ein Stück x von der Gleichgewichtslage kommend dehnt, so muß hierzu eine Kraft k aufgewendet werden, die der Dehnung proportional ist,

$$k = Dx. \tag{245}$$

D ist eine Konstante, die von der Natur der Feder abhängt. Wenn man nun die Feder bis auf die Strecke $x = x_0$ dehnt, so wird auf Grund von Gl. (237) die Arbeit

$$A = \int_0^{x_0} Dx\,dx = \frac{Dx^2}{2}\Big|_0^{x_0} = \frac{Dx_0^2}{2} \tag{246}$$

geleistet. Die Arbeit nimmt also mit dem Quadrat der Entfernung aus der Gleichgewichtslage zu.

Von besonderem Interesse ist die Berechnung der Arbeit, die ein Gas bei der Ausdehung verrichtet. Betrachten wir einen Behälter, an den ein Kolben mit einem beweglichen Stempel S der Fläche F angeschlossen ist (s. Abb. 18). Das Gas möge den Druck p ausüben. Auf den Stempel wirkt dann eine Kraft

$$k = p \cdot F. \tag{247}$$

Wenn nun der Stempel um ein kleines Stück Δx bewegt wird, indem man z. B. die Kraft, die den Stempel festhält, etwas kleiner als k macht, so wird von dem Gas eine Arbeit

$$\Delta A = k \cdot \Delta x = p \cdot F \cdot \Delta x = p \cdot \Delta V \tag{248}$$

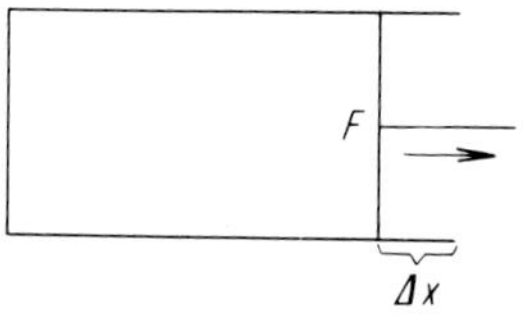

Abb. 18. Zur Berechnung der Arbeit bei der Expansion eines Gases.

geleistet. Dabei wurde berücksichtigt, daß $F \cdot \Delta x$ die Änderung des Volumens darstellt, die mit ΔV bezeichnet wurde. Bewegt sich der Stempel um ein größeres Stück, ist die betrachtete Volumenänderung also nicht mehr sehr klein im Vergleich zum Gesamtvolumen, so muß man berücksichtigen, daß sich der Druck während der Volumenvergrößerung ändert. Die Abhängigkeit des Druckes vom Volumen sei durch die Funktion $p = p(V)$ gegeben. Zur Berechnung der Arbeit muß man dann analog zu Gl. (242) die Summe $\sum_{i=1}^{n} p(V_i)\,\Delta V$ bilden und anschließend zum Grenzwert $n \to \infty$ bzw. $\Delta V \to 0$ übergehen. Man erhält so

$$A = \int_{V_1}^{V_2} p(V)\,dV. \tag{249}$$

Als Beispiel berechnen wir die Arbeit, die ein ideales Gas bei der Ausdehnung von einem Volumen V_1 auf V_2 leistet. Gl. (VII,5) zufolge gilt $p = nRT/V$. Mit Hilfe von Gl. (249) folgt daher

$$A = \int_{V_1}^{V_2} \frac{nRT}{V} dV = nRT \int_{V_1}^{V_2} \frac{1}{V} dV = nRT \ln V \Big|_{V_1}^{V_2} = nRT [\ln V_2 - \ln V_1] = nRT \ln \frac{V_2}{V_1}. \quad (250)$$

c) Angenäherte Berechnung von Summen durch Integration

Gl. (115) zufolge ist das bestimmte Integral als Grenzwert einer Summe definiert. Die Summe allein ohne Grenzübergang gibt das Integral nur näherungsweise wieder, und zwar in desto besserer Näherung, je größer die Anzahl der Intervalle n ist. Wir können also schreiben

$$\int_a^b f(x)\, dx \approx \sum_{i=1}^{n} f(x_i)\, \Delta x. \quad (251)$$

Ersetzt man gemäß Gl. (113) x_i durch $a + i\,\Delta x$, so erhält man daraus nach einer einfachen Umformung

$$\sum_{i=1}^{n} f(a + i\,\Delta x) \approx \frac{1}{\Delta x} \int_a^b f(x)\, dx \quad (252)$$

mit

$$b = a + n\,\Delta x.$$

Gl. (252) kann man dazu benützen, eine Summe näherungsweise durch ein bestimmtes Integral zu berechnen.

Als Beispiel betrachten wir den Ausdruck $\ln N!$. Es gilt

$$\ln N! = \ln(1 \cdot 2 \cdot \ldots \cdot N) = \ln 1 + \ln 2 + \cdots + \ln N = \ln 1 + \sum_{i=1}^{N-1} \ln(1 + i).$$

Die auftretende Summe ganz rechts ist mit derjenigen auf der linken Seite von Gl. (252) identisch, wenn man $f(x) = \ln x$, $a = 1$, $\Delta x = 1$ und $n = N - 1$ setzt. Außerdem gilt $\ln 1 = 0$. Mit Hilfe von Gl. (252) erhalten wir daher

$$\ln N! = \sum_{i=1}^{N-1} \ln(1 + i) \approx \frac{1}{1} \int_1^N \ln x\, dx = x \ln x - x \Big|_1^N = N \ln N - N + 1 \approx N \ln N - N.$$

Dabei wurde berücksichtigt, daß $\ln x$ die Stammfunktion $x \ln x - x$ besitzt, was man leicht dadurch beweisen kann, daß man $x \ln x - x$ ableitet. Wir können also schreiben

$$\ln N! \approx N \ln N - N, \quad (253)$$

oder wenn man die rechte und linke Seite als Exponent auffaßt,

$$e^{\ln N!} \approx e^{N \ln N - N} \quad (254)$$

und damit

$$N! \approx N^N e^{-N}. \quad (255)$$

Man bezeichnet Gl. (253) bzw. (255) als die *Stirling'sche Formel.* Mit Hilfe anderer Verfahren läßt sich zeigen, daß in besserer Näherung gilt

$$N! = \sqrt{2\pi N}\, N^N e^{-N}. \tag{256}$$

7. Stieltjessches Integral und Lebesguesches Integral*)

Das durch Gl. (115) definierte Integral wird auch als *Riemannsches Integral* bezeichnet. Man hat nun den Begriff der Integration noch erweitert und kommt so zu einigen anderen Integralen, die das Riemannsche Integral jeweils als Sonderfall enthalten.

Wir erwähnen als erstes das *Stieltjessche Integral.* $f(x)$ und $g(x)$ seien zwei Funktionen, die für alle Punkte eines Intervalls $[a, b]$ nur endliche Werte annehmen. Das Stieltjessche Integral wird dann mit $\int_a^b f(x)\, dg(x)$ bezeichnet und ist definiert durch

$$\int_a^b f(x)\, dg(x) = \lim_{n\to\infty} \sum_{i=1}^{n} f(x_i)[g(x_i) - g(x_{i-1})]. \tag{257}$$

x_i sind dabei die Punkte auf der x-Achse, die durch Unterteilung des Intervalls $[a,b]$ in n Teile erhalten werden. Man erkennt unmittelbar durch einen Vergleich mit Gl. (115), daß das Stieltjessche Integral in das Riemannsche-Integral übergeht, wenn man $g(x) = x$ setzt.

Mit Hilfe des Stieltjesschen Integrals kann man unter anderem den Begriff der Dichte in Formeln mit Integralen umgehen. Ist $\rho(x)$ die Dichte der Masse längs der x-Achse im Intervall $[a,b]$, so ist die Lage des Schwerpunktes x_s gegeben durch

$$x_s = \frac{\int_a^b x\rho(x)\, dx}{\int_a^b \rho(x)\, dx}. \tag{258a}$$

Wir führen nun eine Funktion $g(x)$ ein, die die gesamte Masse angibt, die auf der x-Achse im Bereich von $x = a$ bis $x = x$ liegt. Für diese Funktion gilt

$$g(x) = \int_a^x \rho(x)\, dx. \tag{258b}$$

Mit Hilfe des Stieltjesschen Integrals und der Funktion $g(x)$ kann man nun für die Lage des Schwerpunktes schreiben

$$x_s = \frac{1}{g(b)} \int_a^b x\, dg(x).$$

Man erkennt unmittelbar, daß die erhaltene Beziehung in Gl. (258a) übergeht, wenn man berücksichtigt, daß aufgrund von Gl. (258b) $dg(x) = \rho(x)\, dx$ ist. In ähnlicher Weise kann man auch in der Wahrscheinlichkeitsrechnung den Erwartungswert

*) Dieser Abschnitt kann von weniger interessierten Lesern überschlagen werden.

einer Größe durch ein Stieltjessches Integral unter Verwendung der Verteilungsfunktion berechnen anstelle des durch Gl. (XVII, 102) gegebenen Riemannschen Integrals über die Wahrscheinlichkeitsdichte.

Des weiteren nennen wir noch das *Lebesguesche Integral.* Bei diesem ist im Unterschied zum Riemannschen Integral das Integrationsgebiet nicht ein Intervall auf der x-Achse, sondern eine Punktmenge ζ. Jedem Punkt P dieser Menge ist ein Funktionswert $f(P)$ zugeordnet. Den Teilintervallen auf der x-Achse entsprechen jetzt Teilmengen $\zeta_1, \zeta_2, \zeta_3, \ldots, \zeta_n$ aus ζ. Jeder dieser Teilmengen ζ_i ist außerdem noch ein Zahlenwert $G(\zeta_i)$ zugeordnet. Das *Lebesgue-Stieltjessche Integral* wird nun mit $\int_\zeta f(P)G(d\zeta)$ bezeichnet und ist definiert durch

$$\int_\zeta f(P)\,G(d\zeta) = \lim_{n\to\infty} \sum_{i=1}^{n} f(P_i)G(\zeta_i)\,. \tag{259}$$

P_i ist dabei jeweils ein Punkt der Menge ζ_i. Wenn G in bestimmter Weise definiert ist, so daß es jeweils den „Flächeninhalt“ der entsprechenden Punktmenge angibt, so spricht man einfach von einem *Lebesgueschen Integral.*

Wenn ζ die Menge der Punkte der x-Achse im Intervall $[a,b]$ angibt und $G(\zeta_i)$ die Länge des i-ten Intervalls, so geht das Lebesgue-Stieltjessche Integral in das Riemannsche Integral über. Es hat aber im übrigen eine allgemeinere Bedeutung. So kann es z. B. als anderen Sonderfall in eine Summe übergehen. Wenn nämlich die Menge ζ aus n diskreten Punkten $P_1, P_2, \ldots, P_n$ besteht und $G(P_i) = 1$ ist, so gilt

$$\int_\zeta f(P)\,G(d\zeta) = \sum_{i=1}^{n} f(P_i)\,.$$

Da die Lebesgue-Stieltjesschen Integrale als Sonderfall sowohl das Riemannsche Integral als auch eine Summe umfaßt, wird es unter anderem bei der Entwicklung von Funktionen nach orthonormierten Funktionensystemen angewendet. Bei diskreten Eigenwerten treten dort Summen, bei kontinuierlichen Eigenwerten Integrale auf (s. Abschn. XIV, E). Mit Hilfe des Lebesgue-Stieltjesschen Integrals kann man die auftretenden Formeln einheitlich anschreiben.

Wegen weiterer Einzelheiten sei auf das Lehrbuch von Smirnow, Band V, verwiesen.

Fragen und Aufgaben

1. Wie ist das bestimmte Integral *a*) anschaulich und b) analytisch als Grenzwert einer Summe definiert?
2. Was versteht man unter einer Stammfunktion?
3. Wie wird das bestimmte Integral mit Hilfe der Stammfunktion berechnet?
4. Was versteht man unter dem unbestimmten Integral?
5. Warum nennt man die Gesamtheit der Stammfunktionen einer gegebenen Funktion $f(x)$ das unbestimmte Integral von $f(x)$?
6. Inwieweit stellen Integration und Differentiation entgegengesetzte mathematische Operationen dar?
7. Was sind uneigentliche Integrale?
8. Auf welche Art kann man den Integranden eines Integrals umformen?
9. Bei welcher Form des Integranden versucht man, die Integration mit Hilfe einer Substitution durchzuführen, bei welcher mit Hilfe einer partiellen Integration?
10. Was ist eine Rekursionsformel?
11. Wie integriert man die Summe zweier Funktionen, wie das Produkt?

12. Kann man zu jeder gebrochenen rationalen Funktion das Integral in mathematisch geschlossener Weise angeben?
13. Unter welchen Voraussetzungen ist eine Funktion mit Sicherheit integrierbar? Läßt sich das Integral einer integrierbaren Funktion immer durch bereits bekannte Funktionen ausdrücken?
14. Wie lautet der erste Mittelwertsatz der Integralrechnung? Wie kann man ihn anschaulich deuten?
15. Welches Vorzeichen erhält man für den mit Hilfe des bestimmten Integrals berechneten Flächeninhalt zwischen einer Kurve und der x-Achse?
16. Warum kann man Summationen näherungsweise durch Integrationen ersetzen? Unter welchen Bedingungen wird die Näherung schlecht?
17. Berechne das bestimmte Integral $\int_a^b x^2\,dx$ mit Hilfe der Summenformel. Beachte bei der Rechnung, daß $\sum_{i=1}^{n} i = \frac{n(n+1)}{2}$ und $\sum_{i=1}^{n} i^2 = \frac{n(n+1)(2n+1)}{6}$ ist.
18. Berechne die folgenden Integrale:

a) $\int_1^2 \frac{dx}{\sqrt[3]{x^2}}$, b) $\int x^a\,dx$, c) $\int_0^2 (a+x)^3\,dx$, d) $\int \frac{x^3+5x^2-4}{x^2}\,dx$,

e) $\int \frac{x^2+x+1}{x+1}\,dx$, f) $\int \frac{dx}{(x-1)(x+2)}$, g) $\int x^2 \sin 2x\,dx$, h) $\int_0^\pi \cos 2x\,dx$,

i) $\int \frac{dx}{x^2+10x+30}$, j) $\int x \sinh x\,dx$.

19. Nenne aus dem Gedächtnis die Stammfunktionen der folgenden Funktionen: x^n, e^x, $\frac{1}{x}$, $\sin x$, $\cos x$.
20. Wie groß ist die Fläche zwischen den folgenden Kurven und der x-Achse: a) $y = \sin x$ für $-\pi \leqq x \leqq 2\pi$, b) $y = \sqrt{x}$ für $0 \leqq x \leqq 2\pi$?
21. Berechne mit Hilfe des bestimmten Integrals angenähert $\sum_{i=1}^{N} \frac{1}{i}$. Wie groß ist der Fehler bei $N = 5$ und bei $N = 10$?

C. Integration und Differentiation unendlicher Folgen und Reihen von Funktionen

Summen aus endlich vielen Summanden darf man gemäß Gl. (134) bzw. (28) gliedweise integrieren bzw. differenzieren. Man kann also das Summenzeichen mit dem Integralzeichen bzw. dem Differentiationssymbol in der Reihenfolge vertauschen, d. h. es ist

$$\int_a^b \sum_{i=1}^{r} f_i(x)\,dx = \sum_{i=1}^{r} \int_a^b f_i(x)\,dx\,, \tag{260}$$

$$\frac{d}{dx} \sum_{i=1}^{r} f_i(x) = \sum_{i=1}^{r} \frac{d f_i(x)}{dx} \tag{261}$$

Bei unendlichen Reihen ist das nur noch unter bestimmten Voraussetzungen erlaubt.

Betrachten wir als erstes die Integration. Es gilt hier der folgende Satz: *Bei der Integration einer Reihe $\sum_{i=1}^{\infty} f_i(x)$ von $x = a$ bis $x = b$ darf man das Summenzeichen und das Integrationszeichen miteinander vertauschen,*

$$\int_a^b \sum_{i=1}^{\infty} f_i(x)\,dx = \sum_{i=1}^{\infty} \int_a^b f_i(x)\,dx\,, \tag{262}$$

wenn die Reihe im Intervall $[a,b]$ *gleichmäßig konvergiert und die* $f_i(x)$ *in* $[a,b]$ *stetig sind.* Wichtig bei diesem Satz ist, daß nicht nur Konvergenz, sondern *gleichmäßige* Konvergenz vorausgesetzt wird. Das Gleiche gilt auch für das unbestimmte Integral. Zum Beweis führen wir den Reihenrest $R_n(x)$ ein,

$$\sum_{i=1}^{\infty} f_i(x) = \sum_{i=1}^{n} f_i(x) + R_n(x)\,, \tag{263}$$

und beachten, daß es wegen der gleichmäßigen Konvergenz der Reihe zu jedem $\varepsilon > 0$ ein N gibt, das nur von ε, aber nicht von x abhängt, so daß gilt

$$|R_n(x)| < \varepsilon\,, \tag{264}$$

wenn nur

$$n > N$$

ist. Wir können mit Hilfe von Gl. (260) schreiben

$$\int_a^b \sum_{i=1}^{\infty} f_i(x)\,dx = \int_a^b \left[\sum_{i=1}^{n} f_i(x) + R_n(x)\right] dx = \sum_{i=1}^{n} \int_a^b f_i(x)\,dx + \int_a^b R_n(x)\,dx\,. \tag{265}$$

Auf Grund der Gl. (264) gilt

$$\left|\int_a^b R_n(x)\,dx\right| \leqq \varepsilon\,(b-a)\,. \tag{266}$$

Durch eine entsprechende Wahl von n kann man nun ε und damit den Betrag des Integrals in Gl. (266) beliebig verringern. Daher wird in Gl. (265) das Integral über die Summe beliebig genau durch die Summe über die Integrale angenähert, was zu beweisen war. Wesentlich für diesen Beweis ist, daß N unabhängig von x bestimmt werden kann. Ist das nicht möglich, so ist N eine Funktion von x, und es läßt sich keine für alle x gültige Schranke ε für $R_n(x)$ finden.

Als nächstes wollen wir noch die Differentiation besprechen. Es gilt: *Bei der Differentiation einer konvergenten Reihe von Funktionen* $\sum_{i=1}^{\infty} f_i(x)$, *die in einem Intervall* $[a,b]$ *stetige Ableitungen besitzen, darf man die Differentiation und die Summation vertauschen,*

$$\frac{d}{dx} \sum_{i=1}^{\infty} f_i(x) = \sum_{i=1}^{\infty} \frac{df_i(x)}{dx}\,, \tag{267}$$

wenn die Reihe aus den abgeleiteten Funktionen $\sum_{i=1}^{\infty} f_i'(x)$ *in* $[a,b]$ *gleichmäßig konvergiert.* Die Richtigkeit dieser Behauptung wird dadurch bewiesen, daß man bei gleichmäßiger Konvergenz der abgeleiteten Reihe diese gliedweise integrieren darf und dadurch dann die ursprüngliche Reihe erhält.

Entsprechende Sätze gelten auch für eine unendliche *Folge* von Funktionen $f_n(x)$. In gleicher Weise wie bei einer Reihe kann man beweisen: *Sind die Funktionen $f_n(x)$ in $[a,b]$ stetig und konvergieren sie in diesem Intervall gleichmäßig gegen eine Grenzfunktion $f(x)$, so konvergiert die Folge der Integrale $\int_a^b f_n(x)\,dx$ gegen $\int_a^b f(x)\,dx$.* Dies kann man durch die Gleichung

$$\lim_{n\to\infty} \int_a^b f_n(x)\,dx = \int_a^b \lim_{n\to\infty} f_n(x)\,dx \tag{268}$$

zum Ausdruck bringen. Gl. (268) gilt auch bei unbestimmten Integralen. Hinsichtlich der Differentiation kann man sagen: *Bilden die $f_n(x)$ eine konvergente Folge stetig differenzierbarer Funktionen und konvergiert die Folge der abgeleiteten Funktionen $f_n'(x)$ gleichmäßig gegen eine Grenzfunktion, so gilt*

$$\lim_{n\to\infty} \frac{df_n(x)}{dx} = \frac{d}{dx}[\lim_{n\to\infty} f_n(x)] \tag{269}$$

Daß bei der Differentiation für die Vertauschung der Operationen nicht allein gleichmäßige Konvergenz der Folge selbst ausreicht, zeigen wir am Beispiel der Funktionsfolge

$$f_n(x) = \frac{\sin(n^2 x)}{n}. \tag{270}$$

Diese Folge konvergiert bei $n \to \infty$ für alle x-Werte gegen 0, da der Zähler immer kleiner oder gleich 1 ist, der Nenner aber über alle Grenzen wächst. Es gilt daher

$$f(x) = \lim_{n\to\infty} f_n(x) = 0 \tag{271}$$

Damit wird auch

$$f'(x) = 0. \tag{272}$$

Wenn man die einzelnen Folgeglieder differenziert, ergibt sich dagegen

$$f_n'(x) = \frac{n^2\cos(n^2 x)}{n} = n\cos(n^2 x).$$

Die Folge der $f_n'(x)$ konvergiert keineswegs gegen $f'(x) = 0$, sondern strebt mit wachsendem n gegen unendlich.

Fragen und Aufgaben

1. Unter welchen Voraussetzungen darf man eine konvergente unendliche Reihe von Funktionen gliedweise integrieren bzw. gliedweise differenzieren?
2. Gegeben sei eine Folge von Funktionen, $f_n(x)$, die gegen $f(x)$ konvergiert. Unter welchen Voraussetzungen konvergiert die Folge $f_n'(x)$ gegen $f'(x)$ und die Folge $\int f_n(x)\,dx$ gegen $\int f(x)\,dx$?
3. Gl. (VI, 41) zufolge gilt für $|x| < 1$

$$\sum_{n=0}^{\infty} x^n = \frac{1}{1-x}.$$

Berechne unter Anwendung der abgeleiteten Sätze über das gliedweise Differenzieren und Integrieren von unendlichen Reihen $\sum_{n=0}^{\infty} n x^{n-1}$ sowie $\sum_{n=0}^{\infty} \frac{x^{n+1}}{n+1}$.

D. Taylorsche Reihe

1. Aufsuchen der Taylorschen Reihe

Gegeben sei eine Funktion $y = f(x)$, die im Intervall $[a,b]$ stetige Ableitungen beliebig hoher Ordnung haben möge. x_0 sei eine Stelle innerhalb dieses Intervalls. Wenn wir von der Stelle x_0 zu einer anderen $x_0 + h$ fortschreiten, so ändert sich der Funktionswert (s. Abb. 19) von $f(x_0)$ zu $f(x_0 + h)$. Wir stellen uns die Aufgabe,

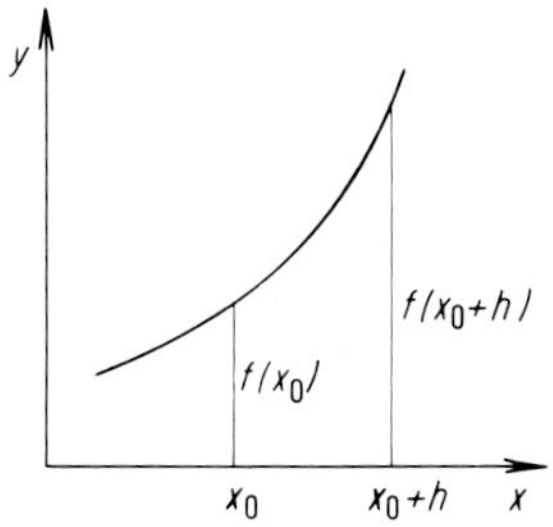

Abb. 19. Zur Berechnung der Änderung von Funktionswerten.

$f(x_0 + h)$ aus $f(x_0)$ und h zu berechnen. Hierzu betrachten wir zunächst Gl. (104). Diese Gleichung besagt, daß eine Änderung des Arguments um Δx näherungsweise eine Änderung des Funktionswertes Δy zur Folge hat, der durch

$$\Delta y \approx f'(x)\,\Delta x \tag{273}$$

gegeben ist. Wenn man im speziellen von x_0 zu $x_0 + h$ fortschreitet, so wird $\Delta x = h$, $\Delta y = f(x_0 + h) - f(x_0)$, und Gl. (273) geht über in

$$f(x_0 + h) \approx f(x_0) + f'(x)\,h \tag{274}$$

Damit wurde bereits eine Näherungsbeziehung zur Berechnung von $f(x_0 + h)$ erhalten.

In Gl. (274) tritt h nur in der ersten Potenz auf. Es ist durchaus denkbar, daß die Näherung verbessert wird, wenn man noch höhere Potenzen von h hinzufügt, die mit geeigneten Faktoren multipliziert werden. Um zu prüfen, ob das der Fall ist, setzen wir für $f(x_0 + h)$ eine unendliche Potenzreihe in h mit zunächst noch unbekannten Koeffizienten a_k an:

$$f(x_0 + h) = \sum_{k=0}^{\infty} a_k h^k. \tag{275}$$

Als erstes fragen wir dann, welchen Bedingungen die a_k genügen müßten, falls $f(x_0 + h)$ tatsächlich einer Potenzreihe in h gleichgesetzt werden könnte. Indem man Gl. (275) einmal, zweimal, ... usw. nach h differenziert, ergibt sich

$$\begin{aligned} f'(x_0 + h) &= \sum_{k=1}^{\infty} k a_k h^{k-1} \\ f''(x_0 + h) &= \sum_{k=2}^{\infty} k(k-1) a_k h^{k-2} \\ &\vdots \end{aligned} \tag{276}$$

Setzt man in den Gln. (275) und (276) h gleich Null, so folgt daraus

$$\begin{aligned} a_0 &= f(x_0) \\ a_1 &= f'(x_0) \\ a_2 &= \frac{1}{2!} f''(x_0) \\ &\vdots \end{aligned} \tag{277}$$

bzw. allgemein für beliebigen Index k

$$a_k = \frac{1}{k!} f^{(k)}(x_0). \tag{278}$$

Damit ist eine Beziehung zur Berechnung der a_k gefunden. Wir wissen aber noch nicht, ob eine Darstellung von $f(x_0 + h)$ durch eine Reihe überhaupt möglich ist, denn die erhaltene Beziehung wurde ja aus sehr speziellen Bedingungen abgeleitet.

Um zu untersuchen, ob die erhaltene Reihe den Funktionswert $f(x_0 + h)$ tatsächlich darstellt, schreibt man

$$f(x_0 + h) = \sum_{k=0}^{n} \frac{h^k}{k!} f^{(k)}(x_0) + R_n \tag{279}$$

d. h. man stellt $f(x_0 + h)$ durch eine entsprechende endliche Summe und ein Restglied R_n dar. Wenn es sich erweist, daß R_n mit wachsendem n gegen Null geht, so ist der Ansatz der Reihe in Gl. (275) gerechtfertigt. Dies muß für jede Funktion einzeln geprüft werden.

Wie in Abschn. 3 gezeigt wird, geht für zahlreiche Funktionen zumindest in einem gewissen Teilgebiet ihres Definitionsbereiches R_n gegen Null. In allen diesen Fällen kann man schreiben

$$f(x_0 + h) = f(x_0) + hf'(x_0) + \frac{h^2}{2!} f''(x_0) + \frac{h^3}{3!} f'''(x_0) + \cdots. \tag{280}$$

Man bezeichnet den auf der rechten Seite der Gleichung stehenden Ausdruck als *Taylorsche Reihe*. Wenn man speziell $x_0 = 0$ setzt und x statt h schreibt, so geht Gl. (280) über in

$$f(x) = f(0) + xf'(0) + \frac{x^2}{2!} f''(0) + \frac{x^3}{3!} f'''(0) + \cdots. \tag{281}$$

Man spricht in diesem Fall von einer *McLaurinschen Reihe*. Das Aufsuchen der entsprechenden Reihen bezeichnet man als *Reihenentwicklung* der Funktion.

Es gilt also: *Ist $f(x)$ eine in $[a,b]$ beliebig oft stetig differenzierbare Funktion und verschwindet das durch Gl. (279) definierte Restglied R_n mit wachsendem n, so kann man für $f(x)$ die durch Gl. (280) gegebene Taylorsche Reihe ansetzen. Umfaßt $[a,b]$ den Nullpunkt, so kann man $f(x)$ gemäß Gl. (281) durch eine Potenzreihe darstellen.*

Von der Möglichkeit, Funktionen durch Reihen darzustellen, wird in der Physik und Chemie häufig Gebrauch gemacht. In vielen Fällen reicht es aus, wenn man zur Berechnung von Funktionswerten nur die ersten zwei oder drei Glieder der Reihe benützt. Vor der Behandlung einiger Beispiele müssen wir noch auf das Restglied R_n eingehen.

2. Ableitung einer Formel zur Abschätzung des Restgliedes *)

Wir leiten nun eine Formel zur Abschätzung des Restgliedes R_n in Gl. (279) ab. Indem wir in dieser Gleichung $h = \xi - x_0$ setzen und berücksichtigen, daß R_n von x_0 abhängt, so daß wir statt R_n besser $R_n(x_0)$ schreiben, erhalten wir

$$f(\xi) = f(x_0) + (\xi - x_0) f'(x_0) + \frac{(\xi - x_0)^2}{2!} f''(x_0) + \cdots + \frac{(\xi - x_0)^n}{n!} f^{(n)}(x_0) + R_n(x_0). \tag{282}$$

Wir differenzieren nun diese Gleichung nach x_0, wobei ξ als fest vorgegeben angesehen wird. Durch Anwendung der Produktregel auf die Ausdrücke $\frac{(\xi - x_0)^i}{i!} f^{(i)}(x_0)$ und Beachtung, daß $f'(\xi) = 0$ ist, ergibt sich dann

$$0 = f'(x_0) - f'(x_0) + (\xi - x_0) f''(x_0) - (\xi - x_0) f''(x_0) + \frac{(\xi - x_0)^2}{2!} f'''(x_0) - \cdots - \frac{(\xi - x_0)^{n-1}}{(n-1)!} f^{(n)}(x_0) + \frac{(\xi - x_0)^n}{n!} f^{(n+1)}(x_0) + R'_n(x_0). \tag{283}$$

Wie man leicht erkennt, heben sich alle Glieder bis auf die letzten beiden weg. Aus Gl. (283) folgt daher

$$R'_n(x_0) = -\frac{(\xi - x_0)^n}{n!} f^{(n+1)}(x_0). \tag{284}$$

Damit haben wir bereits einen Ausdruck für die erste Ableitung von $R_n(x_0)$ gefunden. Wir schreiben nun in Gl. (284) u statt x_0 und integrieren die erhaltene Gleichung auf beiden Seiten in den Grenzen $u = \xi$ bis $u = x_0$. Für die linke Seite ergibt sich dann auf Grund der Gl. (166)

$$\int_{\xi}^{x_0} R'_n(u)\, du = R_n(x_0) - R_n(\xi)$$

$R_n(\xi)$ ist, wie man an Hand von Gl. (282) erkennen kann, gleich Null. Gl. (284) geht daher über in

$$R_n(x_0) = -\frac{1}{n!} \int_{\xi}^{x_0} (\xi - u)^n f^{(n+1)}(u)\, du = \frac{1}{n!} \int_{x_0}^{\xi} (\xi - u)^n f^{(n+1)}(u)\, du.$$

Wir berücksichtigen nun noch, daß $\xi = x_0 + h$ ist, und führen die neue Integrationsvariable t über die Beziehung

$$t = u - x_0$$

ein. Damit erhalten wir

*) Dieser Abschnitt kann von weniger interessierten Lesern überschlagen werden.

$$R_n(x_0) = \frac{1}{n!}\int_0^h (h - t)^n f^{(n+1)}(x_0 + t)\,dt\,. \tag{285}$$

Man bezeichnet diesen Ausdruck als die *integrale Form des Restgliedes.*

Auf eine etwas brauchbarere Form kommt man, wenn man noch den verallgemeinerten ersten Mittelwertsatz der Integralrechnung Gl. (143) anwendet. Indem man den dort auftretenden Ausdruck $p(x)$ mit $(h - t)^n$ identifiziert, erhält man

$$R_n(x_0) = \frac{h^{n+1}}{(n+1)!} f^{(n+1)}(x_0 + \vartheta h) \tag{286}$$

mit

$$0 \leqq \vartheta \leqq 1\,.$$

Man bezeichnet das als die *Lagrangesche Form des Restgliedes.* Es gibt noch weitere Formen, auf die man das Restglied bringen kann, wir wollen aber darauf nicht eingehen.

Mit Hilfe von Gl. (286) geht Gl. (279) in die sogenannte Taylorsche Formel

$$f(x_0 + h) = f(x_0) + hf'(x_0) + \frac{h^2}{2!} f''(x_0) + \cdots + \frac{h^n}{n!} f^{(n)}(x_0) + \frac{h^{n+1}}{(n+1)!} f^{(n+1)}(x_0 + \vartheta h) \tag{287}$$

über.

3. Beispiele für Reihenentwicklungen

Wir wollen als erstes die Exponentialfunktion $y = \mathrm{e}^x$ in eine Reihe um $x_0 = 0$ entwickeln. Es ist $f(0) = 1, f'(0) = 1, f''(0) = 1$, usw. Wir erhalten so mit Hilfe von Gl. (281)

$$\mathrm{e}^x = 1 + \frac{x}{1!} + \frac{x^2}{2!} + \frac{x^3}{3!} + \cdots = \sum_{k=0}^{\infty} \frac{x^k}{k!}\,. \tag{288}$$

Es muß nun noch die Frage geklärt werden, ob das Restglied R_n mit wachsendem n gegen Null geht. Nur dann stellt die erhaltene Reihe die Funktion e^x dar. Setzt man in Gl. (286) $x_0 = 0$ und $h = x$, so ergibt sich

$$R_n(0) = \frac{x^{n+1}}{(n+1)!} f^{(n+1)}(\vartheta x)\,. \tag{289}$$

Ist insbesondere $f(x) = \mathrm{e}^x$, so folgt daraus

$$R_n(0) = \frac{x^{n+1}}{(n+1)!} \mathrm{e}^{\vartheta x}\,. \tag{290}$$

Um zu erkennen, welchem Wert dieser Ausdruck für n gegen unendlich zustrebt, fassen wir einen bestimmten Wert von x ins Auge und führen die Zahl m ein, die der Bedingung $m > |2x|$ genügt, so daß für $n > m$ gilt

$$\frac{|x|}{n} < \frac{1}{2}.$$

Wir können dann schreiben

$$|R_n| = \left| \frac{x^{n+1}}{(n+1)!} \cdot e^{\vartheta x} \right| \leq \frac{|x^{n+1}|}{(n+1)!} e^{|x|} = \frac{|x^m|}{m!} \cdot \frac{|x|}{m+1} \cdot \frac{|x|}{m+2} \cdots \frac{|x|}{n+1} e^{|x|}$$
$$\leq \frac{|x^m|}{m!} \frac{1}{2^{n-m+1}} \cdot e^{|x|} \leq \frac{|x^m|}{m!} e^{|x|} \frac{1}{2^n}. \qquad (291)$$

Die ersten beiden Faktoren in dem am Ende erhaltenen Ausdruck sind unabhängig von n. Ihr Produkt besitzt bei vorgegebenem x einen ganz bestimmten Wert. Der dritte Faktor $\frac{1}{2^n}$ strebt mit wachsendem n gegen Null. Es läßt sich daher zu jedem $\varepsilon > 0$ ein n angeben, so daß der zuletzt erhaltene Ausdruck kleiner als ε wird. So wird aber auch $|R_n|$ kleiner als ε. Wir haben damit gezeigt, daß R_n für alle x gegen Null strebt, und daß somit die Reihe in Gl. (288) die Funktion e^x für alle reellen Werte von x darstellt.

Wenn man nur einige wenige Glieder der Reihe berücksichtigt, so stellt man die Funktion e^x durch diese Glieder nur angenähert dar. Indem man die Reihe nach dem ersten, zweiten, dritten usw. Glied abbricht, erhält man die Funktionen

$$\begin{aligned} \varphi_1(x) &= 1 \\ \varphi_2(x) &= 1 + \frac{x}{1!} \\ \varphi_3(x) &= 1 + \frac{x}{1!} + \frac{x^2}{2!} \\ \varphi_4(x) &= 1 + \frac{x}{1!} + \frac{x^2}{2!} + \frac{x^3}{3!}. \end{aligned} \qquad (292)$$

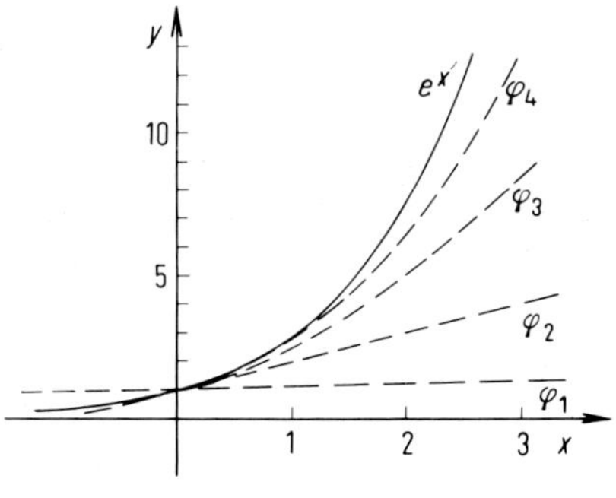

Abb. 20. Annäherung der Funktion e^x durch die ersten Glieder der Taylorschen Reihe.

In Abb. 20 sind die Funktionen e^x und zum Vergleich hierzu die Funktionen $\varphi_1(x)$, $\varphi_2(x)$, $\varphi_3(x)$ und $\varphi_4(x)$ angegeben. Man sieht, daß die Annäherung an e^x um so besser wird, je mehr Glieder der Reihe man berücksichtigt. Wenn man in Gl. (288) $x = 1$ setzt, so erhält man die bereits in Gl. (VI, 77) angegebene Reihe für e.

Als nächstes wollen wir die Funktion $y = \sin x$ in eine Reihe um $x_0 = 0$ entwickeln. Es gilt $f(0) = 0, f'(0) = \cos 0 = 1,\ f''(0) = -\sin 0 = 0, f''' = -\cos 0 = -1$ usw. Man kann leicht zeigen, daß das Restglied für alle Werte von x mit wachsendem n gegen Null geht, so daß man erhält

$$\sin x = \frac{x}{1!} - \frac{x^3}{3!} + \frac{x^5}{5!} - + \cdots = \sum_{k=0}^{\infty} (-1)^k \frac{x^{2k+1}}{(2k+1)!}. \tag{293}$$

In ähnlicher Weise ergeben sich die Reihen

$$\cos x = 1 - \frac{x^2}{2!} + \frac{x^4}{4!} - + \cdots = \sum_{k=0}^{\infty} (-1)^k \frac{x^{2k}}{(2k)!} \tag{294}$$

$$\sinh x = x + \frac{x^3}{3!} + \frac{x^5}{5!} + \quad \cdots = \sum_{k=0}^{\infty} \frac{x^{2k+1}}{(2k+1)!} \tag{295}$$

$$\cosh x = 1 + \frac{x^2}{2!} + \frac{x^4}{4!} + \quad \cdots = \sum_{k=0}^{\infty} \frac{x^{2k}}{(2k)!}. \tag{296}$$

Wir entwickeln nun noch die Logarithmusfunktion in eine Reihe. Für $x = 0$ wird der $\ln x$ negativ unendlich. Man kann daher diese Reihe nicht um den Nullpunkt entwickeln. Eine Entwicklung ist aber ohne weiteres um die Stelle $x = 1$ möglich. Indem wir in Gl. (280) $x_0 = 1$ und $h = x$ setzen, erhalten wir $f(x_0) = \ln 1 = 0$, $f'(x_0) = \dfrac{1}{x_0} = 1, f''(x_0) = -\dfrac{1}{x_0^2} = -1, f'''(x_0) = \dfrac{2}{x_0^3} = 2$ usw. Es ergibt sich somit

$$\ln(1 + x) = x - \frac{x^2}{2} + \frac{x^3}{3} - \frac{x^4}{4} + - \cdots \tag{297}$$

Das Restglied dieser Reihe verschwindet, wie man zeigen kann, nur dann, wenn $|x| < 1$ ist. Nur für diese Werte konvergiert die Reihe und stellt die Funktion $\ln(1 + x)$ dar.

Von besonderer Wichtigkeit ist schließlich noch die Entwicklung der Funktion $y = (1 + x)^\alpha$ für beliebige reelle α. Es gilt $f(0) = 1,\ f'(0) = \alpha,\ f''(0) = \alpha(\alpha - 1)$, $f'''(0) = \alpha(\alpha - 1)(\alpha - 2)$, usw. Wir erhalten somit

$$(1 + x)^\alpha = 1 + \frac{\alpha}{1!} x + \frac{\alpha(\alpha - 1)}{2!} x^2 + \frac{\alpha(\alpha - 1)(\alpha - 2)}{3!} x^3 + \cdots \tag{298}$$

Bei ganzzahligen positiven α wird die $(\alpha + 1)$-te Ableitung der Funktion gleich Null.

Durch Gl. (III,10) haben wir nun den Binomialkoeffizienten $\binom{n}{i}$ angeführt über die Beziehung

$$\binom{n}{i} = \frac{n!}{i!(n-i)!} = \frac{n(n-1)(n-2)\ldots(n-i+1)}{i!}. \tag{299}$$

Diese Koeffizienten waren zunächst nur für ganzzahlige n definiert. Wenn wir nun den letzten Ausdruck in Gl. (299) verwenden, so kann man mit ihm die Binomialkoeffizienten für jedes beliebige reelle n definieren. Die so definierten Binomialkoeffizienten sind dann die Koeffizienten in der Reihe Gl. (298). Wir erhalten über die Gln. (298) und (299) somit für den Fall, daß α eine natürliche Zahl ist, die bereits früher abgeleitete Binomialentwicklung

$$(1+x)^\alpha = \sum_{i=0}^{\alpha} \binom{\alpha}{i} x^i . \tag{300}$$

Wenn α keine natürliche Zahl ist, gilt

$$(1+x)^\alpha = \sum_{i=0}^{\infty} \binom{\alpha}{i} x^i \quad \text{für} \quad |x| < 1 . \tag{301}$$

Z. B. wird

$$(1+x)^{-1} = 1 - x + x^2 - x^3 + x^4 - + \cdots \quad \text{für} \quad |x| < 1 \tag{302}$$

oder

$$\sqrt{1+x} = (1+x)^{\frac{1}{2}} = 1 + \tfrac{x}{2} - \tfrac{1}{8}x^2 + \tfrac{1}{16}x^3 - + \cdots \quad \text{für} \quad |x| < 1 . \tag{303}$$

Fragen und Aufgaben

1. Wie unterscheidet sich die McLaurinsche Reihe von der Taylorschen Reihe?
2. Wie bestimmt man die Koeffizienten einer Taylorschen Reihe?
3. Wie erkennt man, ob die erhaltene McLaurinsche Reihe die gegebene Funktion tatsächlich darstellt?
4. Wozu kann man McLaurinsche Reihen benützen?
5. Welcher Zusammenhang besteht zwischen einer Taylorschen Reihe und Gl. (274)?
6. Entwickle die Funktion $\sin x$ in eine Reihe um $x = 0$. Untersuche die Annäherung der Funktion durch die Reihe, wenn man diese a) nach dem linearen Glied, b) nach dem Glied mit der dritten Potenz abbricht.
7. Entwickle die folgenden Funktionen jeweils in eine Reihe um $x = 0$: a) $y = \sinh x$, b) $y = \sqrt[3]{1+x}$, c) $y = \dfrac{1}{(1+x)^2}$.
8. Das durch ein magnetisches Feld H induzierte magnetische Moment M ist gegeben durch

   $$M = \coth x - \frac{1}{x} \quad \text{mit} \quad x = \frac{m^2 NH}{3kT} .$$

   Dabei ist N die Anzahl der Moleküle, m das Dipolmoment eines Moleküls, k die Boltzmannkonstante und T die absolute Temperatur. Bestimme durch eine Reihenentwicklung einen Ausdruck für kleine Werte von H. Anleitung: Da $\operatorname{ctgh} x$ für $x = 0$ unendlich wird, muß man von der Definition von $\operatorname{ctgh} x$ durch Exponentialfunktionen ausgehen (s. Abschnitt VII, B 5f.), Zähler und Nenner der entsprechenden Funktion getrennt entwickeln und aus dem Nenner x herausheben.

E. Unbestimmte Ausdrücke. Ordnung von Null- und Unendlichkeitsstellen

1. Die Ausdrücke 0/0 und ∞/∞.

Wir betrachten eine Funktion $\varphi(x)$, die durch den Quotienten zweier Funktionen $f(x)$ und $g(x)$ gegeben ist:

$$\varphi(x) = \frac{f(x)}{g(x)} . \tag{304}$$

Für einen bestimmten Wert von x, den wir mit a bezeichnen, soll der Nenner gleich Null werden,

$$g(a) = 0 . \tag{305}$$

Die Funktion $f(x)$ ist dann für $x = a$ nicht definiert. Wir wollen nun aber gemäß den Ausführungen in Abschn. VII B 7 der Funktion $\varphi(x)$ an dieser Stelle den *Grenzwert* zuordnen, dem sie zustrebt, wenn x gegen a geht. Man kann dann schreiben

$$\varphi(a) = \lim_{x \to a} \varphi(x) = \lim_{x \to a} \frac{f(x)}{g(x)}. \tag{306}$$

Wie bestimmt man den Grenzwert in Gl. (306)? Das hängt wesentlich vom Verhalten der Funktion $f(x)$ an der Stelle a ab. Ist

$$f(a) \neq 0,$$

so bleibt bei Annäherung von x an a der Zähler im Bruch der Gl. (306) endlich, während der Nenner immer kleiner wird. Der Bruch wächst daher über alle Grenzen, so daß wir erhalten

$$\varphi(a) = \lim_{x \to a} \frac{f(x)}{g(x)} = \infty. \tag{307}$$

Ist dagegen

$$f(a) = 0,$$

so strebt gleichzeitig mit dem Nenner auch der Zähler gegen Null, und die Berechnung des Grenzwertes wird komplizierter. Wir wenden in diesem Fall auf $f(x)$ und $g(x)$ den Mittelwertsatz der Differentialrechnung Gl. (93) an, wobei wir natürlich voraussetzen müssen, daß beide Funktionen differenzierbar sind. Da $f(a) = g(a) = 0$ ist, ergibt sich dann

$$\lim_{x \to a} \frac{f(x)}{g(x)} = \lim_{x \to a} \frac{f(a) + (x-a)f'(a + \vartheta_1(x-a))}{g(a) + (x-a)g'(a + \vartheta_2(x-a))} =$$
$$= \lim_{x \to a} \frac{f'(a + \vartheta_1(x-a))}{g'(a + \vartheta_2(x-a))} = \lim_{x \to a} \frac{f'(x)}{g'(x)}.$$

Sollte nun auch $f'(a)$ sowie gleichzeitig $g'(a)$ gleich Null sein, so läßt sich der Grenzwert $\lim_{x \to a} \frac{f'(x)}{g'(x)}$ ebenfalls nicht unmittelbar bestimmen, und wir wenden den Mittelwertsatz ein zweites Mal an. Das wird so oft getan, bis zumindest eine der beiden abgeleiteten Funktionen an der Stelle $x = a$ von Null verschieden ist. Bezeichnen wir die Ableitung, bei der das zum ersten Mal der Fall ist, mit n, so erhalten wir bei diesem Vorgehen die Gleichungskette

$$\varphi(a) = \lim_{x \to a} \frac{f(x)}{g(x)} = \lim_{x \to a} \frac{f'(x)}{g'(x)} = \cdots = \lim_{x \to a} \frac{f^{(n)}(x)}{g^{(n)}(x)}. \tag{308}$$

Ist nun $f^{(n)}(a) \neq 0$ und $g^{(n)}(a) = 0$, so strebt der zuletzt aufgeführte Grenzwert gegen Unendlich. Ist $f^{(n)}(a) = 0$ und $g^{(n)}(a) \neq 0$, so strebt der Grenzwert gegen Null. Ist sowohl $f^{(n)}(a)$ als auch $g^{(n)}(a)$ von Null verschieden, so führt der Grenzübergang zum endlichen Wert $f^{(n)}(a)/g^{(n)}(a)$. Des weiteren ist es schließlich auch möglich, daß eine der beiden abgeleiteten Funktionen keinem eindeutigen Grenzwert zustrebt. $\varphi(a)$ ist dann durch den Grenzübergang grundsätzlich nicht definierbar.

Damit ist gezeigt, daß im Falle, daß $\varphi(a) = \frac{0}{0}$ wird, der Grenzwert $\lim\limits_{x \to a} \varphi(x)$ sehr verschiedene Werte annehmen kann. Man nennt daher $\frac{0}{0}$ eine *unbestimmte Form* oder einen *unbestimmten Ausdruck*. Bei dieser Bezeichnungsweise muß man beachten, daß $\frac{0}{0}$ selbst ein nicht definierter Ausdruck ist. Zur unbestimmten Form wird er erst, wenn man ihn in der beschriebenen Weise durch den Grenzübergang definiert.

Wir fassen zusammen: *Gilt für zwei Funktionen $f(x)$ und $g(x)$*

$$\frac{f(a)}{g(a)} = \frac{0}{0}, \tag{309}$$

so ist

$$\lim_{x \to a} \frac{f(x)}{g(x)} = \lim_{x \to a} \frac{f^{(n)}(x)}{g^{(n)}(x)}, \tag{310}$$

wobei n die niedrigste Ordnung der Ableitung ist, bei der der auf der rechten Seite von Gl. (310) auftretende Grenzwert nicht mehr unbestimmt ist. Dabei wird natürlich vorausgesetzt, daß $f(x)$ und $g(x)$ n-mal differenzierbar sind. Man bezeichnet Gl. (310) als die *Regel von De L'Hospital.*

Betrachten wir als Beispiel die Funktion

$$\varphi(x) = \frac{e^{2x} - 1}{\ln(1 + x)}, \tag{311}$$

die für $x = 0$ in $\frac{0}{0}$ übergeht. Wir erhalten mit Hilfe der Gl. (308)

$$\varphi(0) = \lim_{x \to 0} \frac{e^{2x} - 1}{\ln(1 + x)} = \lim_{x \to 0} \frac{2e^{2x}}{\frac{1}{1 + x}} = \frac{2 \cdot 1}{1} = 2. \tag{312}$$

Der unbestimmte Ausdruck hat also bereits nach der ersten Differentiation einen eindeutigen Wert, nämlich 2, ergeben.

Ein weiteres Beispiel stellt die Funktion

$$\varphi(x) = x \frac{x^n - 1}{x^{n+1} - 1} \tag{313}$$

dar, die in der Chemie bei der Berechnung der Adsorption und Destillation eine wichtige Rolle spielt. Für $x = 1$ geht sie in $\frac{0}{0}$ über. Indem wir den Grenzprozeß in zwei Prozesse zerlegen und anschließend die Gl. (308) anwenden, erhalten wir

$$\varphi(1) = \lim_{x \to 1} x \lim_{x \to 1} \frac{x^n - 1}{x^{n+1} - 1} = 1 \cdot \lim_{x \to 1} \frac{x^n - 1}{x^{n+1} - 1} = \lim_{x \to 1} \frac{n x^{n-1}}{(n + 1) x^n} = \frac{n}{n + 1}. \tag{314}$$

Ohne Beweis führen wir an, daß man ähnlich wie beim Ausdruck 0/0 auch beim Ausdruck ∞/∞ verfahren kann: *Sind $f(x)$ und $g(x)$ zwei Funktionen, für die*

$$\frac{f(a)}{g(a)} = \frac{\infty}{\infty} \tag{315}$$

ist, so gilt

$$\lim_{x \to a} \frac{f(x)}{g(x)} = \lim_{x \to a} \frac{f^{(n)}(x)}{g^{(n)}(x)}, \tag{316}$$

wobei n die niedrigste Ordnung ist, bei der der auf der rechten Seite auftretende Grenzwert nicht mehr unbestimmt ist.

Schließlich wollen wir noch erwähnen, daß man bisweilen bei einem Ausdruck der Form $f(a)/g(a) = 0/0$ auch durch mehrfaches Differenzieren nicht zum Ziel kommt. In einem solchen Fall empfiehlt es sich, den Bruch gemäß der Formel

$$\frac{f(a)}{g(a)} = \frac{\dfrac{1}{g(a)}}{\dfrac{1}{f(a)}} \tag{317}$$

umzuschreiben, so daß man auf einen Ausdruck der Form ∞/∞ kommt. Dieser läßt sich dann gewöhnlich über Gl. (316) bestimmen. In analoger Weise empfiehlt es sich bisweilen auch, einen Ausdruck der Form ∞/∞ mit Hilfe von Gl. (317) auf 0/0 zu bringen.

2. Weitere unbestimmte Ausdrücke

Bei der Berechnung von Funktionswerten kann man außer den Ausdrücken 0/0 und ∞/∞ noch eine Reihe von weiteren nicht definierten Ausdrücken erhalten, nämlich $\infty - \infty$, $0 \cdot \infty$, 0^0 und 1^∞. Durch entsprechende Umformungen kann man diese, wie im folgenden gezeigt wird, auf die Form 0/0 oder ∞/∞ bringen und danach über Gl. (310) bzw. Gl. (316) berechnen.

Den Ausdruck $\infty - \infty$ erhalten wir bei einer Funktion der Form $\varphi(x) = F(x) - G(x)$ mit $F(a) = G(a) = \infty$. In diesem Fall führen wir die Umformung

$$\varphi(a) = \lim_{x \to a} \varphi(x) = \lim_{x \to a} [F(x) - G(x)] = \lim_{x \to a} \frac{\dfrac{1}{G(x)} - \dfrac{1}{F(x)}}{\dfrac{1}{F(x) \cdot G(x)}} \tag{318}$$

durch. Bei dem so erhaltenen Bruch gehen Zähler und Nenner gegen Null, wenn x gegen a geht, so daß wir hier die Regel von De L'Hospital anwenden können.

Als Beispiel betrachten wir die Funktion

$$\varphi(x) = \frac{1}{\sin x} - \frac{1}{x} \tag{319}$$

an der Stelle $x = 0$. Wir schreiben gemäß Gl. (318)

$$\varphi(0) = \lim_{x \to 0} \varphi(x) = \lim_{x \to 0} \left[\frac{1}{\sin x} - \frac{1}{x} \right] = \lim_{x \to 0} \frac{x - \sin x}{x \sin x}.$$

Da dieser Bruch in $\frac{0}{0}$ übergeht, können wir hier Gl. (308) anwenden und erhalten

$$\lim_{x \to 0} \frac{x - \sin x}{x \sin x} = \lim_{x \to 0} \frac{1 - \cos x}{\sin x + x \cos x} = \lim_{x \to 0} \frac{\sin x}{\cos x + \cos x - x \sin x} = \frac{0}{2} = 0 .$$

Wir mußten zweimal differenzieren, da nach dem Bilden der ersten Ableitung sowohl der Zähler als auch der Nenner beim Grenzübergang Null wurden.

Der Ausdruck $0 \cdot \infty$ ergibt sich bei $\varphi(x) = F(x) \cdot G(x)$ mit $F(a) = 0$ und $G(a) = \infty$. Wir nehmen hier folgende Umformung vor:

$$\varphi(a) = \lim_{x \to a} \varphi(x) = \lim_{x \to a} [F(x) \cdot G(x)] = \lim_{x \to a} \frac{F(x)}{\dfrac{1}{G(x)}}. \tag{320}$$

Auf die Ausdrücke ∞^0, 0^0 und 1^∞ kommen wir bei Funktionen der Form $\varphi(x) = F(x)^{G(x)}$. In allen drei Fällen schreibt man:

$$\varphi(a) = \lim_{x \to a} F(x)^{G(x)} = \lim_{x \to a} e^{G(x) \ln F(x)} = e^{\lim\limits_{x \to a} [G(x) \ln F(x)]}. \tag{321}$$

Der Exponent geht dann beim Grenzübergang in $0 \cdot \infty$ über und kann nach den oben beschriebenen Verfahren berechnet werden.

Als Beispiel betrachten wir die Funktion $\varphi(x) = \sin x^{\operatorname{tg} x}$, die für $x = \frac{\pi}{2}$ in 1^∞ übergeht. Um den Grenzübergang zu berechnen, schreiben wir

$$\varphi\left(\frac{\pi}{2}\right) = \lim_{x \to \pi/2} (\sin x)^{\operatorname{tg} x} = \lim_{x \to \pi/2} e^{\operatorname{tg} x \cdot \ln \sin x} = e^{\lim\limits_{x \to \pi/2} (\operatorname{tg} x \cdot \ln \sin x)}.$$

Es ist nun

$$\lim_{x \to \pi/2} (\operatorname{tg} x \cdot \ln \sin x) = \lim_{x \to \pi/2} \frac{\ln \sin x}{\operatorname{ctg} x} = \lim_{x \to \pi/2} \frac{\dfrac{\cos x}{\sin x}}{-\dfrac{1}{\sin^2 x}} = 0$$

Daher erhalten wir

$$\varphi\left(\frac{\pi}{2}\right) = \lim_{x \to \pi/2} \sin x^{\operatorname{tg} x} = e^0 = 1.$$

3. Ordnung der Nullstellen und Unendlichkeitsstellen

Ein wichtiger Begriff ist die Ordnung einer Nullstelle. Man definiert: *Eine Funktion $f(x)$ besitzt an der Stelle $x = a$ eine Nullstelle μ-ter Ordnung, wenn an dieser Stelle die Funktion selbst und alle ihre Ableitungen bis zur $(\mu - 1)$-ten Ableitung gleich Null sind und die μ-te Ableitung von Null verschieden ist*, wenn also gilt

$$f(a) = f'(a) = \cdots = f^{(\mu-1)}(a) = 0 \tag{323}$$

und

$$f^{(\mu)}(a) \neq 0. \tag{324}$$

Wir vergleichen nun zwei Funktionen $f(x)$ und $g(x)$, die beide an der Stelle $x = a$ Null werden. Wir sagen, daß $f(x)$ an der Stelle $x = a$ *von höherer Ordnung als $g(x)$ verschwindet*, wenn dort $f(x)$ eine Nullstelle höherer Ordnung als $g(x)$ besitzt. Entsprechend ist auch das *Verschwinden* von „*gleicher Ordnung*" sowie von „*geringerer Ordnung*" definiert. Aus Gl. (310) folgt dann unmittelbar: *$f(x)$ verschwindet für $x = a$ von höherer Ordnung als $g(x)$, wenn $\lim\limits_{x \to a} \dfrac{f(x)}{g(x)} = 0$ ist, von gleicher Ordnung wie $g(x)$, wenn $\lim\limits_{x \to a} \dfrac{f(x)}{g(x)}$ einen endlichen Wert ungleich Null besitzt und von geringerer Ordnung als $g(x)$, wenn $\lim\limits_{x \to a} \dfrac{f(x)}{g(x)} = \infty$ ist.*

Als Beispiel betrachten wir die Funktionen $\sin x$ und x^2, die beide an der Stelle $x = 0$ den Wert Null annehmen. Es gilt

$$\lim_{x\to 0}\frac{\sin x}{x^2} = \lim_{x\to 0}\frac{\cos x}{2x} = \infty. \tag{325}$$

Daraus folgt, daß $\sin x$ an der Stelle $x = 0$ von niedrigerer Ordnung verschwindet als x^2.

Ähnliche Bezeichnungen wie bei Nullstellen hat man auch für den Fall eingeführt, daß $f(x)$ und $g(x)$ an der Stelle $x = a$ beide unendlich werden. Man sagt dann: *$f(x)$ wird für $x = a$ von höherer Ordnung als $g(x)$ unendlich, wenn* $\lim\limits_{x\to a}\left|\frac{f(x)}{g(x)}\right| = \infty$ *ist, von gleicher Ordnung, wenn* $\lim\limits_{x\to a}\left|\frac{f(x)}{g(x)}\right|$ *eine endliche Zahl ist, und von geringerer Ordnung, wenn* $\lim\limits_{x\to a}\left|\frac{f(x)}{g(x)}\right| = 0$ *ist.*

Alle Ausführungen bleiben gültig, wenn $a = \infty$ ist, wenn also der Grenzwert $x \to \infty$ betrachtet wird.

Als Beispiel untersuchen wir das Verhalten der Funktionen u^x und ${}^u\log x$ für $x \to \infty$. Es gilt: *Die Exponentialfunktion u^x wird für $x \to \infty$ von höherer Ordnung unendlich als die Potenzfunktion x^β mit jeder beliebigen positiven Potenz β.* Beweis: Gl. (316) zufolge gilt, falls β eine natürliche Zahl ist,

$$\lim_{x\to\infty}\frac{u^x}{x^\beta} = \lim_{x\to\infty}\frac{u^x\cdot\ln u}{\beta x^{\beta-1}} = \lim_{x\to\infty}\frac{u^x\cdot(\ln u)^2}{\beta(\beta-1)x^{\beta-2}} = \cdots = \lim_{x\to\infty}\frac{u^x\cdot(\ln u)^\beta}{\beta!} = \infty. \tag{326}$$

Ist β keine natürliche Zahl, so verschwindet x nicht aus dem Nenner. Man muß dann jeweils so oft ableiten, bis der Exponent von x im Nenner negativ wird, und kommt dann zum gleichen Ergebnis.

In gleicher Weise läßt sich zeigen: *Die Logarithmusfunktion ${}^u\log x$ wird für $x \to \infty$ mit geringerer Ordnung unendlich als die Potenzfunktion x^β mit jeder beliebigen positiven Potenz β.*

Beispiele: Aus den beiden zuletzt angeführten Sätzen kann man unmittelbar schließen, daß z. B. gilt

$$\lim_{x\to\infty}\frac{\lg x}{x} = 0,\quad \lim_{x\to\infty}\frac{e^x}{x^{10}} = \infty \quad\text{und}\quad \lim_{x\to\infty}\frac{x^{10}}{e^x} = 0. \tag{327}$$

Fragen und Aufgaben

1. Führe einige nichtdefinierte Ausdrücke an und erkläre, wie man ihnen über den Grenzwertbegriff einen bestimmten Wert zuordnen kann. Erläutere, warum man solche Ausdrücke unbestimmt nennt.
2. Wie lautet die Regel von De L'Hospital?
3. Was versteht man unter der Ordnung einer Nullstelle?
4. Welchen Schluß kann man aus der Tatsache ziehen, daß für $x = a$ die Funktion $p(x)$ von niedrigerer Ordnung unendlich wird als eine Funktion $u(x)$?
5. Was kann man über das Verhalten der Funktion $\exp x$ und $\ln x$ für $x \to \infty$ aussagen?
6. Berechne: a) $\lim\limits_{x\to\infty}\frac{x}{x+\sin x}$ b) $\lim\limits_{x\to 0}\frac{x}{x+\sin x}$ c) $\lim\limits_{x\to 0}\frac{1}{\sin x} - \operatorname{ctg} x$

   d) $\lim\limits_{x\to\infty} e^{-x^2}\sqrt{x^5+3x+1}$ e) $\lim\limits_{x\to\pi/2}\frac{\operatorname{tg} x}{\operatorname{tg} 3x}$ f) $\lim\limits_{x\to 0}(\sin x)^{\operatorname{tg} x}$.

7. Aus der Debyeschen Theorie der spezifischen Wärmen folgt für die Molwärme eines Kristalls, c_v, als Funktion der Temperatur

$$c_v = 3R\left[12\left(\frac{T}{\Theta}\right)^3 \int_0^{\Theta/T} \frac{y^3\,dy}{e^{y-1}} - \frac{3\cdot\frac{\Theta}{T}}{e^{\frac{\Theta}{T}}-1}\right].$$

Θ ist die sogenannte charakteristische Temperatur. Entwickle den Integrand in eine Reihe und führe die Integration durch. Entwickle ebenfalls den zweiten Ausdruck in eine Reihe. Mehrfache Anwendung der Regel von De L'Hospital ist erforderlich!

F. Kurvendiskussion; Maxima und Minima

1. Charakteristische Kurvenpunkte

Um den Verlauf einer Funktion zu ermitteln, bestimmt man zunächst einige charakteristische Kurvenpunkte, nämlich Nullstellen, Maxima und Minima sowie Wendepunkte. Sie sind in folgender Weise definiert: Unter den *Nullstellen* einer Funktion $y = f(x)$ versteht man diejenigen Werte von x, für die $y = 0$ wird. Ein *Maximum* liegt jeweils dort vor, wo der y-Wert relativ zu den Werten in der Umgebung am größten ist. Entsprechend ist in einem *Minimum* der y-Wert im Vergleich zu den Werten in der Umgebung am kleinsten. Maxima und Minima bezeichnet man gemeinsam als *Extrema*. Ein *Wendepunkt* schließlich trennt einen Kurventeil, in dem die Steigung mit wachsendem x abnimmt (Kurve konkav nach unten geöffnet), von einem, in dem die Steigung zunimmt (Kurve konkav nach oben geöffnet). Ein Wendepunkt mit einer Tangente, die parallel zur x-Achse liegt, heißt *Sattelpunkt*.

Als Beispiel ist in Abb. 21 a eine Funktion graphisch wiedergegeben, die drei Nullstellen ($N1$, $N2$, $N3$), ein Maximum (Ma) ein Minimum (Mi), zwei Wendepunkte ($WP1$ und $WP2$) sowie einen Sattelpunkt (Sp) besitzt. In den Teilen b und c dieser Abbildung ist der Verlauf der ersten bzw. zweiten Ableitung der Funktion dargestellt.

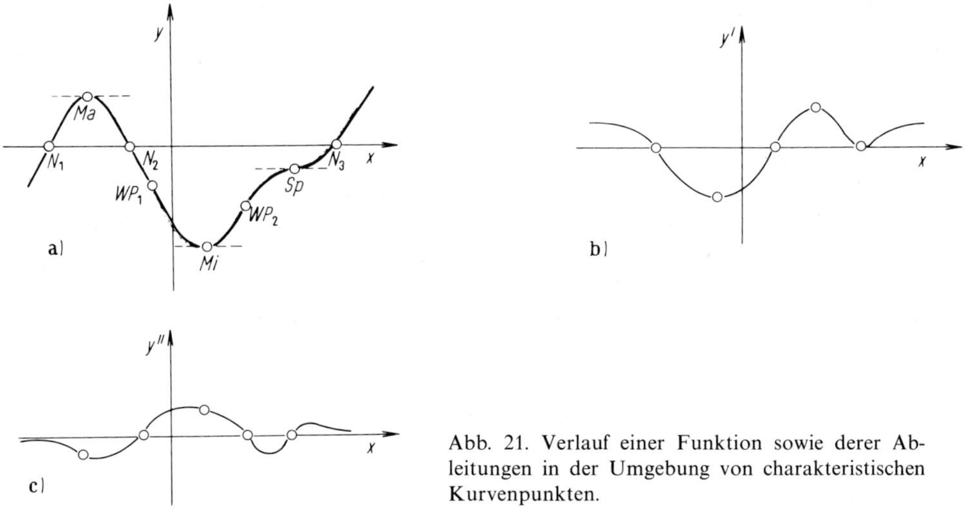

Abb. 21. Verlauf einer Funktion sowie derer Ableitungen in der Umgebung von charakteristischen Kurvenpunkten.

Die Ermittlung der angegebenen Kurvenpunkte und die dadurch ermöglichten Aussagen über den Funktionsverlauf bezeichnet man als *Kurvendiskussion.* Diese ist für Physik und Chemie von großer Bedeutung, da man sich mit ihrer Hilfe einen Überblick über den Zusammenhang zweier durch eine Gleichung verknüpften Meßgrößen verschaffen kann.

2. Bestimmung von Nullstellen

Zur Bestimmung der Nullstellen der Funktion $y = f(x)$ muß man diejenigen Werte von x ermitteln,. die der Gleichung

$$f(x) = 0 \tag{328}$$

genügen. Läßt sich diese Gleichung nach x auflösen, so kann man die Nullstellen unmittelbar ausrechnen. Ist eine Auflösung nicht möglich, so muß man Näherungsverfahren anwenden. Da diese sehr umständlich sind, bestimmt man in solchen Fällen die Nullstellen nur dann, wenn man ihre Lage genau kennen möchte und es nicht nur darum geht, den ungefähren Funktionsverlauf zu ermitteln.

Die Anwendung von Näherungsverfahren setzt voraus, daß man einen oder zwei x-Werte in der unmittelbaren Umgebung der Nullstelle kennt. Diese kann man z. B. dadurch finden, daß man verschiedene x-Werte in die Gleichung $y = f(x)$ einsetzt und die dazugehörigen y-Werte berechnet.

Nehmen wir nun an, wir kennen einen Punkt $P_1(x_1, y_1)$, der in der Nähe der Nullstelle liegt (s. Abb. 22a). Man kann dann die Gleichung der Tangente t an diesem Punkt aufsuchen und den Schnittpunkt x_2 dieser Tangente mit der x-Achse bestimmen (*Verfahren von Newton*). Dieser wird in vielen Fällen eine bessere Näherung für die Nullstelle als der Wert x_1 darstellen. Ein etwas anderes Verfahren kann man anwenden, wenn man zwei Punkte $P_1(x_1, y_1)$ und $P_2(x_2, y_2)$ kennt, mit einem positiven und einem negativen y-Wert (s. Abb. 22b). Es ist sicher, daß die Nullstelle einen x-Wert besitzen muß, der zwischen x_1 und x_2 liegt. Man kommt der Nullstelle recht nahe, wenn man die Gleichung der Geraden g, die durch die beiden Punkte geht, ermittelt und die Gerade mit der x-Achse zum Schnitt bringt. Dieses Verfahren bezeichnet man als „*regula falsi*".

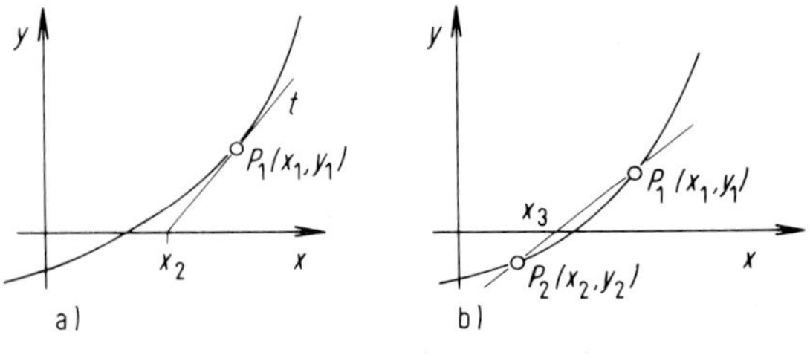

Abb. 22. Zur näherungsweisen Bestimmung von Nullstellen a) mit dem Newtonschen Verfahren, b) mit der regula falsi.

Bei der praktischen Bestimmung der Nullpunkte wendet man die genannten Verfahren mehrmals hintereinander an, z. B. zuerst die regula falsi und darauf unter Verwendung der besseren Näherung x_3 das Newtonsche Verfahren.

3. Bestimmung von Maxima und Minima

Aus Abb. 21 kann man unmittelbar entnehmen, daß bei einer differenzierbaren Funktion am Ort eines Extremums die Tangente parallel zur x-Achse verläuft, daß also dort immer

$$f'(x) = 0 \tag{329}$$

sein muß. Diese Bedingung ist aber nur notwendig und nicht gleichzeitig hinreichend, da auch ein Sattelpunkt eine solche Tangente besitzt.

Um zu einer hinreichenden Bedingung zu kommen, überlegen wir, wie sich ein Extremum in analytischer Weise, also formelmäßig, äußert. Man kann folgendes sagen: An der Stelle x_0 liegt ein Maximum vor, wenn für genügend kleine aber sonst beliebige, positive oder negative Δx gilt

$$f(x_0 + \Delta x) - f(x_0) < 0 \tag{330}$$

Entsprechend liegt ein Minimum vor, wenn gilt

$$f(x_0 + \Delta x) - f(x_0) > 0\,. \tag{331}$$

Ist $f(x)$ n-mal differenzierbar, so erhält man mit Hilfe der Taylorschen Formel Gl. (287), indem man dort h durch Δx und $n + 1$ durch n ersetzt,

$$f(x_0 + \Delta x) - f(x_0) = \frac{\Delta x}{1!} f'(x_0) + \frac{\Delta x^2}{2!} f''(x_0) + \cdots + \frac{\Delta x^n}{n!} f^{(n)}(x_0 + \vartheta\,\Delta x). \tag{332}$$

Wir bezeichnen nun das erste Glied in der Folge der Ableitungen $f'(x)$, $f''(x)$, usw., das für $x = x_0$ *nicht verschwindet, mit* $f^{(\mu)}(x)$. Indem wir in Gl. (332) die Ableitungen genau so weit führen, daß $n = \mu$ wird, das Restglied also gerade dieses nichtverschwindende Glied ist, ergibt sich

$$f(x_0 + \Delta x) - f(x_0) = \frac{\Delta x^\mu}{\mu!} f^{(\mu)}(x_0 + \vartheta\,\Delta x)\,. \tag{333}$$

Das Verhalten der Funktion an der Stelle x_0 hängt nun wesentlich davon ab, welchen Wert μ besitzt.

Nehmen wir zunächst an, bereits die erste Ableitung sei von Null verschieden, also $f'(x_0) \neq 0$. Es ist dann $\mu = 1$, und Gl. (333) geht über in

$$f(x_0 + \Delta x) - f(x_0) = \frac{\Delta x}{1!} f'(x_0 + \vartheta\,\Delta x)\,. \tag{334}$$

Indem wir Δx dem Betrag nach genügend klein wählen, erreichen wir, daß $f'(x_0 + \vartheta\,\Delta x)$ für positive und negative Δx das gleiche Vorzeichen besitzt. Der vor diesem Ausdruck stehende Faktor Δx dagegen kann positive oder negative Werte annehmen. Daher kann auch der gesamte Ausdruck $f(x_0 + \Delta x) - f(x_0)$ verschiedene Vorzeichen annehmen, so daß weder Gl. (330) noch Gl. (331) erfüllt sein kann. Wenn $f(x_0) \neq 0$ ist, liegt also mit Sicherheit kein Extremum vor in Übereinstimmung mit dem bereits oben in anschaulicher Weise abgeleiteten Ergebnis.

Nehmen wir als nächstes an, $f'(x_0) = 0$ und $f''(x_0) \neq 0$. Es ist dann $\mu = 2$, und Gl. (333) geht über in

$$f(x_0 + \Delta x) - f(x_0) = f''(x_0 + \vartheta \Delta x) \cdot \frac{\Delta x^2}{2!}. \qquad (335)$$

Man kann nun wieder Δx dem Betrag nach so klein machen, daß $f''(x_0 + \vartheta \Delta x)$ für positive und negative Δx das gleiche Vorzeichen besitzt. Der Faktor $\Delta x^2/2!$ ist immer positiv. Der Ausdruck $f(x_0 + \Delta x) - f(x_0)$ besitzt daher für positive und negative Δx das gleiche Vorzeichen, und zwar das positive, wenn $f''(x_0) > 0$ ist, das negative, wenn $f''(x_0) < 0$ ist. Mit Hilfe der Gln. (331) und (332) folgt daraus: *Wenn für $x = x_0$ gilt*

$$f'(x_0) = 0 \quad \text{und} \quad f''(x_0) < 0, \qquad (336)$$

so besitzt die Funktion $f(x)$ an der Stelle x_0 ein Maximum. Gilt dagegen

$$f'(x_0) = 0 \quad \text{und} \quad f''(x_0) > 0, \qquad (337)$$

so besitzt $f(x)$ an der Stelle x_0 ein Minimum. Dies sind, wie man aus der Ableitung ersieht, *hinreichende, aber keine notwendigen Bedingungen.* Wenn $f'(x_0) = 0$ und $f''(x_0) = 0$ ist, so darf man nicht schließen, daß hier kein Extremum vorliegt, sondern muß weitergehende Untersuchungen vornehmen.

Wir setzen daher als nächstes voraus, daß $f'(x_0) = 0$, $f''(x_0) = 0$ und $f'''(x_0) \neq 0$ ist. In diesem Fall ist $\mu = 3$, und Gl. (333) lautet

$$f(x_0 + \Delta x) - f(x_0) = \frac{\Delta x^3}{3!} f'''(x_0 + \vartheta \Delta x). \qquad (338)$$

Δx kann positive oder negative Werte annehmen, so daß aus den gleichen Gründen wie im Fall $\mu = 1$ kein Extremum vorliegen kann.

Des weiteren nehmen wir noch an, daß $f'(x_0) = 0$, $f''(x_0) = 0$, $f'''(x_0) = 0$ und $f^{(4)}(x_0) \neq 0$ sind. In diesem Fall ist $\mu = 4$, und Gl. (333) geht über in

$$f(x_0 + \Delta x) - f(x_0) = \frac{\Delta x^4}{4!} f^{(4)}(x_0 + \vartheta \Delta x). \qquad (339)$$

Da $\Delta x^4/4!$ immer positiv ist, liegt aus den gleichen Gründen wie bei $\mu = 2$ ein Extremum vor, und zwar ein Maximum bei $f^{(4)}(x_0) < 0$ und ein Minimum bei $f^{(4)}(x_0) > 0$.

Indem wir die Überlegungen in dieser Weise bis zu beliebig hohen Werten von μ, der niedrigsten Ordnung der nichtverschwindenden Ableitung, fortsetzen, kommen wir zu folgendem Satz:

Wenn an der Stelle $x = x_0$ die Ordnung μ der niedrigsten, für $x = x_0$ nichtverschwindenden Ableitung von $f(x)$ geradzahlig ist, so liegt ein Extremum vor, und zwar bei $f^{(\mu)}(x_0) > 0$ ein Minimum, bei $f^{(\mu)}(x_0) < 0$ ein Maximum. Ist dagegen μ eine ungerade Zahl, so liegt mit Sicherheit kein Extremum vor.

4. Bestimmung von Wendepunkten und Sattelpunkten

Definitionsgemäß besitzt die Steigung der Kurve in einem Wendepunkt ein Maximum oder Minimum. Eine hinreichende Bedingung zur Bestimmung der Wendepunkte ergibt sich daher durch Anwendung der bereits abgeleiteten Bedingungen für Maxima und Minima auf die Funktion, die die Steigung der Tangente angibt, also auf $f'(x)$. Aus den Gln. (336) und (337) folgt: *Ist an einer Stelle* x_0

$$f''(x_0) = 0 \quad \text{und} \quad f'''(x_0) \neq 0\,, \tag{340}$$

so liegt dort ein Wendepunkt vor. Ist sowohl die zweite als auch die dritte Ableitung gleich Null, so liegt ein Wendepunkt dann vor, wenn die nächsthöhere nichtverschwindende Ableitung ungeradzahlig ist.

Bei einem *Sattelpunkt* muß zusätzlich zu den Bedingungen für den Wendepunkt noch die erste Ableitung gleich Null werden. Ein Sattelpunkt liegt also z. B. dann vor, wenn gilt

$$f'(x_0) = 0\,, \quad f''(x_0) = 0 \quad \text{und} \quad f'''(x_0) \neq 0\,. \tag{341}$$

Durch Hinzuziehung der Sätze für das Vorliegen eines Extremums erhält man den folgenden Satz: *Ist an einer Stelle* x_0 *die erste Ableitung* $f'(x_0) = 0$, *so liegt dort ein Extremum vor, wenn die Ordnung der nächsten nichtverschwindenden Ableitung geradzahlig ist, dagegen ein Sattelpunkt, wenn diese Ordnung ungeradzahlig ist.*

5. Durchführung der Kurvendiskussion

Bei der Durchführung einer Kurvendiskussion bestimmt man als erstes die Nullstellen. Daran anschließend sucht man diejenigen Stellen auf, für die $f'(x) = 0$ ist. Die entsprechenden Punkte sind entweder Extrema oder Sattelpunkte. Um zu entscheiden, welche der beiden Aussagen zutrifft, bestimmt man für jeden Punkt die niedrigste höhere Ableitung, die nicht verschwindet. Als letztes ermittelt man noch die Wendepunkte aus der Bedingung $f''(x) = 0$.

Als erstes Beispiel bestimmen wir den Verlauf der Funktion

$$y = x(x-1)(x-2)\,. \tag{342}$$

Indem wir den auf der rechten Seite stehenden Ausdruck gleich Null setzen und berücksichtigen, daß ein Produkt dann gleich Null ist, wenn einer der Faktoren Null wird, erhalten wir für die Nullstellen

$$x = 0\,, \quad x = 1 \quad \text{und} \quad x = 2\,.$$

Um die Extrema und Sattelpunkte zu finden, setzen wir $y' = f'(x) = 0$. Durch Ausmultiplizieren der Klammern ergibt sich $y = x^3 - 3x^2 + 2x$, woraus folgt

$$f'(x) = 3x^2 - 6x + 2 \tag{343}$$

Mit Hilfe der Gln. (V, 6a) und (V, 6b) ergeben sich daraus zwei Lösungen für x, nämlich

$$x_1 = 1 - \frac{1}{\sqrt{3}} \approx 0{,}42 \quad \text{und} \quad x_2 = 1 + \frac{1}{\sqrt{3}} \approx 1{,}58\,. \tag{344}$$

Durch Einsetzen dieser Lösungen in Gl. (342) erhält man die dazugehörigen y-Werte

$$y_1 = \frac{2}{3 \cdot \sqrt{3}} \approx 0{,}38 \quad \text{und} \quad y_2 = -\frac{2}{3 \cdot \sqrt{3}} \approx -0{,}38\,. \tag{345}$$

Um zu prüfen, ob es sich bei den beiden Punkten um Extrema oder Sattelpunkte handelt, bilden wir die zweite Ableitung

$$f''(x) = 6x - 6 \tag{346}$$

und setzen in diese für x die in den Gln. (344) gegebenen Werte ein. Wir finden

$$f''\left(1 - \frac{1}{\sqrt{3}}\right) = 6\left(1 - \frac{1}{\sqrt{3}}\right) - 6 < 0$$

und

$$f''\left(1 + \frac{1}{\sqrt{3}}\right) = 6\left(1 + \frac{1}{\sqrt{3}}\right) - 6 > 0\,.$$

Es liegt also bei x_1 ein Maximum und bei x_2 ein Minimum vor.

Um die Wendepunkte zu erhalten, setzen wir $f''(x) = 0$. Es ergibt sich mit Hilfe von Gl. (346)

$$6x - 6 = 0\,.$$

Daraus folgt $x = 1$ bzw. über Gl. (342) $y = 0$.
Mit der so gewonnenen Information erhalten wir den in Abb. 23 skizzierten Kurvenverlauf.

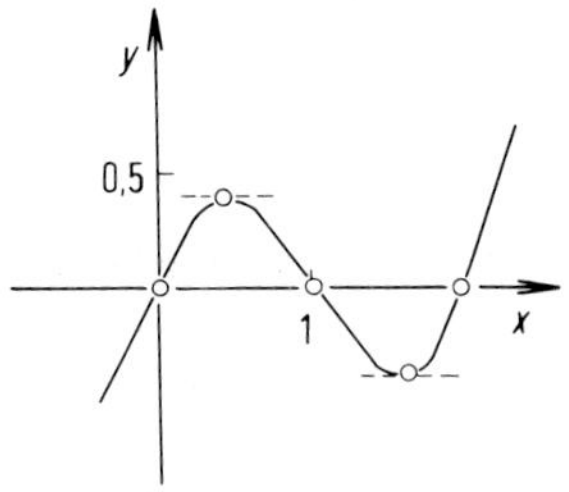

Abb. 23. Ungefährer Verlauf der durch Gl. (342) gegebenen Funktion.

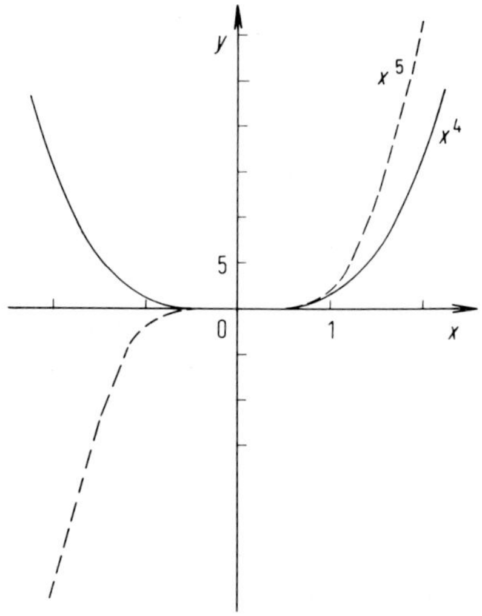

Abb. 24. Verlauf der Funktionen x^4 und x^5.

Als nächstes diskutieren wir die Funktion

$$y = x^4\,. \tag{347}$$

Sie besitzt eine einzige Nullstelle bei $x = 0$. Zur Bestimmung der Extrema und Sattelpunkte setzen wir die erste Ableitung gleich Null

$$y' = f'(x) = 4x^3 = 0\,, \tag{348}$$

woraus folgt

$$x = 0$$

sowie über Gl. (347)

$$y = 0\,.$$

Die zweite Ableitung $f''(x) = 12x^2$ sowie die dritte Ableitung $f'''(x) = 24x$ werden an dieser Stelle ebenfalls gleich Null. Erst die vierte Ableitung, $f^{(4)}(x) = 24$ ist von Null verschieden. Da vier eine gerade Zahl ist, schließen wir daraus, daß am betrachteten Punkt ein Extremum vorliegt. Da insbesondere $f^{(4)}(x) = 24 > 0$ ist, handelt es sich um ein Minimum. Der Verlauf der Funktion ist in Abb. 24 (ausgezogene Kurve) dargestellt.

Als letztes betrachten wir noch die Funktion

$$y = x^5 . \tag{349}$$

Indem wir die erste Ableitung gleich Null setzen, erhalten wir

$$y' = f'(x) = 5x^4 = 0 , \tag{350}$$

was $x = 0$ und über Gl. (349) $y = 0$ ergibt. $y'' = 20x^3$ ist für diesen x-Wert Null, so daß wieder die höheren Ableitungen bestimmt werden müssen. Es ergibt sich $y''' = 60x^2$, $y^{(4)} = 120x$ und $y^{(5)} = 120$. Die niedrigste Ableitung, die für $x = 0$ nicht verschwindet, ist also die fünfte. Da fünf eine ungerade Zahl ist, liegt im Punkt $x = 0$, $y = 0$ ein Sattelpunkt vor. Der Verlauf dieser Funktion ist in Abb. 24 (gestrichelte Kurve) skizziert.

Bei der Berechnung von Maxima und Minima kann man statt der unmittelbar gegebenen Funktion zur Vereinfachung der Rechnung auch eine entsprechende abgeänderte Funktion untersuchen. Wir fragen z. B. nach dem Maximum von

$$y = \frac{1}{\sqrt{x^2 - x + 1}} .$$

Das Maximum dieser Funktion wird bei denjenigen x-Werten liegen, bei denen der im Nenner auftretende Ausdruck $x^2 - x + 1$ ein Minimum besitzt. Wir bestimmen daher an Stelle des Maximums von y das Minimum der Funktion

$$z = x^2 - x + 1 ,$$

was rechnerisch bedeutend einfacher ist. Aus $dz/dx = 2x - 1 = 0$ folgt $x = 0{,}5$. Da $d^2z/dx^2 = 2 > 0$ ist, handelt es sich tatsächlich bei $x = 0{,}5$ um ein Minimum von z, also ein Maximum von y.

6. Andere Extremwertaufgaben

Die Berechnung von Maxima und Minima ist nicht nur bei Kurvendiskussionen sondern auch für verschiedene andere wissenschaftliche und technische Probleme von Interesse. Als Beispiel sei die folgende Aufgabe angeführt.

Welche Form muß ein zylindrischer Behälter vom Volumen 1000 m^3 besitzen, damit das Material für die Herstellung des Behälters möglichst gering ist? In anderen Worten: Wie muß man bei einem Zylinder den Radius r der Grundfläche und die Höhe h wählen, damit bei einem vorgegebenen Volumen $V =$ 1000 m^3 die Oberfläche ein Minimum wird? Um eine derartige Aufgabe zu lösen, stellt man zunächst die Bestimmungsgleichung für diejenige Größe auf, die ein Extremum werden soll, in unserem Fall also für die Oberfläche O!

$$O = 2r^2\pi + 2r \cdot \pi \cdot h . \tag{351}$$

Diese Größe ist hier eine Funktion von zwei Variablen r und h. Wir eliminieren nun eine der beiden mit Hilfe der Bedingung, daß V vorgegeben ist. Es gilt:

$$\begin{aligned} V &= r^2\pi h \\ h &= \frac{V}{r^2\pi} . \end{aligned} \tag{352}$$

Wir setzen dieses Resultat in Gl. (351) ein und erhalten

$$O = 2r^2\pi + 2 \cdot r \cdot \pi \frac{V}{r^2\pi} = 2r^2\pi + \frac{2V}{r} .$$

Jetzt haben wir die Oberfläche O als Funktion einer einzigen Variablen r dargestellt, da ja V vorgegeben ist. Um festzustellen, für welchen Radius r die Oberfläche ein Minimum ist, muß man die Ableitung $\frac{dO}{dr}$ bilden und gleich Null setzen:

$$\frac{dO}{dr} = 4r\pi - \frac{2V}{r^2} = 0 \tag{353}$$

$$4r^3\pi - 2V = 0$$

$$r = \sqrt[3]{\frac{V}{2\pi}}. \tag{354}$$

Mit $V = 1000\,\mathrm{m}^3$ erhalten wir daraus $r \approx 5{,}4\,\mathrm{m}$ und mit Hilfe von Gl. (352) $h \approx 10{,}8\,\mathrm{m}$. Um sicher zu gehen, daß ein Minimum und nicht ein Maximum oder Sattelpunkt vorliegt, müssen wir noch nachweisen, daß $\frac{d^2O}{dr^2}$ größer als Null ist. Man erhält mit Hilfe von Gl. (353)

$$\frac{d^2O}{dr^2} = 4 \cdot \pi + \frac{4V}{r^3} = 4\pi + \frac{4V}{\frac{V}{2\pi}} = 12\pi > 0\,.$$

Fragen und Aufgaben

1. Was versteht man unter einem Maximum, einem Minimum, einem Wendepunkt und einem Sattelpunkt? Nenne hinreichende Bedingungen für die Funktion an diesen Punkten.
2. Diskutiere den Verlauf der Funktion $y = \frac{1}{8}(35x^4 - 30x^2 + 3)$, die als Legendresches Polynom P_4 bezeichnet wird (siehe auch Gl. (XV.162)).
3. Diskutiere den Verlauf der Funktionen $y = x^3$ und $y = e^{-\frac{1}{x^2}}$.
4. Die Frequenzabhängigkeit des Brechungsindex n eines Stoffes, in dem nur eine einzige Normalschwingung der Bausteine auftritt, ist durch die Beziehung

$$\frac{n^2 - 1}{n^2 + 2} = \frac{A}{\sqrt{(\nu^2 - \nu_0^2)^2 + a\nu^2}}$$

gegeben. ν_0 ist die Frequenz der Normalschwingung, ν die Meßfrequenz. A und a sind zwei Konstanten. Diskutiere die Abhängigkeit des Ausdruckes $z = (n^2 - 1)/(n^2 + 2)$ von ν.
5. Welche Form hat ein Rechteck, das bei einem vorgegebenen Umfang den größtmöglichen Flächeninhalt besitzen soll?

XI. Differential- und Integralrechnung von Funktionen mehrerer Veränderlicher

A. Differentiation

1. Begriff der partiellen Ableitung

Gegeben sei eine Funktion von zwei Veränderlichen

$$z = f(x, y). \tag{1}$$

Die Größe y sei vorübergehend konstant gehalten, so daß $f(x, y)$ nur eine Veränderliche, nämlich x, enthält. Wir bilden nun den Grenzwert

$$f_x = \lim_{\Delta x \to 0} \frac{f(x + \Delta x, y) - f(x, y)}{\Delta x}. \tag{2}$$

Falls dieser Grenzwert existiert, stellt er, wie ein Vergleich mit Gl. (X, 4) zeigt, die Ableitung der Funktion $f(x, y)$ nach x bei konstant gehaltenem y dar. Man nennt ihn die *partielle Ableitung nach* x. Statt f_x kann man auch die Bezeichnungen

$$z_x, \quad \frac{\partial f}{\partial x} \quad \text{oder} \quad \frac{\partial z}{\partial x} \tag{3}$$

verwenden. Das zuletzt angeführte Symbol bezeichnet man auch als *partiellen Differentialquotienten* in Analogie zum gewöhnlichen Differentialquotienten Gl. (X, 6).

Die partielle Ableitung f_x ist eine Funktion von x und y, so daß man bisweilen auch schreibt $f_x(x, y)$. Sie hat eine einfache anschauliche Bedeutung: Die Funktion $z = f(x, y)$ wird im allgemeinen durch eine Fläche dargestellt (s. z. B. Abb. 1 a). Setzt man y gleich einer Konstanten y_0, so werden die Funktionswerte durch eine Kurve dieser Fläche wiedergegeben, die man als deren Schnitt mit der Ebene $y = y_0$ erhält (Kurve k_1 in Abb. 1 b). An jeden Punkt dieser Kurve kann man nun eine Tangente t_1 legen, die parallel zur x, z-Ebene liegt. Ein Vergleich mit den an Hand der Abb. X, 2 angestellten Betrachtungen zeigt nun: Die partielle Ableitung $f_x(x_0, y_0)$ gibt die Steigung dieser Tangenten am Punkt $P(x_0, y_0)$ gegen eine Parallele zur x-Achse an. Man sagt statt dessen kürzer: $f_x(x_0, y_0)$ *gibt die Steigung der Fläche an der Stelle* x_0, y_0 *in Richtung der* x*-Achse an.*

In gleicher Weise kann man die partielle Ableitung nach y definieren

$$f_y = \lim_{\Delta y \to 0} \frac{f(x, y + \Delta y) - f(x, y)}{\Delta y}, \tag{4}$$

für die man auch die Symbole

$$z_y, \quad \frac{\partial f}{\partial y} \quad \text{oder} \quad \frac{\partial z}{\partial y} \tag{5}$$

verwendet. $f_y(x_0, y_0)$ *gibt die Steigung der Fläche* $z = f(x, y)$ *an der Stelle* x_0, y_0 *in Richtung der* y*-Achse an* (s. Abb. 1 c).

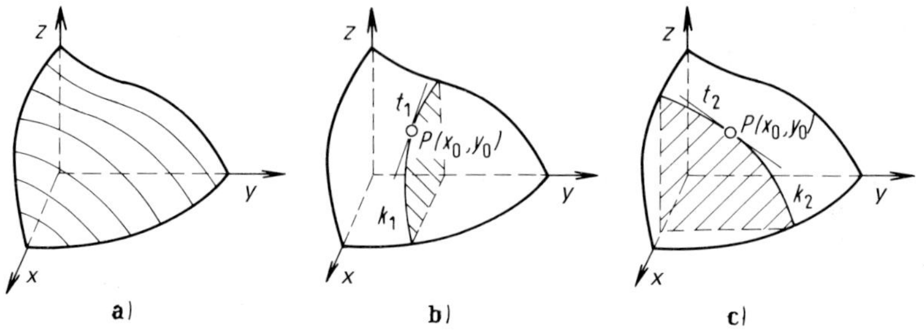

Abb. 1. Zur Definition der partiellen Ableitungen.

Die partiellen Ableitungen werden auf Grund der obigen Ausführungen nach den gleichen Regeln wie die Ableitungen von Funktionen einer Veränderlichen gebildet; diejenige Veränderliche, nach der nicht abgeleitet wird, betrachtet man jeweils als konstant. Bei der Bildung der partiellen Ableitung können wir uns daher auf alle im vorigen Kapitel angegebenen Regeln und Gesetze des Differenzierens stützen.

Als erstes Beispiel betrachten wir die Funktion

$$z = x^2 + y^2, \tag{6}$$

die durch das in Abb. 2 dargestellte Rotationsparaboloid graphisch dargestellt wird. Wir fassen den Punkt mit den Koordinaten $x = 1$, $y = 0$ ins Auge und fragen nach den Steigungen des Rotationsparaboloids an dieser Stelle in Richtung der x- und der y-Achse. Indem man die Funktion nach x ableitet und dabei y als Konstante ansieht, erhält man

$$f_x = 2x.$$

Setzt man noch die angegebenen Werte für x und y ein, so ergibt sich

$$f_x(1,0) = 2.$$

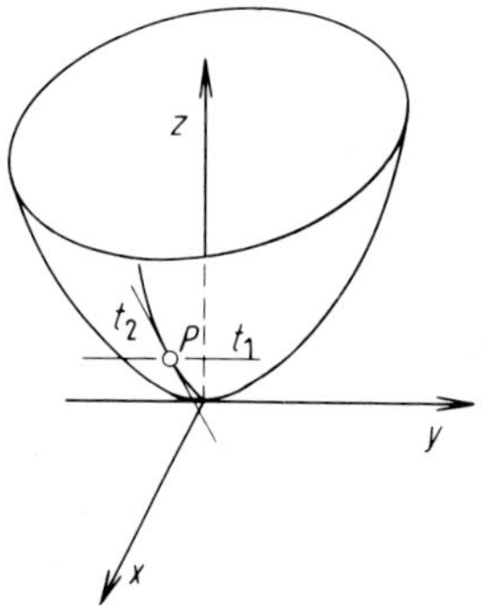

Abb. 2. Die durch Gl. (6) gegebene Fläche mit zwei Tangenten im Punkt P.

Dies ist die Steigung der Fläche in Richtung der x-Achse, also die Steigung der in der Abbildung eingezeichneten Tangente t_2. Wir leiten nun noch die gegebene Funktion bei konstant gehaltenem x nach y ab und erhalten

$$f_y = 2y$$

bzw.

$$f_y(1,0) = 0.$$

Dies ist die Steigung der Fläche in Richtung der y-Achse, also die Steigung der in der Abbildung mit t_1 bezeichneten Tangente, die parallel zur y-Achse liegt.

Als nächstes suchen wir die partiellen Ableitungen der Funktion

$$z = x \sin y + y e^x \tag{7}$$

auf. Indem wir y wie eine Konstante behandeln, erhalten wir für die Ableitung nach x

$$z_x = \sin y + y e^x .$$

Für die Ableitung nach y bei konstant gehaltenem x finden wir

$$z_y = x \cos y + e^x .$$

Die Funktion

$$z = \ln xy + x\sqrt{xy + y} \tag{8}$$

ergibt in gleicher Weise unter Verwendung der Kettenregel sowie der Regel für die Differentiation von Produkten die Ableitungen

$$z_x = \frac{1}{x \cdot y} \cdot y + \sqrt{xy + y} + x \frac{1}{2\sqrt{xy + y}} \cdot y = \frac{1}{x} + \sqrt{xy + y} + \frac{xy}{2\sqrt{xy + y}} \tag{9}$$

sowie

$$z_y = \frac{1}{x \cdot y} x + \frac{x + 1}{2\sqrt{xy + y}} x = \frac{1}{y} + \frac{x(x + 1)}{2\sqrt{xy + y}} . \tag{10}$$

In analoger Weise wie bei zwei unabhängigen Variablen kann man auch die partiellen Ableitungen von Funktionen von mehr als zwei Veränderlichen definieren. Die Funktion $z = f(x_1, x_2, x_3, x_4)$ z. B. besitzt vier partielle Ableitungen f_{x_1}, f_{x_2}, f_{x_3} und f_{x_4}.

2. Höhere Ableitungen; Satz von Schwarz

Die partiellen Ableitungen f_x und f_y einer Funktion $z = f(x, y)$ sind selbst wieder Funktionen von x und y. Wenn man diese Funktionen noch einmal nach x bzw. y partiell ableitet, so erhält man die sog. *partiellen Ableitungen zweiter Ordnung*, die man mit f_{xx}, f_{xy}, f_{yx}, f_{yy} bezeichnet. *Die Indizes geben die vorgenommenen Ableitungen in der entsprechenden Reihenfolge an.* Nach dem gleichen Prinzip bezeichnet man auch die partiellen Ableitungen dritter Ordnung usw. Beispielsweise bedeutet der Ausdruck f_{xyyx}, daß die Funktion f zunächst partiell nach x, dann zweimal hintereinander partiell nach y und schließlich noch einmal partiell nach x abgeleitet wurde. Statt des Zeichens f kann man auch den Buchstaben z mit den entsprechenden Indizes schreiben, im vorgegebenen Beispiel also z_{xyyx}. Ferner kann man die höheren partiellen Ableitungen auch in Form von partiellen Differentialquotienten angeben. Es ist z. B.

$$f_{xx} = \frac{\partial^2 z}{\partial x^2}, \quad f_{xy} = \frac{\partial^2 z}{\partial y \partial x}, \quad f_{xyyx} = \frac{\partial^4 z}{\partial x \, \partial y^2 \, \partial x} . \tag{11}$$

Treten bei einer Ableitung höherer Ordnung sowohl Ableitungen nach x als auch nach y auf, so spricht man von einer *gemischten Ableitung*. Wird dagegen ausschließlich nach der gleichen Variablen mehrfach abgeleitet, so spricht man von einer *reinen Ableitung*. Bei der Bildung der gemischten Ableitungen gilt der folgende

Satz von Schwarz: Sind in einem gewissen Bereich G die Ableitungen f_{xy} und f_{yx} stetige Funktionen von x und y, so ist

$$f_{xy} = f_{yx} . \qquad (12)$$

Es kommt also dann nicht auf die Reihenfolge der Ableitungen an. Auf den allgemeinen Beweis dieses Satzes verzichten wir und bringen statt dessen lediglich einige Beispiele für seine Gültigkeit.

Die Funktion

$$z = xy^2 + \sin y \cdot \cos xy \qquad (13)$$

besitzt die Ableitungen

$$z_x = y^2 - y \sin y \cdot \sin xy, \quad z_y = 2xy + \cos y \cdot \cos xy - x \cdot \sin y \cdot \sin xy$$

$$z_{xy} = 2y - \sin y \cdot \sin xy - y \cdot \cos y \cdot \sin xy - xy \cdot \sin y \cdot \cos xy$$

$$z_{xy} = 2y - y \cdot \cos y \cdot \sin xy - \sin y \cdot \sin xy - xy \cdot \sin y \cdot \cos xy$$

Es gilt, wie man leicht erkennt, $z_{xy} = z_{yx}$.

Die Funktion

$$z = a\sqrt{x + 2y} + x \cdot e^y \qquad (14)$$

hat die Ableitungen

$$z_x = \frac{a}{2\sqrt{x + 2y}} + e^y, \quad z_y = \frac{2a}{2\sqrt{x + 2y}} + x \cdot e^y$$

$$z_{xy} = -\frac{2a}{4(\sqrt{a + 2y})^3} + e^y, \quad z_{yx} = -\frac{2a}{4(\sqrt{a + 2y})^3} + e^y.$$

Daraus folgt wieder $z_{xy} = z_{yx}$.

Der Satz von Schwarz gilt auch für höhere Ableitungen: *Ist eine Funktion $f(x,y)$ k-mal stetig differenzierbar, so sind die gemischten Ableitungen bis zur k-ten Ordnung von der Reihenfolge der Differentiation unabhängig.* Des weiteren ist er *auch bei Funktionen von mehr als zwei Variablen gültig.* Besitzt z. B. die Funktion $f(x_1, x_2, x_3, x_4, x_5)$ stetige partielle Ableitungen bis zur dritten Ordnung, so kann man schreiben

$$f_{x_1x_3x_2} = f_{x_1x_2x_3} = f_{x_3x_1x_2} = f_{x_3x_2x_1} = f_{x_2x_3x_1} .$$

3. Allgemeine Betrachtungen über die partiellen Ableitungen sowie über die Existenz einer Tangentialebene

Nachdem wir die partielle Differentiation definiert und durch Rechenbeispiele erläutert haben, müssen wir noch einige mehr grundsätzliche Betrachtungen anstellen.

Als erstes erhebt sich die Frage, ob man allgemeine Bedingungen angeben kann, unter denen die partiellen Ableitungen einer Funktion, also die durch die Gln. (2) und (4) angegebenen Grenzwerte, existieren. Die Antwort ist nein. Man kann zwar z. B. beweisen, daß Funktionen, die partielle Ableitungen besitzen, stetig sind; die Umkehrung dieser Aussage, wonach stetige Funktionen immer partielle Ableitungen besitzen würden, gilt dagegen nicht. *Partielle Ableitungen zu besitzen, ist eine eigene*

Eigenschaft einer Funktion, die für jede Funktion nachgewiesen werden muß. Die von uns verwendeten Funktionen besitzen allerdings alle partielle Ableitungen, was daraus folgt, daß die partielle Differentiation auf die gewöhnliche Differentiation zurückgeführt wird, und die Existenz der gewöhnlichen Ableitungen im letzten Kapitel bewiesen wurde.

Eine weitere wichtige Frage ist die folgende: Unter welchen Bedingungen liegen alle Tangenten, die man an den Punkt einer Fläche anlegen kann, in einer Ebene, die man dann als Tangentialebene bezeichnet? Als erstes muß festgestellt werden: *Aus der Tatsache, daß f_x und f_y an einer Stelle x_0, y_0 existieren, folgt noch nicht die Existenz einer Tangentialebene im entsprechenden Flächenpunkt.*

Betrachten wir hierzu die folgende Funktion: Durch die Gleichungen

$$z = 0 \quad \text{für} \quad x = 0 \quad \text{und} \quad y = 0 \tag{15a}$$

und

$$z = |x| \quad \text{für} \quad x - y = 0 \quad \text{und} \quad x + y = 0 \tag{15b}$$

werden zunächst vier Geraden im Raum gegeben. Zwischen den Geraden ist die Funktion so definiert, daß sie durch Ebenen dargestellt wird, die durch die angegebenen Geraden begrenzt werden. Man erhält dann die in Abb. 3 dargestellte Fläche, die aus acht dreieckigen Ebenenstücken besteht (ähnlich dem „Himmel-Hölle-Spiel").

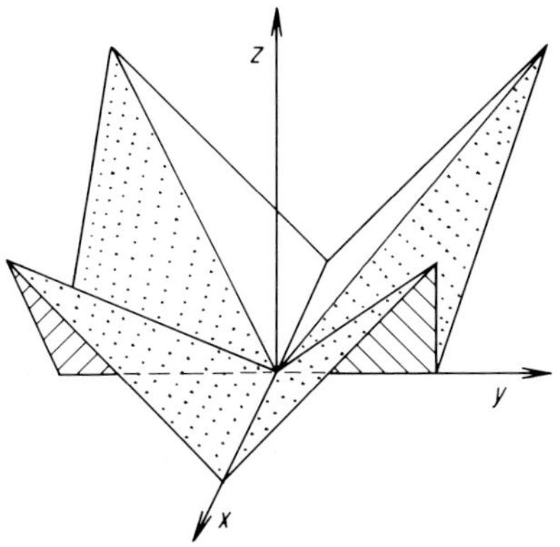

Abb. 3. Beispiel für eine Funktion, die am Punkt (0,0) keine Tangentialebene besitzt.

An der Stelle $x = 0$, $y = 0$ existieren die partiellen Ableitungen. Sie lauten

$$f_x = 0 \quad \text{und} \quad f_y = 0\,. \tag{16}$$

Trotzdem gibt es an dieser Stelle keine Tangentialebene.

Es gilt nun der folgende Satz, den wir ohne Beweis anführen: *Notwendig und hinreichend für die Existenz einer Tangentialebene in einem Punkt P ist, daß die partiellen Ableitungen in P existieren und stetig sind.* Wenn an einem Punkt eine Tangentialebene existiert, so sagt man, die Funktion sei an der entsprechenden Stelle *differenzierbar*. Die Differenzierbarkeit ist von größter Wichtigkeit für das im folgenden Abschnitt eingeführte totale Differential. Wieder können wir anführen, daß die von uns behandelten Funktionen gewöhnlich stetige Ableitungen und damit Tangentialebenen im gesamten Definitionsbereich besitzen.

Als Beispiel betrachten wir die Funktion $z = x^2 + y^2$. Die partiellen Ableitungen $z_x = 2x$ und $z_y = 2y$ sind überall stetig. Man kann also an die Fläche, die die gegebene Funktion darstellt, überall eine Tangentialebene anlegen. Dies ist auch anschaulich erkennbar, wenn man bedenkt, daß die gegebene Funktion durch das in Abb. 2 dargestellte Rotationsparaboloid dargestellt wird.

4. Das totale Differential

Wir betrachten die Fläche, die durch die Funktion $z = f(x, y)$ dargestellt wird, und nehmen an, daß im Punkt $P(x,y,z)$ auf dieser Fläche eine Tangentialebene T angelegt werden kann. Es soll sich nun x um dx, y um dy und z um dz ändern. Dadurch kommt man auf der Tangentialebene zu einem Punkt P' (s. Abb. 4). Den Unterschied der z-Koordinaten der Punkte P' und P bezeichnet man mit dz und nennt ihn das *totale* oder *vollständige Differential* von z. Da die Tangentialebene in x-Richtung die Steigung f_x und in y-Richtung die Steigung f_y hat, gilt

$$dz = f_x dx + f_y dy \tag{17}$$

oder, in anderer Bezeichnungsweise

$$dz = \frac{\partial z}{\partial x} dx + \frac{\partial z}{\partial y} dy . \tag{18}$$

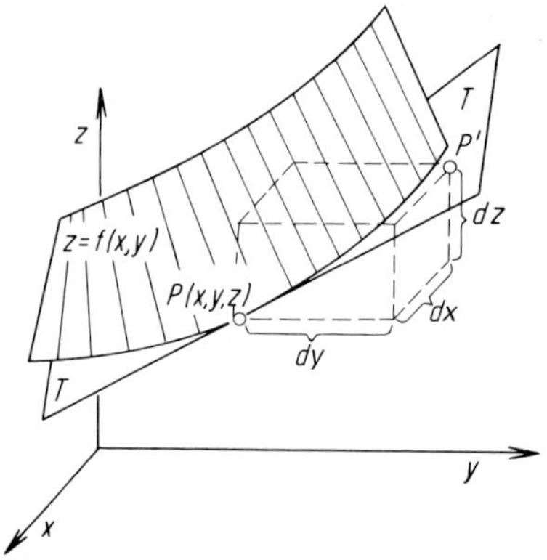

Abb. 4. Zur Definition des vollständigen Differentials.

Wie schon bei den Funktionen von einer Veränderlichen können auch hier die Differentiale dx, dy und dz beliebig groß sein. Je kleiner dx und dy gemacht werden, desto genauer stimmt die Änderung auf der Tangentialebene, dz, mit der Änderung auf der Fläche selbst, die wir mit Δz bezeichnen, überein. Indem wir, in Analogie zu den Verhältnissen im eindimensionalen Falle (Gl. (X, 104)), statt dx und dy die Symbole Δx und Δy verwenden, erhalten wir dann

$$\Delta z = f(x + \Delta x, y + \Delta y) - f(x, y) \approx f_x \Delta x + f_y \Delta y . \tag{19}$$

Es soll ausdrücklich darauf hingewiesen werden, daß die Gln. (17) bis (19) nur sinnvoll sind, wenn eine Tangentialebene existiert. Das ist gemäß den Ausführungen des Abschn. 3 der Fall, wenn die Ableitungen f_x und f_y stetige Funktionen von x *und* y sind.

Wenn die Funktion auch stetige Ableitungen höherer Ordnung hat, so kann man *totale Differentiale höherer Ordnung* bilden. Es gilt z. B.

$$d^2 z = d(dz) = d\left(\frac{\partial z}{\partial x} dx + \frac{\partial z}{\partial y} dy\right) = \frac{\partial}{\partial x}\left(\frac{\partial z}{\partial x} dx + \frac{\partial z}{\partial y} dy\right) dx +$$

$$+ \frac{\partial}{\partial y}\left(\frac{\partial z}{\partial x} dx + \frac{\partial z}{\partial y} dy\right) dy = \frac{\partial^2 z}{\partial x^2} dx^2 + \frac{\partial^2 z}{\partial x \, \partial y} dx\, dy +$$

$$+ \frac{\partial^2 z}{\partial y \, \partial x} dy\, dx + \frac{\partial^2 z}{\partial y^2} dy^2 .$$

Mit Hilfe des Satzes von Schwarz ergibt sich daraus

$$d^2 z = \frac{\partial^2 z}{\partial x^2} dx^2 + 2 \frac{\partial^2 z}{\partial x \, \partial y} dx\, dy + \frac{\partial^2 z}{\partial y^2} dy^2 . \tag{20}$$

Die Betrachtungen über Differenzierbarkeit und Differentiale lassen sich auch auf Funktionen von mehreren Veränderlichen $z = f(x_1, x_2, \ldots, x_m)$ übertragen. Es gilt z. B.

$$dz = \frac{\partial z}{\partial x_1} dx_1 + \frac{\partial z}{\partial x_2} dx_2 + \cdots + \frac{\partial z}{\partial x_m} dx_m = \sum_{i=1}^{m} \frac{\partial z}{\partial x_i} dx_i . \tag{21}$$

Der Ausdruck, der ein vollständiges Differential beliebig hoher Ordnung wiedergibt, läßt sich in sehr übersichtlicher Weise schreiben, wenn man die Ausdrücke $\frac{\partial}{\partial x}$, $\frac{\partial}{\partial y}$ usw. einführt und vereinbart, daß z. B.

$$\frac{\partial}{\partial x} z = \frac{\partial z}{\partial x} \quad \text{und} \quad \frac{\partial}{\partial x} \cdot \frac{\partial}{\partial y} z = \frac{\partial^2}{\partial x \, \partial y} z = \frac{\partial^2 z}{\partial x \, \partial y} \tag{22}$$

ist. Man nennt diese Ausdrücke *Operatoren der partiellen Differentiation* (s. auch Abschn. XIV D). Es gilt dann allgemein, wie man leicht mit Hilfe der bereits angegebenen Gleichungen nachprüfen kann,

$$d^n z = \left(\sum_{i=1}^{m} dx_i \frac{\partial}{\partial x_i}\right)^n z . \tag{23}$$

Man muß bei der Schreibweise mit Operatoren die dx_i jeweils vor den Operator setzen, da z. B. $\frac{\partial}{\partial x_i} dx_i$ bedeuten würde, daß man dx_i differenzieren soll, was ja nicht der Fall ist. Im Spezialfall, daß nur zwei Variable vorliegen, folgt aus Gl. (23)

$$d^n z = \left(dx \frac{\partial}{\partial x} + dy \frac{\partial}{\partial y}\right)^n z = \sum_{i=1}^{n} \binom{n}{i} \frac{\partial^n z}{\partial x^i \partial y^{n-i}} (dx)^i (dy)^{n-i} . \tag{24}$$

Für manche Fälle ist es zweckmäßig, statt dz das Symbol df zu verwenden und entsprechend statt $\partial z/\partial x$ das Symbol f_x usw. Gl. (24) geht dann über in

$$d^n f = \sum_{i=1}^{n} \binom{n}{i} f_{x^i y^{n-i}} (dx)^i (dy)^{n-i} . \tag{25}$$

Als Beispiel berechnen wir das totale Differential erster und zweiter Ordnung der Funktion $z = xy + y \sin x$. Es ergibt sich

$$dz = \frac{\partial z}{\partial x} dx + \frac{\partial z}{\partial y} dy = (y + y\cos x)\,dx + (x + \sin x)\,dy$$

$$d^2 z = \frac{\partial^2 z}{\partial x^2} dx^2 + 2\frac{\partial^2 z}{\partial x\,\partial y} dx\,dy + \frac{\partial^2 z}{\partial y^2} dy^2 =$$
$$= -y \sin x\, dx^2 + 2(1 + \cos x)\, dx\, dy.$$

5. Differentiation mittelbarer Funktionen

Wir betrachteten den Fall, daß die Größe z eine Funktion zweier Variablen u und v ist

$$z = f(u,v), \tag{26}$$

wobei u und v selbst wieder Funktionen von zwei weiteren Größen x und y sind,

$$\begin{aligned} u &= \varphi(x,y) \\ v &= \psi(x,y). \end{aligned} \tag{27}$$

Für jedes Wertepaar von x und y erhält man dann über die Gln. (27) bestimmte Werte für u und v und über Gl. (26) einen bestimmten Wert für z. Man sagt daher, daß z im vorliegenden Fall eine *mittelbare* oder *zusammengesetzte Funktion* von x und y sei. Wenn man in Gl. (26) für u und v die in den *Gln.* (27) gegebenen Ausdrücke einsetzt, so erhält man z als *unmittelbare Funktion* von x und y

$$z = f(u,v) = f(\varphi(x,y), \psi(x,y)) = F(x,y). \tag{28}$$

Ein Beispiel für eine mittelbare Funktion ist durch

$$z = e^u \sin v \tag{29}$$

mit

$$u = x^2 + y \quad \text{und} \quad v = x - y^2 \tag{30}$$

gegeben. Durch Einsetzen der Ausdrücke für u und v in Gl. (29) ergibt sich

$$z = e^{x^2+y} \sin(x - y^2). \tag{31}$$

Es fragt sich nun, wie man eine mittelbare Funktion differenziert. Hierzu gilt der folgende Satz: Wenn $z = f(u,v)$ ist mit $u = \varphi(x,y)$ und $v = \psi(x,y)$ und wenn die Funktionen f, φ und ψ differenzierbar sind, so ist

$$\begin{aligned} \frac{\partial z}{\partial x} &= \frac{\partial z}{\partial u}\frac{\partial u}{\partial x} + \frac{\partial z}{\partial v}\frac{\partial v}{\partial x} \\ \frac{\partial z}{\partial y} &= \frac{\partial z}{\partial u}\frac{\partial u}{\partial y} + \frac{\partial z}{\partial v}\frac{\partial y}{\partial y}. \end{aligned} \tag{32}$$

Man bezeichnet diese Gleichungen als die *Kettenregel* für Funktionen von mehreren Veränderlichen. Auf den Beweis dieser Gleichungen verzichten wir.

Als Beispiel differenzieren wir die durch Gl. (29) zusammen mit den Gln. (30) gegebene mittelbare Funktion. Die Gln. (32) ergeben in diesem Fall

$$\frac{\partial z}{\partial x} = e^u \sin v \cdot 2x + e^u \cos v \cdot 1 = 2x\,e^{x^2+y} \sin(x - y^2) + e^{x^2+y} \cos(x - y^2)$$

$$\frac{\partial z}{\partial y} = e^u \sin v \cdot 1 + e^u \cos v(-2y) = e^{x^2+y} \sin(x - y^2) - 2y\,e^{x^2+y} \cos(x - y^2).$$

Man kann sich leicht davon überzeugen, daß man das gleiche Resultat erhält, wenn man unmittelbar Gl. (31) partiell ableitet.

Die Kettenregel gilt nicht nur bei zwei Veränderlichen, sondern auch für beliebig viele Variable. In ihrer allgemeinen Form lautet sie: *Ist*

$$z = f(u_1, u_2, \ldots, u_m) \tag{33}$$

mit

$$\begin{aligned} u_1 &= \varphi_1(x_1, x_2, \ldots, x_n), \\ u_2 &= \varphi_2(x_1, x_2, \ldots, x_n), \\ &\vdots \\ u_m &= \varphi_m(x_1, x_2, \ldots, x_n) \end{aligned} \tag{34}$$

und sind $f, \varphi_1, \varphi_2, \ldots, \varphi_m$ *differenzierbare Funktionen, so gilt für die partiellen Ableitungen von z nach den einzelnen* x_k

$$\frac{\partial z}{\partial x_k} = \sum_{i=1}^{m} \frac{\partial z}{\partial u_i} \cdot \frac{\partial u_i}{\partial x_k} \qquad k = 1, 2, \ldots, n. \tag{35}$$

Im Sonderfall, daß n gleich eins ist, schreibt man statt x_k einfach x und an Stelle der partiellen Ableitungen nach x die gewöhnliche Ableitung. Man erhält

$$\frac{dz}{dx} = \sum_{i=1}^{m} \frac{\partial z}{du_i} \frac{du_i}{dx}. \tag{36}$$

Die Kettenregel wird mit großem Vorteil verwendet, um komplizierter aufgebaute Ausdrücke abzuleiten. Wir erläutern das im folgenden an Hand einiger Beispiele.

Um die Funktion

$$z = \sin(x^2 + y^2) \tag{37}$$

abzuleiten, setzt man

$$u = x^2 + y^2,$$

führt also nur eine einzige Zwischenvariable ein. Unter Berücksichtigung, daß $m = 1$ ist, ergeben dann die Gln. (35)

$$\frac{\partial z}{\partial x} = \frac{\partial z}{\partial u} \frac{\partial u}{\partial x} = \cos u \cdot 2x = 2x \cos(x^2 + y^2)$$

und

$$\frac{\partial z}{\partial y} = \frac{\partial z}{\partial u} \frac{\partial u}{\partial y} = \cos u \cdot 2y = 2y \cos(x^2 + y^2).$$

Um die Funktion

$$z = e^{x^2 \sin^2 y + 2xy \sin x + y^2} \tag{38}$$

abzuleiten, setzt man

$$u_1 = x^2 \sin^2 y$$

$$u_2 = 2xy \sin x$$

und

$$u_3 = y^2.$$

Es wird dann $z = e^{u_1+u_2+u_3}$. Wir erkennen, daß $n = 2$ und $m = 3$ ist, und erhalten mit Hilfe der Gln. (35)

$$\frac{\partial z}{\partial x} = e^{u_1+u_2+u_3} 2x\sin^2 y + e^{u_1+u_2+u_3}(2y\sin x + 2xy\cos x) +$$
$$+ e^{u_1+u_2+u_3}\cdot 0 = e^{x^2\sin^2 y + 2xy\sin x + y^2}(2x\sin^2 y + 2y\sin x + 2xy\cos x).$$

Für die andere Ableitung ergibt sich in ähnlicher Weise

$$\frac{\partial z}{\partial y} = e^{x^2\sin^2 y + 2xy\sin x + y^2}(2x^2\sin y\cos y + 2x\sin x + 2y).$$

Wir wollen noch ein Beispiel zu Gl. (36) anführen. Es soll die Funktion

$$y = x^2 \sin\sqrt{1 + x^2} \tag{39}$$

differenziert werden. Wir setzen

$$u_1 = x^2 \quad \text{und} \quad u_2 = \sqrt{1 + x^2}\,,$$

so daß

$$y = u_1 \sin u_2$$

wird. Man erhält dann mit Hilfe von Gl. (36)

$$\frac{\partial y}{\partial x} = \sin u_2 \cdot 2x + u_1\cos u_2 \cdot \frac{2x}{\sqrt{1+x^2}} = 2x\sin\sqrt{1+x^2} + \frac{x^3}{\sqrt{1+x^2}}\cos\sqrt{1+x^2}.$$

Die Kettenregel wird auch verwendet, wenn man neue unabhängige Variable einführt und dann nach diesen differenzieren möchte. Nehmen wir an, es ist eine Funktion $z = f(x, y)$ gegeben. Wir führen nun Polarkoordinaten r und φ über die Gleichungen

$$x = r\cos\varphi$$
$$y = r\sin\varphi$$

ein. x und y übernehmen dann die Rolle von u und v in den Gln. (26) und (27), und r und φ die von x und y in diesen Gleichungen. Wir erhalten mit Hilfe der Gln. (32)

$$\begin{aligned} \frac{\partial z}{\partial r} &= \frac{\partial z}{\partial x}\frac{\partial x}{\partial r} + \frac{\partial z}{\partial y}\frac{\partial y}{\partial r} = \frac{\partial z}{\partial x}\cos\varphi + \frac{\partial z}{\partial y}\sin\varphi \\ \frac{\partial z}{\partial \varphi} &= \frac{\partial z}{\partial x}\frac{\partial x}{\partial \varphi} + \frac{\partial z}{\partial y}\frac{\partial y}{\partial \varphi} = -\frac{\partial z}{\partial x} r\sin\varphi + \frac{\partial z}{\partial y} r\cos\varphi. \end{aligned} \tag{40}$$

6. Differentiation impliziter Funktionen

Wir betrachten eine Gleichung der Form

$$F(x, y) = 0. \tag{41}$$

In vielen Fällen kann man eine solche Gleichung nach y auflösen, so daß man erhält

$$y = f(x). \tag{42}$$

Man nennt dann $F(x, y)$ die *implizite Darstellung* der Funktion $y = f(x)$ und $y = f(x)$ die *explizite Darstellung* dieser Funktion. Setzt man $f(x)$ in $F(x, y)$ für y ein, so ergibt sich

$$F(x, f(x)) \equiv 0, \tag{43}$$

wobei das Zeichen „≡“ *identisch gleich* heißt und bedeutet, daß sich auf der linken Seite alle Glieder wegheben, so daß man Null erhält.

Z. B. ergibt die implizite Funktion

$$y^2 - x = 0 \tag{44}$$

bei Auflösung nach y

$$y = \pm \sqrt{x}. \tag{45}$$

Setzt man dies in Gl. (44) ein, so erhält man $(\pm \sqrt{x})^2 - x \equiv 0$, da sich die beiden Glieder mit x auf der linken Seite wegheben.

Nicht immer ergibt die Auflösung von Gl. (41) nach y einen echten funktionellen Zusammenhang der Form $y = f(x)$. Wenn man z. B. die Gleichung

$$y^2 + x^2 + 1 = 0 \tag{46}$$

nach y auflöst, erhält man

$$y = \pm\sqrt{-x^2 - 1}. \tag{47}$$

Diese Gleichung gibt zwar rein formal y als Funktion von x an, tatsächlich erhält man aber, wie man leicht feststellen kann, für keinen reellen Wert von x einen reellen Wert für y.

Von besonderem Interesse ist der Fall, daß die Beziehung $F(x,y) = 0$ nicht nach y auflösbar ist. Ein Beispiel hierfür stellt die Gleichung $\sin y + x \ln x + y = 0$ dar. Auch in einem solchen Fall ist es möglich, daß $F(x,y) = 0$ eine Funktion $y = f(x)$ definiert. Man erhält dann die zusammengehörigen Werte von x und y dadurch, daß man in die Beziehung $F(x,y) = 0$ für x der Reihe nach verschiedene Werte einsetzt und dann y jeweils durch numerische Methoden (s. Abschn. X F 2) berechnet. Aus $F(x,y) = 0$ folgt aber nicht immer eine Funktion $y = f(x)$.

Wie kann man nun allgemein erkennen, ob eine Gleichung der Form $F(x,y) = 0$ eine Funktion $y = f(x)$ definiert? Dies ergibt sich besonders leicht mit Hilfe einer graphischen Darstellung. Man führt hierzu die Funktion

$$z = F(x,y) \tag{48}$$

ein, die graphisch durch eine Fläche im Raum dargestellt wird. Die x- und y-Werte, die die Beziehung $F(x,y)$ erfüllen, liegen dann alle auf derjenigen Kurve, die sich als Schnitt der betrachteten Fläche mit der Ebene $z = 0$, also der x,y-Ebene, ergibt. Liegt nun die betrachtete Fläche $z = F(x,y)$ vollständig im oberen Halbraum, ist also für alle reellen x und y die Größe z größer als Null, so gibt es keine solche Schnittkurve und somit keine Wertepaare von x und y, die Gl. (41) erfüllen. Das gleiche ist der Fall, wenn die Fläche vollständig im unteren Halbraum liegt. Nur wenn z in Gl. (48) zum Teil positive und zum Teil negative Werte annimmt, wird durch $F(x,y) = 0$ eine Funktion $y = f(x)$ definiert.

Als Beispiel betrachten wir die Gleichung

$$x^2 + y^2 + 2 = 0. \tag{49}$$

Die gemäß Gl. (48) gebildete Funktion lautet

$$z = x^2 + y^2 + 2.$$

Man sieht, daß für alle reellen Werte von x und y gilt $z > 0$. Durch Gl. (49) ist also kein echter funktioneller Zusammenhang zwischen x und y definiert, wie man sich auch leicht durch Auflösen der Gleichung nach y überzeugen kann.

Von größter Bedeutung für Funktionen in impliziter Darstellung ist der folgende Satz: *Hat man einen Punkt* x_0, y_0 *gefunden, für den gilt* $F(x_0, y_0) = 0$, *und ist außerdem die Bedingung*

$$F_y(x_0, y_0) \neq 0 \tag{50}$$

erfüllt, so definiert die Gleichung $F(x,y) = 0$ *mindestens in einer kleinen Umgebung von* x_0, y_0 *eine stetige und differenzierbare Funktion* $y = f(x)$. *Für die Ableitung dieser Funktion gilt*

$$y' = -\frac{F_x(x,y)}{F_y(x,y)}. \tag{51}$$

Wir übergehen den Beweis der Existenz der Funktion $y = f(x)$ und deren Differenzierbarkeit und wollen lediglich Gl. (51) ableiten. Wir setzen hierzu $y = f(x)$ in $F(x,y) = 0$ ein und erhalten $F(x, f(x)) \equiv 0$. Daher ist auch $\frac{dF}{dx} \equiv 0$. Unter Anwendung der Kettenregel Gl. (36) ergibt sich daraus

$$\frac{dF}{dx} = \frac{\partial F}{\partial x}\frac{\partial x}{\partial x} + \frac{\partial F}{\partial y}\frac{\partial y}{\partial x} = 0. \tag{52}$$

Wegen $\partial x/\partial x = 1$ folgt daraus unmittelbar Gl. (51).

Der oben angeführte Satz läßt sich auch auf Funktionen von mehr als zwei Veränderlichen übertragen, $F(x_1, x_2, \ldots, x_n, z) = 0$. Insbesondere erhält man dann für die partielle Ableitung von z

$$\frac{\partial z}{\partial x_i} = -\frac{F_{x_i}}{F_z}. \tag{53}$$

Die angegebenen Gleichungen kann man unter anderem dazu verwenden, um Funktionen in impliziter Darstellung zu differenzieren. Bei Gleichungen, die sich nicht explizit nach y auflösen lassen, ist das der einzige Weg der Differentiation. Bei auflösbaren Gleichungen ist die Differentiation der implizit gegebenen Funktion vielfach einfacher als bei expliziter Darstellung. Bei der Differentiation der impliziten Funktion erhält man allerdings y' als Funktion von x und y, also nicht von x allein.

Nehmen wir als Beispiel die Funktion

$$x^2 + y^2 - r^2 = 0.$$

Mit Hilfe von Gl. (51) erhalten wir

$$y' = -\frac{2x}{2y} = -\frac{x}{y}. \tag{54}$$

Ohne Zuhilfenahme dieser Gleichung müssen wir die gegebene Funktion erst nach y auflösen

$$y = \pm\sqrt{r^2 - x^2}$$

und dann differenzieren, was komplizierter als im ersten Fall ist, weil jetzt eine Wurzel differenziert werden muß. Es ergibt sich

$$y' = \mp\frac{2x}{2\sqrt{r^2 - x^2}} = \mp\frac{x}{\sqrt{r^2 - x^2}}.$$

Dieses Ergebnis stimmt mit Gl. (54) überein, wenn man dort y durch $\pm\sqrt{r^2 - x^2}$ ersetzt.

Ein Beispiel aus der Chemie stellt die van der Waalssche Gleichung

$$\left(p + \frac{a}{v^2}\right)(v - b) - RT = 0 \tag{55}$$

dar, die das Molvolumen v eines reellen Gases mit dem Druck p und der Temperatur T verknüpft. a und b sind Konstanten. Will man $\partial v/\partial p$ direkt ausrechnen, so muß man diese Gleichung zunächst nach v auflösen. Das bedeutet, wie man leicht feststellen kann, das Auflösen einer Gleichung dritten Grades, was mit beträchtlichen Schwierigkeiten verbunden ist. Durch implizite Differentiation ergibt sich dagegen in bedeutend einfacherer Weise

$$\frac{\partial v}{\partial p} = -\frac{F_p}{F_v} = -\frac{v - b}{p + \frac{a}{v^2} + (v - b)\left(-\frac{2a}{v^3}\right)} = -\frac{v - b}{p - \frac{a}{v^2} + \frac{2ab}{v^3}}.$$

7. Systeme von Funktionen und deren Umkehrung

a) Der Begriff der Funktionaldeterminante

Die beiden Funktionen

$$\begin{aligned} u &= g(x,y) \\ v &= h(x,y) \end{aligned} \tag{56}$$

vermitteln eine Abbildung eines Bereichs der x,y-Ebene auf einen Bereich der u,v-Ebene (s. Gl. IX, 32). Die Eigenschaften einer solchen Abbildung hängen wesentlich von der sogenannten Funktionaldeterminante ab, die man mit $D(x,y)$ oder $\partial(u,v)/\partial(x,y)$ bezeichnet und die definiert ist durch

$$D(x,y) = \frac{\partial(u,v)}{\partial(x,y)} = \begin{vmatrix} \frac{\partial u}{\partial x} & \frac{\partial u}{\partial y} \\ \frac{\partial v}{\partial x} & \frac{\partial v}{\partial y} \end{vmatrix}. \tag{57}$$

Die senkrechten Striche bedeuten dabei, daß man die Determinante bilden soll (s. Abschn. IV B). Die Funktionaldeterminante hat die folgende anschauliche Bedeutung, die wir ohne Beweis anführen: *Wird durch die Gln. (56) ein Flächenstück der x, y-Ebene vom Flächeninhalt F auf ein Flächenstück der u, v-Ebene vom Flächeninhalt $\bar{F}$ abgeleitet, so gilt im Grenzfall, daß die Abmessungen der Flächenstücke gegen Null gehen,*

$$\bar{F} = \frac{\partial(u,v)}{\partial(x,y)} \cdot F. \tag{58}$$

Ein negatives Vorzeichen in der Funktionaldeterminante bedeutet, daß sich der Umlaufsinn des betrachteten Flächenstückes bei der Abbildung ändert. Die Funktionaldeterminante wird bei Koordinatentransformationen von Bereichsintegralen benötigt (s. Abschn. C 4). Des weiteren spielt sie eine wichtige Rolle beim Aufsuchen der Umkehrfunktionen (s. Abschn. b).

Wir betrachten nun als Beispiel die Abbildung, die durch die Transformationsgleichung für ebene Polarkoordinaten vermittelt wird

$$\begin{aligned} x &= r\cos\varphi \\ y &= r\sin\varphi \end{aligned} \tag{59}$$

mit $r \geqq 0$ und $0 \leqq \varphi < 2\pi$. Bei dieser Abbildung wird die Rolle von u und v in Gl. (56) durch x und y übernommen, die von x und y durch r und φ. Die Funktionaldeterminante lautet

$$\frac{\partial(x,y)}{\partial(r,\varphi)} = \begin{vmatrix} \frac{\partial x}{\partial r} & \frac{\partial x}{\partial \varphi} \\ \frac{\partial y}{\partial r} & \frac{\partial y}{\partial \varphi} \end{vmatrix} = \begin{vmatrix} \cos\varphi & -r\sin\varphi \\ \sin\varphi & r\cos\varphi \end{vmatrix} = r\cos^2\varphi + r\sin^2\varphi = r. \tag{60}$$

b) Existenz und Differenzierbarkeit der Umkehrfunktion*)

Wir fragen nun, unter welchen Bedingungen die Gln. (56) eindeutig umkehrbar sind. Eindeutige Umkehrbarkeit bedeutet dabei nicht notwendig, daß sich die Gleichungen explizit nach x und y auflösen lassen, sondern lediglich, daß diese beiden Größen durch ein Wertepaar von u und v eindeutig bestimmt sind.

Für den Fall einer einzigen Veränderlichen wurde in Abschn. X A 4 folgendes gezeigt: Eine Funktion $y = f(x)$ ist in einem Bereich von x, in dem $f'(x)$ entweder überall größer oder überall kleiner als Null ist, eindeutig umkehrbar. Diese Aussage beinhaltet speziell den folgenden Satz: Die Funktion $f(x)$ ist in einer genügend kleinen Umgebung einer Stelle x_0, für die $f'(x_0) \neq 0$ ist, eindeutig umkehrbar. In dieser Form läßt sich der Satz auch auf ein System von Funktionen übertragen, wobei lediglich an Stelle der Ableitung die Funktionaldeterminante tritt. Es gilt: *Eine durch die Gleichungen*

$$\begin{aligned} u &= g(x,y) \\ v &= h(x,y) \end{aligned} \tag{61}$$

vermittelte Abbildung ist in der Umgebung eines Punktes, in der $g(x,y)$ und $h(x,y)$ stetige Ableitungen besitzen und in der die Funktionaldeterminante

$$\frac{\partial(u,v)}{\partial(x,y)} \neq 0 \tag{62}$$

ist, eindeutig umkehrbar. Über die Umgebung eines Punktes, für den die Funktionaldeterminante gleich Null ist, kann keine Aussage gemacht werden. *Verschwindet die Funktionaldeterminante in einem ganzen Bereich der x,y-Ebene, so sind die beiden Gln. (61) voneinander linear abhängig, und der Bereich wird auf eine Kurve abgebildet.* Wir verzichten auf den Beweis dieses Satzes und betrachten lediglich einige Beispiele.

Die Abbildung

$$\begin{aligned} u &= x^2 - y^2 \\ v &= 2xy \end{aligned} \tag{62a}$$

besitzt Gl. (57) zufolge die Funktionaldeterminante

$$\frac{\partial(u,v)}{\partial(x,y)} = \begin{vmatrix} 2x & -2y \\ 2y & 2x \end{vmatrix} = 4x^2 + 4y^2 .$$

---

*) Dieser Abschnitt kann von weniger interessierten Lesern überschlagen werden.

Diese verschwindet nur für $x = y = 0$. Die Funktion ist also mit Sicherheit in der Umgebung aller Punkte außer der des Nullpunktes eindeutig umkehrbar. Über den Nullpunkt selbst ist nichts ausgesagt. Wenn man die Funktion genauer untersucht, so stellt man fest, daß den Punkten (x,y) und $(-x, -y)$ jeweils derselbe Bildpunkt (u,v) entspricht. Dies hat die folgenden Konsequenzen: Betrachtet man z. B. den Punkt $x_0 = 3$ und $y_0 = 3$ und beschränkt den Definitionsbereich auf eine Umgebung dieses Punktes, die nur positive x- und y-Werte umfaßt, so ist die Umkehrung der Gln. (62a) eindeutig. Faßt man dagegen den Punkt $x_0 = y_0 = 0$ ins Auge, so werden auch zu einer noch so kleinen Umgebung immer positive und negative x- und y-Werte gehören, und die Umkehrung wird zweideutig.

Die durch die Gln. (59) vermittelte Abbildung, die wir als nächstes untersuchen, besitzt Gl. (60) zufolge eine Funktionaldeterminante, die nur für $r = 0$ verschwindet. Da negative Werte von r bei der Abbildung nicht zugelassen sind, braucht man den Nullpunkt nicht als Mittelpunkt einer Umgebung zu betrachten und erkennt, daß die angegebene Abbildung im gesamten Definitionsbereich eineindeutig ist. Für die Umkehrfunktionen erhält man leicht durch Auflösung der Gln. (59) nach r und φ

$$\varphi = \arctan \frac{y}{x}, \qquad r = \sqrt{x^2 + y^2}\,.$$

Als letztes Beispiel betrachten wir die beiden Funktionen

$$x = u + v$$
$$y = (u + v)^2\,.$$

Die Funktionaldeterminante lautet

$$\frac{\partial(x,y)}{\partial(u,v)} = \begin{vmatrix} 1 & 1 \\ 2(u+v) & 2(u+v) \end{vmatrix} = 0\,.$$

Sie verschwindet also für alle u und v. In der Tat sind x und y voneinander abhängig, es gilt

$$y = x^2\,.$$

Die u,v-Ebene wird auf die Parabel $y = x^2$ der x,y-Ebene abgebildet.

Der im Zusammenhang mit Gl. (62) angeführte Satz gilt nicht nur für zwei Funktionen, sondern läßt sich sinngemäß auf ein System von Funktionen mit n unabhängigen Variablen übertragen. Außerdem ist zu erwähnen, daß *bei Gültigkeit der Gl. (62) das Funktionensystem nicht nur umkehrbar ist, sondern daß dann die Umkehrfunktionen auch differenzierbar sind.* Es gilt, wie man durch Einsetzen der Umkehrfunktionen in die Gln. (62) und partielle Differentiation unter Anwendung der Kettenregel feststellen kann,

$$\begin{aligned} \frac{\partial x}{\partial u} &= \frac{1}{D}\cdot\frac{\partial v}{\partial y}, & \frac{\partial x}{\partial v} &= -\frac{1}{D}\cdot\frac{\partial u}{\partial y}, \\ \frac{\partial y}{\partial u} &= -\frac{1}{D}\cdot\frac{\partial v}{\partial x}, & \frac{\partial y}{\partial v} &= \frac{1}{D}\cdot\frac{\partial u}{\partial x}. \end{aligned} \tag{63}$$

wobei D die Funktionaldeterminante aus Gl. (62) ist.

8. Schreibweise des partiellen Differentialquotienten in der Thermodynamik

Wir müssen nun noch auf eine Schreibweise der partiellen Ableitung eingehen, die besonders in der Thermodynamik üblich ist. Man pflegt dort den partiellen Differentialquotienten in eine Klammer zu setzen und außerdem die bei der Differentiation konstant gehaltenen Variablen als Index anzuführen. Betrachten wir z. B. die Funktion $z = z(u,v,w)$. Für die partielle Ableitung dieser Funktion nach v würde man gemäß dieser Vereinbarung schreiben

$$\left(\frac{\partial z}{\partial v}\right)_{u,w} \quad \text{anstelle von} \quad \frac{\partial z}{\partial v},$$

was wir bisher dafür geschrieben haben.

Die Angabe der konstant gehaltenen Variablen ist überflüssig, solange feststeht, welche Größen jeweils insgesamt als Variable auftreten. Führt man aber z. B. Variablentransformationen durch und geht nicht auf andere Art hervor, welches jeweils die konstant gehaltenen Variablen sind, so muß man diese, wie oben angedeutet, angeben. Dies ist vor allem in der Thermodynamik notwendig. Man kann z. B. die Entropie S eines Systems als Funktion der Temperatur T, des Volumens V und der Anzahl der Mole n angeben,

$$S = f(T, V, n). \tag{64}$$

Für die Ableitung der Entropie S nach T bei konstant gehaltenem V und n schreibt man dann

$$\left(\frac{\partial S}{\partial T}\right)_{V,n}. \tag{65}$$

Das Volumen V ist nun eine Funktion von T, n und dem Druck p. Man kann daher V in Gl. (65) durch diese Funktion ersetzen und erhält dann die Entropie S als eine neue Funktion φ von T, p und n,

$$S = \varphi(T, p, n). \tag{66}$$

Für die Ableitung dieser Funktion nach T, d. h. für die Ableitung der Entropie nach T bei konstant gehaltenem Druck p und konstant gehaltener Molzahl n, schreibt man nun

$$\left(\frac{\partial S}{\partial T}\right)_{p,n}. \tag{67}$$

Da die Funktion in Gl. (66) von der in Gl. (64) verschieden ist, ist auch die eben erhaltene Ableitung von der vorher angegebenen verschieden, so daß man die entsprechenden Indizes zur Unterscheidung anbringen muß.

Wir wollen die entsprechenden partiellen Ableitungen noch für den Fall eines idealen Gases explizit ausrechnen. Die Entropie eines idealen Gases ist als Funktion von T, V und n gegeben durch

$$S = n c_v \ln T + n R \ln V - n R \ln n + a_1, \tag{64'}$$

wobei c_v die Molwärme, R die Gaskonstante und a_1 eine Konstante ist. Daher erhält man

$$\left(\frac{\partial S}{\partial T}\right)_{V,n} = \frac{n c_v}{T}. \tag{65'}$$

Andererseits gilt für ein ideales Gas

$$V = \frac{nRT}{p}.$$

Setzt man dies in die obige Gleichung für die Entropie ein, so erhält man die Entropie als Funktion von T, p und n

$$S = n c_v \ln T + n R \ln T - n R \ln p + n R \ln R + a_1. \tag{66'}$$

Daraus ergibt sich

$$\left(\frac{\partial S}{\partial T}\right)_{p,n} = \frac{n(c_v + R)}{T}, \tag{67'}$$

also ein von $(\partial S/\partial T)_{V,n}$ verschiedener Wert.

Würde man die partiellen Ableitungen Gl. (65) und Gl. (67) in der Form

$$\frac{\partial f}{\partial T} \quad \text{bzw.} \quad \frac{\partial \varphi}{\partial T}$$

anschreiben, so würde sich die Angabe der Indizes erübrigen. Eine solche Anschreibung ist aber nicht üblich. Im Gegenteil, man pflegt als Funktionszeichen gewöhnlich das Symbol für die abhängige Variable, im vorliegenden Beispiel also S, anstelle von f und φ zu verwenden. Für die Gln. (64) und (66) schreibt man dann

$$S = S(T, V, n) \quad \text{bzw.} \quad S = S(T, p, n).$$

S steht hier als Funktionszeichen jeweils für verschiedene Funktionen, wie z. B. ein Vergleich von Gl. (64') mit Gl. (66') zeigt.

Bei Variablentransformationen in der reinen Mathematik erübrigt sich gewöhnlich das Anschreiben der Indizes, weil man entweder nach Durchführung der Transformation ein anderes Funktionszeichen wählt, oder die jeweils konstant gehaltenen Variablen aus der Bezeichnung hervorgehen. Im Abschnitt XI A 5 z. B. ist z einmal eine Funktion von $u_1, u_2, \ldots, u_m$ und zum anderen eine Funktion von $x_1, x_2, \ldots, x_n$. Entsprechend treten in Gl. (35) die Symbole der Form $\frac{\partial z}{\partial x_j}$ und $\frac{\partial z}{\partial u_j}$ auf. Aus dem Zusammenhang geht hier hervor, daß bei $\frac{\partial z}{\partial x_j}$ jeweils alle x_l für $l \neq j$ konstant gehalten werden, bei $\frac{\partial z}{\partial u_j}$ alle u_l für $l \neq j$.

Von besonderem Interesse ist auch die Frage, wie die partiellen Ableitungen für jeweils verschiedene konstant gehaltene Variable miteinander zusammenhängen. Man kann dies leicht mit Hilfe der allgemeinen Kettenregel Gl. (35) feststellen. Gegeben sei wieder eine Funktion

$$z = f(u, v, w).$$

w selbst sei eine Funktion von u, v und einer neuen Variablen x,

$$w = w(u, v, x).$$

Setzt man dies in die obige Gleichung ein, so ergibt sich

$$z = f(u, v, w(u, v, x)) = \varphi(u, v, x).$$

Betrachtet man die zuletzt angeschriebene Beziehung, so erhält man mit Hilfe von Gl. (35)

$$\frac{\partial \varphi}{\partial u} = \frac{\partial f}{\partial u} + \frac{\partial f}{\partial w}\frac{\partial w}{\partial u}.$$

Dafür kann man auch unter Verwendung der hier angegebenen Schreibweise schreiben

$$\left(\frac{\partial z}{\partial u}\right)_{v,x} = \left(\frac{\partial z}{\partial u}\right)_{v,w} + \left(\frac{\partial z}{\partial w}\right)_{u,v} \cdot \left(\frac{\partial w}{\partial u}\right)_{v,x}. \tag{68}$$

Für die beiden Funktionen Gl. (64′) und Gl. (66′) z. B. ergibt sich, wenn man $z = S$, $u = T$, $v = n$, $w = V$ und $x = p$ setzt

$$\left(\frac{\partial S}{\partial T}\right)_{n,p} = \left(\frac{\partial S}{\partial T}\right)_{n,V} + \left(\frac{\partial S}{\partial V}\right)_{T,n} \cdot \left(\frac{\partial V}{\partial T}\right)_{n,p} =$$
$$= \left(\frac{\partial S}{\partial T}\right)_{n,V} + \frac{nR}{V} \cdot \frac{nR}{p} = \left(\frac{\partial S}{\partial T}\right)_{n,V} + \frac{nR}{T}.$$

Dies stimmt mit dem Resultat überein, das man bei einem unmittelbaren Vergleich von Gl. (65′) mit Gl. (63′) erhält.

Fragen und Aufgaben

1. Wie viele verschiedene partielle Ableitungen erster Ordnung besitzt eine Funktion von zwei Veränderlichen? Welche anschauliche Bedeutung haben diese Ableitungen?
2. Unter welcher Voraussetzung ist es sinnvoll, an einer bestimmten Stelle das totale Differential einer Funktion zu bilden?
3. Nach welcher Formel kann man totale Differentiale höherer Ordnung ausrechnen?
4. Was besagt der Satz von Schwarz?
5. Wie lautet die Kettenregel in allgemeiner Form? Zu welchem Zweck kann man sie verwenden?
6. Wie differenziert man eine Funktion, die in impliziter Form gegeben ist?
7. Was versteht man unter der Funktionaldeterminante?
8. Unter welchen Bedingungen ist ein gegebenes Funktionensystem eindeutig umkehrbar?
9. Bilde die partiellen ersten und zweiten Ableitungen und weise nach, daß der Satz von Schwarz gilt. Berechne außerdem das totale Differential: a) $z = x^2 \sin y$, b) $z = x \cos y + y \cos x + x^3 y$.
10. Bilde die ersten partiellen Ableitungen mit Hilfe der verallgemeinerten Kettenregel: a) $z = \ln(x + y) \cdot \sin(x^2 y) \cdot \cos\sqrt{1 + y^2}$, b) $z = \ln(x^2 y^2 \cos xy + 1)$.
11. Ermittle y' durch implizite Differentiation: a) $x^3 + y^3 + 2 = 0$, b) $yx + y^2 + \ln y = 0$.
12. Bestimme die Funktionaldeterminante für folgende Koordinatentransformationen:
    a) $x = r\cos\varphi\sin\vartheta$ b) $x = r\cos\varphi$
    $y = r\sin\varphi\sin\vartheta$ $y = r\sin\varphi$
    $z = r\cos\vartheta$ $z = z$
13. Die Energie eines idealen Gases ist gegeben durch $E = nRT$. Stelle mit Hilfe dieser Beziehung sowie mit Hilfe von Gl. (64) die Entropie S als Funktion von E, V und n dar. Berechne $\left(\frac{\partial S}{\partial n}\right)_{T,p}$ und $\left(\frac{\partial S}{\partial n}\right)_{E,p}$.
14. Berechne mit Hilfe von Gl. (64′) und Gl. (66′) die Differenz $\left(\frac{\partial S}{\partial n}\right)_{V,T} - \left(\frac{\partial S}{\partial n}\right)_{p,T}$ und vergleiche das Resultat mit dem, das unmittelbar durch Anwendung von Gl. (68) folgt.
15. Welcher Zusammenhang besteht zwischen $(\partial p/\partial T)_V$, dem thermischen Ausdehnungskoeffizienten $\alpha = (\partial V/\partial T)_p/V$ und dem Kompressibilitätskoeffizienten $\kappa = -(\partial V/\partial p)_T/V$. Anleitung: Beachte, daß für jeden Stoff eine Beziehung der Form $V = f(T,p)$ gilt, und wende Gl. (68) an.
16. Berechne $\frac{\partial v}{\partial T}$ für ein reales Gas unter Zugrundelegung der van der Waals-Gleichung (55).

B. Einfaches Integral über eine Funktion mehrerer Veränderlicher

1. Eigenschaften des Integrals

Gegeben sei eine Funktion $f(x,y)$, die innerhalb der Grenzen $y = a$ und $y = b$ über y integrierbar ist. Wir führen diese Integration aus und betrachten dabei x als einen konstanten Parameter. Der Wert des Integrals hängt dann selbstverständlich von x ab, so daß wir schreiben können

$$\int_a^b f(x,y)\,dy = g(x).$$

Wenn z. B. $f(x,y)$ gegeben ist durch

$$f(x,y) = x^2 + 2y \tag{69}$$

und die Integration in den Grenzen $y = 2$ bis $y = 4$ durchgeführt wird, so ergibt sich

$$g(x) = \int_a^b f(x,y)\,dy = \int_2^4 (x^2 + 2y)\,dy = 2x^2 + 12.$$

Es gilt nun der folgende wichtige Satz: *Wenn $f(x,y)$ eine im abgeschlossenen Rechteck $c \leq x \leq d$ und $a \leq y \leq b$ stetige Funktion von x und y ist, so ist*

$$g(x) = \int_a^b f(x,y)\,dy$$

eine stetige Funktion von x.

Zum Beweis geht man davon aus, daß die Funktion $f(x,y)$ im abgeschlossenen Bereich stetig in x ist und daher gemäß den Ausführungen in Abschn. VII B 6 gleichmäßig stetig in x ist. Es gilt nun allgemein

$$g(x+h) - g(x) = \int_a^b f(x+h,y)\,dy - \int_a^b f(x,y)\,dy =$$

$$= \int_a^b [f(x+h,y) - f(x,y)]\,dy.$$

Wegen der gleichmäßigen Stetigkeit der Funktion $f(x,y)$ kann der ganz rechts stehende Ausdruck kleiner als eine beliebig klein vorgegebene Größe ε gemacht werden, wenn nur h genügend klein gewählt wird. Damit ist die Stetigkeit von $g(x)$ bewiesen.

2. Differentiation des Integrals

Es wurde gezeigt, daß das Integral $\int_a^b f(x,y)\,dy$ eine Funktion von x ist. Wir können nun danach fragen, ob diese Funktion differenzierbar ist. Es gilt hierzu: *Wenn $f(x,y)$ und $f_x(x,y)$ im abgeschlossenen Rechteck $c \leq x \leq d$ und $a \leq y \leq b$ existieren und stetig sind, so ist die Funktion*

$$g(x) = \int_a^b f(x,y)\,dy \tag{70}$$

im Intervall $[c,d]$ *nach* x *differenzierbar, und es ist*

$$g'(x) = \frac{d}{dx}\int_a^b f(x,y)\,dy = \int_a^b \frac{\partial f(x,y)}{\partial x}\,dy\,. \tag{71}$$

Differentiation und Integration können also miteinander vertauscht werden.

Zum Beweis dieses Satzes beachten wir, daß man auf die Funktion $f(x,y)$ wegen der Differenzierbarkeit den Mittelwertsatz der Differentialrechnung anwenden kann. Man erhält dann

$$\left|\frac{g(x+\Delta x)-g(x)}{\Delta x}\right| = \left|\int_a^b \frac{f(x+\Delta x,y)-f(x,y)}{\Delta x}\,dy\right| = \left|\int_a^b f_x(x+\vartheta\Delta x,y)\,dy\right|$$

mit

$$0 \leqq \vartheta \leqq 1\,.$$

Wegen der vorausgesetzten Stetigkeit strebt $f_x(x+\vartheta\,\Delta x,y)$ gegen $f_x(x,y)$, wenn Δx gegen Null geht, womit Gl. (71) bewiesen ist.

Als Beispiel betrachten wir die durch Gl. (69) gegebene Funktion $f(x,y) = x^2 + 2y$. Durch Integration in den Grenzen Null bis 2 erhalten wir

$$g(x) = \int_0^2 (x^2+2y)\,dy = 2x^2 + 4\,.$$

Die Differentiation nach x ergibt

$$\frac{dg}{dx} = 4x\,. \tag{72}$$

Dasselbe Ergebnis erhalten wir, wenn wir $f(x,y)$ zunächst differenzieren und erst anschließend integrieren:

$$\int_0^2 \frac{\partial f(x,y)}{\partial x}\,dy = \int_0^2 2x\,dy = 4x\,.$$

Von besonderem Interesse ist noch der Fall, daß die Grenzen a und b in Gl. (70) Funktionen von x sind

$$g(x) = \int_{\psi_1(x)}^{\psi_2(x)} f(x,y)\,dy\,. \tag{73}$$

Es gilt dann unter der Voraussetzung, daß $f(x,y)$, $\psi_1(x)$ und $\psi_2(x)$ stetige Ableitungen nach x besitzen,

$$g'(x) = \int_{\psi_1(x)}^{\psi_2(x)} f_x(x,y)\,dy - f(x,\psi_1(x))\,\psi_1'(x) + f(x,\psi_2(x))\,\psi_2'(x)\,. \tag{74}$$

Zum Beweis muß man beachten, daß $g(x)$ nicht nur unmittelbar von x abhängt, sondern auch mittelbar über $\psi_1(x)$ und $\psi_2(x)$. Man kann daher schreiben

$$g(x) = \varphi(x, \psi_1(x), \psi_2(x)). \tag{75}$$

Unter Anwendung der Kettenregel Gl. (36) erhalten wir daraus

$$g'(x) = \frac{\partial \varphi}{\partial x} + \frac{\partial \varphi}{\partial \psi_1}\frac{\partial \psi_1}{\partial x} + \frac{\partial \varphi}{\partial \psi_2}\frac{\partial \psi_2}{\partial x}. \tag{76}$$

$\frac{\partial \varphi}{\partial x}$ stellt die Ableitung des Integrals bei konstanten Grenzen $\psi_1(x)$ und $\psi_2(x)$ dar und ist somit gleich $\int_{\psi_1(x)}^{\psi_2(x)} f_x(x,y)\,dy$. $\frac{\partial \varphi}{\partial \psi}$, die Ableitung des Integrals nach der oberen Grenze bei konstanter unterer Grenze und konstantem x, ist nach Gl. (X, 153) gleich $+f(x, \psi_2(x))$. Entsprechend ist $\frac{\partial \varphi}{\partial \psi_1}$ gleich $-f(x, \psi_1(x))$. Damit ist Gl. (74) bewiesen.

Als Beispiel differenzieren wir die Funktion

$$g(x) = \int_{x^2}^{\sin x} x y\,dy. \tag{77}$$

Es ergibt sich über Gl. (74)

$$g'(x) = \int_{x^2}^{\sin x} y\,dy - x^3 \cdot 2x + x \sin x \cos x.$$

3. Integration des Integrals

Ist $f(x, y)$ eine in x und y stetige Funktion, so ist, wie in Abschn. XI B 1 gezeigt wurde, die Funktion $g(x) = \int_a^b f(x,y)\,dy$ stetig und somit integrierbar. Man kann also das Integral

$$\int_c^d g(x)\,dx = \int_c^d \left[\int_a^b f(x,y)\,dy\right] dx \tag{78}$$

bestimmen. Die angegebene Schreibweise mit den zwei Integralen ist etwas schwerfällig, und man schreibt statt dessen unter Weglassen der Klammer gewöhnlich

$$\int_c^d \int_a^b f(x,y)\,dy\,dx. \tag{79}$$

Bei dieser Schreibweise muß man beachten, daß das innere Differential dy zum inneren Integralzeichen $\int_a^b$ gehört. Des weiteren ist auch noch die Schreibweise

$$\int_c^d dx \int_a^b f(x,y)\,dy \tag{80}$$

üblich. Man schreibt hier jeweils das Differential unmittelbar hinter das Integralzeichen, so daß jeweils eindeutig ist, auf welche Integrationsvariable sich das Integralzeichen bezieht.

Bei einer zweifachen Integration, wie sie hier beschrieben wurde, spricht man gewöhnlich von einem *Doppelintegral**⁾. Es gilt nun der wichtige Satz: *Das Doppelintegral der für $c \leqq x \leqq d$ und $a \leqq y \leqq b$ stetigen Funktion $f(x,y)$ ist unabhängig von der Reihenfolge der Integrationen, d. h. es gilt*

$$\int_c^d dx \int_a^b f(x,y)\,dy = \int_a^b dy \int_c^d f(x,y)\,dx\,. \tag{81}$$

Man beweist diesen Satz, indem man zwei neue Funktionen $F_1(t)$ und $F_2(t)$ einführt, über

$$F_1(t) = \int_c^t dx \int_a^b f(x,y)\,dy \tag{82}$$

und

$$F_2(t) = \int_a^b dy \int_c^t f(x,y)\,dx\,. \tag{83}$$

Die beiden Funktionen unterscheiden sich ihrer Definition nach nur dadurch, daß die Reihenfolge der Integrationen vertauscht ist. Man kann nun leicht zeigen, daß die Ableitungen $\frac{dF_1(t)}{dt}$ und $\frac{dF_2(t)}{dt}$ einander gleich sind, da wegen der Gln. (X.,152) und (X.,153) gilt $\frac{dF_1}{dt} = \int_a^b f(t,y)\,dy$ und $\frac{dF_2}{dt} = \int_a^b f(t,y)\,dy$. Wenn die Ableitungen einander gleich sind, können sich die Funktionen aber nur um eine Konstante unterscheiden. Da $F_1(c) = F_2(c) = 0$ ist, muß diese Konstante gleich Null sein.

Wir betrachten als Beispiel die Funktion $f(x,y) = x^2 + 2y$, die im abgeschlossenen Bereich $0 \leqq x \leqq 1$, $0 \leqq y \leqq 2$ stetig ist. Wenn wir als erstes über y und danach über x integrieren, erhalten wir

$$\int_0^1 dx \int_0^2 f(x,y)\,dy = \int_0^1 dx \int_0^2 (x^2 + 2y)\,dy = \int_0^1 (2x^2 + 4)\,dx = \tfrac{2}{3} + 4 = \tfrac{14}{3}\,.$$

Bei umgekehrter Reihenfolge der Integration ergibt sich

$$\int_0^2 dy \int_0^1 f(x,y)\,dx = \int_0^2 dy \int_0^1 (x^2 + 2y)\,dx = \int_0^2 (\tfrac{1}{3} + 2y)\,dy = \tfrac{2}{3} + 4 = \tfrac{14}{3}\,.$$

---

*⁾ Manche Autoren nennen dieses zweifache Integral in Abweichung zur hier gewählten Bezeichnung *iteriertes Integral*. Mit „Doppelintegral" bezeichnen diese Autoren das in Abschnitt C 1 eingeführte zweidimensionale Bereichsintegral.

4. Besonderheiten bei uneigentlichen Integralen*)

Besonders interessante Verhältnisse treten bei uneigentlichen Integralen über Funktionen von mehreren Veränderlichen auf, d. h. bei Integralen, deren Integrationsbereich sich bis ins Unendliche erstreckt oder die Unendlichkeitsstellen aufweisen. Ein Beispiel hierfür stellt das Integral $\int_a^\infty e^{-xy} \sin y \, dy$ dar.

Damit ein Integral der Form $\int_a^\infty f(x,y)\,dy$ einen Sinn hat, muß gemäß den Ausführungen in Abschn. X B 5 das Integral $\int_a^b f(x,y)\,dy$ konvergieren, wenn b über alle Grenzen wächst. Für das Folgende müssen wir nun noch eine weitere mögliche Eigenschaft eines solchen Integrals definieren, nämlich die *gleichmäßige Konvergenz. Man sagt, das Integral* $\int_a^\infty f(x,y)\,dy$ *konvergiere gleichmäßig, wenn sich zu jeder noch so kleinen Zahl* ε *eine Zahl* B *finden läßt, so daß für alle* $b > B$ *gilt*

$$\left|\int_a^\infty f(x,y)\,dy - \int_a^b f(x,y)\,dy\right| = \left|\int_b^\infty f(x,y)\,dy\right| < \varepsilon \tag{84}$$

und wenn dabei B *nur von* ε*, aber nicht von* x *abhängt.* Wenn nur Konvergenz, aber nicht gleichmäßige Konvergenz verlangt wird, so darf B auch vom zusätzlichen Parameter x abhängen.

Es gilt nun der folgende Satz, den wir ohne Beweis anführen: *Ist* $f(x,y)$ *eine stetige Funktion in* x *und* y*, und ist das Integral* $\int_a^\infty f(x,y)\,dy$ *gleichmäßig konvergent, so gelten für dieses Integral alle oben für eigentliche Integrale angeführten Sätze über Stetigkeit, Differentiation, Integration sowie Vertauschbarkeit dieser Operationen.* Ein gleichmäßig konvergentes uneigentliches Integral verhält sich also diesbezüglich wie ein eigentliches Integral.

Wir untersuchen als Beispiel die Konvergenz des Integrals $\int_0^\infty e^{-xy} \sin y\,dy$ für solche x-Werte, die der Bedingung $x \geq \vartheta > 0$ genügen. ϑ ist eine positive Größe, die beliebig klein, aber nicht Null sein soll. Für das Restintegral ergibt sich dann

$$\left|\int_b^\infty e^{-xy} \sin y\,dy\right| \leq \left|\int_b^\infty e^{-xy}\,dy\right| = \left|\frac{1}{x} e^{-xb}\right| \leq \frac{1}{\vartheta} e^{-\vartheta b}. \tag{85a}$$

Das erste Kleiner-Zeichen rührt daher, daß wir sin y durch die Größe 1 ersetzt haben, das zweite daher, daß x durch den kleinsten möglichen Wert ϑ ersetzt wurde. Geben wir nun ein beliebig kleines ε vor und wählen wir B über die Bedingung

$$B = -\frac{1}{\vartheta} \ln(\varepsilon \vartheta), \tag{85b}$$

---

*) Dieser Abschnitt kann von weniger interessierten Lesern überschlagen werden.

so wird der Ausdruck $\frac{1}{\vartheta}e^{-\vartheta B}$ gleich ε, und das Restintegral ist für alle $b > B$ kleiner als ε. Die Größe B hängt, wie Gl. (85b) zeigt, nur von ε ab und nicht auch von x. Das Integral konvergiert also im angegebenen Bereich von x gleichmäßig.

Betrachten wir dagegen als nächstes dasselbe Integral für den Fall, daß $x \geqq 0$ ist. In diesem Fall können wir in der Gleichungskette das x nicht durch einen kleinsten Wert ϑ ersetzen, denn dieser Wert wäre ja Null, und die Division durch Null dürfen wir nicht ausführen. Wir kommen jetzt lediglich zur Bedingung

$$\left|\int_b^\infty e^{-xy}\sin y\,dy\right| \leqq \frac{1}{x}e^{-x} .$$

Wenn wir setzen

$$B = -\frac{1}{x}\ln(\varepsilon x),$$

so wird das Restintegral kleiner als ε. B hängt aber in diesem Fall auch von x ab. Daher können wir sagen: Im Bereich $x \geqq 0$ konvergiert das Integral, es konvergiert aber nicht gleichmäßig.

5. Anwendung der Ergebnisse zur Berechnung bestimmter Integrale*)

Das Verfahren der Differentiation unter dem Integralzeichen läßt sich dazu verwenden, bestimmte Integrale auszurechnen. Wir wollen das an einem Beispiel erläutern, indem wir nachweisen, daß

$$\int_0^\infty \frac{\sin y}{y}\,dy = \frac{\pi}{2} \tag{86a}$$

ist.

Wir gehen vom Integral

$$g(x) = \int_0^\infty e^{-xy}\cdot\frac{\sin y}{y}\,dy \tag{86b}$$

aus. Dieses Integral konvergiert gleichmäßig für $x \geqq 0$, was wir hier nicht beweisen wollen (siehe hierzu Duschek II, S. 188). Wenn wir das Integral nach x differenzieren, so erhalten wir mit Hilfe von Gl. (71)

$$g'(x) = \int_0^\infty \frac{\partial}{\partial x}\left[e^{-xy}\frac{\sin y}{y}\right]dy = -\int_0^\infty e^{-xy}\sin y\,dy .$$

Das erhaltene Integral konvergiert gleichmäßig für $x \geqq \vartheta > 0$. Durch zweimalige partielle Integration ergibt sich

$$g'(x) = [e^{-xy}\cos y]_0^\infty + \int_0^\infty e^{-xy}x\cos y\,dy = -1 + x\int_0^\infty e^{-xy}\cos y\,dy =$$

$$= -1 + x[e^{-xy}\sin y]_0^\infty + x\int_0^\infty e^{-xy}x\sin y\,dy = -1 - x^2 g'(x) .$$

---

*) Dieser Abschnitt kann von weniger interessierten Lesern überschlagen werden.

Indem wir $g'(x)$ auf die linke Seite bringen, folgt daraus $g'(x) = -\dfrac{1}{1+x^2}$, so daß

$$g(x) = -\operatorname{arctg} x + C.$$

ist. Um die Konstante C zu bestimmen, berechnen wir für das Integral Gl. (86b) den Grenzwert, den es für $x \to \infty$ annimmt, was in folgender Weise möglich ist. Es gilt

$$|g(x)| = \left| \int_0^\infty e^{-xy} \frac{\sin y}{y}\, dy \right| \leqq \int_0^\infty e^{-xy}\, dy = -\left[\frac{e^{-xy}}{x}\right]_0^\infty = \frac{1}{x}.$$

Daraus folgt $\lim\limits_{x\to\infty} g(x) = \lim\limits_{x\to\infty} \frac{1}{x} = 0$. Es muß gelten

$$\lim_{x\to\infty} (-\operatorname{arc\,tg} x + C) = 0\,,$$

woraus sich ergibt, daß $C = \frac{\pi}{2}$ ist. Wir erhalten daher das Resultat

$$g(x) = \int_0^\infty e^{-xy} \frac{\sin y}{y}\, dy = \frac{\pi}{2} - \operatorname{arctg} x\,. \tag{87}$$

Für $x = 0$ ergibt sich daraus Gl. (86a).

Fragen und Aufgaben

1. Unter welchen Voraussetzungen darf man im Ausdruck $\dfrac{d}{dx}\displaystyle\int f(x,y)\,dy$ die Differentiation und die Integration miteinander vertauschen a) im Falle eines gewöhnlichen Integrals, b) bei einem uneigentlichen Integral?
2. Auf welche Arten kann man eine zweifach hintereinander auszuführende Integration über zwei verschiedene Variablen schreiben? Wann darf man die Reihenfolge der Integrationen vertauschen?
3. Gegeben ist die Funktion $f(x\,y) = x\,y^2 + y \sin x$. Zeige, daß $\int\limits_0^2\int\limits_0^1 f(x\,y)\,dx\,dy = \int\limits_0^1\int\limits_0^2 f(x\,y)\,dy\,dx$ ist.
4. Zeige, daß $\dfrac{d}{dy}\displaystyle\int_0^\pi f(x,y)\,dx = \int_0^\pi \frac{\partial f(x,y)}{\partial y}\,dx$ ist für a) $f(x,y) = x \sin y + \cos y$, b) $f(x,y) = x\,e^{xy} + x \ln y$.
5. Es gilt $\int\limits_0^\infty e^{-\alpha x^2}\,dx = \dfrac{1}{2}\sqrt{\dfrac{\pi}{\alpha}}$ (s. Gl. (134)). Berechne das Integral $\int\limits_0^\infty x^2 e^{-\alpha x^2}\,dx$ durch partielle Differentiation beider Seiten der angegebenen Gleichung nach α.
6. Das durch ein elektrisches Feld E induzierte Dipolmoment M ist gegeben durch

$$M = \frac{N \cdot \int\limits_0^\pi m\, e^{\frac{mE}{kT}\cos\vartheta} \cos\vartheta \sin\vartheta\, d\vartheta}{\int\limits_0^\pi e^{\frac{mE}{kT}\cos\vartheta} \sin\vartheta\, d\vartheta},$$

wobei m das Dipolmoment eines Moleküls und N die Anzahl der Moleküle je Volumeneinheit ist. Berechne M durch Ausrechnung der Integrale. Anleitung: Substituiere $x = \cos\vartheta$ und führe eine partielle Integration aus.

C. Bereichsintegrale

1. Definition des zweidimensionalen Bereichsintegrals

Das bestimmte Integral einer Funktion einer Veränderlichen $f(x)$ in den Grenzen a und b wurde in Kap. X als Grenzwert der Summe $\sum_{i=1}^{n} f(x_i)\Delta x$ mit $n \to \infty$ definiert. Anschaulich gedeutet stellt dieses Integral die Fläche zwischen der durch die Funktion $f(x)$ dargestellten Kurve und der x-Achse dar. In gleicher Weise kann man nun bei einer Funktion von zwei Veränderlichen durch den Grenzwert einer Doppelsumme ein sogenanntes *Bereichsintegral* definieren, das anschaulich ein Volumen darstellt.

Wir betrachten einen einfach zusammenhängenden Bereich B in der x,y-Ebene und eine in B definierte stetige Funktion $f(x,y)$, die durch das Flächenstück D dargestellt sei (s. Abb. 5). Durch den Bereich B als Grundfläche und D als Deckfläche ist ein zylindrischer Körper bestimmt. Das Volumen dieses Körpers soll berechnet werden.

Wir legen hierzu durch den vorgegebenen Bereich eine Schar von Geraden, die parallel zur Ordinate liegen und die die x-*Werte* $x_0, x_1, x_2, \ldots, x_n$ besitzen. Die Abstände benachbarter Geraden bezeichnen wir mit $\Delta x_i = x_i - x_{i-1}$. Außerdem

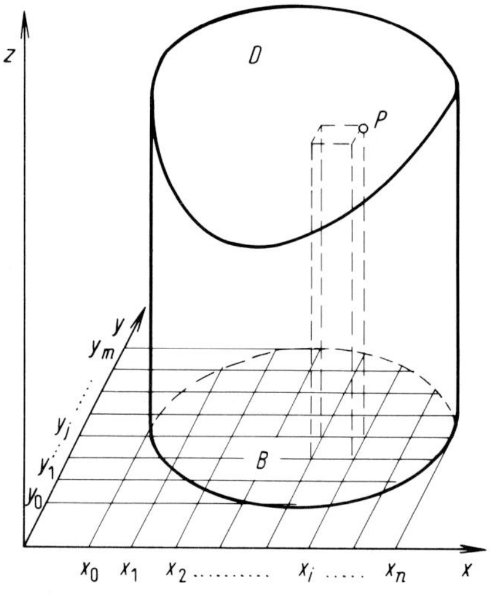

Abb. 5. Zur Definition des zweidimensionalen Bereichsintegrals.

legen wir noch eine entsprechende Schar von Geraden, die parallel zur Abszisse liegen, mit den y-Werten $y_0, y_1, y_2, \ldots, y_m$. Die Abstände zwischen ihnen bezeichnen wir mit $\Delta y_j = y_j - y_{j-1}$. Durch die Geradenscharen werden nm Rechtecke mit dem jeweiligen Flächeninhalt $\Delta x_i \cdot \Delta y_j$ geschaffen. Wenn wir nun den Flächeninhalt $\Delta x_i \Delta y_j$ eines Rechteckes mit dem dazugehörigen Funktionswert $f(x_i, y_j)$ multiplizieren, so erhalten wir das Volumen eines schmalen Quaders, der auf dem Rechteck als Grundfläche aufgebaut wird und der einen Punkt mit der Fläche D gemeinsam hat (s. Abb. 5). Die Deckfläche des Quaders ist parallel zur x,y-Ebene und daher im allgemeinen nicht identisch mit der Fläche *D*. Je kleiner Δx_i und Δy_j jedoch sind, desto geringer wird die Abweichung von dieser Fläche. Wenn man nun die Volumina der Quader über sämtliche Rechtecke, die im Bereich *B* liegen, summiert, so erhält man daher angenähert das gesuchte Volumen *V*

$$V \approx \sum_{j=1}^{m} \sum_{i=1}^{n} f(x_i, y_j)\, \Delta x_i \cdot \Delta y_j \,. \tag{88}$$

Wir wählen nun die Einteilung so, daß alle Δx_i einander gleich werden und ebenso alle Δy_i einander gleich werden, und setzen

$$\Delta x_i = \Delta x \quad \text{und} \quad \Delta y_j = \Delta y \,.$$

Geht man dann zum Grenzwert $n \to \infty$ und $m \to \infty$ über, so gehen Δx und Δy gegen Null, und man erhält den exakten Wert für das Volumen

$$V = \lim_{n\to\infty} \lim_{m\to\infty} \sum_{j=1}^{m} \sum_{i=1}^{n} f(x_i, y_j)\, \Delta x \cdot \Delta y \,. \tag{89}$$

Die Verhältnisse liegen hier ähnlich wie bei der Definition des bestimmten Integrals einer Funktion durch die Summe der Flächeninhalte der Rechtecke (s. Abb. X., 8). Den erhaltenen Ausdruck für *V* bezeichnet man auch als das *Bereichsintegral* der Funktion $f(x,y)$ über den Bereich *B* und schreibt dafür $\iint\limits_B f(x,y)\, dx\, dy$. Die gleiche Überlegung läßt sich auch für den Fall durchführen, daß $f(x,y)$ negativ wird, nur ist dann der entsprechende Beitrag zum Bereichsintegral ebenfalls negativ.

Wir können also zusammenfassend sagen: *Ist $f(x,y)$ eine im Bereich B der x, y-Ebene stetige Funktion, so ist das Volumen zwischen der Fläche, die durch diese Funktion gegeben ist, und der x, y-Ebene durch das Bereichsintegral*

$$\iint\limits_B f(x,y)\, dx\, dy = \lim_{n\to\infty} \lim_{m\to\infty} \sum_{j=1}^{m} \sum_{i=1}^{n} f(x_i, y_j)\, \Delta x\, \Delta y \tag{90}$$

gegeben. Dabei werden Volumenanteile oberhalb der x, y-Ebene positiv, solche unterhalb dieser Ebene negativ gezählt.

2. Berechnung des zweidimensionalen Bereichsintegrals

Es fragt sich nun, ob es einfache Methoden zur Berechnung eines Bereichsintegrals gibt. Wir werden im folgenden zeigen, daß sich das Bereichsintegral auf zwei einfache Integrale zurückführen läßt. Wir zerlegen hierzu den Körper in *n* Scheiben der Breite Δx, die parallel zur *y, z*-Ebene liegen. Eine solche Scheibe ist in Abb. 6 durch Schraffierung gekennzeichnet. Das Volumen des betrachteten Körpers ist durch die Summe der Volumina dieser Scheiben gegeben, wenn gleichzeitig mit der Summenbildung *n* gegen Unendlich und die Breite der Scheiben, Δx, gegen Null geht.

Wir berechnen nun zunächst das Volumen einer einzigen Scheibe. Der Bereich *B* in der *x,y*-Ebene sei in *y*-Richtung durch die Kurven $\psi_1(x)$ und $\psi_2(x)$ begrenzt (feste Linie bzw. gestrichelte Linie in Abb. 6). Die Angabe der Grenzen durch je eine Funktion $\psi_1(x)$ und $\psi_2(x)$ ist immer dann möglich, wenn jede Parallele zur *y*-Achse den Bereich nur höchstens zweimal schneidet, was hier zunächst vorausgesetzt werden soll. Die Seitenfläche der i-ten Scheibe hat als Grundlinie eine Gerade, die im Abstand x_i parallel zur y-Achse liegt und die die Länge $\psi_2(x_i) - \psi_1(x_i)$ besitzt.

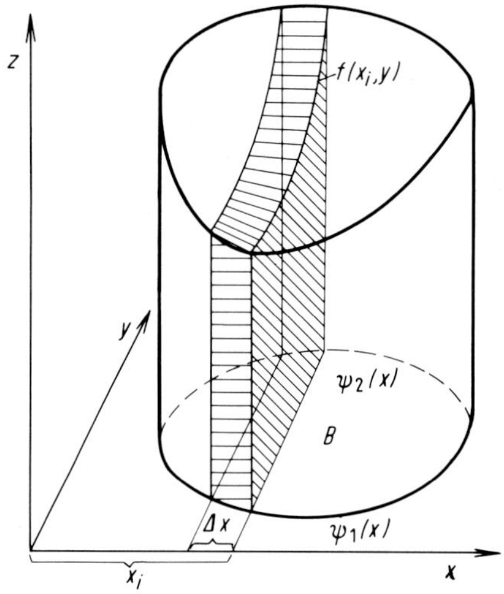

Abb. 6. Einteilung des zu berechnenden Volumens in Scheiben.

Nach oben hin ist diese Fläche durch die Kurve $z = f(x_i, y)$ begrenzt, wobei x_i ein konstanter Wert ist und y ein variabler, der von $y = \psi_1(x_i)$ bis $y = \psi_2(x_i)$ geht. Der Inhalt dieser Fläche hängt von x_i ab und wird daher mit $g(x_i)$ bezeichnet. Er kann Gl. (X, 114) zufolge dem bestimmten Integral

$$g(x_i) = \int_{\psi_1(x_i)}^{\psi_2(x_i)} f(x_i, y)\, dy \tag{91}$$

gleichgesetzt werden. Der Rauminhalt der betrachteten i-ten Scheibe beträgt daher

$$\Delta x\, g(x_i) = \Delta x \int_{\psi_1(x_i)}^{\psi_2(x_i)} f(x_i, y)\, dy\,. \tag{92}$$

Das Volumen des gesamten Körpers ist durch die Summe der Volumina der Scheiben gegeben

$$V = \lim_{n \to \infty} \sum_{i=1}^{n} g(x_i)\, \Delta x\,. \tag{93}$$

Da der Grenzwert in dieser Gleichung definitionsgemäß das bestimmte Integral über die Funktion $g(x)$ in den Grenzen a bis b darstellt, können wir mit Hilfe von Gl. (91) schreiben

$$V = \int_a^b g(x)\, dx = \int_a^b \left(\int_{\psi_1(x)}^{\psi_2(x)} f(x, y) dy \right) dx = \int_a^b dx \int_{\psi_1(x)}^{\psi_2(x)} f(x, y)\; dy\,. \tag{94}$$

Man sieht also: *Die Berechnung eines Bereichsintegrals läßt sich auf zwei gewöhnliche Integrationen zurückführen, wobei gilt*

$$\iint_B f(x,y)\,dx\,dy = \int_a^b dx \int_{\psi_1(x)}^{\psi_2(x)} f(x,y)\,dy\,. \tag{95}$$

Als Beispiel wollen wir das Integral der Funktion $z = xy$ über den in Abb. 7 angegebenen Bereich B berechnen. Dieser ist ein Viertelkreis mit dem Radius 2. Seine untere Begrenzungskurve ist durch die Gleichung $y = 0$ gegeben, so daß $\psi_1(x) = 0$ ist, seine obere Begrenzungskurve durch die Gleichung $y = \sqrt{4 - x^2}$, so daß $\psi_2(x) = \sqrt{4 - x^2}$ ist. Die Integration über x muß sich von 0 bis 2 erstrecken. Wir erhalten somit

$$\iint_B f(x,y)\,dx\,dy = \int_0^2 dx \int_0^{\sqrt{4-x^2}} x\,y\,dy = \int_0^2 dx \left[\frac{x\,y^2}{2}\bigg|_0^{\sqrt{4-x^2}}\right] = \int_0^2 \frac{x}{2}\cdot(4 - x^2)\,dx$$

$$= \int_0^2 \left(2x - \frac{x^3}{2}\right) dx = x^2 - \frac{x^4}{8}\bigg|_0^2 = 4 - 2 = 2\,.$$

Ferner berechnen wir noch das Volumen eines Zylinders, dessen Basis ein Kreis in der x, y-Ebene um den Koordinatenursprung mit dem Radius a und dessen Höhe gleich H ist. Die Deckfläche liegt dann parallel zur x,y-Ebene im Abstand H und ist somit durch die Gleichung $z = H$ gegeben.

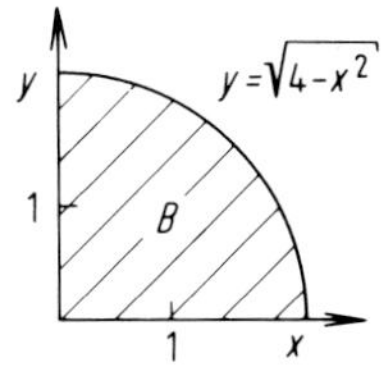

Abb. 7. Integrationsbereich zu Gl. (93).

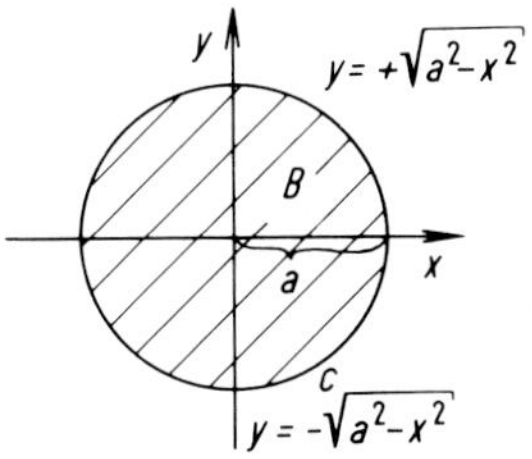

Abb. 8. Integrationsbereich zu Gl. (96).

Die Funktion $f(x, y)$, über die integriert wird, ist daher die Konstante H. Der Integrationsbereich ist ein Kreis. Er wird in y-Richtung nach oben hin durch die Kurve $+\sqrt{a^2 - x^2}$ und nach unten hin durch die Kurve $-\sqrt{a^2 - x^2}$ begrenzt, so daß $\psi_1(x) = -\sqrt{a^2 - x^2}$ und $\psi_2(x) = +\sqrt{a^2 - x^2}$ ist (s. Abb. 8).

Die Variable x geht von $-r$ bis $+r$. Wir erhalten somit

$$V = \iint_B f(x,y)\,dx\,dy = \int_{-a}^{+a} dx \int_{-\sqrt{a^2-x^2}}^{+\sqrt{a^2-x^2}} H\,dy = \int_{-a}^{+a} H\,y\Big|_{y=-\sqrt{a^2-x^2}}^{y=+\sqrt{a^2-x^2}} dx = 2\cdot H\cdot \int_{-a}^{+a} \sqrt{a^2 - x^2}\,dx =$$

$$= 2Ha \int_{-a}^{a} \sqrt{1 - \frac{x^2}{a^2}}\,dx = 2\cdot H\cdot a^2 \int_{-1}^{+1} \sqrt{1 - u^2}\,du = 2\cdot H\cdot a^2 \left[\frac{1}{2}\arcsin u - \frac{u}{2}\sqrt{1 - u^2}\right]\Bigg|_{-1}^{+1}$$

$$= 2Ha^2 \left[\frac{1}{2}\cdot\frac{\pi}{2} + \frac{1}{2}\cdot\frac{\pi}{2}\right] = H a^2 \pi\,. \tag{96}$$

Das ist selbstverständlich das gleiche Ergebnis, wie es aus der elementaren Geometrie bekannt ist.

Wir müssen nun die allgemeinen Ausführungen noch in einigen Punkten ergänzen. Bei der Berechnung des Bereichsintegrals hätte man den in Frage kommenden Körper selbstverständlich auch in Scheiben zerlegen können, die parallel zur x,y-Ebene liegen. Man muß in diesem Fall den Bereich, über den integriert wird, durch zwei Kurven charakterisieren, die die obere und untere Grenze der x-Werte angeben und die wir mit $x = \varphi_1(y)$ und $x = \varphi_2(y)$ bezeichnen (s. Abb. 9). Die Integrationsgrenzen von y nennen wir jetzt c und d. In gleicher Weise wie vorher erhalten wir dann für das Bereichsintegral

$$\iint_B f(x,y)\,dx\,dy = \int_c^d dy \int_{\varphi_1(y)}^{\varphi_2(y)} f(x,y)\,dx\,. \tag{97}$$

Beide Arten der Berechnung sind einander gleichwertig.

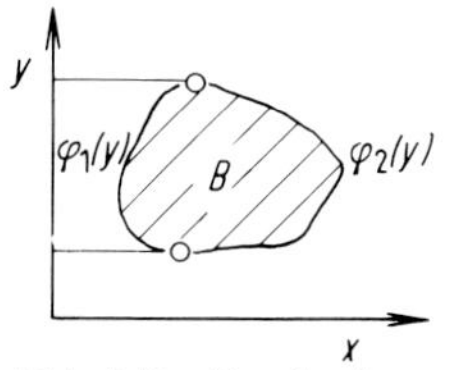

Abb. 9. Zur Beschreibung eines Bereiches durch zwei Funktionen $\varphi_1(y)$ und $\varphi_2(y)$.

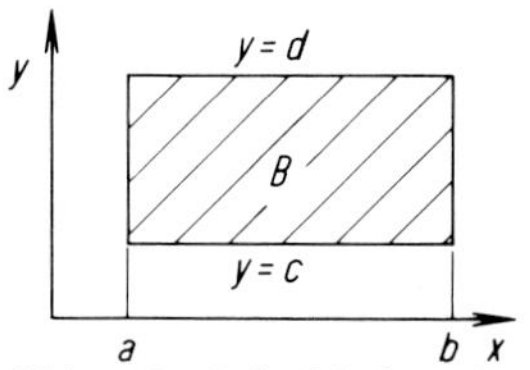

Abb. 10. Beispiel für einen rechteckförmigen Bereich.

Des weiteren wollen wir noch den Sonderfall betrachten, daß der Integrationsbereich ein Rechteck ist, dessen Seiten parallel zur Abszisse bzw. Ordinate liegen. In x-Richtung soll es durch die Geraden $y = c$ und $y = d$ begrenzt werden (s. Abb. 10). Wenn man dann das Bereichsintegral mit Hilfe von Gl. (94) berechnet, so wird $\psi_1(x) = c$ und $\psi_2(x) = d$, und man erhält

$$\iint_B f(x,y)\,dx\,dy = \int_a^b dx \int_c^d f(x,y)\,dy\,. \tag{98a}$$

Berechnet man das Bereichsintegral mit Hilfe von Gl. (97), so wird $\varphi_1(y) = a$ und $\varphi_2(y) = b$, und es ergibt sich

$$\iint_B f(x,y)\,dx\,dy = \int_c^d dy \int_a^b f(x,y)\,dx\,. \tag{98b}$$

Man kommt also in beiden Fällen auf das im Abschn. XI C 1 eingeführte Doppelintegral und erkennt durch Vergleich der beiden soeben abgeleiteten Gleichungen erneut, daß das Ergebnis der Integration unabhängig von der Reihenfolge ist.

Als letztes schließlich müssen wir noch den Fall betrachten, daß die Randkurve des Bereiches B durch Parallele zur y-Achse zum Teil auch mehr als zweimal geschnitten wird. Man muß in einem solchen Fall den Bereich in geeigneter Weise in kleinere Integrationsbereiche aufteilen. Bei dem in Abb. 11 eingezeichneten Gebiet muß man z. B. unter Benützung der in dieser Abbildung angegebenen Bezeichnungen schreiben

$$\iint_B f(x,y)\,dx\,dy = \int_a^b dx \int_{\psi_1(x)}^{\psi_4(x)} f(x,y)dy +$$

$$+ \int_b^c dx \int_{\psi_1(x)}^{\psi_2(x)} f(x,y)\,dy + \int_b^d dx \int_{\psi_3(x)}^{\psi_4(x)} f(x,y)dy\,.$$

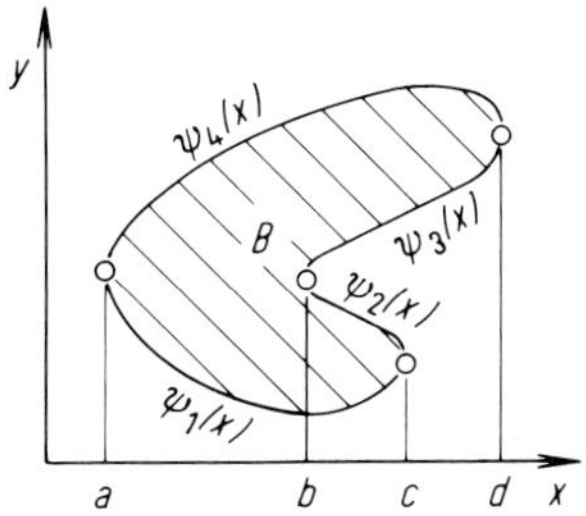

Abb. 11. Beispiel für einen Bereich, dessen Randkurve von Parallelen zur y-Achse zum Teil mehr als zweimal geschnitten wird.

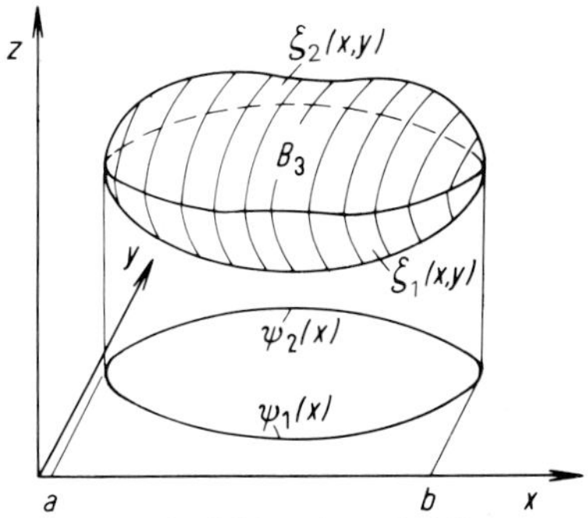

Abb. 12. Beispiel für einen dreidimensionalen Integrationsbereich B_3.

3. Integrale über Bereiche von mehr als zwei Dimensionen

Die angeführten Definitionen und Betrachtungen für Integrale über zweidimensionale Bereiche lassen sich auch auf Bereiche von mehr als zwei Dimensionen übertragen.

Gegeben sei eine Funktion von drei Variablen,

$$u = f(x,y,z)\,,$$

die in einem dreidimensionalen Bereich B_3, wie er etwa in Abb. 12 dargestellt ist, definiert und in diesem Bereich stetig sein soll. Wir zerlegen diesen Bereich in eine Anzahl von kleinen Quadern mit den Volumina $\Delta x_i \cdot \Delta y_j \cdot \Delta z_k$ und definieren das dreifache Integral über diesen Bereich in folgender Weise:

$$\iiint_{B_3} f(x,y,z)\,dx\,dy\,dz = \lim_{n\to\infty} \lim_{m\to\infty} \lim_{p\to\infty} \sum_{i=1}^{n} \sum_{j=1}^{m} \sum_{k=1}^{p} f(x_i,y_j,z_k)\,\Delta x_i\,\Delta y_j\,\Delta z_k\,. \qquad (99)$$

Man kann dieses Integral in drei gewöhnliche Integrale aufspalten, indem man zuerst bei konstantem x und y über z und dann bei festem x über y und schließlich über x integriert. Bei der Integration über z hängen die obere und untere Grenze sowohl von x als auch von y ab. Die obere Grenze ist durch die Funktion $z = \zeta_2(x,y)$ gegeben, die die Gleichung der oberen Begrenzungsfläche des Bereiches ist (s. Abb. 12). Entsprechend ist die untere Grenze durch die Gleichung der unteren Begrenzungsfläche $z = \zeta_1(x,y)$ gegeben. Bei der Integration über y hängen die Grenzen nur noch von x ab. Sie sind durch die beiden Gleichungen $y = \psi_2(x)$ und $y = \psi_1(x)$ der Kurven, die man durch eine Projektion des Körpers auf die x,y-Ebene erhält, gegeben. Die Integration über x geht schließlich von den Grenzen a bis b, die die äußersten Begrenzungspunkte des Körpers in x-Richtung darstellen. Man erhält somit

$$\iiint\limits_{B_3} f(x,y,z)\,dx\,dy\,dz = \int\limits_a^b dx \int\limits_{\psi_1(x)}^{\psi_2(x)} dy \int\limits_{\zeta_1(x,y)}^{\zeta_2(x,y)} f(x,y,z)dz\,. \tag{100}$$

Wenn man z. B. das Bereichsintegral über eine Kugel vom Radius b um den Ursprung bildet, so ergibt sich

$$\iiint\limits_{B_3} f(x,y,z)\,dx\,dy\,dz = \int\limits_{-b}^{+b} dx \int\limits_{-\sqrt{b^2-x^2}}^{+\sqrt{b^2-x^2}} dy \int\limits_{-\sqrt{b^2-x^2-y^2}}^{+\sqrt{b^2-x^2-y^2}} f(x,y,z)\,dz\,.$$

Die angestellten Betrachtungen lassen sich in entsprechender Weise auf Bereichsintegrale von beliebig hoher Dimension erweitern.

4. Transformation der Variablen als Hilfe zur Integralberechnung

Beim Zurückführen der Bereichsintegrale auf einfache Integrationen werden die Integranden häufig so kompliziert, daß diese Integrationen nicht mehr ohne weiteres durchführbar sind. Man kann dann in vielen Fällen die Rechnung dadurch vereinfachen, daß man eine Transformation der Variablen vornimmt. Dadurch werden insbesondere die Bereichsgrenzen einfacher. Wenn der Bereich in kartesischen Koordinaten beispielsweise ein Kreis ist, so wird er in Polarkoordinaten ein Rechteck (vgl. Kap. IX, Abb. 34). Das Verfahren entspricht demjenigen einer Substitution einer neuen Variablen bei einfachen Integralen, doch liegen hier die Verhältnisse komplizierter.

Wir stellen uns die Aufgabe, im Bereichsintegral

$$\iint\limits_B f(x,y)\,dx\,dy$$

die durch die Gleichungen

$$\begin{aligned} x &= G(u,v) \\ y &= H(u,v) \end{aligned} \tag{101}$$

gegebene Transformation vorzunehmen. Wir setzen voraus, daß die Transformation eineindeutig ist, daß also die Funktionaldeterminante $\dfrac{\partial(x,y)}{\partial(u,v)}$ in B von Null verschieden ist. Um zu erkennen, wie wir dabei vorgehen müssen, gehen wir auf die Definition des Bereichsintegrals durch eine Doppelsumme gemäß Gl. (90) zurück. Um in dieser Doppelsumme die einzelnen Rechtecke vom Inhalt $\Delta x\,\Delta y$ ihrer Lage nach zu unterscheiden, benützen wir an Stelle von Δx das Symbol $\Delta x_i = x_i - x_{i-1}$ und statt Δy das Symbol $\Delta y_j = y_j - y_{j-1}$. Wenn wir in der Doppelsumme noch die angegebene Substitution vornehmen, ergibt sich

$$\sum_{j=1}^{m} \sum_{i=1}^{n} f(G(u_i, v_j) H(u_i, v_j)) \Delta x_i \Delta y_j , \tag{102}$$

wobei wir die zu x_i, y_j gehörenden u,v-Werte mit u_i, v_j bezeichnet haben. Um den Ausdruck $\Delta u_i \Delta v_j$ in die Gleichung zu bekommen, multiplizieren wir die Doppelsumme mit $\frac{\Delta u_i \cdot \Delta v_j}{\Delta u_i \cdot \Delta v_j}$ und erhalten

$$\sum_{j=1}^{m} \sum_{i=1}^{n} f(G(u_i, v_j) H(u_i, v_j)) \frac{\Delta x_i \cdot \Delta y_j}{\Delta u_i \cdot \Delta v_j} \cdot \Delta u_i \Delta v_j . \tag{103}$$

$\frac{\Delta x_i \Delta y_j}{\Delta u_i \Delta v_j}$ ist nun das Verhältnis des Flächeninhaltes eines Flächenelementes in der x,y-Ebene zum Inhalt des dazugehörigen Elementes in der u,v-Ebene. Auf Grund der Gl. (58) ist dieses Verhältnis im Grenzfall unendlich kleiner Flächenelemente durch den Betrag der Funktionaldeterminante $\frac{\partial(x, y)}{\partial(u, v)}$ gegeben, also

$$\frac{\Delta x_i \Delta y_j}{\Delta u_i \Delta v_j} = \left| \frac{\partial(x_i, y_j)}{\partial(u_i, v_j)} \right| . \tag{104}$$

Wenn wir dies berücksichtigen, dann erhalten wir

$$\lim_{m\to\infty} \lim_{n\to\infty} \sum_{j=1}^{m} \sum_{i=1}^{n} f(x_i, y_j) \Delta x_i \Delta y_j =$$

$$= \lim_{m\to\infty} \lim_{n\to\infty} \sum_{j=1}^{m} \sum_{i=1}^{n} f(G(u_i, v_j) H(u_i, v_j)) \left| \frac{\partial(x_i, y_j)}{\partial(u_i, v_j)} \right| \Delta u_i \Delta v_j .$$

Daraus folgt

$$\iint_B f(x, y)\, dx\, dy = \iint_B f(G(u, v) H(u, v)) \left| \frac{\partial(x, y)}{\partial(u, v)} \right| du\, dv . \tag{105}$$

Wir wollen eine solche Transformation an einem Beispiel erläutern. Zu berechnen sei das Integral

$$\iint_B (x^2 + y^2)\, dx\, dy , \tag{106}$$

wobei der Bereich ein Kreis um den Nullpunkt mit dem Radius a ist. Wir versuchen als erstes die Berechnung in kartesischen Koordinaten. Es wird dann ähnlich wie bei Gl. (96)

$$\iint\limits_B (x^2 + y^2)\, dx\, dy = \int\limits_{-a}^{+a} dx \int\limits_{-\sqrt{a^2-x^2}}^{+\sqrt{a^2-x^2}} (x^2 + y^2)\, dy = \int\limits_{-a}^{+a} \left[x^2 y + \frac{y^3}{3} \Big|_{y=-\sqrt{a^2-a^2}}^{y=+\sqrt{a^2-x^2}} \right] dx =$$

$$= 2 \int\limits_{-a}^{+a} \left[x^2 \sqrt{a^2 - x^2} + \frac{(\sqrt{a^2 - x^2})^3}{3} \right] dx .$$

Die Berechnung dieses Integrals ist nicht ohne weiteres möglich. Wenn wir das Bereichsintegral vor der Aufspaltung durch die Substitution

$$\begin{aligned} x &= r \cos \varphi \\ y &= r \sin \varphi \end{aligned} \tag{107}$$

transformieren, so erhalten wir unter Beachtung, daß auf Grund der Transformationsgleichungen (107) $x^2 + y^2 = r^2$ ist und daß gemäß Gl. (60) $\left| \frac{\partial(x,y)}{\partial(r,\varphi)} \right| = r$ ist,

$$\iint\limits_B (x^2 + y^2)\, dx\, dy = \iint\limits_B r^2 \cdot r\, d\varphi\, dr .$$

Dem Kreis in der x,y-Ebene entspricht in der φ,r-Ebene ein Rechteck im Bereich $0 \leqq r \leqq a$ und $0 \leqq \varphi \leqq 2\pi$ (vgl. Kap. IX, Abb. 34). Wir erhalten somit

$$\iint\limits_B (x^2 + y^2)\, dx\, dy = \int\limits_0^a dr \int\limits_0^{2\pi} r^3\, d\varphi = \int\limits_0^a \left[r^3 \varphi \Big|_0^{2\pi} \right] dr = 2\pi \frac{r^4}{4} \Big|_0^a = \frac{a^4 \pi}{2} . \tag{108}$$

Als weiteres Beispiel berechnen wir das Integral $\iiint\limits_B \sqrt{x^2 + y^2}\, dx\, dy\, dz$, wobei der Bereich ein Zylinder mit einem Kreis vom Radius 3 um den Ursprung als Grundfläche und der Höhe 2 ist. Wir führen eine Transformation auf Zylinderkoordinaten ρ, φ, z durch: $x = \rho \cos \varphi$, $y = \rho \sin \varphi$, $z = z$. Der Zylinder geht dann in einen quaderförmigen Bereich über, wobei ρ von 0 bis 3, φ von 0 bis 2π und z von 0 bis 2 geht. $\sqrt{x^2 + y^2}$ wird gleich ρ. Die Funktionaldeterminante hat den Betrag ρ, wie man leicht nachrechnen kann (s. Aufgabe 12, Abschn. XI A). Wir erhalten somit

$$\iiint\limits_B \sqrt{x^2 + y^2}\, dx\, dy\, dz = \int\limits_0^3 d\rho \int\limits_0^{2\pi} d\varphi \int\limits_0^2 \rho \cdot \rho\, dz = \int\limits_0^3 4\pi \rho^2\, d\rho = \frac{4\pi \rho^3}{3} \Big|_0^3 = 36\pi .$$

Besonders erwähnenswert ist noch der Fall, daß einige der neu eingeführten Koordinaten weder im Integranden noch in den Integrationsgrenzen vorkommen. Man kann dann über diese Variablen unmittelbar integrieren und erhält dadurch einen Faktor vor dem dann noch verbleibenden Integral, der nicht vom gegebenen Integranden abhängt.

Als Beispiel betrachten wir ein Integral der Form $\iint\limits_B f(x^2 + y^2)\, dx\, dy$, wobei B ein Kreis um den Ursprung mit dem Radius R sei. Wenn wir Polarkoordinaten gemäß den Gln. (107) einführen, ergibt sich unter Beachtung, daß die Funktionaldeterminante gleich r ist,

$$\iint\limits_B f(x^2 + y^2)\, dx\, dy = \iint\limits_B f(r^2) r\, dr\, d\varphi = \int\limits_0^R \int\limits_0^{2\pi} f(r^2) r\, d\varphi\, dr = 2\pi \int\limits_0^R f(r^2) r\, dr . \tag{109}$$

Man hat jetzt nur noch eine Integration über r auszuführen. Der durch die Integration über $d\varphi$ erhaltene Faktor 2π ist unabhängig vom Integranden.

Im oben erwähnten Fall, daß einige der neuen Koordinaten weder im Integranden noch in den Integrationsgrenzen auftreten, kann man durch eine geschickte Wahl der Form der Bereichselemente die Berechnung der Funktionaldeterminante und die Integration über die im Integranden nicht auftretenden Koordinaten ersparen. Beim Integral $\iint_B f(x^2 + y^2)\,dx\,dy$ über einen Kreis mit dem Radius R wählt

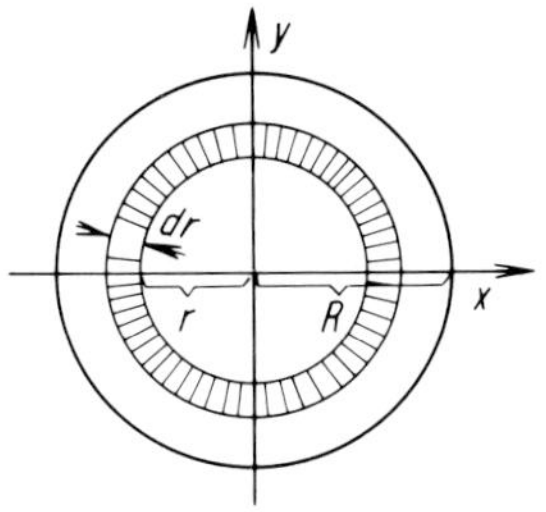

Abb. 13. Zur Zerlegung eines Kreises in Kreisringe der Dicke dr.

man beispielsweise als Flächenelemente Kreisringe der Dicke dr, die den Flächeninhalt $2\pi r\,dr$ besitzen (s. Abb. 13). Man erhält dann unmittelbar

$$\iint_B f(x^2 + y^2)\,dx\,dy = \int_0^R f(r^2) 2\pi r\,dr = 2\pi \int_0^R f(r^2) r\,dr\,. \tag{110}$$

Ein solches Vorgehen ist unter anderem bei der für die Thermodynamik wichtigen Berechnung des Volumens der Kugel im n-dimensionalen Raum notwendig (s. Abschn. 5a).

Als Beispiel untersuchen wir das Integral $\iiint_B f(x^2 + y^2 + z^2)\,dx\,dy\,dz$, wobei der Bereich B eine Kugel mit dem Radius R um den Ursprung ist. Wenn wir gemäß den Gln. (IX,147) räumliche Polarkoordinaten einführen, hängt der Integrand nur noch von r und nicht mehr von ϑ und φ ab. Wir können daher die Kugel, über die integriert wird, in Kugelschichten der Dicke dr und des Volumens $4\pi r^2 \cdot dr$ unterteilen und erhalten

$$\iiint_B f(x^2 + y^2 + z^2)\,dx\,dy\,dz = \int_0^R f(r^2) 4\pi r^2\,dr = 4\pi \int_0^R f(r^2) r^2\,dr\,. \tag{111}$$

Das gleiche Ergebnis erhält man selbstverständlich auch dann, wenn man die Koordinatentransformation in üblicher Weise unter Verwendung der Funktionaldeterminante vornimmt (s. Aufgabe 9).

5. Anwendungen

a) Berechnung von Volumina

Das Volumen zwischen der Fläche $z = f(x, y)$ und der x, y-Ebene innerhalb des Bereiches B ist gemäß den Ausführungen bei der Definition des Bereichsintegrals durch $\iint_B f(x, y)\,dx\,dy$ gegeben. Dabei werden Volumenanteile oberhalb der x, y-Ebene positiv gezählt, solche unterhalb dieser Ebene negativ.

Das Volumen des in Abb. 14 eingezeichneten Körpers, der nach oben durch die Fläche $\zeta_2(x,y)$ und nach unten durch die Fläche $\zeta_1(x,y)$ begrenzt ist, entspricht der Differenz der Volumina unter diesen Flächen

$$V = \iint\limits_B \zeta_2(x,y)\,dx\,dy - \iint\limits_B \zeta_1(x,y)\,dx\,dy\,. \tag{112}$$

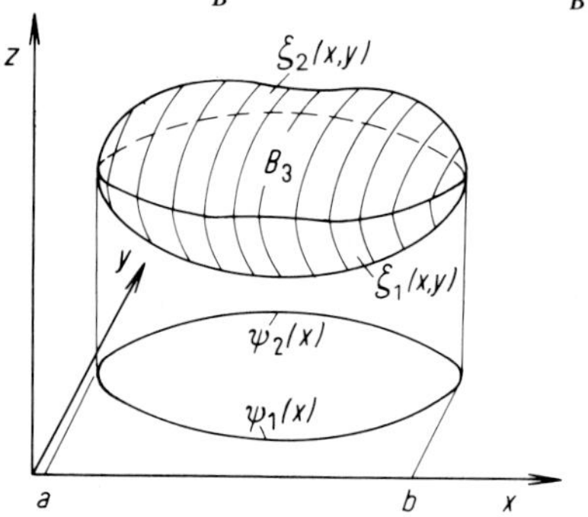

Abb. 14. Zur Berechnung des Volumens eines Körpers.

Allgemein kann man Volumina auch durch dreifache Integrale ausrechnen. Man faßt hierzu den Körper, dessen Volumen bestimmt werden soll, als dreidimensionalen Bereich auf, über den integriert wird. Wir bezeichnen diesen Bereich mit B_3 im Unterschied zum zweidimensionalen Bereich B, der durch die Projektion von B_3 auf die x,y-Ebene entsteht (s. Abb. 14). Es gilt dann

$$V = \iiint\limits_{B_3} dx\,dy\,dz\,. \tag{113}$$

Dies wird folgendermaßen bewiesen: Definitionsgemäß ist

$$\iiint\limits_{B_3} dx\,dy\,dz = \lim_{n_1\to\infty}\lim_{n_2\to\infty}\lim_{n_3\to\infty}\sum_{i=1}^{n_1}\sum_{j=1}^{n_2}\sum_{k=1}^{n_3}\Delta x_i\,\Delta y_j\,\Delta z_k\,. \tag{114}$$

$\Delta x_i\,\Delta y_j\,\Delta z_k$ stellt das Volumen eines kleinen Quaders im betrachteten dreidimensionalen Bereich B_3 dar. Wenn man nun die Volumina aller Quader innerhalb von B_3 summiert und gleichzeitig die einzelnen Quader immer kleiner werden läßt, erhält man das Volumen des dreidimensionalen Bereiches B_3.

Wenn man das Integral in Gl. (113) gemäß Gl. (111) auf gewöhnliche Integrale reduziert, muß man beachten, daß laut Abb. 14 die Begrenzungsflächen des Bereiches B_3 durch die Gleichungen $\zeta_1(x,y)$ und $\zeta_2(x,y)$ gegeben sind und die Begrenzungskurven des Bereiches B durch $\psi_1(x)$ und $\psi_2(x)$. Man erhält dann

$$\begin{aligned}\iiint\limits_{B_3} dx\,dy\,dz &= \int\limits_a^b dx \int\limits_{\psi_1(x)}^{\psi_2(x)} dy \int\limits_{\zeta_1(x,y)}^{\zeta_2(x,y)} dz = \int\limits_a^b dx \int\limits_{\psi_1(x)}^{\psi_2(x)} (\zeta_2(x,y) - \zeta_1(x,y))\,dy = \\ &= \int\limits_a^b dx \int\limits_{\psi_1(x)}^{\psi_2(x)} \zeta_2(x,y)\,dy - \int\limits_a^b dx \int\limits_{\psi_1(x)}^{\psi_2(x)} \zeta_1(x,y)\,dy\,.\end{aligned} \tag{115}$$

Dieses Resultat stimmt mit Gl. (112) überein.

Ein Integral der Form Gl. (113) kann man selbstverständlich auch bei mehr als 3 Integrationsvariablen bilden. *Hat man n Variable $x_1, x_2, \dots, x_n$ und einen n-dimensionalen Integrationsbereich B_n, so definiert man in Verallgemeinerung von Gl. (113) das Volumen V dieses Bereiches durch*

$$V = \int_{B_n} \cdots \int dx_1\, dx_2 \dots dx_n\,. \tag{116}$$

Bei $n = 1$ entartet das angegebene Volumen in eine Länge, für $n = 2$ in eine Fläche, für $n = 3$ stellt es das Volumen eines dreidimensionalen Körpers dar und für $n > 3$ das „Volumen" eines höher dimensionalen Körpers, den man nicht anschaulich wiedergeben kann. Integrale über Bereiche von sehr hoher Dimensionszahl spielen in der Thermodynamik eine wichtige Rolle. Man kann dort über derartige Integrale die Entropie eines Stoffes aus dessen molekularen Eigenschaften berechnen.

Als Beispiel berechnen wir das Volumen des Körpers, der nach oben durch das in Abb. 2 gegebene Paraboloid $z = x^2 + y^2$ begrenzt ist und nach unten durch ein auf der x,y-Ebene liegendes Quadrat, dessen Mittelpunkt mit dem Koordinatenursprung zusammenfällt und dessen Seiten parallel zur x- bzw. y-Achse liegen. Da die senkrecht auf den Seiten errichteten Ebenen, der Mantel des Körpers, das Paraboloid nach Parabeln schneiden, ergibt sich ein Körper der in Abb. 15 angedeuteten Form.

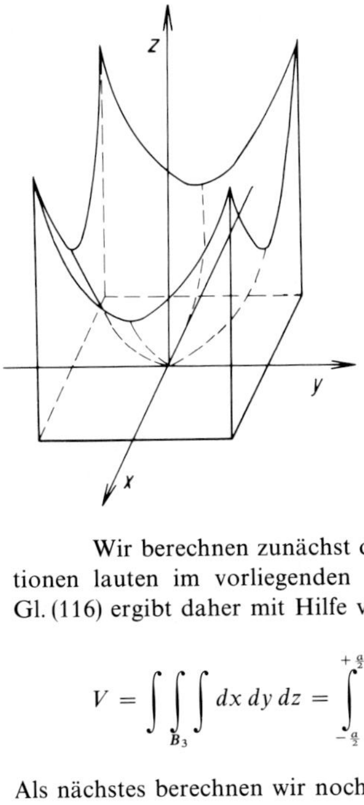

Abb. 15. Darstellung des nach oben durch ein Paraboloid begrenzten Körpers mit quadratischer Grundfläche.

Wir berechnen zunächst das Volumen mit Hilfe von Gl. (116). Die in Abb. 14 eingeführten Funktionen lauten im vorliegenden Fall $\zeta_2(x,y) = x^2 + y^2$, $\zeta_1(x,y) = 0$, $\psi_2(x) = -a/2$ und $\psi_1(x) = a/2$. Gl. (116) ergibt daher mit Hilfe von Gl. (115)

$$V = \iiint_{B_3} dx\, dy\, dz = \int_{-\frac{a}{2}}^{+\frac{a}{2}} dx \int_{-\frac{a}{2}}^{+\frac{a}{2}} dy \int_{0}^{x^2+y^2} dz = \int_{-\frac{a}{2}}^{+\frac{a}{2}} dx \int_{-\frac{a}{2}}^{+\frac{a}{2}} (x^2 + y^2)\, dy = \int_{-\frac{a}{2}}^{+\frac{a}{2}} \left(x^2 a + \frac{a^3}{12}\right) dx = \frac{a^4}{6}\,.$$

Als nächstes berechnen wir noch das Volumen mit Hilfe von Gl. (112). Man erhält

$$V = \iint_{B_2} (x^2 + y^2)\, dx\, dy = \int_{-\frac{a}{2}}^{+\frac{a}{2}} dx \int_{-\frac{a}{2}}^{+\frac{a}{2}} (x^2 + y^2)\, dy\,,$$

also das gleiche Ergebnis wie mit der anderen Formel.

Eine etwas schwierigere Aufgabe stellt die Berechnung des Volumens $V_{\mathrm{K}n}(R)$ der Kugel mit dem Radius R in einem n-dimensionalen Raum dar, wobei $n > 3$ ist. Dieses Volumen ist durch die Gleichung

$$V_{\mathrm{K}n}(R) = \int\int \cdots \int_{B_n} dx_1\, dx_2, \ldots, dx_n \tag{117}$$

gegeben, wobei der Bereich B_n aus allen Punkten besteht, die der Bedingung

$$x_1^2 + x_2^2 + \cdots + x_n^2 \leqq R^2 \tag{118}$$

genügen. Diese Bedingung ist leicht einzusehen: Würde in ihr das Gleichheitszeichen auftreten, so würden ihr lediglich alle Punkte genügen, die auf der Oberfläche der Kugel mit dem Radius R liegen. Da gleichzeitig das Kleinerzeichen steht, genügen ihr auch die Punkte, die auf den Oberflächen aller Kugeln liegen, deren Radius kleiner als R ist. Alle diese Punkte bilden aber das Volumen der betrachteten Kugel.

Zur Berechnung des Integrals in Gl. (117) muß man nun einen Kunstgriff anwenden. Man denkt sich die Kugel in Schichten der Dicke dr zerlegt. Ist $O(r)$ die Oberfläche einer Kugel vom Radius r, so ist das Volumen der an diese Fläche angrenzenden Schicht $O(r)\,dr$ (s. Abb. 13). Das Volumen der Kugel vom Radius R ist dann durch

$$V_{\mathrm{K}n}(R) = \int_0^R O(r)\, dr \tag{119}$$

gegeben. Man berechnet nun zunächst $O(r)$ und anschließend über Gl. (119) das gesuchte Volumen.

Der Umfang eines Kreises ist proportional r, die Oberfläche einer dreidimensionalen Kugel proportional r^2 und allgemein die Oberfläche einer Kugel im n-dimensionalen Raum proportional r^{n-1}. Wir können also ansetzen

$$O(r) = O(1)r^{n-1}, \tag{120}$$

wobei $O(1)$ die Oberfläche der Kugel mit dem Radius 1 ist. Um $O(1)$ zu erhalten, berechnen wir das Integral $\int \mathrm{e}^{-x_1^2-x_2^2-\cdots-x_n^2}\, dx_1\, dx_2, \ldots, dx_n$ zunächst in einfacher Weise ohne Durchführung einer Koordinatentransformation. Unter Beachtung von Gl. (130), die weiter hinten abgeleitet ist, ergibt sich

$$\begin{aligned}\int_{-\infty}^{\infty} \mathrm{e}^{-x_1^2-x_2^2-\cdots-x_n^2}\, dx_1\, dx_2 \ldots dx_n &= \int_{-\infty}^{\infty} \mathrm{e}^{-x_1^2}\, dx_1 \cdot \int_{-\infty}^{\infty} \mathrm{e}^{-x_2^2}\, dx_2 \ldots \int_{-\infty}^{\infty} \mathrm{e}^{-x_n^2}\, dx_n \\ &= \left[\int_{-\infty}^{\infty} \mathrm{e}^{-y^2}\, dy\right]^n = \pi^{n/2}.\end{aligned} \tag{121}$$

Des weiteren berechnen wir das Integral noch nach einer Transformation auf Polarkoordinaten, wobei wir durch Integration über die Winkel gleich die Oberfläche $O(r)$ unter dem Integralzeichen erhalten. Es ergibt sich:

$$\int_{-\infty}^{\infty} \mathrm{e}^{-x_1^2-x_2^2-\cdots-x_n^2}\, dx_1\, dx_2 \ldots dx_n = \int_0^{\infty} \mathrm{e}^{-r^2} O(r)\, dr = O(1) \int_0^{\infty} \mathrm{e}^{-r^2} r^{n-1}\, dr = \frac{1}{2} O(1) \cdot \left(\frac{n}{2} - 1\right)! \tag{122}$$

Das zuletzt auftretende Integral wurde durch partielle Integration ausgerechnet unter der Voraussetzung, daß n geradzahlig ist. Da beide Resultate einander gleich sein müssen, folgt

$$0(1)\tfrac{1}{2}(\tfrac{n}{2} - 1)! = \pi^{n/2}$$

und damit

$$0(1) = \frac{2\pi^{n/2}}{(\frac{n}{2} - 1)!}.$$

Gl. (119) ergibt dann schließlich, wobei immer noch die Voraussetzung gilt, daß n geradzahlig ist,

$$V_{\mathrm{K}_n}(R) = \int_0^R O(r)\,dr = \frac{2\pi^{n/2}}{(\frac{n}{2}-1)!}\int_0^R r^{n-1}\,dr = \frac{\pi^{n/2}R^n}{(\frac{n}{2}-1)!\frac{n}{2}} = \frac{\pi^{n/2}R^n}{(\frac{n}{2})!}\,. \tag{123}$$

b) Berechnung von Oberflächen*)

Wir betrachten eine Fläche, die über dem Bereich B liegt und die durch die Gleichung $z = f(x, y)$ gegeben ist. $f(x, y)$ möge in B stetige Ableitungen besitzen. Wir stellen uns die Aufgabe, den Inhalt dieser Fläche zu berechnen. Hierzu zerlegen wir den Bereich B in eine Vielzahl von Rechtecken mit den Seiten $\Delta x_i = x_i - x_{i-1}$ bzw. $\Delta y_j = y_j - y_{j-1}$. Das Rechteck, das an die Geraden $x = x_i$ und $y = y_j$ anschließt, besitzt dann den Flächeninhalt $\Delta x_i \cdot \Delta y_j$. Der über diesem Rechteck liegende Teil der durch $f(x, y)$ gegebenen Fläche (s. Abb. 16) besitzt näherungsweise den Flächeninhalt

$$\frac{\Delta x_i \cdot \Delta y_j}{\cos \alpha_{ij}}\,. \tag{124}$$

α_{ij} ist dabei der Winkel zwischen der Tangentialebene im Punkt x_i, y_j an die gegebene Fläche und der x, y-Ebene. Dieser Winkel stimmt mit demjenigen zwischen der Normalen auf die Fläche im betrachteten Punkt und der Normalen auf die x, y-Ebene überein. Für den Kosinus dieses Winkels gilt, wie sich zeigen läßt,

$$\cos \alpha_{ij} = \frac{1}{\sqrt{1 + f_x^2(x_i, y_j) + f_y^2(x_i, y_j)}}\,. \tag{125}$$

Die gesamte Oberfläche ist die Summe der durch Gl. (124) gegebenen Teilflächen, wobei man die Δx_i und Δy_j gegen Null gehen lassen muß. Dies führt zu einem entsprechenden Integral, so daß man schreiben kann

$$O = \iint_B \sqrt{1 + f_x^2 + f_y^2}\,dx\,dy\,.$$

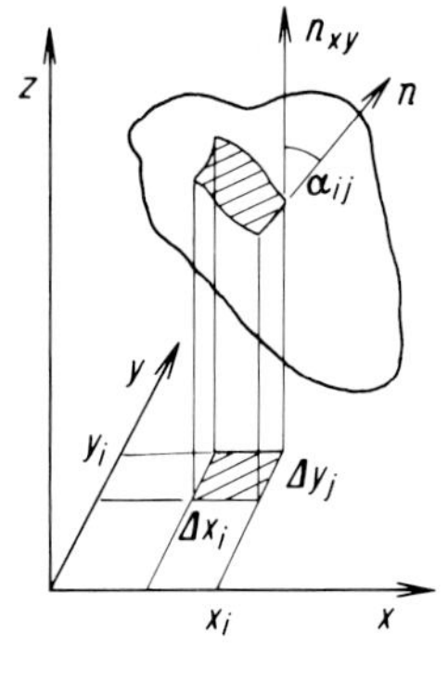

Abb. 16. Zur Berechnung der Oberfläche.

*) Dieser Abschnitt kann von weniger interessierten Lesern überschlagen werden.

Als Beispiel berechnen wir die Oberfläche der Halbkugel mit dem Radius a und dem Mittelpunkt im Koordinatenursprung. Der Bereich B ist der Kreis $x^2 + y^2 = a^2$. Die Gleichung der Kugel lautet $z = \sqrt{a^2 - x^2 - y^2}$. Es ist $f_x = -\dfrac{x}{\sqrt{a^2 - x^2 - y^2}}$ und $f_y = -\dfrac{y}{\sqrt{a^2 - x^2 - y^2}}$, woraus folgt $1 + f_x^2 + f_y^2 = \dfrac{a^2}{a^2 - x^2 - y^2}$. Wir erhalten somit

$$O = \iint\limits_B \frac{a\,dx\,dy}{\sqrt{a^2 - x^2 - y^2}}.$$

Wir nehmen nun eine Transformation auf Polarkoordinaten r, φ vor. Es ergibt sich

$$O = a\int_0^a dr \int_0^{2\pi} \frac{r\,d\varphi}{\sqrt{a^2 - r^2}} = 2\pi a \int_0^a \frac{r\,dr}{\sqrt{a^2 - r^2}}.$$

Mit Hilfe der Substitution $u = a^2 - r^2$, $du = -2r\,dr$ erhält man daraus

$$O = 2\pi a \int_{a^2}^0 -\frac{du}{2\sqrt{u}} = 2\pi a \sqrt{u}\,\Big|_0^{a^2} = 2\pi a^2, \tag{126}$$

in Übereinstimmung mit dem aus der elementaren Geometrie bekannten Resultat.

c) Berechnung des Integrals $\int_{-\infty}^{+\infty} e^{-\alpha x^2} dx$

Bereichsintegrale lassen sich auch vorteilhaft zur Berechnung von gewöhnlichen Integralen über eine einzige Variable verwenden. Als Beispiel soll das Integral $\int_{-\infty}^{\infty} e^{-x^2} dx$ bestimmt werden. Der Wert dieses Integrals sei mit A bezeichnet. Wir können also schreiben

$$A = \int_{-\infty}^{\infty} e^{-x^2} dx, \tag{127}$$

oder, da man die Integrationsvariable auch umbenennen kann,

$$A = \int_{-\infty}^{\infty} e^{-y^2} dy \tag{128}$$

Wir multiplizieren nun die beiden Gleichungen miteinander und erhalten

$$A^2 = \int_{-\infty}^{\infty} e^{-x^2} dx \cdot \int_{-\infty}^{\infty} e^{-y^2} dy. \tag{129}$$

Das Produkt der Integrale ziehen wir zu einem Doppelintegral zusammen, das wiederum als Bereichsintegral über die gesamte x, y-Ebene aufgefaßt werden kann:

$$A^2 = \int_{-\infty}^{\infty} dx \int_{-\infty}^{\infty} e^{-(x^2+y^2)} dy = \iint\limits_{x,y\text{-Ebene}} e^{-(x^2+y^2)} dx\,dy.$$

Zur Berechnung dieses Integrals wird eine Transformation der Variablen mit Hilfe der Gleichungen $x = r\cos\varphi$ und $y = r\sin\varphi$ durchgeführt. Der absolute Betrag der Funktionaldeterminante lautet dann Gl. (60) zufolge r, und $x^2 + y^2$ wird gleich r^2. Die gesamte x, y-Ebene wird überstrichen, wenn φ von 0 bis 2π und r von Null bis Unendlich geht. Es ergibt sich somit

$$A^2 = \int_0^\infty dr \int_0^{2\pi} e^{-r^2} r\, d\varphi = \int_0^\infty 2\pi r e^{-r^2} dr .$$

Die Integration über r kann man durchführen, indem man $u = -r^2$ substituiert. Es ist dann $du = -2r\,dr$, so daß man erhält

$$A^2 = -2\pi \int_0^{-\infty} r \cdot e^u \frac{du}{2r} = \pi \int_{-\infty}^{0} e^u\, du = \pi e^u \Big|_{-\infty}^{0} = \pi .$$

Daraus folgt, daß A gleich $\sqrt{\pi}$ ist, so daß wir schreiben können

$$\int_{-\infty}^{+\infty} e^{-x^2} dx = \sqrt{\pi}. \tag{130}$$

Des weiteren kann man noch berücksichtigen, daß

$$\int_{-\infty}^{+\infty} e^{-x^2} dx = \int_{-\infty}^{0} e^{-x^2} dx + \int_0^{+\infty} e^{-x^2} dx \tag{131}$$

ist. Da der Integrand e^{-x^2} für positive und negative x die gleichen Werte annimmt, sind die beiden auf der rechten Seite von Gl. (131) stehenden Integrale einander gleich, und es ergibt sich wegen Gl. (130)

$$\int_0^{\infty} e^{-x^2} dx = \int_{-\infty}^{0} e^{-x^2} dx = \frac{\sqrt{\pi}}{2}. \tag{132}$$

Mit Hilfe von Gl. (130) kann man auch leicht das Integral $\int_{-\infty}^{+\infty} e^{-\alpha x^2} dx$ berechnen. Wir setzen hierzu $\sqrt{\alpha}\,x = u$ und erhalten

$$\int_{-\infty}^{+\infty} e^{-\alpha x^2} dx = \int_{-\infty}^{+\infty} e^{-u^2} \frac{du}{\sqrt{\alpha}} = \frac{1}{\sqrt{\alpha}} \int_{-\infty}^{+\infty} e^{-u^2} du = \sqrt{\frac{\pi}{\alpha}}. \tag{133}$$

Entsprechend ist

$$\int_0^{\infty} e^{-\alpha x^2} dx = \frac{1}{2}\sqrt{\frac{\pi}{\alpha}}. \tag{134}$$

Fragen und Aufgaben

1. Wie kann man ein zweidimensionales Bereichsintegral auf einfache Integrationen zurückführen?
2. Welche Vorteile kann eine Variablentransformation bei der Berechnung eines Bereichsintegrals bieten? Wie nimmt man eine solche Transformation vor?
3. Wie kann man das Volumen eines dreidimensionalen Körpers berechnen, wenn man die Gleichungen kennt, durch die seine Begrenzungsflächen gegeben sind?
4. Welchen Wert hat das Integral $\int\limits_0^\infty e^{-z^2}\,dz$? Auf welche Weise kann man diesen Wert ausrechnen?
5. B sei ein gleichseitiges Dreieck über der Strecke $0 \leqq x \leqq 1$, $y = 0$. Berechne: $\iint\limits_B x\,y\,dx\,dy$.
6. B sei der Einheitskreis um den Ursprung. Berechne mit Hilfe einer Transformation auf Polarkoordinaten
$$\iint\limits_B (x^2 + y^2)^2\,dx\,dy\,.$$
7. Berechne das Volumen einer Kugel um den Ursprung mit dem Radius R mit Hilfe des Integrals $\iiint dx\,dy\,dz$. Transformiere hierzu das Integral auf räumliche Polarkoordinaten.
8. Berechne das Volumen der in Abb. 17 angegebenen Kugelkappe, die zum Winkel φ gehört.

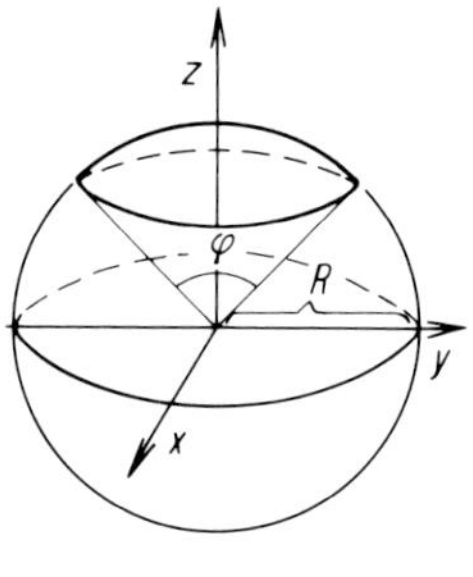

Abb. 17. Darstellung der in Aufgabe 8 erwähnten Kugelkappe.

9. Gegeben sei das Integral $\iiint\limits_{B_3} (x^2 + y^2 + z^2)\,dx\,dy\,dz$, wobei B_3 eine Kugel um den Ursprung mit dem Radius R sei. Transformiere das Integral unter Einführung der Funktionaldeterminante auf räumliche Polarkoordinaten, integriere über ϑ und φ und vergleiche das Resultat mit Gl. (111).

D. Kurvenintegrale

1. Definition und Berechnung

Wir betrachten eine Funktion $z = f(x,y)$, die in einem Bereich B der x,y-Ebene stetig sein soll. In diesem Bereich sei eine Kurve C gegeben, die einen Richtungssinn aufweist, der durch einen Pfeil auf der Kurve angedeutet wird (s. Abb. 18). Wir unterteilen nun die Kurve durch die Punkte $P_0, P_1, \ldots, P_n$ in kleine Stücke. Die Indices sind dabei so angeordnet, daß man mit wachsendem Index auf der Kurve in Richtung des Pfeiles fortschreitet. Die Unterschiede in den Abszissenwerten zweier benachbarter Punkte sollen alle gleich groß sein und mit $\Delta x = x_i - x_{i-1}$ bezeichnet werden. Wir bilden nun die Summe $\sum\limits_{i=1}^{n} f(x_i, y_i)\,\Delta x$ und gehen zum Grenzwert $n \to \infty$ über. Diesen Grenzwert nennen wir das Kurvenintegral der Funktion $f(x,y)$ über der Kurve C und schreiben dafür $\int\limits_C f(x,y)\,dx$. Damit ergibt sich

$$\int_C f(x,y)\,dx = \lim_{n\to\infty} \sum_{i=1}^{n} f(x_i, y_i)\,\Delta x_i\,. \tag{135}$$

Unter dem Kurvenintegral der Funktion $f(x,y)$ über der Kurve C versteht man also die in folgender Weise erhaltene Größe: Man multipliziert die Werte, die $f(x,y)$ längs einzelner Punkte der Kurve C in der x,y-Ebene annimmt, mit Δx und addiert anschließend die Produkte unter Übergang zum Grenzwert unendlich vieler Punkte.

Wie kann man dieses Kurvenintegral geometrisch deuten? Die Gleichung $z = f(x,y)$ stellt eine Fläche im Raum dar. Die Funktionswerte oberhalb der Kurve C sind durch eine Kurve dieser Fläche, die in Abb. 18 mit K bezeichnet wurde, dargestellt. Das Kurvenintegral gibt nun, wie aus Gl. (135) unmittelbar folgt, den Inhalt der Projektion der Fläche zwischen C und K auf die x,z-Ebene an.

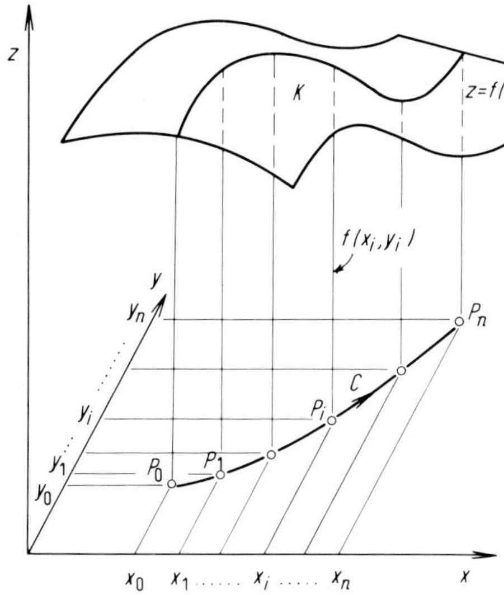

Abb. 18. Zur Definition des Kurvenintegrals.

Aus der Definitionsgleichung für das Kurvenintegral ergibt sich unmittelbar folgendes: *Ändert man die Pfeilrichtung von C, so dreht sich das Vorzeichen von Δx und damit auch das des Kurvenintegrals um.* Und außerdem: *Bei einer Zerlegung von C in zwei Teilkurven C_1 und C_2 gilt:*

$$\int_C f(x,y)\,dx = \int_{C_1} f(x,y)\,dx + \int_{C_2} f(x,y)\,dx\,. \tag{136}$$

Wie kann man das Kurvenintegral praktisch berechnen? Nehmen wir als erstes an, die Kurve C sei so beschaffen, daß zu jedem x-Wert nur ein einziger y-Wert gehört. Die Gleichung, die zur Kurve C gehört, möge $y = \varphi(x)$ lauten. Den Abszissenwert x_0, bei dem die Kurve beginnt, wollen wir mit a bezeichnen, und den Wert x_n, bei dem sie endet, mit b. Es wird dann

$$\int_C f(x,y)\,dx = \int_a^b f(x,\varphi(x))\,dx\,. \qquad (137)$$

Indem wir nämlich die Größe y in der Funktion $f(x,y)$ durch $\varphi(x)$ ersetzen, haben wir erreicht, daß wir zu jedem x diejenigen Funktionswerte einsetzen, die genau oberhalb der Kurve C liegen. Die getroffene Wahl der Grenzen hat zur Folge, daß man bei der Integration die gesamte Kurve durchläuft. Durch Gl. (137) ist das Kurvenintegral auf ein gewöhnliches Integral zurückgeführt, dessen Berechnung keine prinzipiellen Schwierigkeiten bereitet. Falls es x-Werte gibt, zu denen jeweils mehrere y-Werte der Kurve C gehören (s. Abb. 19a), muß man die Kurve in einzelne Teile mit jeweils eindeutigem Zusammenhang zwischen x und y zerlegen.

Ein anderer Weg der Berechnung des Kurvenintegrals ist der, daß man die Kurve C in Parameterform darstellt

$$\begin{aligned} x &= x(t) \\ y &= y(t)\,. \end{aligned} \qquad (138)$$

Es ist dann

$$dx = x'(t)\,dt\,. \qquad (139)$$

Wenn man den Wert von t, der zum Anfangspunkt gehört, mit t_A bezeichnet und den zum Endwert gehörigen mit t_B, so erhält man für das Kurvenintegral

$$\int_C f(x,y)\,dx = \int_{t_A}^{t_B} f(x(t),y(t))\,x'(t)\,dt\,. \qquad (140)$$

Man kann also sagen: *Zur Berechnung eines Kurvenintegrals führt man dieses in ein gewöhnliches Integral über, indem man die Gleichung der Kurve C in $f(x,y)$ einsetzt, wie in Gl. (137) bzw. Gl. (140) angegeben.*

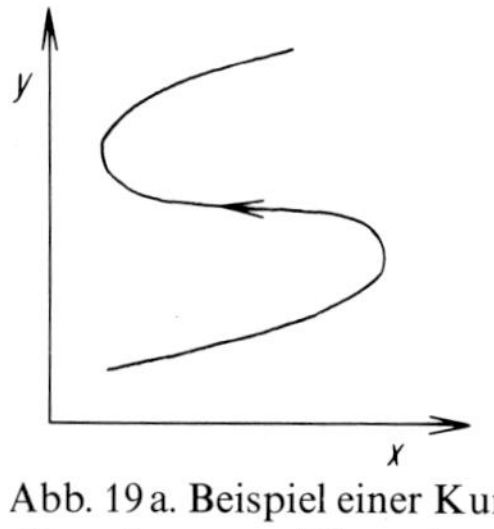

Abb. 19a. Beispiel einer Kurve, die einem x-Wert jeweils mehrere y-Werte zuordnet.

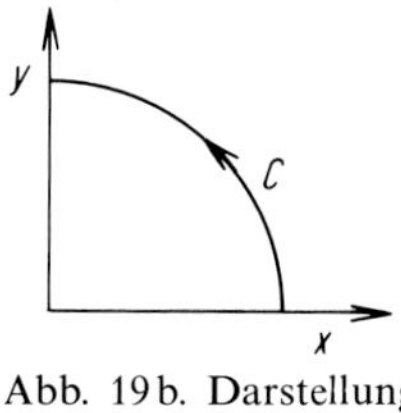

Abb. 19b. Darstellung der Kurve C in Gl. (142).

Als Beispiel berechnen wir das Kurvenintegral der Funktion

$$f(x,y) = x + y^2 \qquad (141)$$

über einen Viertelkreis mit dem Radius 1, den wir im Gegenuhrzeigersinn durchlaufen (s. Abb. 19b). Die Gleichung der Kurve C lautet: $y = +\sqrt{1-x^2}$. Setzen wir das in Gl. (137) ein, so erhalten wir $f(x,\varphi(x)) = x + 1 - x^2$. Zum Anfangspunkt der Kurve gehört der Wert $x = 1$, zum Endpunkt der Wert $x = 0$. Es ergibt sich somit

$$\int_C f(x,y)\,dx = \int_1^0 (x + 1 - x^2)\,dx = \frac{x^2}{2} + x - \frac{x^3}{3}\bigg|_1^0 = -\frac{7}{6}. \tag{142}$$

Wir berechnen noch das Kurvenintegral auf die zweite Art, indem wir von der Gleichung des Kreises in Parameterform ausgehen

$$\begin{aligned} x &= \cos t \\ y &= \sin t . \end{aligned} \tag{143}$$

Es ist dann $x'(t) = -\sin t$. Im Anfangspunkt der Kurve ist $t = 0$, im Endpunkt $t = \frac{\pi}{2}$. Man erhält somit

$$\int_C f(x,y)\,dx = \int_0^{\frac{\pi}{2}} (\cos t + \sin^2 t)(-\sin t)\,dt =$$

$$= -\int_0^{\frac{\pi}{2}} \cos t \sin t\,dt - \int_0^{\frac{\pi}{2}} \sin^3 t\,dt . \tag{144}$$

Durch partielle Integration findet man, daß die Stammfunktion des ersten Integranden $-\frac{\sin^2 t}{2}$ lautet und die des zweiten Integranden $-\cos t + \frac{\cos^3 t}{3}$. Gl. (144) ergibt somit

$$= -\frac{\sin^2 t}{2}\bigg|_0^{\frac{\pi}{2}} + \left[\cos t - \frac{\cos^3 t}{3}\right]_0^{\frac{\pi}{2}} = -\frac{1}{2} - 1 + \frac{1}{3} = -\frac{7}{6}$$

in Übereinstimmung mit Gl. (142).

In gleicher Weise wie mit den Werten Δx kann man auch mit Hilfe der Werte Δy ein Kurvenintegral definieren

$$\int_C f(x,y)\,dy = \lim_{n\to\infty} \sum_{i=1}^{n} f(x_i, y_i)\,\Delta y . \tag{145}$$

Ist die Kurve C durch eine Gleichung der Form $x = \psi(y)$ gegeben, so wird

$$\int_C f(x,y)\,dy = \int_a^b f(\psi(y), y)\,dy . \tag{146}$$

Liegt die Gleichung der Kurve dagegen in Parameterform vor, $x = x(t)$ und $y = y(t)$, so wird

$$\int_C f(x,y)\,dy = \int_{t_1}^{t_2} f(x(t), y(t))\,y'(t)\,dt . \tag{147}$$

Sind schließlich zwei Funktionen $P(x,y)$ und $Q(x,y)$ vorgegeben, die beide in einem Bereich um die Kurve C stetig sind, so kann man ein allgemeines Kurvenintegral

$$\int_C [P(x,y)\,dx + Q(x,y)\,dy] \tag{148}$$

definieren. Bei Parameterdarstellung der Kurve C gilt

$$\int_C [P(x,y)\,dx + Q(x,y)\,dy] = \int_{t_1}^{t_2} [P(x(t),y(t))\,x'(t) + Q(x(t),y(t))\,y'(t)]\,dt . \tag{149}$$

In analoger Weise führt man auch Kurvenintegrale bei Funktionen von mehr als zwei Veränderlichen ein.

Das Kurvenintegral Gl. (148) kann man in etwas eleganterer Form anschreiben, wenn man die Faktoren vor dx und dy als Komponenten eines Vektors auffaßt. Nehmen wir an, es sei jedem Punkt der x, y-Ebene ein Vektor $\boldsymbol{a} = \boldsymbol{a}(x, y)$ zugeordnet. Die Komponenten dieses Vektors bezeichnen wir jeweils mit $a_x(x, y)$ und $a_y(x, y)$. Wir bilden nun das Kurvenintegral

$$\int_C [a_x(x,y)\,dx + a_y(x,y)\,dy]\,.$$

Wenn wir nun auch dx und dy als Komponenten eines Vektors $\boldsymbol{ds}$ auffassen, wie in Abb. 20 angedeutet, so kann man das Kurvenintegral auch in der Form

$$\int_C \boldsymbol{a}(x,y)\,\boldsymbol{ds} \tag{148'}$$

anschreiben.

Auf ein Kurvenintegral der Form Gl. (148′) kommt man unter anderem bei der Berechnung der Arbeit, die eine ortsabhängige Kraft $\boldsymbol{k}(x, y)$ längs eines durch eine Kurve C angegebenen Weges leistet. Wir bezeichnen die Komponenten von $\boldsymbol{k}(x, y)$ mit $k_x(x, y)$ und $k_y(x, y)$. Wir zerlegen außerdem die Kurve C in kurze Wegstücke $\boldsymbol{dr}$. Die Arbeit längs eines solchen Wegstückes ist dann Gl. (VIII, 21) zufolge gegeben durch das skalare Produkt

$$\boldsymbol{k}(x,y)\,\boldsymbol{ds} = k_x(x,y)\,dx + k_y(x,y)\,dy\,.$$

Die Arbeit längs des gesamten Weges C erhält man durch Integration über die Kurve C, also

$$A = \int_C [k_x(x,y)\,dx + k_y(x,y)\,dy] = \int_C \boldsymbol{k}(x,y)\,\boldsymbol{ds}\,.$$

Neben dem Kurvenintegral Gl. (148′) spielt auch das Integral

$$\int_C f(x,y)\,ds = \lim_{n\to\infty} \sum_{i=1}^{n} f(x_i, y_i)\,\Delta s \tag{149}$$

eine wichtige Rolle. Im Unterschied zu Gl. (148′) wird hier die zu integrierende Funktion jeweils mit dem Betrag des Vektors $\boldsymbol{ds}$, dem sogenannten Bogenelement ds multipliziert. Ist die Kurve C in Parameterform $x = x(t)$, $y = y(t)$ gegeben, so folgt wegen $ds = \sqrt{dx^2 + dy^2}$ sowie $dx = x'\,dt$ und $dy = y'\,dt$

$$\int_C f(x,y)\,ds = \int_{t_1}^{t_2} f(x(t),y(t))\sqrt{x'^2(t)\,dt^2 + y'^2(t)\,dt^2} = \int_{t_1}^{t_2} f(x(t),y(t))\sqrt{x'^2(t) + y'^2(t)}\,dt\,. \tag{149'}$$

Damit ist das Kurvenintegral aus Gl. (149) auf ein gewöhnliches Integral zurückgeführt.

2. Wegunabhängigkeit des allgemeinen Kurvenintegrals

Das durch Gl. (148) gegebene Kurvenintegral in allgemeiner Form spielt in der Thermodynamik und in der Vektorrechnung eine wichtige Rolle (siehe z. B. Gl. (XII, 14)). Wir müssen daher auf dieses Integral im folgenden näher eingehen.

Wir betrachten zunächst den Fall, daß die Funktionen $P(x, y)$ und $Q(x, y)$ in einem einfach zusammenhängenden Bereich partielle Ableitungen einer einzigen Funktion $z = F(x, y)$ sind,

$$\begin{aligned} P(x,y) &= F_x(x,y) \\ Q(x,y) &= F_y(x,y). \end{aligned} \tag{150}$$

Wenn die Kurve C, über die integriert wird, durch die Gleichungen $x = x(t)$ und $y = y(t)$ gegeben ist, erhält man dann

$$\int_C \{P(x,y)\,dx + Q(x,y)\,dy\} = \int_C \{F_x(x,y)\,dx + F_y(x,y)\,dy\} =$$

$$= \int_{t_A}^{t_B} \{F_x(x(t),y(t))\,x'(t) + F_y(x(t),y(t))\,y'(t)\}\,dt = \tag{151}$$

$$= \int_{t_A}^{t_B} \frac{dF}{dt}\,dt = F(x(t_B),y(t_B)) - F(x(t_A),y(t_A)) = F(x_B,y_B) - F(x_A,y_A).$$

Dabei wurde beim Übergang vom dritten zum vierten Ausdruck die Kettenregel Gl. (35) angewendet; beim letzten Schritt wurde beachtet, daß die Stammfunktion zu dF/dt die Funktion $F(x,y)$ ist. Die erhaltene Gleichung sagt folgendes aus: *Bei Gültigkeit der Gln. (150) hängt das Kurvenintegral nur vom Wert der Funktion $F(x,y)$ am Anfangspunkt A und am Endpunkt B der Kurve ab und nicht vom Integrationsweg,* also vom Verlauf der Kurve zwischen A und B. Mit anderen Worten: Bildet man das Kurvenintegral zwischen den Punkten A und B einmal längs der Kurve C_1 und zum anderen längs einer Kurve C_2 (s. Abb. 21), so gilt

$$\int_{C_1} [P(x,y)\,dx + Q(x,y)\,dy] = \int_{C_2} [P(x,y)\,dx + Q(x,y)\,dy]. \tag{152}$$

Hat man es insbesondere mit einer geschlossenen Kurve zu tun (s. Abb. 22), so fallen Anfangs- und Endpunkt der Kurve zusammen, so daß in Gl. (151) $F(x_B, y_B) = F(x_A, y_A)$ wird. Das Kurvenintegral wird dann gleich Null. Ein Integral über eine

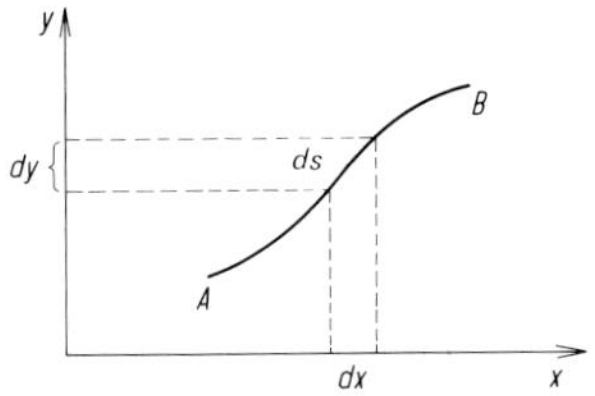

Abb. 20. Zur Veranschaulichung des Vektors ***ds*** mit den Komponenten dx und dy.

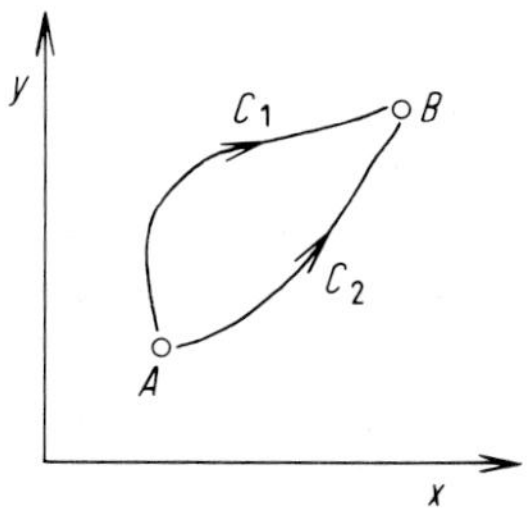

Abb. 21. Zur Wegunabhängigkeit des Kurvenintegrals.

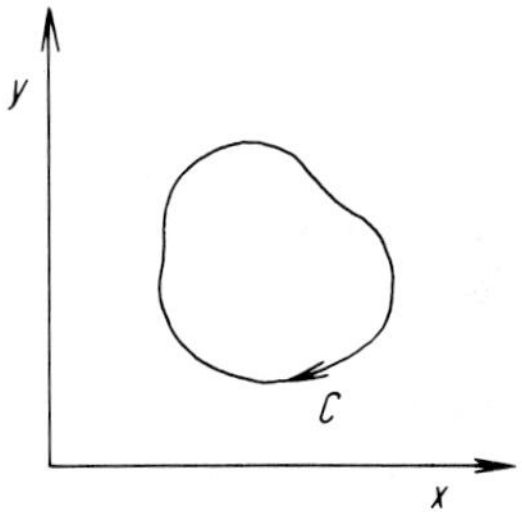

Abb. 22. Beispiel für eine geschlossene Kurve.

geschlossene Kurve bezeichnet man unabhängig von der Form der Kurve mit dem Zeichen $\oint$. Bei Gültigkeit der Gln. (150) erhalten wir daher

$$\oint \{P(x,y)\,dx + Q(x,y)\,dy\} = 0. \tag{153}$$

Aus der Aussage, daß ein Kurvenintegral in einem einfach zusammenhängenden Bereich unabhängig vom Weg ist, folgt daher, daß es für eine geschlossene Kurve innerhalb dieses Bereichs verschwindet.

Es erhebt sich nun die Frage, woran man erkennt, daß zwei gegebene Funktionen P und Q partielle Ableitungen einer Funktion F sind, so daß das Kurvenintegral wegunabhängig ist. Es gilt hierzu der folgende Satz: *Notwendig und hinreichend dafür, daß das Kurvenintegral* $\int_C \{P\,dx + Q\,dy\}$ *über eine Kurve* C *im Bereich* G *zwischen den Punkten* A *und* B *unabhängig vom Weg ist, ist, daß im ganzen Bereich* G *gilt*

$$\frac{\partial P}{\partial y} = \frac{\partial Q}{\partial x}\,; \tag{154}$$

außerdem muß G *ein einfach zusammenhängender Bereich*, also ein Bereich ohne Löcher sein (s. Abschn. VII C 2). Daß Gl. (154) erfüllt sein muß, folgt unmittelbar aus dem in Gl. (12) angegebenen Satz von Schwarz. Diesem Satz zufolge muß für die Funktion F, durch deren partielle Ableitungen P und Q gegeben sein sollen, gelten $F_{xy} = F_{yx}$. Mit Hilfe von Gl. (150) folgt daraus die Gl. (154). Daß Gl. (154) eine hinreichende Bedingung ist, wenn G ein einfach zusammenhängender Bereich ist, muß zusätzlich bewiesen werden. Der Beweis kann leicht erbracht werden, wir wollen aber darauf nicht eingehen.

Ist mit Hilfe des angegebenen Kriteriums sichergestellt, daß P und Q partielle Ableitungen einer Funktion F sind, so kann man diese Funktion F bestimmen und dann das Kurvenintegral unmittelbar aus der Differenz der Funktion F zwischen den Punkten A und B berechnen. Bei der Bestimmung von F geht man davon aus, daß wegen der Gln. (150) die gesuchte Funktion F durch $\int P\,dx$ die bis auf eine additive, nur von y abhängige Funktion und durch $\int Q\,dy$ bis auf eine additive, nur von x abhängige Funktion gegeben ist.

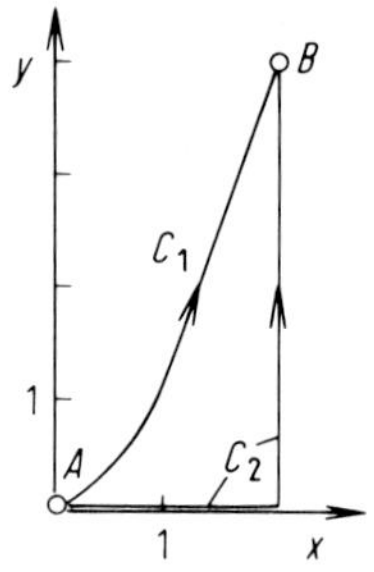

Abb. 23. Wiedergabe der Kurven C_1 und C_2 im angeführten Beispiel.

Als Beispiel wollen wir das Kurvenintegral der Funktionen

$$P(x,y) = 2xy^2 \quad \text{und} \quad Q(x,y) = 2x^2y \tag{155}$$

längs der in Abb. 23 eingezeichneten Kurven C_1 und C_2 zwischen den Punkten $A(0,0)$ und $B(2,4)$ berechnen. Es ist

$$\frac{\partial P}{\partial y} = \frac{\partial Q}{\partial x} = 4xy \tag{156}$$

im gesamten Bereich der x,y-Ebene, das Kurvenintegral ist also wegunabhängig. Wir können es daher gemäß Gl. (151) über die Stammfunktion $F(x,y)$ von P und Q bestimmen. Es ist $\int P\,dx = x^2y^2 + g(y)$ und $\int Q\,dy = x^2y^2 + h(x)$. Daraus folgt

$$F(x,y) = x^2y^2 + g(y) = x^2y^2 + h(x)\,.$$

Die letzte Gleichung zeigt, daß $g(y)$ und $h(x)$ beides Konstante sein müssen, so daß man schreiben kann

$$F(x,y) = x^2y^2 + \text{const.} \tag{157}$$

Mit Hilfe von Gl. (151) erhalten wir daher für das gesuchte Kurvenintegral

$$\int_{C_1} \{2xy^2\,dx + 2x^2y\,dy\} = F(2{,}4) - F(0{,}0) = 64\,. \tag{158}$$

Selbstverständlich erhalten wir das gleiche Ergebnis, wenn wir die Integration ausführlich längs der gegebenen Kurven durchführen. Nehmen wir als erstes die Kurve C_1, die die Parabel $y = x^2$ darstellt. Die Gleichung dieser Parabel in Parameterform lautet $x = t$, $y = t^2$. Es ist $P(x,y) = 2t^5$, $Q(x,y) = 2t^4$, $x'(t) = 1$ und $y'(t) = 2t$. Man findet daher über Gl. (152)

$$\int_{C_1} \{2xy^2\,dx + 2x^2y\,dy\} = \int_0^2 \{2t^5 + 2t^4 \cdot 2t\}\,dt = \int_0^2 6t^5\,dt = t^6\Big|_0^2 = 64\,. \tag{159}$$

Schließlich wollen wir noch das Integral längs der Kurve C_2 berechnen, die sich aus der x-Achse im Bereich 0 bis 2 und einer Parallelen zur y-Achse zusammensetzt. Der mit der x-Achse zusammenfallende Kurventeil ist in Parameterform durch die Gleichungen $x = t$ und $y = 0$ gegeben, wobei t von 0 bis 2 geht. Es ist hier $P(x,y) = 0$ und $Q(x,y) = 0$. Der zweite Kurventeil, die Parallele zur Ordinate, ist in Parameterform durch die Gleichungen $x = 2$ und $y = t$ mit t von 0 bis 4 gegeben. Es wird $P(x,y) = 4t^2$ und $Q(x,y) = 8t$, $x'(t) = 0$ und $y'(t) = 1$. Durch Zusammensetzen der Kurvenintegrale über beide Kurventeile erhalten wir

$$\int \{2xy^2\,dx + 2x^2y\,dy\} = \int_0^2 0 \cdot dt + \int_0^4 \{4t^2 \cdot 0 + 8t \cdot 1\}\,dt = 4t^2\Big|_0^4 = 64\,.$$

Man findet also, wie erwartet, für alle Integrationswege den gleichen Wert 64, der sich auch unmittelbar in Gl. (158) über die Stammfunktion ergeben hat.

Die gemeinsame Stammfunktion $F(x, y)$ kann man auch allgemein dadurch ermitteln, daß man das Kurvenintegral $\int [P(x,y)dx + Q(x,y)dy]$ über einen „Haken" berechnet, der die Form der Kurve C_2 in Abb. 23 besitzt. Die Koordinaten des Anfangspunktes bezeichnet man mit x_0, y_0, die des Endpunktes mit x, y. Das Kurvenintegral ist daher durch $F(x, y) - F(x_0, y_0)$ gegeben. Da bei der Integration über das horizontale Geradenstück dy gleich Null ist, bei der Integration über das vertikale dagegen dx, ergibt sich

$$F(x, y) - F(x_0, y_0) = \int_{x_0}^{x} P(x, y_0)dx + \int_{y_0}^{y} Q(x, y)dy\,.$$

Daraus folgt

$$F(x, y) = \int_{x_0}^{x} P(x, y_0)\,dx + \int_{y_0}^{y} Q(x, y)dy + \text{const}\,. \tag{160}$$

Als Beispiel suchen wir nochmals die gemeinsame Stammfunktion der beiden durch die Gln. (155) gegebenen Funktionen P und Q auf. Gl. (160) zufolge ergibt sich

$$F(x,y) = \int_{x_0}^{x} P(x,y_0)\,dx + \int_{y_0}^{y} Q(x,y)\,dy + \text{const} = \int_{x_0}^{x} 2xy_0^2\,dx + \int_{y_0}^{y} 2x^2y\,dy + \text{const} =$$

$$= x^2y_0^2\Big|_{x=x_0}^{x=x} + x^2y^2\Big|_{y=y_0}^{y=y} + \text{const} = x^2y_0^2 - x_0^2y_0^2 + x^2y^2 - x^2y_0^2 + \text{const} =$$

$$= x^2y^2 + \text{const}\,.$$

3. Vollständiges und unvollständiges Differential

Wie gezeigt wurde, hängt das Kurvenintegral $\int_C \{P\,dx + Q\,dy\}$ nicht vom Integrationsweg C ab, wenn P und Q partielle Ableitungen einer Funktion $z = F(x,y)$ sind. Für eine solche Funktion haben wir durch Gl. (17) das vollständige Differential

$$dz = F_x\,dx + F_y\,dy \tag{161}$$

eingeführt. Wenn nun, wie vorausgesetzt wurde, $P = F_x$ und $Q = F_y$ ist, stellt der Ausdruck $P\,dx + Q\,dy$ das vollständige Differential dz dar, und wir können schreiben

$$\int_C \{P\,dx + Q\,dy\} = \int_C dz\,. \tag{162}$$

Insbesondere gilt

$$\oint dz = 0\,. \tag{163}$$

Das Resultat aus dem vorigen Abschnitt läßt sich dann in folgende Worte fassen: *Der Ausdruck*

$$dz = P(x,y)\,dx + Q(x,y)\,dy \tag{164}$$

stellt ein vollständiges Differential dar, wenn gilt

$$\frac{\partial P}{\partial y} = \frac{\partial Q}{\partial x}\,.$$

Das Kurvenintegral über ein vollständiges Differential hängt in einem einfach zusammenhängenden Bereich nur vom Anfangs- und Endpunkt der Kurve, nicht aber vom Integrationsweg ab. Statt des Ausdruckes *vollständiges* Differential verwendet man bisweilen auch die Ausdrücke *totales* oder *exaktes Differential.*

Hat man es mit Funktionen $\bar{P}(x,y)$ und $\bar{Q}(x,y)$ zu tun, die nicht Ableitungen einer gemeinsamen Stammfunktion sind, so stellt der Ausdruck $\bar{P}\,dx + \bar{Q}\,dy$ natürlich kein vollständiges Differential dar. Trotzdem definiert aber ein solcher Ausdruck die Änderung irgendeiner Größe z, die man mit δz bezeichnet

$$\delta z = \bar{P}\,dx + \bar{Q}\,dy\,. \tag{165}$$

δz nennt man ein *unvollständiges* oder *nichtexaktes Differential.* Das Integral über ein solches Differential ist selbstverständlich vom Weg abhängig, und insbesondere ist das Integral über eine geschlossene Kurve im allgemeinen von Null verschieden

$$\oint \delta z \neq 0\,. \tag{166}$$

Die Unterscheidung von vollständigem Differential dz und unvollständigem Differential δz spielt in der Thermodynamik eine wesentliche Rolle. Betrachten wir z. B. ein ideales Gas aus n Molen. Der Zustand des Gases ist durch zwei Parameter, dem Volumen V und der Temperatur T, vollständig beschrieben. Sein Druck ist beispielsweise durch die Beziehung

$$p = \frac{n \cdot R \cdot T}{V} \tag{167}$$

gegeben, wobei R eine Konstante ist (s. Gl. (VII,5)). Wir wollen nun die Wärmezufuhr berechnen, die erforderlich ist, um bei konstantem Volumen die Temperaturänderung dT und anschließend bei konstanter

Temperatur die Volumenänderung dV vorzunehmen. Für den ersten Prozeß wird die Wärmemenge $n c_v \, dT$ benötigt, wenn c_v die Molwärme bei konstantem Volumen ist. Beim zweiten Prozeß leistet das Gas die Arbeit $p \cdot dV = \frac{n \cdot R \cdot T}{V} dV$. Der dadurch verursachte Energieverlust muß durch eine gleich große Wärmezufuhr kompensiert werden, so daß bei diesem Prozeß die Wärme $\frac{n \cdot R \cdot T}{V} dV$ zugeführt werden muß. Insgesamt tritt also folgende Wärmezufuhr auf:

$$\delta Q = n c_v \, dT + \frac{nRT}{V} dV . \tag{168}$$

Es fragt sich nun, ob dieser Ausdruck ein vollständiges Differential ist. Da $\frac{\partial}{\partial V}(n c_v) = 0$ und $\frac{\partial}{\partial T}\left(\frac{n \cdot R \cdot T}{V}\right) = \frac{n \cdot R}{V}$ ist, ist das nicht der Fall. Wir dürfen daher nicht dQ statt δQ schreiben.

Anders verhält sich die Änderung der inneren Energie des Gases, *du*. Für diese Änderung gilt, da die innere Energie unabhängig von V ist,

$$dU = n c_v \, dT + 0 \, dV .$$

Differenziert man den ersten Koeffizienten nach V, so erhält man Null. Das Gleiche ergibt die Differentiation des zweiten Koeffizienten (der gleich Null ist) nach T. Es liegt also ein vollständiges Differential vor, d. h. $n c_v = \frac{\partial U}{dT}$ und $0 = \frac{\partial U}{\partial V}$. Es ist leicht festzustellen, daß die Stammfunktion die Form

$$U = n c_v T + \text{const.} \tag{169}$$

hat. Die Änderung der Energie bei einer Zustandsänderung hängt also nur vom Ausgangszustand und vom Endzustand ab.

Zu einem vollständigen Differential kommt man auch, wenn man den Ausdruck $\frac{\delta Q}{T}$ bildet. Mit Hilfe von Gl. (168) ergibt sich

$$\frac{\delta Q}{T} = \frac{n c_v}{T} dT + \frac{n \cdot R}{V} dV .$$

Es ist $\frac{\partial}{\partial V}\left(\frac{n c_v}{T}\right) = 0$ und $\frac{\partial}{\partial T}\left(\frac{n \cdot R}{V}\right) = 0$, woraus die Vollständigkeit des Differentials $\frac{\delta Q}{T}$ folgt. Es ist das Differential einer neuen Zustandsgröße, die man *Entropie* nennt und die für die Thermodynamik von zentraler Bedeutung ist.

Die angeführten Betrachtungen lassen sich alle auch auf Funktionen von mehr als zwei Variablen sinngemäß übertragen. Es folgt beispielsweise: Der Ausdruck

$$dz = \sum_{i=1}^{n} P_i(x_1, x_2, \ldots, x_n) \, dx_i$$

ist ein vollständiges Differential, wenn gilt

$$\frac{\partial P_i}{\partial x_j} = \frac{\partial P_j}{\partial x_i} \quad \text{für} \quad i = 1, 2, \ldots, n \quad \text{und} \quad j = 1, 2, \ldots, n .$$

4. Gaußscher Integralsatz und Greensche Integralformeln*)

Zwischen Kurvenintegralen und Bereichsintegralen gibt es verschiedene Zusammenhänge, auf die wir im folgenden kurz eingehen wollen.

Als erstes führen wir den *Gaußschen Integralsatz* an: *G sei ein in der x, y-Ebene abgeschlossener Bereich, der durch eine stückweise glatte Randkurve R begrenzt ist. $f(x,y)$ und $g(x,y)$ seien zwei Funktionen, die in diesem Bereich stetig sind und auch stetige Ableitungen besitzen. Es gilt dann*

*) Dieser Abschnitt kann von weniger interessierten Lesern überschlagen werden.

$$\iint_G f_x(x, y)\,dx\,dy = \int_{\overleftarrow{R}} f(x, y)\,dy \tag{170a}$$

$$\iint_G g_y(x, y)\,dx\,dy = -\int_{\overleftarrow{R}} g(x, y)\,dx \tag{170b}$$

sowie

$$\iint_G (f_x(x,y) + g_y(x,y))\,dx\,dy = \int_{\overleftarrow{R}} \{f(x,y)\,dy - g(x,y)\,dx\}\,, \tag{171}$$

wobei der Pfeil über dem Zeichen R andeuten soll, daß bei der Berechnung des Kurvenintegrals die Randkurve R im Gegenuhrzeigersinn durchlaufen werden soll.

Zum Beweis dieses Satzes setzen wir zunächst voraus, daß der Bereich B so beschaffen ist, daß er durch jede Parallele zur y-Achse bzw. x-Achse nur höchstens zweimal geschnitten wird. Er sei in y-Richtung durch die Kurven $\psi_2(x)$ und $\psi_1(x)$ begrenzt, in x-Richtung möge er sich von a bis b erstrecken (s. Abb. 24). Wenn wir

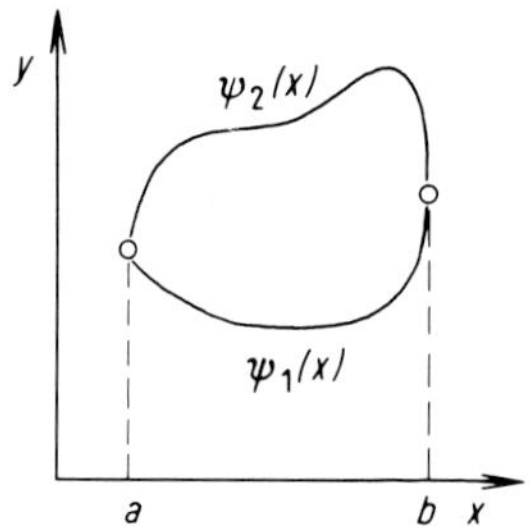

Abb. 24. Zum Beweis des Gaußschen Integralsatzes.

dann in Gl. (171) im Bereichsintegral allein den Summanden g_y betrachten, gilt gemäß Gl. (94)

$$\iint_G g_y(x,y)\,dx\,dy = \int_a^b dx \int_{\psi_1(x)}^{\psi_2(x)} g_y(x,y)\,dy = \int_a^b [g(x,\psi_2(x)) - g(x,\psi_1(x)]\,dx\,.$$

Der zuletzt erhaltene Ausdruck ist aber Gl. (146) zufolge gerade das Kurvenintegral

$$-\int_R g(x,y)\,dx\,.$$

In genau der gleichen Weise kann man zeigen, daß

$$\iint_G f_x(x,y)\,dx\,dy = \int_{\overleftarrow{R}} f(x,y)\,dy$$

ist. Durch Addition der beiden erhaltenen Gleichungen folgt der Gaußsche Integralsatz Gl. (171). Wenn der Bereich B so beschaffen ist, daß er von Parallelen zur x-Achse bzw. y-Achse mehr als zweimal geschnitten wird, so muß man ihn, um den angegebenen Satz zu beweisen, in einfachere Teilbereiche zerlegen, was wir aber hier nicht im einzelnen durchführen wollen.

Zu weiteren wichtigen Formeln gelangt man, wenn man in Gl. (171) im besonderen

$$f(x,y) = u(x,y)\,v_x(x,y) \tag{172}$$

und

$$g(x,y) = u(x,y)\,v_y(x,y) \tag{173}$$

setzt. Führt man noch die Abkürzung

$$\Delta v = v_{xx}(x,y) + v_{yy}(x,y) \tag{174}$$

ein und läßt man im folgenden die Argumente hinter den Funktionszeichen jeweils weg, so erhält man

$$\iint_G (u_x v_x + u_y v_y)\,dx\,dy = -\iint_G u\,\Delta v\,dx\,dy + \int_{\overset{\curvearrowleft}{R}} \{-u v_y\,dx + u v_x\,dy\}\,. \tag{175}$$

Man bezeichnet diese Gleichung als die *erste Greensche Integralformel.* In analoger Weise, durch Vertauschen der Rollen von u und v, kommt man zur Gleichung

$$\iint_G (u_x v_x + u_y v_y)\,dx\,dy = -\iint_G v\,\Delta u\,dx\,dy + \int_{\overset{\curvearrowleft}{R}} \{-v u_y\,dx + v u_x\,dy\}\,. \tag{176}$$

Durch Subtraktion dieser Gleichung von Gl. (175) ergibt sich die sog. *zweite Greensche Integralformel:*

$$\iint_G (u\,\Delta v - v\,\Delta u)\,dx\,dy = \int_{\overset{\curvearrowleft}{R}} \{(v u_y - u v_y)\,dx - (v u_x - u v_x)\,dy\}\,. \tag{177}$$

Dafür kann man auch schreiben

$$\iint_G (u\,\Delta v - v\,\Delta u)\,dx\,dy = \int_{\overset{\curvearrowleft}{R}} \left(u\frac{\partial v}{\partial \boldsymbol{n}} - v\frac{\partial u}{\partial \boldsymbol{n}}\right) ds\,, \tag{178}$$

wobei man unter $\partial/\partial \boldsymbol{n}$ die Differentiation nach der äußeren Normalen der Kurve versteht, sowie unter ds das Bogenelement der Kurve $\overset{\curvearrowleft}{R}$. Alle diese Sätze werden in der Vektoranalysis und der Theorie der Differentialgleichungen benötigt.

Fragen und Aufgaben

1. Was versteht man unter einem Kurvenintegral?
2. Welcher Unterschied besteht zwischen dem Kurvenintegral $\int_C f(x,y)\,dx$ und dem gewöhnlichen Integral $\int_a f(x,y)\,dx$, wenn a und b die Abszissenwerte des Anfangs- bzw. Endpunktes der Kurve C sind?
3. Unter welcher Bedingung ist das Kurvenintegral $\int_c [P(x,y)\,dx + Q(x,y)\,dy]$ wegunabhängig?
4. Welchen Schluß über die Funktionen P und Q kann man aus der Gültigkeit der Beziehung $\oint [P(x,y)\,dx + Q(x,y)\,dy] = 0$ ziehen?
5. Was ist ein unvollständiges Differential?

6. Welche der folgenden Kurvenintegrale sind wegunabhängig?
a) $\int\limits_c [\sin x\, dx + \cos y\, dy]$, b) $\int (y e^x dx + x e^y) dy$, c) $\int\limits_c [(y e^x + x e^x) dx + x e^x dy]$
7. Berechne die folgenden Kurvenintegrale, wobei C ein Dreieck mit den Punkten (0,0), (1,0) und (0,1) ist:
a) $\int\limits_c (x\, dx + y\, dy)$ b) $\int\limits_c (x y\, dx + x\, dy)$, c) $\int\limits_c (dx + dy)$.
8. Berechne die in Aufgabe 7 angegebenen Kurvenintegrale, wenn C durch die Gleichung $y = x^2$ in den Grenzen $x = 2$ bis $x = 3$ gegeben ist.
9. Betrachte das Kurvenintegral
$$\int\limits_c \left(-\frac{y}{x^2 + y^2} dx + \frac{x}{x^2 + y^2} dy \right).$$
Ist der Integrand ein vollständiges Differential? Berechne dieses Integral mit Hilfe von Gl. (149) für den Fall, daß C der Einheitskreis um den Ursprung ist; stelle hierzu den Einheitskreis durch die Gleichungen $x = \cos t$ und $y = \sin t$ dar. Warum ist das Resultat von Null verschieden?
10. Bei einem idealen Gas ist die Wärmezufuhr bei einer Volumen- und Temperaturänderung durch Gl. (168) gegeben. Das Gas möge nun von einem Zustand mit der Temperatur T_A und dem Volumen V_A in einen mit der Temperatur T_B und dem Volumen V_B übergeführt werden. Die Überführung soll auf zwei verschiedene Arten vorgenommen werden: a) Indem zunächst bei konstantem Volumen V_A die Temperatur auf den neuen Wert T_B gebracht wird und anschließend bei konstanter Temperatur das Volumen verändert wird. b) Indem zunächst bei konstanter Temperatur T_A das Volumen auf V_B gebracht wird und danach bei konstantem Volumen die Temperatur verändert wird. Zeichne die beiden Wege in ein V, T-Diagramm ein und berechne die erforderliche Wärmezufuhr für jeden dieser Wege.
11. Zeige, daß das Kurvenintegral $\int\limits_R x\, dy$ über eine geschlossene Kurve R gleich dem Inhalt der von R eingeschlossenen Fläche ist. Anleitung: Setze im Gaußschen Integralsatz Gl. (171) $f = x$ und $g = 0$.

E. Flächenintegrale*)

Wir wollen als erstes den Begriff des Vorzeichens eines Flächeninhaltes einführen. *Man pflegt hierzu der Umrandungskurve der Fläche mehr oder weniger willkürlich einen Richtungssinn zuzuordnen und festzusetzen, daß der Flächeninhalt mit einem positiven Vorzeichen versehen wird, wenn die Umrandungskurve bei Betrachtung der Fläche von „oben“ (genauer: aus der Richtung der positiven z-Achse) im Gegenuhrzeigersinn durchlaufen wird, und mit einem negativen, wenn sie im Uhrzeigersinn durchlaufen wird* (s. Abb. 25).

Abb. 25. Zur Definition des Vorzeichens eines Flächeninhaltes.

Bei den bisher durchgeführten Berechnungen von Bereichsintegralen wurde immer vorausgesetzt, daß die x,y-Ebene positiv orientiert ist. Wir wollen nun für das folgende auch eine negative Orientierung der x,y-Ebene zulassen und in einem solchen Fall das Bereichsintegral genau wie früher ausrechnen, jedoch zusätzlich mit einem negativen Vorzeichen versehen.

Nachdem diese Festsetzung getroffen ist, können wir nun zur Definition des Flächenintegrals schreiten. Es sei in einem Bereich B eine Fläche F im Raum durch die Gleichung $z = f(x, y)$ gegeben. Zu jedem Punkt des Bereiches B möge nur ein

*) Dieser Abschnitt kann von weniger interessierten Lesern überschlagen werden.

Punkt von F gehören. Auf F sei ferner ein Umlaufsinn so festgelegt, daß er bei Projektion von F auf die x,y-Ebene positiv ist. Wir unterteilen nun den Bereich B wie in Abb. 26 in nm rechteckförmige Bereiche des Flächeninhalts $\Delta x\, \Delta y$. Das Flächen-

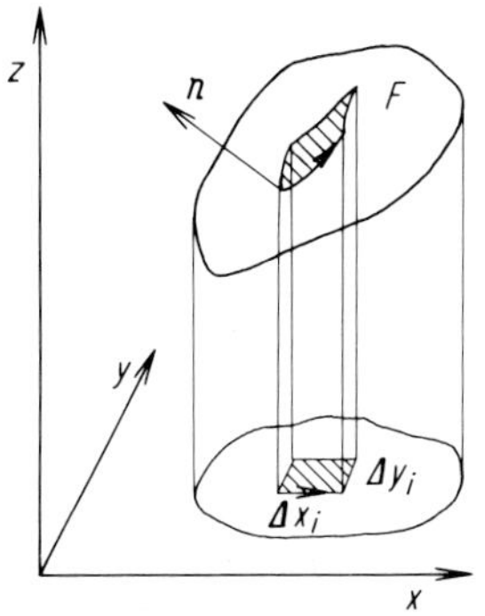

Abb. 26. Zur Definition des Flächenintegrals.

integral der Funktion $R(x,y,z)$ über der Fläche F bezüglich der x,y-Ebene, das mit $\iint\limits_F R(x,y,z)\,dx\,dy$ bezeichnet wird, ist dann definiert durch

$$\iint\limits_F R(x,y,z)\,dx\,dy = \lim_{n\to\infty} \lim_{m\to\infty} \sum_{i=1}^{n} \sum_{k=1}^{m} R(x_i, y_k, f(x_i y_k))\,\Delta x\,\Delta y\,. \tag{179}$$

In Worten ausgedrückt: *Um das Flächenintegral der Funktion $R(x,y,z)$ über der Fläche F zu erhalten, muß man die Werte der Funktion P an den einzelnen Punkten der Fläche F mit $\Delta x \Delta y$ multiplizieren und anschließend alle Produkte unter Übergang zum Grenzwert unendlich vieler Punkte addieren.* Als nächstes nehmen wir nun noch an, daß der Umlaufsinn auf F so festgelegt sei, daß er bei der Projektion auf die x,y-Ebene negativ wird. In diesem Fall gilt ebenfalls Gl. (179), jedoch mit einem negativen Vorzeichen vor der Doppelsumme.

Die praktische Berechnung von Flächenintegralen erfolgt analog zu der von Kurvenintegralen, indem man für z in die Funktion $R(x,y,z)$ die Gleichung der Fläche F einsetzt und dann ein gewöhnliches Bereichsintegral erhält

$$\iint\limits_F R(x,y,z)\,dx\,dy = \iint\limits_B R(x,y,f(x,y))\,dx\,dy\,. \tag{180}$$

Man muß allerdings dann beachten, daß das Bereichsintegral ein negatives Vorzeichen erhält, wenn die Projektion des Richtungssinnes von F negativ ist.

Besonders interessante Verhältnisse treten dann auf, wenn zu einzelnen Werten von x und y jeweils mehrere Punkte der Fläche F gehören. Das ist insbesondere bei geschlossenen Flächen der Fall. Man muß dann F in mehrere Teilflächen mit jeweils eindeutiger Zuordnung zerlegen. Außerdem muß man beachten, daß die von den einzelnen Flächenteilen auf die x,y-Ebene projizierten Orientierungen voneinander verschieden sind, obwohl die Orientierung auf der Fläche selbst einheitlich festgelegt ist.

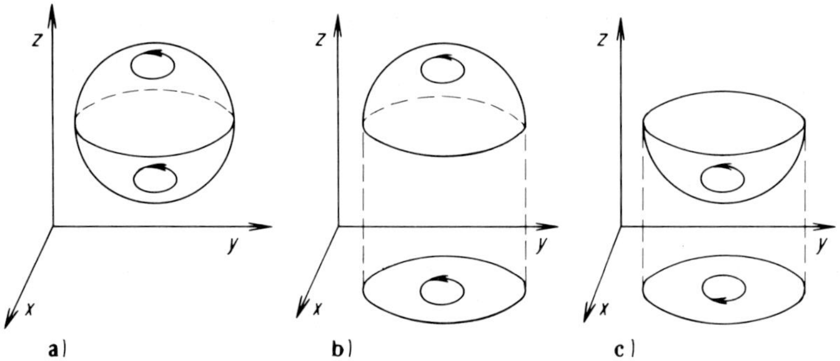

Abb. 27. Zur Bestimmung des Vorzeichens des Flächeninhaltes der Projektion der oberen und der unteren Hälfte einer Kugel.

Betrachten wir als Beispiel die in Abb. 27a angegebene Kugel. Diese muß zur Berechnung des Flächenintegrals in die obere und die untere Halbkugel zerlegt werden. Ist der Orientierungssinn auf der gesamten Kugelfläche so definiert, daß man jede Kurve auf der Kugel bei Betrachtung von außen im Gegenuhrzeigersinn durchläuft, so sind die auf die x,y-Ebene projizierten Flächenelemente der oberen Halbkugel positiv, die der unteren negativ orientiert (s. Abb. 27b und c).

In analoger Weise wie für die x,y-Ebene kann man auch das Flächenintegral einer weiteren Funktion $Q(x,y,z)$ bezüglich der x,z-Ebene definieren. $\iint_F Q(x,y,z)\,dx\,dz$, sowie das einer Funktion $P(x,y,z)$ bezüglich der y,z-Ebene, $\iint_F P(x,y,z)\,dy\,dz$. Durch Zusammensetzung der so definierten drei Integrale erhält man dann das allgemeine Flächenintegral

$$\iint_F (P(x,y,z)\,dy\,dz + Q(x,y,z)\,dx\,dz + R(x,y,z)dx\,dy)\,. \tag{181}$$

Wir denken uns nun noch an jeden Punkt der Fläche F eine Flächennormale $\boldsymbol{n}$ eingezeichnet (s. Abb. 26). Diese sei so orientiert, daß von ihrer Spitze aus betrachtet der Umlaufsinn des Flächenelements im Gegenuhrzeigersinn verlaufen soll. Die Winkel zwischen n und den Normalen auf die y,z-, die x,z- und die x,y-Ebene bezeichnen wir mit α, β bzw. γ. Sie entsprechen den Winkeln zwischen dem Flächenelement und den einzelnen Koordinatenebenen. Die Projektionen eines Flächenelementes dF auf die drei Koordinatenebenen sind dann gegeben durch

$$dy\,dz = dF\cos\alpha\,,\quad dx\,dz = dF\cos\beta \quad \text{und} \quad dx\,dy = dF\cos\gamma\,. \tag{182}$$

Das in Gl. (181) auftretende Flächenintegral kann man daher auch in der Form

$$\iint_F (P(x,y,z)\cos\alpha + Q(x,y,z)\cos\beta + R(x,y,z)\cos\gamma)\,dF. \tag{183}$$

schreiben.

Wie für Kurvenintegrale kann man auch für das Flächenintegral über eine geschlossene Fläche den Integralsatz von Gauß sowie die Greenschen Integralformeln ableiten. Wir beschränken uns hier darauf, die einzelnen Formeln anzugeben. Die gegebene geschlossene Fläche sei mit F, der räumliche Bereich, den sie umschließt, mit B_3 bezeichnet. Der Gaußsche Integralsatz lautet dann

$$\iiint_{B_3} \left\{ \frac{\partial P}{\partial x} + \frac{\partial Q}{\partial y} + \frac{\partial R}{\partial z} \right\} dx\,dy\,dz = - \iint_F [P \cos\alpha + Q \cos\beta + R \cos\gamma] dF \tag{184}$$

Eine anschauliche Bedeutung dieses Satzes wird in der Vektoranalysis gegeben. Für die zweite Greensche Integralformel erhält man

$$\iiint_{B_3} (u\,\Delta v - v\,\Delta u)\,dx\,dy\,dz = \iint_F \left(u \frac{\partial v}{\partial \boldsymbol{n}} - v \frac{\partial u}{\partial \boldsymbol{n}} \right) dF\,, \tag{185}$$

wobei $\dfrac{\partial}{\partial \boldsymbol{n}}$ die Differentiation nach der äußeren Flächennormalen bedeutet.

Fragen und Aufgaben

1. Was versteht man unter einem Flächenintegral?
2. Berechne das durch Gl. (181) gegebene Flächenintegral für den Fall, daß $R = P = Q = 1$ ist und der Bereich B gegeben ist a) durch eine Kugel vom Radius a um den Ursprung, b) durch die obere Hälfte dieser Kugel.

F. Mittelwertsatz und Taylorsche Reihe

Bei Funktionen einer Veränderlichen kann man, wie im Abschn. X D ausgeführt wurde, den Funktionszuwachs $f(x + h) - f(x)$ mit Hilfe des Mittelwertsatzes bzw. der Taylorschen Formel berechnen. Das gleiche ist auch bei Funktionen von mehreren Veränderlichen möglich.

Um $f(x + h, y + k)$ zu bestimmen, führt man eine Hilfsgröße t ein, indem man schreibt $f(x + th, y + tk)$. Dieser Ausdruck geht für $t = 1$ in $f(x + h, y + k)$ über. Er ist unter anderem eine Funktion von t, so daß man schreiben kann

$$F(t) = f(x + th, y + tk)\,. \tag{186}$$

Es ist $F(1) = f(x + h, y + k)$ und $F(0) = f(x, y)$. Für die Ableitungen von $F(t)$ nach t erhalten wir unter Anwendung der Kettenregel Gl. (36)

$$\begin{aligned} F'(t) &= f_x h + f_y k \\ F''(t) &= f_{xx} h^2 + 2 f_{xy} hk + f_{yy} k^2 \\ &\text{usw.,} \end{aligned} \tag{187}$$

wobei das Argument der Funktionen f_x, f_y, f_{xx}, usw. jeweils $(x + th,\ y + tk)$ lautet. Auf die Funktion $F(t)$ kann man nun den Mittelwertsatz Gl. (X, 93) an der Stelle $t = 0$ anwenden, wobei sich ergibt

$$F(t) = F(0) + tF'(\vartheta t) \tag{188}$$

mit $0 \leqq \vartheta \leqq 1$. Indem wir die Gln. (185) und (188) zu Hilfe nehmen und $t = 1$ setzen, erhalten wir daraus

$$f(x+h, y+k) = f(x,y) + hf_x(x+\vartheta h, y+\vartheta k) + kf_y(x+\vartheta h, y+\vartheta k). \tag{189}$$

Diese Gleichung stellt den *Mittelwertsatz der Differentialrechnung für Funktionen von zwei Veränderlichen* dar. Zu beachten ist, daß in beiden partiellen Ableitungen dieselbe Größe ϑ auftaucht.

In entsprechender Weise erhält man durch Anwendung der Taylorschen Formel auf die Funktion $F(t)$ und unter Beachtung der Gln. (187) die *Taylorsche Formel* für eine Funktion von zwei Veränderlichen:

$$\begin{aligned} f(x+h, y+k) &= f(x,y) + hf_x(x,y) + kf_y(x,y) + \frac{1}{2!}[h^2 f_{xx}(x,y) + \\ &+ 2hkf_{xy}(x,y) + k^2 f_{yy}(x,y)] + \cdots + \frac{1}{n!}\sum_{i=0}^{n}\binom{n}{i} h^{n-i}k^i f_{x^{n-i}y^i}(x,y) + R_n \end{aligned} \tag{190}$$

mit

$$R_n = \frac{1}{(n+1)!}\sum_{i=0}^{n+1}\binom{n+1}{i} h^{n+1-i}k^i f_{x^{n+1-i}y^i}(x+\vartheta h, y+\vartheta k). \tag{191}$$

Wenn man nun in Gl. (25) h und k an Stelle von dx bzw. dy setzt und dann die durch diese Gleichung definierten Abkürzungen df, d^2f usw. verwendet, so geht Gl. (190) über in

$$\begin{aligned} f(x+h, y+k) &= f(x,y) + df(x,y) + \frac{1}{2!}d^2f(x,y) + \\ &+ \cdots + \frac{1}{n!}d^nf(x,y) + \frac{1}{(n+1)!}d^{n+1}(x+\vartheta h, y+\vartheta k). \end{aligned} \tag{192}$$

Beispiel: Die Funktion $f(x,y) = x^2 + x\cos y$ ergibt bei einer Entwicklung um die Stelle x und bei Abbrechen nach der 2. Ableitung

$$\begin{aligned} (x+h)^2 + (x+h)\cos(y+k) &= x^2 + x\cos y + h(2x+\cos y) + kx(-\sin y) + \\ &+ \frac{1}{2!}[h^2 \cdot 2 + 2hk(-\sin y) + k^2x(-\cos y) + \cdots \\ &= x^2 + x\cos y + h(2x+\cos y) - kx\sin y + \\ &+ \frac{1}{2!}(2h^2 - 2hk\sin y - k^2x\cos y) + \cdots. \end{aligned} \tag{193}$$

Fragen und Aufgaben

1. Schreibe die nach der zweiten Ableitung abgebrochene Taylorreihe einer Funktion von drei Variablen $z = f(x_1, x_2, x_3)$ an.
2. Entwickle die Funktion $z = \dfrac{1}{1+xy}$ in eine Taylorreihe um $x = y = 0$ bis zur zweiten Ableitung.

G. Maxima und Minima

1. Charakteristische Flächenpunkte

Wie bei Funktionen von einer Veränderlichen kann man auch bei solchen von mehreren Veränderlichen Maxima und Minima definieren als Stellen, bei denen der Funktionswert relativ zu den Werten der Umgebung am größten bzw. am kleinsten ist. Wir beschränken unsere Ausführungen im folgenden auf Funktionen von 2 Variablen, sie lassen sich aber auch allgemein auf n Variable erweitern. *Die Funktion* $z = f(x,y)$ *besitzt an der Stelle* x_0, y_0 *ein Maximum, wenn für dem Betrag nach genügend kleine aber sonst beliebige* Δx *und* Δy *gilt*

$$f(x_0 + \Delta x, y_0 + \Delta y) - f(x_0, y_0) < 0\,. \tag{194}$$

Sie besitzt dagegen an der betrachteten Stelle ein Minimum, wenn gilt

$$f(x_0 + \Delta x, y_0 + \Delta y) - f(x_0, y_0) > 0\,. \tag{195}$$

In Abb. 28 ist der Funktionsverlauf in der Umgebung eines Maximums bzw. eines Minimums graphisch dargestellt. Man erkennt, daß an beiden Punkten die Tangentialebene parallel zur x,y-Ebene verläuft.

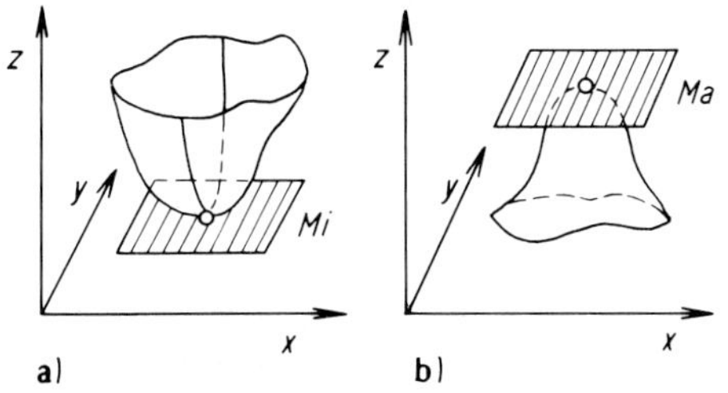

Abb. 28. Graphische Darstellung eines Minimums und eines Maximums einer Funktion zweier Veränderlicher.

Extrema sind aber nicht die einzigen Punkte mit Tangentialebenen, die parallel zur x,y-Ebene liegen. Eine solche Tangentialebene zeigt auch die in Abb. 29 dargestellte Fläche im Punkte Sp. Dieser Punkt ist dadurch ausgezeichnet, daß der Funktionsverlauf beim Fortschreiten in einer bestimmten ausgezeichneten Richtung (im vorliegenden Fall der x-Richtung) ein Minimum zeigt, beim Fortschreiten in der dazu senkrecht stehenden Richtung dagegen ein Maximum. Einen solchen Punkt bezeichnet man als *Sattelpunkt*.

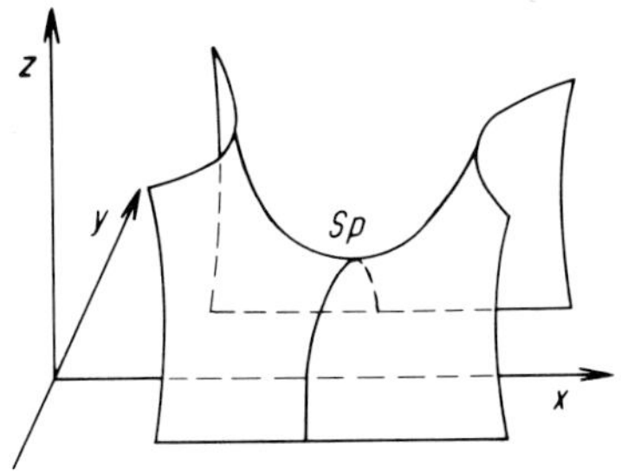

Abb. 29. Graphische Darstellung einer Fläche mit einem Sattelpunkt.

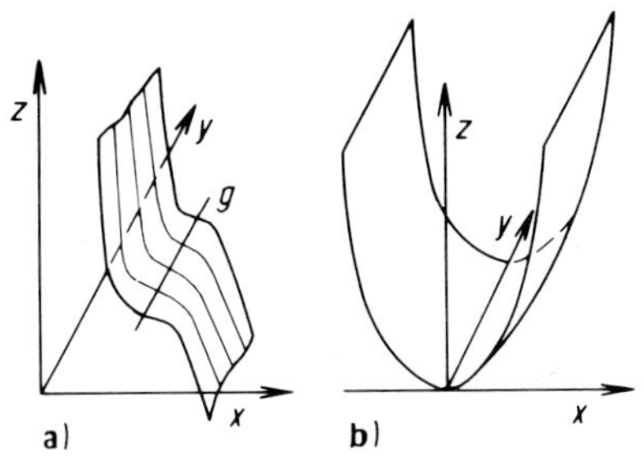

Abb. 30. Weitere Flächen mit Tangentialebenen, die parallel zur x,y-Ebene sind.

Schließlich besitzen auch noch die in Abb. 30 angegebenen Flächen Punkte mit horizontalen Tangentialebenen. In der Abb. 30a ist das für alle Punkte längs der Geraden g der Fall, in der Abb. 30b für alle Punkte längs der y-Achse. Auch bei diesen Punkten handelt es sich nicht um echte Extrema, weil unter anderem der Funktionswert beim Fortschreiten in y-Richtung jeweils konstant bleibt.

Die Bestimmung der Extrema von Funktionen mehrerer Veränderlicher spielt in der physikalischen Chemie – bei der Untersuchung der thermischen Stabilität von Phasen sowie bei der Berechnung von Zustandssummen – eine wichtige Rolle. Wir gehen daher darauf im folgenden etwas ausführlicher ein.

2. Bestimmung von Maxima, Minima und Sattelpunkten

Wie an Hand der Abb. 29 gezeigt wurde, liegt am Ort eines Maximums, Minimums oder Sattelpunktes eine Tangentialebene vor, die parallel zur x,y-Ebene verläuft. Als notwendige Bedingung für derartige Punkte gilt daher

$$f_x(x,y) = 0 \quad \text{und} \quad f_y(x,y) = 0\,. \tag{196}$$

Zu hinreichenden Bedingungen für diese Punkte kommt man, wenn man den Ausdruck

$$f(x_0 + \Delta x, y_0 + \Delta y) - f(x_0, y_0) \tag{197}$$

betrachtet. Ist dieser Ausdruck für alle, dem Betrag nach hinreichend kleinen Δx und Δy negativ, so liegt Gl. (194) zufolge ein Maximum vor, ist er positiv, so liegt gemäß Gl. (195) ein Minimum vor. Wenn er schließlich für einige Δx und Δy positiv, für andere dagegen negativ ist, so hat man es mit einem Sattelpunkt zu tun.

Um nun den Ausdruck der Gl. (197) zu berechnen, entwickeln wir die Funktion $f(x,y)$ in eine Taylorreihe um x_0, y_0. Δx und Δy sollen so klein sein, daß die Reihe nach dem zweiten Glied abgebrochen werden darf. Man kann dann Gl. (190) zufolge schreiben

$$\begin{aligned} f(x_0 + \Delta x, y_0 + \Delta y) &\approx f(x_0, y_0) + \Delta x\, f_x(x_0, y_0) + \Delta y\, f_y(x_0, y_0) + \\ &+ \frac{1}{2!}\left[\Delta x^2 f_{xx}(x_0, y_0) + 2\Delta x\,\Delta y\, f_{xy}(x_0, y_0) + \Delta y^2 f_{yy}(x_0, y_0)\right]. \end{aligned} \tag{198}$$

Wegen der Gln. (196) sind die Glieder mit f_x und f_y gleich Null. Wenn wir das beachten und außerdem noch das Glied $f(x_0, y_0)$ auf die linke Seite bringen, erhalten wir

$$\begin{aligned} f(x_0 + \Delta x, y_0 + \Delta y) - f(x_0, y_0) &\approx \frac{1}{2!}\left[\Delta x^2 f_{xx}(x_0, y_0) + \right. \\ &\left. + 2\Delta x\,\Delta y\, f_{xy}(x_0, y_0) + \Delta y^2 f_{yy}(x_0, y_0)\right]. \end{aligned} \tag{199}$$

Auf der linken Seite steht der von uns zu untersuchende Ausdruck, auf der rechten Seite eine quadratische Form in Δx und Δy. Das Verhalten einer derartigen Form ist in Abschn. VII C 4 diskutiert. Es wurde dort insbesondere gezeigt, daß diese Form für alle Δx und Δy nur positive Werte annimmt, wenn der Ausdruck $D = f_{xx} f_{yy} - f_{xy}^2 > 0$ und $f_{xx} < 0$ ist, und nur negative, wenn der Ausdruck $D > 0$ und $f_{xx} > 0$ ist. In diesem Fall liegt also ein Maximum bzw. ein Minimum vor. Ist $D < 0$, so nimmt der Ausdruck sowohl positive als auch negative Vorzeichen an, es liegt dann ein Sattelpunkt vor.

Wir kommen somit zu folgendem Satz: *Ist an einer Stelle* (x_0, y_0)

$$f_x(x_0, y_0) = 0 \quad \text{und} \quad f_y(x_0, y_0) = 0 \tag{200}$$

und besteht außerdem die Ungleichung

$$f_{xx}(x_0, y_0)\, f_{yy}(x_0, y_0) - f_{xy}^2(x_0, y_0) > 0\,, \tag{201}$$

so liegt an dieser Stelle ein Extremum vor, und zwar ein Maximum, wenn $f_{xx}(x_0, y_0) < 0$, *und ein Minimum, wenn* $f_{xx}(x_0, y_0) > 0$ *ist. Ist dagegen neben den Gln. (200) die Ungleichung*

$$f_{xx}(x_0, y_0)\, f_{yy}(x_0, y_0) - f_{xy}^2(x_0, y_0) < 0 \tag{202}$$

erfüllt, so liegt ein Sattelpunkt vor. Gilt schließlich

$$f_{xx}(x_0, y_0)\, f_{yy}(x_0, y_0) - f_{xy}^2(x_0, y_0) = 0\,, \tag{203}$$

so kann nicht entschieden werden, um was für einen Punkt es sich handelt.

Als erstes Beispiel untersuchen wir die Funktion

$$z = \frac{x^2}{a^2} - \frac{y^2}{b^2}\,. \tag{204}$$

Es ist $f_x = 2x/a^2$ und $f_y = -2y/b^2$. Die Gln. (200) lauten daher

$$\frac{2x}{a^2} = 0 \quad \text{und} \quad -\frac{2y}{b^2} = 0\,.$$

Daraus folgt, daß allein der Punkt mit den Koordinaten $x = 0$ und $y = 0$ eine zur x,y-Ebene parallele Tangentialebene besitzt. Um festzustellen, welcher Art dieser Punkt ist, bilden wir noch $f_{xx}f_{yy} - f_{xy}^2$. Es ist $f_{xx} = \dfrac{2}{a^2}$, $f_{yy} = -\dfrac{2}{b^2}$ und $f_{xy} = 0$. Wir haben also

$$f_{xx}f_{yy} - f_{xy}^2 = \frac{2}{a^2}\cdot\left(-\frac{2}{b^2}\right) - 0 = -\frac{4}{a^2 b^2}\,.$$

Dieser Ausdruck ist für alle x,y, also auch für den in Frage kommenden Punkt (0,0), kleiner als Null. Es liegt also ein Sattelpunkt vor.

Als nächstes untersuchen wir die Gleichung

$$z = \sqrt{1 - x^2 - y^2}\,. \tag{205}$$

Es ist $f_x = \dfrac{-x}{\sqrt{1 - x^2 - y^2}}$ und $f_y = \dfrac{-y}{\sqrt{1 - x^2 - y^2}}$. Aus $f_x = 0$ und $f_y = 0$ folgt $x = 0$, $y = 0$. Um den Ausdruck $f_{xx}f_{yy} - f_{xy}^2$ zu berechnen, bilden wir

$$f_{xx} = \frac{-\sqrt{1 - x^2 - y^2} - \dfrac{x^2}{\sqrt{1 - x^2 - y^2}}}{1 - x^2 - y^2} = -\frac{1 - y^2}{(1 - x^2 - y^2)^{3/2}}\,,$$

$$f_{yy} = -\frac{1 - x^2}{(1 - x^2 - y^2)^{3/2}} \quad \text{und} \quad f_{xy} = \frac{-xy}{(1 - x^2 - y^2)^{3/2}}\,.$$ Es wird für $x = 0$ und $y = 0$

$$f_{xx}f_{yy} - f_{xy}^2 = (-1)(-1) - 0 = 2 > 0\,,$$

daher liegt ein Extremum vor. f_{xx} ist an der Stelle (0,0) gleich -1, daher handelt es sich um ein Maximum. Dieses Ergebnis ist nicht überraschend, da es sich bei der vorgegebenen Funktion um die Gleichung einer Halbkugel handelt.

Als letztes Beispiel betrachten wir noch die Funktion

$$z = ax^2 \quad \text{für alle} \quad y\,. \tag{206}$$

Wir erhalten

$$f_x = 2ax = 0$$
$$f_y = 0\,,$$

woraus folgt

$$x = 0, \; y \text{ beliebig.}$$

Die Tangentialebene liegt also horizontal in allen Punkten mit $x = 0$ und beliebigen y-Werten. Es ist weiterhin $f_{xx} = 2a$, $f_{xy} = 0$ und $f_{yy} = 0$, so daß

$$f_{xx} f_{yy} - f_{xy}^2 = 0$$

wird. Es läßt sich also nicht entscheiden, welcher Art diese Punkte sind. Wenn wir die gegebene Gleichung $z = ax^2$ näher betrachten, sehen wir, daß sie eine Parabel darstellt, unabhängig davon, welchen Wert y besitzt. Man erhält daher die gesuchte Fläche durch Parallelverschiebung der Parabel aus der x,z-Ebene längs der y-Achse. Das ergibt die Fläche in Abb. 30b.

Die genannten Überlegungen lassen sich auch auf eine Funktion von mehr als zwei Variablen übertragen. Gegeben sei eine Funktion von n Veränderlichen $f(x_1, x_2, \ldots, x_n)$. *Eine notwendige Bedingung für das Auftreten eines Maximums oder Minimums an einer bestimmten Stelle ist, daß alle partiellen Ableitungen der Funktion an dieser Stelle verschwinden*

$$f_{x_1} = 0, \quad f_{x_2} = 0, \ldots, f_{x_n} = 0. \tag{207}$$

Um auch eine hinreichende Bedingung zu erhalten, muß man in der Taylorentwicklung dieser Funktion die quadratische Form der n Veränderlichen $\Delta x_1, \Delta x_2, \ldots, \Delta_{x_n}$ untersuchen. Man kommt dann zu einer Bedingung, die analog zu der von Gl. (201) ist, auf die wir aber nicht näher eingehen.

3. Bestimmung von Maxima und Minima unter Nebenbedingungen

Vielfach tritt das Problem auf, das Extremum einer Funktion $z = f(x, y)$ zu bestimmen, wenn x und y gleichzeitig noch irgendeiner Nebenbedingung unterliegen, d. h. einer Gleichung $\varphi(x, y) = 0$ genügen. Man spricht dann von der Bestimmung eines *Extremums mit Nebenbedingungen.*

Ein Beispiel hierfür stellt die folgende Aufgabe dar: Gegeben sei eine Ebene, auf der ein kartesisches Koordinatensystem eingezeichnet ist. Welcher Punkt der Ebene hat vom Koordinatenursprung das kleinstmögliche Abstandsquadrat und liegt gleichzeitig auf der Geraden, die durch die Gleichung $3x - y - 1 = 0$ gegeben ist?

Das Quadrat des Abstandes eines Punktes vom Koordinatenursprung ist auf Grund des Pythagoräischen Lehrsatzes durch $d^2 = x^2 + y^2$ gegeben. Die Funktion $z = f(x, y)$, die ein Minimum annehmen soll, lautet also

$$z = x^2 + y^2. \tag{208}$$

Die Nebenbedingung $\varphi(x, y) = 0$ ist die Gleichung der Geraden

$$3x - y - 1 = 0. \tag{209}$$

Müßte die Nebenbedingung nicht erfüllt werden, so wäre die Lösung des Problems trivial: Der Punkt mit dem geringsten Abstand vom Koordinatenursprung ist derjenige mit den Koordinaten (0,0), also der Ursprung selbst, was man auch aus den Bedingungen $f_x = 2x = 0$ und $f_y = 2y = 0$ erhält. Da aber gleichzeitig gefordert ist, daß der Punkt auch auf der gegebenen Geraden liegen soll, ist das Problem komplizierter.

Wir können die Verhältnisse am besten überblicken, wenn wir die Funktion, deren Minimum gesucht wird, graphisch darstellen. Der Funktion $z = x^2 + y^2$ entspricht das in Abb. 31 angegebene Rotationsparaboloid. Man erkennt sofort, daß dieses Paraboloid ein Minimum im Ursprung hat. Der

Nebenbedingung $3x - y - 1 = 0$ entspricht die in der x, y-Ebene eingezeichnete Gerade g. Wenn die x-Werte die Geradengleichung erfüllen sollen, so kommen nur solche durch das Paraboloid gegebene Abstandsquadrate in Frage, die genau oberhalb der Geraden liegen. Alle diese Werte z sind durch die Schnittpunktkurve s des Paraboloids mit einer Ebene, die durch die Gerade g geht und die senkrecht auf der x, y-Ebene steht, gegeben. Das Minimum dieser Schnittkurve stellt die gesuchte Lösung des Problems dar.

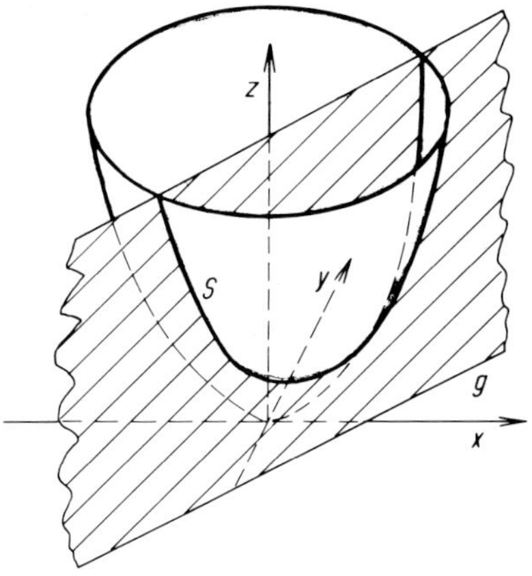

Abb. 31. Zur Erläuterung des Beispiels für ein Minimum mit Nebenbedingung.

Zur allgemeinen Lösung des Problems der Bestimmung des Extremums der Funktion

$$z = f(x, y) \tag{210}$$

bei Gültigkeit der Nebenbedingung

$$\varphi(x, y) = 0 \tag{211}$$

gibt es nun verschiedene Wege. Wir wollen voraussetzen, daß $\varphi_y \neq 0$ ist. Man kann dann erstens die Nebenbedingung nach y auflösen

$$y = \psi(x) \tag{212}$$

und den so erhaltenen Ausdruck für y in die Funktion $f(x, y)$ einsetzen. Die Größe z wird dann eine Funktion von einer einzigen Veränderlichen

$$z = f(x, \psi(x)) = F(x). \tag{213}$$

Die x, y-Werte des Extremums sind durch die Bedingungen

$$\frac{dz}{dx} = \frac{dF(x)}{dx} = 0 \quad \text{und} \quad \varphi(x, y) = 0 \tag{214}$$

bestimmt.

Eine andere Art des Vorgehens ist die folgende: Man bildet das vollständige Differential der Funktion $z = f(x, y)$

$$dz = f_x dx + f_y dy. \tag{215}$$

Wenn keine Nebenbedingung vorliegt, so muß am Ort eines Extremums $dz = 0$ sein für ganz beliebige Variationen dx und dy, also

$$f_x dx + f_y dy = 0\,. \tag{216}$$

Das ist nur dann erfüllt, wenn $f_x = 0$ und $f_y = 0$ ist, was mit den bereits bekannten Resultaten übereinstimmt. Liegt dagegen noch eine Nebenbedingung $\varphi(x,y) = 0$ vor, so muß Gl. (216) nur für solche Variationen dx und dy erfüllt sein, die der gegebenen Nebenbedingung genügen. Aus $\varphi(x,y) = 0$ folgt *)

$$\varphi_x dx + \varphi_y dy = 0\,. \tag{217}$$

Dies ist eine einschränkende Bedingung für die Wahl der dx und dy, die zu

$$dy = -\frac{\varphi_x}{\varphi_y} dx \tag{218}$$

führt. Setzt man Gl. (218) in Gl. (216) ein, so erhält man

$$f_x dx - f_y \frac{\varphi_x}{\varphi_y} dx = \left(f_x - f_y \frac{\varphi_x}{\varphi_y}\right) dx = 0\,. \tag{219}$$

Gl. (219) muß für beliebige dx gelten, was nur dann der Fall sein kann, wenn der Ausdruck in der runden Klammer gleich Null ist. Die x, y-Werte des Extremums sind daher durch die Bedingungen

$$f_x - f_y \frac{\varphi_x}{\varphi_y} = 0 \quad \text{und} \quad \varphi = 0 \tag{220}$$

gegeben.

Das Ergebnis ist formal von dem der Gln. (214) verschieden, man kann aber leicht zeigen, daß es mit diesen Gleichungen im Inhalt völlig übereinstimmt. Wenn man nämlich beachtet, daß $z = f(x,y) = f(x,\psi(x))$ ist, so erhält man mit Hilfe der Kettenregel

$$\frac{dz}{dx} = f_x + f_y \psi'(x) = 0\,. \tag{221}$$

Auf Grund der Regel für das Differenzieren impliziter Funktionen ergibt sich $\psi'(x) = -\frac{\varphi_x}{\varphi_y}$. Setzt man das in Gl. (221) ein, so führt das genau auf Gl. (220).

Das zweite Verfahren wird gewöhnlich nicht in der angegebenen Weise angewendet, sondern noch etwas abgewandelt. Man kommt so zu einem dritten Verfahren, das man als die *Methode der Lagrangeschen Multiplikatoren* bezeichnet: Der wesentliche Punkt des zweiten Verfahrens war der, daß man aus den Gleichungen

$$\begin{aligned} f_x dx + f_y dy &= 0 \\ \varphi_x dx + \varphi_y dy &= 0 \end{aligned} \tag{222}$$

---

*) Man erhält diese Beziehung in folgender Weise: Man setzt $z = \varphi(x,y)$. Dann ist $dz = \varphi_x dx + \varphi_y dy$. Da $z \equiv 0$ ist, ist auch $dz = 0$, was dann Gl. (217) ergibt.

eine der beiden Größen dx oder dy eliminierte, um dann die andere beliebig variieren zu können. Dies wurde in der Weise vorgenommen, daß mit Hilfe der zweiten Gleichung dy durch dx ausgedrückt wurde und der erhaltene Ausdruck dann in die erste Gleichung eingesetzt wurde. Das entspricht dem Substitutionsverfahren bei der Lösung einer Gleichung mit zwei Unbekannten (s. Abschn. IV C). Man kann nun statt dessen auch das Multiplikationsverfahren anwenden. Man multipliziert die zweite Gleichung mit einer Konstanten λ, addiert sie zur ersten und bestimmt dann λ so, daß der Koeffizient vor dy gleich Null wird. Der Koeffizient vor dx muß dann bei einem Extremum ebenfalls gleich Null werden, weil ja dx beliebig variiert werden kann. Man erhält so im einzelnen die folgenden Gleichungen: Die Multiplikation der zweiten Gleichung mit λ und Addition beider Gleichungen ergibt

$$(f_x + \lambda\varphi_x)\,dx + (f_y + \lambda\varphi_y)\,dy = 0\,. \tag{223}$$

Daraus ergeben sich die Bedingungen

$$\begin{aligned} f_x + \lambda\varphi_x &= 0 \\ f_y + \lambda\varphi_y &= 0\,, \end{aligned} \tag{224}$$

aus denen zusammen mit

$$\varphi(x,y) = 0$$

die Größen λ sowie x und y bestimmt werden können.

Wir können also zusammenfassen: *Zur Berechnung der Extrema der Funktion $z = f(x,y)$ unter der Nebenbedingung $\varphi(x,y) = 0$ gibt es zwei Verfahren: 1. Man eliminiert mit Hilfe der Nebenbedingung eine Variable und kommt so auf ein Extremwertproblem ohne Nebenbedingung. 2. Man setzt die totalen Differentiale der beiden Funktionen gleich Null und wendet die Methode der Lagrangeschen Multiplikatoren an, die zu den Gln. (224) und (225) führt.* Wir wollen noch erwähnen, daß es eine *leicht zu merkende Vorschrift* zum Aufsuchen dieser Gleichungen gibt: Man bildet die Hilfsfunktion

$$F = f + \lambda\varphi \tag{225}$$

und erhält dann die gesuchten Gleichungen, indem man die partiellen Ableitungen von F nach x, y und λ gleich Null setzt

$$\begin{aligned} F_x &= f_x + \lambda\varphi_x = 0 \\ F_y &= f_y + \lambda\varphi_y = 0 \\ F_\lambda &= \varphi = 0\,. \end{aligned} \tag{226}$$

Wir wollen nun die drei Verfahren an dem eingangs angegebenen Beispiel der Bestimmung des Minimums der Funktion

$$z = x^2 + y^2 \tag{227}$$

mit der Nebenbedingung

$$3x - y - 1 = 0 \tag{228}$$

erläutern. Um das erste Verfahren anzuwenden, lösen wir Gl. (228) nach y auf

$$y = 3x - 1 \tag{229}$$

und setzen das Resultat in Gl. (227) ein,

$$z = x^2 + 9x^2 - 6x + 1 = 10x^2 - 6x + 1 . \tag{230}$$

Die Bedingung $\frac{dz}{dx} = 0$ ergibt dann

$$20x - 6 = 0 , \tag{231}$$

also $x = \frac{3}{10}$. Mit Hilfe von Gl. (229) erhält man daraus $y = \frac{9}{10} - 1 = -\frac{1}{10}$.

Um das Extremum mit Hilfe der zweiten Bedingung Gl. (220) zu berechnen, müssen wir bilden $f_x = 2x, f_y = 2y, \varphi_x = 3, \varphi_y = -1$ und erhalten

$$2x - 2y \cdot \frac{3}{(-1)} = 0 .$$

Daraus folgt

$$2x + 6y = 0 .$$

Kombiniert man dieses Resultat mit Gl. (228), so ergibt sich wieder $x = \frac{3}{10}$ und $y = -\frac{1}{10}$.

Um schließlich noch das Verfahren der Lagrangeschen Multiplikatoren anzuwenden, bilden wir gemäß Gl. (225)

$$F = f + \lambda\varphi = x^2 + y^2 + \lambda 3x - \lambda y - \lambda$$

und erhalten dann über Gl. (226) die Bedingungen

$$\begin{aligned} F_x &= 2x + 3\lambda = 0 \\ F_y &= 2y - \lambda = 0 \\ F_\lambda &= 3x - y - 1 = 0 . \end{aligned}$$

Löst man diese Gleichungen nach x, y und λ auf, erhält man $x = \frac{3}{10}$, $y = -\frac{1}{10}$, $\lambda = -\frac{2}{10}$.

Die Methode der Lagrangeschen Multiplikatoren kann man allgemein auf Funktionen von mehr als zwei Veränderlichen und auf den Fall von mehr als einer Nebenbedingung anwenden. Gegeben sei eine Funktion von n Veränderlichen

$$z = f(x_1, x_2, \dots, x_n) \tag{232}$$

und s weitere Funktionen

$$\begin{aligned} \varphi_1(x_1, \dots, x_n) &= 0 \\ \varphi_2(x_1, \dots, x_n) &= 0 \\ & \\ \varphi_s(x_1, \dots, x_n) &= 0 , \end{aligned} \tag{233}$$

die eindeutig nach s Unbekannten auflösbar sind*). Um die Extrema der Funktion z bei gleichzeitiger Gültigkeit der Nebenbedingungen Gl. (233) zu berechnen, muß man *das totale Differential von z gleich Null setzen und zu der erhaltenen Gleichung die mit $\lambda_1, \lambda_2, \dots, \lambda_s$ multiplizierten totalen Differentiale der s Nebenbedingungen hinzuaddieren:*

$$\left(\frac{\partial z}{\partial x_1} + \lambda_1 \frac{\partial \varphi_1}{\partial x_1} + \cdots + \lambda_s \frac{\partial \varphi_s}{\partial x_1}\right) dx_1 + \left(\frac{\partial z}{\partial x_2} + \lambda_1 \frac{\partial \varphi_1}{\partial x_2} + \cdots + \lambda_s \frac{\partial \varphi_s}{\partial x_2}\right) dx_2 + \\ + \cdots + \left(\frac{\partial z}{\partial x_n} + \lambda_1 \frac{\partial \varphi_1}{\partial x_n} + \cdots + \lambda_s \frac{\partial \varphi_s}{\partial x_n}\right) dx_n = 0 .$$

---

*) Eine Auflösbarkeit nach den Variablen $x_1, \dots, x_s$ z. B. ist gewährleistet, wenn die Funktionaldeterminante $\frac{\partial(\varphi_1, \varphi_2, \dots, \varphi_s)}{\partial(x_1, x_2, \dots, x_s)}$ von Null verschieden ist.

Anschließend setzt man die Koeffizienten vor den einzelnen Differentialen $dx_1, dx_2, \ldots, dx_n$ gleich Null und berechnet die $n + s$ Unbekannten $x_1, x_2, \ldots, x_n$, $\lambda_1, \lambda_2, \ldots, \lambda_s$ aus den erhaltenen n Gleichungen

$$\begin{aligned} \frac{\partial z}{\partial x_1} + \lambda_1 \frac{\partial \varphi_1}{\partial x_1} + \cdots + \lambda_s \frac{\partial \varphi_s}{\partial x_1} &= 0 \\ \frac{\partial z}{\partial x_2} + \lambda_1 \frac{\partial \varphi_1}{\partial x_2} + \cdots + \lambda_s \frac{\partial \varphi_s}{\partial x_2} &= 0 \\ &\vdots \\ \frac{\partial z}{\partial x_n} + \lambda_1 \frac{\partial \varphi_1}{\partial x_n} + \cdots + \lambda_s \frac{\partial \varphi_s}{\partial x_n} &= 0, \end{aligned} \tag{234}$$

sowie den s Nebenbedingungen Gl. (233). Man kann diese Vorschrift formal kürzer in folgender Weise ausdrücken: Man bildet die Funktion

$$F = f + \sum_{i=1}^{s} \lambda_i \varphi_i \tag{235}$$

und berechnet die Größen $x_1, x_2, \ldots, x_n$, $\lambda_1, \lambda_2, \ldots, \lambda_s$ aus den $n + s$ Gleichungen

$$\begin{aligned} F_{x_k} &= f_{x_k} + \sum_{i=1}^{s} \lambda_i \varphi_{ix_k} = 0 \quad k = 1, 2, \ldots, n \\ F_{\lambda_j} &= \varphi_j = 0 \quad j = 1, 2, \ldots, s. \end{aligned} \tag{236}$$

Wir betrachten ein Beispiel aus der Chemie. Es seien N Moleküle gegeben, wobei jedes Molekül einen der q verschiedenen Energiezustände $\varepsilon_1, \varepsilon_2, \ldots, \varepsilon_q$ einnehmen kann. Die Summe der Energien sämtlicher Moleküle sei fest vorgegeben und betrage E. Die Anzahl der Moleküle, die jeweils die Energie ε_i besitzen, möge mit n_i bezeichnet werden. Es gilt dann

$$\sum_{i=1}^{q} n_i = N \tag{237}$$

und

$$\sum_{i=1}^{q} n_i \varepsilon_i = E. \tag{238}$$

Für welche Werte der n_i, d. h. für welche Verteilung der Moleküle auf die verschiedenen Energiezustände ist die Anzahl der Realisierungsmöglichkeiten am größten?

Die Anzahl der Realisierungsmöglichkeiten ist die Zahl, die angibt, auf wie viele verschiedene Arten sich die Moleküle jeweils auf die verschiedenen Energieniveaus bei Berücksichtigung der Gln. (237) und (238) anordnen lassen. Immer dann, wenn man zwei Moleküle miteinander vertauscht, die nicht die gleiche Energie besitzen, erhält man eine neue Anordnung (siehe Aufgabe III, 10). Die Anzahl der Realisierungsmöglichkeiten Z ist daher durch die Anzahl der Permutationen von N Elementen gegeben, von denen jeweils $n_1, n_2, \ldots, n_q$ einander gleich sind. Aufgrund von Gl. (III, 5) können wir daher schreiben

$$Z = \frac{N!}{\prod_{i=1}^{q} n_i!}.$$

Z ist eine Funktion in den q Variablen $n_1, n_2, \ldots, n_q$. Das Maximum dieser Funktion bei gleichzeitigem Gelten der Nebenbedingungen Gl. (237) und Gl. (238) ist zu bestimmen.

Zur Lösung dieses Problems suchen wir nicht unmittelbar das Maximum der Funktion Z auf, sondern das des Logarithmus der Funktion. Dies ist erlaubt, weil der Logarithmus eine monotone Funktion ist, so daß $\ln Z$ an der gleichen Stelle wie Z ein Maximum besitzt. Des weiteren wenden wir bei der Berechnung von $\ln Z$ die Stirlingsche Formel Gl. (X, 253) an. Wir erhalten dann

$$\ln Z = \ln N - N - \sum_{i=1}^{q} n_i \ln n_i + \sum_{i=1}^{q} n_i. \tag{239}$$

Um nun das gesuchte Maximum zu finden, setzen wir das totale Differential von $\ln Z$ bezüglich aller Variablen dn_i gleich Null.

$$-\sum_{i=1}^{q}(\ln n_i + 1)\,dn_i + \sum_{i=1}^{q} dn_i = 0\,. \tag{240}$$

Als nächstes bilden wir die totalen Differentiale der beiden Nebenbedingungen Gl. (237) und Gl. (238) nach diesen Variablen

$$\sum_{i=1}^{q} dn_i = 0 \tag{241}$$

$$\sum_{i=1}^{q} \varepsilon_i\,dn_i = 0\,. \tag{242}$$

Wir multiplizieren nun Gl. (241) mit α und Gl. (242) mit β und addieren beide Gleichungen zu Gl. (240)

$$-\sum_{i=1}^{q}(\ln n_i - \alpha - \beta\varepsilon_i)\,dn_i = 0\,.$$

Indem wir die Koeffizienten vor den Differentialen gleich Null setzen, erhalten wir q Gleichungen für die n_i

$$\ln n_i - \alpha - \beta\varepsilon_i = 0$$

bzw.

$$n_i = \mathrm{e}^{\alpha + \beta\varepsilon_i}\,.$$

Die Konstanten α und β kann man berechnen, indem man das Resultat in die Nebenbedingungen Gl. (237) und Gl. (238) einsetzt. Durch Einsetzen in Gl. (237) ergibt sich

$$\sum_{i=1}^{q} \mathrm{e}^{\alpha + \beta\varepsilon_i} = N$$

bzw.

$$\mathrm{e}^{\alpha} = \frac{N}{\sum\limits_{i=1}^{q} \mathrm{e}^{\beta\varepsilon_i}}\,.$$

Beim Einsetzen in Gl. (238) kann man die erhaltene Beziehung nicht nach β explizit ausrechnen, so daß sich kein geschlossener Ausdruck für β angeben läßt. Wir schreiben daher als Resultat

$$n_i = \frac{N\,\mathrm{e}^{\beta\varepsilon_i}}{\sum\limits_{i=1}^{q} \mathrm{e}^{\beta\varepsilon_i}} \tag{243}$$

mit dem Zusatz, daß β durch Gl. (238) bestimmt ist.

Fragen und Aufgaben

1. Für einen Punkt der Fläche $z = f(x,y)$ gilt $f_x = 0$ und $f_y = 0$. Was kann man über diesen Punkt aussagen?
2. Nenne hinreichende Bedingungen dafür, daß eine Funktion $z = f(x,y)$ an einer Stelle a) ein Maximum, b) ein Minimum, c) einen Sattelpunkt aufweist.
3. Wie kann man die Extrema einer Funktion von zwei Veränderlichen beim Bestehen einer Nebenbedingung bestimmen?
4. Was versteht man unter der Methode der Lagrangeschen Multiplikation?
5. Bestimme die Extrema und Sattelpunkte folgender Funktionen: a) $z = 2xy$, b) $z = x^2 - 2x + y^2 + 1$.
6. Bestimme die Extrema der Funktion $2xy$ unter der Nebenbedingung $y - x - 3 = 0$ durch Elimination der Variablen sowie außerdem mit Hilfe der Methode der Lagrangeschen Multiplikatoren.
7. N Moleküle werden auf s Zellen eines Volumens V verteilt, so daß n_1 Moleküle in der Zelle 1, n_2 Moleküle in der Zelle $2, \ldots, n_s$ Moleküle in der Zelle s liegen. Für welchen Zahlensatz $n_1, n_2, \ldots, n_s$ gibt es die größte Anzahl von Anordnungsmöglichkeiten? Anleitung: Die Anzahl der verschiedenen Anordnungen, die sich durch Vertauschung von Molekülen ergeben, ist gegeben durch $N!/\prod_{i=1}^{s} n_i$ (s. Aufgabe III, 10). Das Maximum dieses Ausdruckes bezüglich der n_i unter der Nebenbedingung $\sum_{i=1}^{s} n_i = N$ ist zu bestimmen. Zweckmäßigerweise bestimmt man das Maximum des Logarithmus dieses Ausdrucks und wendet die Stirlingsche Formel Gl. (X, 253) an.

H. Eigenschaften und Anwendung der δ-Funktion

1. Definition und Eigenschaften

In Abschn. VII B 5 haben wir die sog. Deltafunktion

$$\delta(x) = \lim_{\alpha \to \infty} \sqrt{\frac{\alpha}{\pi}}\, e^{-\alpha x^2} \tag{244}$$

eingeführt, die für $x = 0$ unendlich, für alle übrigen x-Werte dagegen Null ist. In entsprechender Weise ist die Deltafunktion

$$\delta(x - b) = \lim_{\alpha \to \infty} \sqrt{\frac{\alpha}{\pi}}\, e^{-\alpha(x-b)^2} \tag{245}$$

an der Stelle $x = b$ unendlich und für alle anderen x-Werte gleich Null. Wir wollen nun die Eigenschaften dieser Funktionen eingehender untersuchen.

Als erstes fragen wir nach dem Wert des Integrals $\int_{-\infty}^{+\infty} \delta(x - b)\, dx$. Wenn man im Integral in Gl. (XI, 133) x durch $x - b$ substituiert, so ergibt sich

$$\int_{-\infty}^{+\infty} \sqrt{\frac{\alpha}{\pi}}\, e^{-\alpha(x-b)^2}\, dx = 1$$

für alle α. Das Resultat gilt daher auch für den Fall, daß α gegen unendlich geht und der Integrand in die Deltafunktion überführt wird. Wir können daher schreiben

$$\int_{-\infty}^{+\infty} \delta(x - b)\, dx = 1\,. \tag{246}$$

Von besonderem Interesse ist die Untersuchung von Integralen der Form

$$\int_{-\infty}^{+\infty} f(x)\delta(x - b)\, dx\,,$$

wobei $f(x)$ eine beliebige Funktion ist, die beschränkt und für $x = b$ auch stetig ist. Für alle Werte $x \neq b$ ist der Integrand gleich Null und liefert daher keinen Beitrag zum Integral. Man kann daher die Integration auf ein kleines Intervall um b von der Breite 2ε beschränken. Wenn wir dann noch den 2. Mittelwertsatz der Integralrechnung Gl. (X, 143) anwenden, so ergibt sich unter Berücksichtigung von Gl. (246)

$$\int_{-\infty}^{+\infty} f(x)\delta(x - b)\, dx = \int_{b-\varepsilon}^{b+\varepsilon} f(x)\delta(x - b)\, dx = f(\xi)\int_{b-\varepsilon}^{b+\varepsilon} \delta(x - b)\, dx = f(\xi)\,.$$

ξ ist dabei ein Wert zwischen $b - \varepsilon$ und $b + \varepsilon$. Wenn man nun zum Grenzwert $\varepsilon \to 0$ übergeht, so wird $f(\xi)$ gleich $f(b)$. Wir können daher schreiben

$$\int_{-\infty}^{+\infty} f(x)\ \delta(x - b)\, dx = f(b)\,. \tag{247}$$

Wenn man also eine Funktion $f(x)$ mit der Deltafunktion $\delta(x-b)$ multipliziert und anschließend über x integriert, so erhält man den Funktionswert an der Stelle $x=b$.

Man kann die δ-Funktion auch für den Fall von mehreren unabhängigen Variablen über eine entsprechend mehrdimensionale Gaußfunktion definieren. Es gilt beispielsweise für den dreidimensionalen Fall

$$\delta(x-x_0, y-y_0, z-z_0) = \begin{cases} \infty & \text{für } x=x_0,\; y=y_0 \text{ und } z=z_0 \\ 0 & \text{für } x \neq x_0,\; y \neq y_0 \text{ und } z \neq z_0\,. \end{cases} \tag{248a}$$

Dafür kann man auch schreiben

$$\delta(\boldsymbol{r}-\boldsymbol{r}_0)\,. \tag{248b}$$

Bei der Integration dieser Funktion über den gesamten dreidimensionalen Raum erhält man definitionsgemäß 1.

2. Anwendungen

δ-Funktionen werden in der Mathematik vielfach verwendet, beispielsweise bei der Darstellung von Funktionen durch eine Fourierreihe bzw. allgemein durch eine Reihe von orthonormierten Funktionen (s. Kapitel XIV). In der Chemie kann man sie benutzen, um die Lagen von Atomen innerhalb eines Moleküls sowie von Gitterzellen in einem Kristall zu beschreiben.

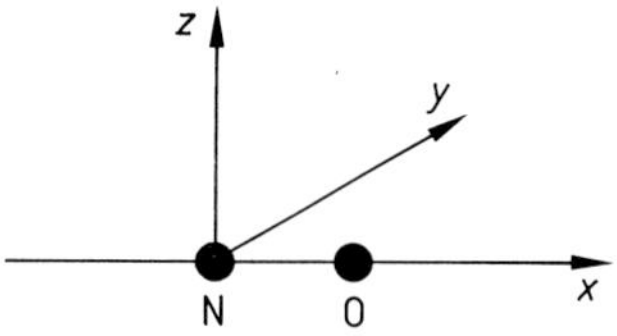

Abb. 32. Lage des Moleküls NO im kartesischen Koordinatensystem.

Betrachten wir als erstes beispielsweise ein NO-Molekül. Wie kann man die Massenverteilung in diesem Molekül beschreiben? Wir wollen die Massen in atomaren Einheiten messen und dabei von einem einzigen Isotop ausgehen, also die Masse des Stickstoffatoms N gleich 14 und die des Sauerstoffs O gleich 16 setzen. Der Einfachheit halber sei angenommen, daß jede dieser Massen auf einen Punkt konzentriert ist, so daß man die Massenverteilung eines Atoms jeweils durch eine δ-Funktion wiedergeben kann. Der Ursprung des Koordinatensystems möge sich im Zentrum des Stickstoffatoms befinden (s. Abb. 32). Für den Abstand zwischen dem Stickstoff- und dem Sauerstoffatom können wir aus Tabellen den Wert von 0,115 nm entnehmen. Für die Massenverteilung $m(x,y,z)$ können wir dann schreiben

$$m(x,y,z) = 14\;\delta(x,y,z) + 16\;\delta(x-0{,}115,\; y,z)\,. \tag{249}$$

Wenden wir uns als nächstes einem Kristallgitter zu. Die Gitterpunkte bilden eine dreidimensionale periodische Struktur. Die Kanten einer Elementarzelle seien durch die drei Vektoren $\boldsymbol{a}$, $\boldsymbol{b}$, $\boldsymbol{c}$ gegeben, die ein dreidimensionales Koordinatensystem aufspannen mögen (s. Abb. 33). Der Gitterpunkt, den man erhält, wenn man vom Koordinatenursprung j Schritte in Richtung $\boldsymbol{a}$, k Schritte in Richtung $\boldsymbol{b}$ und l Schritte in Richtung $\boldsymbol{c}$ geht, hat dann den Ortsvektor

$$\boldsymbol{t}_{jkl} = j\,\boldsymbol{a} + k\,\boldsymbol{b} + l\,\boldsymbol{c}\,. \tag{250}$$

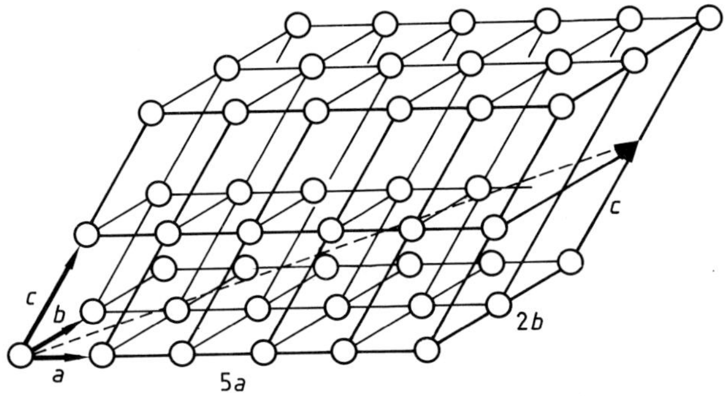

Abb. 33. Aufbau eines dreidimensionalen Gitters aus den Gittervektoren $\boldsymbol{a},\boldsymbol{b},\boldsymbol{c}$ und Wiedergabe des Ortsvektors $\boldsymbol{t}_{521} = 5\boldsymbol{a} + 2\boldsymbol{b} + \boldsymbol{c}$.

Die Gesamtheit der Gitterpunkte kann man durch eine Funktion $g(\boldsymbol{r})$ charakterisieren, die an den einzelnen Gitterpunkten jeweils unendlich, an allen anderen Stellen des Raumes dagegen Null ist. Das entspricht einer Summe von δ-Funktionen. Es gilt also

$$g(\boldsymbol{r}) = \sum_{j=-\infty}^{\infty} \sum_{k=-\infty}^{\infty} \sum_{l=-\infty}^{\infty} \delta[\boldsymbol{r} - (j\,\boldsymbol{a} + k\,\boldsymbol{b} + l\,\boldsymbol{c})]\,. \tag{251}$$

Mit der Funktion $g(\boldsymbol{r})$ kann man die Elektronenverteilung in einem Gitter beschreiben, aus der sich dann wiederum die Röntgenstreuung berechnen läßt (siehe das nachfolgende Kapitel „Faltung").

3. Sprungfunktion

Von Bedeutung ist auch die Funktion $u(x-b)$, die definiert ist durch

$$u(x-b) = \int_{\infty}^{x} \delta(\xi - b)\,d\xi\,. \tag{252a}$$

Für $\xi < b$ ist $\delta(\xi - b)$ immer gleich Null, so daß das Integral für $x < b$ ebenfalls Null sein muß. Für $\xi = b$ liefert der Integrand einen Beitrag zum Integral. Für $\xi > b$ ist $\delta(\xi - b) = 0$, so daß sich das Integral mit wachsendem x bei $x > b$ nicht mehr ändern kann. Da es auf Grund von Gl. (246) für $x = \infty$ den Wert 1 hat, muß es daher diesen Wert auch für alle $x > b$ haben, so daß wir erhalten

$$u(x-b) = \begin{cases} 0 & \text{für} \quad x < b \\ 1 & \text{für} \quad x > b\,. \end{cases} \tag{252b}$$

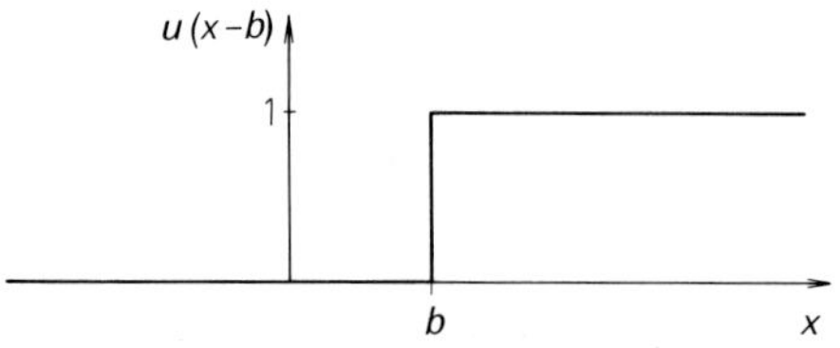

Abb. 34. Graphische Darstellung der durch Gl. (252b) definierten Sprungfunktion $u(x-b)$.

Der Verlauf der Funktion $u(x-b)$ ist in Abb. 34 graphisch wiedergegeben. Man bezeichnet sie als *Sprungfunktion.* Durch Differentiation von Gl. (252a) nach x ergibt sich

$$\frac{du(x-b)}{dx} = \delta(x-b). \tag{253}$$

Fragen und Aufgaben

1. Wie verläuft die Funktion $\delta(x-a,\ y-b)$?
2. Schreibe für $\delta(x-a,\ y-b)$ den Grenzwert einer Gaußfunktion analog zu Gl. (245).
3. Wie lautet die Massenverteilung eines CO_2-Moleküls, das auf der x-Achse mit dem C-Atom im Koordinatenursprung liegt? Das Molekül hat die Struktur O=C=O, wobei der Abstand zwischen dem C- und dem O-Atom 0,11 nm beträgt.
4. Stelle die Lagen der Gitterpunkte eines unendlich ausgedehnten kubischen Gitters mit der Gitterkonstanten a durch eine Summe von δ-Funktionen dar.

I. Faltung

Bei naturwissenschaftlichen Untersuchungen ist es bisweilen erforderlich, aus zwei Funktionen $f(x)$ und $h(x)$ eine neue Funktion $\varphi(x)$ zu berechnen, die in folgender Weise definiert ist:

$$\varphi(x) = \int_{-\infty}^{+\infty} f(x')\,h(x-x')\,dx'. \tag{254a}$$

Man sagt, $\varphi(x)$ sei das *Faltungsprodukt* der Funktionen $f(x)$ und $h(x)$, und bezeichnet die durch das obige Integral ausgedrückte Operation als *Faltung* der beiden Funktionen. Wir wollen das Faltungsprodukt symbolisch durch einen Stern ausdrücken, also anstelle von Gl. (254a) schreiben

$$\varphi(x) = f(x) * h(x). \tag{254b}$$

Ein derartiges Faltungsprodukt tritt beispielsweise auf, wenn man die von einer Probe P ausgehende Streustrahlung mit einem Detektor mißt, der einen endlichen Öffnungswinkel aufweist. Auf eine Probe P falle ein Röntgenstrahl oder ein Lichtstrahl der Intensität I_0 ein (s. Abb. 35). Infolgedessen gehe von der Probe in alle Richtungen eine Streustrahlung aus. Die unter dem Streuwinkel Θ (s. Abb. 35a) abgestrahlte Leistung je Einheitswinkel sei durch $I(\Theta)$ gegeben. Die in den Winkelbereich $\Delta\Theta$ ausgesandte Strahlung beträgt dann $I(\Theta)\cdot\Delta\Theta$. $I(\Theta)$ sei beispielsweise durch die in Abb. 35b dargestellte Funktion gegeben. Die Streustrahlung möge mit einem Detektor der Spaltbreite $2u$ gemessen werden, dessen Empfindlichkeit aber nicht an allen Stellen gleich groß ist. Sie soll im Zentrum ein Maximum besitzen und zu den Rändern hin abfallen. Wir können längs des Detektorspaltes eine Koordinatenachse u einführen mit dem Nullpunkt im Zentrum des Detektors (s. Abb.

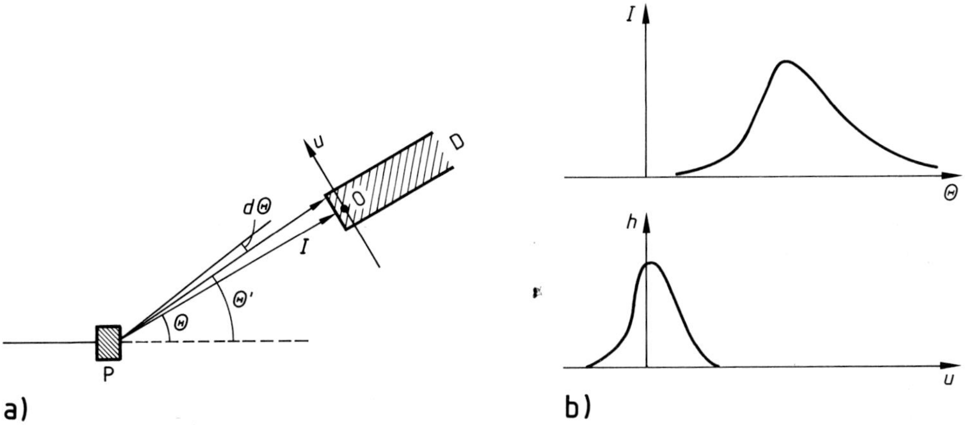

Abb. 35. Zur Messung einer Streustrahlung mit einem Detektor endlicher Ausdehnung. a) Probe P, gestreute Strahlen I und Detektor D. b) Die je Einheitswinkel abgestrahlte Leistung I als Funktion des Streuwinkels Θ (oben) und Empfindlichkeit h des Detektors als Funktion des Ortes u.

35a). Die Empfindlichkeitsverteilung des Detektors sei durch eine Funktion $h(u)$ gegeben, die beispielsweise den in Abb. 35b dargestellten Verlauf zeigt. Das Zentrum des Detektors entspreche dem Streuwinkel Θ. Zum Streuwinkel Θ' gehört dann der Wert $u = \Theta' - \Theta$. Mit Hilfe der so definierten Funktionen ergibt sich für die in einen kleinen Streuwinkelbereich $d\Theta'$ gestreute Leistung der Ausdruck $I(\Theta') \cdot h(\Theta' - \Theta) \cdot d\Theta'$. Für die gesamte vom Detektor in der Stellung Θ empfangene Leistung erhält man durch Integration über alle Werte Θ'

$$\hat{I}(\Theta) = \int_0^{+\infty} I(\Theta') h(\Theta' - \Theta) d\Theta'. \tag{255}$$

Das Argument der Funktion h hat in Gl. (255) das entgegengesetzte Vorzeichen wie in Gl. (254a). Die Gl. (255) stellt daher das Faltungsprodukt der Funktion $I(\Theta)$ mit $h(-\Theta)$ dar, also

$$\hat{I}(\Theta) = I(\Theta) * h(-\Theta) \tag{256}$$

Wenn die Funktion $h(\Theta)$ symmetrisch ist, so kann man statt dessen auch schreiben $\hat{I}(\Theta) = I(\Theta) * h(\Theta)$. Die Funktion $h(\Theta)$ bezeichnet man als Charakteristik des Detektors. Gl. (256) besagt also, *daß man die gemessene Intensität $\hat{I}(\Theta)$ durch Faltung der tatsächlichen Intensität $I(\Theta)$ mit der Charakteristik des Detektors erhält.*

Als Beispiel betrachten wir den Fall, daß die Funktion $I(\Theta)$ durch eine Gaußkurve $e^{-\Theta^2/\alpha^2}$ gegeben ist und $h(\Theta)$ durch eine Rechteckfunktion der Breite a (s. Abb. 35), also

$$h(\Theta) = \begin{cases} 1 & \text{für} \quad |\Theta| \leq a/2 \\ 0 & \text{für} \quad |\Theta| > a/2\,. \end{cases} \tag{257}$$

Für die Meßgröße $\hat{I}(\Theta)$ erhalten wir dann

$$\hat{I}(\Theta) = \int_{-\infty}^{+\infty} e^{-\frac{\Theta'^2}{\alpha^2}} h(\Theta' - \Theta) d\Theta' = \int_{\Theta - a/2}^{\Theta + a/2} e^{-\frac{\Theta'^2}{\alpha^2}} d\Theta'. \tag{258}$$

Das Integral läßt sich nicht durch einen geschlossenen Ausdruck ausrechnen, es ist aber als „Gaußsches Fehlerintegral" numerisch berechenbar und tabelliert.

Die Rolle der „Verschmierung" durch die Spaltfunktion kann man besonders leicht anschaulich darstellen, wenn man bedenkt, daß das Integral in Gl. (258) jeweils durch die in Abb. 36a schraffierte Fläche unter der Gaußkurve gegeben ist. Die entsprechend verschmierten Kurven sind in Abb. 36b wiedergegeben. Nehmen wir als erstes den Extremfall an, daß der Spalt schmal im Vergleich zur Breite der Gaußkurve ist, daß also beispielsweise gilt $a = \alpha/12$. Die bei einer bestimmten Stellung des Zählrohrs gemessene Leistung $\hat{I}(\Theta)$ ist dann durch die in Abb. 35a oben schraffierte Fläche gegeben. Diese ist an allen Stellen praktisch proportional zu $\hat{I}(\Theta)$, so daß die gemessene verschmierte Funktion $\hat{I}(\Theta)$ (s. Kurve mit größtem Maximum in Abb. 36b) identisch ist mit der tatsächlichen Streuintensität $I(\Theta)$.

Betrachten wir als nächstes den Fall $a = \alpha/2$. Der Spalt ist jetzt breiter, und man erhält eine Verbreiterung des Signals. Eine stärkere Verbreiterung erhält man bei $a = \alpha$. Bei $a = 3\alpha$ schließlich ist der Spalt breiter als das Signal. Man erhält dann über einen großen Bereich von Θ jeweils die gesamte integrierte Intensität des Signals, so daß die gemessene Kurve $\hat{I}(\Theta)$ weitgehend die Form der Funktion $h(\Theta)$ wiedergibt (s. die nahezu rechteckförmige Kurve in Abb. 36b).

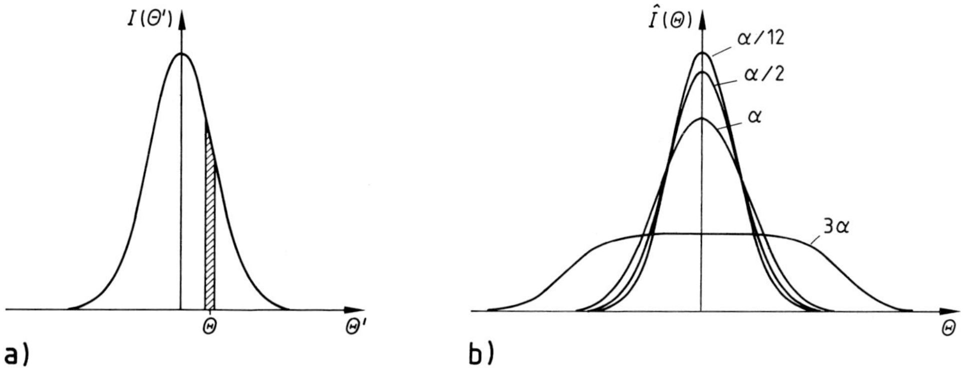

Abb. 36. Zur Verfälschung der zu messenden Funktion $I(\Theta)$ infolge einer Verschmierung durch eine rechteckförmige Funktion $h(u)$ der Breite a. a) Funktion $I(\Theta)$, wobei Θ durch Θ' ersetzt ist, und der vom Detektor bei einer bestimmten Stellung Θ überdeckte Bereich im Falle $a = \alpha/12$ (schraffiert). b) Gemessene Funktion $\hat{I}(\Theta)$ bei verschiedenen Werten von a, die als Parameter bei den einzelnen Kurven angegeben sind.

Von besonderem Interesse ist die Faltung einer Funktion $f(x)$ mit der δ-Funktion $\delta(x - x_0)$. Man erhält

$$f(x) * \delta(x - x_0) = \int_{-\infty}^{+\infty} f(x')\,\delta(x - x' - x_0)\,dx' = f(x - x_0)\,. \tag{259}$$

Die Faltung verschiebt also einfach die Funktion entlang der x-Achse um x_0. Für die auf der x-Achse um x_0 verschobene Gaußfunktion $e^{-(x-x_0)^2/\alpha^2}$ kann man somit schreiben

$$e^{-\frac{(x-x_0)^2}{\alpha^2}} = e^{-\frac{x^2}{\alpha^2}} * \delta(x - x_0)\,. \tag{260}$$

Die Definition des Faltungsproduktes läßt sich auch auf Funktionen von mehreren Variablen übertragen. Es gilt definitionsgemäß

$$\varphi(x, y, z) = \iiint f(x', y', z')\,dx'\,dy'\,dz'\,. \tag{261}$$

Indem man x, y und z als Komponenten des Vektors $\boldsymbol{r}$ auffaßt, kann man diesen Ausdruck auch auf die Form bringen

$$\varphi(\boldsymbol{r}) = \int f(\boldsymbol{r}')\, h(\boldsymbol{r}-\boldsymbol{r}')\, d\boldsymbol{r}\,, \tag{262}$$

wobei $d\boldsymbol{r}$ symbolisch für $dx\,dy\,dz$ steht und ein Integral symbolisch für drei Integrale.

Die durch Gl. (259) ausgedrückte Tatsache, daß man eine Funktion durch Faltung mit einer δ-Funktion im Raum verschieben kann, wendet man beispielsweise an, um die Elektronendichteverteilung in einem unendlich ausgedehnten Kristall zu beschreiben. Die Elektronendichteverteilung innerhalb einer Elementarzelle sei durch die Funktion $s(\boldsymbol{r})$ gegeben. Diese Funktion ist außerhalb der betreffenden Zelle gleich null. Die Elektronendichteverteilung in einer Zelle, die um j Schritte längs der Elementarzellenkante $\boldsymbol{a}$, k Schritte längs der Kante $\boldsymbol{b}$ und l Schritte längs der Kante $\boldsymbol{c}$ verschoben ist, ist demgemäß gegeben durch

$$s(\boldsymbol{r}) * \delta[\boldsymbol{r} - (j\boldsymbol{a} + k\boldsymbol{b} + l\boldsymbol{c})] \tag{263}$$

Die Elektronendichte innerhalb des gesamten Gitters erhält man demgemäß durch Summation über alle Werte von j, k und l

$$\varrho(\boldsymbol{r}) = \sum_{j=0}^{\infty} \sum_{k=0}^{\infty} \sum_{l=0}^{\infty} s(\boldsymbol{r}) * \delta[\boldsymbol{r} - (j\boldsymbol{a} + k\boldsymbol{b} + l\boldsymbol{c})]\,. \tag{264}$$

Wichtig ist auch das sogenannte *Faltungsquadrat* einer Funktion $f(x)$, das man mit f^{2*} bezeichnet. Es ist definiert als das Faltungsprodukt einer Funktion mit dem Spiegelbild dieser Funktion:

$$f^{2*}(x) = \int_{-\infty}^{+\infty} f(x')f(x-x')\,dx'\,. \tag{265}$$

Indem man $x' - x = x''$ setzt und die Reihenfolge der Faktoren im Integranden vertauscht, kann man auch schreiben

$$f^{2*}(x) = \int_{-\infty}^{+\infty} f(x'')f(x''+x)\,dx''\,. \tag{266}$$

bzw., wenn man statt x'' wieder x' schreibt,

$$f^{2*}(x) = \int_{-\infty}^{+\infty} f(x')f(x'+x)\,dx'\,. \tag{267}$$

Das Faltungsquadrat wird unter anderem bei der Untersuchung von Strukturen mittels Röntgenstreuung, Lichtstreuung oder Neutronenstreuung benötigt. Gibt beispielsweise $\varrho(\boldsymbol{r})$ die Dichte der Elektronen als Funktion des Ortes an, so ist das Faltungsquadrat dieser Funktion gegeben durch

$$K(\boldsymbol{r}) = \int \varrho(\boldsymbol{r}')\,\varrho(\boldsymbol{r}'+\boldsymbol{r})\,d\boldsymbol{r}' \tag{268}$$

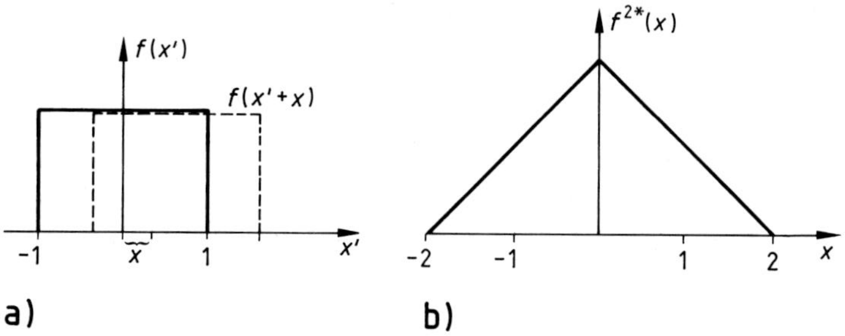

Abb. 37. Zur Berechnung des Faltungsquadrates einer rechteckförmigen Funktion $f(x)$ der Breite 2. a) Wiedergabe der Funktion $f(x')$ und der um x verschobenen Funktion. b) Wiedergabe des Faltungsquadrates als Funktion von x.

In diesem Fall stellt $\boldsymbol{r}$ den Vektor mit den Koordinaten x, y, z dar, es handelt sich also um ein dreidimensionales Faltungsquadrat analog zu Gl. (261). Dieses Faltungsquadrat bezeichnet man als Korrelationsfunktion. Sie gibt die Wahrscheinlichkeit dafür an, im Abstand $\boldsymbol{r}$ eines Elektrons bzw. eines Teilchens wieder ein entsprechendes Teilchen zu finden. Man kann zeigen, daß sich die Intensität der Streuung als Funktion des Streuwinkels durch Fouriertransformation der Korrelationsfunktion ermitteln läßt (s. Kapitel XIV, Abschnitt B7).

Fragen und Aufgaben

1. Was bewirkt die Faltung einer Funktion $f(x)$ mit einer δ-Funktion $\delta(x + a)$?
2. Wie lautet das Produkt einer Funktion $f(x)$ mit $\delta(x + a)$?
3. Berechne folgende Faltungsprodukte: a) $\exp[-|x|] * \sin x$, b) $\exp x * \delta(x - a)$, c) $\sin t * \delta(t - \pi/2)$.
4. Eine Meßgröße p möge in Abhängigkeit vom Ort x den Verlauf $p = \sin(\alpha x)$ besitzen. Die Meßgröße möge mit einem Instrument mit einer Spaltbreite $2\Delta x$ gemessen werden. a) Wie hängt die analog zu Gl. (258) „verschmierte", gemessene Größe $\bar{p}$ von x ab? Diskutiere den Verlauf von $\bar{p}$ in Abhängigkeit von Δx und vergleiche das Resultat mit dem Ergebnis, das im Zusammenhang mit Gl. (258) erhalten wurde. b) In welcher Weise ändert sich das Ergebnis, wenn $p = \sin(\alpha x) + 1$ ist?
5. Berechne das Faltungsquadrat $f^{2*}(x)$ der Funktion $f(x) = a$ für $|x| < 1$ und $f(x) = 0$ für $|x| > 1$. Stelle die erhaltene Funktion graphisch dar. Dieses Faltungsquadrat wird in der Röntgenstreuung bei der Berechnung von Teilchengrößeneffekten sowie der Kleinwinkelstreuung von Zwei-Phasen-Systemen benötigt. Anleitung: Zeichne hierzu die Funktion $f(x)$, wobei x durch x' ersetzt ist, sowie in die gleiche Darstellung die um x verschobene Funktion $f(x' + x)$ (s. Abb. 37).

XII. Vektoranalysis und Tensorrechnung

A. Vektoranalysis

1. Vektorfelder und Skalarfelder

Im Kap. VIII haben wir den Begriff des Vektors eingeführt und algebraische Operationen für Vektoren definiert. Im folgenden wollen wir nun auf Vektor*felder* eingehen. *Ein Vektorfeld liegt dann vor, wenn jedem Punkt eines Raumes ein Vektor zugeordnet ist.*

Auf ein Vektorfeld kommt man beispielsweise, wenn man eine in einem Rohr strömende Flüssigkeit betrachtet. Jedem Punkt im Rohr kann man einen Vektor zuordnen, der die dort herrschende Strömungsgeschwindigkeit angibt. Ebenso bilden bei einer Diffusion die Vektoren, die an jeder Stelle des Raumes den Materialtransport je Zeit- und Flächeneinheit angeben, ein Vektorfeld. Ein weiteres Beispiel stellt das Feld einer elektrischen Ladung dar; jedem Raumpunkt ist eine bestimmte elektrische Feldstärke zugeordnet.

Um ein Vektorfeld zu beschreiben, muß man die Größe und Richtung des entsprechenden Vektors als Funktion der Ortskoordinaten x, y, z angeben. Da ein Vektor $\boldsymbol{a}$ durch seine Komponenten α_x, a_y, a_z eindeutig bestimmt ist, reicht es, wenn man diese in Abhängigkeit von x, y und z kennt. *Das Feld, das der Vektor* $\boldsymbol{a}$ *bildet, ist daher eindeutig beschrieben durch drei Funktionen*

$$\begin{aligned} a_x &= a_x(x,y,z) \\ a_y &= a_y(x,y,z) \\ a_z &= a_z(x,y,z), \end{aligned} \tag{1}$$

die die Komponenten von $\boldsymbol{a}$ *in Abhängigkeit von* x, y *und* z *angeben.* Anstelle der Gln. (1) kann man abgekürzt $\boldsymbol{a} = \boldsymbol{a}(x,y,z)$ schreiben.

Von praktischem Interesse ist auch die graphische Darstellung eines Vektorfeldes. Interessiert man sich nur für die Richtung des Vektors an den einzelnen Stellen im Raum, so kann man diese sehr übersichtlich durch die sog. Feldlinien graphisch zum Ausdruck bringen (siehe z. B. die Feldlinien einer positiven elektrischen Ladung, Abb. 1 a). Will man dagegen jeweils den Betrag und die Richtung des Vektors angeben, so muß man jedem Raumpunkt einen kleinen Pfeil zuordnen, wie das in Abb. 1 b für das elektrische Feld getan wurde.

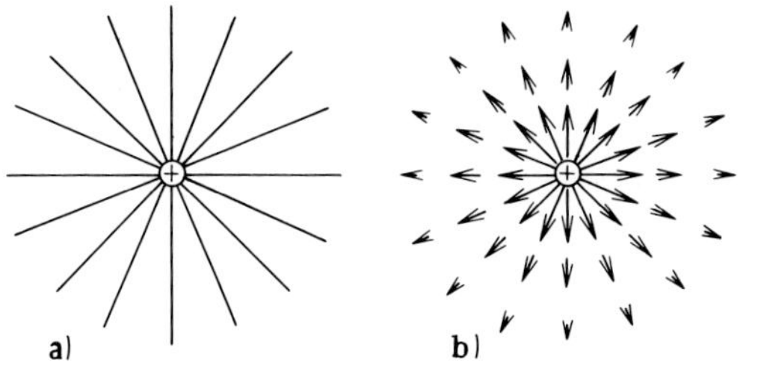

Abb. 1. Darstellung eines Vektorfeldes a) durch Feldlinien, b) durch Vektoren (im inneren Ring muß man sich die Länge der Vektoren um den Faktor 10 vergrößert denken).

Neben den Vektorfeldern spielen bei verschiedenen Problemen der Physik und Chemie auch *skalare Felder* eine wichtige Rolle. Ein skalares Feld liegt dann vor, wenn eine skalare Größe u als Funktion des Ortes gegeben ist, $u = u(x,y,z)$.

Punkte, die zum gleichen Wert von u gehören, liegen bei einem räumlichen Feld jeweils auf einer Fläche. Diese Flächen werden *Niveauflächen* genannt. Im Sonderfall eines zweidimensionalen Skalarfeldes entarten diese Flächen in *Niveaulinien*.

Ein Beispiel für ein zweidimensionales skalares Feld stellt die Temperaturverteilung $T = T(x, y)$ auf einer kreisförmigen Platte dar, die in der Mitte erhitzt wird. Die Niveaulinien sind in diesem Fall durch konzentrische Kreise gegeben (s. Abb. 2).

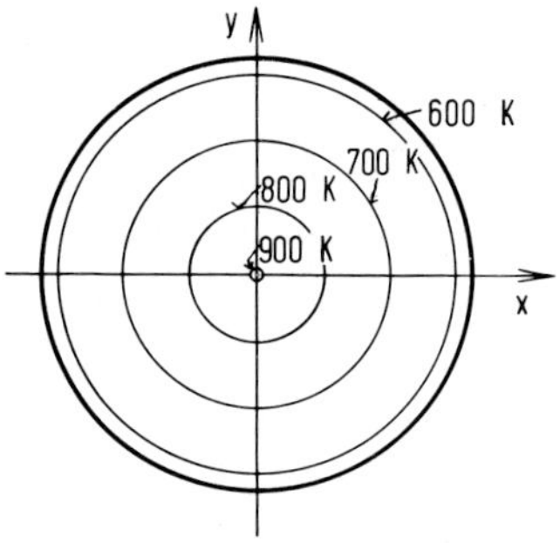

Abb. 2. Linien konstanter Temperatur auf einer im Mittelpunkt erhitzten kreisförmigen Platte.

Bei Vektorfeldern interessiert man sich vor allem für die örtliche Änderung der Vektoren, was zwangsläufig auf Differentiationsoperationen führt. Man bezeichnet daher die Untersuchung der Vektorfelder als *Vektoranalysis*. Auch die Betrachtung der skalaren Felder gehört zur Vektoranalysis, da einem skalaren Feld entsprechend den Ausführungen im nächsten Abschnitt gewöhnlich ein bestimmtes Vektorfeld zugeordnet wird.

2. Der Gradient

Um die für skalare Felder eingeführten Begriffe und Rechenoperationen zu erläutern, gehen wir vom Beispiel eines Temperaturfeldes aus.

Als erstes betrachten wir dabei den eindimensionalen Fall. Gegeben sei ein Metallstab, der in Richtung der x-Achse eines Koordinatensystems weist (s. Abb. 3), und dessen Enden auf zwei verschiedenen Temperaturen gehalten werden. Längs des Stabes herrscht dann ein Temperaturgefälle. Wir setzen voraus, daß die Temperatur innerhalb eines Querschnittes konstant ist, so daß sie nur von der Koordinate x abhängt, also $T = T(x)$. Wir haben es dann mit einem eindimensionalen Skalarfeld zu tun, weil die skalare Größe nur von einer Ortskoordinate abhängt. Wir interessieren uns dafür, wie stark sich die Temperatur ändert, wenn wir von einer Stelle x zur Stelle $x + \Delta x$ fortschreiten. Wenn Δx genügend klein ist, so können wir diese Änderung annähernd mit Hilfe einer Taylorschen Reihe berechnen, die wir nach dem Glied mit der ersten Ableitung abbrechen. Wir erhalten mit Hilfe von Gl. (X, 280)

$$T(x + \Delta x) = T(x) + \Delta x \cdot \frac{dT(x)}{dx} \tag{2}$$

bzw., indem wir $T(x + \Delta x) - T(x) = \Delta T$ setzen,

$$\Delta T = \Delta x \cdot \frac{dT(x)}{dx}. \tag{3}$$

$\frac{dT(x)}{dx}$ ist eine Funktion von x, die die Änderung von T mit x an jeder Stelle des Stabes vollständig beschreibt.

Betrachten wir nun als nächstes einen beliebig geformten Körper (s. Abb. 4), in dem die Temperatur T von Ort zu Ort verschieden ist, $T = T(x, y, z)$. Es liegt dann ein dreidimensionales skalares Feld vor. Wir betrachten einen bestimmten Punkt P

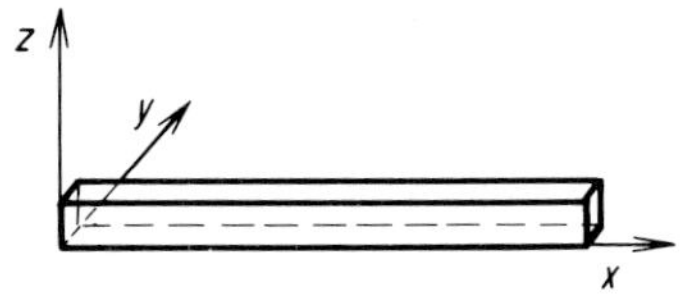

Abb. 3. Metallstab in Richtung der x-Achse eines Koordinatensystems.

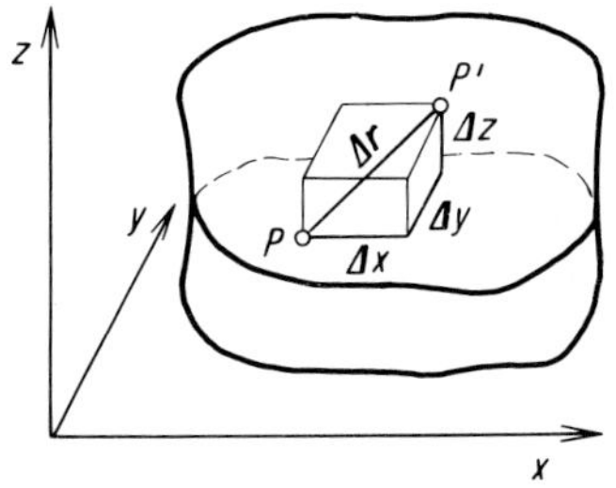

Abb. 4. Zur Berechnung der Ortsänderung der Temperatur in einem dreidimensionalen Körper.

mit den Koordinaten (x, y, z) und fragen nach der Änderung der Temperatur, wenn wir von diesem Punkt aus in die drei Raumrichtungen um Δx, Δy und Δz zum Punkt P' fortschreiten. Unter der Annahme, daß Δx, Δy und Δz genügend klein sind, können wir die Temperatur an der Stelle $x + \Delta x$, $y + \Delta y$, $z + \Delta z$ wieder mit Hilfe einer Taylorreihe (s. Gl. (XI, 190)) berechnen, die nach den Gliedern mit den ersten Ableitungen abgebrochen wurde

$$T(x + \Delta x, y + \Delta y, z + \Delta z) = T(x, y, z) + \frac{\partial T}{\partial x}\Delta x + \frac{\partial T}{\partial y}\Delta y + \frac{\partial T}{\partial z}\Delta z\,. \tag{4}$$

Die Änderung der Temperatur ist also durch

$$\Delta T = \frac{\partial T}{\partial x}\Delta x + \frac{\partial T}{\partial y}\Delta y + \frac{\partial T}{\partial z}\Delta z \tag{5}$$

gegeben. Δx, Δy, Δz stellen nun die Komponenten des Vektors $\Delta \boldsymbol{r}$ dar, der die Verschiebung von P zu P' beschreibt. Man kann ferner $\frac{\partial T}{\partial x}$, $\frac{\partial T}{\partial y}$ und $\frac{\partial T}{\partial z}$ ebenfalls als Komponenten eines Vektors auffassen, den man den *Gradienten von T* nennt und mit „grad T" bezeichnet,

$$\operatorname{grad} T = \frac{\partial T}{\partial x}\boldsymbol{i} + \frac{\partial T}{\partial y}\boldsymbol{j} + \frac{\partial T}{\partial z}\boldsymbol{k}\,. \tag{6}$$

Der in Gl. (5) angegebene Ausdruck stellt dann das skalare Produkt dieser beiden Vektoren dar

$$\Delta T = \Delta \boldsymbol{r} \cdot \operatorname{grad} T\,. \tag{7}$$

Um den Vektor grad T anschaulich zu deuten, denken wir uns in dem betrachteten Körper die Punkte gleicher Temperatur durch Niveauflächen verbunden. Da sich längs dieser Flächen die Temperatur nicht ändert, ist Gl. (7) zufolge für alle $\Delta \boldsymbol{r}$, die auf einer solchen Fläche liegen, $\Delta \boldsymbol{r}$ grad T gleich Null*). Daraus folgt, da beide Vektoren im allgemeinen von Null verschieden sind, daß grad T senkrecht auf $\Delta \boldsymbol{r}$, also senkrecht auf den Niveauflächen steht. Des weiteren erkennt man aus Gl. (7), daß der Betrag des Gradienten die Temperaturänderung beim Fortschreiten um eine Längeneinheit in Richtung senkrecht zu den Niveauflächen angibt. Der Vektor grad T ist daher das dreidimensionale Analogon zu der in Gl. (3) auftretenden Ableitung dT/dx.

Im zweidimensionalen Fall entarten die Niveauflächen zu Niveaulinien. Der Gradient kann in gleicher Weise wie im dreidimensionalen Fall eingeführt werden, besitzt aber jetzt nur zwei Komponenten

$$\operatorname{grad} T = \frac{\partial T}{\partial x}\boldsymbol{i} + \frac{\partial T}{\partial y}\boldsymbol{j}\,.$$

Er steht senkrecht auf den Niveaulinien. Als Beispiel zeigt Abb. 5 die Temperaturverteilung auf einer Platte. Die ausgezogenen Linien geben die Niveaulinien an, die gestrichelten die Richtung des Gradienten.

Die angestellten Betrachtungen lassen sich in gleicher Weise auch auf beliebige andere skalare Felder übertragen. Wir können zusammenfassend sagen: *Ist ein skalares Feld $u = u(x,y,z)$ gegeben und existieren die partiellen Ableitungen von u nach den drei Variablen, so kann man an jeder Stelle des Feldes einen Vektor definieren, den man den Gradienten von u nennt und der gegeben ist durch*

$$\operatorname{grad} u = \frac{\partial u}{\partial x}\boldsymbol{i} + \frac{\partial u}{\partial y}\boldsymbol{j} + \frac{\partial u}{\partial z}\boldsymbol{k}\,. \tag{8}$$

Die Vektoren grad u *stehen jeweils senkrecht auf den Flächen konstanten u-Wertes (Niveauflächen). Schreitet man von einem Raumpunkt um ein Stück $d\boldsymbol{r}$ weiter, so ist die dabei auftretende Änderung von u gegeben durch*

$$du = \operatorname{grad} T \cdot d\boldsymbol{r} = (\operatorname{grad} T)_x dx + (\operatorname{grad} T)_y dy + (\operatorname{grad} T)_z dz\,. \tag{9}$$

Wir wollen als Beispiel den Gradienten zu dem in Abb. 2 gegebenen Temperaturfeld berechnen. Die kreisförmigen Niveaulinien ergeben sich, wenn man für die Ortsabhängigkeit der Temperatur die Funktion

$$T = \frac{T_0}{1 + x^2 + y^2} \tag{10}$$

ansetzt. Mit Hilfe von Gl. (8) ergibt sich daraus

$$\begin{aligned} \operatorname{grad} T &= \frac{\partial T}{\partial x}\boldsymbol{i} + \frac{\partial T}{\partial y}\boldsymbol{j} = -\frac{2T_0 x}{(1 + x^2 + y^2)^2}\boldsymbol{i} - \frac{2T_0 y}{(1 + x^2 + y^2)^2}\boldsymbol{j} \\ &= -\frac{2T_0}{(1 + x^2 + y^2)^2}(x\boldsymbol{i} + y\boldsymbol{j}) = -\frac{2T_0}{(1 + x^2 + y^2)^2}\boldsymbol{r}\,. \end{aligned} \tag{11}$$

Man sieht, daß der gesuchte Gradient entgegengesetzt zum Ortsvektor $\boldsymbol{r} = x\boldsymbol{i} + y\boldsymbol{j}$ gerichtet ist und somit wie $\boldsymbol{r}$ senkrecht auf die Niveaulinien steht.

Ein weiteres aus dem Alltag bekanntes Beispiel für ein skalares Feld stellt die Höhe der Erdoberfläche als Funktion der geographischen Breite und der geographischen Länge dar. Die Linien gleicher Höhe sind die auf vielen Landkarten eingezeichneten Höhenlinien, der Gradient hat an jeder Stelle die Richtung der größten Steigung.

---

*) Wir denken uns $\Delta \boldsymbol{r}$ so klein gewählt, daß man längs dieses Vektors die Niveaufläche durch eine Ebene approximieren kann.

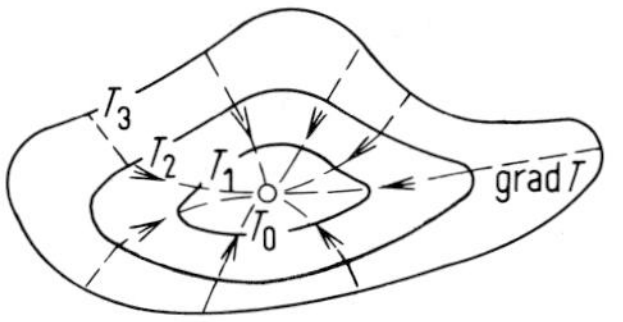

Abb. 5. Zusammenhang zwischen Niveaulinien eines Skalarfeldes (———) und dem dazugehörigen Gradientenfeld (--→--).

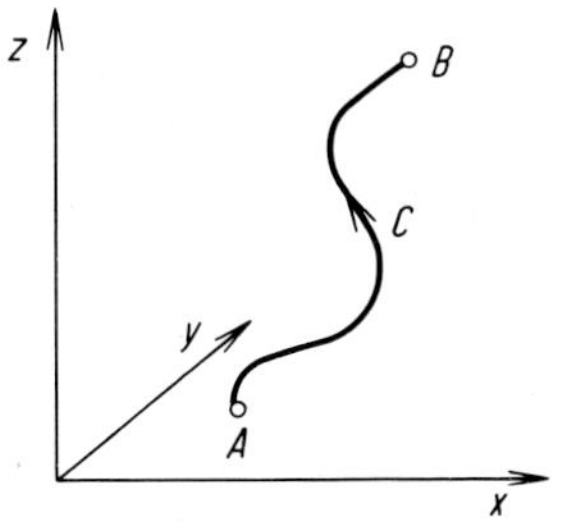

Abb. 6. Zur Berechnung der Arbeit längs eines Weges C.

3. Konservative Vektorfelder*)

Wir wollen nun zur Untersuchung von Vektorfeldern übergehen und betrachten hierzu ein Kraftfeld $\boldsymbol{k}(x, y, z)$, in dem sich ein Körper bewegt (z. B. eine Masse in einem Schwerefeld oder ein Magnet in einem Magnetfeld). Wie groß ist die Arbeit, die bei einer Bewegung des Körpers längs eines Weges verrichtet wird, der z. B. durch eine Kurve C in Abb. 6 gegeben ist?

Bei einer Verschiebung des Körpers um ein unendlich kleines Stück $d\boldsymbol{r}$ wird gemäß Gl. (VIII, 21) eine Arbeit verrichtet, die durch das skalare Produkt von $\boldsymbol{k}$ und $d\boldsymbol{r}$ gegeben ist,

$$dA = \boldsymbol{k} \cdot d\boldsymbol{r} = k_x dx + k_y dy + k_z dz \,. \tag{12}$$

Wird der Körper längs des endlichen Weges C verschoben, so muß man über die einzelnen kleinen Wegstrecken in Gl. (12) längs C summieren. Man kommt dann auf das Integral

$$A = \int_C k_x dx + k_y dy + k_z dz \,. \tag{13}$$

Dies ist ein Kurvenintegral, wie es in Gl. (XI, 148) eingeführt wurde, mit dem einzigen Unterschied, daß man es jetzt mit drei statt mit zwei Variablen zu tun hat. Unter Verwendung der vektoriellen Schreibweise kann man für dieses Kurvenintegral auch abgekürzt

$$A = \int_C \boldsymbol{k} \cdot d\boldsymbol{r} \tag{14}$$

schreiben.

Es gibt nun Kraftfelder, die sich als Gradient eines skalaren Feldes auffassen lassen. In diesem Fall kann man eine Funktion $u = u(x, y, z)$ finden, so daß gilt

$$k_x = \frac{\partial u}{\partial x}, \quad k_y = \frac{\partial u}{\partial y} \quad \text{und} \quad k_z = \frac{\partial u}{\partial z}. \tag{15}$$

*) Dieser Abschnitt kann von weniger interessierten Lesern überschlagen werden.

Wenn das der Fall ist, so wird der Integrand in Gl. (13) das vollständige Differential der Größe u, und das Integral wird wegunabhängig. Bei einer Verschiebung des Körpers vom Punkt mit den Koordinaten x_A, y_A, z_A zum Punkt mit den Koordinaten x_B, y_B, z_B ist dann, unabhängig davon, welcher Weg gewählt wird, die Arbeit

$$A = u(x_B, y_B, z_B) - u(x_A, y_A, z_A) \tag{16}$$

zu verrichten. Längs eines geschlossenen Weges wird insgesamt keine Arbeit geleistet, die einzelnen Beiträge heben sich auf. Solche Kraftfelder nennt man *konservativ*, die Größe u heißt das *Potential* des Kraftfeldes. Andererseits kennt man auch Kraftfelder, bei denen die Arbeit vom Weg abhängt, bei denen sich also kein skalares Feld finden läßt, dessen Gradient die gegebene Kraft ist. Solche Felder nennt man *nichtkonservativ* oder *turbulent* (s. auch Abschn. 5).

Diese Überlegungen sind nicht auf Kraftfelder beschränkt, sondern werden auf beliebige Vektorfelder übertragen: *Ein Vektorfeld $\boldsymbol{a}(x, y, z)$ heißt konservativ, wenn es sich als Gradient eines Skalarfeldes $u(x, y, z)$ auffassen läßt*

$$\boldsymbol{a} = \operatorname{grad} u \quad \text{d. h.} \quad a_x = \frac{\partial u}{\partial x}, \quad a_y = \frac{\partial u}{\partial y}, \quad a_z = \frac{\partial u}{\partial z}. \tag{17}$$

In einem solchen Fall gilt

$$\int_C \boldsymbol{a} \cdot d\boldsymbol{r} = u(x_B, y_B, z_B) - u(x_A, y_A, z_A), \tag{18}$$

wobei A der Anfangs- und B der Endpunkt der Kurve ist. Für eine geschlossene Kurve folgt daraus

$$\oint \boldsymbol{a} \cdot d\boldsymbol{r} = 0, \tag{19}$$

u heißt das Potential des Vektorfeldes.

Ein Beispiel für ein konservatives Feld stellt das elektrische Feld innerhalb eines Plattenkondensators dar. Die Feldlinien stehen alle senkrecht zu den Platten. Unter Zugrundelegung des in Abb. 7 eingezeichneten Koordinatensystems lauten daher die drei Komponenten f_x, f_y, f_z der elektrischen Feldstärke $\boldsymbol{f}$

$$f_x = b, \quad f_y = 0 \quad \text{und} \quad f_z = 0. \tag{20}$$

Die Größe b ist eine Konstante. Man kann leicht feststellen, daß sich dieses Feld als Gradient des Potentials

$$u = bx \tag{21}$$

ergibt. Es gilt daher für jeden beliebigen geschlossenen Weg zwischen den Platten $\oint \boldsymbol{f} \cdot d\boldsymbol{r} = 0$. Da die Kraft auf eine Ladung proportional der Feldstärke $\boldsymbol{f}$ ist, folgt daraus, daß die Arbeit bei der Bewegung einer Ladung längs eines geschlossenen Weges gleich Null ist.

Ein anderes Beispiel für ein konservatives Feld ist das Schwerefeld der Erde.

Ein nichtkonservatives Vektorfeld ist das Magnetfeld $\boldsymbol{h}$ in der Umgebung eines stromdurchflossenen Leiters L (s. Abb. 8). Das Integral $\oint \boldsymbol{h} \cdot d\boldsymbol{r}$ längs eines Kreises um den Leiter ist von Null verschieden. Man erkennt das daran, daß die Feldvektoren bei der Bildung dieses Integrals immer in Wegrichtung zeigen, so daß nur positive Beiträge zum Integral auftreten.

Es fragt sich nun, woran man erkennt, daß ein Vektorfeld konservativ ist, daß also die Vektorkoordinaten jeweils partielle Ableitungen einer gemeinsamen Funktion $\boldsymbol{u}$ sind, wie Gl. (17) fordert. Dies läßt sich leicht beantworten. Durch Verallgemeinerung der Gln. (XI, 154) auf drei Variable folgt, *daß ein Vektorfeld $\boldsymbol{a}(x, y, z)$*

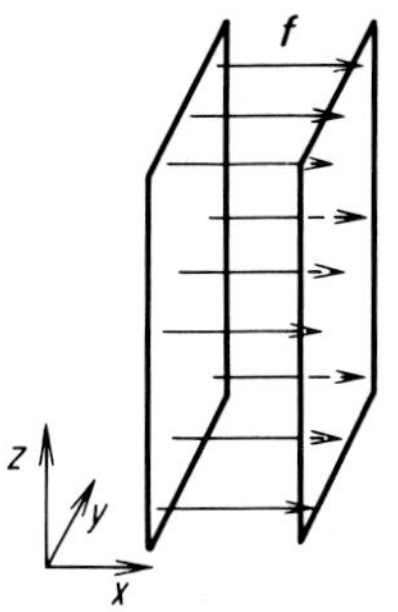

Abb. 7. Elektrisches Feld innerhalb eines Plattenkondensators.

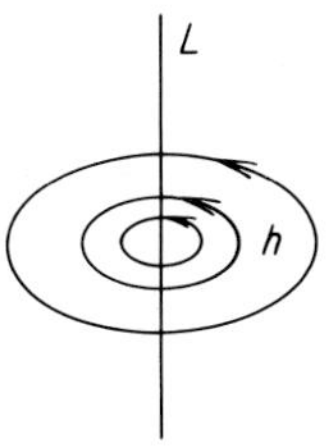

Abb. 8. Magnetfeld **h** eines stromdurchflossenen Leiters L.

dann und nur dann konservativ ist, wenn in einem einfach zusammenhängenden Gebiet gilt

$$\frac{\partial a_x}{\partial y} = \frac{\partial a_y}{\partial x}, \quad \frac{\partial a_x}{\partial z} = \frac{\partial a_z}{\partial x} \quad \text{und} \quad \frac{\partial a_y}{\partial z} = \frac{\partial a_z}{\partial y}. \tag{22}$$

Wie im Abschn. 5 gezeigt wird, sind die Gln. (22) gleichbedeutend mit der Forderung, daß die in jenem Abschnitt eingeführte Größe rot $\boldsymbol{a}$ gleich Null ist.

4. Die Divergenz und der Satz von Gauß

Um eine weitere Größe zur Beschreibung von Vektorfeldern einzuführen, betrachten wir die Diffusion eines Stoffes A in einem Stoff B. Die Konzentrationsverteilung des Stoffes A zur Zeit t sei durch $c(x,y,z,t)$ gegeben. Jedem Raumpunkt kann man dann einen Stofftransportvektor $\boldsymbol{j}(x,y,z,t)$ zuordnen, der angibt, welche Menge des Stoffes A an dieser Stelle je Flächen- und Zeiteinheit hindurchfließt und in welche Richtung der Fluß erfolgt.

Nehmen wir als erstes an, der Körper, in dem die Diffusion stattfindet, sei ein Stab vom Querschnitt F, der in Richtung der x-Achse eines Koordinatensystems liegt (s. Abb. 9). Die Konzentration an A und der Stofftransport mögen nicht von y und z, sondern nur von x abhängen, also längs einer Querschnittfläche konstant sein. Der Vektor $\boldsymbol{j}$ des Stofftransportes liegt dann parallel zur x-Achse und hängt ebenfalls nur von x ab. Seine Komponenten lauten $j_y = j_z = 0$ und $j_x(x,t) \neq 0$. Es liegt ein eindimensionales Problem vor. Wir fragen nun nach der Zunahme der Konzentration in einem Volumenelement $F \cdot \Delta x$, das aus der Schicht der Dicke Δx gebildet wird. In das betrachtete Volumenelement fließt von links je Zeiteinheit die Menge $j_x(x,t) \cdot F$ ein, nach rechts strömt die Menge $j_x(x+\Delta x,t) \cdot F$ aus (s. Abb. 9). Die Menge des Stoffes A nimmt daher innerhalb dieses Volumenelementes insgesamt um $[j_x(x,t) - j_x(x+\Delta x,t)] \cdot F$ zu. Die Konzentrationsänderung $\frac{\partial c}{\partial t}$ ergibt sich durch Division dieser Zunahme durch das Volumen $F \cdot \Delta x$:

$$\frac{\partial c}{\partial t} = \frac{[j_x(x,t) - j_x(x+\Delta x,t)] \cdot F}{F\,\Delta x} = -\,\frac{j_x(x+\Delta x,t) - j_x(x,t)}{\Delta x}. \tag{23}$$

Indem wir zum Grenzwert unendlich kleiner Dicke übergehen, erhalten wir daraus mit Hilfe von Gl. (X, 6)

$$\frac{\partial c}{\partial t} = -\frac{dj_x}{dx}. \tag{24}$$

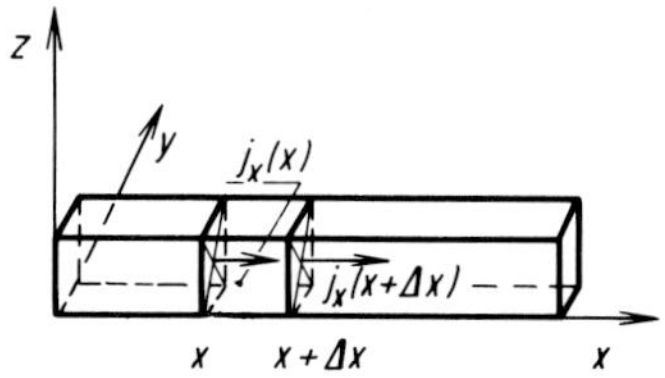

Abb. 9. Zur Untersuchung der Diffusion in einem Stab.

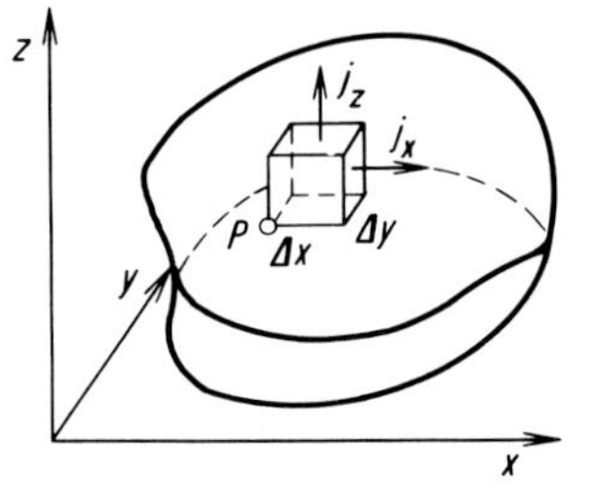

Abb. 10. Zur Untersuchung der Diffusion im dreidimensionalen Fall.

Als nächstes betrachten wir nun einen beliebig geformten Körper mit irgendeiner von x, y und z abhängigen Konzentrationsverteilung $c(x,y,z,t)$. Hier sind im allgemeinen alle drei Komponenten des Stofftransportvektors $\boldsymbol{j}$ von Null verschieden. Wir interessieren uns für die Erhöhung der Konzentration in einem quaderförmigen Volumenelement, dessen Kanten parallel zu den Achsen eines Koordinatensystems liegen. Der eine Eckpunkt P möge die Koordinaten x,y,z haben, die Kantenlängen mögen Δx, Δy und Δz betragen (s. Abb. 10). Ein Stofftransport findet durch alle sechs Begrenzungsflächen des Würfels statt. Betrachten wir zunächst die beiden Flächen, die parallel zur y,z-Ebene liegen und die jeweils den Flächeninhalt $\Delta y \cdot \Delta z$ besitzen. Durch die linke Fläche strömt die Stoffmenge $j_x(x,y,z,t)\,\Delta y\,\Delta z$ ein, durch die rechte die Stoffmenge $j_x(x+\Delta x,y,z,t)\,\Delta y\,\Delta z$ aus. Dadurch ergibt sich insgesamt je Zeiteinheit ein Mengenzuwachs $[j_x(x,y,z,t) - j_x(x+\Delta x,y,z,t)]\,\Delta y\,\Delta z = -[j_x(x+\Delta x,y,z,t) - j_x(x,y,z,t)]\,\Delta y\,\Delta z$. Entsprechend führt der Transport durch die beiden Flächen parallel zur x,z-Ebene zu einem Mengenzuwachs $-[j_y(x,y+\Delta y,z,t) - j_y(x,y,z,t)]\,\Delta x\,\Delta z$ und der Transport durch das dritte Flächenpaar zu einem Zuwachs $-[j_z(x,y,z+\Delta z,t) - j_z(x,y,z,t)]\,\Delta x\,\Delta y$. Die Konzentrationsänderung $\frac{\partial c}{\partial t}$ innerhalb des betrachteten Volumenelementes ergibt sich durch Division der gesamten je Zeiteinheit zugeflossenen Stoffmenge durch den Rauminhalt $\Delta x\,\Delta y\,\Delta z$ des Volumenelementes. Das führt zu der Beziehung:

$$\frac{\partial c}{\partial t} = -\frac{j_x(x+\Delta x,y,z,t) - j_x(x,y,z,t)}{\Delta x} - \frac{j_y(x,y+\Delta y,z,t) - j_y(x,y,z,t)}{\Delta y}$$
$$-\frac{j_z(x,y,z+\Delta z,t) - j_z(x,y,z,t)}{\Delta z}. \tag{25}$$

Indem man Δx, Δy und Δz gegen Null gehen läßt und das Minuszeichen ausklammert, ergibt sich daraus

$$\frac{\partial c}{\partial t} = -\left(\frac{\partial j_x}{\partial x} + \frac{\partial j_y}{\partial y} + \frac{\partial j_z}{\partial z}\right). \tag{26}$$

Den auf der rechten Seite von Gl. (26) stehenden Ausdruck nennt man die Divergenz von $\boldsymbol{j}$ und schreibt dafür div $\boldsymbol{j}$. Wir können daher Gl. (26) auch in der Form

$$\frac{\partial c}{\partial t} = -\operatorname{div} \boldsymbol{j} \tag{27}$$

angeben. Die Divergenz von $\boldsymbol{j}$ stellt ein skalares Feld dar.

Diese Überlegungen lassen sich auf beliebige Vektorfelder übertragen: *Einem Vektorfeld* $\boldsymbol{a}(x,y,z)$ *kann man ein Skalarfeld zuordnen, das man die Divergenz von* $\boldsymbol{a}$ *nennt und das durch*

$$\operatorname{div} \boldsymbol{a} = \frac{\partial a_x}{\partial x} + \frac{\partial a_y}{\partial y} + \frac{\partial a_z}{\partial z} \tag{28}$$

definiert ist. Stellt $\boldsymbol{a}$ *den Fluß einer Größe dar, so gibt* $-\operatorname{div} \boldsymbol{a}$ *die Konzentrationsänderung dieser Größe an.* Stellen des Vektorfeldes mit positiver Divergenz nennt man *Quellen*, solche mit negativer Divergenz *Senken*. Ist die Divergenz des Vektorfeldes überall gleich Null, so bezeichnet man es als *quellenfrei*.

Zu einer aufschlußreichen Aussage führt die Anwendung des durch Gl. (XI, 184) gegebenen Satzes von Gauß auf die Divergenz eines Vektorfeldes. Der in dieser Gleichung auftretende Bereich B_3 sei mit V, dessen Oberfläche mit F bezeichnet. Da definitionsgemäß

$$\iiint\limits_V \operatorname{div} \boldsymbol{a}\, dx\, dy\, dz = \iiint\limits_V \left(\frac{\partial a_x}{\partial x} + \frac{\partial a_y}{\partial y} + \frac{\partial a_z}{\partial z}\right) dx\, dy\, dz \tag{29}$$

ist, ergibt sich mit Hilfe von Gl. (XI, 184)

$$\iiint\limits_V \operatorname{div} \boldsymbol{a}\, dx\, dy\, dz = \iint\limits_F (a_x \cos\alpha + a_y \cos\beta + a_z \cos\gamma)\, dF\,. \tag{30}$$

Den Integranden des letzten Integrals kann man auch als Skalarprodukt $\boldsymbol{a}\cdot\boldsymbol{n}$ schreiben, wobei $\boldsymbol{n}$ der Einheitsvektor in Richtung der Normalen auf jedes Flächenelement von F ist. Dadurch erhält man den *Gaußschen Integralsatz in Vektorschreibweise*

$$\iiint\limits_V \operatorname{div} \boldsymbol{a}\, dx\, dy\, dz = \iint\limits_F \boldsymbol{a}\cdot\boldsymbol{n}\, dF\,. \tag{31}$$

In dieser Form läßt sich der Gaußsche Integralsatz sehr leicht anschaulich deuten: Da $\operatorname{div} \boldsymbol{a} = -\partial c/\partial t$ ist, steht auf der linken Seite die Abnahme der Stoffmenge im Volumen V; auf der rechten Seite steht die insgesamt durch die Oberfläche dieses Volumens abgeflossene Stoffmenge. Wegen der Erhaltung der Materie müssen beide Mengen einander gleich sein.

Beispiel: Bei einer Diffusion sei der Stofftransport durch den Vektor $\boldsymbol{j}$ mit den Komponenten

$$j_x = x^3\,, \quad j_y = y^3\,, \quad j_z = z^3 \tag{32}$$

gegeben. Welche Menge M_0 strömt je Zeiteinheit aus dem in Abb. 11 angegebenen Quader mit den Kanten der Länge a, b und c? Gl. (28) lautet in diesem Fall

$$\operatorname{div} \boldsymbol{j} = 3x^2 + 3y^2 + 3z^2\,. \tag{33}$$

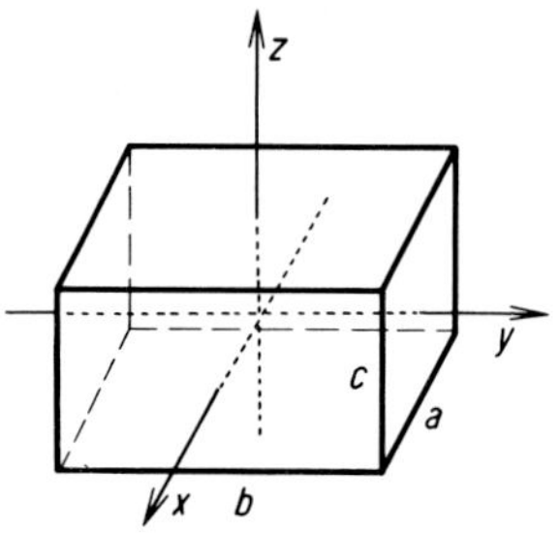

Abb. 11. Der im nebenstehenden Beispiel betrachtete Quader.

Auf Grund des Gaußschen Integralsatzes ist die aus dem Quader ausströmende Menge durch $\iiint_V \operatorname{div} \boldsymbol{j}\, dx\, dy\, dz$ gegeben, wobei V den angegebenen Quader bedeutet. Mit Hilfe von Gl. (33) erhalten wir daher

$$M_0 = \iiint_V \operatorname{div} \boldsymbol{j}\, dx\, dy\, dz = \int_{-\frac{a}{2}}^{+\frac{a}{2}} dx \int_{-\frac{b}{2}}^{+\frac{b}{2}} dy \int_{-\frac{c}{2}}^{+\frac{c}{2}} (3x^2 + 3y^2 + 3z^2)\, dz = \frac{abc}{4}(a^2 + b^2 + c^2). \tag{34}$$

5. Die Rotation und der Satz von Stokes*)

Eine weitere Größe, die man jedem Punkt eines Vektorfeldes $\boldsymbol{a}(x, y, z)$ zuordnen kann, ist die *Rotation* des Vektorfeldes, die man mit rot $\boldsymbol{a}$ bezeichnet und die definiert ist durch

$$\operatorname{rot} \boldsymbol{a} = \left(\frac{\partial a_z}{\partial y} - \frac{\partial a_y}{\partial z}\right)\boldsymbol{i} + \left(\frac{\partial a_x}{\partial z} - \frac{\partial a_z}{\partial x}\right)\boldsymbol{j} + \left(\frac{\partial a_y}{\partial x} - \frac{\partial a_x}{\partial y}\right)\boldsymbol{k}. \tag{35}$$

Diese Definitionsgleichung läßt sich besonders übersichtlich in Form einer symbolischen Determinante schreiben

$$\operatorname{rot} \boldsymbol{a} = \begin{vmatrix} \boldsymbol{i} & \boldsymbol{j} & \boldsymbol{k} \\ \dfrac{\partial}{\partial x} & \dfrac{\partial}{\partial y} & \dfrac{\partial}{\partial z} \\ a_x & a_y & a_z \end{vmatrix}. \tag{36}$$

Dabei muß man festsetzen, daß man unter dem Produkt eines Differentialsymbols und irgendeiner Größe die entsprechende Ableitung dieser Größe versteht, also z. B. unter $\dfrac{\partial}{\partial x} \cdot a_y$ die Ableitung $\dfrac{\partial a_y}{\partial x}$.

Wir betrachten nun eine beliebig geformte Fläche F, die von der Randkurve C begrenzt sei (s. Abb. 12). Es läßt sich zeigen, daß dann gilt

$$\oint \boldsymbol{a} \cdot d\boldsymbol{r} = \iint_F (\operatorname{rot} \boldsymbol{a}) \cdot \boldsymbol{n}\, df, \tag{37}$$

wobei $\boldsymbol{n}$ die im allgemeinen von Punkt zu Punkt verschiedene Einheitsnormale auf F ist. In Worten: das Kurvenintegral $\oint \boldsymbol{a}\, d\boldsymbol{r} = \oint (a_x\, dx + a_y\, dy + a_z\, dz)$ ist gleich dem

*) Dieser Abschnitt kann von weniger interessierten Lesern überschlagen werden.

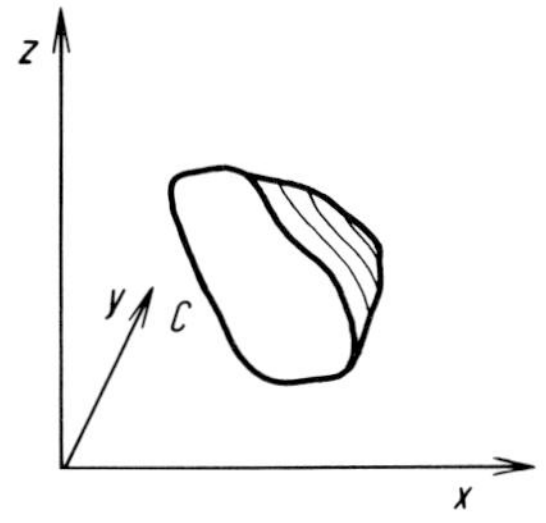

Abb. 12. Zur Erklärung des Satzes von Stokes.

Flächenintegral der Normalkomponente der Rotation von $\boldsymbol{a}$ über die Fläche, die von der entsprechenden Kurve begrenzt ist. Man nennt diese Aussage den *Integralsatz von Stokes*. Ist insbesondere die Rotation auf der ganzen Fläche F gleich Null, so ist auch das Kurvenintegral über die Begrenzungslinie dieser Fläche gleich Null.

Ein Vergleich von Gl. (35) mit Gl. (22) zeigt, daß die Bedingung $\operatorname{rot} \boldsymbol{a} = 0$ gleichbedeutend mit der Forderung ist, daß das Vektorfeld konservativ ist, also als Gradient eines Skalarfeldes angesehen werden kann. Falls $\operatorname{rot} \boldsymbol{a} = 0$ ist, geht Gl. (37) in Gl. (19) über. Ein Feld, bei dem die Rotation nicht überall gleich Null ist, ist dagegen gemäß den Ausführungen in Abschn. 3 turbulent. *Ein gegebenes Vektorfeld ist also entweder turbulent oder konservativ.*

6. Nablaoperator und Laplaceoperator

Die Gradienten-, Divergenz- und Rotationsbildungen lassen sich besonders übersichtlich mit Hilfe des sogenannten Nablaoperators

$$\boldsymbol{\nabla} = \boldsymbol{i}\frac{\partial}{\partial x} + \boldsymbol{j}\frac{\partial}{\partial y} + \boldsymbol{k}\frac{\partial}{\partial z}. \tag{38}$$

schreiben. Wenn man vereinbart, daß man zwischen dem Produkt des Differentiationssymbols und einer Funktion jeweils die Ableitung dieser Funktion verstehen soll, also z. B. $\frac{\partial}{\partial x} \cdot f = \frac{\partial f}{\partial x}$, so gilt wie man sich leicht überzeugen kann,

$$\boldsymbol{\nabla} u = \operatorname{grad} u\,, \tag{39}$$

$$\boldsymbol{\nabla} \cdot \boldsymbol{a} = \operatorname{div} \boldsymbol{a}\,, \tag{40}$$

$$\boldsymbol{\nabla} \times \boldsymbol{a} = \operatorname{rot} \boldsymbol{a}\,. \tag{41}$$

In der ersten Gleichung tritt daher das gewöhnliche Produkt, in der zweiten das skalare Produkt und in der dritten das vektorielle Produkt zwischen dem Nablaoperator und der jeweils daneben stehenden Größe auf. Vielfach zieht man es vor, statt der Zeichen grad, div und rot die oben angegebene Schreibweise mit dem Nablaoperator zu verwenden.

Bei verschiedenen physikalischen Problemen bildet man von einem skalaren Feld $\varphi(x,y,z)$ zunächst den Gradienten und anschließend davon die Divergenz. Es ist $\operatorname{grad} \varphi = \frac{\partial \varphi}{\partial x}\boldsymbol{i} + \frac{\partial \varphi}{\partial y}\boldsymbol{j} + \frac{\partial \varphi}{\partial z}\boldsymbol{k}$, woraus mit Hilfe der Definitionsgleichung (28) folgt

$$\operatorname{div} \operatorname{grad} \varphi = \frac{\partial^2 \varphi}{\partial x^2} + \frac{\partial^2 \varphi}{\partial y^2} + \frac{\partial^2 \varphi}{\partial z^2}. \tag{42}$$

Um für diesen Ausdruck eine abgekürzte Schreibweise zu haben, hat man den sog. Laplace-Operator

$$\Delta = \frac{\partial^2}{\partial x^2} + \frac{\partial^2}{\partial y^2} + \frac{\partial^2}{\partial z^2} \tag{43}$$

eingeführt. Es gilt somit

$$\Delta \varphi = \frac{\partial^2 \varphi}{\partial x^2} + \frac{\partial^2 \varphi}{\partial y^2} + \frac{\partial^2 \varphi}{\partial z^2}. \tag{44}$$

7. Einige Rechenregeln

Vielfach tritt das Problem auf, die Operationen grad, div, usw. auf Produkte von Skalar- bzw. Vektorfeldern anzuwenden. Da diese Operationen immer Differentiationen einschließen, muß man hierzu die für die Ableitung von Produkten gültige Gl. (X, 32) zu Hilfe nehmen. Dabei erhält man unter anderem die folgenden Beziehungen

$$\operatorname{grad}(uv) = u \operatorname{grad} v + v \operatorname{grad} u, \tag{45}$$

$$\operatorname{div}(u\boldsymbol{a}) = u \operatorname{div} \boldsymbol{a} + \boldsymbol{a} \cdot \operatorname{grad} u, \tag{46}$$

$$\operatorname{div}[\boldsymbol{a} \times \boldsymbol{b}] = -\boldsymbol{a} \cdot \operatorname{rot} \boldsymbol{b} + \boldsymbol{b} \cdot \operatorname{rot} \boldsymbol{a}. \tag{47}$$

Des weiteren kann man auch leicht zeigen, daß für ein beliebiges Vektorfeld $\boldsymbol{a}(x, y, z)$ gilt

$$\operatorname{div} \operatorname{rot} \boldsymbol{a} = 0, \tag{48}$$

$$\operatorname{rot} \operatorname{rot} \boldsymbol{a} = \operatorname{grad} \operatorname{div} \boldsymbol{a} - \Delta \boldsymbol{a}. \tag{49}$$

8. Krummlinige Koordinaten

Wir fragen nun danach, wie man die Operationen grad, div, usw. ausführt, wenn das Skalar- bzw. Vektorfeld nicht, wie bisher vorausgesetzt, in kartesischen, sondern in krummlinigen Koordinaten gegeben ist. Dabei beschränken wir uns auf den Fall, daß die krummlinigen Koordinaten orthogonal sind, d. h. in jedem Raumpunkt aufeinander senkrecht stehen.

Zwischen kartesischen und krummlinigen Koordinaten besteht ein für das Folgende wesentlicher Unterschied. Wir erläutern diesen zunächst an Hand des Beispiels der ebenen Polarkoordinaten. Wenn man bei kartesischen Koordinaten von einem Punkt P_1 mit den Koordinaten x, y zu einem Punkt P_2 mit den Koordinaten $x + dx$, $y + dy$ fortschreitet, so muß man sich hierzu z. B. zunächst um ein Stück dx in x-Richtung und anschließend um ein Stück dy in y-Richtung bewegen (s. Abb. 13a). Die Länge der Verschiebung ds ist durch die Beziehung

$$ds^2 = dx^2 + dy^2 \tag{50}$$

gegeben. Will man dagegen bei Polarkoordinaten von einem Punkt P_1 mit den Koordinaten r, φ zu einem Punkt P_2 mit den Koordinaten $r + dr$, $\varphi + d\varphi$ kommen (s. Abb. 13b), so muß man in r-Richtung um dr und in φ-Richtung um $r\,d\varphi$ und nicht

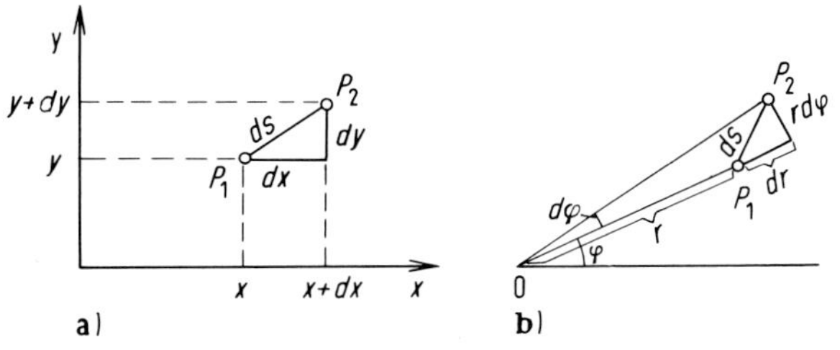

Abb. 13. Zur Berechnung von ds a) bei kartesischen Koordinaten, b) bei Polarkoordinaten.

einfach um $d\varphi$ fortschreiten. Dies rührt daher, daß $d\varphi$ den entsprechenden Bogen am Einheitskreis, also im Abstand 1 vom Ursprung 0, angibt. Für die Länge ds kann man in diesem Fall schreiben

$$ds^2 = dr^2 + r^2\,d\varphi^2\,. \tag{51}$$

Die Verallgemeinerung dieser Überlegung ergibt: *Bei einem orthogonalen krummlinigen Koordinatensystem u, v, w hat eine Veränderung der Koordinaten um du, dv bzw. dw im allgemeinen eine Verschiebung des entsprechenden Raumpunktes um die Strecken $h\,du$, $k\,dv$, $l\,dw$ zur Folge. h, k und l sind irgendwelche, von der Art des Koordinatensystems abhängige Funktionen von u, v und w. Für die Länge ds der insgesamt auftretenden Verschiebung gilt*

$$ds^2 = h^2\,du^2 + k^2\,dv^2 + l^2\,dw^2\,. \tag{52}$$

Wir bestimmen nun den Gradienten eines in den Koordinaten u, v, w gegebenen skalaren Feldes $g(u, v, w)$. Um die Komponente des Gradienten in u-Richtung zu finden, muß man definitionsgemäß um ein Stück in u-Richtung fortschreiten und die dabei auftretende Änderung von g durch die Verschiebung dividieren. Eine Veränderung von u um du hat eine g-Änderung dg und eine räumliche Verschiebung $h\,du$ zur Folge. Die gesuchte Komponente des Gradienten ist also durch $dg/h\,du$ gegeben. In gleicher Weise findet man auch die Komponenten in v- und w-Richtung. Insgesamt ergibt sich

$$\operatorname{grad} g = \left(\frac{1}{h}\frac{\partial g}{\partial u}, \frac{1}{k}\frac{\partial g}{\partial v}, \frac{1}{l}\frac{\partial g}{\partial w}\right). \tag{53}$$

Als nächstes berechnen wir die Divergenz eines Vektorfeldes $\boldsymbol{a}(u, v, w)$. Wir betrachten hierzu ein kleines Raumelement, dessen Kanten in Richtung der Koordinaten liegen (s. Abb. 14) und die Längen $h\,du$, $k\,dv$, $l\,dw$, $(h + dh)\,du$ usw. besitzen. Die Divergenz entspricht dem Strom aus diesem Raumelement, dividiert durch dessen Volumen. Aus den beiden Flächen, die senkrecht auf die u-Richtung stehen, tritt der Strom

$$-a_u(u,v,w)\,k\,dv\,l\,dw + a_u(u + du,v,w)(k + dk)dv(l + dl)\,dw = \frac{\partial(a_u k\,l)}{\partial u}\,du\,dv\,dw \tag{54}$$

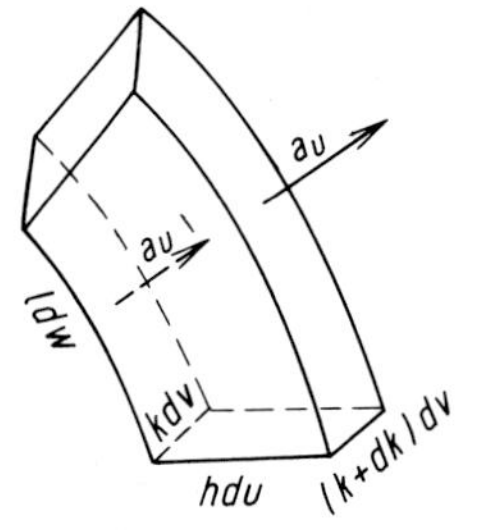

Abb. 14. Raumelement zur Berechnung der Divergenz im Falle eines krummlinigen Koordinatensystems.

aus. Analoge Ausdrücke ergeben sich für die beiden Flächen senkrecht zur v-Richtung sowie für die senkrecht zur w-Richtung. Die Summation der drei Ströme und die anschließende Division durch das Volumen $h \cdot du \cdot k \cdot dv \cdot l \cdot dw$ des Raumelementes ergibt

$$\operatorname{div} \boldsymbol{a} = \frac{1}{hkl}\left[\frac{\partial(a_u kl)}{\partial u} + \frac{\partial(a_v hl)}{\partial v} + \frac{\partial(a_w hk)}{\partial w}\right]. \tag{55}$$

Indem man Gl. (53) mit Gl. (55) kombiniert, erhält man für den Laplaceoperator in krummlinigen Koordinaten

$$\Delta g = \operatorname{div} \operatorname{grad} g = \frac{1}{hkl}\left[\frac{\partial}{\partial u}\left(\frac{kl}{h}\frac{\partial g}{\partial u}\right) + \frac{\partial}{\partial v}\left(\frac{hl}{k}\frac{\partial g}{\partial v}\right) + \right. \tag{56}$$
$$\left. + \frac{\partial}{\partial w}\left(\frac{hk}{l}\frac{\partial g}{\partial w}\right)\right].$$

In ähnlicher Weise wie die Divergenz läßt sich auch die Rotation in krummlinigen Koordinaten berechnen, worauf wir aber nicht eingehen wollen.

Wir wenden nun die erhaltenen Beziehungen auf den Spezialfall von Zylinderkoordinaten ρ, φ, z an, die mit den kartesischen Koordinaten durch die Beziehungen $x = \rho \cos \varphi$, $y = \rho \sin \varphi$, $z = z$ verknüpft sind. Wie man an Hand von Abb. IX, 47 leicht feststellen kann, gilt

$$ds^2 = d\rho^2 + \rho^2 d\varphi^2 + dz^2 . \tag{57}$$

Daraus folgt $h = 1$, $k = \rho$ und $l = 1$. Die Gln. (53), (55) und (56) lauten daher in diesem Sonderfall

$$\operatorname{grad} g = \left(\frac{\partial g}{\partial \rho}, \frac{1}{\rho}\frac{\partial g}{\partial \varphi}, \frac{\partial g}{\partial z}\right), \tag{58}$$

$$\operatorname{div} \boldsymbol{a} = \frac{1}{\rho}\left[\frac{\partial}{\partial \rho}(a_x \rho) + \frac{\partial a_y}{\partial \varphi} + \frac{\partial}{\partial z}(a_z z)\right], \tag{59}$$

$$\Delta g = \frac{1}{\rho}\left[\frac{\partial}{\partial \rho}\left(\rho\frac{\partial g}{\partial \rho}\right) + \frac{\partial}{\partial \varphi}\left(\frac{1}{\rho}\cdot\frac{\partial g}{\partial \varphi}\right) + \frac{\partial}{\partial z}\left(\rho\cdot\frac{\partial g}{\partial z}\right)\right]. \tag{60}$$

Aus diesen Gleichungen erhält man die entsprechenden Beziehungen für ebene Polarkoordinaten, indem man r anstatt ρ schreibt und außerdem jeweils den Ausdruck mit z wegläßt.

Des weiteren interessieren wir uns für die räumlichen Polarkoordinaten r, ϑ, φ, die mit x, y, z gemäß den Gleichungen $x = r \sin \vartheta \cos \varphi$, $y = r \sin \vartheta \sin \varphi$, $z = r \cos \vartheta$ zusammenhängen und die in Abb. IX, 46 veranschaulicht sind. Es gilt

$$ds^2 = dr^2 + r^2 d\vartheta^2 + r^2 \sin^2 \vartheta \, d\varphi^2 , \tag{61}$$

also ist $h = 1$, $k = r$ und $l = r \sin \vartheta$. Wir schreiben im folgenden nur die sich damit ergebende Gleichung für den Laplaceoperator an,

$$\Delta g = \frac{1}{r^2}\frac{\partial}{\partial r}\left(r^2 \frac{\partial g}{\partial r}\right) + \frac{1}{r^2 \sin \vartheta}\frac{\partial}{\partial \vartheta}\left(\sin \vartheta \frac{\partial g}{\partial \vartheta}\right) + \frac{1}{r^2 \sin^2 \vartheta}\frac{\partial^2 g}{\partial \varphi^2}. \tag{62}$$

Als letztes soll noch der Gradient des in Gl. (10) gegebenen Skalarfeldes unter Verwendung von ebenen Polarkoordinaten r und φ berechnet werden. Gl. (IX, 146) zufolge ist $x^2 + y^2 = r^2$, so daß Gl. (10) übergeht in

$$T = \frac{T_0}{1 + r^2}.$$

Den Gradienten in ebenen Polarkoordinaten kann man mit Hilfe von Gl. (58) berechnen, indem man dort ρ durch r ersetzt und die Komponente mit z wegläßt. Es ergibt sich

$$\text{grad } T = \left(\frac{\partial T}{\partial r}, \frac{1}{r}\frac{\partial T}{\partial \varphi}\right) = \left(-\frac{2T_0 r}{(1 + r^2)^2}, 0\right).$$

Der Gradient hat also nur in r-Richtung eine nichtverschwindende Komponente. Das Resultat stimmt mit dem in Gl. (11) überein.

Fragen und Aufgaben

1. Wie sind die Ausdrücke grad, div, rot, Nablaoperator und Laplaceoperator definiert? Welche anschauliche Bedeutung haben sie?
2. Wie lauten die Ausdrücke grad, div, und Δ im eindimensionalen Fall?
3. Welche der folgenden Operationen sind nicht durchführbar, wenn $\boldsymbol{v}$ jeweils ein Vektorfeld und u ein Skalarfeld ist?
   a) div v; b) grad $\boldsymbol{v}$; c) grad $(u\boldsymbol{v})$; d) div $(u\boldsymbol{v})$; e) $\Delta(u\boldsymbol{v})$.
4. Welche anschauliche Bedeutung hat der Integralsatz von Gauß?
5. Welche Beziehung besteht zwischen den Niveauflächen eines Skalarfeldes und dem zum Skalarfeld gehörigen Gradientenfeld?
6. Beweise unter Zugrundelegung der Definitionsgleichungen, daß gilt:
   a) div $(u\boldsymbol{a}) = u$ div $\boldsymbol{a} + \boldsymbol{a}$ grad u; b) div rot $\boldsymbol{a} = 0$.
7. Gegeben sei ein Körper, in dem sich ein Fremdstoff befindet, dessen Konzentrationsverteilung zu einem bestimmten Zeitpunkt mit $c(x,y,z)$ bezeichnet sei. Berechne den Gradienten von $c(x,y,z)$, den Diffusionsstrom $\boldsymbol{j}$, der durch $\boldsymbol{j} = -$ grad c gegeben ist, und die Divergenz des Diffusionsstromes für folgende beide Fälle:
   a) $c(x,y,z) = 2x^2 + y + 4$; b) $c(x,y,z) = 30/(2 + x^2 + y^2 + z^2)$.
   Führe bei Aufgabe b) räumliche Polarkoordinaten ein.

B. Tensorrechnung

1. Einfaches Beispiel für einen Tensor zweiter Stufe

Gegeben sei ein hochsymmetrisches Molekül (z. B. CH_4), das sich in einem elektrischen Feld befindet. Jedes Atom im Molekül besteht bekanntlich aus einem positiv geladenen Kern und einer negativ geladenen Elektronenwolke. Solange kein elektrisches Feld einwirkt, fällt der Schwerpunkt aller positiven Ladungen mit dem aller negativen Ladungen zusammen. Unter dem Einfluß des Feldes werden jedoch die positiven Ladungen in Richtung des Feldes verschoben und die negativen Ladungen entgegengesetzt dazu; die beiden Schwerpunkte werden getrennt. Der elektrische Zustand des Moleküls wird dann durch zwei Ladungen $+q$ und $-q$ repräsentiert, die im Abstand l von einander entfernt sind (s. Abb. 15). Man kann diesen Zustand eindeutig durch einen Vektor $\boldsymbol{p}$ charakterisieren, der von der negativen zur positiven

Ladung weist und dessen Betrag durch das Produkt aus Ladung mal Abstand gegeben ist, also $|\boldsymbol{p}| = |q|\,l$. Man nennt diesen Vektor das *Dipolmoment*. Experimente zeigen, daß das Dipolmoment der Stärke des elektrischen Feldes proportional ist. Man sieht also: *Ein elektrisches Feld $\boldsymbol{f}$ induziert in einem kugelsymmetrischen Molekül ein Dipolmoment $\boldsymbol{p}$, das die gleiche Richtung wie $\boldsymbol{f}$ hat und dessen Betrag dem Betrag von $\boldsymbol{f}$ proportional ist*

$$\boldsymbol{p} = \alpha \boldsymbol{f}. \tag{63}$$

Die Proportionalitätskonstante α nennt man die Polarisierbarkeit.

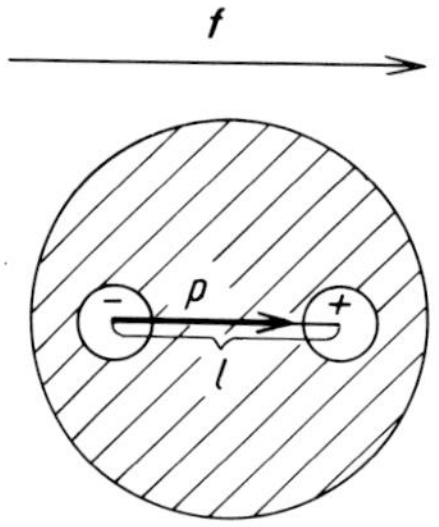

Abb. 15. Verschiebung der Ladungsschwerpunkte eines Moleküls in einem elektrischen Feld $\boldsymbol{f}$.

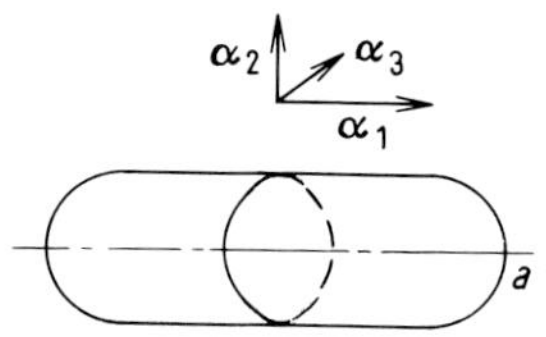

Abb. 16. Form eines CO_2-Moleküls.

Wenn das Molekül nicht kugelsymmetrisch ist, so werden die Verhältnisse komplizierter, da die Polarisierbarkeit dann von der Richtung des Feldes abhängt. Bei einem CO_2-Molekül z. B. ist sie in Richtung der Molekülachse a doppelt so groß wie senkrecht dazu. Wir bezeichnen nun die Polarisierbarkeit in Richtung der Molekülachse mit α_1, die in die beiden Raumrichtungen senkrecht dazu mit α_2 bzw. α_3, wobei $\alpha_2 = \alpha_3$ ist (s. Abb. 16). Liegt nun das Feld $\boldsymbol{f}$ in Richtung von a, so wird ein Dipolmoment der Größe $\alpha_1|\boldsymbol{f}|$ induziert, das parallel zu $\boldsymbol{f}$ liegt. Wenn $\boldsymbol{f}$ senkrecht auf a steht, so wird ein zu $\boldsymbol{f}$ paralleles Dipolmoment $\boldsymbol{p} = \alpha_2|\boldsymbol{f}|$ induziert. Wenn aber das elektrische Feld in keine von diesen ausgezeichneten Richtungen fällt, so muß man zur Bestimmung des induzierten Dipolmomentes in folgender Weise vorgehen: Man zerlegt $\boldsymbol{f}$ in Komponenten, die in Richtung der Molekülachsen weisen, multipliziert diese Komponenten mit der jeweils entsprechenden Polarisierbarkeit und addiert sie anschließend wieder. Dies ist in Abb. 17 für den Fall des CO_2-Moleküls durchgeführt. Man sieht, daß das resultierende Dipolmoment $\boldsymbol{p}$ jetzt nicht mehr die gleiche Richtung wie $\boldsymbol{f}$ aufweist.

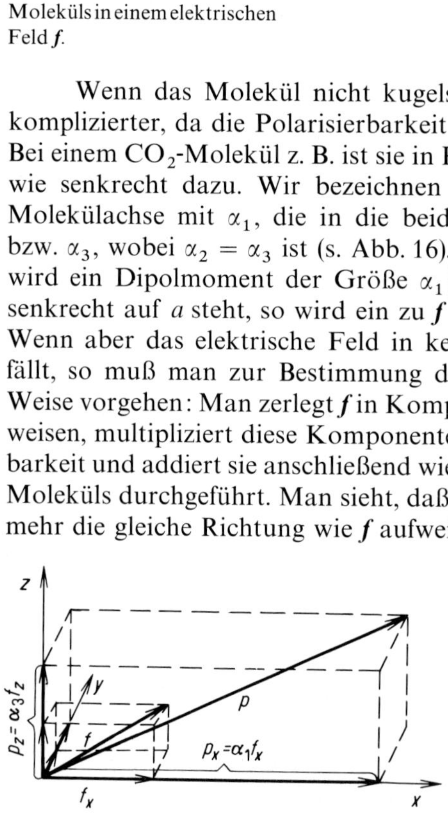

Abb. 17. Zur Bestimmung der Polarisation bei einem nicht kugelförmigen Molekül.

Zusammenfassend ergibt sich somit: *Bei Molekülen, die nicht kugelförmig sind, hängt die Polarisierbarkeit von der Richtung des elektrischen Feldes relativ zur Orientierung des Moleküls ab. Das induzierte Dipolmoment hat nicht dieselbe Richtung wie das Feld, es sei denn, daß dieses in eine von drei durch die Symmetrie des Moleküls bestimmten Richtungen weist.*

Wie kann man die Komponenten des Dipolmomentes aus denen des Feldes $\boldsymbol{f}$ sowie den Polarisierbarkeiten α_1, α_2 und α_3 berechnen? Mit Hilfe von Abb. 17 erkennt man, daß gilt

$$\begin{aligned} p_x &= \alpha_1 f_x \\ p_y &= \alpha_2 f_y \\ p_z &= \alpha_3 f_z \,. \end{aligned} \tag{64}$$

Mit Hilfe von Matrizen lassen sich diese Gleichungen auch in der Form

$$\begin{pmatrix} p_x \\ p_y \\ p_z \end{pmatrix} = \begin{pmatrix} \alpha_1 & 0 & 0 \\ 0 & \alpha_2 & 0 \\ 0 & 0 & \alpha_3 \end{pmatrix} \begin{pmatrix} f_x \\ f_y \\ f_z \end{pmatrix} \tag{65}$$

schreiben. Die quadratische Matrix, die die Polarisierbarkeiten aufweist, ordnet jedem Vektor $\boldsymbol{f}$ einen Vektor $\boldsymbol{p}$ zu. Eine solche Matrix ist ein Beispiel für einen *Tensor zweiter Stufe*. Auf die allgemeine Definition eines solchen Tensors gehen wir im nächsten Abschnitt ein.

2. Allgemeine Definition des Tensors zweiter Stufe

Wie bereits in Gl. (65) angedeutet, wollen wir im folgenden einen Vektor durch seine in Form einer einspaltigen Matrix geschriebenen Koordinaten darstellen. Zur Unterscheidung der Koordinaten verwenden wir aber im Unterschied zu früher die Indizes 1, 2 und 3 an Stelle von x, y und z. Der Vektor $\boldsymbol{a}$ ist also beispielsweise gegeben durch

$$\boldsymbol{a} = \begin{pmatrix} a_1 \\ a_2 \\ a_3 \end{pmatrix}. \tag{66}$$

Ein Tensor ist nun allgemein in folgender Weise definiert: *Eine Größe $\boldsymbol{T}$, die jedem Vektor $\boldsymbol{a}$ einen Vektor $\boldsymbol{b}$ zuordnet, bezeichnet man als Tensor zweiter Stufe. Stellt man die Vektoren durch einspaltige Matrizen dar, so kann man den Tensor in Form einer quadratischen Matrix*

$$\boldsymbol{T} = \begin{pmatrix} t_{11} & t_{12} & t_{13} \\ t_{21} & t_{22} & t_{23} \\ t_{31} & t_{32} & t_{33} \end{pmatrix} \tag{67}$$

angeben. Der Zusammenhang zwischen $\boldsymbol{a}$ und $\boldsymbol{b}$ ist dann durch eine Gleichung der Form

$$\begin{pmatrix} b_1 \\ b_2 \\ b_3 \end{pmatrix} = \boldsymbol{T} \begin{pmatrix} a_1 \\ a_2 \\ a_3 \end{pmatrix} \tag{68}$$

gegeben. Die Größen t_{12} nennt man die *Komponenten des Tensors.* Einen Tensor zweiter Stufe bezeichnet man bisweilen auch als *Dyade.*

Beispiel: Gegeben sei der Tensor

$$\begin{pmatrix} 1 & 0 & 2 \\ -1 & 0 & 3 \\ 4 & 1 & 3 \end{pmatrix}. \tag{69}$$

Dieser ordnet jedem beliebigen Vektor $\boldsymbol{a}$ einen anderen Vektor $\boldsymbol{b}$ zu. Besitzt z. B. $\boldsymbol{a}$ die Koordinaten 2,0,3, so besitzt der dazugehörige Vektor $\boldsymbol{b}$ die Koordinaten

$$\begin{pmatrix} b_1 \\ b_2 \\ b_3 \end{pmatrix} = \begin{pmatrix} 1 & 0 & 2 \\ -1 & 0 & 3 \\ 4 & 1 & 3 \end{pmatrix} \begin{pmatrix} 2 \\ 0 \\ 3 \end{pmatrix} = \begin{pmatrix} 8 \\ 7 \\ 17 \end{pmatrix} .$$

Gemäß der obigen Definition vermittelt ein Tensor $\boldsymbol{T}$ eine Abbildung von Vektoren auf Vektoren. Die Matrix aus den Tensorkomponenten erfüllt also die gleiche Funktion wie eine Abbildungsmatrix (vgl. Abschn. IX, C 2). Aus diesem Grunde verändern sich die Tensorkomponenten bei einer Drehung des Koordinatensystems, in dem die Vektoren dargestellt werden, in gleicher Weise wie die Elemente einer Abbildungsmatrix. Bezeichnet man insbesondere die Matrix, die die Koordinatentransformation bewirkt, mit $\boldsymbol{S}$, so erhält man auf Grund von Gl. (IX, 157) für den Tensor $\hat{\boldsymbol{T}}$ im gedrehten Koordinatensystem

$$\hat{\boldsymbol{T}} = \boldsymbol{S}\boldsymbol{T}\boldsymbol{S}^{-1}. \tag{70}$$

Nur Matrizen, die dem in dieser Gleichung ausgedrückten Transformationsgesetz gehorchen, können als Tensoren aufgefaßt werden. Anderseits gilt auch: *Jede Matrix, die eine Abbildung vermittelt, ist ein Tensor zweiter Stufe.*

Ein Tensor, der durch eine symmetrische Matrix wiedergegeben wird, heißt *symmetrisch*. Einen Tensor der Form

$$\boldsymbol{T} = \begin{pmatrix} 0 & a & b \\ -a & 0 & c \\ -b & -c & 0 \end{pmatrix} \tag{71}$$

bezeichnet man als *antisymmetrisch*. Man kann nun mit Hilfe von Gl. (IV, 8) leicht feststellen, daß sich allgemein jede Matrix in folgender Weise in zwei Matrizen zerlegen läßt:

$$\begin{pmatrix} t_{11} & t_{12} & t_{13} \\ t_{21} & t_{22} & t_{23} \\ t_{31} & t_{32} & t_{33} \end{pmatrix} = \begin{pmatrix} t_{11} & \frac{t_{12}+t_{21}}{2} & \frac{t_{13}+t_{31}}{2} \\ \frac{t_{12}+t_{21}}{2} & t_{22} & \frac{t_{23}+t_{32}}{2} \\ \frac{t_{13}+t_{31}}{2} & \frac{t_{23}+t_{32}}{2} & t_{33} \end{pmatrix} + \begin{pmatrix} 0 & \frac{t_{12}-t_{21}}{2} & \frac{t_{13}-t_{31}}{2} \\ -\frac{t_{12}-t_{21}}{2} & 0 & \frac{t_{23}-t_{32}}{2} \\ -\frac{t_{13}-t_{31}}{2} & -\frac{t_{23}-t_{32}}{2} & 0 \end{pmatrix}. \tag{72}$$

Die erste Matrix auf der rechten Seite der Gleichung ist symmetrisch, die zweite antisymmetrisch. Daraus folgt unmittelbar: *Jeder Tensor kann als Summe eines symmetrischen und eines antisymmetrischen Tensors dargestellt werden.*

Der Tensor

$$\boldsymbol{T} = \begin{pmatrix} 2 & 3 & 0 \\ 1 & 1 & 2 \\ 6 & 8 & 4 \end{pmatrix} \tag{73}$$

läßt sich z. B. mit Hilfe von Gl. (72) in die beiden Tensoren

$$\begin{pmatrix} 2 & 2 & 3 \\ 2 & 1 & 5 \\ 3 & 5 & 4 \end{pmatrix} + \begin{pmatrix} 0 & 1 & -3 \\ -1 & 0 & -3 \\ 3 & 3 & 0 \end{pmatrix}$$

aufspalten.

Auf Tensoren 2. Stufe kommt man auch bei der Einführung eines weiteren Produktes von Vektoren, dem sogenannten *dyadischen Produkt*. Wir definieren: *Unter dem dyadischen Produkt* $(\boldsymbol{a};\boldsymbol{b})$ *zweier Vektoren* $\boldsymbol{a}$ *und* $\boldsymbol{b}$ *versteht man den aus den Komponenten dieser Vektoren gebildeten Tensor* $t_{ik} = a_i b_k$, *also*

$$(\boldsymbol{a};\boldsymbol{b}) = \begin{pmatrix} a_1 b_1 & a_1 b_2 & \cdots & a_1 b_n \\ a_2 b_1 & a_2 b_2 & \cdots & a_2 b_n \\ \vdots & & & \\ a_n b_1 & a_n b_2 & \cdots & a_n b_n \end{pmatrix}$$

Dyadische Produkte werden bisweilen zum Aufsuchen bestimmter Tensoren verwendet. Einer der Faktoren kann auch der durch Gl. (38) definierte Nablaoperator sein. Unter dem dyadischen Produkt $\nabla;\boldsymbol{a}$ z. B. versteht man einen Tensor der Vektorgradient von $\boldsymbol{a}$ genannt wird und der in der Thermodynamik der irreversiblen Prozesse eine Rolle spielt.

3. Tensorellipsoid

Den symmetrischen Tensoren kommt in der Physik und Chemie eine besonders große Bedeutung zu. Wir wollen daher im folgenden zeigen, wie man solche Tensoren anschaulich darstellt.

Gegeben sei ein symmetrischer Tensor

$$\boldsymbol{G} = \begin{pmatrix} g_{11} & g_{12} & g_{13} \\ g_{12} & g_{22} & g_{23} \\ g_{13} & g_{22} & g_{33} \end{pmatrix}, \tag{74}$$

der jedem Vektor $\boldsymbol{a}$ gemäß Gl. (68) einen bestimmten Vektor $\boldsymbol{b}$ zuordnet

$$\begin{pmatrix} b_1 \\ b_2 \\ b_3 \end{pmatrix} = \begin{pmatrix} g_{11} & g_{12} & g_{13} \\ g_{12} & g_{22} & g_{23} \\ g_{13} & g_{23} & g_{33} \end{pmatrix} \begin{pmatrix} a_1 \\ a_2 \\ a_3 \end{pmatrix} = \begin{pmatrix} g_{11}a_1 + g_{12}a_2 + g_{13}a_3 \\ g_{12}a_1 + g_{22}a_2 + g_{23}a_3 \\ g_{13}a_1 + g_{23}a_2 + g_{33}a_3 \end{pmatrix}. \tag{75}$$

Wir bilden nun das skalare Produkt von $\boldsymbol{a}$ und $\boldsymbol{b}$. Da $\boldsymbol{a}$ und $\boldsymbol{b}$ in Matrizenform gegeben sind, läßt sich das skalare Produkt gemäß Gl. (VIII, 20) in der Form $\boldsymbol{a}^T\boldsymbol{b}$

schreiben; $\boldsymbol{a}^T$ ist dabei die zu $\boldsymbol{a}$ transponierte Matrix, die aus einer Zeile und drei Spalten besteht. Mit Hilfe von Gl. (75) erhalten wir

$$\boldsymbol{a}^T \boldsymbol{b} = \boldsymbol{a}^T \boldsymbol{G} \boldsymbol{a} = (a_1, a_2, a_3) \begin{pmatrix} g_{11} & g_{12} & g_{13} \\ g_{12} & g_{22} & g_{23} \\ g_{13} & g_{23} & g_{33} \end{pmatrix} \begin{pmatrix} a_1 \\ a_2 \\ a_3 \end{pmatrix} =$$

$$= a_1^2 g_{11} + a_2^2 g_{22} + a_3^2 g_{33} + 2a_1 a_2 g_{12} + 2a_1 a_3 g_{13} + 2a_2 a_3 g_{23} . \quad (76)$$

Wenn man das skalare Produkt gleich 1 setzt, so ergibt sich

$$g_{11} a_1^2 + g_{22} a_2^2 + g_{33} a_3^2 + 2g_{12} a_1 a_2 + 2g_{13} a_1 a_3 + 2g_{23} a_2 a_3 = 1 . \quad (77)$$

Da a_1, a_2 und a_3 Variable sind, ist dies die Gleichung einer Fläche zweiten Grades. In allen physikalisch interessanten Fragen ist diese Fläche ein Ellipsoid. Man bezeichnet sie als *Tensorellipsoid.*

Mit Hilfe des Tensorellipsoides kann man zu jedem Vektor $\boldsymbol{a}$ den dazugehörigen Vektor $\boldsymbol{b} = \boldsymbol{G} \cdot \boldsymbol{a}$ zeichnerisch bestimmen. Um das entsprechende Verfahren zu erklären, setzen wir die rechte Seite von Gl. (76) gleich p

$$p = g_{11} a_1^2 + g_{22} a_2^2 + g_{33} a_3^2 + 2g_{12} a_1 a_2 + 2g_{13} a_1 a_3 + 2g_{23} a_2 a_3 . \quad (78)$$

p ist dann eine skalare Funktion der drei Koordinaten a_1, a_2, a_3. Flächen konstanten p-Wertes sind Ellipsoide. Wir bestimmen den Gradienten von p. Für die Komponente in „1"-Richtung (x-Komponente) erhalten wir mit Hilfe der Gln. (6) und (75)

$$(\text{grad}\, p)_1 = \frac{\partial p}{\partial a_1} = 2g_{11} a_1 + 2g_{12} a_2 + 2g_{13} a_3 = 2b_1 . \quad (79)$$

Entsprechend ergibt sich für die beiden anderen Komponenten $2b_2$ und $2b_3$. Insgesamt gilt daher

$$\text{grad}\, p = \begin{pmatrix} 2b_1 \\ 2b_2 \\ 2b_3 \end{pmatrix}, \quad (80)$$

bzw.

$$\boldsymbol{b} = \tfrac{1}{2}\, \text{grad}\, p . \quad (81)$$

Der Vektor b ist somit gleich dem halben Gradienten der durch Gl. (78) definierten skalaren Größe p an der Stelle a_1, a_2, a_3. Für die Konstruktion von $\boldsymbol{b}$ folgt daraus: Um die Richtung von $\boldsymbol{b}$ zu bestimmen, benützt man die Tatsache, daß $\boldsymbol{b}$ die Richtung von grad p besitzt und der Gradient immer senkrecht auf die Niveauflächen steht. Daraus folgt nämlich, daß $\boldsymbol{b}$ die Richtung der Normalen auf das Ellipsoid p = constant besitzt, das durch den Endpunkt von $\boldsymbol{a}$ gelegt wird, an diesem Endpunkt (s. Abb. 18a). Statt dessen kann man auch die Normale an das Tensorellipsoid $p = 1$ in dessen Schnittpunkt mit $\boldsymbol{a}$ nehmen. Um den Betrag von $\boldsymbol{b}$ zu bestimmen, ermittelt man zunächst den Vektor $\boldsymbol{a}'$, der die gleiche Richtung wie $\boldsymbol{a}$ hat, dessen Spitze aber auf dem Tensorellipsoid $\boldsymbol{p} = 1$ liegt. Den Vektor $\boldsymbol{G}\,\boldsymbol{a}'$ bezeichnen wir mit $\boldsymbol{b}'$. Da wegen der Gln. (76) und (77) $\boldsymbol{a}' \cdot \boldsymbol{b}' = 1$ ist, ist nun der Betrag von $\boldsymbol{b}'$ das Reziproke der Komponente von $\boldsymbol{a}'$ in Richtung von $\boldsymbol{b}'$. Das bedeutet, daß $1/|\boldsymbol{b}'|$ gleich der Komponente von $\boldsymbol{a}'$ in jener Richtung ist (s. Abb. 18 b). Der Betrag von $\boldsymbol{b}$ ergibt sich aus dem von $\boldsymbol{b}'$ durch Multiplikation mit $|\boldsymbol{a}|/|\boldsymbol{a}'|$.

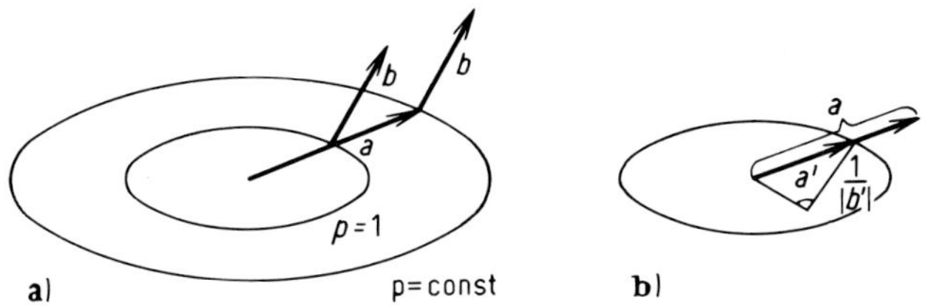

Abb. 18. Anwendung des Tensorellipsoides zur Bestimmung des Vektors $\boldsymbol{b} = \boldsymbol{G}\boldsymbol{a}$. Dargestellt ist der entsprechende Schnitt des Ellipsoides.

Zusammenfassend ergibt sich also: *Zu jedem symmetrischen Tensor* $\boldsymbol{G}$ *kann man mit Hilfe von Gl. (77) ein sog. Tensorellipsoid bilden. Der Vektor* $\boldsymbol{b}$*, der sich über die Gleichung* $\boldsymbol{b} = \boldsymbol{G}\boldsymbol{a}$ *aus* $\boldsymbol{a}$ *ergibt, hat die Richtung der Normalen auf dieses Tensorellipsoid an der Stelle, wo dieses vom Vektor* $\boldsymbol{a}$ *durchstoßen wird. Der Betrag von* $\boldsymbol{b}$ *ergibt sich mit Hilfe der in Abb. 18b angedeuteten Konstruktion.*

Wir betrachten nun noch den Spezialfall, daß der Tensor $\boldsymbol{G}$ Diagonalform besitzt, wobei wir die Diagonalglieder mit $\lambda_1, \lambda_2, \lambda_3$ bezeichnen,

$$\boldsymbol{G} = \begin{pmatrix} \lambda_1 & 0 & 0 \\ 0 & \lambda_2 & 0 \\ 0 & 0 & \lambda_3 \end{pmatrix}. \tag{82}$$

Das Tensorellipsoid ist dann gemäß Gl. (77) durch folgende Gleichung gegeben

$$\lambda_1^2 a_1^2 + \lambda_2^2 a_2^2 + \lambda_3^2 a_3^2 = 1\,. \tag{83}$$

Diese Beziehung stimmt mit Gl. (IX, 14) überein. Darauf folgt: *Ist der Tensor durch eine Diagonalmatrix gegeben, so fallen die Achsen des Tensorellipsoids mit den Koordinatenachsen zusammen.*

Durch eine Drehung des Koordinatensystems kann man nun immer erreichen, daß die Achsen des Koordinatensystems mit den Achsen eines vorgegebenen Ellipsoids übereinstimmen. Daher kann man auch jeden symmetrischen Tensor durch eine Koordinatentransformation in Diagonalform überführen. Die entsprechende Transformation wurde für den zweidimensionalen Fall bereits im Abschn. IX, D 4 diskutiert. Die Übertragung der dort erhaltenen Ergebnisse auf unser Problem führt zu folgendem Satz: *Zur Diagonalisierung eines symmetrischen Tensors* $\boldsymbol{G}$ *muß man die Eigenwerte* $\lambda_1, \lambda_2, \lambda_3$ *und die Eigenvektoren* $\overset{1}{\boldsymbol{x}}, \overset{2}{\boldsymbol{x}}, \overset{3}{\boldsymbol{x}}$ *der Matrix* $\boldsymbol{G}$ *bestimmen. Die Komponenten des Tensors in der Diagonalform sind dann durch die Eigenwerte gegeben. Die Transformationsmatrix* $\boldsymbol{S}$ *wird aus den Eigenvektoren gemäß den Gln. (IX, 162) und (IX, 163) gebildet.*

Fragen und Aufgaben

1. Was ist ein Tensor 2. Stufe? In welcher Form kann er angegeben werden?
2. Was versteht man unter dem Tensorellipsoid? Wozu kann man es verwenden?
3. Die Hauptpolarisierbarkeiten des CO_2-Moleküls betragen $\alpha_1 = 40\,\text{cm}^3$ und $\alpha_2 = \alpha_3 = 19\,\text{cm}^3$. Das Molekül möge sich in einem elektrischen Feld befinden, dessen Richtung einen Winkel von 30° mit der Molekülachse bildet und das eine Stärke von 100 V/cm besitzt. Berechne die Größe und Richtung der Polarisation.
4. Gegeben sei der Tensor

$$\boldsymbol{T} = \begin{pmatrix} 1 & -1 & 0 \\ -1 & 2 & 6 \\ 0 & 6 & 3 \end{pmatrix}.$$

Um welchen Winkel muß man das Koordinatensystem drehen, damit er diagonalisiert wird? Wie lauten seine Komponenten in der Diagonalform?

XIII. Funktionentheorie

A. Aufgaben der Funktionentheorie

Wir haben uns bereits in Kap. VII ausführlich mit Funktionen und deren Eigenschaften beschäftigt. Dabei wurde aber vorausgesetzt, daß die Variablen nur reelle Werte annehmen. Diese Einschränkung soll nun fallen gelassen werden, d. h. die Variablen sollen im folgenden auch komplex sein können. Die Untersuchung von Funktionen, deren Definitionsbereich und Wertevorrat auf die komplexe Ebene erweitert wurde, bezeichnet man als Funktionentheorie. Erst nach einer solchen Erweiterung auf komplexe Zahlen offenbaren sich die wesentlichen Eigenschaften einer Funktion sowie bestimmte Zusammenhänge zwischen verschiedenen Funktionen.

Die Funktionentheorie wird bei der Behandlung von Problemen aus den Bereichen der Physik und Chemie vielfach angewendet. Einer der Gründe hierfür ist der, daß die Addition von trigonometrischen Funktionen mit Hilfe von komplexen Zahlen bedeutend einfacher als allein mit reellen Zahlen durchzuführen ist. Dies benützt man bei der Behandlung von Schwingungen und Wellen (s. Abschn. XV, C 2) sowie bei der Entwicklung von Funktionen in Fourier-Reihen (s. Abschn. XIV, A 2). Ein weiterer Grund liegt darin, daß die Berechnung bestimmter Integrale wesentlich erleichtert wird, wenn man den Integrationsbereich auf die komplexe Ebene ausdehnt (s. Abschn. C 5). Schließlich kann man auch Differentialgleichungen bedeutend leichter lösen, wenn man sie als Gleichungen komplexer Variabler auffaßt.

B. Definition und Darstellung von Funktionen einer komplexen Variablen

1. Folgen und Reihen von komplexen Zahlen

Bevor wir auf den Funktionsbegriff eingehen, wollen wir einiges über Folgen und Reihen von komplexen Zahlen sagen. Wir definieren: *Eine Folge von Zahlen* $z_1, z_2, z_3, \ldots$ *besitzt den Grenzwert* z, *wenn es zu jeder, noch so kleinen positiven Zahl* ε *eine natürliche Zahl* N *gibt, so daß*

$$|z - z_n| < \varepsilon \tag{1}$$

wird, wenn nur

$$n > N \tag{2}$$

ist. Man schreibt dann

$$\lim_{n \to \infty} z_n = z\,. \tag{3}$$

Dies ist formal die gleiche Definition wie für reelle Zahlen. Im Komplexen kann man sich aber dem Punkt z nicht nur von zwei Seiten nähern, sondern auf unendlich viele verschiedene Arten. Gl. (2) besagt nämlich lediglich, daß in der Gaußschen Zahlenebene alle z_n für $n > N$ innerhalb eines Kreises um z mit dem Radius ε liegen müssen. Ein möglicher Weg der Annäherung an z ist als Beispiel in Abb. 1 angegeben.

Die meisten Sätze, die für reelle Folgen gelten, lassen sich auch auf Folgen von komplexen Zahlen übertragen. Insbesondere gilt z. B. das in Abschn. VI A 3 angeführte Cauchysche Konvergenzkriterium wörtlich.

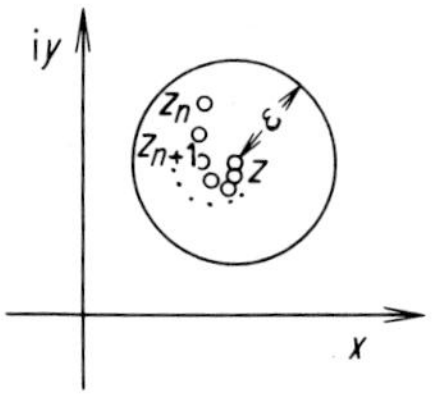

Abb. 1. Zur Konvergenz einer Zahlenfolge.

Man kann aus komplexen Zahlen auch eine *unendliche Reihe* bilden

$$\sum_{k=0}^{\infty} z_k = z_0 + z_1 + z_2 + \cdots. \tag{4}$$

Die Konvergenz einer solchen Reihe wird als Konvergenz der Teilsummen erklärt. Die für Reihen aus reellen Zahlen abgeleiteten Konvergenzkriterien sind, wie man zeigen kann, auch bei Reihen aus komplexen Zahlen gültig.

Als Beispiel betrachten wir die Reihe

$$\sum_{k=0}^{\infty} \frac{z^k}{k!} = 1 + z + \frac{z^2}{2} + \frac{z^3}{6} + \cdots. \tag{5}$$

Für welche Werte von z ist diese Reihe konvergent? Wir versuchen, diese Frage durch Anwendung des Quotientenkriteriums Gl. (VI, 58) zu beantworten. Es ergibt sich

$$\lim_{k\to\infty}\left|\frac{u_{k+1}}{u_k}\right| = \lim_{k\to\infty}\left|\frac{z^{k+1}/(k+1)!}{z^k/k!}\right| = \lim_{k\to\infty}\frac{|z|}{k+1} = 0\,. \tag{6}$$

Der berechnete Grenzwert ist für alle z kleiner als 1; also ist die Reihe für alle z konvergent.

2. Definition von Funktionen

Wir wenden uns nun dem Funktionsbegriff zu und beschränken dabei unsere Betrachtungen auf Funktionen einer einzigen Variablen. Wir bezeichnen die unabhängige Variable mit

$$z = x + \mathrm{i}y \tag{7}$$

und die abhängige Variable mit

$$w = u + \mathrm{i}v\,. \tag{8}$$

Eine Funktion ist dann allgemein durch eine Beziehung der Form

$$w = f(z) \tag{9}$$

gegeben, durch die jeder Zahl z in einem Gebiet G der Gaußschen Zahlenebene eine Zahl w des Gebietes G' der Zahlenebene zugeordnet wird. Man nennt G den Definitionsbereich und G' den Wertevorrat der Funktion. Die Größen u und v in Gl. (8) sind jeweils Funktionen von x und y, so daß man auch schreiben kann $u(x, y)$ und $v(x, y)$. Man nennt u den *Realteil* und v den *Imaginärteil* von f.

Zur anschaulichen Deutung einer Funktion denkt man sich die Gaußsche Zahlenebene, in der z angegeben wird, und diejenige, in der w angegeben wird, nebeneinander gestellt. Man spricht dann von der *z-Ebene* bzw. der *w-Ebene*. Die

Koordinatenachsen bezeichnet man mit x und y bzw. u und v. Durch die Funktion wird jedem Punkt des Gebietes G der z-Ebene ein Punkt aus dem Gebiet G' der w-Ebene zugeordnet (s. Abb. 2). Die Verhältnisse sind diesbezüglich die gleichen wie bei Abbildungen mit Hilfe von zwei Funktionen (vgl. Gln. (IX, 32)).

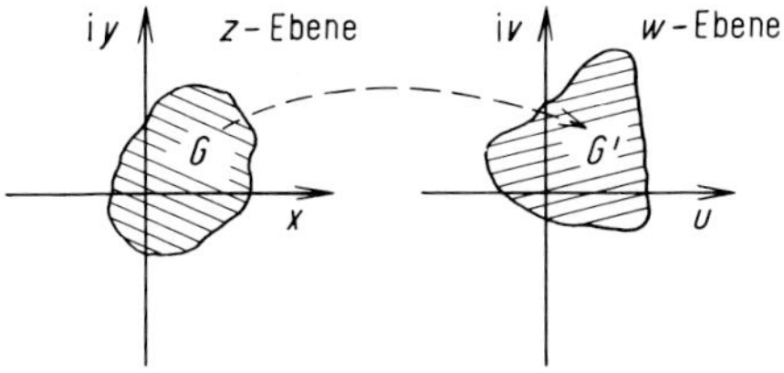

Abb. 2. Zur anschaulichen Deutung einer Funktion einer komplexen Variablen.

Als Beispiel betrachten wir die Funktion

$$w = 3z + 4 - \mathrm{i}\,. \tag{10}$$

Dem Wert

$$z_1 = 2 + 3\mathrm{i}$$

entspricht beispielsweise der Wert

$$w_1 = 3(2 + 3\mathrm{i}) + 4 - \mathrm{i} = 10 + 8\mathrm{i}\,.$$

Man erhält graphisch zu jedem Punkt z den dazugehörigen Punkt w, indem man die Länge des Pfeils, der z repräsentiert, um den Faktor 3 vergrößert und danach zum Pfeil $3z$ den Pfeil $4 - \mathrm{i}$ vektoriell addiert (s. Abb. 3). Man kann so jedem Punkt der z-Ebene einen Punkt der w-Ebene zuordnen. Um den Real-

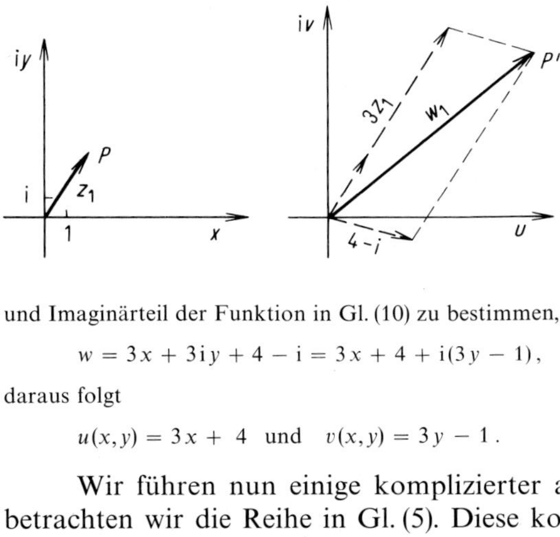

Abb. 3. Veranschaulichung der durch Gl. (10) vermittelten Abbildung.

und Imaginärteil der Funktion in Gl. (10) zu bestimmen, muß man dort $z = x + \mathrm{i}y$ setzen. Es ergibt sich

$$w = 3x + 3\mathrm{i}y + 4 - \mathrm{i} = 3x + 4 + \mathrm{i}(3y - 1)\,, \tag{11}$$

daraus folgt

$$u(x,y) = 3x + 4 \quad \text{und} \quad v(x,y) = 3y - 1\,. \tag{12}$$

Wir führen nun einige komplizierter aufgebaute Funktionen ein. Als erstes betrachten wir die Reihe in Gl. (5). Diese konvergiert, wie gezeigt wurde, für alle z und definiert daher in der gesamten Zahlenebene eine Funktion von z. Im Falle von reellen Veränderlichen handelt es sich dabei Gl. (X, 288) zufolge um die Exponentialfunktion. Man bezeichnet daher auch bei komplexen Variablen z diese Funktion als Exponentialfunktion e^z,

$$\mathrm{e}^z = 1 + z + \frac{z^2}{2!} + \frac{z^3}{3!} + \cdots\,. \tag{13}$$

Welche Eigenschaften hat diese Funktion? Mit Hilfe der Definitionsgleichung (13) kann man zeigen, daß gilt

$$e^{z_1} \cdot e^{z_2} = e^{z_1 + z_2}. \tag{14}$$

Man erhält nämlich unter Anwendung des binomischen Lehrsatzes

$$e^{z_1} \cdot e^{z_2} = \sum_{k=0}^{\infty} \frac{z_1^k}{k!} \sum_{j=0}^{\infty} \frac{z_2^j}{j!} = \sum_{k=0}^{\infty} \sum_{j=0}^{\infty} \frac{z_1^k z_2^j}{k!\,j!} =$$

$$= \sum_{\nu=0}^{\infty} \frac{1}{\nu!} \left[\frac{\nu!}{0!\,\nu!} z_1^{\nu} z_2^0 + \frac{\nu!}{1!(\nu-1)!} z_1^{\nu-1} z_2 + \frac{\nu!}{2!(\nu-2)!} z_1^{\nu-2} z_2^2 + \cdots \right.$$

$$\left. + \frac{\nu!}{\nu!\,0!} z_1^0 z_2^{\nu} \right] = \sum_{\nu=0}^{\infty} \frac{(z_1 + z_2)^{\nu}}{\nu!}.$$

Des weiteren kann man, wenn $z = x + \mathrm{i}y$ gesetzt wird, die folgende Beziehung beweisen

$$e^z = e^x (\cos y + \mathrm{i} \sin y). \tag{15}$$

Man schreibt hierzu unter Anwendung von Gl. (14)

$$e^z = e^x \cdot e^{\mathrm{i}y} \tag{16}$$

und stellt $e^{\mathrm{i}y}$ gemäß Gl. (13) durch eine Reihe dar

$$e^{\mathrm{i}y} = 1 + \mathrm{i}y + \frac{(\mathrm{i}y)^2}{2!} + \frac{(\mathrm{i}y)^3}{3!} + \frac{(\mathrm{i}y)^4}{4!} + \cdots =$$

$$= \left(1 - \frac{y^2}{2!} + \frac{y^4}{4!} - + \cdots\right) + \mathrm{i}\left(y - \frac{y^3}{3!} + \frac{y^5}{5!} - + \cdots\right). \tag{17}$$

Der reelle Teil dieser Reihe entspricht Gl. (X, 294) zufolge dem $\cos y$, der imaginäre Teil Gl. (X, 293) zufolge dem Ausdruck $\mathrm{i} \sin y$. Unter Berücksichtigung dieser Tatsache können wir schreiben

$$e^{\mathrm{i}y} = \cos y + \mathrm{i} \sin y, \tag{18}$$

woraus dann wegen Gl. (16) unmittelbar die zu beweisende Gl. (15) folgt. Die gleichzeitig abgeleitete Gl. (18) gehört zu den wichtigsten in der Funktionentheorie und wird als *Eulersche Gleichung* bezeichnet.

Der Verlauf der Funktion e^z wird am einfachsten mit Hilfe von Gl. (15) überblickt. Man erkennt, daß die Funktion hinsichtlich y, also des Imaginärteils von z, periodisch mit der Periode 2π ist. Hinsichtlich x, dem Realteil von z, ist die Funktion nicht periodisch. Man kann daher die z-Ebene in Streifen der Breite 2π zerlegen (s. Abb. 4), die parallel zur reellen Achse verlaufen und die die Eigenschaft besitzen, daß e^z in jedem Streifen alle Werte ihres Wertevorrats annimmt. Der Wertevorrat umfaßt die ganze Zahlenebene mit Ausnahme des Nullpunktes.

Zu wichtigen Beziehungen kommt man, wenn man in Gl. (18) y durch $-y$ ersetzt,

$$e^{-\mathrm{i}y} = \cos y - \mathrm{i} \sin y \tag{19}$$

und die erhaltene Gleichung mit Gl. (18) kombiniert. Durch Addition und anschließende Umformungen ergibt sich

$$\cos y = \tfrac{1}{2}(e^{iy} + e^{-iy}). \tag{20}$$

Durch Subtraktion und anschließende Umformungen erhält man dagegen

$$\sin y = \tfrac{1}{2i}(e^{iy} - e^{-iy}). \tag{21}$$

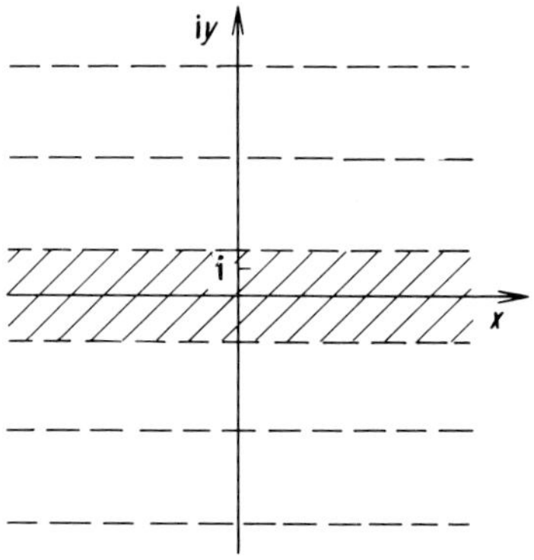

Abb. 4. Streifen der z-Ebene, in denen die Funktion e^z jeweils alle Werte ihres Wertevorrats annimmt.

Man sieht, daß man den Sinus und den Kosinus einer reellen Zahl y durch eine Kombination der Exponentialfunktionen der imaginären Zahlen iy und $-iy$ ausdrücken kann.

Die Gln. (20) und (21) gelten zunächst nur für reelle Werte von y. Man benützt diese Gleichungen aber auch unabhängig von ihrer Herleitung dazu, die *Sinus- und Kosinusfunktion für komplexe Argumente zu definieren.* Über den Sinus und Kosinus erklärt man dann auch durch die Gln. (VII, 54) und (VII, 55) den *Tangens* und den *Kotangens.*

Die Umkehrung der Exponentialfunktion bezeichnet man wie bei reellen Veränderlichen mit ln und nennt sie die *Logarithmusfunktion.* Der Definitionsbereich dieser Funktion umfaßt die ganze Gaußsche Zahlenebene mit Ausnahme des Nullpunktes. Die Funktion ist unendlich vieldeutig, da zu einem bestimmten Punkt jeweils in jedem der in Abb. 4 eingezeichneten Streifen ein Bildpunkt gehört. Faßt man nur einen Streifen, z. B. den, der die reelle Achse enthält, ins Auge, so wird die Funktion eindeutig. Die entsprechenden Funktionswerte nennt man den *Hauptzweig* der Funktion.

Abschließend wollen wir noch die Funktion

$$w = \tfrac{1}{z}$$

betrachten. Wenn $|z| < 1$ ist, so wird $|w| = 1/|z| > 1$. Punkte im Inneren des Einheitskreises werden auf Punkte außerhalb des Einheitskreises abgebildet. Wenn der Abstand des Punktes der z-Ebene vom Ursprung immer geringer wird, wird der Abstand des Bildpunktes vom Ursprung immer größer. Der Punkt $z = 0$ besitzt auf Grund der obigen Definitionsgleichung keinen Bildpunkt. Um die gesamte z-Ebene abbilden zu können, ordnet man nun dem Punkt $z = 0$ einen Punkt der w-Ebene zu, den man den „*unendlich fernen Punkt*" nennt. Umgekehrt ist der Punkt $w = 0$ das Bild des unendlich fernen Punktes der z-Ebene.

Unter Zuhilfenahme einer Abbildung der Form $w = 1/z$ kann man also in jeder Ebene einen unendlich fernen Punkt definieren. Unter der Umgebung des Punktes $z = \infty$ versteht man die Bildpunkte der Funktion $1/w$ in der Umgebung von $w = 0$. Um das Verhalten einer Funktion $f(z)$ in der Umgebung des Punktes $z = \infty$ zu untersuchen, wird daher das Verhalten von $f(1/w)$, in der Umgebung von $w = 0$ betrachtet.

Es ist wichtig zu betonen, daß die behandelten Beispiele von zweifacher Bedeutung sind: Sie zeigen einerseits, wie man Funktionen in der komplexen Ebene definiert, und sie liefern andererseits die für das Folgende wichtigen Beziehungen (18) bis (21) sowie die Definition für den unendlich fernen Punkt.

3. Einige Rechenregeln für komplexe Zahlen

Mit Hilfe der Eulerschen Formel Gl. (18) kommt man zu einer neuen Darstellung von komplexen Zahlen sowie zu einer gut brauchbaren Formel zur Berechnung des Produktes zweier solcher Zahlen.

Gemäß den Ausführungen in Abschn. II F kann man die komplexe Zahl

$$z = x + \mathrm{i}y \tag{22}$$

durch einen Punkt in der Gaußschen Zahlenebene darstellen. An Stelle des Punktes kann man auch den Vektor nehmen, der vom Ursprung zu diesem Punkt führt. Er besitzt auf der reellen Achse die Koordinate x, auf der imaginären die Koordinate y (s. Abb. 5). Die Länge des Vektors gleicht definitionsgemäß dem Betrag $|z|$ der gegebenen Zahl. Den Winkel, den der Vektor mit der positiven reellen Achse einschließt, bezeichnet man mit φ und nennt ihn das Argument der Zahl z bzw. abgekürzt $\arg z$. Man kann also schreiben

$$\varphi = \arg z\,. \tag{23}$$

An Hand von Abb. 5 erkennt man dann unmittelbar, daß

$$x = |z| \cos \varphi \quad \text{und} \quad y = |z| \sin \varphi \tag{24}$$

ist. An Stelle von Gl. (22) kann man daher auch schreiben

$$z = |z| \cos \varphi + \mathrm{i}|z| \sin \varphi\,. \tag{25}$$

Nehmen wir noch die Eulersche Formel Gl. (18) zuhilfe, so folgt daraus

$$z = |z| \mathrm{e}^{\mathrm{i}\varphi}\,. \tag{26}$$

Damit haben wir eine neue Darstellung für eine komplexe Zahl gewonnen. Man nennt Gl. (26) die *Darstellung in Polarkoordinaten*, während Gl. (22) als *Darstellung in kartesischen Koordinaten* bezeichnet wird. An Stelle von $|z|$ schreibt man auch vielfach r, wodurch dann Gl. (26) übergeht in

$$z = r\mathrm{e}^{\mathrm{i}\varphi}\,. \tag{27}$$

Wir sehen also: *Man kann eine komplexe Zahl z entweder gemäß Gl. (22) durch ihren Real- und Imaginärteil wiedergeben (Darstellung in kartesischen Koordinaten) oder gemäß Gl. (27) durch ihren Betrag und ihr Argument (Darstellung in Polarkoordinaten).* Die Umformung von einer Darstellung in die andere erfolgt mit Hilfe der Gln. (24) bzw. der Beziehungen

$$r^2 = x^2 + y^2, \quad \sin\varphi = \frac{y}{r} \quad \text{und} \quad \cos\varphi = \frac{x}{r}. \tag{28}$$

Als Beispiel stellen wir die Zahl

$$z = 1 + \sqrt{3}\mathrm{i}$$

in Polarkoordinaten dar. Es ist $r = \sqrt{x^2 + y^2} = \sqrt{1 + 3} = 2$. Ferner ist $\cos\varphi = x/r = 1/2$, $\sin\varphi = y/r = \sqrt{3}/2$ und somit $\varphi = \pi/3$. Daraus folgt als Darstellung in Polarkoordinaten

$$z = 2\mathrm{e}^{\mathrm{i}\cdot\frac{\pi}{3}}.$$

Des weiteren suchen wir die Darstellung der Zahl

$$z = \mathrm{e}^{\mathrm{i}\pi}$$

in kartesischen Koordinaten auf. Es ist $|z| = 1$ und $\varphi = \pi$. Damit wird $\cos\varphi = -1$ und $\sin\varphi = 0$. Die Darstellung der Zahl in kartesischen Koordinaten lautet daher gemäß den Gln. (22) und (24)

$$z = 1\cdot(-1) + 1\cdot 0 = -1.$$

Der Realteil von z beträgt -1, der Imaginärteil 0.

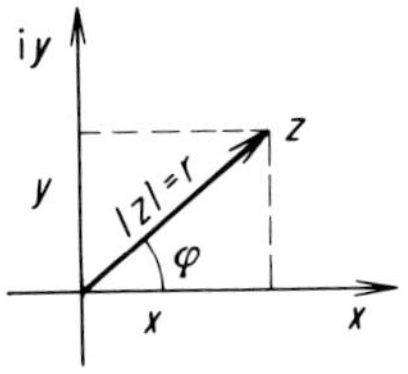

Abb. 5. Zur Darstellung einer komplexen Zahl in Polarkoordinaten.

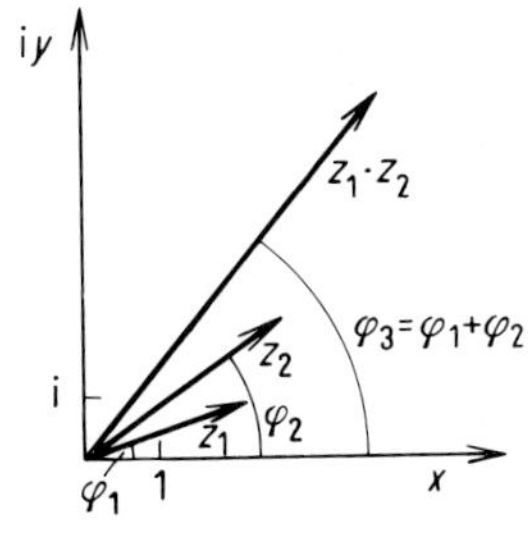

Abb. 6. Zur graphischen Multiplikation zweier komplexer Zahlen z_1 und z_2.

Mit Hilfe der Darstellung in Polarkoordinaten läßt sich auch das Produkt zweier komplexer Zahlen leicht ausrechnen. Ist

$$z_1 = |z_1|\mathrm{e}^{\mathrm{i}\varphi_1} \quad \text{und} \quad z_2 = |z_2|\mathrm{e}^{\mathrm{i}\varphi_2}, \tag{29}$$

so wird auf Grund von Gl. (14)

$$z_1 \cdot z_2 = |z_1||z_2|\mathrm{e}^{\mathrm{i}(\varphi_1 + \varphi_2)}. \tag{30}$$

Man erhält also das Produkt zweier komplexer Zahlen, indem man ihre Beträge multipliziert und die Argumente addiert. Daraus resultiert ein einfaches Verfahren zur Konstruktion des Produktvektors $z_1 \cdot z_2$ (s. Abb. 6).

Für die n-te Potenz der Zahl $z = |z| e^{i\varphi}$ ergibt sich aus Gl. (30)

$$z^n = |z|^n e^{in\varphi}. \tag{31}$$

Mit Hilfe von Gl. (18) folgt daraus

$$(\cos\varphi + i\sin\varphi)^n = \cos n\varphi + i\sin n\varphi. \tag{32}$$

Das ist die sogenannte *Moivresche Formel.*

4. Stetigkeit von Funktionen

Wir übertragen nun den Begriff der Stetigkeit auf Funktionen einer komplexen Variablen. Als erstes definieren wir hierzu den Grenzwert einer Funktion. Man sagt: *Die Funktion $f(z)$ besitzt an der Stelle z_0 den Grenzwert A, wenn es zu jedem, noch so kleinen reellen $\varepsilon > 0$ ein $\delta > 0$ gibt, so daß*

$$|f(z) - A| < \varepsilon \tag{33}$$

wenn nur

$$|z - z_0| < \delta. \tag{34}$$

Ist das erfüllt, so schreibt man

$$\lim_{z \to z_0} f(z) = A. \tag{35}$$

Die Annäherung an z_0 kann dabei nicht nur von zwei Seiten her erfolgen, wie bei reellen Veränderlichen, sondern auf unendlich viele verschiedene Arten (vgl. z. B. Abb. 1). Ein wesentlicher Bestandteil der Forderung Gl. (33) ist der, daß bei *jeder* Annäherung derselbe Wert A erhalten wird.

Mit Hilfe des eben gewonnenen Grenzwertbegriffes kann man die Stetigkeit wie folgt definieren: *Die Funktion $f(z)$ ist an der Stelle z_0 stetig, wenn sie an dieser Stelle einen Grenzwert besitzt und dieser mit dem Funktionswert übereinstimmt, wenn also gilt*

$$\lim_{z \to z_0} f(z) = f(z_0). \tag{36}$$

Die Forderung der Stetigkeit ist bei Funktionen von komplexen Variablen einschneidender als bei solchen von reellen Variablen, da im Komplexen die Annäherung an z auf unendlich vielen verschiedenen Wegen erfolgen kann.

Als Beispiel betrachten wir die Funktion

$$f(z) = \arg z. \tag{37}$$

Diese Funktion ist an der Stelle $z = 0$ nicht stetig. Wenn man nämlich δ, also den Kreis um diesen Punkt, auch noch so klein macht, die Funktion – die ja Gl. (23) zufolge gleich φ ist – kann innerhalb des Kreises immer sämtliche Werte zwischen 0 und 2π annehmen.

In analoger Weise wie den Begriff der Stetigkeit kann man auch den der gleichmäßigen Stetigkeit auf Funktionen von komplexen Variablen übertragen.

5. Mehrdeutige Funktionen; Riemannsche Fläche*)

Besonders interessante Verhältnisse liegen bei Funktionen vor, die nicht eindeutig sind. Als Beispiel sei die Funktion

$$w = \sqrt{z} \tag{38}$$

betrachtet, die als Umkehrung der Potenzfunktion

$$z = w^2 \tag{39}$$

erklärt wird.

Wir diskutieren zunächst die Potenzfunktion Gl. (39). Stellt man w und z in Polarkoordinaten dar,

$$z = |z|\,\mathrm{e}^{\mathrm{i}\varphi}, \tag{40}$$

$$w = |w|\,\mathrm{e}^{\mathrm{i}\psi}, \tag{41}$$

so geht Gl. (39) über in

$$z = w^2 = |w|^2\,\mathrm{e}^{\mathrm{i}2\psi}. \tag{42}$$

Man sieht, daß jeder Zahl w eine Zahl z zugeordnet wird, deren Betrag durch das Quadrat des Betrages von w und deren Argument durch das doppelte Argument von w gegeben ist. Es entspricht z. B. (s. Abb. 7) dem Punkt P'_1 mit dem Betrag 2 und dem Argument $\pi/6$ der w-Ebene der Punkt P_1 mit dem Betrag 4 und dem Argument $\pi/3$ der z-Ebene. Bewegt sich P'_1 auf dem Halbkreis H, so durchläuft P_1 den vollen Kreis K. Wenn sich P'_1 auf einem vollen Kreis bewegt, so durchläuft der Bildpunkt P_1 zweimal einen vollen Kreis. Dem Punkt P''_1 z. B. entspricht wieder der Punkt P_1, der bereits das Bild von P'_1 war. Die Potenzfunktion $z = w^2$ ist aber trotzdem eindeutig, da jedem Punkt der w-Ebene genau ein Punkt der z-Ebene entspricht.

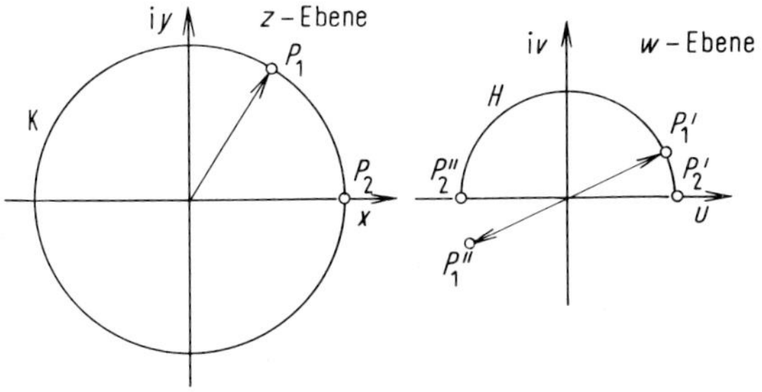

Abb. 7. Zur Untersuchung der Funktion $w = \sqrt{z}$.

Als nächstes betrachten wir die uns eigentlich interessierende Umkehrfunktion $w = \sqrt{z}$. Diese ist nicht mehr eindeutig, da, wie oben gezeigt wurde, jedem Punkt der z-Ebene zwei Punkte der w-Ebene entsprechen. Dem Punkt P_1 z. B. sind die Punkte P'_1 und P''_1 zugeordnet, dem Punkte P_2 die Punkte P'_2 und P''_2 (entsprechend den beiden Vorzeichen der Quadratwurzel bei reellen Zahlen). Man kann aber auch die durch die Gleichung $w = \sqrt{z}$ vermittelte Abbildung eindeutig machen. Man führt hierzu

---

*) Dieser Abschnitt kann von weniger interessierten Lesern überschlagen werden.

statt einer zwei übereinanderliegende z-Ebenen ein (s. Abb. 8). Der oberen z-Ebene, z_1, ordnet man dann die obere Hälfte der w-Ebene zu, der unteren z-Ebene, z_2, die untere Hälfte der w-Ebene. Es entspricht dann jedem Punkt der beiden z-Ebenen genau ein Punkt der w-Ebene.

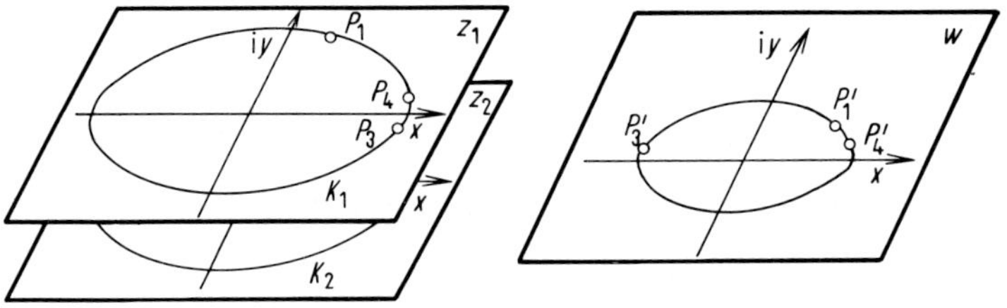

Abb. 8. Verdoppelung der z-Ebene, damit $w = \sqrt{z}$ eindeutig wird.

Die eben beschriebene Abbildung hat noch den Nachteil, daß die Funktion jeweils auf der Ebene z_1 und der Ebene z_2 nicht stetig ist. Wenn z von P_3 zu P_4 übergeht (s. Abb. 8), so springt w von P_3' zu P_4', weil ja die untere w-Ebene ausschließlich Bildpunkte der z_2-Ebene beinhaltet. Um diese störende Unstetigkeit zu beseitigen, schlitzt man nun die beiden z-Ebenen längs der positiven reellen Achse auf und verbindet sie kreuzweise. Man kommt so zu der in Abb. 9 dargestellten Fläche. Nach einem vollen Umlauf um den Ursprung gelangt man auf dieser zwangsläufig vom Kreis K_1 zum Kreis K_2, so daß in der w-Ebene kein Sprung auftritt.

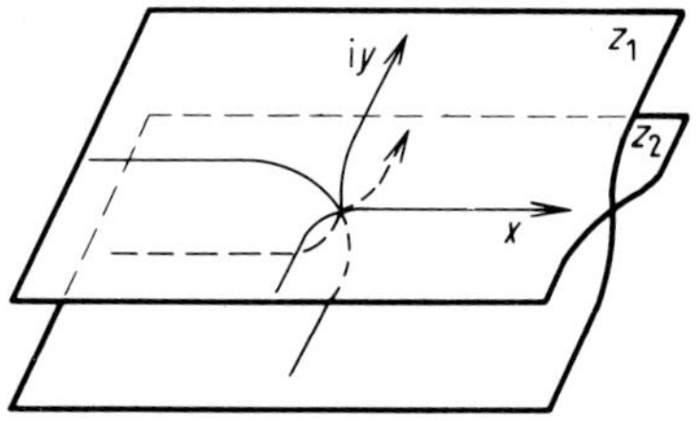

Abb. 9. Riemannsche Fläche der Funktion $w = \sqrt{z}$.

Die Fläche in Abb. 9 nennt man eine *zweiblättrige Riemannsche Fläche*. Der Punkt $z = 0$ heißt *Verzweigungspunkt*. Die verschiedenen w-Werte, die zu gleichen z-Werten gehören, werden als *verschiedene Zweige* der Funktion bezeichnet.

In entsprechender Weise kann man auch allgemein bei einer n-deutigen Funktion vorgehen. Zusammenfassend können wir daher sagen: *Damit eine n-deutige Funktion eine eindeutige Abbildung vermittelt, muß man eine n-blättrige Riemannsche Fläche einführen. Den verschiedenen Zweigen der Funktion entsprechen dann jeweils verschiedene Blätter der Fläche.*

Fragen und Aufgaben

1. Wie kann man Funktionen einer komplexen Variablen anschaulich interpretieren?
2. Was versteht man unter dem Real- und dem Imaginärteil einer Funktion? Wie bestimmt man diese Anteile?

3. Wie lauten die Formeln von Euler und die von Moivre?
4. Wie ist die Funktion $\sin z$ für komplexes z definiert? Inwieweit ist diese Funktion periodisch?
5. Auf welche Weise erreicht man, daß eine mehrdeutige Funktion eine eindeutige Abbildung vermittelt?
6. Stelle folgende Zahlen in Polarkoordinaten dar: a) $3 + 5\mathrm{i}$, b) $2\mathrm{i}$, c) 25, d) $a + b\mathrm{i}$, e) $(2 + \mathrm{i})\mathrm{e}^{\mathrm{i}\cdot\frac{\pi}{6}}$.
7. Bestimme von folgenden Zahlen den Real- und den Imaginärteil: a) $2\mathrm{e}^{\mathrm{i}\cdot\frac{\pi}{4}}$, b) $5\mathrm{e}^{\mathrm{i}\pi}$, c) $2\mathrm{e}^{\mathrm{i}\frac{5\pi}{6}}$ d) $-3\mathrm{e}^{\mathrm{i}\pi}$.
8. Bestimme den Real- und Imaginärteil folgender Funktionen: a) $z^2 - z$, b) $\frac{1}{z}$, c) $3\mathrm{e}^{2z}$, d) $\mathrm{e}^{\mathrm{i}z}$, f) $\cos z$.
9. Untersuche den Verlauf der Funktion z^3.

C. Differentiation und Integration von Funktionen komplexer Variabler

1. Differentiation; Cauchy-Riemannsche Differentialgleichungen

Gegeben sei eine Funktion $w = f(z)$. Wir betrachten einen bestimmten Punkt z und bilden den Ausdruck

$$\frac{f(z + \Delta z) - f(z)}{\Delta z}. \tag{43}$$

Anschließend lassen wir Δz gegen Null gehen. Wenn dann der Ausdruck Gl. (43) einem bestimmten Grenzwert zustrebt, der unabhängig vom Weg bei der Annäherung an z ist, so nennt man diesen Grenzwert die *Ableitung der Funktion* $f(z)$ an der Stelle z und bezeichnet ihn mit $f'(z)$. Es ist also

$$f'(z) = \lim_{\Delta z \to 0} \frac{f(z + \Delta z) - f(z)}{\Delta z}. \tag{44}$$

Besitzt eine Funktion an einer Stelle z eine Ableitung, so sagt man, daß sie in z *differenzierbar* sei. Funktionen, die in einem Bereich B differenzierbar sind, heißen *analytisch* oder *regulär in B*.

Die hier gegebene Definition der Ableitung stimmt mit derjenigen für reelle Funktionen formal überein. Man muß aber beachten, daß man bei komplexen Variablen dem Wert z auf unendlich viele verschiedene Arten zustreben kann (vgl. Abb. 1) und daß gefordert wird, daß bei allen Annäherungen der gleiche Grenzwert erhalten wird. Die Differenzierbarkeit im Komplexen stellt daher eine äußerst einschneidende Bedingung dar, die, wie im folgenden gezeigt wird, weitreichende Konsequenzen hat.

Wir bezeichnen den Realteil der Funktion $f(z)$ mit $u(x,y)$ und den Imaginärteil mit $v(x,y)$. Es gilt dann: *Ist die Funktion $f(z)$ an einer bestimmten Stelle differenzierbar, so genügt der Real- und der Imaginärteil dieser Funktion den sog. Cauchy-Riemannschen Differentialgleichungen*

$$\frac{\partial u}{\partial x} = \frac{\partial v}{\partial y} \quad \textit{und} \quad \frac{\partial u}{\partial y} = -\frac{\partial v}{\partial x}. \tag{45}$$

Für die Ableitung gilt dann

$$f'(z) = \frac{\partial u}{\partial x} + \mathrm{i}\frac{\partial v}{\partial x} = \frac{1}{\mathrm{i}}\frac{\partial u}{\partial y} + \frac{\partial v}{\partial y}. \tag{46}$$

Der Beweis dieses Satzes wird in folgender Weise erbracht: Wenn $f(z)$ differenzierbar ist, muß der Grenzwert in Gl. (44) unabhängig von der Richtung der Annäherung an z sein. Insbesondere muß man bei einer Differentiation längs der reellen Achse dasselbe Ergebnis erhalten wie bei einer längs der imaginären Achse. Diese Bedingung führt unmittelbar zu den zu beweisenden Gleichungen. Wir differenzieren zunächst längs der reellen Achse. Das bedeutet, daß $\Delta z = \Delta x$ und $\Delta y = 0$ ist. Es ergibt sich dann

$$f'(z) = \lim_{\Delta z \to 0} \frac{f(z + \Delta z) - f(z)}{\Delta z} = \lim_{\Delta x \to 0} \frac{f(x + \Delta x + \mathrm{i}y) - f(x + \mathrm{i}y)}{\Delta x} =$$

$$= \lim_{\Delta x \to 0} \frac{u(x + \Delta x + \mathrm{i}y) + \mathrm{i}v(x + \Delta x + \mathrm{i}y) - u(x + \mathrm{i}y) - \mathrm{i}v(x + \mathrm{i}y)}{\Delta x} =$$

$$= \lim_{\Delta x \to 0} \frac{u(x + \Delta x + \mathrm{i}y) - u(x + \mathrm{i}y)}{\Delta x} + \mathrm{i} \lim_{\Delta x \to 0} \frac{v(x + \Delta x + \mathrm{i}y) - v(x + \mathrm{i}y)}{\Delta x} =$$

$$= \frac{\partial u}{\partial x} + \mathrm{i} \frac{\partial v}{\partial x}. \tag{47}$$

Als nächstes differenzieren wir längs der imaginären Achse. Es ist dann $\Delta z = \mathrm{i}\,\Delta y$ und $\Delta x = 0$. In gleicher Weise wie oben erhält man jetzt

$$f'(z) = \frac{1}{\mathrm{i}} \frac{\partial u}{\partial y} + \frac{\partial v}{\partial y}. \tag{48}$$

Indem man die Resultate von Gl. (47) und Gl. (48) einander gleichsetzt und dann noch berücksichtigt, daß zwei komplexe Zahlen nur dann gleich sind, wenn sie in ihren Real- und Imaginärteilen übereinstimmen, erhält man schließlich die zu beweisenden Cauchy-Riemannschen Differentialgleichungen.

Als nächstes erhebt sich die Frage, woran man in einfacher Weise erkennt, ob eine bestimmte Funktion differenzierbar, also analytisch ist. Die Gln. (45) sind eine notwendige Folge der Differenzierbarkeit. Stellen sie auch eine hinreichende Bedingung hierfür dar? Hierzu gilt der folgende Satz: *Ist eine Funktion $f(z) = u(x,y) + \mathrm{i}v(x,y)$ in einem Bereich B der z-Ebene definiert, existieren in diesem Bereich die partiellen Ableitungen u_x, u_y, v_x, v_y und werden die Cauchy-Riemannschen Differentialgleichungen in B erfüllt, so ist $f(z)$ in B analytisch.* Der Beweis dieser Behauptung wird erbracht, indem man $\Delta f = \Delta u + \mathrm{i}\,\Delta v$ setzt und Δu sowie Δv mit Hilfe des Mittelwertsatzes der Differentialrechnung durch u_x, u_y, v_x, v_y, Δx und Δy ersetzt. Man erhält dann unter Berücksichtigung der Gln. (45), daß für eine Differentiation in jede beliebige Richtung gilt $f'(z) = u_x + \mathrm{i}v_x$.

Als Beispiel für die Anwendung des eben angegebenen Satzes prüfen wir, ob die Funktion

$$w = z^2 \tag{49}$$

differenzierbar ist. Es gilt

$$w = z^2 = (x + \mathrm{i}y)^2 = x^2 + 2x\mathrm{i}y - y^2 = x^2 - y^2 + \mathrm{i}2xy.$$

Daher können wir schreiben

$$u = x^2 - y^2 \quad \text{und} \quad v = 2xy.$$

Durch partielle Differentiation dieser Funktionen erhält man

$$\frac{\partial u}{\partial x} = 2x, \quad \frac{\partial u}{\partial y} = -2y, \quad \frac{\partial v}{\partial x} = 2y, \quad \frac{\partial v}{\partial y} = 2x. \tag{50}$$

Mit Hilfe der Gln. (50) kann man nun leicht feststellen, daß die Cauchy-Riemannschen Differentialgleichungen erfüllt sind, die Funktion $w = z^2$ also differenzierbar ist. Für die Ableitung erhält man über Gl. (46)

$$y' = 2x + \mathrm{i}2y = 2(x + \mathrm{i}y) = 2z. \tag{51}$$

Das ist das gleiche Resultat wie bei einer reellen Veränderlichen.

Man kann zeigen, daß die für Funktionen von reellen Variablen abgeleitete *Kettenregel* sowie die *Regeln für die Differentiation von Summen, Produkten und Umkehrfunktionen* auch bei komplexen Variablen gültig sind. Des weiteren kann man nachweisen, daß unter anderem auch die Funktionen z^n (n = beliebige reelle Zahl), e^z, $\ln z$ und $\sin z$ differenzierbar sind und ihre Ableitungen gegeben sind durch

$$(z^n)' = n z^{n-1}, \tag{52}$$

$$(e^z)' = e^z, \tag{53}$$

$$(\ln z)' = \tfrac{1}{z}, \tag{54}$$

$$(\sin z)' = \cos z. \tag{55}$$

Eine Abbildung, die durch eine analytische Funktion vermittelt wird, weist einige charakteristische Eigenschaften auf: Zwei kurze Geradenstücke g_1 und g_2, die durch einen Punkt P gehen, werden beide um den gleichen Winkel gedreht und in ihrer Länge um den gleichen Faktor verändert (s. Abb. 10). Die Abbildung besteht also jeweils in kleinen Bereichen aus einer Drehstreckung. Eine solche Abbildung bezeichnet man als *konform*. Auf den Beweis dieser Aussagen verzichten wir.

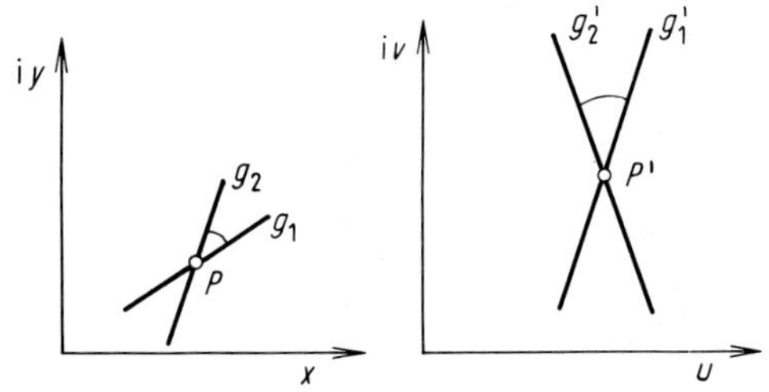

Abb. 10. Zur Erläuterung der Eigenschaften einer konformen Abbildung.

Des weiteren wollen wir noch darauf hinweisen, daß der Real- und der Imaginärteil einer analytischen Funktion jeweils für sich genommen die sog. *Laplacesche Differentialgleichung* $\varphi_{xx} + \varphi_{yy} = 0$ erfüllt. Aus den Gln. (45) folgt nämlich durch Differentiation nach x bzw. y

$$u_{xx} = v_{yx} \quad \text{und} \quad u_{yy} = -v_{xy}.$$

Durch Kombination beider Gleichungen ergibt sich

$$u_{xx} + u_{yy} = 0. \tag{56}$$

In ähnlicher Weise zeigt man, daß eine solche Gleichung auch für v gilt.

2. Singuläre Stellen

Ist eine Funktion $f(z)$ an einer Stelle z_0 nicht differenzierbar, so bezeichnet man diese Stelle als *singulär*.

Eine mögliche Ursache für die Singularität kann eine Unstetigkeit der Funktion an der betreffenden Stelle sein. Man kann verschiedene Arten der Unstetigkeit unterscheiden. Es ist erstens möglich, daß man beim Versuch, den Grenzwert

$$\lim_{z \to z_0} f(z) \tag{57}$$

zu bilden, je nach dem Weg, auf dem man sich z nähert, verschiedene Werte erhält. Man sagt dann, daß an der Stelle z_0 eine *wesentlich singuläre Stelle* vorliegt. Ein Beispiel hierfür ist die Stelle $z = 0$ der Funktion $\arg z$ (s. Gl. (37)). Es ist zweitens möglich, daß

$$\lim_{z \to z_0} f(z) = \infty \tag{58}$$

ist. Man spricht dann von einer *außerwesentlich singulären Stelle* oder von einem *Pol*. Schließlich muß man auch in Betracht ziehen, daß

$$\lim_{z \to z_0} f(z) \neq f(z_0) \tag{59}$$

sein kann. Es liegt dann eine *hebbare Unstetigkeit* vor. In Abschn. D 3 wird gezeigt, daß man mit Hilfe einer Laurent-Reihe in sehr einfacher Weise erkennen kann, welcher Art die vorliegende Singularität ist.

Neben Unstetigkeiten führen auch Verzweigungspunkte zu singulären Stellen.

3. Integration

Wir wollen nun das Integral von Funktionen einer komplexen Variablen definieren. Die Werte, die die Variable durchlaufen kann, liegen jeweils auf irgendeiner Kurve der komplexen Ebene. Integrale von Funktionen komplexer Variabler sind daher immer Kurvenintegrale.

Gegeben sei eine stetige Funktion $f(z)$ und eine Kurve C in der komplexen Ebene. Wir zeichnen auf der Kurve n Punkte ein, die zu den Zahlenwerten $z_1, z_2, z_3, \ldots, z_n$ gehören (s. Abb. 11). Das Integral der Funktion $f(z)$ längs der Kurve C wird dann durch die Beziehung

$$\int_C f(z)\,dz = \lim_{n \to \infty} \sum_{k=1}^{n} f(z_k)(z_k - z_{k-1}) \tag{60}$$

definiert.

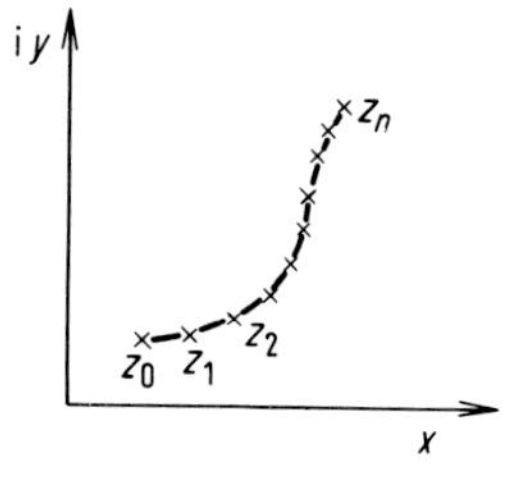

Abb. 11. Zur Definition des Integrals in der komplexen Ebene.

Um dieses Integral auf Kurvenintegrale von reellen Funktionen zurückzuführen, setzt man $f(z) = u(x,y) + \mathrm{i}\, v(x,y)$ und $z_k - z_{k-1} = x_k + \mathrm{i} y_k - x_{k-1} - \mathrm{i} y_{k-1} = \Delta x_k + \mathrm{i}\, \Delta y_k$. Damit erhält man

$$
\begin{aligned}
\int_C f(z)\, dz &= \lim_{n\to\infty} \sum_{k=1}^{n} f(z_k)(z_k - z_{k-1}) = \\
&= \lim_{n\to\infty} \sum_{k=1}^{n} [n(x_k, y_k) + \mathrm{i}\, v(x_k, y_k)][\Delta x_k + \mathrm{i}\, \Delta y_k] = \\
&= \lim_{n\to\infty} \sum_{k=1}^{n} [u(x_k, y_k)\, \Delta x_k - v(x_k, y_k)\, \Delta y_k] + \\
&\quad + \mathrm{i} \lim_{n\to\infty} \sum_{k=1}^{n} [v(x_k, y_k)\, \Delta x_k + u(x_k, y_k)\, \Delta y_k] = \\
&= \int_C (u\, dx - v\, dy) + \mathrm{i} \int_C (v\, dx + u\, dy)\,. \qquad (61)
\end{aligned}
$$

Auf diese gleiche Beziehung kommt man auch, wenn man im ursprünglichen Integral

$$dz = dx + \mathrm{i}\, dy$$

setzt und dann so rechnet, als ob das distributive Gesetz auch für Differentiale gelten würde:

$$\int_C f(z)\, dz = \int_C (u + \mathrm{i} v)(dx + \mathrm{i}\, dy) = \int_C (u\, dx - v\, dy) + \mathrm{i} \int_C (v\, dx + u\, dy)\,. \qquad (62)$$

Zur praktischen Berechnung von Kurvenintegralen empfiehlt es sich, die Kurve C in Parameterform anzugeben. In der gewöhnlichen x,y-Ebene lauten die entsprechenden Gleichungen einer Kurve allgemein

$$
\begin{aligned}
x &= x(t) \\
y &= y(t)\,.
\end{aligned} \qquad (63)
$$

In der komplexen Ebene ist eine Kurve durch eine Gleichung der Form

$$z = z(t) = x(t) + \mathrm{i}\, y(t) \qquad (64)$$

gegeben. Zu jedem t-Wert gehört Gl. (64) zufolge ein bestimmter z-Wert und damit ein bestimmter Punkt der Ebene. Durchläuft t alle Werte von einem Anfangswert t_A bis zu einem Endwert t_B, so laufen die entsprechenden Punkte entlang einer Kurve von einem Anfangspunkt A zu einem Endpunkt B. Durch Differentiation von Gl. (64) ergibt sich

$$dz = z'(t)\, dt\,. \qquad (65)$$

Setzt man dies in das auszurechnende Integral ein, so erhält man

$$\int_C f(z)\, dz = \int_{t_A}^{t_B} f(z(t))\, z'(t)\, dt\,. \qquad (66)$$

Für die weitere Rechnung muß man dann das Produkt $f(z(t))z'(t)$ in den Realteil und den Imaginärteil aufspalten und die einzelnen Teile nach den üblichen Regeln der Integration getrennt integrieren.

Als Beispiel berechnen wir das Integral

$$\int_C z^2\,dz\,. \tag{67}$$

Die Kurve C sei dabei durch die Gleichung

$$z = 2t + \mathrm{i}t$$

in den Grenzen $t = 0$ und $t = 2$ gegeben. Daraus folgt

$$dz = (2 + \mathrm{i})\,dt\,.$$

Setzt man dies in Gl. (67) ein, so ergibt sich

$$\int_C z^2\,dz = \int_{t_A}^{t_B} [z(t)]^2 z'(t)\,dt = \int_0^2 (2t + \mathrm{i}t)^2 (2 + \mathrm{i})\,dt = \int_0^2 (3t^2 + 4\mathrm{i}t^2)(2 + \mathrm{i})\,dt =$$

$$= \int_0^2 (2t^2 + 11\mathrm{i}t^2)\,dt = \int_0^2 2t^2\,dt + \mathrm{i}\int_0^2 11t^2\,dt = \frac{16}{3} + \frac{88}{3}\mathrm{i}\,.$$

Des weiteren fragen wir noch nach der Gleichung eines Kreises in der komplexen Ebene mit dem Radius R und dem Mittelpunkt z_0. Um diese Gleichung zu erhalten, betrachten wir einen bestimmten Punkt z des Kreises (s. Abb. 12). Den Realteil von z_0 bezeichnen wir mit x_0 und den Imaginärteil mit y_0.

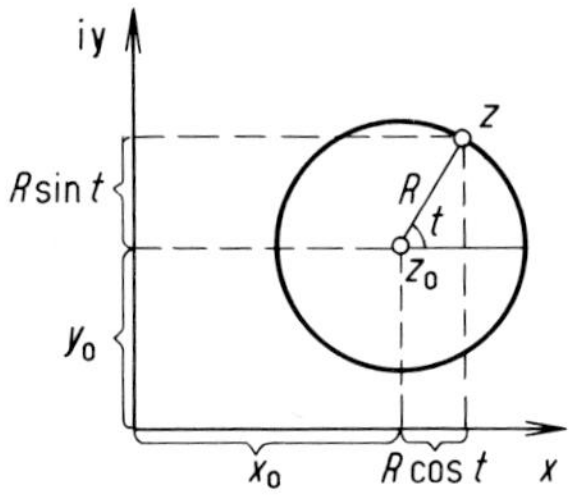

Abb. 12. Zur Ableitung der Gleichung eines Kreises.

Unter Zuhilfenahme des in Abb. 12 eingezeichneten Winkels t erkennt man dann unmittelbar, daß der Realteil von z durch $x_0 + R\cos t$ und der Imaginärteil durch $y_0 + R\cos t$ gegeben ist. Wir können daher schreiben

$$z = x_0 + R\cos t + \mathrm{i}(y_0 + R\sin t)\,.$$

Indem man $x_0 + \mathrm{i}y_0$ durch z_0 ersetzt und außerdem Gl. (18) zuhilfe nimmt, erhält man daraus

$$z = z_0 + R\mathrm{e}^{\mathrm{i}t}\,. \tag{68}$$

Wenn t von 0 bis 2π anwächst, beschreibt der durch diese Gleichung gegebene Punkt z den in Abb. 12 eingezeichneten Kreis. Gl. (68) ist daher die gesuchte Kreisgleichung.

4. Wegunabhängigkeit des Integrals

Wir fragen nun danach, ob ein Integral jeweils vom Integrationsweg abhängt oder nur vom Anfangs- und Endpunkt der Integration. Es gilt diesbezüglich der folgende Satz: *Ist $f(z)$ in einem einfach zusammenhängenden Bereich B analytisch, so* *ist das Integral über $f(z)$ innerhalb von B wegunabhängig.* Längs jeder geschlossenen Kurve innerhalb von B ist das Integral gleich Null. Zum Beweis dieser Aussage gehen wir von Gl. (61) aus, derzufolge gilt

$$\oint f(z)\,dz = \oint u(x,y)\,dx - \oint v(x,y)\,dy + \mathrm{i}\oint v(x,y)\,dx + \mathrm{i}\oint u(x,y)\,dy\,. \qquad (69)$$

Wendet man den Integralsatz von Gauß Gl. (XI, 171) auf jedes der Integrale auf der rechten Seite dieser Gleichung an und faßt anschließend je zwei Integrale zusammen, so folgt

$$\oint f(z)\,dz = -\iint\left(\frac{\partial u}{\partial y} + \frac{\partial v}{\partial x}\right)dx\,dy - \mathrm{i}\iint\left(\frac{\partial u}{\partial x} - \frac{dv}{\partial y}\right)dx\,dy\,. \qquad (70)$$

Da nun $f(z)$ voraussetzungsgemäß analytisch ist, gelten die Cauchy-Riemannschen Differentialgleichungen (45). Diesen Gleichungen zufolge verschwindet jeder der beiden Integranden auf der rechten Seite von Gl. (70), so daß das zu berechnende Integral gleich Null wird.

Wir betrachten nun das Integral $\int_0^z f(\zeta)\,d\zeta$ einer analytischen Funktion $f(\zeta)$. Wegen der eben bewiesenen Wegunabhängigkeit ist dieses Integral eine eindeutige Funktion der oberen Grenze z. Man kann daher schreiben

$$F(z) = \int_0^z f(\zeta)\,d\zeta\,. \qquad (71)$$

$F(z)$ nennt man die *Stammfunktion* von $f(z)$. Genau wie bei Funktionen von reellen Veränderlichen läßt sich zeigen, daß

$$f(z) = F'(z) \qquad (72)$$

ist. Des weiteren kann man auch folgenden Satz beweisen: *Ist $f(z)$ in einem Bereich B analytisch, so gilt*

$$\int_C f(z)\,dz = F(z_B) - F(z_A)\,. \qquad (73)$$

Dabei ist $F(z)$ die Stammfunktion von $f(z)$. z_A und z_B sind der Anfangspunkt bzw. der Endpunkt der Kurve C. Diesen Satz kann man mit Vorteil zur Berechnung von Integralen verwenden.

Als Beispiel berechnen wir nochmals das Integral in Gl. (67) über die dort angegebene Kurve C. Anfangs- und Endpunkt dieser Kurve lauten

$$z_A = 0 \quad \text{und} \quad z_B = 4 + 2\mathrm{i}\,. \qquad (74)$$

Der Integrand z^2 ist, wie im Anschluß an Gl. (49) gezeigt wurde, eine analytische Funktion und besitzt Gl. (52) zufolge die Stammfunktion $z^3/3$. Es ergibt sich daher mit Hilfe von Gl. (73)

$$\int_C z^2\,dz = \frac{z^3}{3}\bigg|_0^{4+2\mathrm{i}} = \frac{(4+2\mathrm{i})^3}{3} = \frac{64 + 96\mathrm{i} + 48\mathrm{i}^2 + 8\mathrm{i}^3}{3} = \frac{64 + 96\mathrm{i} - 48 - 8\mathrm{i}}{3} =$$
$$= \frac{16}{3} + \frac{88}{3}\mathrm{i}\,. \qquad (75)$$

5. Das Residuum

Wir betrachten eine Funktion $f(z)$, die in einem Bereich B eine einzige singuläre Stelle z_1 aufweisen möge*). Das Integral längs einer geschlossenen Kurve um z_1 ist dann, gemäß den Ausführungen des vorigen Abschnittes, im allgemeinen von Null verschieden. Es gilt aber der folgende Satz: *Das Integral längs einer geschlossenen Kurve um eine singuläre Stelle z_1 ist unabhängig von der speziellen Form der Kurve.* Man nennt dieses Integral, nachdem man es durch $2\pi i$ dividiert hat, das *Residuum* der Funktion $f(z)$ an der Stelle z_1 und schreibt dafür Res (z_1). Es ist also

$$\operatorname{Res}(z_1) = \frac{1}{2\pi i} \oint f(z)\, dz\,. \tag{76}$$

Aus dieser Definition folgt unmittelbar, daß das Residuum eines Punktes, an dem $f(z)$ analytisch ist, gleich Null ist.

Der Beweis der Unabhängigkeit des Integrals von der Kurvenform läßt sich wie folgt erbringen: Gegeben seien zwei beliebige Kurven C_1 und C_2 um z_1. Wir führen eine weitere Kurve C_g ein, die in Abb. 13 gestrichelt eingezeichnet ist, und

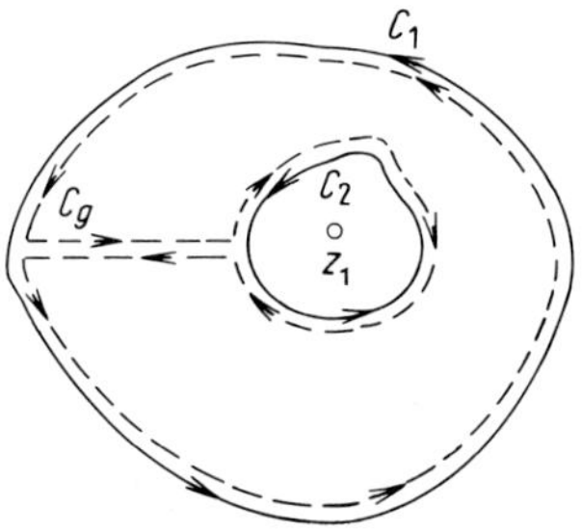

Abb. 13. Zur Definition des Residuums einer einzigen singulären Stelle z_1.

integrieren $f(z)$ längs C_g. Ein Teil von C_g stimmt genau mit C_1 überein, ein weiterer Teil bis auf das Vorzeichen mit C_2. Die beiden noch verbleibenden geradlinigen Teile heben sich weg. Wir erhalten daher

$$\oint_{C_g} f(z)\, dz = \oint_{C_1} f(z)\, dz - \oint_{C_2} f(z)\, dz\,. \tag{77}$$

Die Kurve C_g umfaßt einen einfach zusammenhängenden Bereich, in dem $f(z)$ überall regulär ist. Das Integral über C_g ist daher gleich Null. Daraus folgt mit Hilfe von Gl. (77)

$$\oint_{C_1} f(z)\, dz - \oint_{C_2} f(z)\, dz = 0$$

*) Wenn die Funktion $f(z)$ in ihrem Definitionsbereich mehrere isolierte singuläre Stellen aufweist, so wird der Bereich B so klein gewählt, daß er nur eine einzige dieser Stellen aufweist.

bzw.

$$\oint_{C_1} f(z)\,dz = \oint_{C_2} f(z)\,dz,$$

was zu beweisen war.

Als Beispiel betrachten wir die Funktion

$$f(z) = \frac{1}{1+z^2}.$$

Sie besitzt zwei singuläre Stellen, nämlich bei $z = \mathrm{i}$ und $z = -\mathrm{i}$, wo sie jeweils unendlich wird. Wir wollen das Residuum an der Stelle $z = \mathrm{i}$ bestimmen, indem wir das Integral in Gl. (76) längs eines Kreises mit dem Radius R um den Mittelpunkt i berechnen, der nur die eine Singularität umfaßt. Die Gleichung dieses Kreises lautet, wie ein Vergleich mit Gl. (68) zeigt, $z = \mathrm{i} + R\mathrm{e}^{\mathrm{i}t}$. Durch Differentiation dieser Beziehung folgt $dz = \mathrm{i}R\mathrm{e}^{\mathrm{i}t}\,dt$. Wir erhalten daher mit Hilfe von Gl. (66)

$$\begin{aligned}\operatorname{Res}(\mathrm{i}) &= \frac{1}{2\pi\mathrm{i}}\oint\frac{dz}{1+z^2} = \frac{1}{2\pi\mathrm{i}}\int_0^{2\pi}\frac{\mathrm{i}R\mathrm{e}^{\mathrm{i}t}\,dt}{1+(\mathrm{i}+R\mathrm{e}^{\mathrm{i}t})^2} = \frac{1}{2\pi\mathrm{i}}\int_0^{2\pi}\frac{\mathrm{i}R\mathrm{e}^{\mathrm{i}t}\,dt}{2\mathrm{i}R\mathrm{e}^{\mathrm{i}t}+R^2\mathrm{e}^{2\mathrm{i}t}} = \\ &= \frac{1}{2\pi}\int_0^{2\pi}\frac{dt}{2\mathrm{i}+R\mathrm{e}^{\mathrm{i}t}}.\end{aligned}$$

Da es gemäß den Ausführungen dieses Abschnittes für die Berechnung des Integrals unerheblich ist, welchen Wert R hat (solange nicht auch die zweite singuläre Stelle umfaßt wird), können wir R gegen Null gehen lassen. Es ergibt sich dann

$$\operatorname{Res}(\mathrm{i}) = \frac{1}{2\pi}\int_0^{2\pi}\frac{dt}{2\mathrm{i}} = \frac{1}{2\mathrm{i}}. \tag{78}$$

Bei bestimmten Problemen der Thermodynamik besitzt die Funktion $f(z)$ die Form $\mathrm{e}^{F(z)}$, wobei $F(z)$ an einer bestimmten Stelle einen Sattelpunkt mit einem sehr stark ausgeprägten Maximum hat. Es reicht in diesem Fall aus, wenn man als Integrationsweg anstelle einer geschlossenen Kurve nur ein kurzes Stück in der Umgebung dieses Sattelpunktes wählt. Das Verfahren wird als *Sattelpunktmethode* bezeichnet.

Des weiteren wollen wir noch erwähnen, daß man das Residuum statt über Gl. (76) auch aus dem Koeffizienten a_{-1} der Laurent-Reihe entnehmen kann (s. Abschn. D 3).

Wir betrachten als nächstes eine Funktion $f(z)$, die in einem Bereich B n singuläre Stellen $z_1, z_2, \ldots, z_n$ aufweisen möge (s. Abb. 14, wo $n = 3$ ist). Es gilt dann der folgende Residuensatz: *Das Integral längs einer geschlossenen Kurve C, die n singuläre Stellen $z_1, z_2, \ldots, z_n$ umfaßt, ist unabhängig von der Form der Kurve gleich der Summe der mit $2\pi\mathrm{i}$ multiplizierten Residuen der einzelnen singulären Stellen*

$$\oint_C f(z)\,dz = 2\pi\mathrm{i}\sum_{k=1}^{n}\operatorname{Res}(z_k). \tag{79}$$

Der Beweis erfolgt nach dem gleichen Prinzip wie im vorangegangenen Fall einer einzigen Singularität. Wir zeichnen um jede singuläre Stelle jeweils einen Kreis,

$K_1, K_2, \ldots, K_n$ (s. Abb. 14). Anschließend führen wir eine gestrichelte Kurve C_g ein, die entlang der Kurven C, $K_1, K_2, \ldots K_n$ läuft. Da sich die geradlinigen Teile von C_g gegenseitig aufheben, gilt ähnlich wie in Gl. (77)

$$\oint_{C_g} f(z)\,dz = \int_C f(z)\,dz - \int_{C_1} f(z)\,dz - \int_{C_2} f(z)\,dz - \cdots - \int_{C_n} f(z)\,dz\,.$$

Die Kurve C_g umschließt nun einen Bereich, der frei von Singularitäten ist. Das Integral längs dieser Kurve muß daher gleich Null sein. Daraus folgt

$$\int_C f(z)\,dz - \int_{C_1} f(z)\,dz - \int_{C_2} f(z)\,dz - \cdots - \int_{C_n} f(z)\,dz = 0$$

oder, durch Umstellung und Zuhilfenahme von Gl. (76)

$$\int_C f(z)\,dz = \sum_{k=1}^{n} \int_{C_k} f(z)\,dz = 2\pi \mathrm{i} \sum_{k=1}^{n} \mathrm{Res}(z_k)\,.$$

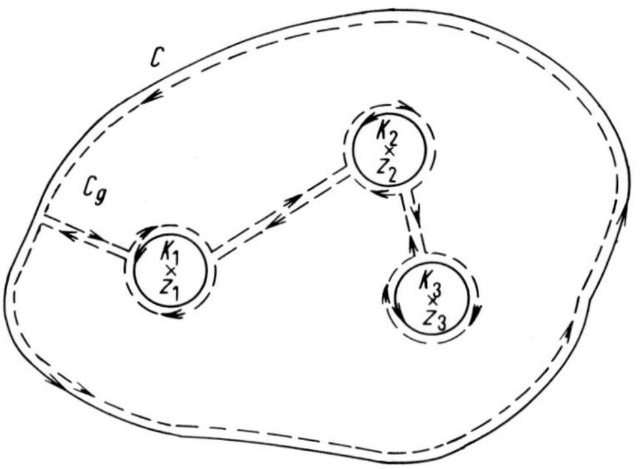

Abb. 14. Zum Beweis des Residuensatzes.

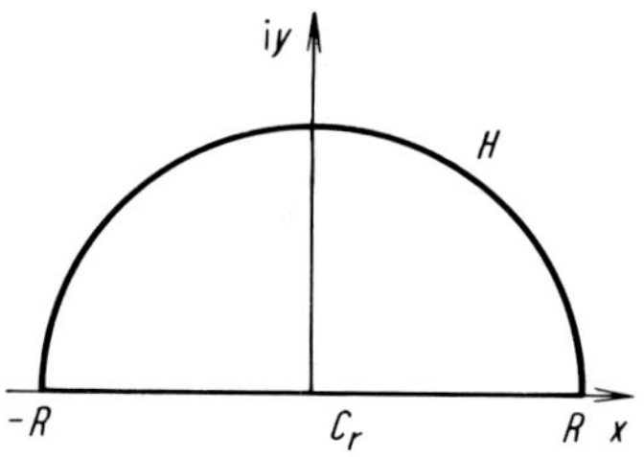

Abb. 15. Zur Berechnung des Integrals $\int_{-\infty}^{+\infty} \frac{dx}{1+x^2}$.

Den Residuensatz kann man unter anderem dazu verwenden, bestimmte Integrale von reellen Veränderlichen zu berechnen. Zur Erläuterung des hierbei angewandten Verfahrens bestimmen wir das Integral

$$\int_{-\infty}^{+\infty} \frac{dx}{1+x^2}\,.$$

Wir betrachten hierzu das entsprechende Integral in der komplexen Ebene

$$\int_C \frac{dz}{1+z^2}\,.$$

C soll dabei eine geschlossene Kurve sein, die sich auf der reellen Achse von $-R$ nach $+R$ erstreckt und anschließend auf dem Halbkreis H wieder zum Punkt $-R$ der reellen Achse zurückkehrt (s. Abb. 15). Die Kurve C umfaßt als einzige singuläre Stelle den Punkt $z = \mathrm{i}$. Das Residuum an dieser Stelle ist Gl. (78) zufolge gleich $1/2\mathrm{i}$. Wir können daher auf Grund von Gl. (79) schreiben

$$\int_C \frac{dz}{1+z^2} = 2\pi\mathrm{i} \cdot \frac{1}{2\mathrm{i}} = \pi . \tag{80}$$

Das betrachtete Kurvenintegral kann man nun als Summe der Kurvenintegrale über den entsprechenden Teil der reellen Achse, den wir mit C_r bezeichnen wollen, und über dem Halbkreis H auffassen. Es gilt daher Gl. (80) zufolge auch

$$\int_{C_r} \frac{dz}{1+z^2} + \int_H \frac{dz}{1+z^2} = \pi . \tag{81}$$

Für den Weg längs der reellen Achse können wir setzen $z = x$ und $dz = dx$, so daß Gl. (81) übergeht in

$$\int_{-R}^{+R} \frac{dx}{1+x^2} + \int_H \frac{dz}{1+z^2} = \pi .$$

Wenn man nun R gegen Unendlich gehen läßt, so wird das zweite Integral wegen des verschwindenden Integranden, wie man zeigen kann, gleich Null, so daß man erhält

$$\int_{-\infty}^{+\infty} \frac{dx}{1+x^2} = \pi .$$

6. Cauchysche Integralformel

Gegeben sei eine Funktion $f(z)$, die in einem einfach zusammenhängenden Bereich analytisch ist. Wir fassen einen bestimmten Punkt z_0 ins Auge und bilden den Ausdruck

$$\frac{f(z)}{z - z_0} .$$

Dieser Ausdruck stellt ebenfalls eine Funktion von z dar, die in B überall analytisch ist, außer im Punkt $z = z_0$. Wegen dieser singulären Stelle ist

$$\oint_C \frac{f(z)}{z - z_0} dz$$

längs einer geschlossenen Kurve C um z_0 im allgemeinen von Null verschieden. Welchen Wert hat dieses Integral?

Bei der Berechnung des betrachteten Integrals ist es auf Grund der Ausführungen im vorigen Abschnitt gleichgültig, welche spezielle Form die Kurve C hat, solange sie geschlossen ist und die singuläre Stelle z_0 umfaßt. Wir nehmen als Kurve C einen Kreis vom Radius R um z_0. Gl. (68) zufolge gilt für diesen Kreis

$$z = z_0 + R\mathrm{e}^{\mathrm{i}t} \tag{82}$$

sowie

$$dz = R\mathrm{i}\mathrm{e}^{\mathrm{i}t}\,dt\,.$$

Wenn man dies in das zu berechnende Integral gemäß der Vorschrift Gl. (66) einsetzt, so ergibt sich

$$\oint\limits_C \frac{f(z)}{z - z_0}\,dz = \int\limits_0^{2\pi} \frac{f(z_0 + R\mathrm{e}^{\mathrm{i}t})}{R\mathrm{e}^{\mathrm{i}t}}\,R\mathrm{i}\mathrm{e}^{\mathrm{i}t}\,dt = \mathrm{i}\int\limits_0^{2\pi} f(z_0 + R\mathrm{e}^{\mathrm{i}t})\,dt\,.$$

Da der Wert des Integrals von R unabhängig sein muß, können wir R gegen Null gehen lassen und erhalten

$$\oint \frac{f(z)\,dz}{z - z_0} = \mathrm{i}\int\limits_0^{2\pi} f(z_0)\,dt = 2\pi\mathrm{i}f(z_0)\,.$$

Wenn man nun noch z durch ζ und z_0 durch z ersetzt, so kommt man auf die für das folgende wichtige *Cauchysche Integralformel*

$$f(z) = \frac{1}{2\pi\mathrm{i}}\oint \frac{f(\zeta)}{\zeta - z}\,d\zeta\,. \tag{83}$$

Diese besagt in Worten folgendes: *Eine in einem Bereich B analytische Funktion ist in dem gesamten Bereich allein durch diejenigen Werte bestimmt, die sie längs seines Randes annimmt. Man kann die Funktionswerte innerhalb von B aus denen am Rande von B mit Hilfe von Gl. (83) berechnen.* Wir sehen daran noch einmal, wie weitreichende Konsequenzen es hat, wenn eine Funktion analytisch ist.

Mit Hilfe der Cauchyschen Integralformel kann man zu einer wichtigen Aussage über die höheren Ableitungen einer analytischen Funktion kommen. Es läßt sich allgemein zeigen, daß man auch bei Funktionen von komplexen Variablen, falls sie stetig sind, die Integration und die Differentiation hinsichtlich der Reihenfolge miteinander vertauschen kann. Wenn man nun Gl. (83) auf beiden Seiten nach z differenziert, so ergibt sich daher

$$f'(z) = \frac{1}{2\pi\mathrm{i}}\frac{\partial}{\partial z}\oint \frac{f(\zeta)}{\zeta - z}\,d\zeta = \frac{1}{2\pi\mathrm{i}}\oint \frac{\partial}{\partial z}\frac{f(\zeta)}{\zeta - z}\,d\zeta = \frac{1}{2\pi\mathrm{i}}\oint \frac{f(\zeta)}{(\zeta - z)^2}\,d\zeta\,. \tag{84}$$

Durch nochmalige Differentiation erscheint im Nenner auf der rechten Seite die dritte Potenz sowie ein Faktor 2 usw. Allgemein erhält man durch n-maliges Ableiten

$$f^{(n)}(z) = \frac{n!}{2\pi\mathrm{i}}\oint \frac{f(\zeta)}{(\zeta - z)^{n+1}}\,d\zeta\,. \tag{85}$$

Man kann also sagen: *Ist eine Funktion analytisch, so kann man sie nicht nur einmal, sondern beliebig oft differenzieren. Die n-te Ableitung ist allgemein durch Gl. (85) gegeben.* Bei der Differentiation einer analytischen Funktion stößt man also niemals auf eine Funktion, die nicht analytisch ist. Selbstverständlich kann aber die Ableitung Null werden, da ja Null auch als eine analytische Funktion angesehen werden kann, deren Ableitung wieder Null ist.

Fragen und Aufgaben

1. Erläutere die Ausdrücke „singulär", „regulär" und „analytisch".
2. Wie kann man erkennen, ob eine Funktion analytisch ist?
3. Nenne einige Folgerungen aus der Tatsache, daß eine Funktion analytisch ist.
4. Welche Arten von singulären Stellen gibt es?
5. Wie lauten die Ableitungen der Funktionen z^n, e^z, $\sin z$?
6. Wie ist das Integral einer Funktion einer komplexen Variablen definiert? Unter welchen Bedingungen ist dieses Integral wegunabhängig?
7. Was versteht man unter dem Residuum? Wie kann man es berechnen und wozu kann man es verwenden?
8. Was besagt die Cauchysche Integralformel?
9. Beweise, daß die Funktion e^z die Cauchy-Riemannschen Differentialgleichungen erfüllt und daher differenzierbar ist.
10. Beweise mit Hilfe der Gln. (20) und (21), daß gilt $(\sin z)' = \cos z$.
11. Berechne das Residuum der Funktion $1/z$ durch eine Integration längs des Einheitskreises um $z = 0$.

D. Reihenentwicklungen von Funktionen einer komplexen Variablen

1. Allgemeines über Reihen von Funktionen

Wie im Reellen (vgl. Abschn. VII B 9) definiert auch eine unendliche Reihe von Funktionen einer komplexen Variablen z, $\sum_{\nu=0}^{\infty} f_\nu(z)$, innerhalb ihres Konvergenzbereichs eine neue Funktion $f(z)$

$$f(z) = \sum_{\nu=0}^{\infty} f_\nu(z). \tag{86}$$

Wenn die einzelnen Funktionen $f_\nu(z)$ stetig sind und die Reihe in einem Bereich B gleichmäßig konvergiert, so ist $f(z)$ stetig und somit auch integrierbar. Das Integral von $f(z)$ ergibt sich dann durch gliedweise Integration der Reihe. Der Beweis für diese Behauptungen wird ähnlich wie bei reellen Funktionen geführt.

Von besonderer Bedeutung ist die Wiedergabe von Funktionen durch Potenzreihen

$$f(z) = \sum_{\nu=0}^{\infty} a_\nu (z - z_0)^\nu. \tag{87}$$

Es gilt hier der folgende Satz: *Zwei Potenzreihen*

$$\sum_{\nu=0}^{\infty} a_\nu (z - z_0)^\nu \quad \textit{und} \quad \sum_{\nu=0}^{\infty} b_\nu (z - z_0)^\nu, \tag{88}$$

*die längs eines kleinen Wegstückes s, das durch z_0 geht**⁾, *die gleichen Werte besitzen, stimmen in ihren Koeffizienten vollständig überein, sind also in ihrem gesamten Konvergenzbereich identisch.* Zum Beweis dieses Satzes betrachten wir eine unendliche Zahlenfolge $z_1, z_2, z_3, \ldots$ auf s, die ganz in B liegt und die gegen z_0 konvergiert. Für jeden Wert z_k dieser Folge gilt voraussetzungsgemäß

$$\sum_{\nu=0}^{\infty} a_\nu (z_k - z_0)^\nu = \sum_{\nu=0}^{\infty} b_\nu (z_k - z_0)^\nu . \tag{89}$$

Wenn z_k gegen z_0 strebt, verschwinden alle Summanden, für die $\nu > 0$ ist, und Gl. (89) geht über in

$$a_0 = b_0 . \tag{90}$$

Gl. (90) zufolge heben sich in Gl. (89) die Glieder mit $\nu = 0$ weg, und wir erhalten

$$a_1 (z_k - z_0) + a_2 (z_k - z_0)^2 + \cdots = b_1 (z_k - z_0) + b_2 (z_k - z_0)^2 + \cdots . \tag{91}$$

Wir kürzen nun die ganze Gleichung durch $z_k - z_0$ und kommen so zur Beziehung

$$a_1 + a_2 (z_k - z_0) + \cdots = b_1 + b_2 (z_k - z_0) + \cdots . \tag{92}$$

Wenn man jetzt wieder z_k gegen z_0 gehen läßt, so folgt daraus

$$a_1 = b_1 .$$

Wenn wir das berücksichtigen, so heben sich in Gl. (92) die Glieder für $n = 1$ weg, und wir können auf die gleiche Weise zeigen, daß $a_2 = b_2$ ist, usw.

2. Taylorsche Reihe

Wir fragen nun, ob man Funktionen einer komplexen Variablen durch Potenzreihen darstellen kann. Es gilt hierzu der folgende Satz: *Ist $f(z)$ in einem Bereich B analytisch, so kann man $f(z)$ um einen beliebigen Punkt z_0 aus B in eine Potenzreihe der Form*

$$f(z) = \sum_{\nu=0}^{\infty} a_\nu (z - z_0)^\nu \tag{93}$$

entwickeln, mit

$$a_\nu = \frac{1}{\nu!} f^{(\nu)}(z_0) = \frac{1}{2\pi i} \oint \frac{f(\zeta)}{(\zeta - z_0)^{\nu+1}} d\zeta . \tag{94}$$

Das Integral erstreckt sich über eine beliebige geschlossene Kurve in B um z_0. Der Konvergenzkreis ist der größte Kreis um z_0, in dem $f(z)$ analytisch ist (s. Abb. 16). Die erhaltene Reihe ist die einzig mögliche Potenzreihe um z_0, durch die $f(z)$ dargestellt wird. Man bezeichnet sie als *Taylorsche Reihe.*

---

*⁾ oder für eine Zahlenfolge, die gegen z_0 konvergiert.

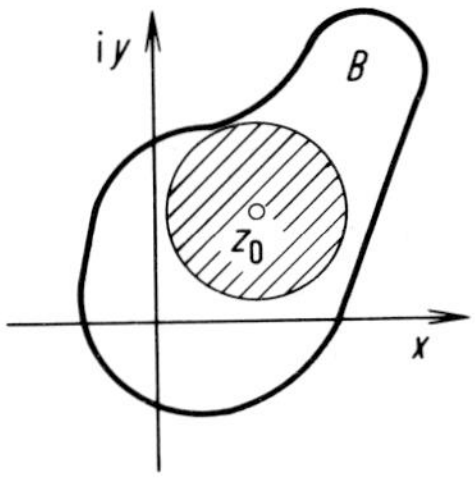

Abb. 16. Konvergenzkreis der Taylorschen Reihe um z_0.

Zum Beweis dieses Satzes gehen wir von der Cauchyschen Integralformel Gl. (83) aus und formen den Integranden etwas um

$$f(z) = \frac{1}{2\pi i} \oint \frac{f(\zeta)}{\zeta - z} d\zeta = \frac{1}{2\pi i} \oint \frac{f(\zeta)}{\zeta - z_0} \frac{1}{1 - \dfrac{z - z_0}{\zeta - z_0}} d\zeta . \qquad (95)$$

Der als letztes geschriebene Bruch kann Gl. (VI, 41) zufolge als Summe der geometrischen Reihe $\sum\limits_{\nu=0}^{\infty} \left(\dfrac{z - z_0}{\zeta - z_0}\right)^{\nu}$ aufgefaßt werden. Indem man dies berücksichtigt und außerdem noch das Summenzeichen mit dem Integralzeichen vertauscht, findet man

$$f(z) = \frac{1}{2\pi i} \oint \frac{f(z)}{\zeta - z_0} \sum_{\nu=0}^{\infty} \left(\frac{z - z_0}{\zeta - z_0}\right)^{\nu} d\zeta =$$

$$= \frac{1}{2\pi i} \sum_{\nu=0}^{\infty} \oint \frac{f(\zeta)}{(\zeta - z_0)^{\nu+1}} d\zeta \cdot (z - z_0)^{\nu} . \qquad (96)$$

Damit ist Gl. (93) bewiesen. Die behauptete Eindeutigkeit der Entwicklung folgt aus dem oben im Zusammenhang mit Gl. (88) aufgestellten Satz.

Falls man sich auf reelle Werte von z beschränkt, geht Gl. (93) in die bereits früher abgeleitete Taylorsche Reihe Gl. (X, 280) über. Die Koeffizienten kann man dann naturgemäß nur aus dem ersten Ausdruck in Gl. (94) bestimmen.

Bei Beschränkung auf reelle Variable kann man, wie in X, D 1 ausgeführt wurde, keine allgemein gültige Aussage über das Konvergenzverhalten der Reihe machen. Man muß dieses für jede Reihe durch eine Abschätzung des Restgliedes R_n eigens bestimmen. Bei komplexen Variablen ist der Satz über die Entwickelbarkeit in eine Taylorreihe bedeutend aussagekräftiger. Man weiß hier, daß der Konvergenzkreis der größte Kreis um z_0 ist, in dem $f(z)$ analytisch ist.

Aus rein praktischen Erwägungen ist es meistens auch bei komplexen Variablen einfacher, die Koeffizienten der Taylorschen Reihe über den ersten Ausdruck in Gl. (94) zu berechnen als über die Integralformel. Indem man dies tut, erhält man z. B. für die Funktionen $(1 + z)^m$, e^z, $\sin z$, $\cos z$, $\ln z$ jeweils formal die gleichen Reihen wie für reelle Veränderliche, nur daß jetzt die Variable auch komplexe Werte annehmen kann. Das Restglied braucht nicht mehr abgeschätzt zu werden. Man kann sicher sein, daß alle diese Reihen in der gesamten komplexen Ebene konvergieren, weil die zugrundeliegenden Funktionen in der gesamten Ebene analytisch sind.

3. Laurent-Reihe

Zur Entwicklung einer Funktion $f(z)$ in eine Taylorsche Reihe um z_0 muß vorausgesetzt werden, daß $f(z)$ in z_0 und einer Umgebung von z_0 analytisch ist. Um eine singuläre Stelle herum gibt es keine Taylorsche Reihe. Interessanterweise kann man aber eine Funktion in der Umgebung einer singulären Stelle durch eine andere Art von Reihe darstellen. Es gilt: *Ist $f(z)$ innerhalb eines Bereichs B überall analytisch, außer in einem isolierten Punkt z_0, und ist C eine beliebige geschlossene Kurve in B, die z_0 umfaßt, so kann man $f(z)$ um z_0 in eine Potenzreihe der Form*

$$f(z) = \sum_{\nu=-\infty}^{+\infty} a_\nu (z - z_0)^\nu \tag{97}$$

entwickeln, mit

$$a_\nu = \frac{1}{2\pi i} \oint_C \frac{f(\zeta)}{(\zeta - z_0)^{\nu+1}} d\zeta . \tag{98}$$

Diese Reihe konvergiert in jedem Kreisring um z_0, in dem $f(z)$ keine Singularitäten aufweist. Die erhaltene Reihe ist die einzige mögliche Potenzreihe um z_0, durch die $f(z)$ dargestellt wird. Man bezeichnet sie als *Laurent-Reihe.* Im Unterschied zur Taylorschen Reihe weist die Laurent-Reihe auch negative Potenzen auf.

Um Gl. (97) zu beweisen, legen wir um z_0 zwei Kreise K_1 und K_2, sowie eine weitere Kurve C_g, die in Abb. 17 gestrichelt eingezeichnet ist. Wir fassen nun einen Punkt z innerhalb des Kreisringes ins Auge. Die Kurve C_g ist eine geschlossene Kurve um z, innerhalb derer $f(z)$ überall regulär ist. Mit Hilfe der Cauchyschen Integralformel Gl. (83) ergibt sich daher

$$f(z) = \frac{1}{2\pi i} \oint_{C_g} \frac{f(\zeta)}{\zeta - z} d\zeta .$$

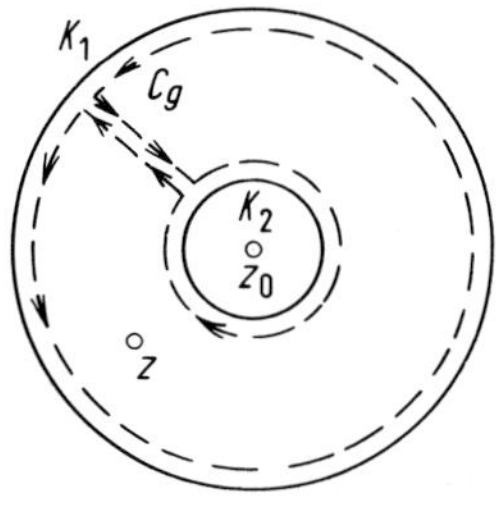

Abb. 17. Zur Ableitung der Laurent-Reihe um z_0.

Auf gleiche Art wie im Zusammenhang mit Gl. (83) kann man nun zeigen, daß das Integral über C_g gleich der Differenz der Integrale über die beiden Kreise K_1 und K_2 ist. Durch eine Umformung der Integranden ähnlich wie in den Gln. (95) und (96) folgt dann

$$f(z) = \frac{1}{2\pi i} \oint_{C_g} \frac{f(\zeta)}{\zeta - z} d\zeta = \frac{1}{2\pi i}\left[\oint_{K_1} \frac{f(\zeta)}{\zeta - z} d\zeta - \oint_{K_2} \frac{f(\zeta)}{\zeta - z} d\zeta \right] =$$

$$= \frac{1}{2\pi i}\left[\oint_{K_1} \frac{f(\zeta)}{\zeta - z_0} \frac{1}{1 - \dfrac{z - z_0}{\zeta - z_0}} d\zeta - \int_{K_2} \frac{f(\zeta)}{z - z_0} \cdot \frac{1}{1 - \dfrac{z - \zeta}{z - z_0}} d\zeta\right] =$$

$$= \frac{1}{2\pi i}\left[\oint_{K_1} \frac{f(\zeta)}{\zeta - z_0} \sum_{\nu=0}^{\infty}\left(\frac{z - z_0}{\zeta - z_0}\right)^{\nu} d\zeta - \oint_{K_2} \frac{f(\zeta)}{z - z_0} \sum_{\nu=0}^{\infty}\left(\frac{z - \zeta}{z - z_0}\right)^{\nu} d\zeta\right] =$$

$$= \frac{1}{2\pi i}\left[\sum_{\nu=0}^{\infty}(z - z_0)^{\nu} \cdot \oint_{K_1} \frac{f(\zeta)}{(\zeta - z_0)^{\nu+1}} d\zeta - \right.$$

$$\left. - \sum_{\nu=1}^{\infty} \frac{1}{(z - z_0)^{\nu}} \oint_{K_2} f(\zeta)(z - \zeta)^{\nu-1} d\zeta\right]. \tag{99}$$

Da die Integrale auf Grund des Residuumsatzes unabhängig von der Form der Kurve sind, die z_0 umschließt, kann man bei der Berechnung der Integrale K_2 mit K_1 zusammenfallen lassen. Wenn man dann noch in der zweiten Summe ν durch $-\nu$ ersetzt und beide Summen zu einer zusammenfaßt, geht das erhaltene Resultat in die rechte Seite von Gl. (97) über. Damit ist diese Gleichung bewiesen. Auf den Beweis der Eindeutigkeit der Reihenentwicklung verzichten wir.

Unter dem *Hauptteil der Laurent-Reihe* versteht man denjenigen Teil, der die negativen Potenzen aufweist. Er gibt Aufschluß über das Wesen der Singularität in z_0. *Ist der Hauptteil gleich Null, so ist die Funktion in z_0 analytisch*, da ja dann die Laurent-Reihe in eine Taylorsche Reihe übergeht. Besteht der Hauptteil aus endlich vielen Gliedern, so kann man zeigen, daß $\lim\limits_{z \to z_0} f(z) = \infty$ ist. Es liegt dann also gemäß den Ausführungen in Abschn. C 2 ein Pol vor. *Weist der Hauptteil Potenzen bis zur n-ten Ordnung auf, so spricht man insbesondere von einem Pol n-ter Ordnung. Wenn der Hauptteil schließlich nicht abbricht, also aus unendlich vielen Summanden besteht, so handelt es sich um eine wesentlich singuläre Stelle;* $\lim\limits_{z \to z_0} f(z)$ existiert dann nicht. Um eine singuläre Stelle, die ein Verzweigungspunkt ist, kann man keine Laurent-Reihe entwickeln*).

Bei der Entwicklung einer Funktion in eine Laurent-Reihe vermeidet man gewöhnlich die Berechnung der Koeffizienten mit Hilfe der umständlichen Integralformel (Gl. (98). Man versucht vielmehr, die Reihe durch irgendwelche Umformungen zu finden unter Verwendung bereits bekannter Formeln. Wegen der Eindeutigkeit der Reihendarstellung kann man sicher sein, daß eine einmal erhaltene Reihe auch tatsächlich die Laurent-Reihe ist.

Als erstes Beispiel betrachten wir die Funktion $f(z) = \dfrac{1}{z(z-1)}$. Diese Funktion ist an den Stellen $z = 0$ und $z = 1$ singulär. Wir entwickeln sie in eine Reihe um $z = 0$ und wissen, daß diese Reihe im Bereich $0 < |z| < 1$ konvergieren muß. Wir erhalten die Reihe durch eine einfache Umformung und an-

---

*) Man kann hier höchstens eine Entwicklung $f(z_0 + \Delta z^k) = \sum\limits_{\nu=-\infty}^{\infty} a_\nu \Delta z^\nu = \sum\limits_{\nu=-\infty}^{\infty} a_\nu (z - z_0)^{\nu/k}$ vornehmen, wobei $k - 1$ die Ordnung des Verzweigungspunktes ist.

schließende Anwendung der Summenformel Gl. (VI, 41) der geometrischen Reihe

$$\frac{1}{z(z-1)} = \frac{1}{z} + \frac{1}{1-z} = + \frac{1}{z} + \sum_{\nu=0}^{\infty} z^{\nu}.$$

Es ist also

$$\frac{1}{z(z-1)} = \frac{1}{z} + 1 + z + z^2 + z^3 + \cdots. \tag{100}$$

Der Hauptteil lautet $1/z$, besteht also nur aus einem einzigen Glied. Es liegt daher bei $z = 0$ ein Pol erster Ordnung vor.

Als nächstes entwickeln wir die Funktion $e^{\frac{1}{z}}$ in eine Reihe um den Punkt $z = 0$. Wir setzen zunächst $1/z = \zeta$. Auf Grund von Gl. (13) gilt dann $e^{\zeta} = \sum\limits_{\nu=0}^{\infty} \frac{\zeta^{\nu}}{\nu!}$. Indem wir wieder z einführen, folgt daraus $e^{\frac{1}{z}} \sum\limits_{\nu=0}^{\infty} \frac{1}{\nu! z^{\nu}}$ oder ausgeschrieben,

$$e^{\frac{1}{z}} = \cdots + \frac{1}{3! z^3} + \frac{1}{2! z^2} + \frac{1}{z} + 1. \tag{101}$$

Der Hauptteil der Laurent-Reihe bricht hier nicht ab, die Funktion besitzt daher bei $z = 0$ eine wesentlich singuläre Stelle.

Des weiteren entwickeln wir die Funktion ctg z in eine Reihe um $z = 0$. Mit Hilfe der bekannten Reihen für $\sin z$ und $\cos z$ ergibt sich

$$\cot z = \frac{\cos z}{\sin z} = \frac{1 - \frac{z^2}{2!} + \frac{z^4}{4!} - + \cdots}{z - \frac{z^3}{3!} + \frac{z^5}{5!} - + \cdots} = \frac{1}{z} + a_0 + a_1 z + \cdots. \tag{102}$$

Die Koeffizienten a_0, a_1 usw. lassen sich zwar nicht in einfacher Weise bestimmen, wir erkennen aber, daß der Hauptteil der Laurent-Reihe abbricht, daß also bei $z = 0$ ein Pol erster Ordnung vorliegt.

Als letztes schließlich entwickeln wir noch die Funktion $\frac{1}{1-z}$ in eine Reihe um $z = 1$. Die Reihe muß Glieder der Form $(z-1)^{\nu}$ aufweisen. Durch einfache Umformung ergibt sich

$$\frac{1}{1-z} = -\frac{1}{z-1}. \tag{103}$$

Die Reihe besteht also nur aus einem einzigen Glied, das gleichzeitig auch den Hauptteil ausmacht. Bei $z = 1$ liegt daher ein Pol erster Ordnung vor.

4. Zur Berechnung des Residuums

Wenn man die Gl. (98) für die Koeffizienten der Laurent-Reihe näher betrachtet, so erkennt man, daß der Koeffizient a_{-1}, also der Faktor, der in der Laurent-Reihe vor dem Ausdruck $(z - z_0)^{-1}$ steht, gleich $(2\pi i)^{-1} \oint f(z)\,dz$ ist. Dies ist genau das Integral, welches das Residuum der betrachteten Funktion an der Stelle z_0 angibt. Wir können also sagen: *Das Residuum der Funktion $f(z)$ an der Stelle z_0 ist gleich dem Koeffizienten a_{-1} der Laurent-Reihe dieser Funktion um z_0.* Um das Residuum der Funktion $f(z)$ an der Stelle z_0 zu bestimmen, kann man daher diese Funktion nach einer der in den Beispielen des vorigen Abschnittes besprochenen Methoden in eine Laurent-Reihe um z_0 entwickeln und aus dieser Reihe den Koeffizienten vor $(z - z_0)^{-1}$ entnehmen. Dies ist häufig einfacher als die Berechnung nach Gl. (76).

Beispiele:

Die Funktion $e^{\frac{1}{z}}$ besitzt an der Stelle $z = 0$ eine singuläre Stelle. Das Residuum an dieser Stelle beträgt Gl. (101) zufolge 1.

Die Funktion $1/z(z-1)$ besitzt an der Stelle $z = 0$ eine singuläre Stelle. Gl. (100) zufolge beträgt das Residuum hier 1.

Fragen und Aufgaben

1. Was ist der Unterschied zwischen einer Taylor- und einer Laurent-Reihe?
2. Wie bestimmt man die Koeffizienten der oben genannten Reihen?
3. Welche Bedeutung hat die Eindeutigkeit der Darstellung durch Reihen für die Bestimmung der Koeffizienten der Taylor- und Laurent-Reihe?
4. Wie bestimmt man den Konvergenzradius einer Taylorschen Reihe bei reellen Variablen und wie bei komplexen Variablen?
5. Welcher Zusammenhang besteht zwischen dem Residuum einer Funktion an der Stelle z_0 und der Laurent-Reihe der Funktion um diese Stelle?
6. Entwickle die folgenden Funktionen in Reihen um den jeweils angegebenen Punkt und diskutiere das Verhalten der Funktionen an diesem Punkt:

   a) $\frac{1}{z}e^z$ um $z = 0$;

   b) $\frac{1}{(z-a)^n}$ um $z = a$ (n ist ganzzahlig);

   c) $\frac{1}{z(z-1)}$ um $z = 1$ $\left(\text{Anleitung: Partialbruchzerlegung, danach beachten, daß für } 1 < |z| < 2 \text{ gilt } \frac{1}{z} = \frac{1}{1-(1-z)} = \sum_{k=1}^{\infty}(z-1)^k\right)$.
7. Wie lauten die Residuen der Funktionen in Aufgabe 6 jeweils an der Stelle, an der die Reihenentwicklung vorgenommen wurde?

E. Weitere funktionentheoretische Betrachtungen

1. Der Identitätssatz für analytische Funktionen

Von grundlegender Bedeutung für die Funktionentheorie ist der sog. Identitätssatz für analytische Funktionen. Er lautet: *Stimmen zwei Funktionen $f(z)$ und $g(z)$, die in einem Bereich B analytisch sind, längs eines kleinen Wegstückes s (s. Abb. 18) miteinander überein*), so sind die beiden Funktionen überall in B einander gleich.*

Zum Beweis dieses Satzes entwickelt man jede der beiden Funktionen um den Punkt z_1 auf s in eine Taylorreihe. Der Konvergenzbereich der beiden Taylorreihen ist durch den Kreis k_1 in Abb. 18 gegeben. Auf Grund des in Abschn. D 1 angegebenen Identitätssatzes für Potenzreihen müssen nun die beiden Taylorreihen, die

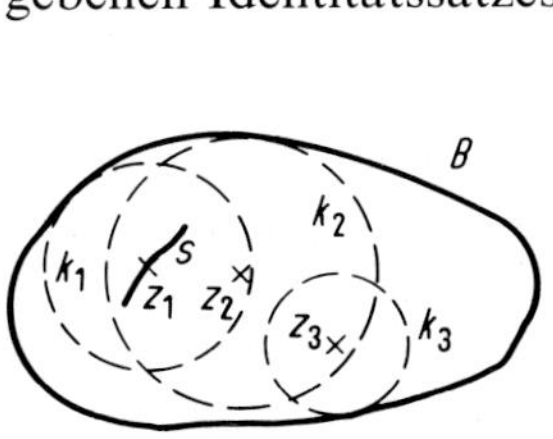

Abb. 18. Zum Beweis des Identitätssatzes für analytische Funktionen.

*) oder längs einer Zahlenfolge, die gegen einen Punkt in B konvergiert.

ja längs der Kurve s voraussetzungsgemäß übereinstimmen, im gesamten Kreis k_1 identisch sein. Damit ist auch die Identität der beiden Funktionen $f(z)$ und $g(z)$ in diesem Kreis bewiesen. Als nächstes nimmt man nun eine Reihenentwicklung um einen zweiten Punkt z_2 innerhalb von k_1 vor. Die Taylorreihen um diesen Punkt konvergieren innerhalb des in Abb. 18 eingezeichneten Kreises k_2 um diesen Punkt, und in gleicher Weise wie vorher folgt die Übereinstimmung der beiden gegebenen Funktionen $f(z)$ und $g(z)$ in k_2. Anschließend entwickelt man um einen weiteren Punkt z_3 usw., bis der ganze Bereich B überstrichen ist.

Aus dem obigen Satz folgt, daß es nicht zwei analytische Funktionen gibt, die längs eines kleinen Wegstückes miteinander übereinstimmen, die aber im übrigen Definitionsbereich voneinander verschieden sind. Das bedeutet wiederum, *daß eine analytische Funktion durch die Werte, die sie längs eines kleinen Kurvenstückes annimmt**⁾*, in ihrem ganzen Definitionsbereich bestimmt ist.* Damit ist erneut bewiesen, wie einschneidend die Forderung ist, daß eine Funktion analytisch sein soll. Im allgemeinen Fall ist eine Funktion nämlich erst dann bestimmt, wenn man jedem Punkt des Definitionsbereichs einen Funktionswert zuordnet.

2. Analytische Fortsetzung

Der oben angeführte Identitätssatz ist von größter Bedeutung für die Erweiterung des Definitionsbereichs einer Funktion. Betrachten wir z. B. eine in Form einer Taylorschen Reihe gegebene Funktion $f(z)$. Auf irgendeine Art möge ein algebraischer Ausdruck in z gefunden worden sein, der innerhalb des Konvergenzbereichs der Taylorschen Reihe die gleichen Funktionswerte wie diese ergibt, der aber darüber hinaus in einem größeren Bereich eine analytische Funktion in z definiert. Durch das Auffinden dieses Ausdruckes hat man dann den Definitionsbereich der gegebenen Funktion erweitert. Der Identitätssatz lehrt gleichzeitig, daß dies die einzig mögliche Erweiterung ist, bei der die Funktion analytisch bleibt.

Als Beispiel betrachten wir die Funktion

$$f(z) = \sum_{n=0}^{\infty} z^n . \qquad (104)$$

Die angegebene Reihe konvergiert für $|z| < 1$, so daß die Funktion in obiger Gleichung nur für diese Werte von z definiert ist. Man kann die angegebene Reihe als die Taylorsche Reihe der Funktion $f(z)$ um den Punkt $z = 0$ auffassen. Wir versuchen nun, den Definitionsbereich der Funktion auszudehnen. Man erkennt leicht, daß es sich in Gl. (104) um eine geometrische Reihe handelt, deren Summe gemäß Gl. (VI, 41) durch $1/(1 - z)$ gegeben ist. Man kann daher auch schreiben

$$f(z) = \frac{1}{1 - z} . \qquad (105)$$

Für $|z| < 1$ ergibt Gl. (105) dieselben Funktionswerte wie Gl. (104). Die zuletzt abgeleitete Gleichung definiert aber die Funktion in der gesamten z-Ebene außer für $z = 1$. Durch das Auffinden dieser Gleichung wurde also der Definitionsbereich von Gl. (104) erweitert, wobei dies auf Grund des Identitätssatzes die einzig mögliche Erweiterung ist.

Die Erweiterung des Definitionsbereichs einer analytischen Funktion bezeichnet man als *analytische Fortsetzung.* Eine analytische Fortsetzung durch Sum-

*⁾ oder längs einer Zahlenfolge, die gegen einen Punkt in B konvergiert.

mieren der Taylorschen Reihe wie bei Gl. (104) ist nur in Ausnahmefällen möglich. Allgemein anwendbar ist die folgende Methode, die als *Kreiskettenverfahren* bezeichnet wird: Eine Funktion $f(z)$ sei durch eine Taylorreihe um z_0 innerhalb eines Kreises k_0 definiert. Der Radius des Konvergenzkreises ist dann durch die zu z_0 nächstgelegene singuläre Stelle s_0 gegeben. Um $f(z)$ analytisch fortzusetzen, nehmen wir nun eine Entwicklung in der Taylorreihe um irgendeinen anderen Punkt in k_0 vor, z. B. um den Punkt z_1 (s. Abb. 19). Der Konvergenzkreis k_1 dieser Taylorreihe ist durch die nächstgelegene singuläre Stelle bestimmt, die wir mit s_1 bezeichnen. Im allgemeinen wird der Kreis k_1 stellenweise über den Kreis k_0 hinausgehen; im Überlappungsgebiet beider Kreise definieren die Taylorreihen um z_0 und z_1 jeweils die gleiche Funktion. Durch die vorgenommene Taylorentwicklung um z_1 wird daher der Definitionsbereich von $f(z)$ erweitert. Man kann nun nochmals eine Taylorreihe um einen Punkt z_2 aufsuchen, die dann in einem Kreis k_2 konvergiert usw. Das geht offenbar so lange, bis der bereits vorhandene Definitionsbereich durch eine dicht liegende Kette von singulären Stellen umgeben ist.

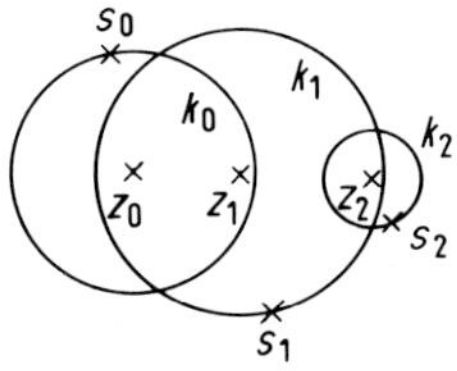

Abb. 19. Analytische Fortsetzung mit Hilfe des Kreiskettenverfahrens.

Wir sehen also: *Ist eine Funktion in irgendeiner Darstellung innerhalb eines Bereichs B definiert, so kann man sie häufig über B hinaus analytisch fortsetzen. Eine Fortsetzung wird erst dann unmöglich, wenn der Definitionsbereich von singulären Stellen lückenlos umgeben ist.*

Wenn man eine analytische Funktion um eine isolierte Stelle herum fortsetzt, so kommt man bisweilen nach einer vollständigen Umkreisung auf andere Funktionswerte als diejenige, die zu Beginn des Verfahrens vorlagen. Die singuläre Stelle ist dann ein Verzweigungspunkt. Kommt man dagegen nach der Umkreisung wieder auf die gleichen Werte, so handelt es sich um einen Pol oder eine wesentlich singuläre Stelle.

Von besonderer Bedeutung ist die Erweiterung des Definitionsbereichs von Funktionen reeller Variabler auf die komplexe Ebene. Auf Grund des Identitätssatzes folgt hierfür folgendes: *Wenn eine analytische Funktion einmal auf der reellen Achse definiert ist, so ist sie dadurch im Prinzip auf der gesamten komplexen Ebene bestimmt.* Die in Abschn. B 2 definierten Funktionen $\exp z$, $\sin z$ usw. stellen daher jeweils die einzig mögliche Erweiterung der entsprechenden Funktion im Reellen dar.

3. Einteilung der Funktionen*)

Es zeigt sich, daß es zweckmäßig ist, die Funktionen danach einzuteilen, welche Singularitäten sie aufweisen.

*) Dieser Abschnitt kann von weniger interessierten Lesern überschlagen werden.

Als erstes fragt man, wie eine Funktion beschaffen sein muß, die keine einzige singuläre Stelle aufweist. Eine Funktion, die in der ganzen Ebene mit Ausnahme des Punktes $z = \infty$ eindeutig und analytisch ist, muß durch eine Potenzreihe

$$f(z) = a_0 + a_1 z + a_2 z^2 + \cdots \tag{106}$$

darstellbar sein, die in der ganzen z-Ebene konvergiert. Wenn sie im Punkte $z = \infty$ nicht singulär sein soll, so darf ihre Laurentreihe um den unendlich fernen Punkt keine negativen Potenzen aufweisen. Die Laurentreihe um den unendlich fernen Punkt erhält man, indem man in der Taylorreihe um $z = 0$, Gl. (106), die Variable z durch $1/z$ ersetzt:

$$f\left(\frac{1}{z}\right) = a_0 + \frac{a_1}{z} + \frac{a_2}{z^2} + \cdots . \tag{107}$$

Wenn diese Reihe keine negativen Potenzen aufweisen soll, muß $a_1 = a_2 = a_3 \cdots = 0$ sein, so daß aus der Forderung der Freiheit von Singularitäten folgt $f(z) = a_0$. Man kann also sagen: *Eine Funktion, die frei von Singularitäten ist, ist eine Konstante.* Diese Aussage heißt der *Satz von Liouville.*

Mit Hilfe des Satzes von Liouville kann man den Fundamentalsatz der Algebra leicht beweisen. Wie in Abschn. V A 2 ausgeführt wurde, besagt dieser Satz, daß jedes Polynom

$$P(z) = z^n + a_{n-1} z^{n-1} + \cdots + a_1 z + a_0 \quad \text{mit} \quad n > 0 \tag{108}$$

mindestens eine Nullstelle haben muß. Um dies zu beweisen, setzen wir vorübergehend voraus, daß das Polynom keine Nullstelle habe. Es gibt dann keinen Wert von z, für den $P(z) = 0$ ist, also $1/P(z)$ singulär wird. Wenn die Funktion $1/P(z)$ keine einzige singuläre Stelle haben darf, muß sie aber wegen des Satzes von Liouville eine Konstante sein. Dies steht in Widerspruch zur Annahme, daß der Nenner ein Polynom in z ist. Also muß dieses Polynom mindestens eine Nullstelle besitzen.

Als nächstes fragt man nach den Funktionen, die im endlichen keine singuläre Stelle haben, die im Unendlichen aber singulär werden können. Alle diese Funktionen müssen durch eine Taylorreihe um den Nullpunkt darstellbar sein, die wegen des Fehlens von Singularitäten in der gesamten komplexen Ebene konvergiert:

$$f(z) = \sum_{\nu=0}^{\infty} a_\nu z^\nu . \tag{109}$$

Solche Funktionen bezeichnet man als *ganze Funktionen.* Bricht die Taylorsche Reihe ab, so spricht man von einer *ganzen rationalen Funktion* oder von einem *Polynom,* bricht sie nicht ab, so liegt eine *ganze transzendente Funktion* vor. Beispiele für ganze transzendente Funktionen sind $\sin z$ und $\exp z$.

Man kann zeigen, daß eine ganze transzendente Funktion für $z \to \infty$ jedem Werte beliebig nahe kommt (Satz von Casorati-Weierstraß), so daß sie bei $z = \infty$ eine wesentlich singuläre Stelle aufweist. Eine ganze rationale Funktion besitzt dagegen bei $z = \infty$ einen Pol. Man kann ferner jede ganze Funktion, die an den Stellen $a_1, a_2, a_3, \ldots$ jeweils eine Nullstelle der Ordnung k_1, k_2, k_3 usw. besitzt, durch ein Produkt der Form

$$f(z) = z^{\alpha_0} \prod_{\nu=1}^{\infty} \left(1 - \frac{z}{a_\nu}\right) \exp\left[\frac{z}{a_\nu} + \frac{1}{2}\left(\frac{z}{a_\nu}\right)^2 + \frac{1}{k_\nu}\left(\frac{z}{a_\nu}\right)^{k_\nu}\right] \tag{110}$$

darstellen. Das Produkt ist bis auf einen Faktor exp $[g(z)]$, in dem $g(z)$ eine beliebige ganze Funktion ist, eindeutig bestimmt (Weierstraßscher Produktsatz). Besitzt die Funktion nur endlich viele Nullstellen, so weist das Produkt in Gl. (110) selbstverständlich nur endlich viele Faktoren auf.

Als letztes erwähnen wir schließlich noch diejenigen Funktionen, die im Endlichen singuläre Stellen aufweisen. Treten im Endlichen keine anderen Singularitäten als Pole auf, die keinen Häufungspunkt besitzen, so bezeichnet man die Funktion als *meromorph*. Man unterteilt die meromorphen Funktionen in *rationale Funktionen*, die im Unendlichen analytisch sind oder höchstens einen Pol aufweisen, und in *allgemein meromorphe Funktionen*, die im Unendlichen eine wesentlich singuläre Stelle besitzen. Rationale Funktionen lassen sich immer durch Quotienten von Polynomen darstellen, allgemein meromorphe Funktionen durch Quotienten von ganzen transzendenten Funktionen. Ein Beispiel für eine rationale Funktion ist

$$f(z) = \frac{z}{z^2 + 1}, \tag{111}$$

für eine allgemein meromorphe Funktion

$$\operatorname{ctg} z = \frac{\cos z}{\sin z}. \tag{112}$$

XIV. Reihenentwicklung nach orthonormierten Funktionensystemen; Integraltransformationen

A. Fourierreihe und Fourierintegral

1. Fourierreihe einer Funktion von einer Variablen in reeller Schreibweise

a) Angabe der Formeln und Beispiele

In Abschn. VII D wurde gezeigt, daß man eine gegebene Funktion $f(x)$ unter bestimmten Voraussetzungen in eine Reihe der Form

$$f(x) = \sum_{\nu=0}^{\infty} c_\nu x^\nu \tag{1}$$

entwickeln kann. Die Glieder dieser Reihe enthalten Potenzen von x. Im folgenden soll nun untersucht werden, ob auch eine Entwicklung nach anderen Funktionen von x möglich ist.

Als erstes nehmen wir an, daß $f(x)$ periodisch mit der Periode $2l$ ist. Es gilt dann

$$f(x + 2l) = f(x)\,. \tag{2}$$

Wir versuchen, $f(x)$ durch eine Reihe aus Sinus- und Kosinusfunktionen darzustellen, indem wir ansetzen

$$f(x) = \sum_{\nu=0}^{\infty} \left[a_\nu \sin \frac{\nu\pi}{l} x + b_\nu \cos \frac{\nu\pi}{l} x \right]. \tag{3}$$

Berücksichtigt man, daß in obiger Gleichung für $\nu = 0$ der Sinus gleich Null und der Kosinus gleich 1 wird, so kann man an Stelle dieser Gleichung auch schreiben

$$f(x) = b_0 + \sum_{\nu=1}^{\infty} \left[a_\nu \sin \frac{\nu\pi}{l} x + b_\nu \cos \frac{\nu\pi}{l} x \right]. \tag{4}$$

a_ν und b_ν sind Koeffizienten, die noch bestimmt werden müssen. Die Funktionen $\sin \nu\pi x/l$ und $\cos \nu\pi x/l$ weisen wie $f(x)$ die Periode $2l$ auf. Wenn nämlich x um $2l$ anwächst, so nimmt $\nu\pi/l$ um $2\pi\nu$ zu, was jeweils wieder zum gleichen Wert für den Sinus bzw. Kosinus führt. Es fragt sich nun: Ist eine Darstellung der Funktion $f(x)$ durch eine Reihe gemäß Gl. (4) möglich und, falls ja, wie bestimmt man die Koeffizienten a_ν und b_ν?

Wir leiten zunächst Gleichungen zur Bestimmung der Koeffizienten a_ν und b_ν ab unter der Voraussetzung, daß die Entwicklung möglich ist und daß die Reihe gleichmäßig konvergiert. Wir integrieren hierzu Gl. (4) auf beiden Seiten in den Grenzen $-l$ bis l

$$\int_{-l}^{+l} f(x)\,dx = \int_{-l}^{+l} \left[b_0 + \sum_{\nu=1}^{\infty} \left(a_\nu \sin \frac{\nu\pi}{l} x + b_\nu \cos \frac{\nu\pi}{l} x \right) \right] dx\,. \tag{5}$$

Wegen der vorausgesetzten gleichmäßigen Konvergenz der Reihe darf man die Summation und die Integration miteinander vertauschen und erhält

$$\int_{-l}^{+l} f(x)\,dx = \int_{-l}^{+l} b_0\,dx + \sum_{\nu=1}^{\infty} a_\nu \int_{-l}^{+l} \sin\frac{\nu\pi}{l}x\,dx + \sum_{\nu=1}^{\infty} b_\nu \int_{-l}^{+l} \cos\frac{\nu\pi}{l}x\,dx\,.$$

Da die Integration jeweils über eine volle Periode des Sinus bzw. Kosinus läuft, verschwinden auf der rechten Seite in obiger Gleichung alle Summanden außer demjenigen, der b_0 enthält, und es ergibt sich

$$\int_{-l}^{+l} f(x)\,dx = 2l b_0$$

bzw.

$$b_0 = \frac{1}{2l}\int_{-l}^{+l} f(x)\,dx\,. \tag{6}$$

Damit ist b_0 bestimmt. Um weitere Koeffizienten zu erhalten, multipliziert man Gl. (4) auf beiden Seiten mit $\sin \mu\pi x/l$, wobei μ eine positive ganze Zahl sein soll. Anschließend integriert man gliedweise von $-l$ bis l. Es ergibt sich

$$\begin{aligned}\int_{-l}^{+l} f(x)\sin\frac{\mu\pi}{l}x\,dx = &\int_{-l}^{+l} b_0 \sin\frac{\mu\pi}{l}x\,dx\,+\\ &+\sum_{\nu=1}^{\infty} a_\nu \int_{-l}^{+l} \sin\frac{\nu\pi}{l}x\sin\frac{\mu\pi}{l}x\,dx\,+\\ &+\sum_{\nu=1}^{\infty} b_\nu \int_{-l}^{+l} \cos\frac{\nu\pi}{l}x\sin\frac{\mu\pi}{l}x\,dx\,.\end{aligned} \tag{7}$$

Das erste Integral auf der rechten Seite dieser Gleichung ist gleich Null, für die übrigen Integrale erhält man (s. S. 229)

$$\int_{-l}^{+l} \cos\frac{\nu\pi}{l}x\,\sin\frac{\mu\pi}{l}x\,dx = 0 \quad \text{für alle } \nu \text{ und } \mu \tag{8}$$

$$\int_{-l}^{+l} \sin\frac{\nu\pi}{l}x\,\sin\frac{\mu\pi}{l}x\,dx = 0 \quad \text{für alle } \nu \neq \mu \tag{9}$$

und

$$\int_{-l}^{+l} \sin\frac{\nu\pi}{l}x\,\sin\frac{\mu\pi}{l}x\,dx = l \quad \text{für } \nu = \mu\,. \tag{10}$$

Es verschwinden somit alle Glieder auf der rechten Seite von Gl. (7) bis auf dasjenige, das den Koeffizienten a_μ enthält. Gl. (7) geht daher über in

$$\int_{-l}^{+l} f(x) \sin \frac{\mu\pi}{l} x \, dx = l a_\mu .$$

Wenn man ν statt μ schreibt, folgt daraus

$$a_\nu = \frac{1}{l} \int_{-l}^{+l} f(x) \sin \frac{\nu\pi}{l} x \, dx . \tag{11}$$

Mit Hilfe dieser Gleichung können alle Koeffizienten a_ν berechnet werden. Indem man schließlich Gl. (4) noch mit $\cos \mu\pi x/l$ multipliziert und danach analog wie oben verfährt, ergibt sich

$$b_\nu = \frac{1}{l} \int_{-l}^{+l} f(x) \cos \frac{\nu\pi}{l} x \, dx . \tag{12}$$

Wir sehen also: *Falls sich $f(x)$ in eine gleichmäßig konvergente Reihe gemäß Gl. (4) entwickeln läßt, so sind die Koeffizienten a_ν und b_ν in dieser Reihe durch die Gln. (6), (11) und (12) gegeben.*

Unter welchen Voraussetzungen ist nun die angegebene Entwicklung möglich? Es zeigt sich, daß eine hinreichende Bedingung hierfür die ist, daß $f(x)$ stetig ist. Des weiteren ist die Entwicklung aber auch dann durchführbar, wenn die Funktion $f(x)$ endliche Sprünge aufweist, es muß jedoch gewährleistet sein, daß sie überall beschränkt und stückweise monoton ist *(Dirichletsche Bedingungen)*. An den Sprungstellen gibt die Reihe dann jeweils den Mittelwert aus dem rechtsseitigen und dem linksseitigen Grenzwert an. Bezeichnet man diese Grenzwerte (s. Abb. 1) mit $f(x_0 + 0)$

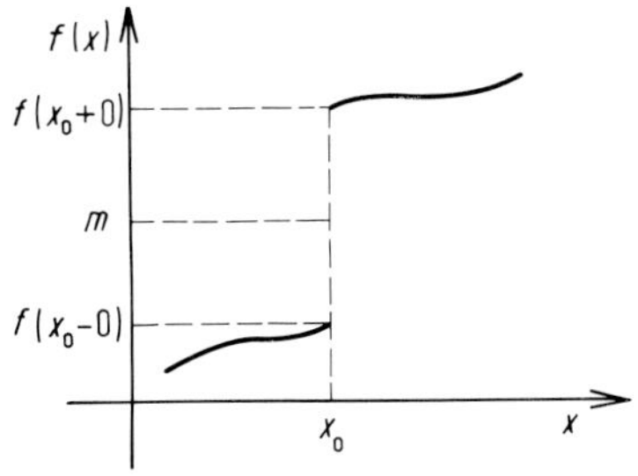

Abb. 1. Rechts- und linksseitiger Grenzwert an der Sprungstelle einer Funktion.

und $f(x_0 - 0)$, so ist dieser Mittelwert gegeben durch $m = [f(x_0 + 0) + f(x_0 - 0)]/2$. Zusammenfassend kann man also sagen: *Ist die Funktion $f(x)$ periodisch mit der Periode $2l$, beschränkt und stückweise monoton, so gilt für alle x-Werte, an denen $f(x)$ auch stetig ist,*

$$f(x) = b_0 + \sum_{\nu=1}^{\infty} \left(a_\nu \sin \frac{\nu\pi}{l} x + b_\nu \cos \frac{\nu\pi}{l} x \right), \tag{13}$$

wobei die a_ν und b_ν durch die Gln. (6), (11) und (12) gegeben sind. An den Sprungstellen dagegen gilt

$$\frac{1}{2}\cdot[f(x+0)+f(x-0)] = b_0 + \sum_{\nu=1}^{\infty}\left(a_\nu \sin\frac{\nu\pi}{l}x + b_\nu \cos\frac{\nu\pi}{l}x\right). \quad (14)$$

Man bezeichnet die Reihe in Gl. (13) bzw. Gl. (14) als Fourierreihe. Wir wollen noch bemerken, daß Gl. (14) an allen Stellen, an denen $f(x)$ stetig ist, in Gl. (13) übergeht, da für solche Stellen gilt

$$\frac{1}{2}[f(x+0)+f(x-0)] = f(x).$$

Der Beweis der Entwickelbarkeit ist etwas umständlich und wird daher erst im nächsten Abschnitt erbracht. Im folgenden betrachten wir zunächst einige Beispiele.

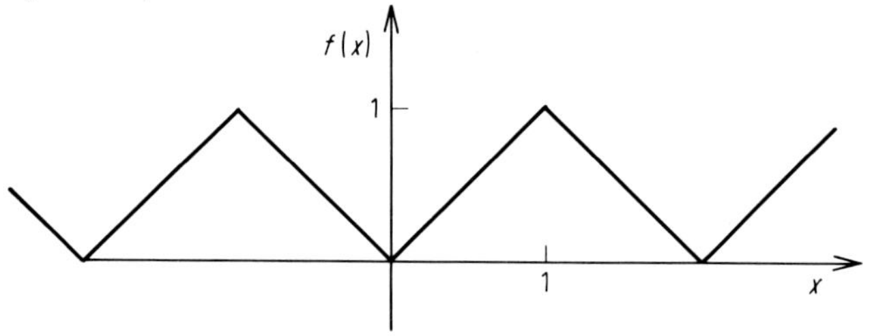

Abb. 2. Die durch Gl. (15) gegebene Funktion.

Als erstes entwickeln wir die in Abb. 2 durch die zick-zack-förmige Kurve angedeutete Funktion. Analytisch wird diese Funktion dadurch wiedergegeben, daß man setzt

$$\begin{aligned} f(x) &= x \quad &\text{für} \quad 0 \leqq x \leqq 1, \\ f(x) &= -x \quad &\text{für} \quad -1 \leqq x \leqq 0, \end{aligned} \quad (15)$$

und außerdem fordert, daß sie außerhalb des oben angegebenen Bereichs periodisch fortgesetzt wird. Die Periode hat dann die Länge 2, die früher eingeführte Größe l wird gleich 1. Die betrachtete Funktion ist stetig, man kann sie also gemäß Gl. (13) in eine Reihe entwickeln. Mit Hilfe von Gl. (6) ergibt sich

$$b_0 = \frac{1}{2l}\int_{-l}^{+l} f(x)\,dx = \frac{1}{2}\left[\int_{-1}^{0}(-x)\,dx + \int_{0}^{1} x\,dx\right] = \frac{1}{2}\left[\frac{1}{2}+\frac{1}{2}\right] = \frac{1}{2}. \quad (16)$$

Für die a_ν folgt über Gl. (11)

$$a_\nu = \frac{1}{l}\int_{-l}^{+l} f(x)\sin\nu\pi x\,dx = \int_{-1}^{0}(-x)\sin\nu\pi x\,dx + \int_{0}^{+1} x\sin\nu\pi x\,dx. \quad (17)$$

Die auftretenden Integrale muß man mit Hilfe einer partiellen Integration ausrechnen. Indem man im ersten Integral $-x = u$ und $\sin\nu\pi x = v'$ setzt, ergibt sich nach Gl. (X, 195)

$$\begin{aligned} \int_{-1}^{0}(-x)\sin\nu\pi x\,dx &= -\frac{(-x)}{\pi\nu}\cos\nu\pi x\Big|_{-1}^{0} + \frac{1}{\pi\nu}\int_{-1}^{0}\cos\nu\pi x\,dx = \\ &= \frac{\cos\nu\pi}{\nu\pi} + \frac{\sin\nu\pi}{\nu^2\pi^2} = \begin{cases} -\dfrac{1}{\nu\pi} & \text{für ungerade } \nu \\ \dfrac{1}{\nu\pi} & \text{für gerade } \nu\,. \end{cases} \end{aligned} \quad (18)$$

Für das zweite Integral auf der rechten Seite von Gl. (17) ergibt sich in gleicher Weise $-1/\nu\pi$ für ungerades ν und $1/\nu\pi$ für gerades ν. Aus der Summation beider Resultate folgt daher

$$a_\nu = 0 \tag{19}$$

für alle ν. Für die b_ν erhält man über Gl. (12) ebenfalls mit Hilfe einer partiellen Integration

$$b_\nu = \frac{1}{l}\int_{-l}^{+l} f(x)\cos\nu\pi x\,dx = \int_{-1}^{0}(-x)\cos\nu\pi x\,dx + \int_{0}^{1} x\cos\nu\pi x\,dx =$$

$$= \begin{cases} -\dfrac{4}{\nu^2\pi^2} & \text{für ungerade } \nu \\ 0 & \text{für gerade } \nu\,. \end{cases} \tag{20}$$

Unter Berücksichtigung der Resultate in den Gln. (16), (19) und (20) geht Gl. (13) über in

$$f(x) = \frac{1}{2} - \frac{4}{\pi^2}\left(\cos\pi x + \frac{1}{3^2}\cos 3\pi x + \frac{1}{5^2}\cos 5\pi x + \cdots\right). \tag{21}$$

Damit ist die gesuchte Fourier-Entwicklung der gegebenen Funktion gefunden.

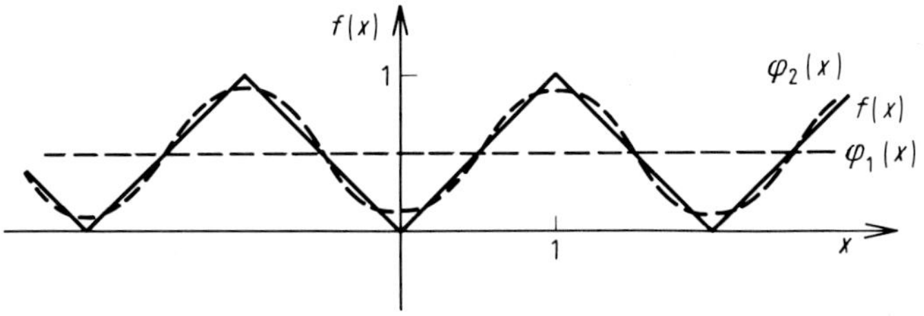

Abb. 3. Approximation der Funktion aus Abb. 2 durch die ersten Glieder der Fourierreihe.

Wir wollen uns noch die Frage vorlegen, wie gut die Funktion bereits durch einige wenige Reihenglieder angenähert ist. In Abb. 3 gibt die fest ausgezogene Linie noch einmal die gegebene Funktion an, während die gestrichelten Linien die Funktionen

$$\varphi_1 = \frac{1}{2} \tag{22a}$$

und

$$\varphi_2 = \frac{1}{2} - \frac{4}{\pi^2}\cos\pi x \tag{22b}$$

darstellen, die man erhält, wenn man die Reihe in Gl. (21) jeweils nach dem ersten, zweiten bzw. dritten Glied abbricht. Man sieht, daß man im vorliegenden Fall bereits durch einige wenige Reihenglieder den Funktionsverlauf in seinen wesentlichen Zügen wiedergeben kann. Bei Hinzunahme von weiteren Gliedern wird die Approximation immer besser.

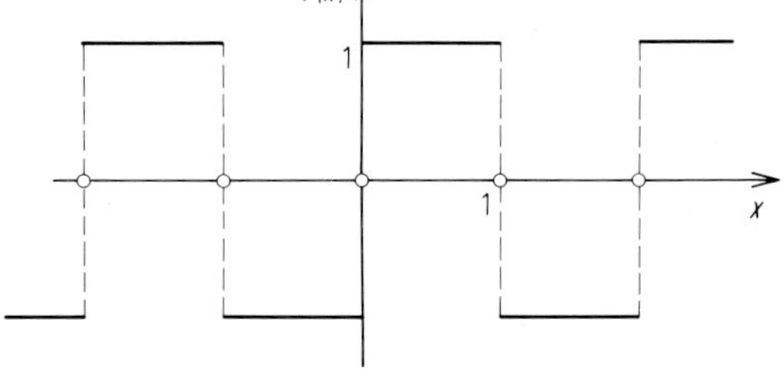

Abb. 4. Die durch Gl. (23) gegebene Funktion.

Als zweites Beispiel betrachten wir die in Abb. 4 angegebene Funktion. Analytisch wird diese durch die Gleichungen

$$\begin{aligned} f(x) &= 1 \quad \text{für} \quad 0 \leqq x \leqq 1\,, \\ f(x) &= -1 \quad \text{für} \quad -1 \leqq x \leqq 0\,, \end{aligned} \tag{23}$$

sowie der Forderung der Periodizität ausgedrückt. Die Funktion ist beschränkt und stückweise monoton. Man kann sie also in eine Fourierreihe entwickeln. An den Stellen $x = 0, \pm 1, \pm 2, \pm 3, \ldots$ ist sie allerdings unstetig. Hier wird durch die Fourierreihe gemäß den obigen Ausführungen jeweils der in Abb. 4 durch einen kleinen Kreis angedeutete Mittelwert ihres rechts- und linksseitigen Grenzwertes angegeben. Die Fourierkoeffizienten ergeben sich in folgender Weise: Gemäß Gl. (6) gilt

$$b_0 = \frac{1}{2l}\int_{-l}^{+l} f(x)\,dx = -\frac{1}{2}\int_{-1}^{0} dx + \frac{1}{2}\int_{0}^{1} dx = 0\,.$$

Mit Hilfe von Gl. (11) erhält man

$$\begin{aligned} a_\nu &= \frac{1}{l}\int_{-l}^{+l} f(x)\sin\frac{\nu\pi}{l}x\,dx = -\int_{-1}^{0}\sin\nu\pi x\,dx + \int_{0}^{1}\sin\nu\pi x\,dx = \\ &= \frac{1}{\nu\pi}\left(\cos\nu\pi x\Big|_{-1}^{0} - \cos\nu\pi x\Big|_{0}^{1}\right) = \begin{cases} \dfrac{4}{\nu\pi} & \text{für ungerade } \nu \\ 0 & \text{für gerade } \nu\,. \end{cases} \end{aligned} \tag{24}$$

In gleicher Weise ergibt sich über Gl. (12)

$$b_\nu = 0\,. \tag{25}$$

Die gesuchte Reihenentwicklung lautet daher

$$f(x) = \frac{4}{\pi}\left(\sin\pi x + \frac{\sin 3\pi x}{3} + \frac{\sin 5\pi x}{5} + \cdots\right). \tag{26}$$

Wir müssen noch eine allgemeine Aussage über die Fourier-Koeffizienten machen. *Ist die Funktion $f(x)$ gerade, d. h. gilt $f(x) = f(-x)$, so verschwinden alle Koeffizienten a_ν, und in der entsprechenden Fourierreihe treten keine Glieder auf, die die Sinusfunktion enthalten. Ist dagegen $f(x)$ ungerade, d. h. gilt $f(x) = -f(-x)$, so verschwinden alle Glieder b_ν, und in der entsprechenden Fourierreihe treten keine Kosinusglieder und keine Konstante auf.* Man kann dies unmittelbar durch eine Betrachtung der Gln. (6), (11) und (12) einsehen. Wenn z. B. die Funktion $f(x)$ gerade ist, so ist der Integrand in Gl. (11) eine ungerade Funktion, und die Beiträge zum Integral im Bereich von $-l$ bis 0 und von 0 bis l heben sich gegenseitig auf. Entsprechendes gilt für gerade Funktionen. Man nützt dies natürlich beim Aufsuchen der Fourierreihen aus, indem man gegebenenfalls die entsprechenden Koeffizienten unmittelbar gleich Null setzt und damit eine mühsame Rechnung umgeht. Die Gln. (19) und (25) in den obigen Beispielen hätten wir somit unmittelbar schreiben können.

Des weiteren ist noch anzuführen, daß man die Integralgrenzen in allen auftretenden Integralen wegen der Periodizität der Integranden um einen beliebigen Wert verschieben kann. *An Stelle von $-l$ bis l kann man also auch von α bis $\alpha + 2l$* integrieren, wobei α eine beliebige reelle Zahl ist.

Fourierreihen sind ein wertvolles Hilfsmittel in verschiedenen Gebieten der Mathematik und der Naturwissenschaften. Man verwendet sie z. B. bei der Lösung von Differentialgleichungen (s. Abschn. XV E 2b) sowie zur Analysierung von

Schwingungsvorgängen. Bei der Beschreibung von Schwingungen tritt als Variable x die Zeit t auf. Die Darstellung durch eine Fourierreihe bedeutet dann, daß eine periodische Funktion $f(t)$ mit der Periode $2l = \tau$ durch eine Summe von Schwingungen der Form $\sin 2\nu\pi t/\tau$ und $\cos 2\nu\pi t/\tau$ wiedergegeben wird. Das sind Schwingungen, deren Frequenzen ganzzahlige Vielfache von $1/\tau$ sind.

b) Beweis*)

Wir müssen nun noch nachweisen, daß die Entwicklung in eine Fourierreihe unter den oben genannten Bedingungen immer möglich ist. Der Beweis wird so geführt, daß man in die Reihe aus Gl. (3) die in den Gln. (6), (11) und (12) angegebenen Ausdrücke für die Koeffizienten einführt und anschließend zeigt, daß die Reihe gegen $[f(x+0)+f(x-0)]/2$ konvergiert. Bezeichnet man den Wert der Reihe für einen endlichen Summationsindex n mit s_n,

$$s_n = b_0 + \sum_{\nu=1}^{n}\left(a_\nu \sin\frac{\nu\pi}{l}x + b_\nu \cos\frac{\nu\pi}{l}x\right), \tag{27}$$

so ist also zu zeigen, daß

$$\lim_{n\to\infty} s_n = \frac{1}{2}[f(x+0)+f(x-0)] \tag{28}$$

ist.

Indem man in Gl. (27) für die a_ν und b_ν die Werte aus den Gln. (6), (11) und (12) einsetzt, ergibt sich

$$s_n = \frac{1}{2l}\int_{-l}^{+l} f(x)\,dx + $$

$$+\frac{1}{l}\sum_{\nu=1}^{n}\left[\sin\frac{\nu\pi}{l}x\cdot\int_{-l}^{+l} f(x)\sin\frac{\nu\pi}{l}x\,dx + \cos\frac{\nu\pi}{l}x\int_{-l}^{+l} f(x)\cos\frac{\nu\pi}{l}x\,dx\right]. \tag{29}$$

Für die weitere Rechnung stört nun die Tatsache, daß die Integrationsvariable mit x bezeichnet wird, also mit dem gleichen Buchstaben wie die außerhalb des Integralzeichens stehende Variable. Um das zu ändern, nennen wir im folgenden die Integrationsvariable ξ. Man kann dann die außerhalb der Integralzeichen stehenden Funktionen $\sin\nu\pi x$ und $\cos\nu\pi x$ unter das Integralzeichen ziehen und erhält

$$s_n = \frac{1}{2l}\int_{-l}^{+l} f(\xi)\,d\xi + \frac{1}{l}\sum_{\nu=1}^{n}\int_{-l}^{+l} f(\xi)\left[\sin\frac{\nu\pi}{l}\xi\sin\frac{\nu\pi}{l}x + \cos\frac{\nu\pi}{l}\xi\cos\frac{\nu\pi}{l}x\right]d\xi.$$

Durch Vertauschung der Reihenfolge der Summation und Integration folgt daraus

$$s_n = \frac{1}{l}\int_{-l}^{+l} f(\xi)\left[\frac{1}{2}+\sum_{\nu=1}^{n}\left(\sin\frac{\nu\pi}{l}\xi\sin\frac{\nu\pi}{l}x + \cos\frac{\nu\pi}{l}\xi\cos\frac{\nu\pi}{l}x\right)\right]d\xi\,.$$

*) Dieser Abschnitt kann von weniger interessierten Lesern überschlagen werden.

Die Summation unter dem Integralzeichen läßt sich durchführen. Es ergibt sich (s. auch Weise, S. 247)

$$s_n = \frac{1}{l}\int_{-l}^{+l} f(\xi)\frac{\sin\frac{(2n+1)(\xi-x)\pi}{2l}}{2\sin\frac{(\xi-x)\pi}{2l}}\,d\xi\,.$$

Wir führen nun noch die Variablentransformation

$$\xi = \frac{2l}{\pi}u + x\,, \qquad d\xi = 2\frac{l}{\pi}du$$

durch und erhalten

$$s_n = \frac{1}{\pi}\int_{-\frac{\pi}{2}-\frac{\pi x}{l}}^{\frac{\pi}{2}-\frac{\pi x}{l}} f\left(x+\frac{2l}{\pi}u\right)\frac{\sin(2n+1)u}{\sin u}du = \frac{1}{\pi}\int_{-\pi/2}^{\pi/2} f\left(x+\frac{2l}{\pi}u\right)\frac{\sin(2n+1)u}{\sin u}du =$$

$$= \frac{1}{\pi}\int_{0}^{\pi/2} f\left(x+\frac{2l}{\pi}u\right)\frac{\sin(2n+1)u}{\sin u}du + \frac{1}{\pi}\int_{-\pi/2}^{0} f\left(x+\frac{2l}{\pi}u\right)\frac{\sin(2n+1)u}{\sin u}du =$$

$$= \frac{1}{\pi}\int_{0}^{\pi/2} f\left(x+\frac{2l}{\pi}u\right)\frac{\sin(2n+1)u}{\sin u}du + \frac{1}{\pi}\int_{0}^{\pi/2} f\left(x-\frac{2l}{\pi}u\right)\frac{\sin(2n+1)u}{\sin u}du\,. \tag{30}$$

Beim Übergang vom ersten zum zweiten Integral wurde beachtet, daß man wegen der Periodizität der Funktion f die Integrationsgrenzen um $\pi x/2$ verschieben darf. Beim letzten Übergang wurde im Integral mit den Grenzen $-\pi/2$ bis 0 die Variable u durch $-u$ ersetzt.

Bevor wir nun den Grenzwert $n \to \infty$ bilden, müssen wir das Integral $\lim\limits_{n\to\infty}\int_0^a \varphi(x)\frac{\sin px}{x}dx$ betrachten, das als *Dirichletsches Integral* bezeichnet wird. Die Berechnung dieses Integrals ist ziemlich umständlich, so daß wir hier nur das Resultat anführen wollen (vgl. Weise, S. 248). Es zeigt sich, daß der Wert dieses Integrals unabhängig von der oberen Grenze a ist und daß gilt

$$\lim_{p\to\infty}\int_0^a \varphi(x)\frac{\sin px}{x}dx = \frac{\pi}{2}\varphi(+0)\,, \tag{31}$$

wobei $\varphi(+0)$ der rechtsseitige Grenzwert der Funktion $\varphi(x)$ an der Stelle $x = 0$ ist.

Mit Hilfe von Gl. (31) kann man nun den gesuchten Grenzwert $\lim\limits_{n\to\infty} s_n$ wie folgt bestimmen. Man führt die Funktionen

$$\varphi_1(u) = f\left(x + \frac{2l}{\pi}u\right) \cdot \frac{u}{\sin u} \tag{32}$$

und

$$\varphi_2(u) = f\left(x - \frac{2l}{\pi}u\right) \cdot \frac{u}{\sin u} \tag{33}$$

ein. Aus Gl. (30) folgt dann

$$\lim_{n\to\infty} s_n = \lim_{n\to\infty} \frac{1}{\pi} \int_0^{\pi/2} \varphi_1(u) \frac{\sin(2n+1)u}{u} du + \lim_{n\to\infty} \frac{1}{\pi} \int_0^{\pi/2} \varphi_2(u) \frac{\sin(2n+1)u}{u} du .$$

Berücksichtigt man noch Gl. (31), so ergibt sich daraus

$$\lim_{n\to\infty} s_n = \frac{1}{\pi} \cdot \frac{\pi}{2} \varphi_1(+0) + \frac{1}{\pi} \cdot \frac{\pi}{2} \varphi_2(+0) = \frac{1}{2} [f(x+0) + f(x-0)] , \tag{34}$$

was zu beweisen war.

2. Fourierreihe einer Funktion von einer Variablen in komplexer Schreibweise

Die durch Gl. (13) bzw. (14) gegebene Fourierreihe kann man in bedeutend einfacherer Weise schreiben, wenn man komplexe Zahlen zu Hilfe nimmt. Auf Grund der Gln. (XIII, 20) und (XIII, 21) gilt

$$\begin{aligned} a_\nu \sin \frac{\pi\nu}{l} x + b_\nu \cos \frac{\nu\pi}{l} x &= \frac{1}{2\mathrm{i}} \left(\mathrm{e}^{\frac{\mathrm{i}\nu\pi}{l}x} - \mathrm{e}^{-\frac{\mathrm{i}\nu\pi}{l}x} \right) a_\nu + \frac{1}{2} \left(\mathrm{e}^{\frac{\mathrm{i}\nu\pi}{l}x} + \mathrm{e}^{-\frac{\mathrm{i}\nu\pi}{l}x} \right) b_\nu = \\ &= \frac{b_\nu - \mathrm{i}a_\nu}{2} \mathrm{e}^{\frac{\mathrm{i}\nu\pi}{l}x} + \frac{b_\nu + \mathrm{i}a_\nu}{2} \mathrm{e}^{-\frac{\mathrm{i}\nu\pi}{l}x} . \end{aligned} \tag{35}$$

Damit geht Gl. (13) über in

$$f(x) = \sum_{\nu=-\infty}^{+\infty} c_\nu \mathrm{e}^{\frac{\mathrm{i}\nu\pi}{l}x} \tag{36}$$

mit

$$c_\nu = \begin{cases} \dfrac{b_\nu - \mathrm{i}a_\nu}{2} & \text{für} \quad \nu > 0 \\ b_0 & \text{für} \quad \nu = 0 \\ \dfrac{b_\nu + \mathrm{i}a_\nu}{2} & \text{für} \quad \nu < 0 . \end{cases} \tag{37}$$

Trotz der Tatsache, daß auf der rechten Seite von Gl. (36) die einzelnen Reihenglieder komplex sind, ist die Summe der Reihe reell. Das kommt daher, daß bei Zusammenfassung von je zwei Reihengliedern mit ν-Werten, die dem Vorzeichen nach verschieden, dem Betrag nach aber gleich sind, die imaginären Anteile sich jeweils wegheben.

Man kann beim Versuch, die Funktion $f(x)$ in eine Reihe zu entwickeln, auch unmittelbar vom Ansatz der Gl. (36) ausgehen und die Koeffizienten c_ν dann wie folgt bestimmen. Man multipliziert Gl. (36) auf beiden Seiten mit $\exp(-\mathrm{i}\mu\pi x/l)$ und integriert danach in den Grenzen von $-l$ bis l

$$\int_{-l}^{+l} f(x)\,\mathrm{e}^{-\frac{\mathrm{i}\mu\pi x}{l}}\,dx = \int_{-l}^{+l} \sum_{\nu=-\infty}^{+\infty} c_\nu \mathrm{e}^{\frac{\mathrm{i}\nu\pi x}{l}} \cdot \mathrm{e}^{-\frac{\mathrm{i}\mu\pi x}{l}}\,dx\,. \tag{38}$$

Indem man die beiden Exponentialfunktionen auf der rechten Seite dieser Gleichung zusammenfaßt und die Reihenfolge von Summation und Integration vertauscht, ergibt sich daraus

$$\int_{-l}^{+l} f(x)\mathrm{e}^{-\frac{\mathrm{i}\mu\pi x}{l}}\,dx = c_\nu \sum_{\nu=-\infty}^{+\infty} \int_{-l}^{+l} \mathrm{e}^{\frac{\mathrm{i}\pi x(\nu-\mu)}{l}}\,dx\,. \tag{39}$$

Das Integral auf der rechten Seite der Gleichung verschwindet für alle ν außer für $\nu = \mu$. In diesem Fall ergibt es $2l$. Gl. (39) geht daher über in

$$\int_{-l}^{+l} f(x)\mathrm{e}^{-\frac{\mathrm{i}\mu\pi x}{l}}\,dx = 2lc_\mu\,,$$

bzw. wenn man ν statt μ setzt und in einfacher Weise umformt

$$c_\nu = \frac{1}{2l}\int_{-l}^{+l} f(x)\mathrm{e}^{-\frac{\mathrm{i}\nu\pi x}{l}}\,dx\,. \tag{40}$$

Unter Zuhilfenahme von Gl. (XIII, 19) ist leicht festzustellen, daß dieses Resultat mit dem in Gl. (37) übereinstimmt.

Man sieht also: *Eine Funktion $f(x)$, die die Dirichletschen Bedingungen erfüllt, läßt sich gemäß Gl. (36) in eine Reihe von Exponentialfunktionen mit rein imaginären Exponenten entwickeln. Die Koeffizienten dieser Reihe sind durch Gl. (40) gegeben. Die Reihe ist mit der Fourierreihe Gl. (13) aus Sinus- und Kosinusgliedern identisch.* Da die Rechnung mit Exponentialfunktionen gewöhnlich einfacher als die mit trigonometrischen Funktionen ist, zieht man es häufig vor, beim Aufsuchen der Fourierreihe von Gl. (36) auszugehen.

Als Beispiel entwickeln wir noch einmal die in Abb. 2 bzw. durch Gl. (15) gegebene Funktion. Gl. (40) zufolge gilt

$$c_\nu = \frac{1}{2l}\int_{-l}^{+l} f(x)\mathrm{e}^{-\frac{\mathrm{i}\nu\pi x}{l}}\,dx = \frac{1}{2}\int_{-1}^{0}(-x)\mathrm{e}^{-\mathrm{i}\nu\pi x}\,dx + \frac{1}{2}\int_{0}^{1} x\mathrm{e}^{-\mathrm{i}\nu\pi x}\,dx\,.$$

Für $\nu = 0$ folgt daraus

$$c_0 = \frac{1}{2}\int_{-1}^{0}(-x)\,dx + \frac{1}{2}\int_{0}^{1} x\,dx = \frac{1}{2}\,. \tag{41}$$

Für $\nu \neq 0$ erhält man mit Hilfe einer partiellen Integration gemäß Gl. (X, 195)

$$c_\nu = -\frac{1}{2i\nu\pi}(-x)e^{-i\nu\pi x}\Big|_{-1}^{0} - \frac{1}{-2i\nu\pi}\int_{-1}^{0}(-1)e^{-i\nu\pi x}\,dx -$$

$$-\frac{1}{2i\nu\pi}xe^{-i\nu\pi x}\Big|_{0}^{1} - \frac{1}{-2i\nu\pi}\int_{0}^{1}1\cdot e^{-i\nu\pi x}\,dx =$$

$$= \frac{1}{2i\nu\pi}(e^{i\nu\pi} - e^{-i\nu\pi}) + \frac{1}{2\nu^2\pi^2}(e^{i\nu\pi} + e^{-i\nu\pi} - 2) =$$

$$= \frac{\sin\nu\pi}{\nu\pi} + \frac{\cos\nu\pi - 1}{\nu^2\pi^2} = \frac{\cos\nu\pi - 1}{\nu^2\pi^2}. \qquad (42)$$

Beim letzten Schritt wurde beachtet, daß $\sin\nu\pi$ für ganzzahlige ν immer gleich Null ist. Die gesuchte Reihe lautet also

$$f(x) = \sum_{\nu=-\infty}^{\infty}\frac{\cos\nu\pi - 1}{\nu^2\pi^2}e^{i\nu\pi x}. \qquad (43)$$

Um nachzuweisen, daß Gl. (43) mit Gl. (21) identisch ist, muß man als erstes beachten, daß in Gl. (43) das Glied für $\nu = 0$ den Wert 1/2 annimmt. Ferner muß man je zwei Glieder dieser Reihe, für die ν den gleichen Betrag, aber verschiedenes Vorzeichen hat, zusammenfassen. Da $e^{i\nu\pi x} + e^{-i\nu\pi x} = 2\cos\nu\pi x$ ist, geht Gl. (43) dann über in

$$f(x) = \frac{1}{2} + \sum_{\nu=1}^{\infty}\frac{2(\cos\nu\pi - 1)}{\nu^2\pi^2}\cos\nu\pi x, \qquad (44)$$

was mit Gl. (21) identisch ist.

3. Fourierreihe einer Funktion von mehreren Variablen

Gegeben sei eine Funktion $f(x,y)$, die sowohl in x als auch in y periodisch ist. Die Periode hinsichtlich x erstrecke sich von $-l_x$ bis l_x, diejenige hinsichtlich y von $-l_y$ bis l_y. Wir fassen zunächst y als konstanten Parameter auf und entwickeln $f(x,y)$ in eine Fourierreihe nach der Variablen x. Den Gln. (36) und (40) zufolge ergibt sich dann

$$f(x,y) = \sum_{\nu=-\infty}^{+\infty} c_\nu(y)e^{\frac{i\nu\pi}{l_x}x} \qquad (45)$$

$$c_\nu(y) = \frac{1}{2l_x}\int_{-l_x}^{l_x} f(x,y)e^{-\frac{i\nu\pi}{l_x}x}\,dx. \qquad (46)$$

Die Koeffizienten $c_\nu(y)$ müssen im vorliegenden Fall periodische Funktionen in y sein. Wir entwickeln nun auch diese Funktionen in Fourierreihen und erhalten

$$c_\nu(y) = \sum_{\mu=-\infty}^{+\infty} c_{\nu\mu}e^{\frac{i\mu\pi}{l_y}y} \qquad (47)$$

mit

$$c_{\nu\mu} = \frac{1}{2l_y}\int_{-l_y}^{l_y} c_\nu(y)e^{-\frac{i\mu\pi}{l_y}y}\,dy. \qquad (48)$$

Wenn man diese Gleichungen mit den Gln. (45) und (46) kombiniert, so ergibt sich schließlich

$$f(x,y) = \sum_{\nu=-\infty}^{+\infty} \sum_{\mu=-\infty}^{+\infty} c_{\nu\mu} e^{i\left(\frac{\nu\pi}{l_x}x + \frac{\mu\pi}{l_y}y\right)} \tag{49}$$

mit

$$c_{\nu\mu} = \frac{1}{4l_x l_y} \int_{-l_y}^{l_y} \int_{-l_x}^{l_x} f(x,y) e^{-i\left(\frac{\nu\pi}{l_x}x + \frac{\mu\pi}{l_y}y\right)} dx\,dy\,. \tag{50}$$

Die Reihe in Gl. (49) bezeichnet man als Fourierreihe der Funktion $f(x,y)$ in den beiden Veränderlichen x und y.

In ähnlicher Weise kann man auch bei mehr als zwei Veränderlichen vorgehen. $f(x_1, x_2, \ldots, x_n)$ sei eine in den n Variablen $x_1, x_2, \ldots, x_n$ periodische Funktion. Die Periode in x_1 betrage $2l_1$, diejenige in x_2 sei $2l_2$, usw. Es gilt dann unter ähnlichen Voraussetzungen über die Funktion f wie bei einer Variablen

$$f(x_1, x_2, \ldots, x_n) = \sum_{\nu_1=-\infty}^{+\infty} \sum_{\nu_2=-\infty}^{+\infty} \cdots \sum_{\nu_n=-\infty}^{\infty} c_{\nu_1\nu_2\ldots\nu_n} e^{i\left(\frac{\nu_1\pi}{l_1}x_1 + \frac{\nu_2\pi}{l_2}x_2 + \cdots \frac{\nu_n\pi}{l_n}x_n\right)} \tag{51}$$

mit

$$c_{\nu_1\nu_2\ldots\nu_n} = \frac{1}{\prod\limits_{i=1}^{n}(2l_i)} \int_{-l_1}^{l_1} \int_{-l_2}^{l_2} \cdots \int_{-l_n}^{l_n} f(x_1, x_2, \ldots, x_n) e^{-i\left(\frac{\nu_1\pi}{l_1}x_1 + \frac{\nu_2\pi}{l_2}x_2 + \cdots \frac{\nu_n\pi}{l_n}x_n\right)}\,. \tag{52}$$

Die angegebenen Gleichungen lassen sich in einfacherer Weise schreiben, wenn man die Größen $x_1, x_2, \ldots, x_n$ als Komponenten eines Vektors $\boldsymbol{r}$ sowie die Größen $\pi\nu_1/l_1, \pi\nu_2/l_2, \ldots, \pi\nu_n/l_n$ als Komponenten eines Vektors $\boldsymbol{k}$ auffaßt. Bezeichnet man die Einheitsvektoren des entsprechenden Koordinatensystems mit $\overset{1}{e}, \overset{2}{e}, —, \overset{n}{e}$, so kann man dann schreiben

$$\boldsymbol{r} = x_1 \overset{1}{e} + x_2 \overset{2}{e} + \cdots + x_n \overset{n}{e} \tag{53}$$

$$\boldsymbol{k} = \frac{\pi\nu_1}{l_1} \overset{1}{e} + \frac{\pi\nu_2}{l_2} \overset{2}{e} + \cdots + \frac{\pi\nu_n}{l_n} \overset{n}{e}\,. \tag{54}$$

Die Exponenten in den Gln. (51) und (52) sind durch das skalare Produkt $\boldsymbol{k} \cdot \boldsymbol{r}$ gegeben.

4. Fourierintegral

Gegeben sei eine Funktion $f(x)$, die beschränkt und stückweise monoton, aber nicht periodisch ist. Wir fragen, inwieweit man eine solche Funktion durch eine Fourierreihe oder eine entsprechend abgewandelte Reihe darstellen kann. Eine unperiodische Funktion kann man als eine periodische Funktion mit einer unendlich großen Periode ansehen. Wir wollen daher die gesuchte Darstellung in der Weise finden, daß wir von der Fourierreihe einer periodischen Funktion ausgehen und anschließend die Periode $2l$ gegen unendlich gehen lassen.

Für eine periodische Funktion $f(x)$ mit der Periode $2l$ erhält man durch Kombination der Gln. (36) und (40)

$$f(x) = \sum_{\nu=-\infty}^{+\infty} \frac{1}{2l} \int_{-l}^{l} f(x) \mathrm{e}^{-\frac{\mathrm{i}\nu\pi x}{l}} dx \; \mathrm{e}^{\frac{\mathrm{i}\nu\pi x}{l}} . \tag{55}$$

Bezeichnet man die Integrationsvariable mit ξ statt mit x, so folgt daraus

$$f(x) = \sum_{\nu=-\infty}^{+\infty} \frac{1}{2l} \int_{-l}^{l} f(\xi) \mathrm{e}^{-\frac{\mathrm{i}\nu\pi\xi}{l}} d\xi \; \mathrm{e}^{\frac{\mathrm{i}\nu\pi x}{l}} .$$

Wir führen nun die Größen

$$k_\nu = \frac{\nu\pi}{l} \tag{56}$$

und

$$\Delta k = k_{\nu+1} - k_\nu = \frac{\pi}{l} \tag{57}$$

ein und können dann schreiben

$$f(x) = \sum_{\nu=-\infty}^{\infty} \frac{1}{2\pi} \int_{-l}^{+l} f(\xi) \mathrm{e}^{-\mathrm{i}k_\nu\xi} d\xi \; \mathrm{e}^{\mathrm{i}k_\nu x} \Delta k . \tag{58}$$

Um zum Fall der nichtperiodischen Funktion überzugehen, lassen wir l über alle Grenzen wachsen. Die Größe Δk geht dann gegen Null, und die Summe in Gl. (58) geht gemäß Gl. (X, 115) in ein Integral über, so daß man erhält

$$f(x) = \int_{-\infty}^{+\infty} \left[\frac{1}{2\pi} \int_{-\infty}^{+\infty} f(\xi) \mathrm{e}^{-\mathrm{i}k\xi} d\xi \right] \mathrm{e}^{\mathrm{i}kx} dk . \tag{59}$$

Dafür kann man auch schreiben

$$f(x) = \frac{1}{\sqrt{2\pi}} \int_{-\infty}^{+\infty} c(k) \mathrm{e}^{\mathrm{i}kx} dk \tag{60}$$

mit

$$c(k) = \frac{1}{\sqrt{2\pi}} \int_{-\infty}^{+\infty} f(\xi) \mathrm{e}^{-\mathrm{i}k\xi} d\xi . \tag{61}$$

Man erkennt also: *Bei einer nichtperiodischen Funktion geht die Fourierreihe in das Integral der Gl. (60) über.* Man bezeichnet dieses als *Fourierintegral**⁾. *Jede nichtperiodische Funktion $f(x)$, die den Dirichletschen Bedingungen genügt, kann man durch ein Fourierintegral darstellen.*

---

*⁾ Die oben gegebene Ableitung ist nicht ganz befriedigend, da noch der Beweis fehlt, daß die Überlegungen bei der Ableitung der Fourierreihe auch im Grenzfall $2l \to \infty$ richtig bleiben. Das Fourierintegral läßt sich auch auf exakte Art über das Dirichletsche Integral ableiten, worauf wir aber nicht eingehen.

Das erhaltene Resultat läßt sich auch in folgende Worte fassen: Eine periodische Funktion läßt sich als Summe von Exponentialfunktionen der Form $c(k)e^{ikx}$ darstellen, wobei k die diskreten Werte $k = \nu\pi/l$ mit $\nu = 0, \pm 1, \pm 2, \ldots$ annehmen kann. Eine nichtperiodische Funktion wird durch die gleichen Exponentialfunktionen wiedergegeben, wobei aber jetzt k kontinuierlich alle reellen Zahlen durchläuft und die Summe daher in ein Integral übergeht. Man sagt auch, daß zu periodischen Funktionen ein *diskretes Spektrum von k-Werten*, zu nichtperiodischen Funktionen dagegen ein *kontinuierliches Spektrum* gehört.

Man kann das Fourierintegral in Gl. (60) auch in reeller Form schreiben. Es ergibt sich dann

$$f(x) = \frac{1}{\sqrt{\pi}} \int_0^{\infty} [a(k)\sin kx + b(k)\cos kx]\, dk \tag{62}$$

mit

$$a(k) = \frac{1}{\sqrt{\pi}} \int_{-\infty}^{+\infty} f(\xi)\sin k\xi \;d\xi \tag{63}$$

$$b(k) = \frac{1}{\sqrt{\pi}} \int_{-\infty}^{+\infty} f(\xi)\cos k\xi \;d\xi\,. \tag{64}$$

Diese Beziehungen sind die Analoga zu den Gln. (3), (6), (11) und (12). Auch hier gilt, daß beim Übergang von einer periodischen Funktion zu einer nichtperiodischen Funktion das diskrete Spektrum von k-Werten in ein kontinuierliches übergeht.

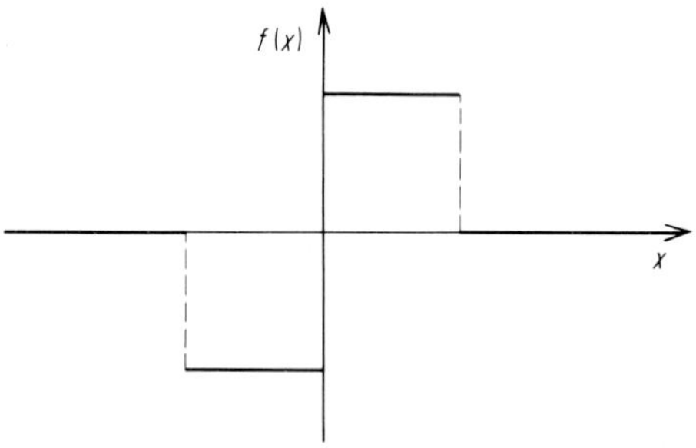

Abb. 5. Die durch Gl. (65) gegebene Funktion.

Als Beispiel betrachten wir die in Abb. 5 angegebene Funktion, die analytisch durch die Gleichungen

$$\begin{aligned} f(x) &= 0 \quad \text{für} \quad x < -1 \quad \text{und} \quad x > 1 \\ f(x) &= -1 \quad \text{für} \quad -1 < x < 0 \\ f(x) &= +1 \quad \text{für} \quad 0 < x < 1 \end{aligned} \tag{65}$$

dargestellt wird. Sie unterscheidet sich von der in Abb. 4 angegebenen Funktion dadurch, daß sie außerhalb des Bereichs $-1 \leqq x \leqq 1$ überall gleich Null ist, so daß sie nicht periodisch ist. Wir stellen sie durch ein Fourierintegral dar. Gl. (61) zufolge gilt

$$c(k) = \frac{1}{\sqrt{2\pi}} \int_{-\infty}^{+\infty} f(\xi)\,\mathrm{e}^{-\mathrm{i}k\xi}\,d\xi = \frac{1}{\sqrt{2\pi}} \left[\int_{-1}^{0} (-\mathrm{e}^{-\mathrm{i}k\xi})\,d\xi + \int_{0}^{1} \mathrm{e}^{-\mathrm{i}k\xi}\,d\xi \right] =$$

$$= \frac{1}{\sqrt{2\pi}\,\mathrm{i}k} \left\{ -\mathrm{e}^{-\mathrm{i}k\xi}\Big|_{-1}^{0} + \mathrm{e}^{-\mathrm{i}k\xi}\Big|_{0}^{1} \right\} = \frac{1}{\sqrt{2\pi}\,\mathrm{i}k} \{\mathrm{e}^{\mathrm{i}k} + \mathrm{e}^{-\mathrm{i}k} - 2\} = \frac{\sqrt{2}}{\sqrt{\pi}\,\mathrm{i}k}(1 - \cos k)\,. \tag{66}$$

Als das gesuchte Fourierintegral erhält man daher Gl. (59) zufolge

$$f(x) = \frac{1}{\sqrt{2\pi}} \int_{-\infty}^{+\infty} \frac{\sqrt{2}}{\sqrt{\pi}\mathrm{i}k}(1 - \cos k)\,\mathrm{e}^{\mathrm{i}kx}\,dk\,. \tag{67}$$

Um das Integral auf eine reelle Form zu bringen, spalten wir es noch in zwei Integrale auf, die von $-\infty$ bis 0 sowie von 0 bis ∞ gehen, und ersetzen im ersten Integral k durch $-k$

$$f(x) = \int_{-\infty}^{0} \frac{1}{\pi\mathrm{i}k}(1 - \cos k)\,\mathrm{e}^{\mathrm{i}kx}\,dk + \int_{0}^{\infty} \frac{1}{\pi\mathrm{i}k}(1 - \cos k)\,\mathrm{e}^{\mathrm{i}kx}\,dk =$$

$$= \int_{0}^{\infty} \frac{1}{\pi\mathrm{i}k}(1 - \cos k)\,\mathrm{e}^{-\mathrm{i}kx}\,dk + \int_{0}^{\infty} \frac{1}{\pi\mathrm{i}k}(1 - \cos k)\,\mathrm{e}^{\mathrm{i}kx}\,dk =$$

$$= \int_{0}^{\infty} \frac{1}{\pi\mathrm{i}k}(1 - \cos k)(\mathrm{e}^{\mathrm{i}kx} - \mathrm{e}^{-\mathrm{i}kx})\,dk = \int_{0}^{\infty} \frac{2}{\pi k}(1 - \cos k)\sin kx\,dk\,. \tag{68}$$

Das letzte Integral hätte man natürlich auch unmittelbar über die Gln. (62) bis (64) erhalten können, wobei dann $b(k)$ von Anfang an gleich Null zu setzen ist, da $f(x)$ zentrosymmetrisch ist.

Gl. (68) besagt, daß die gegebene Funktion $f(x)$ als Überlagerung unendlich vieler Funktionen der Form $\sin kx$ aufzufassen ist, wobei die Amplitude jeder dieser Funktionen durch $2(\cos k - 1)/\pi k$ gegeben ist.

Die angestellten Überlegungen lassen sich auch auf Funktionen von mehreren Variablen übertragen. Für eine Funktion von beispielsweise zwei Variablen $f(x, y)$ gilt

$$f(x,y) = \frac{1}{2\pi} \int_{-\infty}^{+\infty} \int_{-\infty}^{+\infty} c(k_x, k_y)\,\mathrm{e}^{\mathrm{i}(k_x x + k_y y)}\,dk_x\,dk_y \tag{69}$$

mit

$$c(k_x, k_y) = \frac{1}{2\pi} \int_{-\infty}^{+\infty} \int_{-\infty}^{+\infty} f(x,y)\,\mathrm{e}^{-\mathrm{i}(k_x x + k_y y)}\,dx\,dy\,. \tag{70}$$

Bei mehreren Variablen lassen sich die Funktionen besonders übersichtlich mit Hilfe des durch Gl. (53) eingeführten Vektors $\boldsymbol{r}$ und dem entsprechend definierten Vektor $\boldsymbol{k} = k_1\overset{1}{\boldsymbol{e}} + k_2\overset{2}{\boldsymbol{e}} + \cdots + k_n\overset{n}{\boldsymbol{e}}$ schreiben:

$$f(x_1, x_2, \ldots, x_n) = \frac{1}{(2\pi)^{n/2}} \int_{-\infty}^{\infty} \cdots \int_{-\infty}^{\infty} c(k_1, k_2, \ldots, k_n)\,\mathrm{e}^{\mathrm{i}\boldsymbol{kx}}\,dk_1 \ldots dk_n \tag{71}$$

$$c(k_1, k_2, \ldots, k_n) = \frac{1}{(2\pi)^{n/2}} \int_{-\infty}^{+\infty} \cdots \int_{-\infty}^{+\infty} f(x_1, x_2, \ldots, x_n)\,\mathrm{e}^{-\mathrm{i}\boldsymbol{kx}}\,dx_1 \ldots dx_n\,. \tag{72}$$

5. Darstellungen der Deltafunktion

Man kann die Deltafunktion auch durch andere Ausdrücke als den in Gl. (XI, 245) darstellen. Zu einer anderen Darstellung kommt man z. B., wenn man von Gl. (59) ausgeht und in dieser Gleichung die Reihenfolge der Integrationen vertauscht. Man erhält dann

$$f(x) = \int_{-\infty}^{+\infty} f(\xi) \left[\int_{-\infty}^{+\infty} \frac{1}{2\pi} \mathrm{e}^{-\mathrm{i}k(\xi - x)} \, dk \right] d\xi \,. \tag{73}$$

Das Integral in der eckigen Klammer ist eine Funktion von ξ, $\varphi(\xi)$, die offensichtlich die Eigenschaft besitzt, daß $\int_{\infty}^{+\infty} f(\xi)\varphi(\xi)d\xi = f(x)$ ist. Sie ist daher eine Darstellung der Deltafunktion $\delta(\xi - x)$. Indem wir ξ durch x und x durch b ersetzen, können wir schreiben

$$\delta(x - b) = \frac{1}{2\pi} \int_{-\infty}^{+\infty} \mathrm{e}^{-\mathrm{i}k(x-b)} \, dk \,. \tag{74a}$$

Beachtet man, daß $\exp[-\mathrm{i}k(\xi - x)] = \cos[k(\xi - x)] - \mathrm{i}\sin[k(\xi - x)]$ ist, so kann man Gl. (73) auch in der Form

$$f(x) = \int_{-\infty}^{+\infty} f(\xi) \left[\int_{0}^{\infty} \frac{1}{\pi} \cos(k(\xi - x)) dk \right] d\xi$$

schreiben. Daraus folgt

$$\delta(x - b) = \frac{1}{\pi} \int_{0}^{\infty} \cos(k(x - b)) dk \,. \tag{74b}$$

Ohne Beweis wollen wir schließlich noch die Darstellung

$$\delta(x - b) = \lim_{n \to \infty} \frac{1}{\pi(x - b)} \sin n(x - b) \tag{75}$$

anführen. Wir sehen also: *Die Deltafunktion läßt sich durch verschiedene mathematische Ausdrücke wiedergeben. Beispiele hierfür geben die Gln. (XI, 245), (74a) und (75).*

Als Anwendung berechnen wir das Integral

$$\int_{-\infty}^{+\infty} \int_{-\infty}^{+\infty} \sin x \, \mathrm{e}^{-\mathrm{i}k(x-\pi)} \, dx \, dk \,.$$

Unter Berücksichtigung der Gln. (74a) und (XI, 247) ergibt sich

$$\int_{-\infty}^{+\infty} \int_{-\infty}^{+\infty} \sin x \, \mathrm{e}^{-\mathrm{i}y(x-\pi)} \, dx \, dy = 2\pi \int_{-\infty}^{+\infty} \sin x \, \delta(x - \pi) \, dx = 2\pi \sin \pi = 0 \,.$$

Fragen und Aufgaben

1. Welche Voraussetzungen muß eine Funktion erfüllen, damit man sie in eine Fourierreihe entwickeln kann?
2. Gib die allgemeine Form einer Fourierreihe sowie die Gleichungen zur Berechnung der Fourierkoeffizienten an, a) in komplexer Schreibweise, b) in reeller Schreibweise.
3. Welchen Wert ergibt die Fourierreihe an Stellen, an denen die entwickelte Funktion einen endlichen Sprung aufweist?
4. Was kann man über die Koeffizienten einer Fourierreihe aussagen, a) wenn die zu entwickelnde Funktion symmetrisch ist, b) wenn sie antisymmetrisch ist?
5. Darf man die Integrationsgrenzen bei der Integration einer periodischen Funktion verändern, ohne daß sich der Wert des Integrals ändert?
6. Kann man auch eine Funktion von mehreren Variablen in eine Fourierreihe entwickeln?
7. Was versteht man unter einem Fourierintegral?
8. Unter welchen Voraussetzungen kann man eine Funktion durch ein Fourierintegral darstellen?
9. Welcher Zusammenhang besteht zwischen einem Fourierintegral und einer Fourierreihe?
10. Berechne das Integral $\int\limits_{-\infty}^{+\infty}\int\limits_{-\infty}^{+\infty} f(x)\mathrm{e}^{ik(x-\omega t)}\,dk\,dx$.
11. Nenne drei Darstellungen der Deltafunktion $\delta(x-x_0)$.
12. Entwickle folgende periodischen Funktionen mit der Periode 2π in Fourierreihen: a) $f(x)=x$ für $-\pi<x<\pi$, b) $f(x)=x^2$ für $-\pi<x<\pi$, c) $f(x)=\delta(x)$ für $-\pi<x<\pi$.
13. Stelle die folgenden Funktionen durch ein Fourierintegral dar: a) $f(t)=\mathrm{e}^{-t}\sin\omega t$ für $t>0$ und $f(t)=0$ für $t=0$, b) $f(x)=\sin\frac{2\pi}{\lambda}x$ für $-5\lambda<x<5\lambda$ und $f(x)=0$ für alle übrigen x.
14. Berechne die folgenden Integrale:
a) $\int\limits_{-\infty}^{+\infty}\sin x\,\delta(x-x_0)\,dx$, b) $\int\limits_{-\infty}^{+\infty}\int\limits_{-\infty}^{+\infty} x^2\,\mathrm{e}^{-ik(x-2)}\,dk\,dx$, c) $\lim\limits_{n\to\infty}\int\limits_{-\infty}^{+\infty}\frac{\mathrm{e}^x}{x-b}\sin n(x-b)\,dx$.

B. Fouriertransformation

1. Definition

Wir haben gesehen, daß man eine Funktion $f(x)$, die den Dirichletschen Bedingungen gehorcht, durch ein Fourierintegral wiedergeben kann,

$$f(x)=\frac{1}{\sqrt{2\pi}}\int\limits_{-\infty}^{+\infty} c(k)\mathrm{e}^{ikx}\,dk$$

mit

$$c(k)=\frac{1}{\sqrt{2\pi}}\int\limits_{-\infty}^{+\infty} f(\xi)\mathrm{e}^{ikx}\,d\xi\,.$$

Die durch das Fourierintegral vermittelte Transformation der Funktion $c(k)$ in $f(x)$ bezeichnet man als Fouriertransformation. Unter Verwendung anderer Symbole, nämlich f anstelle von c, x anstelle k usw., können wir sagen: *Die Fouriertransformierte $g(u)$ der Funktion $f(x)$ ist gegeben durch*

$$g(u)=\frac{1}{\sqrt{2\pi}}\int\limits_{-\infty}^{+\infty} f(x)\mathrm{e}^{iux}\,dx\,. \tag{76}$$

Umgekehrt ergibt sich $f(x)$ aus $g(u)$ über die Beziehung

$$f(x) = \frac{1}{\sqrt{2\pi}} \int_{-\infty}^{+\infty} g(u) \mathrm{e}^{-\mathrm{i}ux} \, du. \tag{77}$$

Man nennt $f(x)$ und $g(u)$ ein *Fouriertransformierten-Paar*. Die Fouriertransformation bezeichnet man allgemein mit dem Symbol $\mathfrak{F}$, so daß man schreiben kann

$$\mathfrak{F}[f(x)] = \frac{1}{\sqrt{2\pi}} \int_{-\infty}^{+\infty} f(x) \mathrm{e}^{\mathrm{i}ux} \, dx = g(u). \tag{78}$$

Für die Umkehrung der Fouriertransformation schreibt man symbolisch $\mathfrak{F}^{-1}$, so daß gilt:

$$\mathfrak{F}^{-1}[g(u)] = \frac{1}{\sqrt{2\pi}} \int_{-\infty}^{+\infty} g(u) \mathrm{e}^{-\mathrm{i}ux} \, du = f(x). \tag{79}$$

Fouriertransformationen werden in vielen Bereichen der Chemie angewandt. In der *optischen Spektroskopie* ersetzt man die Variable x durch die Zeit und die Variable u durch die Kreisfrequenz der Welle; durch Fouriertransformation eines zeitlich rechteckförmigen Impulses beispielsweise erhält man dann die spektrale Verteilung der Wellen, die diesen Impuls aufbauen. In der *magnetischen Kernresonanz* berechnet man das Spektrum der untersuchten Probe durch eine Fouriertransformation des gemessenen zeitlichen Abfalls der Quermagnetisierung; auch hier wird dann x durch die Zeit und u durch die Frequenz ersetzt. Bei der Untersuchung der Struktur der Materie mittels *Röntgenstreuung* bestimmt man das „Faltungsquadrat“ der räumlichen Verteilung der Elektronendichte durch eine inverse dreidimensionale Fouriertransformation der Röntgenstreukurve; x steht dabei für den sogenannten Streuvektor $\boldsymbol{s}$, der die Richtung der Streuung beschreibt, und u für den Ortsvektor $\boldsymbol{r}$.

In allen diesen Fällen benötigt man zur Berechnung der Fouriertransformation eine Reihe von Hilfssätzen. Man muß beispielsweise wissen, welche Folgen eine Verschiebung der zu transformierenden Funktion auf der x-Achse hat, wie man ein Produkt von Funktionen fouriertransformiert und wie sich Symmetrieeigenschaften der Funktionen auf die Transformation auswirken. Außerdem verwendet man noch bisweilen eine Reihe von Definitionen der Fouriertransformation, die sich von der oben gegebenen Definition im Faktor vor dem Integral, in einem Faktor im Exponenten oder im Vorzeichen des Exponenten unterscheiden.

Wir wollen daher im folgenden zunächst einige einfache Beispiele betrachten, dann einige wichtige Sätze besprechen und abschließend auf die Anwendungen der Fouriertransformationen in der Chemie eingehen.

2. Beispiele

Als Beispiel berechnen wir die Fouriertransformierte der in Abb. 6a angegebenen Rechteckfunktion $f(x)$. Es gilt dann

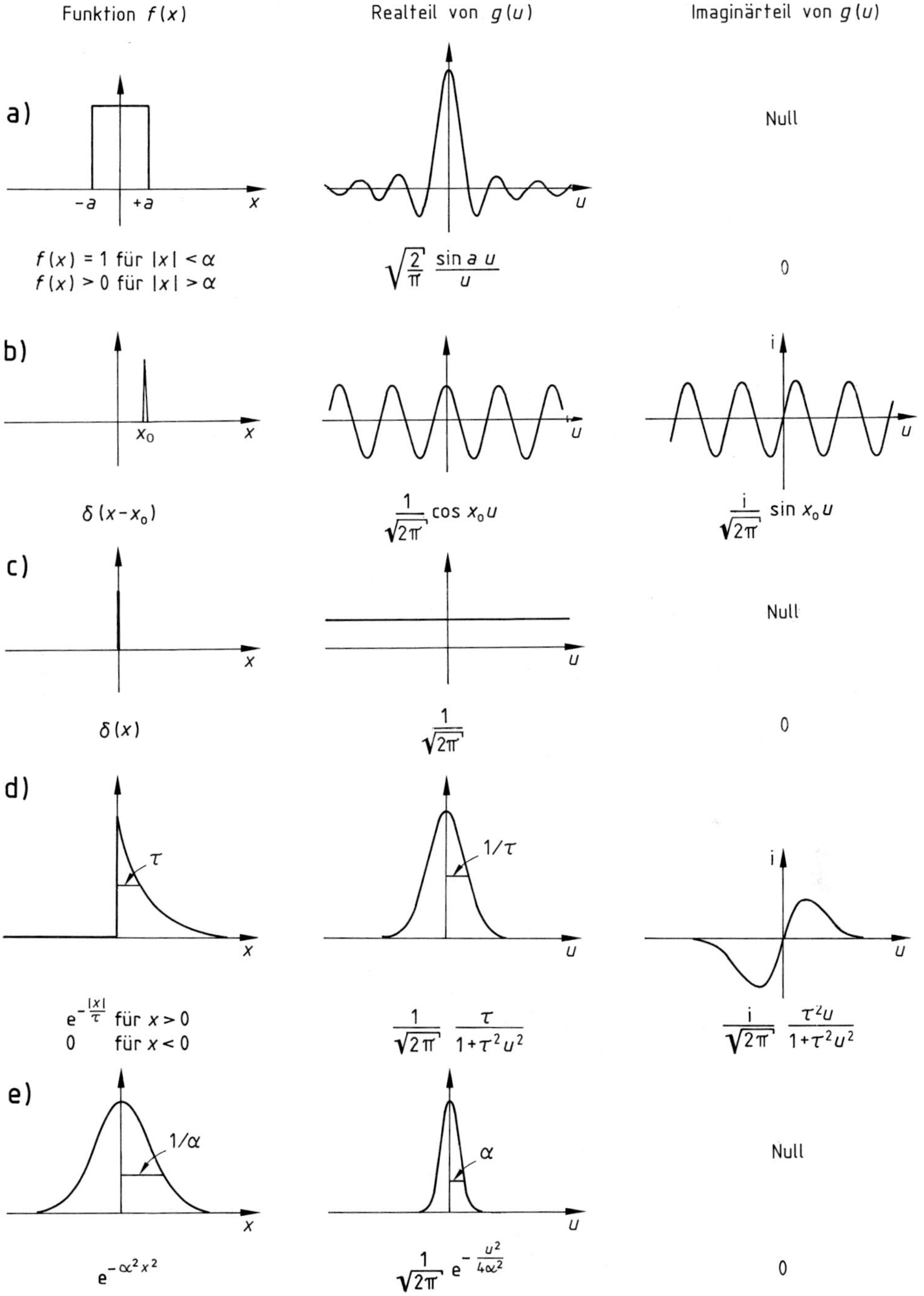

Abb. 6. Beispiele für einige Funktionen und deren Fouriertransformierte. a) Rechteckfunktion, b) δ-Funktion an der Stelle x_0, c) δ-Funktion im Koordinatenursprung, d) Exponentialfunktion für $x > 0$, e) Gaußkurve.

$$f(x) = \begin{cases} 1 & \text{für} \quad -a \leq x \leq +a \\ 0 & \text{für} \quad x < -a \text{ und } x > \text{a} . \end{cases} \tag{80}$$

Für die Fouriertransformierte $g(u)$ ergibt sich gemäß Gl. (76):

$$\begin{aligned} g(u) = \mathfrak{F}[f(x)] &= \frac{1}{\sqrt{2\pi}} \int_{-\infty}^{+\infty} f(x) e^{iux} \, dx = \\ &= \frac{1}{\sqrt{2\pi}} \int_{-a}^{+a} e^{iux} \, dx = \frac{1}{\sqrt{2\pi}\, iu} (e^{iau} - e^{-iau}) = \frac{2 \sin au}{\sqrt{2\pi}\, u} . \end{aligned} \tag{81}$$

Der Verlauf von $g(u)$ ist ebenfalls in Abb. 6 angegeben.

Als zweites Beispiel berechnen wir noch die Fouriertransformierte der Deltafunktion $\delta(x - x_0)$. Man erhält unter Berücksichtigung von Gl. (XI, 247)

$$\mathfrak{F}[\delta(553x - x_0)] = \frac{1}{\sqrt{2\pi}} \int_{-\infty}^{+\infty} \delta(x - x_0) e^{iux} \, dx = \frac{1}{\sqrt{2\pi}} e^{ix_0 u} . \tag{82}$$

Die Fouriertransformierte der δ-Funktion ist also für $x_0 \neq 0$ *eine komplexe Exponentialfunktion, für* $x_0 = 0$ *die Konstante* $1/\sqrt{2\pi}$ (s. Abb. 6b bzw. 6c).

Betrachten wir als nächstes die Exponentialfunktion in Abb. 6d, die für die positive x-Werte exponentiell abfällt, für negative dagegen Null ist. Sie ist gegeben durch:

$$f(x) = \begin{cases} e^{-x/\tau} & \text{für} \quad x \geq 0 \\ 0 & \text{für} \quad x < 0 . \end{cases} \tag{83}$$

Für die Fouriertransformierte ergibt sich, wenn man $x[(1/\tau) - iu] = z$ setzt:

$$\begin{aligned} g(u) &= \frac{1}{\sqrt{2\pi}} \int_{-\infty}^{+\infty} f(x) e^{iux} \, dx = \frac{1}{\sqrt{2\pi}} \int_{0}^{+\infty} e^{-\frac{x}{\tau}} e^{iux} \, dx \\ &= \frac{1}{\sqrt{2\pi}} \int_{0}^{+\infty} e^{-x\left(\frac{1}{\tau} - iu\right)} dx = \frac{1}{\sqrt{2\pi}\left(\frac{1}{\tau} - iu\right)} \int_{0}^{+\infty} e^{-z} \, dz \\ &= -\frac{1}{\sqrt{2\pi}\left(\frac{1}{\tau} - iu\right)} e^{-z} \Big|_{0}^{+\infty} = \frac{1}{\sqrt{2\pi}\left(\frac{1}{\tau} - iu\right)} \\ &= \frac{1}{\sqrt{2\pi}} \frac{\frac{1}{\tau} + iu}{\frac{1}{\tau^2} + u^2} = \frac{1}{\sqrt{2\pi}} \frac{\tau}{1 + \tau^2 u^2} + i \frac{1}{\sqrt{2\pi}} \frac{\tau^2 u}{1 + \tau^2 u^2} . \end{aligned} \tag{84}$$

Der Realteil und der Imaginärteil dieser transformierten Funktion sind ebenfalls in Abb. 6d angegeben. Den Realteil bezeichnet man als *Lorentzkurve*. Diese Kurve beschreibt in der Optik häufig die Form von Spektrallinien, während der Imaginärteil die zur Spektrallinie gehörige sogenannte *Dispersionskurve* wiedergibt. Man kann sich leicht davon überzeugen, daß der Imaginärteil bis auf einen konstanten Faktor durch Differenzieren der Lorentzkurve nach u erhalten wird.

Schließlich wollen wir noch die Fouriertransformation der Gaußkurve

$$f(x) = e^{\alpha^2 x^2} \tag{85}$$

suchen, also die Transformation

$$g(u) = \frac{1}{\sqrt{2\pi}} \int_{-\infty}^{+\infty} e^{-\alpha^2 x^2} e^{iux} \, dx \tag{86}$$

durchführen. Durch Ausmultiplizieren der Exponentialfunktionen, Umformung des Exponenten und Substitution der Variablen $z = x - iu/2\alpha^2$ ergibt sich:

$$\begin{aligned} g(u) &= \frac{1}{\sqrt{2\pi}} \int_{-\infty}^{+\infty} e^{-\alpha^2 x^2 + iux} \, dx = \frac{1}{\sqrt{2\pi}} \int_{-\infty}^{+\infty} e^{-\alpha^2\left(x - \frac{iu}{2\alpha^2}\right)^2 - \frac{u^2}{4\alpha^2}} \, dx \\ &= \frac{1}{\sqrt{2\pi}} \int_{-\infty - \frac{iu}{2\alpha^2}}^{+\infty - \frac{iu}{2\alpha^2}} e^{-\alpha^2 z^2 - \frac{u^2}{4\alpha^2}} \, dz = \frac{e^{\frac{u^2}{4\alpha^2}}}{\sqrt{2\pi}} \int_{-\infty - \frac{iu}{2\alpha^2}}^{+\infty - \frac{iu}{2\alpha^2}} e^{-\alpha^2 z^2} \, dz \end{aligned} \tag{87}$$

Die Integration erfolgt jetzt längs des Weges s in der komplexen Ebene (s. Abb. 7). Man kann statt dessen, wie unten gezeigt wird, auch das Integral entlang der reellen x-Achse von $-\infty$ bis $+\infty$ nehmen (in Abb. 7 mit t bezeichnet). Für dieses Integral erhält man laut Gl. (XI, 133) den Wert $\sqrt{\pi/\alpha}$. Es ergibt sich somit

$$g(u) = \frac{e^{\frac{u^2}{4\alpha^2}}}{\sqrt{2\pi}} \int_{-\infty - \frac{iu}{2\alpha^2}}^{+\infty - \frac{iu}{2\alpha^2}} e^{-\alpha^2 z^2} \, dz = \frac{1}{\sqrt{2\pi}} e^{-\frac{u^2}{4\alpha^2}}. \tag{88}$$

Die Fouriertransformierte einer Gaußfunktion ist also wieder eine Gaußfunktion, deren Halbwertsbreite in einem reziproken Verhältnis zu der der ursprünglichen Funktion steht. Je breiter die Kurve $f(x)$ ist, desto schmäler wird die Kurve $g(u)$. Das entsprechende Funktionenpaar ist in Abb. 6e dargestellt. In diesem Fall ist der Imaginärteil der Fouriertransformation Null.

Wir wollen nun noch beweisen, daß die Integration entlang der Geraden t in Abb. 7 das gleiche Ergebnis wie entlang der Geraden s liefert. Aufgrund des Residuumssatzes Gl. (XIII, 76) ist das Integral längs einer geschlossenen Kurve in der komplexen Ebene gleich Null, wenn innerhalb des von der Kurve umschlossenen Bereiches die Funktion keine singulären Stellen aufweist. Wir betrachten nun die geschlossene Kurve ABCD in Abb. 7. Die angegebenen Punkte sollen jeweils im Unendlichen liegen, was wir in der Zeichnung dadurch andeuten, daß ein Teil der Geraden jeweils gestrichelt ist.

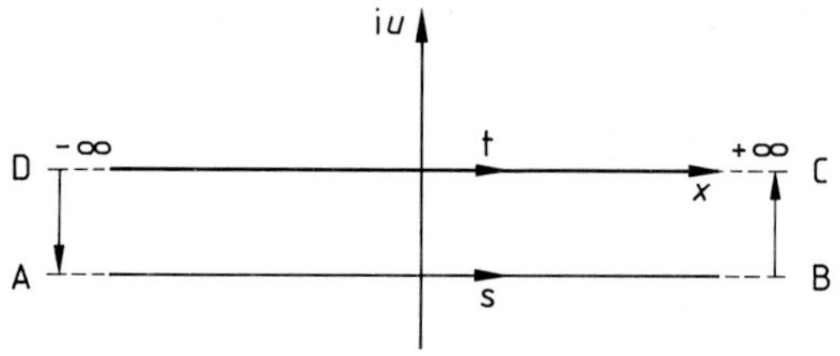

Abb. 7. Zur Berechnung des Integrals in Gl. (87).

Innerhalb des Bereiches der komplexen Ebene, der von dieser Kurve umschlossen wird, ist die zu integrierende Funktion $e^{-\alpha^2 z^2}$ nirgends singulär. Das Integral längs der geschlossenen Kurve ist daher Null, und wir können schreiben

$$\int\limits_{-\infty-\frac{iu}{2\alpha^2}}^{+\infty-\frac{iu}{2\alpha^2}} e^{-\alpha^2 z^2} dz + \int\limits_{-\infty-\frac{iu}{2\alpha^2}}^{+\infty} e^{-\alpha^2 z^2} dz + \int\limits_{+\infty}^{-\infty} e^{-\alpha^2 z^2} dz + \int\limits_{-\infty}^{-\infty-\frac{iu}{2\alpha^2}} e^{-\alpha^2 z^2} dz = 0. \tag{89}$$

Das zweite und vierte Integral in der obigen Gleichung heben sich weg, so daß man erhält

$$\int\limits_{-\infty-\frac{iu}{2\alpha^2}}^{+\infty-\frac{iu}{2\alpha^2}} e^{-\alpha^2 z^2} dz = -\int\limits_{+\infty}^{-\infty} e^{-\alpha^2 z^2} dz = \int\limits_{-\infty}^{+\infty} e^{-\alpha^2 z^2} dz, \tag{90}$$

was zu beweisen war.

3. Zusammenhang zwischen der Symmetrie einer Funktion und dem Real- bzw. Imaginärteil der fouriertransformierten Funktion

Im allgemeinen ist die Fouriertransformierte einer reellen Funktion eine komplexe Funktion. Wie die Beispiele in Abb. 6 zeigen, gibt es aber Ausnahmen; der Imaginärteil der Fouriertransformierten kann Null sein. Ebenso gibt es Fälle, wo der Realteil der Fouriertransformierten Null und nur der Imaginärteil von Null verschieden ist. Wie wir im folgenden zeigen, hängt das Verschwinden eines der beiden Anteile der Transformierten mit der Symmetrie der zu transformierenden Funktion $f(x)$ zusammen.

Nehmen wir als erstes an, $f(x)$ sei eine um $x = 0$ symmetrische Funktion, d. h. es möge gelten

$$f(x) = f(-x). \tag{91}$$

Es ergibt sich dann mit Hilfe von Gl. (XIII, 18), die den Zusammenhang zwischen der komplexen Exponentialfunktion und den trigonometrischen Funktionen angibt:

$$\begin{aligned} g(u) &= \int\limits_{-\infty}^{+\infty} f(x) e^{iux} dx = \int\limits_{-\infty}^{+\infty} f(x)(\cos ux + i \sin ux) dx \\ &= \int\limits_{-\infty}^{+\infty} f(x) \cos ux\, dx + i \int\limits_{-\infty}^{+\infty} f(x) \sin ux\, dx \end{aligned} \tag{92}$$

Im zweiten Integral heben sich die Beiträge für positive und negative x-Werte weg (weil $f(-x)=f(x)$ und $\sin(-xy)=-\sin(xy)$ ist), so daß man erhält

$$g(u)=\int_{-\infty}^{+\infty} f(x)\cos ux\,dx = 2\int_{0}^{+\infty} f(x)\cos ux\,dx. \tag{93}$$

Wir können also sagen: *Die Fouriertransformierte einer symmetrischen Funktion ist eine reelle Funktion. Diese ist ebenfalls symmetrisch.* Man kann hier die Transformation unmittelbar mit der reellen Konsinusfunktion anstelle der komplexen Exponentialfunktion als Faktor durchführen.

Nehmen wir als nächstes an, die Funktion $f(x)$ sei bezüglich $x=0$ antisymmetrisch, d. h. es möge gelten

$$f(x) = -f(-x) \quad \text{bzw.} \quad f(-x) = -f(x). \tag{94}$$

In diesem Fall heben sich im ersten der beiden Integrale am Ende von Gl. (92) die Beiträge für positive x-Werte und für negative x-Werte gegenseitig weg, und man erhält

$$g(u)=\mathrm{i}\int_{-\infty}^{+\infty} f(x)\sin ux\,dx = 2\mathrm{i}\int_{0}^{+\infty} f(x)\sin ux\,dx. \tag{95}$$

Dies zeigt: *Die Fouriertransformierte einer antisymmetrischen Funktion ist eine imaginäre Funktion. Diese ist ebenfalls antisymmetrisch.* Man kann hier die Transformation unmittelbar mit der reellen Sinusfunktion anstelle der komplexen Exponentialfunktion als Faktor durchführen.

Diese Sätze sind nicht nur für die Sonderfälle von symmetrischen und antisymmetrischen Funktionen von Bedeutung, sondern auch für jede beliebige Funktion. Es gilt nämlich: Jede Funktion $f(x)$ setzt sich additiv aus einem symmetrischen Anteil $f_s(x)$ und einem antisymmetrischen Anteil $f_a(x)$ zusammen. Dies folgt aus der Tatsache, daß man schreiben kann

$$f(x)=\frac{1}{2}[f(x)+f(-x)]+\frac{1}{2}[(f(x)-f(-x)] \tag{96}$$

Der erste Summand ändert sein Vorzeichen nicht, wenn man x durch $-x$ ersetzt, er ist also der symmetrische Anteil $f_s(x)$ der Funktion. Der zweite Summand ändert sein Vorzeichen, ist also der antisymmetrische Anteil $f_a(x)$,

$$f_s(x)=\frac{1}{2}[f(x)+f(-x)] \tag{97a}$$

$$f_a(x)=\frac{1}{2}[f(x)-f(-x)]. \tag{97b}$$

Wendet man nun die Fouriertransformation auf die Summe $f_s(x)+f_a(x)$ an, so ergibt die Transformation von $f_s(x)$ eine reelle Funktion und die Transformation von $f_a(x)$ eine imaginäre Funktion. Man erkennt also, *daß bei der Transformation einer beliebigen Funktion $f(x)$ der Realteil der erhaltenen Funktion die Fouriertransformierte* *des symmetrischen Anteils von $f(x)$ ist, während der Imaginärteil die Fouriertransformierte des antisymmetrischen Anteils von $f(x)$ wiedergibt.*

Gl. (92) zeigt, daß man den Realteil der Fouriertransformierten erhält, indem man die Transformation mit $\cos ux$ ausführt, und den Imaginärteil, indem man sie mit $\sin ux$ vornimmt. Man spricht entsprechend auch von einer Kosinus-Transformierten und einer Sinus-Transformierten. Es gilt also: *Die Kosinus-Transformierte von $f(x)$ ist die Fouriertransformierte des symmetrischen Anteils $f_s(x)$, die mit i multiplizierte Sinustransformierte die Fouriertransformierte des antisymmetrischen Anteils $f_a(x)$ von $f(x)$.*

Betrachten wir als Beispiel die Exponentialfunktion in Abb. 6d, die Gl. (83) zufolge gegeben ist durch

$$f(x) = \begin{cases} e^{-\frac{x}{\tau}} & \text{für} \quad x > 0 \\ 0 & \text{für} \quad x > 0\,. \end{cases} \tag{98}$$

Man kann diese Funktion in den symmetrischen Anteil

$$f_s(x) = \begin{cases} \frac{1}{2} e^{-\frac{x}{\tau}} & \text{für} \quad x > 0 \\ \frac{1}{2} e^{\frac{x}{\tau}} & \text{für} \quad x < 0 \end{cases} \tag{99}$$

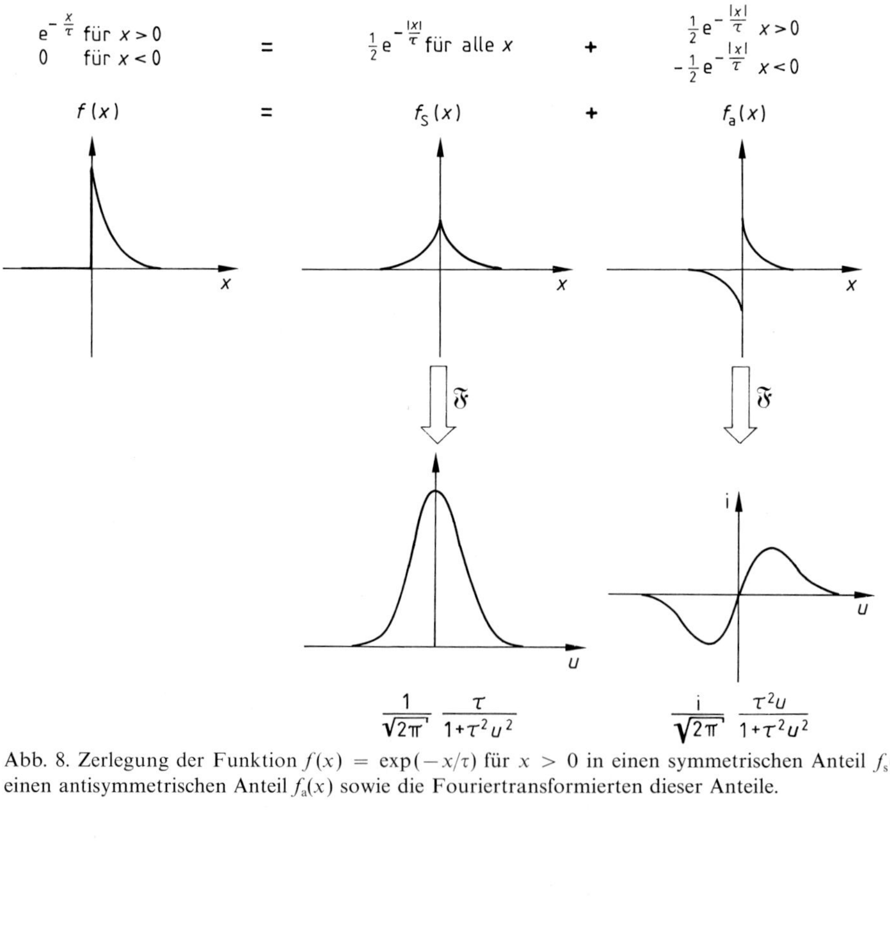

Abb. 8. Zerlegung der Funktion $f(x) = \exp(-x/\tau)$ für $x > 0$ in einen symmetrischen Anteil $f_s(x)$ und einen antisymmetrischen Anteil $f_a(x)$ sowie die Fouriertransformierten dieser Anteile.

und in den antisymmetrischen Anteil

$$f_a(x) = \begin{cases} \frac{1}{2} e^{-\frac{x}{\tau}} & \text{für} \quad x > 0 \\ -\frac{1}{2} e^{\frac{x}{\tau}} & \text{für} \quad x < 0 \end{cases} \tag{100}$$

zerlegen. $f_s(x) + f_a(x)$ ergibt wieder die in Gl. (98) angegebene Funktion. Diese Zerlegung ist in Abb. 8 graphisch dargestellt. Die Fouriertransformierte des symmetrischen Anteils $f_s(x)$ ist der Realteil der Fouriertransformierten der gesamten Funktion, also die in Abb. 6d gegebene Lorentzkurve. Entsprechend ist die Fouriertransformierte des antisymmetrischen Anteils die in Abb. 6d gegebene Dispersionskurve. Die Fouriertransformierten und die entsprechenden analytischen Ausdrücke der Kurve sind in Abb. 8 jeweils unter den beiden Anteilen der Funktion $f(x)$ angegeben. Man kann auch unmittelbar analytisch zeigen, daß sich die beiden Fouriertransformierten als Kosinus-Transformation der durch Gl. (99) bzw. als Sinus-Transformation der durch Gl. (100) gegebenen Funktion erhalten lassen. Die Rechnung ist allerdings etwas umständlich und soll hier daher nicht gebracht werden.

Ein weiteres Beispiel stellt eine gegenüber dem Koordinatenursprung verschobene δ-Funktion $\delta(x-a)$ dar. Die Zerlegung in einen symmetrischen und einen antisymmetrischen Anteil ergibt

$$\delta(x-a) = \frac{1}{2}[\delta(x-a) + \delta(-x-a)] + \frac{1}{2}[\delta(x-a) - \delta(-x-a)]. \tag{101}$$

Da $\delta(-x-a) = \delta(x+a)$ ist, folgt daraus für den symmetrischen und den antisymmetrischen Anteil

$$f_s(x) = \frac{1}{2}[\delta(x-a) + \delta(x+a)] \tag{102a}$$

$$f_a(x) = \frac{1}{2}[\delta(x-a) - \delta(x+a)]. \tag{102b}$$

Diese Funktionen sind in Abb. 9 angegeben. Da der verschobenen δ-Funktion $\delta(x+a)$ Gl. (XI, 82) zufolge die Fouriertransformierte $(1/\sqrt{2\pi})\, e^{iau}$ zuzuweisen ist, gehört zum symmetrischen Anteil die Fouriertrans-

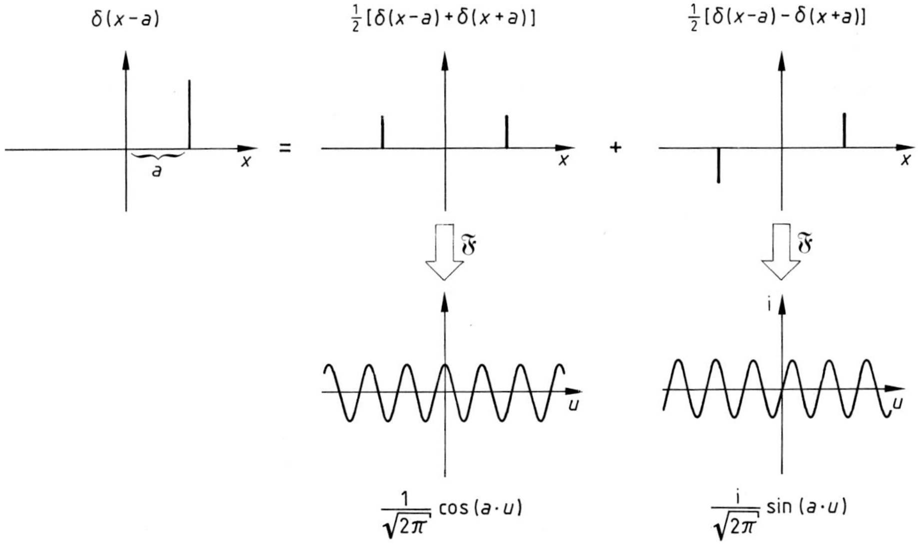

Abb. 9. Zerlegung der Funktion $\delta(x-a)$ in einem symmetrischen und einen antisymmetrischen Anteil sowie die Fouriertransformationen dieser Anteile.

formierte $\cos au$ und zum antisymmetrischen Anteil die Fouriertransformierte $\mathrm{i}\sin au$. Diese Funktionen sind ebenfalls in Abb. 9 wiedergegeben.

4. Die verschiedenen Abweichungen bei der Definition der Fouriertransformation

Bei den zahlreichen Anwendungen der Fouriertransformation wird diese häufig durch eine Gleichung definiert, die von Gl. (76) etwas abweicht. Die gebräuchlichen unterschiedlichen Definitionen für die Fouriertransformation und deren Umkehrung sind in Tabelle 1 zusammengefaßt. Sie sollen im folgenden etwas eingehender besprochen werden.

In manchen Fällen wird die Fouriertransformation nicht mit einem positiven, sondern mit einem negativen Vorzeichen im Exponenten definiert. Die Umkehrung erhält dann dementsprechend ein positives Vorzeichen. Wenn man deutlich machen will, welche der beiden Transformationen man meint, spricht man auch von einer „+i"- bzw. einer „−i"-Fouriertransformation. Ist die Funktion symmetrisch, so macht es keinen Unterschied, welche der beiden Definitionen man verwendet. Bei einer antisymmetrischen Funktion dagegen ändert die Transformierte ihr Vorzeichen. Berücksichtigt man, daß sich, wie im vorangegangenen Abschnitt ausgeführt wurde, jede Funktion in einen symmetrischen und antisymmetrischen Anteil zerlegen läßt, so folgt daraus: Bei der Änderung des Vorzeichens im Exponenten bleibt der Realteil der transformierten Funktion unverändert, der Imaginärteil dagegen ändert sein Vorzeichen.

Tab. 1: Die verschiedenen Definitionen der Fouriertransformation $\mathfrak{F}$ und deren Umkehrung $\mathfrak{F}^{-1}$.

$\mathfrak{F}$	$\mathfrak{F}^{-1}$
$g(u) = \frac{1}{\sqrt{2\pi}} \int_{-\infty}^{\infty} f(x) \cdot \mathrm{e}^{\mathrm{i}ux}\, dx$	$f(x) = \frac{1}{\sqrt{2\pi}} \int_{-\infty}^{\infty} g(u) \cdot \mathrm{e}^{-\mathrm{i}ux}\, du$
$g(u) = \frac{1}{\sqrt{2\pi}} \int_{-\infty}^{\infty} f(x) \cdot \mathrm{e}^{-\mathrm{i}ux}\, dx$	$f(x) = \frac{1}{\sqrt{2\pi}} \int_{-\infty}^{\infty} g(u) \cdot \mathrm{e}^{\mathrm{i}ux}\, du$
$g(u) = \int_{-\infty}^{\infty} f(x) \cdot \mathrm{e}^{\mathrm{i}ux}\, dx$	$f(x) = \frac{1}{2\pi} \int_{-\infty}^{\infty} g(u) \cdot \mathrm{e}^{-\mathrm{i}ux}\, du$
$g(u) = \frac{1}{2\pi} \int_{-\infty}^{\infty} f(x) \cdot \mathrm{e}^{\mathrm{i}ux}\, dx$	$f(x) = \int_{-\infty}^{\infty} g(u) \cdot \mathrm{e}^{-\mathrm{i}ux}\, du$
$g(u) = \int_{-\infty}^{\infty} f(x) \cdot \mathrm{e}^{2\pi\mathrm{i}ux}\, dx$	$f(x) = \int_{-\infty}^{\infty} g(u) \cdot \mathrm{e}^{-2\pi\mathrm{i}ux}\, du$

Eine weitere Variationsmöglichkeit bietet der Vorfaktor. Der Faktor $1/\sqrt{2\pi}$, der symmetrisch sowohl bei der Transformation selbst als auch bei deren Umkehrung auftritt, wird bisweilen weggelassen. Bei der Umkehrung tritt dann der Faktor 2π auf.

Beweis: Wir definieren als Fouriertransformation der Funktion $f(x)$ die Funktion

$$\tilde{g}(u) = \int_{-\infty}^{+\infty} f(x)\,\mathrm{e}^{\mathrm{i}ux}\,dx. \tag{103}$$

Wir haben das Funktionszeichen der so definierten Funktion vorübergehend mit einer Schlange versehen, um es von der Funktion, die mit dem zusätzlichen Faktor $1/\sqrt{2\pi}$ definiert wird, zu unterscheiden. Es gilt dann $\tilde{g}(u) = 1/\sqrt{2\pi} \cdot g(u)$, wobei $g(u)$ die durch Gl. (76) definierte Fouriertransformierte von $f(x)$ ist. Für diese gilt aber die durch Gl. (77) gegebene Umkehrung, so daß wir schreiben können:

$$\begin{aligned} f(x) &= \frac{1}{\sqrt{2\pi}} \int_{-\infty}^{+\infty} g(u) \cdot \mathrm{e}^{-\mathrm{i}ux}\,du = \frac{1}{\sqrt{2\pi}} \int_{-\infty}^{+\infty} \frac{1}{\sqrt{2\pi}}\,\tilde{g}(u) \cdot \mathrm{e}^{-\mathrm{i}ux}\,du \\ &= \frac{1}{2\pi} \int_{-\infty}^{+\infty} \tilde{g}(u) \cdot \mathrm{e}^{-\mathrm{i}ux}\,du \end{aligned} \tag{104}$$

In ähnlicher Weise kann man auch bei der Fouriertransformation den Vorfaktor $1/2\pi$ wählen und erhält dann bei der Umkehrung den Faktor 1.

Um die Komplikationen mit dem Vorfaktor zu umgehen, führt man bisweilen im Exponenten einen Faktor 2π ein, definiert also die Fouriertransformation von $f(x)$ als

$$\hat{g}(u) = \int_{-\infty}^{+\infty} f(x) \cdot \mathrm{e}^{2\pi \mathrm{i}ux}\,dx. \tag{105}$$

Das Dach-Zeichen über dem Funktionssymbol g haben wir hier vorübergehend eingeführt, um die so definierte Fouriertransformation von der durch Gl. (76) definierten zu unterscheiden.

Die Umkehrung dieser Gleichung lautet dann

$$f(x) = \int_{-\infty}^{+\infty} \hat{g}(u) \cdot \mathrm{e}^{-2\pi \mathrm{i}ux}\,du. \tag{106}$$

Beweis: Wir setzen in Gl. (105) $x = y/2\pi$ und erhalten, da $dx = dy/2\pi$ ist,

$$\hat{g}(u) = \frac{1}{2\pi} \int_{-\infty}^{+\infty} f\!\left(\frac{y}{2\pi}\right) \cdot \mathrm{e}^{\mathrm{i}uy}\,dy. \tag{107}$$

Um auf die durch Gl. (76) definierte Fouriertransformation zu kommen, deren Umkehrung wir kennen, multiplizieren wir die obige Gleichung mit $\sqrt{2\pi}$

$$\sqrt{2\pi} \cdot \hat{g}(u) = \frac{1}{\sqrt{2\pi}} \int_{-\infty}^{+\infty} f\!\left(\frac{y}{2\pi}\right) \cdot \mathrm{e}^{\mathrm{i}uy}\,dy. \tag{108}$$

Durch Umkehrung dieser Transformation mittels Gl. (77) erhalten wir

$$f\left(\frac{y}{2\pi}\right) = \frac{1}{\sqrt{2\pi}} \int_{-\infty}^{+\infty} \sqrt{2\pi} \cdot \hat{g}(u) \cdot e^{-iuy}\, dy = \int_{-\infty}^{+\infty} \hat{g}(u) \cdot e^{-iuy}\, du \tag{109}$$

Wenn wir hier noch y durch $2\pi x$ ersetzen, erhalten wir die zu beweisende Gl. (106).

Natürlich kann man bei den Fouriertransformationen mit den anderen Vorfaktoren (Zeile 3, 4 und 5 in Tabelle 1) ebenfalls das Vorzeichen im Exponenten variieren, so daß man auch hier zwischen einer „+i"- und einer „−i"-Transformation unterscheidet.

5. Aussagen über die Umkehrung der Fouriertransformationen

Die inverse Fouriertransformation unterscheidet sich, wie Gl. (77) zeigt, von der Fouriertransformation selbst nur durch das Vorzeichen im Exponenten. Nun wurde im vorangegangenen Abschnitt ausgeführt, daß eine Änderung des Vorzeichens im Exponenten bei der Fouriertransformierten einer symmetrischen Funktion

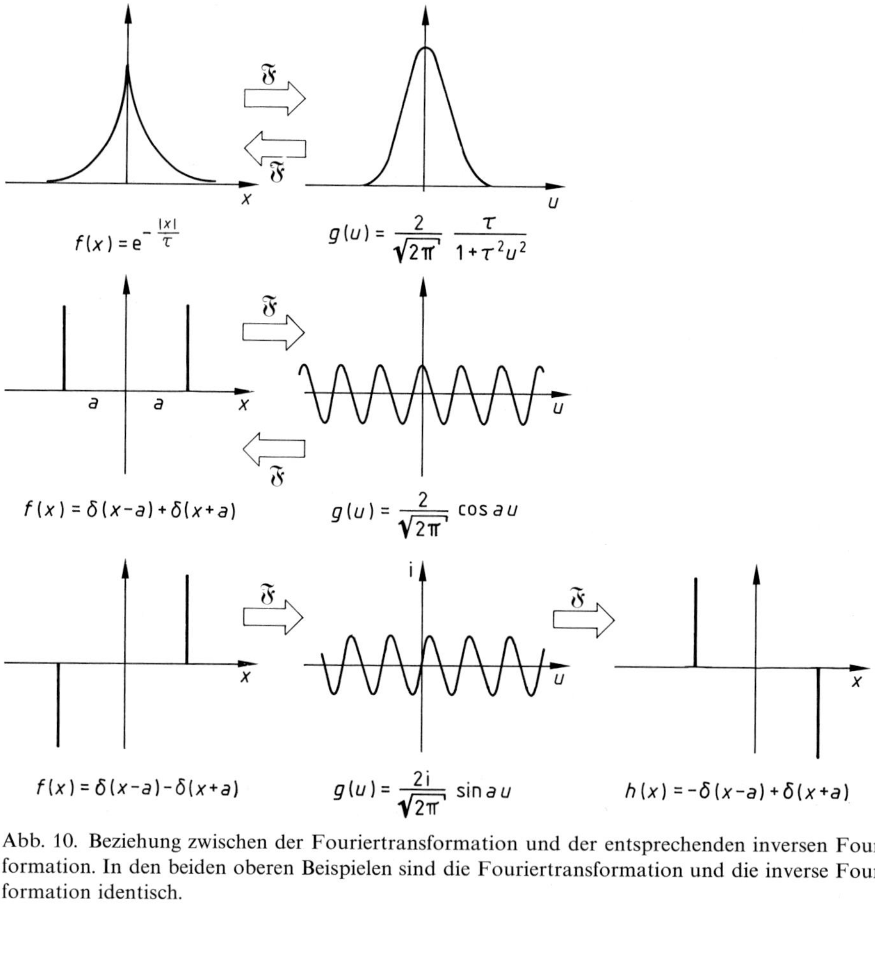

Abb. 10. Beziehung zwischen der Fouriertransformation und der entsprechenden inversen Fouriertransformation. In den beiden oberen Beispielen sind die Fouriertransformation und die inverse Fouriertransformation identisch.

keine Änderung und bei der Fouriertransformierten einer antisymmetrischen Funktion lediglich eine Umkehrung des Vorzeichens zur Folge hat. Dementsprechend folgt: *Die Fouriertransformierte einer symmetrischen Funktion ist gleich der inversen Fouriertransformierten dieser Funktion. Die Fouriertransformierte einer antisymmetrischen Funktion ist gleich der negativen inversen Fouriertransformierten dieser Funktion:*

$$\mathfrak{F}[f(x)] = \mathfrak{F}^{-1}[f(x)] \quad \text{wenn } f(x) = f(-x) \tag{110}$$

$$\mathfrak{F}[f(x)] = -\mathfrak{F}^{-1}[f(x)] \quad \text{wenn } f(x) = -f(-x) \tag{111}$$

Beispiele:

Wie in Abb. 8 gezeigt ist, ist die Lorentzkurve die Fouriertransformierte der symmetrisch ergänzten Exponentialfunktion. Daher ist diese Exponentialfunktion die inverse Fouriertransformierte der Lorentzkurve und, da beiden Kurven symmetrisch sind, auch die Fouriertransformierte dieser Funktion. Dies ist in Abb. 10 veranschaulicht.

Wie aus Abb. 6c hervorgeht, ist die Fouriertransformierte einer δ-Funktion um den Ursprung, $\delta(x)$, die Konstante $1/\sqrt{2\pi}$. Da die Funktionen symmetrisch sind, kann man daraus schließen, daß die Fouriertransformierte einer Konstanten a gegeben ist durch $a\sqrt{2\pi}\,\delta(x)$.

Die Fouriertransformierte eines symmetrischen Paares von δ-Funktionen mit dem Abstand $2a$ ist Abb. 9 zufolge gegeben durch $(1/\sqrt{2\pi})\cos au$. Daraus folgt, daß die Fouriertransformierte einer Kosinus-Funktion ein symmetrisches Paar von δ-Funktionen ist.

Die Fouriertransformierte eines antisymmetrischen Paares von δ-Funktionen im Abstand $2a$ ist Abb. 9 zufolge die Sinus-Funktion $(1/\sqrt{2\pi})\cos au$. Daraus folgt, daß die Fouriertransformierte einer Sinus-Funktion ein antisymmetrisches Paar von δ-Funktionen ist.

Die beiden letzten Beispiele sind ebenfalls in Abb. 10 veranschaulicht.

Im Falle einer allgemeinen Funktion ist für deren symmetrischen Anteil die Fouriertransformierte und die inverse Fouriertransformierte dieselbe, wohingegen sich die beiden Transformierten des antisymmetrischen Anteils durch das Vorzeichen unterscheiden. Da der erste Anteil durch den Realteil und der zweite durch den Imaginärteil wiedergegeben werden, gilt: *Die Fouriertransformation und die inverse Fouriertransformation ergeben ein Paar von konjugiert komplexen Funktionen.*

6. Einige Sätze über Fouriertransformationen

a) Verschiebung der zu transformierenden Funktion

Wir fragen als erstes, wie sich eine Verschiebung der zu transformierenden Funktion um einen Betrag a auf der x-Achse auf die Fouriertransformation auswirkt. Ist $f(x)$ die ursprüngliche Funktion, so kann man für die verschobene Funktion $f(x-a)$ schreiben. Für die Fouriertransformation erhalten wir, indem wir $x-a=z$ setzen,

$$\begin{aligned}\frac{1}{\sqrt{2\pi}}\int_{-\infty}^{+\infty} f(x-a)\mathrm{e}^{\mathrm{i}ux}\,dx &= \frac{1}{\sqrt{2\pi}}\int_{-\infty}^{+\infty} f(z)\mathrm{e}^{\mathrm{i}u(z+a)}\,dz = \\ &= \mathrm{e}^{\mathrm{i}au}\frac{1}{\sqrt{2\pi}}\int_{-\infty}^{+\infty} f(z)\mathrm{e}^{+\mathrm{i}uz}\,dz\,.\end{aligned} \tag{112}$$

Das letzte Integral ist die Fouriertranformation von $f(z)$. Es gilt also: *Die Fouriertransformation einer auf der x-Achse um a verschobenen Funktion $f(x-a)$ ist die mit e^{iau} multiplizierte Fouriertransformierte von $f(x)$*

$$\mathfrak{F}[f(x-a)] = \mathrm{e}^{\mathrm{i}au}\,\mathfrak{F}[f(x)]\,. \tag{113}$$

Wird die Fouriertransformation entsprechend Gl. (105) mit dem zusätzlichen Faktor 2π im Exponenten vorgenommen, so tritt bei der Fouriertransformierten in Gl. (113) der Faktor $e^{2\pi iau}$ anstelle von e^{iau} auf.

Beispiele:

1. Aufgrund von Gl. (82) ist die Fouriertransformierte der δ-Funktion um den Ursprung, $\delta(x)$, die Konstante $1/\sqrt{2\pi}$. Verschiebt man die δ-Funktion um $a = x_0$, so ist die Fouriertransformierte aufgrund des obigen Satzes gegeben durch $e^{iux_0}/\sqrt{2\pi}$, was mit dem Resultat in Gl. (82) übereinstimmt.
2. Wie aus Gl. (84) und Abb. 10 hervorgeht, ist die Fouriertransformierte einer Lorentz-Kurve eine symmetrisch ergänzte Exponentialfunktion

$$\mathfrak{F}\left[\frac{\tau}{1+\tau^2 x^2}\right] = \sqrt{2\pi}\cdot e^{-\frac{|u|}{\tau}} \tag{114}$$

Verschiebt man die Lorentz-Kurve um a auf der x-Achse (s. Abb. 11), so wird die Fouriertransformierte eine komplexe Funktion, deren Realteil eine mit einer Kosinusfunktion modulierte symmetrisch ergänzte Exponentialfunktion und deren Imaginärteil eine mit einer Sinusfunktion modulierte symmetrisch ergänzte Exponentialfunktion ist:

$$\mathfrak{F}\left[\frac{1}{1+\tau^2(x-a)^2}\right] = \sqrt{2\pi}\, e^{iau}\, e^{-\frac{|u|}{\tau}} = \sqrt{2\pi}\, e^{-\frac{|u|}{\tau}}(\cos au + i\sin au) \tag{115}$$

Zerlegt man die verschobene Lorentzkurve in einen symmetrischen und einen antisymmetrischen Anteil (s. Abb. 11 oben), so ist der symmetrische Anteil allein durch den Realteil des in Gl. (115) rechts auftretenden Ausdruck gegeben, also durch eine kosinus-modulierte symmetrisch erweiterte Exponentialfunktion.

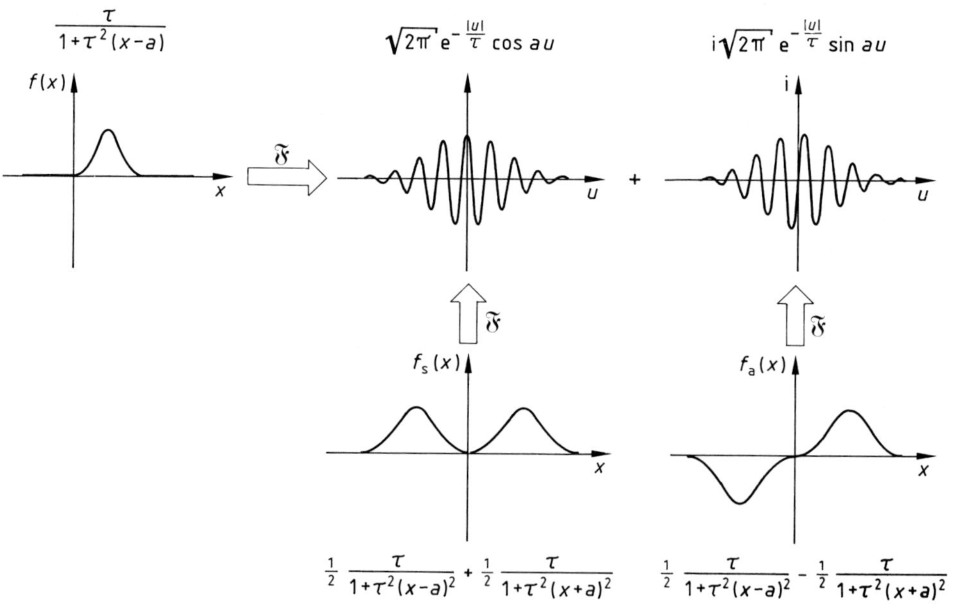

Abb. 11. Fouriertransformation einer vom Ursprung um a auf der x-Achse verschobenen Lorentzkurve (obere Zeile) sowie Zerlegung dieser Funktion in einen symmetrischen und einen antisymmetrischen Anteil, die jeweils dem Realteil und dem Imaginärteil der Fouriertransformation der ursprünglichen Kurve entsprechen.

b) Fouriertransformation eines Faltungsproduktes

Wir fragen als nächstes nach der Fouriertransformation eines Faltungsproduktes einer Funktion $f(x)$ mit $g(x)$, wie es durch Gl. (XI, 254) definiert ist, also des Produktes

$$f(x) * h(x) = \int_{-\infty}^{+\infty} f(x')\, h(x - x')\, dx' . \tag{116}$$

Es ergibt sich, indem man $s = x - x'$ und $t = x'$ setzt:

$$\begin{aligned} \mathfrak{F}[f(x) * h(x)] &= \frac{1}{\sqrt{2\pi}} \int_{-\infty}^{+\infty} \left[\int_{-\infty}^{+\infty} f(x')\, h(x - x')\, dx' \right] \mathrm{e}^{\mathrm{i}ux}\, dx \\ &= \frac{1}{\sqrt{2\pi}} \int_{-\infty}^{+\infty} \int_{-\infty}^{+\infty} f(t)\, h(s)\, \mathrm{e}^{\mathrm{i}tu}\, \mathrm{e}^{\mathrm{i}su}\, dt\, ds \\ &= \frac{1}{\sqrt{2\pi}} \int_{-\infty}^{+\infty} f(t)\, \mathrm{e}^{\mathrm{i}tu}\, dt \int_{-\infty}^{+\infty} h(s)\, \mathrm{e}^{\mathrm{i}su}\, ds \\ &= \sqrt{2\pi} \cdot \mathfrak{F}[f(x)] \cdot \mathfrak{F}[h(x)] \end{aligned} \tag{117}$$

Daraus folgt: *Die Fouriertransformierte eines Faltungsproduktes zweier Funktionen ist gleich dem gewöhnlichen Produkt der Fouriertransformierten dieser Funktionen, multipliziert mit* $1/\sqrt{2\pi}$.

Das gleiche gilt auch für die inverse Fouriertransformation $\mathfrak{F}^{-1}$:

$$\mathfrak{F}^{-1}[f(x) * h(x)] = \frac{1}{\sqrt{2\pi}}\, \mathfrak{F}^{-1}[f(x)] \cdot \mathfrak{F}^{-1}[h(x)] . \tag{118}$$

Außerdem gilt auch für jede Funktion $g(x)$

$$\mathfrak{F}^{-1}\mathfrak{F}[g(x)] = \mathfrak{F}\mathfrak{F}^{-1}[g(x)] = g(x) . \tag{119}$$

Um einen weiteren wichtigen Satz zu erhalten, ersetzen wir in Gl. (118) f und h durch deren Fouriertransformierte und erhalten dann unter Beachtung von Gl. (119)

$$\mathfrak{F}^{-1}[\mathfrak{F}[f(x)] * \mathfrak{F}[h(x)]] = \frac{1}{\sqrt{2\pi}} f(x) \cdot h(x) . \tag{120}$$

Indem man noch rechts und links eine Fouriertransformation durchführt, folgt daraus

$$\mathfrak{F}[f(x)] * \mathfrak{F}[h(x)] = \frac{1}{\sqrt{2\pi}}\, \mathfrak{F}[f(x) \cdot h(x)] . \tag{121}$$

Dies besagt: *Die Fouriertransformierte eines Produktes zweier Funktionen ist gleich dem Faltungsprodukt der Fouriertransformierten dieser Funktionen, multipliziert mit* $\sqrt{2\pi}$.

Wenn man die Fouriertransformation mit dem Faktor 2π im Exponenten entsprechend Gl. (105) definiert, so fällt in den obigen Gleichungen der Vorfaktor $1/\sqrt{2\pi}$ weg.

c) Fouriertransformierte der differenzierten Funktion

Beim Lösen von Differentialgleichungen tritt die Aufgabe auf, die Fouriertransformierte der Ableitung einer Funktion $f(x)$ zu bestimmen. Wie man zeigen kann (s. Abschnitt XIV. E. 3c), gilt, daß die Fouriertransformierte der Ableitung gegeben ist durch die Fouriertransformierte der Funktion selbst, multipliziert mit $-\mathrm{i}u$

$$\mathfrak{F}\left[\frac{df(x)}{dt}\right] = -\mathrm{i}u\,\mathfrak{F}[f(x)]\,. \qquad (122)$$

7. Anwendungen in der Chemie

a) Allgemeine Untersuchung von Schwingungen und Wellen

Wie betrachten als erstes eine Schwingung konstanter Frequenz ν_0, die von der Zeit $t = -\infty$ bis $t = \infty$ vor sich geht. Sie kann durch die Gleichung

$$x = x_0 \cos(2\pi\nu_0 t) \qquad (123)$$

beschrieben werden. Abb. 12a zeigt x als Funktion von t sowie die Amplitude x_0 als Funktion von ν. Die Amplitude wird durch zwei Linien bei $\nu = \nu_0$ und $\nu = -\nu_0$ wiedergegeben, weil die Schwingung mit einer einzigen Frequenz ν_0 erfolgt.

Als nächstes betrachten wir eine Schwingung, die nur zeitlich begrenzt von $t = -a$ bis $t = a$ vor sich geht (Abb. 11b). Sie ist durch die Gleichung

$$x = \varphi(t)\cos(2\pi\nu_0 t) \qquad (124)$$

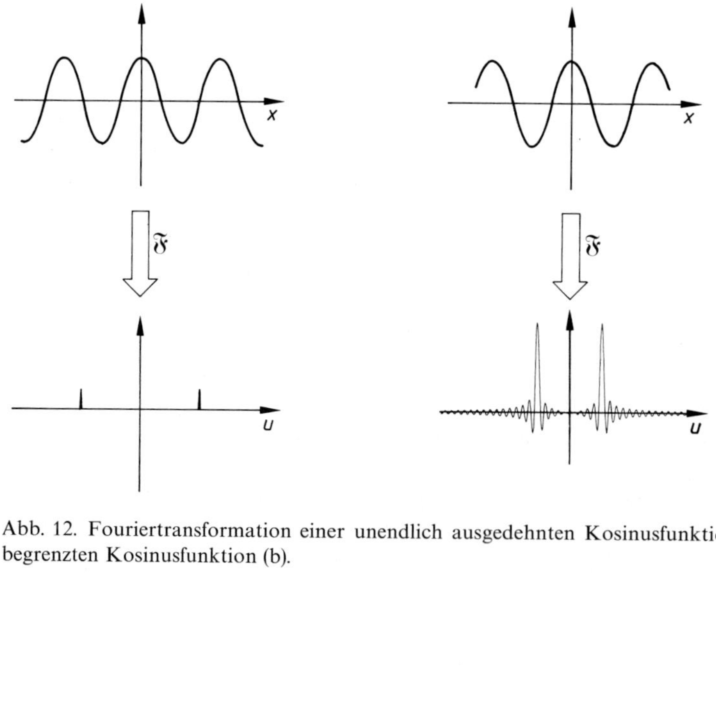

Abb. 12. Fouriertransformation einer unendlich ausgedehnten Kosinusfunktion (a) und einer räumlich begrenzten Kosinusfunktion (b).

gegeben, wobei $\varphi(t)$ eine Rechteckfunktion ist mit $\varphi(t) = x_0$ für $|t| < a$ und $\varphi(t) = 0$ für $|t| > a$. Mit Hilfe einer Fouriertransformation kann man diese Schwingung als Überlagerung von Schwingungen unterschiedlicher Frequenz, die jeweils von $t = -\infty$ bis $t = \infty$ vor sich gehen, darstellen. Es gilt aufgrund von Gl. (105), wenn man x durch t und u durch v ersetzt:

$$g(v) = \int_{-\infty}^{+\infty} \varphi(t)\cos(2\pi v_0 t)\cdot e^{2\pi i v t}\,dt = x_0 \int_{-a}^{+a} \cos(2\pi v_0 t)\cdot e^{2\pi i v t}\,dt$$
$$= 2x_0 \int_0^{+a} \cos(2\pi v t)\,dt \tag{125}$$

Im letzten Schritt in der obigen Gleichungskette wurde berücksichtigt, daß die zu transformierende Funktion symmetrisch ist, so daß man $e^{2\pi i v t}$ durch $\cos 2\pi v t$ und das Integral von $-a$ bis a durch das doppelte Integral von 0 bis a ersetzen kann. Das letzte Integral läßt sich analytisch auswerten. Mit Hilfe von Tabellen für Integrale erhält man dann für $v \neq v_0$

$$g(v) = x_0 \cdot \left[\frac{\sin(2\pi a(v - v_0))}{2\pi(v - v_0)} + \frac{\sin(2\pi a(v + v_0))}{2\pi(v + v_0)}\right] \tag{126}$$

sowie für $v = v_0$

$$g(v_0) = x_0 \cdot \left[\frac{\sin(4\pi v_0 a)}{v_0} + a\right]. \tag{127}$$

$g(v_0)$ ist eine periodisch schwankende Funktion, die ihr Maximum bei v_0 hat und mit wachsendem Abstand von v_0 abfällt (s. Abb. 12b). Man sagt, *daß die Schwingungen durch Gl. (124) im Zeitraum und durch die Gln. (126) und (127) im Frequenzraum wiedergegeben werden.* Gl. (126) stellt die sogenannte spektrale Verteilung der Schwingung dar.

Für $a = \infty$ geht der Ausdruck in Gl. (126) entsprechend Gl. (75) in die Summe zweier δ-Funktion $x_0\pi\delta(v - v_0) + x_0\pi\delta(v + v_0)$ über. Die Funktion ist also überall Null außer für $v = v_0$ und $v = -v_0$. Für diese Werte gilt aber nicht Gl. (126), sondern Gl. (127), derzufolge g bei unendlichem a unendlich wird.

Von Interesse ist auch die Darstellung eines kurzen rechteckförmigen Impulses, wie er auf der linken Seite von Abb. 6a gezeigt ist. Mit Hilfe von Gl. (105) erhält man analog zur Rechnung in Gl. (81) für die $2\pi i$-Fouriertransformierte eines rechteckförmigen Impulses der Breite $2a$ das Spektrum $\sin(2\pi v a)/\pi v$.

b) Infrarotspektroskopie

In der Infrarotspektroskopie mißt man die Durchlässigkeit einer Probe für infrarotes Licht als Funktion der Wellenlänge λ bzw. der Wellenzahl $\bar{v} = 1/\lambda$. Es gibt grundsätzlich zwei Meßmethoden: Man kann entweder die Durchlässigkeit für die verschiedenen Wellenlängen nacheinander bestimmen oder gleichzeitig mit allen Wellenlängen messen. Im zweiten Fall tritt eine Fouriertransformation vom Orts-

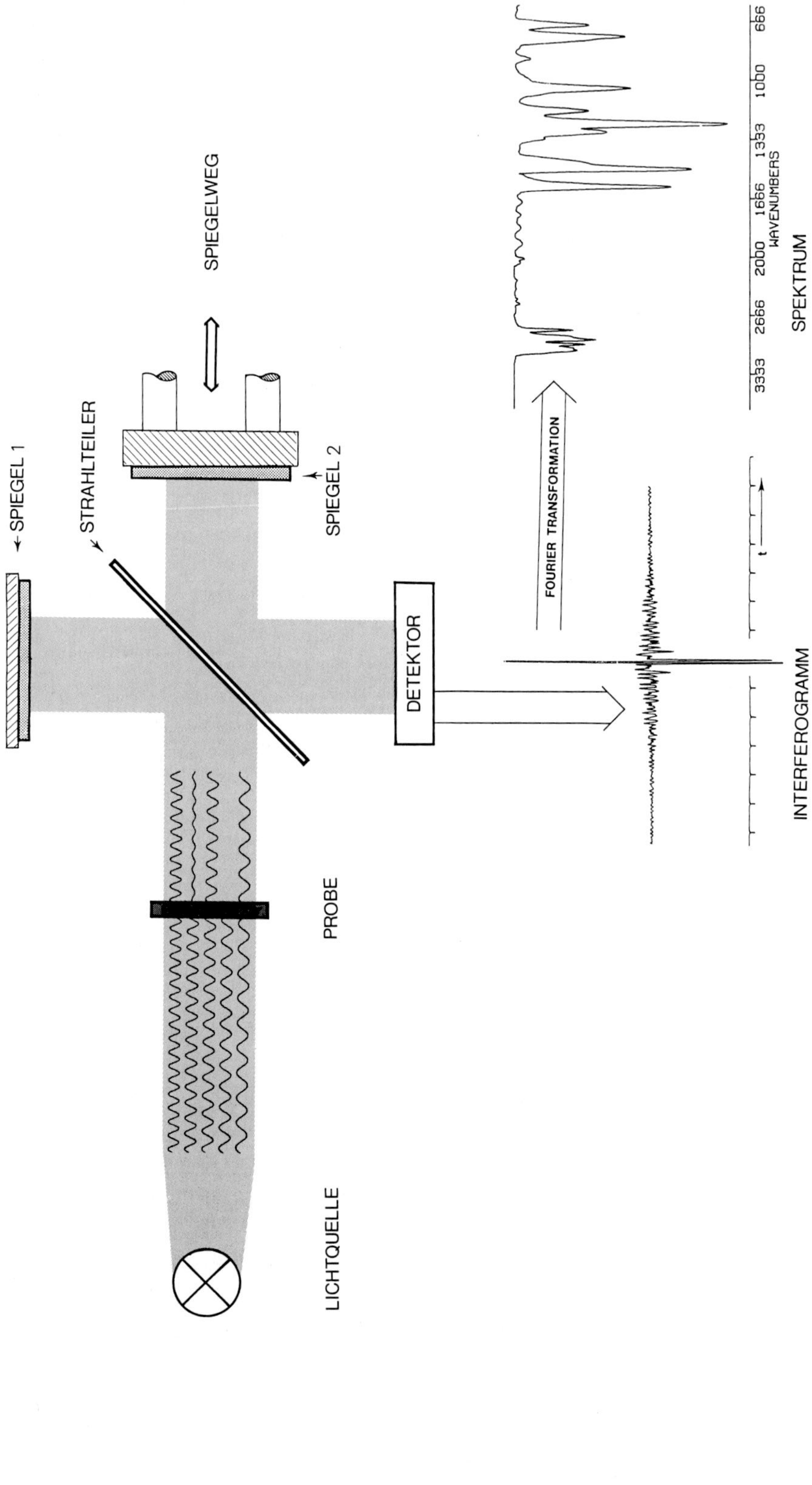

Abb. 13. Prinzip der Messung der Absorption von infrarotem Licht mit Hilfe der Fouriertransform-Infrarotspektroskopie. (Aus: H. Günzler, H. Böck, *IR-Spektroskopie*, 2. Aufl., Verlag Chemie, Weinheim 1983).

raum in den Raum der Wellenzahlen $\bar{\nu}$ auf. Wie wollen diesen zweiten Fall etwas eingehender beschreiben.

Der durch die Probe bei verschiedenen Wellenzahlen unterschiedlich stark absorbierte Strahl (s. Abb. 13) trifft auf einen halbdurchlässigen Spiegel (Strahlteiler) und wird von diesem in zwei Strahlen geteilt. Einer von diesen fällt auf einen feststehenden Spiegel (1) und wird von diesem in Richtung Detektor reflektiert. Der andere fällt auf einen zweiten Spiegel (2), der mit konstanter Geschwindigkeit w_s auf die Probe zu bewegt wird. Er wird dann von diesem und vom Strahlteiler reflektiert und interferiert mit dem ersten Strahl. Die beiden interferierenden Strahlen fallen auf den Detektor. Durch die Bewegung des Spiegels 2 ändert sich ständig der Wegunterschied zwischen den beiden Strahlen. Das hat zur Folge, daß die Intensität I des auf den Detektor fallenden Lichtes sich mit der Zeit ändert, also eine Funktion der Zeit ist, $I(t)$.

Wenn die Probe nur Wellen einer einzigen Wellenlänge λ_1 durchläßt, so schwankt $I(t)$ kosinusförmig mit einer Frequenz, die sich wie folgt berechnet: Bewegt sich der Spiegel mit der Geschwindigkeit w_s, so wird die Strecke einer vollen Wellenlänge in der Zeit $T = \lambda/w_s$ zurückgelegt. In dieser Zeit schwankt I mit einer vollen Periode. Die Frequenz f_s dieser durch die Bewegung des Spiegels bedingten Schwankung ist daher gegeben durch

$$f_s = \frac{1}{T} = \frac{w_s}{\lambda} = w_s \cdot \bar{\nu}\,, \tag{128}$$

wobei $\bar{\nu}$ die sogenannte Wellenzahl ist. Werden genau zwei Wellenlängen durchgelassen, so erhält man eine Schwankung, die sich als Überlagerung zweier Kosinuswellen mit verschiedenen Frequenzen darstellen läßt. Wenn nun, wie es tatsächlich der Fall ist, alle Frequenzen durchgelassen werden, aber jeweils mit unterschiedlichen Intensitäten, bekommt man eine Überlagerung von Kosinuswellen aller Frequenzen mit der jeweils durchgelassenen Intensität. Bezeichnet man die Durchlässigkeit, die zur Frequenz f_s gehört, mit $\hat{D}(f_s)$, so ergibt sich demgemäß

$$I(t) = \int_0^{+\infty} \hat{D}(f_s)\cos(2\pi f_s t)\,df_s = \mathrm{Re}\,\mathfrak{F}[\hat{D}(f_s)]\,. \tag{129}$$

Da $\hat{D}(f_s)$ symmetrisch in f_s ist (es ist gleich, ob man den Spiegel mit der Geschwindigkeit w_s in Vorwärtsrichtung oder $-w_s$ rückwärts bewegt), kann man dafür auch schreiben

$$I(t) = \int_{-\infty}^{+\infty} \hat{D}(f_s) \cdot \mathrm{e}^{2\pi i f_s t}\,df_s\,. \tag{130}$$

$I(t)$ ist also die Fouriertransformierte der Durchlässigkeit $\hat{D}(f_s)$. Damit ergibt sich, daß $\hat{D}(f_s)$ als inverse Fouriertransformation von $I(t)$ erhalten werden kann

$$\hat{D}(f_s) = \int_{-\infty}^{+\infty} I(t)\,\mathrm{e}^{-2\pi i f_s t}\,dt \tag{131}$$

Mit Hilfe von Gl. (128) kann man leicht aus $\hat{D}(f_s)$ die eigentlich interessierende Abhängigkeit der Durchlässigkeit von der Wellenzahl, $D(\bar{\nu})$, ausrechnen. Es gilt $\hat{D}(f_s)df_s = D(\bar{\nu})d\bar{\nu}$, woraus mit Hilfe von Gl. (128) folgt:

$$D(\bar{\nu}) = \hat{D}(f_s) \cdot w_s \tag{132}$$

Die Kurve $I(t)$ bezeichnet man als *Interferogramm.* Mit Hilfe der Fouriertransformation hat man die *Auflösung im Raum der Wellenzahlen in eine Auflösung im Zeitraum umgewandelt.* Man bezeichnet diese Methode der Aufnahme eines Infrarotspektrums als *Fourier-Transform-Infrarot-Spektroskopie* (FTIR-Spektroskopie).

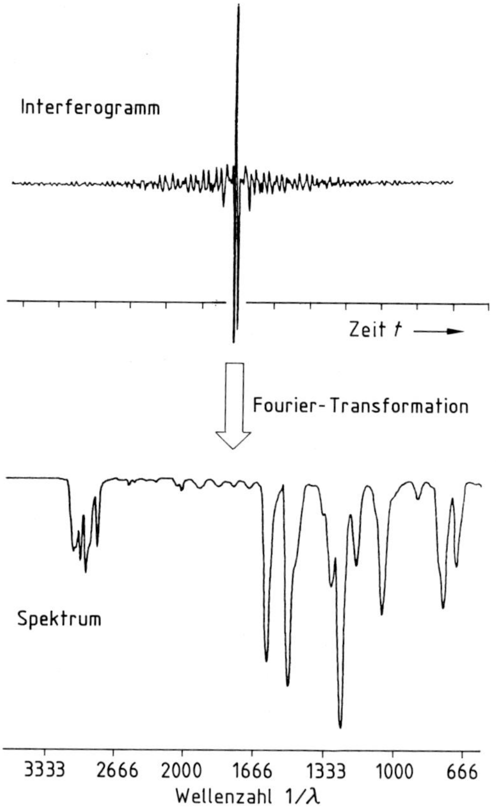

Abb. 14. Interferogramm (links) sowie das mittels Fouriertransformation daraus erhaltene Absorptionsspektrum (rechts). (Aus: H. Günzler, H. Böck, *IR-Spektroskopie*, 2. Aufl., Verlag Chemie, Weinheim 1983).

Als Beispiel zeigt Abb. 14 ein Interferogramm und das dazugehörige Absorptionsspektrum, in welchem die Durchlässigkeit als Funktion der Wellenzahl $1/\lambda = \nu/c$ wiedergegeben ist.

c) Magnetische Kernresonanz

Die magnetische Kernresonanz ist eine der wichtigsten Methoden zur Aufklärung der chemischen Struktur von Molekülen. Sie beruht darauf, daß Wasserstoffkerne (im Falle der Protonen-Resonanz) bzw. Kohlenstoffatome (im Falle der ^{13}C-Resonanz), die sich in einem starken Magnetfeld befinden, von einem eingestrahlten magnetischen Wechselfeld der Frequenz ν Energie absorbieren.

Unterschiedlich gebundene Atome nehmen diese Energien bei verschiedenen Frequenzen ν auf. Trägt man die aufgenommene Energie als Funktion der Frequenz ν auf, so erhält man daher eine Reihe von Absorptionslinien, die jeweils unterschiedlich gebundenen Atomen zugeordnet werden können. Aus meßtechnischen Gründen mißt man in modernen Spektrometern nicht die *Absorption als Funktion der Frequenz* $g(\nu)$. Man strahlt vielmehr einen kurzen sogenannten 90°-Puls ein und mißt dann den *Abfall der „Quermagnetisierung“* $M(t)$ als Funktion der Zeit t. *Die spektrale Absorption* $g(\nu)$ *ist, wie man zeigen kann, der Realteil der „-2πi“-Fouriertransformierten der Funktion* $M(t)$

$$g(\nu) = \mathrm{Re} \int_{-\infty}^{+\infty} M(t)\,\mathrm{e}^{-2\pi i \nu t}\,dt = M(t)\cos(2\pi\nu t)\,dt. \tag{133}$$

Da für $t < 0$ $M(t) = 0$ ist, erstrecken sich die Integrale nur über positive Werte von t. Die Funktion $g(\nu)$ ist mathematisch durch Gl. (132) für positive und negative Werte von ν definiert und ist symmetrisch in ν. Für die Kernresonanz von Bedeutung ist nur der Bereich $\nu > 0$.

$g(\nu)$ ist in vielen Fällen eine Summe von lorentzförmigen Kurven mit verschiedenen Resonanzfrequenzen ν_k. Man kann daher schreiben

$$g(\nu) = \sum_k A_k \frac{\tau_k}{1 + 4\pi\tau_k^2(\nu - \nu_k)^2}. \tag{134}$$

Wie lautet der zugehörige Abfall der Quermagnetisierung $M(t)$? Eine Lorentzkurve mit $\nu_k = 0$ stellt Abb. 6a zufolge die Fouriertransformation der Exponentialfunktion $\mathrm{e}^{-|t|/\tau}$ dar. Eine um ν_k verschobene Lorentzkurve, zusammen mit ihrem Spiegelbild, ist die Fouriertransformierte der mit $\cos(2\pi\nu_k t)$ multiplizierten Funktion $\mathrm{e}^{-|t|/\tau}$. Damit erkennt man, daß eine Überlagerung von Lorentzkurven gemäß Gl. (134) gegeben ist durch die Fouriertransformation der Funktion $\sum_k A_k\,\mathrm{e}^{-|t|/\tau_k}\cos(2\pi\nu_k t)$.

Tatsächlich ist das gemessene Signal $M(t)$ für $t > 0$ durch eine solche Überlagerung gegeben, für $t < 0$ ist aber $M(t) = 0$, d.h.

$$\begin{aligned} M(t) &= \sum_k A_k\,\mathrm{e}^{-\frac{t}{\tau_k}}\cos(2\pi\nu_k t) \qquad && \text{für } t \geq 0 \\ M(t) &= 0 && \text{für } t < 0 \quad \text{ist.} \end{aligned} \tag{135}$$

Daher hat die Fouriertransformierte von $M(t)$ neben dem Realteil, der eine Summe von Lorentzfunktionen ist, noch einen Imaginärteil, der durch eine Summe von unterschiedlich verschobenen Dispersionskurven gegeben ist, wie sie in Abb. 6d angegeben sind. Das gemessene Signal $M(t)$ ist Gl. (135) zufolge eine Überlagerung von Exponentialfunktionen mit unterschiedlichen Abfallzeiten τ_k, die jeweils mit einer Kosinus-Funktion moduliert sind. Die Überlagerung dieser verschiedenen Kosinus-Funktionen mit zum Teil nahe beieinanderliegenden Frequenzen ν_k führt zu Maxima und Minima in der Abfallkurve, ähnlich wie bei den „Schwebungen" von gekoppelten Pendeln. Ein Beispiel einer solchen Funktion ist in Abb. 15 gegeben, zusammen mit dem durch Fouriertransformation erhaltenen Spektrum im Teil b dieser Abbildung.

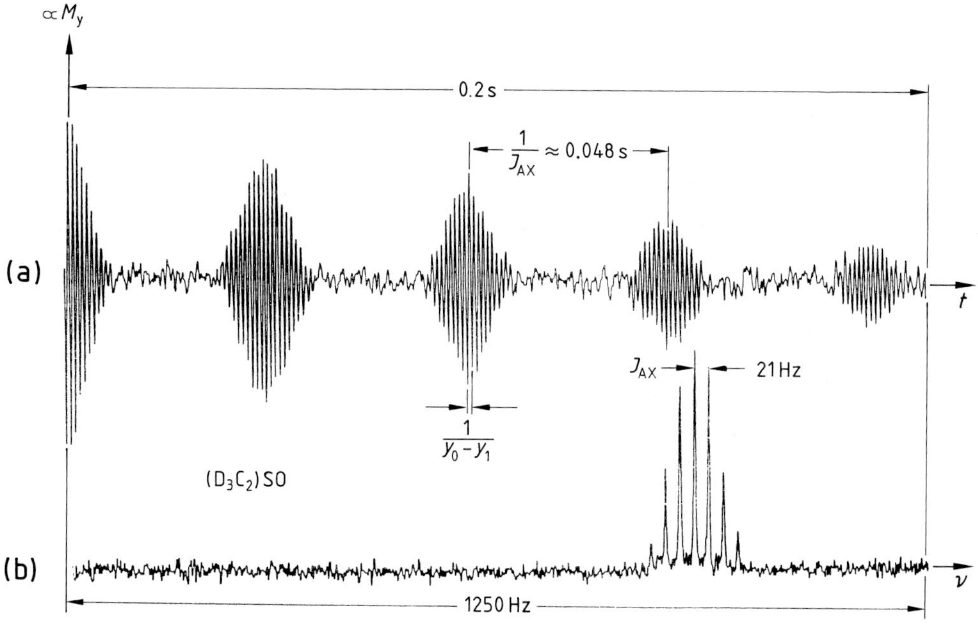

Abb. 15. Zur magnetischen Kernresonanz von Hexadeuteriumdimethylsulfoxid. Oben: Abfall der Quermagnetisierung $M(t)$ mit der Zeit t, untere Kurve: Das daraus mit Hilfe der Fouriertransformation berechnete Spektrum. (Aus: E. Breitmaier, W. Voelter, Carbon-13 NMR Spectroscopy, VCH, Weinheim 1987).

Neben der chemischen Struktur kann man mit Hilfe der magnetischen Kernresonanz auch die Beweglichkeit von Molekülen in festen Polymeren untersuchen. Dabei erhält man eine einzige Linie, die um Größenordnungen breiter ist als die Linien bei Untersuchungen der chemischen Struktur der Moleküle in Lösung und die sehr verschiedene Gestalt haben kann. Ein einfaches Beispiel ist eine gaußförmige Absorptionslinie $g(\nu)$, die man beispielsweise bei der Untersuchung der Protonenresonanz in festen Stoffen findet. Ihr entspricht eine mit einer Kosinus-Funktion modulierte gaußförmige Kurve $M(t)$.

d) Röntgenstreuung

Die Röntgen-, Licht- und Neutronenstreuung läßt sich formal einfach berechnen, wenn man die Anordnung der streuenden Teilchen kennt. Umgekehrt kann man Informationen über die Anordnung der Teilchen aus Messungen der Streuung erhalten. Die Beziehung zwischen der Anordnung der streuenden Teilchen und der Winkelabhängigkeit der gestreuten Strahlung ist durch eine Fouriertransformation gegeben. Zur Durchführung der Rechnungen benötigt man auch δ-Funktionen, um die Anordnung der einzelnen Streuzentren wiederzugeben, sowie Faltungsprodukte.

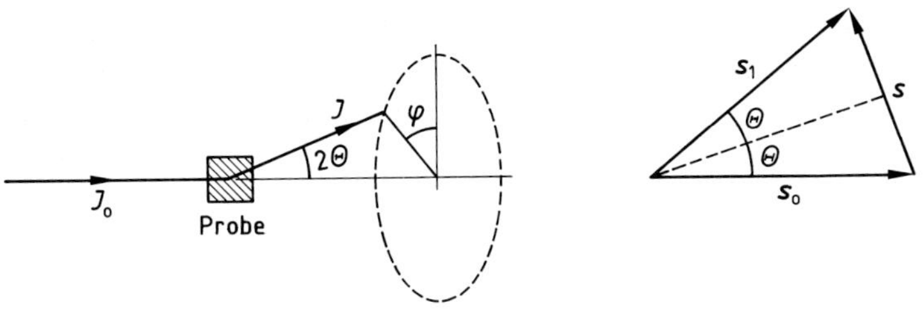

Abb. 16. Zur Definition des Streuwinkels 2Θ und des Azimutwinkels φ sowie zur Charakterisierung dieser beiden Winkel mit Hilfe des Streuvektors $\boldsymbol{s}$.

Betrachten wir als Beispiel die Röntgenstreuung. Der einfallende Röntgenstrahl I_0 wird an den Elektronen der Probe gestreut. Die Intensität I der gestreuten Strahlung hängt von der Richtung der Streuung ab. Sie wird anschaulich durch den Streuwinkel 2Θ und den sogenannten Azimutwinkel φ charakterisiert (s. Abb. 16a). Für die Berechnung der Röntgenstreuung ist es aber vorteilhafter, die Richtung des gestreuten Strahles durch den sogenannten Streuvektor $\boldsymbol{s}$ anzugeben. Er ist in folgender Weise definiert (s. Abb. 16b):

Man zeichnet in Richtung des einfallenden Strahles I_0 einen Vektor $\boldsymbol{s}_0$ der Länge $1/\lambda$, wobei λ die Wellenlänge des Röntgenstrahles ist. Ebenso zeichnet man in Richtung des gestreuten Strahles I einen Vektor $\boldsymbol{s}_1$ der Länge $1/\lambda$. Der Streuvektor $\boldsymbol{s}$ ist dann definiert durch

$$\boldsymbol{s} = \boldsymbol{s}_0 - \boldsymbol{s}_1 . \tag{136}$$

Wie Abb. 16b zeigt, gilt, da $|\boldsymbol{s}_1| = |\boldsymbol{s}_0| = 1/\lambda$ ist,

$$|\boldsymbol{s}| = \frac{2}{\lambda} \sin\Theta . \tag{137}$$

$\boldsymbol{s}$ ist durch seine drei Komponenten s_x, s_y, s_z in einem kartesischen Koordinatensystem definiert. Da der gestreute Strahl nicht notwendigerweise in der Papierebene liegt, sind im allgemeinen alle drei Komponenten von Null verschieden.

Um die Intensität der gestreuten Strahlung zu erhalten, muß man als erstes aus der Funktion, die die Elektronendichteverteilung angibt, $\varrho = \varrho(x,y,z)$, die Korrelationsfunktion $K(x,y,z)$ berechnen. Sie ist durch das Faltungsquadrat von $\varrho(x,y,z)$ gegeben (s. Gl. XI 268). *Die gestreute Intensität ist dann die dreidimensionale „$-2\pi i$"-Fouriertransformierte der Korrelationsfunktion* (s. Gl. (125)). Das heißt,

$$I(s_x, s_y, s_z) = \iiint K(x,y,z) \cdot \mathrm{e}^{-2\pi i(xs_x + ys_y + zs_z)} \, dx\,dy\,dz \tag{138}$$

mit

$$K(x,y,z) = \iiint \varrho(x',y',z') \cdot \varrho(x'+x, y'+y, z'+z) \, dx\,dy\,dz . \tag{139}$$

Umgekehrt kann man die Korrelationsfunktion durch eine inverse Fouriertransformation aus der Röntgenstreuung berechnen:

$$K(x,y,z) = \iiint I(s_x, s_y, s_z) \cdot e^{2\pi i(xs_s + ys_y + zs_z)} ds_x \, ds_y \, ds_z . \tag{140}$$

Betrachten wir als Beispiel die Streuung eines dreiatomigen Moleküls. Die Elektronenverteilungen in den einzelnen Atomen seien durch die Funktionen $f_1(\boldsymbol{r})$, $f_2(\boldsymbol{r})$ und $f_3(\boldsymbol{r})$ gegeben, wobei $\boldsymbol{r}$ jeweils der Ortsvektor im atomeigenen Koordinatensystem mit dem Ursprung im Zentrum des Atoms ist. Die Lagen der Zentren der drei Atome seien durch die drei Ortsvektoren $\boldsymbol{r}_1, \boldsymbol{r}_2, \boldsymbol{r}_3$ in einem beliebigen kartesischen Koordinatensystem gegeben. Um die Elektronenverteilung im Atom 1 in diesem neuen Koordinatensystem zu finden, muß man entsprechend Gl. (XI, 259) die Funktion $f(\boldsymbol{r})$ mit $\delta(\boldsymbol{r} - \boldsymbol{r}_1)$ falten. Entsprechendes gilt für die Atome 2 und 3. Man erhält daher für die Elektronenverteilung im Molekül den Ausdruck

$$\begin{aligned} \varrho(\boldsymbol{r}) &= f_1(\boldsymbol{r}) * \delta(\boldsymbol{r} - \boldsymbol{r}_1) + f_2(\boldsymbol{r}) * \delta(\boldsymbol{r} - \boldsymbol{r}_2) + f_3(\boldsymbol{r}) * \delta(\boldsymbol{r} - \boldsymbol{r}_3) = \\ &= \sum_{j=1}^{3} f_j(\boldsymbol{r}) * \delta(\boldsymbol{r} - \boldsymbol{r}_j) \end{aligned} \tag{141}$$

Für das Faltungsquadrat von $\varrho(\boldsymbol{r})$ ergibt sich, da für das Faltungsprodukt das assoziative und kommutative Gesetz gilt,

$$\begin{aligned} \varrho^{2*}(\boldsymbol{r}) &= \varrho(\boldsymbol{r}) * \varrho(-\boldsymbol{r}) = \sum_{j=1}^{3} f_j(\boldsymbol{r}) * \delta(\boldsymbol{r} - \boldsymbol{r}_j) * \sum_{k=1}^{3} f_k(-\boldsymbol{r}) * \delta(-\boldsymbol{r} - \boldsymbol{r}_k) \\ &= \sum_{j=1}^{3} \sum_{k=1}^{3} f_j(\boldsymbol{r}) * f_k(-\boldsymbol{r}) * \delta(\boldsymbol{r} - \boldsymbol{r}_j) * \delta(-\boldsymbol{r} - \boldsymbol{r}_k) \end{aligned} \tag{142}$$

Da $\delta(-\boldsymbol{r} - \boldsymbol{r}_j) = \delta(\boldsymbol{r} + \boldsymbol{r}_j)$ ist, kann man schreiben

$$\delta(\boldsymbol{r} - \boldsymbol{r}_j) * \delta(-\boldsymbol{r} - \boldsymbol{r}_k) = \delta(\boldsymbol{r} - \boldsymbol{r}_j) * \delta(\boldsymbol{r} + \boldsymbol{r}_k) = \delta[\boldsymbol{r} - (\boldsymbol{r}_j - \boldsymbol{r}_k)] . \tag{143}$$

Damit ergibt sich

$$\varrho^{2*}(\boldsymbol{r}) = \sum_{j=1}^{3} \sum_{k=1}^{3} f_j(\boldsymbol{r}) * f_k(-\boldsymbol{r}) * \delta[\boldsymbol{r} - (\boldsymbol{r}_j - \boldsymbol{r}_k)] . \tag{144}$$

Die Intensität der gestreuten Strahlung in Abhängigkeit vom Streuvektor $\boldsymbol{s}$ erhält man durch Fouriertransformation dieses Ausdrucks multipliziert mit der Streuung eines einzelnen Elektrons I_e. Wir bezeichnen die Fouriertransformation von $f_j(\boldsymbol{r})$ mit F_j. Die Fouriertransformation von $f_j(-\boldsymbol{r})$ ist dann die konjugiert komplexe Funtion von F_j, die wir mit F_j^* bezeichnen. Wenn man dann noch beachtet, daß Gl. (117) zufolge die Fouriertransformation eines Faltungsproduktes gegeben ist durch das gewöhnliche Produkt der fouriertransformierten Funktionen, so erhält man:

$$\begin{aligned} I(\boldsymbol{s}) &= I_e \mathfrak{F}[\varrho^{2*}(\boldsymbol{r})] = \sum_{j=1}^{3} \sum_{k=1}^{3} F_j F_k^* \int \delta[\boldsymbol{r} - (\boldsymbol{r}_j - \boldsymbol{r}_k)] \cdot e^{-2\pi i \boldsymbol{r}\boldsymbol{s}} d\boldsymbol{r} \\ &= I_e \cdot \sum_{j=1}^{3} \sum_{k=1}^{3} F_j F_k^* e^{-2\pi i \boldsymbol{s}(\boldsymbol{r}_k - \boldsymbol{r}_j)} \end{aligned} \tag{145}$$

Für $k = j$ wird die Exponentialfunktion gleich 1. Ferner gilt beispielsweise $\boldsymbol{r}_2 - \boldsymbol{r}_3 = -(\boldsymbol{r}_3 - \boldsymbol{r}_2)$; der Exponent in Gl. (145) ändert also sein Vorzeichen, wenn man die Werte von j und k vertauscht. Man kann daher die Doppelsumme aufspalten in drei Summanden mit $k = j$ und in eine Summe über alle Glieder mit $k < j$. Die Summanden mit $k > j$ werden in die letzte Summe eingeschlossen, indem die Exponentialfunktion ein zweites Mal mit einem negativen Vorzeichen im Exponenten geschrieben wird. Dementsprechend ergibt sich:

$$\begin{aligned}\frac{I(s)}{I_e} &= \mathfrak{F}[\varrho^{2*}(r)] = \sum_{k=1}^{3} F_k F_k^* + \sum_{k>j} e^{-2\pi i s(r_j - r_k)} + \sum_{k>j} e^{2\pi i s(r_j - r_k)} = \\ &= \sum_{k=1}^{3} |F_k|^2 + 2\sum_{k>j} \cos[2\pi \boldsymbol{s}(\boldsymbol{r}_j - \boldsymbol{r}_k)]\end{aligned} \tag{146}$$

$\boldsymbol{r}_j - \boldsymbol{r}_k$ ist der Abstandsvektor zwischen dem j-ten und dem k-ten Molekül. *Die Streuung wird also durch die Beträge und die Orientierungen der drei Abstandsvektoren zwischen dem Atomen im Molekül bestimmt.* Wenn sich viele Moleküle im gasförmigen Zustand befinden, muß man noch über alle Orientierungen dieser Moleküle mitteln, worauf wir aber hier verzichten.

Bei der Berechnung der Streuung eines Kristalles geht man von Gl. (XI, 264) aus, in welcher für $f(\boldsymbol{r})$ die Funktion $s(\boldsymbol{r})$ eingesetzt wird und wo man über dreidimensional unendlich viele δ-Funktionen summiert. Nach der Fouriertransformation kommt man auf eine unendliche geometrische Reihe von Exponentialfunktionen, die man leicht aufsummieren kann (s. Aufgabe 9).

Wenn man von Röntgenstrahlen zu Lichtstrahlen übergeht, die eine größere Wellenlänge als Röntgenstrahlen aufweisen, so kann man von der genauen Verteilung der Elektronen innerhalb kleiner Abstände im Teilchen absehen und die Elektronenverteilung durch eine mittlere Elektronendichte ϱ_0 ersetzen. Die Streuung wird dann durch die Form des Teilchens bestimmt.

Als Beispiel betrachten wir die Lichtstreuung eines quaderförmigen Teilchens mit den Kanten a, b, c. Wir setzen $\varrho(\boldsymbol{r}) = \varrho_0$ innerhalb des Quaders und $\varrho(\boldsymbol{r}) = 0$ außerhalb des Quaders. Wir machen hier von der Tatsache Gebrauch, daß man generell die Berechnung des Faltungsquadrates der Elektronendichte umgehen kann. Es gilt nämlich Gl. (117) zufolge

$$I(s) = I_e \cdot \mathfrak{F}[\varrho(\boldsymbol{r}) * \varrho(-\boldsymbol{r})] = I_e \cdot \mathfrak{F}[\varrho(\boldsymbol{r})] \cdot \mathfrak{F}[\varrho(-\boldsymbol{r})]. \tag{147}$$

$\mathfrak{F}[\varrho(-\boldsymbol{r})]$ ist definitionsgemäß die konjugiert komplexe Funktion der Fouriertransformierten $\mathfrak{F}[\varrho(\boldsymbol{r})]$. Das bedeutet, daß man die gestreute Intensität als Produkt der Fouriertransformierten der Elektronendichte und der konjugiert komplexen Funktion dieser Fouriertransformierten berechnen kann. Für die Fouriertransformierte der Elektronendichteverteilung erhalten wir:

$$\begin{aligned}\mathfrak{F}[\varrho(\boldsymbol{r})] &= \int_{-\infty}^{\infty} \varrho(\boldsymbol{r}) \cdot e^{-2\pi i \boldsymbol{r}\boldsymbol{s}} d\boldsymbol{r} = \int_{-\frac{a}{2}}^{\frac{a}{2}} \int_{-\frac{b}{2}}^{\frac{b}{2}} \int_{-\frac{c}{2}}^{\frac{c}{2}} \varrho_0 \cdot e^{-2\pi i (x s_x + y s_y + z s_z)} dx\,dy\,dz = \\ &= \varrho_0 \cdot \int_{-\frac{a}{2}}^{\frac{a}{2}} e^{-2\pi i x s_x} dx \cdot \int_{-\frac{b}{2}}^{\frac{b}{2}} e^{-2\pi i y s_y} dy \cdot \int_{-\frac{c}{2}}^{\frac{c}{2}} e^{-2\pi i z s_z} dz\,.\end{aligned} \tag{148}$$

Die drei zuletzt erhaltenen Integrale sind bis auf die Grenzen identisch. Jedes Integral ist durch eine Funktion gegeben, wie sie in Abb. 16a rechts gezeigt ist. Für die „$-2\pi i$“-Fouriertransformierte eines Rechteckimpulses der Breite a bzw. b, c erhält man mit Hilfe von Gl. (105) analog zur Rechnung in Gl. (81).

$$\mathfrak{F}[\varrho(\boldsymbol{r})] = \varrho_0 \cdot \frac{\sin \pi a s_x}{\pi s_x} \cdot \frac{\sin \pi b s_y}{\pi s_y} \cdot \frac{\sin \pi c s_z}{\pi s_z}. \tag{149}$$

Für $I(s)$ ergibt sich, da der konjugiert komplexe Ausdruck der rechten Seite von Gl. (149) identisch ist mit dem Ausdruck selbst,

$$I(s)] = I_e \cdot \varrho_0^2 \cdot \left(\frac{\sin \pi a s_x}{\pi s_x}\right)^2 \cdot \left(\frac{\sin \pi b s_y}{\pi s_y}\right)^2 \cdot \left(\frac{\sin \pi c s_z}{\pi s_z}\right)^2. \tag{150}$$

Je länger die entsprechende Kante ist, bei desto kleineren Werten von s_x, s_y bzw. s_z fällt die Intensität ab.

Fragen und Aufgaben

1. Welchen Schluß kann man aus der Tatsache ziehen, daß die Fouriertransformation einer Funktion $f(x)$ a) reell, b) imaginär, c) komplex ist?
2. Welche Beziehung besteht zwischen der Fouriertransformation einer Funktion $f(x)$ und der Kosinus-Transformierten dieser Funktion, wenn $f(x)$ a) symmetrisch, b) antisymmetrisch, c) keines von beiden ist?
3. Bestimme den symmetrischen $f_s(x)$ und den antisymmetrischen Anteil $f_a(x)$ folgender Funktionen: a) e^{-x^2}, b) $e^{(x-5)^2}$, c) $x^2 + 3x$.
4. Welche Beziehung besteht zwischen der Fouriertransformation von $f(x)$ und der inversen Fouriertransformation dieser Funktion, wenn $f(x)$ a) symmetrisch, b) antisymmetrisch, c) keines von beiden ist?
5. Bestimme die Fouriertransformation $g(u)$ der Funktion $f(x)$, die für $|x-6| < 3$ gleich 1 und für alle anderen x-Werte gleich Null ist. Verwende hierfür das Resultat aus Gl. (101). Welche Funktion muß man zu $f(x)$ addieren, damit die Fouriertransformierte a) reell, b) imaginär wird? Berechne die entsprechenden fouriertransformierten Funktionen.
6. Berechne die Fouriertransformationen folgender Faltungsprodukte unter Verwendung der im Zusammenhang mit Abb. 6 berechneten Fouriertransformation der einzelnen Faktoren. Benutze dabei den Satz, daß die Fouriertransformierte einer symmetrischen Funktion gleich ist der inversen Fouriertransformierten dieser Funktion.

   a) $e^{-\alpha^2 x^2} * \dfrac{1}{1+\tau^2 x^2}$ b) $e^{-|x|/\tau} * \dfrac{\sin \omega x}{x}$.

7. Berechne den Verlauf der durch Gl. (135) gegebenen Funktion $M(t)$ für den Fall, daß die Kernresonanzkurve $g(v)$ durch die Gaußkurve $e^{-[(v-v_k)^2/\alpha^2]}$ gegeben ist. Wie verändern sich die Resonanzkurve und die Kurve $M(t)$, wenn α von ∞ kommend immer kleiner wird?
8. Wenn bei Messungen der magnetischen Kernresonanz die C-^{2}H-Bindungen alle in die gleiche Richtung weisen, so ist das Spektrum durch die Summe zweier Lorentzkurven

   $$\frac{\tau_1}{1+4\pi^2\tau_1^2(v-v_1)^2} + \frac{\tau_2}{1+4\pi^2\tau_2^2(v-v_2)^2}$$

   gegeben. Wie sieht in diesem Fall die durch Gl. (135) gegebene Funktion $M(t)$ aus?
9. Berechne die Streuung an einem unendlich ausgedehnten linearen Gitter. Der Abstand der Gitterpunkte sei a, die Elektronenverteilung in einem Gitterpunkt sei durch $s(x)$ gegeben. Anleitung: Man kann schreiben

   $$\varrho(x) = s(x) * \sum_{n=1}^{\infty} \delta(x - na).$$

   Die Fouriertransformierte ist eine geometrische Reihe $\sum_{n=1}^{\infty} q^n$, deren Summe $1/(1-q)$ ist.

C. Darstellung einer Funktion durch eine Reihe aus orthonormierten Funktionen

1. Problemstellung; orthonormierte Funktionensysteme

Wir haben gesehen, daß man eine gegebene Funktion $f(x)$ unter bestimmten Voraussetzungen in eine Reihe von Potenzen von x, von trigonometrischen Funktionen oder von Exponentialfunktionen entwickeln kann. Es gibt nun außerdem noch verschiedene andere Funktionenfolgen, durch die sich eine vorgegebene Funktion darstellen läßt. Ein Beispiel hierfür sind die in Abschn. XV C 4b eingeführten Legendreschen Polynome $P_0(x), P_1(x), P_2(x), \ldots$ Im folgenden soll daher die Entwicklung einer Funktion $f(x)$ in eine Reihe von irgendwelchen anderen Funktionen von einem allgemeinen Standpunkt aus untersucht werden. Als erstes führen wir hierzu einige wichtige Begriffe zur Charakterisierung von Funktionenfolgen ein.

Gegeben sei eine Folge von abzählbar unendlich vielen Funktionen $\varphi_1(x)$, $\varphi_2(x), \varphi_3(x), \ldots$ Die Variable x sei reell, die Funktionswerte sollen aber auch komplex sein können. Alle Funktionen seien im Intervall $[a,b]$ definiert. Die zu den $\varphi_1(x), \varphi_2(x), \ldots$ konjugiert komplexen Funktionen sollen durch $\varphi_1^*(x), \varphi_2^*(x), \ldots$ bezeichnet werden. Wir definieren dann: *Das gegebene Funktionensystem heißt orthogonal im Intervall* $[a,b]$, *wenn für je zwei Funktionen gilt*

$$\int_a^b \varphi_\mu^*(x)\varphi_\nu(x)\,dx = 0 \quad \text{für} \quad \mu \neq \nu \tag{151}$$

bzw.

$$\int_a^b \varphi_\nu^*(x)\varphi_\nu(x)\,dx = \gamma_\nu\,, \tag{152}$$

wobei die γ_ν irgendwelche von Null verschiedene reelle Zahlen sind. Wenn im besonderen die γ_ν alle gleich 1 sind, so nennt man das System *normiert*. Ein Funktionensystem, das orthogonal und normiert ist, bezeichnet man als *orthonormiert*.

Die beiden Gln. (151) und (152) lassen sich mit Hilfe des durch Gln. (IV, 4) und (IV, 5) eingeführten Kroneckersymbols zu einer Gleichung

$$\int_a^b \varphi_\mu^*(x)\varphi_\nu(x)\,dx = \gamma_\nu\delta_{\mu\nu} \tag{153}$$

zusammenfassen. Im Falle eines orthonormierten Systems geht diese in die Beziehung

$$\int_a^b \varphi_\mu^*(x)\varphi_\nu(x)\,dx = \delta_{\mu\nu} \tag{154}$$

über.

Von Wichtigkeit ist folgender Satz, den man unmittelbar einsehen kann: *Aus einem orthogonalen Funktionensystem kann man immer ein orthonormiertes gewinnen, indem man jede Funktion* $\varphi_\nu(x)$ *durch die über Gl. (152) bestimmte Größe* $\sqrt{\gamma_\nu}$ *dividiert.*

Als Beispiel betrachten wir das Funktionensystem

$$\varphi_1(x) = e^0, \quad \varphi_2(x) = e^{\frac{i\pi x}{l}}, \quad \varphi_3(x) = e^{\frac{2i\pi x}{l}}, \ldots \tag{155}$$

Die dazu konjugierten komplexen Funktionen lauten

$$\varphi_1^*(x) = e^0, \quad \varphi_2^*(x) = e^{-\frac{i\pi x}{l}}, \quad \varphi_3^*(x) = e^{-\frac{2i\pi x}{l}}, \ldots$$

Für je zwei verschiedene Funktionen ergibt sich mit Hilfe von Gl. (XIII, 21)

$$\int_a^b \varphi_\mu^*(x)\varphi_\nu(x)\,dx = \int_{-l}^{+l} e^{-\frac{(\mu-1)i\pi x}{l}} e^{\frac{(\nu-1)i\pi x}{l}}\,dx = \int_{-l}^{+l} e^{\frac{(\nu-\mu)i\pi x}{l}}\,dx = \frac{l}{i\pi(\nu-\mu)} e^{\frac{(\nu-\mu)i\pi x}{l}}\Bigg|_{-l}^{+l} =$$

$$= \frac{2l}{\pi(\nu-\mu)}(\sin(\nu-\mu)\pi - \sin(\mu-\nu)\pi) = 0\,.$$

Für Funktionen mit gleichem Index erhält man dagegen

$$\int_a^b \varphi_\nu^*(x)\varphi_\nu(x)\,dx = \int_{-l}^{+l} e^{-\frac{(\nu-1)i\pi x}{l}} e^{\frac{(\nu-1)i\pi x}{l}}\,dx = \int_{-l}^{l} dx = 2l\,.$$

Das betrachtete Funktionensystem ist also orthogonal, aber nicht normiert. Wenn man jede der Funktionen durch $\sqrt{2l}$ dividiert, so erhält man das orthonormierte System

$$\frac{1}{\sqrt{2l}}e^0, \quad \frac{1}{\sqrt{2l}}e^{\frac{i\pi x}{l}}, \quad \frac{1}{\sqrt{2l}}e^{\frac{2i\pi x}{l}}, \ldots \tag{156}$$

2. Reihenentwicklung

Gegeben sei eine im Intervall $[a,b]$ definierte Funktion $f(x)$ sowie ein in diesem Intervall orthonormiertes Funktionensystem $\varphi_1(x), \varphi_2(x), \varphi_3(x), \ldots$ Wir fragen, ob sich $f(x)$ durch eine Reihe der Form

$$f(x) = \sum_{\nu=1}^{\infty} c_\nu \varphi_\nu(x) \tag{157}$$

darstellen läßt.

Als erstes leiten wir eine Gleichung zur Berechnung der Koeffizienten c_ν ab unter der Voraussetzung, daß die Entwicklung möglich ist und daß die entstandene Reihe gleichmäßig konvergiert. Wir multiplizieren hierzu Gl. (157) auf beiden Seiten mit $\varphi_\mu^*(x)$ und integrieren in den Grenzen von a bis b

$$\int_a^b f(x)\varphi_\mu^*(x)\,dx = \int_a^b \sum_{\nu=1}^{\infty} c_\nu \varphi_\nu(x)\varphi_\mu^*(x)\,dx\,.$$

Wenn man auf der rechten Seite die Reihenfolge der Summation und Integration miteinander vertauscht und die Konstanten c_ν vor das Integralzeichen zieht, so ergibt sich

$$\int_a^b f(x)\varphi_\mu^*(x)\,dx = \sum_{\nu=1}^{\infty} c_\nu \int_a^b \varphi_\mu^*(x)\varphi_\nu(x)\,dx\,.$$

Berücksichtigt man nun noch Gl. (85), so folgt daraus

$$\int_a^b f(x)\varphi_\mu^*(x)\,dx = c_\mu$$

bzw., wenn man μ durch ν ersetzt,

$$c_\nu = \int_a^b f(x)\varphi_\nu^*(x)\,dx\,. \tag{158}$$

Das ist die gesuchte Gleichung für die Konstante c_ν. Sie stellt eine Verallgemeinerung der Gl. (40) für die Fourierkoeffizienten dar. Wir sehen also: *Ist die Funktion $f(x)$ im Intervall $[a,b]$ definiert und läßt sie sich in diesem Intervall durch eine Reihe aus orthonormierten Funktionen gemäß Gl. (157) darstellen, so sind die Koeffizienten dieser Reihe durch Gl. (158) gegeben.*

Ob die Darstellung einer gegebenen Funktion $f(x)$ gemäß Gl. (157) möglich ist, muß für das jeweils vorliegende orthogonale Funktionensystem gesondert untersucht werden, ähnlich wie das bei Fourierreihen getan wurde. In Abschn. XV D 2 wird ausgeführt, daß die Entwicklung unter anderem immer dann durchgeführt werden kann, wenn das orthonormierte Funktionensystem aus Eigenfunktionen von Differentialgleichungen eines bestimmten Typs besteht. Solche Eigenfunktionen sind z. B. die dort angegebenen Legendreschen Polynome, Besselfunktionen, Laguerreschen Polynome usw. Die Darstellung einer Funktion durch eine Reihe aus anderen Funktionen wird als *verallgemeinerte Fourierentwicklung* bezeichnet. Sie ist ein unentbehrliches Hilfsmittel bei der Lösung von partiellen Differentialgleichungen und der Interpretation bestimmter quantenchemischer Ergebnisse. Wir können also sagen: *Es gibt zahlreiche verschiedene orthogonale Funktionensysteme, nach denen sich eine vorgegebene Funktion $f(x)$ gemäß Gl. (157) in eine Reihe entwickeln läßt. Derartige Reihenentwicklungen besitzen eine große Bedeutung in Mathematik, Physik und Chemie.*

Zu weiteren wichtigen Aussagen über die Entwicklung einer Funktion nach einem orthonormierten Funktionensystem gelangt man auf folgende Art: Man geht von der Aufgabe aus, eine vorgegebene Funktion $f(x)$ durch eine Summe von orthonormierten Funktionen $\sum_{\nu=1}^{n} c_\nu \varphi_\nu(x)$ möglichst gut anzunähern. Diese Aufgabe läßt sich immer lösen unabhängig davon, ob man die Funktion durch die für $n \to \infty$ erhaltene Reihe exakt wiedergeben kann. Eine möglichst gute Annäherung ist erreicht, wenn das Integral über die quadratische Abweichung

$$\vartheta = \int_a^b \left| f(x) - \sum_{\nu=1}^{n} c_\nu \varphi_\nu(x) \right|^2 dx \tag{159}$$

ein Minimum wird. Wir müssen nun die Koeffizienten c_ν so bestimmen, daß dies erfüllt ist. Schreibt man die komplexen Koeffizienten c_ν in der Form

$$c_\nu = a_\nu + i b_\nu\,,$$

so folgt unter Berücksichtigung von Gl. (II, 42)

$$\vartheta = \int_a^b \left| f(x) - \sum_{\nu=1}^{n} (a_\nu + \mathrm{i} b_\nu) \varphi_\nu(x) \right|^2 dx =$$

$$= \int_a^b \left[f^*(x) - \sum_{\nu=1}^{n} (a_\nu - \mathrm{i} b_\nu) \varphi_\nu^*(x) \right] \left[f(x) - \sum_{\nu=1}^{n} (a_\nu + \mathrm{i} b_\nu) \varphi_\nu(x) \right] dx .$$

Damit ϑ ein Minimum wird, muß gelten

$$\frac{\partial \vartheta}{\partial a_\nu} = 0 \quad \text{und} \quad \frac{\partial \vartheta}{\partial b_\nu} = 0 .$$

Aus diesen Bedingungen folgt, wie sich auf einfache Art zeigen läßt,

$$c_\nu = \int_a^b f(x) \varphi_\nu^*(x)\, dx .$$

Das Resultat stimmt mit Gl. (158) überein. Man sieht also: *Wenn man die Koeffizienten der Reihe* $\sum_{\nu=1}^{n} c_\nu \varphi_\nu(x)$ *gemäß Gl. (158) bestimmt, so wird die Funktion* $f(x)$ *durch diese Reihe auf im Mittel bestmögliche Art approximiert, unabhängig davon, ob die Reihe für* $n \to \infty$ *die Funktion* $f(x)$ *exakt wiedergibt.*

Wir wollen noch den Ausdruck ϑ berechnen. Gl. (159) ergibt unter Berücksichtigung von Gl. (158)

$$\vartheta = \int_a^b \left| f(x) - \sum_{\nu=1}^{n} c_\nu \varphi_\nu(x) \right|^2 dx =$$

$$= \int_a^b \left[f^*(x) - \sum_{\nu=1}^{n} c_\nu^* \varphi_\nu^*(x) \right] \left[f(x) - \sum_{\nu=1}^{n} c_\nu \varphi_\nu(x) \right] dx =$$

$$= \int_a^b f^*(x) f(x)\, dx - \sum_{\nu=1}^{n} c_\nu^* \int_a^b f(x) \varphi_\nu^*(x)\, dx - \sum_{\nu=1}^{n} c_\nu \int_a^b f^*(x) \varphi_\nu(x)\, dx +$$

$$+ \int_a^b \sum_{\nu=1}^{n} \sum_{\mu=1}^{n} c_\nu^* \varphi_\nu^*(x) c_\mu \varphi_\mu(x)\, dx =$$

$$= \int_a^b f^*(x) f(x)\, dx - \sum_{\nu=1}^{n} c_\nu c_\nu^* - \sum_{\nu=1}^{n} c_\nu^* c_\nu + \sum_{\nu=1}^{n} c_\nu c_\nu^* =$$

$$= \int_a^b f^*(x) f(x)\, dx - \sum_{\nu=1}^{n} c_\nu^* c_\nu . \tag{160}$$

Da definitionsgemäß gilt

$$\vartheta = \int_a^b \left| f(x) - \sum_{\nu=1}^{n} c_\nu \varphi_\nu(x) \right|^2 dx \geqq 0 ,$$

folgt aus Gl. (160)

$$\int_a^b f^*(x) f(x)\, dx - \sum_{\nu=1}^{n} c_\nu^* c_\nu \geqq 0 .$$

Läßt man in dieser Beziehung, die für jedes n gilt, die Größe n über alle Grenzen wachsen, so geht sie in die sog. *Besselsche Ungleichung*

$$\sum_{\nu=1}^{\infty} c_\nu^* c_\nu \leqq \int_a^b f^*(x) f(x)\, dx \tag{161}$$

über. Wenn außerdem das Integral ϑ über die quadratische Abweichung mit wachsendem n gegen Null geht, so gilt das Gleichheitszeichen, so daß man schreiben kann

$$\sum_{\nu=1}^{n} c_\nu^* c_\nu = \int_a^b f^*(x) f(x)\, dx . \tag{162}$$

Das ist die sog. *Parsevalsche Gleichung.* Wir sehen also: *Beim Approximieren einer Funktion $f(x)$ durch eine Reihe $\sum_{\nu=1}^{n} c_\nu \varphi_\nu(x)$, wobei die c_ν durch Gl. (158) gegeben sind, gilt immer die Besselsche Ungleichung (161). Geht insbesondere mit wachsendem n die Größe ϑ gegen Null, so gilt Gl. (162).*

Ein orthonormiertes Funktionensystem, mit dem sich jede stückweise stetige Funktion $f(x)$ so darstellen läßt, daß ϑ mit wachsendem n gegen Null geht, heißt *vollständig.* Gl. (162), die für ein solches Funktionensystem gelten muß, heißt daher auch Vollständigkeitsrelation.

Aus der Tatsache, daß ein orthonormiertes Funktionensystem vollständig ist, folgt noch nicht, daß $f(x)$ durch die Reihe $\sum c_\nu \varphi_\nu(x)$ exakt wiedergegeben wird. Vollständigkeit bedeutet gemäß der obigen Definition nur, daß

$$\lim_{n \to \infty} \int_a^b \left| f(x) - \sum_{\nu=1}^{n} c_\nu \varphi_\nu(x) \right|^2 dx = 0 \tag{163}$$

ist. Wenn nun aber die Reihe $\sum_{\nu=0}^{\infty} c_\nu \varphi_\nu(x)$ gleichmäßig konvergiert, so darf man unter dem Integralzeichen zur Grenze übergehen und schließen, daß $f(x) - \sum_{\nu=1}^{\infty} c_\nu \varphi_\nu(x) = 0$, also $f(x) = \sum_{\nu=1}^{\infty} c_\nu \varphi_\nu(x)$ ist. Es gilt also: *Die Funktion $f(x)$ wird durch die Reihe*

$\sum_{v=1}^{\infty} c_v \varphi_v(x)$, *in der die* c_v *über Gl. (158) bestimmt sind, exakt wiedergegeben, wenn diese Reihe gleichmäßig konvergiert und wenn das orthonormierte Funktionensystem* $\varphi_v(x)$ *vollständig ist.*

Fragen und Aufgaben

1. Erläutere die Begriffe „orthogonales Funktionensystem" und „orthonormiertes Funktionensystem".
2. Wie bestimmt man die Koeffizienten c_v bei der Darstellung der Funktion $f(x)$ durch die Reihe $\sum_{v=1}^{\infty} c_v \varphi_v(x)$? Welche weitere Bedingung müssen die c_v erfüllen, wenn die Reihe die Funktion $f(x)$ exakt wiedergibt?
3. Gib die Besselsche Ungleichung sowie die Vollständigkeitsrelation an. Welche Bedeutung haben diese Beziehungen?
4. Wie muß man die Koeffizienten c_v der Summe $\sum_{v=1}^{n} c_v \varphi_v(x)$ bestimmen, damit diese Summe eine vorgegebene Funktion $f(x)$ so approximiert, daß die mittlere quadratische Abweichung ϑ ein Minimum wird?

D. Darstellung einer Funktion durch ein Integral (Integraltransformation)

1. Allgemeine Betrachtungen

Bei der Fouriertransformation wird eine Funktion $f(x)$ durch ein Integral über eine andere Funktion $g(u)$ dargestellt (s. Gl. 77). Es gibt nun daneben noch andere Möglichkeiten, $f(x)$ durch ein Integral darzustellen. Man kann sagen: *Eine Integraldarstellung einer Funktion $f(x)$ läßt sich allgemein in der Form*

$$f(x) = \int_{-\infty}^{+\infty} c(k)\varphi(k,x)\,dk \tag{164}$$

schreiben, wobei $\varphi(k,x)$ eine geeignete Funktion von k und x ist und $c(k)$ eindeutig durch $f(x)$ und $\varphi(k,x)$ bestimmt ist. $\varphi(k,x)$ heißt der *Kern* der Transformation. Die Integraldarstellung gemäß Gl. (164) ist eine Verallgemeinerung der Darstellung durch eine Reihe aus orthonormierten Funktionen der Form von Gl. (157). Aus der Reihe entsteht ein Integral, wenn der Summationsindex kontinuierlich wird.

Wie kann man bei vorgegebenem Kern $\varphi(k,x)$ die zu einer bestimmten Funktion $f(x)$ gehörige Funktion $c(k)$ bestimmen? Wir nehmen zunächst an, daß gilt

$$\int_a^b \varphi^*(l,x)\varphi(k,x)\,dx = \delta(l-k). \tag{165}$$

Man bezeichnet dann den Kern $\varphi(k,x)$ als *deltanormiert.* Deltanormiertheit ist das Analogon zur Eigenschaft „orthonormiert" bei der Darstellung durch eine Reihe. Um $c(k)$ zu ermitteln, multipliziert man in diesem Fall Gl. (164) mit $\varphi^*(l,x)$ und integriert von a bis b

$$\int_a^b f(x)\varphi^*(l,x)\,dx = \int_a^b \int_{-\infty}^{+\infty} c(k)\varphi(k,x)\varphi^*(l,x)\,dk\,dx\,. \tag{166}$$

Unter Berücksichtigung von Gl. (96) folgt daraus

$$\int_a^b f(x)\varphi^*(l,x)\,dx = c(l)$$

bzw.

$$c(k) = \int_a^b f(x)\varphi^*(k,x)\,dx\,. \tag{167}$$

Damit ist $c(k)$ bestimmt. Wenn die Funktion $\varphi(k,x)$ nicht deltanormiert ist, so ist der eben beschriebene Weg nicht gangbar. Man muß dann für jeden Einzelfall ein besonderes Verfahren entwickeln.

Eine deltanormierte Funktion $\varphi(k,x)$ ligt z. B. beim Fourierintegral vor, bei dem $\varphi(k,x) = (2\pi)^{-1/2}\,e^{ikx}$ ist. Eine nichtdeltanormierte Funktion tritt dagegen bei der im folgenden Abschn. 3 behandelten Laplacetransformation auf.

Durch eine Integraldarstellung wird jeweils einer Funktion $f(x)$ eine andere Funktion $c(k)$ zugeordnet und umgekehrt. Den durch Gl. (164) vermittelten Übergang von $c(k)$ auf $f(x)$ bezeichnet man auch als eine *Integraltransformation*, für die man allgemein das Symbol $\boldsymbol{I}$ verwenden kann. Den durch Gl. (167) vermittelten Übergang von $f(x)$ auf $c(k)$ nennt man die entsprechende *inverse Integraltransformation* $\boldsymbol{I}^{-1}$. Man schreibt daher auch

$$f(x) = \boldsymbol{I}[c(k)] \quad \text{bzw.} \quad c(k) = \boldsymbol{I}^{-1}[f(x)]\,. \tag{168}$$

Integraltransformationen werden benützt, um bestimmte Rechnungen, wie z. B. das Lösen von Differentialgleichungen, einfacher zu gestalten. Daneben treten sie auch bei verschiedenen physikalisch-chemischen Untersuchungen auf. Wir gehen im folgenden noch besonders auf die Laplacetransformation ein.

2. Laplacetransformation*)

Eine weitere Integraltransformation von Bedeutung ist die Laplacetransformation. *Die Funktion $f(s)$ heißt die Laplacetransformierte der Funktion $F(t)$, wenn gilt*

$$f(s) = \int_0^\infty e^{-st} F(t)\,dt\,. \tag{169}$$

Eine Laplacetransformation deutet man durch das Symbol $\mathfrak{L}$ an, so daß man schreiben kann

$$\mathfrak{L}[F(t)] = \int_0^\infty e^{-st} F(t)\,dt\,. \tag{170}$$

*) Dieser Abschnitt kann von weniger interessierten Lesern überschlagen werden.

Die Funktion $F(t)$, die transformiert wird, nennt man die *Oberfunktion* oder die Funktion aus dem *Oberbereich*. Die resultierende Funktion $f(s)$ heißt *Unterfunktion* oder Funktion aus dem *Unterbereich*.

Es fragt sich, welche Anforderungen die Funktion $F(t)$ erfüllen muß, damit das Integral in Gl. (169) existiert, die Funktion $f(s)$ also definiert ist. Man kann zeigen, daß das Integral für alle Werte s der oberen komplexen Halbebene auf alle Fälle immer dann existiert, wenn $F(t)$ beschränkt sowie integrierbar ist und wenn außerdem die Grenzwerte $\lim\limits_{\varepsilon \to 0} \int_{\varepsilon}^{T} |F(t)|\, dt$ und $\lim\limits_{\omega \to \infty} \int_{T}^{\omega} |F(t)| e^{-s_0 t}\, dt$ für irgendein reelles oder komplexes s_0 existieren.

Im folgenden seien einige Laplacetransformationen als Beispiel durchgeführt. Zur Oberfunktion $F(t) = 1$ gehört die Unterfunktion

$$f(s) = \boldsymbol{L}[1] = \int_0^\infty \mathrm{e}^{-st}\, dt = -\frac{1}{s}\mathrm{e}^{-st}\Big|_0^\infty = \frac{1}{s}\,. \tag{171}$$

Zur Oberfunktion $F(t) = \mathrm{e}^{\alpha t}$ gehört für $s > \alpha$ die Unterfunktion

$$f(s) = \boldsymbol{L}\,[\mathrm{e}^{\alpha t}] = \int_0^\infty \mathrm{e}^{-st}\,\mathrm{e}^{\alpha t}\, dt = \int_0^\infty \mathrm{e}^{(\alpha - s)t}\, dt = \frac{1}{\alpha - s}\,\mathrm{e}^{(\alpha - s)t}\Big|_0^\infty = \frac{1}{\alpha - s}\,. \tag{172}$$

Wir interessieren uns nun im besonderen dafür, wie sich verschiedene Rechenoperationen, die im Oberbereich ausgeführt werden, auf die Funktionen im Unterbereich auswirken. Die Laplacetransformierte von $F(t)$ bezeichnen wir wieder mit $f(s)$. Wie sieht dann die Laplacetransformierte der abgeleiteten Funktion $F'(t)$ aus? Mit Hilfe von Gl. (169) sowie einer partiellen Integration erhalten wir, da $\lim\limits_{t \to \infty} F(t)\mathrm{e}^{-st} = 0$ sein muß,

$$\mathfrak{L}[F'(t)] = \int_0^\infty \mathrm{e}^{-st} F'(t)\, dt = \mathrm{e}^{-st} F(t)\Big|_0^\infty + s \int_0^{+\infty} \mathrm{e}^{-st} F(t)\, dt = -F(0) + s f(s)\,.$$

Es gilt also:

$$\text{Aus} \quad \mathfrak{L}[F(t)] = f(s) \quad \text{folgt} \quad \mathfrak{L}[F'(t)] = s f(s) - F(0)\,. \tag{173}$$

Einer Differentiation im Oberbereich entspricht eine Multiplikation mit s im Unterbereich. In ähnlicher Weise kann man noch eine Reihe von weiteren Gesetzmäßigkeiten ableiten, von denen wir nur noch die folgende anführen wollen: *Dem Faltungsprodukt im Oberbereich entspricht ein gewöhnliches Produkt im Unterbereich.*

$$\begin{aligned} &\text{Aus} \quad \mathfrak{L}[F_1(t)] = f_1(s) \quad \text{und} \quad \mathfrak{L}[F_2(t)] = f_2(s) \\ &\text{folgt} \quad \mathfrak{L}[F_1(t) * F_2(t)] = f_1(s)\, f_2(s)\,. \end{aligned} \tag{174}$$

Ein besonderes Problem stellt das Aufsuchen der *Umkehrung der Laplacetransformation* dar. Gegeben sei eine Funktion $f(s)$, gesucht ist die Funktion $F(t)$, aus der $f(s)$ über eine Laplacetransformation erhalten wird. Um $F(t)$ zu bestimmen, schreibt man mit Hilfe von Gl. (73) und indem man die Funktion $F(t)$ im Bereich $t < 0$ gleich Null setzt,

$$F(t) = e^{\sigma t} F(t) e^{-\sigma t} = \frac{e^{\sigma t}}{2\pi} \int_{-\infty}^{+\infty} \int_{-\infty}^{+\infty} F(\rho) e^{-\sigma\rho} e^{i\tau(t-\rho)} d\rho\, d\tau =$$

$$= \frac{e^{\sigma t}}{2\pi} \int_{-\infty}^{+\infty} \int_{0}^{\infty} e^{-(\sigma+i\tau)\rho} F(\rho)\, e^{i\tau t}\, d\rho\, d\tau\,. \tag{175}$$

Da voraussetzungsgemäß $\int_0^\infty F(t) e^{-st} dt = f(s)$ ist, kann man in obiger Gleichung das Integral $\int_0^\infty e^{-(\sigma+i\tau)\rho} F(\rho)\, d\rho$ durch $f(\sigma + i\tau)$ ersetzen und erhält

$$F(t) = \frac{e^{\sigma t}}{2\pi} \int_{-\infty}^{+\infty} e^{i\tau t} f(\sigma + i\tau)\, d\tau\,. \tag{176}$$

Indem man noch die Substitution $s = \sigma + i\tau$ vornimmt, ergibt sich daraus

$$F(t) = \frac{1}{2\pi i} \int_{\sigma - i\infty}^{\sigma + i\infty} f(s) e^{st} ds\,. \tag{177}$$

Das ist die gesuchte Umkehrformel. Bei der Ableitung wurde vorausgesetzt, daß $f(s)$ tatsächlich eine Laplacetransformierte ist (beim Übergang zu Gl. (176)), daß $F(t) e^{-\sigma t}$ den Dirichletschen Bedingungen genügt (bei der Durchführung der Fouriertransformation in Gl. (175)) und daß das Integral $\int_0^\infty e^{-st} F(t)\, dt$ für einen reellen Wert $s = \sigma$ absolut konvergiert. Man kann also sagen: *Unter den oben genannten Voraussetzungen ist die inverse Laplacetransformation $\mathfrak{L}^{-1}$ einer Funktion $f(s)$ gegeben durch*

$$\mathfrak{L}^{-1}[f(s)] = \frac{1}{2\pi i} \int_{\sigma - i\infty}^{\sigma + i\infty} f(s) e^{st} ds\,, \tag{178}$$

wobei σ eine beliebige reelle Zahl ist.

Laplacetransformationen sind ein wertvolles Hilfsmittel zur Lösung von Differentialgleichungen. Man bildet hierzu das im Oberbereich gegebene Problem auf den Unterbereich ab, löst es dort und transformiert das Ergebnis wieder in den Oberbereich. Wegen Gl. (173) wird dabei die Ordnung der in der Differentialgleichung auftretenden Ableitungen um eins erniedrigt. Eine gewöhnliche Differentialgleichung erster Ordnung geht in eine normale Gleichung ohne Ableitungen über. Eine partielle Differentialgleichung kann in eine gewöhnliche umgewandelt werden.

Fragen und Aufgaben

1. Was versteht man unter einer Integraldarstellung, was unter einer Integraltransformation?
2. Was bedeutet die Aussage: „Die Funktion $K(x, y)$ ist deltanormiert"?
3. Wie ist die Fouriertransformation $\mathfrak{F}$ definiert und wie lautet die Transformation $\mathfrak{F}^{-1}$?
4. Wie ist die Laplacetransformation $\mathfrak{L}$ definiert und wie lautet die Transformation $\mathfrak{L}^{-1}$?
5. Was versteht man unter dem Oberbereich und dem Unterbereich einer Laplaceoperation?
6. Welche Operation im Unterbereich entspricht einer Differentiation im Oberbereich einer Laplacetransformation?

7. Was ist ein Faltungsprodukt?
8. Was kann man über die Fourier- und Laplacetransformation eines Faltungsproduktes aussagen?
9. Berechne: a) $t^2 * e^{-x^2t^2}$, b) $\delta(x) * \sin x$, c) $\mathfrak{L}[t^2]$, d) $\mathfrak{L}[t-a]$, e) $\mathfrak{L}[t^2 * e^{-x^2t^2}]$.

E. Operatoren

Wir führen nun noch den Begriff des *Operators* ein, der in der Mathematik und ihrer Anwendung in der Physik und Chemie eine wichtige Rolle spielt. *Eine Vorschrift, durch die einer vorgegebenen Funktion f eine Funktion g zugeordnet wird, heißt Operator.* Bezeichnet man den Operator mit $\boldsymbol{O}$, so kann man schreiben

$$f(x) = \boldsymbol{O}g(x)\,. \tag{179}$$

Im folgenden seien zunächst einige Beispiele für Operatoren angeführt.

Die Vorschrift „differenziere" ist ein Operator, der jeder Funktion $f(x)$ deren Ableitung $f'(x)$ zuordnet. Bezeichnet man diesen Operator mit $\boldsymbol{D}$, so kann man also schreiben

$$\boldsymbol{D} = \frac{d}{dx}\,.$$

Es gilt dann allgemein

$$\boldsymbol{D}f(x) = f'(x)$$

bzw. im besonderen z. B.

$$\boldsymbol{D}x^2 = 2x\,.$$

Ebenso ist auch der Ausdruck

$$\boldsymbol{O} = \frac{d^2}{dx^2} + 5\frac{d}{dx}$$

ein Operator, der einer Funktion $f(x)$ die Funktion

$$g(x) = \boldsymbol{O}f(x) = \frac{d^2f}{dx^2} + 5\frac{df}{dx}$$

zuordnet.

Der durch Gl. (XII, 38) eingeführte Ausdruck

$$\nabla = \frac{\partial}{\partial x}\boldsymbol{i} + \frac{\partial}{\partial y}\boldsymbol{j} + \frac{\partial}{\partial z}\boldsymbol{k}$$

ist ein Vektor-Operator, der einer Funktion $u(x, y, z)$ eine neue Funktion

$$\nabla u = \frac{\partial u}{\partial x}\boldsymbol{i} + \frac{\partial u}{\partial y}\boldsymbol{j} + \frac{\partial u}{\partial z}\boldsymbol{k}$$

zuordnet, die man den Gradienten von u nennt.

Die durch Gl. (76) ausgedrückte Vorschrift zum Aufsuchen der Fouriertransformierten $F(y)$ einer gegebenen Funktion $f(x)$ faßt man ebenfalls als Operator auf.

Die Symbole für Operatoren werden immer durch fett gedruckte Buchstaben wiedergegeben. Beinhaltet ein Operator außer gewöhnlichen Multiplikationen und Additionen nur Differentiationen, so spricht man von einem *Differentialoperator*, weist er Integrationen auf, so von einem *Integraloperator* usw. Ein Operator, für den gilt

$$\boldsymbol{O}(f+g) = \boldsymbol{O}f + \boldsymbol{O}g\,, \tag{180}$$

und

$$\boldsymbol{O}(kf) = k\boldsymbol{O}(f) \tag{181}$$

wobei k eine beliebige Zahl sowie f und g beliebige Funktionen sind, heißt *linear*. Das Rechnen mit linearen Operatoren ist einfacher als mit nichtlinearen. Alle oben angeführten Operatoren sind, wie man sich leicht überzeugen kann, linear.

F. Funktionen als Vektoren in unendlich dimensionalen Räumen*)

1. Deutung einer Funktion $f(x)$ als Vektor

Gemäß den Ausführungen in Abschn. VIII A stellen n Zahlen $a_1, a_2, \ldots, a_n$, die den natürlichen Zahlen $1, 2, \ldots, n$ zugeordnet sind, die Komponenten eines Vektors $\boldsymbol{a}$ im n-dimensionalen Raum dar. Wir betrachten nun zum Vergleich eine im Intervall $[a,b]$ definierte eindeutige Funktion $f(x)$. Die Funktionswerte $f(x)$ sind eindeutig den reellen Zahlen x aus $[a,b]$ zugeordnet. $f(x)$ ist also analog zu den Komponenten a_ν eines Vektors im n-dimensionalen Raum definiert, mit dem einzigen Unterschied, daß ν und damit a_ν nur endlich viele Werte annimmt, während x und $f(x)$ nichtabzählbar unendlich viele Werte durchläuft**). *Man faßt daher die Funktion $f(x)$ als die Komponenten eines Vektors in einem Raum von nichtabzählbar unendlich vielen Dimensionen auf.* Dieser Raum heißt *Funktionenraum*.

Der Funktionenraum ist nicht anschaulich darstellbar. Eine gewisse Vorstellung von ihm erhält man durch Analogiebetrachtungen. Bei einem zweidimensionalen Raum treten zwei Koordinatenachsen auf. Ein n-dimensionaler Raum besitzt n Koordinatenachsen, wobei zu jeder natürlichen Zahl eins bis n genau eine Achse gehört. Der Funktionenraum weist nun unendlich viele Achsen auf; zu jeder reellen Zahl zwischen a und b gehört eine Achse. Dem Index ν bei den Vektorkomponenten a_ν entspricht die Variable x bei der Funktion $f(x)$. Jede Funktion wird durch genau einen Vektor dargestellt.

Um diese Ausführungen wenigstens annähernd an einem Beispiel zu illustrieren, wollen wir einen stark vereinfachten Fall untersuchen. Wir betrachten Funktionen, die nur für zwei x-Werte definiert sind, nämlich für $x = 2$ und $x = \pi$. Der Funktionenraum besitzt dann nur zwei Dimensionen. Die beiden Koordinatenachsen heißen „2" und „π". Gegeben sei nun die Funktion $f(x)$, die definiert ist durch

$$f(x) = 3 \quad \text{für} \quad x = 2$$
$$f(x) = 1{,}5 \quad \text{für} \quad x = \pi\,.$$

---

*) Dieser Abschnitt kann von weniger interessierten Lesern überschlagen werden.

**) Eine Menge besteht aus *abzählbar unendlich vielen* Elementen, wenn sich jedem Element ein-eindeutig eine natürliche Zahl zuordnen läßt. Ist das nicht möglich, so weist sie *nichtabzählbar unendlich viele* Elemente auf. Eine unendliche Folge $a_1, a_2, a_3, \ldots$ besteht auf Grund der obigen Definition aus abzählbar unendlich vielen Elementen, da man dem Element a_1 die Zahl 1, dem Element a_2 die Zahl 2 usw. zuordnen kann. Die reellen Zahlen eines Intervalls $[a,b]$ können dagegen nicht ein-eindeutig auf die natürlichen Zahlen abgebildet werden und stellen daher eine Menge aus nichtabzählbar unendlich vielen Elementen dar.

Sie wird durch den Vektor $\boldsymbol{f}$ in Abb. 7 repräsentiert, der auf der Achse „2" die Koordinate 3 und auf der Achse „π" die Koordinate 1,5 besitzt. Des weiteren sei noch die Funktion $g(x)$ gegeben durch

$$g(x) = -1 \quad \text{für} \quad x = 2$$
$$g(x) = 3{,}5 \quad \text{für} \quad x = \pi\,.$$

Sie wird durch den Vektor $\boldsymbol{g}$ in Abb. 17 wiedergegeben.

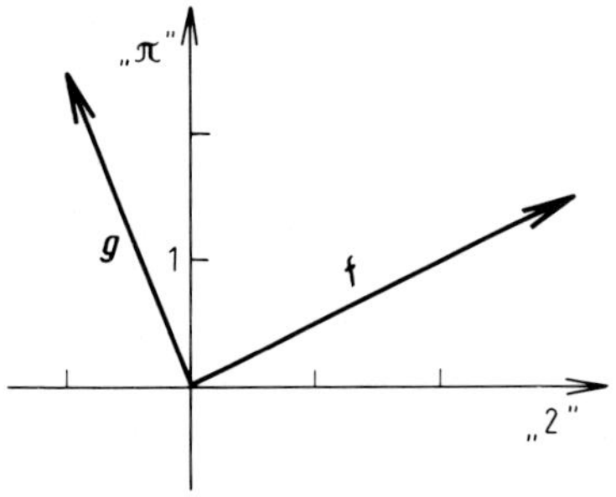

Abb. 17. Darstellung der durch die Gln. (122) und (123) gegebenen Funktionen $f(x)$ und $g(x)$ als Vektoren im Funktionenraum.

Wenn die Funktionen für mehr als zwei x-Werte definiert sind, so wird der Raum, in dem sie durch einen Punkt dargestellt werden, entsprechend höher dimensional, bis er – bei einer Definition für alle reellen Werte von x in einem vorgegebenen Intervall – nichtabzählbar unendlich viele Dimensionen aufweist.

Die Komponenten a_ν eines Vektors im n-dimensionalen Raum kann man entsprechend Gl. (VIII, 2) durch eine einspaltige Matrix aus n Zeilen wiedergeben. Die Komponenten eines Vektors in einem nichtabzählbar unendlich dimensionalen Raum, $f(x)$, lassen sich nicht als Matrix schreiben. Sie werden gewöhnlich durch einen analytischen Ausdruck, wie z. B. $2x + 3$ angegeben. Zum „Index" $x = 5$ gehört dann die „Komponente" $2 \cdot 5 + 3 = 13$. In beiden Fällen kann man die Komponenten graphisch wiedergeben. Man trägt hierzu in einem zweiachsigen Koordinatensystem als Abszisse den Index ν bzw. x auf, als Ordinate die Komponente a_ν bzw. $f(x)$. Bei einem Raum von n Dimensionen erhält man so n diskrete Punkte, bei nichtabzählbar unendlich vielen Dimensionen eine Kurve (s. Abb. 18).

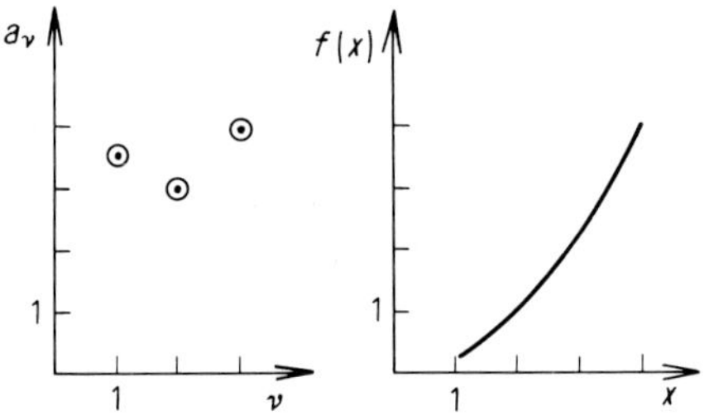

Abb. 18. Graphische Darstellung der Komponenten eines Vektors. Links: im dreidimensionalen Raum. Rechts: in einem Raum aus nichtabzählbar unendlich vielen Dimensionen.

2. Transformation einer Funktion in verschiedene Räume. Hilbertraum

Die Analogie zwischen Vektoren und Funktionen erstreckt sich bedeutend weiter als oben angegeben. Man kann auch die Begriffe „skalares Produkt", „Darstellung in einem orthonormierten System", „Abbildung", „Eigenwerte und Eigenvektoren" usw. auf Funktionen übertragen. Es zeigt sich, *daß der von der Gesamtheit der Funktionen gebildete Funktionenraum die in Abschn. VIII D angegebenen Bedingungen eines metrischen linearen Raumes erfüllt.* Man kommt so zu einer einheitlichen Theorie für Vektoren und Funktionen. Im folgenden führen wir als erstes die Analogien auf und gehen abschließend noch auf die für die Quantenchemie wichtige Dirac-Schreibweise ein, in der für Vektoren und Funktionen auch formal gleiche Zeichen verwendet werden. Die Ergebnisse sind in den Tab. 2 und 3 zusammengefaßt. Tab. 2 ist ein Ausschnitt aus Tab. 3, der leichter zu überblicken ist und für den weniger interessierten Leser ausreicht.

Die Addition zweier Vektoren ist Gl. (VIII, 3) zufolge als Addition der Komponenten der Vektoren definiert. Entsprechend bedeutet die Addition zweier Funktionen, daß man die zu den einzelnen x-Werten gehörenden Funktionswerte addiert.

Die Multiplikation eines Vektors mit einem Skalar λ wird Gl. (VIII, 9) zufolge in der Weise vorgenommen, daß die einzelnen Komponenten des Vektors mit λ multipliziert werden. Entsprechend werden bei der Multiplikation einer Funktion mit einem Skalar die einzelnen Funktionswerte, die ja im Funktionenraum die Rolle der Komponenten übernehmen, mit λ multipliziert.

Das skalare Produkt zweier Vektoren $\boldsymbol{a}$ und $\boldsymbol{b}$ im n-dimensionalen Raum ist entsprechend Gl. (VIII, 20) definiert durch $\boldsymbol{a} \cdot \boldsymbol{b} = \sum_{\nu=1}^{n} a_\nu b_\nu$. Bei der Übertragung dieser Definition auf Funktionen muß man beachten, daß hier unendlich viele Komponenten auftreten. Die obige Summe geht daher in ein Integral über. Man setzt aus diesem Grunde fest: *Das skalare Produkt zweier Funktionen $f(x)$ und $g(x)$, das man mit (f, g) bezeichnet, ist gegeben durch*

$$(f,g) = \int_a^b f(x) g(x)\, dx\,. \tag{182}$$

Wenn die Funktionen nicht reell sind, so wird die Definition abgeändert in

$$(f,g) = \int_a^b f^*(x) g(x)\, dx\,. \tag{183}$$

Entsprechend den Ausführungen in Abschn. VIII C 2 heißt in einem n-dimensionalen Raum ein System von n Vektoren $\overset{1}{\boldsymbol{e}}, \overset{2}{\boldsymbol{e}}, \ldots, \overset{n}{\boldsymbol{e}}$ orthonormiert, wenn gilt

$$\overset{l}{\boldsymbol{e}}\overset{k}{\boldsymbol{e}} = \delta_{lk}\,. \tag{184}$$

In Analogie dazu ergibt sich aus den Gln. (154) und (183): Ein System von Funktionen $\varphi_1(x), \varphi_2(x), \varphi_3(x), \ldots$ heißt orthonormiert, wenn gilt

$$(\varphi_l, \varphi_k) = \delta_{lk}\,. \tag{185}$$

Im n-dimensionalen Raum kann man einen Vektor $\boldsymbol{a}$ in Komponenten c_k nach irgendeinem orthonormierten Basissystem $\overset{1}{\boldsymbol{e}}, \overset{2}{\boldsymbol{e}}, \ldots, \overset{n}{\boldsymbol{e}}$ zerlegen. Indem man in

Gl. (VIII, 47) bzw. (VIII, 50) $\boldsymbol{a}$ anstelle von $\boldsymbol{b}$ und c_k anstelle von β_k schreibt und das Ergebnis auf den n-dimensionalen Raum erweitert, ergibt sich

$$a_\nu = \sum_{k=1}^{n} c_k \overset{k}{e}_\nu \quad \text{mit} \quad c_k = \sum_{\nu=1}^{n} a_\nu \overset{k}{e}_\nu \,. \tag{186}$$

Wenn man noch die Matrix

$$\boldsymbol{U} = \begin{pmatrix} \overset{1}{e}_1 & \overset{2}{e}_1 & \dots & \overset{n}{e}_1 \\ \overset{1}{e}_2 & \overset{2}{e}_2 & \dots & \overset{n}{e}_2 \\ \vdots & \vdots & & \vdots \\ \overset{1}{e}_n & \overset{2}{e}_n & \dots & \overset{n}{e}_n \end{pmatrix} \tag{187}$$

einführt, so kann man das obige Resultat auch in der Form

$$\boldsymbol{a} = \boldsymbol{U}\boldsymbol{c} \quad \text{mit} \quad \boldsymbol{c} = \boldsymbol{U}^{-1}\boldsymbol{a} \tag{188}$$

schreiben. Entsprechend den Gln. (186) gelten im Funktionenraum die Gln. (157) bzw. (158), d. h.

$$f(x) = \sum_{k=1}^{\infty} c_k \varphi_k(x) \quad \text{mit} \quad c_k = \int_a^b \varphi_k^*(x) f(x)\, dx \,. \tag{189}$$

Der Beziehung $\sum_{\nu=1}^{n} a_\nu a_\nu = \sum_{k=1}^{n} c_k c_k$ im Vektorraum, die zum Ausdruck bringt, daß der betrachtete Vektor im neuen System die gleiche Länge wie im alten besitzt, entspricht im Funktionenraum die Vollständigkeitsrelation Gl. (162).

Man kann $f(x)$ nicht nur durch eine Summe, sondern auch durch ein Integral darstellen. $\varphi(k,x)$ sei eine deltanormierte Funktion, d. h.

$$\int_a^b \varphi^*(l,x)\varphi(k\,x)\, dx = \delta(l-k)\,. \tag{190}$$

Es gilt dann den Gln. (164) und (167) zufolge

$$f(x) = \int_a^b c(k)\varphi(k,x)\, dk \quad \text{mit} \quad c(k) = \int_a^b \varphi^*(k,x) f(x)\, dx \,. \tag{191}$$

Damit ist $f(x)$ durch ein Integral dargestellt. Wir wollen hier noch bemerken, daß der Ausdruck $f(x)$ insbesondere eine Darstellung der gegebenen Funktion im Funktionensystem $\varphi^*(k,x) = \delta(\xi - x)$ ist. Mit Hilfe von Gl. (XI, 247) ergibt sich nämlich

$$f(\xi) = \int_a^b f(x)\delta(\xi - x)\, dx \,. \tag{192}$$

Bei der Darstellung von Vektoren ist kein Koordinatensystem vor dem anderen ausgezeichnet. Man kann z. B. den Vektor $\boldsymbol{a}$ entweder durch seine Koordinaten a_ν

im ursprünglichen System wiedergeben oder durch seine über Gl. (186) erhaltenen Koordinaten c_k im neuen Basissystem $\overset{1}{e}, \overset{2}{e}, \ldots, \overset{n}{e}$. Das gleiche gilt für Funktionen: *Man kann eine Funktion entweder durch* $f(x)$ *angeben, oder durch eine daraus über Gl. (133) neu gewonnene Funktion* $c(k)$, *oder durch die über Gl. (186) bestimmten Koeffizienten* c_k. $f(x)$ und $c(k)$ sind Darstellungen in einem Raum von *nichtabzählbar unendlich vielen Dimensionen*, da x bzw. k alle nichtabzählbar unendlich vielen Zahlen eines vorgegebenen Intervalls durchläuft und zu jeder reellen Zahl eine Koordinatenachse gehört. c_k ist dagegen eine Darstellung in einem Raum aus abzählbar unendlich vielen Dimensionen, da k lediglich die Werte $0, 1, 2, 3, \ldots$ annehmen kann (vgl. Fußnote auf S. 413).

Einen Raum von abzählbar unendlich vielen Dimensionen nennt man *Hilbertraum*. Vom zugehörigen orthonormierten Funktionensystem $\varphi_1(x), \varphi_2(x), \varphi_3(x), \ldots$ sagt man, daß es den Hilbertraum aufspanne. Die abzählbar unendlich vielen Zahlen $c_1, c_2, c_3, \ldots \ldots$ kann man in Form einer einspaltigen Matrix

$$c = \begin{pmatrix} c_1 \\ c_2 \\ c_3 \\ \vdots \end{pmatrix} \tag{193}$$

schreiben, die im Unterschied zu der Matrix eines Vektors in einem endlichdimensionalen Raum unendlich viele Zeilen aufweist.

Als Beispiel betrachten wir die durch Gl. (15) gegebene Funktion

$$\begin{aligned} f(x) &= x \quad &\text{für} \quad &0 \leqq x \leqq 1 \\ f(x) &= -x \quad &\text{für} \quad &-1 \leqq x \leqq 0 . \end{aligned} \tag{194}$$

Wir stellen sie als Fourierreihe dar. Die in der Fourierreihe auftretende Größe l ist im vorliegenden Fall gleich 1. Das orthogonale Funktionensystem für eine Fourierreihe mit $l = 1$ lautet*) gemäß Gl. (3)

$$\cos 0\pi x,\ \sin \pi x,\ \cos \pi x,\ \sin 2\pi x,\ \cos 2\pi x,\ \sin 3\pi x, \ldots \tag{195}$$

Aus Gl. (21) entnimmt man die Fourierkoeffizienten

$$1/2,\ 0,\ 4/\pi^2,\ 0,\ 4/(3\pi)^2,\ 0,\ 4/(5\pi)^2, \ldots \tag{196}$$

Die Darstellung der durch Gl. (194) gegebenen Funktion in dem vom Funktionensystem (196) aufgespannten Hilbertraum lautet daher

$$\begin{pmatrix} 1/2 \\ 0 \\ 4/\pi^2 \\ 0 \\ 4/(3\pi)^2 \\ \vdots \end{pmatrix} \tag{197}$$

Als weiteres Beispiel betrachten wir die Funktion

$$f(x) = 1{,}5 + 3 \sin 2\pi x , \tag{198}$$

---

*) Da $\sin 0\pi x = 0$ ist, lassen wir in Gl. (195) das Sinusglied für $v = 0$ weg.

die die Periode 2π besitzt. Sie ist in Abb. 19a) graphisch wiedergegeben. Wir wollen sie ebenfalls in dem durch das Funktionensystem (196) aufgespannten Hilbertraum darstellen. Man erkennt unmittelbar, daß $f(x)$ bereits als Reihe in diesem Funktionensystem gegeben ist und daß lediglich der erste und vierte Koeffizient dieser Reihe von Null verschieden ist. Die Funktion aus Gl. (198) wird also im betrachteten Hilbertraum durch die Matrix

$$\begin{pmatrix} 1{,}5 \\ 0 \\ 0 \\ 3 \\ 0 \\ 0 \\ \vdots \end{pmatrix} \tag{199}$$

dargestellt. Der entsprechende Vektor liegt in der Ebene, die von den Achsen 1 und 4 aufgespannt wird. Da man diese Ebene anschaulich darstellen kann, kann man im vorliegenden Fall auch den Vektor im Hilbertraum graphisch wiedergeben (s. Abb. 19b).

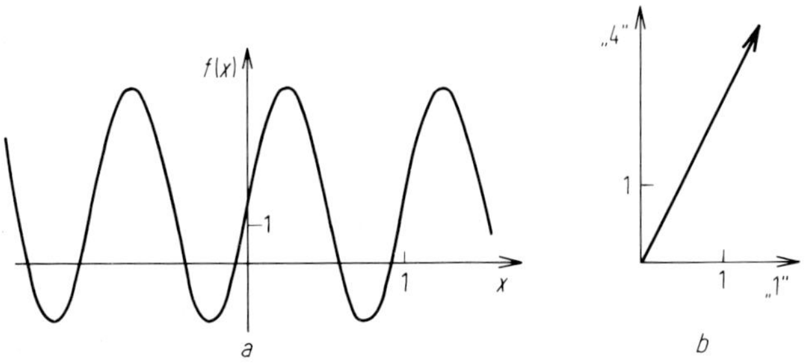

Abb. 19. Wiedergabe der Funktion $f(x) = 1{,}5 + \sin 3\pi x$, a) in der üblichen graphischen Darstellung, b) als Vaktor in einer Ebene des eingeführten Hilbertraumes.

Wir untersuchen nun den Übergang von einem Hilbertraum $\varphi_k(x)$ zu einem anderen, der durch das orthonormierte Funktionensystem $\psi_r(x)$ aufgespannt wird. Für eine beliebige Funktion $g(x)$ gilt

$$g(x) = \sum_{k=1}^{\infty} d_k \varphi_k(x) \quad \text{mit} \quad d_k = \int_a^b \varphi_k^*(x) g(x)\,dx \tag{200}$$

$$g(x) = \sum_{r=1}^{\infty} h_r \psi_r(x) \quad \text{mit} \quad h_r = \int_a^b \psi_r^*(x) g(x)\,dx\,. \tag{201}$$

Wir fragen, welcher Zusammenhang zwischen den Koeffizienten d_k und h_r besteht. Wenn man jede der Funktionen $\psi_r(x)$ nach dem orthonormierten System $\varphi_k(x)$ entwickelt, so ergibt sich Gl. (157) und (158) zufolge

$$\psi_r(x) = \sum_{k=1}^{\infty} \overset{r}{u}_k \varphi_k(x) \quad \text{mit} \quad \overset{r}{u}_k = \int_a^b \varphi_k^*(x) \psi_r(x)\,dx\,. \tag{202}$$

Durch Einsetzen dieses Resultates in Gl. (201) erhält man

$$g(x) = \sum_{r=1}^{\infty} h_r \psi_r(x) = \sum_{r=1}^{\infty} h_r \sum_{k=1}^{\infty} \overset{r}{u}_k \varphi_k(x) = \sum_{k=1}^{\infty} \sum_{r=1}^{\infty} h_r \overset{r}{u}_k \varphi_k(x)\,.$$

Ein Vergleich mit Gl. (142) zeigt, daß gelten muß

$$d_k = \sum_{r=1}^{\infty} h_r \overset{r}{u}_k\,. \tag{203}$$

Für die $\overset{r}{u}_k$ ergibt sich mit Hilfe der Gl. (162)

$$\sum_{k=1}^{\infty} \overset{s}{u}{}_k^* \overset{r}{u}_k = \int_a^b \psi_s^*(x)\psi_r(x)\,dx = \delta_{rs}\,. \tag{204}$$

Führt man noch die Matrix

$$U = \begin{pmatrix} \overset{1}{u}_1 & \overset{2}{u}_1 & \overset{3}{u}_1 \ldots \\ \overset{1}{u}_2 & \overset{2}{u}_2 & \overset{3}{u}_2 \ldots \\ \overset{1}{u}_3 & \overset{2}{u}_3 & \overset{3}{u}_3 \ldots \\ \vdots & \vdots & \vdots \end{pmatrix} \tag{205}$$

ein, so kann man Gl. (203) auch in der Form

$$\boldsymbol{d} = \boldsymbol{U}\boldsymbol{h} \quad \text{bzw.} \quad \boldsymbol{h} = \boldsymbol{U}^{-1}\boldsymbol{d} \tag{206}$$

schreiben. Eine Matrix U, deren Elemente die Gl. (204) erfüllen, bezeichnet man als unitär*). Die dazu inverse Matrix U^{-1} erhält man in diesem Fall, indem man die Matrix U spiegelt und zu den konjugiert komplexen Werten übergeht.

Gl. (103) stimmt mit der ersten Beziehung der Gln. (186) überein. Den dort auftretenden Größen a_ν, c_k, und $\overset{k}{e}_\nu$ entsprechen hier die Größen d_k, h_r bzw. $\overset{r}{u}_k$. Während $\overset{k}{e}_\nu$ das Skalarprodukt des neuen Basisvektors $\overset{k}{e}$ und des Einheitsvektors in Richtung der Achse „ν" des alten Basissystems ist, ist $\overset{r}{u}_k$ entsprechend der zweiten Beziehung in Gln. (202) das Skalarprodukt aus den Basisvektoren $\varphi_k(x)$ und $\psi_r(x)$. Man kann daher sagen: *Ist die Funktion $g(x)$ in dem vom Funktionensystem $\varphi_k(x)$ aufgespannten Hilbertraum durch die Matrix d_k gegeben und in dem durch das Funktionensystem $\psi_r(v)$ aufgespannten Hilbertraum durch die Matrix h_r, so gilt*

$$d_k = \sum_{k=1}^{\infty} h_r \overset{r}{u}_k \quad \textit{mit} \quad \overset{r}{u}_k = \int_a^b \varphi_k^*(x)\psi_r(x)\,dx\,. \tag{207}$$

Die $\overset{r}{u}_k$ sind ein System von orthonormierten Vektoren im Hilbertraum $\varphi_\nu(x)$.

3. Diagonalisierung von Abbildungsmatrizen bzw. Operatoren

Als letztes soll nun noch der Begriff der Abbildung sowie die Diagonalisierung von Abbildungsmatrizen auf Funktionen übertragen werden.

---

*) Der Begriff „unitär" bei komplexen Funktionen entspricht dem Begriff „orthogonal" bei reellen Funktionen.

Wie in Abschn. IX C 2 ausgeführt wurde, kann man mit Hilfe einer Matrix M einen Vektor $\boldsymbol{a}$ in einen anderen Vektor $\boldsymbol{b}$ überführen gemäß der Gleichung

$$\boldsymbol{b} = \boldsymbol{M}\boldsymbol{a} . \tag{208}$$

Wir führen nun noch eine Koordinatentransformation mit Hilfe einer orthogonalen Matrix $\boldsymbol{U}$ der Form Gl. (187) durch, wobei $\boldsymbol{a}$ in $\hat{\boldsymbol{a}}$ und $\boldsymbol{b}$ in $\hat{\boldsymbol{b}}$ übergeht gemäß den Gleichungen

$$\boldsymbol{a} = \boldsymbol{U}\hat{\boldsymbol{a}} \quad \text{bzw.} \quad \boldsymbol{b} = \boldsymbol{U}\hat{\boldsymbol{b}} . \tag{209}$$

Die Abbildungsmatrix $\boldsymbol{M}$ wird dann transformiert in

$$\hat{\boldsymbol{M}} = \boldsymbol{U}^{-1}\boldsymbol{M}\boldsymbol{U} . \tag{210}$$

Dies folgt unmittelbar aus Gl. (IX, 157), wenn man beachtet, daß die hier eingeführte Matrix $\boldsymbol{U}$, wie ein Vergleich der Gln. (209) mit den Gln. (IX, 154) zeigt, der dort auftretenden Matrix $\boldsymbol{S}^{-1}$ entspricht. Wenn insbesondere die Matrix $\boldsymbol{U}$ aus den Eigenvektoren der Gleichung $\boldsymbol{M}\boldsymbol{x} = \lambda\boldsymbol{x}$ entsprechend Gl. (IX, 162) besteht, so wird bei der Transformation die Matrix $\boldsymbol{M}$ in eine Diagonalmatrix verwandt.

Das Analogon der Abbildungsmatrix bei Vektoren ist bei Funktionen ein linearer Operator (s. Abschn. D). Gegeben sei ein linearer Operator $\boldsymbol{O}$, durch den jeder Funktion $f(x)$ eine Funktion $\hat{f}(x)$ zugeordnet wird. Man schreibt entsprechend

$$\hat{f}(x) = \boldsymbol{O} f(x) . \tag{211}$$

Wir betrachten die Transformation der Funktionen $f(x)$ und $g(x)$ in den Hilbertraum, der vom orthonormierten Funktionensystem $\varphi_k(x)$ aufgespannt wird. Man kann dann schreiben

$$f(x) = \sum_{k=1}^{\infty} c_k \varphi_k(x) \tag{212}$$

$$g(x) = \sum_{k=1}^{\infty} d_k \varphi_k(x) , \tag{213}$$

wobei die c_k und die d_k die Funktion $f(x)$ bzw. $g(x)$ im Hilbertraum darstellen. Wir fragen nun, welche Form ein Operator $\boldsymbol{O}$ im Hilbertraum annimmt, der $f(x)$ gemäß Gl. (211) in $g(x)$ transformiert. Man kann ansetzen

$$g(x) = \boldsymbol{O} f(x) = \boldsymbol{O} \sum_{k=1}^{\infty} c_k \varphi_k(x) = \sum_{k=1}^{\infty} c_k \boldsymbol{O} \varphi_k(x) . \tag{214}$$

Mit Hilfe von Gl. (213) folgt daraus

$$\sum_{k=1}^{\infty} d_k \varphi_k(x) = \sum_{k=1}^{\infty} c_k \boldsymbol{O} \varphi_k(x) . \tag{215}$$

Durch Multiplikation mit $\varphi_i^*(x)$ und Integration ergibt sich daraus

$$\sum_{k=1}^{\infty} d_k \int_a^b \varphi_i^*(x) \varphi_k(x)\, dx = \sum_{k=1}^{\infty} c_k \int_a^b \varphi_i^*(x) \boldsymbol{O} \varphi_k(x)\, dx \tag{216}$$

bzw., da die $\varphi_k(x)$ ein orthonormiertes System bilden,

$$d_l = \sum_{k=1}^{\infty} c_k \boldsymbol{O}_{lk} \tag{217}$$

mit

$$O_{lk} = \int_a^b \varphi_l^*(x) \boldsymbol{O} \varphi_k(x)\, dx\,. \tag{219}$$

Mit Hilfe von Gl. (217) kann man aus den Komponenten c_k der Funktion $f(x)$ die Komponenten d_k der Funktion $g(x)$ ausrechnen. Die Größen O_{lk} erfüllen somit im Hilbertraum die gleiche Aufgabe wie der Operator $\boldsymbol{O}$ im ursprünglich betrachteten Raum. Man kann die Größen O_{lk} als Matrix anschreiben und kommt dann zu folgendem Satz: *Im Hilbertraum, der vom orthonormierten Funktionensystem $\varphi_k(x)$ aufgespannt wird, nimmt ein linearer Operator $\boldsymbol{O}$ die Form einer Matrix*

$$\hat{O} = \begin{pmatrix} O_{11} & O_{12} & O_{13} & \cdots \\ O_{21} & O_{22} & O_{23} & \cdots \\ O_{31} & O_{32} & O_{33} & \cdots \\ \vdots & \vdots & \vdots & \end{pmatrix} \tag{220}$$

aus unendlich vielen Zeilen und Spalten an, wobei die Elemente O_{lk} dieser Matrix durch Gl. (160) gegeben sind.

Bei einer Transformation von einem Hilbertraum in den anderen mit Hilfe einer Matrix $\boldsymbol{U}$, wie sie durch die Gln. (204) und (205) gegeben ist, geht die Matrix $\boldsymbol{O}$ in die Matrix $\boldsymbol{U}^+\boldsymbol{O}\boldsymbol{U}$ über, wie bei endlich vielen Dimensionen. Wenn man $\boldsymbol{U}$ insbesondere aus den Eigenvektoren der Matrix $\boldsymbol{O}$ aufbaut, so wird $\boldsymbol{U}^+\boldsymbol{O}\boldsymbol{U}$ eine Diagonalmatrix. Die Darstellung eines Operators durch eine Diagonalmatrix ist ein in der Quantenchemie häufig auftretendes Problem.

Zu einer Diagonalmatrix kann man auch unmittelbar bei der Transformation aus dem x-Raum in einen Hilbertraum kommen, und zwar in folgender Weise: Mit Hilfe des Operators $\boldsymbol{O}$ kann man eine Gleichung für eine unbekannte Funktion $\eta(x)$ der folgenden Form schreiben

$$\boldsymbol{O}\eta(x) = \lambda\eta(x)\,. \tag{221}$$

λ ist dabei ein unbestimmter Parameter. Im Abschn. XV D 3 wird gezeigt, daß diese Gleichung für eine bestimmte Klasse von Operatoren immer dann eine Lösung besitzt, wenn λ eine unendliche Folge von bestimmten Werten $\lambda_1, \lambda_2, \lambda_3, \ldots$ annimmt. Zu jedem Wert von λ gehört eine andere Lösungsfunktion $\eta_\lambda(x)$. Die einzelnen $\eta_\lambda(x)$ kann man so wählen, daß sie ein orthonormiertes Funktionensystem bilden. Stellt man nun den Operator $\boldsymbol{O}$ im Hilbertraum dar, der durch die $\eta_\lambda(x)$ aufgespannt wird, so ergibt sich Gl. (218) zufolge

$$O_{lk} = \int_a^b \eta_l^*(x) \boldsymbol{O} \eta_k(x)\, dx = \int_a^b \eta_l^* \lambda_k \eta_k(x)\, dx = \lambda_k \delta_{lk}\,, \tag{222}$$

also eine Diagonalmatrix.

Man kann schließlich einen Operator $\boldsymbol{O}$ auch in einem Raum aus nichtabzählbar unendlich vielen Dimensionen transformieren, der durch eine deltanormierte Funktion $\varphi(kx)$ aufgespannt wird. Der Operator nimmt dann, wie wir ohne Beweis anführen, die Form

$$O(l,k) = \int_a^b \varphi^*(l,x)\boldsymbol{O}\varphi(k,x)\,dx \qquad (223)$$

an. Er wird also eine Funktion von zwei Variablen k und l.

Mit Hilfe des in Abschn. X B 7 eingeführten Lebesgueschen Integrals kann man zu einer einheitlichen Schreibweise für Summen und Integrale, d. h. bei diskreten und kontinuierlichen Eigenwerten bzw. abzählbar und nichtabzählbar unendlich vielen Dimensionen kommen (siehe Smirnow, Band 5), wir gehen jedoch nicht weiter darauf ein.

4. Vereinheitlichung der Schreibweise mit Hilfe von Diracschen bra- und ket-Symbolen

Da Funktionen in den Hilbertraum transformiert werden können, besteht kein grundsätzlicher Unterschied zwischen Funktionen und Vektoren. Wie wir nämlich gesehen haben, kann eine Funktion entweder durch einen Ausdruck $f(x)$ oder durch einen anderen Ausdruck $c(k)$ oder schließlich durch einen Vektor mit unendlich vielen Komponenten $c_1, c_2, c_3, \ldots$ wiedergegeben werden. Für viele Rechnungen der Quantenchemie ist es nun nicht von Interesse, in welcher Darstellung

Tab. 2. Analogien zwischen Funktionen und Vektoren (Ausschnitt aus Tab. 3).

Bezeichnung	Vektor im n-dimensionalen Raum	Funktion im x-Raum	Funktion in einem Hilbert-Raum	Vektor bzw. Funktion in Dirac-Schreibung
Vektor	a_ν	$f(x)$	c_k	$\vert f\rangle$ ket
Vektor	b_ν	$g(x)$	d_k	$\vert g\rangle$
adjungierter Vektor	a_ν	$f^*(x)$	c_k^*	$\langle f\vert$ bra
skalares Produkt	$\sum_{\nu=1}^{n} a_\nu b_\nu$	$\int_a^b f^*(x)g(x)\,dx$	$\sum_{k=1}^{\infty} c_k^*\,d_k$	$\langle f\vert g\rangle$
orthonormiertes Basissystem	$\overset{1}{e}_\nu, \overset{2}{e}_\nu, \ldots, \overset{n}{e}_\nu$	$\varphi_1(x), \varphi_2(x), \varphi_3(x), \ldots$	$\overset{1}{u}_\nu, \overset{2}{u}_\nu, \overset{3}{u}_\nu, \ldots$	$\vert k\rangle$
Orthonormierbedingung	$\sum_{\nu=1}^{n} \overset{l}{e}_\nu \overset{k}{e}_\nu = \delta_{lk}$	$\int_a^b \varphi_l^*(x)\varphi_k(x)\,dx = \delta_{lk}$	$\sum_{k=1}^{\infty} \overset{s}{u}_k \overset{r}{u}_k = \delta_{sr}$	$\langle l\vert k\rangle = \delta_{lk}$
Darstellung in einem orthonormierten System	$a_\nu = \sum_{k=1}^{n} c_k \overset{k}{e}_\nu$ mit $c_k = \sum_{\nu=1}^{n} a_\nu \overset{k}{e}_\nu$	$f(x) = \sum_{k=1}^{\infty} c_k \varphi_k(x)$ mit $c_k = \int_a^b \varphi_k^*(x) f(x)\,dx$	$d_k = \sum_{r=1}^{\infty} h_r \overset{r}{u}_k$ mit $h_r = \sum_{k=1}^{\infty} d_k \overset{r}{u}_k$	$\vert f\rangle = \sum f_k \vert k\rangle$ mit $f_k = \langle k\vert f\rangle$

Tab. 3. Analogien zwischen Funktionen und Vektoren.

Bezeichnung	Vektor im n-dimensionalen Raum		Funktion					Vektor bzw. Funktion in Dirac-Schreibung
			im Raum $\delta(x-\xi)$		im Raum $\varphi(k,x)$	im Hilbertraum $\varphi_k(x)$		
	Matrizen bzw.	Komponenten				Matrizen bzw.	Komponenten	
Vektor	$\boldsymbol{a} = \begin{pmatrix} a_1 \\ a_2 \\ \vdots \\ a_n \end{pmatrix}$	a_ν	$f(x)$		$c(k)$	$\boldsymbol{c} = \begin{pmatrix} c_1 \\ c_2 \\ c_3 \\ \vdots \end{pmatrix}$	c_k	$\|f\rangle$
Vektor	$\boldsymbol{b} = \begin{pmatrix} b_1 \\ b_2 \\ \vdots \\ b_n \end{pmatrix}$	b_ν	$g(x)$		$d(k)$	$\boldsymbol{d} = \begin{pmatrix} d_1 \\ d_2 \\ d_3 \\ \vdots \end{pmatrix}$	d_k	$\|g\rangle$
adjungierter Vektor	$\boldsymbol{a}^+ = (a_1\, a_2 \ldots a_n)$	a_ν	$f^*(x)$		$c^*(k)$	$\boldsymbol{c}^+ = (c_1^*\, c_2^*\, c_3^* \ldots)$	c_k^*	$\langle f\|$
skalares Produkt	$\boldsymbol{a}^+ \boldsymbol{b}$	$\sum_{\nu=1}^{n} a_\nu b_\nu$	$\int_a^b f^*(x) g(x) dx$		$\int_a^b c^*(k)\, d(k)\, dk$	$\boldsymbol{c}^+ \boldsymbol{d}$	$\sum_{k=1}^{\infty} c_k^* d_k$	$\langle f\|g\rangle$
orthonormiertes Basissystem	$\overset{1}{\boldsymbol{e}}, \overset{2}{\boldsymbol{e}}, \ldots \overset{n}{\boldsymbol{e}}$	$\overset{1}{e}_\nu, \overset{2}{e}_\nu, \ldots \overset{n}{e}_\nu$	$\varphi_1(x), \varphi_2(x), \varphi_3(x), \ldots$	$\varphi(k,x)$	.	$\overset{1}{\boldsymbol{u}}, \overset{2}{\boldsymbol{u}}, \overset{3}{\boldsymbol{u}}, \ldots$	$\overset{1}{u}_k, \overset{2}{u}_k, \overset{3}{u}_k, \ldots$	$\|k\rangle$
	$\boldsymbol{U} = \begin{pmatrix} \overset{1}{e}_1 & \overset{2}{e}_1 & \ldots & \overset{n}{e}_1 \\ \overset{1}{e}_2 & \overset{2}{e}_2 & \ldots & \overset{n}{e}_2 \\ \vdots \\ \overset{1}{e}_n & \overset{2}{e}_n & \ldots & \overset{n}{e}_n \end{pmatrix}$					$\boldsymbol{U} = \begin{pmatrix} \overset{1}{u}_1 & \overset{2}{u}_1 & \overset{3}{u}_1 & \ldots \\ \overset{1}{u}_2 & \overset{2}{u}_2 & \overset{3}{u}_2 & \ldots \\ \overset{1}{u}_3 & \overset{2}{u}_3 & \overset{3}{u}_3 & \ldots \\ \vdots & \vdots & \vdots \end{pmatrix}$	$\overset{r}{u}_k = \int_a^b \psi_r(x) \varphi_k(x)\, dx$	
Orthonormierbedingung	$\overset{l}{\boldsymbol{e}} \cdot \overset{k}{\boldsymbol{e}} = \delta_{lk}$	$\sum_{\nu=1}^{n} \overset{l}{e}_\nu \overset{k}{e}_\nu = \delta_{lk}$	$\int_a^b \varphi_l^*(x) \varphi_k(x)\, dx = \delta_{lk}$	$\int_a^b \varphi^*(l,x) \varphi(k,x)\, dx = \delta(l-k)$	.	$\overset{s}{\boldsymbol{u}} \cdot \overset{r}{\boldsymbol{u}} = \boldsymbol{\delta}_{sr}$	$\sum_{k=1}^{\infty} \overset{s}{u}_k \overset{r}{u}_k = \delta_{sr}$	$\langle l\|k\rangle = \delta_{lk}$
Darstellung in einem orthonormierten System	$\boldsymbol{a} = \boldsymbol{U}\boldsymbol{c}$ mit $\boldsymbol{c} = \boldsymbol{U}^+ \boldsymbol{a}$	$a_\nu = \sum_{k=1}^{\infty} c_k \overset{k}{e}_\nu$ $c_k = \sum_{\nu=1}^{n} a_\nu \overset{\nu}{e}_k$	$f(x) = \sum_{k=1}^{\infty} c_k \varphi_k(x)$ mit $c_k = \int_a^b \varphi_k^*(x) f(x)\, dx$	$f(x) = \int_o^b c(k) \varphi(k,x)\, dx$ mit $c(k) = \int_a^b \varphi^*(k,x) f(x)\, dx$	. .	$\boldsymbol{d} = \boldsymbol{U}\boldsymbol{h}$ mit $\boldsymbol{h} = \boldsymbol{U}^+ \boldsymbol{d}$	$d_k = \sum h_r \overset{r}{u}_k$ mit $h_r = \sum_{k=1}^{\infty} d_k \overset{r}{u}_k$	$\|f\rangle = \sum f_k \|k\rangle$ mit $f_k = \langle k\|f\rangle$
Vollständigkeitsrelation	$\boldsymbol{a}^+ \boldsymbol{a} = \boldsymbol{c}^+ \boldsymbol{c}$	$\sum_{\nu=1}^{n} a_\nu a_\nu = \sum_{k=1}^{n} c_k c_k$	$\int_a^b f^*(x) f(x)\, dx = \sum_{k=1}^{\infty} c_k^* c_k$	$\int_a^b f^*(x) f(x)\, dx = \int_a^b c^*(k) c(k)\, dk$	.	$\boldsymbol{d}^+ \boldsymbol{d} = \boldsymbol{h}^+ \boldsymbol{h}$	$\sum_{r=1}^{\infty} d_k^* d_k = \sum_{r=1}^{\infty} h_r^* h_r$	$\langle f\|f\rangle = \sum f_k^* f_k$
Operator	$\boldsymbol{M} = \begin{pmatrix} m_{11} & m_{12} & \ldots & m_{1n} \\ m_{21} & m_{22} & \ldots & m_{2n} \\ \vdots & \vdots & & \vdots \\ m_{n1} & m_{n2} & \ldots & m_{nn} \end{pmatrix}$	$m_{\mu\nu}$	$\boldsymbol{O}$		.	$\boldsymbol{O} = \begin{pmatrix} o_{11} & o_{12} & o_{13} & \cdots \\ o_{21} & o_{22} & o_{23} & \cdots \\ o_{31} & o_{32} & o_{33} & \cdots \\ \vdots & \vdots & \vdots \end{pmatrix}$	$O_{lk} =$ $= \int_a^b \varphi_l^*(x) O \varphi_k(x) dx$	Ω
Operator im transformierten System	$\hat{\boldsymbol{M}} = \boldsymbol{U}^+ \boldsymbol{M} \boldsymbol{U}$	$\hat{m}_{lk} = \sum_{\nu=1}^{n} \sum_{\mu=1}^{n} \overset{l}{e}_\mu m_{\mu\nu} \overset{k}{e}_\nu$	$\hat{O}_{lk} = \int_a^b \varphi_l^*(x) \boldsymbol{O} \varphi_k(x)\, dx$	$\hat{O}(l,k) = \int_a^b \varphi^*(l,x) \boldsymbol{O} \varphi_k(x)\, dx$	.	$\hat{\boldsymbol{O}} = \boldsymbol{U}^+ \boldsymbol{O} \boldsymbol{U}$	$\hat{O}_{sr} = \sum_{l=1}^{\infty} \sum_{k=1}^{\infty} \overset{s}{u}_l O_{lk} \overset{r}{u}_k$	$\hat{\Omega} = \langle l\|\Omega\|k\rangle$
Diagonalisierung des Operators	$\boldsymbol{M} = \begin{pmatrix} \lambda_1 & 0 & \ldots & 0 \\ 0 & \lambda_2 & \ldots & 0 \\ \vdots \\ 0 & 0 & \ldots & \lambda_n \end{pmatrix}$	$\hat{m}_{lk} = \lambda_k \delta_{lk}$	$\hat{O}_{lk} = \begin{pmatrix} \lambda_1 & 0 & 0 & \ldots \\ 0 & \lambda_2 & 0 & \ldots \\ 0 & 0 & \lambda_3 & \ldots \\ \vdots & \vdots & \vdots & \ddots \end{pmatrix}$	$\hat{O}(l,k) = \lambda_k \delta(l-k)$	.	$\hat{\boldsymbol{O}} = \begin{pmatrix} \lambda_1 & 0 & 0 & \ldots \\ 0 & \lambda_2 & 0 & \ldots \\ 0 & 0 & \lambda_3 & \ldots \\ \vdots & \vdots & \vdots & \ddots \end{pmatrix}$	$\hat{O}_{sr} = \lambda_r \delta_{sr}$	
	wenn $\boldsymbol{e}^k$ und damit $\boldsymbol{U}$ aus	wenn $\overset{k}{e}_\nu$ aus	wenn $\varphi_k(x)$ aus	wenn $\varphi(l,k)$ aus	.	wenn $\overset{i}{u}$ aus	wenn $\overset{i}{u}$ aus	
	$\boldsymbol{M}\boldsymbol{e} = \boldsymbol{\lambda}\boldsymbol{e}$	$\sum_{\nu=1}^{n} m_\mu\, e_\nu = \lambda e_\mu$	$\boldsymbol{O}\varphi = \lambda\varphi$	$\boldsymbol{O}\varphi = \lambda\varphi$	.	$\boldsymbol{O}\boldsymbol{u} = \lambda\boldsymbol{u}$	$\sum O_{lk} u_k = \lambda u_l$	$\Omega\|\lambda\rangle = \lambda\|\lambda\rangle$

eine Funktion vorliegt. Man möchte die Rechnung unabhängig von einer bestimmten Darstellung durchführen. Das ist mit Hilfe der Diracschen ket- und bra-Symbole möglich.

Um eine Funktion bzw. den Zustand, den sie beschreibt, ohne Angabe des Raumes, in dem sie dargestellt wird, anzuführen, verwendet man irgendeinen Buchstaben, der das Symbol für diese Funktion ist, und setzt diesen Buchstaben zwischen die Zeichen $|\,\rangle$; $|f\,\rangle$ bedeutet z. B. die Funktion f und wird „f ket" ausgesprochen. Die zu f konjugiert komplexe Funktion bzw. die entsprechende adjungierte Matrix bezeichnet man mit $\langle\, f|$ und sagt*) hierfür „f bra". Das skalare Produkt zweier Funktionen $f(x)$ und $g(x)$ ist daher allgemein durch

$$\langle f|g\rangle$$

gegeben. Für die Funktionen eines orthonormierten Funktionensystems verwendet man nur den Index jeder Funktion, den man in ein ket-Symbol setzt, also z. B. $|3\rangle$ oder allgemein $|k\rangle$. Für die Darstellung der Funktion $|f\rangle$ im orthonormierten Funktionensystem $|k\rangle$ schreibt man entsprechend

$$|f\rangle = \sum f_k|k\rangle\,,$$

wobei f_k die Entwicklungskoeffizienten sind. Ein Operator wird durch irgendeinen Buchstaben, z. B. Ω wiedergegeben. Die Eigenwertgleichung nimmt die Form

$$\Omega|\lambda\rangle = \lambda|\lambda\rangle$$

an. Wegen weiterer Einzelheiten sei auf Tab. 2 und 3 verwiesen.

Das Rechnen mit den hier eingeführten Symbolen ohne vorheriges „Übersetzen" erfordert einige Übung. Wenn es aber beherrscht wird, so bringt es erhebliche Erleichterungen mit sich.

Fragen und Aufgaben

1. Deute die Funktion $y = y(x)$ als Vektor und gib an, welche Größe die Bedeutung eines „Index" und welche die Bedeutung der „Komponente" hat.
2. Nenne einige Möglichkeiten zur Angabe der Komponenten eines Vektors a) in einem Raum aus endlich vielen Dimensionen, b) in einem Raum aus abzählbar unendlich vielen Dimensionen, c) in einem Raum aus nichtabzählbar unendlich vielen Dimensionen.
3. Was ist ein Hilbertraum?
4. Wie transformiert man eine Funktion $y(x)$ in einen Hilbertraum, der vom Funktionensystem $\psi_k(x)$ aufgespannt wird. Durch welche Größen ist die Funktion in diesem Hilbertraum gegeben?
5. Wie ist das skalare Produkt zweier Funktionen $f(x)$ und $g(x)$ definiert; welche Symbole verwendet man für dieses Produkt?
6. Was ist ein linearer Operator?
7. Durch was für ein Gebilde wird ein linearer Operator im Hilbertraum ausgedrückt?
8. Was versteht man unter einem ket- und unter einem bra-Symbol?
9. Transformiere die durch Gl. (23) gegebene Funktion in den Hilbertraum, der durch das Funktionensystem aus Gl. (195) aufgespannt wird.
10. Transformiere die Funktion $f(x) = \sin \pi x/3 + \cos \pi x$ in den Hilbertraum, der durch ein System von trigonometrischen Funktionen $\sin \frac{\nu\pi}{3} x$, $\cos \frac{\nu\pi}{3} x$ aufgespannt wird, und zeichne den entsprechenden Vektor im Hilbertraum auf.

---

*) Die Bezeichnungen „bra" und „ket" sind die beiden Silben des englischen Wortes „bracket" (zu Deutsch „Klammer"). Dementsprechend gibt „bra" den linken und „ket" den rechten Teil von $\langle f|g\rangle$ an.

XV. Differentialgleichungen

A. Allgemeine Definitionen und Beispiele

1. Gewöhnliche Differentialgleichungen

Bei der Behandlung physikalischer und chemischer Probleme kommt man häufig zu Gleichungen, die eine unbekannte Funktion von einer Veränderlichen sowie Ableitungen dieser Funktion aufweisen. Man bezeichnet solche Gleichungen als *gewöhnliche Differentialgleichungen.* Die Ordnung der höchsten Ableitung, die in der Differentialgleichung auftritt, nennt man die *Ordnung der Differentialgleichung.* Eine gewöhnliche Differentialgleichung n-ter Ordnung für die unbekannte Funktion $y = y(x)$ kann man allgemein in der Form

$$F(x, y, y', y'', \ldots, y^{(n)}) = 0 \tag{1}$$

schreiben.

Als Beispiele führen wir die folgenden Differentialgleichungen an:

$$y'' - 5y = 0,$$
$$xy''' + y = 0$$

und

$$y^2(1 + y'^2) - 1 = 0.$$

Sie sind von der Ordnung 2, 3 bzw. 1.

Eine Differentialgleichung heißt *linear*, wenn die unbekannte Funktion und ihre Ableitungen nur in der ersten Potenz vorkommen und wenn keine Produkte dieser Größen auftreten. Wenn nicht beide Forderungen erfüllt sind, hat man es mit einer *nichtlinearen* Differentialgleichung zu tun. Unter den oben angeführten Beispielen sind die ersten beiden Differentialgleichungen linear, die dritte dagegen ist nicht linear.

Eine Funktion $y = y(x)$, die beim Einsetzen in die Differentialgleichung auf eine Identität führt, die also die Gleichung befriedigt, bezeichnet man als *Lösung* oder *Integral.* Das Aufsuchen von Lösungen bezeichnet man auch als *Integration* der Differentialgleichung. Bevor wir ausführlicher auf die Theorie der Differentialgleichungen eingehen, wollen wir mit Hilfe von einfachen Beispielen zu einigen allgemeinen Aussagen über die Lösungen kommen.

Als erstes betrachten wir die Gleichung

$$y' - a = 0. \tag{2}$$

Das ist eine lineare Differentialgleichung erster Ordnung. Durch Umformung erhält man aus ihr $y' = a$. Sie wird daher durch alle diejenigen Funktionen befriedigt, deren erste Ableitung gleich a ist, die sich also in der Form

$$y = ax + C \tag{3}$$

mit einer beliebigen Konstanten C angeben lassen. Gl. (3) ist die Gleichung einer Geraden in der x, y-Ebene mit der Steigung a und dem Ordinatenabschnitt C. Wenn C beliebige Werte annehmen kann, so heißt das, daß Gl. (3) eine Schar von unendlich vielen parallelen Geraden darstellt (s. Abb. 1). Als Lösung der gegebenen Differentialgleichung erhält man also nicht eine einzige Funktion, sondern eine Schar von unendlich vielen Funktionen.

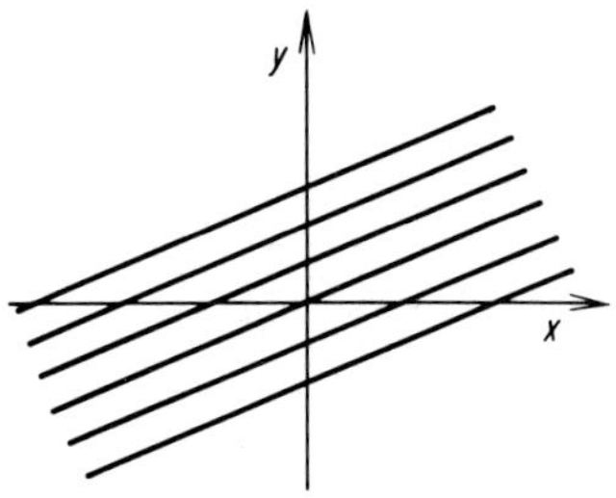

Abb. 1. Lösungen der Differentialgleichung $y' - a = 0$.

Als weiteres Beispiel betrachten wir den radioaktiven Zerfall eines Isotopes. Die Zahl der Atome N nimmt bei diesem Prozeß mit wachsender Zeit ständig ab. N ist daher eine Funktion der Zeit t, die wir mit $N(t)$ bezeichnen wollen. Um ein Zeitgesetz für den Zerfall abzuleiten, stellen wir nun die folgende Überlegung an: Die Zahl der Atome, die je Zeiteinheit zerfallen, ist durch $-\frac{dN}{dt}$ gegeben. Sie wird jeweils der Anzahl der noch vorhandenen Atome N proportional sein. Bezeichnet man die Proportionalitätskonstante mit k, so kann man daher schreiben

$$-\frac{dN}{dt} = kN\,. \tag{4}$$

Das ist gemäß unseren oben eingeführten Bezeichnungen eine gewöhnliche Differentialgleichung erster Ordnung für die unbekannte Funktion $N(t)$. Als Lösung erhält man

$$N = C \cdot \mathrm{e}^{-kt}\,, \tag{5}$$

wobei C eine beliebige Konstante ist. Daß die Funktion in Gl. (5) tatsächlich eine Lösung ist, kann man damit beweisen, daß man sie in Gl. (4) einsetzt. Es ergibt sich

$$-(-k \cdot C \cdot \mathrm{e}^{-kt}) = k \cdot C \cdot \mathrm{e}^{-kt}\,,$$

was eine Identität ist. Auch hier tritt in der Lösung eine willkürlich wählbare Konstante auf, so daß die Differentialgleichung durch eine Schar von unendlich vielen Funktionen erfüllt wird (s. Abb. 2).

Das Auftreten einer frei wählbaren Konstanten in Gl. (5) ist vom Problem her verständlich. Die Zahl der Teilchen N zu einem bestimmten Zeitpunkt t ist nämlich nicht allein durch das Zerfallsgesetz Gl. (4) bestimmt. Man muß vielmehr auch wissen, wie viele Teilchen z. B. zum Zeitpunkt $t = 0$ vorhanden waren. Wir nehmen nun zusätzlich an, daß die Anzahl der Teilchen bei $t = 0$ durch N_0 gegeben ist. Es gilt dann auf Grund von Gl. (5) $N_0 = C \cdot \mathrm{e}^{-k \cdot 0}$. Daraus folgt $C = N_0$, und wir erhalten mit Hilfe der obigen zusätzlichen Annahme die eindeutige Lösung

$$N = N_0 \cdot \mathrm{e}^{-kt}\,. \tag{6}$$

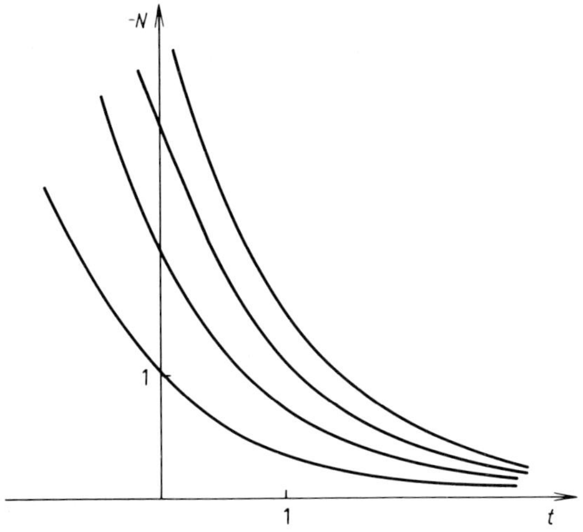

Abb. 2. Lösungen der Differentialgleichung $-\frac{dN}{dt} = kN$.

Als letztes betrachten wir die Gleichung

$$y'' + \omega^2 y = 0\,, \tag{7}$$

in der ω^2 eine beliebige Konstante ist. Das ist eine gewöhnliche Differentialgleichung 2. Ordnung, zu der man unter anderem bei der Untersuchung von Schwingungsvorgängen kommt. Eine Lösung stellt hier, wie man sich leicht durch Einsetzen überzeugen kann, die Funktion

$$y = \sin \omega t \tag{8a}$$

dar. Ebenso ist aber auch

$$y = \cos \omega t \tag{8b}$$

eine Lösung, sowie eine Linearkombination beider Funktionen

$$y = C_1 \sin \omega t + C_2 \cos \omega t \tag{9}$$

mit zwei beliebigen Konstanten C_1 und C_2. Wir haben hier also eine zweifach unendliche Schar von Lösungen. Zu einer eindeutigen Lösung kommt man wieder nur dann, wenn man noch zusätzliche Bedingungen vorgibt.

Diese Beispiele zeigen bereits, *daß eine gewöhnliche Differentialgleichung als Lösung Funktionen besitzt, die eine oder mehrere frei wählbare Konstante aufweisen. Um diese Konstanten zu bestimmen, muß man zusätzliche Bedingungen vorgeben, denen die Lösungsfunktion genügen muß.* Eine Lösung mit speziellen Werten dieser Konstanten, wie z. B. Gl. (6) oder (8a), bezeichnet man als *partikuläres Integral.* Die Lösung in allgemeiner Form, in der die Konstanten noch nicht bestimmt sind und die somit alle partikulären Lösungen umfaßt, wie z. B. Gl. (5) oder (9), nennt man *allgemeines Integral.* Schließlich gibt es bei manchen Differentialgleichungen (z. B. solchen erster Ordnung, die sich nicht nach y' auflösen lassen) auch sog. *singuläre Lösungen*, die nicht im allgemeinen Integral enthalten sind (s. Abschn. B 1b).

2. Systeme von gewöhnlichen Differentialgleichungen

Manche Probleme der Physik und Chemie führen auf ein System von m Differentialgleichungen für m unbekannte Funktionen. Bezeichnet man diese Funktionen mit $y_1 = y_1(x)$, $y_2 = y_2(x), \ldots$, $y_m = y_m(x)$ und ist n die Ordnung der höchsten auftretenden Ableitung, so kann man ein solches System allgemein in der Form

$$\begin{aligned} &F_1(x, y_1, y_1', \ldots, y_1^{(n)}, \ldots, y_m, y_m', \ldots, y_m^{(n)}) = 0 \\ &F_2(x, y_1, y_1', \ldots, y_1^{(n)}, \ldots, y_m, y_m', \ldots, y_m^{(n)}) = 0 \\ &\vdots \\ &F_m(x, y_1, y_1', \ldots, y_1^{(n)}, \ldots, y_m, y_m', \ldots, y_m^{(n)}) = 0 \end{aligned} \tag{10}$$

schreiben. Eine Lösung des Systems ist durch m Funktionen $y_1 = y_1(x)$, $y_2 = y_2(x)$, $\ldots, y_m = y_m(x)$ gegeben, die diese Gleichungen befriedigen. Als Beispiel betrachten wir das Differentialgleichungssystem

$$\begin{aligned} y_2' + Dy_1 &= 0 \\ y_2 - \quad y_1' &= 0\,. \end{aligned} \tag{11}$$

Man erkennt leicht durch Einsetzen in diese Gleichungen, daß sowohl das Funktionenpaar

$$\begin{aligned} y_1 &= \sin\sqrt{D}x \\ y_2 &= \sqrt{D}\cos\sqrt{D}x \end{aligned} \tag{12}$$

als auch das Funktionenpaar

$$\begin{aligned} y_1 &= -\cos\sqrt{D}x \\ y_2 &= \sqrt{D}\sin\sqrt{D}x \end{aligned} \tag{13}$$

eine Lösung darstellt. Wir sehen daraus: *Ein System von Differentialgleichungen kann durch mehrere verschiedene Funktionensysteme befriedigt werden. Außerdem können in den Lösungen, wie sich zeigt, auch frei verfügbare Konstante auftreten.*

Auf Systeme von Differentialgleichungen stößt man bei der Behandlung von gekoppelten chemischen Reaktionen sowie der Untersuchung von Molekülschwingungen (s. Abschn. B 3 b β und C 3).

3. Partielle Differentialgleichungen

Von wesentlicher Bedeutung sind schließlich auch Gleichungen, die eine unbekannte Funktion von *mehreren* Variablen sowie partielle Ableitungen dieser Funktion aufweisen. Man spricht in diesem Fall von *partiellen Differentialgleichungen.* Die Ordnung der Differentialgleichung ist durch die Ordnung der höchsten in ihr vorkommenden Ableitung bestimmt. Wie bei den gewöhnlichen Differentialgleichungen unterscheidet man auch hier zwischen linearen und nichtlinearen partiellen Differentialgleichungen.

Als Beispiel betrachten wir die Gleichung

$$\frac{\partial^2 u}{\partial x^2} - \frac{1}{c^2}\frac{\partial^2 u}{\partial t^2} = 0\,, \tag{14}$$

die eine lineare partielle Differentialgleichung zweiter Ordnung für die von den Veränderlichen x und t abhängige Funktion $u(x,t)$ ist. Man erhält sie bei der Untersuchung von Schwingungen einer Saite. Welche Lösungen hat diese Gleichung? Man kann durch Einsetzen leicht verifizieren, daß

$$u = f(x - ct) + g(x + ct) \tag{15}$$

eine Lösung ist, wobei f und g zwei beliebige Funktionen sind, die lediglich die Bedingung, zweimal differenzierbar zu sein, erfüllen müssen. Wenn man nämlich die Ableitung von f nach dem Argument $x - ct$ mit f' und die von g nach dem Argument $x - ct$ mit g' bezeichnet, so gilt

$$\frac{\partial^2 u}{\partial x^2} = f''(x - ct) + g''(x + ct) \tag{16}$$

und

$$\frac{\partial^2 u}{\partial t^2} = c^2 f''(x - ct) + c^2 g''(x + ct). \tag{17}$$

Einsetzen von Gl. (15) in Gl. (14) ergibt daher

$$f''(x - ct) + g''(x + ct) - \frac{1}{c^2}\left[c^2 f''(x - ct) + c^2 g''(x + ct)\right] = 0, \tag{18}$$

was eine Identität darstellt. Eine Lösung von Gl. (14) ist daher z. B. die Funktion

$$u = \log \sin(x + ct) - \frac{1}{\sqrt{x - ct}} \tag{19}$$

oder die Funktion

$$u = e^{x - ct}. \tag{20}$$

Die Lösungsmannigfaltigkeit bei partiellen Differentialgleichungen ist, wie man sieht, viel größer als bei gewöhnlichen. Auch bei partiellen Differentialgleichungen kann man aber durch zusätzliche Bedingungen auf eine eindeutige Lösung kommen. Wenn man z. B. vorgibt, daß die Saite die Länge l hat, daß ihre Enden festliegen und daß sie zum Zeitpunkt $t = 0$ eine sinusförmige Auslenkung $\sin(2\pi x/l)$ besitzt und sich in Ruhe befindet, so bleibt, wie in Abschn. E gezeigt wird, von allen ursprünglich möglichen Funktionen nur noch folgende Lösung übrig:

$$u(x,t) = \sin\frac{2\pi}{l}(x + ct) + \sin\frac{2\pi}{l}(x - ct). \tag{21}$$

Auf partielle Differentialgleichungen kommt man außer beim Problem der schwingenden Saite auch noch bei der Untersuchung der Wärmeleitung und der Diffusion sowie bei der Behandlung verschiedener Probleme der Quantenchemie.

4. Aufgaben der Theorie der Differentialgleichungen

Eine Aufgabe der Theorie der Differentialgleichungen ist es, Verfahren zum Aufsuchen der Lösungen zu entwickeln. Es zeigt sich, daß je nach der vorliegenden

Gleichung verschiedene Verfahren angewendet werden müssen. Bei einigen Gleichungen kann man die Lösung einfach durch Intuition und Raten finden. Bei anderen Gleichungstypen muß dagegen ein erheblicher Aufwand getrieben werden, um sie zu lösen. Häufig erhält man als Lösung neue, vorher unbekannte Funktionen, die man dann mit einem Namen versieht und tabelliert.

Wenn man nach irgendeinem Verfahren eine Funktionenschar gefunden hat, die die gegebene Gleichung befriedigt, so erhebt sich sofort, wie an Hand von Gl. (8a) gezeigt wurde, die Frage, ob diese Funktionenschar bereits *alle* Lösungen umfaßt. Eine weitere Aufgabe der Theorie der Differentialgleichungen ist es daher festzustellen, wie groß die Mannigfaltigkeit der Lösungen einer gegebenen Differentialgleichung ist und unter welchen zusätzlichen Nebenbedingungen man eine eindeutige Lösung erhält.

Im folgenden werden wir auf beide genannten Probleme eingehen. Wegen des großen Umfanges und der Kompliziertheit des Stoffes beschränken wir uns dabei aber auf solche Fragestellungen, die für die Chemie von Bedeutung sind.

Fragen und Aufgaben

1. Was versteht man unter einer gewöhnlichen Differentialgleichung, einer partiellen Differentialgleichung, einem System von gewöhnlichen Differentialgleichungen?
2. Was gibt die Ordnung einer Differentialgleichung an?
3. Welche Bedingungen müssen erfüllt sein, damit eine Differentialgleichung linear ist?
4. Erhält man als Lösung einer Differentialgleichung eine genau bestimmte Funktion?
5. Mit welchen Problemen beschäftigt sich die Theorie der Differentialgleichungen?
6. Bestimme durch Probieren und Erraten die Lösungen der folgenden Differentialgleichungen: a) $y' + x^2 = 0$; b) $y'^2 = a$; c) $y' = \sin x$; d) $y'/y = x^2$.

B. Gewöhnliche Differentialgleichungen erster Ordnung

1. Aussagen über die Existenz und Eindeutigkeit der Lösungen

a) Gleichungen, die sich in eindeutiger Weise nach y' auflösen lassen

Wir betrachten eine gewöhnliche Differentialgleichung erster Ordnung, $F(x,y,y') = 0$, die in eindeutiger Weise nach y' auflösbar ist, die man also auf die Form

$$y' = f(x,y) \tag{22}$$

bringen kann. Was sagt eine solche Differentialgleichung aus und unter welchen Bedingungen besitzt sie eine eindeutige Lösung $y = y(x)$?

Durch Gl. (22) wird jedem Punkt der x,y-Ebene, in dem die Funktion $f(x,y)$ definiert ist, eine Steigung zugeordnet. Einen Punkt mit Steigung kann man graphisch durch eine kurze Gerade darstellen, die man als *Linienelement* bezeichnet. Gl. (22) bestimmt daher ein System von Linienelementen in der x,y-Ebene. Die Gesamtheit aller Linienelemente nennt man das *Richtungsfeld* der Differentialgleichung. *Zu jeder Differentialgleichung der Form Gl. (22) gehört ein bestimmtes Richtungsfeld.*

Als Beispiel sind in Abb. 3a die Linienelemente angedeutet, die zur Differentialgleichung $y' = -ky$ gehören. Da auf der rechten Seite der Gleichung nur die Größe y und nicht auch x auftritt, hängt in diesem Fall die Steigung der Linienelemente nur vom y-Wert eines Punktes ab, ist also für alle Punkte, die jeweils auf einer Parallelen zur Abszisse liegen, gleich. Zu Punkten mit $y = 0$ gehört die Steigung $y' = 0$, zu Punkten mit $y = 1$ gehört die Steigung $y' = -k$ usw.

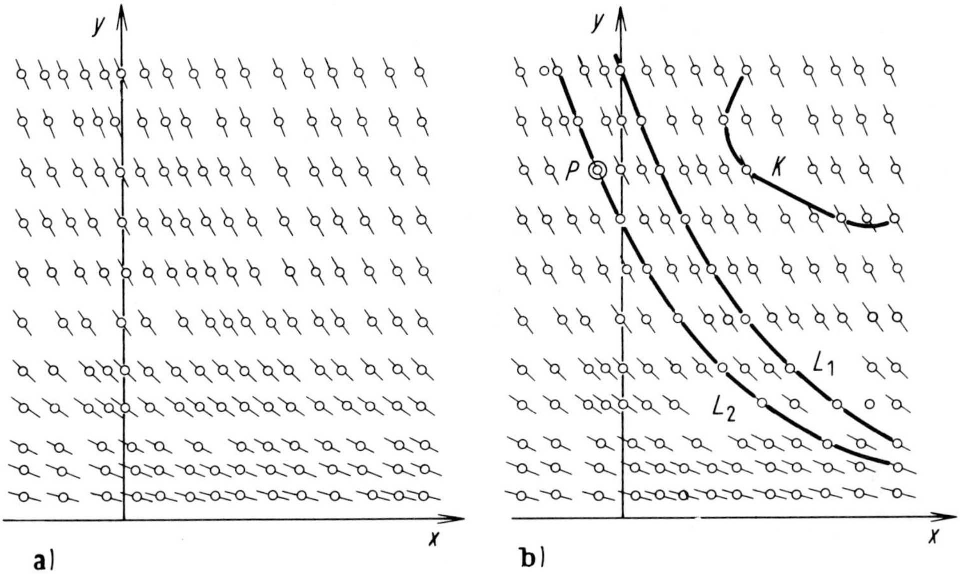

Abb. 3. Richtungsfeld der Differentialgleichung $y' = -ky$ mit zwei eingezeichneten Lösungen L_1 und L_2.

Eine Kurve, die in jedem Punkt mit dem dort eingezeichneten Linienelement zusammenfällt, repräsentiert eine Lösung der Differentialgleichung, denn sie erfüllt offensichtlich die Bedingung, daß ihre Steigung in jedem Punkt der Gl. (22) gehorcht. Umgekehrt ist eine Funktion nur dann eine Lösung der Differentialgleichung, wenn die dieser Funktion entsprechende Kurve ausschließlich aus den Linienelementen, die durch die Differentialgleichung bestimmt sind, aufgebaut sind. Man erkennt anschaulich, daß man im allgemeinen durch ein Richtungsfeld unendlich viele verschiedene Kurven legen kann, die ausschließlich aus den Linienelementen des Feldes bestehen. Die Differentialgleichung besitzt daher, wie auch schon an Hand der Beispiele im vorigen Abschnitt gezeigt wurde, unendlich viele Lösungen. Fordert man aber, daß die Kurve durch einen bestimmten Punkt gehen soll, so wird die Anzahl der Lösungen auf eine einzige reduziert. Eine solche Forderung wird *Anfangsbedingung* genannt.

Als Beispiel für Lösungen im Richtungsfeld der Abb. 3a sind in Abb. 3b zwei Lösungskurven L_1 und L_2 eingezeichnet. Die Kurve K dagegen ist keine Lösung, da sie nicht aus Linienelementen besteht. Die einzige mögliche Lösung, die durch den Punkt P geht, ist, wie man leicht erkennt, die Kurve L_2.

Die anschaulich gewonnenen Resultate über Existenz und Eindeutigkeit von Lösungen kann man streng beweisen, wenn man gewisse Anforderungen an die Funktion $f(x, y)$ stellt. Die eine Forderung ist die, daß $f(x, y)$ im betrachteten Bereich stetig und beschränkt sein soll. Als zweites fordert man, daß $f(x, y)$ der sogenannten *Lipschitz-Bedingung* genügen soll, die aussagt, daß man zu zwei beliebigen Werten von y innerhalb des Definitionsbereichs, die wir mit y_1 und y_2 bezeichnen wollen, immer eine Zahl M finden kann, so daß für alle x-Werte des Definitionsbereichs gilt

$$\frac{|f(x,y_1) - f(x,y_2)|}{|y_1 - y_2|} < M\,. \tag{23}$$

Wir können dann den folgenden *Existenz- und Eindeutigkeitssatz von Picard-Lindelöf* aufstellen: *Eine Differentialgleichung der Form* $y' = f(x,y)$, *bei der* $f(x,y)$ *in einem Gebiet* $|x - x_0| < a$, $|y - y_0| < b$ *stetig und beschränkt ist, sowie der Lipschitz-Bedingung genügt, besitzt genau eine Lösung, die durch einen vorgegebenen Punkt* (x_0, y_0) *geht. Die Lösung existiert dabei mindestens im Bereich* $|x - x_0| = \mathrm{Min}\,(a, b/A)$, *wobei* A *durch die Bedingung* $A \geqq |f(x,y)|$ *festgelegt ist**⁾.

Der Beweis dieses Satzes wird derartig geführt, daß man zunächst eine beliebige, stetige Funktion $y = \overset{0}{y}(x)$ annimmt, die nur der vorgegebenen Anfangsbedingung genügen muß, und diese als nullte Näherung für die gesuchte Lösung auffaßt. Setzt man diese Näherung in Gl. (22) ein und integriert dann auf die beiden Seiten der Gleichung, so erhält man

$$y = y_0 + \int_{x_0}^{x} f(x, \overset{0}{y}(x))\; dx\,. \tag{24}$$

Auf der rechten Seite steht eine neue Funktion von x, die man mit $\overset{1}{y}(x)$ bezeichnet. $y = \overset{1}{y}(x)$ faßt man dann als verbesserte Lösung der Differentialgleichung auf, setzt diese wieder in Gl. (22) ein, bestimmt eine neue verbesserte Lösung $\overset{2}{y}(x)$, usw. Man kann zeigen, daß die auf diese Weise erhaltenen Näherungen $\overset{0}{y}(x), \overset{1}{y}(x), \overset{2}{y}(x), \ldots$ gegen eine bestimmte Grenzfunktion konvergieren, die die Lösung der Differentialgleichung ist. Damit ist die Existenz einer Lösung bewiesen. Des weiteren kann man noch zeigen, daß man unabhängig davon, wie man die nullte Näherung $\overset{0}{y}(x)$ wählt, immer zur selben Grenzfunktion kommt. Dies beweist die Eindeutigkeit der Lösung. Wir wollen auf diese Beweise nicht im einzelnen eingehen.

Das angegebene Verfahren zum schrittweisen Lösen einer Differentialgleichung bezeichnet man als *Picard-Lindelöfsches Iterationsverfahren.* Man kann es im Prinzip auch praktisch zum Aufsuchen der Lösungen von Differentialgleichungen verwenden. Allerdings stößt man dabei ziemlich bald auf Integrale, die man nicht elementar auswerten kann. Bei numerischen Auswertungen geht man daher besser so vor, daß man die Lösung durch schrittweises Weitertasten von Punkt zu Punkt berechnet.

Die so erhaltene Lösung stellt gemäß den in Abschn. A 1 angeführten Bezeichnungen ein partikuläres Integral der gegebenen Differentialgleichung dar. *Das allgemeine Integral, das alle Lösungen umfaßt, muß noch genau eine frei verfügbare Konstante enthalten.* Fordert man nämlich, daß die Lösungskurve durch einen bestimmten Punkt gehen soll, so kann man die Konstante des allgemeinen Integrals immer so bestimmen, daß diese Bedingung erfüllt wird (s. die Ausführungen im Zusammenhang mit Gl. (6)).

---

*⁾ Min $(a, b/A)$ bedeutet: die kleinere der beiden Größen a und b/A.

Wir betrachten als nächstes noch ein *System* von Differentialgleichungen, das sich nach den ersten Ableitungen explizit auflösen läßt

$$\begin{aligned} y_1' &= f_1(x, y_1, y_2, \dots, y_m) \\ y_2' &= f_2(x, y_1, y_2, \dots, y_m) \\ &\vdots \\ y_m' &= f_m(x, y_1, y_2, \dots, y_m) . \end{aligned} \tag{25}$$

Für ein solches System gilt der entsprechend *verallgemeinerte Satz von Picard-Lindelöf:* Sind die Funktionen $f_1, f_2, \dots$ im Intervall $|x - x_0| < a$, $|y - y_1^0| < b_1$, $|y - y_2^0| < b_2, \dots, |y - y_m^0| < b_m$ stetig und beschränkt und gehorchen sie dort der entsprechend verallgemeinerten Lipschitzbedingung, so gibt es zu einem vorgegebenen Punkt $x, y_1^0, y_2^0, \dots, y_m^0$ genau eine Lösung $y_1 = y_1(x), y_2 = y_2(x), \dots, y_m = y_m(x)$. Auch hier stellt die erhaltene Lösung ein partikuläres Integral dar. Das allgemeine Integral baut sich aus m linear unabhängigen Funktionensystemen und m frei wählbaren Konstanten auf (vgl. Abschn. B 4).

b) Gleichungen, die sich nicht eindeutig nach y' auflösen lassen

Im Gegensatz zum obigen Abschnitt untersuchen wir jetzt eine Differentialgleichung

$$F(x, y, y') = 0 , \tag{26}$$

die man *nicht* auf die Form

$$y' = f(x, y)$$

bringen kann, wobei $f(x, y)$ eine eindeutige Funktion von x und y sein soll. In diesem Fall muß man die in Abschn. XI A 6 angestellten Überlegungen über die Auflösbarkeit impliziter Gleichungen zu Hilfe nehmen, um zu Aussagen über die Existenz und Eindeutigkeit von Lösungen der Differentialgleichung zu kommen. Überträgt man den dort angeführten Satz auf Gl. (26), so ergibt sich die folgende Aussage: Wenn $F(x, y, y')$ stetig ist und eine stetige Ableitung nach y' besitzt und wenn außerdem für ein vorgegebenes Linienelement x_0, y_0, y_0', das Gl. (26) erfüllt, die Beziehung

$$F_{y'}(x_0, y_0, y_0') \neq 0 \tag{27}$$

gilt, so existiert in einer genügend kleinen Umgebung um x_0, y_0 eine stetige und differenzierbare Funktion $y' = f(x, y)$, die Gl. (26) erfüllt. In diesem Fall ist also y' durch Gl. (26) als eindeutige Funktion von x und y festgelegt, auch wenn sich diese Funktion nicht in Form eines analytischen Ausdruckes angeben läßt. Daraus folgt dann mit Hilfe des Satzes von Picard-Lindelöf, daß durch das vorgegebene Linienelement x_0, y_0, y_0' eine eindeutige Lösung der Differentialgleichung bestimmt wird. Gilt dagegen für ein Linienelement, das die Differentialgleichung erfüllt,

$$F_{y'}(x_0, y_0, y_0') = 0 , \tag{28}$$

so ist die Existenz einer eindeutigen Funktion in der Umgebung von x_0, y_0 nicht mehr gesichert. Ein solches Linienelement bestimmt daher nicht unbedingt eine eindeutige Lösung. Ein Linienelement, das die Gln. (26) und (27) erfüllt, nennt man *regulär*, eines, das die Gln. (26) und (28) erfüllt, dagegen *singulär*. Mit Hilfe dieser Bezeichnungen kann man die oben gemachten Aussagen zu folgendem Satz zusammenfassen: *Bei einer impliziten Differentialgleichung 1. Ordnung $F(x, y, y') = 0$, bei der F eine stetige Funktion mit stetiger Ableitung nach y' ist, gehört zu einem vorgegebenen regulären Linienelement x_0, y_0, y'_0 genau eine Lösung. Zu einem singulären Linienelement können dagegen auch mehrere Lösungen gehören.*

Wir wollen diese Ergebnisse an Hand eines Beispiels erläutern. Gegeben sei die Differentialgleichung

$$y^2(1 + y'^2) - 1 = 0. \tag{29}$$

Wir bestimmen zunächst diejenigen Punkte der x, y-Ebene, an denen singuläre Linienelemente auftreten. Ein singuläres Linienelement muß den Gln. (26) und (28) gehorchen, in unserem Fall also der Gl. (29) sowie der daraus durch Ableitung nach y' erhaltenen Gleichung

$$2y^2 y' = 0. \tag{30}$$

Wenn man aus den Gln. (29) und (30) y' eliminiert, erhält man eine Gleichung für die x- und y-Werte der singulären Linienelemente. Auflösung von Gl. (29) nach y' und Einsetzen des Resultates in Gl. (30) ergibt

$$2y^2 \sqrt{\frac{1}{y^2} - 1} = 0 \quad \text{bzw.} \quad y\sqrt{1 - y^2} = 0. \tag{31}$$

Diese Gleichung hat die Lösungen

$$y = 0, \quad y = +1 \quad \text{und} \quad y = -1. \tag{32}$$

Daraus folgt, daß alle Punkte auf der Abszissenachse sowie auf den beiden Parallelen zur Abszissenachse im Abstand 1 Träger singulärer Linienelemente sind. An diesen Punkten kann es also zu einem vorgegebenen Linienelement x_0, y_0, y'_0 auch mehrere Lösungen geben. An den übrigen Punkten dagegen sind die Linienelemente regulär, und ein Tripel x_0, y_0, y'_0, das Gl. (29) erfüllt, bestimmt genau eine Lösung.

Zur Illustration dieses Resultates schreiben wir noch die Lösungen dieser Differentialgleichung auf, ohne anzugeben, wie man sie erhält. Sie lauten:

$$(x + C)^2 + y^2 = 1, \tag{33}$$

$$y = +1, \tag{34}$$

$$y = -1, \tag{35}$$

wobei C eine beliebige Konstante ist. Man kann sich leicht davon überzeugen, daß jede dieser Gleichungen die gegebene Differentialgleichung befriedigt. Die Lösungen werden also durch eine unendliche Schar von Kreisen mit dem Mittelpunkt auf der x-Achse und dem Radius 1 sowie durch zwei zur x-Achse parallelen Geraden dargestellt. Diese Gebilde sind in Abb. 4 angedeutet. Die Gl. (33) bezeichnet man als das *allgemeine Integral*, die Gln. (34) und (35) als *singuläre Lösungen*. Gibt man nun ein Linienelement auf der x-Achse (Linienelement a) oder auf einer der beiden genannten Geraden (Linienelement b) an, so sind dadurch

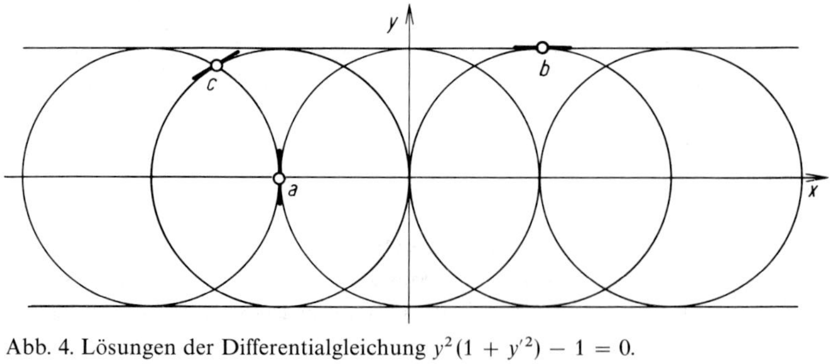

Abb. 4. Lösungen der Differentialgleichung $y^2(1 + y'^2) - 1 = 0$.

jeweils zwei Kurven festgelegt; bei *a* sind das zwei Kreise, bei *b* die Gerade $y = 1$ und ein Kreis. Im übrigen Bereich ist dagegen durch ein Linienelement (z. B. durch das Linienelement *c*) genau eine Lösungskurve festgelegt.

Man sieht, daß sich implizite Differentialgleichungen von denen, die sich auf die Form $y' = f(x, y)$ mit eindeutiger Funktion $f(x, y)$ bringen lassen, in zweierlei Hinsicht unterscheiden:
1. Um eine eindeutige Lösung zu erhalten, reicht es nicht aus, wenn man nur x_0 und y_0 vorgibt, man muß vielmehr auch einen Wert für y'_0 angeben. Diesen muß man zwar so wählen, daß Gl. (26) erfüllt ist; im allgemeinen gibt es aber zu einem Wertepaar x_0, y_0 mehrere Werte von y'_0, die diese Gleichung erfüllen (im obigen Beispiel jeweils zwei, die sich nur durch das Vorzeichen unterscheiden).
2. Falls x_0, y_0, y'_0 ein singuläres Linienelement ist, gibt es auch bei Vorgabe dieser drei Werte nicht immer eine eindeutige Lösung (im obigen Beispiel Linienelemente, die auf den Geraden $y = -1$, $y = 0$, $y = 1$ liegen).

2. Verfahren zur Lösung der linearen Differentialgleichungen

a) Allgemeine Betrachtungen

Eine lineare Differentialgleichung erster Ordnung ist allgemein durch die Beziehung

$$a_0(x)y' + a_1(x)y = b(x) \tag{36}$$

gegeben. Für $a_0(x) \neq 0$ kann man diese Gleichung durch $a_0(x)$ dividieren und nach y' auflösen. Man erhält dann

$$y' = -f(x)y + g(x) \tag{37}$$

mit $f(x) = \dfrac{a_1(x)}{a_0(x)}$ und $g(x) = \dfrac{b(x)}{a_0(x)}$. y' ist jetzt eine eindeutige Funktion von x und y. Auf Grund des Satzes von Picard-Lindelöf gilt daher folgendes: *Eine lineare Differentialgleichung 1. Ordnung besitzt genau eine Lösung, die durch einen vorgegebenen Punkt (x_0, y_0) geht. Das allgemeine Integral dieser Differentialgleichung ist durch eine Funktion $y = y(x)$ gegeben, die die Differentialgleichung befriedigt und die außerdem eine frei verfügbare Konstante aufweist.*

Eine Gleichung, bei der $g(x)$ gleich Null ist, bezeichnet man als *homogen*. Ist dagegen dieser Ausdruck von Null verschieden, so spricht man von einer *inhomogenen* Gleichung.

Im folgenden beschreiben wir zunächst Verfahren zum Lösen von homogenen Gleichungen und gehen dann im Anschluß daran auf inhomogene Gleichungen ein.

b) Lösung der homogenen Gleichung

Gegeben sei die homogene lineare Differentialgleichung

$$y' + f(x)y = 0\,. \tag{38}$$

Gesucht ist das allgemeine Integral dieser Gleichung. Um dieses zu bestimmen, dividieren wir die Gleichung durch y und integrieren dann auf beiden Seiten unbestimmt nach x. Dadurch ergibt sich

$$\int \frac{y'}{y}\,dx + \int f(x)\,dx + C' = 0\,, \tag{39}$$

wobei C' eine beliebige Konstante ist. Wir beachten nun, daß $y'\,dx = dy$ ist, und erhalten

$$\int \frac{dy}{y} + \int f(x)\,dx + C' = 0\,.$$

Die Durchführung der Integration führt zu

$$\ln y + \int f(x)\,dx + C' = 0\,, \tag{40}$$

bzw. nach einfacher Umformung zu

$$y = \mathrm{e}^{-C' - \int f(x)dx}\,.$$

Dafür kann man auch schreiben

$$y = C \cdot \mathrm{e}^{-\int f(x)dx} \tag{41}$$

mit der neuen Konstanten $C = \mathrm{e}^{-C'}$. Die Lösung weist eine frei verfügbare Konstante auf, sie stellt also das gesuchte allgemeine Integral der Differentialgleichung dar.

Auf das gleiche Ergebnis kommt man rein formal auch in folgender Weise: Man berücksichtigt, daß $y' = dy/dx$ ist, und erhält dann aus Gl. (38), indem man den Differentialquotienten trennt,

$$\frac{1}{y}\,dy + f(x)\,dx = 0\,. \tag{42}$$

Man integriert nun den ersten Ausdruck nach y sowie den zweiten Ausdruck nach x. Anschließend fügt man noch eine additive Konstante hinzu. Es ergibt sich dann

$$\ln y + \int f(x)\,dx + C' = 0\,, \tag{43}$$

was mit Gl. (40) übereinstimmt. Das weitere Verfahren ist das gleiche wie oben. Auf diese Art geht man beim praktischen Berechnen des Integrals immer vor. Man bezeichnet dieses Verfahren als Integration durch *Trennung der Variablen*, weil in Gl. (42) der erste Summand nur von y, der zweite nur von x abhängt.

Zusammenfassend kann man also sagen: *Um das allgemeine Integral einer homogenen linearen Differentialgleichung zu finden, bringt man diese auf die Form Gl. (42), integriert den ersten Ausdruck nach y, den zweiten nach x und fügt noch eine additive Konstante hinzu.* Will man das partikuläre Integral, also die Kurve, die durch einen vorgegebenen Punkt (x_0, y_0) gehen soll, bestimmen, so muß man die Koordinaten dieses Punktes in das allgemeine Integral einsetzen und daraus die Konstante C bestimmen.

Als erstes Beispiel betrachten wir die bei der Untersuchung des radioaktiven Zerfalls sowie verschiedener chemischer Reaktionen auftretende Differentialgleichung

$$y' = -k\,y\,. \tag{44}$$

Trennung der Variablen ergibt

$$\frac{dy}{y} + k\,dx = 0\,,$$

woraus durch Integration nach y bzw. x folgt

$$\ln y + kx + C' = 0\,. \tag{45}$$

Durch einfache Umformung erhält man daraus

$$y = C\mathrm{e}^{-kx} \tag{46}$$

mit $C = \mathrm{e}^{-C'}$, was mit dem früher angegebenen Integral Gl. (5) übereinstimmt. Setzen wir noch voraus, daß für $x = x_0$ die Größe y den Wert y_0 erhalten soll, so ergibt sich $y_0 = C\mathrm{e}^{-kx_0}$ bzw.

$$C = y_0\,\mathrm{e}^{kx_0}\,.$$

Das partikuläre Integral, das der angegebenen zusätzlichen Bedingung genügt, lautet also

$$y = y_0\,\mathrm{e}^{-k(x-x_0)}\,. \tag{47}$$

Als nächstes lösen wir noch die Differentialgleichung

$$y' + \frac{y}{x} = 0\,. \tag{48}$$

Trennung der Variablen ergibt

$$\frac{dy}{y} + \frac{dx}{x} = 0\,,$$

woraus durch Integration folgt

$$\ln y + \ln x + C' = 0\,. \tag{49}$$

Durch einfache Umformung erhält man daraus $\ln(xy\mathrm{e}^{C'}) = 0$ bzw. $xy\mathrm{e}^{C'} = 1$ oder schließlich

$$y = \frac{C}{x}\,, \tag{50}$$

mit $C = \mathrm{e}^{-C'}$. Damit ist das allgemeine Integral gefunden.

c) Lösung der inhomogenen Gleichung

Für das Aufsuchen der Lösungen einer inhomogenen Differentialgleichung ist der folgende Satz von Wichtigkeit: *Das allgemeine Integral einer inhomogenen linearen Differentialgleichung*

$$y' + f(x)y = g(x) \tag{51}$$

ist gleich dem allgemeinen Integral der zugehörigen homogenen Differentialgleichung

$$y' + f(x)y = 0 \tag{52}$$

plus einem partikulären Integral der inhomogenen Differentialgleichung.

Beweis: $\eta(x)$ möge eine Lösung der homogenen Differentialgleichung (52) sein; des weiteren sei $y_0(x)$ ein partikuläres Integral der inhomogenen Gleichung (51). $y_0(x) + \eta(x)$ stellt dann ebenfalls ein Integral der inhomogenen Gleichung dar. Denn die Lösungsfunktion muß nur in die linke Seite von Gl. (51) eingesetzt werden, und dabei ist der von $\eta(x)$ herrührende Anteil gleich Null, weil ja $\eta(x)$ voraussetzungsgemäß die Lösung der Gl. (52) ist. Ist nun $\eta(x)$ insbesondere das eine willkürliche Konstante enthaltende allgemeine Integral der homogenen Differentialgleichung, so enthält auch $y_0(x) + \eta(x)$ eine willkürliche Konstante und stellt somit das allgemeine Integral der inhomogenen Differentialgleichung dar.

Aus dem obigen Satz folgt, daß man eine inhomogene lineare Differentialgleichung in manchen Fällen in folgender Weise lösen kann: *Man bestimmt als erstes das allgemeine Integral der zugehörigen homogenen Differentialgleichung mit Hilfe des im vorigen Abschnitt beschriebenen Verfahrens der Trennung der Variablen. Im Anschluß daran ermittelt man irgendwie, z. B. durch Erraten, ein partikuläres Integral der inhomogenen Gleichung und addiert dieses zum allgemeinen Integral der homogenen Differentialgleichung.*

Als Beispiel betrachten wir die Differentialgleichung

$$y' - y = x^2 - 2x. \tag{53}$$

Das allgemeine Integral der zugehörigen homogenen Differentialgleichung $y' - y = 0$ lautet Gl. (46) zufolge $y = Ce^x$. Ein partikuläres Integral der inhomogenen Gleichung ist durch $y = -x^2$ gegeben, wie man sich leicht durch Einsetzen in Gl. (53) überzeugen kann. Das allgemeine Integral der inhomogenen Gleichung lautet daher

$$y = Ce^x - x^2. \tag{54}$$

Gelingt es nicht, das partikuläre Integral der inhomogenen Gleichung durch Erraten zu finden, so muß man den folgenden Weg einschlagen: Man bestimmt zunächst das allgemeine Integral der homogenen Gleichung, das gemäß Gl. (41) durch $C \cdot e^{-\int f(x)dx}$ gegeben ist. Anschließend ersetzt man die Konstante C durch eine noch unbekannte Funktion $u(x)$ und versucht, $u(x)$ so zu bestimmen, daß die Funktion

$$y(x) = u(x)e^{-\int f(x)dx} \tag{55}$$

eine Lösung der inhomogenen Differentialgleichung ist. Aus Gl. (55) folgt

$$y'(x) = u'(x)\,e^{-\int f(x)dx} - u(x)\,f(x)\,e^{-\int f(x)dx}.$$

Einsetzen der Gl. (55) in Gl. (51) ergibt

$$[u'(x) - u(x)f(x) + u(x)f(x)]e^{-\int f(x)dx} = g(x)$$

oder

$$u'(x) = g(x)e^{\int f(x)dx}.$$

Durch Integration wird daraus

$$u(x) = \int g(x)e^{\int f(x)dx}\,dx + C.$$

Setzt man dies in Gl. (55) ein, so erhält man somit als Lösung der inhomogenen Differentialgleichung

$$y(x) = e^{-\int f(x)dx}\left[\int g(x)e^{\int f(x)dx}\,dx + C\right]. \tag{56}$$

Da diese Lösung eine frei wählbare Konstante aufweist, handelt es sich um das gesuchte allgemeine Integral. Man bezeichnet dieses Verfahren als Methode der *Variation von Konstanten.*

Wir sehen also, daß man das allgemeine Integral einer inhomogenen linearen Differentialgleichung *immer* in folgender Weise finden kann: *Man ermittelt zunächst das allgemeine Integral der zugehörigen homogenen Differentialgleichung mit Hilfe der Methode der Trennung der Variablen und bestimmt dann daraus durch Variation der Konstanten das gesuchte allgemeine Integral der inhomogenen Differentialgleichung.*

Als Beispiel lösen wir die Differentialgleichung

$$y' + \frac{y}{x} = -a\,, \tag{57}$$

die bei der Ableitung des Gesetzes von Hagen-Pousseuille für die Strömung einer Flüssigkeit durch eine Kapillare auftritt. Das allgemeine Integral der entsprechenden homogenen Gleichung wurde bereits im vorigen Abschnitt bestimmt und lautet gemäß Gl. (50) C/x. Wir setzen daher als Lösung von Gl. (57) an

$$y = \frac{u(x)}{x}\,. \tag{58}$$

Einsetzen in Gl. (57) ergibt

$$\frac{u'(x)x - u(x)}{x^2} + \frac{u(x)}{x^2} = -a\,.$$

Daraus folgt

$$u'(x) = -ax$$

bzw.

$$u(x) = -\frac{a}{2}x^2 + C\,.$$

Kombiniert man dies schließlich mit Gl. (58), so erhält man für das gesuchte allgemeine Integral

$$y = -\frac{a}{2}x + \frac{C}{x}\,. \tag{59}$$

3. Verfahren zur Lösung eines Systems von linearen Differentialgleichungen

a) Allgemeine Betrachtungen

Gegeben sei ein System von m linearen Differentialgleichungen 1. Ordnung für m Funktionen $y_1, y_2, \ldots, y_m$,

$$\begin{aligned} y_1' &= f_{11}(x)\,y_1 + f_{12}(x)\,y_2 + \cdots f_{1m}(x)\,y_m + g_1(x) \\ y_2' &= f_{21}(x)\,y_1 + f_{22}(x)\,y_2 + \cdots f_{2m}(x)\,y_m + g_2(x) \\ &\vdots \\ y_m' &= f_{m1}(x)\,y_1 + f_{m2}(x)\,y_2 + \cdots f_{mm}(x)\,y_m + g_m(x)\,. \end{aligned} \tag{60}$$

Um das Gleichungssystem übersichtlicher schreiben zu können, führen wir die Matrizen

$$\boldsymbol{y} = \begin{pmatrix} y_1 \\ y_2 \\ \vdots \\ y_m \end{pmatrix}, \quad \boldsymbol{y}' = \begin{pmatrix} y_1' \\ y_2' \\ \vdots \\ y_m' \end{pmatrix}, \quad \boldsymbol{g}(x) = \begin{pmatrix} g_1(x) \\ g_2(x) \\ \vdots \\ g_m(x) \end{pmatrix} \tag{61}$$

und

$$\boldsymbol{F}(x) = \begin{pmatrix} f_{11}(x) & f_{12}(x) & \dots & f_{1m}(x) \\ f_{21}(x) & f_{22}(x) & \dots & f_{2m}(x) \\ \vdots & & & \\ f_{m1}(x) & f_{m2}(x) & \dots & f_{mm}(x) \end{pmatrix} \tag{62}$$

ein. Die Gln. (60) lauten dann

$$\boldsymbol{y}' = \boldsymbol{F}(x)\boldsymbol{y} + \boldsymbol{g}(x). \tag{63}$$

Wenn alle $g_i(x)$ identisch gleich Null sind, so bezeichnet man das Gleichungssystem als *homogen*, im anderen Fall als *inhomogen*.

Eine Lösung des Systems ist durch m Funktionen $y_1 = y_1(x), y_2 = y_2(x), \dots, y_m = y_m(x)$ gegeben, die beim Einsetzen in die Gln. (60) diese identisch erfüllen. Wie in Abschn. A 2 ausgeführt wurde, gibt es jeweils mehrere solcher Lösungen. Wir schreiben nun die m Funktionen einer Lösung in Form einer einspaltigen Matrix auf und fügen zur Unterscheidung verschiedener Lösungen obere Indizes an. Die Lösungen nehmen dann die Form

$$\overset{1}{\boldsymbol{y}}(x) = \begin{pmatrix} \overset{1}{y}_1(x) \\ \overset{1}{y}_2(x) \\ \vdots \\ \overset{1}{y}_m(x) \end{pmatrix}, \ \overset{2}{\boldsymbol{y}}(x) = \begin{pmatrix} \overset{2}{y}_1(x) \\ \overset{2}{y}_2(x) \\ \vdots \\ \overset{2}{y}_m(x) \end{pmatrix}, \dots \tag{64}$$

an.

Als Beispiel betrachten wir das Differentialgleichungssystem (11). In Matrizenform geschrieben lautet es

$$\begin{pmatrix} y_1' \\ y_2' \end{pmatrix} = \begin{pmatrix} 0 & +1 \\ -D & 0 \end{pmatrix} \begin{pmatrix} y_1 \\ y_2 \end{pmatrix}. \tag{65}$$

Die beiden durch die Gln. (12) und (13) gegebenen Lösungen kann man als Matrizen in der Form

$$\overset{1}{\boldsymbol{y}}(x) = \begin{pmatrix} \sin\sqrt{D}x \\ \sqrt{D}\cos\sqrt{D}x \end{pmatrix}, \quad \overset{2}{\boldsymbol{y}}(x) = \begin{pmatrix} -\cos\sqrt{D}x \\ \sqrt{D}\sin\sqrt{D}x \end{pmatrix} \tag{66}$$

schreiben.

Beim Aufsuchen des allgemeinen Integrals ist es wichtig, zwischen linear abhängigen und linear unabhängigen Lösungen zu unterscheiden. Es gilt dabei die folgende Definition: *k Lösungen $\overset{1}{\boldsymbol{y}}, \overset{2}{\boldsymbol{y}}, \dots, \overset{k}{\boldsymbol{y}}$ heißen linear abhängig dann und nur dann, wenn es k Konstante $C_1, C_2, \dots, C_k$ gibt, die nicht alle gleich Null sind und für die gilt*

$$C_1\overset{1}{\boldsymbol{y}} + C_2\overset{2}{\boldsymbol{y}} + \dots + C_k\overset{k}{\boldsymbol{y}} = 0. \tag{67}$$

Wie erkennt man, ob m Lösungen voneinander linear unabhängig sind? *m Lösungen sind immer dann voneinander linear unabhängig, wenn gilt*

$$\begin{vmatrix} \overset{1}{y}_1(x) & \overset{2}{y}_1(x) & \dots & \overset{m}{y}_1(x) \\ \overset{1}{y}_2(x) & \overset{2}{y}_2(x) & \dots & \overset{m}{y}_2(x) \\ \vdots & \vdots & & \vdots \\ \overset{1}{y}_m(x) & \overset{2}{y}_m(x) & \dots & \overset{m}{y}_m(x) \end{vmatrix} \neq 0 . \tag{68}$$

Daß m Lösungen, die der Bedingung Gl. (68) genügen, linear unabhängig sind, kann man leicht in folgender Weise zeigen: Bei einer linearen Abhängigkeit müssen m Koeffizienten $c_1, c_2, \dots, c_m$ existieren, so daß Gl. (67) (in der jetzt $k = m$ ist) erfüllt ist. Gl. (67) stellt dann ein System von m homogenen Gleichungen für die m unbekannten Größen c_i dar. Ein solches System hat nur dann nichttriviale Lösungen, wenn seine Koeffizientendeterminante verschwindet. Diese Koeffizientendeterminante ist aber die Determinante in Gl. (68), die voraussetzungsgemäß von Null verschieden ist. Es kann die gesuchten Koeffizienten nicht geben.

Wir fragen nun nach der Mannigfaltigkeit der Lösungen eines Differentialgleichungssystems und nach den Verfahren zum Aufsuchen der Lösungen. Als erstes beschäftigen wir uns dabei mit homogenen Systemen, daran anschließend mit inhomogenen Systemen.

b) Lösung homogener Systeme

α) Untersuchungen über die Lösungsmannigfaltigkeit

Für die Untersuchung der Lösungsmannigfaltigkeit eines Systems von Differentialgleichungen ist der folgende Satz von Bedeutung: *Hat man zwei oder mehr Lösungen* $\overset{1}{\boldsymbol{y}}(x), \overset{2}{\boldsymbol{y}}(x), \dots$ *eines Systems von linearen homogenen Differentialgleichungen*

$$\boldsymbol{y}' - \boldsymbol{F}(x)\boldsymbol{y} = 0 \tag{69}$$

gefunden, so wird dieses System auch durch eine Linearkombination der mit beliebigen Konstanten $C_1, C_2, \dots$ *multiplizierten Lösungen*

$$\boldsymbol{y}(x) = C_1 \overset{1}{\boldsymbol{y}}(x) + C_2 \overset{2}{\boldsymbol{y}}(x) + \cdots \tag{70}$$

befriedigt. Man kann also aus zwei oder mehr vorgegebenen Lösungen mit Hilfe von Gl. (70) beliebig viele weitere Lösungen gewinnen.

Beweis: Wir nehmen zunächst an, daß zwei Lösungen $\overset{1}{\boldsymbol{y}}(x)$ und $\overset{2}{\boldsymbol{y}}(x)$ vorliegen. Es ist dann zu zeigen, daß auch das Funktionensystem $\overset{3}{\boldsymbol{y}}(x) = C_1 \overset{1}{\boldsymbol{y}}(x) + C_2 \overset{2}{\boldsymbol{y}}(x)$ die Gln. (69) befriedigt. Da $\overset{1}{\boldsymbol{y}}(x)$ und $\overset{2}{\boldsymbol{y}}(x)$ voraussetzungsgemäß Lösungen dieser Gleichung sind, gilt

$$\overset{1}{\boldsymbol{y}}{}'(x) - \boldsymbol{F}(x)\overset{1}{\boldsymbol{y}}(x) = 0 \quad \text{und} \quad \overset{2}{\boldsymbol{y}}{}'(x) - \boldsymbol{F}(x)\overset{2}{\boldsymbol{y}}(x) = 0 .$$

Durch Multiplikation der ersten Gleichung mit C_1 und der zweiten mit C_2 sowie anschließender Addition beider Gleichungen folgt daraus

$$C_1 \overset{1}{\boldsymbol{y}}{}'(x) - C_1 \boldsymbol{F}(x)\overset{1}{\boldsymbol{y}}(x) + C_2 \overset{2}{\boldsymbol{y}}{}'(x) - C_2 \boldsymbol{F}(x)\overset{2}{\boldsymbol{y}}(x) = 0 . \tag{71}$$

Diese Beziehung ist aber gleichbedeutend mit $\overset{3}{\boldsymbol{y}}{}'(x) - \boldsymbol{F}(x)\overset{3}{\boldsymbol{y}}(x) = 0$, was zu beweisen war. In analoger Weise zeigt man, daß der Satz auch bei mehr als zwei Lösungen gilt.

Als Beispiel betrachten wir wieder das System Gl. (65). Aus den in den Gln. (66) angegebenen zwei Lösungen kann man weitere Lösungen bilden, die die Form

$$\mathbf{y} = C_1 \begin{pmatrix} \sin\sqrt{D}x \\ \sqrt{D}\cos\sqrt{D}x \end{pmatrix} + C_2 \begin{pmatrix} -\cos\sqrt{D}x \\ \sqrt{D}\sin\sqrt{D}x \end{pmatrix} \tag{72}$$

besitzen, wobei C_1 und C_2 beliebige Konstante sind. Ausgeschrieben lauten diese Lösungen

$$y_1 = C_1 \sin\sqrt{D}x - C_2 \cos\sqrt{D}x\,, \tag{73}$$

$$y_2 = C_1 \sqrt{D}\cos\sqrt{D}x + C_2 \sqrt{D}\sin\sqrt{D}x\,. \tag{74}$$

Wie groß ist nun die Gesamtheit aller Lösungen? Es gilt hierzu der folgende Satz: *Ein lineares homogenes System von m Differentialgleichungen erster Ordnung für m Funktionen besitzt genau m voneinander linear unabhängige Lösungen* $\overset{1}{\mathbf{y}}(x)$, $\overset{2}{\mathbf{y}}(x), \ldots, \overset{m}{\mathbf{y}}(x)$, *die man als dessen fundamentales Lösungssystem bezeichnet. Die Gesamtheit aller möglichen Lösungen, das allgemeine Integral, erhält man also, indem man diese m Lösungen mit m beliebigen Konstanten* $C_1, C_2, \ldots, C_m$ *multipliziert und anschließend addiert*

$$\mathbf{y}(x) = C_1 \overset{1}{\mathbf{y}}(x) + C_2 \overset{2}{\mathbf{y}}(x) + \cdots C_m \overset{m}{\mathbf{y}}(x)\,. \tag{75}$$

Daß Gl. (75) das allgemeine Integral des gegebenen Systems von Differentialgleichungen ist, erkennt man in folgender Weise: Auf Grund des Satzes von Picard-Lindelöf muß es unter der zusätzlichen Bedingung, daß die Funktionen $y_i(x)$ für $x = x_0$ die Werte $y_1^0, y_2^0, \ldots, y_m^0$ annehmen sollen, genau eine Lösung geben. Setzt man dies in das Differentialgleichungssystem ein, so erhält man m Gleichungen zur Bestimmung der m unbekannten Konstanten C_i. Diese Gleichungen sind immer lösbar, da die Determinante des Gleichungssystems die in Gl. (68) angegebene Determinante ist, die voraussetzungsgemäß von Null verschieden ist.

Als Beispiel betrachten wir wieder das Gleichungssystem (65). Da es sich um zwei Gleichungen handelt, muß das Fundamentalsystem gemäß dem oben angegebenen Satz aus zwei Lösungen bestehen. Wir fragen nun danach, ob die beiden Lösungen Gl. (73) und Gl. (74) ein Fundamentalsystem bilden. Hierzu müssen wir die in Gl. (68) angegebene Determinante bilden. Diese lautet

$$\begin{vmatrix} \sin\sqrt{D}x & -\cos\sqrt{D}x \\ \sqrt{D}\cos\sqrt{D}x & \sqrt{D}\sin\sqrt{D}x \end{vmatrix} = \sqrt{D}\sin^2\sqrt{D}x + \sqrt{D}\cos^2\sqrt{D}x = \sqrt{D}\,. \tag{76}$$

Sie ist von Null verschieden, und die genannten Lösungen bilden somit ein Fundamentalsystem. Das mit Hilfe des Fundamentalsystems Gl. (73) und Gl. (74) gebildete allgemeine Integral lautet

$$\begin{aligned} y_1 &= C_1 \sin\sqrt{D}x - C_2 \cos\sqrt{D}x \\ y_2 &= C_1 \sqrt{D}\cos\sqrt{D}x + C_2 \sqrt{D}\sin\sqrt{D}x\,. \end{aligned} \tag{77}$$

Wir fordern nun, daß für $x = 0$ die Größe y_1 den Wert 0 und die Größe y_2 den Wert 1 annehmen soll. Durch Einsetzen dieser Werte in die Gln. (77) erhält man

$$\begin{aligned} 0 &= C_1 \sin 0 - C_2 \cos 0 \\ 1 &= C_1 \sqrt{D}\cos 0 + C_2 \sqrt{D}\sin 0\,. \end{aligned}$$

Die Auflösung des Gleichungssystems nach C_1 und C_2 ergibt $C_1 = 1/\sqrt{D}$ und $C_2 = 0$. Das partikuläre Integral lautet somit

$$\begin{aligned} y_1 &= \frac{1}{\sqrt{D}} \sin\sqrt{D}x \\ y_2 &= \cos\sqrt{D}x\,. \end{aligned}$$

β) Aufsuchen des allgemeinen Integrals

Nach diesen Ausführungen über die Lösungsmannigfaltigkeit wenden wir uns nun dem Problem zu, das allgemeine Integral eines gegebenen Systems von Differentialgleichungen (69) zu bestimmen. Leider läßt sich hierfür kein allgemein anwendbares Verfahren angeben. In manchen Fällen kann man durch geeignete Substitutionen das System auf eine Anzahl von einzelnen Differentialgleichungen für jeweils eine unbekannte Funktion zurückführen, die man dann mit Hilfe der Methode der Trennung der Variablen löst. Bisweilen kann man Lösungen oder geeignete Ansätze erraten. Vielfach muß man Lösungen mit Hilfe von Reihenansätzen aufsuchen. Im folgenden wollen wir nur darauf eingehen, wie man Systeme von Differentialgleichungen mit konstanten Koeffizienten löst. Solche Systeme treten bei der Untersuchung von chemischen Reaktionen auf.

Gegeben sei ein System von Differentialgleichungen der Form

$$\begin{aligned} y_1' &= a_{11}y_1 + a_{12}y_2 + \cdots + a_{1m}y_m \\ y_2' &= a_{21}y_1 + a_{22}y_2 + \cdots + a_{2m}y_m \\ &\vdots \\ y_m' &= a_{m1}y_1 + a_{m2}y_2 + \cdots + a_{mm}y_m\,, \end{aligned} \tag{78}$$

wobei die a_{ik} konstante Koeffizienten sind. Um die Lösungen dieses Systems zu finden, führen wir über die Beziehungen

$$\begin{aligned} y_1 &= b_{11}z_1 + b_{12}z_2 + \cdots + b_{1m}z_m \\ y_2 &= b_{21}z_1 + b_{22}z_2 + \cdots + b_{2m}z_m \\ &\vdots \\ y_m &= b_{m1}z_1 + b_{m2}z_2 + \cdots + b_{mm}z_m \end{aligned} \tag{79}$$

neue Funktionen $z_1(x), z_2(x), \ldots, z_m(x)$ ein und wählen dabei die Koeffizienten b_{ik} so, daß das gegebene System von Differentialgleichungen übergeht in das System

$$\begin{aligned} z_1' &= \lambda_1 z_1 \\ z_2' &= \lambda_2 z_2 \\ &\vdots \\ z_m' &= \lambda_m z_m\,. \end{aligned} \tag{80}$$

Weiter unten wird gezeigt, wie man die entsprechenden b_{ik} finden kann. Jede der obigen Differentialgleichungen ist nun für sich lösbar, da sie jeweils nur eine unbekannte Funktion enthält. Für die erste Gleichung erhält man z. B., wie ein Vergleich mit den Gln. (44) und (46) zeigt, die Lösung $z_1 = e^{\lambda_1 x}$. Außerdem ist aber auch die Funktion $z_1 = 0$ eine Lösung, wie man sich leicht durch Einsetzen überzeugen kann. In gleicher Weise folgt, daß die zweite Gleichung die Lösungen $z_2 = e^{\lambda_2 x}$ und $z_2 = 0$ besitzt usw. Eine mögliche Lösung des gesamten Systems lautet daher z. B. $z_1 = e^{\lambda_1 x}$ $z_2 = 0, z_3 = 0, \ldots, z_m = 0$. In analoger Weise kann man auch andere Lösungssysteme konstruieren. Wir betrachten nun speziell die m Lösungen

$$\begin{array}{llll} \overset{1}{z}_1 = e^{\lambda_1 x} & \overset{2}{z}_1 = 0 & \ldots & \overset{m}{z}_1 = 0 \\ \overset{1}{z}_2 = 0 & \overset{2}{z}_2 = e^{\lambda_2 x} & & \overset{m}{z}_2 = 0 \\ \overset{1}{z}_3 = 0 & \overset{2}{z}_3 = 0 & & \overset{m}{z}_3 = 0 \\ \vdots & \vdots & & \vdots \\ \overset{1}{z}_m = 0 & \overset{2}{z}_m = 0 & & \overset{m}{z}_m = e^{\lambda_m x}\,. \end{array} \tag{81}$$

Für die gemäß Gl. (68) gebildete Determinante dieses Systems ergibt sich

$$\begin{vmatrix} e^{\lambda_1 x} & 0 & \dots & 0 \\ 0 & e^{\lambda_2 x} & \dots & 0 \\ \vdots & \vdots & & \vdots \\ 0 & 0 & \dots & e^{\lambda_m x} \end{vmatrix} = e^{(\lambda_1 + \lambda_2 + \cdots + \lambda_m)x} \neq 0 .$$

Die Lösungen sind also linear unabhängig. Das bedeutet, daß die Gln. (81) ein fundamentales Lösungssystem der Differentialgleichungen (80) bilden. Das allgemeine Integral ist entsprechend Gl. (75) gegeben durch $z = C_1 \overset{1}{z} + C_2 \overset{2}{z} + \cdots + C_m \overset{m}{z}$, also durch

$$\begin{aligned} z_1 &= C_1 e^{\lambda_1 x} \\ z_2 &= C_2 e^{\lambda_2 x} \\ &\vdots \\ z_m &= C_m e^{\lambda_m x} . \end{aligned} \tag{82}$$

Setzt man die Gln. (82) in die Gln. (79) ein, so ergibt sich das allgemeine Integral der Differentialgleichungen (78):

$$\begin{aligned} y_1 &= C_1 b_{11} e^{\lambda_1 x} + C_2 b_{12} e^{\lambda_2 x} + \cdots + C_m b_{1m} e^{\lambda_m x} \\ y_2 &= C_1 b_{21} e^{\lambda_1 x} + C_2 b_{22} e^{\lambda_2 x} + \cdots + C_m b_{2m} e^{\lambda_m x} \\ &\vdots \\ y_m &= C_1 b_{m1} e^{\lambda_1 x} + C_2 b_{m2} e^{\lambda_2 x} + \cdots + C_m b_{mm} e^{\lambda_m x} . \end{aligned} \tag{83}$$

Wir müssen noch darauf eingehen, wie man die Koeffizienten b_{ik} in Gl. (79) sowie die Konstanten λ_i in Gl. (82) bestimmt. Das Verfahren, das man hierfür anwendet, läßt sich besonders übersichtlich darstellen, wenn man die entsprechenden Gleichungen in Matrixform anschreibt. Wir bilden aus den Koeffizienten a_{ik} wie in Gl. (IV, 42) die Matrix $\boldsymbol{A}$ und aus den Koeffizienten b_{ik} die Matrix $\boldsymbol{B}$. Außerdem fassen wir auch die Funktionen y_i und z_i analog zu Gl. (61) zu je einer einspaltigen Matrix $\boldsymbol{y}$ und $\boldsymbol{z}$ zusammen. Die Gleichungen (78) und (79) lauten dann

$$\boldsymbol{y}' = \boldsymbol{A}\,\boldsymbol{y} \tag{84}$$

bzw.

$$\boldsymbol{y} = \boldsymbol{B}\,\boldsymbol{z}. \tag{85}$$

Differenziert man Gl. (85), so ergibt sich $\boldsymbol{y}' = \boldsymbol{B}\,\boldsymbol{z}'$. Setzt man dies sowie Gl. (85) in Gl. (84) ein, so erhält man $\boldsymbol{B}\,\boldsymbol{z}' = \boldsymbol{A}\,\boldsymbol{B}\,\boldsymbol{z}$ bzw., wenn man auf beiden Seiten mit $\boldsymbol{B}^{-1}$ multipliziert,

$$\boldsymbol{z}' = \boldsymbol{B}^{-1}\boldsymbol{A}\,\boldsymbol{B}\,\boldsymbol{z} . \tag{86}$$

Gl. (86) nimmt nun die Form von Gl. (80) an, wenn $\boldsymbol{B}^{-1}\boldsymbol{A}\,\boldsymbol{B}$ eine Diagonalmatrix ist. Das Problem lautet also, $\boldsymbol{B}$ so zu bestimmen, daß dies der Fall ist. Entsprechend Abschnitt IX D 3 ist das erreicht, wenn $\boldsymbol{B}$ entsprechend Gl. (IX, 162) aus den Eigenvektoren der Matrix $\boldsymbol{A}$ zusammengesetzt wird.

Wir sehen also: *Um das Differentialgleichungssystem* (78) *zu lösen, führt man als erstes eine Koordinatentransformation* $\boldsymbol{y} = \boldsymbol{B}\,\boldsymbol{z}$ *durch, wobei entsprechend Gl.* (IX, 162) $\boldsymbol{B}$ *aus den Eigenvektoren der Matrix* $\boldsymbol{A}$ *aufgebaut wird. Man erhält dann das*

System Gl. (80), *wobei die λ_i die Eigenwerte der Matrix **A** sind. Von diesem System läßt sich leicht das allgemeine Integral Gl.* (82) *aufsuchen. Durch eine Transformation mit der Matrix **B** entsprechend Gl.* (85) *erhält man daraus das gesuchte allgemeine Integral der Differentialgleichungen* (78).

Wir betrachten eine chemische Reaktion, bei der ein Stoff A in den Stoff B und dieser in den Stoff C umgewandelt wird

$$\mathrm{A} \rightarrow \mathrm{B} \rightarrow \mathrm{C}\,.$$

Die jeweils vorhandene Menge des Stoffes A bezeichnen wir mit y_1, diejenige von B mit y_2 und diejenige von C mit y_3. Die Zunahmen dieser Mengen je Zeiteinheit sind dann durch dy_1/dt, dy_2/dt bzw. dy_3/dt gegeben. Für diese Änderungen kann man nun in vielen Fällen ansetzen

$$\begin{aligned} \frac{dy_1}{dt} &= -k_1 y_1 \\ \frac{dy_2}{dt} &= k_1 y_1 - k_2 y_2 \\ \frac{dy_3}{dt} &= k_2 y_2\,, \end{aligned} \tag{87}$$

wobei k_1 und k_2 Konstanten sind, die ein Maß für die Reaktionsgeschwindigkeiten darstellen. Die erste Gleichung besagt, daß die Abnahme der Stoffmenge A proportional der noch insgesamt vorhandenen Menge A ist. Die zweite Gleichung beinhaltet, daß die Zunahme der Stoffmenge B gegeben ist durch die Abnahme von A (da sich A in B verwandelt) abzüglich der sich in C umwandelnden Stoffmenge B, die proportional zu y_2 angesetzt wird. Die Zunahme von C ist schließlich durch die Abnahme von B gegeben.

Wir wollen nun das gegebene Differentialgleichungssystem lösen. Die durch Gl. (84) definierte Matrix $\boldsymbol{A}$ lautet im vorliegenden Fall

$$\boldsymbol{A} = \begin{pmatrix} -k_1 & 0 & 0 \\ k_1 & -k_2 & 0 \\ 0 & k_2 & 0 \end{pmatrix}. \tag{88}$$

Wir bestimmen als erstes die Eigenwerte λ dieser Matrix, mit deren Hilfe wir das fundamentale Lösungssystem Gl. (83) des transformierten Systems erhalten. Die Eigenwerte einer Matrix $\boldsymbol{A}$ werden Gl. (IX, 92) zufolge aus der Bedingung $|\boldsymbol{A} - \lambda \boldsymbol{E}| = 0$ bestimmt. Wir erhalten daher

$$\begin{vmatrix} -k_1 - \lambda & 0 & 0 \\ k_1 & -k_2 - \lambda & 0 \\ 0 & k_2 & -\lambda \end{vmatrix} = -(k_1 + \lambda)(k_2 + \lambda)\lambda = 0\,.$$

Woraus sich für λ die drei Lösungen

$$\begin{aligned} \lambda_1 &= -k_1 \\ \lambda_2 &= -k_2 \\ \lambda_3 &= 0 \end{aligned} \tag{89}$$

ergeben. Das System der transformierten Differentialgleichungen lautet daher

$$\begin{aligned} z_1' &= -k_1 z \\ z_2' &= -k_2 z \\ z_3' &= 0\,. \end{aligned} \tag{90}$$

Als fundamentales Lösungssystem ergibt sich

$$\begin{aligned} &\overset{1}{z}_1 = e^{-k_1 t} \quad && \overset{2}{z}_1 = 0 \quad && \overset{3}{z}_1 = 0 \\ &\overset{1}{z}_2 = 0 && \overset{2}{z}_2 = e^{-k_2 t} && \overset{3}{z}_2 = 0 \\ &\overset{1}{z}_3 = 0 && \overset{2}{z}_3 = 0 && \overset{3}{z}_3 = 1\,. \end{aligned} \tag{91}$$

Das allgemeine Integral ist entsprechend Gl. (75) durch $z = C_1 \overset{1}{z} + C_2 \overset{2}{z} + C_3 \overset{3}{z}$ gegeben, also durch

$$\begin{pmatrix} z_1 \\ z_2 \\ z_3 \end{pmatrix} = C_1 \begin{pmatrix} e^{-k_1 t} \\ 0 \\ 0 \end{pmatrix} + C_2 \begin{pmatrix} 0 \\ e^{-k_2 t} \\ 0 \end{pmatrix} + C_3 \begin{pmatrix} 0 \\ 0 \\ 1 \end{pmatrix} = \begin{pmatrix} C_1 e^{-k_1 t} \\ C_2 e^{-k_2 t} \\ C_3 \end{pmatrix}. \tag{92}$$

Daraus folgt für die einzelnen Funktionen z_1, z_2, z_3:

$$\begin{aligned} z_1 &= C_1 e^{-k_1 t} \\ z_2 &= C_2 e^{-k_2 t} \\ z_3 &= C_3 . \end{aligned}$$

Als nächstes müssen wir noch die Transformationsmatrix $\boldsymbol{B}$ ermitteln. Entsprechend Gl. (IX, 162) wird diese aus den Eigenvektoren $\overset{1}{\boldsymbol{x}}, \overset{2}{\boldsymbol{x}}, \overset{3}{\boldsymbol{x}}$ der Matrix $\boldsymbol{A}$ aufgebaut. Man erhält diese Eigenvektoren, indem man im Gleichungssystem

$$(\boldsymbol{A} - \lambda \boldsymbol{E})\boldsymbol{x} = 0 \tag{93}$$

für λ der Reihe nach die durch Gl. (89) gegebenen Werte einsetzt. Wir bestimmen zunächst $\overset{1}{\boldsymbol{x}}$. Indem wir in Gl. (93) entsprechend Gl. (89) $\lambda = \lambda_1 = -k_1$ setzen, erhalten wir

$$\begin{pmatrix} -k_1 + k_1 & 0 & 0 \\ k_1 & -k_2 + k_1 & 0 \\ 0 & k_2 & k_1 \end{pmatrix} \begin{pmatrix} \overset{1}{x}_1 \\ \overset{1}{x}_2 \\ \overset{1}{x}_3 \end{pmatrix} = 0$$

bzw. nach Multiplikation der Matrizen und Aufspalten in einzelne Gleichungen

$$\begin{aligned} 0 &= 0 \\ k_1 \overset{1}{x}_1 + (k_1 - k_2)\overset{1}{x}_2 &= 0 \\ k_2 \overset{1}{x}_2 + k_1 \overset{1}{x}_3 &= 0 . \end{aligned}$$

Eine der Variablen können wir frei wählen. Wir setzen $\overset{1}{x}_1$ gleich einer frei verfügbaren Konstanten a_1 und erhalten

$$\begin{aligned} \overset{1}{x}_1 &= a_1 \\ \overset{1}{x}_2 &= \frac{k_1 a_1}{k_2 - k_1} \\ \overset{1}{x}_3 &= -\frac{k_2 a_1}{k_2 - k_1} . \end{aligned}$$

In gleicher Weise ergibt sich für den Eigenvektor $\overset{2}{\boldsymbol{x}}$, indem wir $\lambda = \lambda_2 = -k_2$ setzen,

$$\begin{aligned} \overset{2}{x}_2 &= 0 \\ \overset{2}{x}_2 &= a_2 \\ \overset{2}{x}_3 &= -a_2 \end{aligned}$$

mit einer willkürlichen Konstanten a_2. Für $\overset{3}{\boldsymbol{x}}$ schließlich ergibt sich mit

$$\begin{aligned} \overset{3}{x}_1 &= 0 \\ \overset{3}{x}_2 &= 0 \\ \overset{3}{x}_3 &= a_3 . \end{aligned}$$

Man muß nun noch die Eigenvektoren normieren, d. h. die Konstanten a_1, a_2 und a_3 so bestimmen, daß $|\overset{1}{\boldsymbol{x}}|^2 = 1$, $|\overset{2}{\boldsymbol{x}}|^2 = 1$, $|\overset{3}{\boldsymbol{x}}|^2 = 1$. Wir denken uns das getan, ohne a_1, a_2 und a_3 explizit auszurechnen, da wir diese Konstanten, wie sich zeigen wird, nicht zu kennen brauchen. Entsprechend Gl. (IX, 162) erhalten wir nun für die Matrix $\boldsymbol{B}$

$$\boldsymbol{B} = \begin{pmatrix} \overset{1}{x}_1 & \overset{2}{x}_1 & \overset{3}{x}_1 \\ \overset{1}{x}_2 & \overset{2}{x}_2 & \overset{3}{x}_2 \\ \overset{1}{x}_3 & \overset{2}{x}_3 & \overset{3}{x}_3 \end{pmatrix} = \begin{pmatrix} a_1 & 0 & 0 \\ \dfrac{k_1 a_1}{k_2 - k_1} & a_2 & 0 \\ \dfrac{-k_2 a_1}{k_2 - k_1} & -a_2 & a_3 \end{pmatrix} . \tag{94}$$

Das allgemeine Integral der Differentialgl. (87) erhalten wir nun, indem wir in die Transformationsgleichung $\boldsymbol{y} = \boldsymbol{B}\boldsymbol{z}$ für $\boldsymbol{B}$ die Matrix aus Gl. (94) und für $\boldsymbol{z}$ die Matrix aus Gl. (92) einsetzen. Bildet man das Matrizenprodukt $\boldsymbol{B}\boldsymbol{z}$ und setzt einzelne Zeilen der Matrizengleichung einander gleich, so ergibt sich

$$\begin{aligned} y_1 &= C_1 a_1 \mathrm{e}^{-k_1 t} \\ y_2 &= C_1 \frac{k_1 a_1}{k_2 - k_1} \mathrm{e}^{-k_1 t} + C_2 a_2 \mathrm{e}^{-k_2 t} \\ y_3 &= -C_1 \frac{k_2 a_1}{k_2 - k_1} \mathrm{e}^{-k_1 t} - C_2 a_2 \mathrm{e}^{-k_2 t} + C_3 a_3 \,. \end{aligned} \tag{95}$$

C_1, C_2 und C_3 sind die frei wählbaren Konstanten, die durch die speziellen Anfangsbedingungen bestimmt werden. Man kann jedoch auch $C_1 a_1$, $C_2 a_2$ und $C_3 a_3$ zu drei neuen Konstanten $\tilde{C}_1$, $\tilde{C}_2$ und $\tilde{C}_3$ zusammenfassen und diese dann über die Anfangsbedingungen bestimmen, so daß man a_1, a_2 und a_3 nicht ausrechnen muß. Der Leser kann sich auch durch unmittelbares Einsetzen leicht davon überzeugen, daß die Gln. (95) die Gln. (87) befriedigen.

Wir wollen nun noch die Konstanten für den Fall bestimmen, daß zum Zeitpunkt $t = 0$ die Menge an Substanz A gleich M_0 ist und von den Substanzen B und C nichts vorhanden ist. Es gilt dann

$$y_1 = M_0, \quad y_2 = 0, \quad y_3 = 0 \quad \text{für} \quad t = 0 \,.$$

Setzt man dies in die Gln. (95) ein, so ergibt sich

$$\begin{aligned} M_0 &= C_1 a_1 \\ 0 &= \frac{k_1}{k_2 - k_1} C_1 a_1 + C_2 a_2 \\ 0 &= -\frac{k_2}{k_2 - k_1} C_1 a_1 - C_2 a_2 + C_3 a_3 \,. \end{aligned}$$

Daraus folgt $C_2 a_2 = -M_0 k_1/(k_2 - k_1)$ und $C_3 a_3 = M_0$ und man erhält die partikuläre Lösung

$$\begin{aligned} y_1 &= M_0 \mathrm{e}^{-k_1 t} \\ y_2 &= \frac{M_0 k_1}{k_2 - k_1} (\mathrm{e}^{-k_1 t} - \mathrm{e}^{-k_2 t}) \\ y_3 &= M_0 \left(\frac{k_1}{k_2 - k_1} \mathrm{e}^{-k_2 t} - \frac{k_2}{k_2 - k_1} \mathrm{e}^{-k_1 t} + 1 \right). \end{aligned} \tag{96}$$

Man erkennt, daß y_1, d. h. die Menge A_1 exponentiell abfällt wie beim radioaktiven Zerfall oder bei einer monomolekularen Reaktion y_2, die Menge an B, steigt mit wachsendem t von Null kommend an und geht, wenn t gegen Unendlich geht, wieder gegen Null. y_3, die Menge an C, steigt monoton von Null auf den Wert M_0 an.

c) Lösung inhomogener Systeme

Wir wollen nun noch kurz auf inhomogene Systeme eingehen. Genauso wie im Falle einer einzigen Gleichung beweist man hier, daß sich das allgemeine Integral des inhomogenen Systems durch Addition eines partikulären Integrals des inhomogenen Systems zum allgemeinen Integral des entsprechenden homogenen Systems ergibt. Man kann also beim Aufsuchen der Lösung so vorgehen, daß man zunächst das entsprechende homogene System nach dem oben beschriebenen Verfahren löst und anschließend auf irgendeine Weise, z. B. durch Erraten, eine partikuläre Lösung der inhomogenen Gleichungen findet.

Gelingt es nicht, die partikuläre Lösung der inhomogenen Gleichung durch Erraten zu finden, so kann man auch die Methode der Variation der Konstanten anwenden. Man ersetzt hierzu die m Konstanten in der allgemeinen Lösung des homogenen Systems durch m Funktionen $u_1(x), u_2(x), \ldots, u_m(x)$ und setzt die so erhaltenen Gleichungen für die Lösungsfunktionen in das inhomogene Differentialgleichungssystem ein. Anschließend bestimmt man ähnlich wie bei einer einzigen Gleichung die unbekannten Funktionen $u_i(x)$.

4. Verfahren zur Lösung nichtlinearer Differentialgleichungen

Die Lösung nichtlinearer Differentialgleichungen bereitet im allgemeinen bedeutend größere Schwierigkeiten als die der linearen. Es läßt sich kein generell anwendbares Verfahren hierfür angeben.

Wenn es möglich ist, die Differentialgleichung auf die Form

$$y' = -\frac{P(x,y)}{Q(x,y)} \tag{97}$$

zu bringen, dann kann man versuchen, in folgender Weise die Lösung zu finden: Man ersetzt y' durch $\frac{dy}{dx}$ und bringt anschließend die Differentialgleichung auf die Form

$$P(x,y)\,dx + Q(x,y)\,dy = 0\,. \tag{98}$$

Wenn nun zufällig die Bedingung

$$\frac{\partial P}{\partial y} = \frac{\partial Q}{\partial x} \tag{99}$$

erfüllt sein sollte, so kann man die linke Seite von Gl. (98) als totales Differential dz einer Funktion $z(x,y)$ auffassen. Gl. (98) ist dann gleichbedeutend mit $z(x,y) = \text{const.}$ Für die Funktion $z(x,y)$ ergibt sich mit Hilfe von Gl. (XI, 157)

$$z(x,y) = \int_{x_0}^{x} P(x,y_0)\,dx + \int_{y_0}^{y} Q(x,y)\,dy\,.$$

Die Lösung der Gl. (98) lautet dann

$$\int_{x_0}^{x} P(x,y_0)\,dx + \int_{y_0}^{y} Q(x,y)\,dy + C = 0\,, \tag{100}$$

wobei x_0 und y_0 beliebige Zahlen innerhalb des Definitionsbereichs der entsprechenden Funktionen sind und C eine frei verfügbare Konstante. Eine Differentialgleichung der Form Gl. (98), die der Bedingung Gl. (99) genügt, bezeichnet man als *exakte Differentialgleichung.*

Ist die Bedingung (99) nicht erfüllt, so kann man versuchen, eine Funktion $\mu(x,y)$ so zu bestimmen, daß nach Multiplikation der Gl. (98) mit dieser Funktion die Integrabilitätsbedingung (99) erfüllt wird. Eine solche Funktion nennt man *integrierenden Faktor*. Auf diese Art kommt man in vielen Fällen zum Ziel. Wir wollen hier nicht näher darauf eingehen, sondern nur ein einziges, verhältnismäßig einfaches Beispiel behandeln, das in der Chemie eine wesentliche Rolle spielt und bei dem man ohne integrierenden Faktor auskommt.

Wir betrachten eine chemische Reaktion, bei der sich die Stoffe A und B zum Stoff C zusammensetzen

$$\mathrm{A} + \mathrm{B} \rightarrow \mathrm{C}\,. \tag{101}$$

Zu Beginn des Versuches sei die Menge a des Stoffes A und die Menge b des Stoffes B vorhanden, während der Stoff C noch nicht vorliegt. Zum Zeitpunkt t sei vom Stoff C die Menge y gebildet worden. Von A und B sind dann noch die Mengen $a - y$ und $b - y$ vorhanden. Man kann nun annehmen, daß die Geschwindigkeit der chemischen Reaktion, d. h. der durch dy/dt gegebene Zuwachs der Menge von C je Zeiteinheit, proportional den jeweils vorhandenen Mengen an A und B ist. Dies führt zur Differentialgleichung

$$\frac{dy}{dt} = k(a - y)\cdot(b - y)\,, \tag{102}$$

wobei k eine stoffabhängige Konstante ist. Wenn wir diese Differentialgleichung lösen, erhalten wir y als Funktion von t. Wir bringen hierzu die Differentialgleichung auf die Form

$$\frac{dy}{(a - y)(b - y)} - k\,dt = 0$$

und stellen fest, daß die Integrabilitätsbedingung Gl. (99) erfüllt ist. Die Integration gemäß Gl. (100) ergibt

$$\int\limits_{y_0}^{y} \frac{dy}{(a - y)(b - y)} - \int\limits_{t_0}^{t} k\,dt + C' = 0\,.$$

Wenn man in dieser Formel die bestimmten Integrale durch unbestimmte ersetzt, so ändert man das Resultat nur um eine Konstante. Man kann daher statt obiger Gleichung auch schreiben

$$\int \frac{dy}{(a - y)(b - y)} - \int k\,dt + C = 0\,. \tag{103}$$

Um das linke Integral auszuführen, müssen wir eine Partialbruchzerlegung durchführen. Mit Hilfe des Ansatzes Gl. (X, 203) und anschließendem Koeffizientenvergleich erhalten wir

$$\frac{1}{(a - y)(b - y)} = \frac{1}{(a - b)(b - y)} - \frac{1}{(a - b)(a - y)}\,.$$

Wir können daher schreiben

$$\frac{1}{a - b}\left[\int \frac{dy}{b - y} - \int \frac{dy}{a - y}\right] - \int k\,dt + C = 0\,,$$

was nach Integration

$$\frac{1}{a - b}\ln\frac{a - y}{b - y} - kt + C = 0 \tag{104}$$

ergibt. Um die Konstante C zu bestimmen, muß man noch die Anfangsbedingung berücksichtigen, daß zur Zeit $t = 0$ die Menge an umgesetztem Material, also $y = 0$ ist. Auf Grund dieser Bedingung gilt Gl. (104) zufolge

$$\frac{1}{a - b}\ln\frac{a}{b} + {}'C = 0\,,$$

woraus

$$C = \frac{1}{a - b}\ln\frac{b}{a}$$

folgt. Setzt man dies in Gl. (103) ein, so erhält man das Endresultat

$$\frac{1}{a-b}\ln\frac{b}{a}\cdot\frac{a-y}{b-y}=kt. \tag{105}$$

Fragen und Aufgaben

1. Welche Größen muß man bei einer Differentialgleichung 1. Ordnung vorgeben, um eine vollständig bestimmte Lösung zu erhalten, a) falls sich die Differentialgleichung nach y' eindeutig auflösen läßt, b) falls dies nicht möglich ist?
2. Was versteht man unter dem Richtungsfeld einer Differentialgleichung 1. Ordnung?
3. Welche Form hat das allgemeine Integral einer Differentialgleichung 1. Ordnung, die sich eindeutig nach y' auflösen läßt? Wie bestimmt man es?
4. Erläutere das Verfahren der Trennung der Variablen sowie das der Variation der Konstanten.
5. Was versteht man unter einem fundamentalen Lösungssystem eines Systems von m linearen Differentialgleichungen? Wie erkennt man, ob m vorliegende Lösungen ein fundamentales Lösungssystem bilden?
6. Gibt es ein allgemein anwendbares Verfahren zur Lösung einer nichtlinearen Differentialgleichung 1. Ordnung?
7. Was ist eine exakte Differentialgleichung?
8. Bestimme bei folgenden Differentialgleichungen das allgemeine Integral sowie das partikuläre Integral, das durch den Punkt $x_0 = 1$, $y_0 = 2$ geht: a) $xy' = y$, b) $xy' - y + x^2 = 0$.
9. Bei der chemischen Reaktion A $\rightleftarrows$ B seien zum Zeitpunkt $t = 0$ a Moleküle A und b Moleküle B vorhanden. Die Anzahl der Moleküle A zu einem beliebigen späteren Zeitpunkt t werde mit y bezeichnet. Es gilt dann

   $$\frac{dy}{dt} = -k_1 y + k_2(b - y + a),$$

   wobei k_1 und k_2 zwei Konstanten sind. Bestimme y als Funktion von t.
10. Bei der chemischen Reaktion A $\rightleftarrows$ B + C seien zum Zeitpunkt $t = 0$ a Moleküle A und jeweils null Moleküle B und C vorhanden. Die Anzahl der Moleküle A zu einem beliebigen späteren Zeitpunkt t sei mit y bezeichnet. Es gilt dann

    $$\frac{dy}{dt} = -k_1 y + k_2(a - y),$$

    wobei k_1 und k_2 zwei Konstanten sind. Bestimme y als Funktion von t.

C. Gewöhnliche lineare Differentialgleichungen höherer Ordnung

1. Allgemeines über die Existenz und Mannigfaltigkeit der Lösungen

Wir betrachten nun eine lineare Differentialgleichung von beliebiger Ordnung n. Eine solche Gleichung kann man allgemein in der Form

$$y^{(n)} + a_1(x)\,y^{(n-1)} + \cdots + a_{n-1}(x)\,y' + a_n(x)\,y = b(x) \tag{106}$$

schreiben. Für die Frage nach der Existenz und Eindeutigkeit ihrer Lösungen ist der folgende Satz von wesentlicher Bedeutung: *Eine gewöhnliche lineare Differentialgleichung n-ter Ordnung läßt sich immer in ein System von n gewöhnlichen linearen Differentialgleichungen erster Ordnung umwandeln.* Zum Beweis dieses Satzes führen wir die Funktionen $y_1(x), y_2(x), \ldots, y_n(x)$ über die Beziehungen

$$\begin{aligned} y_1(x) &= y(x) \\ y_2(x) &= y_1'(x) \\ &\vdots \\ y_n(x) &= y_{n-1}'(x) \end{aligned} \tag{107}$$

ein. Das System

$$\begin{aligned} y_n' + a_1(x)y_{n-1}' + \cdots + a_{n-1}(x)y_1' + a_n(x)y_1 &= b(x) \\ y_2 &= y_1' \\ y_3 &= y_2' \\ &\vdots \\ y_n &= y_{n-1}' \end{aligned} \tag{108}$$

ist dann mit Gl. (106) äquivalent, was man leicht erkennt, indem man die Funktionen $y_2, y_3, \ldots, y_n$ aus dem System eliminiert.

Wegen der Äquivalenz der Differentialgleichung n-ter Ordnung mit dem in Gl. (108) angegebenen System von n Gleichungen erster Ordnung lassen sich nun alle im Abschn. B 3 angeführten Sätze auf die linearen Gleichungen n-ter Ordnung übertragen. Sie lauten dann:

1. *Eine lineare homogene Differentialgleichung n-ter Ordnung besitzt genau n Lösungen* $\overset{1}{y}(x), \overset{2}{y}(x), \ldots, \overset{n}{y}(x)$, *die der Bedingung*

$$\begin{vmatrix} \overset{1}{y} & \overset{2}{y} & \overset{3}{y} & \ldots & \overset{n}{y} \\ \overset{1}{y}{}' & \overset{2}{y}{}' & \overset{3}{y}{}' & \ldots & \overset{n}{y}{}' \\ \vdots & & & & \\ \overset{1}{y}{}^{(n-1)} & \overset{2}{y}{}^{(n-1)} & \overset{3}{y}{}^{(n-1)} & \ldots & \overset{n}{y}{}^{(n-1)} \end{vmatrix} \neq 0 \tag{109}$$

genügen. Man bezeichnet sie als *fundamentales Lösungssystem.* Die Determinante in Gl. (109) nennt man *Wronskische Determinante.* Sie ergibt sich aus der Determinante in Gl. (68), wenn man berücksichtigt, daß die dort auftretenden Funktionen $y_2, y_3, \ldots, y_n$ gemäß Gl. (107) durch die entsprechenden Ableitungen $y', y'', \ldots, y^{(n-1)}$ zu ersetzen sind.

2. *Das allgemeine Integral* $y(x)$ *einer homogenen linearen Differentialgleichung n-ter Ordnung erhält man durch Linearkombination der mit beliebigen Konstanten multiplizierten n Funktionen des fundamentalen Lösungssystems,*

$$y(x) = C_1 \overset{1}{y}(x) + C_2 \overset{2}{y}(x) + \cdots + C_n \overset{n}{y}(x)\,. \tag{110}$$

3. *Das allgemeine Integral einer inhomogenen linearen Differentialgleichung n-ter Ordnung ist durch das allgemeine Integral der entsprechenden homogenen Gleichung plus einem partikulären Integral der inhomogenen gegeben. Man kann auch zum Auffinden des Integrals die Methode der Variation der Konstanten verwenden.*

4. *Eine lineare Differentialgleichung n-ter Ordnung besitzt eine eindeutige Lösung, wenn man* $n + 1$ *Zahlen* $x_0, y_0, y_0', y_0'', \ldots, y_0^{(n-1)}$ *angibt und von der Lösung verlangt, daß für* $x = x_0$ *die Größen* $y = y_0, y' = y_0', \ldots, y^{(n-1)} = y_0^{(n-1)}$ *werden sollen.*

Das Zurückführen der linearen Gleichung n-ter Ordnung auf ein System von n Gleichungen 1. Ordnung ist vor allem für die Diskussion der Existenz und Mannigfaltigkeit der Lösungen von Bedeutung. Beim Problem, eine vorgegebene Differentialgleichung zu lösen, bringt dies gewöhnlich keine Vorteile, so daß man hierbei anders vorgeht: *Man versucht, auf irgendeine andere Art für die zugehörige homogene Differentialgleichung n Lösungen zu finden, deren Wronskische Determinante ungleich Null ist, wie das in Gl. (109) gefordert wird. Anschließend bildet man mit Hilfe dieser Lösungsfunktionen über Gl. (110) das allgemeine Integral der homogenen Gleichung. Als letztes bestimmt man dann durch Variation der Konstanten das allgemeine Integral der inhomogenen Gleichung.* Die größte Schwierigkeit bereitet dabei im allgemeinen das Aufsuchen der erwähnten n Lösungsfunktionen. Je nach dem Typ der Differentialgleichung muß man hier sehr verschiedene Verfahren anwenden. Bei Differentialgleichungen mit konstanten Koeffizienten kann man mit Hilfe einiger Überlegungen einen Ansatz für die Lösungen erraten (s. Abschn. C 2). Bei anderen Gleichungen muß man als Lösung eine Reihe mit unbekannten Koeffizienten ansetzen, wodurch man dann häufig auf neue, vorher unbekannte Funktionen kommt (s. Abschn. C 4).

2. Differentialgleichungen zweiter Ordnung mit konstanten Koeffizienten

a) Allgemeines

Eine Differentialgleichung zweiter Ordnung mit konstanten Koeffizienten läßt sich allgemein in der Form

$$ay'' + by' + cy = f(x) \tag{111}$$

schreiben, wobei a, b und c konstante Größen sind und $f(x)$ eine beliebige Funktion von x darstellt. Differentialgleichungen von diesem Typ gehören zu den wichtigsten in der Physik und Chemie. Mit ihnen kann man z. B. die Schwingungen von Atomen und Molekülen, den Fluß eines elektrischen Wechselstroms durch ein System von Ohmschen Widerständen, Spulen und Kondensatoren sowie den zeitlichen Verlauf der Bewegungen eines Zeigers in einem Meßinstrument beim Messen irgendeiner Größe berechnen. Gewöhnlich tritt in diesen Gleichungen als unabhängige Variable die Zeit auf, die man mit t bezeichnet, und als abhängige Veränderliche irgendeine Ortskoordinate, die man mit x bezeichnet. Für die Ableitungen von x nach t schreibt man $\dot{x}$ bzw. $\ddot{x}$. Wir wollen im folgenden diese Bezeichnungen übernehmen, also x an Stelle von y und t an Stelle von x schreiben, so daß wir anstatt von Gl. (111) die Beziehung

$$a\ddot{x} + b\dot{x} + cx = f(t) \tag{112}$$

erhalten. Im folgenden sollen einige Sonderfälle dieser Gleichung untersucht werden.

b) Differentialgleichung der ungedämpften freien Schwingungen

α) Ansatz einer trigonometrischen Funktion

Wir betrachten die Bewegung einer an einer Feder befestigten, reibungslos auf der Unterlage gleitenden Masse m (s. Abb. 5). Wenn die Feder nicht gedehnt oder zusammengedrückt ist (Gleichgewichtslage, s. Abb. 5a), so wirkt auf die Masse die Kraft Null. Bei Auslenkung aus der Gleichgewichtslage um ein Stück der Größe x (s. Abb. 5b) wirkt eine rücktreibende Kraft, deren Betrag proportional zu x ist.

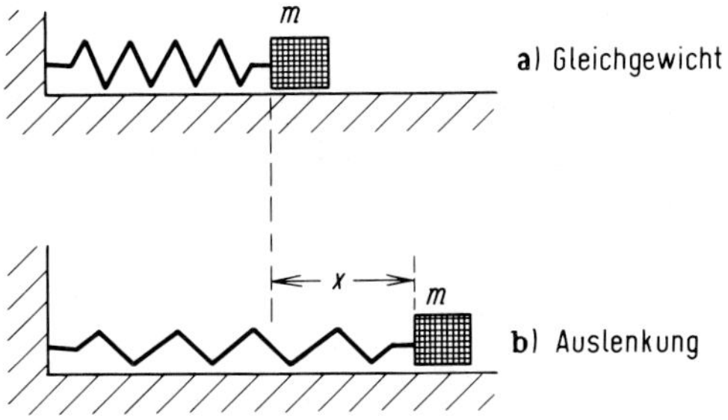

Abb. 5. Schwingungen einer Masse m.

Bezeichnet man die Proportionalitätskonstante mit D, so kann man für diese Kraft schreiben $-Dx$. Nach dem Newtonschen Grundgesetz der Mechanik muß nun die Kraft gleich der Masse mal der Beschleunigung sein. Die Beschleunigung ist allgemein durch die zweite Ableitung des Ortes nach der Zeit, also durch $\ddot{x}$ gegeben. Es gilt daher für die Bewegung der von uns betrachteten Masse $-Dx = m\ddot{x}$ bzw.

$$m\ddot{x} + Dx = 0. \tag{113}$$

Das ist eine homogene lineare Differentialgleichung zweiter Ordnung mit konstanten Koeffizienten, ein Sonderfall der Gl. (112), die aus dieser Gleichung hervorgeht, wenn man dort $f(t)$ und b gleich Null setzt.

Gemäß den allgemeinen Ausführungen im vorangegangenen Abschn. C 1 müssen wir zwei linear unabhängige Lösungen von Gl. (113) finden, die dann mit je einer beliebigen Konstanten multipliziert und anschließend addiert das allgemeine Integral ergeben. Die gesuchten zwei Lösungen müssen wir erraten. Als Hilfe hierzu betrachten wir Gl. (113) genauer und erkennen, daß eine Funktion $x(t)$, die eine Lösung der Gleichung ist, so beschaffen sein muß, daß sie bis auf konstante Faktoren mit ihrer zweiten Ableitung übereinstimmt. Von allen uns bekannten Funktionen wird diese Bedingung nur von den Kreis- und Exponentialfunktionen erfüllt. Wir untersuchen daher als erstes, ob der Ansatz

$$x = A \cdot \sin \omega t \tag{114}$$

Gl. (113) befriedigt. A und ω sind zunächst noch unbestimmte Konstanten. Aus Gl. (114) folgt $\ddot{x} = -A\omega^2 \sin \omega t$. Durch Einsetzen von x und $\ddot{x}$ in Gl. (113) ergibt sich

$$-m \cdot A\omega^2 \sin \omega t + D \cdot A \cdot \sin \omega t = 0.$$

Wir kürzen noch durch $A \sin \omega t$ und erhalten dann mit Hilfe einer einfachen Umformung

$$\omega = \pm \sqrt{\frac{D}{m}}. \tag{115}$$

Wenn man also ω einen dieser Werte beilegt, so stellt die durch Gl. (114) gegebene Funktion bei beliebiger Wahl der Konstanten A eine Lösung der Differentialgleichung dar. Wir haben somit bei Verwendung des positiven Vorzeichens die Lösung $x = A \sin \sqrt{D/m}\, t$ gefunden. Das negative Vorzeichen gibt keine neue Lösung, da $\sin(-\sqrt{D/m}\, t) = -\sin \sqrt{D/m}\, t$ ist, was wegen der willkürlichen Konstanten A in der alten Lösung enthalten ist. Mit Hilfe des Ansatzes $x = B \cos \omega t$ ergibt sich, daß auch $x = B \cos \sqrt{D/m}\, t$ mit beliebiger Konstante B eine Lösung ist. Beide Lösungen sind linear unabhängig, wie man sich leicht durch Berechnung der Wronskischen Determinante Gl. (109) überzeugen kann (s. auch Aufgabe 12). Das allgemeine Integral der gegebenen Differentialgleichung lautet somit Gl. (110) zufolge

$$x = A \sin \sqrt{\frac{D}{m}}\, t + B \cos \sqrt{\frac{D}{m}}\, t \tag{116}$$

oder, wenn man die Abkürzung

$$\omega_0 = \sqrt{\frac{D}{m}} \tag{117}$$

einführt,

$$x = A \sin \omega_0 t + B \cos \omega_0 t\,. \tag{118}$$

Wie man der Gl. (118) unmittelbar entnehmen kann, handelt es sich bei der Bewegung der Masse um eine periodische Bewegung mit der Kreisfrequenz ω_0. Man spricht von einer *ungedämpften Schwingung*. $\omega_0/2\pi$ nennt man die *Eigenfrequenz*.

Zusammenfassend gilt also: *Die homogene lineare Differentialgleichung 2. Ordnung* $m\ddot{x} + Dx = 0$ *besitzt als fundamentales Lösungssystem die Funktionen* $\sin \omega_0 x$ *und* $\cos \omega_0 t$. *Das allgemeine Integral lautet* $x = A \sin \omega_0 t + B \cos \omega_0 t$. *A und B sind dabei frei wählbare Konstanten,* ω_0 *ist gemäß Gl. (117) durch die Koeffizienten der Differentialgleichung bestimmt. Die Lösung stellt eine periodische Bewegung dar.*

Das erhaltene allgemeine Integral enthält zwei unbekannte Konstanten A und B, die man nur dann bestimmen kann, wenn man irgendwelche Annahmen über die Einleitung der Bewegung macht (*Anfangsbedingungen*). Man kann z. B. den Fall betrachten, daß man zur Anregung der Bewegung die Masse um ein Stück x_0 auslenkt und dort einfach losläßt. Man hat dann die Anfangsbedingungen $x = x_0$ und $\dot{x} = 0$ jeweils für $t = 0$. Setzt man dies in Gl. (118) sowie in die aus dieser Gleichung durch Ableitung erhaltene Beziehung $\dot{x} = +A\omega_0 \cdot \cos \omega_0 t - B\omega_0 \sin \omega_0 t$ ein, so erhält man die beiden Gleichungen

$$\begin{aligned} x_0 &= A \sin \omega_0 \cdot 0 + B \cos \omega_0 \cdot 0 \\ 0 &= A\omega_0 \cos \omega_0 \cdot 0 - B\omega_0 \sin \omega_0 \cdot 0\,, \end{aligned} \tag{119}$$

woraus folgt

$$\begin{aligned} x_0 &= B \\ 0 &= A \cdot \omega_0\,. \end{aligned}$$

Aus diesen kann man dann A und B bestimmen. Es ergibt sich $A = 0$ und $B = x_0$. Die Lösung, die unseren Anfangsbedingungen genügt, lautet also

$$x = x_0 \cos \omega_0 t \,. \tag{120}$$

Die Masse wird somit gemäß einer Kosinusfunktion periodisch mit der Amplitude x_0 und mit der Frequenz $\nu = \omega_0/2\pi$ um die Gleichgewichtslage schwingen. Die Auslenkung als Funktion der Zeit ist in Abb. 6 durch die fest ausgezogene Kurve gegeben.

Wir wollen nun noch eine etwas andere Anfangsbedingung untersuchen. Wir nehmen an, daß wir die Masse nach Auslenkung um x_0 nicht einfach loslassen, sondern ihr die Geschwindigkeit $x = v_0$ erteilen. An Stelle der Gln. (119) erhält man dann

$$\begin{aligned} x_0 &= A \sin \omega_0 \cdot 0 + B \cos \omega_0 \cdot 0 \\ v_0 &= A \omega_0 \cos \omega_0 \cdot 0 - B \omega_0 \sin \omega_0 \cdot 0 \,. \end{aligned}$$

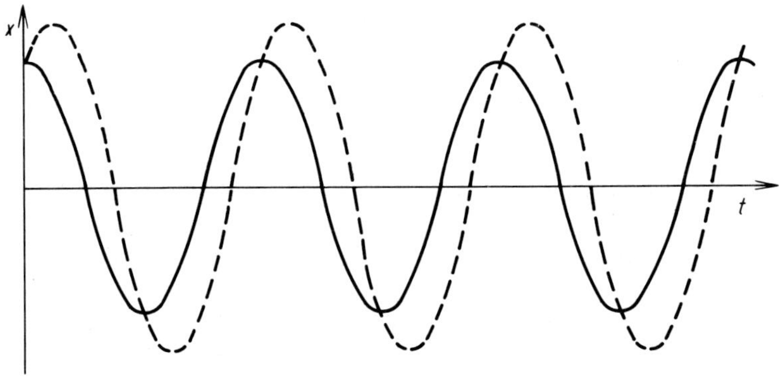

Abb. 6. Zeitlicher Verlauf einer ungedämpften Schwingung.

Daraus ergibt sich $x_0 = B$ und $v_0 = \omega_0 A$. Die Lösung der Bewegungsgleichung lautet also in diesem Fall

$$x = \frac{v_0}{\omega_0} \sin \omega_0 t + x_0 \cos \omega_0 t \,. \tag{121}$$

Um den Verlauf der Lösung leichter überblicken zu können, formen wir die erhaltene Beziehung noch etwas um. Auf Grund der trigonometrischen Additionstheoreme gilt allgemein

$$\cos(\omega_0 t - \varphi) = \cos \varphi \cdot \cos \omega_0 t + \sin \varphi \sin \omega_0 t \,. \tag{122}$$

Wir heben nun in Gl. (121) den Faktor $\sqrt{x_0^2 + \dfrac{v_0^2}{\omega_0^2}}$ heraus und erhalten

$$x = \sqrt{x_0^2 + \frac{v_0^2}{\omega_0^2}} \left[\frac{v_0}{\omega_0 \sqrt{x_0^2 + \dfrac{v_0^2}{\omega_0^2}}} \sin \omega_0 t + \frac{x_0}{\sqrt{x_0^2 + \dfrac{v_0^2}{\omega_0^2}}} \cos \omega_0 t \right] . \tag{123}$$

Die Summe der Quadrate der Koeffizienten vor $\cos \omega_0 t$ und $\sin \omega_0 t$ ergibt jetzt 1, so daß sich diese Koeffizienten als der Sinus bzw. Kosinus eines Winkels φ auffassen lassen und der Ausdruck in der Klammer identisch ist mit der rechten Seite von Gl. (122). Damit folgt aus Gl. (123)

$$x = C_1 \cos(\omega_0 t - \varphi) \tag{124}$$

mit

$$C_1 = \sqrt{x_0^2 + \frac{v_0^2}{\omega_0^2}} \quad \text{und} \quad \varphi = \arc\cos \frac{v_0}{\omega_0 \sqrt{x_0^2 + \frac{v_0^2}{\omega_0^2}}}. \tag{125}$$

Diese Bewegung ist durch die gestrichelte Kurve in Abb. 6 dargestellt. Man sieht, daß als Folge der zusätzlich erteilten Geschwindigkeit die Masse beim Loslassen nicht unmittelbar in Richtung auf die Ruhelage strebt, sondern zunächst die Auslenkung noch vergrößert. Im übrigen ist aber der zeitliche Verlauf der gleiche wie im ersten Fall, nur ist die Amplitude vergrößert und die Kurve zeitlich verschoben.

β) Ansatz einer reellen Exponentialfunktion

Wir wollen nun noch einen anderen Weg zur Lösung der Differentialgleichung (113) kennenlernen. Wir erwähnten bereits, daß neben den Kreisfunktionen auch die Exponentialfunktion die Eigenschaft besitzt, mit ihrer zweiten Ableitung bis auf konstante Faktoren übereinzustimmen. Wir setzen daher für die Lösung an

$$x = A\,e^{\alpha t}. \tag{126}$$

Durch Einsetzen dieser Funktion in Gl. (113) und Beachtung der Tatsache, daß aus Gl. (126) folgt $\ddot{x} = A\alpha^2 e^{\alpha t}$, ergibt sich

$$m\alpha^2 A\,e^{\alpha t} + D \cdot A \cdot e^{\alpha t} = 0,$$

oder, nach Kürzung durch $A \cdot e^{\alpha t}$ und einfacher Umformung,

$$\alpha = \pm\sqrt{-\frac{D}{m}} = \pm\,i\sqrt{\frac{D}{m}} = \pm\,i \cdot \omega_0. \tag{127}$$

Wir erhalten also zwei Lösungen für die Differentialgleichung, nämlich $x = A_1 e^{i\omega_0 t}$ und $x = A_2 e^{-i\omega_0 t}$. Die zwei verschiedenen Vorzeichen führen hier, im Unterschied zum Fall der trigonometrischen Funktionen, zu linear unabhängigen Lösungen. Das allgemeine Integral lautet daher

$$x = A_1 e^{i\omega_0 t} + A_2 e^{-i\omega_0 t}, \tag{128}$$

wobei A_1 und A_2 beliebig wählbare Konstanten sind.

Wir haben damit ein allgemeines Integral erhalten, das nicht reell, sondern komplex ist. Wenn man aber die Konstanten A_1 und A_2 durch Vorgabe irgendwelcher reeller Anfangsbedingungen berechnet, so müssen diese Konstanten notwendigerweise solche Werte annehmen, daß die gesamte in Gl. (128) angegebene Funktion reell wird. Wir zeigen das am Beispiel der oben als zweites behandelten

Anfangsbedingungen $x = x_0$ und $\dot{x} = v_0$ für $t = 0$. Durch Einsetzen dieser Anfangsbedingungen in Gl. (128) bzw. die daraus durch Ableitung erhaltene Gleichung $\dot{x} = A_1 \mathrm{i}\omega_0 \mathrm{e}^{\mathrm{i}\omega_0 t} - A_2 \mathrm{i}\omega_0 \mathrm{e}^{-\mathrm{i}\omega_0 t}$ ergibt sich

$$x_0 = A_1 \mathrm{e}^{\mathrm{i}\omega_0 \cdot 0} + A_2 \mathrm{e}^{-\mathrm{i}\omega_0 \cdot 0}$$

$$v_0 = A_1 \mathrm{i}\omega_0 \mathrm{e}^{\mathrm{i}\omega_0 \cdot 0} - A_2 \mathrm{i}\omega_0 \mathrm{e}^{-\mathrm{i}\omega_0 \cdot 0} ;$$

Daraus folgt

$$A_1 = \frac{x_0}{2} + \frac{1}{2\mathrm{i}} \frac{v_0}{\omega_0}$$

$$A_2 = \frac{x_0}{2} - \frac{1}{2\mathrm{i}} \frac{v_0}{\omega_0} .$$

Setzt man dies in Gl. (128) ein, ordnet um und beachtet Gl. (XIII, 18), so ergibt sich

$$x = \frac{x_0}{2} (\mathrm{e}^{\mathrm{i}\omega_0 t} + \mathrm{e}^{-\mathrm{i}\omega_0 t}) + \frac{v_0}{\omega_0} \frac{1}{2\mathrm{i}} (\mathrm{e}^{\mathrm{i}\omega_0 t} - \mathrm{e}^{-\mathrm{i}\omega_0 t}) = x_0 \cos \omega_0 t + \frac{v_0}{\omega_0} \sin \omega_0 t .$$

Mit Hilfe der Gln. (121) bis (125) folgt daraus schließlich

$$x = C_1 \cos(\omega_0 t - \varphi) , \tag{129}$$

wobei C_1 und φ durch die Gln. (125) gegeben sind.

Es gilt also: *Neben den Funktionen* $\sin \omega_0 t$ *und* $\cos \omega_0 t$ *stellt auch* $\mathrm{e}^{\mathrm{i}\omega_0 t}$ *und* $\mathrm{e}^{-\mathrm{i}\omega_0 t}$ *ein fundamentales Lösungssystem der Differentialgleichung* $m\ddot{x} + Dx = 0$ *dar. Das allgemeine Integral dieser Gleichung kann man daher auch in der Form* $y = A_1 \mathrm{e}^{\mathrm{i}\omega_0 t} + A_2 \mathrm{e}^{-\mathrm{i}\omega_0 t}$ *schreiben. Bei Anpassung an reelle Anfangsbedingungen nehmen die Konstanten* A_1 *und* A_2 *solche Werte an, daß die Lösungsfunktion reell wird.*

γ) Ansatz einer komplexen Funktion

Schließlich müssen wir noch eine weitere Methode beim Aufsuchen der Lösungsfunktionen besprechen. Sie beruht auf folgendem Satz: *Wenn eine lineare homogene Differentialgleichung eine komplexe Funktion* $f(x) = f_1(x) + \mathrm{i} f_2(x)$ *als Lösung hat, so sind auch der Realteil* $f_1(x)$ *und der Imaginärteil* $f_2(x)$ *dieser Funktion, jeweils für sich genommen, Lösungen.* Der Beweis wird in folgender Weise geführt: Aus der Tatsache, daß $f_1(x) + \mathrm{i} \cdot f_2(x)$ eine Lösung der Differentialgleichung $ay'' + by' + cy = 0$ ist, ergibt sich

$$a[f_1 + \mathrm{i} f_2]'' + b[f_1 + \mathrm{i} f_2]' + c[f_1 + \mathrm{i} f_2] = 0 .$$

Daraus folgt

$$af_1'' + \mathrm{b} f_1' + cf_1 + \mathrm{i}[af_2'' + bf_2' + cf_2] = 0$$

bzw., da sich Realteil und Imaginärteil nicht gegenseitig wegheben können,

$$af_1'' + bf_1' + cf_1 = 0$$

$$af_2'' + bf_2' + cf_2 = 0 .$$

Dies bedeutet aber, daß f_1 und f_2 Lösungen der gegebenen Differentialgleichung sind.

Indem wir die Vorzeichen in der Wurzel umkehren und zum Ausgleich den Faktor i vor die Wurzel setzen und außerdem die Größe ω_0' über

$$\omega_0' = \sqrt{\frac{D}{m} - \frac{\rho^2}{4m^2}} \tag{132}$$

einführen, können wir auch schreiben

$$\alpha_{1,2} = -\frac{\rho}{2m} \pm \mathrm{i}\omega_0' \,. \tag{133}$$

Wenn $\omega_0' = \sqrt{D/m - \rho^2/4m^2}$ von Null verschieden ist, erhalten wir somit zwei linear unabhängige Lösungen $\mathrm{e}^{(-\frac{\rho}{2m}+\mathrm{i}\omega_0')t}$ und $\mathrm{e}^{(-\frac{\rho}{2m}-\mathrm{i}\omega_0')t}$, die wir zum allgemeinen Integral $x = A_1\mathrm{e}^{-\frac{\rho}{2m}t+\mathrm{i}\omega_0't} + A_2\mathrm{e}^{-\frac{\rho}{2m}t-\mathrm{i}\omega_0't}$ bzw.

$$x = \mathrm{e}^{-\frac{\rho}{2m}t}(A_1\mathrm{e}^{\mathrm{i}\omega_0't} + A_2\mathrm{e}^{-\mathrm{i}\omega_0't}) \tag{134}$$

zusammensetzen können.

Der Bewegungsablauf hängt nun wesentlich von ω_0' ab:

Ist $\rho^2/4m^2 < D/m$, was einer relativ kleinen Reibung entspricht, so ist ω_0' reell. Der Ausdruck in der runden Klammer in Gl. (134) stimmt dann mit dem durch Gl. (128) gegebenen allgemeinen Integral der ungedämpften Schwingung überein, er stellt also eine periodische Schwingung mit konstanter Amplitude dar. Der Faktor vor der Klammer fällt exponentiell auf Null ab. Das Produkt der beiden Größen stellt also die in Abb. 7 dargestellte abklingende Schwingung dar. Die Phase der Schwingung hängt wie bei der ungedämpften Schwingung von den Anfangsbedingungen ab, über die sich in gleicher Weise wie dort die Konstanten A_1 und A_2 berechnen lassen. Wir gehen darauf hier nicht ein. Das erhaltene Resultat läßt sich anschaulich gut interpretieren: Während man bei fehlender Reibung eine unendlich lange andauernde Schwingung erhält, bewirkt im vorliegenden Fall die Reibung ein Abklingen der Schwingung. Man spricht hier von einer gedämpften Schwingung.

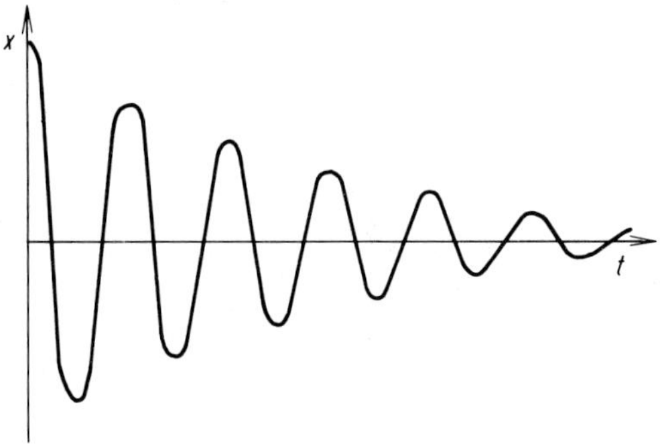

Abb. 7. Zeitlicher Verlauf einer gedämpften Schwingung.

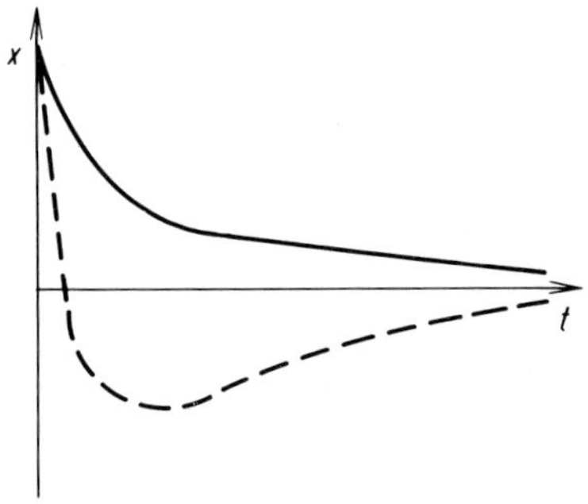

Abb. 8. Zeitlicher Verlauf der aperiodischen Bewegung.

Ist dagegen $\rho^2/4m^2 > D/m$, was bei relativ starker Reibung der Fall ist, so wird ω_0' imaginär, und die Exponenten in Gl. (134) werden alle reell. Wir ziehen dann die Exponenten wieder zusammen und erhalten unter Verwendung der ursprünglichen Bezeichnungen

Beim Aufsuchen der Lösungen einer linearen homogenen Differentialgleichung kann man den obigen Satz in folgender Weise ausnutzen: *Man ermittelt zunächst eine komplexe Lösungsfunktion und verwendet anschließend ihren Real- und Imaginärteil jeweils getrennt als Lösung.* Speziell im Falle unserer Differentialgleichung (113) setzt man als Lösung die komplexe Funktion $x = A\,\mathrm{e}^{\mathrm{i}\omega t}$ an. Das Einführen dieser Funktion in Gl. (113) ergibt

$$-mA\omega^2\mathrm{e}^{\mathrm{i}\omega t} + DA\,\mathrm{e}^{\mathrm{i}\omega t} = 0$$

bzw. nach Kürzen durch $A\,\mathrm{e}^{\mathrm{i}\omega t}$ und Umformen

$$\omega = \pm\sqrt{\frac{D}{m}}\,.$$

Man erhält also als Lösungen die Funktionen $\mathrm{e}^{\mathrm{i}\omega_0 t}$ und $\mathrm{e}^{-\mathrm{i}\omega_0 t}$ mit

$$\omega_0 = \sqrt{\frac{D}{m}}\,.$$

Wegen $\mathrm{e}^{\mathrm{i}\omega_0 t} = \cos\omega_0 t + \mathrm{i}\cdot\sin\omega_0 t$ kann man nun mit Hilfe des angeführten Satzes schließen, daß auch $\cos\omega_0 t$ und $\sin\omega_0 t$ Lösungen sind, und kommt so wieder auf das bereits in Gl. (118) angegebene allgemeine Integral.

Das Verfahren des Rechnens im Komplexen bietet in vielen Fällen erhebliche rechnerische Vereinfachungen, da man nicht die umständlichen trigonometrischen Additionstheoreme anwenden muß. Es findet daher häufig Verwendung.

c) Differentialgleichung der gedämpften freien Schwingungen

Wir nehmen nun als nächstes an, daß die in Abb. 5 betrachtete Masse nicht reibungslos auf der Unterlage gleitet, sondern durch eine Reibungskraft gebremst wird. Diese Kraft soll der Geschwindigkeit der Masse proportional sein, so daß wir für sie ansetzen $-\rho\dot{x}$, wobei ρ eine materialabhängige Reibungskonstante ist. Das negative Vorzeichen berücksichtigt die Tatsache, daß die Kraft die Bewegung bremst, also entgegengesetzt zur Geschwindigkeit $\dot{x}$ gerichtet ist. Die Bewegungsgleichung lautet jetzt $m\ddot{x} = -\rho\dot{x} - Dx$ bzw.

$$m\ddot{x} + \rho\dot{x} + Dx = 0\,. \tag{130}$$

Damit eine Funktion die Lösung dieser Differentialgleichung ist, muß sie die Eigenschaft besitzen, mit ihrer ersten und zweiten Ableitung bis auf konstante Faktoren übereinzustimmen. Diese Eigenschaft erfüllt die Exponentialfunktion. Wir setzen daher für die Lösung an

$$x = A\,\mathrm{e}^{\alpha t}\,. \tag{131}$$

Einsetzen in Gl. (130) ergibt

$$mA\alpha^2\mathrm{e}^{\alpha t} + \rho A\alpha\mathrm{e}^{\alpha t} + D\cdot A\cdot\mathrm{e}^{\alpha t} = 0$$

bzw. nach Kürzung durch $A\cdot\mathrm{e}^{\alpha t}$ und einfacher Umformung

$$\alpha_{1,2} = -\frac{\rho}{2m} \pm\sqrt{\frac{\rho^2}{4m^2} - \frac{D}{m}}\,.$$

$$x = A_1 \mathrm{e}^{\left(-\frac{\rho}{2m} + \sqrt{\frac{\rho^2}{4m^2} - \frac{D}{m}}\right)t} + A_2 \mathrm{e}^{\left(-\frac{\rho}{2m} - \sqrt{\frac{\rho^2}{4m^2} - \frac{D}{m}}\right)t}. \tag{135}$$

Beide Exponenten sind, wie man sich leicht überzeugen kann, negativ. Gl. (135) stellt die Überlagerung zweier abfallender Exponentialfunktionen dar, die je nach den Anfangsbedingungen einen der in Abb. 8 dargestellten Kurventypen ergibt. Man spricht hier von einer *aperiodischen Bewegung* oder auch vom *Kriechfall*, weil sich die Masse der Gleichgewichtslage allmählich annähert, ohne diese in endlichen Zeiten zu erreichen.

Als letztes schließlich muß noch der Fall $\omega_0' = \sqrt{\rho^2/4m^2 - D/m} = 0$ besprochen werden. In diesem Fall hat man erst eine einzige Lösung, nämlich $\mathrm{e}^{-\frac{\rho}{2m}t}$, erhalten und kann noch nicht das allgemeine Integral bilden. Es läßt sich nun zeigen, daß hier die Funktion $t \cdot \mathrm{e}^{-\frac{\rho}{2m}t}$ eine weitere Lösung darstellt, so daß das allgemeine Integral die Form $x = A_1 \mathrm{e}^{-\frac{\rho}{2m}t} + A_2 t \mathrm{e}^{-\frac{\rho}{2m}t}$ besitzt. Der Funktionsverlauf ähnelt dem der Abb. 8.

Zu den gleichen Ergebnissen kommt man auch mit Hilfe eines komplexen Ansatzes.

Wir sehen also: *Die allgemeine homogene lineare Differentialgleichung 2. Ordnung $m\ddot{x} + \rho\dot{x} + Dx = 0$ besitzt je nach den Werten ihrer Koeffizienten das durch Gl. (134) oder das durch Gl. (135) angegebene allgemeine Integral. Die Lösung stellt bei $\rho^2/4m^2 < D/m$ eine periodische Bewegung mit zeitlich abnehmender Amplitude, bei $\rho^2/4m^2 \geqq D/m$ eine aperiodische Bewegung dar.*

Die Unterscheidung der verschiedenen Fälle von Bewegungen ist unter anderem beim Messen irgendeiner Größe mit einem Zeigerinstrument von Bedeutung. Der Zeiger hängt an einer Feder und wird gleichzeitig auf irgendeine Weise durch eine Reibungskraft in seiner Bewegung gedämpft. Ist nun die Dämpfung zu gering, so wird der Zeiger, wenn er ausschlägt, eine längere Zeit um die neue Gleichgewichtslage gemäß Abb. 7 schwingen. Ist die Dämpfung zu groß, so wird er den neuen Wert allmählich anstreben, und man weiß nicht, ob man zu einem bestimmten Zeitpunkt bereits den angezeigten Wert ablesen darf oder ob man noch weit vom Gleichgewichtswert entfernt ist. Am günstigsten für die Messung ist es, von der Schwingungsseite her dem aperiodischen Fall möglichst nahe zu kommen, so daß der Zeiger gerade einmal über den neuen Gleichgewichtswert geringfügig hinwegschwingt.

d) Differentialgleichung erzwungener Schwingungen

Als letztes untersuchen wir noch den Fall, daß auf die oben betrachtete Masse zusätzlich eine von außen angelegte Kraft $K(t) = K_0 \cos \omega_k t$ wirkt, die sich periodisch mit der Kreisfrequenz ω_k ändert. Auf ein solches Problem stößt man beispielsweise bei der Untersuchung der Schwingungen eines Elektrons unter dem Einfluß des elektrischen Wechselfeldes einer Lichtwelle. Die Bewegungsgleichung nimmt dann die Form

$$m\ddot{x} + \rho\dot{x} + Dx = K_0 \cos \omega_k t \tag{136}$$

an. Dies stellt eine inhomogene Differentialgleichung dar. Gemäß den Ausführungen in Abschn. C 1 erhält man das allgemeine Integral einer solchen Gleichung, indem man zum allgemeinen Integral der entsprechenden homogenen Differentialgleichung $m\ddot{x} + \rho\dot{x} + Dx = 0$ ein partikuläres Integral der inhomogenen addiert.

Das allgemeine Integral der homogenen Gleichung ist durch Gl. (134) gegeben. Es muß also nur noch ein partikuläres Integral der inhomogenen Gleichung bestimmt werden. Wir wollen nun zeigen, daß die inhomogene Gleichung durch eine Schwingung der Kreisfrequenz ω_k, die gegenüber der Kraftschwingung um einen bestimmten Winkel ψ phasenverschoben ist, also durch $x = x_0 \cos(\omega_k t - \psi)$ erfüllt wird. Man kann dies beweisen, indem man diesen Ansatz unmittelbar in Gl. (136) einsetzt, wodurch sich eine Bestimmungsgleichung für ψ ergibt. Die Rechnung wird aber wegen der auftretenden trigonometrischen Formeln sehr mühselig. Es ist daher einfacher, sie unter Zuhilfenahme komplexer Größen durchzuführen, was in folgender Weise möglich ist:

Man geht davon aus, daß $K_0 \cos \omega_k t$ der Realteil von $K_0 \mathrm{e}^{\mathrm{i}\omega_0 t}$ ist. Aus diesem Grunde schreibt man auf der rechten Seite von Gl. (136) $K_0 \mathrm{e}^{\mathrm{i}\omega_0 t}$,

$$m\ddot{x} + \rho\dot{x} + Dx = K_0 \mathrm{e}^{\mathrm{i}\omega_k t}, \tag{137}$$

und bestimmt dann eine komplexe Lösungsfunktion der so erhaltenen Gleichung. Wegen der Linearität der linken Seite muß der Realteil dieser Lösungsfunktion eine Lösung von Gl. (136) sein.

Zur Lösung von Gl. (137) nehmen wir versuchsweise die Funktion

$$x = \alpha \cdot \mathrm{e}^{\mathrm{i}\omega_k t} \tag{138}$$

an. Einsetzen in Gl. (137) ergibt

$$-m\alpha\omega_k^2 \mathrm{e}^{\mathrm{i}\omega_k t} + \rho\alpha\mathrm{i}\omega_k \mathrm{e}^{\mathrm{i}\omega_k t} + D\alpha \mathrm{e}^{\mathrm{i}\omega_k t} = K_0 \mathrm{e}^{\mathrm{i}\omega_k t}$$

bzw. nach Kürzung durch $\mathrm{e}^{\mathrm{i}\omega_k t}$ und Umformung

$$\alpha = \frac{K_0}{D - m\omega_k^2 + \mathrm{i}\rho\omega_k}.$$

Mit diesem Wert von α stellt also die angenommene Funktion Gl. (138) eine Lösung der Gl. (137) dar. Da der Nenner im Ausdruck für α komplex ist, bringen wir ihn noch auf die Form $r \cdot \mathrm{e}^{\mathrm{i}\psi}$. Gemäß den Regeln für das Rechnen mit komplexen Zahlen (s. die Gln. (XIII, 28)) gilt

$$r = \sqrt{(D - m\omega_k^2)^2 + \rho^2\omega_k^2}$$

und

$$\tan\psi = \frac{\rho\omega_k}{D - m\omega_k^2}.$$

Wir erhalten somit

$$\alpha = \frac{K_0}{\sqrt{(D - m\omega_k^2)^2 + \varrho^2\omega_k^2}\,\mathrm{e}^{\mathrm{i}\psi}}$$

und für das partikuläre Integral von Gl. (137)

$$x = \frac{K_0}{\sqrt{(D - m\omega_k^2)^2 + \rho^2\omega_k^2}}\,\mathrm{e}^{\mathrm{i}(\omega_k t - \psi)}.$$

Das partikuläre Integral der ursprünglichen Gleichung (136) ist durch den Realteil der obigen Funktion gegeben, also durch

$$x = \frac{K_0}{\sqrt{(D - m\omega_k^2)^2 + \rho^2 \omega_k^2}} \cos(\omega_k t - \psi). \tag{139}$$

Für das vollständige Integral erhält man durch Hinzufügen des in Gl. (134) gegebenen vollständigen Integrals der homogenen Gleichung

$$x = e^{-\frac{\rho}{2m}t}(A_1 e^{i\omega_0' t} + A_2 e^{-i\omega_0' t}) + \frac{K_0}{\sqrt{(D - m\omega_k^2)^2 + \rho^2 \omega_k^2}} \cdot \cos(\omega_k t - \psi), \tag{140}$$

wobei ω_0' durch Gl. (132) gegeben ist.

Man erkennt bei näherer Betrachtung von Gl. (140) bzw. Abb. 8, daß der erste Summand nach einiger Zeit auf Null abgesunken ist, so daß nur der zweite Summand übrigbleibt. Dieser hängt nicht von den Anfangsbedingungen ab. Nach langen Zeiten ist also auch der Bewegungsablauf unabhängig von den Anfangsbedingungen. Er stellt eine Schwingung dar, die mit gleicher Frequenz wie die der erregenden Kraft vor sich geht, aber dieser gegenüber phasenverschoben ist. Amplitude und Phasenverschiebung dieser Schwingung hängen von der Frequenz ab. Um die Frequenzabhängigkeit zu erkennen, ersetzen wir D gemäß Gl. (129) durch $\omega_0^2 m$, wobei ω_0 die Eigenfrequenz des frei schwingenden Systems ist. Gl. (139) geht dann über in

$$x = x_0 \cos(\omega_k t - \psi) \tag{141}$$

mit

$$x_0 = \frac{K_0}{\sqrt{m^2(\omega_0^2 - \omega_k^2)^2 + \rho^2 \omega_k^2}} \tag{142}$$

und

$$\tan\psi = \frac{\rho \cdot \omega_k}{m(\omega_0^2 - \omega_k^2)}. \tag{143}$$

Man sieht, daß die Amplitude der Schwingung x_0 gemäß Gl. (142) für $\omega_k = \omega_0$ durch ein Maximum geht, da für diesen Wert der Nenner am kleinsten wird. Wenn wir also das System mit einer Frequenz anregen, die seiner Eigenfrequenz entspricht, so wird die Amplitude am größten. Die Phasenverschiebung ψ, der Winkel, um den die Schwingung hinter der erregenden Kraft zurückbleibt, ist in diesem Fall 90°. Das Maximum in der Amplitude ist desto schärfer, je kleiner die Reibung ist. Die Abhängigkeit der Amplitude sowie der Phasenverschiebung von der Frequenz ist in Abb. 9 für eine relativ schwache Reibung (Kurve 1), sowie für den Fall starker Reibung (Kurve 2) wiedergegeben.

Zusammenfassend ergibt sich also: *Die inhomogene Differentialgleichung* $m\ddot{x} + \rho\dot{x} + Dx = K_0 \cos\omega_k t$ *führt nach dem Abklingen des Erregungsvorganges zu einer Schwingung der gleichen Frequenz wie die der äußeren Kraft. Die Amplitude* x_0 *der Schwingung und die Phasenverschiebung* ψ *gegenüber der Kraftänderung sind* *durch die Gln. (142) und (143) bzw. durch Abb. 9 gegeben. Die Amplitude besitzt ein Maximum, wenn ω_k mit der Kreisfrequenz des frei schwingenden Systems ω_0 übereinstimmt.*

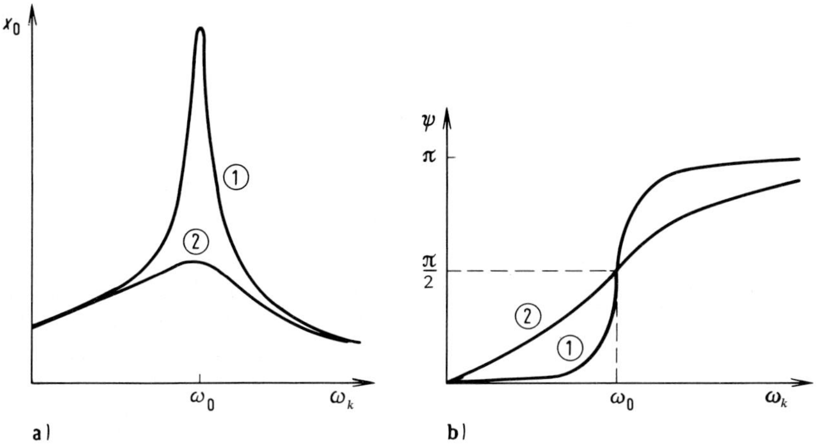

Abb. 9. Amplitude x und Phasenverschiebung ψ bei einer erzwungenen Schwingung als Funktion der Schwingungsfrequenz ω
① schwache Dämpfung, ② starke Dämpfung.

Die hier erhaltenen Ergebnisse sind für ganz verschiedene Bereiche der Wissenschaft und des täglichen Lebens von größter Bedeutung. Sie haben z. B. zur Folge, daß bei Bestrahlung von Materie durch Licht die Lichtabsorption für diejenigen Frequenzen am größten ist, die den Eigenfrequenzen der Elektronen in der Materie entsprechen; daß beim Verfolgen einer Schwingung mit einem Meßinstrument die Eigenschwingung des Meßinstruments so liegen muß, daß sie klein gegenüber der Frequenz der zu untersuchenden Schwingung ist, da nur dann die Phase der Schwingung richtig angezeigt wird; daß eine größere Gruppe von Leuten nicht im Gleichschritt über eine Brücke marschieren soll, da sonst, wenn zufällig die Schrittfolge ein ganzzahliger Teiler der Eigenfrequenz der Brücke ist, die Brücke zu Schwingungen mit immer größerer Amplitude angeregt wird und schließlich einstürzen kann.

3. System von Differentialgleichungen zweiter Ordnung mit konstanten Koeffizienten*)

Eine wichtige Anwendung in der Chemie finden auch Systeme von Differentialgleichungen 2. Ordnung mit konstanten Koeffizienten. Auf solche Systeme stößt man unter anderem bei der Untersuchung von Molekülschwingungen.

Wir betrachten ein Molekül aus N Atomen mit den Massen $m_1, m_2, \ldots, m_N$ und bezeichnen die Auslenkungen aus der Gleichgewichtslage in die drei Raumrichtungen beim ersten Atom mit x_1, x_2, x_3 beim zweiten Atom mit x_4, x_5, x_6 usw. bis zum N-ten Atom mit x_{n-2}, x_{n-1}, x_n. Die Größe n ist dabei offensichtlich gleich $3N$. Bei den Auslenkungen treten allgemein rücktreibende Kräfte auf, die in erster Näherung den Auslenkungen proportional sind. Da gemäß dem Newtonschen Gesetz diese Kräfte jeweils dem Produkt aus Masse mal Beschleunigung eines jeden Atoms gleich sein müssen, lauten die Bewegungsgleichungen in allgemeiner Form

*) Dieser Abschnitt kann von weniger interessierten Lesern überschlagen werden.

$$\begin{aligned} m_1 \ddot{x}_1 &= \tilde{a}_{11} x_1 + \tilde{a}_{12} x_2 + \cdots + \tilde{a}_{1n} x_n \\ m_1 \ddot{x}_2 &= \tilde{a}_{21} x_1 + \tilde{a}_{22} x_2 + \cdots + \tilde{a}_{2n} x_n \\ &\vdots \\ m_N \ddot{x}_n &= \tilde{a}_{n1} x_1 + \tilde{a}_{n2} x_2 + \cdots + \tilde{a}_{nn} x_n . \end{aligned}$$

Indem wir durch die Massen dividieren und den Quotienten aus $\tilde{a}_{ik}$ und der entsprechenden Masse jeweils mit a_{ik} bezeichnen, ergibt sich

$$\begin{aligned} \ddot{x}_1 &= a_{11} x_1 + a_{12} x_2 + \cdots + a_{1n} x_n \\ \ddot{x}_2 &= a_{21} x_1 + a_{22} x_2 + \cdots + a_{2n} x_n \\ &\vdots \\ \ddot{x}_n &= a_{n1} x_1 + a_{n2} x_2 + \cdots + a_{nn} x_n . \end{aligned} \tag{144}$$

Wenn man aus den Koeffizienten a_{ik} die Matrix $\boldsymbol{A}$ und aus den Funktionen x_i analog zu Gl. (61) die einspaltige Matrix $\boldsymbol{x}$ bildet, so kann man dafür auch schreiben

$$\ddot{\boldsymbol{x}} = \boldsymbol{A}\boldsymbol{x} . \tag{145}$$

Das gegebene System von Differentialgleichungen (144) kann man grundsätzlich immer mit einem Ansatz der Form

$$x_k = C_k \mathrm{e}^{\alpha t} \tag{146}$$

lösen. Setzt man dies in die Gln. (144) ein, so erhält man n homogene Gleichungen zur Bestimmung der Konstanten C_k. Aus der Bedingung, daß die Koeffizientendeterminante verschwinden muß (s. Abschn. IV C 3), erhält man eine Gleichung n-ten Grades zur Bestimmung der Konstanten α. Dieser Weg ist aber besonders für größere Werte von n umständlich. Es hat sich daher als zweckmäßig erwiesen, vor dem Lösen der Differentialgleichungen eine geeignete Koordinatentransformation durchzuführen, wie das im folgenden beschrieben wird.

Man führt, in gleicher Weise wie bei den Gln. (85), über eine Matrix $\boldsymbol{B}$, die aus den Elementen b_{ik} besteht, neue Koordinaten $q_1, q_2, \ldots, q_n$ ein, über

$$\boldsymbol{x} = \boldsymbol{B}\boldsymbol{q} , \tag{147}$$

wobei $\boldsymbol{q}$ die einspaltige Matrix aus den q_k ist. Es ergibt sich dann durch Einsetzen in Gl. (145) $\boldsymbol{B}\ddot{\boldsymbol{q}} = \boldsymbol{A}\boldsymbol{B}\boldsymbol{q}$ bzw. nach Multiplikation mit $\boldsymbol{B}^{-1}$

$$\ddot{\boldsymbol{q}} = \boldsymbol{B}^{-1}\boldsymbol{A}\boldsymbol{B}\boldsymbol{q} . \tag{148}$$

$\boldsymbol{B}$ wird nun so gewählt, daß $\boldsymbol{B}^{-1}\boldsymbol{A}\boldsymbol{B}$ eine Diagonalmatrix $\boldsymbol{\Lambda}$ mit den Diagonalelementen $\lambda_1, \lambda_2, \ldots, \lambda_n$ wird. Die q_i werden dann als *Normalkoordinaten* bezeichnet (vgl. Gl. (IX, 203)). $\boldsymbol{B}$ muß hierfür entsprechend Gl. (IX, 162) aus den Eigenvektoren der Matrix $\boldsymbol{A}$ aufgebaut werden und die λ_i sind die Eigenwerte der Matrix $\boldsymbol{A}$. Die Gl. (148) nimmt dann die Form

$$\begin{pmatrix} \ddot{q}_1 \\ \ddot{q}_2 \\ \vdots \\ \ddot{q}_n \end{pmatrix} = \begin{pmatrix} \lambda_1 & 0 & \ldots & 0 \\ 0 & \lambda_2 & \ldots & 0 \\ \vdots & & \ddots & \vdots \\ 0 & \ldots & \ldots & \lambda_n \end{pmatrix} \begin{pmatrix} q_1 \\ q_2 \\ \vdots \\ q_n \end{pmatrix}$$

an, bzw., in einzelnen Gleichungen geschrieben,

$$\begin{aligned} \ddot{q}_1 &= \lambda_1 q_1 \\ \ddot{q}_2 &= \lambda_2 q_2 \\ &\vdots \\ \ddot{q}_n &= \lambda_n q_n . \end{aligned} \tag{149}$$

Jede dieser Gleichungen ist für sich lösbar. Es zeigt sich, daß bei Bewegungen von Atomen in Molekülen die λ_k entweder negativ oder Null sind. Wenn z. B. λ_l negativ ist, so ergibt sich Gl. (128) zufolge die Lösung

$$q_l = C_l \, e^{i\omega_l t} + D_l \, e^{-i\omega_l t} \tag{150}$$

mit

$$i\omega_l = \sqrt{\lambda} .$$

Wenn dagegen λ_j gleich Null ist, so erhält man, wie man durch zweifache Integration der entsprechenden Bewegungsgleichung erkennt,

$$q_j = C_j t + D_j . \tag{151}$$

Durch Transformation der Funktionen $\boldsymbol{q}$ mit der Matrix $\boldsymbol{B}$ entsprechend Gl. (147) erhält man die ursprünglichen Koordinaten x_k als Funktion von t. Diese stellen das gesuchte allgemeine Integral des gegebenen Differentialgleichungssystems dar.

Wir sehen also: *Um ein Differentialgleichungssystem mit konstanten Koeffizienten der Form* $\ddot{\boldsymbol{x}} = \boldsymbol{A}\boldsymbol{x}$ *zu lösen, führt man als erstes eine Koordinatentransformation* $\boldsymbol{x} = \boldsymbol{B}\boldsymbol{q}$ *durch, wobei* $\boldsymbol{B}$ *entsprechend Gl.* (IX, 162) *aus den Eigenvektoren von* $\boldsymbol{A}$ *aufgebaut wird. Die Bewegungsgleichungen nehmen dann die Form* $\ddot{\boldsymbol{q}} = \boldsymbol{\Lambda}\boldsymbol{q}$ *an, wobei* $\boldsymbol{\Lambda}$ *eine Diagonalmatrix ist, die die Eigenwerte* $\lambda_1, \lambda_2, \ldots, \lambda_n$ *von* $\boldsymbol{A}$ *als Elemente enthält. Die Lösungen der erhaltenen Differentialgleichungen haben die Form von Gl.* (150) *bzw. Gl.* (151). *Indem man diese Lösungen in die Beziehung* $\boldsymbol{x} = \boldsymbol{B}\boldsymbol{q}$ *einsetzt, ergibt sich das gesuchte allgemeine Integral.*

Als einfaches Beispiel betrachten wir drei Kugeln gleicher Masse m, die durch zwei Federn verbunden sind (s. Abb. 10). Es sei vorausgesetzt, daß nur Bewegungen längs der Achse des Systems möglich sind. Wir bezeichnen die Auslenkungen der Kugeln aus den Gleichgewichtslagen mit x_1, x_2 bzw. x_3 und die Federkonstanten mit k_{12} und k_{23}. Wir vereinbaren, daß eine Auslenkung nach rechts als positiv, eine solche nach links negativ gezählt wird. Die Ausdehnung einer jeden Feder ist dann durch die Differenz der Verschiebungen der Massen an ihren Enden gegeben. Auf die Massen 1 und 3 wirkt nur die Kraft von jeweils einer Feder, auf die Masse 2 dagegen wirken die Kräfte von zwei Federn. Auf Grund des Newtonschen Grundgesetzes der Mechanik, wonach die Masse mal der Beschleunigung gleich der auf die Masse wirkenden Kraft sein muß, ergibt sich

$$\begin{aligned} m\ddot{x}_1 &= -k_{12}(x_1 - x_2) \\ m\ddot{x}_2 &= -k_{12}(x_2 - x_1) - k_{23}(x_2 - x_3) \\ m\ddot{x}_3 &= -k_{23}(x_3 - x_2) . \end{aligned} \tag{152}$$

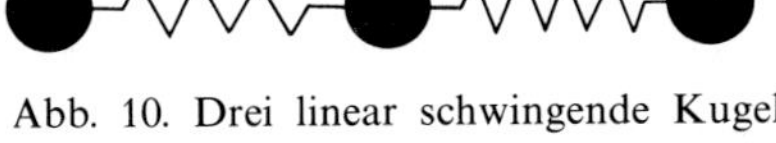

Abb. 10. Drei linear schwingende Kugeln als einfachstes Modell eines Moleküls.

Wir wollen nun die Gln. (152) unter Einführung von Normalkoordinaten lösen. Wir dividieren die Gleichungen durch m und setzen $k'_{ij}/m = k_{ij}$. Die durch Gl. (145) definierte Matrix A lautet in diesem Fall

$$A = \begin{pmatrix} -k_{12} & k_{12} & 0 \\ k_{12} & -k_{12} - k_{23} & k_{23} \\ 0 & k_{23} & -k_{23} \end{pmatrix}.$$

Die Eigenwerte $\lambda_1, \lambda_2, \lambda_3$ der Matrix ergeben sich entsprechend Gl. (IX, 92) aus der Bedingung $|\boldsymbol{A} - \lambda \boldsymbol{E}| = 0$. Wir erhalten daher

$$\begin{vmatrix} -k_{12} - \lambda & k_{12} & 0 \\ k_{12} & -k_{12} - k_{23} - \lambda & k_{23} \\ 0 & k_{23} & -k_{23} - \lambda \end{vmatrix} = \lambda^3 + (2k_{12} + 2k_{23})\lambda^2 + 3k_{12}k_{23}\lambda = 0\,.$$

Das ist eine Gleichung dritten Grades für λ. Sie besitzt die drei Lösungen

$$\begin{aligned} \lambda_1 &= 0 \\ \lambda_2 &= -(k_{12} + k_{23}) + \sqrt{k_{12}^2 + k_{23}^2 - k_{12}k_{23}} \\ \lambda_3 &= -(k_{12} + k_{23}) - \sqrt{k_{12}^2 + k_{23}^2 - k_{12}k_{23}}\,. \end{aligned}$$

Die erste Lösung ergibt sich, indem man λ aus der Gleichung ausklammert, die beiden übrigen, indem man die verbleibende Gleichung zweiten Grades für λ entsprechend Gl. (V, 6) nach λ auflöst.

Nachdem wir die Eigenwerte von $\boldsymbol{A}$ bestimmt haben, können wir die Bewegungsgleichungen (152) unmittelbar in Normalkoordinaten anschreiben. Es gilt den Gln. (149) zufolge:

$$\begin{aligned} \ddot{q}_1 &= 0 \\ \ddot{q}_2 &= \lambda_2 q_2 \\ \ddot{q}_3 &= \lambda_3 q_3\,. \end{aligned}$$

Die Lösung der ersten Gleichung findet man durch zweifache Integration nach t, die Lösung der zweiten und dritten Gleichung ist durch Gl. (128) gegeben, so daß wir schreiben können

$$\begin{aligned} q_1 &= C_1 t + D_1 \\ q_2 &= C_2\, e^{i\omega_2 t} + D_2\, e^{-i\omega_2 t} \\ q_3 &= C_3\, e^{i\omega_3 t} + D_3\, e^{-i\omega_3 t}\,. \end{aligned} \tag{153}$$

Dabei sind die A_i und B_i beliebige Konstante und die ω_i sind gegeben durch

$$\begin{aligned} i\omega_2 &= \sqrt{\frac{\lambda_2}{m}} \\ i\omega_3 &= \sqrt{\frac{\lambda_3}{m}}\,. \end{aligned} \tag{154}$$

Wir haben dabei die Abkürzungen $i\omega_2$ und $i\omega_3$ eingeführt, weil λ_2 und λ_3 negativ sind und die Wurzeln daher immer imaginär.

Um die zeitliche Abhängigkeit der kartesischen Koordinaten x_1, x_2, x_3 zu finden, muß man die Transformationsmatrix $\boldsymbol{B}$ bestimmen. Diese wird aus den Eigenvektoren der Matrix $\boldsymbol{A}$ entsprechend Gl. (IX, 162) aufgebaut. Indem wir das Gleichungssystem $(\boldsymbol{A} - \lambda \boldsymbol{E})\boldsymbol{x} = 0$ für die drei Werte von λ lösen und die erhaltenen Eigenvektoren zu der Matrix $\boldsymbol{B}$ zusammensetzen, finden wir in gleicher Weise wie im Anschluß an Gl. (92)

$$\boldsymbol{B} = \begin{pmatrix} \dfrac{1}{\sqrt{3}} & \dfrac{k_{12}a_2}{\alpha - k_{23}} & -\dfrac{k_{12}a_3}{\alpha + k_{23}} \\ \dfrac{1}{\sqrt{3}} & a_2 & a_3 \\ \dfrac{1}{\sqrt{3}} & \dfrac{k_{23}a_2}{\alpha - k_{12}} & -\dfrac{k_{23}a_3}{\alpha + k_{12}} \end{pmatrix}.$$

a_2 und a_3 sind Normierungskonstante, die wir nicht zu bestimmen brauchen, und $\alpha = \sqrt{k_{12}^2 + k_{23}^2 - k_{12}k_{23}}$. Die ursprünglichen Koordinaten sind durch die Matrizengleichung $\boldsymbol{x} = \boldsymbol{B}\boldsymbol{q}$ gegeben. Indem wir für Elemente der zweiten und dritten Spalte von $\boldsymbol{B}$ die Abkürzungen b_{ik} verwenden und die Elemente von $\boldsymbol{q}$ entsprechend den Gln. (153) anschreiben, erhalten wir

$$\begin{pmatrix} x_1 \\ x_2 \\ x_3 \end{pmatrix} = \begin{pmatrix} \frac{1}{\sqrt{3}} & b_{12} & b_{13} \\ \frac{1}{\sqrt{3}} & b_{22} & b_{23} \\ \frac{1}{\sqrt{3}} & b_{32} & b_{33} \end{pmatrix} \begin{pmatrix} A_1 t + A_2 \\ A_3 e^{i\omega_2 t} + A_4 e^{-i\omega_2 t} \\ A_5 e^{i\omega_3 t} + A_6 e^{-i\omega_3 t} \end{pmatrix}$$

bzw. nach Multiplikation der Matrizen und Zerlegung in einzelne Gleichungen

$$\begin{aligned} x_1 &= \frac{C_1}{\sqrt{3}} t + \frac{D_1}{\sqrt{3}} + b_{12} C_2 e^{i\omega_2 t} + b_{12} D_2 e^{-i\omega_2 t} + b_{13} C_3 e^{i\omega_3 t} + b_{13} D_3 e^{-i\omega_3 t} \\ x_2 &= \frac{C_1}{\sqrt{3}} t + \frac{D_1}{\sqrt{3}} + b_{22} C_2 e^{i\omega_2 t} + b_{22} D_2 e^{-i\omega_2 t} + b_{23} C_3 e^{i\omega_3 t} + b_{23} D_3 e^{-i\omega_3 t} \\ x_3 &= \frac{C_1}{\sqrt{3}} t + \frac{D_1}{\sqrt{3}} + b_{32} C_2 e^{i\omega_2 t} + b_{32} D_2 e^{-i\omega_2 t} + b_{33} C_3 e^{i\omega_3 t} + b_{33} D_3 e^{-i\omega_3 t} . \end{aligned} \tag{155}$$

Dies ist das gesuchte allgemeine Integral.

Wir wollen nun noch einige für die Charakterisierung der Molekülbewegungen wichtige partikuläre Integrale besprechen. Nehmen wir an, die Konstanten A_i haben solche Werte, daß sich nur die Normalkoordinate q_1 zeitlich ändert. Es ist dann nur A_1 und A_2 von Null verschieden und die Gln. (155) gehen über in

$$x_1 = x_2 = x_3 = \frac{C_1}{\sqrt{3}} t + \frac{D_1}{\sqrt{3}} .$$

Das bedeutet, daß das Molekül eine Translationsbewegung ausführt. Wenn sich nur die Normalkoordinate q_2 zeitlich ändert, so ist nur A_3 und A_4 von Null verschieden und die Lösung lautet

$$\begin{aligned} x_1 &= b_{12} C_2 e^{i\omega_2 t} + b_{12} D_2 e^{-i\omega_2 t} \\ x_2 &= b_{22} C_2 e^{i\omega_2 t} + b_{22} D_2 e^{-i\omega_2 t} \\ x_3 &= b_{32} C_2 e^{i\omega_2 t} + b_{32} D_2 e^{-i\omega_2 t} . \end{aligned}$$

Bei reellen Anfangsbedingungen läßt sich die Summe zweier Exponentialfunktionen mit imaginären Exponenten immer als Kosinus des mit einer additiven Konstanten ergänzten Realteils des Exponenten schreiben (s. Gl. (129)), so daß wir erhalten

$$\begin{aligned} x_1 &= c_1 \cos(\omega_2 t + \delta) \\ x_2 &= c_2 \cos(\omega_2 t + \delta) \\ x_3 &= c_3 \cos(\omega_2 t + \delta) . \end{aligned}$$

Der Bewegung der Normalkoordinate q_2 entspricht also eine gleichphasige Schwingung aller Atome mit der durch Gl. (154) gegebenen Frequenz ω_2. Eine solche Bewegung bezeichnet man als *Eigenschwingung* oder *Normalschwingung*. In gleicher Weise ergibt sich, daß der Bewegung der Normalkoordinate q_3 eine Eigenschwingung mit der Frequenz ω_3 entspricht. Wir sehen also: *Die möglichen Bewegungsformen des betrachteten Moleküls bestehen aus zwei Normalschwingungen und einer Translationsbewegung.*

Wenn wir Bewegungen nicht nur in einer Richtung, sondern in allen drei Raumrichtungen zulassen und nicht nur 3, sondern allgemein N Atome betrachten, so werden die Bewegungen entsprechend komplizierter. Man findet dann bei räumlichen Molekülen $3N - 6$ Normalschwingungen, 3 Translationen und 3 Rotationen. Bei linearen Molekülen ist die Anzahl der Rotationen um 1 kleiner und die der Schwingungen um 1 größer. Um die Eigenwertgleichung, die dann vor Grade $3N$ ist, lösen zu können, muß man Koordinaten einführen, die der Symmetrie des Moleküls Rechnung tragen (siehe Abschnitt XVI C 6).

4. Lineare Differentialgleichungen mit nichtkonstanten Koeffizienten

a) Allgemeines über das Lösen von Differentialgleichungen durch Reihen

Differentialgleichungen, bei denen die Koeffizienten vor $y, y', \ldots$ usw. Funktionen von x sind, lassen sich im allgemeinen nicht mit den bisher beschriebenen Methoden lösen. Ihre Integration gelingt aber häufig dadurch, daß man für die Lösung eine Reihe ansetzt, deren Koeffizienten nachträglich bestimmt werden. Im folgenden soll dieses Verfahren kurz besprochen werden.

Wir betrachten als erstes eine Differentialgleichung der Form

$$y^{(n)} + a_1(x)\, y^{(n-1)} + a_2(x)\, y^{(n-2)} + \cdots + a_{n-1}(x)\, y' + a_n(x)\, y = 0\,, \qquad (155)$$

bei der sämtliche Koeffizienten in einem gewissen Bereich regulär sind. Es gilt dann der folgende Satz, den wir ohne Beweis anführen: *Sind bei einer linearen homogenen Differentialgleichung n-ter Ordnung der Form Gl. (155) in einem Bereich um die Stelle* $x = a$ *sämtliche Koeffizienten* $a_j(x)$ *regulär, so ist auch die Lösung der Differentialgleichung in diesem Bereich regulär. Man kann die Lösung daher in Form einer Reihe*

$$y = \sum_{k=0}^{\infty} c_k\, (x - a)^k \qquad (156)$$

darstellen, deren Konvergenzradius mindestens so groß ist wie der kleinste Konvergenzradius der Reihen für die $a_j(x)$. Mit Hilfe dieses Satzes ergibt sich das folgende Verfahren zum Aufsuchen der Lösung: Man entwickelt in Gl. (155) die Funktionen $a_j(x)$ in Reihen um $x = a$, setzt danach die Reihe aus Gl. (156) mit unbekannten Größen c_k in Gl. (155) ein und bestimmt schließlich die c_k durch Koeffizientenvergleich. Ein Beispiel ist im folgenden Abschnitt durch die Gln. (158) bis (161) gegeben.

Als nächstes betrachten wir eine Differentialgleichung der Form Gl. (155), bei der die Voraussetzung, daß alle $a_j(x)$ in der Umgebung von $x = a$ regulär sind, nicht erfüllt ist. Wir setzen lediglich voraus, daß $a_1(x)$ höchstens einen Pol erster Ordnung, $a_2(x)$ höchstens einen Pol zweiter Ordnung, bzw. allgemein $a_j(x)$ höchstens einen Pol j-ter Ordnung aufweist. Man sagt dann, daß die gegebene Differentialgleichung an der Stelle $x = a$ eine *außerwesentlich singuläre Stelle aufweist.* Es gilt nun, wie man zeigen kann, folgender Satz: *Besitzt eine Differentialgleichung der Form Gl. (155) bei* $x = a$ *eine außerwesentlich singuläre Stelle, so kann man die Lösung der Differentialgleichung in der Umgebung dieser Stelle immer in Form einer Laurentreihe*

$$y = x^{-r} \sum_{k=0}^{\infty} b_k (x - a)^k \qquad (157)$$

darstellen. Man kann die unbekannten Größen c_k sowie die ganze Zahl r dadurch bestimmen, daß man in der gegebenen Differentialgleichung die Funktionen $a_j(x)$ in Laurent-Reihen entwickelt, die Reihe von Gl. (157) in die Differentialgleichung einsetzt und dann einen Koeffizientenvergleich vornimmt.

Im folgenden wird von der Möglichkeit, Differentialgleichungen durch Reihenansätze zu lösen, ausgiebig Gebrauch gemacht.

b) Aufsuchen der Lösungen einiger spezieller Differentialgleichungen

α) Legendresche Differentialgleichung

Als erstes besprechen wir die sog. *Legendresche Differentialgleichung*

$$(1 - x^2)y'' - 2xy' + \nu(\nu + 1)y = 0. \tag{158}$$

Auf die Form von Gl. (155) gebracht, lautet diese

$$y'' - \frac{2x}{1 - x^2}y' + \frac{\nu(\nu + 1)}{1 - x^2}y = 0. \tag{159}$$

Es ist hier $a_1(x) = -2x/(1 - x^2)$ und $a_2(x) = \nu(\nu + 1)/(1 - x^2)$. Diese Funktionen sind für $x = 0$ regulär; singuläre Stellen treten bei $x = 1$ und $x = -1$ auf. Man kann daher die Lösung in Form einer Taylorschen Reihe um $x = 0$ ansetzen

$$y = \sum_{k=0}^{\infty} c_k x^k. \tag{160}$$

Auf Grund der Ausführungen im Zusammenhang mit Gl. (156) muß diese Reihe mindestens für $|x| < 1$ konvergieren. Durch Einsetzen der Reihe in die Differentialgleichung erhält man

$$(1 - x^2)\sum_{k=2}^{\infty} k(k-1)c_k x^{k-2} - 2x\sum_{k=1}^{\infty} kc_k x^{k-1} + \nu(\nu + 1)\sum_{k=0}^{\infty} c_k x^k = 0,$$

oder, nach Potenzen von x geordnet,

$$\sum_{k=0}^{\infty} [(k + 2)(k + 1)c_{k+2} - k(k - 1)c_k - 2kc_k + \nu(\nu + 1)c_k]x^k = 0.$$

Da die linke Seite für alle Werte von x Null ergeben muß, ist jeder einzelne Koeffizient vor den einzelnen Potenzen von x gleich Null zu setzen, und man erhält

$$(k + 2)(k + 1)c_{k+2} - k(k - 1)c_k - 2kc_k + \nu(\nu + 1)c_k = 0.$$

Daraus ergibt sich

$$c_{k+2} = c_k \cdot \frac{k(k + 1) - \nu(\nu + 1)}{(k + 2)\cdot(k + 1)}. \tag{161}$$

Das ist eine Rekursionsformel zur Bestimmung der c_k. Wenn man einen beliebigen Wert für c_0 und einen zweiten Wert für c_1 annimmt, so kann man anschließend mit Hilfe dieser Formel alle weiteren Koeffizienten berechnen.

Von besonderem Interesse ist der Fall, daß ν eine ganze Zahl n ist. Bei einer bestimmten Wahl der frei verfügbaren Konstanten c_0 und c_1 bricht dann die Reihe mit der n-ten Potenz ab. Man erhält dann keine unendliche Reihe, sondern ein Polynom als Lösung. Ist n eine gerade Zahl, so muß man, um das zu erreichen, c_1 gleich Null setzen, während man c_0 beliebig wählen kann; wenn n eine ungerade Zahl ist, muß man $c_0 = 0$ setzen, während c_1 beliebig angesetzt werden kann. Daß unter diesen Bedingungen die c_k für $k > n$ alle gleich Null sind, kann man durch sukzessives Anwenden der Rekursionsformel Gl. (161) nachweisen. Man nennt die so erhaltenen

Lösungen für verschiedene Werte von n die *Legendreschen Polynome* und bezeichnet sie mit $P_n(x)$.

Wir wollen nun die einzelnen Koeffizienten c_k ausrechnen. Sowohl für geradzahliges als auch ungeradzahliges n gilt auf Grund von Gl. (161)

$$c_n = c_{n-2}\frac{(-2)(2n-1)}{n(n-1)} = c_{n-4}\frac{(-2)(-4)(2n-1)(2n-3)}{n(n-1)(n-2)(n-3)} = \cdots .$$

Daraus ergibt sich

$$P_n(x) = c_n\left[x^n - \frac{n(n-1)}{2(2n-1)}x^{n-2} + \frac{n(n-1)(n-2)(n-3)}{2\cdot 4(2n-1)(2n-3)}x^{n-4} - + \cdots\right].$$

Dafür kann man auch schreiben, wie sich leicht verifizieren läßt,

$$P_n(x) = \frac{n!}{(2n)!}c_n\frac{d^n}{dx^n}[x^2-1]^n . \tag{162}$$

An Stelle von c_0 bzw. c_1 tritt hier c_n als unbekannte und willkürlich festsetzbare Konstante auf. Man trifft die Festsetzung so, daß $P_n(1) = 1$ wird. Es ergibt sich dann

$c_n = \dfrac{(2n)!}{n!n!2^n}$ und damit

$$P_n(x) = \frac{1}{n!2^n}\frac{d^n}{dx^n}[x^2-1]^n . \tag{163}$$

Insbesondere gilt:

$$\begin{aligned} P_0(x) &= \frac{1}{0!2^0}[x^2-1]^0 = 1 ,\\ P_1(x) &= \frac{1}{1!2}\frac{d}{dx}[x^2-1] = x ,\\ P_2(x) &= \frac{1}{2!2^2}\frac{d^2}{dx^2}[x^2-1]^2 = \frac{1}{2}(3x^2-1) \end{aligned} \tag{164}$$

usw. In Abb. 11 sind einige Legendresche Polynome graphisch dargestellt.

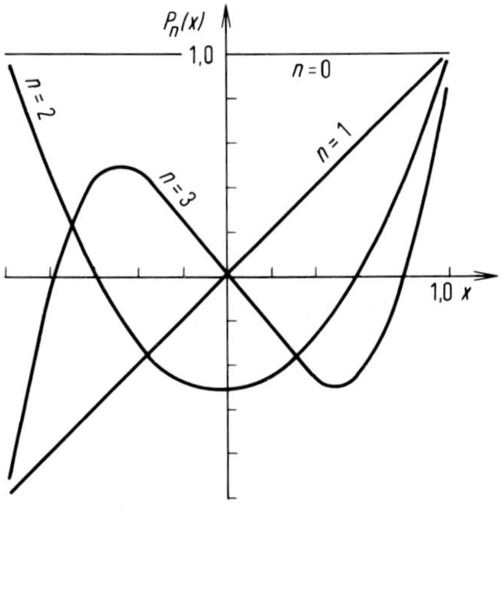

Abb. 11. Graphische Darstellung der Legendreschen Polynome $P_n(x)$ für $n = 0$ bis $n = 3$.

Ohne Beweis wollen wir noch anführen, daß die Legendreschen Polynome ein orthogonales System bilden und daß gilt

$$\frac{2n+1}{2}\int_{-1}^{+1} P_m(x)P_n(x)\,dx = \delta_{mn}\,.$$

Das Legendresche Polynom stellt bei einem bestimmten n eine der beiden gesuchten Funktionen des fundamentalen Lösungssystems dar. Eine zweite, linear unabhängige Lösung, mit deren Hilfe dann das vollständige Integral gebildet werden kann, findet man, indem man die Ordnung der Differentialgleichung mit Hilfe der bereits bekannten Lösung um eins erniedrigt. Die so erhaltenen Lösungen für verschiedene Werte n nennt man *Legendresche Funktionen zweiter Art.*

Ist die Größe v in Gl. (158) keine ganze Zahl, so erhält man als Lösung unendliche Reihen. Wir gehen darauf nicht weiter ein, da dieser Fall für Physik und Chemie nicht von Interesse ist.

Des weiteren erwähnen wir noch die Differentialgleichung

$$(1-x^2)y'' - 2xy' + \left[v(v+1) - \frac{m^2}{1-x^2}\right]y = 0\,. \qquad (165)$$

Sie besitzt physikalisch sinnvolle Lösungen nur dann, wenn v eine ganze Zahl l ist und m eine ganze Zahl ist, die der Bedingung $-l \leqq m \leqq l$ genügt. Eine partikuläre Lösung stellen die sog. *zugeordneten Legendreschen Funktionen* dar, die wir mit P_l^m bezeichnen und die gegeben sind durch

$$P_l^m(x) = (1-x^2)^{m/2}\frac{d^m}{dx^m}P_l(x)\,. \qquad (166)$$

Mit Hilfe der zugeordneten Legendreschen Funktionen kann man auch die sogenannten Kugelfunktionen definieren, die beim Lösen bestimmter partieller Differentialgleichungen in der Atomphysik auftreten. Die Kugelfunktionen sind Funktionen der Polarkoordinaten ϑ und φ, die durch

$$Y_{lm}(\vartheta,\varphi) = (-1)^m\sqrt{\frac{(2l+1)}{4\pi}\cdot\frac{(l-m)!}{(l+m)!}}\,P_l^m(\cos\vartheta)\mathrm{e}^{\mathrm{i}m\varphi} \qquad (167)$$

gegeben sind.

β) Besselsche Differentialgleichung *)

Als nächstes besprechen wir die Besselsche Differentialgleichung

$$y'' + \frac{1}{x}y' + \left(1 - \frac{v^2}{x^2}\right)y = 0\,. \qquad (168)$$

*) Dieser Abschnitt kann von weniger interessierten Lesern überschlagen werden.

Mit Hilfe eines Reihenansatzes gemäß Gl. (157) mit $a = 0$ erhält man auf ähnliche Art wie oben zu jedem reellen Wert von ν eine Lösung, die man mit $J_\nu(x)$ bezeichnet und *Besselsche Funktion erster Art* nennt.

$$J_\nu(x) = \sum_{k=0}^{\infty} \frac{(-1)^k}{k!\,\Gamma(\nu + k + 1)} \left(\frac{x}{2}\right)^{\nu + 2k}. \tag{169}$$

$\Gamma(y)$ steht dabei für die sog. Gammafunktion, die für ganzzahliges y gleich $(y - 1)!$ ist. Da in Gl. (168) nur ν^2 vorkommt, gehört zu jeder Gleichung ein positiver und ein negativer ν-Wert und damit zwei Lösungen J_ν und $J_{-\nu}$. Falls ν nicht ganzzahlig ist, hängen diese Lösungen nicht linear voneinander ab, und man kann aus ihnen das vollständige Integral bilden

$$Z_\nu(x) = a_1 J_\nu(x) + a_2 J_{-\nu}(x)\,. \tag{170}$$

Die Besselfunktionen zeigen allgemein einen periodischen Verlauf ähnlich wie die trigonometrischen Funktionen und werden unter anderem beim Lösen der Differentialgleichung von Schwingungen von Platten erhalten. Ist im Besonderen $\nu = \frac{1}{2}$, so geht die Reihe in Gl. (169) in die Reihe der Funktion $\sqrt{2/(\pi x)} \sin x$ über, so daß wir schreiben können

$$J_{1/2} = \sqrt{\frac{2}{\pi x}} \sin x\,. \tag{171}$$

In gleicher Weise ergibt sich

$$J_{-1/2} = \sqrt{\frac{2}{\pi x}} \cos x\,. \tag{172}$$

Die Besselfunktionen für halbzahligen Index zeigen daher die Periodizität des Sinus bzw. Kosinus, die Amplitude nimmt jedoch mit wachsendem x ab. Ähnliches gilt auch für andere Indizes. Als Beispiel ist in Abb. 12 der Verlauf der Funktion $J_0(x)$ angegeben.

Bisweilen führt man noch die sog. Besselschen Funktionen 2. Art oder Neumannschen Funktionen N_ν ein sowie die sog. Hankelschen Funktionen H_ν^1 und H_ν^2, die sich alle durch die J_ν definieren lassen.

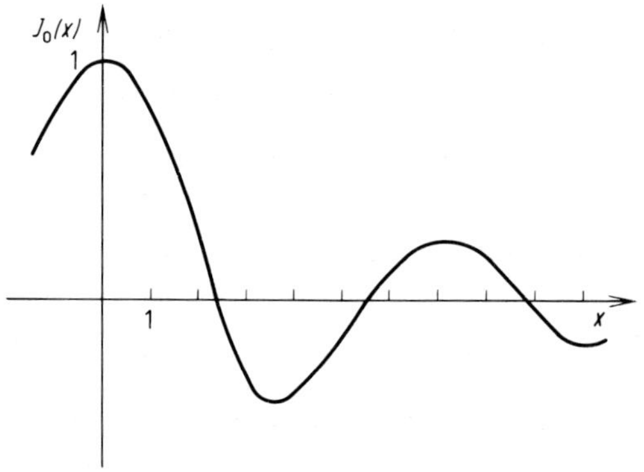

Abb. 12. Graphische Darstellung der Besselfunktion $J_0(x)$.

γ) Einige weitere Differentialgleichungen

Des weiteren wollen wir noch die folgenden Differentialgleichungen erwähnen, in denen der Parameter n jeweils Null oder eine positive ganze Zahl sein soll: die Gleichung

$$x y'' + (1 - x) y' + n y = 0 , \tag{173}$$

die als Lösung die Laguerreschen Polynome

$$L_n(x) = e^x \frac{d^n}{dx^n} (x^n e^{-x}) \tag{174}$$

besitzt; die Differentialgleichung

$$y'' + \left(\frac{m+1}{x} - 1 \right) y' + \frac{n-m}{x} y = 0 , \tag{175}$$

die als Lösung die Laguerreschen Polynome höherer Ordnung $L_n^m(x)$ besitzt, die sich aus L_n über die Beziehung

$$L_n^m(x) = \frac{d^m L_n(x)}{dx^m} \tag{176}$$

ergeben; die Differentialgleichung

$$y'' - 2 x y' + 2 n y = 0 , \tag{177}$$

die als Lösung die Hermiteschen Polynome

$$H_n = (-1)^n e^{x^2} \frac{d^n e^{-x^2}}{dx^n} \tag{178}$$

aufweist.

Für alle hier erwähnten Funktionen gibt es noch eine Reihe von Sätzen über Zusammenhänge untereinander, verschiedene Darstellungen usw. Wegen dieser Einzelheiten müssen wir auf ausführlichere Lehrbücher verweisen. Einige Anwendungen dieser Gleichungen in Physik und Chemie werden im Abschn. E besprochen.

Fragen und Aufgaben

1. Wandle die Differentialgleichung $y'' + k y = 0$ in ein System von Differentialgleichungen 1. Ordnung um.
2. Was versteht man unter einem fundamentalen Lösungssystem einer linearen homogenen Differentialgleichung n-ter Ordnung?
3. Woran erkennt man, daß drei Lösungen einer homogenen linearen Differentialgleichung 3. Ordnung ein Fundamentalsystem bilden?
4. Was ist die Wronskische Determinante?
5. Welche Form hat das allgemeine Integral einer linearen Differentialgleichung 3. Ordnung?
6. Unter welchen Bedingungen hat eine lineare Differentialgleichung 3. Ordnung eine genau bestimmte Lösung?
7. Mit welchem Ansatz kann man eine lineare homogene Differentialgleichung mit konstanten Koeffizienten lösen?
8. Welche Vorteile hat es, als Lösung einer linearen homogenen Differentialgleichung eine Funktion einer komplexen Variablen anzusetzen?

9. Was ist eine außerwesentlich singuläre Stelle einer Differentialgleichung?
10. Unter welchen Bedingungen kann man eine lineare homogene Differentialgleichung durch einen Reihenansatz lösen? In welcher Form muß man die Reihe annehmen?
11. Beweise, daß sowohl die Funktionen $\sin kx$ und $\cos kx$ als auch die Funktionen e^{ikx} und e^{-ikx} ein Fundamentalsystem der Differentialgleichung $y'' + k^2 y = 0$ sind.
12. Die Differentialgleichung $x^3 y''' - 4x^2 y'' + 10xy' - 12y = 0$ besitzt die Lösungen $x^2, x^2 \log|x|$ und x^3. Verifiziere dies durch Einsetzen in die Differentialgleichung. Zeige, daß die drei Lösungen ein Fundamentalsystem bilden. Wie lautet das allgemeine Integral der Differentialgleichung?
13. Zeige, daß das in Gl. (164) angeführte Legendresche Polynom $P_2(x)$ die entsprechende Legendresche Differentialgleichung befriedigt.
14. Bestimme das allgemeine Integral sowie das partikuläre Integral, das der Bedingung $y = y' = 0$ für $x = 0$ genügt, für folgende Differentialgleichungen: a) $y'' + 9y = 0$, b) $y''' - 2y'' + y' - 2y = 0$.
15. Eine an einer Feder befestigte reibungslos auf der Unterlage gleitende Masse m (s. Abb. 5) steht unter dem Einfluß einer periodisch schwankenden Kraft $K = K_0 \sin \omega_k t$. Die Federkonstante sei durch D gegeben. Untersuche die Bewegung für verschiedene Werte von ω_k.

D. Randwert- und Eigenwertprobleme

1. Randwertaufgaben

Im Abschn. C 1 wurde bewiesen, daß eine lineare Differentialgleichung n-ter Ordnung bei Vorgabe von Anfangsbedingungen in der Form, daß zu einem bestimmten Wert von x bestimmte Werte für $y, y', \ldots, y^{(n-1)}$ gehören sollen, eine eindeutige Lösung besitzt. In diesem Abschnitt wollen wir nun zeigen, daß eine Differentialgleichung unter Umständen auch dann Lösungen besitzt, wenn man gewisse Aussagen über das Verhalten der Lösungsfunktion an zwei verschiedenen Stellen $x = a$ und $x = b$ macht. Man spricht bei Aufgaben dieser Art von *Randwertproblemen.*

Als Beispiel betrachten wir die Differentialgleichung

$$y'' + \frac{4\pi^2}{l^2} y = 0 . \tag{179}$$

Sie besitzt gemäß Gl. (116) das allgemeine Integral

$$y = c_1 \sin \frac{2\pi}{l} x + c_2 \cos \frac{2\pi}{l} x \tag{180}$$

mit den zwei unbestimmten Konstanten c_1 und c_2. Wie im Abschnitt C 2b gezeigt wurde, kann man c_1 und c_2 bei Vorgabe von Anfangsbedingungen eindeutig bestimmen. Wenn z. B. für $x = 0$ gelten soll $y = 1$ und $y' = 0$, so erhält man Gl. (120) zufolge die eindeutige Lösung $y = \cos \frac{2\pi}{l} x$.

Wir wollen nun an Stelle der Anfangsbedingungen Randbedingungen vorgeben, also Bedingungen für zwei verschiedene x-Werte. Wir verlangen, daß für $x = 0$ und $x = l$ die Größe y jeweils gleich Null sein soll, also

$$\begin{aligned} y(0) &= 0 , \\ y(l) &= 0 . \end{aligned} \tag{181}$$

Andererseits erhält man aus Gl. (180) für $y(0)$ und $y(l)$

$$\begin{aligned} y(0) &= c_1 \sin \frac{2\pi}{l} 0 + c_2 \cos \frac{2\pi}{l} 0 , \\ y(l) &= c_1 \sin \frac{2\pi}{l} l + c_2 \cos \frac{2\pi}{l} l . \end{aligned} \tag{182}$$

Kombiniert man dies mit den Gln. (181), so ergibt sich

$$c_1 \sin\frac{2\pi}{l}0 + c_2 \cos\frac{2\pi}{l}0 = 0\,,$$

$$c_1 \sin\frac{2\pi}{l}l + c_2 \cos\frac{2\pi}{l}l = 0\,.$$

Das sind zwei homogene Gleichungen in c_1 und c_2. Der Sinus verschwindet jeweils, und der Cosinus ist in beiden Fällen 1. Die Auflösung dieser Gleichungen ergibt daher, daß $c_2 = 0$ und c_1 gleich einem beliebigen Wert ist. Das gesuchte Integral, das die Randwertbedingungen erfüllt, lautet somit

$$y = c_1 \sin\frac{2\pi}{l}x\,.$$

In welcher Form können Randbedingungen allgemein angegeben werden? Wir bezeichnen die Werte von y an den Stellen $x = a$ und $x = b$ mit $y(a)$ und $y(b)$, die Werte von y' an diesen beiden Stellen mit $y'(a)$ und $y'(b)$ usw. Die Randbedingungen zu einer Differentialgleichung n-ter Ordnung können dann durch n beliebige lineare Funktionen von $y(a)$, $y(b)$, $y'(a)$, $y'(b)$, usw. bis $y^{(n-1)}(a)$, $y^{(n-1)}(b)$ gegeben sein, also durch n Gleichungen der Form

$$\begin{aligned}
&\sum_{\nu=1}^{n-1}\left[\alpha_1 y^{(\nu)}(a) + \beta_1 y^{(\nu)}(b)\right] = \gamma_1\\
&\sum_{\nu=1}^{n-1}\left[\alpha_2 y^{(\nu)}(a) + \beta_2 y^{(\nu)}(b)\right] = \gamma_2\\
&\vdots\\
&\sum_{\nu=1}^{n-1}\left[\alpha_n y^{(\nu)}(a) + \beta_n y^{(\nu)}(b)\right] = \gamma_n\,.
\end{aligned} \tag{183}$$

Dabei sind die α_i, β_i und γ_i Konstante. $y^{(\nu)}(a)$ bedeutet die ν-te Ableitung der Funktion $y(x)$ an der Stelle $x = a$. Wenn alle γ_i gleich Null sind, so spricht man von *homogenen Randbedingungen*, andernfalls von *inhomogenen Randbedingungen*.

Wir beschäftigen uns zunächst mit dem Auffinden der Lösung bei homogenen Randbedingungen. Man setzt in diesem Fall im allgemeinen Integral der Differentialgleichung bzw. in dessen Ableitung $x = a$ bzw. $x = b$ und erhält so Ausdrücke für $y(a)$, $y'(a)$, $y(b)$, $y'(b)$, usw. Diese Ausdrücke führt man nun wiederum in die homogenen Randbedingungen ein und kommt so auf ein System von n Gleichungen zur Bestimmung der n unbekannten Konstanten $c_1, c_2, \ldots, c_n$, die im allgemeinen Integral auftreten. Es zeigt sich, daß diese Gleichungen nicht bei allen Randbedingungen auflösbar sind.

Als Beispiel betrachten wir nochmals die Differentialgleichung (179), wobei jetzt die Randbedingungen

$$\begin{aligned}
&y(0) + \frac{2l}{3\pi\sqrt{2}}\,y'(l/8) = 0\\
&y'(0) + \frac{4\pi}{\sqrt{2}\,l}\,y(l/8) = 0
\end{aligned} \tag{184}$$

herrschen sollen. $y(0)$ und $y'(0)$ sind dabei die Werte der Größen y und y' an der Stelle $x = 0$, $y(l/8)$ und $y'(l/8)$ die Werte dieser Größen an der Stelle $x = l/8$. Wir setzen nun in das allgemeine Integral Gl. (180) sowie in die daraus durch Ableitung erhaltene Gleichung $x = 0$ und bekommen so

$$y(0) = c_1 \sin \frac{2\pi}{l} 0 + c_2 \cos \frac{2\pi}{l} 0 = c_2 ,$$

$$y'(0) = c_1 \frac{2\pi}{l} \cos \frac{2\pi}{l} 0 - c_2 \frac{2\pi}{l} \sin \frac{2\pi}{l} 0 = \frac{2\pi}{l} c_1 .$$

Anschließend setzen wir in jene Gleichungen $x = l/8$ und erhalten

$$y(l/8) = c_1 \sin \frac{\pi}{4} + c_2 \cos \frac{\pi}{4} = c_1 \cdot \frac{\sqrt{2}}{2} + c_2 \frac{\sqrt{2}}{2},$$

$$y'(l/8) = c_1 \frac{2\pi}{l} \cos \frac{\pi}{4} - c_2 \frac{2\pi}{l} \sin \frac{\pi}{4} = c_1 \cdot \frac{\pi\sqrt{2}}{l} - c_2 \frac{\pi\sqrt{2}}{l}.$$

Führt man diese Resultate in die Randbedingungen der Gln. (184) ein, so ergibt sich

$$\begin{aligned} &\frac{2}{3} c_1 + \frac{1}{3} c_2 = 0 \\ &\frac{4\pi}{l} c_1 + \frac{2\pi}{l} c_2 = 0. \end{aligned} \qquad (185)$$

Das ist ein System von zwei homogenen Gleichungen zur Bestimmung der beiden Größen c_1 und c_2. Das Gleichungssystem ist nur dann lösbar, wenn seine Determinante verschwindet. Man kann leicht feststellen, daß dies der Fall ist. Die Lösung ergibt sich zu

$$c_2 = -2c_1 ,$$

wobei c_1 einen beliebigen Wert haben kann. Das gesuchte partikuläre Integral lautet daher

$$y = c_1 \left(\sin \frac{2\pi}{l} x - 2 \cos \frac{2\pi}{l} x \right). \qquad (186)$$

Als nächstes versuchen wir diejenige Lösung zu bestimmen, die den Randbedingungen

$$\begin{aligned} &y(0) + y'(l/8) = 0 \\ &y(l/8) + y'(0) = 0 \end{aligned} \qquad (187)$$

genügt. Wenn wir in gleicher Weise wie oben verfahren, so stellt man fest, daß die Determinante des zu Gl. (185) analogen Gleichungssystems in diesem Fall nicht verschwindet. Es gibt somit kein partikuläres Integral der Gl. (179), das die Randbedingungen Gl. (187) erfüllt.

Abschließend fragen wir noch danach, wie man die Lösung beim Vorliegen von inhomogenen Randbedingungen auffindet. In diesem Fall muß man eine weitere Funktion $z(x)$ aufsuchen, von der lediglich gefordert wird, daß sie die inhomogenen Randbedingungen erfüllt. Anschließend führt man anstelle der alten gesuchten Funktion $y(x)$ die neue Funktion

$$\hat{y}(x) = y(x) - z(x) \qquad (188)$$

ein. Die Differentialgleichung für $\hat{y}(x)$ kann man leicht aus der für $y(x)$ ableiten. Wenn nun $y(x)$ die inhomogenen Randbedingungen erfüllen soll, so muß $\hat{y}(x)$ die entsprechenden homogenen Bedingungen erfüllen. Damit ist das Problem auf eines mit homogenen Randbedingungen zurückgeführt.

Zusammenfassend kann man also folgendes sagen: *Bei einer Randwertaufgabe muß man diejenige Lösung einer Differentialgleichung aufsuchen, die bestimmte Randbedingungen erfüllt, d. h. Bedingungen für zwei verschiedene Werte von x. Randwertprobleme sind nicht in allen Fällen lösbar. Bei homogenen Randbedingungen findet man die Lösung – falls sie existiert –, indem man das allgemeine Integral in die Randbedingungen einsetzt. Inhomogene Randbedingungen führt man auf homogene zurück.*

2. Eigenwerte und Eigenfunktionen

Bei der Integration partieller Differentialgleichungen taucht häufig das Problem auf, eine gewöhnliche Differentialgleichung, die eine unbestimmte Konstante enthält, zu lösen. Von der aufzusuchenden Lösung wird dabei gefordert, daß sie gewisse Randbedingungen erfüllen soll. Es zeigt sich, daß Lösungen, die dieser Forderung genügen, gewöhnlich nur für spezielle Werte der unbestimmten Konstanten existieren. Man nennt diese Werte Eigenwerte und die dazugehörigen Lösungen Eigenfunktionen der entsprechenden Differentialgleichung. Daß Lösungen nur für spezielle Werte der genannten Konstanten auftreten, entspricht der im vorigen Abschnitt angeführten Tatsache, daß ein Randwertproblem nicht immer lösbar ist. Wir erläutern nun die Begriffe „Eigenwert" und „Eigenfunktion" an Hand eines Beispiels.

Gegeben sei die Differentialgleichung

$$y'' - \lambda y = 0 \tag{189}$$

mit dem unbestimmten Parameter λ. Gesucht seien Lösungen, die die beiden Randbedingungen

$$y = 0 \quad \text{für} \quad x = 0 \qquad \text{und} \qquad y = 0 \quad \text{für} \quad x = l \tag{190}$$

erfüllen. Das allgemeine Integral lautet für $\lambda \neq 0$ gemäß Gl. (128)

$$y = c_1 e^{\sqrt{\lambda} x} + c_2 e^{-\sqrt{\lambda} x}. \tag{191}$$

Für $\lambda = 0$ besitzt es, wie man sich leicht überzeugen kann, die Form

$$y = c_1 x + c_2 . \tag{192}$$

Die Randbedingungen Gl. (190) können nun weder durch eine Exponentialfunktion mit reellem Exponenten noch durch die in Gl. (192) gegebene Funktion erfüllt werden. Um sie zu befriedigen, muß vielmehr λ so gewählt werden, daß y eine Sinusfunktion mit dem Argument $\frac{2\pi n}{l} x$ ist, mit $n = 1, 2, \ldots$. Das ist der Fall, wenn wir setzen

$$\lambda = -\frac{4\pi^2}{l^2} n^2 \quad \text{mit} \quad n = 1, 2, \ldots \tag{193}$$

$$c_1 = -c_2 = \frac{c}{\mathrm{i}}. \tag{194}$$

Die durch Gl. (191) gegebene Lösung geht dann gemäß Gl. (XIII, 21) über in

$$y = 2c \sin \frac{2\pi n}{l} x . \tag{195}$$

Die durch Gl. (193) bestimmten Werte für λ sind die gesuchten Eigenwerte der Differentialgleichung. Man bezeichnet sie mit $\lambda_0, \lambda_1, \lambda_2, \ldots$. Die zugehörigen Eigenfunktionen sind durch Gl. (195) gegeben. Man sieht, daß man abzählbar unendlich viele Eigenwerte und Eigenfunktionen erhält.

Die im obigen Beispiel angeführte Differentialgleichung ist ein Spezialfall der allgemeineren Gleichung

$$\frac{d}{dx}\left[p(x)\frac{dy}{dx}\right] + [\lambda r(x) - q(x)]\, y = 0 , \tag{196}$$

in der $p(x)$, $r(x)$ und $q(x)$ beliebige Funktionen sind. Man bezeichnet diese Gleichung als *Sturm-Liouvillesche Differentialgleichung*. Die meisten der in der Physik und Chemie vorkommenden Randwertprobleme beziehen sich auf Gleichungen dieses

Typs. Es ist daher äußerst wesentlich, daß man über Eigenfunktionen und Eigenwerte solcher Gleichungen gewisse Aussagen machen kann. Zu weitreichenden Aussagen kommt man nur, wenn man voraussetzt, daß an den Stellen $x = a$ und $x = b$, an denen Randbedingungen vorgegeben sind, für zwei beliebige Eigenfunktionen $u(x)$ und $v(x)$ die Beziehung

$$\left[u(x)p(x)\frac{dv(x)}{dx}\right]_{x=a} = \left[u(x)p(x)\frac{dv(x)}{dx}\right]_{x=b} \tag{197}$$

erfüllt ist. Dies trifft für viele Fälle zu, die in der Physik und Chemie von Interesse sind. Es gelten dann die folgenden Sätze:

1. *Die Eigenwerte bilden einen diskreten Satz von Werten,* $\lambda_1, \lambda_2, \lambda_3, \ldots$. *Alle Eigenwerte sind reell.* Die Eigenfunktionen können daher durch Indizes unterschieden werden. Wir bezeichnen sie mit $u_1, u_2, \ldots$.
2. *Die Eigenfunktionen sind normierbar.* Es läßt sich also eine Konstante a_n finden, so daß gilt $\int_a^b a_n^2 u_n^2(x)\,dx = 1$. *Zwei zu verschiedenen Eigenwerten gehörende Eigenfunktionen sind zueinander orthogonal.* Wir können daher schreiben

$$\int_a^b a_n u_n(x) a_m u_m(x) = \delta_{mn} \quad \text{für} \quad \lambda_m \neq \lambda_n . \tag{198}$$

Gehören zu verschiedenen Eigenfunktionen gleiche Eigenwerte, so bezeichnet man diese als entartet*⁾.
3. *Das aus den Eigenfunktionen gebildete orthonormierte Funktionensystem ist vollständig.* Man kann also eine vorgegebene Funktion $f(x)$ nach den Eigenfunktionen entwickeln

$$f(x) = \sum_{k=0}^{\infty} c_k u_k(x) , \tag{199}$$

wobei die Koeffizienten c_k gegeben sind durch

$$c_k = \frac{1}{a_k^2} \int_a^b f(x) u_k(x)\,dx . \tag{200}$$

Die obigen Aussagen haben weitreichende Konsequenzen. Die Tatsache der diskreten Eigenwerte führt z. B. zu den diskreten Energiewerten der Elektronenbahnen eines Atoms. Die Entwickelbarkeit einer gegebenen Funktion nach Eigenfunktionen ermöglicht es, beim Aufsuchen von Lösungen einer partiellen Differentialgleichung vorgegebene Anfangsbedingungen zu berücksichtigen (s. z. B. Gl.(227)).

Wir können die angeführten Ergebnisse in folgender Weise zusammenfassen: *Eine gewöhnliche Differentialgleichung, die einen freien Parameter* λ *enthält, besitzt gewöhnlich nur dann Lösungen, die vorgegebene Randbedingungen erfüllen, wenn* λ *bestimmte Werte annimmt. Man nennt diese Werte Eigenwerte und die zugehörigen Lösungen Eigenfunktionen. Bei Differentialgleichungen vom Typ Gl. (196) gelten für die Eigenwerte und Eigenfunktionen die oben angeführten Sätze.*

---

*⁾ Die nachfolgend auftretenden Begriffe „orthonormiert", vollständiges Funktionensystem usw. wurden ausführlich in Kap. XIV erläutert.

3. Anwendung der Operatorschreibweise*)

Von besonderem Interesse für uns ist, daß man jede Differentialgleichung in Form einer Operatorgleichung schreiben kann. Gl. (196) z. B. lautet als Operatorgleichung

$$\boldsymbol{O} y = \lambda y \tag{201}$$

mit

$$\boldsymbol{O} = \frac{1}{r(x)} \frac{d}{dx}\left[p(x)\frac{d}{dx}\right] - \frac{q(x)}{r(x)}. \tag{202}$$

Unter den Eigenwerten und Eigenfunktionen eines Operators versteht man nun allgemein die Eigenwerte und Eigenfunktionen der zugehörigen Differentialgleichung.

Der Differentialoperator $\boldsymbol{O}$ erfüllt im Hilbertraum (siehe Abschn. XIV E 3) die gleiche Funktion wie eine Abbildungsmatrix A_{33} im dreidimensionalen Vektorraum. Wenn A_{33} symmetrisch bzw. bei komplexen Elementen hermitisch ist, so sind, gemäß den Ausführungen in Abschn. IX D3b, alle Eigenwerte reell und die Eigenvektoren orthogonal. Ebenso erhält man bei einem Operator $\boldsymbol{O}$ reelle Eigenwerte λ und orthogonale Eigenfunktionen, wenn $\boldsymbol{O}$ „hermitisch" ist, wenn also für zwei beliebige Funktionen u_k und u_l gilt $\int_a^b u_k\, \boldsymbol{O}\, u_l\, dx = \int_a^b u_l(\boldsymbol{O} u_k)^* dx$. Der durch Gl. (202) gegebene Operator ist nun im allgemeinen nicht hermitisch, er wird aber hermitisch, wenn die Bedingung Gl. (197) erfüllt ist.

Wir betrachten eine Funktion $f(x)$ und die daraus mit Hilfe eines Operators $\boldsymbol{O}$ erhaltene Funktion $g(x) = \boldsymbol{O} f(x)$. Man kann nun $f(x)$ und $g(x)$ gemäß Gl. (199) nach einem orthonormierten Funktionensystem $\varphi_\nu(x)$ mit $\nu = 1,2,\ldots$ entwickeln

$$f(x) = \sum_{\nu=1}^{\infty} a_\nu \varphi_\nu(x)$$

$$g(x) = \sum_{\nu=1}^{\infty} b_\nu \varphi_\nu(x).$$

Die Koeffizienten a_ν repräsentieren als Vektor im entsprechenden Hilbertraum die Funktion $f(x)$, die Koeffizienten b_ν die Funktion $g(x)$. Gemäß Gl. (XIV, 217) erhält man die Koeffizienten b_ν aus den a_ν gemäß der Gleichung

$$b_\nu = \boldsymbol{O}_{\nu j} a_j$$

mit

$$\boldsymbol{O}_{\nu j} = \int \varphi_\nu^*(x) \boldsymbol{O}\, \varphi_j(x)\, dx.$$

Die Gesamtheit der $\boldsymbol{O}_{\nu j}$ ist eine Matrix. Bei Darstellung der Funktionen in einem Hilbertraum durch Vektoren geht also ein Differentialoperator gemäß obiger Gleichung in eine Matrix über. Es ist zweckmäßig, auch diese Matrix als Operator anzusehen. Unter einem Operator versteht man daher nicht nur eine Vorschrift, mit der eine Funktion in eine andere übergeführt wird, sondern auch eine Matrix, die einen Vektor in einen anderen transformiert.

---

*) Dieser Abschnitt kann von weniger interessierten Lesern überschlagen werden.

In der Quantenmechanik und Quantenchemie wird jeder meßbaren Größe ein bestimmter Operator zugeordnet. Zu der Energie eines Atoms oder Moleküls gehört z. B. der sog. Hamiltonoperator. Die Energiewerte, in denen sich das Atom befinden kann, sind durch die Eigenwerte des Hamiltonoperators gegeben, die Aufenthaltswahrscheinlichkeit der einzelnen Elektronen als Funktion des Ortes durch die Eigenfunktionen. Das Lösen von Eigenwertgleichungen stellt daher ein häufig auftretendes Problem der theoretischen Chemie dar.

Die auftretenden Eigenwertprobleme lassen sich gewöhnlich nicht streng lösen, so daß man häufig Näherungsverfahren anwenden muß.

Fragen und Aufgaben

1. Was ist eine Randwertaufgabe?
2. Hat eine Randwertaufgabe immer Lösungen?
3. Was versteht man unter den Eigenwerten und Eigenfunktionen einer Differentialgleichung?
4. Wie findet man die Eigenwerte und Eigenfunktionen eines Operators?
5. Gibt es eine Lösung der Differentialgleichung $y'' + 2y = 0$, die den Randbedingungen $y(0) + y'(2) = 0$ und $y(2) + y'(0) = 0$ genügt?

E. Partielle Differentialgleichungen

1. Allgemeines

Wie bereits im Abschn. A ausgeführt wurde, treten in einer partiellen Differentialgleichung eine unbekannte Funktion von zwei oder mehr Veränderlichen sowie partielle Ableitungen dieser Funktion auf. Eine vollständige Lösungstheorie gibt es nur für Gleichungen erster Ordnung. Diese kommen vor allem in der Mechanik vor (Hamiltonsche Theorie) und sind für den Chemiker nicht von großer Bedeutung. Die meisten partiellen Differentialgleichungen, die bei Problemen der Chemie auftreten, sind solche zweiter Ordnung. Die Theorie dieser Gleichungen ist sehr umfangreich, kompliziert und noch nicht abgeschlossen. Wir müssen uns darauf beschränken, einige wesentliche Überlegungen und Lösungsmethoden als Beispiele herauszugreifen.

Eine partielle Differentialgleichung zweiter Ordnung für eine unbekannte Funktion $z(x,y)$ läßt sich allgemein in der Form

$$F(x,y,z,z_x,z_y,z_{xx},z_{xy},z_{yy}) = 0 \tag{203}$$

schreiben. Jede Funktion $z(x,y)$, die diese Gleichung erfüllt, ist eine Lösung der Differentialgleichung. Geometrisch stellt die Lösung eine Fläche im dreidimensionalen Raum x,y,z dar.

Eine partielle Differentialgleichung hat nun nicht nur eine einzige Funktion als Lösung, sondern eine Vielzahl von Funktionen. Die Lösung der Gleichung

$$\frac{\partial^2 z}{\partial x^2} - \frac{1}{c^2}\frac{\partial^2 z}{\partial y^2} = 0 \tag{204}$$

kann man beispielsweise, wie im Anschluß an Gl. (14) gezeigt wurde, in der Form

$$z = f(x - ct) + g(x + ct) \tag{205}$$

schreiben, wobei f und g beliebige Funktionen sind, die lediglich nach dem Argument zweimal differenzierbar sein müssen. Um eine genau bestimmte Lösung zu erhalten, muß man noch zusätzliche Bedingungen stellen, die viel umfangreicher als bei den gewöhnlichen Differentialgleichungen sind. Wenn z. B. bei Gl. (204) als zusätzliche Bedingung eine Kurve angegeben wird, durch die die Fläche hindurchgehen soll, so ist diese dadurch noch nicht eindeutig festgelegt.

Man kann nun zeigen, daß unter gewissen Bedingungen die Lösungsfläche eindeutig bestimmt ist, wenn man eine Kurve sowie die Richtung der Tangentialebenen in dieser Kurve vorgibt. Das durch die Kurve und die Richtung der Tangentialebenen gegebene Gebilde heißt ein *Streifen*. Einen solchen Streifen bezeichnet man auch als *Anfangsbedingung*. Wenn die Kurve nicht den ganzen Raum durchzieht, sondern bei einem Anfangspunkt $x = a$ und Endpunkt $x = b$ abbricht, so muß man noch sog. Randbedingungen ergänzend angeben, das sind die Funktionswerte $z(a, y)$ und $z(b, y)$ (s. Abb. 13). Oft wird die Eindeutigkeit der Lösung auch dadurch erreicht, daß man fordert, daß diese im Unendlichen verschwindet oder daß sie periodisch ist.

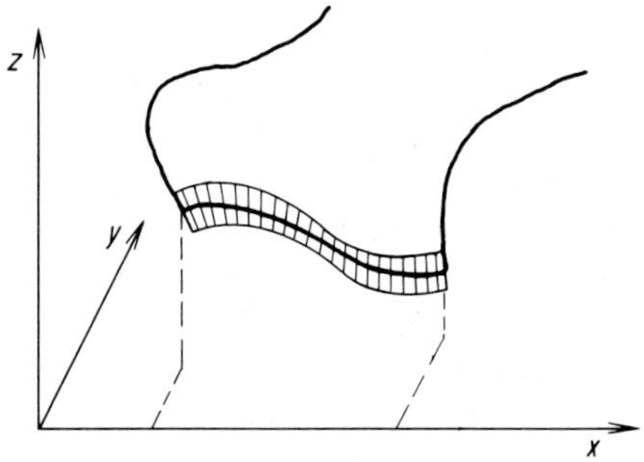

Abb. 13. Beispiel für eine Anfangsbedingung und Randbedingungen.

Wir können im folgenden nicht eine systematische Untersuchung der Möglichkeiten zur Vorgabe von Anfangs- und Randbedingungen für die verschiedenen Typen von Differentialgleichungen vornehmen. Es wird lediglich für einzelne Beispiele gezeigt werden, daß man beim Vorhandensein von bestimmten Bedingungen zu eindeutigen Lösungen kommt.

Daß sämtliche Lösungen einer partiellen Differentialgleichung, wie im obigen Beispiel, durch eine geschlossene Formel angegeben werden können, ist eine Ausnahme. Gewöhnlich kann man lediglich verschiedene Funktionen, die die Differentialgleichung befriedigen, nebeneinander schreiben. Bei der Behandlung irgendeines Problems ist es daher nicht möglich, so etwas wie ein „allgemeines Integral" anzugeben. Man betrachtet vielmehr von Anfang an immer die Differentialgleichung zusammen mit den Anfangs- und Randbedingungen und sucht lediglich nach solchen Lösungen, die mit diesen Bedingungen verträglich sind. Im folgenden werden von der Vielzahl der möglichen Lösungsmethoden nur einige wenige besprochen.

2. Aufsuchen der Lösung mit Hilfe des Bernoullischen Produktansatzes

a) Grundsätzliche Betrachtungen zum Lösungsverfahren

Wir betrachten eine partielle Differentialgleichung für eine Funktion von zwei Veränderlichen $u(x,t)$,

$$F(x,t,u,u_x,u_t,u_{xx},u_{xt},u_{tt}) = 0\,. \tag{206}$$

x stellt dabei eine räumliche Koordinate und t die Zeit dar. Neben irgendeiner Anfangsbedingung soll noch als Randbedingung vorgegeben sein, daß u für zwei bestimmte Werte von x zu allen Zeiten t gleich Null sein soll. Unter diesen Umständen kommt man häufig mit Hilfe des folgenden Verfahrens, das man als Methode des *Bernoullischen Produktansatzes* bezeichnet, zur gesuchten Lösung:

Man nimmt an, daß man die Lösung durch ein Produkt einer nur von x und einer nur von t abhängigen Funktion darstellen kann, die man mit $X(x)$ bzw. $T(t)$ bezeichnet,

$$u(x,t) = X(x)\cdot T(t)\,. \tag{207}$$

Dieses Produkt setzt man in die gegebene Differentialgleichung (206) ein und versucht, diese dann so umzuformen, daß sie eine Summe aus einem nur von t und einem nur von x abhängigen Term zerfällt. Wenn das nicht gelingt, so ist das Verfahren nicht anwendbar. Gelingt es aber, so geht dabei Gl. (206) in eine Beziehung der Form

$$\varphi(X,X',X'',x) = \psi(T,T',T'',t) \tag{208}$$

über. Die Funktion auf der linken Seite des Gleichheitszeichens hängt nur von x, diejenige auf der rechten Seite nur von t ab. Die beiden Funktionen φ und ψ müssen einander gleich sein für jeden beliebigen Wert von x und t. Das ist nur dann möglich, wenn jede dieser Funktionen gleich einer Konstanten ist. Bezeichnen wir diese mit λ, so können wir also schließen, daß aus Gl. (208) folgt

$$\varphi(X,X',X'',x) = \lambda\,, \tag{209}$$

$$\psi(T,T',T'',t) = \lambda\,. \tag{210}$$

Das sind zwei gewöhnliche Differentialgleichungen. λ kann zunächst jeden beliebigen reellen oder komplexen Wert annehmen. Wenn man aber zusätzlich fordert, daß die Lösungsfunktion für zwei bestimmte Werte von x unabhängig vom Wert von t immer gleich Null sein soll, so stellt Gl. (209) gemäß den Ausführungen von Abschn. D eine Eigenwertgleichung mit Randbedingungen dar. Wie in jenem Abschnitt ausgeführt wurde, ist dieses Problem häufig nur für bestimmte diskrete Werte von λ lösbar. Zu jedem dieser Werte gibt es eine Eigenfunktion. Die Lösung, die die gegebenen Anfangsbedingungen erfüllt, kann man dann als Reihe aus diesen Eigenfunktionen darstellen.

Dieses Verfahren läßt sich auch auf Gleichungen mit mehr als zwei unabhängigen Veränderlichen übertragen. Bei Funktionen mit mehreren Veränderlichen ist es dabei besonders wichtig, ein den Randbedingungen angemessenes Koordinatensystem zu wählen. Wenn z. B. bei drei Veränderlichen x,y,t die Funktion $u(x,y,t)$

in der x, y-Ebene längs eines Kreises für alle t gleich Null sein soll, so muß man Polarkoordinaten wählen, wenn sie dagegen längs eines Rechtecks gleich Null sein sollen, kartesische Koordinaten (siehe hierzu als Beispiel Gl. (237) sowie Gl. (243)).

Zusammenfassend kann man also sagen: *Eine partielle Differentialgleichung mit zeitunabhängigen Randbedingungen kann man unter Umständen dadurch lösen, daß man für die Lösung ein Produkt von Funktionen von jeweils einer einzigen Variablen ansetzt. Dabei ist es wichtig, die Differentialgleichung auf ein den Randbedingungen angemessenes Koordinatensystem zu transformieren.*

b) Eindimensionale Wellengleichung (Gleichung der schwingenden Saite)

α) Ableitung der partiellen Differentialgleichung

Wir betrachten eine gespannte Saite der Länge l, die an den beiden Enden festgehalten wird. Wenn man eine solche Saite senkrecht zur Einspannrichtung auslenkt und dann losläßt, so führt sie Schwingungen aus. Diese Schwingungen werden durch eine partielle Differentialgleichung beschrieben, an der sich besonders anschaulich das eben beschriebene Lösungsverfahren und der Einfluß der Anfangs- und Randbedingungen auf die Lösung untersuchen läßt.

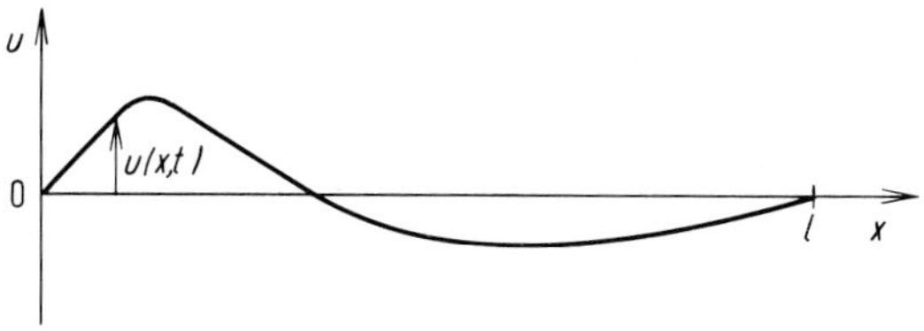

Abb. 14. Schwingende Saite der Länge l in einem Koordinatensystem.

Die Koordinate in Längsrichtung der Saite sei mit x bezeichnet (s. Abb. 14), die Auslenkung senkrecht zur Einspannrichtung, die eine Funktion von x und der Zeit t ist, mit $u(x, t)$. Um die Bewegungsgleichung der schwingenden Saite zu erhalten, gehen wir vom Newtonschen Grundgesetz der Mechanik aus, demzufolge für jedes Volumenelement die Kraft, die auf dieses Element wirkt, gleich der Masse mal der Beschleunigung dieses Elementes ist. Eine genauere Überlegung zeigt, daß man für die Masse mal der Beschleunigung den Ausdruck $F\rho \frac{\partial^2 u}{\partial t^2}$ setzen kann, in dem ρ die Dichte und F die Querschnittsfläche der Saite ist. Die Kraft ist durch $FP \frac{\partial^2 u}{\partial x^2}$ gegeben, wobei P die Spannung ist, unter der die Saite steht. Damit ergibt sich als Bewegungsgleichung $F\rho \frac{\partial^2 u}{\partial t^2} = FP \frac{\partial^2 u}{\partial x^2}$ bzw., wenn man als Abkürzung $\frac{P}{\rho}$ durch c ersetzt,

$$\frac{\partial^2 u}{\partial x^2} - \frac{1}{c^2} \frac{\partial^2 u}{\partial t^2} = 0\,. \tag{211}$$

β) Aufsuchen einer speziellen Lösung bei vorgegebenen Anfangs- und Randbedingungen

Wir wollen nun mit Hilfe des Bernoullischen Produktansatzes eine spezielle Lösung aufsuchen, die vorgegebene Anfangs- und Randbedingungen erfüllt.

Wir betrachten eine Saite endlicher Länge l, die an den Enden fest eingespannt ist. Zum Zeitpunkt $t = 0$ soll die Saite in bestimmter Weise ausgelenkt werden, und außerdem soll jedem Massenelement eine bestimmte Geschwindigkeit erteilt werden. Wir haben dann folgende Nebenbedingungen zu beachten:

1. Die Randbedingungen

$$\begin{aligned} u(0,t) &= 0\,, \\ u(l,t) &= 0\,, \end{aligned} \tag{212}$$

die der Tatsache Rechnung tragen, daß die Auslenkung zu allen Zeiten an den Stellen $x = 0$ und $x = l$, an denen die Saite festgehalten wird, gleich Null ist.

2. Die Anfangsbedingungen

$$\begin{aligned} u(x,0) &= f(x)\,, \\ \left.\frac{\partial u}{\partial t}\right|_{t=0} &= g(x)\,, \end{aligned} \tag{213}$$

wobei $f(x)$ und $g(x)$ zwei vorgegebene Funktionen sind. $f(x)$ gibt die Auslenkung der Saite und $g(x)$ die Geschwindigkeit jedes Massenelementes der Saite zum Zeitpunkt $t = 0$ an. Die Gln. (213) geben im Raume u, x, t einen Streifen an und die Gln. (212) die Randkurven, durch die die Lösungsfläche $u(x,t)$ hindurchgehen muß (vgl. Abb. 13).

Um die gesuchte Lösung zu finden, setzen wir an

$$u(x,t) = X(x) \cdot T(t)\,. \tag{214}$$

Nach Einführung dieses Ansatzes in die gegebene Differentialgleichung ergibt sich

$$T X'' - \frac{1}{c^2} X T'' = 0\,, \tag{215}$$

bzw. nach Division durch $X T$

$$\frac{X''}{X} = \frac{1}{c^2} \frac{T''}{T}\,. \tag{216}$$

Da die auf der linken Seite stehende Funktion nur von x abhängt und die auf der rechten Seite nur von t, muß jede dieser Funktionen einer Konstanten gleich sein. Wenn man diese mit λ bezeichnet, so erhält man

$$\frac{X''}{X} = \lambda\,, \tag{217}$$

$$\frac{1}{c^2} \frac{T''}{T} = \lambda\,. \tag{218}$$

Das sind zwei gewöhnliche Differentialgleichungen. Die allgemeinen Integrale lauten gemäß Gl. (128)

$$X = X_1 e^{\sqrt{\lambda}x} + X_2 e^{-\sqrt{\lambda}x}, \tag{219}$$

$$T = T_1 e^{c\sqrt{\lambda}t} + T_2 e^{-c\sqrt{\lambda}t}. \tag{220}$$

Die Größe λ kann zunächst jeden beliebigen reellen oder komplexen Wert annehmen. Berücksichtigt man aber die Randbedingungen Gl. (212), so muß

$$X(0) = X(l) = 0 \tag{221}$$

sein. Wenn nun $\sqrt{\lambda}$ reell ist, so ist das sicher nicht erfüllt. Wenn dagegen $\sqrt{\lambda}$ imaginär ist, d. h.

$$\sqrt{\lambda} = \mathrm{i}k \tag{222}$$

gesetzt wird, wobei k eine positive reelle Zahl ist, so tritt in Gl. (219) ein Sinus oder ein Kosinus auf. Die Kosinusfunktion ist nicht mit den Randbedingungen verträglich. Die Sinusfunktion dagegen erfüllt diese unter der Voraussetzung, daß man fordert

$$k = \frac{n\pi}{l} \quad \text{mit} \quad n = 1, 2, 3, \dots .$$

Gl. (219) geht damit über in

$$X = C \sin \frac{n\pi}{l} x. \tag{223}$$

Indem man in Gl. (220) $\sqrt{\lambda}$ durch $\mathrm{i}k$ ersetzt und dann ebenfalls trigonometrische Funktionen einführt, ergibt sich

$$T = A_n \sin \frac{n\pi}{l} ct + B_n \cos \frac{n\pi}{l} ct, \tag{224}$$

mit zwei neuen beliebigen Konstanten A_n und B_n.

Die gesuchte Funktion u ergibt sich Gl. (214) zufolge als Produkt von X und T. Für jedes n erhält man daher eine Lösung der Form

$$u_n(x,t) = \sin \frac{n\pi}{l} x \left(A_n \sin \frac{n\pi}{l} ct + B_n \cos \frac{n\pi}{l} ct \right). \tag{225}$$

Dabei haben wir die Konstante C nicht gesondert angeführt, da man wegen der freien Wahl von A_n und B_n auf C verzichten kann. Die Summe über mehrere $u_n(x,t)$ mit verschiedenen Werten von n stellt nun, weil die gegebene Differentialgleichung linear ist, ebenfalls eine Lösung dar. Die allgemeinste Form der Lösung, die man mit unserem Ansatz erhalten kann, lautet somit

$$u(x,t) = \sum_{n=1}^{\infty} \left(A_n \sin \frac{n\pi}{l} ct + B_n \cos \frac{n\pi}{l} ct \right) \sin \frac{n\pi}{l} x. \tag{226}$$

A_n und B_n sind zunächst unbekannte Koeffizienten. Wenn man nun aber noch die durch die Gln. (213) gegebenen Anfangsbedingungen beachtet, so muß gelten

$$\sum_{n=1}^{\infty} B_n \sin \frac{n\pi}{l} x = f(x) \tag{227}$$

und

$$\sum_{n=1}^{\infty} \frac{n\pi}{l} c A_n \sin \frac{n\pi}{l} x = g(x) . \tag{228}$$

Aus diesen Beziehungen lassen sich die A_n und B_n gewöhnlich eindeutig bestimmen. Die linke Seite kann man nämlich jeweils als Fourierentwicklung der auf der rechten Seite stehenden Funktion auffassen, die man sich über den Bereich von 0 bis l hinweg geeignet fortgesetzt denkt. Dabei muß man beachten, daß die jeweils auf der linken Seite stehende Fourierreihe die Periode $2l$ besitzt und nur Sinusglieder aufweist. Die Fortsetzung der Funktionen $f(x)$ und $g(x)$ muß daher so vorgenommen werden, daß die im erweiterten Bereich definierten Funktionen die Periode $2l$ besitzen und ungerade sind. Um dies z. B. für $f(x)$ zu erreichen, definiert man $f(x)$ im Bereich $-l < x < 0$ durch $f(x) = -f(-x)$ und außerhalb des Bereichs $-l \leq x \leq l$ durch periodische Fortsetzung. Als Beispiel zeigt Abb. 15a die ursprünglich im Bereich $0 \leqq x \leqq l$ definierte Funktion $f(x)$ und Abb. 15b die entsprechend fortgesetzte Funktion. In gleicher Weise verfährt man mit $g(x)$. Den Gln. (XIV, 11) und (XIV, 12) zufolge gilt dann

$$B_n = \frac{1}{l} \int_{-l}^{+l} f(\xi) \sin \frac{n\pi}{l} \xi \, d\xi , \tag{229}$$

$$\frac{n\pi}{l} c A_n = \frac{1}{l} \int_{-l}^{+l} g(\xi) \sin \frac{n\pi}{l} \xi \, d\xi . \tag{230}$$

Durch Einsetzen der so erhaltenen Ausdrücke für A_n und B_n in Gl. (226) ergibt sich die gesuchte Lösung. Eine anschauliche Deutung der Lösung wird im nächsten Abschn. γ gegeben.

Wir betrachten nun ein Beispiel: Gegeben sei eine Saite der Länge $l = 1$, die an den Enden festgehalten ist. Zum Zeitpunkt $t = 0$ weise sie die in Abb. 15a angegebene Auslenkung auf und befinde sich in Ruhe. Wie lautet die Funktion $u(x, t)$, die die Auslenkung in Abhängigkeit vom Ort und von der Zeit angibt?

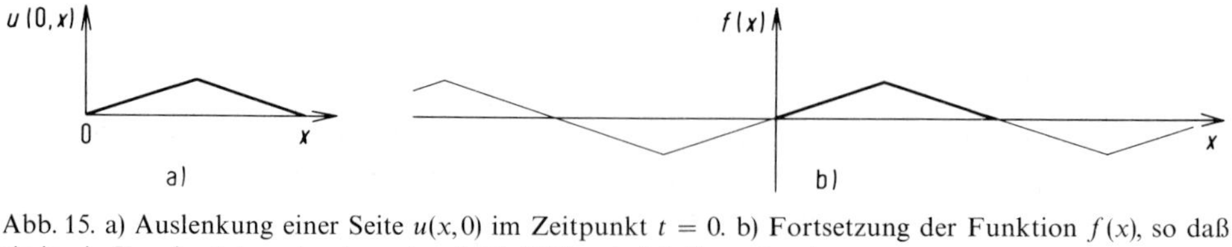

Abb. 15. a) Auslenkung einer Seite $u(x, 0)$ im Zeitpunkt $t = 0$. b) Fortsetzung der Funktion $f(x)$, so daß sie in ein Fourier-Integral entsprechend Gl. (227) entwickelt werden kann.

Unter den angegebenen Bedingungen ist $f(x)$ durch die in Abb. 15b dargestellte Funktion gegeben und es gilt außerdem $g(x) = 0$. Die A_n werden über Gl. (230) berechnet und sind alle gleich Null, weil $g(x)$ gleich Null ist. Die B_n müssen über Gl. (229) berechnet werden. Wir können auf diese Berechnung allerdings verzichten, weil wir die Fourierreihe einer Funktion der Form aus Abb. 15b bereits früher bestimmt haben. Betrachten wir die in Abb. XIV, 2 dargestellte Funktion! Um die Funktion in Abb. 15b aus jener Funktion zu erhalten, muß man

1. von jener Funktion 1/2 abziehen und
2. in jener Funktion x durch $x - 1/2$ ersetzen.

Die Fourierreihe der Funktion aus Abb. XIV, 2 ist durch Gl. (XIV, 21) gegeben. Indem wir dort die oben angegebenen zwei Veränderungen vornehmen, erhalten wir für die Fourierreihe der Funktion in Abb. 15b

$$\begin{aligned} f(x) &= -\frac{4}{\pi^2}\left[\cos\pi\left(x-\frac{1}{2}\right)+\frac{1}{3^2}\cos 3\pi\left(x-\frac{1}{2}\right)+\right.\\ &\quad\left.+\frac{1}{5^2}\cos 5\pi\left(x-\frac{1}{2}\right)+\cdots\right]=\\ &=\frac{4}{\pi^2}\left[\sin\pi x-\frac{1}{3^2}\sin 3\pi x+\frac{1}{5^2}\sin 5\pi x-+\cdots\right]. \end{aligned}$$

Dafür können wir auch schreiben

$$f(x) = \frac{4}{\pi^2}\sum_{k=0}^{\infty}\frac{(-1)^k}{(2k+1)^2}\sin(2k+1)\pi x\,.$$

Ein Vergleich mit Gl. (227) zeigt, daß die B_n nur für $n = 2k + 1$ mit $k = 0, 1, 2, \ldots$ von Null verschieden sind und daß gilt

$$B_{2k+1} = \frac{4}{\pi^2}\frac{(-1)^k}{(2k+1)}\,.$$

Setzt man dies in Gl. (233) ein und berücksichtigt, daß alle $A_n = 0$ sind, so erhält man

$$u(x,t) = \frac{4}{\pi^2}\sum_{k=0}^{\infty}\frac{(-1)^k}{(2k+1)}\cos(2k+1)\pi c t\sin(2k+1)\pi x\,.$$

γ) Allgemeine Betrachtungen über die Lösungen

Die obige Differentialgleichung wurde bereits als Gl. (14) angeführt. Es wurde in diesem Zusammenhang gezeigt, daß im Spezialfall dieser Gleichung die Lösung in allgemeiner Form geschrieben werden kann, nämlich als

$$u(x,t) = f(x - ct) + g(x + ct)\,. \tag{231}$$

f und g sind dabei beliebige Funktionen, von denen lediglich verlangt wird, daß sie zweimal differenzierbar sind. Was kann man allgemein über die Lösung aussagen?

Um das zu untersuchen, setzen wir als erstes $g(x + ct) = 0$, betrachten also lediglich $f(x - ct)$. Zum Zeitpunkt $t = 0$ ist die Auslenkung dann durch $f(x)$ gegeben.

Sie möge die in Abb. 16 durch die fest ausgezogene Kurve angegebene Form haben. Ist $t \neq 0$, so wirkt sich in $f(x - ct)$ die endliche Zeit wie eine Verschiebung der Ortskoordinate um das Stück ct aus. Die Kurve hat also für $t \neq 0$ die gleiche Form wie für $t = 0$, sie ist jedoch um das Stück ct in positiver x-Richtung verschoben (s. Abb. 16, gestrichelte Kurve). *Wir sehen also, daß $f(x - ct)$ das Fortschreiten der durch die Funktion $f(x)$ gegebenen Auslenkung in Richtung der positiven x-Achse mit der Geschwindigkeit c beschreibt.* In gleicher Weise kann man zeigen, daß $g(x + ct)$ *das Fortschreiten der Auslenkung $g(x)$ in Richtung der negativen x-Achse beschreibt.* Das Fortschreiten einer Auslenkung bezeichnet man allgemein als *Welle.* Man nennt daher Gl. (211) die *eindimensionale Wellengleichung* und c die *Fortpflanzungsgeschwindigkeit* der Welle.

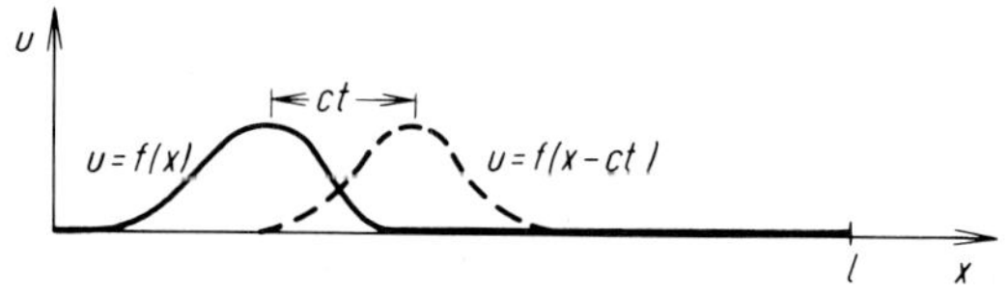

Abb. 16. Zur anschaulichen Deutung einer Funktion der Form $f(x - ct)$.

Wir betrachten nun im speziellen die Lösung, die man erhält, wenn man g gleich Null und f gleich $A \sin k(x - ct)$ setzt, wobei A eine Konstante ist. Es gilt dann

$$u(x,t) = A \sin(kx - kct). \tag{232}$$

Abb. 17 zeigt die Auslenkung $u(x,t)$ der Saite als Funktion von x zu verschiedenen Zeiten t. Als oberstes sieht man die Auslenkung für $t = 0$ und darunter zu einem etwas späteren Zeitpunkt t_1. Man erkennt, daß die Auslenkung die Form einer Sinuskurve hat, die sich in Richtung der positiven x-Achse bewegt. Den Abstand der beiden nächstliegenden Punkte mit gleicher Auslenkung bezeichnet man mit λ und nennt ihn die *Wellenlänge.* Da der Sinus die Periode 2π hat, muß sich das Argument des Sinus in Gl. (232) um 2π ändern, wenn x bei konstantem t um λ zunehmen soll. Daraus ergibt sich $k(x + \lambda) = kx + 2\pi$, woraus folgt

$$\lambda = \frac{2\pi}{k}. \tag{233}$$

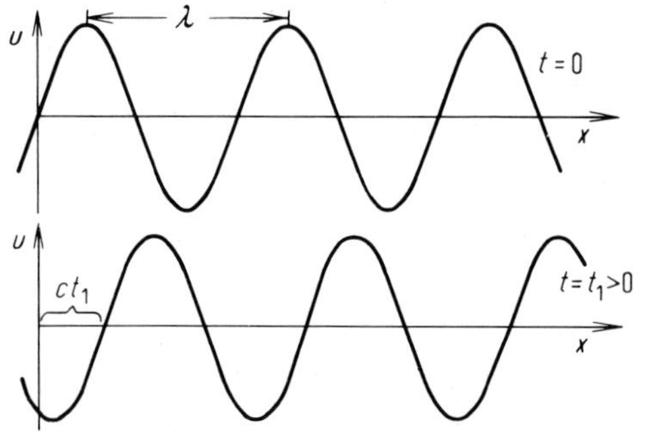

Abb. 17. Fortschreitende Welle der Form $u = A \sin(kx - ct)$ zu zwei verschiedenen Zeitpunkten.

Faßt man einen bestimmten Ort ins Auge, hält man also x konstant, so ist die Auslenkung als Funktion der Zeit ebenfalls durch eine Sinuskurve gegeben. Jeder Punkt der Saite vollführt also eine Sinusschwingung. Die Kreisfrequenz dieser Schwingung, die man mit ω bezeichnet, ist, wie ein Vergleich mit Gl. (114) zeigt, durch

$$\omega = kc \tag{234}$$

gegeben.

Die durch Gl. (232) beschriebene Welle kann man auch durch die Funktion

$$A \cos(kx - \omega t)$$

oder, in komplexer Schreibweise, durch

$$A\, e^{i(kx - \omega t)}$$

wiedergeben. Ferner kann man wegen der Gln. (233) und (234) als Argument statt $kx - \omega t$ auch $\frac{2\pi}{\lambda} x - \omega t$ oder $\frac{2\pi}{\lambda} x - \frac{2\pi c}{\lambda} t$ schreiben.

Eine weitere mögliche Lösung erhält man durch Überlagerung einer in positive x-Richtung forschreitenden Sinuswelle mit einer in negativer Richtung fortschreitenden. Es ergibt sich

$$u(x,t) = A \sin(kx - \omega t) + A \sin(kx + \omega t) = 2A \sin kx \cos \omega t\,. \tag{235}$$

Jeder Punkt der Saite führt eine Kosinusschwingung aus. Die Amplitude der Schwingung ist im Unterschied zu vorher von Ort zu Ort verschieden, und zwar durch $2A \sin kx$ gegeben (s. Abb. 18). Für bestimmte x-Werte, in Abb. 18 mit K bezeichnet,

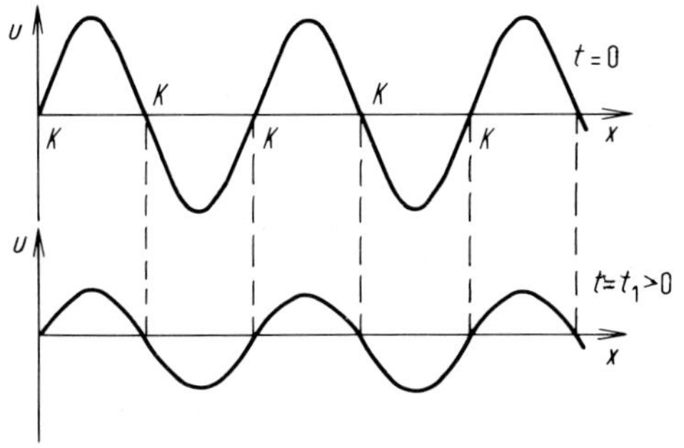

Abb. 18. Stehende Welle der Form $u = 2A \sin kx \cos \omega t$ zu zwei verschiedenen Zeitpunkten.

ist die Amplitude immer gleich Null. An diesen Stellen befindet sich die Saite in Ruhe (Wellenknoten). Man spricht in diesem Fall von einer *stehenden Welle*.

Zusammenfassend kann man also sagen: *Mögliche Lösungen der Differentialgleichung (211) sind eine fortschreitende Welle, wie sie im einfachsten Fall durch Gl. (232) gegeben ist, sowie eine stehende Welle, wie sie z. B. Gl. (235) zufolge auftritt.*

Die eben angeführten Funktionen stellen mögliche Lösungen dar, die sich dadurch auszeichnen, daß ihr Verhalten besonders einfach ist. Sie wurden ohne Rücksicht auf irgendwelche Anfangs- oder Randbedingungen gewonnen. Bei Vorgabe solcher Bedingungen werden die Lösungen im allgemeinen bedeutend komplizierter, wie z. B. Gl. (226) zeigt.

Abschließend soll noch gezeigt werden, daß die in Gl. (226) angegebene Lösung für die Saite mit festliegenden Enden ein Spezialfall der allgemeinen Lösung $f(x - ct) + g(x + ct)$ ist. Wir müssen hierzu Gl. (226) in eine Form bringen, in der als Argumente nur die Ausdrücke $x - ct$ und $x + ct$ auftreten. Dies ist leicht getan. Auf Grund der trigonometrischen Additionstheoreme gilt $2 \sin\alpha \sin\beta = \cos(\alpha - \beta) - \cos(\alpha + \beta)$ und $2 \sin\alpha \cos\beta = \sin(\alpha - \beta) + \sin(\alpha + \beta)$. Setzt man $\frac{n\pi}{l} x = \alpha$ und $\frac{n\pi}{l} ct = \beta$, so geht Gl. (226) mit Hilfe dieser Beziehungen über in

$$u(x,t) = \frac{1}{2} \sum_{n=1}^{\infty} \left\{ A_n \left[\cos\frac{n\pi}{l}(x - ct) - \cos\frac{n\pi}{l}(x + ct) \right] + B_n \left[\sin\frac{n\pi}{l}(x - ct) + \sin\frac{n\pi}{l}(x + ct) \right] \right\}. \tag{236}$$

Faßt man nun alle Summanden, in denen der Ausdruck $x - ct$ auftritt, zusammen, so erhält man den Anteil $f(x - ct)$ in Gl. (231). Entsprechend ergeben die Summanden mit $x + ct$ den Anteil $g(x + ct)$. Es gilt also

$$f(x - ct) = \frac{1}{2} \sum_{n=1}^{\infty} \left[A_n \cos\frac{n\pi}{l}(x - ct) + B_n \sin\frac{n\pi}{l}(x - ct) \right],$$

$$g(x + ct) = \frac{1}{2} \sum_{n=1}^{\infty} \left[B_n \sin\frac{n\pi}{l}(x + ct) - A_n \cos\frac{n\pi}{l}(x + ct) \right].$$

Gl. (236) gestattet auch eine anschauliche Deutung unserer Ergebnisse. Ein Vergleich mit der Gl. (235) zeigt, daß der Ausdruck in der zweiten eckigen Klammer eine stehende Welle mit der Wellenlänge $\lambda = 2l/n$ darstellt. Das gleiche gilt auch, wie sich zeigen läßt, für den Ausdruck in der ersten eckigen Klammer. Wir sehen also: *Die Schwingung einer Saite der Länge l läßt sich als eine Superposition von stehenden Wellen verschiedener Wellenlängen deuten. Dabei kommen im Prinzip alle Wellenlängen vor, die man bei einer Teilung von $2l$ durch eine ganze Zahl erhält.*

c) Die Gleichung der schwingenden Membran*)

Wir betrachten als nächstes eine Membran (z. B. eine Metallplatte), die zu Schwingungen angeregt wird. Wir legen die Membran in die x,y-Ebene und bezeichnen die Auslenkung, die senkrecht zur x,y-Ebene erfolgen soll, mit $u(x,y,t)$.

---

*) Dieser Abschnitt kann von weniger interessierten Lesern überschlagen werden.

Die Newtonsche Bewegungsgleichung führt dann, wie man zeigen kann, zu der Differentialgleichung

$$\frac{\partial^2 u}{\partial x^2} + \frac{\partial^2 u}{\partial y^2} - \frac{1}{c^2}\frac{\partial^2 u}{\partial t^2} = 0\,. \tag{237}$$

Das ist bis auf die neu hinzugekommene partielle Ableitung nach y dieselbe Gleichung wie für die schwingende Saite. Sie beschreibt fortschreitende sowie stehende Wellen in der Ebene. Man nennt sie daher die zweidimensionale Wellengleichung. Im folgenden soll gezeigt werden, daß man bei Vorgabe gewisser Anfangs- und Randbedingungen ähnlich wie bei der eindimensionalen Gleichung eine eindeutige Lösung erhält.

Wir nehmen als erstes an, daß die Membran rechteckförmig ist, die Länge in x-Richtung soll a, die in y-Richtung b betragen (s. Abb. 19). Die Ränder sollen fest eingespannt sein, so daß wir die Randbedingungen

$$u(0,y,t) = 0\,, \qquad u(a,y,t) = 0\,, \qquad u(x,0,t) = 0\,, \qquad u(x,b,t) = 0 \tag{238}$$

haben. Des weiteren sollen noch zwei Funktionen $f(x,y)$ und $g(x,y)$ vorgegeben sein, mit deren Hilfe als Anfangsbedingung die Auslenkung und die Geschwindigkeit zur Zeit $t = 0$ an jeder Stelle der Membran festgelegt werden,

$$u(x,y,0) = f(x,y)\,, \qquad \left.\frac{\partial u}{\partial t}\right|_{t=0} = g(x,y)\,. \tag{239}$$

Als Lösung setzen wir an

$$u(x,y,t) = X(x)\cdot Y(y)\cdot T(t)$$

und erhalten, indem wir analog zum eindimensionalen Fall verfahren (vgl. hierzu Aufgabe 8),

$$u(x,y,t) = \sum_m \sum_n (A_{mn}\sin\omega_{mn}t + B_{mn}\cos\omega_{mn}t)\sin\frac{n\pi}{a}x\sin\frac{m\pi}{b}y\,. \tag{240}$$

Dabei ist ω_{mn} durch

$$\omega_{mn} = \pi c\sqrt{\frac{n^2}{a^2} + \frac{m^2}{b^2}} \tag{241}$$

gegeben. A_{mn} und B_{mn} sind Konstante. Man kann sie aus den Anfangsbedingungen Gl. (239) mit Hilfe einer Fourier-Zerlegung bestimmen.

Wir wollen als nächstes noch den Fall betrachten, daß die Membran ein Kreis mit dem Radius d ist (Abb. 20). Am Rand soll sie wieder fest eingespannt sein. Die Tatsache, daß die Membran jetzt an einer kreisförmigen Begrenzung fest eingespannt ist, läßt sich im Rahmen der eben durchgeführten Rechnung nicht erfassen. Man

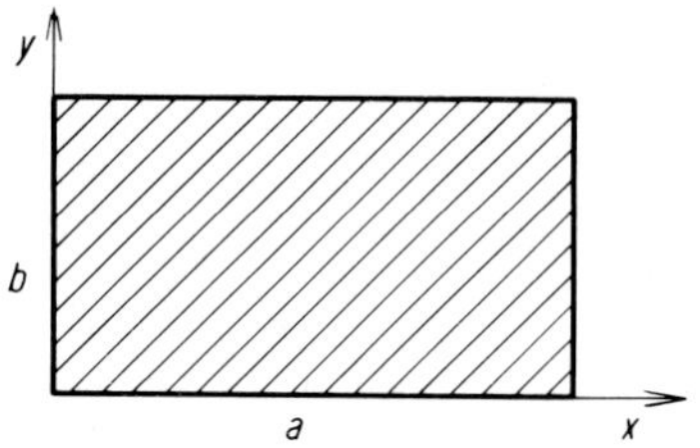

Abb. 19. Rechteckige Membran in einem kartesischen Koordinatensystem.

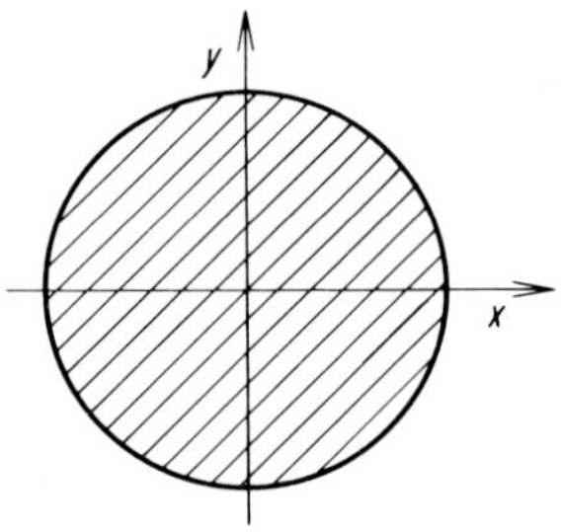

Abb. 20. Kreisförmige Membran in einem kartesischen Koordinatensystem.

kann ihr aber leicht Rechnung tragen, indem man die Differentialgleichung auf Polarkoordinaten transformiert. u wird dann eine Funktion von r, φ und t, so daß wir schreiben $u(r,\varphi,t)$. Die Randbedingung lautet dann

$$u(d,\varphi,t) = 0\,. \tag{242}$$

Ebenso müssen dann auch Anfangsbedingungen der Form Gl. (239) in Polarkoordinaten vorgegeben werden.

Zur Transformation der Differentialgleichung beachten wir, daß der Ausdruck $\frac{\partial^2 u}{\partial x^2} + \frac{\partial^2 u}{\partial y^2}$ der Laplaceoperator ist. Die Transformation dieses Operators wurde bereits im Kapitel über Vektorrechnung angegeben. Mit Hilfe der dort erhaltenen Gl. (XII, 60) geht Gl. (237) über in

$$\frac{1}{r}\frac{\partial}{\partial r}\left(r\frac{\partial u}{\partial r}\right) + \frac{1}{r^2}\frac{\partial^2 u}{\partial \varphi^2} - \frac{1}{c^2}\frac{\partial^2 u}{\partial t^2} = 0\,. \tag{243}$$

Wir machen nun den Ansatz

$$u(r,\varphi,t) = R(r)\cdot\Phi(\varphi)\cdot T(t)\,,$$

gehen damit in Gl. (243) und dividieren diese Gleichung durch $R\,\Phi\,T$. Dies ergibt

$$\frac{1}{Rr}\frac{d}{dr}\left(r\frac{dR}{dr}\right) + \frac{1}{r^2\Phi}\frac{d^2\Phi}{d\varphi^2} - \frac{1}{c^2 T}\frac{d^2 T}{dt^2} = 0\,. \tag{244}$$

Die ersten beiden Summanden hängen nur von r und φ ab, der dritte nur von t. Wir können daher setzen

$$\frac{1}{c^2 T}\frac{d^2 T}{dt^2} = -\kappa^2$$

$$\frac{1}{Rr}\frac{d}{dr}\left(r\frac{dR}{dr}\right) + \frac{1}{r^2\Phi}\frac{d^2\Phi}{d\varphi^2} = -\kappa^2\,,$$

wobei κ^2 eine beliebige Konstante ist. Um die zweite Gleichung in der Weise aufzuspalten, daß ein Summand nur von r und der andere nur von φ abhängt, erweitern wir diese Gleichung mit r^2 und bringen das Glied mit κ^2 auf die linke Seite,

$$\frac{r}{R}\frac{d}{dr}\left(r\frac{dR}{dr}\right) + \kappa^2 r^2 + \frac{1}{\Phi}\frac{d^2\Phi}{d\varphi^2} = 0\,.$$

Wir können jetzt setzen

$$\frac{1}{\Phi}\frac{d^2\Phi}{d\varphi^2} = -\mu^2$$

$$\frac{r}{R}\frac{d}{dr}\left(r\frac{dR}{dr}\right) + \kappa^2 r^2 = \mu^2\,,$$

wobei μ^2 eine beliebige Konstante ist. Indem wir die letzte Gleichung noch mit R/r^2 erweitern und einige einfache Umformungen vornehmen, erhalten wir somit die folgenden drei gewöhnlichen Differentialgleichungen für die drei Funktionen R, Φ und T,

$$\frac{T''}{c^2 T} = -\kappa^2\,, \tag{245}$$

$$\frac{\Phi''}{\Phi} = -\mu^2\,, \tag{246}$$

$$R'' + \frac{1}{r}R' + \left(\kappa^2 - \frac{\mu^2}{r^2}\right)R = 0\,. \tag{247}$$

Wir betrachten als erstes die Gl. (246), aus der die Funktion Φ bestimmt werden soll. Das allgemeine Integral ist durch

$$\Phi = C_1 e^{\sqrt{-\mu^2}\varphi} + C_2 e^{-\sqrt{-\mu^2}\varphi} \tag{248}$$

gegeben. Damit die Lösung physikalisch sinnvoll ist, muß sie in φ periodisch mit der Periode 2π sein. Denn wenn φ um 2π fortschreitet, entspricht das jeweils derselben Stelle auf der Membran, so daß man auch den gleichen Ausschlag erhalten muß. Das ist nur dann der Fall, wenn wir setzen

$$\mu^2 = m^2 \quad \text{mit} \quad m = 0,1,2,\ldots \tag{249}$$

Es ist dann $\sqrt{-\mu^2} = \mathrm{i}m$, und Gl. (248) stellt die Summe aus einem Sinus und einem Kosinus dar,

$$\Phi = C_1' \sin m\varphi + C_2' \cos m\varphi\,. \tag{250}$$

Als nächstes betrachten wir Gl. (242). Wir setzen für μ^2 gemäß Gl. (248) m^2 ein und führen außerdem die Koordinatentransformation $r = \rho/\kappa$ durch. $R(r)$ geht dann in eine neue Funktion von ρ über, die wir mit $\tilde{R}(\rho)$ bezeichnen. Es gilt dann

$$\tilde{R}'' + \frac{1}{\rho}\tilde{R}' + \left(1 - \frac{m^2}{\rho^2}\right)\tilde{R} = 0\,. \tag{251}$$

Das ist die durch Gl. (168) gegebene Besselsche Differentialgleichung. Ihre Lösungen sind durch $\tilde{R}(\rho) = J_m(\rho)$ bzw.

$$R(r) = J_m(\kappa r) \tag{252}$$

gegeben, wobei $J_m(x)$ die durch Gl. (169) gegebene Besselfunktion m-ter Ordnung ist. Die Randbedingung Gl. (242) führt zur Bedingung $J_m(\kappa d) = 0$. Da die Besselfunktion eine periodische Funktion ist, ist diese Bedingung nur für bestimmte Werte von κ erfüllt, die wir, da sie gleichzeitig auch von m abhängen, mit $\kappa_{1m}, \kappa_{2m}, \kappa_{3m}, \ldots$ bezeichnen wollen. Gl. (245) schließlich ergibt als Lösung zu jedem Wert von κ_{jm}

$$T = A_{jm} \sin \kappa_{jm} ct + B_{jm} \cos \kappa_{jm} ct . \tag{253}$$

Die allgemeine Lösung erhält man durch Multiplikation der drei durch die Gln. (250), (252) und (253) gegebenen Funktionen und Summation über alle Werte von j und m,

$$\begin{aligned} u(x,y,t) = \sum_j \sum_m J_m(\kappa_{jm} d[C_1 \sin m\varphi + C_2 \cos m\varphi][A_{jm} \sin \kappa_{jm} ct \\ + B_{jm} \cos \kappa_{jm} ct] . \end{aligned} \tag{254}$$

Die noch offenen Konstanten können aus den Anfangsbedingungen bestimmt werden, ähnlich wie das bei den Schwingungen der Saite getan wurde, wobei aber jetzt eine vorgegebene Funktion nicht nur nach trigonometrischen Funktionen, sondern auch nach Besselfunktionen entwickelt werden muß.

Damit ist gezeigt, daß die Differentialgleichung (237) je nach den Randbedingungen entweder die Gl. (240) oder die Gl. (254) als Lösung besitzt. Daneben gibt es noch eine Vielzahl von weiteren Lösungsfunktionen, die anderen Randbedingungen genügen, und schließlich auch Lösungen, die physikalisch nicht sinnvoll sind, wie man sie z. B. mit Hilfe von Gl. (250) bei nichtganzzahligem m bilden kann.

d) Differentialgleichung der Diffusion und Wärmeleitung

α) Ableitung und Diskussion der Gleichung

Wir untersuchen nun die Diffusion irgendeines Stoffes A in einem Körper, den wir in ein Koordinatensystem x, y, z legen. Die Konzentration des Stoffes A an der Stelle x, y, z zum Zeitpunkt t bezeichnen wir mit $c(x, y, z, t)$. Im Kapitel über Vektorrechnung wurde bereits ausgeführt, daß der Materiestrom $\boldsymbol{j}$ je Zeit und Flächeneinheit gegeben ist durch

$$\boldsymbol{j} = -D \operatorname{grad} c \tag{255}$$

und daß für die zeitliche Änderung der Konzentration gilt

$$\frac{\partial c}{\partial t} = -\operatorname{div} \boldsymbol{j} . \tag{256}$$

D ist dabei die Diffusionskonstante. Wir eliminieren nun aus beiden Gleichungen den Strom $\boldsymbol{j}$, indem wir in Gl. (255) rechts und links die Divergenz bilden, $\operatorname{div} \boldsymbol{j} = -D \operatorname{div} \operatorname{grad} c$, und dann den Ausdruck für $\operatorname{div} \boldsymbol{j}$ in Gl. (256) einsetzen. Unter Beachtung, daß man für den div grad auch den Laplaceoperator Δ schreiben kann, ergibt sich dann $\frac{\partial c}{\partial t} = D \Delta c$ bzw.

$$\Delta c - \frac{1}{D} \frac{\partial c}{\partial t} = 0 . \tag{257}$$

Dies ist eine partielle Differentialgleichung zweiter Ordnung für die Konzentration c als Funktion des Ortes und der Zeit. Die gleiche Gleichung ergibt sich auch für die Wärmeleitung. In diesem Fall steht lediglich statt c die Temperatur und statt D die Temperaturleitfähigkeit. Die im folgenden für den Fall der Diffusion besprochenen Ergebnisse gelten daher in analoger Weise auch für die Wärmeleitung.

Als erstes erhebt sich die Frage nach den Anfangs- und Randbedingungen, die man vorgeben muß, um eine eindeutige Lösung zu erhalten. Im Abschn. E 1 wurde ausgeführt, daß man im allgemeinen einen Anfangsstreifen und, falls sich dieser nicht ins Unendliche erstreckt, Randbedingungen vorgeben muß. Im speziellen Fall der Gl. (257) reicht es nun, wenn man an Stelle des Anfangsstreifens nur eine „Anfangslinie" vorgibt, also den Konzentrationsverlauf $c(x,y,z,0)$ zum Zeitpunkt $t = 0$. Man muß keine Aussage über $\partial c/\partial t$ zum Zeitpunkt Null machen. Daß diese zweite Angabe nicht erforderlich ist, erkennt man bereits daraus, daß $\partial c/\partial t$ über Gl. (257) aus $c(x,y,z,0)$ berechnet werden kann. Falls sich die Anfangsbedingung nicht beiderseitig ins Unendliche erstreckt, müssen natürlich noch wie bei der Wellengleichung Randbedingungen vorgegeben werden.

β) Diffusion in einem Stab endlicher Länge

Wir betrachten das eindimensionale Problem, also die Diffusion in einem Stab,

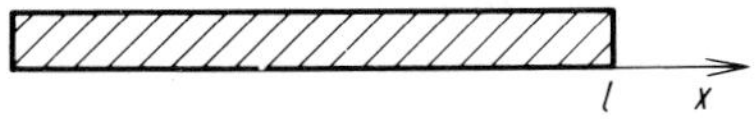

Abb. 21. Stab mit Ortskoordinate x.

bei dem die Konzentration nur von einer Ortskoordinate x abhängt (s. Abb. 21). Die Diffusionsgleichung (257) lautet dann

$$\frac{\partial^2 c}{\partial x^2} - \frac{1}{D}\frac{\partial c}{\partial t} = 0\,. \tag{258}$$

Als Anfangs- und Randbedingungen nehmen wir an, daß zum Zeitpunkt $t = 0$ die Konzentration innerhalb des Stabes gleich a ist, also

$$c(x,0) = a\,. \tag{259}$$

An den Stabenden soll zu allen Zeiten die Konzentration Null sein, also

$$c(0,t) = 0 \quad \text{und} \quad c(l,t) = 0\,. \tag{260}$$

Dies entspricht dem Fall, daß im Stab zu Beginn des Versuches irgendeine Fremdsubstanz gelöst ist, die dann im Laufe der Zeit durch die beiden Enden aus dem Stab herausdiffundiert. Die herausdiffundierte Substanz muß jeweils sofort, z. B. durch Anlegen eines Vakuums, entfernt werden.

Wir suchen die Lösung mit Hilfe des Produktansatzes von Bernoulli auf. Die Rechnung verläuft ähnlich wie bei der schwingenden Saite. Wir führen sie trotzdem explizit durch, um zu erkennen, warum beim Diffusionsproblem als Anfangsbedingung nur eine Kurve und nicht ein Streifen vorgegeben werden muß. Der Ansatz für die Lösung lautet:

$$c(x,t) = X(x) \cdot T(t)\,. \tag{261}$$

Führt man das in Gl. (258) ein und dividiert durch XT, so ergibt sich

$$\frac{X''}{X} - \frac{1}{D} \cdot \frac{T'}{T} = 0 .$$

Dies führt auf zwei gewöhnliche Differentialgleichungen

$$\frac{X''}{X} = k^2 \tag{262}$$

$$\frac{1}{D} \cdot \frac{T'}{T} = k^2 , \tag{263}$$

wobei k^2 eine zunächst beliebige Konstante ist. Die allgemeinen Lösungen dieser Differentialgleichungen lauten

$$X = A_1 \mathrm{e}^{kx} + A_2 \mathrm{e}^{-kx} \tag{264}$$

und

$$T = C_k \mathrm{e}^{Dk^2 t} . \tag{265}$$

Die vorgegebenen Randbedingungen Gl. (260) werden nun nur dann erfüllt, wenn Gl. (264) eine Sinusfunktion mit dem Argument $\frac{n\pi}{l} x$ darstellt mit $n = 1,2,3,\dots$. Daraus ergibt sich die Bedingung

$$k^2 = -\frac{n^2 \pi^2}{l^2} \quad \text{mit} \quad n = 0,1,2,\dots . \tag{266}$$

Zu einem bestimmten n gehört die Lösung $X(x) \cdot T(t) = C_k \mathrm{e}^{-\frac{n^2\pi^2 Dt}{l^2}} \sin \frac{n\pi}{l} x$. Die allgemeine Lösung erhält man durch Summation über alle n

$$c(x,t) = \sum_{n=0}^{\infty} c_n \mathrm{e}^{-\frac{n^2\pi^2 Dt}{l^2}} \sin \frac{n\pi}{l} x . \tag{267}$$

Die zunächst beliebigen Konstanten c_n muß man so wählen, daß die Anfangsbedingung Gl. (259) erfüllt ist. Da $c(x,0) = \sum_{n=0}^{\infty} c_n \sin \frac{n\pi}{l} x$ ist, folgt daraus

$$\sum_{n=0}^{\infty} c_n \sin \frac{n\pi}{l} x = a . \tag{268}$$

Die Koeffizienten c_n ergeben sich, wenn man die in Abb. XIV, 4 angegebene Stufenfunktion in eine Fourierreihe entwickelt. Aus Gl. (XIV, 24) folgt

$$c_n = \frac{4a}{\pi n} \quad \text{für ungeradzahliges } n$$

und

$$c_n = 0 \quad \text{für geradzahliges } n .$$

Man erhält damit als Lösung

$$c(x,t) = \sum_n \frac{4a}{\pi n} \mathrm{e}^{-\frac{n^2\pi^2 Dt}{l^2}} \sin\frac{n\pi}{l}x \qquad n = 1,3,5,\ldots . \tag{269}$$

Der Verlauf der Konzentration ist schematisch in Abb. 22 angegeben.

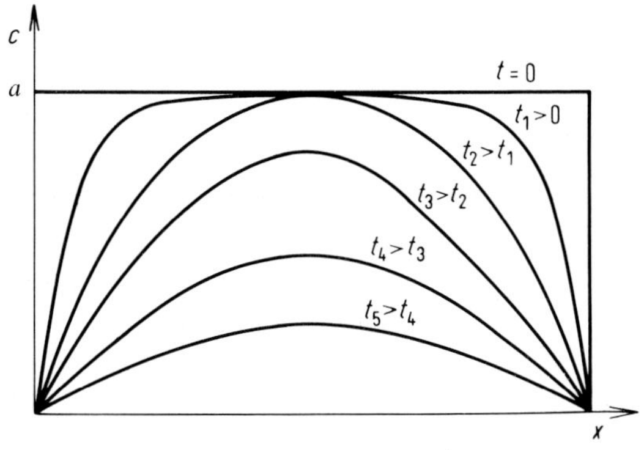

Abb. 22. Abhängigkeit der Konzentration c von der Koordinate x zu verschiedenen Zeiten t gemäß Gl. (269).

Das Resultat in Gl. (267) unterscheidet sich von dem in Gl. (226) unter anderem dadurch, daß es nur einen Satz unbestimmter Koeffizienten, nämlich die c_n, aufweist. Dies ist die rechnerische Ursache dafür, daß die Lösung hier im Unterschied zur schwingenden Saite durch eine einzige Funktion als Anfangsbedingung eindeutig bestimmt ist.

γ) Diffusion in einem unendlich langen Stab

Als nächstes betrachten wir noch einen Stab, der sich von $x = -\infty$ bis $x = +\infty$ erstreckt. Wir geben eine Funktion $f(x)$ vor, die die Konzentration zur Zeit $t = 0$ darstellt. Die Anfangsbedingung lautet also

$$c(x,0) = f(x) . \tag{270}$$

Randbedingungen benötigen wir im Fall eines unendlich langen Stabes nicht. Es muß nur gefordert werden, daß die Lösung auch im Unendlichen „physikalisch sinnvoll" ist. Der Produktansatz von Bernoulli führt wieder auf die durch Gl. (264) und (265) gegebenen Lösungen. Von physikalisch sinnvollen Lösungen muß man verlangen, daß sie bei $x = +\infty$ und $x = -\infty$ nicht unendlich werden. Um das zu erreichen, darf Gl. (264) keine Exponentialfunktion enthalten, sondern nur trigonometrische Funktionen. k^2 muß daher negativ und k imaginär sein. Wir setzen $k^2 = -\kappa^2$ und erhalten für das partikuläre Integral

$$(a_\kappa \mathrm{e}^{\mathrm{i}\kappa x} + a_{-\kappa}\mathrm{e}^{-\mathrm{i}\kappa x})\mathrm{e}^{-\kappa^2 Dt} . \tag{271}$$

Das allgemeine Integral setzt sich aus einer Summe der partikulären Lösungen zusammen. Da es unendlich viele k-Werte gibt, geht die Summe in ein Integral über.

Wir schreiben nun $a(\kappa)$ anstelle von a_κ. Des weiteren führen wir das Glied $a_{-\kappa}$ nicht explizit an, sondern integrieren statt dessen auch über negative κ. Wir erhalten dann

$$c(x,t) = \int_{-\infty}^{+\infty} a(\kappa) \mathrm{e}^{\mathrm{i}\kappa x - \kappa^2 Dt} \, d\kappa \,. \tag{272}$$

Die Funktion $a(\kappa)$ kann man nun so bestimmen, daß die Anfangsbedingung Gl. (270) erfüllt ist. Es muß hierzu gelten

$$\int_{-\infty}^{+\infty} a(\kappa) \mathrm{e}^{\mathrm{i}\kappa x} \, dk = f(x) \,. \tag{273}$$

Daraus folgt gemäß den Sätzen über Fourier-Transformationen Gl. (XIV, 61)

$$a(\kappa) = \frac{1}{2\pi} \int_{-\infty}^{+\infty} f(\xi) \mathrm{e}^{-\mathrm{i}\kappa\xi} \, d\xi \,. \tag{274}$$

Einsetzen von Gl. (274) in Gl. (272) ergibt

$$c(x,t) = \frac{1}{2\pi} \int_{-\infty}^{+\infty} \mathrm{e}^{\mathrm{i}\kappa x - \kappa^2 Dt} \, d\kappa \int_{-\infty}^{+\infty} f(\xi) \mathrm{e}^{-\mathrm{i}\kappa\xi} \, d\xi \,.$$

Die Integration über κ läßt sich nun vornehmen. Wir vertauschen hierzu zunächst die beiden Integrationen, was wegen der absoluten Konvergenz der Integrale erlaubt ist, und erhalten

$$c(x,t) = \frac{1}{2\pi} \int_{-\infty}^{+\infty} f(\xi) \, d\xi \int_{-\infty}^{+\infty} \mathrm{e}^{\mathrm{i}\kappa(x-\xi) - \kappa^2 Dt} d\kappa \,.$$

Durch Ausklammern von Dt und quadratische Ergänzung im Exponenten ergibt sich daraus

$$\begin{aligned} c(x,t) &= \frac{1}{2\pi} \int_{-\infty}^{+\infty} f(\xi) \, d\xi \int_{-\infty}^{+\infty} \mathrm{e}^{-Dt\left[\left(\kappa - \frac{\mathrm{i}(x-\xi)}{2Dt}\right)^2 + \frac{(x-\xi)^2}{4(Dt)^2}\right)\right]} \, d\kappa = \\ &= \frac{1}{2\pi} \int_{-\infty}^{+\infty} f(\xi) \mathrm{e}^{-\frac{(x-\xi)^2}{4Dt}} d\xi \int_{-\infty}^{+\infty} \mathrm{e}^{-Dt(\kappa - \frac{i(x-\xi)^2}{2Dt}} d\kappa \,. \end{aligned} \tag{275}$$

Wir führen nun die neue Variable

$$z = \sqrt{Dt}\left(\kappa - \frac{\mathrm{i}(x-\xi)}{2\,Dt}\right)$$

ein. Es ist dann $dz = \sqrt{Dt}\, d\kappa$, und das zweite Integral in Gl. (275) geht über in

$$\frac{1}{\sqrt{Dt}} \int_{-\infty}^{+\infty} e^{-z^2}\, dz\,,$$

was auf Grund von Gl. (XI, 132) $\frac{1}{\sqrt{Dt}} \sqrt{\pi}$ ergibt. Wir erhalten somit

$$c(x,t) = \frac{1}{2\sqrt{\pi\, Dt}} \int_{-\infty}^{+\infty} f(\xi)\, e^{-\frac{(x-\xi)^2}{4Dt}}\, d\xi\,. \tag{276}$$

Zur Diskussion dieses Resultates nehmen wir nun an, daß zur Zeit $t = 0$ eine bestimmte Menge des Fremdstoffes in einer sehr engen Umgebung um die Stelle $x = x_0$ vorliegt. Mathematisch idealisiert kann man dann die Anfangskonzentration durch eine Delta-Funktion (s. Gl. (VII, 35)) angeben,

$$c(x,0) = f(x) = A\,\delta(x - x_0)\,,$$

wobei A die Menge Fremdstoff je Querschnitteinheit bei $t = 0$ ist. Setzt man dies in Gl. (276) ein, so ergibt sich unter Beachtung von Gl. (XIV, 76)

$$c(x,t) = \frac{1}{2\sqrt{\pi\, Dt}} \int_{-\infty}^{+\infty} A\,\delta(\xi - x_0)\, e^{-\frac{(x-\xi)^2}{4Dt}}\, d\xi = \frac{A}{2\sqrt{\pi\, Dt}}\, e^{-\frac{(x-x_0)^2}{4Dt}}\,. \tag{278}$$

Man erhält also als Konzentrationsverteilung eine Gaußsche Glockenkurve mit um so größerer Halbwertsbreite, je größer die Zeit t ist. Die zur Zeit $t = 0$ an einer einzigen Stelle konzentrierte Substanz verteilt sich also immer weiter (s. Abb. 23).

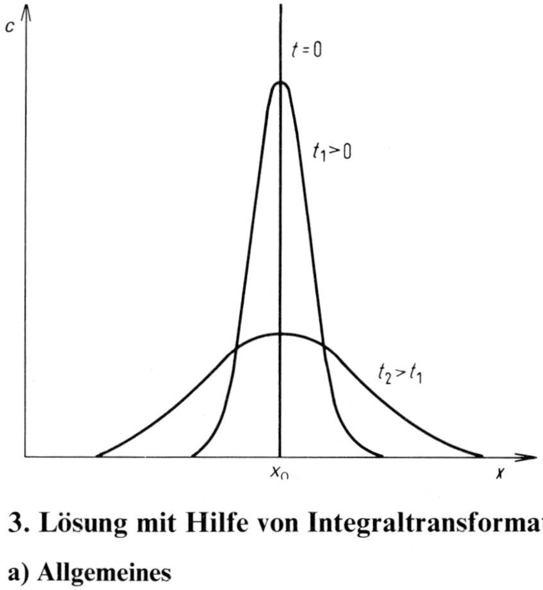

Abb. 23. Abhängigkeit der Konzentration c von der Koordinate x zu verschiedenen Zeiten t gemäß Gl. (278).

3. Lösung mit Hilfe von Integraltransformationen

a) Allgemeines

Das Aufsuchen der Lösung einer Differentialgleichung wird vielfach dadurch erleichtert bzw. erst möglich gemacht, daß man eine Integraltransformation der Gleichung vornimmt. Beispiele für solche Integraltransformationen sind die Fouriertransformation und die Laplacetransformation, die in Abschnitt XIV C 3 besprochen wurden. Der Vorteil einer Transformation ist vor allem folgender: Bei der transformierten Funktion muß man anstelle einer Differentiation lediglich eine Multiplikation mit einem geeigneten Faktor vornehmen (s. z. B. Gl. (XIV, 116)). Eine gewöhnliche Differentialgleichung geht daher in eine algebraische Gleichung über, die keine Ableitungen aufweist; bei einer partiellen Differentialgleichung wird die Anzahl der Variablen, nach denen abgeleitet wird, vermindert. Die transformierte Gleichung läßt sich meistens sehr leicht lösen. Schwierigkeiten treten bisweilen bei der Rücktransformation der Lösung auf. Man kann auch nicht alle Arten von Randbedingungen berücksichtigen.

Wir erläutern im folgenden das Wesen der Methode an einigen Beispielen über die Anwendung von Laplace- und Fourier-Transformationen.

b) Methode der Laplacetransformation*)

Als Beispiel für die Anwendung von Laplacetransformationen lösen wir eine partielle Differentialgleichung mit zwei unabhängigen Veränderlichen, nämlich die Diffusionsgleichung (258). Gegeben sei ein Stab, der sich von $x = 0$ bis $x = \infty$ erstrecken möge. In diesen Stab soll von der Stelle $x = 0$ ein Fremdstoff eindiffundieren, wobei je Zeit- und Querschnittflächeneinheit die Menge $\Psi(t)$ eindringen soll. Zur Zeit $t = 0$ sei die Fremdstoffkonzentration überall im Stab gleich Null. Gesucht ist die Fremdstoffkonzentration $C(x,t)$ als Funktion des Ortes und der Zeit. Es liegt also das Problem vor, die Differentialgleichung

$$\frac{\partial^2 C}{\partial x^2} - \frac{1}{D}\frac{\partial C}{\partial t} = 0 \tag{279}$$

mit der Anfangsbedingung

$$C(x,0) = 0 \tag{280}$$

und der Randbedingung

$$-D\left.\frac{\partial C}{\partial x}\right|_{x=0} = \Psi(t) \tag{281}$$

zu lösen. Das Symbol auf der linken Seite von Gl. (281) bedeutet die Ableitung von C nach x an der Stelle $x = 0$. Die Randbedingung ergibt sich dadurch, daß $-D\frac{\partial c}{\partial x}$ aufgrund von Gl. (255) den Diffusionsstrom je Einheit Querschnittsfläche angibt.

Zur Lösung des gegebenen Problems führen wir eine Laplacetransformation der Differentialgleichung entsprechend Gl. (XIV, 112) durch. $C(x,t)$ geht dabei in die Funktion $c(x,s)$ über, die gegeben ist durch

$$c(x,s) = \int_0^\infty e^{-st} C(x,t)\,dt\,, \tag{282}$$

*) Dieser Abschnitt kann von weniger interessierten Lesern überschlagen werden.

$\Psi(t)$ in die Funktion

$$\psi(s) = \int_0^\infty e^{-st}\,\Psi(t)\,dt\,. \tag{283}$$

Außerdem ergibt sich aufgrund von Gl. (XIV, 116)

$$\int_0^\infty e^{-st}\frac{\partial C}{\partial t}\,dt = sc(x,s) - C(x,0) \tag{284}$$

sowie durch Differentiation von Gl. (282)

$$\int_0^\infty e^{-st}\frac{\partial^2 C}{\partial x^2}\,dt = \frac{\partial^2 c}{\partial x^2}\,. \tag{285}$$

Die gegebene Differentialgleichung (279) geht daher durch eine Laplacetransformation über in

$$\frac{\partial^2 c}{\partial x^2} - \frac{1}{D}\left[sc - C(x,0)\right] = 0\;,$$

woraus wegen Gl. (280) folgt

$$\frac{\partial^2 c}{\partial x^2} - \frac{1}{D}\,sc = 0\,. \tag{286}$$

Die Laplacetransformation von Gl. (281) lautet

$$-D\left.\frac{\partial c}{\partial x}\right|_{x=0} = \psi(s)\,. \tag{287}$$

Anstelle der ursprünglich gegebenen Gleichung lösen wir nun Gl. (286) mit der Randbedingung Gl. (287). Dies kann leicht mit Hilfe des Ansatzes $C(x,s) = a(s)e^{\lambda x}$ geschehen. Setzt man dies in die Differentialgleichung ein, so ergeben sich für λ zwei mögliche Werte, nämlich $\lambda = -\sqrt{s/D}$ und $\lambda = \sqrt{s/D}$. Als allgemeines Integral erhält man somit

$$c(x,s) = a_1(s)e^{-x\sqrt{\frac{s}{D}}} + a_2(s)e^{x\sqrt{\frac{s}{D}}}\,. \tag{288}$$

Da c gleich Null sein muß, wenn $x \to \infty$ geht, ist $a_2(s) = 0$. Außerdem ergibt sich aus Gl. (287)

$$\left.-Da_1(s)\left(-\sqrt{\frac{s}{D}}\right)e^{-x\sqrt{\frac{s}{D}}}\right|_{x=0} = \psi(s) \tag{289}$$

bzw.

$$a_1(s) = \frac{1}{\sqrt{Ds}}\,\psi(s)\,. \tag{290}$$

Die Lösung im Unterraum lautet somit

$$c(x,s) = \frac{1}{\sqrt{D}}\,\psi(s)\;s^{-\frac{1}{2}}\;\mathrm{e}^{-x\sqrt{\frac{s}{D}}}. \tag{291}$$

Die gesuchte Lösung $C(x,t)$ erhält man durch Rücktransformation der Funktion $c(x,s)$ in den Oberraum. Es ist also

$$C(x,t) = \mathfrak{L}^{-1}\,[c(x,s)]\;, \tag{292}$$

wobei $\mathfrak{L}^{-1}$ die durch Gl. (XIV, 121) definierte inverse Laplacetransformation ist. Es gilt nun wegen Gl. (283)

$$\mathfrak{L}^{-1}\,[\psi(s)] = \Psi(t). \tag{293}$$

Ferner kann man aus einer Tabelle über Laplacetransformationen entnehmen, daß gilt

$$\mathfrak{L}^{-1}\left[s^{-\frac{1}{2}}\;\mathrm{e}^{-x\sqrt{\frac{s}{D}}}\right] = \frac{1}{\sqrt{\pi}}\,\frac{1}{\sqrt{t}}\,\mathrm{e}^{-\frac{x^2}{4Dt}}. \tag{294}$$

Beachtet man noch, daß Gl. (XIV, 117) zufolge einem Produkt im Unterraum ein Faltungsprodukt im Oberraum entspricht, so können wir daher schreiben

$$C(x,t) = \frac{1}{\sqrt{D\pi}}\,\frac{1}{\sqrt{t}}\,\mathrm{e}^{-\frac{x^2}{4Dt}} * \Psi(t)\,. \tag{295}$$

Der Stern deutet dabei die durch Gl. (XIV, 108) definierte Faltung an. In ausführlicherer Schreibweise ergibt sich

$$C(x,t) = \frac{1}{\sqrt{D\pi}}\int_0^t \frac{1}{\sqrt{\tau}}\;\mathrm{e}^{-\frac{x^2}{4D\tau}}\;\Psi(t-\tau)\;d\tau\,. \tag{296}$$

Daß die Grenzen des Integrals nicht wie in Gl. (XIV, 108) gleich $-\infty$ bzw. $+\infty$ gesetzt wurden, rührt daher, daß für $\tau > t$ die Funktion $\Psi(t-\tau)$ definitionsgemäß Null ist und für $\tau < 0$ die Exponentialfunktion entsprechend der oberhalb von Gl. (XIV, 118) getroffenen Festsetzung durch Null zu ersetzen ist. Damit haben wir die gesuchte Lösung gefunden. Mit Hilfe des Produktansatzes von Bernoulli hätten wir das Problem nicht lösen können, da dieser Ansatz nur bei zeitunabhängigen Randbedingungen zu verwenden ist.

Die erhaltene Lösung steht in engem Zusammenhang mit Gl. (278). Nehmen wir an, $\Psi(t)$ sei nur innerhalb der kurzen Zeit von $t = 0$ bis $t = d\tau$ von Null verschieden. Das bedeutet, daß Fremdstoff nur innerhalb dieser kurzen Zeitspanne in den Stab eindringt. Der Integrand in Gl. (296) ist dann für alle Zeiten gleich Null, außer in der Umgebung von $\tau = t$. Gl. (296) geht dann über in

$$c(x,t) \approx \frac{1}{\sqrt{D\pi}}\,\frac{1}{\sqrt{t}}\,\mathrm{e}^{-\frac{x^2}{4Dt}}\,\Psi(0)\,d\tau\,. \tag{297}$$

Diese Beziehung stimmt mit Gl. (278) überein, wenn man dort $x_0 = 0$ setzt und $A/2$ durch $\Psi(0)\,d\tau$ ersetzt. Das ist nicht überraschend. Gl. (278) gilt ja für den Vorgang, daß zum Zeitpunkt $t = 0$ einmalig die Menge $A/2$ nach rechts zu diffundieren beginnt, was sinngemäß auch bei Gl. (297) vorausgesetzt wurde. Daß bei Gl. (278) außerdem noch die Menge $A/2$ nach links diffundiert, ist für den vorgenommenen Vergleich unerheblich. Der Vergleich mit Gl. (278) zeigt auch noch folgendes: Die Integration in Gl. (296) stellt nichts anderes als die Summation der Wirkungen von einzelnen Einströmungen im gesamten Zeitraum vom Zeitnullpunkt bis zum betrachteten Zeitpunkt t dar. Man hätte die Gl. (296) daher auch durch eine anschauliche Betrachtung aus Gl. (278) ableiten können.

Dies war nur ein einziges Beispiel für die Anwendung von Laplacetransformationen. Je nach dem vorliegenden Problem wird die Methode entsprechend abgewandelt.

Zusammengefaßt gilt: *Die Lösung einer Differentialgleichung kann man in manchen Fällen dadurch gewinnen, daß man eine Laplacetransformation vornimmt, die transformierte Gleichung unter Berücksichtigung der Anfangs- und Randbedingungen löst und anschließend die Lösung wieder zurücktransformiert. Aus einer gewöhnlichen Differentialgleichung erhält man nach der Transformation eine algebraische Gleichung, die keine Ableitungen mehr enthält. Bei einer partiellen Differentialgleichung wird durch die Transformation die Anzahl der Variablen, nach denen abgeleitet wird, um eins vermindert.*

c) Methode der Fouriertransformation *)

Neben der Laplacetransformation werden auch Fouriertransformationen zum Lösen von Differentialgleichungen verwendet. Wir erläutern die Methode am Beispiel einer gewöhnlichen Differentialgleichung zweiter Ordnung, nämlich der Gleichung für erzwungene gedämpfte Schwingungen einer Masse m, die an einer Feder hängt (s. Abb. 5). Wir bezeichnen die auf das System einwirkende Kraft als Funktion der Zeit mit $K(t)$, die jeweilige Auslenkung aus der Gleichgewichtslage mit y, die Reibungskonstante mit ρ und die Federkonstante mit D. Es gilt dann analog zu Gl. (137)

$$m y'' + \rho y' + D x = K(t) , \tag{298}$$

wobei wir die Ableitung nach t im Unterschied zu früher mit einem Strich bezeichnen.

Zum Lösen dieser Gleichung führen wir nun zunächst eine Fouriertransformation gemäß Gl. (XIV, 102) durch. Dadurch geht die gesuchte Funktion $y(t)$ über in die Funktion

$$\tilde{y}(\omega) = \frac{1}{\sqrt{2\pi}} \int_{-\infty}^{+\infty} y(t) \mathrm{e}^{\mathrm{i}\omega t} \, dt . \tag{299}$$

Um zu sehen, in welche Funktion $y'(t)$ transformiert wird, kehren wir zunächst die Transformation in Gl. (299) um und erhalten gemäß Gl. (XIV, 106)

$$y(t) = \frac{1}{\sqrt{2\pi}} \int_{-\infty}^{+\infty} \tilde{y}(\omega) \mathrm{e}^{-\mathrm{i}\omega t} \, d\omega . \tag{300}$$

*) Dieser Abschnitt kann von weniger interessierten Lesern überschlagen werden.

Die Differentiation nach t ergibt

$$y'(t) = \frac{1}{\sqrt{2\pi}} \int_{-\infty}^{+\infty} -\mathrm{i}\omega\, \tilde{y}(\omega) \mathrm{e}^{-\mathrm{i}\omega t}\, d\omega \,. \tag{301}$$

Kehrt man nun die Transformation erneut um, so erhält man

$$\frac{1}{\sqrt{2\pi}} \int_{-\infty}^{+\infty} y'(t) \mathrm{e}^{\mathrm{i}\omega t}\, dt = -\mathrm{i}\omega\, \tilde{y}(\omega) \,. \tag{302}$$

In gleicher Weise findet man durch nochmalige Differentiation von Gl. (301) nach t, daß gilt

$$\frac{1}{\sqrt{2\pi}} \int_{-\infty}^{+\infty} y''(t) \mathrm{e}^{\mathrm{i}\omega t}\, dt = -\omega^2\, \tilde{y}(\omega) \,. \tag{303}$$

Die Fouriertransformation von $K(t)$ bezeichnen wir mit $\tilde{K}(\omega)$,

$$\tilde{K}(\omega) = \int_{-\infty}^{+\infty} K(t) \mathrm{e}^{\mathrm{i}\omega t}\, dt \,. \tag{304}$$

Die Fouriertransformation der Gl. (298) ergibt dann

$$-m\omega^2\, \tilde{y}(\omega) - \mathrm{i}\rho\omega\, \tilde{y}(\omega) + D\, \tilde{y}(\omega) = \tilde{K}(\omega) \,.$$

Wir haben damit aus der ursprünglich gegebenen Differentialgleichung eine rein algebraische Gleichung für die neue Funktion $\tilde{y}(\omega)$ erhalten, die keine Ableitungen aufweist. Man kann diese Gleichung leicht nach $\tilde{y}(\omega)$ auflösen. Es ergibt sich

$$\tilde{y}(\omega) = \frac{\tilde{K}(\omega)}{-m\omega^2 - \mathrm{i}\rho\omega + D} \,.$$

Indem man nun noch gemäß Gl. (300) eine Rücktransformation vornimmt, erhält man

$$y(t) = \frac{1}{\sqrt{2\pi}} \int_{-\infty}^{+\infty} \frac{\tilde{K}(\omega) \mathrm{e}^{-\mathrm{i}\omega t}\, d\omega}{-m\omega^2 - \mathrm{i}\rho\omega + D} \,. \tag{305}$$

Dies ist das gesuchte Integral der gegebenen Differentialgleichung (298). Man sieht, daß dieses Integral keine frei verfügbaren Konstanten aufweist. Es handelt sich also nur um ein partikuläres Integral. Man kann daraus aber leicht das vollständige Integral gewinnen, indem man das allgemeine Integral der entsprechenden homogenen Differentialgleichung hinzuaddiert.

Als Beispiel nehmen wir nun an, daß die Funktion $K(t)$ gegeben ist durch

$$K(t) = K_0 \mathrm{e}^{-\mathrm{i}\omega_0 t} \,.$$

Für die Fouriertransformierte $\tilde{K}(\omega)$ ergibt sich dann mit Hilfe von Gl. (304) und Gl. (XIV, 78)

$$\tilde{K}(\omega) = \frac{1}{\sqrt{2\pi}} \int_{-\infty}^{+\infty} K_0 \mathrm{e}^{-\mathrm{i}(\omega_0 - \omega)t}\, dt = \sqrt{2\pi}\, K_0\, \delta(\omega_0 - \omega) \,.$$

Setzt man dies in Gl. (306) ein und beachtet Gl. (XIV, 76), so erhält man

$$y(t) = \frac{1}{\sqrt{2\pi}} \int_{-\infty}^{\infty} \frac{\sqrt{2\pi}\, K_0\, \delta(\omega_0 - \omega)\, \mathrm{e}^{-\mathrm{i}\omega t}\, d\omega}{-m\omega^2 - \mathrm{i}\rho\omega + D} = \frac{K_0\, \mathrm{e}^{-\mathrm{i}\omega_0 t}}{-m\omega_0^2 - \mathrm{i}\rho\omega_0 + D}.$$

Dieses Resultat stimmt mit dem im Anschluß an Gl. (138) erhaltenen überein.

Die Methode der Fouriertransformation läßt sich auch auf partielle Differentialgleichungen anwenden. Dabei kann man entweder nur bezüglich einer Variablen oder auch bezüglich mehrerer Variabler transformieren. In bestimmten Fällen gelingt es auch dabei, Randbedingungen zu berücksichtigen. Wegen weiterer Einzelheiten sei auf die Lehrbücher von Smirnow, Morse und Fischbach sowie Weise verwiesen.

Zusammenfassend ergibt sich: *Die Lösung einer Differentialgleichung kann man in manchen Fällen dadurch gewinnen, daß man eine Fouriertransformation vornimmt, die transformierte Gleichung löst und anschließend die Lösung wieder zurücktransformiert.*

4. Lösung mit Hilfe der Greenschen Funktion

a) Allgemeines

Mit Hilfe des Produktansatzes von Bernoulli erhält man, wie im vorangegangenen Abschnitt ausgeführt wurde, Lösungen in Form von Reihen. Solche Reihen konvergieren in manchen Fällen schlecht. Man kann durch sie im allgemeinen nicht in einfacher Weise einen Überblick über den Verlauf der Lösungen gewinnen. Außerdem sind die auftretenden Koeffizienten vielfach nicht physikalisch interpretierbar. Man ist daher bestrebt, auch Lösungen in geschlossener Form zu gewinnen. Dies gelingt z. B. mit Hilfe der im vorigen Abschnitt besprochenen Integraltransformationen. Ein anderes wichtiges Verfahren zum Gewinnen von Lösungen in geschlossener Form besteht darin, die sogenannte *Greensche Funktion*, die zum gegebenen Problem gehört, aufzusuchen. Die Lösung ist dann durch ein Integral über diese Funktion gegeben.

Wie findet man die Greensche Funktion und daraus dann die gesuchte Lösung? Gegeben sei eine Differentialgleichung

$$\boldsymbol{L} z = -q(x_1, x_2, \ldots, x_n), \tag{306}$$

wobei $\boldsymbol{L}$ ein linearer Differentialoperator sein soll, der Ableitungen nach den Variablen x_i bis zu n-ter Ordnung aufweist $\left(\text{z. B. } \boldsymbol{L} = x\frac{\partial^2}{\partial x_2} + \frac{\partial^2}{\partial x_1 \partial x_3} + 2x^2\frac{\partial}{\partial x_1}\right)$. Außerdem seien irgendwelche Rand- und Anfangsbedingungen vorgegeben. Die Greensche Funktion $G(x_1, x_2, \ldots, x_n, \xi_1, \xi_2, \ldots, \xi_n)$ ist dann als diejenige Funktion definiert, die der Differentialgleichung

$$\boldsymbol{L} G(x_1, x_2, \ldots, x_n, \xi_1, \xi_2, \ldots, \xi_n) = -\delta(x_1 - \xi_1)\,\delta(x_2 - \xi_2), \ldots, \delta(x_n - \xi_n) \tag{307}$$

genügt und die gleichzeitig die zu den vorgegebenen Randbedingungen gehörigen homogenen Randbedingungen erfüllt. Die $\delta(x_1 - \xi_1), \delta(x_2 - \xi_2)$ usw. sind die durch Gl. (XIV, 74) definierten Deltafunktionen*). Mit der so definierten Greenschen Funktion $G(x_1, x_2, \ldots, x_n, \xi_1\, \xi_2, \ldots, \xi_n) = G$ ergibt sich für die gesuchte Lösung der Differentialgleichung (306)

$$z(x_1, x_2, \ldots, x_n) = \int \cdots \int_V G\; q(\xi_1, \xi_2, \ldots, \xi_n)\, d\xi_1\, d\xi_2 \ldots d\xi_n + \mathfrak{J}, \tag{308a}$$

wobei $\mathfrak{J}$ für irgendwelche Integrale über den Rand von V und über eventuelle Anfangsbedingungen steht. Unter bestimmten Voraussetzungen, z. B. wenn sich die Integration über den gesamten Raum erstreckt oder wenn alle Randbedingungen homogen sind, verschwindet $\mathfrak{J}$ und man erhält

$$z(x_1, x_2, \ldots, x_n) = \int \cdots \int_V G\; q(\xi_1, \xi_2, \ldots, \xi_n)\, d\xi_1\, d\xi_2 \ldots d\xi_n. \tag{308b}$$

In den anderen Fällen muß man $\mathfrak{J}$ berücksichtigen.

Daß das obige Integral die gegebene Differentialgleichung befriedigt, kann leicht nachgewiesen werden. Indem man auf Gl. (308 b) den Operator $\boldsymbol{L}$ anwendet, ergibt sich

$$\begin{aligned} \boldsymbol{L}\, z &= \int \cdots \int \boldsymbol{L} G q(\xi_1, \xi_2, \ldots, \xi_n)\, d\xi_1\, d\xi_2 \ldots d\xi_n \\ &= -\int \cdots \int \delta(x_1 - \xi_1)\, \delta(x_2 - \xi_2) \ldots \delta(x_n - \xi_n)\, q(\xi_1, \xi_2, \ldots, \xi_n)\; d\xi_1\, d\xi_2 \ldots d\xi_n \\ &= -q(x_1, x_2, \ldots, x_n), \end{aligned}$$

was mit Gl. (306) übereinstimmt. Die Form der zusätzlichen Integrale, die so beschaffen sein müssen, daß sie ebenfalls die gegebene Differentialgleichung erfüllen, und die dafür sorgen, daß die Lösung die Rand- und Anfangsbedingungen erfüllt, wird für einige Beispiele weiter unten angegeben (siehe Gl. (333)).

Die Greensche Funktion hat eine einprägsame anschauliche Bedeutung. Man kann $q(x_1, x_2, \ldots, x_n)$ als die Dichte von irgendwelchen Quellen betrachten. $\delta(x_1 - \xi_1) \ldots \delta(x_n - \xi_n)$ in Gl. (308 a bzw. 308 b) bedeutet dann eine an dem Punkt $\xi_1, \xi_2, \ldots, \xi_n$ lokalisierte Einheitsquelle. Die Greensche Funktion G ist daher die Lösung der Differentialgleichung für den Fall, daß nur eine solche Einheitsquelle an einem einzigen Punkt auftritt. Gl. (308 a) besagt nun, daß man die Lösung im Falle einer Quellendichteverteilung $q(x_1, x_2, \ldots, x_n)$ durch Integration (d. h. Summation) der Beiträge der Quellen von den einzelnen Raumpunkten erhält. Das erste Integral in Gl. (308 a) stellt dabei die Beiträge von Punkten innerhalb des betrachteten Volumens dar, die weiteren angedeuteten Integrale Beiträge von den Rändern.

Wir betrachten als Beispiel das elektrische Potential φ, das durch eine vorgegebene Verteilung der elektrischen Ladungen über den gesamten Raum verursacht wird. Die Ladungsdichte sei durch $\rho(x, y, z)$ gegeben. Für das Potential φ gilt dann entsprechend bekannter Gleichungen der Elektrizitätslehre

$$\frac{\partial^2 \varphi}{\partial x^2} + \frac{\partial^2 \varphi}{\partial y^2} + \frac{\partial^2 \varphi}{\partial z^2} = -4\pi \varrho(x, y, z). \tag{309}$$

*) Anstelle des Produktes der Deltafunktionen pflegt man auch zu schreiben $\delta(x_1 - \xi_1, x_2 - \xi_2, \ldots, x_n - \xi_n)$, was mit dem Produkt gleichbedeutend ist.

Man bestimmt das Potential so, daß man zunächst das Potential für eine am Punkt ξ,η,ζ lokalisierte Ladung 1 berechnet. Die Differentialgleichung lautet für diesen Fall

$$\frac{\partial^2\varphi}{\partial x^2}+\frac{\partial^2\varphi}{\partial y^2}+\frac{\partial^2\varphi}{\partial z^2}=-4\pi\delta(x-\xi)\delta(y-\eta)\delta(z-\zeta).$$

Für die Lösung erhält man, wie man sich durch Einsetzen leicht überzeugen kann,

$$\varphi=\frac{1}{\sqrt{(x-\xi)^2+(y-\eta)^2+(z-\zeta)^2}}=G. \tag{310}$$

(Es ist dies das aus der Schulphysik bekannte Potential einer punktförmigen Ladung 1.) Dies ist die Greensche Funktion G der Differentialgleichung (309). Als Lösung jener Differentialgleichung erhält man daher entsprechend Gl. (308 b)

$$\varphi=\iiint\limits_{-\infty}^{+\infty}\frac{\rho(\xi,\eta,\zeta)}{\sqrt{(x-\xi)^2+(y-\eta)^2+(z-\zeta)^2}}\,d\xi\,d\eta\,d\zeta. \tag{311}$$

Wir haben die zusätzlichen Integrale $\mathfrak{J}$ in Gl. (308 a) weggelassen, weil wir vorausgesetzt haben, daß q über den gesamten Raum gegeben ist, so daß keine zusätzlichen Randbedingungen vorhanden sind. Ist dies nicht der Fall ist, so treten in Gl. (311) noch weitere Summanden auf. Man erkennt aus Gl. (311), daß das gesuchte Potential durch Summation der durch Gl. (310) gegebenen Potentiale punktförmiger Ladungen gebildet wird.

Greensche Funktionen spielen in der Chemie unter anderem bei der Untersuchung der Diffusion, der Wärmeleitung und der Atomschwingungen in Festkörpern eine Rolle. Wir wollen daher im folgenden anhand von einigen Beispielen näher auf sie eingehen.

b) Beispiel einer gewöhnlichen Differentialgleichung*)

Als erstes behandeln wir das Problem, zu einer gewöhnlichen linearen Differentialgleichung n-ter Ordnung

$$a_0(x)y^{(n)}+a_1(x)y^{(n-1)}+\cdots+a_{n-1}y=-q(x) \tag{312}$$

eine Lösung zu finden, die an den Stellen $x=a$ und $x=b$ n homogene Randbedingungen der Form Gl. (183) befriedigt. Führt man den linearen Differentialoperator

$$\boldsymbol{L}=a_0(x)\frac{d^n}{dx^n}+a_1(x)\frac{d^{n-1}}{dx^{n-1}}+\cdots+a_{n-1}$$

ein, so kann man für die gegebene Differentialgleichung schreiben

$$\boldsymbol{L}y=-q(x).$$

Die Randbedingungen Gl. (183) lauten in kompakter Form unter Berücksichtigung, daß die $\gamma_i=0$ sind,

$$\sum_{\nu=1}^{n-1}\alpha_{\mu\nu}y^{(\nu)}(a)+\beta_{\mu\nu}y^{(\nu)}(b)=0\,,\qquad \mu=1,2,\ldots,n. \tag{313}$$

Es gilt nun folgendes: *Unter der Greenschen Funktion der Differentialgleichung* (312) *mit den Randbedingungen Gl.* (313) *versteht man die Funktion $G(x,x_0)$, die die Differentialgleichung*

$$\boldsymbol{L}G(x,\xi)=-\delta(x-\xi) \tag{314}$$

sowie die durch Gl. (313) *gegebenen Randbedingungen erfüllt.*

---

*) Dieser Abschnitt kann von weniger interessierten Lesern überschlagen werden.

2. *Die Lösung* $y(x)$ *der Differentialgleichung* (312) *mit den Randbedingungen* (313) *erhält man aus der Greenschen Funktion über die Beziehung*

$$y(x) = \int_a^b G(x,\xi) q(\xi)\, d\xi . \tag{315}$$

Zum Beweis, daß die Funktion in Gl. (315) die gegebene Differentialgleichung befriedigt, setzen wir sie in die linke Seite von Gl. (312) ein und erhalten

$$\begin{aligned} \boldsymbol{L} y &= \boldsymbol{L} \int_a^b G(x,\xi)\, q(\xi)\, d\xi = \int_a^b \boldsymbol{L} G(x,\xi)\, q(\xi)\, d\xi = \\ &= -\int_a^b \delta(x-\xi) q(\xi)\, d\xi = -q(x)\,, \end{aligned} \tag{316}$$

was mit der rechten Seite von Gl. (312) übereinstimmt. Die Differentialgleichung wird also befriedigt. Daß auch die Randbedingungen Gl. (313) erfüllt werden, erkennt man leicht, wenn man die Lösung Gl. (315) in die Randbedingungen einsetzt. Indem man das Integral vor das Summenzeichen setzt, erhält man dann

$$\int_a^b \sum_{\nu=1}^{n-1} [\alpha_{\mu\nu} G^{(\nu)}(a,\xi) + \beta_{\mu\nu} G^{(\nu)}(b,\xi)]\, q(\xi)\, d\xi = 0\,, \qquad \mu = 1,2,\ldots,n \tag{317}$$

Diese Gleichungen sind identisch erfüllt, weil die Greensche Funktion voraussetzungsgemäß den Randbedingungen genügt.

Wir diskutieren nun noch die Definitionsgleichung (314) für die Greensche Funktion $G(x,\xi)$. $\delta(x-\xi)$ ist die durch Gl. (XIV, 74) definierte Deltafunktion, die für $x \neq \xi$ gleich Null und für $x = \xi$ unendlich ist. Die Greensche Funktion erfüllt also für alle $x \neq \xi$ die zu Gl. (313) gehörende homogene Differentialgleichung $\boldsymbol{L} y = 0$; nur für $x = \xi$ verhält sie sich entsprechend anders. Man erfüllt diese Bedingungen, wenn man $G(x,\xi)$ in folgender Weise aus zwei Funktionen $G_1(x,\xi)$ und $G_2(x,\xi)$ zusammensetzt:

1. $G(x,\xi)$ ist im Bereich $a \leqq x \leqq \xi$ durch $G_1(x,\xi)$ und im Bereich $\xi \leqq x \leqq b$ durch $G_2(x,\xi)$ gegeben, wobei jede Funktion der homogenen Differentialgleichung im entsprechenden Bereich genügt,

$$G(x,\xi) = \begin{cases} G_1(x,\xi) & \text{für} \quad a \leqq x \leqq \xi \\ G_2(x,\xi) & \text{für} \quad \xi \leqq x \leqq b\,. \end{cases} \tag{318}$$

2. An der Stelle $x = \xi$ stimmen die Werte der Funktionen G_1 und G_2 und deren sämtliche Ableitungen bis zur $(n-2)$-ten Ordnung jeweils miteinander überein, während sich die Ableitungen $(n-1)$-ter Ordnung um $1/a_0(x)$ unterscheiden,

$$\begin{aligned} &G_1(\xi,\xi) = G_2(\xi,\xi), G_1'(\xi,\xi) = G_2'(\xi,\xi), \ldots, G_1^{(n-2)}(\xi,\xi) = G_2^{(n-2)}(\xi,\xi) \\ &G_1^{(n-1)}(\xi,\xi) = G_2^{(n-1)}(\xi,\xi) + \frac{1}{a_0(x)}\,. \end{aligned} \tag{319}$$

Daß die so gebildete Funktion $G(x,\xi)$ die Gl. (314) tatsächlich erfüllt, kann man leicht nachweisen. Für $x \neq \xi$ ist Gl. (314) wegen der Bedingung 1 erfüllt. Für $x = \xi$ wird $\boldsymbol{L}G(x,\xi)$ negativ unendlich, weil $G^{(n-1)}(\xi,\xi)$ entsprechend Bedingung 2 einen Sprung $-1/a_0$ aufweist, was zur Folge hat, daß Gl. (XIV, 81) entsprechend an der Stelle $x = \xi$ gilt

$$a_0 G^{(n)}(\xi,\xi) = -a_0 \frac{1}{a_0} \delta(x - \xi). \tag{320}$$

Als Beispiel suchen wir die Lösung $y(x)$ der Gleichung

$$y'' = -q(x) \tag{321}$$

unter der Bedingung, daß y an den Stellen $x = 0$ und $x = 1$ jeweils gleich Null ist. Der Operator $\boldsymbol{L}$ lautet in diesem Fall

$$\boldsymbol{L} = \frac{d^2}{dx^2}.$$

Die Randbedingungen haben die Form

$$\begin{aligned} y(0) &= 0 \\ y(1) &= 0. \end{aligned} \tag{322}$$

Die Greensche Funktion ergibt sich als Lösung der Gleichung

$$\frac{d^2G}{dx^2} = -\delta(x - \xi). \tag{323}$$

Wenn die zweite Ableitung einer Funktion die Deltafunktion ist, so muß die erste Ableitung entsprechend Gl. (XIV, 80a) eine Sprungfunktion sein, also

$$G' = \begin{cases} C_1 & \text{für} \quad 0 \leqq x \leqq \xi \\ C_1 - 1 & \text{für} \quad \xi \leqq x \leqq 1. \end{cases} \tag{324}$$

Für die Greensche Funktion selbst ergibt sich durch Integration in jedem Bereich für sich

$$G = \begin{cases} C_1 x + C_2 & \text{für} \quad 0 \leqq x \leqq \xi \\ (C_1 - 1)x + C_3 & \text{für} \quad \xi \leqq x \leqq 1. \end{cases}$$

Nun müssen die beiden Funktionen für $x = \xi$ übereinstimmen, d. h. es muß gelten

$$C_1\xi + C_2 = (C_1 - 1)\xi + C_3.$$

Daraus folgt $C_3 = C_2 + \xi$ und man erhält

$$G(x,\xi) = \begin{cases} C_1 x + C_2 & \text{für} \quad 0 \leqq x \leqq \xi \\ (C_1 - 1)x + \xi + C_2 & \text{für} \quad \xi \leqq x \leqq 1. \end{cases} \tag{325}$$

Da die Funktion $G(x,\xi)$ die durch die Gln. (322) gegebene Randbedingung erfüllen soll, muß gelten $G(0,\xi) = 0$ und $G(1,\xi) = 0$ bzw.

$$\begin{aligned} C_1 \cdot 0 + C_2 &= 0 \\ (C_1 - 1) \cdot 1 + \xi + C_2 &= 0. \end{aligned}$$

Daraus folgt $C_2 = 0$ und $C_1 = 1 - \xi$. Die Greensche Funktion lautet also

$$G(x,\xi) = \begin{cases} (1 - \xi)x & \text{für} \quad 0 \leqq x \leqq \xi \\ \xi(1 - x) & \text{für} \quad \xi \leqq x \leqq 1. \end{cases} \tag{326}$$

Diese Gleichungen stellen ein Beispiel für die Darstellung der Greenschen Funktion durch zwei Funktionen entsprechend Gl. (318) dar. In Abb. 24 ist die Greensche Funktion, sowie deren erste Ableitung für einen bestimmten Wert von ξ graphisch dargestellt. Für jeden Wert von ξ ergibt sich ein anderes Bild, wobei der Knick bzw. der Sprung immer an der Stelle $x = \xi$ liegt.

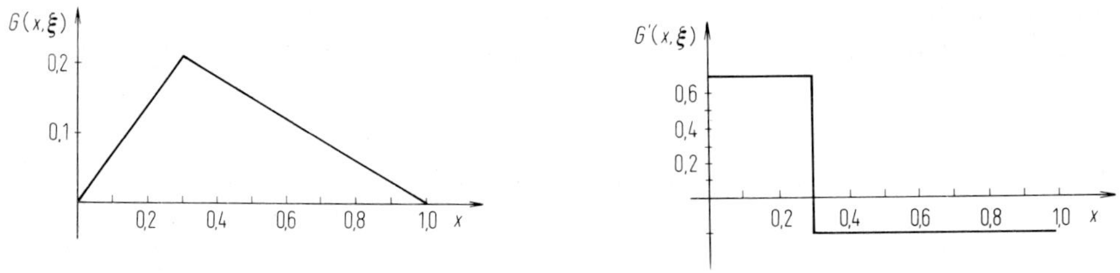

Abb. 24. Die durch Gl. (326) gegebene Greensche Funktion $G(x,\xi)$ und die erste Ableitung dieser Funktion $G'(x,\xi)$ für $\xi = 0{,}3$.

Für die gesuchte Lösung der Differentialgleichung ergibt sich mit Hilfe von Gl. (315)

$$y = \int_a^b G(x,\xi)q(\xi)d\xi = \int_0^x \xi(x-1)q(\xi)d\xi + \int_x^1 (1-\xi)xq(\xi)d\xi =$$

d. h.

$$y = (1-x)\int_0^x \xi q(\xi)d\xi + x\int_x^1 (1-\xi)q(\xi)d\xi\,. \tag{327}$$

Dabei mußte beachtet werden, daß für $\xi \leqq x$ die untere Beziehung in Gl. (326), für $\xi \geqq x$ die obere Beziehung verwendet werden muß.

Man kann sich leicht davon überzeugen, daß der Ausdruck in Gl. (327) die gegebene Differentialgleichung $y'' = -q(x)$ erfüllt. Differenziert man Gl. (327) zweimal, so ergibt sich bei Beachtung von Gl. (XI, 74)

$$y' = -\int_0^x \xi q(\xi)d\xi + (1-x)xq(x) + \int_x^1 (1-\xi)q(\xi)d\xi - x(1-x)q(x) =$$

$$= -\int_0^x \xi q(\xi)d\xi + \int_x^1 (1-\xi)q(\xi)d\xi$$

und

$$y'' = -xq(x) - (1-x)q(x) = -q(x)\,,$$

was mit Gl. (321) übereinstimmt. Ebenso kann man nachweisen, daß die Lösung die Randbedingungen aus den Gln. (322) erfüllt.

Wir betrachten nun noch den Sonderfall $q(x) = -x$, also die Differentialgleichung

$$y'' = x\,. \tag{328}$$

Setzt man in Gl. (327) $q(\xi) = -\xi$, so ergibt sich als Lösung

$$y = (1-x)\int_0^x \xi(-\xi)d\xi + x\int_x^1 (1-\xi)(-\xi)d\xi = \frac{x^3}{6} - \frac{x}{6}\,. \tag{329}$$

Auf dasselbe Resultat kommt man auch, wenn man Gl. (328) zweimal integriert und die Integrationskonstanten über die Gln. (322) bestimmt.

c) Beispiel einer partiellen Differentialgleichung*

Als nächstes betrachten wir die partielle Differentialgleichung

$$\frac{\partial^2 c}{\partial x^2} + \frac{\partial^2 c}{\partial y^2} + \frac{\partial^2 c}{\partial z^2} + \frac{1}{D}\frac{\partial c}{\partial t} = -q(x,y,z)\,. \tag{330}$$

---

*) Dieser Abschnitt kann von weniger interessierten Lesern überschlagen werden.

Gesucht ist eine Funktion $c = c(x,y,z,t)$, die diese Gleichung befriedigt und die die folgenden Anfangs- und Randbedingungen erfüllt: 1. In einem Volumen V soll

$$c(x,y,z,0) = f(x,y,z) \tag{331}$$

sein, wobei $f(x,y,z)$ irgendeine vorgegebene Funktion ist. 2. Auf der Fläche S, die das Volumen V umschließt, sollen die Werte von c ebenfalls vorgegeben sein.

Auf eine Differentialgleichung der Form Gl. (330) kommt man bei Diffusionsproblemen. c ist die Konzentration des diffundierenden Stoffes als Funktion des Ortes und der Zeit, D die Diffusionskonstante und $-q(x,y,z)$ die Quelldichte, d. h. die je Raum- und Zeiteinheit neu gebildete Stoffmenge (z. B. durch chemische Reaktionen). Wenn q gleich Null ist, also an keiner Stelle Fremdsubstanz verschwindet oder entsteht, so geht Gl. (330) in die bereits früher behandelte Gl. (257) über.

Im Unterschied zu vorher haben wir jetzt eine Differentialgleichung mit vier unabhängigen Variablen x, y, z, t. Das Lösungsverfahren mit Hilfe der Greenschen Funktion ist entsprechend komplizierter. Es gilt: *Unter der Greenschen Funktion der Differentialgleichung* (330) *bei vorgegebener Konzentrationsverteilung auf einer geschlossenen Fläche S versteht man die Funktion $G(x,y,z,t,\xi,\eta,\zeta,\tau)$, die der Differentialgleichung*

$$\frac{\partial^2 G}{\partial x^2} + \frac{\partial^2 G}{\partial y^2} + \frac{\partial^2 G}{\partial z^2} - \frac{1}{D}\frac{\partial G}{\partial t} = -\delta(x-\xi)\,\delta(y-\eta)\,\delta(z-\zeta)\,\delta(t-\tau) \tag{332}$$

genügt und die auf der Fläche S gleich Null ist. Die gesuchte Lösung von Gl. (330), *die auch die vorgegebenen Rand- und Anfangsbedingungen erfüllt, ist gegeben durch*

$$\begin{aligned} c(x,y,z,t) = {} & \int_0^t d\tau \int_V q(\xi,y,\zeta,\tau)\, G\, d\xi\, dy\, d\zeta \; + \\ & + \int_0^t d\tau \int_V [G \operatorname{grad} c - c \operatorname{grad} G]\, dS_{\xi,\eta,\zeta} \; + \\ & + \frac{1}{D} \int_V f(\xi,\eta,\zeta)\, G_0\, d\xi\, d\eta\, d\zeta\,. \end{aligned} \tag{333}$$

Dabei ist $G_0 = G(x,y,z,t,\xi,\eta,\zeta,0)$. $dS_{\xi,\eta,\zeta}$ steht für das Oberflächenelement von S im ξ,η,ζ-Raum, $\delta(x-\xi)\delta(y-\eta)\delta(z-\zeta)\delta(t-\tau)$ ist die mehrdimensionale Deltafunktion, die für alle x, y, z und t gleich Null ist, außer für $x = \xi$, $y = \eta$, $z = \zeta$, $t = \tau$, wo sie unendlich wird.

Die Gl. (333) ergibt sich, indem man Gl. (330) mit G sowie Gl. (332) mit c multipliziert und anschließend die erhaltenen Gleichungen voneinander abzieht. Die resultierende Beziehung wird über τ in den Grenzen von 0 bis t sowie über ξ,η,ζ über das Volumen V integriert. Als letztes wird dann eines der Volumenintegrale mittels des Greenschen Integralsatzes Gl. (XI, 185) in ein entsprechendes Oberflächenintegral umgewandelt. Wir wollen den Beweis im einzelnen nicht durchführen, sondern lediglich noch einige Sonderfälle näher untersuchen.

Nehmen wir an, c sei zum Zeitpunkt $t = 0$ überall in V gleich Null. Außerdem sei c ständig an der Oberfläche S gleich Null. Das zweite und dritte Integral in Gl. (333) verschwindet dann und man erhält als Lösung

$$c(x,y,z,t) = \int_0^t \int_V q(\xi,\eta,\zeta,\tau) \cdot G \; d\xi \, d\eta \, d\zeta \, d\tau \,. \tag{334}$$

Dies stimmt mit Gl. (315) überein, bis auf die Tatsache, daß hier über mehrere Variable integriert wird. Daß erst mit diesen speziellen Randbedingungen formale Übereinstimmung mit Gl. (315) erzielt wird, ist verständlich, da erst jetzt in Analogie zu den Randbedingungen Gl. (313) c an den Rändern gleich Null vorausgesetzt wurde.

Als zweites nehmen wir an, daß alle Quellen verschwinden, d. h. $q(x,y,z,t) = 0$ ist, und daß c auf der Fläche S ebenfalls gleich Null ist. Es ist dann nur das dritte Integral von Null verschieden und man erhält

$$c(x,y,z,t) = \frac{1}{D} \int_V f(\xi,\eta,\zeta) \; G_0 \; d\xi \, d\eta \, d\zeta \,. \tag{335}$$

In ähnlicher Weise bleibt nur das zweite Integral übrig, wenn man q gleich Null und f gleich Null setzt, also annimmt, daß die Diffusion allein vom Rand ausgeht.

Wir müssen nun noch die Greensche Funktion über Gl. (332) ausrechnen. Als erstes berücksichtigen wir, daß G nur von den Differenzen $R_x = x - \xi$, $R_y = y - \eta$, $R_z = z - \zeta$ und $T = t - \tau$ abhängt. R_x, R_y, R_z fassen wir als Komponenten eines Vektors $\boldsymbol{R}$ auf. Wir schreiben jetzt für die Greensche Funktion $g(\boldsymbol{R}, T)$ oder ausführlicher $g(R_x, R_y, R_z, T)$. Da wir statt nach x, y, z und t auch nach R_x, R_y, R_z und T ableiten können, lautet die zu lösende Differentialgleichung

$$\frac{\partial^2 g}{\partial R_x^2} + \frac{\partial^2 g}{\partial R_y^2} + \frac{\partial^2 g}{\partial R_z^2} - \frac{1}{D}\frac{\partial g}{\partial T} = -\delta(R_x)\delta(R_y)\delta(R_z)\delta(T) \,. \tag{336}$$

Wir bestimmen die Lösung mit Hilfe der Methode der Fouriertransformation. Analog zu Gl. (299) führen wir die Fouriertransformierte $\tilde{g}(\omega_x, \omega_y, \omega_z, T)$ von $g(R_x, R_y, R_z, T)$ über die Beziehung

$$\tilde{g}(\omega_x, \omega_y, \omega_z, T) = \frac{1}{(2\pi)^{3/2}} \iiint_{-\infty}^{+\infty} g(R_x, R_y, R_z, T) \mathrm{e}^{\mathrm{i}(\omega_x R_x + \omega_y R_y + \omega_z R_z)} \cdot dR_x \, dR_y \, dR_z \,. \tag{337}$$

ein. Die Fouriertransformierten der Ableitungen $\partial^2 g/\partial R_x^2$, $\partial^2 g/\partial R_y^2$ und $\partial^2 g/\partial R_z^2$ ergeben sich dann analog zu Gl. (300) als $-\omega_x^2 \tilde{g}$, $-\omega_y^2 \tilde{g}$ und $-\omega_z^2 \tilde{g}$. Die Fouriertransformierte der Funktion $\delta(R_x, R_y, R_z)$ ist gleich $(2\pi)^{-3/2}$, was durch Verallgemeinerung der Gl. (XIV, 105) auf drei Dimensionen folgt. Aus diesen Ergebnissen folgt, daß die Fouriertransformierte von Gl. (336) lautet

$$\omega^2 \tilde{g} + \frac{1}{D}\frac{\partial \tilde{g}}{\partial T} = (2\pi)^{-3/2} \delta(T) \tag{338}$$

mit

$$\omega^2 = \omega_x^2 + \omega_y^2 + \omega_z^2 \,. \tag{339}$$

Man kann sich leicht durch Einsetzen davon überzeugen, daß die Lösung dieser Gleichung durch

$$\tilde{g} = (2\pi)^{-3/2} D \mathrm{e}^{-\omega^2 DT} u(T) \tag{340}$$

gegeben ist, wobei $u(T)$ die durch Gl. (XIV, 18 a) definierte Sprungfunktion ist. Durch Umkehrung der Fouriertransformation folgt daraus für die Greensche Funktion

$$g = \int\int\int (2\pi)^{-3} D\, u(T)\, \mathrm{e}^{-(\omega_x^2 + \omega_y^2 + \omega_z^2) DT}\, \mathrm{e}^{-\mathrm{i}(\omega_x R_x + \omega_y R_y + \omega_z R_z)}\, d\omega_x\, d\omega_y\, d\omega_z \,. \tag{341}$$

Indem man die Exponentialfunktion im Integranden in ein Produkt von Exponentialfunktionen aufspaltet, kann man die Integration einzeln über ω_x, ω_y und ω_z durchführen. In gleicher Weise wie im Anschluß an Gl. (275) erhält man dann

$$g = \frac{1}{8T\sqrt{\pi D T}} \mathrm{e}^{-\frac{(R_x^2 + R_y^2 + R_z^2)}{4TD}} u(T) \,. \tag{342}$$

Die obige Greensche Funktion enthält keine freien Parameter zur Anpassung an eine Randbedingung. Man kann nicht erreichen, daß sie auf irgendeiner im Endlichen liegenden Fläche S Null wird. Man kann mit ihrer Hilfe daher nur Diffusionsprobleme in unendlich ausgedehnten Körpern lösen, wo keine Randbedingungen im Endlichen gegeben sind. Durch Kombination von mehreren Funktionen der Form Gl. (342) kann man erreichen, daß die neu gewonnene Greensche Funktion an bestimmten Stellen des Raumes Null ist. Wir können aber darauf nicht weiter eingehen.

Als Beispiel wollen wir die Diffusion in einem unendlich ausgedehnten Körper untersuchen, bei dem also im Endlichen keine Randbedingungen vorgegeben sind, so daß wir die Greensche Funktion aus Gl. (342) verwenden können. Wir nehmen an, daß im Zeitpunkt $t = 0$ als Anfangsbedingung die Konzentrationsverteilung $c(x,y,z,0) = f(x,y,z)$ vorgegeben ist. Die Diffusion soll quellenfrei verlaufen, d. h. es gilt $q(x,y,z,t) = 0$. Die ersten beiden Summanden in Gl. (333) verschwinden. Indem wir die Greensche Funktion aus Gl. (342) in den dritten Summanden einsetzen und außerdem R_x durch $x - \xi$, R_y durch $y - \eta$ usw. ersetzen, erhalten wir

$$c(x,y,z,t) = \frac{1}{8Dt(D\pi t)^{1/2}} \int\int\int_{-\infty}^{+\infty} f(\xi,\eta,\zeta)\, \mathrm{e}^{-\frac{1}{4Dt}[(x-\xi)^2 + (y-\eta)^2 + (z-\zeta)^2]}\, d\xi\, d\eta\, d\zeta \,. \tag{343}$$

Wir vergleichen nun noch dieses Resultat mit Gl. (278). Jene Gleichung gilt für die Diffusion von einem einzigen Punkt x_0, y_0, z_0 aus. Der Vergleich zeigt, daß das Integral in Gl. (343) eine Summation der Konzentrationsänderungen bewirkt, die als Folge der Diffusion von den einzelnen Raumpunkten ξ, η, ζ entstehen. Diese Interpretation entspricht der in Abschnitt XV, E 4a gegebenen anschaulichen Deutung der Greenschen Funktion. Der Unterschied in den Faktoren zwischen Gl. (343) und Gl. (278) rührt daher, daß sich Gl. (278) auf eine eindimensionale, Gl. (343) dagegen auf eine dreidimensionale Diffusion bezieht.

Fragen und Aufgaben

1. Läßt sich die Gesamtheit aller Lösungen einer partiellen Differentialgleichung 2. Ordnung in Form einer einzigen Gleichung angeben?
2. Was versteht man unter Anfangs- und Randbedingungen?

3. Warum muß man beim Aufsuchen der Lösung einer partiellen Differentialgleichung von Anfang an auch die Randbedingungen berücksichtigen?
4. Erläutere die Methode des Bernoullischen Produktansatzes.
5. Nenne eine Ursache für das Durchführen einer Koordinatentransformation vor dem Aufsuchen der Lösung einer partiellen Differentialgleichung.
6. Welche Anfangsbedingungen müssen vorgegeben werden, a) bei der eindimensionalen Wellengleichung, b) bei der eindimensionalen Diffusionsgleichung?
7. Welche Vereinfachungen erzielt man, wenn man vor der Lösung einer Differentialgleichung eine Fourier- oder eine Laplacetransformation vornimmt?
8. Lassen sich zeitabhängige Randbedingungen beim Lösen einer Differentialgleichung mit Hilfe einer Laplacetransformation berücksichtigen?
9. Welche anschauliche Bedeutung hat die Greensche Funktion?
10. Wie lautet die Gleichung einer sinusförmigen Welle, die a) in positive x-Richtung fortschreitet, b) in negative x-Richtung fortschreitet, c) steht?
11. Zeige mit Hilfe der Methode des Bernoullischen Produktansatzes, daß die Differentialgleichung $\frac{\partial^2 u}{\partial x^2} + \frac{\partial^2 u}{\partial y^2} - \frac{1}{c^2}\frac{\partial^2 u}{\partial t^2} = 0$ die durch Gl. (240) gegebene Lösung besitzt.
12. Suche Lösungen der Gleichung $\frac{1}{S \sin \vartheta}\frac{\partial}{\partial \vartheta}\left(\sin \vartheta \frac{\partial S}{\partial \vartheta}\right) + \frac{1}{S \sin^2 \vartheta}\frac{\partial^2 S}{\partial \varphi^2} = \lambda$ mit Hilfe des Bernoullischen Produktansatzes $S(\vartheta, \varphi) = \Theta(\vartheta)\Phi(\varphi)$. Zeige, daß man dabei als Lösungen auf die durch Gl. (167) gegebenen Kugelfunktionen kommt.
13. Gegeben sei ein Stab der Länge l, in den ein Fremdstoff diffundiert. An seinem linken Rand werde ständig die Fremdstoffkonzentration c_0 aufrechterhalten, an seinem rechten die Konzentration 0. Zum Zeitpunkt $t = 0$ sei die Konzentration im Inneren des Stabes überall ebenfalls gleich 0. Berechne mit Hilfe von Gl. (258) die Konzentration innerhalb des Stabes als Funktion des Ortes und der Zeit.
14. Löse die Differentialgleichung $my'' + \rho y' + Dy = \delta(t - \tau)$ für die Funktion $y(t)$ mit Hilfe einer Fouriertransformation.
15. Löse die Differentialgleichung $my'' + \rho y' + Dy = K(t)$ für eine Funktion $y(t)$ mit Hilfe der Methode der Greenschen Funktion. Benütze dabei das Resultat aus Aufgabe 14. Vergleiche das Ergebnis mit Gl. (XV, 305).

XVI. Gruppentheorie

A. Grundlagen

1. Definition der Gruppe

Eine Menge von Elementen $A, B, C, \ldots$ heißt eine *Gruppe* $\mathbb{G}$, wenn folgendes gilt:

1. Innerhalb der Menge ist eine Verknüpfung definiert, durch die je zwei beliebigen Elementen S und T jeweils eindeutig ein Element R der Menge zugeordnet wird. Man schreibt dafür

$$S\,T = R\,. \tag{1}$$

2. Die Verknüpfung erfüllt das assoziative Gesetz, d. h., es gilt für drei beliebige Elemente S, T und U aus der Menge

$$(S\,T)\,U = S(T\,U)\,. \tag{2}$$

3. Es gibt ein Einheitselement E, das bei Verknüpfung mit jedem beliebigen anderen Element S wieder dieses Element ergibt,

$$E\,S = S\,. \tag{3}$$

4. Zu jedem Element S der Menge gibt es ein sog. inverses Element S^{-1}, für das gilt

$$S^{-1}\,S = E\,. \tag{4}$$

Wir bringen im folgenden einige Beispiele für Gruppen.

Die ganzen Zahlen bilden bezüglich der Verknüpfung „Addition" eine Gruppe. Beweis: Man kommt beim Addieren ganzer Zahlen immer wieder auf eine ganze Zahl. Die Addition ist assoziativ. Es gibt ein Einheitselement, nämlich die Zahl Null, denn es gilt für jede Zahl a die Beziehung $a + 0 = a$. Es existiert auch zu jeder Zahl a ein inverses Element, nämlich die Zahl $-a$, denn es gilt $a + (-a) = 0$. Die oben angeführten Postulate sind also alle erfüllt. Es darf einen dabei nicht stören, daß man hier die Verknüpfung durch ein „+"-Zeichen bezeichnet, während man im allgemeinen Fall die Elemente nur einfach aneinander schreibt, wie man das sonst nur bei der Multiplikation tut. Das Aneinanderschreiben in den Gln. (1) bis (4) soll nicht eine Multiplikation bedeuten, sondern, wie oben ausgeführt, allgemein irgendeine Operation. Ebenso muß natürlich das Einheitselement E nicht die Zahl 1 sein, sondern kann, wie z. B. im vorliegenden Fall, auch die Zahl Null sein.

Hinsichtlich der Multiplikation bilden die ganzen Zahlen keine Gruppe. Ein Einheitselement wäre zwar vorhanden, nämlich die Zahl 1, die Bedingung der Existenz eines inversen Elementes zu jedem Gruppenelement ist dagegen nicht erfüllt. Es existiert z. B. keine ganze Zahl, die mit 7 multipliziert 1 ergibt. Man kann aber leicht zeigen, daß die rationalen Zahlen hinsichtlich der Multiplikation eine Gruppe bilden, wenn man die Zahl 0 ausschließt.

Gruppen werden nicht nur aus Zahlen, sondern auch aus beliebigen anderen Elementen gebildet. Beispielsweise stellen alle affinen Transformationen der analytischen Geometrie eine Gruppe dar. Ein anderes wichtiges Beispiel für eine Gruppe sind die drei Symmetrieoperationen D_1 = Drehung um 0°, D_2 = Drehung um 120°, D_3 = Drehung um 240°. Die Verknüpfung zweier Elemente soll durch das nacheinander Ausführen der entsprechenden Operationen definiert sein. $D_3\,D_2$ z. B. bedeutet, daß man zuerst eine Drehung um 120° und danach eine um 240° ausführen soll*⁾. Das ergibt insgesamt eine Drehung

---

*⁾ Bei Produkten von Symmetrieoperationen wird definitionsgemäß immer die als letztes angeführte Operation als erstes durchgeführt. $S\,T\,U$ bedeutet beispielsweise: Man führe als erstes U, danach T und als drittes S aus.

um 360°, was dem Element D_1 entspricht. Es gilt also $D_3 D_2 = D_1$. Um die Multiplikationen am besten überblicken zu können, fertigt man eine sog. Multiplikationstafel an, wie sie in Tab. 1 gegeben ist. Man schreibt als oberste Zeile und erste Spalte jeweils sämtliche Gruppenelemente. Das Element $D_i D_k$, das bei Multiplikation von D_k mit D_i erhalten wird, kommt dann in die Zeile, vor der D_i, und in die Spalte, vor der D_k steht. Man sieht, daß man bei sämtlichen Operationen wieder Elemente der Gruppe erhält. Das Einheitselement ist die Drehung D_1 um 0°. Man kann sich leicht davon überzeugen, daß die Operationen assoziativ sind und daß zu jedem Element ein inverses Element existiert. Es ist z. B. $D_3^{-1} = D_2$

Als letztes wollen wir noch die Permutationen von n Elementen betrachten. Gl. (I, 2) zufolge gibt es $n!$ Permutationen. Wir definieren: Unter dem Produkt zweier Permutationen $\Pi_i \Pi_j$ verstehen wir die Permutation die entsteht, wenn man zuerst Π_j und anschließend Π_i durchführt. Es gilt dann: Die Menge der Permutationen von n Elementen bilden eine Gruppe aus $n!$ Elementen. Wir erläutern das im folgenden am Beispiel einer Gruppe von $n = 3$ Elementen, die durch die drei Zahlen 1, 2, 3 gegeben sind.

Tab. 1. Multiplikationstafel zur Gruppe aus drei Drehungen.

	D_1	D_2	D_3
D_1	D_1	D_2	D_3
D_2	D_2	D_3	D_1
D_3	D_3	D_1	D_2

Tab. 2. Multiplikationstafel der Permutationsgruppe Gl. (7)

	E	Π_2	Π_3	Π_4	Π_5	Π_6
E	E	Π_2	Π_3	Π_4	Π_5	Π_6
Π_2	Π_2	Π_3	E	Π_5	Π_6	Π_4
Π_3	Π_3	E	Π_2	Π_6	Π_4	Π_5
Π_4	Π_4	Π_6	Π_5	E	Π_3	Π_2
Π_5	Π_5	Π_4	Π_6	Π_2	E	Π_3
Π_6	Π_6	Π_5	Π_4	Π_3	Π_2	E

Für die drei Zahlen gibt es sechs verschiedene Anordnungen, die im folgenden angegeben sind

$$1\,2\,3, \quad 1\,3\,2, \quad 2\,1\,3, \quad 2\,3\,1, \quad 3\,1\,2, \quad 3\,2\,1. \tag{5}$$

Als Elemente der Gruppe faßt man nun nicht diese Anordnungen selbst, sondern den jeweiligen Prozeß der Umordnung auf, durch den man von der ersten Anordnung 1 2 3 auf die betreffende Anordnung kommt. Um auf die oben als drittes angegebene Permutation zu kommen, muß man z. B. 1 in 2, 2 in 1 und 3 in 3 umwandeln. Man kann eine solche Umwandlung am einfachsten durch die sogenannte *zyklische Schreibweise* angeben. Wir setzen fest: Unter dem Klammerausdruck $(a_1 a_2 a_3 \ldots a_n)$ versteht man, daß a_1 in a_2, a_2 in a_3 usw. bis a_{n-1} in a_n und schließlich a_n in a_1 umgewandelt wird. Die oben angegebene Umwandlung von der ersten in die dritte Permutation schreibt sich dann in der Form (1 2) (3). Die sechs oben angegebenen Permutationen lauten in zyklischer Schreibweise

$$(1)\,(2)\,(3), \quad (1)\,(2\,3), \quad (1\;2)\,(3), \quad (1\;2\;3), \quad (1\;3\;2), \quad (1\;3)\,(2)\,. \tag{6}$$

Einserzyklen, wie (1) oder (3), durch die ein Element erhalten bleibt, kann man auch weglassen und erhält dann

$$\begin{array}{cccccc} E & (2\;3) & (1\;2) & (1\;2\;3) & (1\;3\;2) & (1\;3) \\ \Pi_1 = E & \Pi_4 & \Pi_5 & \Pi_2 & \Pi_3 & \Pi_6\,. \end{array} \tag{7}$$

Unter die einzelnen Permutationen in Zyklenschreibweise haben wir die Symbole Π_1 bis Π_6 geschrieben, die wir als Abkürzung benützen wollen. Die Reihenfolge der Numerierung erscheint hier willkürlich, sie wurde mit Rücksicht auf einen späteren Vergleich mit der Multiplikationstafel Tab. 4 so gewählt.

Wir müssen nun noch die Multiplikationstafel für die Permutationen aufstellen. Entsprechend der oben gegebenen Definition bedeutet nun z. B. $\Pi_2 \Pi_5$, daß als erstes die Permutation Π_5 und danach die Permutation Π_2 ausgeführt werden soll. Das Produkt kann man besonders leicht in der Zyklenschreibweise berechnen. Wir schreiben (1 2 3) (1 2) und rechnen in folgender Weise: Wir fragen als erstes in welche Zahl die 1 übergeht. Auf Grund der als erstes auszuführenden Permutation geht 1 in 2 über und auf Grund der zweiten Permutation 2 in 3, also geht beim Produkt 1 in 3 über und wir schreiben als erste beiden Zahlen des Zyklus der Produktpermutation 1 3. Die 3 geht auf Grund der zuerst auszuführenden

Permutation in sich selbst über und auf Grund der zweiten Permutation in 1. Die 2 geht zuerst in 1 und dann in 2 über. Wir erhalten daher

$$\Pi_2 \Pi_5 = (1\ 2\ 3)(1\ 2) = (1\ 3)(2) = (1\ 3) = \Pi_6\,. \tag{8}$$

In gleicher Weise ergibt sich z. B.

$$\Pi_2 \Pi_3 = (1\ 2\ 3)(1\ 3\ 2) = (1)(2)(3) = E\,. \tag{9}$$

Wenn man so weiter verfährt ergibt sich die Multiplikationstafel aus Tab. 2. Wir sehen, daß man bei allen Produkten von Permutationen wieder auf eine Permutation stößt, daß ein Einselement auftritt, und daß zu jedem Element ein inverses Element vorhanden ist. Man kann ferner nachweisen, daß auch das assoziative Gesetz erfüllt ist. Die Permutationen bilden also eine Gruppe.

Die Anzahl der Elemente, aus denen eine Gruppe besteht, nennt man die *Ordnung der Gruppe.* Die ersten beiden oben betrachteten Gruppen sind von unendlicher Ordnung, die Gruppe der Symmetrieoperationen von dritter Ordnung, die Gruppe der Permutationen von 3 Gegenständen von sechster Ordnung.

Das kommutative Gesetz ist in den Gruppenpostulaten Gl. (1) bis Gl. (4) nicht enthalten; es muß also nicht notwendig gelten, kann aber bei bestimmten Gruppen erfüllt sein. Ist bei einer Gruppe auch das kommutative Gesetz erfüllt, so spricht man von einer *abelschen Gruppe,* ist es nicht erfüllt, so von einer *nichtabelschen Gruppe.* Bei den ersten drei oben behandelten Beispielen handelt es sich um abelsche Gruppen, bei den Permutationen dagegen um eine nichtabelsche Gruppe.

Auch bei nichtabelschen Gruppen sind einige bestimmte Multiplikationen grundsätzlich immer kommutativ, nämlich diejenigen, die durch Gl. (3) und (4) gegeben sind. Wegen des assoziativen Gesetzes gilt nämlich $S^{-1}(SS^{-1}) = (S^{-1}S)S^{-1} = S^{-1}$. Multipliziert man diese Gleichung von links mit dem inversen Element von S^{-1} so folgt daraus

$$SS^{-1} = E\,. \tag{10}$$

Das bedeutet: *Das inverse Element bei der Multiplikation von links ist immer gleich dem inversen Element bei der Multiplikation von rechts.* Außerdem gilt

$$SE = S(S^{-1}S) = (SS^{-1})S = ES\,, \tag{11}$$

was bedeutet, *daß das Einselement bei der Multiplikation von links immer gleich ist dem Einselement bei der Multiplikation von rechts.*

Als Beispiel suchen wir für die Permutationsgruppe aus Tab. 2 das inverse Element von Π_3. Auf Grund des obigen Satzes ist es dabei gleich ob man es für die Multiplikation von links oder für die Multiplikation von rechts bestimmt. Ermitteln wir das Element, mit dem man Π_3 von links multiplizieren muß, um E zu erhalten! Wir gehen hierzu in Tab. 2 unter der Spalte von Π_3 der Reihe nach alle Elemente durch bis wir auf E stoßen, also in unserem Fall bis zur zweiten Zeile. Nun gehen wir von E aus nach links bis zu dem diese Zeile anführenden Element, in unserem Fall Π_2. Dies ist das gesuchte inverse Element von Π_3.

Bestimmen wir noch als nächstes das Element, mit dem man Π_3 von rechts multiplizieren muß, um E zu erhalten. Wir gehen hierzu in der Zeile, die Π_3 zugeordnet ist, nach rechts, bis wir auf E stoßen und gehen dann in der betreffenden Spalte (im vorliegenden Fall ist das die zweite Spalte) nach oben. Dabei stoßen wir wieder auf das Element Π_2 entsprechend der Tatsache, daß das inverse Element bei der Multiplikation von rechts und bei der von links das gleiche ist.

Gruppen, die jeweils die gleiche Multiplikationstabelle besitzen heißen *isomorph.* Auch wenn zwei isomorphe Gruppen völlig verschiedene Elemente aufweisen (z. B. die eine Gruppe Zahlen, die andere Drehungen), ist ihre innere Struktur dennoch gleich, so daß man sie von rein mathematischen Gesichtspunkten aus vielfach nicht zu unterscheiden braucht. Beispiele für isomorphe Gruppen werden weiter hinten gebracht (Die Symmetriegruppe $\mathbf{C}_{3v}$ aus Tab. 4 ist mit der Permutationsgruppe aus Tab. 2 isomorph).

In vielen Fällen findet man, daß ein Teil der Elemente einer Gruppe $\mathbb{G}$ für sich selbst eine Gruppe bildet. Man nennt diese eine *Untergruppe* von $\mathbb{G}$.

Als Beispiel betrachten wir die Elemente E, Π_1, Π_2 der Gruppe aus Tab. 2. Bei der Multiplikation von je zwei dieser Elemente erhält man wieder eines von den drei Elementen. In den drei Elementen ist auch das Einselement und das zu jedem Element gehörige inverse Element enthalten. Die drei Elemente bilden daher eine Untergruppe der Permutationsgruppe aus Tab. 2.

2. Konjugierte Elemente und Einteilung nach Klassen

Ein Element S heißt *konjugiert* zu einem Element T, wenn es irgendein Element U der Gruppe gibt, für das gilt

$$U^{-1} S U = T \,. \tag{12}$$

Wenn S zu T konjugiert ist, so ist auch T zu S konjugiert. Aus Gl. (12) folgt nämlich $V^{-1} T V = S$ mit $V = U^{-1}$. Außerdem ist jedes Element zu sich selbst konjugiert, weil $E^{-1} S E = S$ ist. Schließlich folgt auch (s. Aufgabe 13): Wenn S zu T und T zu R konjugiert ist, so ist auch S zu R konjugiert.

Als Beispiel betrachten wir die Gruppe aus Tab. 2 und fragen, welches Element aus Π_6 durch Transformation entsprechend Gl. (12) mit dem Element Π_3 hervorgeht. Man erkennt aus der Tabelle, daß das inverse Element von Π_3 das Element Π_2 ist, daß also gilt $\Pi_3^{-1} = \Pi_2$. Wir erhalten daher, indem wir die Produkte ebenfalls aus Tab. 2 ablesen

$$\Pi_3^{-1} \Pi_6 \Pi_3 = \Pi_2 \Pi_6 \Pi_3 = \Pi_2 \Pi_4 = \Pi_5 \,. \tag{13}$$

Ein zu Π_6 konjugiertes Element ist also das Element Π_5.

Von Elementen, die zueinander konjugiert sind, sagt man, daß sie jeweils zur gleichen *Klasse* gehören. Man kann nun alle Elemente einer Gruppe eindeutig nach Klassen aufteilen. Dies geschieht in folgender Weise: Man nimmt irgendein Element A der Gruppe und sucht alle dazu konjugierten Elemente auf, indem man es der Reihe nach mit allen Gruppenelementen entsprechend Gl. (12) transformiert. Die dabei erhaltenen Elemente faßt man zur Klasse 1 zusammen. Im allgemeinen erhält man durch die genannten Transformationen nicht alle Elemente der Gruppe, weil vielfach bei Transformationen mit verschiedenen Elementen das gleiche Resultat erhalten wird. Als nächstes nimmt man nun eines der nicht zur Klasse 1 gehörigen Elemente und transformiert dieses wieder entsprechend Gl. (12) mit allen Elementen der Gruppe. Dabei erhält man die Klasse 2. Wenn noch ein Element übrig geblieben ist, das weder zur Klasse 1 noch zur Klasse 2 gehört, so bildet man von diesem Element ausgehend eine neue Klasse 3, usw. bis alle Elemente der Gruppe aufgebraucht sind.

Wir erläutern diese Verfahren am Beispiel der Gruppe aus Tab. 2. Wir fassen als erstes das Einselement E ins Auge und bilden alle dazugehörigen konjugierten Elemente. Es gilt allgemein

$$\Pi_j^{-1} E \Pi_j = \Pi_j^{-1} \Pi_j = E \,, \tag{14}$$

d. h. E ist nur zu sich selbst konjugiert. Die erste gefundene Klasse besteht also nur aus dem Element E.

Als nächstes nehmen wir das Element Π_2. Indem wir der Reihe nach mit allen Elementen der Gruppe eine Transformation entsprechend Gl. (12) durchführen ergibt sich mit Hilfe von Tab. 2

$$
\begin{aligned}
E^{-1}\Pi_2 E &= E^{-1}\Pi_2 = \Pi_2\,,\\
\Pi_2^{-1}\Pi_2\Pi_2 &= \Pi_3\Pi_2\Pi_2 = \Pi_3\Pi_3 = \Pi_2\,,\\
\Pi_3^{-1}\Pi_2\Pi_3 &= \Pi_2\Pi_2\Pi_3 = \Pi_2 E = \Pi_2\,,\\
\Pi_4^{-1}\Pi_2\Pi_4 &= \Pi_4\Pi_2\Pi_4 = \Pi_4\Pi_5 = \Pi_3\,,\\
\Pi_5^{-1}\Pi_2\Pi_5 &= \Pi_5\Pi_2\Pi_5 = \Pi_5\Pi_6 = \Pi_3\,,\\
\Pi_6^{-1}\Pi_2\Pi_6 &= \Pi_6\Pi_2\Pi_6 = \Pi_6\Pi_4 = \Pi_3\,.
\end{aligned}
\tag{15}
$$

Wir haben insgesamt ein neues Element Π_3 gefunden. Die Klasse 2 besteht somit aus den zwei Elementen Π_2 und Π_3. Wir nehmen nun als nächstes Element Π_4 und erhalten in gleicher Weise

$$
\begin{aligned}
E^{-1}\Pi_4 E &= \Pi_4\,,\\
\Pi_2^{-1}\Pi_4\Pi_2 &= \Pi_3\Pi_4\Pi_2 = \Pi_3\Pi_6 = \Pi_5\,,\\
\Pi_3^{-1}\Pi_4\Pi_3 &= \Pi_2\Pi_4\Pi_3 = \Pi_2\Pi_5 = \Pi_6\,.
\end{aligned}
\tag{16}
$$

Weitere Transformationen müssen wir nicht mehr vornehmen, da wir bereits ersehen, daß die restlichen Elemente Π_4, Π_5, Π_6 zur dritten Klasse gehören und damit alle Elemente in Klassen eingeteilt sind.

Als Besonderheit muß noch folgendes festgestellt werden: *In abelschen Gruppen ist jedes Element nur zu sich selbst konjugiert, so daß jedes Element für sich selbst eine Klasse bildet.* Da nämlich hier die Reihenfolge der Faktoren bei der Multiplikation vertauscht werden darf gilt für jedes Element S und jedes Element T der Gruppe $S^{-1}TS = TS^{-1}S = TE = T$.

Die Gruppentheorie ist von großer Bedeutung bei der Untersuchung von Molekülschwingungen, bei der Bestimmung von Kristallstrukturen, sowie in der Quantenchemie bei der Lösung der Schrödingergleichung von komplizierter aufgebauten Systemen. Dabei werden insbesondere die sogenannten Symmetriegruppen sowie die Theorie der Darstellung der Gruppen benötigt. Wir wollen diese daher im folgenden eingehender behandeln.

Fragen und Aufgaben

1. Unter welchen Bedingungen bezeichnet man eine Menge von Elementen als Gruppe?
2. Was ist eine abelsche Gruppe?
3. Was ist die Ordnung einer Gruppe?
4. Gilt in einer Gruppe das assoziative Gesetz?
5. Gilt in einer Gruppe das kommutative Gesetz?
6. Was bedeutet die Aussage, daß zwei Gruppenelemente S und T zueinander konjugiert sind?
7. Wie wird die Einteilung einer Gruppe in Klassen von konjugierten Elementen vorgenommen?
8. Wie viele Klassen konjugierter Elemente weist eine abelsche Gruppe h-ter Ordnung auf?
9. Bilden die geraden Zahlen a) hinsichtlich der Multiplikation und b) hinsichtlich der Addition eine Gruppe?
10. Die ganzen Zahlen bilden bezüglich der Addition eine Gruppe. Welche Elemente sind mit dem Element 5 konjugiert?
11. Finde das inverse Element zu D_2 aus Tab. 1 sowie zu Π_2, Π_3 bzw. Π_4 aus Tab. 2.
12. Wieviele Elemente weist die Gruppe der Permutationen von zwei Gegenständen auf? Schreibe die Multiplikationstafel dieser Gruppe an.
13. Beweise: Wenn S zu T und T zu R konjugiert ist, so ist auch S zu R konjugiert.

B. Symmetriegruppen

1. Symmetrieoperationen

Moleküle sowie auch makroskopische Körper kann man häufig durch Vornehmen bestimmter Operationen, wie z. B. Drehungen oder Spiegelungen mit sich selbst zur Deckung bringen. Derartige Operationen bezeichnet man als *Symmetrieoperationen*. Vom betrachteten Molekül sagt man, daß es eine entsprechende *Symmetrie aufweise*.

Betrachten wir z. B. ein Benzolmolekül das aus sechs CH-Gruppen besteht, die auf den Plätzen eines regelmäßigen Sechsecks liegen (s. Abb. 1). Dreht man es um die mit C_6 bezeichnete Achse, die senkrecht auf die Molekülebene steht, um 60°, so wird es mit sich selbst zur Deckung gebracht. Ebenso geht es in sich selbst über, wenn man es an einer der mit σ_v bezeichneten Ebenen, die senkrecht auf die Molekülebene stehen, spiegelt. Daneben sind noch weitere Symmetrieoperationen möglich, die weiter unten vollständig angeführt werden.

Man unterscheidet allgemein folgende Symmetrieoperationen:

1. *Drehungen* bezüglich einer Achse um einen bestimmten Winkel φ. Wenn das Molekül bei Drehung um $\varphi = 360°/n$ in sich selbst übergeht, so nennt man die Drehachse *n-zählig* und bezeichnet sie mit C_n. Ebenso bezeichnet man auch die Drehung selbst mit C_n. Dieses Symbol steht also sowohl für die Drehachse als auch für die zugehörige Symmetrieoperation. Des weiteren muß noch erwähnt werden, daß auch eine Drehung um 2φ, 3φ usw. das Molekül in sich selbst überführt. Die entsprechenden Symmetrieoperationen bezeichnet man mit C_n^2, C_n^3, usw. also durch entsprechende Produkte von C_n mit sich selbst.

Das Benzolmolekül z. B. wird durch eine Drehung um $\varphi = 60°$ in sich selbst übergeführt. Es handelt sich daher hier um eine 6-zählige Drehachse. Die Drehung um 60° ist die Operation C_6. Gleichzeitig wird auch das Molekül durch Drehung um 120° in sich selbst übergeführt, was der Symmetrieoperation C_6^2 entspricht, ferner durch eine Drehung um 180°, entsprechend der Symmetrieoperation C_6^3, usw. C_6^7 ist dabei wieder gleich C_6.

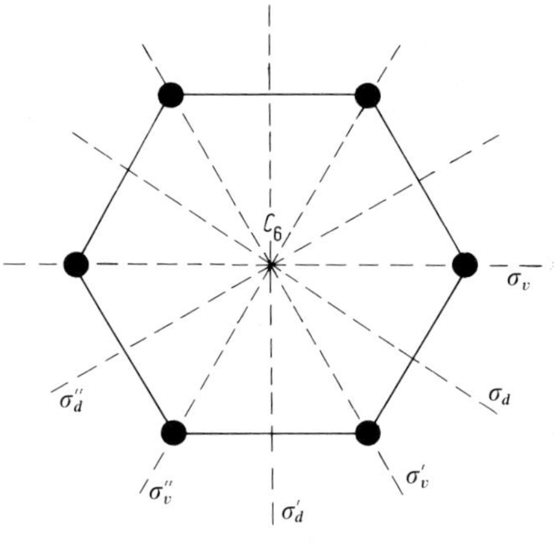

Abb. 1. Schematische Darstellung eines Benzolmoleküls mit einigen Symmetrieelementen.

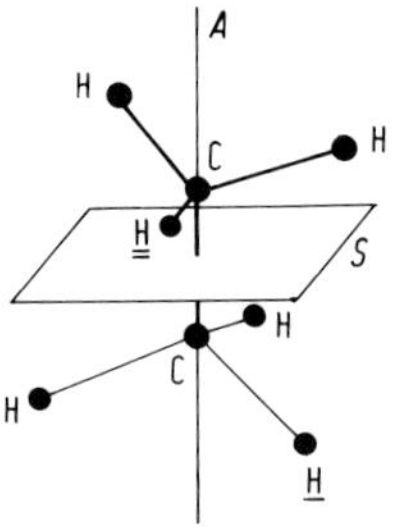

Abb. 2. Schematische Darstellung des Äthanmoleküls zur Erklärung der Drehspiegelung.

2. *Spiegelungen* an einer Ebene. Die Spiegelebene sowie auch die Operation der Spiegelung wird mit σ bezeichnet. Wenn gleichzeitig auch eine Drehachse vorhanden ist, so zeichnet man diese Vertikal und bezeichnet eine Spiegelebene, die durch diese Drehachse geht mit σ oder σ_d eine die dazu senkrecht steht mit σ_h.

3. *Drehspiegelungen*, die auftreten, wenn nach Drehung um eine Achse eine Spiegelung an einer zu dieser Achse senkrecht stehenden Ebene vorgenommen wird. Man bezeichnet diese Operation mit S_n, wobei n die Zähligkeit der Drehachse angibt. Im Sonderfall $n = 2$ spricht man auch von einer *Inversion i*.

Die Symmetrie der Drehspiegelung S_6 weist z. B. ein Äthanmolekül auf, bei dem sich die H-Atome der oberen CH_3-Gruppe oberhalb der Mitte des Zwischenraumes zwischen den H-Atomen der unteren CH_3-Gruppe aufhalten (s. Abb. 2). Die Drehachse ist die Gerade A, die Spiegelebene die dazu senkrecht stehende Ebene S. Dreht man das Molekül bezüglich A um 60° und spiegelt es dann an S so geht z. B. das Atom $\underline{\text{H}}$ in das Atom $\underline{\underline{\text{H}}}$ über usw. Drehung oder Spiegelung allein ist dagegen keine Symmetrieoperation.

4. Die *identische Operation* ε, die das Molekül unverändert läßt. Im folgenden wird gezeigt, daß sämtliche Symmetrieoperationen, die sich auf ein Molekül oder auf einen makroskopischen Körper anwenden lassen, eine Gruppe bilden.

2. Symmetriegruppen

Wir definieren: *Unter der Multiplikation zweier Symmetrieoperationen versteht man das hintereinander Ausführen der beiden Operationen.* Das Produkt zweier Symmetrieoperationen stellt dann wieder eine mögliche Symmetrieoperation dar. Man kann sich außerdem leicht davon überzeugen, daß zu jeder Symmetrieoperation S eine inverse Operation S^{-1} gehört, die sie wieder rückgängig macht, so daß $S^{-1}S = \varepsilon$ ist. Schließlich kann man noch nachweisen, daß für die Multiplikation das assoziative Gesetz gilt. Damit sind alle in Abschnitt A angeführten Gruppenpostulate erfüllt und wir können sagen: *Sämtliche Symmetrieoperationen, die man auf ein Molekül anwenden kann, bilden bezüglich der Multiplikation eine Gruppe. Die identische Operation ε ist das Einselement.* Im folgenden wollen wir einige Symmetriegruppen näher untersuchen.

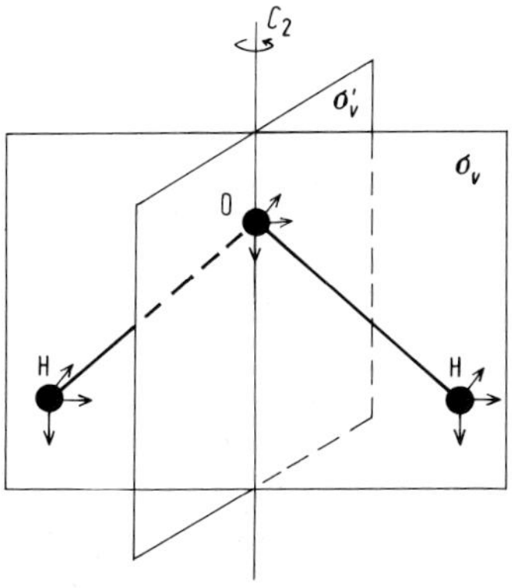

Abb. 3. Das H_2O-Molekül und seine Symmetrieelemente.

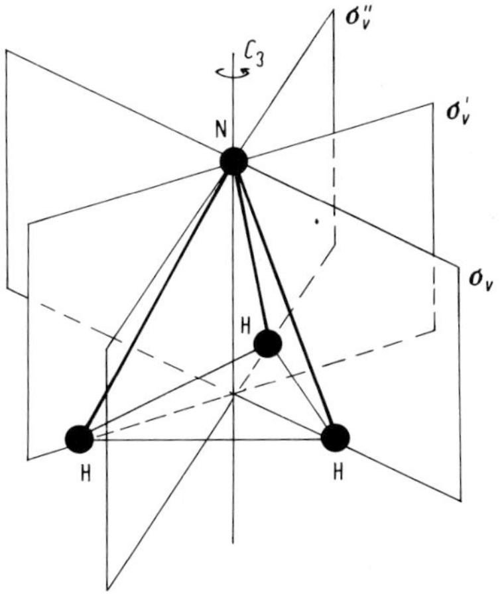

Abb. 4. Das NH_3-Molekül und seine Symmetrieelemente.

Betrachten wir als erstes das H_2O-Molekül. Alle drei Atome liegen in einer Ebene, die beiden O – H-Verbindungsvektoren schließen einen Winkel von 105° ein. Dieses Molekül ist in Abb. 3 angegeben. Es liegt in der Papierebene. Die Pfeile geben die Richtungen von je einem Koordinatensystem für jedes Atom an. Wie man sich anhand von Abb. 3 überzeugen kann, weist das Molekül eine zweizählige Drehachse C_2 auf, sowie zwei durch diese Achse gehende Spiegelebenen σ_v und σ_v'. Zusammen mit der identischen Operation ε treten also 4 Symmetrieoperationen auf. Diese bilden eine Gruppe aus vier Elementen, die mit $\mathbf{C_{2v}}$ bezeichnet wird. Die Multiplikationstafel dieser Gruppe ist in Tab. 3 gegeben. Man entnimmt daraus, daß z. B. $\sigma_v' C_2 = \sigma_v$ ist. Das bedeutet: wenn man eine Drehung um 180° bezüglich der Achse C_2 vornimmt und anschließend an σ_v' spiegelt, so ist das das gleiche, wie wenn man an σ_v spiegelt. Man kann sich anhand der Abb. 3 leicht davon überzeugen, daß dies richtig ist. Ebenso ergibt sich die Richtigkeit der anderen angegebenen Multiplikationen. Man erkennt ferner, daß die Multiplikation von C_2 mit C_2 gleich der identischen Operation ε ist; zweimaliges Drehen um 180° ergibt dasselbe, wie wenn man das Molekül unverändert läßt. Das inverse Element zu C_2 ist daher C_2 selbst.

Tab. 3. Multiplikationstafel der Symmetriegruppe $\mathbf{C_{2v}}$ des H_2O-Moleküls

	ε	C_2	σ_v	σ_v'
ε	ε	C_2	σ_v	σ_v'
C_2	C_2	ε	σ_v'	σ_v
σ_v	σ_v	σ_v'	ε	C_2
σ_v'	σ_v'	σ_v	C_2	ε

Tab. 4. Multiplikationstafel der Symmetriegruppe $\mathbf{C_{3v}}$ des NH_3-Moleküls

	ε	C_3	C_3^2	σ_v	σ_v'	σ_v''
ε	ε	C_3	C_3^2	σ_v	σ_v'	σ_v''
C_3	C_3	C_3^2	ε	σ_v'	σ_v''	σ_v
C_3^2	C_3^2	ε	C_3	σ_v''	σ_v	σ_v'
σ_v	σ_v	σ_v''	σ_v'	ε	C_3^2	C_3
σ_v'	σ_v'	σ_v	σ_v''	C_3	ε	C_3^2
σ_v''	σ_v''	σ_v'	σ_v	C_3^2	C_3	ε

Als zweites Beispiel betrachten wir das NH_3-Molekül, das bekanntlich die Form einer Pyramide besitzt, dessen Grundfläche ein gleichseitiges Dreieck ist. Das Stickstoffatom befindet sich an der Spitze der Pyramide, die Wasserstoffatome liegen an den Eckpunkten der Grundfläche (siehe Abb. 4). Dieses Molekül besitzt eine dreizählige Drehachse C_3, die mit der Pyramidenachse zusammenfällt und drei durch diese Achse gehende Spiegelebenen σ_v, σ_v' und σ_v''. Mit C_3 ist auch notwendig C_3^2 ein Symmetrieelement, dem eine Drehung bezüglich der Achse C_3 um 240° entspricht. Wir haben also zusammen mit dem Einselement ε insgesamt 6 Symmetrie-Operationen. Diese bilden eine Gruppe sechster Ordnung die man mit $\mathbf{C_{3v}}$ bezeichnet. Die Multiplikationstafel für diese Gruppe ist in Tab. 4 angegeben. Man kann sich anhand von Abb. 4 leicht von der Richtigkeit der angegebenen Multiplikationsresultate überzeugen. Man erkennt z. B., daß das inverse Element von C_3 die Operation C_3^2 ist. Ferner sieht man, daß es sich um eine nichtabelsche Gruppe handelt; $C_3 \sigma_v' = \sigma_v''$ aber $\sigma_v' C_3 = \sigma_v$.

Interessant ist auch ein Vergleich dieser Gruppe mit der Permutationsgruppe aus Tab. 2. Nimmt man die folgende Zuordnung vor

$$\begin{array}{cccccc} \varepsilon & C_3 & C_3^2 & \sigma_v & \sigma_v' & \sigma_v'' \\ \updownarrow & \updownarrow & \updownarrow & \updownarrow & \updownarrow & \updownarrow \\ E & \Pi_2 & \Pi_3 & \Pi_4 & \Pi_5 & \Pi_6 \end{array}$$

so erkennt man, daß beide Gruppen die gleiche Multiplikationstafel besitzen und daher zueinander isomorph sind.

Das Benzolmolekül aus Abb. 1 weist eine bedeutend größere Anzahl von Symmetrieoperationen auf: Die senkrecht auf das Molekül stehende 6-zählige Drehachse C_6 mit ihren Potenzen C_6^2, C_6^3, C_6^4 und C_6^5 (sie entsprechen Drehungen um 60°, 120°, 180°, 240° und 300°. Höhere Potenzen von C_6 müssen nicht angeführt werden, da diese mit den Operationen ε, C_6 usw. identisch sind); die in Abb. 1 angedeuteten sechs Spiegelebenen $\sigma_v, \sigma_d, \sigma_v', \ldots$, die senkrecht auf die Molekülebene stehen. Sechs zweizählige Drehachsen $C_2^1, C_2^{\prime 1}, \ldots$, die die Lagen der die Spiegelebenen andeutenden gestrichelten Geraden in Abb. 1 besitzen; die Spiegelebene σ_h, die mit der Molekülebene zusammenfällt; die fünf Drehspiegelungen

$S_6, S_6^2, S_6^3, S_6^4, S_6^5$ die sich durch Kombination der Drehungen um C_6 und Spiegelungen an σ_h ergeben; und schließlich die identische Operation ε. Das ergibt zusammen 24 Symmetrieelemente, die eine Gruppe bilden. Wir verzichten darauf, die Multiplikationstafel anzuschreiben.

Die Symmetriegruppen, die sich auf Moleküle anwenden lassen, bezeichnet man auch als *Punktgruppen*, weil bei den entsprechenden Symmetrieoperationen immer ein Punkt unverändert bleibt. Man kann diese Gruppen dadurch bestimmen, daß man jeweils von einigen wenigen Operationen ausgeht und dann durch Multiplikation dieser Operationen alle weiteren gewinnt, die notwendig zur Gruppe gehören. Wir wollen im folgenden einige Gruppen ableiten.

Die Gruppen, die allein durch das Vorhandensein einer Drehachse C_n erzeugt werden, bezeichnet man mit $\mathbf{C_n}$. Als Symmetrieelemente treten außer der Drehung C_n auch Potenzen von C_n auf. So besteht z. B. die Gruppe $\mathbf{C_3}$ aus den Elementen C_3, C_3^2 und $C_3^3 = \varepsilon$. Eine Sonderstellung weist die Gruppe $\mathbf{C_1}$ auf, die einem völlig unsymmetrischen Körper entspricht; er wird nur durch eine Drehung um 360°, was gleichbedeutend mit einer identischen Operation ist, in sich selbst übergeführt.

Tritt zu einer Drehachse C_n noch eine durch die Drehachse gehende Spiegelebene hinzu, so bezeichnet man die dadurch erzeugte Gruppe mit $\mathbf{C_{nv}}$. Ein Beispiel hierfür ist die Gruppe $\mathbf{C_{2v}}$ des Wassermoleküls. Außer den erzeugenden Elementen C_2 und σ_v tritt als Produkt $C_2\sigma_v$ noch eine zweite Ebene σ_v' auf. Zusammen mit dem Einselement ε sind das also insgesamt vier Elemente (s. auch Abb. 3 bzw. Tab. 2).

Weitere Gruppen können aus Tab. 5 entnommen werden. Es ist zu beachten, daß die angegebenen erzeugenden Symmetrieoperationen nur einen Bruchteil der tatsächlichen Elemente der Gruppe darstellen, weil jeweils noch alle diejenigen Symmetrieoperationen hinzukommen, die durch Produktbildung aus den erzeugenden Elementen erhalten werden.

Tab. 5. Anführung der Punktgruppen mit den zugehörigen erzeugenden Symmetrieoperationen

Bezeichnung der Gruppe	Erzeugende Symmetrieoperationen
$\mathbf{C_n}$	ε, C_n
$\mathbf{C_{nv}}$	ε, C_n, Spiegelebene σ_v durch C_n
$\mathbf{C_{nh}}$, $\mathbf{C_s}$ (= $\mathbf{C_{1h}}$)	ε, C_n, Spiegelebene σ_n senkrecht zu C_n
$\mathbf{S_n}$, $\mathbf{C_i}$(= $\mathbf{S_1}$)	ε, S_n (n ungerade)
$\mathbf{D_n}$	ε, C_n, Drehachse C_2' senkrecht auf C_n
$\mathbf{D_{nh}}$	ε, C_n, C_2', σ_h
$\mathbf{D_{nd}}$	ε, C_n, C_2', Spiegelebene σ_d durch C_n
$\mathbf{T}$	C_3, C_3, C_3 im Winkel von 109,5° und C_2, C_2, C_2 im Winkel von 90°
$\mathbf{T_d}$	Elemente von **T** und 3 Spiegelebenen σ_d (Symmetrie des Tetraeders)
$\mathbf{O}$	$3C_3$-, $4C_4$- und $6C_2$-Achsen
$\mathbf{O_h}$	Elemente von **O** und $\mathbf{S_2}$ (Symmetrie des Würfels)
$\mathbf{J}$	$6C_5$-, $10C_3$- und $15C_2$-Achsen

Fragen und Aufgaben

1. Nenne die Symmetrieoperationen bei denen mindestens ein Punkt fest bleibt.
2. Was ist eine Inversion?
3. Was versteht man unter der Zähligkeit einer Drehachse?

4. Welche Elemente weist die Gruppe auf, die durch eine vierzählige Symmetrieachse erzeugt wird. Wie lautet die Multiplikationstafel dieser Gruppe?
5. Berechne die Produkte a) $\sigma_v \sigma_v$, b) $C_2 C_4$, c) $C_2 \sigma_h$, d) $S_4 \sigma_h$.
6. Überlege, welche Symmetrieoperationen das Äthanmolekül in Abb. 2 besitzt. Welche Gruppe ergeben diese Symmetrieoperationen?

C. Darstellungstheorie

1. Grundlagen der Darstellung von Gruppen

Gegeben sei eine Gruppe $\mathfrak{G}$. Jedem Gruppenelement G_i ordnen wir nun eine orthogonale quadratische Matrix $\boldsymbol{M}_i$ zu. Dabei sollen alle Matrizen die gleiche Zeilenzahl n besitzen. Außerdem soll gelten: Wenn das Gruppenelement G_l das Produkt der Gruppenelemente G_j und G_m ist, dann soll die dem Gruppenelement G_l zugeordnete Matrix $\boldsymbol{M}_l$ gleich dem Produkt der Matrizen $\boldsymbol{M}_j$ und $\boldsymbol{M}_m$ sein. Für die Matrizen soll also die gleiche Multiplikationstafel wie für die Gruppenelemente gelten. Man bezeichnet dann die Matrizen als *Darstellung n-ten Grades der Gruppe.*

Es gilt folgendes: *Zu jeder Gruppe gibt es eine Vielzahl von Darstellungen durch Matrizen. Verschiedene Darstellungen können jeweils von gleichem Grad oder von verschiedenem Grad sein.* Wir wollen das im folgenden durch eine Reihe von Beispielen belegen. Dabei bezeichnen wir die Matrix, die jeweils einer Symmetrieoperation zugeordnet wird, mit dem gleichen Symbol wie die Symmetrieoperation, jedoch in halbfettem Druck.

Als Beispiel betrachten wir die Gruppe $\boldsymbol{C}_{2v}$ mit den Elementen ε, C_2, σ_v, σ_v', die z. B. für das Wassermolekül gilt (s. Abb. 3). Die Multiplikationstafel dieser Gruppe ist in Tab. 3 wiedergegeben. Eine dazu isomorphe Gruppe aus Matrizen erhält man, wenn man z. B. folgende Zuordnungen vornimmt:

$$\varepsilon \leftrightarrow \boldsymbol{\varepsilon} = \begin{pmatrix} 1 & 0 \\ 0 & 1 \end{pmatrix}, \quad C_2 \leftrightarrow \boldsymbol{C}_2 = \begin{pmatrix} 0 & 1 \\ 1 & 0 \end{pmatrix}, \quad \sigma_v \leftrightarrow \boldsymbol{\sigma}_v = \begin{pmatrix} 0 & 1 \\ 1 & 0 \end{pmatrix}, \quad \sigma_v' \leftrightarrow \boldsymbol{\sigma}_v' = \begin{pmatrix} 1 & 0 \\ 0 & 1 \end{pmatrix}. \tag{18}$$

Bei dieser Darstellung sind die Matrizen für C_2 und σ_v sowie für ε und σ_v' jeweils einander gleich. Die Multiplikationstafel Tab. 3 bleibt gültig. Eine andere mögliche Darstellung erhält man durch die Zuordnung

$$\begin{aligned} \boldsymbol{\varepsilon} &= \begin{pmatrix} 1 & 0 & 0 & 0 \\ 0 & 1 & 0 & 0 \\ 0 & 0 & 1 & 0 \\ 0 & 0 & 0 & 1 \end{pmatrix}, \quad \boldsymbol{C}_2 = \begin{pmatrix} 1 & 0 & 0 & 0 \\ 0 & -1 & 0 & 0 \\ 0 & 0 & -1 & 0 \\ 0 & 0 & 0 & 1 \end{pmatrix}, \\ \boldsymbol{\sigma}_v &= \begin{pmatrix} -1 & 0 & 0 & 0 \\ 0 & -1 & 0 & 0 \\ 0 & 0 & 1 & 0 \\ 0 & 0 & 0 & 1 \end{pmatrix}, \quad \boldsymbol{\sigma}_v' = \begin{pmatrix} -1 & 0 & 0 & 0 \\ 0 & 1 & 0 & 0 \\ 0 & 0 & -1 & 0 \\ 0 & 0 & 0 & 1 \end{pmatrix}. \end{aligned} \tag{19}$$

Man kann die Gruppe auch durch Matrizen aus einer einzigen Spalte und Zeile darstellen, wie das folgende Beispiel zeigt:

$$\boldsymbol{\varepsilon} = (1), \quad \boldsymbol{C}_2 = (-1), \quad \boldsymbol{\sigma}_v = (-1), \quad \boldsymbol{\sigma}_v' = (1). \tag{20}$$

Schließlich erwähnen wir noch die folgende Darstellung 5. Grades,

$$\varepsilon = \begin{pmatrix} 1 & 0 & 0 & 0 & 0 \\ 0 & 1 & 0 & 0 & 0 \\ 0 & 0 & 1 & 0 & 0 \\ 0 & 0 & 0 & 1 & 0 \\ 0 & 0 & 0 & 0 & 1 \end{pmatrix}, \quad C_2 = \begin{pmatrix} 0 & 1 & 0 & 0 & 0 \\ 1 & 0 & 0 & 0 & 0 \\ 0 & 0 & -1 & 0 & 0 \\ 0 & 0 & 0 & -1 & 0 \\ 0 & 0 & 0 & 0 & 1 \end{pmatrix},$$

$$\sigma_v = \begin{pmatrix} 1 & 0 & 0 & 0 & 0 \\ 0 & 1 & 0 & 0 & 0 \\ 0 & 0 & -1 & 0 & 0 \\ 0 & 0 & 0 & 1 & 0 \\ 0 & 0 & 0 & 0 & 1 \end{pmatrix}, \quad \sigma_v' = \begin{pmatrix} 0 & 1 & 0 & 0 & 0 \\ 1 & 0 & 0 & 0 & 0 \\ 0 & 0 & 1 & 0 & 0 \\ 0 & 0 & 0 & -1 & 0 \\ 0 & 0 & 0 & 0 & 1 \end{pmatrix}. \tag{21}$$

Man kann sich leicht davon überzeugen, daß in allen Fällen die Multiplikationstafel Tab. 3 gilt. Es gibt noch eine Vielzahl von anderen möglichen Darstellungen neben den oben angeführten.

Als weiteres Beispiel betrachten wir die Gruppe $\mathbf{C}_{3v}$ aus den Elementen ε, C_3, C_3^2, σ_v, σ_v' und σ_v''. Die Multiplikationstafel dieser Gruppe ist in Tab. 4 gegeben. Ein Beispiel für die Anwendung ist das NH_3-Molekül in Abb. 4. Eine dazu isomorphe Gruppe von Matrizen erhält man, wenn man folgende Zuordnung vornimmt.

$$\varepsilon = \begin{pmatrix} 1 & 0 & 0 \\ 0 & 1 & 0 \\ 0 & 0 & 1 \end{pmatrix}, \quad C_3 = \begin{pmatrix} 0 & 1 & 0 \\ 0 & 0 & 1 \\ 1 & 0 & 0 \end{pmatrix}, \quad C_3^2 = \begin{pmatrix} 0 & 0 & 1 \\ 1 & 0 & 0 \\ 0 & 1 & 0 \end{pmatrix},$$

$$\sigma_v = \begin{pmatrix} 1 & 0 & 0 \\ 0 & 0 & 1 \\ 0 & 1 & 0 \end{pmatrix}, \quad \sigma_v' = \begin{pmatrix} 0 & 0 & 1 \\ 0 & 1 & 0 \\ 1 & 0 & 0 \end{pmatrix}, \quad \sigma_v'' = \begin{pmatrix} 0 & 1 & 0 \\ 1 & 0 & 0 \\ 0 & 0 & 1 \end{pmatrix}. \tag{22}$$

Gl. (18) zeigt, daß die Matrizen, die eine Gruppe darstellen, nicht voneinander verschieden sein müssen. Sind aber alle Matrizen verschieden, so stellen sie, wie man leicht einsieht, eine zur ursprünglich gegebenen Gruppe isomorphe Gruppe dar.

2. Zusammenhang zwischen verschiedenen Darstellungen

Wir haben anhand von Beispielen gesehen, daß es zu einer gegebenen Gruppe jeweils eine Vielzahl von Darstellungen gibt. Zwischen diesen Darstellungen bestehen nun gewisse Zusammenhänge, die wir im folgenden besprechen wollen. Wir werden zunächst zeigen, wie man aus einer gegebenen Darstellung durch Matrizentransformationen oder durch Zerlegung bzw. Zusammensetzen von Matrizen neue Darstellungen gewinnt. Im nächsten Abschnitt 3 wird dann ausgeführt wie man aus einigen wenigen irreduziblen Darstellungen die Gesamtheit aller möglichen Darstellungen gewinnen kann.

Zur Gewinnung weiterer Darstellungen aus einer gegebenen Darstellung durch Matrizentransformationen gilt der folgende Satz: *Sind die Matrizen*

$$\boldsymbol{D}_1, \boldsymbol{D}_2, \ldots, \boldsymbol{D}_m \tag{23}$$

die Darstellung einer Gruppe n-ten Grades, so sind auch die daraus mit einer nichtsingulären orthogonalen Matrix $\boldsymbol{T}$ *gewonnenen Matrizen*

$$\boldsymbol{T}^{-1}\boldsymbol{D}_1\boldsymbol{T}, \quad \boldsymbol{T}^{-1}\boldsymbol{D}_2\boldsymbol{T}, \ldots, \boldsymbol{T}^{-1}\boldsymbol{D}_m\boldsymbol{T} \tag{24}$$

eine Darstellung dieser Gruppe. Darstellungen, die in der angegebenen Weise miteinander zusammenhängen, nennt man *äquivalent.* Zum Beweis dieses Satzes müssen wir nur zeigen, daß für die transformierten Matrizen die gleiche Multiplikationstafel gilt wie für die ursprünglichen Matrizen. Dies ist leicht getan. Aus $\boldsymbol{D}_i \boldsymbol{D}_k = \boldsymbol{D}_l$ z. B. folgt $(\boldsymbol{T}^{-1}\boldsymbol{D}_i\boldsymbol{T})(\boldsymbol{T}^{-1}\boldsymbol{D}_k\boldsymbol{T}) = \boldsymbol{T}^{-1}\boldsymbol{D}_i\boldsymbol{D}_k\boldsymbol{T} = \boldsymbol{T}^{-1}\boldsymbol{D}_l\boldsymbol{T}$.

Als Beispiel transformieren wir die in Gl. (18) angegebene Darstellungen der Gruppe $\mathbf{C}_{2v}$ mit Hilfe der nichtsingulären Matrix

$$\boldsymbol{T} = \begin{pmatrix} \frac{1}{\sqrt{2}} & -\frac{1}{\sqrt{2}} \\ \frac{1}{\sqrt{2}} & \frac{1}{\sqrt{2}} \end{pmatrix}. \tag{25}$$

Da diese Matrix orthogonal ist (s. Gln. (IX, 93)), erhält man die zugehörige inverse Matrix durch Vertauschen von Zeilen und Spalten,

$$\boldsymbol{T}^{-1} = \begin{pmatrix} \frac{1}{\sqrt{2}} & \frac{1}{\sqrt{2}} \\ -\frac{1}{\sqrt{2}} & \frac{1}{\sqrt{2}} \end{pmatrix}. \tag{26}$$

Indem man die entsprechenden Matrizenmultiplikationen durchführt erhält man aus Gl. (18)

$$\boldsymbol{T}^{-1}\boldsymbol{\varepsilon}\boldsymbol{T} = \begin{pmatrix} 1 & 0 \\ 0 & 1 \end{pmatrix}, \quad \boldsymbol{T}^{-1}\boldsymbol{C}_2\boldsymbol{T} = \begin{pmatrix} 1 & 0 \\ 0 & -1 \end{pmatrix}, \quad \boldsymbol{T}^{-1}\boldsymbol{\sigma}_v\boldsymbol{T} = \begin{pmatrix} 1 & 0 \\ 0 & -1 \end{pmatrix}, \quad \boldsymbol{T}^{-1}\boldsymbol{\sigma}'_v\boldsymbol{T} = \begin{pmatrix} 1 & 0 \\ 0 & 1 \end{pmatrix}. \tag{27}$$

Eine weitere wichtige Aussage gewinnt man, wenn man sogenannte *Blockdiagonalmatrizen* betrachtet. Man versteht darunter Matrizen, bei denen sich die von Null verschiedenen Elemente in quadratischen Blöcken um die Diagonale gruppieren. Ein Beispiel hierfür stellt die folgende Matrix dar

$$\left(\begin{array}{cc:c:ccc} 1 & 2 & 0 & 0 & 0 & 0 \\ 3 & 2 & 0 & 0 & 0 & 0 \\ \hdashline 0 & 0 & 5 & 0 & 0 & 0 \\ \hdashline 0 & 0 & 0 & 1 & 2 & 1 \\ 0 & 0 & 0 & 1 & 1 & 1 \\ 0 & 0 & 0 & 3 & 2 & 1 \end{array}\right). \tag{28}$$

Sie besteht aus drei Blöcken, einem zweizeiligen, einem einzeiligen und einem dreizeiligen, die durch die gestrichelten Linien angedeutet sind. Ein Sonderfall von Blockmatrizen sind Diagonalmatrizen, die Blöcke aus jeweils einem einzigen Element aufweisen. Es gilt nun der folgende wichtige Satz: *Multipliziert man zwei Matrizen mit gleicher Blockstruktur, so erhält man eine Matrix, die die gleiche Blockstruktur wie die Ausgangsmatrizen besitzt. In der Produktmatrix stehen in den einzelnen Blöcken jeweils nur die Elemente, die in den entsprechenden Blöcken der Ausgangsmatrizen auftreten. Die einzelnen Blöcke vermischen sich also nicht beim Multiplizieren.* Wir beweisen diesen Satz nicht allgemein, sondern erläutern ihn nur an einem Beispiel.

Wir betrachten die Matrizenmultiplikation

$$\left(\begin{array}{c:cc} a_1 & 0 & 0 \\ \hdashline 0 & b_1 & c_1 \\ 0 & d_1 & e_1 \end{array}\right) \left(\begin{array}{c:cc} a_2 & 0 & 0 \\ \hdashline 0 & b_2 & c_2 \\ 0 & d_2 & e_2 \end{array}\right) = \left(\begin{array}{c:cc} a_1 a_2 & 0 & 0 \\ \hdashline 0 & b_1 b_2 + c_1 d_2 & b_1 c_2 + c_1 e_2 \\ 0 & d_1 b_2 + e_1 d_2 & d_1 c_2 + e_1 e_2 \end{array}\right). \tag{29}$$

Die beiden Matrizen links bestehen jeweils aus einem einzeiligen und einem zweizeiligen Block. Entsprechend besteht auch die Produktmatrix aus einem einzeiligen und einem zweizeiligen Block. Im zweizeiligen Block der Produktmatrix treten nur Glieder der zweizeiligen Blöcke der Ausgangsmatrizen auf. Entsprechendes gilt für den einzeiligen Block.

Da sich die einzelnen Blöcke bei der Multiplikation, wie oben festgestellt, nicht vermischen, müssen für sie die gleiche Multiplikationstafel gelten wie für die gesamten Matrizen. Es gilt daher: *Wenn Matrizen die eine Gruppe darstellen, alle die gleiche Blockstruktur haben, so ergeben auch die aus den einzelnen Blöcken gebildeten Matrizen jeweils eine mögliche Darstellung der Gruppe.* In gleicher Weise ergibt sich folgendes: *Gegeben seien zwei Darstellungen ein und derselben Gruppe durch Matrizen. Faßt man jedes Element der einen Darstellung mit dem zugehörigen Element der anderen Darstellung jeweils zu einer Blockmatrix zusammen, so ergeben die erhaltenen Blockmatrizen ebenfalls eine Darstellung.*

Als Beispiel betrachten wir die durch Gl. (21) gegebene Darstellung der Gruppe $\mathbf{C}_{2v}$ durch fünfzeilige Matrizen. Man kann jede Matrix in zwei Blöcke zerlegen, in einen zweizeiligen Block links oben und einen dreizeiligen rechts unten. Sowohl die zweizeiligen als auch die dreizeiligen Blöcke für sich bilden eine Darstellung der Gruppe. Die zweizeiligen Blöcke ergeben die Darstellung Gl. (18), die dreizeiligen ebenfalls eine Darstellung, die nicht gesondert angegeben wird.

Jeden dreizeiligen Block kann man auch nochmals in drei einzeilige Blöcke zerlegen, wodurch man auf die Darstellungen der Gl. (20), sowie der weiter hinten folgenden Gln. (32) und (33) kommt.

Umgekehrt erhält man aus den Darstellungen Gl. (18) und Gl. (19), indem man sie zu Blockmatrizen zusammensetzt, die Darstellung Gl. (21).

3. Irreduzible Darstellungen

Wenn irgendeine Darstellung einer Gruppe gegeben ist, so kann man versuchen durch Transformationen mit einer Matrix A entsprechend Gl. (24) eine äquivalente Darstellung zu finden, bei der alle Matrizen die gleiche Blockstruktur haben. Wenn man dabei die Darstellung aus den kleinstmöglichen Blöcken gefunden hat, so spricht man von einer *reduzierten Darstellung*. Wenn die Multiplikation kommutativ ist, so kann man alle Matrizen, die die Gruppe darstellen, durch Transformation mit einer einzigen Matrix diagonalisieren (s. Aufgabe 14 in IX C). Jede Matrix wird dann zu einer blockdiagonalen Matrix mit Blöcken aus jeweils einem Element. Damit ist die reduzierte Form gefunden. Wenn das kommutative Gesetz bei der Matrizenmultiplikation nicht erfüllt ist, wie z. B. bei der Gruppe $\mathbf{C}_{3v}$ (s. Tab. 4), so lassen sich die Matrizen nicht gleichzeitig diagonalisieren und man erhält auch Blöcke aus mehr als einem Element. Auf die Methode des Aufsuchens der reduzierten Darstellungen in einem solchen Fall gehen wir hier nicht ein (s. Abschn. XVI, C 6); für das folgende genügt die Feststellung, daß dann mehrzeilige Blöcke auftreten.

Die einzelnen Blöcke einer reduzierten Darstellung sind dem obigen Satz entsprechend jeweils wieder eine Darstellung der Gruppe. Die entsprechenden Matrizen können voraussetzungsgemäß nicht durch eine Transformation weiter in Unterblöcke aufgeteilt werden. Eine solche Darstellung, die also nicht durch Blockdiagonalisierung der Matrizen in mehrere Darstellungen zerlegt werden kann, bezeichnet man als *irreduzibel*.

Wichtig für das folgende ist nun die Tatsache, daß die Anzahl der irreduziblen Darstellungen einer Gruppe im allgemeinen relativ klein ist und genau angegeben werden kann. Es gilt, wie wir hier ohne Beweis*) anführen wollen: *Die Anzahl der irreduziblen Darstellungen einer Gruppe ist gleich der Anzahl der Klassen k der betreffenden Gruppe.* Hat man daher zu einer Gruppe einmal k irreduzible Darstellungen gefunden, so erhält man alle möglichen Darstellungen dadurch, daß man aus den irreduziblen Darstellungen Blockmatrizen bildet, und diese dann mit verschiedenen Matrizen $\boldsymbol{A}$ transformiert. In den Blockmatrizen darf dabei eine irreduzible Darstellung auch mehrmals vorkommen, so daß man Darstellungen beliebig hohen Grades erzeugen kann.

Als Beispiel betrachten wir die Gruppe C_{2v}. Sie besteht aus den vier Elementen ε, C_2, σ_v, σ'_v. Jedes Element für sich genommen bildet eine eigene Klasse, weil es sich um eine abelsche Gruppe handelt. Die Anzahl der Klassen k ist daher gleich 4. Demgemäß muß es auch 4 verschiedene irreduzible Darstellungen geben. Da die Gruppe kommutativ ist, wissen wir, daß alle vier Darstellungen vom ersten Grad sein müssen, also aus einzeiligen Matrizen bestehen. Um diese irreduziblen Darstellungen zu finden, müssen wir eine Darstellung in reduzierter Form aufsuchen.

Betrachten wir z. B. die durch Gl. (19) gegebene Darstellung. Alle Matrizen sind Blockmatrizen mit Blöcken aus je einem Element, es handelt sich daher sicher um eine reduzierte Darstellung. Man erhält aus den Elementen der ersten Zeile und Spalte die irreduzible Darstellung

$$\boldsymbol{\varepsilon} = (1), \boldsymbol{C}_2 = (1), \boldsymbol{\sigma}_v = (-1), \boldsymbol{\sigma}'_v = (-1), \tag{30}$$

aus den Elementen der zweiten Zeile und Spalte die irreduzible Darstellung

$$\boldsymbol{\varepsilon} = (1), \boldsymbol{C}_2 = (-1), \boldsymbol{\sigma}_v = (-1), \boldsymbol{\sigma}'_v = (1), \tag{31}$$

aus denen der dritten Zeile und Spalte die irreduzible Darstellung

$$\boldsymbol{\varepsilon} = (1), \boldsymbol{C}_2 = (-1), \boldsymbol{\sigma}_v = (1), \boldsymbol{\sigma}'_v = (-1), \tag{32}$$

und aus denen der vierten Zeile und Spalte die irreduzible Darstellung

$$\boldsymbol{\varepsilon} = (1), \boldsymbol{C}_2 = (1), \boldsymbol{\sigma}_v = (1), \boldsymbol{\sigma}'_v = (1). \tag{33}$$

Man hätte auch von anderen Darstellungen anstelle von der aus Gl. (19) ausgehen können. Das Ergebnis müssen immer wieder dieselben vier irreduziblen Darstellungen sein.

Aus den angegebenen irreduziblen Darstellungen kann man andere Darstellungen beliebig hohen Grades bilden. Indem man z. B. zweimal die erste Darstellung und je einmal alle anderen Darstellungen verwendet kommt man zur Darstellung 5. Grades

$$\begin{aligned} \boldsymbol{\varepsilon} &= \begin{pmatrix} 1 & 0 & 0 & 0 & 0 \\ 0 & 1 & 0 & 0 & 0 \\ 0 & 0 & 1 & 0 & 0 \\ 0 & 0 & 0 & 1 & 0 \\ 0 & 0 & 0 & 0 & 1 \end{pmatrix}, \quad \boldsymbol{C}_2 = \begin{pmatrix} 1 & 0 & 0 & 0 & 0 \\ 0 & 1 & 0 & 0 & 0 \\ 0 & 0 & -1 & 0 & 0 \\ 0 & 0 & 0 & -1 & 0 \\ 0 & 0 & 0 & 0 & 1 \end{pmatrix}, \\ \boldsymbol{\sigma}_v &= \begin{pmatrix} -1 & 0 & 0 & 0 & 0 \\ 0 & -1 & 0 & 0 & 0 \\ 0 & 0 & -1 & 0 & 0 \\ 0 & 0 & 0 & 1 & 0 \\ 0 & 0 & 0 & 0 & 1 \end{pmatrix}, \quad \boldsymbol{\sigma}'_v = \begin{pmatrix} -1 & 0 & 0 & 0 & 0 \\ 0 & -1 & 0 & 0 & 0 \\ 0 & 0 & 1 & 0 & 0 \\ 0 & 0 & 0 & -1 & 0 \\ 0 & 0 & 0 & 0 & 1 \end{pmatrix}. \end{aligned} \tag{34}$$

Zu einer Darstellung durch nichtdiagonale Matrizen kommt man durch eine Transformation entsprechend Gl. (24) mit einer nichtsingulären Matrix $\boldsymbol{A}$.

---

*) Wegen eines Beweises siehe die Bücher von Smirnow III oder Wilson, Decius und Gross.

Als zweites Beispiel betrachten wir die Gruppe $\mathbf{C}_{3v}$. Tab. 4 zufolge besitzt sie 6 Elemente ε, C_3, C_3^2, σ_v, σ_v', σ_v'' die entsprechend den Gln. (14) und (15) zu $k = 3$ Klassen zusammengefaßt werden. Es muß daher auch drei irreduzible Darstellungen geben. Wir geben diese im folgenden ohne Ableitung an. Die erste (Γ_1) lautet

$$\boldsymbol{\varepsilon} = (1),\ \boldsymbol{C}_3 = (1),\ \boldsymbol{C}_3^2 = (1),\ \boldsymbol{\sigma}_v = (1),\ \boldsymbol{\sigma}_v' = (1),\ \boldsymbol{\sigma}_v'' = (1)\,. \tag{35}$$

Die zweite (Γ_2) lautet

$$\boldsymbol{\varepsilon} = (1),\ \boldsymbol{C}_3 = (1),\ \boldsymbol{C}_3^2 = (1),\ \boldsymbol{\sigma}_v = (-1),\ \boldsymbol{\sigma}_v' = (-1),\ \boldsymbol{\sigma}_v'' = (-1)\,. \tag{36}$$

Die dritte (Γ_3) lautet

$$\boldsymbol{\varepsilon} = \begin{pmatrix} 1 & 0 \\ 0 & 1 \end{pmatrix},\quad \boldsymbol{C}_3 = \begin{pmatrix} -\frac{1}{2} & -\frac{\sqrt{3}}{2} \\ \frac{\sqrt{3}}{2} & -\frac{1}{2} \end{pmatrix},\quad \boldsymbol{C}_3^2 = \begin{pmatrix} -\frac{1}{2} & \frac{\sqrt{3}}{2} \\ -\frac{\sqrt{3}}{2} & -\frac{1}{2} \end{pmatrix}, \tag{37}$$

$$\boldsymbol{\sigma}_v = \begin{pmatrix} -1 & 0 \\ 0 & 1 \end{pmatrix},\quad \boldsymbol{\sigma}_v' = \begin{pmatrix} \frac{1}{2} & -\frac{\sqrt{3}}{2} \\ -\frac{\sqrt{3}}{2} & -\frac{1}{2} \end{pmatrix},\quad \boldsymbol{\sigma}_v'' = \begin{pmatrix} \frac{1}{2} & \frac{\sqrt{3}}{2} \\ \frac{\sqrt{3}}{2} & -\frac{1}{2} \end{pmatrix}. \tag{38}$$

4. Charaktertafeln*)

Wenn man eine Darstellung mit einer Matrix $\boldsymbol{T}$ entsprechend Gl. (24) transformiert, so ändern sich die einzelnen Matrizen. Die Spuren der Matrizen bleiben aber auf Grund von Gl. (IX, 160) unverändert. Es zeigt sich nun, daß gerade die Spuren der Matrizen der irreduziblen Darstellungen einer Gruppe eine besondere Aussagekraft besitzen. Man nennt diese Spuren die *Charaktere* der irreduziblen Darstellung und faßt sie in Tabellen zusammen.

Als Beispiel zeigt Tab. 6 die Charaktere der Gruppe $\mathbf{C}_{3v}$. In der ersten Zeile stehen die Charaktere der durch Gl. (35) gegebenen irreduziblen Darstellung Γ_1, in der zweiten Zeile die Charaktere der durch Gl. (36) gegebenen irreduziblen Darstellung Γ_2 usw. Bei der ersten und zweiten Zeile in der Tabelle handelt es sich um die Charaktere von einzeiligen Matrizen, die mit dem Element in der Matrix identisch ist, in der dritten Zeile um die Charaktere von zweizeiligen Matrizen, also um die Summe der jeweiligen Diagonalelemente.

Symmetrieoperationen der gleichen Klasse haben jeweils gleiche Charaktere, weil sich die Spur einer Matrix durch eine Transformation gemäß Gl. (24) entsprechend Gl. (IX, 160) nicht ändert. Man faßt daher in den Charaktertafeln gewöhnlich die Elemente einer Klasse zusammen und schreibt an die Spitze der betreffenden Spalte jeweils ein für diese Klasse repräsentatives Element. Vor dieses Element schreibt man die Anzahl der Elemente in der betreffenden Klasse.

Tab. 6. Charaktere der Gruppe $\mathbf{C}_{3v}$ (Elemente einzeln angeführt)

	ε	C_3	C_3^2	σ_v	σ_v'	σ_v''
Γ_1	1	1	1	1	1	1
Γ_2	1	1	1	−1	−1	−1
Γ_3	2	−1	−1	0	0	0

Tab. 7. Charaktere der Gruppe $\mathbf{C}_{3v}$ (Elemente zu Klassen zusammengefaßt)

	ε	$2C_3$	$3\sigma_v$
Γ_1	1	1	1
Γ_2	1	1	−1
Γ_3	2	−1	0

*) Dieser Abschnitt kann von weniger interessierten Lesern überschlagen werden.

Die Symmetriegruppe $\mathbf{C}_{3v}$ ist entsprechend Gl. (17) der Permutationsgruppe aus Tab. 2 isomorph. Diese Permutationsgruppe besitzt den Gln. (14) bis (16) zufolge drei Klassen, die aus dem Element E, den Elementen Π_2, Π_3 sowie den Elementen Π_4, Π_5, Π_6 gebildet werden. Entsprechend bilden in der Gruppe $\mathbf{C}_{2v}$ die Elemente ε, die Elemente C_3, C_3^2 und die Elemente $\sigma_v, \sigma_v', \sigma_v''$ jeweils eine Klasse für sich. Man kann sich anhand der Tab. 6 leicht überzeugen, daß die Elemente einer Klasse jeweils den gleichen Charakter haben. Die Charaktertafel, die nur die Klassen anführt ist in Tab. 7 wiedergegeben.

Eine wichtige anschauliche Bedeutung hat der Charakter des Einselementes ε. Da bei diesem Element in den Diagonalgliedern immer 1 stehen muß, gibt der Charakter die Anzahl der Zeilen der Matrix also den Grad der Darstellung an.

Mit Hilfe der Charaktere gewinnt man wichtige Informationen über eine reduzierte Darstellung einer Gruppe. Wir haben gesehen, daß sich die reduzierte Darstellung blockweise aus irreduziblen Darstellungen zusammensetzt, wobei jede irreduzible Darstellung auch mehrmals auftreten kann. n_j möge nun angeben, wie oft die j-te irreduzible Darstellung in der betrachteten reduzierten Darstellung vorkommt. Es gilt dann, wie wir ohne Beweis anführen wollen,

$$n_j = \frac{1}{n} \sum_{i=1}^{k} h_i \chi_i \chi_i^{(j)} . \tag{39}$$

Dabei ist χ_i der Charakter, also die Spur, eines Elementes der i-ten Klasse der betrachteten reduzierten Darstellung, $\chi_i^{(j)}$ die Spur eines Elementes der i-ten Klasse der j-ten irreduziblen Darstellung, n ist die Anzahl der Elemente der Gruppe und h_i die Anzahl der Elemente in der i-ten Klasse. k ist die Anzahl der Klassen.

Als Beispiel verifizieren wir Gl. (39) für die reduzierte Darstellung der Gruppe $\mathbf{C}_{2v}$ der Gl. (34). Wir bestimmen die Zahl n_1, die angeben soll, wie oft die durch Gl. (30) gegebene irreduzible Darstellung in der Darstellung aus Gl. (34) vorkommt. Jedes Element bildet eine Klasse. Die h_i sind alle gleich 1, n ist gleich 4. Die Spuren der vier Matrizen in Gl. (34) lauten $\chi_1 = 5$, $\chi_2 = 1$, $\chi_3 = -1$, $\chi_4 = -1$. Die Spuren der irreduziblen Darstellung aus Gl. (30) betragen $\chi_1^{(1)} = 1$, $\chi_2^{(1)} = 1$, $\chi_3^{(1)} = -1$, $\chi_3^{(1)} = -1$. Gl. (39) ergibt daher

$$n_j = \tfrac{1}{4}[5 \cdot 1 + 1 \cdot 1 + (-1)(-1) + (-1)(-1)] = 2 , \tag{40}$$

in Übereinstimmung mit der Tatsache, daß wir beim Aufbau der Darstellung Gl. (34) tatsächlich die betrachtete irreduzible Darstellung zweimal verwendet haben.

Wir fassen die bisherigen Ergebnisse noch in einem Satz zusammen: *Zu jeder Gruppe aus n Elementen mit k Klassen gibt es genau k verschiedene irreduzible Darstellungen. Die Spuren der Matrizen heißen Charaktere der Darstellung. Der Charakter des Einselementes gibt den Grad der Darstellung an.*

5. Darstellung im Vektorraum der Normalkoordinaten*)

a) Allgemeine Betrachtungen

Gegeben sei ein m-dimensionaler Vektorraum $x_1, x_2, \ldots, x_m$, eine Gruppe $\mathfrak{G}$ aus n Elementen $G_1, G_2, \ldots, G_n$ sowie eine Darstellung m-ten Grades der Gruppe $\boldsymbol{D}_1, \boldsymbol{D}_2, \ldots, \boldsymbol{D}_n$. Jede Matrix $\boldsymbol{D}_i$ vermittelt dann eine Abbildung im gegebenen Vektorraum. Wir betrachten nun eine m-zeilige symmetrische Matrix $\boldsymbol{A}$, die mit den Matrizen $\boldsymbol{D}_i$ vertauschbar ist, so daß gilt

$$\boldsymbol{D}_i \boldsymbol{A} \boldsymbol{D}_i^{-1} = \boldsymbol{A} \quad \text{bzw.} \quad \boldsymbol{D}_i^{-1} \boldsymbol{A} \boldsymbol{D}_i = \boldsymbol{A} . \tag{41}$$

---

*) Dieser Abschnitt kann von weniger interessierten Lesern überschlagen werden.

Die Elemente von $\boldsymbol{A}$ bezeichnen wir mit a_{ik}. Mit der Matrix $\boldsymbol{A}$ bilden wir die quadratische Form

$$\sum_{i=1}^{m} \sum_{k=1}^{m} a_{ik} x_i x_k \,, \tag{42}$$

wofür wir mit Hilfe von Matrizen auch schreiben können (s. Gl. (IX, 199))

$$\boldsymbol{x}^T \boldsymbol{A}\, \boldsymbol{x}. \tag{43}$$

$\boldsymbol{x}$ ist die einspaltige Matrix aus $x_1, x_2, \ldots, x_m$ und $\boldsymbol{x}^T$ ist die entsprechende transponierte Matrix. Die Vertauschbarkeit von $\boldsymbol{A}$ mit den $\boldsymbol{D}_i$ hat nun eine wichtige Konsequenz: Führt man mit einer Matrix $\boldsymbol{D}_i$ neue Koordinaten $\tilde{x}_1, \tilde{x}_2, \ldots, \tilde{x}_m$ ein über

$$\tilde{\boldsymbol{x}} = \boldsymbol{D}_i\, \boldsymbol{x}, \tag{44}$$

so geht die quadratische Form über in

$$\boldsymbol{x}^T \boldsymbol{A}\, \boldsymbol{x} = \tilde{\boldsymbol{x}}^T (\boldsymbol{D}_i^{-1})^T \boldsymbol{A}\, \boldsymbol{D}_i^{-1} \tilde{\boldsymbol{x}} = \tilde{\boldsymbol{x}}^T \boldsymbol{D}_i \boldsymbol{A}\, \boldsymbol{D}_i^{-1} \tilde{\boldsymbol{x}} = \tilde{\boldsymbol{x}}^T \boldsymbol{A}\, \boldsymbol{D}_i \boldsymbol{D}_i^{-1} \tilde{\boldsymbol{x}} = \tilde{\boldsymbol{x}}^T \boldsymbol{A} \tilde{\boldsymbol{x}}\,. \tag{45}$$

Vor den neuen Koordinaten $\tilde{x}_j$ stehen also die gleichen Koeffizienten wie vor den alten Koordinaten x_j. Wir sehen also: *Ist eine quadratische symmetrische Matrix $\boldsymbol{A}$ mit den Matrizen $\boldsymbol{D}_i$ vertauschbar, so bleibt die durch die Matrix $\boldsymbol{A}$ gegebene quadratische Form $\boldsymbol{x}^T \boldsymbol{A} \boldsymbol{x}$ bei einer Koordinatentransformation mit jeder Matrix $\boldsymbol{D}_i$ unverändert. Die Vertauschbarkeit von $\boldsymbol{A}$ mit $\boldsymbol{D}_i$ bedeutet also, daß die quadratische Form $\boldsymbol{x}^T \boldsymbol{A} \boldsymbol{x}$ invariant gegenüber der durch $\boldsymbol{D}_i$ repräsentierten Symmetrieoperation ist.*

Als einfaches Beispiel betrachten wir einen Vektorraum der Dimension $m = 2$, sowie die durch Gl. (18) gegebene Darstellung der Gruppe C_{2v}. Es ist eine Gruppe aus 4 Elementen, so daß $n = 4$ ist. Entsprechend Gl. (18) können wir setzen

$$\boldsymbol{D}_1 = \begin{pmatrix} 1 & 0 \\ 0 & 1 \end{pmatrix}, \quad \boldsymbol{D}_2 = \begin{pmatrix} 0 & 1 \\ 1 & 0 \end{pmatrix}, \quad \boldsymbol{D}_3 = \begin{pmatrix} 0 & 1 \\ 1 & 0 \end{pmatrix}, \quad \boldsymbol{D}_4 = \begin{pmatrix} 1 & 0 \\ 0 & 1 \end{pmatrix}. \tag{46}$$

Als Matrix $\boldsymbol{A}$ wählen wir

$$\boldsymbol{A} = \begin{pmatrix} 2 & 2 \\ 2 & 2 \end{pmatrix}. \tag{47}$$

Man kann sich leicht davon überzeugen, daß $\boldsymbol{A}$ mit den oben angegebenen $\boldsymbol{D}_i$ vertauschbar ist. Wir wollen nun zeigen, daß sich die durch $\boldsymbol{A}$ definierte quadratische Form $\boldsymbol{x}^T \boldsymbol{A} \boldsymbol{x}$ bei einer Koordinatentransformation mit einem der $\boldsymbol{D}_i$ nicht ändert.

Die durch $\boldsymbol{A}$ gegebene quadratische Form lautet

$$\boldsymbol{x}^T \boldsymbol{A} \boldsymbol{x} = (x_1\, x_2) \begin{pmatrix} 2 & 2 \\ 2 & 2 \end{pmatrix} \begin{pmatrix} x_1 \\ x_2 \end{pmatrix} = (x_1\, x_2) \begin{pmatrix} 2x_1 + 2x_2 \\ 2x_1 + 2x_2 \end{pmatrix} = 2x_1^2 + 4x_1 x_2 + 2x_2^2\,. \tag{48}$$

Wir führen nun eine Transformation mit der Matrix $\boldsymbol{D}_2$ durch

$$\tilde{\boldsymbol{x}} = \boldsymbol{D}_2\, \boldsymbol{x}, \tag{49}$$

bzw.

$$\begin{pmatrix} \tilde{x}_1 \\ \tilde{x}_2 \end{pmatrix} = \begin{pmatrix} 0 & 1 \\ 1 & 0 \end{pmatrix} \begin{pmatrix} x_1 \\ x_2 \end{pmatrix},$$

oder

$$\begin{aligned} \tilde{x}_1 &= x_2 \\ \tilde{x}_2 &= x_1\,. \end{aligned} \tag{50}$$

Indem wir die erhaltenen Ausdrücke für x_1 und x_2 in die quadratische Form aus Gl. (48) einsetzen, ergibt sich

$$2\tilde{x}_1^2 + 4\tilde{x}_1 \tilde{x}_2 + 2\tilde{x}_2^2\,. \tag{51}$$

Man sieht, daß die Koeffizienten der quadratischen Form unverändert geblieben sind.

Wir wollen nun eine Transformation auf neue Koordinaten $q_1, q_2, \ldots, q_m$ mittels einer orthogonalen Matrix $\boldsymbol{T}$ entsprechend der Beziehung

$$\boldsymbol{x} = \boldsymbol{T}\boldsymbol{q} \tag{52}$$

vornehmen. $\boldsymbol{q}$ ist dabei die aus den q_i gebildete einspaltige Matrix. Bei dieser Transformation geht die Matrix $\boldsymbol{A}$ in die Matrix $\boldsymbol{T}^{-1}\boldsymbol{A}\boldsymbol{T}$ über (s. Gl. (IX, 157)). $\boldsymbol{T}$ soll nun so gewählt werden, daß $\boldsymbol{A}$ durch diese Transformation zu einer Diagonalmatrix $\boldsymbol{\Lambda}$ wird, d. h., daß gilt

$$\boldsymbol{T}^{-1}\boldsymbol{A}\boldsymbol{T} = \boldsymbol{\Lambda} \quad \text{mit} \quad \boldsymbol{\Lambda} = \begin{pmatrix} \lambda_1 & 0 & \cdots & 0 \\ 0 & \lambda_2 & \cdots & 0 \\ \vdots & & \ddots & \vdots \\ 0 & 0 & \cdots & \lambda_m \end{pmatrix}. \tag{53}$$

Entsprechend den Ausführungen in Abschnitt IX, D 3b kann dies immer erreicht werden, weil $\boldsymbol{A}$ symmetrisch ist. $\boldsymbol{T}$ muß hierzu aus den Eigenvektoren der Matrix $\boldsymbol{A}$ entsprechend Gl. (IX, 162) aufgebaut werden. Die λ_i sind die Eigenwerte von $\boldsymbol{A}$. Als Folge der Transformation gehen auch die Darstellungsmatrizen $\boldsymbol{D}_i$ in neue Matrizen

$$\hat{\boldsymbol{D}}_i = \boldsymbol{T}^{-1}\boldsymbol{D}_i\boldsymbol{T} \tag{54}$$

über. Was kann man über diese Matrizen aussagen? Wir beweisen im folgenden, daß die Matrizen $\hat{\boldsymbol{D}}_i$ durch die angegebene Transformation blockdiagonalisiert werden, wobei jedem j-fach entarteten Eigenwert ein Block aus j Zeilen entspricht.

Der Beweis wird in folgender Weise geführt: Durch die Transformation Gl. (52) geht die quadratische Form Gl. (42) über in

$$\boldsymbol{q}^{\mathrm{T}}\boldsymbol{\Lambda}\boldsymbol{q} = \sum_{k=1}^{m} \lambda_k q_k^2 \,. \tag{55}$$

Führt man nun eine Abbildung mit der transformierten Darstellungsmatrix $\hat{\boldsymbol{D}}_i$ durch

$$\tilde{\boldsymbol{q}} = \hat{\boldsymbol{D}}_i\boldsymbol{q}\,, \tag{56}$$

so müssen die Koeffizienten der quadratischen Form unverändert bleiben, genauso wie bei der durch Gl. (45) beschriebenen entsprechenden Abbildung im x-Raum. Durch die Transformation Gl. (56) geht also die quadratische Form aus Gl. (55) über in

$$\sum_{k=1}^{m} \lambda_k \tilde{q}_k^2 \,. \tag{57}$$

Daraus folgen bereits die behaupteten Eigenschaften der Matrix $\boldsymbol{D}_i$ Betrachten wir als erstes einen nichtentarteten Eigenwert λ_j. Um von Gl. (48) auf Gl. (50) zu kommen muß dann $\tilde{q}_j$ entweder gleich q_j oder gleich $-q_j$ sein. Das bedeutet aber, daß die Matrix in der j-ten Zeile lauter Nullen aufweisen muß, außer in der j-ten Spalte, wo 1 bzw. -1 stehen muß. Die Zeilen von $\boldsymbol{D}_i$, die zu nichtentarteten Eigenwerten gehören tragen also nur Diagonalglieder zur Matrix $\hat{\boldsymbol{D}}_i$ bei. Untersuchen wir nun noch den Fall der Entartung und nehmen wir z. B. an, daß $\lambda_5 = \lambda_6 = \lambda_7$ ist, also eine dreifache Entartung auftritt. Die quadratische Form in Gl. (55) weist dann einen Summanden $\lambda_5(q_5^2 + q_6^2 + q_7^2)$ auf. Dieser bleibt beim Übergang von Gl. (56) zu Gl. (57) nur dann unverändert, wenn bezüglich der drei Koordinaten q_5, q_6, q_7 eine orthogonale Transformation vorgenommen wird. Das bedeutet aber, daß $\hat{\boldsymbol{D}}_i$ in der 5., 6. und 7. Zeile einen dreispaltigen Block aufweist, die übrigen Elemente dieser Zeilen aber Null sind. Entsprechendes ergibt sich allgemein für einen n-fach entarteten Eigenwert. Damit ist die Blockdiagonalenform von $\boldsymbol{D}_i$ nachgewiesen.

Zusammenfassend ergibt sich somit: *Gegeben sei ein m-dimensionaler Vektorraum* $x_1, x_2, \ldots, x_m$ *und zusätzlich eine Darstellung m-ten Grades* $\boldsymbol{D}_1, \boldsymbol{D}_2, \ldots, \boldsymbol{D}_n$ *einer Gruppe aus n Elementen. Des weiteren sei eine symmetrische m-zeilige Matrix* $\boldsymbol{A}$ *gegeben, die mit den einzelnen* $\boldsymbol{D}_i$ *vertauschbar ist, so daß für alle i gilt*

$$\boldsymbol{D}_i^{-1} \boldsymbol{A} \boldsymbol{D}_i = \boldsymbol{A} \quad \text{bzw.} \quad \boldsymbol{D}_i \boldsymbol{A} \boldsymbol{D}_i^{-1} = \boldsymbol{A} \,. \tag{58}$$

Durch eine Koordinatentransformation, die $\boldsymbol{A}$ *diagonalisiert, werden dann die Matrizen* $\boldsymbol{D}_i$ *zu Blockdiagonalmatrizen transformiert, wobei jedem nichtentarteten Eigenwert ein einzeiliger Block, jedem n-fach entarteten Eigenwert ein n-zeiliger Block entspricht.*

b) Anwendung auf Atomschwingungen

Die angestellten Betrachtungen sind von wesentlicher Bedeutung für die Untersuchung von Molekülschwingungen, sowie der chemischen Bindung. Die Matrizen $\boldsymbol{D}_i$ sind die Darstellung der Gruppe der Symmetrieoperationen, die für das betrachtete Molekül gelten. Die Vertauschbarkeit der Matrix $\boldsymbol{A}$ mit den $\boldsymbol{D}_i$ bedeutet, daß durch $\boldsymbol{A}$ eine quadratische Form gebildet wird, die invariant bei Anwendung einer Symmetrieoperation ist. Ein Beispiel für eine solche Invariante ist die potentielle Energie bei der Auslenkung der Atome eines Moleküls aus den Gleichgewichtslagen oder der aus den einzelnen Atomorbitalen gebildete Hamiltonoperator. Wir wollen im folgenden etwas ausführlicher auf die Untersuchung der Schwingungen der Atome in einem Molekül eingehen.

Als erstes zeigen wir, wie man eine Darstellung der Symmetriegruppe des Moleküls im Vektorraum der Auslenkungen der Atome findet. Wir betrachten ein N-atomiges Molekül. Die Auslenkungen der Atome werden dann durch $3N$ Koordinaten $x_1, x_2, \ldots, x_{3N}$ beschrieben, die einen $3N$ dimensionalen Vektorraum bilden (s. Abschn. VIII, D). Für das Molekül mögen die Symmetrieoperationen $G_1, G_2, \ldots, G_n$ gelten, die eine Gruppe $\mathbb{G}$ bilden. Bei Anwendung einer Symmetrieoperation auf den Vektorraum der Auslenkungen gehen die Koordinaten $x_1, x_2, \ldots, x_{3N}$ in neue Koordinaten $\tilde{x}_1, \tilde{x}_2, \ldots, \tilde{x}_{3N}$ über. Diesen Übergang kann man jeweils durch eine Matrix $\boldsymbol{D}_i$ beschreiben. Die so gewonnenen Matrizen stellen eine Darstellung $3N$-ten Grades der Gruppe $\mathbb{G}$ dar, da aus $G_i G_l = G_j$ folgt $\boldsymbol{D}_i \boldsymbol{D}_l = \boldsymbol{D}_j$.

Als Beispiel betrachten wir den Vektorraum des H_2O Moleküls. In Abb. 5 ist dieses Molekül nochmals mit den auftretenden Symmetrieelementen C_2, σ_v, σ_v' und den Koordinaten $x_1, x_2, \ldots, x_9$, die die Verrückungen angeben, dargestellt. Im Unterschied zu Abb. 3 ist die Drehachse waagrecht gezeichnet, was lediglich der besseren perspektivischen Darstellung dient. Betrachten wir als erstes die Spiegelung an der σ_v'-Ebene. Durch diese Spiegelung wird x_1 übergeführt in x_1, x_2 in $-x_2$, x_3 in x_3, x_4 in x_7, x_5 in $-x_8$, x_6 in x_9, x_7 in x_4, x_8 in $-x_5$ und x_9 in x_6. Wenn wir die neuen Koordinaten mit $\tilde{x}_i$ bezeichnen, können wir daher schreiben

$$\begin{aligned} \tilde{x}_1 &= x_1 & \tilde{x}_6 &= x_9 \\ \tilde{x}_2 &= -x_2 & \tilde{x}_7 &= x_4 \\ \tilde{x}_3 &= x_3 & \tilde{x}_8 &= -x_5 \\ \tilde{x}_4 &= x_7 & \tilde{x}_9 &= x_6 \,. \\ \tilde{x}_5 &= -x_8 \end{aligned} \tag{59}$$

In Matrixform lauten diese Beziehungen

$$\tilde{\boldsymbol{x}} = \boldsymbol{\sigma}_v \boldsymbol{x} \tag{60}$$

mit

$$\boldsymbol{\sigma}_v' = \begin{pmatrix} 1 & 0 & 0 & 0 & 0 & 0 & 0 & 0 & 0 \\ 0 & -1 & 0 & 0 & 0 & 0 & 0 & 0 & 0 \\ 0 & 0 & 1 & 0 & 0 & 0 & 0 & 0 & 0 \\ 0 & 0 & 0 & 0 & 0 & 0 & 1 & 0 & 0 \\ 0 & 0 & 0 & 0 & 0 & 0 & 0 & -1 & 0 \\ 0 & 0 & 0 & 0 & 0 & 0 & 0 & 0 & 1 \\ 0 & 0 & 0 & 1 & 0 & 0 & 0 & 0 & 0 \\ 0 & 0 & 0 & 0 & -1 & 0 & 0 & 0 & 0 \\ 0 & 0 & 0 & 0 & 0 & 1 & 0 & 0 & 0 \end{pmatrix}. \tag{61}$$

In gleicher Weise ergeben sich für die Symmetrieoperationen σ_v und C_2 die Matrizen

$$\boldsymbol{\sigma}_v = \begin{pmatrix} 1 & 0 & 0 & 0 & 0 & 0 & 0 & 0 & 0 \\ 0 & 1 & 0 & 0 & 0 & 0 & 0 & 0 & 0 \\ 0 & 0 & -1 & 0 & 0 & 0 & 0 & 0 & 0 \\ 0 & 0 & 0 & 1 & 0 & 0 & 0 & 0 & 0 \\ 0 & 0 & 0 & 0 & 1 & 0 & 0 & 0 & 0 \\ 0 & 0 & 0 & 0 & 0 & -1 & 0 & 0 & 0 \\ 0 & 0 & 0 & 0 & 0 & 0 & 1 & 0 & 0 \\ 0 & 0 & 0 & 0 & 0 & 0 & 0 & 1 & 0 \\ 0 & 0 & 0 & 0 & 0 & 0 & 0 & 0 & -1 \end{pmatrix}$$

bzw.

$$\boldsymbol{C}_2 = \begin{pmatrix} 1 & 0 & 0 & 0 & 0 & 0 & 0 & 0 & 0 \\ 0 & -1 & 0 & 0 & 0 & 0 & 0 & 0 & 0 \\ 0 & 0 & -1 & 0 & 0 & 0 & 0 & 0 & 0 \\ 0 & 0 & 0 & 0 & 0 & 0 & 1 & 0 & 0 \\ 0 & 0 & 0 & 0 & 0 & 0 & 0 & -1 & 0 \\ 0 & 0 & 0 & 0 & 0 & 0 & 0 & 0 & -1 \\ 0 & 0 & 0 & 1 & 0 & 0 & 0 & 0 & 0 \\ 0 & 0 & 0 & 0 & -1 & 0 & 0 & 0 & 0 \\ 0 & 0 & 0 & 0 & 0 & -1 & 0 & 0 & 0 \end{pmatrix}. \tag{62}$$

Für die Einstransformation $\boldsymbol{E}$ ergibt sich eine neunzeilige Einheitsmatrix. Man kann sich leicht davon überzeugen, daß die Multiplikationstafel Tab. 3 auch für die zugeordneten Matrizen gilt, daß also z. B. $\boldsymbol{\sigma}_v \boldsymbol{C}_2 = \boldsymbol{\sigma}_v'$ ist.

Wir sehen also: *Jeder Symmetrieoperation kann man im Vektorraum der Auslenkungen der Atome eines Moleküls eine Matrix zuordnen, die die Koordinaten entsprechend der Symmetrieoperation transformiert. Diese Matrizen sind eine Darstellung $3N$-ten Grades der entsprechenden Symmetriegruppe.*

Wir nehmen nun weiter an, daß noch eine Matrix $\boldsymbol{A}$ gegeben sei, mit deren Hilfe sich die potentielle Energie bei der Verrückung der Atome um den Vektor $\boldsymbol{x}$ über die Beziehung

$$U = \boldsymbol{x}^T \boldsymbol{A}\, \boldsymbol{x} = \sum_{k=1}^{3N} \sum_{i=1}^{3N} a_{ik} x_i x_k \tag{63}$$

berechnet. Wenn man nun eine Abbildung mit einer Symmetrieoperation $\boldsymbol{D}_i$ durchführt

$$\tilde{\boldsymbol{x}} = \boldsymbol{D}_i \boldsymbol{x}\,, \tag{64}$$

so geht Gl. (42) über in

$$U = \tilde{\boldsymbol{x}}^{\mathrm{T}} \tilde{\boldsymbol{A}} \tilde{\boldsymbol{x}} = \sum_{i=1}^{3N} \sum_{k=1}^{3N} \tilde{a}_{ik} \tilde{x}_i \tilde{x}_k \quad \text{mit} \quad \tilde{\boldsymbol{A}} = \boldsymbol{D}_i \boldsymbol{A} \boldsymbol{D}_i^{-1}\,. \tag{65}$$

Aus Symmetriegründen muß nun $\tilde{a}_{ik} = a_{ik}$ sein. Daher folgt, daß $\tilde{\boldsymbol{A}} = \boldsymbol{A}$ sein muß, d. h. $\boldsymbol{A}$ und $\boldsymbol{D}_i$ vertauschbar sind.

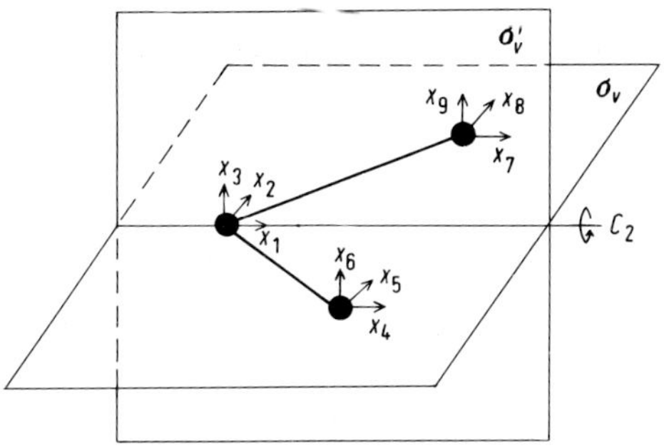

Abb. 5. Das H_2O-Molekül und seine Symmetrieelemente.

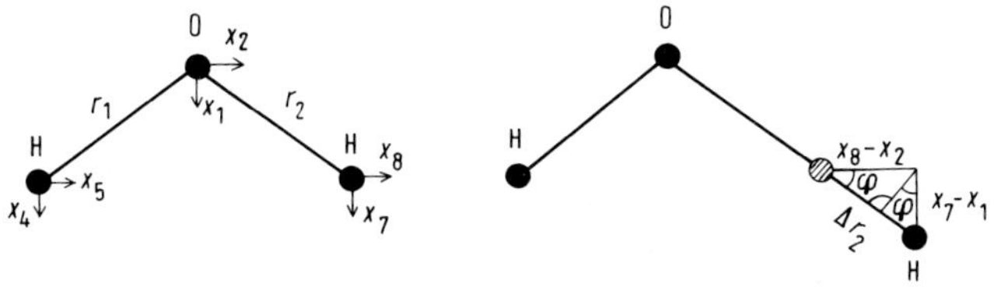

Abb. 6. Zur Berechnung der Energie als Funktion der Auslenkung der Atome eines H_2O-Moleküls.

Als Beispiel berechnen wir die potentielle Energie für das Wassermolekül aus Abb. 5 als Funktion der Auslenkungen $x_1, x_2, \ldots, x_9$. Wir machen den sehr einfachen Ansatz, daß rücktreibende Kräfte allein durch eine Veränderung der beiden O – H-Abstände r_1 und r_2 auftreten und daß diese Kräfte den Änderungen Δr_1 bzw. Δr_2 dieser Abstände proportional sind. Für die potentielle Energie können wir dann schreiben

$$U = \frac{k}{2}(\Delta r_1^2 + \Delta r_2^2)\,, \tag{66}$$

wobei k irgendeine Konstante ist. Wir müssen nun noch Δr_1 und Δr_2 durch die Koordinaten x_i ausdrücken. Änderungen von r_1 und r_2 als Folge von Bewegungen senkrecht zur Molekülebene vernachlässigen wir in erster Näherung. Außerdem nehmen wir an, daß Änderungen des Valenzwinkels 2φ in erster Näherung vernachlässigt werden können. Für die Änderung Δr ergibt sich dann, wie aus Abb. 6 unmittelbar ersichtlich,

$$\Delta r_2 = (x_8 - x_2)\sin\varphi + (x_7 - x_1)\cos\varphi\,. \tag{67}$$

In ähnlicher Weise ergibt sich

$$\Delta r_1 = (x_2 - x_5)\sin\varphi + (x_4 - x_1)\cos\varphi\,. \tag{68}$$

Setzt man dies in Gl. (66) ein, so erhält man

$$
\begin{aligned}
U = \frac{k}{2}(2x_1^2\cos^2\varphi + 2x_2^2\sin^2\varphi + x_4^2\cos^2\varphi + x_5^2\sin^2\varphi + x_7^2\cos^2\varphi + x_8^2\sin^2\varphi - \\
- 2x_1x_4\cos^2\varphi + 2x_1x_5\cos\varphi\sin\varphi - 2x_1x_7\cos^2\varphi - 2x_1x_8\sin\varphi\cos\varphi + \\
+ 2x_2x_4\cos\varphi\sin\varphi - 2x_2x_5\sin^2\varphi - 2x_2x_7\sin\varphi\cos\varphi - 2x_2x_8\sin^2\varphi - \\
- 2x_4x_5\sin\varphi\cos\varphi + 2x_7x_8\sin\varphi\cos\varphi).
\end{aligned}
$$

Ein Vergleich mit Gl. (63) zeigt, daß die Matrix $\boldsymbol{A}$ in unserem Fall lautet

$$
\boldsymbol{A} = \begin{pmatrix}
k\cos^2\varphi & 0 & 0 & -\frac{1}{2}k\cos^2\varphi & \frac{1}{2}k\sin\varphi\cos\varphi & 0 & -\frac{1}{2}k\cos^2\varphi & -\frac{1}{2}k\sin\varphi\cos\varphi & 0 \\
0 & k\sin^2\varphi & 0 & \frac{1}{2}k\sin\varphi\cos\varphi & -\frac{1}{2}k\sin^2\varphi & 0 & -\frac{1}{2}k\sin\varphi\cos\varphi & -\frac{1}{2}k\sin^2\varphi & 0 \\
0 & 0 & 0 & 0 & 0 & 0 & 0 & 0 & 0 \\
-\frac{1}{2}k\cos^2\varphi & \frac{1}{2}k\sin\varphi\cos\varphi & 0 & \frac{1}{2}k\cos^2\varphi & -\frac{1}{2}k\sin\varphi\cos\varphi & 0 & 0 & 0 & 0 \\
\frac{1}{2}k\sin\varphi\cos\varphi & -\frac{1}{2}k\sin^2\varphi & 0 & -\frac{1}{2}k\sin\varphi\cos\varphi & \sin^2\varphi & 0 & 0 & 0 & 0 \\
0 & 0 & 0 & 0 & 0 & 0 & 0 & 0 & 0 \\
-\frac{1}{2}k\cos^2\varphi & -\frac{1}{2}k\sin\varphi\cos\varphi & 0 & 0 & 0 & 0 & \frac{1}{2}k\cos^2\varphi & \frac{1}{2}k\sin\varphi\cos\varphi & 0 \\
-\frac{1}{2}k\sin\varphi\cos\varphi & -\frac{1}{2}k\sin^2\varphi & 0 & 0 & 0 & 0 & \frac{1}{2}k\sin\varphi\cos\varphi & \frac{1}{2}k\sin^2\varphi & 0 \\
0 & 0 & 0 & 0 & 0 & 0 & 0 & 0 & 0
\end{pmatrix} \quad (70)
$$

Man kann sich leicht davon überzeugen, daß diese Matrix mit den durch die Gln. (61) bis (62) gegebenen Darstellungsmatrizen der Gruppe $\mathbf{C}_{2v}$ vertauschbar ist.

Führt man nun eine Transformation auf Normalkoordinaten $q_1, q_2, \ldots, q_{3N}$ durch, durch die $\boldsymbol{A}$ diagonalisiert wird (s. Gl. IX, 203), so muß daher, dem Satz im Zusammenhang mit Gl. (58) zufolge, $\boldsymbol{D}_i$ blockdiagonalisiert werden. Wir können daher schließen: *Bei einer Transformation auf Normalkoordinaten gehen die Matrizen, die die Symmetriegruppe des Moleküls im Vektorraum der Atomauslenkungen darstellen, in Blockdiagonalmatrizen über. Jedem nichtentarteten Eigenwert entspricht dabei jeweils ein einzeiliger Block, einem n-fach entarteten Eigenwert jeweils ein n-zeiliger Block.*

Die einzelnen Blöcke der Matrizen $\boldsymbol{D}_i$ stellen irreduzible Darstellungen der Symmetriegruppe des Moleküls dar. Da jede Normalschwingung einem solchen Block zugeordnet ist folgt: *Jede Normalschwingung ist einer irreduziblen Darstellung der Symmetriegruppe des Moleküls zugeordnet.* Von Normalschwingungen, die zur gleichen irreduziblen Darstellung zugeordnet sind, sagt man, daß sie zur gleichen *Schwingungsrasse* gehören, da sie das gleiche Verhalten beim Anwenden einer Symmetrieoperation zeigen. Die Anzahl der Normalschwingungen n_j, die zur j-ten Darstellung gehören ist durch Gl. (39) gegeben. Die Spur der Matrix, die für das Einselement steht, gibt gleichzeitig die Anzahl der Zeilen der entsprechenden Darstellung an. Nichtentartete Schwingungen erkennt man daher daran, daß der Charakter des Einselementes der zugehörigen irreduziblen Darstellung gleich 1 ist, eine n-fach entartete Schwingung daran, daß der Charakter gleich n ist.

Aus den Ausführungen im Zusammenhang mit Gl. (57) folgt: Bei Anwendung einer Symmetrieoperation bleibt eine Normalkoordinate entweder unverändert oder sie ändert ihr Vorzeichen. *Die zu einer nichtentarteten Schwingung gehörigen Auslenkungen der Atome in einem Molekül müssen daher hinsichtlich jeder Symmetrieoperation entweder symmetrisch oder antisymmetrisch sein.* Ob sie symmetrisch oder antisymmetrisch sind erkennt man daran, ob der Charakter der zugehörigen irreduziblen Darstellung 1 bzw. -1 ist. In der Spektroskopie hat man zur Bezeichnung der einzelnen irreduziblen Darstellungen Buchstaben eingeführt, aus denen das Symmetrieverhalten der Schwingungen ersichtlich wird. Die irreduziblen Darstellungen, deren zugeordnete Normalschwingung hinsichtlich der Hauptdrehachse C_n bzw. S_n

symmetrisch sind, werden mit A bezeichnet, solche die antisymmetrisch sind mit B. Ist die Schwingung hinsichtlich einer Symmetrieebene symmetrisch, so wird der Index 1 angehängt, ist sie antisymmetrisch der Index 2. Ist die Schwingung hinsichtlich einer eventuell vorhandenen Inversion symmetrisch, wird der Index g verwendet, ist sie antisymmetrisch der Index u. A_{2g} ist also eine Schwingung, die hinsichtlich der Hauptdrehachse und des Inversionszentrums symmetrisch ist (Charakter = 1), hinsichtlich einer Ebene σ_v dagegen antisymmetrisch (Charakter = -1). Zweifach, dreifach usw. entartete Schwingungen werden mit E, F usw. bezeichnet.

Tab. 8. Charaktere der Gruppe $\mathbf{C}_{2v}$

	ε	C_{2v}	σ_v	σ_v'
$\Gamma_1(=A_1)$	1	1	1	1
$\Gamma_2(=A_2)$	1	1	-1	-1
$\Gamma_3(=B_1)$	1	-1	1	-1
$\Gamma_4(=B_2)$	1	-1	-1	1

Wir wollen als Beispiel wieder das Wassermolekül betrachten. Das Molekül besitzt die Symmetrie der Gruppe $\mathbf{C}_{2v}$, die die Symmetrieoperationen ε, C_2, σ_v und σ_v' aufweist (s. Tab. 3). Die Gruppe besitzt vier irreduzible Darstellungen, deren Charaktere in Tab. 8 gegeben sind. Ebenfalls in der Tabelle angeführt sind die spektroskopischen Bezeichnungen der einzelnen irreduziblen Darstellungen. Die Darstellung Γ_3 z. B. wird mit B_1 bezeichnet, weil sie hinsichtlich C_2 antisymmetrisch ist (Charakter = -1) und hinsichtlich σ_v symmetrisch (Charakter = 1).

Wir berechnen noch mit Hilfe von Gl. (39) die Anzahl n_j der Normalschwingungen, die zu den einzelnen Darstellungen gehören. Es ist $n = 4$ und $h_1 = h_2 = h_3 = h_4 = 1$. Die Charaktere der in den Gln. (61) und (62) gegebenen Darstellung der Gruppe lauten $\chi(\varepsilon) = \chi_1 = 9$, $\chi(C_2) = \chi_2 = (-1)$, $\chi(\sigma_v) = \chi_3 = 3$ und $\chi(\sigma_v') = \chi_4 = 1$. Die Charaktere χ_i^j der irreduziblen Darstellungen $j = 1,2,3,4$ können aus Tab. 8 entnommen werden. Damit ergibt sich

$$\begin{aligned} n_1 &= \frac{1}{n}\sum_{i=1}^{4} h_i \chi_i \chi_i^1 = \frac{1}{4}[1\cdot 9 + (-1)\cdot 1 + 3\cdot 1 + 1\cdot 1] = 3 \\ n_2 &= \frac{1}{n}\sum_{i=1}^{4} h_i \chi_i \chi_i^2 = \frac{1}{4}[1\cdot 9 + (-1)\cdot 1 + 3(-1) + 1\cdot(-1)] = 1 \\ n_3 &= 3 \\ n_4 &= 2\,. \end{aligned} \tag{71}$$

Es gibt also 3 Normalschwingungen der Rasse A_1, 1 Normalschwingung der Rasse A_2, 3 Normalschwingungen der Rasse B_1 und 2 Normalschwingungen der Rasse B_2.

6. Diagonalisierung von Matrizen. Symmetrische Koordinaten*)

Um eine m-zeilige quadratische Matrix auf Diagonalform zu bringen, muß man den Ausführungen im Anschluß an Gl. (IX, 162 bzw. 72) entsprechend, eine Gleichung m-ten Grades lösen. Wenn m größer als 3 ist, bereitet dies im allgemeinen große Schwierigkeiten. Eine wesentliche Vereinfachung ergibt sich, wenn die Gleichung m-ten Grades in Produkte von mehreren Gleichungen niedrigeren Grades zerfällt, die man dann einzeln lösen kann. Dies ist der Fall, wenn die Matrix A blockdiagonalisiert ist. Jedem Block aus l Zeilen entspricht dann eine Gleichung l-ten Grades.

---

*) Dieser Abschnitt kann von weniger interessierten Lesern überschlagen werden.

Als Beispiel bestimmen wir die Eigenwerte der Matrix

$$A = \begin{pmatrix} a_{11} & 0 & 0 & 0 \\ 0 & a_{22} & a_{23} & 0 \\ 0 & a_{32} & a_{33} & 0 \\ 0 & 0 & 0 & a_{44} \end{pmatrix}, \tag{72}$$

die aus einem zweizeiligen und zwei einzeiligen Blöcken besteht. Die Säkulargleichung (s. Abschn. IX C 2 b) lautet

$$\begin{vmatrix} a_{11} - \lambda & 0 & 0 & 0 \\ 0 & a_{22} - \lambda & a_{23} & 0 \\ 0 & a_{32} & a_{33} - \lambda & 0 \\ 0 & 0 & 0 & a_{44} - \lambda \end{vmatrix} = 0 . \tag{73}$$

Daraus ergibt sich durch Berechnung der Determinante mit Hilfe des Laplaceschen Entwicklungssatzes (s. Gl. IV, 20)

$$(a_{11} - \lambda)(\lambda^2 - (a_{22} + a_{33})\lambda + a_{22}a_{33} - a_{23}a_{32})(a_{44} - \lambda) = 0 . \tag{74}$$

Wir sehen, daß die linke Seite der Säkulargleichung ein Produkt aus drei Faktoren ist. Die Säkulargleichung zerfällt daher in die drei Gleichungen

$$\begin{aligned} &a_{11} - \lambda = 0 , \\ &\lambda^2 - (a_{22} + a_{33})\lambda + a_{22}a_{33} - a_{23}a_{32} = 0 , \\ &a_{44} - \lambda = 0 , \end{aligned} \tag{75}$$

die entsprechend den Zeilenzahlen der Blöcke in der Matrix A vom Grad 1, 2 bzw. 1 sind.

Wir können allgemein sagen: *Die Säkulargleichung einer blockdiagonalisierten Matrix zerfällt in so viele Gleichungen, als die Matrix Blöcke aufweist. Der Grad jeder Gleichung ist durch die Anzahl der Zeilen des jeweils zugehörigen Blockes gegeben.*

Wenn die Matrix nicht in Blockdiagonalform vorliegt, so muß man versuchen, sie durch eine Koordinatentransformation auf eine solche Form zu bringen. Man nützt hierzu die Symmetrie aus, der die Matrix gehorcht. Wir betrachten einen m-dimensionalen Vektorraum, in dem eine Gruppe $\mathbb{G}$ von n Symmetrieoperationen gilt. Diese Gruppe sei durch die quadratischen m-zeiligen Matrizen

$$\boldsymbol{D}_1, \boldsymbol{D}_2, \ldots, \boldsymbol{D}_n \tag{76}$$

dargestellt. Die zu diagonalisierende m-zeilige Matrix bezeichnen wir mit $\boldsymbol{A}$. Ihre Symmetrie äußere sich darin, daß sie mit den Matrizen $\boldsymbol{D}_i$ vertauschbar ist, so daß gilt

$$\boldsymbol{D}_i^{-1}\boldsymbol{A}\boldsymbol{D}_i = \boldsymbol{A} \quad \text{bzw.} \quad \boldsymbol{D}_i\boldsymbol{A}\boldsymbol{D}_i^{-1} = \boldsymbol{A} . \tag{77}$$

Wir wollen im folgenden zeigen, daß man auf eine Blockdiagonalisierung von $\boldsymbol{A}$ mit Hilfe von sogenannten symmetrischen Koordinaten kommt, die dadurch ausgezeichnet sind, daß sie sich beim Anwenden der Symmetrieoperationen aus $\mathbb{G}$ in ganz bestimmter Weise transformieren.

Definieren wir als erstes die symmetrischen Koordinaten. Es gilt: *Unter einer symmetrischen Koordinate s_l versteht man eine lineare Kombination der Koordinaten $x_1, x_2, \ldots, x_m$,*

$$s_l = b_{l1}x_1 + b_{l2}x_2 + \cdots + b_{lm}x_m , \tag{78}$$

deren Transformation bei Anwendung der Symmetrieoperationen $\boldsymbol{D}_i$ durch eine der irreduziblen Darstellungen von $\mathbb{G}$ beschrieben wird. Die b_{ik} sind entsprechend gewählte Koeffizienten. Man sagt, die Symmetriekoordinate sei derjenigen irreduziblen Darstellung, die ihr Transformationsverhalten beschreibt, *zugeordnet.*

Bei der Gruppe C_{2v} z. B. muß eine symmetrische Koordinate, die der Darstellung aus Γ_1 aus Tab. 8 zugeordnet ist, bei allen Symmetrieoperationen entsprechend Gl. (33) unverändert bleiben, eine Symmetriekoordinate, die der Darstellung Γ_2 zugeordnet ist, muß entsprechend Gl. (30) bei den Operationen ε und C_{2v} unverändert bleiben, bei den Operationen σ_v und σ_v' dagegen ihr Vorzeichen ändern, usw.

Wenn die irreduzible Darstellung nicht vom ersten Grad sondern allgemein vom n-ten Grad ist, so müssen einer solchen Darstellung gleichzeitig n symmetrische Koordinaten zugeordnet werden.

Symmetrische Koordinaten kann man bedeutend leichter als Normalkoordinaten auffinden. Man muß hierzu, wie das nachfolgende Beispiel zeigt, nur eine Anzahl von linearen Gleichungen lösen und keine Gleichungen höheren Grades. Wie dieses Beispiel ebenfalls zeigt, sind symmetrische Koordinaten nicht eindeutig definiert, man kann vielmehr jeweils zwischen einer Vielzahl von Möglichkeiten frei wählen. Den Ausführungen im vorangegangenen Abschnitt nach transformieren sich Normalkoordinaten bei Anwendung einer Symmetrieoperation ebenfalls entsprechend einer der irreduziblen Darstellungen. *Normalkoordinaten sind daher ein Sonderfall von symmetrischen Koordinaten; sie führen nicht nur zu einer Blockdiagonalisierung sondern zu einer vollständigen Diagonalisierung der Matrix.*

Nach Definition der symmetrischen Koordinaten, läßt sich das Verfahren zur Blockdiagonalisierung leicht angeben: *Um eine Matrix* $\boldsymbol{A}$ *auf Blockdiagonalform zu bringen, führt man eine Transformation auf symmetrische Koordinaten durch. Jeder irreduziblen Darstellung* Γ_j *müssen dabei* n_j *symmetrische Koordinaten zugeordnet werden, wobei* n_j *die durch Gl. (39) gegebenen Anzahl der zu dieser Darstellung gehörenden Normalkoordinaten ist. Die Matrix* $\boldsymbol{A}$ *weist dann k Blöcke aus* $n_1, n_2, \ldots,$ *bzw.* n_j *Zeilen auf, wobei k die Anzahl der irreduziblen Darstellungen ist.*

Beweis: Wir betrachten die quadratische Form $\boldsymbol{s}^T \boldsymbol{A}\, \boldsymbol{s} = \sum \sum a_{ik} s_i s_k$ die mit Hilfe der Matrix $\boldsymbol{A}$ gebildet wird. Beim Anwenden einer Symmetrieoperation muß diese Form in sich selbst übergehen. Betrachten wir nun zwei Koordinaten s_p und s_l, die zu irreduziblen Darstellungen ersten Grades gehören. Bei Anwendung einer Symmetrieoperation gehen sie entweder in sich selbst über oder sie ändern ihr Vorzeichen. Da die quadratische Form bei Anwendung der Symmetrieoperation unverändert bleibt, muß auch der Term $a_{pl} s_p s_l$ unverändert bleiben, d. h. entweder *beide* Koordinaten ändern ihr Vorzeichen oder *keine der beiden* ändert ihr Vorzeichen. Wenn nun s_p und s_l zu verschiedenen irreduziblen Darstellungen gehören würden, so wäre es unvermeidbar, daß bei mindestens einer Symmetrieoperation nur eine Koordinate ihr Vorzeichen ändert. Da dies in Widerspruch zur Annahme steht, daß $a_{pl} s_p s_l$ invariant ist folgt, daß s_p und s_l zur gleichen irreduziblen Darstellung gehören müssen. Wir schließen also: Nur diejenigen Koordinaten $s_p s_l$ bilden gemischte Produkte, die zur gleichen irreduziblen Darstellung gehören. Das ist aber gleichbedeutend mit der behaupteten Blockdiagonalisierung. In ähnlicher Weise kann man zeigen, daß auch Koordinaten, die zu irreduziblen Darstellungen der Ordnung höher als 1 gehören, nur dann gemischte Produkte bilden, wenn sie der gleichen Darstellung zugeordnet sind. Wir wollen das nicht im einzelnen beweisen, sondern im folgenden nur in einem Beispiel zeigen, wie man Symmetriekoordinaten aufsucht.

Wir betrachten wieder das Wassermolekül, dessen Symmetriegruppe entsprechend Tab. 8 vier irreduzible Darstellungen $\Gamma_1, \Gamma_2, \Gamma_3, \Gamma_4$ besitzt. Entsprechend den Gln. (71) müssen wir 3 Symmetriekoordinaten auffinden, die zu Γ_1 gehören, eine Symmetriekoordinate die zu Γ_2 gehört, 2 Symmetriekoordinaten, die zu Γ_3 gehören und 2 Symmetriekoordinaten, die zu Γ_4 gehören.

Wir suchen als erstes die Symmetriekoordinaten auf, die zu Γ_1 gehören, die also entsprechend den Charakteren aus Tab. 8 bei Anwendung jeder Symmetrieoperation aus $\mathbf{C}_{2\mathrm{v}}$ unverändert bleiben. Wir setzen an

$$\tilde{s}_l = b_{l1}x_1 + b_{l2}x_2 + b_{l3}x_3 + b_{l4}x_4 + b_{l5}x_5 + b_{l6}x_6 + b_{l7}x_7 + b_{l8}x_8 + b_{l9}x_9 \,. \tag{79}$$

Durch eine Drehung C_2 geht, wie man mit Hilfe der dieser Drehung entsprechenden Matrix aus Gl. (62) erkennt, x_1 in x_1 über, x_2 in $-x_2$, x_3 in $-x_3$, x_4 in x_7, x_5 in $-x_8$, x_6 in $-x_9$, x_7 in x_4, x_8 in $-x_5$ und x_9 in $-x_6$ über. Damit ergibt sich, daß s_l übergeht in

$$s_l = b_{l1}x_1 - b_{l2}x_2 - b_{l3}x_3 + b_{l7}x_4 - b_{l8}x_5 - b_{l9}x_6 + b_{l4}x_7 - b_{l5}x_8 - b_{l6}x_9 \,. \tag{80}$$

Da nun bei der betrachteten irreduziblen Darstellung $\tilde{s}_l = s_l$ sein soll, folgt daraus

$$b_{l2} = 0,\; b_{l3} = 0,\; b_{l7} = b_{l4},\; b_{l8} = -b_{l5},\; b_{l9} = -b_{l6}\,, \tag{81}$$

so daß wir schreiben können

$$s_l = b_{l1}x_1 + b_{l4}(x_4 + x_7) + b_{l5}(x_5 - x_8) + b_{l6}(x_6 - x_9)\,. \tag{82}$$

Wir wenden nun die Operation σ_v' an, durch die, entsprechend der betreffenden Matrix in Gl. (61), x_1 in x_1, x_4 in x_7, x_5 in $-x_8$, x_6 in x_9, x_7 in x_4, x_8 in $-x_5$ und x_9 in x_6 übergeht. s_l geht dabei über in

$$\tilde{\tilde{s}}_l = b_{l1}x_1 + b_{l4}(x_7 + x_4) - b_{l5}(x_8 - x_5) - b_{l6}(x_6 - x_9)\,. \tag{83}$$

Da $\tilde{\tilde{s}}_l = s_l$ sein muß, folgt daraus

$$b_{l6} = 0\,, \tag{84}$$

und es ergibt sich

$$s_l = b_{l1}x_1 + b_{l4}(x_4 + x_7) + b_{l5}(x_5 - x_8)\,. \tag{85}$$

In gleicher Weise wenden wir noch die Operation σ_v an und stellen fest, daß dadurch Gl. (85) in sich selbst übergeführt wird, so daß diese Operation keine neuen Einschränkungen in den Koeffizienten ergibt. Wir können also für b_{l1}, b_{l4} und b_{l5} beliebige Werte in Gl. (85) einsetzen und erhalten dabei immer eine Koordinate s_l die die geforderten Symmetrien aufweist. Wir benötigen 3 derartige Koordinaten, so daß wir drei Sätze von Zahlen für b_{l1}, b_{l4}, b_{l5} wählen müssen. Um möglichst einfache Transformationsgleichungen zu erhalten, wählen wir als erstes $b_{l1} = 1, b_{l4} = b_{l5} = 0$ und erhalten

$$s_1 = x_1\,. \tag{86}$$

Als zweites setzen wir $b_{l4} = 1$, $b_{l1} = b_{l5} = 0$ und erhalten

$$s_2 = x_4 + x_7\,. \tag{87}$$

Als drittes schließlich setzen wir $b_{l5} = 1$, $b_{l1} = b_{l4} = 0$ und erhalten

$$s_3 = x_5 - x_8\,. \tag{88}$$

Wie ersichtlich, herrscht bei der Wahl der symmetrischen Koordinaten eine gewisse Willkür, da wir für b_{l1}, b_{l4} und b_{l5} auch beliebige andere Werte hätten einsetzen können.

Wir suchen als nächstes die zur irreduziblen Darstellung Γ_2 gehörenden symmetrischen Koordinaten auf. Da $n_2 = 1$ ist, benötigen wir eine einzige symmetrische Koordinate s_4. Wir gehen hierzu in gleicher Weise wie vorher vor, beachten aber, daß entsprechend den anderen Charakteren in diesem Fall $s_l = s_l$, $\tilde{s}_l = -s_l$, $\tilde{\tilde{s}}_l = -s_l$ gelten muß. Es ergibt sich

$$s_4 = x_6 - x_9\,. \tag{89}$$

In gleicher Weise erhalten wir für die zwei zu Γ_3 gehörenden symmetrischen Koordinaten

$$s_5 = x_3\,,\quad s_6 = x_6 + x_9\,, \tag{90}$$

und für die drei zu Γ_4 gehörenden symmetrischen Koordinaten

$$s_7 = x_2\,,\quad s_8 = x_5 + x_8\,,\quad s_9 = x_4 - x_7\,. \tag{91}$$

Damit haben wir die gesuchten symmetrischen Koordinaten gefunden.

Wir wollen nun noch zeigen, daß die Matrix $\boldsymbol{A}$ aus Gl. (79) bei Einführung der symmetrischen Koordinaten blockdiagonalisiert wird. Die Matrix $\hat{\boldsymbol{A}}$, in die $\boldsymbol{A}$ bei der Transformation übergeht, kann man am einfachsten in folgender Weise erhalten: Man löst die Gln. (86) bis (91) nach den x_i auf und setzt die erhaltenen Ausdrücke für die x_i in Gl. (78) ein. Dabei ergibt sich

$$\begin{aligned} U = \frac{k}{2}\Big(& 2s_1^2\cos^2\varphi + \frac{1}{2}s_2^2\cos^2\varphi + \frac{1}{2}s_3^2\sin^2\varphi + 2s_7^2\sin^2\varphi + \frac{1}{2}s_8^2\sin^2\varphi + \\ &+ \frac{1}{2}s_9^2\cos^2\varphi - 2s_1s_2\cos^2\varphi + 2s_1s_3\sin\varphi\cos\varphi - s_2s_3\cos\varphi\sin\varphi - \\ &- 2s_7s_8\sin^2\varphi + 2s_7s_9\cos\varphi\sin\varphi - s_8s_9\cos\varphi\sin\varphi\Big). \end{aligned} \tag{92}$$

Dieser Ausdruck ist gleich $U = \sum\sum \hat{a}_{ik}s_is_k$, wobei die $\hat{a}_{ik}$ die Elemente der transformierten Matrix $\hat{\boldsymbol{A}}$ sind und $\hat{a}_{ik} = \hat{a}_{ki}$ gesetzt werden muß. Aus den Koeffizienten der Gl. (92) kann man daher unmittelbar die Matrix $\boldsymbol{A}$ entnehmen.

$$\hat{\boldsymbol{A}} = \begin{pmatrix} k\cos^2\varphi & -\frac{1}{2}k\cos^2\varphi & \frac{1}{2}k\sin\varphi\cos\varphi & 0 & 0 & 0 & 0 & 0 & 0 \\ -\frac{1}{2}k\cos^2\varphi & \frac{1}{4}k\cos^2\varphi & -\frac{1}{4}k\sin\varphi\cos\varphi & 0 & 0 & 0 & 0 & 0 & 0 \\ \frac{1}{2}k\sin\varphi\cos\varphi & -\frac{1}{4}k\sin\varphi\cos\varphi & \frac{1}{4}k\sin^2\varphi & 0 & 0 & 0 & 0 & 0 & 0 \\ 0 & 0 & 0 & 0 & 0 & 0 & 0 & 0 & 0 \\ 0 & 0 & 0 & 0 & 0 & 0 & 0 & 0 & 0 \\ 0 & 0 & 0 & 0 & 0 & 0 & 0 & 0 & 0 \\ 0 & 0 & 0 & 0 & 0 & 0 & k\sin^2\varphi & -k\sin^2\varphi & \frac{1}{2}k\sin\varphi\cos\varphi \\ 0 & 0 & 0 & 0 & 0 & 0 & -\frac{1}{2}k\sin^2\varphi & \frac{1}{4}k\sin^2\varphi & \frac{1}{4}k\sin\varphi\cos\varphi \\ 0 & 0 & 0 & 0 & 0 & 0 & -\frac{1}{2}k\sin\varphi\cos\varphi & \frac{1}{4}k\sin\varphi\cos\varphi & \frac{1}{4}k\cos\varphi \end{pmatrix} \tag{93}$$

Man erkennt deutlich die beiden dreizeiligen Blöcke, die zu Γ_1 und Γ_4 gehören. Der einzeilige Block zu Γ_2 und der zweizeilige Block zu Γ_3 bestehen aus lauter Nullen. Die hierzu gehörenden Normalschwingungen sind, wie man zeigen kann, zu Rotationen bzw. Translationen entartet.

Fragen und Aufgaben

1. Was versteht man unter der Darstellung einer Gruppe?
2. Können bei einer Darstellung verschiedener Gruppenelemente gleiche Matrizen zugeordnet werden?
3. Was ist eine Blockdiagonalmatrix?
4. Was ist a) der Grad einer Darstellung, b) eine reduzierte Darstellung, c) eine irreduzible Darstellung?
5. Was versteht man unter äquivalenten Darstellungen?
6. Wie groß ist die Anzahl der verschiedenen, nichtäquivalenten irreduziblen Darstellungen?
7. Welche Vorteile hat man bei der Berechnung der Eigenwerte einer blockdiagonalen Matrix im Vergleich zu einer allgemeinen Matrix?
8. Welche Folgen hat die Vertauschbarkeit einer Matrix $\boldsymbol{A}$ mit einer Matrix $\boldsymbol{B}$ für die quadratische Form $\boldsymbol{x}^{\mathrm{T}}\boldsymbol{A}\boldsymbol{x}$?
9. Welche Form nimmt eine mit $\boldsymbol{A}$ vertauschbare Matrix $\boldsymbol{B}$ an bei einer Koordinatentransformation, durch die $\boldsymbol{A}$ diagonalisiert wird?
10. Was sind a) symmetrische Koordinaten, b) Normalkoordinaten?
11. Wie verändert sich eine Abbildungsmatrix $\boldsymbol{A}$, die mit den Darstellungsmatrizen einer Symmetriegruppe vertauschbar ist, bei einer Koordinatentransformation a) auf symmetrische Koordinaten, b) auf Normalkoordinaten?
12. Wie wird eine Matrix $\boldsymbol{A}$, die mit den Darstellungsmatrizen einer Symmetriegruppe vertauschbar ist, diagonalisiert?
13. Beweise, daß die Gruppe $\mathbf{S_4}$, die als erzeugendes Element eine vierzählige Drehspiegelachse aufweist, aus den Elementen ε, S_4, C_2, S_4^3 besteht, und daß man eine Darstellung dieser Gruppe erhält, wenn man den angegebenen Elementen der Reihe nach die Matrizen (1), (−1), (1), (−1) zuordnet. Von welchem Grad ist diese Darstellung?
14. Bestimme die Charaktere der Darstellungen, die gegeben sind durch a) Gln. (18), b) Gln. (19), c) Gln. (22).
15. Finde durch Probieren eine Darstellung 2. Grades der Gruppe der Permutationen von 2 Gegenständen in Aufgabe 12, Abschnitt A.

16. Bilde eine Darstellung 4. Grades der Gruppe $\mathbf{C}_{3v}$, die zweimal die irreduzible Darstellung Γ_2 aus den Gln. (36) und einmal die irreduzible Darstellung Γ_3 aus den Gln. (37) und (38) aufweist.
17. Ist durch die Gln. (21) eine reduzierte Darstellung der Gruppe $\mathbf{C}_{2v}$ gegeben?
18. Berechne die Eigenwerte der Matrix $\boldsymbol{A} = \begin{pmatrix} 2 & 3 & 0 & 0 \\ 1 & 0 & 0 & 0 \\ 0 & 0 & 2 & 21 \\ 0 & 0 & 1 & 6 \end{pmatrix}$.

XVII. Wahrscheinlichkeitsrechnung

A. Einleitung

1. Aufgaben der Wahrscheinlichkeitsrechnung

Um die Aufgaben der Wahrscheinlichkeitsrechnung zu umreißen, müssen wir zunächst einige Betrachtungen über Versuche und deren mögliche Ausgänge anstellen. Ein Versuch wird gewöhnlich in folgender Weise durchgeführt: *Man gibt einen Komplex von Bedingungen vor und stellt anschließend fest, welches Ereignis eingetreten ist.* In vielen Fällen ist das Ereignis durch die vorgegebenen Bedingungen vollständig bestimmt; es tritt jedesmal auf, wenn der betreffende Komplex von Bedingungen vorliegt. Man spricht dann von einem *sicheren Ereignis.* In anderen Fällen findet man, daß das Ereignis beim Vorliegen eines entsprechenden Komplexes von Bedingungen entweder eintreten kann oder nicht eintreten kann. Es handelt sich dann um ein *zufälliges Ereignis.* Zur näheren Erläuterung seien im folgenden einige Beispiele gebracht.

Wir heben einen Stein von einer Unterlage zwei Meter hoch und lassen ihn dann los. Es zeigt sich, daß der Stein auf die Unterlage herabfällt. Der Komplex von Bedingungen lautet in diesem Versuch: „Hochheben und anschließendes Loslassen des Steines". Als Ereignis beobachtet man: „Herabfallen des Steines". Es handelt sich um ein sicheres Ereignis; jedesmal, wenn man den Stein hochhebt und anschließend losläßt, kann man nämlich mit Sicherheit damit rechnen, daß er herabfällt.

Wir bringen einen Würfel in einen Becher, schütteln diesen und drehen dann den Becher um, so daß der Würfel auf eine Unterlage fällt. Der Würfel kommt dabei so zu liegen, daß die Augenzahl zwei nach oben weist. Der Komplex von Bedingungen besteht jetzt in folgendem: „Würfel in einem Becher schütteln und den Becher anschließend ausleeren". Das eingetretene Ereignis lautet, kurz ausgedrückt: „Augenzahl zwei". Es handelt sich in diesem Fall um ein zufälliges Ereignis, da bei dem vorgegebenen Komplex von Bedingungen auch eine andere Augenzahl erscheinen kann, z. B. fünf oder drei.

Wir untersuchen die Größen bzw. Gewichte der Eier, die ein Huhn im Laufe der Zeit legt. Der Komplex von Bedingungen lautet dann: „Das Huhn legt ein Ei und wir wiegen es". Das Ereignis lautet z. B. „Gewicht 72 g". Es handelt sich um ein zufälliges Ereignis, da das Gewicht im allgemeinen jedesmal ein anderes ist.

Weitere Beispiele für zufällige Ereignisse sind der radioaktive Zerfall eines Atoms, das Auftreten einer chemischen Reaktion an einem bestimmten Molekül während einer Polymerisation, die ungewollte Beschädigung eines Gepäckstückes auf einer Reise von Frankfurt nach Hamburg.

Die zufälligen Ereignisse widersprechen nicht notwendig dem Kausalgesetz. Die Unsicherheit im Ausgang des Versuchs hat vielmehr häufig folgende Ursache: Die das Ereignis verursachenden Umstände sind so vielfältig, daß sie durch den vorgegebenen Komplex von Bedingungen nicht bis in alle Einzelheiten erfaßt sind. Nehmen wir als Beispiel das Würfeln. Wenn wir als Bedingung „Schütteln des Bechers" anführen, so ist das eine äußerst mangelhafte Beschreibung des in Wirklichkeit sehr komplizierten mechanischen Vorganges. Diese Beschreibung reicht nicht aus, um mit ihrer Hilfe die resultierende Augenzahl im voraus zu bestimmen. Würde man dagegen genau angeben, wie man den Würfel in den Becher legt, welche Kräfte als Funktion der Zeit anschließend beim Schütteln auf ihn einwirken und welche Bedingungen beim Ausschütten des Bechers herrschen, so könnte man im Prinzip auch die anschließend auftretende Augenzahl berechnen. Daraus folgt: *Die Bezeichnung „zufälliges Ereignis" bezieht sich auf den vorgegebenen Komplex von Bedingungen. Werden diese vervollständigt, so kann das zufällige Ereignis in ein sicheres übergehen.* Letzteres muß allerdings nicht immer der Fall sein. In der Mikrophysik kann man nämlich über den Ausgang von Ereignissen grundsätzlich nur Wahrscheinlichkeitsaussagen machen.

Auch für zufällige Ereignisse lassen sich gewisse Gesetzmäßigkeiten finden. Wenn man viele Male würfelt, so wird im allgemeinen ungefähr bei einem Sechstel der Würfe die Augenzahl zwei erscheinen. Des weiteren kann beispielsweise eine Versicherungsgesellschaft angeben, wie häufig im Durchschnitt auf einer Reise ein Gepäckstück beschädigt wird und auf Grund dieser Kenntnis Versicherungsprämien berechnen. *Der Zweig der Mathematik, der sich mit den Gesetzmäßigkeiten bei zufälligen Ereignissen beschäftigt, heißt Wahrscheinlichkeitsrechnung.*

Die Wahrscheinlichkeitsrechnung ist ursprünglich aus dem Bedürfnis entstanden, Gewinnchancen bei Glücksspielen besser überblicken zu können. Heute spielt sie in vielen Gebieten der Wissenschaft und des täglichen Lebens eine wesentliche Rolle, so z. B. in der Thermodynamik, in der Quantenchemie, bei der Auswertung von Meßergebnissen und im Versicherungswesen.

2. Einige Aussagen über zufällige Ereignisse; Ereignisraum

Wir gehen nun etwas ausführlicher auf zufällige Ereignisse und ihre gegenseitige Abhängigkeit ein und betrachten als Beispiel hierzu das Werfen eines Würfels. Man hat es in diesem Fall mit den Ereignissen „Augenzahl 1", „Augenzahl 2", ... usw. bis „Augenzahl 6" zu tun. Außerdem sieht man auch Aussagen wie „geradzahlige Augenzahl" und „ungeradzahlige Augenzahl" als mögliche Ereignisse an. Man erkennt unmittelbar, daß sich zwei Ereignisse nicht in allen Fällen gegenseitig ausschließen. Das Ereignis „geradzahlige Augenzahl" z. B. kann gleichzeitig mit dem Ereignis „Augenzahl 2" eintreten; es ist aber mit diesem nicht identisch. *Die Gesamtheit der Ereignisse, die zu einem vorgegebenen Komplex von Bedingungen gehören, bildet daher eine Menge, bei der bestimmte Beziehungen zwischen den einzelnen Elementen bestehen.*

Um diese Beziehungen exakt zu erfassen, bezeichnen wir die einzelnen Ereignisse mit $A_1, A_2, A_3, \ldots$ und nehmen die folgenden Definitionen vor:

1. Wenn gleichzeitig mit einem Ereignis A_l immer auch das Ereignis A_k eintritt, so sagt man A_l sei ein *Teilereignis* von A_k, und schreibt $A_l \subset A_k$.
2. Wenn A_l Teilereignis von A_k und gleichzeitig A_k Teilereignis von A_l ist, so treten immer entweder beide Ereignisse zusammen oder keines von beiden auf. Man sagt dann, beide Ereignisse seien *gleichwertig*, und schreibt $A_l = A_k$.
3. Zwei Ereignisse, die sich gegenseitig ausschließen, nennt man *unvereinbar* oder *disjunkt*.
4. Das Ereignis, das darin besteht, daß entweder A_l oder A_k eintritt, heißt die *Summe* von A_l und A_k und wird mit $A_l + A_k$ (oder auch $A_l \cup A_k$) bezeichnet.
5. Das Ereignis, daß sowohl A_l als auch A_k eintritt, nennt man das *Produkt* von A_l und A_k und bezeichnet es mit $A_l A_k$ (oder auch $A_l \cap A_k$).
6. Das Ereignis, das darin besteht, daß A_l eintritt, während A_k nicht eintritt, heißt die *Differenz* von A_l und A_k und wird mit $A_l - A_k$ (oder auch $A_l \setminus A_k$) bezeichnet.

Wir führen nun einige Beispiele an, die sich auf das Werfen eines Würfels beziehen:

Das Ereignis „Augenzahl 1" ist ein Teilereignis von „ungerade Augenzahl".

Die Ereignisse „Augenzahl 2" und „Augenzahl 1" sind unvereinbar. Ebenso sind auch die Ereignisse „Augenzahl 2" und „ungerade Augenzahl" unvereinbar. Die Ereignisse „Augenzahl 2" und „gerade Augenzahl" sind dagegen miteinander vereinbar.

„Gerade Augenzahl" ist die Summe der Ereignisse „Augenzahl 2", „Augenzahl 4" und „Augenzahl 6".

Das Ereignis, daß man beim ersten Würfeln 5 und beim zweiten 1 erhält, ist das Produkt der Ereignisse „Augenzahl 5" und „Augenzahl 1".

Das Ereignis „Augenzahl 1 oder 5" ist die Differenz aus dem Ereignis „ungerade Augenzahl" und „Augenzahl 3". Wirft man nämlich eine ungerade Augenzahl, die nicht 3 ist, so muß sie 1 oder 5 sein.

Um die Vielzahl der möglichen Ereignisse, die zu einem vorgegebenen Komplex von Bedingungen gehören, besser überblicken zu können, unterscheidet man zwischen *Elementarereignissen* und *zusammengesetzten Ereignissen. Ein Ereignis heißt elementar, wenn es sich nicht als Summe anderer Ereignisse darstellen läßt.* Ist ein Ereignis dagegen als Summe von anderen Ereignissen darstellbar, so heißt es zusammengesetzt. Sämtliche Elementarereignisse, die zu einem gewissen Komplex von Bedingungen gehören, bilden den sog. *Ereignisraum.* Kennt man diese Elementarereignisse, so lassen sich mit ihnen sämtliche anderen Ereignisse mit Hilfe der oben definierten Operationen aufsuchen.

Als erstes Beispiel betrachten wir das Werfen eines Würfels. Der Ereignisraum wird in diesem Fall von den sechs Elementarereignissen „Augenzahl 1", „Augenzahl 2", ... usw. bis „Augenzahl 6" gebildet. Ein zusammengesetztes Ereignis ist z. B. „gerade Augenzahl", das sich als Summe der Elementarereignisse „Augenzahl 2", „Augenzahl 4" und „Augenzahl 6" darstellt.

Als zweites Beispiel betrachten wir das Werfen zweier Würfel. Um das eingetretene Ereignis zu charakterisieren, kann man die Augenzahlen der beiden Würfel angeben. Man kommt so zu den Ereignissen „Augenzahl 1 und 1", „Augenzahlen 1 und 2",... usw. bis „Augenzahlen 6 und 6". Daneben stellt auch die Summe der Augenzahlen der beiden Würfel ein mögliches Ereignis dar, also die Aussage „Augenzahlsumme 2", „Augenzahlsumme 3", ... usw. bis „Augenzahlsumme 12". Schließlich gibt es noch Ereignisse der folgenden Art: „gerade Augenzahlsumme", „ungerade Augenzahlsumme", „jeder Würfel weist eine gerade Augenzahl auf" usw. Der Ereignisraum wird von den 36 Elementarereignissen „Augenzahlen 1 und 1", „Augenzahlen 1 und 2",... usw. bis „Augenzahlen 6 und 6" gebildet. Zusammengesetzte Ereignisse sind „Augenzahlensumme 5" oder „jeder Würfel hat eine ungerade Augenzahl".

Die Elementarereignisse und die Ereignisse, die daraus durch Summen- und Produktbildung hervorgehen, bilden zusammen ein sog. *Ereignisfeld* (man sagt auch *Ereignisalgebra*). Innerhalb eines Ereignisfeldes kann man die Operationen Summe, Produkt und Differenz uneingeschränkt ausführen, ohne das Feld zu verlassen.

3. Zufallsgrößen

In vielen Fällen ist es zweckmäßig, jedes Ereignis, das bei einem vorgegebenen Komplex von Bedingungen eintreten kann, durch einen Zahlenwert zu charakterisieren. Einen solchen Zahlenwert nennt man dann *Zufallsgröße.*

Im Falle des Werfens eines Würfels kann man den Ereignissen „Augenzahl 1", „Augenzahl 2", ... usw. bis „Augenzahl 6" der Reihe nach die natürlichen Zahlen 1, 2, ... 6 zuordnen. Die Zufallsgröße ist in diesem Fall die Augenzahl.

Bei der Untersuchung des Gewichtes von Hühnereiern läßt sich dem Ereignis „das Hühnerei hat ein Gewicht von 72 g" die Zahl 72 zuordnen. Die Zufallsgröße ist in diesem Fall das Gewicht des Eies.

Beim Werfen zweier Würfel ist es dagegen nicht ohne weiteres möglich, eine Zufallsgröße mit sinnvoller Bedeutung zu finden. Man kann z. B. den einzelnen Augenzahlenpaaren der Reihe nach die natürlichen Zahlen von 1 bis 36 zuordnen, den verschiedenen Augensummen die Zahlen 37 bis 48 usw.; der Zusammenhang zwischen der Zufallsgröße und dem entsprechenden Ereignis ist aber dann nicht unmittelbar erkennbar.

Eine Zufallsgröße kann entweder nur einzelne diskrete Werte annehmen, wie im Beispiel des Würfels, oder kontinuierliche Werte, wie beim Gewicht der Hühnereier. Man spricht dementsprechend von *diskreten* bzw. *kontinuierlichen Zufallsgrößen*. Wenn die Anzahl der Ereignisse endlich oder abzählbar unendlich ist, so tritt immer eine diskrete Zufallsgröße auf. Nichtabzählbar unendlich viele Ereignisse lassen sich dagegen nur durch eine kontinuierliche Zufallsgröße charakterisieren.

Nach Einführung des Wahrscheinlichkeitsbegriffes werden wir entweder von der Wahrscheinlichkeit eines Ereignisses oder von der Wahrscheinlichkeit des entsprechenden Wertes der Zufallsgröße sprechen. Beide Formulierungen sind gleichbedeutend. Die Einführung der Zufallsgröße wirkt sich vor allem bei der Untersuchung von Verteilungen und den Parametern zu deren Charakterisierung fruchtbar aus (s. Abschn. F).

Fragen und Aufgaben

1. Was ist der Unterschied zwischen einem sicheren und einem zufälligen Ereignis?
2. Was versteht man unter unvereinbaren Ereignissen?
3. Wie ist die Summe, die Differenz und das Produkt zweier Ereignisse definiert?
4. Was versteht man unter einem Elementarereignis und was unter einem zusammengesetzten Ereignis?
5. Wie ist der Ereignisraum definiert?
6. Was versteht man unter einer Zufallsgröße?
7. Was ist der Unterschied zwischen diskreten und kontinuierlichen Zufallsgrößen?
8. Betrachte die Menge der Ereignisse beim Werfen zweier Würfel und führe folgendes durch: a) Stelle das Ereignis „Augenzahlensumme 5" als Summe von Elementarereignissen dar. b) Bilde die Differenz der Ereignisse „Augenzahlensumme gerade" und „jeder Würfel weist eine gerade Augenzahl auf". c) Prüfe, ob „Augenzahlen 1 und 3" ein Teilereignis von „Augenzahlensumme 5" ist.
9. Aus einem Kartenspiel, das lediglich die 4 Asse und 4 Könige aufweist, zieht ein Spieler zwei Karten. Die beiden gezogenen Karten, z. B. Herz As und Karo König, sind ein zufälliges Ereignis. a) Gib die Elementarereignisse an, die den Ereignisraum bilden. b) Nenne einige zusammengesetzte Ereignisse. c) Welches ist die Differenz der Ereignisse „Zwei Könige" und „Herz König und Pik König"?
10. Beim Schießen auf ein punktförmiges Ziel auf einer Scheibe hängt es vom Zufall ab, ob man mehr oder weniger weit daneben schießt. Das zufällige Ereignis ist hier der Abstand der Einschußstelle vom Ziel. Welche Zufallsgröße kann man hier einführen? Benötigt man eine diskrete oder eine kontinuierliche Zufallsgröße?

B. Definition und Berechnung der Wahrscheinlichkeit im Falle diskreter Zufallsgrößen

1. Statistische Definition der Wahrscheinlichkeit

Bei einem Versuch mögen endlich viele zufällige Ereignisse $A_1, A_2, \ldots, A_s$ eintreffen können. Wir führen den Versuch n mal durch und stellen dabei fest, daß ein bestimmtes Ereignis A_i insgesamt n_i mal auftritt. Das Verhältnis von n_i zu n nennt man dann die *relative Häufigkeit des Ereignisses* A_i und bezeichnet diese mit $h(A_i)$,

$$h(A_i) = \frac{n_i}{n}. \tag{1}$$

Als Beispiel betrachten wir das Würfeln. Nehmen wir an, daß beim hundertmaligen Werfen eines Würfels die Augenzahl 2 insgesamt 17mal auftritt. Die relative Häufigkeit des Ereignisses „Augenzahl 2" beträgt dann Gl. (1) zufolge $17/100 = 0{,}17$.

Trägt man die relative Häufigkeit $h(A_i)$ eines Ereignisses als Funktion der Versuchszahl auf, so zeigt sich, daß $h(A_i)$ in verhältnismäßig engen Grenzen schwankt.

Mit wachsender Versuchszahl wird die Schwankung immer geringer, bis $h(A_i)$ schließlich einen praktisch konstanten Wert annimmt. Diesen Wert nennt man die Wahrscheinlichkeit des betreffenden Ereignisses und bezeichnet ihn mit $P(A_i)$. Unter der Voraussetzung, daß die relative Schwankung mit wachsendem n exakt gegen Null geht, schreibt man daher

$$P(A_i) = \lim_{n\to\infty} h(A_i) = \lim_{n\to\infty} \frac{n_i}{n}. \tag{2}$$

Die Wahrscheinlichkeit eines Ereignisses ist also durch den Grenzwert der relativen Häufigkeit dieses Ereignisses bei ins Unendliche wachsender Anzahl der Versuche gegeben. Man nennt dies die *statistische Definition der Wahrscheinlichkeit.*

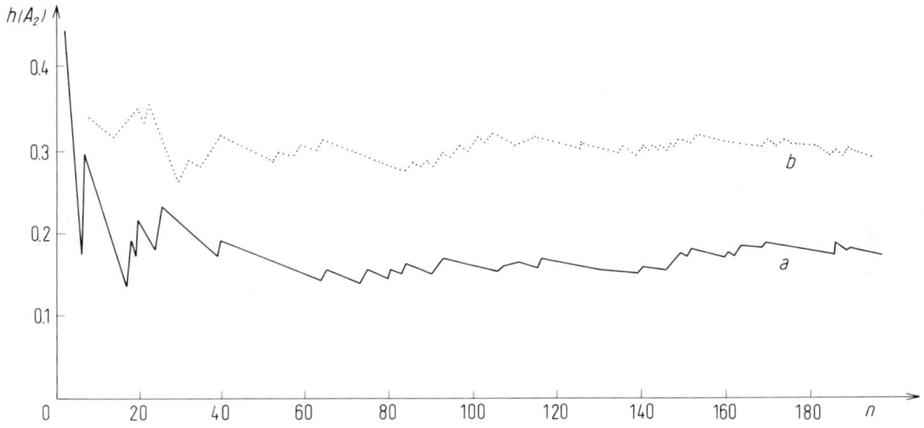

Abb. 1. Relative Häufigkeit der Augenzahl 2 beim Werfen eines Würfels als Funktion der Versuchszahl n, a) richtig hergestellter Würfel, b) gefälschter Würfel.

Als Beispiel ist in Abb. 1 die relative Häufigkeit $h(A_2)$ der Augenzahl 2 beim Werfen eines gewöhnlichen Würfels als Funktion der Anzahl der Würfe n angegeben. Die Kurve schwankt um den Wert $1/6 = 0{,}166$, wobei die Schwankung mit wachsendem n immer geringer wird. Die Wahrscheinlichkeit des Ereignisses „Augenzahl 2" ist daher gleich 1/6.

Des weiteren ist in Abb. 1 durch die gestrichelte Kurve auch die relative Häufigkeit der Augenzahl 2 für einen gefälschten Würfel wiedergegeben, der auf derjenigen Seite, auf der die Augenzahl 2 erscheint, etwas leichter als auf den übrigen Seiten ist. Die Augenzahl 2 tritt hier öfter als beim richtigen Würfel auf. Die Wahrscheinlichkeit, diese Augenzahl zu erhalten, beträgt in diesem Fall 0,3.

Von besonderer Bedeutung sind einige Grenzfälle. Wenn man es mit einem sicheren Ereignis zu tun hat, so tritt dieses bei jedem Versuch auf. Die relative Häufigkeit eines solchen Ereignisses ist daher unabhängig von der Versuchszahl n gleich 1. Ein unmögliches Ereignis tritt dagegen niemals auf und führt daher zur relativen Häufigkeit Null. Daraus folgt: *Die Wahrscheinlichkeit eines sicheren Ereignisses ist gleich 1, diejenige eines unmöglichen Ereignisses gleich 0.*

Als Symbol für die Wahrscheinlichkeit des Ereignisses A_i wurde oben das Zeichen $P(A_i)$ verwendet. Wenn man nun die Ereignisse durch eine Zufallsgröße ξ charakterisiert, die im Falle des Ereignisses A_i den Wert x_i annimmt, so ist $P(A_i)$

gleichzeitig auch die Wahrscheinlichkeit dafür, daß ξ den Wert x_i annimmt. Man schreibt daher anstelle von

$$P(A_i) \quad \text{auch} \quad P_\xi(x_i) \quad \text{oder} \quad P\{\xi = x_i\}. \tag{3}$$

Alle drei Bezeichnungen sind gleichbedeutend. Die letzte Bezeichnung ist dabei am vielfältigsten abwandelbar. Man kann mit ihrer Hilfe beispielsweise für die Wahrscheinlichkeit dafür, daß ξ einen Wert zwischen x_i und x_k einschließlich dieser beiden Werte einnimmt, schreiben $P\{x_i \leqq \xi \leqq x_k\}$.

Beim Werfen eines Würfels bedeutet die Größe ξ das Wort „Augenzahl", während $x_1, x_2 \ldots, x_6$ für die Zahlen 1 bis 6 steht. $P\{3 \leqq \xi \leqq 5\}$ stellt die Wahrscheinlichkeit dafür dar, daß eine der Augenzahlen 3, 4 oder 5 gewürfelt wird.

2. Wahrscheinlichkeit der Summe von Ereignissen

A_i und A_l mögen zwei sich ausschließende Ereignisse sein, deren Wahrscheinlichkeiten bekannt sind und mit $P(A_i)$ bzw. $P(A_l)$ bezeichnet werden. Wir fragen danach, wie groß die Wahrscheinlichkeit dafür ist, daß entweder A_i oder A_l auftritt. Das Ereignis „A_i oder A_l" stellt definitionsgemäß die Summe der beiden Ereignisse A_i und A_l dar, so daß man die gesuchte Wahrscheinlichkeit mit $P(A_i + A_l)$ bezeichnen kann. Um diese zu berechnen, gehen wir von den relativen Häufigkeiten aus.

Bei n Versuchen möge n_i mal das Ereignis A_i und n_l mal das Ereignis A_l auftreten. Das Ereignis „A_i oder A_l" ist dann $n_i + n_l$ mal aufgetreten. Die relative Häufigkeit von „A_i oder A_l" ist dementsprechend durch $(n_i + n_l)/n$ gegeben. Man erhält daher auf Grund der Definitionsgleichung (1)

$$P(A_i + A_l) = \lim_{n\to\infty} \frac{n_i + n_l}{n} = \lim_{n\to\infty} \frac{n_i}{n} + \lim_{n\to\infty} \frac{n_l}{n} = P(A_i) + P(A_l). \tag{4}$$

Entsprechend ergibt sich für mehr als zwei unvereinbare Ereignisse $A_i, A_l, A_r, \ldots$ die Formel

$$P(A_i + A_l + A_r + \cdots) = P(A_i) + P(A_l) + P(A_r) + \cdots \tag{5}$$

Es gilt also: *Bei einander sich ausschließenden Ereignissen $A_i, A_l, A_r, \ldots$ ist die Wahrscheinlichkeit dafür, daß bei einem Versuch entweder das Ereignis A_i oder das Ereignis A_l oder das Ereignis A_r usw. eintrifft, gegeben durch die Summe der Wahrscheinlichkeiten der Einzelereignisse.*

Als Beispiel bestimmen wir die Wahrscheinlichkeit dafür, mit einem Würfel entweder die Augenzahl 2 oder die Augenzahl 5 zu erhalten. Die Wahrscheinlichkeit der Augenzahl 2 bezeichnen wir mit $P(A_2)$ und die der Augenzahl 5 mit $P(A_5)$. Jede dieser Wahrscheinlichkeiten ist gleich einem sechstel. Es gilt dann auf Grund von Gl. (4) für die gesuchte Wahrscheinlichkeit

$$P(A_2 + A_5) = P(A_2) + P(A_5) = \frac{1}{6} + \frac{1}{6} = \frac{1}{3}. \tag{6}$$

3. Diskussion des Falles gleichwahrscheinlicher Elementarereignisse

Von besonderer Bedeutung sind Probleme, bei denen man auf Grund der äußeren Umstände annehmen kann, daß alle Elementarereignisse die gleiche Wahrscheinlichkeit besitzen. Man braucht dann diese Wahrscheinlichkeit nicht experimentell über die relative Häufigkeit zu bestimmen, sondern kann sie rein rechnerisch auf folgende Art erhalten.

Unter einem bestimmten Komplex von Bedingungen sollen insgesamt n *Elementarereignisse* $E_1, E_2, \ldots, E_n$ eintreten können, die alle gleich wahrscheinlich sein sollen. Da es sicher ist, daß bei einem Versuch eines dieser Ereignisse eintritt, daß also entweder E_1 oder E_2 oder ... E_n eintritt, gilt

$$P(E_1 + E_2 + \cdots + E_n) = 1\,. \tag{7}$$

Mit Hilfe von Gl. (5) folgt daraus

$$P(E_1) + P(E_2) + \cdots + P(E_n) = 1\,. \tag{8}$$

Wegen der vorausgesetzten Gleichheit der einzelnen Wahrscheinlichkeiten gilt außerdem

$$P(E_1) = P(E_2) = \cdots = P(E_n) = p\,, \tag{9}$$

wobei p für die gesuchte Wahrscheinlichkeit steht. Setzt man nun noch Gl. (9) in Gl. (8) ein, so ergibt sich $np = 1$ bzw.

$$p = \frac{1}{n}. \tag{10}$$

Damit ist die gesuchte Wahrscheinlichkeit gefunden. Man kann also sagen: *Können unter einem Komplex von Bedingungen insgesamt n Elementarereignisse auftreten, die alle gleich wahrscheinlich sind, so ist die Wahrscheinlichkeit eines Elementarereignisses durch* $1/n$ *gegeben.* Sind dagegen die Elementarereignisse nicht gleich wahrscheinlich, so muß man deren Wahrscheinlichkeit über eine andere Methode, z. B. experimentell über die relativen Häufigkeiten ermitteln. Wir betrachten einige Beispiele.

Beim Werfen eines Würfels treten 6 Elementarereignisse auf, nämlich die Augenzahlen 1 bis 6. Eines dieser Ereignisse muß immer eintreffen. Wenn der Würfel richtig hergestellt wurde, kann man voraussetzen, daß jeder Augenzahl die gleiche Wahrscheinlichkeit zukommt. Wir können daher Gl. (10) anwenden und erhalten für die Wahrscheinlichkeit irgendeiner Augenzahl

$$p = \frac{1}{6}. \tag{11}$$

Hat man es mit einem gefälschten Würfel zu tun, der auf einer Seite schwerer als auf den anderen ist, so kann man auf Grund der äußeren Umstände nicht mehr annehmen, daß alle Elementarereignisse gleich wahrscheinlich sind, und darf daher Gl. (11) nicht verwenden.

Beim Werfen einer Münze gibt es zwei Elementarereignisse, nämlich „Kopf" oder „Adler", von denen immer eines eintreffen muß. Bei einer normalen Münze darf man voraussetzen, daß beide Ereignisse gleich wahrscheinlich sind. Es ist daher

$$p = \frac{1}{2}. \tag{12}$$

Kennt man die Wahrscheinlichkeit der Elementarereignisse, so kann man die der zusammengesetzten Ereignisse mit Hilfe von Gl. (5) berechnen. Ist das Ereignis B im besonderen die Summe von m Elementarereignissen, so ist dessen Wahrscheinlichkeit $P(B)$ wegen Gl. (5) gegeben durch

$$P(B) = p + p + \cdots + p = m \cdot p = \frac{m}{n}\,. \tag{13}$$

Die Zahlen m und n sowie Gl. (13) lassen sich anschaulich interpretieren. m gibt die Anzahl der Elementarereignisse an, bei deren Auftreten das in Frage stehende Ereignis B als eingetroffen gilt. Man nennt daher m die Anzahl der für das Ereignis B günstigen Möglichkeiten. n ist dagegen die Gesamtzahl der Möglichkeiten. Gl. (13) besagt dann: *Die Wahrscheinlichkeit eines Ereignisses ist durch das Verhältnis der Anzahl der für dieses Ereignis günstigen Möglichkeiten zur Gesamtzahl der Möglichkeiten gegeben.* Man nennt dies die *klassische Definition der Wahrscheinlichkeit.* Sie gilt selbstverständlich nur für den Fall, daß alle Elementarereignisse gleichwahrscheinlich sind.

Mit Hilfe der Gl. (13) lassen sich zahlreiche Probleme der Wahrscheinlichkeitsrechnung lösen. Wir wollen im folgenden zwei Beispiele hierzu betrachten.

1. Wie groß ist die Wahrscheinlichkeit dafür, daß man beim Werfen eines Würfels eine gerade Augenzahl erhält? Die Gesamtzahl n der Ereignisse ist 6. Die Zahl der günstigen Ereignisse, m, ist 3, nämlich die Augenzahlen 2, 4 und 6. Es gilt daher

$$p = \frac{3}{6} = \frac{1}{2}. \tag{14}$$

2. In einer Urne befinden sich 6 rote, 2 schwarze und 3 gelbe Kugeln. Wie groß ist die Wahrscheinlichkeit dafür, beim Ziehen eine gelbe Kugel zu erhalten? Die Gesamtzahl der gleichwahrscheinlichen Ereignisse ist $6 + 2 + 3 = 11$. Die Zahl der günstigen Ereignisse ist 3, da jede der drei gelben Kugeln dem gewünschten Resultat der Ziehung entspricht. Es ist daher

$$p = \frac{3}{11}. \tag{15}$$

4. Bedingte Wahrscheinlichkeit

In vielen Fällen hat man es mit einem Problem der folgenden Art zu tun: Man betrachtet zwei Ereignisse A_i und A_l, die sich nicht gegenseitig ausschließen. Man weiß, daß das Ereignis A_i eingetreten ist. Wie groß ist die Wahrscheinlichkeit dafür, daß mit dem Ereignis A_i gleichzeitig auch das Ereignis A_l eingetroffen ist? Man nennt diese Wahrscheinlichkeit die bedingte Wahrscheinlichkeit von A_l und bezeichnet sie mit $P(A_l|A_i)$.

Zur Berechnung von $P(A_l|A_i)$ gehen wir wieder von den relativen Häufigkeiten aus. Wurde bei n Versuchen insgesamt n_i-mal A_i und n_l'-mal A_l mit A_i zusammen erhalten, so ist die relative Häufigkeit des Ereignisses A_l beim gleichzeitigen Auftreten von A_i durch n_l'/n_i gegeben. Für die Wahrscheinlichkeit $P(A_l|A_i)$ gilt daher $\lim\limits_{n\to\infty} n_l'/n_i$. Wenn wir den Bruch mit $1/n$ erweitern, so erhalten wir

$$P(A_l|A_i) = \lim_{n\to\infty} \frac{n_l'}{n_i} = \lim_{n\to\infty} \frac{\dfrac{n_l'}{n}}{\dfrac{n_i}{n}}. \tag{16}$$

n_l'/n stellt nun die relative Häufigkeit desjenigen Ereignisses dar, daß sowohl A_i als auch A_l auftritt. Dieses Ereignis wird den Ausführungen des Abschnittes 2 entsprechend als Produkt der Ereignisse A_i und A_l bezeichnet, so daß dessen Wahrscheinlichkeit durch $P(A_l A_i)$ gegeben ist. Wir können daher $\lim n_l'/n$ durch $P(A_l A_i)$ ersetzen. $\lim n_i/n$ ergibt $P(A_i)$. Gl. (16) geht damit über in

$$P(A_l|A_i) = \frac{P(A_l A_i)}{P(A_i)}. \tag{17}$$

Man kann also sagen: *Die bedingte Wahrscheinlichkeit $P(A_l|A_i)$, d. h. die Wahrscheinlichkeit, daß A_l eingetreten ist, wenn man weiß, daß A_i vorliegt, ist durch Gl. (17) gegeben.*

Als Beispiel untersuchen wir das folgende Problem: Wie groß ist die Wahrscheinlichkeit dafür, daß beim Werfen zweier Würfel die Summe der Augenzahlen 6 beträgt, wenn man weiß, daß einer der Würfel eine ungerade Augenzahl aufweist? Das Ereignis „Augenzahlensumme 6" sei mit S_6 bezeichnet, das Ereignis „einer der Würfel weist eine ungerade Augenzahl auf" mit U_1. Die gesuchte Wahrscheinlichkeit ist dann die bedingte Wahrscheinlichkeit $P(S_6|U_1)$. Auf Grund von Gl. (17) können wir schreiben

$$P(S_6|U_1) = \frac{P(S_6 U_1)}{P(U_1)}. \tag{18}$$

$P(S_6)$ ist dabei die Wahrscheinlichkeit dafür, daß die Augenzahlensumme *6* ist, und $P(S_6 U_1)$ gibt definitionsgemäß die Wahrscheinlichkeit dafür an, daß sowohl die Augenzahlensumme *6* auftritt als auch einer der Würfel eine ungerade Augenzahl aufweist.

Um die genannten Wahrscheinlichkeiten zu berechnen, geht man davon aus, daß beim Werfen zweier Würfel 36 Elementarereignisse auftreten, nämlich die verschiedenen Augenzahlenpaare 1; 1 bis 6; 6. Alle Elementarereignisse sind gleich wahrscheinlich, so daß man Gl. (10) sowie Gl. (13) anwenden kann. Das Ereignis S_6 wird durch die Augenzahlenpaare „1 ; 5", „2 ; 4", „3 ; 3", „4 ; 2" und „5 ; 1" realisiert, es gibt also $m = 5$ für das Ereignis günstige Möglichkeiten. Da die Gesamtzahl der Möglichkeiten $n = 36$ ist, folgt aus Gl. (13)

$$P(S_6) = \frac{5}{36}.$$

Das Ereignis $S_6 U_1$ wird nur noch durch die Augenzahlenpaare „1 ; 5", „3 ; 3" und „5 ; 1" realisiert, da jetzt einerseits die Summe der Augenzahlen gleich 6 sein muß, andererseits aber einer der Würfel eine ungerade Augenzahl aufweisen muß. Die Größe m ist in diesem Fall gleich 3, so daß aus Gl. (13) folgt

$$P(S_6 U_1) = \frac{3}{36} = \frac{1}{12}.$$

Das Ereignis U_1 wird schließlich durch 27 Elementarereignisse realisiert. Es gilt daher

$$P(U_1) = \frac{27}{36}.$$

Setzt man diese Resultate in Gl. (18) ein, so folgt

$$P(S_6|U_1) = \frac{\frac{1}{12}}{\frac{27}{36}} = \frac{1}{9}.$$

Man kann die bedingte Wahrscheinlichkeit $P(S_6|U_1)$ auch ohne Zuhilfenahme von Gl. (18) unmittelbar durch Abzählung der entsprechenden Elementarereignisse bestimmen. Wenn man weiß, daß das Ereignis U_1 eingetreten ist, so hat man es noch mit 27 verschiedenen möglichen Elementarereignissen zu tun. Günstig für S_6 sind von allen diesen Ereignissen nur noch drei, nämlich die Augenzahlenpaare „1 ; 5" und „3 ; 3" und „5 ; 1". Auf Grund von Gl. (13) ist daher die Wahrscheinlichkeit für das Eintreffen von S_6 beim Vorliegen von U_1 durch $3/27 = 1/9$ gegeben, in Übereinstimmung mit dem obigen Resultat.

Besonders erwähnenswert im Zusammenhang mit Gl. (17) sind zwei Grenzfälle. Wenn A_l immer nur zusammen mit A_i eintritt, so ist $P(A_l A_i) = P(A_l)$ und Gl. (17) geht über in

$$P(A_l|A_i) = \frac{P(A_l)}{P(A_i)}. \tag{19}$$

Ist dagegen A_l völlig unabhängig von A_i, so ist, wie man unmittelbar einsieht,

$$P(A_l|A_i) = P(A_l). \tag{20}$$

Es ist dann für die Wahrscheinlichkeit von A_l völlig unerheblich, ob gleichzeitig auch A_i eintrifft.

Zur Erläuterung des ersten Grenzfalles betrachten wir folgendes Problem: Beim Werfen eines Würfels erscheint eine gerade Augenzahl. Wie groß ist dann die Wahrscheinlichkeit dafür, daß es eine Zwei ist? Wenn man die Ereignisse „Augenzahl 2" mit A und „Augenzahl gerade" mit G bezeichnet, so stellt unser Problem die Frage nach der bedingten Wahrscheinlichkeit $P(A|G)$ dar. Das Ereignis „Augenzahl 2" tritt immer zusammen mit dem Ereignis „gerade Augenzahl" auf. Man darf daher Gl. (19) anwenden. Da, wie man leicht feststellt, $P(A) = 1/6$ und $P(G) = 1/2$ ist, folgt daher

$$P(A|G) = \frac{P(A)}{P(G)} = \frac{\frac{1}{6}}{\frac{1}{2}} = \frac{1}{3}.$$

Als Beispiel zum zweiten Grenzfall betrachten wir das Werfen zweier Würfel. Wir nehmen an, man weiß, daß der erste Würfel die Augenzahl zwei aufweist, und fragen nach der Wahrscheinlichkeit dafür, daß dann der zweite Würfel die Augenzahl 5 zeigt. Da die Augenzahl des zweiten Würfels unabhängig von der des ersten ist, ist die gesuchte Wahrscheinlichkeit gemäß Gl. (19) gleich der Wahrscheinlichkeit des Ereignisses „Augenzahl 5 beim ersten Würfel, beliebige Augenzahl beim zweiten Würfel". Diese ist $6/36 = 1/6$, da es 36 Elementarereignisse gibt (nämlich die Augenzahlenpaare „1; 1" bis „6; 6"), von denen sechs für das betrachtete Ereignis günstig sind (nämlich die Augenzahlenpaare „1; 5", „2; 5" usw. bis „6; 5").

Auf den Wert 1/6 kommt man auch, indem man die bedingte Wahrscheinlichkeit unmittelbar durch Abzählung der entsprechenden Elementarereignisse bestimmt. Wenn der erste Würfel die Augenzahl zwei zeigen soll, gibt es 6 verschiedene Elementarereignisse, nämlich die Augenzahlenpaare „2; 1", „2; 2", usw. bis „2; 6". Von diesen sechs Augenzahlenpaaren ist eines für das gewünschte Ereignis günstig, nämlich das Augenzahlenpaar „2; 5". Die gesuchte Wahrscheinlichkeit ist daher Gl. (13) zufolge gleich 1/6 in Übereinstimmung mit dem obigen Resultat.

5. Wahrscheinlichkeit des Produktes von Ereignissen

Wir betrachten zwei Ereignisse A_i und A_l, die völlig unabhängig voneinander eintreffen können. Wir fragen nach der Wahrscheinlichkeit dafür, daß sowohl A_i als auch A_l eintritt. Das Ereignis, daß sowohl A_i als auch A_l eintritt, wird als Produkt $A_i A_l$ bezeichnet, so daß man für die gesuchte Wahrscheinlichkeit das Symbol $P(A_i A_l)$ setzt.

Da die Ereignisse unabhängig voneinander sind, kann man Gl. (20) zufolge schreiben $P(A_l|A_i) = P(A_l)$. Setzt man dies in Gl. (17) ein, so ergibt sich $P(A_l) = P(A_i A_l)/P(A_i)$ bzw. durch Umstellung der Glieder

$$P(A_i A_l) = P(A_i) P(A_l). \tag{21}$$

Damit ist eine Formel für die gesuchte Wahrscheinlichkeit gefunden. Diese Formel läßt sich auch auf mehr als zwei Ereignisse übertragen,

$$P(A_i \cdot A_l \cdot A_r \ldots) = P(A_i) \cdot P(A_l) \cdot P(A_r) \ldots . \tag{22}$$

In Worten besagt dies: *Bei voneinander unabhängigen Ereignissen $A_i, A_l, \ldots, A_r$ ist die Wahrscheinlichkeit dafür, daß sowohl das Ereignis A_i, als auch das Ereignis A_l, als auch das Ereignis A_r usw. auftritt, gleich dem Produkt der Wahrscheinlichkeiten der*

Einzelereignisse. Es ist wichtig zu betonen, daß dies nur für voneinander unabhängige Ereignisse gilt.

Als erstes Beispiel berechnen wir die Wahrscheinlichkeit dafür, mit einem Würfel beim ersten Wurf 2 und beim zweiten Wurf 5 zu erhalten. Die Wahrscheinlichkeit jedes einzelnen Ereignisses ist 1/6. Die Ereignisse sind voneinander unabhängig. Man kann daher Gl. (21) anwenden und erhält für die gesuchte Wahrscheinlichkeit

$$\frac{1}{6}\cdot\frac{1}{6}=\frac{1}{36}\,.$$

Als zweites betrachten wir eine Urne mit 6 roten, 2 schwarzen und 3 gelben Kugeln. Es wird aus der Urne zweimal je eine Kugel gezogen und jeweils wieder zurückgeworfen. Wie groß ist die Wahrscheinlichkeit, beim ersten Ziehen eine gelbe und beim zweiten Ziehen eine rote Kugel zu erhalten? Es gibt insgesamt $n = 11$ Möglichkeiten. Für die Ziehung speziell einer gelben Kugel gibt es drei Möglichkeiten, daher ist die Wahrscheinlichkeit, bei der ersten Ziehung eine gelbe Kugel zu erhalten, 3/11. Entsprechend ist die Wahrscheinlichkeit, bei der zweiten Ziehung eine rote Kugel zu erhalten, 6/11. Die Wahrscheinlichkeit dafür, daß beides eintrifft, beträgt Gl. (21) zufolge

$$\frac{3}{11}\cdot\frac{6}{11}=\frac{18}{121}\,.$$

6. Totale Wahrscheinlichkeit*)

Gegeben seien n unvereinbare Ereignisse $A_1, A_2, \ldots, A_n$, von denen immer eines eintreffen muß, und ein weiteres Ereignis B, das stets mit genau einem jener Ereignisse zusammen auftritt. Das Ereignis $BA_1 + BA_2 + \cdots + BA_n$ stellt dann, wie man mit Hilfe der in Abschn. A 2 gegebenen Definition leicht feststellt, das Ereignis B dar. Man kann also schreiben

$$B = \sum_{i=1}^{n} BA_i \tag{23}$$

bzw. bei Berücksichtigung von Gl. (5)

$$P(B) = \sum_{i=1}^{n} P(BA_i)\,. \tag{24}$$

Mit Hilfe von Gl. (17) folgt daraus

$$P(B) = \sum_{i=1}^{n} P(A_i)P(B|A_i)\,. \tag{25}$$

Man nennt die durch Gl. (25) formulierte Aussage den *Satz über die totale Wahrscheinlichkeit.*

Der eben abgeleitete Satz läßt sich auf Probleme der folgenden Art anwenden: Gegeben sind 3 Urnen, und zwar

2 Urnen mit je 4 schwarzen und 1 gelben Kugel,
1 Urne mit 3 schwarzen und 5 gelben Kugeln.

Aus einer dieser Urnen, wobei nicht festgestellt wurde, aus welcher, wird eine Kugel herausgezogen. Wie groß ist die Wahrscheinlichkeit dafür, daß es eine gelbe ist?

Das Ereignis, daß man eine der beiden oben zuerst angeführten Urnen getroffen hat, bezeichnen wir mit A_1, dasjenige, daß man die oben als dritte angeführte Urne getroffen hat, mit A_2, das Ereignis,

*) Dieser Abschnitt kann von weniger interessierten Lesern überschlagen werden.

eine gelbe Kugel zu ziehen mit B. BA_1 ist dann das Ereignis, eine gelbe Kugel aus einer der beiden zuerst genannten Urnen zu ziehen, BA_2 dasjenige, sie aus der dritten Urne zu ziehen. Da die gelbe Kugel aus irgendeiner der drei Urnen stammen muß, gilt

$$B = BA_1 + BA_2,$$

woraus sich Gl. (25) zufolge ergibt

$$P(B) = P(A_1)P(B|A_1) + P(A_2)P(B|A_2).$$

Nun ist $P(A_1) = \frac{2}{3}$, da es drei Urnen gibt, von denen zwei zum Ereignis A_1 führen. Entsprechend ist $P(A_2) = \frac{1}{3}$. $P(B|A_1) = \frac{1}{5}$, da in der ersten Urne 5 Kugeln liegen, von denen nur eine gelb ist. $P(B|A_2) = \frac{5}{8}$. Wir erhalten somit

$$P(B) = \frac{2}{3}\cdot\frac{1}{5} + \frac{1}{3}\cdot\frac{5}{8} = \frac{2}{15} + \frac{5}{24} = \frac{41}{120}.$$

7. Formeln von Bayes*)

Gegeben seien wieder n unvereinbare Ereignisse $A_1, A_2, \ldots, A_n$ und ein weiteres Ereignis B, das stets mit genau einem dieser Ereignisse zusammen auftreten muß. Auf Grund der Gl. (17) gilt

$$P(A_i B) = P(B)P(A_i|B) = P(A_i)P(B|A_i).$$

Aus der letzten Beziehung folgt

$$P(A_i|B) = \frac{P(A_i)P(B|A_i)}{P(B)} \tag{26}$$

oder mit Hilfe von Gl. (25)

$$P(A_i|B) = \frac{P(A_i)P(B|A_i)}{\sum\limits_{k=1}^{n} P(A_k)P(B|A_k)}. \tag{27}$$

Man bezeichnet Gl. (26) und Gl. (27) als die *Formeln von Bayes* oder auch *Formeln über die Wahrscheinlichkeit von Hypothesen.*

Die Bayesschen Gleichungen lassen sich auf Probleme der folgenden Art anwenden: Gegeben sind die drei in Abschn. 6 angegebenen Urnen. Aus einer nicht gekennzeichneten Urne wird eine Kugel herausgezogen. Es wird festgestellt, daß die Kugel gelb ist. Wie groß ist die Wahrscheinlichkeit, daß die Kugel aus einer der beiden ersten Urnen stammt? Die Bezeichnungen der einzelnen Ereignisse sind die gleichen wie im vorigen Abschnitt. Es ist dann

$$P(A_1|B) = \frac{P(A_1)P(B|A_1)}{P(A_1)P(B|A_1) + P(A_2)P(B|A_2)} = \frac{\frac{2}{3}\cdot\frac{1}{5}}{\frac{2}{3}\cdot\frac{1}{5} + \frac{1}{3}\cdot\frac{5}{8}} = \frac{16}{41}.$$

8. Zur axiomatischen Begründung der Wahrscheinlichkeitsrechnung

Die Definition der Wahrscheinlichkeit über den Grenzwert der relativen Häufigkeit gemäß Gl. (2) hat den Vorteil der großen Anschaulichkeit; sie führt aber zu gewissen logischen Schwierigkeiten: Die geforderte „Regellosigkeit“ der Ereignisse

---

*) Dieser Abschnitt kann von weniger interessierten Lesern überschlagen werden.

steht nicht in Einklang mit der Forderung der Existenz eines Grenzwertes. Die Wahrscheinlichkeit läßt sich auch logisch völlig befriedigend in axiomatischer Weise einführen. Darauf wollen wir nun kurz eingehen.

Bei der axiomatischen Begründung der Wahrscheinlichkeitsrechnung geht man davon aus, daß die möglichen Ereignisse $A_1, A_2, \ldots$ ein Ereignisfeld bilden, d. h. daß mit A_i und A_l auch $A_i + A_l$ und $A_i - A_l$ zum Feld gehören und daß dieses außerdem auch das unmögliche und das sichere Ereignis umfaßt. Nach Kolmogoroff führt man dann die folgenden Axiome ein:

1. Axiom: Jedem Ereignis A_i wird eine Wahrscheinlichkeit $P(A_i)$ zugeordnet mit

$$0 \leqq P(A_i) \leqq 1 \,. \tag{28}$$

2. Axiom: Das sichere Ereignis hat die Wahrscheinlichkeit 1.

3. Axiom: Die Wahrscheinlichkeit einer Summe zufälliger, einander ausschließender Ereignisse ist gleich der Summe der Wahrscheinlichkeiten dieser Ereignisse

$$P(A_1 + A_2 + \cdots + A_l) = P(A_1) + P(A_2) + \cdots + P(A_l) \,. \tag{29}$$

Mit Hilfe dieser Axiome lassen sich alle in den vorigen Abschnitten gewonnenen Aussagen durch eine Kette von rein mathematisch logischen Schlüssen ableiten, ohne den Begriff der relativen Häufigkeit zuhilfe zu nehmen; lediglich Gl. (17) wird nicht als Resultat erhalten, sondern als Definitionsgleichung für den Begriff „bedingtes Ereignis“ eingeführt. Wir gehen darauf nicht weiter ein, sondern erläutern im folgenden lediglich noch das Axiomensystem selbst etwas eingehender.

Durch das 1. Axiom wird das Problem der Definition der Wahrscheinlichkeit durch relative Häufigkeiten umgangen. Jedem Ereignis wird in Form eines Postulates eine Wahrscheinlichkeit zugesprochen. Es ist allerdings in den Axiomen nicht festgelegt, wie groß diese ist. Um tatsächlich spezielle Zahlenwerte für die $P(A_i)$ bei einem bestimmten Problem zu finden, kann man verschiedene Wege gehen Man kann in manchen Fällen von der gleichen Wahrscheinlichkeit der Elementarereignisse ausgehen, wie das in Abschn. 3 beschrieben wurde. Wo das nicht möglich ist, muß man sich nach der relativen Häufigkeit richten. Man greift dann auf Gl. (2) zurück, aber nicht zur Definition der Wahrscheinlichkeit, sondern lediglich als Anhaltspunkt für deren Zahlenwert.

Es ist freilich in keiner Weise garantiert, daß für die realen Ereignisse die angenommenen Wahrscheinlichkeiten tatsächlich zutreffen. Das ist aber, entsprechend den Ausführungen im Kap. I dieses Buches, kein Problem der Mathematik, sondern eines der Anwendung. Wenn wir z. B. dem Ereignis „Adler“ beim Werfen einer Münze die Wahrscheinlichkeit 1/2 zusprechen, so ist damit nicht gesagt, daß diese Wahrscheinlichkeit tatsächlich für die gerade verwendete Münze zutrifft. Die mathematische Theorie garantiert das folgende: *Unter der Voraussetzung, daß die angenommenen Wahrscheinlichkeiten zutreffen, sind alle weiter gewonnenen mathematischen Aussagen richtig.*

Das zweite und dritte Axiom wird bei der Definition über die relative Häufigkeit, als Resultat der Überlegungen, erhalten. Beim axiomatischen Aufbau muß es vorausgesetzt werden.

Fragen und Aufgaben

1. Was versteht man unter der relativen Häufigkeit eines Ereignisses?
2. Wie lautet die statistische Definition der Wahrscheinlichkeit?
3. Wie berechnet man die Wahrscheinlichkeit a) einer Summe von Ereignissen, b) eines Produktes von Ereignissen?
4. Wie berechnet man die bedingte Wahrscheinlichkeit?
5. Wie berechnet man die bedingte Wahrscheinlichkeit im Falle unabhängiger Ereignisse?
6. Welche Nachteile besitzt die statistische Definition der Wahrscheinlichkeit?
7. Es werden zwei Würfel geworfen. Wie groß ist die Wahrscheinlichkeit dafür, daß a) jeder Würfel eine ungerade Augenzahl aufweist, b) die Summe der Augenzahlen 7 ist, c) die Summe der Augenzahlen 7 ist, wenn man weiß, daß mindestens ein Würfel eine ungerade Augenzahl aufweist, d) beim zweimaligen Werfen der Würfel zunächst die Augenzahlsumme 5 und anschließend die Augenzahlsumme 2 auftritt?
8. Eine Urne enthält 5 rote, 7 gelbe und 12 schwarze Kugeln. Wie groß ist die Wahrscheinlichkeit dafür, daß a) beim Ziehen einer Kugel diese entweder gelb oder rot ist, b) hintereinander eine rote, eine gelbe und eine schwarze Kugel gezogen wird, wenn man nach jeder Ziehung die Kugel wieder zurückwirft?

C. Definition und Berechnung der Wahrscheinlichkeitsdichte im Falle kontinuierlicher Zufallsgrößen

1. Definition der Wahrscheinlichkeitsdichte

Bei diskreten Zufallsgrößen wurde in Abschn. B jedem Ereignis eine bestimmte Wahrscheinlichkeit zugeordnet. Bei kontinuierlichen Zufallsgrößen, also bei nichtabzählbar unendlich vielen Ereignissen, werden die Verhältnisse komplizierter.

Betrachten wir beispielsweise die Größe bzw. das Gewicht der Eier, die ein Huhn im Laufe der Zeit legt. Die Zufallsgröße ξ ist dann das Gewicht eines Eies. Nehmen wir an, das kleinste mögliche Gewicht wäre a und das größte mögliche Gewicht wäre b. Zwischen a und b liegen unendlich viele Zahlen und damit auch unendlich viele verschiedene Gewichte. Die Wahrscheinlichkeit dafür, daß das Gewicht irgendwo zwischen a und b liegt, ist durch die Summe der Wahrscheinlichkeiten für die einzelnen Gewichte gegeben. Würde man nun jedem Gewicht eine gewisse endliche Wahrscheinlichkeit zuordnen, so würde man als Summe unendlich und nicht 1 erhalten. Da das nicht sein darf, schließen wir: *Die Wahrscheinlichkeit dafür, daß eine kontinuierliche Zufallsvariable einen genau vorgegebenen Wert annimmt, ist gleich Null.*

Um die Größenverteilung der Eier im obigen Beispiel zu charakterisieren, kann man nun die Wahrscheinlichkeit dafür angeben, daß das Gewicht des Eies in einem zwar sehr kleinen, aber dennoch endlichen Bereich liegt, sagen wir zwischen x und $x + \Delta x$, wobei Δx sehr klein ist. Diese Wahrscheinlichkeit wird der Größe Δx proportional sein. Des weiteren wird sie von der betrachteten Stelle x abhängen. Man setzt daher für diese Wahrscheinlichkeit an

$$P(x \leqq \xi \leqq x + \Delta x) = p(x)\Delta x \,, \tag{30}$$

wobei $p(x)$ eine Funktion ist, die die Abhängigkeit von x berücksichtigt und die man als *Wahrscheinlichkeitsdichte* bezeichnet. Der Zusatz „Dichte" rührt daher, daß man zu der Wahrscheinlichkeit selbst erst durch Multiplikation von $p(x)$ mit Δx kommt, ähnlich wie man die Masse eines Stoffes erhält, indem man die Massendichte mit dem Volumen multipliziert. Die Funktion $p(x)$ muß man aus den realen Gegebenheiten auf irgendeine Weise ermitteln, ähnlich wie man bei einer diskreten Zufallsgröße die Wahrscheinlichkeiten der einzelnen Ereignisse ermitteln muß. Kennt man einmal $p(x)$, so kann man alle interessierenden Wahrscheinlichkeiten ausrechnen. Um z. B. die Wahrscheinlichkeit dafür zu erhalten, daß das Gewicht eines Eies zwischen zwei weiter auseinanderliegenden Werten x_1 und x_2 liegt, muß man gemäß Gl. (5) die Wahrscheinlichkeiten für alle Δx im Intervall $[x_1, x_2]$ summieren und dabei Δx immer kleiner machen. Man kommt so zum Integral $\int_{x_1}^{x_2} p(x)\,dx$.

Wir sehen also: *Bei einer kontinuierlichen Zufallsvariablen ξ, d. h. im Falle von nichtabzählbar unendlich vielen Ereignissen, kann man jedem Wert x dieser Zufallsgröße eine Wahrscheinlichkeitsdichte $p(x)$ zuweisen. $p(x)\,\Delta x$ gibt dann die Wahrscheinlichkeit dafür an, daß ξ zwischen x und $x + \Delta x$ liegt. Die Wahrscheinlichkeit dafür, daß x zwischen zwei weiter entfernten Werten x_1 und x_2 liegt, ist gegeben durch*

$$P\{x_1 \leqq \xi \leqq x_2\} = \int_{x_1}^{x_2} p(x)\,dx\,. \tag{31}$$

Die Wahrscheinlichkeitsdichte $p(x)$ muß eine wichtige Bedingung erfüllen. Da die Größe ξ immer irgendeinen Wert zwischen $-\infty$ und $+\infty$ annehmen muß, ist die Wahrscheinlichkeit dafür, daß ξ zwischen diesen beiden Werten liegt, gleich 1. Man erhält daher mit Hilfe von Gl. (31)

$$\int_{-\infty}^{+\infty} p(x)\,dx = 1\,. \tag{32}$$

Den Inhalt von Gl. (32) drückt man durch die Worte aus, *daß $p(x)$ auf 1 normiert ist.*

Als Beispiel betrachten wir wieder das Gewicht x der Eier, die ein Huhn im Laufe der Zeit legt. Wir nehmen an, daß die Wahrscheinlichkeitsdichte mit wachsendem Gewicht exponentiell abnimmt, wobei ein kleinstes Eigewicht von $a = 50$ g auftritt, während das Gewicht nach oben hin nicht begrenzt ist, also $b = \infty$ ist. Wir können dann ansetzen

$$p(x) = \mathrm{e}^{-x+50} \quad \text{für} \quad x \geqq 50\,,$$
$$p(x) = 0 \quad \text{für} \quad x < 50\,.$$

Man kann sich leicht überzeugen, daß die Forderung $\int_{-\infty}^{+\infty} p(x) = 1$ erfüllt ist. Die entsprechende Wahrscheinlichkeitsdichte ist in Abb. 2 wiedergegeben. Wir fragen nun danach, wie groß die Wahrscheinlichkeit dafür ist, daß das Gewicht eines Eies zwischen 50 und 52 g liegt. Der entsprechende Bereich ist in Abb. 2 schraffiert. Mit Hilfe von Gl. (31) ergibt sich

$$P\{50 \leqq \xi \leqq 52\} = \int_{50}^{52} \mathrm{e}^{-x+50}\,dx = -\mathrm{e}^{-x+50}\Big|_{50}^{52} = -\mathrm{e}^{-2} + \mathrm{e}^{0} = 0{,}87\,.$$

Es liegen also 87% der Eier im betrachteten Gewichtsintervall. Wir müssen aber anführen, daß der angenommene Wahrscheinlichkeitsdichteverlauf ziemlich unrealistisch ist und daß wir ihn lediglich deswegen so gewählt haben, weil dann das auftretende Integral leicht berechenbar ist. Den Tatsachen angemessener wäre es gewesen, für $p(x)$ eine Gaußsche Glockenkurve anzunehmen.

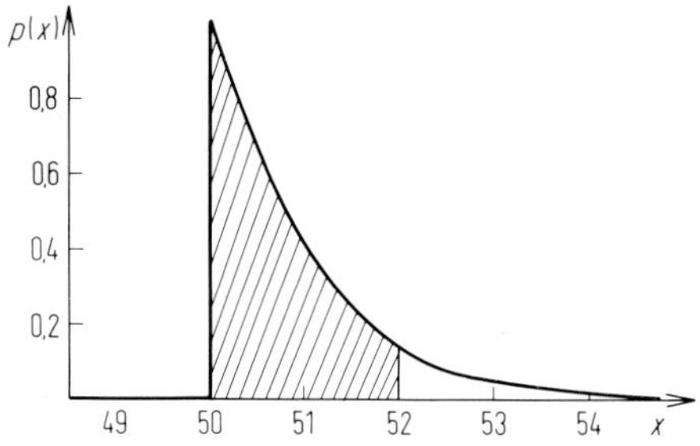

Abb. 2. Wahrscheinlichkeitsdichte $p(x)$ als Funktion des Gewichtes x für den Fall des beschriebenen Beispiels.

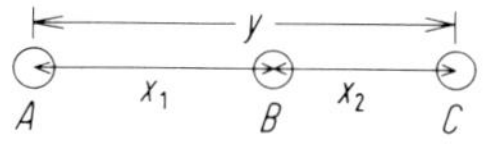

Abb. 3. Abstände x_1 und x_2 von Punkten als Beispiel für eine zweidimensionale Zufallsgröße.

2. Wahrscheinlichkeitsdichte der Summe zweier Zufallsgrößen

In zahlreichen Fällen muß man einem Elementarereignis nicht eine, sondern allgemein n Zufallsgrößen $\xi_1, \xi_2, \ldots, \xi_n$ zuordnen. Man spricht dann von einer n-dimensionalen Zufallsgröße, bzw. einem n-dimensionalen Zufallsvektor.

Als Beispiel betrachten wir drei Punkte A, B und C (s. Abb. 3). Der Abstand von A nach B sei eine Zufallsgröße ξ_1, deren Werte mit x_1 bezeichnet werden mögen, der Abstand von B nach C eine Zufallsgröße ξ_2, deren Werte mit x_2 bezeichnet werden sollen. Man hat es dann mit einer zweidimensionalen Zufallsgröße zu tun.

Von besonderem Interesse ist das folgende Problem: Gegeben seien zwei verschiedene Zufallsgrößen ξ_1 und ξ_2, deren Werte mit x_1 und x_2 und deren Wahrscheinlichkeitsdichten mit $p_1(x_1)$ und $p_2(x_2)$ bezeichnet werden sollen. Wie groß ist die Wahrscheinlichkeitsdichte dafür, daß die Summe $x_1 + x_2$ einen bestimmten Wert y annimmt? Aus $x_1 + x_2 = y$ folgt

$$x_2 = y - x_1 .$$

Die Wahrscheinlichkeit dafür, daß die Größe ξ_1 einen Wert zwischen x_1 und $x_1 + \Delta x_1$ annimmt und gleichzeitig die Größe ξ_2 einen Wert zwischen $y - x_1$ und $y - x_1 + \Delta y$ annimmt, ist Gl. (21) zufolge durch das Produkt

$$p_1(x_1)\,\Delta x_1\, p_2(y - x_1)\,\Delta y$$

gegeben. Ein bestimmter Wert y kann nun durch verschiedene Werte x_1 zustande kommen. Um die Wahrscheinlichkeit dafür zu erhalten, daß $x_1 + x_2$ zwischen y und $y + \Delta y$ liegt, *unabhängig* davon, wie groß x_1 ist, muß man über alle möglichen Werte von X_1 summieren bzw. integrieren. Wenn wir die gesuchte Wahrscheinlichkeit mit $p(y)\,\Delta y$ bezeichnen, erhalten wir somit

$$p(y)\,\Delta y = \int_{-\infty}^{+\infty} p_1(x_1) p_2(y - x_1)\, dx_1 \cdot \Delta y .$$

Daraus folgt

$$p(y) = \int_{-\infty}^{+\infty} p_1(x_1)\,p_2(y - x_1)\,dx_1\,. \tag{33}$$

Man kann die Integrationsgrenze grundsätzlich von $-\infty$ bis $+\infty$ erstrecken, indem man für alle Werte x_1, die nicht auftreten können, $p_1(x_1) = 0$ setzt.

Ein Vergleich mit Gl. (XIV,108) zeigt, daß das Integral in Gl. (33) das Faltungsprodukt der Funktionen $p_1(x_1)$ und $p_2(x_2)$ darstellt. Es gilt also: *Die Wahrscheinlichkeitsdichte der Summe zweier Zufallsgrößen erhält man durch Faltung der Wahrscheinlichkeitsdichten der einzelnen Zufallsgrößen.*

Zur Anwendung von Gl. (33) kehren wir zum Beispiel in Abb. 3 zurück. Wir nehmen an, daß die Wahrscheinlichkeitsdichte für einen bestimmten Abstand zwischen zwei benachbarten Punkten durch eine Gaußsche Glockenkurve gegeben ist, deren Maximum in a liegt und deren Breite durch einen Parameter σ^2 charakterisiert wird. Es gilt dann

$$p(x_1) = \frac{1}{\sigma\sqrt{\pi}}\,e^{-\frac{(x_1-a)^2}{\sigma^2}} \quad \text{und} \quad p(x_2) = \frac{1}{\sigma\sqrt{\pi}}\,e^{-\frac{(x_2-a)^2}{\sigma^2}}\,. \tag{34}$$

Wir fragen nun nach der Wahrscheinlichkeit dafür, daß die Summe der beiden Abstände, d. h. der Abstand von A nach C einen bestimmten Wert y hat. Da $y = x_1 + x_2$ ist, kann man die Wahrscheinlichkeitsdichte $p(y)$ über Gl. (33) berechnen. Es ergibt sich

$$p(y) = \int_{-\infty}^{+\infty} p(x_1)\,p(y - x_1)\,dx_1 = \frac{1}{\sigma^2\pi}\int_{-\infty}^{+\infty} e^{-\frac{(x_1-a)^2}{\sigma^2}}\,e^{-\frac{(y-x_1-a)^2}{\sigma^2}}\,dx_1 = \frac{1}{\sigma\sqrt{2\pi}}\,e^{-\frac{(y-2a)^2}{2\sigma^2}} \tag{35}$$

Bei der Ausrechnung des Integrals wurde nach Umformung der Exponenten Gl. (XI, 130) zuhilfe genommen, Die Bedeutung des Integrals in Gl. (35) läßt sich anschaulich in folgender Weise erklären: Ohne Integral würde man die Wahrscheinlichkeitsdichte dafür erhalten, daß der Punkt C den Abstand y vom Punkt A hat und außerdem gleichzeitig der Punkt B den Abstand x_1 von A besitzt. Nach der Integration ergibt sich dagegen die Wahrscheinlichkeitsdichte für den Abstand y des Punktes C von A bei beliebiger Lage von B.

Gl. (35) zeigt, daß $p(y)$ ebenfalls durch eine Gaußsche Glockenkurve wiedergegeben wird, deren Maximum bei $2a$ liegt und deren Breite um den Faktor $\sqrt{2}$ größer ist als die der Kurve für den Abstand der nächsten Nachbarn. Die Unsicherheit bezüglich der Lage des übernächsten Nachbars von A ist also bedeutend größer als die bezüglich der Lage des nächsten Nachbars. Das betrachtete Beispiel stellt die Grundlage für die Untersuchung der Struktur und der Röntgenstreuung von gestörten Kristallen dar.

Fragen und Aufgaben

1. Was versteht man unter der Wahrscheinlichkeitsdichte?
2. Wie kommt man von der Wahrscheinlichkeitsdichte zu einer Wahrscheinlichkeit?
3. Welche Bedeutung besitzt das Faltungsprodukt bei der Berechnung von Wahrscheinlichkeitsdichten?
4. Beim Schießen auf eine Scheibe mit einem punktförmigen Ziel sei die Wahrscheinlichkeitsdichte für den Abstand x der Einschußstelle vom Zielpunkt durch $p(x) = 0{,}2\,e^{-0{,}2x}$ gegeben. Wie groß ist die Wahrscheinlichkeit dafür, daß a) der Abstand von der Einschußstelle vom Zielpunkt kleiner als 1 ist und b) beim zweimaligen Schießen die Summe der Abstände der Einschußstellen vom Zielpunkt kleiner als 2 ist?

D. Kette von *n* Versuchen

1. Kette von voneinander unabhängigen Versuchen (Bernoulli-Schema)

a) Ableitung der exakten Gleichungen

Bei den bisherigen Untersuchungen wurde vor allem nach der Wahrscheinlichkeit irgendeines Ereignisses bei der Durchführung *eines* Versuches gefragt. Im folgenden betrachten wir nun ein etwas anderes Problem: Man führt eine Folge von n Versuchen durch. Bei jedem Versuch soll eines von zwei einander ausschließenden Ereignissen A_1 oder A_2 eintreten, und zwar A_1 mit der Wahrscheinlichkeit p und A_2 mit der Wahrscheinlichkeit $1 - p$. Die einzelnen Versuche sollen voneinander unabhängig sein, d. h. p soll jedesmal den gleichen Wert haben. Wie groß ist die Wahrscheinlichkeit $P_n(m)$ dafür, daß bei den n Versuchen das Ereignis A_1 insgesamt m mal und das Ereignis A_2 insgesamt $n - m$ mal auftritt, ohne daß dabei eine bestimmte Reihenfolge der Ereignisse vorgeschrieben ist?

Um dieses Problem zu lösen, nehmen wir als erstes an, daß auch eine bestimmte Reihenfolge der Ereignisse verlangt wird. Man hat dann die Wahrscheinlichkeit für das gleichzeitige Auftreten von n voneinander unabhängigen Ereignissen zu berechnen, die Gl. (22) zufolge durch das Produkt der Wahrscheinlichkeiten der Einzelereignisse gegeben ist. Insbesondere erhält man die Wahrscheinlichkeit dafür, daß in den ersten m Versuchen A_1 und in den darauffolgenden $n - m$ Versuchen A_2 auftritt, indem man m mal die Größe p und $n - m$ mal die Größe $1 - p$ als Faktor schreibt,

$$ppp \ldots p(1-p)(1-p) \ldots (1-p) = p^m(1-p)^{n-m}\,. \tag{36}$$

Bei einer anderen Reihenfolge der Ereignisse muß man in obigem Ausdruck die Reihenfolge der Faktoren p und $1 - p$ verändern, die Anzahl der einzelnen Faktoren und damit der Zahlenwert der Wahrscheinlichkeit bleibt aber der gleiche. *Die Wahrscheinlichkeit dafür, daß m mal das Ereignis A_1 und $n - m$ mal das Ereignis A_2 in einer vorgegebenen Reihenfolge auftritt, ist also durch $p^m(1-p)^{n-m}$ gegeben.*

Als nächstes lassen wir nun die Forderung, daß die Ereignisse in einer vorgegebenen Reihenfolge auftreten sollen, fallen. Wir bestimmen also die Wahrscheinlichkeit $P_n(m)$ dafür, daß entweder die ersten m mal A_1 und die restlichen $m - n$ mal A_2 eintritt, oder beim ersten Versuch A_2, dann m mal A_1 und schließlich $n - m - 1$ mal A_2, oder irgendeine andere Anordnung der m Ereignisse A_1 und $n - m$ Ereignissen A_2. Gemäß Gl. (5) müssen wir dann die Wahrscheinlichkeiten für die einzelnen vorgegebenen Reihenfolgen addieren. Da diese Wahrscheinlichkeiten, wie oben festgestellt wurde, alle gleich $p^m(1-p)^{n-m}$ sind, hat man dieses Produkt mit der Anzahl der verschiedenen Anordnungsmöglichkeiten von n Ereignissen, von denen jeweils m und $n - m$ einander gleich sind, zu multiplizieren. Gl. (III, 5) zufolge ist diese Anzahl durch $n!/m!(n-m)!$ gegeben, so daß man erhält

$$P_n(m) = \frac{n!}{m!\,(n-m)!}\,p^m(1-p)^{n-m}\,. \tag{37}$$

Es gilt also zusammenfassend: *A_1 und A_2 seien zwei sich einander ausschließende Ereignisse, die mit der Wahrscheinlichkeit p bzw. $1 - p$ auftreten. Die Wahrscheinlichkeit dafür, daß bei n Versuchen m mal das Ereignis A_1 und $n - m$ mal das Ereignis A_2*

in irgendeiner nicht vorgegebenen Reihenfolge auftritt, ist dann durch Gl. (37) gegeben. Die hier betrachtete Folge von Versuchen nennt man ein *Bernoullisches Schema.*

Zur anschaulichen Erläuterung der obigen Ableitungen betrachten wir ein einfaches Beispiel. Eine Münze soll dreimal geworfen werden. Wie groß ist die Wahrscheinlichkeit dafür, bei den ersten beiden Malen Kopf und beim dritten Mal Adler zu erhalten? Wir bezeichnen das Ereignis „Kopf" mit A_1 und das Ereignis Adler mit A_2. Es ist $p = 1/2$, $1 - p = 1/2$, $n = 3$ und $m = 2$. Die Wahrscheinlichkeit, beim ersten Mal Kopf zu erhalten, ist wieder 1/2, beim zweiten Mal Kopf zu erhalten ist wieder 1/2, und beim dritten Mal Adler zu erhalten, ebenfalls 1/2. Die Wahrscheinlichkeit dafür, daß alle drei Ereignisse eintreten, $P(A_1 A_1 A_2)$ ist daher Gl. (22) zufolge gegeben durch

$$P(A_1 A_1 A_2) = \frac{1}{2} \cdot \frac{1}{2} \cdot \frac{1}{2} = \frac{1}{8}.$$

Diese Beziehung entspricht der Gl. (36).

Als nächstes fragen wir nun nach der Wahrscheinlichkeit $P_3(2)$, zweimal Kopf und einmal Adler zu erhalten in irgendeiner nicht vorgegebenen Reihenfolge. Es gibt insgesamt drei mögliche Reihenfolgen der betrachteten Ereignisse, nämlich $A_1 A_1 A_2$, $A_1 A_2 A_1$ und $A_2 A_1 A_1$. Wir fragen also danach, wie wahrscheinlich es ist, daß entweder $A_1 A_1 A_2$ oder $A_1 A_2 A_1$ oder $A_2 A_1 A_1$ eintritt. Auf Grund von Gl. (5) ergibt sich dafür

$$P_3(2) = P(A_1 A_1 A_2) + P(A_1 A_2 A_1) + P(A_2 A_1 A_1) =$$
$$= \frac{1}{2} \cdot \frac{1}{2} \cdot \frac{1}{2} + \frac{1}{2} \cdot \frac{1}{2} \cdot \frac{1}{2} + \frac{1}{2} \cdot \frac{1}{2} \cdot \frac{1}{2} = 3 \cdot \frac{1}{8} = \frac{3}{8}.$$

Der neu hinzugekommene Faktor 3 entspricht dem Faktor $\frac{n!}{m!(n-m)!} = \frac{3!}{2!1!}$ in Gl. (37).

Die erhaltene Gleichung läßt sich leicht für den Fall verallgemeinern, daß bei der Folge von unabhängigen Versuchen bei jedem Versuch eines mit k unvereinbaren Versuchsergebnisses $A_1, A_2, \dots, A_k$ auftreten kann. Die Wahrscheinlichkeit dafür, daß bei einer Folge von n unabhängigen Versuchen m_1 mal A_1, m_2 mal A_2, usw. ... bis m_k mal A_k auftritt, ist dann gegeben durch

$$P_n(m_1, m_2, \dots, m_k) = \frac{n!}{m_1! m_2! \dots m_k!} p_1^{m_1} \cdot p_2^{m_2} \dots p_k^{m_k}. \tag{38}$$

Selbstverständlich ist $m_1 + m_2 + \cdots + m_k = n$ und $p_1 + p_2 + \cdots + p_k = 1$.

Als Beispiel fragen wir nach der Wahrscheinlichkeit dafür, bei 5 Würfen mit einem Würfel zweimal die Augenzahl 6 und dreimal die Augenzahl 2 zu erhalten. Es gibt sechs Ereignisse A_1 bis A_6, nämlich die sechs Augenzahlen. Es ist $m_1 = 0$, $m_2 = 3$, $m_3 = 0$, $m_4 = 0$, $m_5 = 0$ und $m_6 = 2$. Ferner ist $n = 5$ und $p_1 = p_2 = \cdots = p_6 = \frac{1}{6}$. Wir erhalten daher

$$P_5(0,3,0,0,0,2) = \frac{5!}{0!3!0!0!0!2!} \left(\frac{1}{6}\right)^0 \left(\frac{1}{6}\right)^3 \left(\frac{1}{6}\right)^0 \left(\frac{1}{6}\right)^0 \left(\frac{1}{6}\right)^0 \left(\frac{1}{6}\right)^2 = 10 \cdot \left(\frac{1}{6}\right)^5. \tag{39}$$

b) Diskussion der Funktion $P_n(m)$

Wir wollen nun den abgeleiteten Ausdruck

$$P_n(m) = \frac{n!}{m!(n-m)!} p^m (1-p)^{n-m}$$

eingehender diskutieren und hierzu $P_n(m)$ als Funktion von m bei konstantem n auffassen. Die Größe m gibt an, wie oft das Ereignis A_1 bei n Versuchen auftreten soll; m/n wäre also die relative Häufigkeit des Ereignisses A_1. Nehmen wir als erstes an, das Produkt np ist eine ganze Zahl. Man kann dann zeigen, daß die Funktion $P_n(m)$ an der Stelle $m = np$, also für $m/n = p$, ein Maximum aufweist. Es ist daher diejenige relative Häufigkeit am wahrscheinlichsten, die gleich p ist. Ferner zeigt sich, daß $P_n(m)$ als Funktion von m im Falle, daß $p = 1/2$ ist, symmetrisch um das Maximum verläuft, bei $p \neq 1/2$ dagegen unsymmetrisch. Wenn np keine ganze Zahl ist, so besitzt $P_n(m)$ ein Maximum für denjenigen Wert von m, der pn am nächsten kommt. Wir wollen diese Aussagen nicht allgemein beweisen, sondern lediglich durch einige Beispiele belegen.

Als erstes betrachten wir den bereits oben besprochenen Fall, daß man eine Münze $n = 3$ mal hochwirft und fragt, wie groß die Wahrscheinlichkeit dafür ist, daß man m mal Kopf erhält. m kann die Werte 0, 1, 2 und 3 annehmen. Es gilt allgemein

$$P_3(m) = \frac{3!}{m!(3-m)!}\left(\frac{1}{2}\right)^m\left(\frac{1}{2}\right)^{3-m} = \frac{3!}{m!(3-m)!}\,\frac{1}{8}. \tag{40}$$

Für $m = 0$ folgt daraus

$$P_3(0) = \frac{3!}{0!\,3!}\,\frac{1}{8} = \frac{1}{8}. \tag{41}$$

Für $m = 1$ erhält man

$$P_3(1) = \frac{3!}{1!\,2!}\,\frac{1}{8} = \frac{3}{8}.$$

In ähnlicher Weise ergibt sich $P_3(2) = 3/8$ und $P_3(3) = 1/8$. Die Resultate sind in Abb. 4 graphisch wiedergegeben. Man erkennt, daß $P_3(m)$ am größten ist für $m = 1$ und $m = 2$, also die ganzzahligen Werte, die der Zahl np, die im vorliegenden Fall 1,5 ist, am nächsten kommen. Die Kurve ist symmetrisch zum Maximum. Selbstverständlich haben nur die Werte für ganzzahliges m eine Bedeutung. Die gestrichelte Kurve, die diese Punkte verbindet, wurde nur deswegen eingezeichnet, damit der Zusammenhang der Punkte besser ersichtlich ist.

Des weiteren zeigt Abb. 4 auch noch den Verlauf der Funktion $P_6(m)$. Sie gibt die Wahrscheinlichkeit dafür an, beim sechsmaligen Werfen der Münze m mal Kopf zu erhalten. Das Maximum liegt jetzt bei $m = 3$.

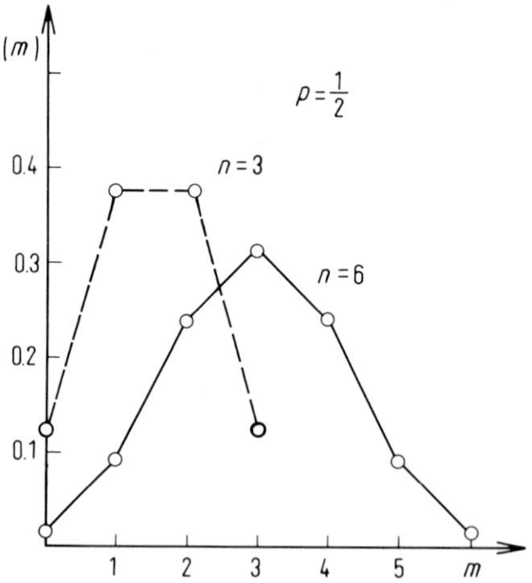

Abb. 4. Verlauf der Funktion $P_n(m)$ im Falle $p = 1/2$ für zwei verschiedene n-Werte.

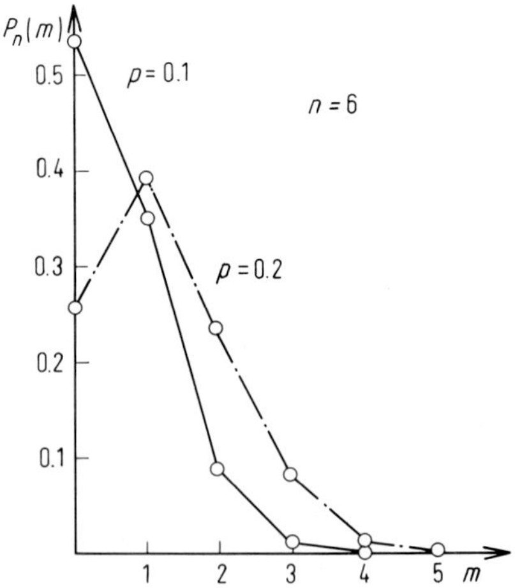

Abb. 5. Verlauf der Funktion $P_n(m)$ für zwei verschiedene p-Werte mit $n = 6$.

In Abb. 5 ist schließlich noch der Verlauf der Funktion $P_6(m)$ für $p \neq 1/2$ angegeben, und zwar für die Werte $p = 0{,}2$ und $p = 0{,}1$. Man sieht, daß das Maximum sich desto weiter nach links verschiebt, je kleiner p wird, entsprechend der allgemeinen Regel, daß das Maximum in der Nähe von np liegen muß. Diese Kurven beziehen sich z. B. jeweils auf eine Münze, bei der aus irgendwelchen Gründen die Wahrscheinlichkeit, „Kopf" zu erhalten, kleiner ist als die für „Adler".

Man kann nun noch nach der Wahrscheinlichkeit dafür fragen, daß m innerhalb eines gewissen Bereiches liegt, etwa zwischen den ganzen Zahlen a und b. Man muß dann entsprechend Gl. (5) die Wahrscheinlichkeiten für die einzelnen m-Werte innerhalb dieses Bereichs addieren. Wenn man die gesuchte Wahrscheinlichkeit mit $P\{a \leqq m \leqq b\}$ bezeichnet, kann man daher schreiben

$$P_n\{a \leqq m \leqq b\} = \sum_{a \leqq m \leqq b} P_n(m). \tag{42}$$

Die Wahrscheinlichkeit dafür, daß beim sechsmaligen Werfen einer Münze das Ereignis „Kopf" entweder zweimal, oder dreimal, oder viermal auftritt, ist Gl. (42) zufolge gegeben durch

$$P_6\{2 \leqq m \leqq 4\} = \sum_{2 \leqq m \leqq 4} P_6(m) = \sum_{m=2}^{4} P_6(m) = \sum_{m=2}^{4} \frac{6!}{m!(6-m)!}\left(\frac{1}{2}\right)^6 = 50 \cdot \left(\frac{1}{2}\right)^6. \tag{43}$$

c) Näherungsgesetze für große *n*

α) Formulierung und Diskussion der Grenzwertsätze

Die Anwendung der Gl. (37) wird sehr umständlich, wenn n groß ist. Man kann aber aus dieser Gleichung zwei bedeutend einfacher auszuwertende Formeln ableiten, die für $n \to \infty$ exakt in Gl. (37) übergehen und die auch für endliche Werte von n eine gute Näherung dieser Gleichung darstellen. Es gilt:

1. Für große n und unter der Bedingung, daß p ungefähr gleich 0,5 ist, kann man als Näherung für Gl. (37) die Beziehung

$$P_n(m) \approx \frac{1}{\sqrt{2\pi n p(1-p)}} \, e^{-\frac{(m-np)^2}{2np(1-p)}} \tag{44}$$

verwenden (Grenzwertsatz von Moivre-Laplace). Mit den Abkürzungen

$$\sigma = \sqrt{np(1-p)} \tag{45}$$

und

$$y = m - np \tag{46}$$

kann man dafür auch schreiben

$$P_n(m) = \frac{1}{\sigma\sqrt{2\pi}} \, e^{-\frac{y^2}{2\sigma^2}}. \tag{47}$$

2. Für große n und unter der Bedingung, daß p klein gegen 0,5 ist (z. B. 0,2 oder weniger), kann man als Näherung für Gl. (37) die Beziehung

$$P_n(m) \approx \frac{(np)^m}{m!} \, e^{-np} \tag{48}$$

aufstellen (Poissonsche Formel). Im Grenzfall $n \to \infty$ gehen beide Formeln in die exakte Gleichung (37) über.

Gl. (44) wird durch eine Gaußsche Glockenkurve wiedergegeben, deren Maximum bei $m = np$ liegt (vgl. Gl. (VII, 36)). Der Gl. (48) entspricht demgegenüber eine unsymmetrische Kurve, die ebenfalls ein Maximum bei $m = np$ besitzt. Daß man für $p \approx 1/2$ eine symmetrische, glockenförmige Kurve, für $p \ll 0{,}5$ dagegen eine unsymmetrische Kurve erhält, erkennt man bereits an den in den Abb. 4 und 5 angegebenen Kurven für $n = 6$, die über die exakte Gleichung bestimmt wurden.

Es ist besonders bemerkenswert, daß man für verschiedene Werte von p verschiedene Formeln anwenden muß, obwohl jede dieser Formeln für $n \to \infty$ in die exakte Gl. (37) übergeht. Dies hängt damit zusammen, daß *Gl. (44) auch für endliche n eine gute Näherung ergibt, aber nur wenn $p \approx 0{,}5$ ist, und anderseits Gl. (48) ebenfalls auch für endliche n eine gute Näherung darstellt, aber nur wenn $p \ll 0{,}5$ ist**).

Als Beispiel zeigt Abb. 6 die Funktion $P_n(m)$ für $n = 6$ und $p = 1/2$. Die ausgezogene Kurve wurde mit Hilfe der Näherung Gl. (44) erhalten, die eingezeichneten Punkte über die exakte Beziehung Gl. (37). Man sieht, daß die Näherungsformel bereits für diesen kleinen Wert von n das exakte Resultat überraschend gut wiedergibt. Zum Vergleich ist noch gestrichelt das über die Poissonsche Formel Gl. (48) erhaltene Ergebnis eingezeichnet, das mit den exakt berechneten Punkten nicht übereinstimmt.

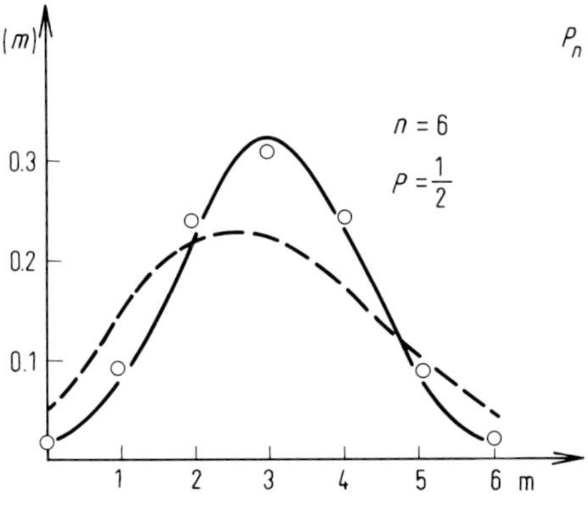

Abb. 6. Vergleich der verschiedenen Näherungen für $P_n(m)$ mit den exakten Werten im Falle $p = 1/2$ und $n = 6$. Die durchgezogene Kurve wurde über Gl. (44) erhalten, die gestrichelte über die Poissonsche Formel Gl. (48) und die Punkte über die exakte Beziehung Gl. (37).

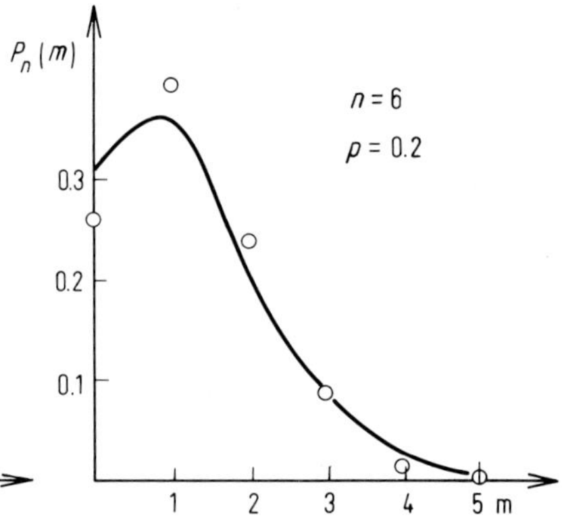

Abb. 7. Vergleich der Näherung für $P_n(m)$ mit den exakten Werten im Falle $p = 0{,}2$ und $n = 6$. Die Kurve wurde mit der Poissonschen Formel Gl. (48) gewonnen, die Punkte mit der exakten Beziehung Gl. (37).

Abb. 7 gibt die Funktion $P_n(m)$ für $n = 6$ und $p = 0{,}2$ wieder. Die ausgezogene Kurve wurde mit Hilfe der Poissonschen Näherungsformel gewonnen, die eingezeichneten Kreise geben die mit Hilfe der exakten Formel gewonnenen Resultate wieder. Man sieht, daß in diesem Fall, in dem p bedeutend kleiner als 0,5 ist, die Poissonsche Formel eine gute Näherung darstellt.

---

*) Wenn p in der Nähe von 1 ist, kann man Gl. (48) entsprechend für das andere Ereignis, daß die Wahrscheinlichkeit $1 - p$ besitzt, anwenden.

Wir betrachten nun den Fall $p \approx 1/2$ und fragen nach der Wahrscheinlichkeit dafür, daß m zwischen zwei Werten a und b liegt, d. h. daß die durch Gl. (46) eingeführte Größe y irgendeinen Wert zwischen

$$y_a = a - np \tag{49}$$

und

$$y_b = b - np \tag{50}$$

annimmt. Man erhält diese Wahrscheinlichkeit, indem man Gl. (47) in den Grenzen von y_a bis y_b integriert. Die vorgenommene Integration entspricht der Summation in Gl. (43). Es ergibt sich, wenn man die Variablensubstitution $t = y/\sigma$ vornimmt,

$$P_n\{a \leqq m \leqq b\} = \frac{1}{\sqrt{2\pi}} \int_{y_a/\sigma}^{y_b/\sigma} e^{-\frac{t^2}{2}} dt\,. \tag{51}$$

Der Integrand besitzt keine bereits bekannte Stammfunktion. Man kann die Integration daher lediglich numerisch durchführen und die Resultate in Tabellen angeben. Tabelliert wird gewöhnlich die sog. *Gaußsche Wahrscheinlichkeitsfunktion*

$$\Phi(z) = \frac{2}{\sqrt{2\pi}} \int_0^z e^{-\frac{t^2}{2}} dt\,. \tag{52}$$

Mit Hilfe dieser Funktion läßt sich Gl. (51) in der Form

$$P_n\{a \leqq m \leqq b\} = \tfrac{1}{2}\,[\Phi(y_b/\sigma) - \Phi(y_a/\sigma)] \tag{53}$$

schreiben. Einige Werte der Funktion $\Phi(y)$ sind in Tab. 1 angegeben *).

Tab. 1. Gaußsches Wahrscheinlichkeitsintegral.

y	0	0,2	0,4	0,6	0,8	1,0	1,2	1,4	1,6
$\Phi(y)$	0	0,16	0,31	0,45	0,57	0,68	0,77	0,83	0,89

Für negative Werte von y gilt auf Grund der Definitionsgleichung

$$\Phi(-x) = -\Phi(x)\,. \tag{54}$$

*) Vielfach tabelliert man anstelle der oben eingeführten Funktion $\Phi(y)$ die sog. Fehlerfunktion $\operatorname{erf} z = \frac{2}{\sqrt{\pi}} \int_0^z e^{-u^2} du$. Es gilt $\Phi(y) = \operatorname{erf}\left(\frac{y}{\sqrt{2}}\right)$.

Häufig interessiert man sich für den Fall, daß a und b symmetrisch zum Mittelwert liegen, also z. B. durch

$$a = np - r \quad \text{und} \quad b = np + r \tag{55}$$

gegeben sind, wobei r irgendeine positive Zahl ist. Es wird dann $y_a = -r$ und $y_b = r$. Gl. (53) geht in diesem Fall unter Berücksichtigung von Gl. (54) über in

$$P_n\{np - r \leqq m \leqq np + r\} = \Phi\left(\frac{r}{\sigma}\right). \tag{56}$$

Wir sehen also: *Im Falle* $p \approx 1/2$ *ist die Wahrscheinlichkeit dafür, daß* m *um höchstens* r *vom wahrscheinlichsten Wert* np *abweicht, durch Gl. (56) gegeben, wobei* $\Phi(z)$ *das durch Gl. (54) definierte Gaußsche Wahrscheinlichkeitsintegral ist.*

Wir wollen nun noch die Grenzen der Abweichung in Bruchteilen ρ des Mittelwertes np angeben. Es gilt dann für die Grenzen a und b von m

$$a = np - np\rho \quad \text{und} \quad b = np + np\rho, \tag{57}$$

und Gl. (56) geht über in

$$W(\rho) = \Phi\left(\frac{np\rho}{\sigma}\right), \tag{58}$$

wobei wir als Abkürzung für $P_n\{np - np\rho \leqq m \leqq np + np\rho)$ die Bezeichnung $W(\rho)$ eingeführt haben. $W(\rho)$ ist also die Wahrscheinlichkeit dafür, daß m um weniger als den Bruchteil ρ von np abweicht.

β) Beweis der Grenzwertsätze*)

Zum Beweis des Satzes von Poisson gehen wir von Gl. (37) aus und schreiben

$$P_n(m) = \frac{n!}{m!(n-m)!} p^m (1-p)^{n-m} = \frac{n(n-1)\dots(n-m+1)}{m!} p^m (1-p)^{n-m} =$$

$$= \frac{n^m p^m (1-p)^n}{m!} \cdot \frac{\left(1 - \frac{1}{n}\right)\left(1 - \frac{2}{n}\right)\cdots\left(1 - \frac{m+1}{n}\right)}{(1-p)^m}. \tag{59}$$

Wir betrachten nun eine *Reihe von Versuchsfolgen*, bei denen n immer größer wird, aber pn konstant gleich a bleibt,

$$pn = a. \tag{60}$$

Wenn wir dann in Gl. (59) zum Grenzwert $n \to \infty$ übergehen, so ergibt sich

---

*) Dieser Abschnitt kann von weniger interessierten Lesern überschlagen werden.

$$\lim_{n\to\infty} \frac{\left(1-\frac{1}{n}\right)\left(1-\frac{2}{n}\right)\cdots\left(1-\frac{m+1}{n}\right)}{(1-p)^m} =$$

$$= \lim_{n\to\infty} \frac{\left(1-\frac{1}{n}\right)\left(1-\frac{2}{n}\right)\cdots\left(1-\frac{m+1}{n}\right)}{\left(1-\frac{a}{n}\right)^m} = 1,$$

sowie mit Hilfe von Gl. (VI, 79)

$$\lim_{n\to\infty}(1-p)^n = \lim_{n\to\infty}\left(1-\frac{a}{n}\right)^n = e^{-a} = e^{-pn}. \tag{61}$$

Damit folgt aus Gl. (59) die zu beweisende Gl. (48).

Zum Beweis des Grenzwertsatzes von Moivre-Laplace gehen wir ebenfalls von Gl. (37) aus und setzen zunächst $m = m_1$, $n - m = m_2$, $p = p_1$ und $1 - p = p_2$. Mit Hilfe der Stirlingschen Formel Gl. (X, 259) ergibt sich dann

$$P_n(m_1) = \frac{n!}{m_1!\,m_2!}\,p_1^{m_1}p_2^{m_2} = \frac{\sqrt{2\pi n}\cdot n^n e^{-n}\cdot p_1^{m_1}p_2^{m_2}}{\sqrt{2\pi m_1}\,m_1^{m_1}e^{-m_1}\cdot\sqrt{2\pi m_2}\,m_2^{m_2}e^{-m_2}} =$$

$$= \sqrt{\frac{n}{2\pi m_1 m_2}}\cdot\left(\frac{np_1}{m_1}\right)^{m_1}\cdot\left(\frac{np_2}{m_2}\right)^{m_2}. \tag{62}$$

Dabei wurde berücksichtigt, daß $m_1 + m_2 = n$ ist. Wir führen noch die Hilfsgrößen

$$y_i = \frac{m_i - np_i}{\sqrt{np_i(1-p_i)}}, \tag{63}$$

mit $i = 1,2$ ein und stellen die m_i durch y_i dar,

$$m_i = np_i + y_i\sqrt{np_i(1-p_i)}. \tag{64}$$

Für die weitere Berechnung wollen wir nun eine Näherung für den Ausdruck $\left(\frac{np_1}{m_1}\right)^{m_1}\left(\frac{np_2}{m_2}\right)^{m_2}$ finden, was am einfachsten durch Logarithmieren dieses Ausdruckes möglich ist. Es gilt

$$\log\left\{\left(\frac{np_1}{m_1}\right)^{m_1}\left(\frac{np_2}{m_2}\right)^{m_2}\right\} = -\sum_{i=1}^{2} m_i \log\frac{m_i}{np_i} =$$

$$= -\sum_{i=1}^{2}(n_ip_i + y_i\sqrt{np_i(1-p_i)})\cdot\log\left(1 + y_i\sqrt{\frac{1-p_i}{np_i}}\right) \approx$$

$$\approx -\sum_{i=1}^{2}(np_i + y_i\sqrt{np_i(1-p_i)})\left(y_i\sqrt{\frac{1-p_i}{np_i}} - \frac{1}{2}y_i^2\,\frac{(1-p_i)}{np_i}\right) \approx$$

$$\approx -\sum_{i=1}^{2}\left[y_i\sqrt{np_i(1-p_i)} + \frac{1}{2}y_i^2(1-p_i)\right] = \frac{1}{2}y_1^2.$$

Bei Einführung der ersten Näherung wurde dabei der Logarithmus gemäß Gl. (X, 297) in eine Reihe entwickelt, bei der zweiten Näherung wurden die Glieder, die durch $\sqrt{n}$ dividiert werden, weggelassen. Bei der letzten Gleichung wurde beachtet, daß wegen $p_2 = 1 - p_1$ und $m_2 = n - m_1$ gilt

$$y_2 = -y_1$$

und

$$\sum_{i=1}^{2} y_i \sqrt{n p_i (1 - p_i)} = 0 .$$

Aus Gl. (65) folgt

$$\left(\frac{n p_1}{m_1}\right)^{m_1} \left(\frac{n p_2}{m_2}\right)^{m_2} \approx e^{-\frac{1}{2} y_1^2} . \tag{66}$$

Setzt man dieses Resultat in Gl. (62) ein und beachtet, daß y_1 mit der durch Gl. (46) gegebenen Größe y übereinstimmt, p_1 mit p, p_2 mit $(1 - p)$, und daß man ferner für $n \to \infty$ die Größen m_1 und m_2 durch $n p_1$ bzw. $n p_2$ ersetzen darf, so erhält man die zu beweisende Gl. (44).

γ) Beispiele und Anwendungen

1. Wie groß ist die Wahrscheinlichkeit dafür, bei 100 Würfen mit einer Münze genau 40mal Adler zu erhalten. Es ist $n = 100$, $p = \frac{1}{2}$ und $m = 40$. Da p gleich 1/2 ist, kann man den Grenzwertsatz von Moivre-Laplace Gl. (44) anwenden. Es ergibt sich

$$P_{100}(40) = \frac{1}{\sqrt{2\pi \cdot 100 \cdot \frac{1}{4}}} e^{-\frac{(40 - 100 \cdot 0,5)^2}{2 \cdot 100 \cdot 0,5 \cdot 0,5}} = \frac{1}{12,5} \cdot e^{-2} \approx 0,011 . \tag{67}$$

2. Wie groß ist die Wahrscheinlichkeit dafür, daß man im obigen Beispiel zwischen 45 und 55 mal Adler erhält? Die wahrscheinlichste Anzahl des Eintreffens des Ereignisses Adler ist $m = np = 50$. Die Grenzen 45 und 55 liegen im Abstand $r = 5$ symmetrisch um diesen wahrscheinlichsten Wert. Man kann daher Gl. (56) anwenden und erhält unter Zuhilfenahme der Tab. 1

$$P_n\{np - r \leqq m \leqq np + r\} = \Phi\left(\frac{r}{\sqrt{np(1 - p)}}\right) = \Phi\left(\frac{5}{\sqrt{100 \cdot \frac{1}{2} \cdot \frac{1}{2}}}\right) = \Phi(1) = 0,68 .$$

3. Die Wahrscheinlichkeit, bei der Produktion von Automobilen ein fehlerhaftes Erzeugnis zu erhalten, ist $p = 0,01$. Wie groß ist die Wahrscheinlichkeit dafür, daß bei 100 Automobilen a) keines, b) genau eines, c) genau zwei einen Fehler aufweisen? Da hier $p \ll 0,5$ ist, müssen wir die Gleichung von Poisson anwenden. Es ist $n = 100$, $np = 1$ und m im Falle a) gleich 0, im Falle b) gleich 1 und im Falle c) gleich 2. Für die Wahrscheinlichkeit, daß kein einziges Automobil einen Fehler aufweist, ergibt sich daher über Gl. (48)

$$P_{100}(0) = \frac{1^1}{0!} e^{-1} = 0,378 . \tag{68}$$

Für die Wahrscheinlichkeit, daß genau eines einen Fehler zeigt, gilt

$$P_{100}(1) = \frac{1^0}{1!} e^{-1} = 0,378 . \tag{69}$$

Für die Wahrscheinlichkeit, genau zwei fehlerhafte Automobile zu erhalten, erhält man schließlich

$$P_{100}(2) = \frac{1^2}{2!} e^{-1} = 0,189 . \tag{70}$$

Bei diesem Beispiel mag vielleicht ein Punkt verwirrend erscheinen. Zu Beginn wurde ausgesagt: „Die Wahrscheinlichkeit, ein fehlerhaftes Erzeugnis zu erhalten, ist $p = 0{,}01$." Kurz danach wurde in Gl. (68) festgestellt: „Die Wahrscheinlichkeit, daß genau eines einen Fehler aufweist, ist 0,378." Daß hier 0,378 statt 0,01 als Ergebnis erhalten wird, hat seine Ursache darin, daß wir hier hundert Versuche durchführen und verlangen, daß dabei genau einmal ein Fehler auftritt. Man kann diesen Sachverhalt auch am Beispiel einer Münze veranschaulichen. Wenn wir diese fünfmal hochwerfen und nach der Wahrscheinlichkeit fragen, daß dabei genau einmal Kopf auftritt, so ist das erfüllt, wenn der Kopf entweder beim ersten oder beim zweiten oder ... oder beim fünften Wurf eintritt. Die Wahrscheinlichkeit dafür lautet $5(\frac{1}{2})^5$ und nicht $\frac{1}{2}$, was die Wahrscheinlichkeit des Ereignisses „Kopf" ist.

4. Bei einer Polymerisation entsteht durch Zusammenlagerung bestimmter Atomgruppen, die man als monomere Einheiten bezeichnet, jeweils ein Kettenmolekül der Form *AAAAAAAAA*... Die Anzahl der *A*-Einheiten bezeichnet man als den Polymerisationsgrad x des Moleküls. Im einfachsten Fall findet das Wachstum der Kette in folgender Weise statt: Auf das aktive Ende der sich bildenden Kette stößt je Sekunde etwa 10^{12}mal eine *A*-Einheit. Es gibt eine gewisse Wahrscheinlichkeit p dafür, daß es beim Zusammenstoß zu einer chemischen Reaktion kommt, bei der die auftreffende Einheit an die Kette angelagert wird. Die Wahrscheinlichkeit, daß keine Anlagerung stattfindet, beträgt dementsprechend $1 - p$. Wir fragen nun: Wie groß ist die Wahrscheinlichkeit dafür, daß sich innerhalb der Zeit t von einer einzigen *A*-Einheit ausgehend der Polymerisationsgrad x ausbildet, wenn p sehr klein gegen 0,5 ist?

In der Zeit t stößt die betrachtete Einheit insgesamt $n = t \cdot 10^{12}$mal mit einer anderen Einheit zusammen. Damit sich dabei der Polymerisationsgrad x bildet, müssen davon $m = x - 1$ Stöße erfolgreich sein, d. h. zu einer chemischen Reaktion führen. Die Wahrscheinlichkeit, daß dies der Fall ist, ist gleich der Wahrscheinlichkeit dafür, daß bei n Versuchen m mal das Ereignis mit der Wahrscheinlichkeit p eintritt. Diese ist durch Gl. (48) gegeben. Wir erhalten daher

$$W(x) = \frac{(np)^m}{m!}\,\mathrm{e}^{-np} = \frac{(np)^{x-1}}{(x-1)!}\,\mathrm{e}^{-np}, \tag{71}$$

wobei np den mittleren Polymerisationsgrad angibt (s. Gl. (108 b)).

5. Auf einer Fläche von 1 cm² beginnt von n statistisch angeordneten Zentren $z_1, z_2, \ldots, z_n$ aus Rost zu wachsen. Der Rost breitet sich um jedes Zentrum kreisförmig mit der radialen Geschwindigkeit v aus (s. Abb. 8). Wir fragen: Welcher Bruchteil der Fläche ist nach der Zeit t noch nicht vom Rost erreicht? Der gesuchte Bruchteil entspricht der Wahrscheinlichkeit dafür, daß ein beliebig herausgegriffener Punkt C zum Zeitpunkt t noch nicht von einer der kreisförmigen Roststellen erreicht wurde. Die Wahrscheinlichkeit p, von einem *bestimmten* Kreis erreicht zu werden, ist gegeben durch das Verhältnis der Fläche des Kreises $r^2\pi = v^2 t^2 \pi$ zur Gesamtfläche 1. Man kann also setzen $p = v^2 t^2 \pi$. Die n verschiedenen Kreise entsprechen n Versuchen, den Punkt C zu erreichen. Die Forderung, daß der Punkt durch keinen einzigen Kreis erreicht werden soll, bedeutet, daß $m = 0$ Versuche erfolgreich waren. Wir beschränken uns nun auf den Fall, daß die Fläche eines Kreises sehr klein gegen die Gesamtfläche ist. Es gilt dann $p \ll 0{,}5$, und

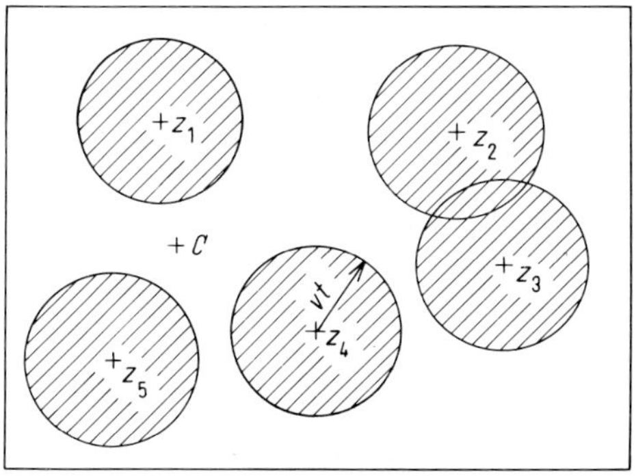

Abb. 8. Zur Untersuchung der Ausbreitung von Rost auf einer ebenen Platte.

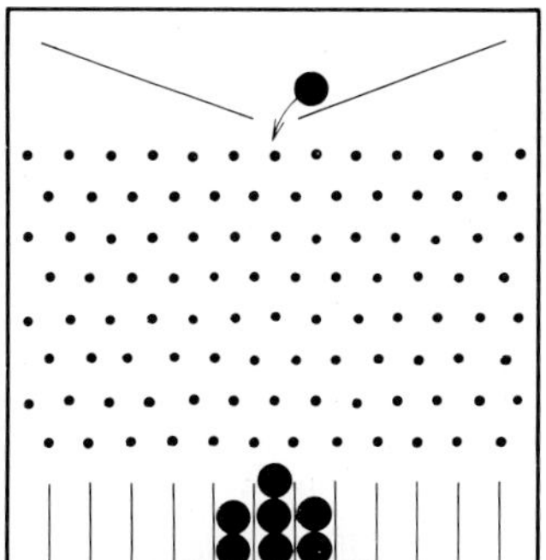

Abb. 9. Galtonsches Brett.

man erhält über Gl. (48) für die gesuchte Wahrscheinlichkeit

$$P_n(0) = \frac{(np)^0}{0!} e^{-np} = \frac{(nv^2 t^2 \pi)^0}{0!} e^{-nv^2 t^2 \pi} = e^{-\pi n v^2 t^2}. \tag{72}$$

Das obige Resultat spielt auch eine wichtige Rolle bei Untersuchungen des Zeitablaufes von Phasenumwandlungen, wie z. B. der Kristallisation.

d) Das Galtonsche Brett

Unter einem *Galtonschen Brett* versteht man ein Holzbrett, aus dem eine Reihe von Nägeln herausragt und auf dem man der Reihe nach einzelne Kugeln herabrollen läßt (s. Abb. 9). Die Kugeln stoßen mit den Nägeln zusammen und werden dabei, je nachdem, wie der Aufprall ist, nach rechts oder links abgelenkt. Wenn die Kugeln schließlich am unteren Rand des Brettes ankommen, werden sie in einzelnen Abteilungen aufgefangen. Man stellt fest, daß die Abteilung unmittelbar unter der Eintrittstelle die größte Anzahl von Kugeln aufweist; nach rechts und nach links nimmt die Anzahl der Kugeln symmetrisch wie eine Gaußsche Glockenkurve ab. Wie kann man dieses Resultat erklären?

Wir bezeichnen die Anzahl der horizontalen Nagelreihen mit n. Ferner nehmen wir an, daß eine Kugel in jeder Reihe auf einen Nagel trifft und daß die Wahrscheinlichkeit, dabei nach links abgelenkt zu werden, gleich der ist, nach rechts abgelenkt zu werden; jede dieser Wahrscheinlichkeiten ist dann gleich $1/2$. Das Herabrollen einer Kugel ist unter den angegebenen Voraussetzungen mit n Ablenkungen verbunden, die je nachdem, wie es der Zufall will, nach rechts oder nach links vor sich gehen. Der Ort, an dem die Kugel unten ankommt, hängt davon ab, wie sich die Gesamtzahl der Ablenkungen auf die einzelnen Richtungen aufteilt. Wir wollen die Anzahl der Ablenkungen einer Kugel nach rechts mit m und die nach links entsprechend mit $n - m$ bezeichnen. Wenn $n = m = n/2$ ist, so kommt die Kugel unterhalb der Eintrittstelle zu liegen, bei $m > n/2$ rechts davon und bei $m < n/2$ links davon. $m - n/2$ ist also ein Maß für die Abweichung von der Mittellage. Die gesuchte Verteilung ergibt sich nun in folgender Weise: Das Abrollen der Kugel ist gleichbedeutend mit n Versuchen, bei denen jeweils eines von zwei Ereignissen (nämlich „Ablenkung nach rechts“ oder „Ablenkung nach links“) eintreten kann. Die Wahrscheinlichkeit dafür, daß die Kugel bei den n Zusammenstößen genau m mal nach rechts abgeleitet wird, ist daher durch Gl. (44) gegeben, wenn man dort $p = 0{,}5$ setzt. Diese Gleichung entspricht einer Gaußschen Glockenkurve. Damit ist der experimentelle Befund erklärt.

Das Galtonsche Brett stellt einen Modellversuch für eine Vielzahl von Prozessen dar, die in der Natur vorkommen. Immer wenn eine große Anzahl von zufälligen Einflüssen mit gleicher Wahrscheinlichkeit im positiven und negativen Sinne auf eine Zufallsgröße einwirkt, muß eine Verteilung gemäß einer Gaußschen Glockenkurve stattfinden (wegen weiterer Einzelheiten s. Abschn. F 1).

e) Das Bernoullische Gesetz der großen Zahlen

Im Abschnitt D 1 b wurde ausgeführt, daß die Funktion $P_n(m)$ ein Maximum für $m = np$ bzw. $m/n = p$ besitzt. Man findet also bei einer Folge von n Versuchen am wahrscheinlichsten diejenige relative Häufigkeit m/n, die gleich p ist. Das Maximum von $P_n(m)$ wird desto schmaler und die Wahrscheinlichkeit am Ort des Maximums desto größer, je größer die Anzahl n der Versuche ist. Es gilt, wie hier ohne Beweis angeführt werden soll, der folgende Satz, der als *Bernoullisches Gesetz der großen Zahlen* bezeichnet wird: *Wenn die Versuchszahl n über alle Grenzen wächst, so strebt die Wahrscheinlichkeit dafür, daß m/n der Größe p beliebig nahe kommt, gegen* 1. Bei einer genügend hohen Versuchszahl kann man also damit rechnen, daß die relative Häufigkeit praktisch gleich der Wahrscheinlichkeit eines Ereignisses ist.

Dieser Satz wurde bei der statistischen Definition der Wahrscheinlichkeit durch Gl. (2) vorausgesetzt und kann im Rahmen dieser Betrachtungen auch als empirisch begründet gelten. Im Rahmen des axiomatischen Aufbaues der Theorie stellt er eine deduktiv gewonnene, neue Erkenntnis dar, da im Rahmen dieser Theorie vorher keine Aussagen über die relative Häufigkeit eines Ereignisses bei großen Versuchszahlen gemacht wurde.

Das hier besprochene Gesetz der großen Zahlen verleitet häufig zu einem Irrtum, den wir an Hand eines Beispiels erläutern wollen: Ein Spieler beobachtet das Roulette-Spiel und stellt fest, daß bereits sechsmal hintereinander die Farbe rot gekommen ist. Er weiß, daß rot und schwarz die gleiche Wahrscheinlichkeit besitzen und daher im Durchschnitt mit der gleichen relativen Häufigkeit auftreten müssen. Aus der Tatsache, daß nun sechsmal rot erschienen ist, schließt er, daß infolge des erforderlichen Ausgleichs der Häufigkeit beim nächstenmal mit bedeutend größerer Wahrscheinlichkeit schwarz als rot zu erwarten ist, und setzt auf schwarz. Der Schluß, den der Spieler gezogen hat, ist jedoch falsch. Vor jedem neuen Spiel sind die Wahrscheinlichkeiten, rot oder schwarz zu erhalten, gleich groß und unabhängig von den vorherigen Ergebnissen. Unwahrscheinlich ist lediglich die Tatsache, daß sechsmal hintereinander die Farbe rot aufgetreten ist. Um das zu beweisen, wollen wir die Wahrscheinlichkeiten der Ereignisse „sechsmal rot und anschließend schwarz" sowie „sechsmal rot und anschließend rot" explizit berechnen. Die einander gleichen Wahrscheinlichkeiten für „rot" bzw. „schwarz" bezeichnen wir mit p. Für jedes der beiden eben angeführten Ereignisse erhalten wir dann die Wahrscheinlichkeit p^7.

2. Markowsche Ketten

a) Definition der Markowschen Kette

Bei den bisher betrachteten Folgen von Versuchen wurde vorausgesetzt, daß die Versuche unabhängig voneinander sind. Daher konnten wir annehmen, daß die Wahrscheinlichkeit für das Eintreffen eines Ereignisses in jedem Versuch immer die gleiche ist und daß sie insbesondere nicht davon abhängt, welche Ereignisse jeweils bei den vorangegangenen Versuchen eingetroffen sind. Diese Voraussetzungen wollen wir nun fallen lassen.

Wir betrachten eine Folge von n Versuchen. Bei jedem Versuch soll genau eines von s unvereinbaren Ereignissen $A_1, A_2, \ldots, A_s$ eintreffen. Die Wahrscheinlichkeit für das Eintreffen eines Ereignisses im $(k+1)$-ten Versuch soll erstens von der Nummer $k+1$ des Versuchs abhängen und zweitens davon, welches Ereignis im vorangegangenen Versuch eingetroffen ist; sie soll aber nicht vom Ergebnis der weiter zurückliegenden Versuche beeinflußt werden. Eine Versuchsfolge, die diese

Voraussetzungen erfüllt, bezeichnet man als *Markowsche Kette.* Im Spezialfall, daß die jeweilige Wahrscheinlichkeit nur vom Ereignis, das im vorangegangenen Versuch eingetroffen ist, abhängt, aber nicht von der Nummer des Versuchs, nennt man die Versuchsfolge eine *homogene Markowsche Kette.*

Bei Markowschen Ketten muß man die Wahrscheinlichkeit dafür, daß bei einem bestimmten Versuch das Ereignis A_j eintritt, durch s Zahlen $p_{1j}, p_{2j}, \ldots, p_{sj}$ charakterisieren. Dabei bedeutet allgemein p_{ij} die Wahrscheinlichkeit für das Eintreffen des Ereignisses A_j, wenn im vorangegangenen Versuch das Ereignis A_i eingetroffen ist. Für s mögliche Ereignisse im betrachteten Versuch benötigt man somit s solcher Reihen von je s Zahlen, die man gewöhnlich in der Form einer Matrix schreibt,

$$\boldsymbol{\Pi}_1 = \begin{pmatrix} p_{11} & p_{12} & \cdots & p_{1s} \\ p_{21} & p_{22} & \cdots & p_{2s} \\ \vdots & \vdots & & \vdots \\ p_{s1} & p_{s2} & \cdots & p_{ss} \end{pmatrix}. \tag{73}$$

Man bezeichnet $\boldsymbol{\Pi}_1$ als *Übergangsmatrix.* Bei homogenen Markowschen Ketten ist durch eine solche Matrix die ganze Versuchsfolge ausreichend charakterisiert. Bei inhomogenen Ketten hängen die einzelnen Wahrscheinlichkeiten auch von der Nummer des Versuchs ab; man muß dann für jeden Versuch eine neue Matrix angeben.

Wir sehen also: *Wenn bei einer Folge von n Versuchen die Wahrscheinlichkeit für das Auftreten eines Ereignisses im* $(k + 1)$*-ten Versuch davon abhängt, welches Ereignis im k-ten Versuch aufgetreten ist, so spricht man von einer Markowschen Kette. Die Wahrscheinlichkeiten für die einzelnen Ereignisse in jedem Versuch kann man dann jeweils durch eine Matrix der Form Gl. (73) wiedergeben. Wenn die Elemente der Matrix unabhängig von der Nummer k des Versuches sind, so heißt die Markowkette homogen.* Wir beschäftigen uns im folgenden ausschließlich mit homogenen Markowketten.

Als Beispiel betrachten wir den Fall eines langen kettenförmigen Moleküls (Makromolekül), das aus n gleichen Einheiten besteht. Dieses Molekül soll in ein zweidimensionales quadratisches Gitter eingeführt werden, und zwar in der Weise, daß jede Moleküleinheit auf einer Gitterlinie liegt. Nehmen wir an, daß sich bereits k Einheiten im Gitter befinden (s. Abb. 10) und daß wir uns anschicken, die $(k + 1)$-te Einheit einzuführen. Wir können dann von dem Gitterpunkt P, bei dem wir gerade angelangt sind, im Prinzip in vier verschiedene Richtungen fortschreiten, die wir, wie in Abb. 10 angedeutet, mit den Zahlen 1, 2, 3 und 4 bezeichnen. Das Fortschreiten in diese Richtungen fassen wir als die Ereignisse A_1, A_2, A_3 und A_4 auf. Das Matrixelement p_{13} gibt dann beispielsweise die Wahrscheinlichkeit dafür an, daß auf einen Schritt in „1-Richtung" ein solcher in „3-Richtung" folgt.

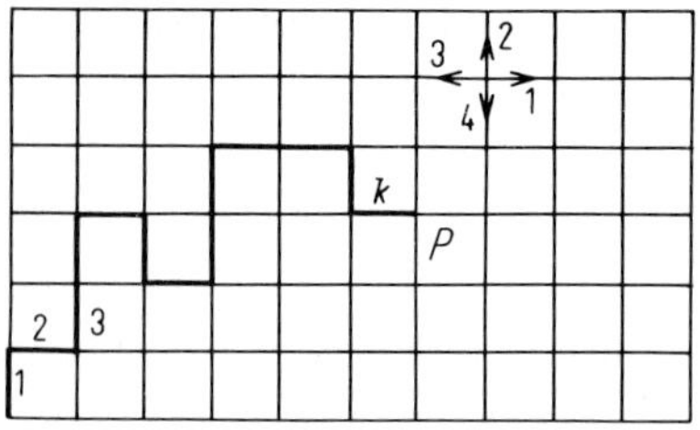

Abb. 10. Zur Einführung eines Makromoleküls in ein Gitter.

Um die Zahlenwerte für die p_{ik} zu bestimmen, nehmen wir an, daß jeweils die Wahrscheinlichkeit für ein Fortschreiten längs derjenigen Gitterlinie, die durch die unmittelbar vorher eingeführte Einheit belegt worden ist, gleich Null ist. In die drei anderen Richtungen soll ein Fortschreiten mit jeweils gleicher Wahrscheinlichkeit stattfinden. Diese muß dann 1/3 sein, weil die Summe der Wahrscheinlichkeiten über alle vier Richtungen 1 ergeben muß. Betrachten wir nun als erstes den Fall, daß der k-te Schritt in die 1-Richtung gegangen ist, wie in Abb. 10 angegeben. Die Wahrscheinlichkeit, in 1-Richtung zu schreiten, ist dann 1/3, diejenige für die 2-Richtung ebenfalls 1/3, diejenige für die 3-Richtung Null und diejenige für die 4-Richtung wieder 1/3. Es ist also $p_{11} = 1/3$, $p_{12} = 1/3$, $p_{13} = 0$ und $p_{14} = 1/3$. Wenn der k-te Schritt in die 2-Richtung weist, erhält man in gleicher Weise $p_{21} = 1/3$, $p_{22} = 1/3$, $p_{23} = 1/3$ und $p_{24} = 0$. Weist er in die 3-Richtung, so ist $p_{31} = 0$, $p_{32} = 1/3$, $p_{33} = 1/3$ und $p_{34} = 1/3$. Und wenn der k-te Schritt schließlich in die 4-Richtung erfolgt ist, erhält man $p_{41} = 1/3$, $p_{42} = 0$, $p_{43} = 1/3$ und $p_{44} = 1/3$. Damit ergibt sich die Matrix

$$\boldsymbol{\Pi}_1 = \begin{pmatrix} \frac{1}{3} & \frac{1}{3} & 0 & \frac{1}{3} \\ \frac{1}{3} & \frac{1}{3} & \frac{1}{3} & 0 \\ 0 & \frac{1}{3} & \frac{1}{3} & \frac{1}{3} \\ \frac{1}{3} & 0 & \frac{1}{3} & \frac{1}{3} \end{pmatrix}. \tag{74}$$

Ein weiteres Beispiel stellt die Bildung eines Kettenmoleküls aus zwei verschiedenen Arten von monomeren Einheiten A und B dar (Copolymerisation). Die Wahrscheinlichkeit für die Anlagerung einer A-Einheit hängt gewöhnlich davon ab, ob die zuvor angelagerte Einheit A oder B war. Im ersten Fall wird sie mit p_{11}, im zweiten mit p_{21} bezeichnet. Ebenso hängt die Wahrscheinlichkeit für die Anlagerung

ABBA	+ A	:	p_{11}
ABBB	+ A	:	p_{21}
ABBA	+ B	:	p_{12}
ABBB	+ B	:	p_{22}

Abb. 11. Zuordnung der einzelnen Wahrscheinlichkeiten p_{ik} zu den verschiedenen Reaktionen bei einer Copolymerisation.

einer B-Einheit davon ab, ob zuvor A oder B angelagert worden ist, was zu den Wahrscheinlichkeiten p_{12} und p_{22} führt (s. Abb. 11). Der Vorgang der Copolymerisation wird also durch eine Matrix der Form

$$\boldsymbol{\Pi}_1 = \begin{pmatrix} p_{11} & p_{12} \\ p_{21} & p_{22} \end{pmatrix} \tag{75}$$

beschrieben. Je nach den Zahlenwerten der Matrixelemente können ganz verschieden aufgebaute Moleküle entstehen. Wenn die Matrixelemente alle in der Umgebung von 0,5 liegen, die betrachtete Matrix also z. B. lautet

$$\boldsymbol{\Pi}_1 = \begin{pmatrix} 0{,}45 & 0{,}55 \\ 0{,}60 & 0{,}40 \end{pmatrix} \tag{76}$$

so erhält man ein sog. statistisches Copolymeres, in dem in statistischer Weise A- und B-Einheiten einander abwechseln, z. B. $ABBBAABAAABB\ldots$ Wenn dagegen die Matrix z. B. die Form

$$\boldsymbol{\Pi}_1 = \begin{pmatrix} 0{,}95 & 0{,}05 \\ 0{,}05 & 0{,}95 \end{pmatrix}, \tag{77}$$

besitzt, so erhält man ein sog. Blockcopolymeres; es treten dann bevorzugt längere Blöcke aus A- und B-Einheiten auf, z. B. $AAAAAAAAAAAAAABBBBBBBBAAAAAAAAA\ldots$ Dies folgt daraus, daß p_{11}, die Wahrscheinlichkeit, daß auf A wieder A folgt, und ebenso p_{22}, die Wahrscheinlichkeit, daß auf B wieder B folgt, nahezu 1 sind, wohingegen die Wahrscheinlichkeiten p_{12} und p_{21}, die für den Wechsel von A nach B bzw. B nach A gelten, sehr klein sind.

b) Übergangsmatrix nach *m* Versuchen

Wir betrachten das folgende Problem: Bei einem bestimmten Versuch sei das Ereignis A_i eingetreten. Wie groß ist die Wahrscheinlichkeit dafür, daß m Versuche später das Ereignis A_j eintrifft? Wir bezeichnen diese Wahrscheinlichkeit mit $p_{ij}(m)$. Die einzelnen $p_{ij}(m)$ bilden wieder eine Matrix

$$\boldsymbol{\Pi}_m = \begin{pmatrix} p_{11}(m) & p_{12}(m) \ldots & p_{1s}(m) \\ p_{21}(m) & p_{22}(m) \ldots & p_{2s}(m) \\ \vdots & \vdots & \vdots \\ p_{s1}(m) & p_{s2}(m) & p_{ss}(m) \end{pmatrix}. \tag{78}$$

Im Falle $m = 1$ gilt $p_{ij}(1) = p_{ij}$, und $\boldsymbol{\Pi}_m$ geht in die durch Gl. (73) gegebene Matrix $\boldsymbol{\Pi}_1$ über.

Um die Wahrscheinlichkeit $p_{ij}(m)$ allgemein aus den p_{ij} auszurechnen, betrachten wir als Zwischenschritt den l-ten Versuch, wobei l kleiner als m ist. In diesem l-ten Versuch kann irgendeines der s Ereignisse eintreten. Die Wahrscheinlichkeit dafür, daß das r-te Ereignis eingetroffen ist, lautet in unserer Bezeichnungsweise $p_{ir}(l)$. Die Wahrscheinlichkeit dafür, daß gleichzeitig A_r im l-ten Versuch und A_j im m-ten Versuch eintrifft, beträgt Gl. (21) zufolge

$$p_{ir}(l)\, p_{rj}(m - l). \tag{79}$$

Die Wahrscheinlichkeit dafür, daß das Ereignis A_j im m-ten Versuch eintrifft, während irgendein *beliebiges* Ereignis im l-ten Versuch eingetroffen ist, ist schließlich durch

$$p_{ij}(m) = \sum_{r=1}^{s} p_{ir}(l)\, p_{rj}(m - l) \tag{80}$$

gegeben. Auf Grund von Gl. (78) sind nun die $p_{ir}(m)$ die Elemente der Matrix $\boldsymbol{\Pi}_m$, die $p_{ir}(l)$ die Elemente der Matrix $\boldsymbol{\Pi}_l$ und die $p_{rj}(m - l)$ die Elemente der Matrix $\boldsymbol{\Pi}_{m-l}$. Gl. (81) ist daher, wie man mit Hilfe von Gl. (IV, 9) erkennt, identisch mit der Matrizengleichung

$$\boldsymbol{\Pi}_n = \boldsymbol{\Pi}_m \cdot \boldsymbol{\Pi}_{m-l}. \tag{81}$$

Die erhaltene Beziehung stellt eine brauchbare Rekursionsformel zur Berechnung von $\boldsymbol{\Pi}_m$ dar. Wenn man $m = 2$ und $l = 1$ setzt, erhält man

$$\boldsymbol{\Pi}_2 = \boldsymbol{\Pi}_1 \cdot \boldsymbol{\Pi}_1 = \boldsymbol{\Pi}_1^2,$$

mit $m = 3$ und $l = 2$ ergibt sich

$$\boldsymbol{\Pi}_3 = \boldsymbol{\Pi}_1 \boldsymbol{\Pi}_2 = \boldsymbol{\Pi}_1^3.$$

Daraus folgt allgemein

$$\boldsymbol{\Pi}_m = \boldsymbol{\Pi}_1^m. \tag{82}$$

Man erhält also die gesuchte Matrix $\boldsymbol{\Pi}_m$, *indem man die durch Gl. (73) gegebene Matrix* $\boldsymbol{\Pi}_1$ *m-mal als Faktor nimmt.*

Als Beispiel berechnen wir die Wahrscheinlichkeit dafür, daß bei der durch die Matrix aus Gl. (77) beschriebenen Copolymerisation auf eine A-Einheit als übernächste Einheit B angelagert wird. Die übernächste Anlagerung entspricht dem zweiten Versuch, wir müssen also $\boldsymbol{\Pi}_2$ berechnen. Gl. (82) zufolge gilt

$$\boldsymbol{\Pi}_2 = \boldsymbol{\Pi}_1^2 = \begin{pmatrix} 0{,}95 & 0{,}05 \\ 0{,}05 & 0{,}95 \end{pmatrix}^2 = \begin{pmatrix} 0{,}95 & 0{,}05 \\ 0{,}05 & 0{,}95 \end{pmatrix} \begin{pmatrix} 0{,}95 & 0{,}05 \\ 0{,}05 & 0{,}95 \end{pmatrix} = \begin{pmatrix} 0{,}91 & 0{,}09 \\ 0{,}09 & 0{,}91 \end{pmatrix}.$$

Die gesuchte Wahrscheinlichkeit ist durch das Element $p_{12}(2)$ der erhaltenen Matrix gegeben, beträgt also 0,09.

c) Grenzwert der Übergangsmatrix

Von besonderem Interesse ist die Frage nach dem Wert, dem $p_{ij}(m)$ zustrebt, wenn m über alle Grenzen wächst. Es läßt sich folgendes zeigen: *Wenn für irgendein m alle Elemente der Matrix $\boldsymbol{\Pi}_m$ größer als Null sind, so strebt $p_{ij}(m)$ mit wachsendem m gegen einen Grenzwert $\bar{p}_j$, der unabhängig von i ist. Die einzelnen $\bar{p}_j$ erhält man als Lösungen der s Gleichungen, die in Matrizenform durch*

$$(\bar{p}_1 \; \bar{p}_2 \; \dots \; \bar{p}_s) \begin{pmatrix} p_{11} - 1 & p_{12} & \dots & p_{1s} \\ p_{21} & p_{22} - 1 & \dots & \\ \vdots & & & \\ p_{s1} & p_{s2} & & p_{ss} - 1 \end{pmatrix} = (0 \; 0 \; \dots \; 0) \tag{83}$$

gegeben sind. Die Wahrscheinlichkeit, daß das Ereignis A_j eintritt, ist also nach einer genügend großen Anzahl von Versuchen auch bei einer Markowkette unabhängig davon, welches Ereignis beim ersten Versuch eingetreten ist.

Als Beispiel betrachten wir wieder die im Zusammenhang mit Gl. (75) angeführte Copolymerisation. Zu Beginn möge eine „Kette" aus einer einzigen Einheit vorliegen. Die Wahrscheinlichkeit dafür, daß sich als nächstes daran eine A-Einheit anlagert, hängt davon ab, ob die bereits vorliegende Einheit eine A- oder eine B-Einheit ist. Ebenso hängt auch die Wahrscheinlichkeit beim übernächsten Schritt davon ab, wie die erste Einheit beschaffen ist, usw. Die Wahrscheinlichkeit für das Anlagern einer A-Einheit nach einer großen Anzahl von Schritten wird dagegen auf Grund des obigen Satzes schließlich unabhängig davon. Wir wollen nun diese Wahrscheinlichkeit berechnen. Die Copolymerisation sei durch die Matrix aus Gl. (75) beschrieben. Gl. (83) lautet dann

$$(\bar{p}_1 \quad \bar{p}_2) \begin{pmatrix} p_{11} - 1 & p_{12} \\ p_{21} & p_{22} - 1 \end{pmatrix} = (0 \quad 0). \tag{84}$$

$\bar{p}_1$ ist die Wahrscheinlichkeit, daß nach einer großen Anzahl von Schritten eine A-Einheit angelagert wird, und $\bar{p}_2$ diejenige für die Anlagerung einer B-Einheit. Bei Durchführung der Matrizenmultiplikation in Gl. (84) erhält man

$$\big(\bar{p}_1(p_{11} - 1) + \bar{p}_2 p_{21} \quad \bar{p}_1 p_{12} + \bar{p}_2(p_{22} - 1)\big) = (0 \quad 0).$$

Daraus folgt

$$\begin{aligned} \bar{p}_1(p_{11} - 1) + \bar{p}_2 p_{21} \qquad &= 0 \\ \bar{p}_1 p_{12} \qquad + \bar{p}_2(p_{22} - 1) &= 0. \end{aligned}$$

Berücksichtigt man noch, daß $\bar{p}_2 = 1 - \bar{p}_1$ und $p_{11} = 1 - p_{12}$ ist, so folgt daraus $\bar{p}_1 p_{12} - (1 - \bar{p}_1)p_{21} = 0$ bzw.

$$\bar{p}_1 = \frac{p_{21}}{p_{12} + p_{21}} \quad \text{und} \quad \bar{p}_2 = \frac{p_{12}}{p_{12} + p_{21}}.$$

Das gleiche hätte man auch aus der zweiten Gleichung erhalten können. Für $\bar{p}_1/\bar{p}_2$, das Verhältnis der A-Einheiten zu den B-Einheiten in einer genügend langen Kette, erhält man daraus

$$\frac{\bar{p}_1}{\bar{p}_2} = \frac{p_{21}}{p_{12}}. \tag{85}$$

Fragen und Aufgaben

1. Was ist der Unterschied zwischen einer Folge von unabhängigen Versuchen und einer homogenen Markowkette?
2. Wie berechnet man die Wahrscheinlichkeit dafür, daß bei einer Folge von n voneinander unabhängigen Versuchen, bei denen jeweils eines von zwei Ereignissen A_1 oder A_2 eintreten muß, A_1 genau m mal vorkommt, a) wenn genau vorgegeben ist, bei welchen Versuchen A_1 auftreten soll, b) wenn es gleichgültig ist, bei welchen m Versuchen A_1 eintritt?
3. In welche Ausdrücke geht die Formel $\frac{n!}{m!(n-m)!} p^n(1-p)^{n-m}$ über, wenn n sehr groß wird? Warum verwendet man zwei verschiedene Ausdrücke?
4. Welche Bedeutung haben die Elemente der Übergangsmatrix $\boldsymbol{\Pi}_1$ einer Markowkette?
5. Was kann man über die Übergangsmatrix $\boldsymbol{\Pi}_1$ aussagen, falls sie sich auf n voneinander unabhängige Versuche bezieht?
6. Was ist der Unterschied zwischen einer homogenen und einer inhomogenen Markowkette?
7. Welche Bedeutung haben die Elemente der durch Gl. (80) gegebenen Matrix $\boldsymbol{\Pi}_m$? Was kann man über diese Matrix aussagen, wenn m über alle Grenzen wächst?
8. Wie groß ist die Wahrscheinlichkeit dafür, beim viermaligen Werfen einer Münze a) die ersten drei Male Kopf und anschließend Adler zu erhalten, b) dreimal Kopf und einmal Adler in beliebiger Reihenfolge zu erhalten?
9. Wie groß ist die Wahrscheinlichkeit dafür, beim 200maligen Hochwerfen einer Münze a) genau 100mal Adler zu erhalten, b) zwischen 80- und 120mal Adler zu erhalten?
10. Wie groß ist die Wahrscheinlichkeit dafür, daß beim Roulette a) dreimal hintereinander „rot“, b) sechsmal hintereinander „rot“, c) 20mal hintereinander „rot“ auftritt?
11. Wie groß ist die Wahrscheinlichkeit dafür, daß beim Roulette „rot“ auftritt, a) wenn gerade vorher einmal „rot“ aufgetreten ist, b) wenn gerade vorher sechsmal „rot“ aufgetreten ist?
12. Die Wahrscheinlichkeit dafür, daß während einer Polymerisation im Verlauf einer vorgegebenen Zeit zwei Ketten miteinander reagieren und damit ausscheiden, möge 0,1 betragen. Wie groß ist die Wahrscheinlichkeit, daß nicht mehr als drei Ketten ausscheiden?
13. Eine Copolymerisation sei durch die Matrix $\boldsymbol{\Pi}_1 = \begin{pmatrix} 0{,}01 & 0{,}99 \\ 0{,}99 & 0{,}01 \end{pmatrix}$ beschrieben. Berechne die Matrizen $\boldsymbol{\Pi}_2$ und $\boldsymbol{\Pi}_3$. Wie groß ist die Wahrscheinlichkeit dafür, daß auf eine A-Einheit a) als erstes eine A-Einheit folgt, b) als zweites eine A-Einheit folgt, c) als drittes eine A-Einheit folgt? Was kann man über die Zusammensetzung des Moleküls aussagen?

E. Stochastische Prozesse

1. Definition und Einteilung der stochastischen Prozesse

Ein Ereignis E möge statistisch zu willkürlichen Zeitpunkten immer wieder eintreten. Als Folge dieses Ereignisses soll sich jedesmal der Zustand eines Systems in einer genau bestimmten Weise ändern. Man sagt in einem solchen Fall, daß ein *stochastischer Prozeß* abläuft.

Als erstes Beispiel für einen stochastischen Prozeß führen wir den radioaktiven Zerfall an. Das zu willkürlichen Zeitpunkten eintretende Ereignis ist jeweils der Zerfall eines Atoms. Der Zustand des Systems, der sich bei jedem Ereignis ändert, wird durch die Anzahl der noch vorhandenen, nicht zerfallenen Atome beschrieben.

Ein weiteres Beispiel ist das Wachsen eines Kettenmoleküls während einer Polymerisation. Das zufällige Ereignis ist hier die Anpolymerisation einer monomeren Einheit, die zu statistisch willkürlichen Zeitpunkten erfolgt. Als Zustand des Systems ist die Länge des Moleküls, gemessen in monomeren Einheiten, anzusehen.

Als drittes Beispiel für einen stochastischen Prozeß führen wir schließlich noch das Anwachsen der Bevölkerung einer Stadt als Folge von Geburten an. Das zu verschiedenen Zeiten auftretende Ereignis ist hier die Geburt eines Kindes. Der Zustand des Systems ist hier durch die Anzahl der Menschen in der Stadt beschrieben.

Wenn die Wahrscheinlichkeit für das Auftreten des Ereignisses E unabhängig davon ist, wie oft das Ereignis bereits früher aufgetreten ist und auch unabhängig vom jeweiligen Zeitpunkt t, so spricht man von einem *Poisson-Prozeß*. Hängt sie dagegen davon ab, wie oft das Ereignis früher eingetreten ist, aber bleibt sie dabei immer noch unabhängig von t, so spricht man von einem *homogenen Markowprozeß*. Hängt sie überdies auch noch von t ab, so hat man es mit einem *inhomogenen Markowprozeß* zu tun. Des weiteren bezeichnet man einen Markowprozeß als *diskret*, wenn die Zustandsvariable nur diskrete Werte annehmen kann. Liegt diese Einschränkung nicht vor, so heißt er *kontinuierlich*.

Der radioaktive Zerfall stellt einen Poissonprozeß dar. Zu einem homogenen diskreten Markowprozeß kommt man, wenn man die Bevölkerungszunahme einer Stadt betrachtet und dabei annimmt, daß die Wahrscheinlichkeit einer Geburt mit wachsender Bevölkerungszahl abnimmt, z. B. weil die Überbelegung von Wohnungen die Bereitschaft, Kinder zu bekommen, mindert. Der betrachtete Prozeß wird schließlich inhomogen, wenn man noch zusätzlich annimmt, daß die Geburtenzahl von der Jahreszeit abhängt.

2. Der Poisson-Prozeß

Wir gehen nun ausführlicher auf den Poissonprozeß ein, also auf einen Prozeß, bei dem die Wahrscheinlichkeit für das Eintreffen des Ereignisses E nicht davon abhängt, wie oft E bereits eingetreten ist, sowie auch nicht vom jeweiligen Zeitpunkt t. Wir fragen: Wie groß ist die Wahrscheinlichkeit dafür, daß innerhalb der Zeitspanne von 0 bis t das Ereignis E genau k mal eintritt, wenn das Ereignis in der Zeiteinheit im Mittel λ mal auftritt?

Als erstes stellen wir die folgende Überlegung an: Wir unterteilen das Intervall von 0 bis t an einer beliebigen Stelle s (s. Abb. 12). Die Wahrscheinlichkeit dafür, daß das Ereignis E innerhalb der Zeit von 0 bis s genau j mal eintritt lautet $P_j(s)$.

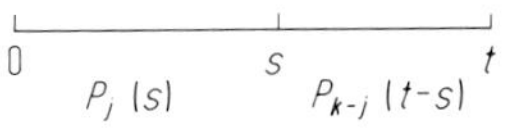

Abb. 12. Zur Ableitung von Gl. (86).

Die Wahrscheinlichkeit dafür, daß E in der anschließenden Zeitspanne $t - s$ genau $k - j$ mal eintritt, ist durch $P_{k-j}(t - s)$ gegeben. Für die Wahrscheinlichkeit, daß beides gleichzeitig eintrifft, muß man gemäß Gl. (21) das Produkt beider Größen ansetzen, also $P_j(s)P_{k-j}(t - s)$. Wenn beides gleichzeitig eintrifft, ist gewährleistet, daß das betrachtete Ereignis innerhalb der Zeitspanne t genau k mal eintritt, wobei es innerhalb der Zeitspanne s genau j mal eintritt. Wenn man nun die Wahrscheinlichkeit dafür berechnen möchte, daß E innerhalb t genau k mal eintrifft, unabhängig davon, wie oft E bis zum Zeitpunkt s eingetreten ist, muß man gemäß Gl. (5) das obige Produkt über alle j von 0 bis k summieren und erhält

$$P_k(t) = \sum_{j=0}^{k} P_j(s) P_{k-j}(t - s) \,. \qquad (86)$$

Man nennt dies die *Beziehung von Chapman-Kolmogoroff*.

Für die weitere Ableitung nimmt man die Größe λ zuhilfe, die die Wahrscheinlichkeit für das Eintreffen eines Ereignisses im Zeitintervall 1 angibt. Die Wahrscheinlichkeit für das Eintreffen eines Ereignisses im Zeitintervall h ist dann durch

$h\lambda$ gegeben. Andererseits ist diese Wahrscheinlichkeit, wenn man h so klein wählt, daß höchstens ein Ereignis eintritt, auch durch $1 - P_0(h)$ gegeben; $P_0(h)$ gibt nämlich die Wahrscheinlichkeit dafür an, daß innerhalb der Zeit h kein Ereignis eintritt. Man kann daher für genügend kleine h ansetzen $1 - P_0(h) = \lambda h$ oder auch, nach Übergang zum Grenzwert $h \to 0$

$$\lim_{h \to 0} (1 - P_0(h) - \lambda h) = 0. \tag{87}$$

Zur gesuchten Formel für $P_k(t)$ kommt man nun auf folgende Weise: Durch Anwendung von Gl. (86) ergibt sich für eine Spanne h, die so klein ist, daß höchstens ein Ereignis stattfinden kann, so daß j nur die Werte 0 und 1 annehmen kann,

$$P_k(t + h) = \sum_{j=0}^{1} P_{k-j}(t) P_j(h) = P_k(t) P_0(h) + P_{k-1}(t) P_1(h). \tag{88}$$

Für genügend kleine h kann man $P_0(h)$ gemäß Gl. (87) durch $1 - \lambda h$ ersetzen. Außerdem ist dann $P_1(h) = 1 - P_0(h) = \lambda h$, und man erhält aus Gl. (88)

$$P_k(t + h) = P_k(t) \quad (1 - \lambda h) + P_{k-1}(t) \lambda h.$$

Daraus folgt durch eine einfache Umformung und Grenzübergang $h \to 0$

$$\begin{aligned} \frac{dP_k}{dt} &= -\lambda P_k(t) + \lambda P_{k-1}(t) \quad \text{für} \quad k > 0 \\ \frac{dP_0}{dt} &= -\lambda P_0(t). \end{aligned} \tag{89}$$

Man nennt dies die *Gleichungen von Kolmogoroff*. Es handelt sich um ein System von linearen Differentialgleichungen 1. Ordnung. Sie besitzen, wie man sich durch Einsetzen leicht überzeugen kann, die Lösungen

$$P_k(t) = e^{-\lambda t} \frac{(\lambda t)^k}{k!} \quad \text{für alle} \quad k \geqq 0. \tag{90}$$

Wir können also sagen: *Bei einem Poissonschen Prozeß, bei dem die mittlere Zahl der Ereignisse je Zeiteinheit durch λ gegeben ist, ist die Wahrscheinlichkeit dafür, daß innerhalb der Zeit t genau k Ereignisse eintreten, durch Gl. (90) gegeben.*

Als Beispiel betrachten wir noch einmal die Bildung eines Kettenmoleküls durch aufeinanderfolgendes Anlagern von einzelnen Moleküleinheiten A. Die Anlagerung der einzelnen A-Einheiten soll zu statistisch verteilten Zeitpunkten erfolgen. Im Mittel sollen sich je Zeiteinheit λ Einheiten anlagern. Die Wahrscheinlichkeit dafür, daß sich in der Zeit t insgesamt $x - 1$ Einheiten angelagert haben, ist dann Gl. (90) zufolge gegeben durch

$$P_{x-1}(t) = e^{-\lambda t} \frac{(\lambda t)^{x-1}}{(x-1)!}. \tag{91}$$

Dies ist gleichzeitig die Wahrscheinlichkeit $W(x)$ dafür, daß das Molekül den Polymerisationsgrad x aufweist. λt ist auf Grund der Definition von λ der mittlere Polymerisationsgrad. Gl. (91) stimmt mit Gl. (71) überein, die jedoch auf ganz andere Art gewonnen wurde. Bei der Ableitung von Gl. (71) haben wir angenommen, daß das Ende des Kettenmoleküls je Zeiteinheit 10^{12}mal mit einer A-Einheit zusammenstößt und daß dabei ein Teil der Zusammenstöße erfolgreich ist, d. h. zu einer chemischen Verbindung führt. Damit war das Problem auf eine Kette von n Versuchen reduziert. Bei der jetzt gegebenen Ableitung wurde dagegen davon ausgegangen, daß die zu Reaktionen führenden erfolgreichen Stöße statistisch zu willkürlichen Zeitpunkten erfolgen und somit einen stochastischen Prozeß darstellen. Dieses Beispiel zeigt, daß zwischen dem stochastischen Prozeß und der Kette von n Versuchen bestimmte Zusammenhänge bestehen.

3. Diskrete Markow-Prozesse

Wir betrachten nun den allgemeinen Fall eines inhomogenen diskreten Markow-Prozesses. Wir wollen eine Formel zur Berechnung der Wahrscheinlichkeit $P_{jk}(\tau,t)$ dafür aufsuchen, daß in der Zeit zwischen τ und t das Ereignis E genau $k - j$ mal eintritt, wenn es zur Zeit τ bereits j mal eingetreten war. $P_{jk}(\tau,t)$ entspricht der Größe $P_k(t)$ beim Poisson-Prozeß. Daß als Argument jetzt τ,t anstelle von t auftritt, rührt daher, daß die Wahrscheinlichkeit bei einem inhomogenen Prozeß nicht nur von der Länge des Zeitintervalls, sondern auch vom Zeitpunkt abhängt, an dem das Zeitintervall beginnt. Daß zwei Indizes notwendig sind, ist eine Folge davon, daß jetzt im Unterschied zum Poisson-Prozeß die Wahrscheinlichkeit für das Auftreten eines Ereignisses davon abhängt, wie oft dieses Ereignis bereits vorher eingetreten ist.

Zur Beschreibung des allgemeinen Markow-Prozesses muß man die Funktionen $\lambda_l(t)$ und $q_{kl}(t)$ einführen. $\lambda_l(t)h$ gibt dabei die Wahrscheinlichkeit dafür an, daß im Zeitintervall zwischen t und $t + h$ ein Ereignis eintritt, wenn bereits l Ereignisse vorliegen. $q_{kl}(t)$ stellt die bedingte Wahrscheinlichkeit dafür dar, daß in dem kleinen Zeitintervall beim Eintreffen eines Ereignisses gleichzeitig $k - l$ Ereignisse eintreffen. Beim einfachen Beispiel der Geburten in einer Stadt kann man sagen, daß $\lambda_l(t)$ die Geburtenrate angibt, wohingegen $q_{kl}(t)$ die Wahrscheinlichkeit dafür angibt, daß bei einer Geburt Zwillinge, Drillinge usw. entstehen. Auf ähnliche Art wie beim Poisson-Prozeß kann man wieder die sog. *Kolmogoroffschen Gleichungen des allgemeinen Markow-Prozesses* ableiten, die jetzt lauten

$$\frac{dP_{jk}(\tau,t)}{dt} = -\lambda_k(t)\; l_{jk}(\tau,t) + \sum_{l \neq k} P_{jl}(\tau,t)\;\lambda_l(t)\;q_{kl}(t)\,. \tag{92}$$

Wenn ein bestimmtes spezielles Problem vorliegt, muß man nun als erstes die zugehörige Funktion $\lambda_l(t)$ und $q_{kl}(t)$ ermitteln. Im Anschluß daran löst man dann das obige Differentialgleichungssystem und erhält dabei die gesuchten Funktionen $P_{jk}(\tau,t)$.

Wir wollen hier noch erwähnen, daß die Gln. (92) in die Gln. (89) für den Poisson-Prozeß übergehen, wenn man setzt $\lambda_l(t) = \lambda$ und $q_{kl}(t) = \delta_{k,l-1}$, sowie voraussetzt, daß der Prozeß homogen in der Zeit ist.

4. Kontinuierliche Markow-Prozesse

Bei einem kontinuierlichen Markow-Prozeß kann die Zustandsvariable kontinuierliche Zahlenwerte annehmen. Entsprechend werden auch die verschiedenen Indizes kontinuierlich. Man verwendet daher für die einzelnen Größen andere Bezeichnungen, die Überlegungen und Zusammenhänge bleiben aber in ihren wesent-

Tab. 2. Zusammenhang der Bezeichnungen bei diskreten und kontinuierlichen Markow-Prozessen

diskret	j	k	$P_{jk}(\tau, t)$	$\lambda_k(t)$	$\lambda_k(t) q_l(t)$
kontinuierlich	x	y	$f(x, \tau; y, t)$	$a(y, t)$	$b(y, t)$

lichen Zügen die gleichen. Wir beschränken uns daher darauf, die neuen Bezeichnungen in Tab. 2 anzuführen und die zu Gl. (92) analoge Beziehung von Kolmogoroff für kontinuierliche Prozesse anzugeben:

$$\frac{\partial f(x,\tau;y,t)}{\partial t} = -\frac{\partial}{\partial y}\{a(y,t)f(x,\tau;y,t)\} + \frac{1}{2}\frac{\partial^2}{\partial y^2}\{b(y,t)f(x,\tau;y,t)\}. \tag{93}$$

Fragen und Aufgaben

1. Was ist ein stochastischer Prozeß?
2. Wie unterteilt man die stochastischen Prozesse?
3. Was ist ein Poisson-Prozeß?
4. Welche Größen kann man mit Hilfe der Gleichungen von Kolmogoroff bestimmen?
5. Man weiß, daß eine Polymerisation unter bestimmten Bedingungen durch einen Poisson-Prozeß zustande kommt. Man stellt fest, daß am häufigsten Moleküle mit einem Polymerisationsgrad $x = 20$ auftreten. Wie groß ist die Wahrscheinlichkeit dafür, daß a) ein Molekül aus genau 20 Einheiten besteht, b) die Anzahl der Einheiten eines Moleküls zwischen 18 und 22 liegt? (Anleitung: Gehe von Gl. (91) aus, benütze die Stirlingsche Formel und rechne logarithmisch.)

F. Verteilungsfunktionen und Parameter einer Verteilung

1. Definition der Verteilungsfunktion

Von großer Bedeutung für die Beschreibung des Verhaltens einer Zufallsgröße ist die sog. Verteilungsfunktion. *Unter der Verteilungsfunktion einer Zufallsgröße ξ versteht man die Wahrscheinlichkeit dafür, daß ξ einen Wert zwischen $-\infty$ und z annimmt. Man bezeichnet sie mit $F(z)$.*

Wir haben in Abschn. A 3 jedem Wert einer Zufallsgröße eine Wahrscheinlichkeit bzw., bei kontinuierlichen Zufallsgrößen, eine Wahrscheinlichkeitsdichte zugeordnet. Es gilt nun folgendes: *Die Verteilungsfunktion ist durch die Wahrscheinlichkeiten bzw. die Wahrscheinlichkeitsdichte der betreffenden Zufallsgröße eindeutig bestimmt. Ebenso läßt sich umgekehrt die Wahrscheinlichkeit bzw. die Wahrscheinlichkeitsdichtefunktion aus der Verteilungsfunktion eindeutig bestimmen.* Um diese Aussagen zu beweisen, betrachten wir als erstes den Fall einer stetigen Zufallsgröße und bezeichnen die Wahrscheinlichkeitsdichte dafür, daß ξ einen Wert x annimmt, mit $p(x)$. Es gilt dann, wie aus der Definition der Verteilungsfunktion unmittelbar folgt,

$$F(z) = \int_{-\infty}^{z} p(x)\,dx. \tag{94}$$

Umgekehrt ist

$$p(x) = F'(x). \tag{95}$$

Bei einer diskreten Zufallsgröße, die die Werte $x_1, x_2, x_3, \ldots$ mit den Wahrscheinlichkeiten $P(x_1), P(x_2), P(x_3), \ldots$ annehmen kann, ist $F(z)$ dagegen gegeben durch

$$F(z) = \sum_{i<z} P(x_i)\,. \tag{96}$$

Die Angabe unter dem Summenzeichen bedeutet dabei, daß über alle i, die kleiner als z sind, summiert werden soll.

Als Beispiel betrachten wir den Fall, daß eine Münze $n = 3$ mal hochgeworfen wird. Die Zahl m, die angibt, wie oft dabei „Adler“ erscheint, ist eine Zufallsgröße. Für die Wahrscheinlichkeit, daß das Ereignis Adler m mal auftritt, ergibt sich dann auf Grund von Gl. (37)

$$P_n(m) = \frac{n!}{m!(n-m)!}\,p^m(1-p)^{n-m} = \frac{3!}{m!(3-m)!}\left(\frac{1}{2}\right)^3. \tag{97}$$

Die Verteilungsfunktion lautet

$$F(z) = \sum_{m=0}^{z} P_3(m) = \left(\frac{1}{2}\right)^3 \sum_{m=0}^{z} \frac{3!}{m!(3-m)!}\,. \tag{98}$$

Als nächstes betrachten wir die Hühner einer Hühnerfarm. Die Zufallsgröße x sei in diesem Fall das Gewicht eines Huhnes. Wir nehmen an, daß die Wahrscheinlichkeitsdichte $p(x)$ für das Auftreten eines bestimmten Gewichtes x durch eine Gaußsche Glockenkurve

$$p(x) = \frac{1}{\sigma\sqrt{2\pi}}\,\mathrm{e}^{-\frac{(x-x_0)^2}{2\sigma^2}} \tag{99}$$

gegeben ist. x_0 ist dabei das Gewicht, das die größte Wahrscheinlichkeitsdichte aufweist, und σ ein Maß für die Breite der Gaußschen Glockenkurve. Die Verteilungsfunktion lautet in diesem Fall

$$F(z) = \frac{1}{\sigma\sqrt{2\pi}} \int_0^z \mathrm{e}^{-\frac{(x-x_0)^2}{2\sigma^2}}\,dx\,. \tag{100}$$

Der Verlauf dieser Funktion ist in Abb. 13 angegeben. Man erkennt deutlich, daß $F(x)$ zunächst Null ist und dann, wenn x in die Nähe von x_0 kommt, sehr rasch auf eins ansteigt. Das entspricht der Tatsache, daß die Werte für x am wahrscheinlichsten in der Gegend von x_0 liegen. Die Kurve aus Abb. 13 nennt man die *Queteletsche Kurve*.

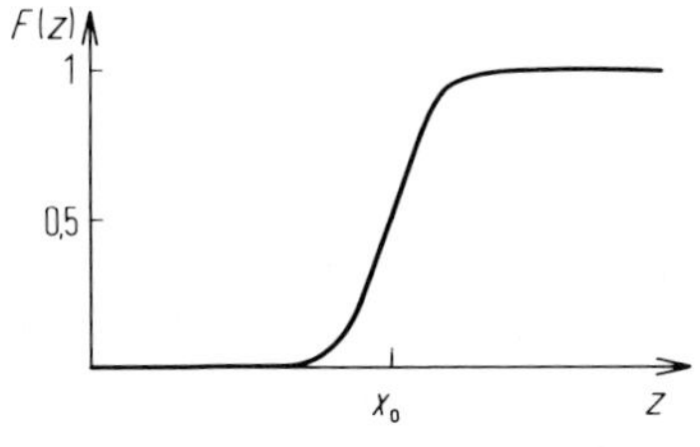

Abb. 13. Verteilungsfunktion $F(z)$ im Falle einer Normalverteilung (Queteletsche Kurve).

Wenn die Verteilungsfunktion die durch Gl. (100) angegebene Form annimmt, so spricht man von einer *Normalverteilung*. Wie im Zusammenhang mit dem Galtonschen Brett erläutert wurde (s. Abschn. D 1d), tritt eine solche Verteilung immer dann auf, wenn die Zufallsgröße einer großen Anzahl von Einflüssen ausgesetzt ist, die statistisch verteilt in positiver und negativer Richtung wirken. Da dies oft der Fall ist, trifft man Normalverteilungen in der Natur häufig an. Neben den Normalverteilungen spielen aber auch noch andere Verteilungen eine gewisse Rolle. Wir wollen hier nur die *Gleichverteilung* erwähnen, bei der die Wahrscheinlichkeitsdichte innerhalb eines gewissen Bereichs von x konstant ist, sowie die *Poissonverteilung*, bei der die Wahrscheinlichkeitsdichte durch die Poissonsche Formel Gl. (48) gegeben ist, die wir jetzt in der Form

$$p(x) = \frac{a^x}{x!} \mathrm{e}^{-a} \tag{101}$$

schreiben.

2. Die Parameter einer Verteilungsfunktion

a) Eindimensionale Zufallsgröße

Die Verteilungsfunktion charakterisiert eine Zufallsgröße vollständig, da sie sowohl die Werte angibt, die die Zufallsgröße annehmen kann, als auch die Wahrscheinlichkeiten, mit der diese Werte angenommen werden. In vielen Fällen braucht man keine so vollständige Information; es reicht, wenn man nur eine ungefähre Vorstellung von der Verteilungsfunktion besitzt. Man kann diese durch einige charakteristische Zahlenwerte erhalten, die man *Parameter der Verteilungsfunktion* nennt.

Als ersten Parameter führen wir den sog. *Erwartungswert E* der Zufallsgröße ein. Bei einer stetigen Zufallsgröße ist er durch die Beziehung

$$E = \int_{-\infty}^{+\infty} p(x)\, x\, dx \tag{102}$$

definiert, im Falle einer diskreten Zufallsgröße, die die Werte $x_1, x_2, x_3, \ldots, x_n$ annehmen kann, durch

$$E = \sum_{i=1}^{n} p(x_i)\, x_i \,. \tag{103}$$

Wenn die Wahrscheinlichkeiten $p(x_i)$ alle gleich sind, so wird $p(x_i) = 1/n$, und man erhält

$$E = \frac{1}{n} \sum_{i=1}^{n} x_i \,. \tag{104}$$

Der Erwartungswert ist ein mittlerer Wert der Zufallsgröße. Den durch Gl. (104) gegebenen Ausdruck bezeichnet man im speziellen Fall als das *arithmetische Mittel der Werte* x_i. Den entsprechenden allgemeineren Ausdruck in Gl. (102) bzw. Gl. (103) nennt man das *gewichtete Mittel*, da die Wahrscheinlichkeit bzw. die Wahrscheinlichkeitsdichte wie ein Gewicht bei der Bestimmung des Mittelwertes wirkt.

Ein weiterer wichtiger Parameter, der die Verteilungsfunktion charakterisiert, ist die *Dispersion D* (auch *Streuungsquadrat* oder *Varianz* genannt). Die Dispersion einer kontinuierlichen Zufallsgröße ist durch die Gleichung

$$D = \int_{-\infty}^{+\infty} (E - x)^2\, p(x)\, dx \tag{105}$$

definiert, die einer diskreten Zufallsgröße durch

$$D = \sum_{i=1}^{n} (E - x_i)^2 p(x_i) . \tag{106}$$

Die Wurzel aus der Dispersion bezeichnet man auch als *Standardabweichung* oder *Streuung*. Die Dispersion stellt definitionsgemäß den Erwartungswert der quadratischen Abweichung von E dar. Sie ist also ein Maß für die möglichen Abweichungen vom Erwartungswert.

Außer dem Erwartungswert der Größe ξ kann man auch den einer Funktion von ξ, $g(x)$, bestimmen. Er ist im Falle kontinuierlicher Zufallsgrößen durch

$$E(g(\xi)) = \int_{-\infty}^{+\infty} p(x) g(x) \, dx \tag{107}$$

gegeben. Ist insbesondere $g(x) = x^k$, so nennt man den entsprechenden Erwartungswert das *k-te Moment der Größe* ξ. Die Momente der Zufallsgröße $E - x$ nennt man die *zentralen Momente*. Gemäß dieser Definition ist das Moment erster Ordnung der ursprünglich eingeführte Erwartungswert und das zentrale Moment zweiter Ordnung die Dispersion. Im Fall von diskreten Zufallsvariablen muß man die zu Gl. (107) analoge Summenformel verwenden.

Als Beispiel betrachten wir zwei Körbe A und B mit Eiern. Die Wahrscheinlichkeitsdichte dafür, daß die Eier in den einzelnen Körben ein bestimmtes Gewicht x besitzen, ist durch die beiden in Abb. 14 eingezeichneten Kurven gegeben. In beiden Fällen haben wir es mit einer in einem bestimmten Intervall

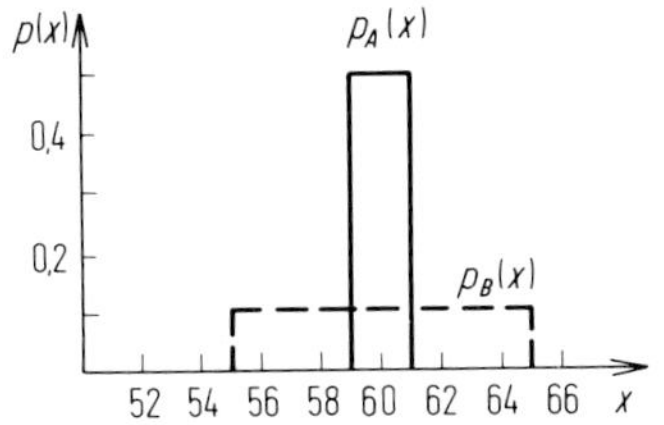

Abb. 14. Wahrscheinlichkeitsdichten als Funktion von x im beschriebenen Beispiel.

konstanten Wahrscheinlichkeit zu tun. Für den Korb A erstreckt sich dieses Intervall von 59 bis 61 g, für den Korb B von 55 bis 65 g. Da die Wahrscheinlichkeitsdichte Gl. (32) zufolge auf 1 normiert sein muß, ist sie für Korb A durch $p_A(x) = 1/2$ und für Korb B durch $p_B(x) = 1/10$ gegeben. Der Erwartungswert des Gewichtes x im Korb A ist durch

$$E_A = \int_{-\infty}^{+\infty} p_A(x) x \, dx = \int_{59}^{61} \frac{1}{2} x \, dx = \frac{x^2}{4} \bigg|_{59}^{61} = 60$$

gegeben, für den Korb B durch

$$E_B = \int_{-\infty}^{+\infty} p_B(x) x \, dx = \int_{55}^{65} \frac{1}{10} x \, dx = \frac{x^2}{20} \bigg|_{55}^{65} = 60 .$$

Die Erwartungswerte sind also für die beiden Körbe gleich groß.

Für die Dispersion erhalten wir im ersten Fall

$$D_A = \int_{-\infty}^{+\infty} (E_A - x)^2 p_A(x)\,dx = \int_{59}^{61} (60 - x)^2 \cdot \frac{1}{2}\,dx = -\frac{(60 - x)^3}{6}\Bigg|_{59}^{61} = +\frac{1}{6} + \frac{1}{6} = \frac{1}{3} \approx 0{,}33\,,$$

im zweiten Fall dagegen

$$D_B = \int_{-\infty}^{+\infty} (E_B - x)^2 p_B(x)\,dx = \int_{55}^{65} (60 - x)^2 \cdot \frac{1}{10}\,dx = -\frac{(60 - x)^3}{30}\Bigg|_{55}^{65} = 8{,}33\,.$$

Die Dispersion für den Korb B ist also bedeutend größer als für den Korb A. Durch diese Resultate wird zum Ausdruck gebracht, daß für den Korb B mit bedeutend größeren Schwankungen des Gewichtes von Ei zu Ei zu rechnen ist als beim Korb A. Anschaulicher als durch die Dispersion werden die Schwankungen durch die Standardabweichungen s charakterisiert, also durch die Wurzeln aus den Dispersionen. Es ergibt sich für die Standardabweichungen $s_A = \sqrt{0{,}33} \approx 0{,}56$ und $s_B = \sqrt{8{,}33} \approx 2{,}9$. Diese Zahlen sagen aus, daß bei Korb A mit Schwankungen des Gewichtes um etwa 0,56 g, bei Korb B dagegen um etwa 2,9 g zu rechnen ist.

Man kann mit Hilfe der Gln. (102) und (105) bzw. der analogen Gleichungen für diskrete Zufallsgrößen allgemein die Erwartungswerte und die Dispersionen für verschiedene Arten von Verteilungen berechnen. Für die durch Gl. (99) gegebene Normalverteilung erhält man

$$E = x_0 \quad \text{und} \quad D = \sigma^2\,, \tag{108a}$$

für die durch Gl. (101) gegebene Poissonverteilung

$$E = a \quad \text{und} \quad D = a\,. \tag{108b}$$

Es muß hier noch erwähnt werden, daß die Definitionsgleichung für E aus der Bedingung gewonnen werden kann, daß das Integral

$$\int_{-\infty}^{+\infty} p(x)(E - x)^2\,dx$$

ein Minimum wird. In Worten bedeutet dies, daß die Summe der Abweichungen von E, multipliziert mit den Wahrscheinlichkeiten für diese Abweichungen, möglichst klein sein soll. Beweis: Um den Wert E zu bestimmen, der das obige Integral zu einem Minimum macht, muß man dieses Integral nach E differenzieren und den erhaltenen Ausdruck gleich Null setzen. Es ergibt sich unter Beachtung der Gln. (XI, 71) und (31)

$$\frac{\partial}{\partial E}\int_{-\infty}^{+\infty} p(x)\;(E - x)^2\,dx = \int_{-\infty}^{+\infty} 2p(x)\;(E - x)\,dx = 2E - 2\int_{-\infty}^{+\infty} p(x)x\,dx = 0\,.$$

Aus der als letztes auftretenden Gleichung folgt durch Auflösen nach E unmittelbar die zu beweisende Gl. (102).

b) Mehrdimensionale Zufallsgröße

Wir wollen abschließend auf mehrdimensionale Zufallsgrößen eingehen. Gegeben sei eine n-dimensionale Zufallsgröße $\xi_1, \xi_2, \dots, \xi_n$ mit der Wahrscheinlichkeitsdichte $p(x_1, x_2, \dots, x_n)$. Man kann dann durch die n Gleichungen

$$E_k = \int_{\dots} \int x_k \; p(x_1 \dots x_n) \; dx_1 \, dx_2 \dots dx_n \quad \text{mit} \quad k = 1, 2, \dots, n \tag{109}$$

n Erwartungswerte $E_1, E_2, \dots, E_n$ für die einzelnen ξ_i definieren. Ebenso kann man für die Dispersion n^2 Größen erhalten, die durch die Gleichungen

$$D_{ik} = \int_{\dots} \int (x_i - E_i)\,(x_k - E_k) \; p(x_1 \dots x_n) \; dx_1 \, dx_2 \dots dx_n \tag{110}$$

definiert sind, wobei i und k unabhängig voneinander jeweils von 1 bis n gehen. Für $i = k$ stellen die D_{ik} ein Maß für die Schwankung der entsprechenden Zufallsgröße ξ_k dar, genauso wie bei eindimensionalen Zufallsgrößen. Für $i \neq k$ stellt D_{ik}, wie wir hier ohne Beweis anführen, ein Maß dafür dar, inwieweit ξ_i und ξ_k voneinander unabhängig sind. Die Größe $\frac{D_{ik}}{\sqrt{D_{ii} D_{kk}}}$ nennt man den Korrelationskoeffizienten r_{ik}. Besteht ein linearer Zusammenhang zwischen ξ_i und ξ_k, so wird $r_{ik} = 1$; besteht dagegen überhaupt kein Zusammenhang zwischen ξ_i und ξ_k, so wird $r_{ik} = 0$. Man sagt dann, daß keine Korrelation zwischen ξ_i und ξ_k besteht. Wir wollen uns hier auf diese Andeutungen beschränken und verweisen wegen weiterer Einzelheiten sowie der Beweise für die aufgeführten Behauptungen auf das Buch von Gnedenko S. 165.

Fragen und Aufgaben

1. Gib die Gleichungen zur Berechnung der Verteilungsfunktion einer Zufallsgröße aus den Wahrscheinlichkeiten bzw. der Wahrscheinlichkeitsdichte an.
2. Wie ist der Erwartungswert, die Dispersion und das k-te Moment einer Zufallsgröße definiert?
3. Was ist eine Normalverteilung?
4. Zeige, daß der Erwartungswert und die Dispersion einer Normalverteilung, die durch die Wahrscheinlichkeitsdichte $p(x) = (1/\sigma\sqrt{2\pi}) \exp[-(x-a)^2/2\sigma^2]$ charakterisiert ist, durch a bzw. σ^2 gegeben ist.
5. Berechne den Erwartungswert und die Dispersion einer Zufallsgröße, die einen Wert x im Intervall $-1 \leqq x \leqq 1$ mit der Wahrscheinlichkeitsdichte $p(x) = 1{,}5\,x^2$ annimmt.

G. Aufgaben der Statistik

Im vorangegangenen Abschnitt haben wir die Parameter der Verteilung sowie die Verteilungsfunktion einer Zufallsgröße ξ jeweils aus der als bekannt angenommenen Wahrscheinlichkeitsdichte berechnet (siehe das Beispiel mit der Größenverteilung der Eier aus dem vorigen Abschnitt). Vielfach hat man nun keine Kenntnis von den Wahrscheinlichkeiten, sondern ist darauf angewiesen, zu Aussagen über die Verteilungsfunktion und die Parameter der Verteilung dadurch zu kommen, daß man eine Anzahl von Messungen der Zufallsgröße vornimmt. Man geht dann in folgender Weise vor:

Man führt n Messungen der Zufallsgröße ξ durch, bei denen man die Werte $x_1, x_2, \ldots, x_n$ erhalten möge. Man bezeichnet dies als das Vornehmen einer *Stichprobe.* Anschließend bestimmt man den Mittelwert der x_i, das sog. *Stichprobenmittel,* über die Gleichung

$$\bar{x} = \frac{1}{n} \sum_{i=1}^{n} x_i \tag{111}$$

und die Streuung um dieses Mittel, die sog. *Stichprobenstreuung,* über die Gleichung

$$s = \frac{1}{n} \sum_{i=1}^{n} (x_i - \bar{x})^2 \,. \tag{112}$$

Des weiteren kann man noch durch eine entsprechende graphische Auftragung der Resultate die *Stichprobenverteilungsfunktion* bestimmen. Auf Grund des Gesetzes der großen Zahlen stimmt dann für genügend große n die erhaltene Stichprobenverteilung mit der tatsächlichen Verteilung, das Stichprobenmittel mit dem Erwartungswert und die Stichprobenstreuung mit der tatsächlichen Streuung überein.

Wir erläutern das wieder anhand eines Beispiels. Gegeben sei ein Korb mit Eiern. Im Unterschied zu dem Beispiel im vorigen Abschnitt soll aber über das Gewicht der einzelnen Eier nichts bekannt sein. Um die Verteilungsfunktion des Gewichtes sowie die Parameter der Verteilungsfunktion zu bestimmen, führt man nun eine Stichprobe durch, indem man n Eier dem Korb entnimmt und sie wiegt. Die einzelnen Gewichte bezeichnet man mit $x_1, x_2, \ldots, x_n$. Anschließend bestimmt man über Gl. (111) das Stichprobenmittel $\bar{x}$ und über Gl. (112) die Stichprobenstreuung s. Des weiteren kann man auch noch die Stichprobenverteilungsfunktion der Gewichte bestimmen, indem man graphisch das Gewicht x als Abszisse und die Anzahl der Eier, deren Gewicht kleiner oder gleich x ist, als Ordinate aufträgt. Wenn n genügend groß ist, werden $\bar{x}$, s sowie die erhaltene Kurve hinreichend gut mit dem Erwartungswert, der wahren Streuung und der wahren Verteilungsfunktion übereinstimmen.

Die Aussage, daß man bei genügend großem n den tatsächlichen Werten beliebig nahe kommt, ist noch nicht genügend exakt. Man hat daher Methoden entwickelt, mit deren Hilfe man die Wahrscheinlichkeit dafür ermitteln kann, daß die Stichprobenwerte um weniger als eine vorgegebene Größe von den wahren Werten abweichen. Den Zweig der Mathematik, der sich mit diesen Problemen befaßt, bezeichnet man als *Statistik.* Wir können hier darauf nicht weiter eingehen. Auf einzelne Probleme der Statistik kommen wir aber noch im nächsten Kapitel über Fehlerrechnung zu sprechen.

XVIII. Fehler- und Ausgleichsrechnung

A. Zufällige und systematische Fehler

Messungen sind gewöhnlich mit Fehlern behaftet. Diese können durch falsches Ablesen der Meßwerte, Unvollkommenheiten der Meßgeräte, Schwankungen der Meßbedingungen und vieles andere verursacht sein. Je nach ihrer Auswirkung kann man Meßfehler allgemein in zwei Gruppen unterteilen:

1. *Systematische Fehler*, die dadurch charakterisiert sind, daß sie auch bei mehrmaligem Messen in erster Näherung immer gleich bleiben.
2. Zufällige Fehler, die von Messung zu Messung verschieden groß sind und zu einer Streuung der Meßwerte führen.

Während zufällige Fehler an der erwähnten Streuung der Meßergebnisse beim mehrmaligen Messen derselben Größe erkannt werden, treten systematische Fehler nicht so offensichtlich zutage, sondern werden gewöhnlich erst durch eine gründliche und kritische Untersuchung des Meßvorganges bemerkt.

Betrachten wir als Beispiel das Messen der Stärke eines elektrischen Stromes mit Hilfe eines Galvanometers. Der Strom wird fünfmal eingeschaltet, und dabei werden die Werte 2,55; 2,58; 2,51; 2,49 und 2,56 A gemessen. Diese Schwankungen sollen durch gewisse mechanische Unzulänglichkeiten des Galvanometers und Ungenauigkeiten in der Ablesung verursacht werden. Es handelt sich dann bei ihnen um zufällige Fehler.

Zu einem systematischen Fehler kommt man dagegen, wenn man z. B. bei der Ablesung nicht wie vorgeschrieben in einem senkrechten Winkel auf die Meßskala blickt, sondern diese von der Seite her betrachtet. Das hat zur Folge, daß alle Meßwerte in einer bestimmten Weise verfälscht sind, z. B. etwas zu groß ausfallen. Man spricht hier von einem *Parallaxenfehler*. Diesen Fehler würde man auch durch beliebig oftmaliges Ablesen nicht erkennen, da er immer gleich bleibt.

Vom mathematischen Standpunkt aus sind besonders die zufälligen F hler von Interesse. Da es sich bei ihnen um zufällige Ereignisse handelt, gehorchen sie den im vorigen Kapitel abgeleiteten Gesetzen der Wahrscheinlichkeitsrechnung. Man kann daher ihren Einfluß wesentlich vermindern, indem man die zu bestimmende Größe nicht nur einmal, sondern viele Male mißt und die einzelnen Meßresultate nach statistischen Methoden auswertet. Des weiteren lassen sich auch Beziehungen für die Fortpflanzung von Fehlern ableiten und Methoden angeben, wie man eine Kurve auf bestmögliche Art an Meßpunkte anpaßt, die mit zufälligen Fehlern behaftet sind. Das Gebiet der Mathematik, das sich mit diesen Problemen beschäftigt, bezeichnet man als *Ausgleichs- und Fehlerrechnung*.

B. Mittelwert und Fehler der Einzelmessungen

1. Verteilung der Meßwerte und Mittelwert

Betrachten wir den Fall, daß wir irgendeine physikalische Größe ξ insgesamt n mal messen. Den wahren Wert, den diese Größe besitzt, bezeichnen wir mit x_w, die n Meßwerte mit $x_1, x_2, \ldots, x_n$. Bei der einzelnen Messung möge jeweils eine große Zahl von zufälligen Einflüssen wirksam sein, die zur Folge haben, daß die x_i von x_w abweichen. Eine gewisse Anzahl von Faktoren wirkt auf eine Vergrößerung des Meßwertes hin, eine Reihe von anderen Faktoren auf eine Verkleinerung. Die Verhältnisse sind hier die gleichen wie bei dem Herabrollen der Kugel auf einem Galtonschen Brett (vgl. Abb. 9 im vorigen Kapitel). Man darf daher annehmen, daß für die Meßergebnisse eine Normalverteilung gilt. Die Wahrscheinlichkeitsdichte, einen gewissen Meßwert x_i zu erhalten, hat also die Form einer Gaußschen Glockenkurve, deren Maximum den wahren Wert x_w angibt (s. Abb. 1). Die einzelnen Meßwerte

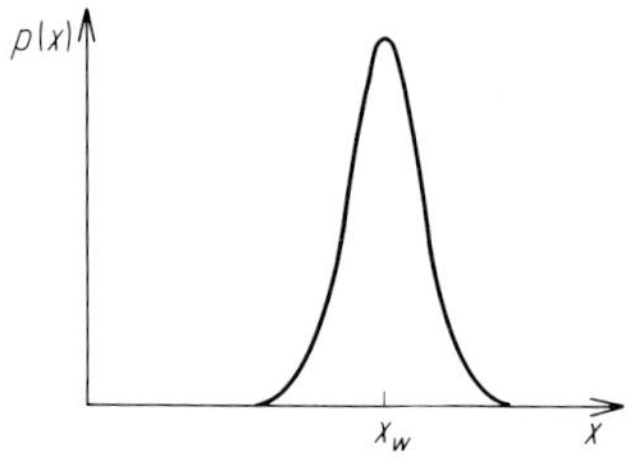

Abb. 1. Wahrscheinlichkeitsdichte $p(x)$ für einen Meßwert x, wenn der wahre Wert x_w beträgt, im Falle einer Normalverteilung der Meßergebnisse.

stellen eine Stichprobe dar. Je größer die Anzahl der Messungen n ist, desto besser werden sie mit der Wahrscheinlichkeitsdichte übereinstimmen. Bei endlichem n können aber immer Abweichungen von der zu erwartenden Verteilung auftreten, so daß man den wahren Wert x_w und die wahre Verteilungskurve nicht unmittelbar über die x_i bestimmen kann. Es erhebt sich nun die Frage, wie man aus den einzelnen Messungen x_i denjenigen Wert bestimmt, der *mit größter Wahrscheinlichkeit* dem wahren Wert x_w entspricht. Wir bezeichnen diesen Wert mit $\bar{x}$. Eine Gleichung zur Berechnung dieses Wertes erhalten wir mit Hilfe der folgenden Überlegung:

Wegen der Normalverteilung der Meßwerte ist die Wahrscheinlichkeitsdichte dafür, daß man einen Wert der Größe x_1 mißt, durch $\frac{1}{\sigma\sqrt{2\pi}} e^{-\frac{(x_w - x_1)^2}{2\sigma^2}}$ gegeben, diejenige, einen Wert der Größe x_2 zu messen, durch $\frac{1}{\sigma\sqrt{2\pi}} e^{-\frac{(x_w - x_2)^2}{2\sigma^2}}$, usw. Die Wahrscheinlichkeitsdichte dafür, daß bei n Messungen beim ersten Mal x_1, beim zweiten Mal x_2, usw. bis beim n-ten Mal x_n erhalten wird, ist durch das Produkt dieser Wahrscheinlichkeitsdichten gegeben, was zu einer Summe in den Exponenten führt, also zu

$$\frac{1}{\sigma^n(\sqrt{2\pi})^n} e^{-\frac{\sum_{i=1}^{n}(x_w - x_i)^2}{2\sigma^2}} \tag{1}$$

Da in unserem Fall die x_i vorgegeben sind, stellt der erhaltene Ausdruck eine Funktion von x_w dar. Der bestmögliche Wert von x_w ist derjenige, der diese Wahrscheinlichkeit zu einem Maximum macht, also den Ausdruck $\sum_{i=1}^{n}(x_w - x_i)^2$ im Exponenten zu einem Minimum. Wenn wir diesen Ausdruck abgekürzt mit $r(x_w)$ bezeichnen, lautet also die Bedingung zur Bestimmung des gesuchten wahrscheinlichsten Wertes von x_w

$$r(x_w) = \sum_{i=1}^{n}(x_w - x_i)^2 = \text{Minimum}\,. \tag{2}$$

Die angegebene Funktion stellt die Summe der quadratischen Abweichungen von x_w dar. Daß x_w so bestimmt wird, daß diese Summe ein Minimum wird, ist auch anschaulich eine einleuchtende Bedingung. Das Minimum der Funktion $r(x_w)$ liegt gemäß den Ausführungen im Abschn. X F an der Stelle, an der die Ableitung der Funktion $r(x_w)$ nach x_w gleich Null wird. Wir erhalten

$$\frac{dr(x_w)}{dx_w} = 2\sum_{i=1}^{n}(x_w - x_i) = 0\,. \tag{3}$$

Unter Berücksichtigung, daß

$$\sum_{i=1}^{n}(x_w - x_i) = n\,x_w - \sum_{i=1}^{n} x_i \tag{4}$$

ist, folgt aus Gl. (3)

$$n\,x_w - \sum_{i=1}^{n} x_i = 0\,. \tag{5}$$

Wenn wir nun $\bar{x}$ statt x_w schreiben, ergibt sich daraus

$$\bar{x} = \frac{1}{n}\sum_{i=1}^{n} x_i\,. \tag{6}$$

Man kann sich leicht überzeugen, daß die zweite Ableitung der Funktion größer als Null ist, so daß es sich an der betrachteten Stelle tatsächlich um ein Minimum handelt. Wir sehen also: *Derjenige Wert x, der mit größter Wahrscheinlichkeit dem wahren Wert x_w entspricht, ist durch das arithmetische Mittel der einzelnen Meßwerte gegeben.*

2. Mittlerer Fehler der Einzelmessungen

Die Abweichungen der einzelnen Meßwerte x_i vom Mittelwert $\bar{x}$ nennt man die *Fehler* der einzelnen Messungen und bezeichnet sie mit u_i

$$u_i = x_i - \bar{x}\,. \tag{7}$$

Ein geeignetes Maß für die Größe dieser Fehler stellt die durch Gl. (112) im vorigen Kapitel gegebene Stichprobenstreuung dar, die man erhält, indem man die Summe der Abweichungsquadrate durch n teilt und anschließend aus dem Resultat die Wurzel zieht. Man nennt diese Größe den *mittleren Fehler* m'

$$m' = \sqrt{\frac{1}{n}\sum_{i=1}^{n} u_i^2} = \sqrt{\frac{1}{n}\sum_{i=1}^{n}(x_i - \bar{x})^2}\,. \tag{8}$$

Man kann sich des weiteren auch für die Abweichungen der einzelnen Meßwerte x_i vom unbekannten wahren Wert x_w interessieren. Man nennt diese Abweichungen die *tatsächlichen Fehler* und bezeichnet sie mit $\mathring{u}_i$

$$\mathring{u}_i = x_i - x_w\,. \tag{9}$$

Die Streuung dieser Meßwerte um x_w nennt man ebenfalls die mittleren Fehler und bezeichnet sie mit m

$$m = \sqrt{\frac{1}{n}\sum_{i=1}^{n} \mathring{u}_i^2} = \sqrt{\frac{1}{n}\sum_{i=1}^{n}(x_i - x_w)^2}\,. \tag{10}$$

Obwohl x_w und damit die $\mathring{u}_i$ nicht bekannt sind, kann man dennoch eine Beziehung ableiten, mit der das m, das mit größter Wahrscheinlichkeit gilt, aus m' bzw. aus den u_i berechnet werden kann.

Um diese Beziehung abzuleiten, kombinieren wir zunächst Gl. (7) und Gl. (9), wodurch wir erhalten

$$\mathring{u}_i = u_i + (\bar{x} - x_w)\,. \tag{11}$$

Es ist nun $\sum_{i=1}^{n} \mathring{u}_i = \sum_{i=1}^{n} u_i + n(\bar{x} - x_w) = n(\bar{x} - x_w)$, da sich die u_i in der $\sum_{i=1}^{n} u_i$ gegenseitig wegheben. Damit erhalten wir $\bar{x} - x_w = \frac{1}{n}\sum_{i=1}^{n} \mathring{u}_i$, was in Gl. (11) eingesetzt ergibt

$$\mathring{u}_i = u_i + \frac{1}{n}\sum_{i=1}^{n} \mathring{u}_i\,. \tag{12}$$

Aus dieser Gleichung folgt nun

$$\sum_{i=1}^{n} \mathring{u}_i^2 = \sum_{i=1}^{n}\left(u_i + \frac{1}{n}\sum_{j=1}^{n} \mathring{u}_j\right)^2 = \sum_{i=1}^{n} u_i^2 + 2\cdot\frac{1}{n}\sum_{i=1}^{n} u_i \sum_{j=1}^{n} \mathring{u}_j + \frac{n\left(\sum_{i=1}^{n} \mathring{u}_i\right)^2}{n^2}\,. \tag{13}$$

Wir beachten noch, daß $\sum_{i=1}^{n} u_i = 0$ und $\left(\sum_{i=1}^{n} \mathring{u}_i\right)^2 = \sum_{i=1}^{n} \mathring{u}_i^2$ ist, da sich die gemischten Glieder wegheben, und erhalten daher aus Gl. (13)

$$\sum_{i=1}^{n} \mathring{u}_i^2 = \sum_{i=1}^{n} u_i^2 + \frac{1}{n}\cdot\sum_{i=1}^{n} \mathring{u}_i^2\,. \tag{14}$$

Durch eine einfache Umformung folgt daraus

$$\sum_{i=1}^{n} \mathring{u}_i^2 = \frac{n}{n-1}\sum_{i=1}^{n} u_i^2\,. \tag{15}$$

Setzt man dieses Resultat in Gl. (10) ein, so erhält man für den gesuchten mittleren Fehler m

$$m = \sqrt{\frac{1}{n-1}\sum_{i=1}^{n} u_i^2} = \sqrt{\frac{1}{n-1}\sum_{i=1}^{n}(x_i - \bar{x})^2}\,. \tag{16}$$

Wir sehen also: *Der mittlere Fehler der Einzelmessungen bezüglich des Mittelwertes $\bar{x}$ ist durch Gl. (8) gegeben, derjenige bezüglich des wahren Wertes x_w durch Gl. (16).*

3. Wahrscheinlicher Fehler der Einzelmessung

Die Streuung der Meßwerte um den wahren Wert x_w ist bei Zugrundelegung einer Normalverteilung gemäß Gl. (XVII, 108a) mit der Konstanten σ dieser Normalverteilung identisch. Wir können daher für die Wahrscheinlichkeitsdichte der Messung eines Wertes x schreiben

$$p(x) = \frac{1}{m\sqrt{2\pi}} \mathrm{e}^{-\frac{(x-x_w)^2}{2m^2}} . \tag{17}$$

Wir wollen nun die Grenzen um x_w bestimmen, innerhalb derer mit einer Wahrscheinlichkeit von 0,5 ein Meßwert liegt. Wir bezeichnen die Grenzen mit $x_w - m_{0,5}$ und $x_w + m_{0,5}$ und nennen $m_{0,5}$ den *wahrscheinlichen Fehler*. Unter Zugrundelegung von Gl. (17) ergibt sich zur Bestimmung von $m_{0,5}$ die Gleichung

$$\int_{x_w - m_{0,5}}^{x_w + m_{0,5}} \frac{1}{m\sqrt{2\pi}} \mathrm{e}^{-\frac{(x-x_w)^2}{2m^2}} dx = 0{,}5 . \tag{18}$$

Rechnet man das auf der linken Seite dieser Gleichung stehende Integral aus, so ergibt sich

$$\int_{x_w - m_{0,5}}^{x_w + m_{0,5}} \frac{1}{m\sqrt{2\pi}} \mathrm{e}^{-\frac{(x-x_w)^2}{2m^2}} dx = \frac{1}{\sqrt{2\pi}} \int_{-\frac{m_{0,5}}{m}}^{\frac{m_{0,5}}{m}} \mathrm{e}^{-\frac{t^2}{2}} dt = \frac{2}{\sqrt{2\pi}} \int_{0}^{\frac{m_{0,5}}{m}} \mathrm{e}^{-\frac{t^2}{2}} dt = \Phi\left(\frac{m_{0,5}}{m}\right), \tag{19}$$

wobei $\Phi(m_{0,5}/m)$ das Gaußsche Fehlerintegral an der Stelle $(m_{0,5}/m)$ ist. Damit erhalten wir für den wahrscheinlichen Fehler die Bedingung

$$\Phi\left(\frac{m_{0,5}}{m}\right) = 0{,}5 , \tag{20}$$

woraus sich mit Hilfe einer Tabelle für das Gaußsche Fehlerintegral ergibt

$$\frac{m_{0,5}}{m} \approx 0{,}68 \tag{21}$$

bzw.

$$m_{0,5} \approx 0{,}68\, m . \tag{22}$$

4. Praktische Durchführung der Rechnungen

Zur Vereinfachung der Schreibweise hat man die folgenden Bezeichnungen eingeführt:

$$\sum_{i=1}^{n} x_i = [x] \tag{23}$$

bzw.

$$\sum_{i=1}^{n} [\bar{x} - x_i]^2 = \sum_{i=1}^{n} u_i^2 = [uu] . \tag{24}$$

Damit erhalten wir für den Mittelwert und den mittleren Fehler

$$\bar{x} = \frac{[x]}{n}, \tag{25}$$

und

$$m' = \sqrt{\frac{[uu]}{n}}$$

$$m = \sqrt{\frac{[uu]}{n-1}}. \tag{26}$$

Für die praktische Berechnung des Mittelwertes und des mittleren Fehlers ist noch der folgende Umstand von Bedeutung: Subtrahiert man von den Meßwerten x_i eine feste Größe A, so ergibt das arithmetische Mittel der Werte $x_i - A$:

$$\overline{(x_i - A)} = \frac{1}{n}\sum_{i=1}^{n}(x_i - A) = \bar{x} - A. \tag{27}$$

Daraus folgt

$$\bar{x} = \overline{(x_i - A)} + A. \tag{28}$$

Man kann also zur Bestimmung von $\bar{x}$ das arithmetische Mittel der Differenz $x_i - A$ bilden und davon dann A dazuzählen. Das ist in den meisten Fällen bequemer als die unmittelbare Berechnung von $\bar{x}$.

Um den mittleren Fehler zu berechnen, kann man den Ausdruck aus Gl. (16) etwas umformen. Es gilt

$$m^2 = \frac{1}{n-1}\sum_{i=1}^{n}(x_i - \bar{x})^2 = \frac{1}{n-1}\left\{\sum_{i=1}^{n} x_i^2 - 2\bar{x}\sum_{i=1}^{n} x_i + n\bar{x}^2\right\} =$$

$$= \frac{1}{n-1}\sum_{i=1}^{n} x_i^2 - n\bar{x}^2. \tag{29}$$

Statt der x_i und $\bar{x}$ kann man auch die um eine additive Konstante veränderten Werte einsetzen.

Als Beispiel berechnen wir den Mittelwert und den mittleren, sowie den wahrscheinlichen Fehler bei der Messung der Dicke einer Folie mit Hilfe einer Mikrometerschraube. Es sind $n = 10$ Messungen durchgeführt worden, die die in der ersten Spalte in Tab. 1 eingetragenen Resultate ergeben haben. Zur Be-

Tab. 1. Messung der Dicke einer Folie

x_i [µm]	$x_i - A$ [µm]	$u_i = x_i - \bar{x}$	u_i^2
226	6	1,1	1,21
223	3	−1,9	3,61
225	5	0,1	0,01
222	2	−2,9	8,41
228	8	3,1	9,61
225	5	0,1	0,01
227	7	2,1	4,41
224	4	−0,9	0,81
226	6	1,1	1,21
223	3	1,9	3,61

stimmung des Mittelwertes über Gl. (28) ziehen wir zunächst von allen Messungen den Wert $A = 220\,\mu m$ ab (2. Spalte der Tabelle). Die Addition der so veränderten Meßwerte ergibt $\sum_{i=1}^{10}(x_i - A) = 49$, woraus folgt

$$\bar{x} = \frac{1}{10}\sum_{i=1}^{10}(x_i - A) + A = 4{,}9 + 220 = 224{,}9\,\mu m\,. \tag{30}$$

Um den mittleren Fehler zu bestimmen, berechnen wir zunächst die einzelnen tatsächlichen Fehler $u_i = x_i - \bar{x}$, die in Spalte 3 der Tabelle angegeben sind, sowie deren Quadrate (Spalte 4). Damit ergibt sich dann

$$m = \sqrt{\frac{\sum_{i=1}^{n} u_i^2}{9}} = \sqrt{\frac{32{,}9}{9}} = \sqrt{3{,}64} \approx 1{,}9\,. \tag{31}$$

Der mittlere Fehler beträgt also angenähert 2 µm. Mit Hilfe von Gl. (22) erhalten wir daraus für den wahrscheinlichen Fehler

$$m_{0,5} = 0{,}68 \cdot 1{,}9 = 1{,}3\,. \tag{32}$$

Aufgrund der Definition des wahrscheinlichen Fehlers sollte man erwarten, daß bei genügend vielen Meßwerten etwa die Hälfte der Meßergebnisse zwischen $\bar{x} + m_{0,5}$ und $\bar{x} - m_{0,5}$ liegen. In unserem Beispiel ist das sogar genau erfüllt.

Fragen und Aufgaben

1. Welches ist der wesentliche Unterschied zwischen zufälligen und systematischen Fehlern?
2. Welches Verteilungsgesetz nimmt man gewöhnlich für die einzelnen Meßwerte an, die man bei mehrmaliger Messung einer bestimmten Größe erhält?
3. Unter welcher Voraussetzung ist das arithmetische Mittel der Meßwerte die bestmögliche Annäherung an den wahren Wert?
4. Wie kann man die Berechnung des Mittelwertes von mehrstelligen Zahlen, die sich nur in den letzten Ziffern unterscheiden, möglichst einfach durchführen?
5. Wie definiert man den mittleren Fehler und den wahrscheinlichen Fehler der Einzelmessungen?
6. Beim mehrmaligen Abwiegen einer Analysenprobe werden die folgenden Gewichte (jeweils in mg) erhalten: 208,3; 208,8; 208,5; 208,4; 208,7; 208,5; 208,6. Berechne den Mittelwert, den mittleren Fehler und den wahrscheinlichen Fehler der Einzelmessungen.

C. Fehlerfortpflanzung

1. Fortpflanzung des Fehlers einer Einzelmessung sowie des maximalen Fehlers

Wir betrachten den Fall, daß wir zwei verschiedene Größen x und y messen. Aus den gemessenen Werten berechnen wir eine neue Größe z, die eine Funktion von x und y ist,

$$z = f(x, y)\,. \tag{33}$$

Wir fragen: Wie wirkt sich bei einer einmaligen Messung von x und y ein Fehler in x und y auf z aus?

Wir bezeichnen die Mittelwerte der betrachteten Größen mit $\bar{x}$, $\bar{y}$ und $\bar{z}$, die einzelnen gemessenen Werte mit x_i und y_k und die daraus berechneten Werte von z mit z_{ik}. Für die entsprechenden Fehler führen wir die Bezeichnungen

$$u_i = x_i - \bar{x} \tag{34}$$

$$v_k = y_k - \bar{y} \tag{35}$$

$$w_{ik} = z_{ik} - \bar{z} \tag{36}$$

ein. Es sei nun vorausgesetzt, daß die u_i, v_k und w_{ik} klein gegen $\bar{x}$, $\bar{y}$ bzw. $\bar{z}$ sind. Indem wir die Funktion $f(x, y)$ in eine Taylorreihe um $\bar{x}, \bar{y}$ entwickeln und nach der ersten Ableitung abbrechen, erhalten wir

$$z_{ik} = f(x_i, y_k) = f(\bar{x} + u_i, \bar{y} + v_k) = f(\bar{x}, \bar{y}) + u_i f_x(\bar{x}, \bar{y}) + v_k f_y(\bar{x}, \bar{y}) . \tag{37}$$

Da $f(\bar{x}, \bar{y}) = \bar{z}$ ist und $z_{ik} - \bar{z} = w_{ik}$, ergibt sich daraus

$$w_{ik} = u_i f_x(\bar{x}, \bar{y}) + v_k f_y(\bar{x}, \bar{y}) . \tag{38}$$

Diese Gleichung besagt folgendes: *Um zu sehen, wie sich bei einer Einzelmessung von x und y ein Fehler u_i in x und v_i in y auf die Größe $z = f(x, y)$ auswirkt, muß man u_i mit f_x und v_i mit f_y multiplizieren und die erhaltenen Produkte addieren.* Wenn z allgemein eine Funktion von l verschiedenen Meßgrößen ist, so gilt eine analoge Gleichung, in der l Summanden auftreten. Im Sonderfall einer einzigen Meßgröße x und einer daraus berechneten Größe $z = f(x)$ ergibt sich

$$w_i = u_i f'(\bar{x}) . \tag{39}$$

Da in Gl. (38) die Vorzeichen der beiden Summanden verschieden sein können, ist es möglich, daß sich die Fehler zum Teil kompensieren. Man kann sich nun die Frage stellen, wie groß der *maximale Fehler in z* ist, wenn die maximalen Fehler in x und y vorgegeben sind. Auch diesen Fehler kann man mit Hilfe von Gl. (38) bestimmen. Wir bezeichnen die maximalen Fehler mit u_M, v_M und w_M. Da u_M und v_M mit positivem oder negativem Vorzeichen auftreten können, muß man die Fehler unabhängig von den Vorzeichen von f_x und f_y addieren. Das erreicht man, wenn man alle Faktoren zwischen Betragsstriche setzt. Aus Gl. (38) folgt dann

$$|w_M| = |u_M| \, |f_x(\bar{x}, \bar{y})| + |v_M| \, |f_y(\bar{x}, \bar{y})| . \tag{40}$$

Gewöhnlich versucht man, diese Gleichungen so umzuformen, daß rechts und links die sog. relativen Fehler $|u_M/\bar{x}|$, $|v_M/\bar{y}|$, $|w_M/\bar{z}|$ stehen.

Gln. (38), (39) und (40) sagen aus, daß sich die einzelnen Fehler im Endresultat verschieden stark bemerkbar machen, je nachdem, welchen Wert die Ableitung der entsprechenden Funktion besitzt. Nehmen wir z. B. an, es sei

$$z = x^k . \tag{41}$$

Es gilt dann

$$w_i = u_i \cdot k \cdot \bar{x}^{k-1} \tag{42}$$

und

$$\frac{w_i}{\bar{z}} = k \frac{u_i}{\bar{x}} . \tag{43}$$

Der relative Fehler in z ist k-mal so groß wie der in x.

Als Beispiel betrachten wir die Aufgabe, die Kantenlänge x und das Gewicht y eines Würfels zu bestimmen und daraus das spezifische Gewicht über die Formel

$$z = \frac{y}{x^3} \tag{44}$$

zu berechnen. Wir nehmen an, daß der maximale Fehler in x 2% und der in y 1% beträgt. Wie groß ist dann der maximale Fehler in z?

Es ist $|u_M/\bar{x}| = 0{,}02$, $|v_M/\bar{y}| = 0{,}01$, $f_x(\bar{x},\bar{y}) = -3\bar{y}/\bar{x}^4$ und $f_y(\bar{x},\bar{y}) = 1/\bar{x}^3$. Gl. (40) ergibt

$$|w_M| = |u_M|\left|\frac{3\bar{y}}{\bar{x}^4}\right| + |v_M|\left|\frac{1}{\bar{x}^3}\right|. \tag{45}$$

Indem wir die ganze Gleichung durch $\bar{z} = \bar{y}/\bar{x}^3$ dividieren, erhalten wir daraus

$$\left|\frac{w_M}{\bar{z}}\right| = 3\left|\frac{u_M}{\bar{x}}\right| + \left|\frac{v_M}{\bar{y}}\right| = 3 \cdot 0{,}02 + 0{,}01 = 0{,}07\,. \tag{46}$$

Der maximale Fehler im spezifischen Gewicht beträgt daher 7%.

2. Fortpflanzung des mittleren Fehlers

Im vorangegangenen Beispiel wurde die Fortpflanzung eines bestimmten Fehlers berechnet. Gewöhnlich führt man aber nun eine Vielzahl von Messungen der Größen x und y durch und fragt danach, wie sich die *mittleren* Fehler in x und y auf den *mittleren* Fehler in z auswirken. Diesem Problem wollen wir uns jetzt zuwenden.

Nehmen wir an, daß wir r Messungen der Größe x und s Messungen der Größe y vorgenommen haben. Die erhaltenen Meßwerte bezeichnen wir mit $x_1, x_2, \ldots, x_r$ bzw. $y_1, y_2, \ldots, y_s$, deren Mittelwerte mit $\bar{x}$ bzw. $\bar{y}$ und die mittleren Fehler mit m_x bzw. m_y. Zu jedem möglichen Wertepaar x, y erhalten wir über Gl. (33) einen Wert von z. Den Wert, den wir aus x_1 und y_1 erhalten, bezeichnen wir mit z_{11}, denjenigen aus x_1 und y_2 mit z_{12} und allgemein denjenigen aus x_i und y_k mit z_{ik}. Es ergeben sich so $r \cdot s$ Werte für z. Aus diesen $r \cdot s$ Werten können wir einen Mittelwert und einen mittleren Fehler von z berechnen,

$$\bar{z} = \frac{1}{r \cdot s} \sum_{i=1}^{r} \sum_{k=1}^{s} z_{ik} \tag{47}$$

und

$$m_z = \sqrt{\frac{1}{(r \cdot s - 1)} \sum_{i=1}^{r} \sum_{k=1}^{s} (z_{ik} - \bar{z})^2} \approx \sqrt{\frac{1}{r \cdot s} \sum_{i=1}^{r} \sum_{k=1}^{s} (z_{ik} - \bar{z})^2}\,. \tag{48}$$

Dabei wurde angenommen, daß $r \gg 1$ und $s \gg 1$ ist.

Um als erstes $\bar{z}$ aus $\bar{x}$ und $\bar{y}$ zu berechnen, bedenken wir, daß aufgrund von Gl. (33) gilt $z_{ik} = f(x_i, y_k)$. Mit Hilfe der Beziehungen

$$u_i = x_i - \bar{x} \tag{49}$$

und

$$v_k = y_k - \bar{y} \tag{50}$$

können wir nun in $f(x_i, y_k)$ die Größe x_i durch $\bar{x} + u_i$ und y_k durch $\bar{y} + v_k$ ersetzen. Wenn wir dann die Funktion in eine Taylorreihe entwickeln und diese nach der ersten Ableitung abbrechen, erhalten wir

$$\bar{z} = \frac{1}{r \cdot s} \sum_{i=1}^{r} \sum_{k=1}^{s} z_{ik} = \frac{1}{r \cdot s} \sum_{i=1}^{r} \sum_{k=1}^{s} f(x_i, y_k) = \frac{1}{r \cdot s} \sum_{i=1}^{r} \sum_{k=1}^{s} f(\bar{x} + u_i, \bar{y} + v_k) =$$
$$= \frac{1}{r \cdot s} \sum_{i=1}^{r} \sum_{k=1}^{s} \{ f(\bar{x}, \bar{y}) + f_x(\bar{x}, \bar{y}) u_i + f_y(\bar{x}, \bar{y}) v_k \} . \tag{51}$$

Es gilt nun

$$\sum_{i=1}^{r} \sum_{k=1}^{s} f(\bar{x}, \bar{y}) = r \cdot s \cdot f(\bar{x}, \bar{y}) \tag{52}$$

und

$$\sum_{i=1}^{r} \sum_{k=1}^{s} f_x(\bar{x}, \bar{y}) u_i = f_x(\bar{x}, \bar{y}) \sum_{i=1}^{r} \sum_{k=1}^{s} u_i = f_x(\bar{x}, \bar{y}) s \cdot \sum_{i=1}^{r} u_i = 0 , \tag{53}$$

da

$$\sum_{i=1}^{r} u_i = \sum_{i=1}^{r} (x_i - \bar{x}) = \sum_{i=1}^{r} x_i - \sum_{i=1}^{r} \bar{x} = r\bar{x} - r\bar{x} = 0 \tag{54}$$

ist. Aus dem gleichen Grunde ist auch

$$\sum_{i=1}^{r} \sum_{k=1}^{s} f_y(\bar{x}, \bar{y}) v_i = 0 . \tag{55}$$

Wir erhalten somit

$$\bar{z} = \frac{1}{r \cdot s} r \cdot s \cdot f(\bar{x}, \bar{y}) = f(\bar{x}, \bar{y}) . \tag{56}$$

Der Mittelwert von $z = f(x, y)$ ist also derjenige Wert, den man erhält, wenn man in $f(x, y)$ die Mittelwerte von x und y einsetzt. Dieses Resultat ist keineswegs trivial, es gilt sogar nur näherungsweise für relativ kleine Fehler, da wir ja in Gl. (51) die Taylorreihe nach dem ersten Glied abgebrochen haben.

Um als nächstes den mittleren Fehler m_z zu berechnen, gehen wir von Gl. (48) aus, ersetzen z_{ik} wieder durch $f(x_i, y_k)$ und entwickeln diese Funktion wie in Gl. (51) in eine Reihe um $\bar{x}, \bar{y}$:

$$m_z^2 = \frac{1}{r \cdot s} \sum_{i=1}^{r} \sum_{k=1}^{s} (z_{ik} - \bar{z})^2 = \frac{1}{r \cdot s} \sum_{i=1}^{r} \sum_{k=1}^{s} [f(x_i, y_k) - f(\bar{x}, \bar{y})]^2 =$$
$$= \frac{1}{r \cdot s} \sum_{i=1}^{r} \sum_{k=1}^{s} [f(\bar{x} + u_i, \bar{y} + v_k) - f(\bar{x}, \bar{y})]^2 =$$
$$= \frac{1}{r \cdot s} \sum_{i=1}^{r} \sum_{k=1}^{s} [f_x(\bar{x}, \bar{y}) u_i + f_y(\bar{x}, \bar{y}) v_k]^2 =$$
$$= \frac{1}{r \cdot s} \sum_{i=1}^{r} \sum_{k=1}^{s} [f_x^2(\bar{x}, \bar{y}) u_i^2 + 2 f_x(\bar{x}, \bar{y}) f_y(\bar{x}, \bar{y}) u_i v_k + f_y^2(\bar{x}, \bar{y}) v_k^2] =$$
$$= f_x^2(\bar{x}, \bar{y}) \frac{1}{r \cdot s} \sum_{i=1}^{r} \sum_{k=1}^{s} u_i^2 + f_y^2(\bar{x}, \bar{y}) \frac{1}{r \cdot s} \sum_{i=1}^{r} \sum_{k=1}^{s} v_k^2 +$$
$$+ 2 f_x(\bar{x}, \bar{y}) f_y(\bar{x}, \bar{y}) \sum_{i=1}^{r} \sum_{k=1}^{s} u_i v_k . \tag{57}$$

Es ist nun

$$\frac{1}{r \cdot s} \sum_{i=1}^{r} \sum_{k=1}^{s} u_i^2 = \frac{1}{r \cdot s} \cdot s \cdot \sum_{i=1}^{r} u_i^2 = m_x \tag{58}$$

und entsprechend

$$\frac{1}{r \cdot s} \sum_{i=1}^{r} \sum_{k=1}^{s} v_k^2 = m_y . \tag{59}$$

Der Ausdruck $\sum_{i=1}^{r} \sum_{k=1}^{s} u_i v_k$ dagegen wird gleich Null, da es sich um voneinander unabhängige Fehler handelt. Wir erhalten somit aus Gl. (57)

$$m_z^2 = f_x^2(\bar{x}, \bar{y}) m_x^2 + f_y^2(\bar{x}, \bar{y}) m_y^2 \tag{60}$$

bzw.

$$m_z = +\sqrt{f_x^2(\bar{x}, \bar{y}) m_x^2 + f_y^2(\bar{x}, \bar{y}) m_y^2} . \tag{61}$$

Wir sehen also: *Der mittlere Fehler pflanzt sich gemäß Gl. (61) fort.* Gl. (61) stellt das in der Fehlerrechnung sehr oft verwendete *Fehlerfortpflanzungsgesetz* dar. Die Gleichung läßt sich auf eine beliebige Anzahl von Meßgrößen verallgemeinern. Hat man es insbesondere mit einer einzigen Variablen zu tun, so ergibt sich

$$m_z = +\sqrt{f_x^2(\bar{x}, \bar{y}) m_x^2} = |f_x(\bar{x}, \bar{y})| m_x \tag{62}$$

Man kann sich leicht überlegen, daß das Fehlerfortpflanzungsgesetz für den mittleren Fehler Gl. (61) zu kleineren Fehlern in z führt als dasjenige für den maximalen Fehler von Gl. (40). Das rührt daher, daß sich bei der Berechnung des mittleren Fehlers von z die Fehler in x und y zum Teil kompensieren, was bei den maximalen Fehlern nicht der Fall ist.

3. Mittlerer Fehler des Mittelwertes

Wir haben in Abschn. B 4 den mittleren Fehler der Einzelmessungen bestimmt. Nun benötigen wir noch ein Maß für die mögliche Abweichung des berechneten Mittelwertes $\bar{x}$ vom wahren Wert x_w. Ein solches Maß ist der *mittlere Fehler in* $\bar{x}$, den wir mit $\bar{m}$ bezeichnen. $\bar{m}$ ist keineswegs mit dem mittleren Fehler m der Einzelmessungen identisch, da mit wachsendem n die Wahrscheinlichkeit dafür, daß sich die Fehler in den x_i kompensieren, immer größer wird und somit der Fehler von $\bar{x}$ immer kleiner.

Um $\bar{m}$ zu berechnen, gehen wir von der Beziehung

$$\bar{x} = \frac{1}{n} \sum_{i=1}^{n} x_i \tag{63}$$

aus. Dieser Formel gemäß ist $\bar{x}$ eine Funktion $f(x_1, x_2, \ldots, x_n)$ von n Veränderlichen $x_1, x_2, \ldots, x_n$. Jede dieser Größen ist mit einem mittleren Fehler m behaftet. Der mittlere Fehler in $\bar{x}$ läßt sich daher mit Hilfe des Fehlerfortpflanzungsgesetzes Gl. (61)

aus den Fehlern der x_i berechnen. Es ist $f_{x_1} = f_{x_2} = \cdots = f_{x_n} = \frac{1}{n}$. Unter Anwendung des Fehlerfortpflanzungsgesetzes Gl. (61), das wir jetzt für n Veränderliche schreiben müssen, ergibt sich

$$\bar{m} = \sqrt{f_{x_1}^2 m^2 + f_{x_2}^2 m^2 + \cdots + f_{x_n}^2 m^2} = \sqrt{m^2 (f_{x_1}^2 + f_{x_2}^2 + \cdots + f_{x_n}^2)} =$$
$$= \sqrt{m^2 n \frac{1}{n^2}} = \frac{m}{\sqrt{n}}. \tag{64}$$

Man erhält also den mittleren Fehler des Mittelwertes, indem man den mittleren Fehler der n Einzelmessungen durch $\sqrt{n}$ dividiert.

Als Beispiel berechnen wir den mittleren Fehler des Mittelwertes der Foliendicke, die an Hand der Werte aus Tab. 1 in Abschn. B4 ermittelt wurde. Für die Foliendicke erhielten wir in Gl. (30) den Wert $\bar{x} = 224{,}9$ µm. Der mittlere Fehler der Einzelmessungen m betrug Gl. (31) zufolge 1,9 µm. Es wurden $n = 10$ Messungen durchgeführt. Mit Hilfe von Gl. (64) erhalten wir

$$\bar{m} = \frac{1{,}9}{\sqrt{10}} = 0{,}6 \ \mu\text{m}\,.$$

Die Unsicherheit im Mittelwert beträgt also nur 0,6 µm. Man pflegt dies auch in der Form

$$\bar{x} = 224{,}9 \pm 0{,}6 \ \mu\text{m} \tag{65}$$

zu schreiben.

Fragen und Aufgaben

1. Es werden zwei Größen x und y gemessen und daraus eine weitere Größe $z = f(x, y)$ berechnet. Nach welchen Gesetzen übertragen sich dabei die mittleren Fehler bzw. die maximalen Fehler in x und y auf die Größe z?
2. Erläutere den Unterschied zwischen dem mittleren Fehler der Einzelmessung und dem mittleren Fehler des Mittelwertes.
3. Berechne den mittleren Fehler des Mittelwertes in Aufgabe 6 des vorigen Abschnittes.
4. Um einen elektrischen Widerstand nach der Formel $R = U/I$ zu bestimmen, werden je 10 Messungen von U und I vorgenommen. Für I erhält man den Mittelwert 4,31 A und einen mittleren Fehler m_I der Meßwerte von 0,02 A, für U den Mittelwert 220 V mit $m_U = 1$ V. Wie groß ist der mittlere Fehler der Mittelwerte von I und U? Wie groß sind die relativen Fehler bei der Messung von I und U? Wie groß ist der Mittelwert und der mittlere Fehler in R?

D. Ausgleichsrechnung bei zwei voneinander abhängigen Meßgrößen

Wir wollen nun den Fall betrachten, daß wir zwei Größen x und y messen, von denen wir wissen, daß sie voneinander linear abhängen:

$$y = ax + b\,. \tag{66}$$

Die einzelnen gemessenen Wertepaare bezeichnen wir mit $x_1 y_1, x_2 y_2, \ldots, x_n y_n$. Wenn wir die erhaltenen Wertepaare in ein Koordinatensystem eintragen, erhalten wir z. B. die in Abb. 2 angegebenen Punkte. Diese Punkte liegen wegen der zufälligen Fehler, die bei den Messungen auftreten, nicht auf einer Geraden. Man möchte aber die wahre Gerade finden, um so die Konstanten a und b zu bestimmen. Auf welche Weise kann man nun diejenige Gerade finden, die mit größter Wahrscheinlichkeit mit der tatsächlich vorliegenden Geraden übereinstimmt? Es läßt sich zeigen, daß

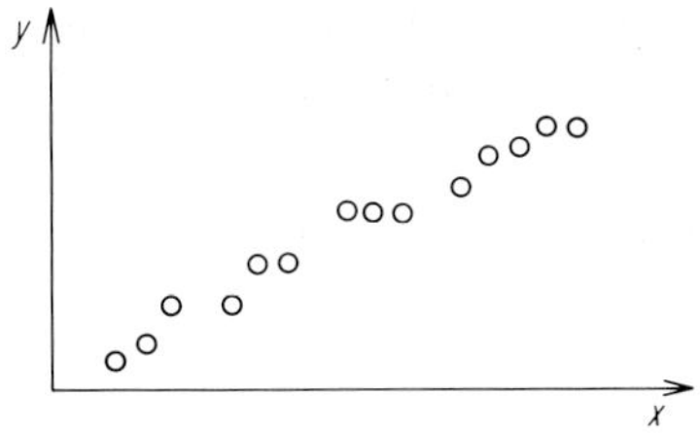

Abb. 2. Graphische Darstellung der mit Meßfehlern behafteten Wertepaare (x, y), die Gl. (66) gehorchen.

man diese Gerade so wählen muß, d. h. die Konstanten a und b in der Weise bestimmen muß, daß die Summe der quadratischen Abweichungen der Punkte von der Geraden ein Minimum wird. Die Abweichung des Punktes $x_i y_i$ von der Geraden in y-Richtung ist durch

$$y_i - a x_i - b \tag{67}$$

gegeben. Die Summe der quadratischen Abweichungen lautet daher

$$M = \sum_{i=1}^{n} (y_i - a x_i - b)^2 \,. \tag{68}$$

Die Größen a und b müssen nun so bestimmt werden, daß M ein Minimum ist. Hierzu muß

$$\frac{\partial M}{\partial a} = 0 \tag{69}$$

und

$$\frac{\partial M}{\partial b} = 0 \tag{70}$$

sein. Diese beiden Gleichungen sind die Bestimmungsgleichungen für a und b.

In analoger Weise kann man die Messungen auch durch andere Kurven, also z. B. durch Parabeln annähern.

Antworten und Lösungen *)

Kapitel I

1. Früher: Meß- und Rechenkunst mit einigen empirisch gewonnenen Sätzen. Heute: axiomatisch deduktiver Aufbau.
2. Der Beweis der Axiome ist grundsätzlich nicht möglich. Falls Objekte gefunden werden, denen die Axiome genügen, so gelten alle Schlußfolgerungen aus den Axiomen für diese Objekte.
3. Weil man zur Beschreibung der Naturphänomene Begriffe verwendet, die dem gegebenen Axiomensystem genügen.
4. Direkter Beweis, indirekter Beweis, konstruktiver Beweis, vollständige Induktion.
5. Deduktion ist die logische Herleitung von Aussagen aus allgemeineren Sätzen. Induktion ist Herleitung von Aussagen aus Erfahrungstatsachen. Intuition ist eine aus dem Unterbewußtsein kommende, z. T. gefühlsmäßige Erkenntnis.
6. a) notwendig und hinreichend, b) hinreichend, c) notwendig.

Kapitel II

1. Einzelnes Aufzählen oder Angabe von gemeinsamen Merkmalen.
3. $\{16, 18, 20, 22, 24\}$, $\{20, 22, 24\}$, $\{20, 24\}$.
4. Zu M_1 gehören z. B. die Reaktionen $Mg + H_2SO_4 = MgSO_4 + H_2$ und $2CH_4 + Cl_2 = 2CH_3Cl + H_2$. Zu M_2 gehören z. B. die Reaktionen $2CH_4 + Cl_2 = 2CH_3Cl + H_2$ und $2CH_3CH_3 + Cl_2 = 2CH_3CH_2Cl + H_2$. M_1 ist mächtiger als M_2.
5. Das assoziative Gesetz gilt, das kommutative Gesetz gilt nicht.
6. XXIV, 24, 11000, $101 + 1100 = 10001$.
7. b ist richtig.
8. Zur unbeschränkten Durchführbarkeit der Subtraktion, der Division, des Wurzelziehens aus positiven Zahlen bzw. des Wurzelziehens aus negativen Zahlen.
9. Faktoren: b, $(c + d)$, e, $(f - g)$. Summanden: a, $b(c + d)$, $e(f - g)$, c, d, f, g. Produkte: $b(c + d)$, $e(f - g)$. Summe: $a + b(c + d) - e(f - g)$, $a + b(c + d)$, $c + d$. Differenz: $f - g$, $b(c + d) - e(f - g)$.
10. $3x = 2$.
12. Indem man die irrationalen Zahlen durch rationale Zahlen annähert.
13. a) $5 + 3i$; $-1 + 5i$; $10 + 10i$; $0{,}2 + 1{,}4i$; b) $-5 - 2i$; $5 - 2i$; $10i$; $0{,}4i$.
14. a) $\sqrt{20}$; 2; 4; $-12 + 16i$; $1312 - 1216i$. b) 5, -5, 0, 25, -3125. c) 5, 5, 0, 25, 3125. d) 1; 0; -1; -1; $-i$.
15. a) $1 - 2i$. b) $-i$.
16. a) 32, b) 3, c) $15a$, d) 27, e) $a^3 + 6a^2 + 11a + 6$, f) 36, g) 3.
17. a) $2\sum_{k=1}^{5} a_k$, b) $\sum_{k=1}^{3}\sum_{j=1}^{3}(a_i + 1)(a_j + 1)$.
18. Für $n = 5$ ist der Satz richtig. Es gilt $2 > \left(\frac{n+1}{n}\right)^2$. Daher folgt aus $2^n > n^2$ durch Multiplikation mit der zuerst genannten Ungleichung $2^{n+1} > (n + 1)^2$.
19. a) $x > \sqrt{2}$ und $x < -\sqrt{2}$, b) $x > 2$ und $x < 0$, c) $x < 0$.

Kapitel III

1. Kleiner.
2. Bei einer Inversion werden nur zwei Elemente miteinander vertauscht, bei einer Permutation können beliebig viele Elemente vertauscht werden.
3. Bei Variationen kommt es auf die Reihenfolge der Elemente an, bei Kombinationen dagegen nicht. Bei Kombinationen mit Wiederholung darf jedes Element mehrere Male verwendet werden, bei Kombinationen ohne Wiederholung nur einmal.

---

*) Antworten, die zu umfangreich sind und die aus dem Buchtext unmittelbar hervorgehen, sind hier nicht angeführt.

4. Unter einem Binomialkoeffizienten versteht man den Ausdruck $\binom{n}{i}$, unter einer Binomialentwicklung den Ausdruck in Gl. (18).
5. a) 6, b) 9.
6. 24 bzw. 12.
7. $(r + 1 + s + 1)!/(r + 1)!(s + 1)!$
8. a) $P_{9,2} = C_{9,2} = 36$, b) $V_{9,2} = 72$ (siehe auch Aufgabe 11).
9. $\bar{C}_{6,2} = 15$.
10. a) Wir gehen von einer bestimmten Verteilung der Atome auf die Energieniveaus aus. Wenn man zwei Atome, die verschiedene Energieniveaus einnehmen, miteinander vertauscht, so ergibt sich jeweils eine neue Anordnung. Beim Vertauschen von zwei Atomen des gleichen Energieniveaus ergibt sich dagegen keine neue Anordnung. Die Anzahl der Anordnungen ist daher gegeben durch die Anzahl der Permutationen von N Elementen, von denen jeweils $n_1, n_2, \ldots, n_s$ einander gleich sind, also durch $N!/(n_1!n_2!\ldots n_s!)$.
    b) Durch Vertauschungen werden wegen der Ununterscheidbarkeit der Atome keine neuen Anordnungen erhalten. Es gibt daher genau eine Anordnung.
11. a) 10, b) $[a! + b!(a^2 + a)]/(a + 1)!$
12. Bei den Kombinationen fragt man nach der Anzahl der Möglichkeiten, von den 9 Kohlenstoffatomen zwei herauszugreifen, um an ihnen ein Chloratom anzubringen. Bei den Permutationen mit Wiederholung fragt man nach der Anzahl der Anordnungsmöglichkeiten von 9 Kohlenstoffatomen, von denen zwei einander gleich sind (nämlich diejenigen, an denen Chloratome hängen) und die restlichen 7 ebenfalls einander gleich sind.

Kapitel IV

Abschnitt A

1. Ein Zahlenschema mit gleich vielen Zeilen und Spalten.
2. a) $\begin{pmatrix} 5 & 0 & 0 \\ 0 & 5 & 0 \\ 0 & 0 & 5 \end{pmatrix}$; b) $\begin{pmatrix} 2 & 0 & 0 \\ 0 & 4 & 0 \\ 0 & 0 & 6 \end{pmatrix}$; c) $\begin{pmatrix} 2 & 3 & 4 \\ 3 & 4 & 5 \\ 4 & 5 & 6 \end{pmatrix}$.
3. $\begin{pmatrix} 1 & 0 \\ 0 & 1 \end{pmatrix}$.
4. a) Beide Matrizen müssen die gleiche Anzahl von Zeilen und die gleiche Anzahl von Spalten haben.
   b) Die Anzahl der Spalten der ersten Matrix muß gleich sein der Anzahl der Zeilen der zweiten Matrix.
5. a) Bei der Addition, b) bei der Addition und der Multiplikation.
6. a) $\begin{pmatrix} 2 & 3 & 2 \\ -1 & 3 & 3 \\ 1 & 2 & 1 \end{pmatrix}$; b) geht nicht; c) $\begin{pmatrix} a + b \\ c + a \end{pmatrix}$; d) $a^2 + b^2$.
7. a) $\begin{pmatrix} 3 & 1 & 2 \\ 0 & 3 & 3 \\ 0 & 2 & 1 \end{pmatrix}$; b) geht nicht; c) geht nicht; d) geht nicht.
8. $\Lambda^2 = \begin{pmatrix} \lambda_1^2 & 0 & 0 \\ 0 & \lambda_2^2 & 0 \\ 0 & 0 & \lambda_3^2 \end{pmatrix}$, $\Lambda^n = \begin{pmatrix} \lambda_1^n & 0 & 0 \\ 0 & \lambda_2^n & 0 \\ 0 & 0 & \lambda_3^n \end{pmatrix}$.

Abschnitt B

1. Die Matrix stellt ein Schema von Zahlen dar, die Determinante eine einzige Zahl, die aus diesem Schema nach einer bestimmten Vorschrift berechnet wird.
2. Durch Streichen von Zeilen bzw. Spalten, so daß das Schema quadratisch wird.
3. Anzahl der Zeilen bzw. Spalten.
4. Determinanten 2. Ordnung über Gl. (17); Determinanten 3. Ordnung mit Hilfe der Regel von Sarrus, Gl. (18); Determinanten beliebiger Ordnung mit Hilfe des Laplaceschen Entwicklungssatzes oder, was im allgemeinen einfacher ist, indem man sie auf eine Form bringt, bei der unterhalb der Diagonalen lauter Nullen stehen (s. Gl. (27)).

5. Man bestimmt die Determinante höchster Ordnung, die nicht verschwindet. Am einfachsten geschieht dies durch eine Umformung der Matrix gemäß Gl. (39).
6. Man kann mindestens eine Zeile als eine Linearkombination anderer Zeilen darstellen.
7. 0.
8. 0, da erste und dritte Zeile einander gleich sind; -3, mit Hilfe der Regel von Sarrus.
9. 3, 3 und 2. In der letzten Matrix sind die Zeilen voneinander linear abhängig.

Abschnitt C

1. Bei einem homogenen Gleichungssystem sind alle b_i gleich 0.
2. Wenn der Rang der erweiterten Matrix größer als der der Koeffizientenmatrix ist.
3. Ja.
4. Wenn die aus den Koeffizienten gebildete Determinante von Null verschieden ist.
5. Wenn die aus den Koeffizienten gebildete Determinante gleich Null ist.
8. a) $x = 6$, $y = -1$ b) $x = y = 0$ c) $x_1 = 4 - 1{,}5x_3$, $x_2 = 1 + 0{,}5x_3$ einfach unendliche Lösungsmannigfaltigkeit.
9. a) $x_1 = -\frac{4}{3}\lambda_1$, $x_2 = \frac{1}{3}\lambda_1 - \lambda_2$, $x_3 = \lambda_2$, $x_4 = \lambda_1$ b) $x = 8$, $y = -0{,}5$.
10. a) $x_1 = x_2 = x_3 = 3$, b) $x_1 = 3$, $x_2 = 4/3$, $x_3 = 1/3$ (Beachte Gln. (3) und (4)!).

Kapitel V

1. Zur Lösung von Gleichungen 2., 3. und 4. Grades gibt es Formeln. Gleichungen beliebigen Grades können graphisch oder durch numerische Näherungsverfahren gelöst werden. Falls eine Lösung x_1 bekannt ist, kann man den Grad der Gleichung erniedrigen, indem man sie durch $x - x_1$ dividiert.
2. Genau 5 Lösungen, von denen beliebig viele einander gleich sein können.
3. Eine Gleichung n-ten Grades hat genau n Lösungen $\alpha_1, \alpha_2, \ldots, \alpha_n$, mit deren Hilfe sich die Gleichung auch in der Form $(x - \alpha_1)(x - \alpha_2)\ldots(x - \alpha_n) = 0$ schreiben läßt.
5. Setzt man ein Polynom in x vom Grade n gleich Null, so erhält man eine Gleichung n-ten Grades.
6. Nach Division durch $x - 1$ und Nullsetzen des Resultates ergibt sich $x_2 = 2$ und $x_3 = -2$.
7. $(x + 3)^2 = 0$.
8. Indem man jeden der beiden Faktoren für sich gleich Null setzt, erhält man $x_1 = 0$, $x_2 = 0$, $x_3 = 0{,}5(\sqrt{13} - 3)$, $x_4 = -0{,}5(\sqrt{13} + 3)$.
9. $x = 4$, $y = 0$.
10. $(x + 1)(x - 4)$.

Kapitel VI

1. Die Teilsummen einer Reihe bilden eine Folge.
2. a) $1, 2, 3, 4, \ldots$ b) $(5 - 1), (5 - \frac{1}{2}), (5 - \frac{1}{3}), (5 - \frac{1}{4}), \ldots$
3. Ja.
4. Nein.
5. *Konvergent:* ein einziger Häufungswert, der im Endlichen liegt. *Bestimmt divergent:* ein einziger Häufungswert, der im Unendlichen liegt. *Unbestimmt divergent:* mehrere Häufungswerte.
6. Die Folge muß beschränkt sein.
7. Wenn ein hinreichendes Konvergenzkriterium erfüllt ist, so liegt Konvergenz vor, falls es nicht erfüllt ist, ist keine Aussage möglich. Wenn ein notwendiges Konvergenzkriterium erfüllt ist, kann die Reihe konvergieren, falls es nicht erfüllt ist, liegt Divergenz vor.
9. *Notwendig und hinreichend:* Kriterium von Cauchy und Kriterium von Leibniz. *Notwendig:* Die einzelnen Summanden müssen gegen Null gehen. *Hinreichend:* Quotientenkriterium, Wurzelkriterium, Existenz einer konvergenten Majorante.
10. Die Reihe aus den entsprechenden absoluten Gliedern, die also lauter positive Vorzeichen aufweist, konvergiert.
11. Wenn die Reihe absolut konvergent ist.
12. Die positive Zahl r, die der Bedingung gehorcht, daß die Reihe für $x < r$ konvergiert und für $x > r$ divergiert.

13. $\sum_{k=0}^{\infty} \frac{1}{k}$ und $\lim_{n\to\infty}\left(1 + \frac{1}{n}\right)^n$.

14. *Cauchy:* $\left|\frac{1}{m} - \frac{1}{n}\right| \leqq \frac{1}{m} + \frac{1}{n} < \varepsilon$, wenn $m > N$ und $n > N$ mit $N = \frac{2}{\varepsilon}$. *Monotoniesatz:* Die Folge ist beschränkt, da $|a_n| < 1$ ist, und monoton, da $\frac{1}{n+1} < \frac{1}{n}$.

15. Für $a = 1$ besteht die Folge aus lauter Einser. Für $a > 1$ folgt aus $\sqrt[n]{a} = 1 + x_n$, daß $x_n > 0$ ist. Des weiteren folgt $a = (1 + x_n)^n > 1 + nx_n > nx_n$ bzw. $\frac{a}{n} > x_n > 0$. Da $\lim_{n\to\infty} \frac{a}{n} = 0$ ist, ist auch $\lim_{n\to\infty} x_n = 0$ und $\lim_{n\to\infty} \sqrt[n]{a} = 1$. Für $a < 1$ folgt ähnlich wie oben aus $\sqrt[n]{a} = \frac{1}{1 + x_n}$, daß $x_n > 0$ und $\frac{1}{na} > x_n > 0$ ist.

16. a) Alternierende Reihe mit monoton gegen den Grenzwert 0 abnehmendem Betrag der Glieder (Leibniz-Kriterium).

 b) $\left|\frac{1}{2^n}\sin(2^n)\right| \leqq \frac{1}{2^n}$, weil $\sin x \leqq 1$ für alle x. $\sum_{n=0}^{\infty} \frac{1}{2^n}$ konvergiert laut Gl. (41);

 c) $\lim_{n\to\infty}\left|\frac{u_{n+1}}{u_n}\right| = \lim_{n\to\infty}\left|\frac{(n+1)\cdot(\frac{1}{4})^{n+1}}{n(\frac{1}{4})^n}\right| = \lim_{n\to\infty}(1 + \frac{1}{n})\frac{1}{4} = \frac{1}{4} < 1$;

 d) $\left|\frac{1}{n(n+1)} + \frac{1}{(n+1)(n+2)} + \cdots + \frac{1}{(n+p)(n+p+1)}\right| = \left|\frac{1}{n} - \frac{1}{n+p+1}\right| \leqq \frac{1}{n} < \varepsilon$ wenn $n > N$ mit $N = \frac{1}{\varepsilon}$.

17. a) $a_n = \frac{1}{2^n}$ daher $r = \frac{1}{\lim_{n\to\infty}\left|\frac{a_{n+1}}{a_n}\right|} = \frac{1}{\frac{1}{2}} = 2$;

 b) $a_n = \left(\frac{n-2}{n^2-1}\right)^n$ daher $r = \frac{1}{\lim_{n\to\infty}\sqrt[n]{|a_n|}} = \frac{1}{0} = \infty$;

 c) $a_n = \frac{1}{n!}$ daher $r = \frac{1}{\lim_{n\to\infty}\left|\frac{a_{n+1}}{a_n}\right|} = \infty$.

18. a) $\lim_{n\to\infty}\frac{n-1}{n+1} = \lim_{n\to\infty}\frac{1-\frac{1}{n}}{1+\frac{1}{n}} = 1$; b) $\lim_{n\to\infty}\frac{n^2-n}{n^2-1} = \lim_{n\to\infty}\frac{1-\frac{1}{n}}{1-\frac{1}{n^2}} = 1$;

 c) $\lim_{n\to\infty}(an^3 + cn + d)n^{-3} = \lim_{n\to\infty}\left(a + \frac{c}{n^2} + \frac{d}{n^3}\right) = a$.

Kapitel VII

1. a) Durch eine Gleichung, durch eine Tabelle, graphisch in einem ebenen Koordinatensystem. b) durch eine Gleichung, durch mehrere Tabellen mit der zweiten Variablen als Parameter, graphisch in einem dreidimensionalen Koordinatensystem oder als Netztafel in einem zweidimensionalen Koordinatensystem. c) durch eine Gleichung, durch mehrere Tabellen mit zwei Parametern, graphisch als Netztafel in einem zweidimensionalen Koordinatensystem.
2. a) Durch einen oder mehrere Bereiche der x-Achse, b) durch einen oder mehrere Bereiche der x,y-Ebene.
3. Ja.
4. $y = -\ln x$, b) $y = x$, c) $y = \sin x$.
5. algebraische F. ⟨ nichtrationale F. / rationale F. ⟨ gebrochene rat. F. / ganze rat. F. ⟨ lineare F. / nichtlineare F.
6. $y = e^{2x}$, $y = \sin x$, $y = \ln(x^2 + 2x)$.

7. Die Diracsche Deltafunktion erhält man aus der Gaußschen Glockenkurve, indem man deren Breite bei gleichbleibender Fläche unter der Kurve gegen Null gehen läßt.
8. a) $(0, \infty)$, $(-\infty, \infty)$, $y = e^x$;
   b) $[-1, +1]$, $(-\infty, +\infty)$, $y = \sin x$;
   c) $(-1, +1)$, $(-\infty, +\infty)$, $y = \operatorname{tgh} x$.
9. Graphische Darstellung einer Funktion von mehreren Veränderlichen durch eine Kurvenschar in einer Ebene.
10. $f(x)$ ist an der Stelle x_0 stetig, wenn $|f(x) - f(x_0)| < \varepsilon$ ist, wenn nur $|x - x_0| < \delta$ ist. Zur rechtsseitigen Stetigkeit muß diese Bedingung nur für $x > x_0$ erfüllt sein. Bei Funktionen mehrerer Veränderlicher schreibt man statt $x - x_0$ den Abstand eines beliebigen benachbarten Punktes vom Bezugspunkt x_i^0, also $\sqrt{(x_i - x_i^0)^2}$. Statt rechts- und linksseitiger Stetigkeit kann man hier eine Stetigkeit längs verschiedener Wege einführen, was jedoch nicht von großer Bedeutung ist.
11. Unendlichwerden, endlicher Sprung, unendlicher Sprung, Unbestimmtwerden.
12. Die Schranke δ in $|x - x_0| < \delta$ ist unabhängig von x_0.
13. Erstere ist für alle reellen Werte der Veränderlichen größer als Null, letztere größer oder gleich Null.
14. a) $\frac{\pi}{2}$; b) nicht definiert; c) 1,108; d) 3,672; e) 2,7302.
15. a) $x = \frac{2\pi}{3} + 2\pi n$ sowie $x = \frac{\pi}{3} + 2\pi n$; b) $x = 1{,}56$; c) nicht lösbar.
16. a) Definiert für $x \geqq 0$. Für $0 \leqq x \leqq 1$ negativ, für $x > 1$ positiv und monoton wachsend. b) Definiert für $-1 < x < 1$, steigt monoton von $-\infty$ bis $+\infty$ an und geht durch den Koordinatenursprung.
17. 3,461 Tage.
18. Gebrochene rationale Funktion, aus physikalischen Gründen nur für $v > 0$ definiert, springt an den Stellen v_1, v_2 und v_3 jeweils von $-\infty$ auf $+\infty$.
19. Die Funktion ist aus physikalischen Gründen nur für $v > 0$ definiert. Da v^2 monoton ansteigt und $e^{-\frac{mv^2}{2kT}}$ monoton abnimmt, besitzt die Funktion ein Maximum. Zum Unterschied zur Gaußschen Glockenkurve ist sie nicht symmetrisch in bezug auf dieses Maximum, da sie den Wert Null auf der rechten Seite für $x = \infty$, auf der linken dagegen für $x = 0$ erreicht.
20. Gl. (85) bedeutet definitionsgemäß, daß $|f(x) - f(x_0)| < \varepsilon$, wenn nur $|x - x_0| < \delta$ ist für $x > x_0$ sowie $x < x_0$. Dies ist auch der Inhalt der Gln. (76) und (77). In ähnlicher Weise ergibt sich, daß auch umgekehrt Gl. (85) aus den Gln. (76) und (77) folgt.
21. a) positiv definit; b) positiv semidefinit.

Kapitel VIII

Abschnitt A

1. Ein Vektor ist durch seinen Betrag und seine Richtung festgelegt, ein Skalar allein durch einen Zahlenwert.
2. Der Betrag gibt die Länge des Vektors an, die Koordinaten die Längen der Projektionen des Vektors auf die Achsen eines Koordinatensystems.
3. Vektoren, die an verschiedenen Raumpunkten angreifen, aber die gleiche Länge und Richtung haben, werden als gleich angesehen.

Abschnitt B

2. Kommutativ sind die Addition, das skalare Produkt sowie die Multiplikation eines Vektors mit einem Skalar. Assoziativ ist die Addition.
3. Für die Operationen $\lambda(\boldsymbol{a} + \boldsymbol{b})$, $\boldsymbol{a} \cdot (\boldsymbol{b} + \boldsymbol{c})$, $\boldsymbol{a} \times (\boldsymbol{b} + \boldsymbol{c})$.
4. Auf zwei Arten, nämlich als skalares Produkt (siehe Gl. VIII, 20) und als vektorielles Produkt (siehe Gl. VIII, 34).
6. $\boldsymbol{a} + \boldsymbol{b} = \begin{pmatrix} 5 \\ 4 \\ 2 \end{pmatrix}$, $\boldsymbol{a} - \boldsymbol{b} = \begin{pmatrix} 1 \\ -6 \\ 2 \end{pmatrix}$, $\boldsymbol{a} \cdot \boldsymbol{b} = 1$, $\boldsymbol{a} \times \boldsymbol{b} = \begin{pmatrix} -10 \\ 4 \\ 17 \end{pmatrix}$, $-\boldsymbol{a} = \begin{pmatrix} -3 \\ 1 \\ -2 \end{pmatrix}$, $6\boldsymbol{b} = \begin{pmatrix} 12 \\ 30 \\ 0 \end{pmatrix}$, $a_b = \dfrac{1}{\sqrt{29}}$.
8. 7,071.
9. a) $l_x = 0$, $l_y = 0$, $l_z = m(xv_y - yv_x)$; b) $l_z = m(|r| \cos\varphi\, |v| \cos\varphi + |r| \sin\varphi\, |v| \sin\varphi) = m|r|\,|v|$.
10. $V = \boldsymbol{a} \cdot [\boldsymbol{b} \times \boldsymbol{c}] = 1$.

Abschnitt C

1. Der Rang der m-spaltigen Matrix, die aus den Koordinaten der m Vektoren gebildet wird, ist im Falle linearer Abhängigkeit kleiner als m.
2. Mindestens ein Vektor läßt sich als Linearkombination der übrigen Vektoren darstellen. Linear abhängige Vektoren im dreidimensionalen Raum liegen in einer Ebene, linear abhängige Vektoren im zweidimensionalen Raum auf einer Geraden.
3. Die drei vorgegebenen Vektoren dürfen nicht linear abhängig sein.
4. *Dreibein:* drei linear unabhängige Vektoren. *Normiertes Dreibein:* drei linear unabhängige Einheitsvektoren. *Orthonormiertes Dreibein:* drei linear unabhängige Einheitsvektoren, die aufeinander senkrecht stehen.
5. Die Zerlegung des Vektors in Komponenten in Richtung der Basisvektoren dieses Raumes.
6. Nein, da linear unabhängig (die gemäß Gl. (39) gebildete Matrix hat den Rang 3).
7. Nein, weil die Gln. (48) und (49) nicht erfüllt sind.
8. Mit Hilfe der Gln. (50) ergeben sich die Komponenten 0, $-2\sqrt{3}$ und 8/16.

Kapitel IX

Abschnitt B

1. Durch Einführung eines Koordinatensystems.
2. Siehe Gln. (3), (4), (5) und (6).
3. Eine Ellipse.
4. Durch zwei Gleichungen in x, y und z als Schnittkurve zweier Ebenen oder durch drei Gleichungen der Form Gl. (25).
5. Ebene mit den Abschnitten 1, 2/3 und -2; b) Ebene mit den Abschnitten 1, 2/3 und ∞ (parallel zur z-Achse); c) Ebene durch den Koordinatenursprung; d) Ellipsoid mit den Halbachsen $\sqrt{3}$, 3, 3 (Rotationsellipsoid); e) kreisförmiges Paraboloid.
6. a) Kugel $x^2 + y^2 + z^2 = 1$; b) Gerade in x, y-Ebene oder Ebene parallel zur z-Achse.
7. *Kreis:* $x = r\cos t$ und $y = r\sin t$. *Ellipse:* $x = a\cos t$ und $y = b\sin t$.
8. $\dfrac{x^2}{a^2} + \dfrac{z^2}{b^2} = 1$ und $y = d$.
9. *Eckpunkte:* $P_1 = (0,0,0)$, $P_2 = (1,0,0)$, $P_3 = (1,1,0)$, $P_4 = (0,1,0)$, $P_5 = (0,0,1)$, $P_6 = (1,0,1)$, $P_7 = (1,1,1)$, $P_8 = (0,1,1)$. *Richtungskosinusse:* Flächendiagonale $\overline{P_1P_3}$: $1/\sqrt{2}$, $1/\sqrt{2}$, 0; Flächendiagonale $\overline{P_1P_6}$: $1/\sqrt{2}$, 0, $1/\sqrt{2}$; Flächendiagonale $\overline{P_1P_8}$: 0, $1/\sqrt{2}$, $1/\sqrt{2}$; Raumdiagonale: $1/\sqrt{3}$, $1/\sqrt{3}$, $1/\sqrt{3}$.
10. $x = 2{,}25\cos t$, $y = 2{,}25\sin t$, $z = 1{,}04t$.

Abschnitt C

1. Durch zwei Gleichungen.
2.

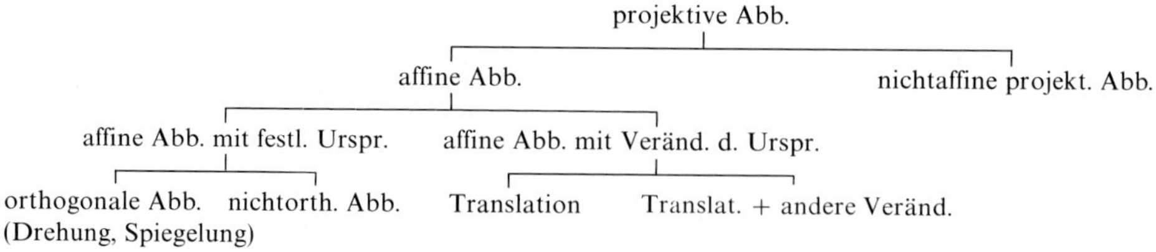

3. Translation, Drehung, Spiegelung.
4. Das Skalarprodukt von je zwei verschiedenen Spaltenvektoren ist Null. Das Skalarprodukt von je zwei verschiedenen Zeilenvektoren ist Null. Der Betrag eines jeden Spaltenvektors und eines jeden Zeilenvektors ist eins. Solche Matrizen vermitteln Drehungen und Spiegelungen.

5. Die Matrix, die die durch A vermittelte Abbildung umkehrt. Damit gleichbedeutend kann man auch sagen: Die Matrix, mit der man A multiplizieren muß, damit man die Einheitsmatrix erhält. Die Umkehrmatrix erhält man im allgemeinen Fall über Gl. (65), im Sonderfall einer orthogonalen Matrix durch Vertauschen der Zeilen und Spalten der Matrix.
6. Die Eigenwerte durch Lösen der Säkulargleichung Gl. (72), die Eigenvektoren durch Lösung des Gleichungssystems $(\boldsymbol{A} - \lambda\boldsymbol{E})\boldsymbol{x} = 0$. Die Eigenvektoren $\overset{i}{\boldsymbol{x}}$ behalten bei der durch $\boldsymbol{A}$ vermittelten Abbildung ihre Richtung bei. Ein Eigenwert λ_i gibt jeweils den Faktor an, um den sich die Länge des zugehörigen Eigenvektors $\overset{i}{\boldsymbol{x}}$ bei einer durch $\boldsymbol{A}$ vermittelten Abbildung ändert.
7. Die Matrix muß symmetrisch bzw., bei komplexen Elementen, hermitisch sein.
8. Im allgemeinen nicht.
9. a) Bild des Punktes: $P'(4{,}8)$. Bild der Geraden: $y_2 = 6y_1$. Bild des Kreises: $y_1^2/4 + y_2^2/16 = 1$ (Ellipse). Bild des Rechtecks: (0,0), (6,0), (6,8), (0,8);
b) Bild des Punktes: $P'(4{,}2)$. Bild der Geraden: $y_2 = 3y_1/4$. Bild des Kreises: $y_1^2 - 2y_1y_2 + 2y_2^2 = 1$. Bild des Rechtecks: (0,0), (3,0), (5,2), (2,2).
10. a) $\lambda_1 = 6{,}5$, $\lambda_2 = -3{,}5$, $\overset{1}{\boldsymbol{x}} = \begin{pmatrix} 1{,}0 \\ 0{,}9 \end{pmatrix}$, $\overset{2}{\boldsymbol{x}} = \begin{pmatrix} 1{,}0 \\ 1{,}1 \end{pmatrix}$; b) $\lambda_1 = 1 + 4\mathrm{i}$, $\lambda_2 = 1 - 4\mathrm{i}$; da Eigenwerte nicht reell sind, existieren keine Eigenvektoren.
11. $\boldsymbol{A}^{\mathrm{D}2} = \begin{pmatrix} \frac{\sqrt{3}}{2} & -\frac{1}{2} \\ \frac{1}{2} & \frac{\sqrt{3}}{2} \end{pmatrix}$.
12. Man erhält die gesuchte Ellipse durch eine Drehung der Ellipse $x_1^2/25 + x_2^2/9 = 1$ um $\pi/6$, d. h. durch eine Abbildung mit Hilfe der Matrix aus Aufgabe 11. Es ergibt sich
$13y_1^2/225 + 7y_2^2/75 - 91\sqrt{3}\,y_1y_2/1800 = 1$.
13. $$\begin{pmatrix} y_1 \\ y_2 \\ y_3 \end{pmatrix} = \begin{pmatrix} -\frac{1}{2} & -\frac{\sqrt{3}}{2} & 0 \\ \frac{\sqrt{3}}{2} & -\frac{1}{2} & 0 \\ 0 & 0 & 1 \end{pmatrix} \begin{pmatrix} x_1 \\ x_2 \\ x_3 \end{pmatrix} + \begin{pmatrix} 0 \\ 0 \\ \frac{6{,}5}{3} \end{pmatrix}.$$
14. $\overset{i}{\boldsymbol{x}}$ sei ein Eigenvektor von $\boldsymbol{A}$ zum Eigenwert λ_i. Es gilt dann $\boldsymbol{A}\overset{i}{\boldsymbol{x}} = \lambda_i\overset{i}{\boldsymbol{x}}$ bzw. $\boldsymbol{B}\boldsymbol{A}\overset{i}{\boldsymbol{x}} = \boldsymbol{B}\lambda_i\overset{i}{\boldsymbol{x}}$ bzw. $\boldsymbol{A}(\boldsymbol{B}\overset{i}{\boldsymbol{x}}) = \lambda_i(\boldsymbol{B}\overset{i}{\boldsymbol{x}})$. $\boldsymbol{B}\overset{i}{\boldsymbol{x}}$ ist also ebenfalls Eigenvektor von $\boldsymbol{A}$ zum Eigenwert λ_i. Ist λ_i nicht entartet, so kann sich $\boldsymbol{B}\overset{i}{\boldsymbol{x}}$ von $\overset{i}{\boldsymbol{x}}$ nur durch einen Faktor unterscheiden, so daß $\overset{i}{\boldsymbol{x}}$ auch Eigenvektor von $\boldsymbol{B}$ ist. Ist λ_i n-fach entartet, so kann man eine Linearkombination der n Eigenwerte finden, die gleichzeitig Eigenvektor von $\boldsymbol{A}$ und $\boldsymbol{B}$ ist (s. das Buch von Perrin, S. 272).

Abschnitt D

1. Bei einer Abbildung verändert sich die Lage der Raumpunkte, bei einer Koordinatentransformation verändern sich die Koordinaten, während die Raumpunkte fest bleiben.
2. a) Lineares Gleichungssystem der Form $\boldsymbol{y} = \boldsymbol{x} + \boldsymbol{b}$; b) lineares Gleichungssystem der Form $\boldsymbol{y} = \boldsymbol{S}\boldsymbol{x}$, wobei $\boldsymbol{S}$ eine orthogonale Matrix ist; c) lineares Gleichungssystem der Form $\boldsymbol{y} = \boldsymbol{S}\boldsymbol{x}$; d) nichtlineares Gleichungssystem.
4. $\boldsymbol{A} = \boldsymbol{S}\boldsymbol{A}\boldsymbol{S}^{-1}$.
5. Durch Aufsuchen der Eigenwerte und Eigenvektoren der Abbildungsmatrix $\boldsymbol{A}$. Die Transformationsmatrix $\boldsymbol{S}$ ist durch $\boldsymbol{X}^{-1}$ gegeben, wobei $\boldsymbol{X}$ die aus den Eigenvektoren gemäß Gl. (162) gebildete Matrix ist. Die Diagonalglieder von $\boldsymbol{A}$ im neuen Koordinatensystem sind durch die Eigenwerte gegeben.
6. Symmetrische bzw., bei komplexen Elementen, hermitische Matrizen.
7. Die Einheitsmatrix.
8. a) $z = \rho^2$ (Rotationsparaboloid); b) $\rho^2 = 1$ (Zylinder); c) $z = \rho$ (Kegel).
9. a) $y = x$ (Gerade); b) $x^2 + y^2 + z^2 = 4$ (Kreis); c) $\sqrt{x^2 + y^2} = \operatorname{arc\,tg}\frac{y}{x}$ (Spirale); d) $x^2 + y^2 = 1$ und $z = \operatorname{arc\,tg}\frac{y}{x}$ (Helix).
10. a) $0 < \varphi < \frac{\pi}{2}, 0 < \vartheta < \frac{\pi}{2}$; b) $\frac{\pi}{2} < \varphi < \pi, 0 < \vartheta < \frac{\pi}{2}$; c) $0 < \varphi < \frac{\pi}{2}, \frac{\pi}{2} < \vartheta < \pi$; d) $\pi < \varphi < \frac{3\pi}{2}$, $\frac{\pi}{2} < \delta < \pi$.

11. $S = \begin{pmatrix} \frac{\sqrt{2}}{2} & \frac{\sqrt{2}}{2} \\ -\frac{\sqrt{2}}{2} & \frac{\sqrt{2}}{2} \end{pmatrix}, \hat{A} = \begin{pmatrix} 2 & 0 \\ 0 & 2 \end{pmatrix}, B = \begin{pmatrix} 1 & 1 \\ 1 & 1 \end{pmatrix}.$

12. a) $\lambda_1 = \frac{5}{2} + \frac{\sqrt{5}}{2}, \lambda_2 = \frac{5}{2} - \frac{\sqrt{5}}{2}, S = \begin{pmatrix} -\frac{1}{5-\sqrt{5}} & -\frac{1}{5+\sqrt{5}} \\ \frac{1-\sqrt{5}}{2(5-\sqrt{5})} & \frac{1+\sqrt{5}}{2(5-\sqrt{5})} \end{pmatrix};$

b) $\lambda_1 = \frac{\sqrt{3}}{2} + \frac{1}{2}, \lambda_2 = \frac{\sqrt{3}}{2} - \frac{1}{2}, S = \begin{pmatrix} \frac{1}{\sqrt{2}} & -\frac{1}{\sqrt{2}} \\ \frac{1}{\sqrt{2}} & \frac{1}{\sqrt{2}} \end{pmatrix}.$

13. Durch Diagonalisierung und Anwendung von Gl. (173) ergibt sich

$$X = \begin{pmatrix} \frac{1}{\sqrt{2}} & \frac{1}{\sqrt{2}} \\ -\frac{1}{\sqrt{2}} & \frac{1}{\sqrt{2}} \end{pmatrix}, \quad \Lambda = \begin{pmatrix} 1 & 0 \\ 0 & 2 \end{pmatrix}.$$

$$\Lambda^8 = \begin{pmatrix} 1 & 0 \\ 0 & 256 \end{pmatrix}, \quad A^8 = X\Lambda^8 X^{-1} = \begin{pmatrix} \frac{257}{2} & \frac{255}{2} \\ 256 & 256 \end{pmatrix}.$$

Abschnitt E

1. Kreis, Ellipse, Hyperbel, Parabel, Doppelgerade.
2. Kugel, Ellipsoid, einschaliges Hyperboloid, zweischaliges Hyperboloid, elliptisches Paraboloid, hyperbolisches Paraboloid, Doppelkegel.
3. Eine Drehung des Koordinatensystems, so daß die gemischten quadratischen Glieder der Gleichung wegfallen. Die Koordinatenachsen werden dabei weitgehend zu Symmetrieachsen.
4. Die quadratische Form $\boldsymbol{a}^T \boldsymbol{A} \boldsymbol{a}$ geht in die quadratische Form $\boldsymbol{a}^T \hat{\boldsymbol{A}} \boldsymbol{a}$ über, wobei gilt $\hat{\boldsymbol{A}} = \boldsymbol{S}\boldsymbol{A}\boldsymbol{S}^{-1}$.
5. a) $A = \begin{pmatrix} 1 & 0{,}5 \\ 0{,}5 & 1 \end{pmatrix}$, Eigenwerte $\lambda_1 = \frac{3}{2}$ und $\lambda_2 = \frac{1}{2}$, daher Ellipse mit $a^2 = \frac{2}{3}$ und $b^2 = 2$; b) $A = \begin{pmatrix} 0{,}5 & -0{,}5 \\ -0{,}5 & -1 \end{pmatrix}$, Eigenwerte $\lambda_1 = 0{,}25(\sqrt{13} - 1)$ und $\lambda_2 = -0{,}25(\sqrt{13} + 1)$, daher Hyperbel mit $a^2 = 0{,}25(\sqrt{13} - 1)$ und $b^2 = -0{,}25(\sqrt{13} + 1)$; c) $A = \begin{pmatrix} 1 & 1 \\ 1 & 1 \end{pmatrix}$, Eigenwerte $\lambda_1 = 0$ und $\lambda_2 = 2$, daher Geradenpaar.

Kapitel X

Abschnitt A

1. Der Differentialquotient $\frac{f(x + \Delta x) - f(x)}{\Delta x}$ gibt die Steigung der Sekante der Kurve $y = f(x)$ durch die Punkte (x, y) und $(x + \Delta x, y + \Delta y)$ an. Der Differentialquotient $\lim_{\Delta x \to 0} \frac{f(x + \Delta x) - f(x)}{\Delta x}$ gibt die Steigung der Tangente im Punkt (x, y) an. Die erste Ableitung $f'(x)$ ist der Differentialquotient als Funktion von x, die zweite Ableitung $f''(x)$ der Differentialquotient der ersten Ableitung. Das Differential $dy = f'(x)\,dx$ bedeutet den auf der Tangente im Punkt (x, y) auftretenden Zuwachs von y beim Fortschreiten um ein Stück dx auf der Abszisse.
2. Siehe Gln. (29), (32), (40) und (46).
3. $n x^{n-1}$, e^x, $1/x$, $\cos x$, $-\sin x$, $1/2\sqrt{x}$.

4. Siehe Gl. (91).

5. $\lim\limits_{\Delta x \to 0} \frac{f(x+\Delta x)-f(x)}{\Delta x} = \lim\limits_{\Delta x \to 0} \frac{(x+\Delta x)^3 - x^3}{\Delta x} = \lim\limits_{\Delta x \to 0} \frac{\Delta x\,[3x^2 + 3x\,\Delta x + (\Delta x)^2]}{\Delta x} =$

$$= \lim_{\Delta x \to 0} [3x^2 + 3x\,\Delta x + \Delta x^2] = 3x^2 .$$

6. a) $dy = (2x\cos x - x^2 \sin x)\,dx$;

b) $dy = \left[e^{ay}(1+ax) + b\cos x \cos y + 2x\tan x + \frac{x^2}{\cos^2 x} \right] dx$;

c) $dy = \left[2x\cos x + \frac{1}{x} - \frac{1}{\sqrt{1-x^2}}\left(1 + \frac{1}{x^2}\right) \right] dx$.

7. a) $dy = 2$, $\Delta y = 3$; b) $dy = 0{,}54$, $\Delta y = 0$; c) $dy = 1$, $\Delta y = 0{,}694$.

8. Der Differentialquotient ist Null, der Differenzenquotient $-0{,}5$; $-0{,}25$; $-0{,}05$; $-0{,}00005$.

9. $f'(x) = \frac{e^x - e^{-x}}{2} = \sinh x$, $f'(x) = \frac{(e^x + e^{-x})^2 - (e^x - e^{-x})^2}{(e^x + e^{-x})^2} = \frac{1}{\cosh x}$.

10. $x = \sin y$, $x' = \cos y$, $y' = \frac{1}{x'} = \frac{1}{\cos y} = \frac{1}{\sqrt{1-\sin^2 y}} = \frac{1}{\sqrt{1-x^2}}$, $y'' = \frac{x}{\sqrt{(1-x^2)^3}}$,

$y''' = \frac{1+2x^2}{\sqrt{(1-x^2)^5}}$.

11. a) $\dot{N} = -\frac{1}{\tau} N_0 e^{-\frac{t}{\tau}}$; b) $\dot{N} = -\frac{1}{\tau} N$.

Abschnitt B

1. a) Als Fläche zwischen der betrachteten Kurve und der x-Achse, wobei Flächenteile oberhalb der x-Achse positiv, solche unterhalb der x-Achse negativ zählen; b) durch $\lim\limits_{n \to \infty} \sum\limits_{i=1}^{n} f(x_i)\,\Delta x$.
2. Eine Funktion, deren erste Ableitung die betrachtete Funktion ergibt.
3. Durch die Differenz der Werte der Stammfunktion an der oberen und unteren Grenze der Integration.
4. Die Gesamtheit aller Stammfunktionen der betrachteten Funktion.
5. Weil man sie aus dem bestimmten Integral erhält, indem man die obere Grenze variabel macht, also unbestimmt läßt.
6. Die Differentiation des unbestimmten Integrals einer Funktion ergibt wieder diese Funktion.
7. Bestimmte Integrale, bei denen entweder die Grenzen oder die Funktion unendlich werden und die als ein Grenzwert gemäß Gl. (223) bzw. Gl. (230) definiert sind.
8. Zerlegung in eine Summe, Abspaltung eines Faktors, Substitution einer neuen Variablen, Partialbruchzerlegung, sukzessives Herabsetzen der Potenz durch partielle Integration.
9. Durch Substitution bei zusammengesetzten Funktionen, durch partielle Integration bei gewissen Produkten, z. B. solchen, bei denen ein Faktor eine Potenz der Integrationsvariablen ist.
10. Formel, mit deren Hilfe z. B. das Integral der n-ten Potenz einer Funktion durch das Integral einer niedrigeren Potenz (gewöhnlich $n-1$, oder $n-2$) berechnet werden kann. Von einer Rekursionsformel spricht man auch dann, wenn an Stelle des Integrals irgendeine andere Größe ausgerechnet werden soll und ferner wenn n nicht eine Potenz, sondern z. B. einen Index angibt (s. Gl. (XV, 161)).
11. a) Das Integral der Summe zweier Funktionen ist gleich der Summe der Integrale über die einzelnen Funktionen; b) Das Integral über ein Produkt von Funktionen ist im allgemeinen nicht gleich dem Produkt der Integrale über die einzelnen Funktionen. Daher gibt es keine allgemeine Regel zur Berechnung von Integralen von Produkten. In manchen Fällen führt hier die partielle Integration zum Erfolg.
12. Ja.
13. Wenn die Funktion stückweise stetig und beschränkt ist. Das Integral ist nicht immer eine bereits bekannte Funktion.
14. Siehe Gl. (137). Die Fläche unter der Kurve wird durch die Fläche eines entsprechenden Rechtecks ersetzt.

15. Für Flächenanteile oberhalb der Abszisse das positive, für Flächenanteile unterhalb der Abszisse das negative Vorzeichen.
16. Weil das Integral gemäß Gl. (115) als Grenzwert einer Summe definiert ist. Die Näherung wird schlecht, wenn die Änderung aufeinanderfolgender Summanden generell nicht genügend klein gegen den Summenwert, geteilt durch die Anzahl der Summanden, ist.
17. $$\int_a^b x^2\,dx = \lim_{n\to\infty}\sum_{i=1}^{n} x_i^2\,\Delta x = \lim_{n\to\infty}\sum_{i=1}^{n}\left(a+\frac{i(b-a)}{n}\right)^2\frac{b-a}{n} =$$
$$= \lim_{n\to\infty}\left[a^2(b-a)+a(b-a)^2\left(1+\frac{1}{n}\right)+\frac{1}{6}(b-a)^3\left(2+\frac{3}{n}+\frac{1}{n^2}\right)\right] = \frac{1}{3}\left[b^3-a^3\right].$$
18. a) 0,78; b) $\frac{1}{a+1}x^{a+1}+C$; c) $2a^3+6a^2+8a+4$; d) $\frac{1}{2}x^2+5x+\frac{4}{x}+C$;

e) $\int\frac{x^2+x+1}{x+1}dx = \int x\,dx + \int\frac{dx}{1+x} = \frac{x^2}{2}+\ln|x+1|+C$;

f) $\int\frac{dx}{(x-1)(x+2)} = \frac{1}{3}\int\frac{dx}{x-1}-\frac{1}{3}\int\frac{dx}{x+2} = \frac{1}{3}\ln|x-1|-\frac{1}{3}\ln|x+2|$ (durch Partialbruchzerlegung!);

g) $\int x^2\sin 2x\,dx = -\frac{x^2}{2}\cos 2x + \int x\cos 2x\,dx = -\frac{x^2}{2}\cos 2x + \frac{x}{2}\sin 2x - \frac{1}{2}\int\sin 2x\,dx =$
$= \frac{1}{2}\left[\left(\frac{1}{2}-x^2\right)\cos 2x + \frac{x}{2}\sin 2x\right] + C$ (durch zweimalige partielle Integration);

h) 0; i) $\int\frac{dx}{x^2+10x+30} = \int\frac{dx}{(x+5)^2+5} = \int\frac{dy}{y^2+5} = \frac{1}{\sqrt{5}}\operatorname{arctg}\frac{x+5}{\sqrt{5}}$;

j) $x\cosh x - \sinh x + C$ (durch partielle Integration).
19. $\frac{1}{n+1}x^{n+1}$, e^x, $\ln x$, $-\cos x$, $\sin x$.
20. a) -2; b) $\frac{2}{3}(2\pi)^{3/2}$.
21. $\sum_{i=1}^{N}\frac{1}{i} = 1+\sum_{i=1}^{N-1}\frac{1}{1+i} \approx \int_1^N\frac{dx}{x} = \ln N$. Der Fehler beträgt 0,31 bzw. 0,35.

Abschnitt C

1. Wenn die Reihe gleichmäßig konvergiert, bzw. wenn die Reihe aus den abgeleiteten Funktionen gleichmäßig konvergiert.
2. Wenn $f_n'(x)$ bzw. $f_n(x)$ gleichmäßig konvergiert.
3. $\sum_{n=0}^{\infty} n x^{n-1} = \frac{1}{(1-x)^2}$, $\sum_{n=0}^{\infty}\frac{x^{n+1}}{n+1} = -\ln(1-x)$.

Abschnitt D

1. Die McLaurinsche Reihe ist ein Speziallfall der Taylorschen Reihe, den man erhält, wenn man $x_0 = 0$ und $h = x$ setzt.
2. $a_k = \frac{1}{k!}f^{(k)}(x_0)$.
3. Das Restglied R_n muß gegen Null gehen.
4. Zur Entwicklung einer Funktion nach Potenzen von x und zur näherungsweisen Berechnung von Funktionswerten.
5. In Gl. (274) treten nur die ersten beiden Glieder der Taylorreihe auf.
6. $\sin x = x - \frac{x^3}{3!} + \frac{x^5}{5!} - + \cdots$. Für $x = 1$ ist $\sin x = 0{,}8418$. Die Reihe ergibt bei Abbruch nach dem linearen Glied 1, nach der 3. Potenz 0,833.

7. a) $\sinh x = x + \frac{x^3}{3!} + \frac{x^5}{5!} + \frac{x^7}{7!} + \cdots$; b) $y = \sqrt[3]{1+x} = 1 + \frac{1}{3}x - \frac{1\cdot 2}{3\cdot 6}x^2 + \frac{1\cdot 2\cdot 5}{3\cdot 6\cdot 9}x^3 - \frac{1\cdot 2\cdot 5\cdot 8}{3\cdot 6\cdot 9\cdot 12}x^4 + - \cdots$; c) $\frac{1}{(1+x)^2} = 1 - 2x + 3x^2 - 4x^3 + 5x^4 - + \cdots$.
8. Da $\coth x$ für $x = 0$ unendlich wird, muß man Zähler und Nenner der Definitionsgleichung getrennt entwickeln und anschließend den Nenner gemäß Gl. (298) umformen ($\alpha = -1$):

$$\coth x = \frac{e^x + e^{-x}}{e^x - e^{-x}} = \frac{1 + x + \frac{x^2}{2!} + \cdots + 1 - x + \frac{x^2}{2!} - + \cdots}{1 + x + \frac{x^2}{2!} + \cdots - 1 + x - \frac{x^2}{2!} + - \cdots} = \frac{1 + \frac{x^2}{2!} + \cdots}{x + \frac{x^3}{3!} + \cdots} =$$

$$= \frac{1}{x}\,\frac{1 + \frac{x^2}{2!} + \cdots}{1 + \frac{x^2}{3!} + \cdots} = \frac{1}{x}\left(1 + \frac{x^2}{2!} + \cdots\right)\left(1 - \frac{x^2}{3!} - \cdots\right) = \frac{1}{x} + \frac{x}{3} - + \cdots$$

Daraus folgt $\coth x - \frac{1}{x} \approx \frac{x}{3}$, bzw. mit $x = \frac{m^2 NH}{3kT}$ die zu beweisende Relation $mN\left(\coth x - \frac{1}{x}\right) \approx \approx \frac{m^2 NH}{3kT}$.

Abschnitt E

2. $\lim\limits_{x\to a} \frac{f(x)}{g(x)} = \lim\limits_{x\to a} \frac{f^{(n)}(x)}{g^{(n)}(x)}$. Dabei ist n die niedrigste Ordnung der Ableitung, bei der der Grenzwert einen definierten Wert besitzt.
3. Siehe Definition im Zusammenhang mit Gl. (323).
4. Es gilt $\lim\limits_{x\to a} \frac{p(x)}{u(x)} = 0$.
5. Die Exponentialfunktion wird für $x \to \infty$ mit größerer Ordnung unendlich als die Logarithmusfunktion. Es gilt daher $\lim\limits_{x\to\infty} \frac{e^x}{\ln x} = \infty$ bzw. $\lim\limits_{x\to\infty} \frac{\ln x}{e^x} = 0$.
6. a) $\frac{1}{2}$; b) unbestimmt; c) 0; d) 0 (weil e^{x^2} stärker gegen unendlich geht als jede Potenzfunktion); e) 27 (De L'Hospital, 3mal differenzieren); f) 1 (man setzt $(\sin x)^{\operatorname{tg} x} = e^{\operatorname{tg} x \cdot \ln \sin x}$).
7. $c_v = 3R\left[1 - \frac{1}{2}\left(\frac{\theta}{T}\right)^2 + \frac{1}{560}\left(\frac{\theta}{T}\right)^4\right]$.

Abschnitt F

1. Hinreichende Bedingungen a) für Maximum: $f'(x) = 0$, $f''(x) < 0$; b) für Minimum $f'(x) = 0$, $f''(x) > 0$; c) für Wendepunkt $f''(x) = 0$, $f'''(x) \neq 0$; d) für Sattelpunkt: $f'(x) = 0$, $f''(x) = 0$, $f'''(x) \neq 0$. Falls an einem Punkt $f'(x) = f''(x) = f'''(x) = 0$ ist, kommt es bei der Klassifizierung auf die Ordnung der niedrigsten nichtverschwindenden Ableitung an (s. Text).
2. Vier Nullstellen bei $x = \pm\sqrt{\frac{3}{7} + \frac{2\sqrt{30}}{35}}$ und $x = \pm\sqrt{\frac{3}{7} - \frac{2\sqrt{30}}{35}}$, 1 Maximum bei $x = 0$, zwei Minima bei $x = \pm\sqrt{\frac{3}{7}}$, zwei Wendepunkte bei $x = \pm\sqrt{\frac{1}{7}}$.
3. $y = x^3$ besitzt eine Nullstelle bei $x = 0$, die zugleich Sattelpunkt ist.
   $y = e^{-\frac{1}{x^2}}$ besitzt zwei Wendepunkte bei $x = \pm\sqrt{\frac{2}{3}}$, sowie eine Nullstelle bei $x = 0$, die zugleich Minimum ist. Daß bei $x = 0$ ein Minimum auftritt, kann nicht mit Hilfe der oben besprochenen Kriterien erkannt werden, da für $x = 0$ alle Ableitungen beliebig hoher Ordnung verschwinden. Man erkennt das Minimum, indem man zwei Funktionswerte rechts und links von dieser Stelle ausrechnet.

4. Zur Bestimmung der Extrema von z reicht es, wenn man die Extrema von $(v^2 - v_0^2)^2 + av$ bestimmt. Wo dieser Ausdruck ein Maximum zeigt, besitzt nämlich z ein Minimum und umgekehrt. Man erhält als einziges Extremum für z ein Maximum an der Stelle $v = \sqrt{v_0^2 - a/2}$.
5. Die Form eines Quadrates.

Kapitel XI

Abschnitt A

1. Zwei. Sie geben die Steigung der Fläche in x- bzw. y-Richtung an.
2. Wenn die Fläche an dieser Stelle eine Tangentialebene besitzt.
3. $d^n z = \left(\sum_{i=1}^{n} \frac{\partial z}{\partial x_i} dx_i\right)^n$.
4. Daß es bei der Bildung der höheren Ableitungen nicht auf die Reihenfolge der Differentiationen ankommt, wenn die Funktionen in einem einfach zusammenhängenden Gebiet stetige Ableitungen bis zur entsprechend hohen Ordnung besitzen.
5. $\frac{\partial z}{\partial x_k} = \sum_{i=1}^{m} \frac{\partial z}{\partial u_i} \frac{\partial u_i}{\partial x_k}$. Sie wird zum Ableiten komplizierter aufgebauter Funktionen verwendet.
6. Mit Hilfe von Gl. (51).
7. Siehe Gl. (57).
8. In der Umgebung von solchen Punkten, an denen die Funktionen stetige Ableitungen besitzen und die Funktionaldeterminante von Null verschieden ist.
9. a) $z_x = 2x \sin y$, $z_y = x^2 \cos y$, $z_{xx} = 2 \sin y$, $z_{yy} = -x^2 \sin y$, $z_{xy} = 2x \cos y$, $z_{yx} = 2x \cos y (= z_{xy})$;
b) $z_x = \cos y - y \sin x + 3x^2 y$, $z_y = -x \sin y + \cos x + x^3$, $z_{xx} = -y \cos x + 6xy$, $z_{yy} = -x \cos y$, $z_{xy} = -\sin y - \sin x + 3x^2$, $z_{yx} = -\sin y - \sin x + 3x^2 (= z_{xy})$.
10. a) Man setzt $x + y = u$, $x^2 y = v$ und $\sqrt{1 + y^2} = w$ und erhält $z_x = \frac{\partial z}{\partial u}\frac{\partial u}{\partial x} + \frac{\partial z}{\partial v}\frac{\partial v}{\partial x} + \frac{\partial z}{\partial w}\frac{\partial w}{\partial x} =$
$\left[\frac{1}{x+y} \sin x^2 y + 2xy \ln(x+y) \cos x^2 y\right] \cos \sqrt{1+y^2}$ bzw. $z_y = \frac{1}{x+y} \sin(x^2 y) \cdot \cos\sqrt{1+y^2} +$
$+ x^2 \ln(x+y) \cos(x^2 y) \cdot \cos\sqrt{1+y^2} - \frac{y \ln(x+y)}{\sqrt{1+y^2}} \sin(x^2 y) \sin\sqrt{1+y^2}$;
b) $z_x = \frac{2xy^2 \cos xy - x^2 y^3 \sin xy}{x^2 y^2 \cos xy + 1}$, $z_y = \frac{2x^2 y \cos xy - x^3 y^2 \sin xy}{x^2 y^2 \cos xy + 1}$.
11. a) $y' = -\frac{x^2}{y^2}$; b) $y' = -\frac{y}{x + 2y + \frac{1}{y}}$.
12. a) $r^2 \sin \vartheta$; b) r.
13. $S = nc_v \ln E - n(c_v + R) \ln n - nc_v \ln R + nR \ln V + a_1$

$$\left(\frac{\partial S}{\partial n}\right)_{E,V} = c_v \ln E - (c_v + R) \ln n - (c_v + R) - c_v \ln R + R \ln V + a_1$$

$$\left(\frac{\partial S}{\partial n}\right)_{E,p} = \left(\frac{\partial S}{\partial n}\right)_{E,V} + \left(\frac{\partial S}{\partial V}\right)_{n,E} \cdot \left(\frac{\partial V}{\partial n}\right)_{p,E} = \frac{\partial S}{\partial n} + R\,.$$

14. $\left(\frac{\partial S}{\partial n}\right)_{V,T} - \left(\frac{\partial S}{\partial n}\right)_{p,T} = -R\,.$
15. $\alpha | \varkappa$
16. Durch implizite Differentiation: $\frac{\partial v}{\partial T} = -\frac{F_T}{F_v} = -\frac{-R}{-\frac{2a}{v^3}(v-b) + p + \frac{a}{v^2}} = \frac{Rv^3}{pv^3 - av + 2ab}$.

Abschnitt B

1. a) Wenn $f(x, y)$ und $f_x(x, y)$ im entsprechenden abgeschlossenen Rechteck existieren und stetig sind;
   b) Wenn zusätzlich zu den bereits genannten Bedingungen das Integral gleichmäßig konvergiert.

2. $\int_c^d \left[\int_a^b f(x,y)\, dy \right] dx$ oder $\int_c^d \int_a^b f(x,y)\, dy\, dx$ oder $\int_c^d dx \int_a^b f(x,y)\, dy$.

   Wenn $f(x, y)$ im abgeschlossenen Rechteck $c \leqq x \leqq d$, $a \leqq y \leqq b$ stetig ist, ist das Doppelintegral unabhängig von der Reihenfolge der Integrationen.

3. Es ergibt sich bei beiden Berechnungsarten 2,25.

4. a) Es ergibt sich bei beiden Berechnungsarten $\frac{\pi^2}{2} \cos y - \pi \sin y$.

   b) Es ergibt sich bei beiden Berechnungsarten $e^{\pi y}\left(\frac{\pi^2}{y} - \frac{2\pi}{y^2} + \frac{2}{y^3}\right) - \frac{2}{y^3} + \frac{\pi^2}{2y}$.

5. $\frac{1}{4}\sqrt{\frac{\pi}{\alpha^3}}$.

6. $\coth \frac{mE}{kT} - \frac{kT}{\mu E}$.

Abschnitt C

1. Indem man zunächst über eine Variable integriert bei konstant gehaltener zweiten Variablen und anschließend über die zweite Variable (s. Gl. (95)). Dies entspricht anschaulich einer Zerlegung des entsprechenden Körpers in Scheiben. Bei der ersten Integration sind die Grenzen im allgemeinen keine Zahlen, sondern Funktionen.
2. Man kann dadurch Symmetrieeigenschaften des Integrationsbereichs oder der zu integrierenden Funktion besser berücksichtigen, was bisweilen zu erheblichen Vereinfachungen der Rechnung führt.
3. Durch ein dreidimensionales Bereichsintegral. Die Gleichungen der Begrenzungsflächen sowie der Randkurven von deren Projektionen auf eine Koordinatenebene treten als Grenzen der Integration auf.
4. $\sqrt{\pi}/2$. Indem man die dritte Potenz dieses Integrals berechnet und auf räumliche Polarkoordinaten übergeht.
5. $\iint_B f(x,y)\, dx\, dy = \int_0^{0,5} dx \int_0^{x\sqrt{3}} x y\, dy + \int_{0,5}^{1} dx \int_0^{(1-x)\sqrt{3}} x y\, dy = \frac{1}{16}$.
6. $\iint_B (x^2 + y^2)^2\, dx\, dy = \int_0^1 dr \int_0^{2\pi} r^4 r\, d\varphi = \frac{\pi}{3}$.
7. $V = \iiint_B dx\, dy\, dz = \int_0^R dr \int_0^{\pi} d\vartheta \int_0^{2\pi} r^2 \sin \vartheta\, d\varphi = \frac{4\pi R^3}{3}$.
8. Das Volumen der Kappe V_{Kappe} ergibt sich aus dem Volumen V_{Aus} des zugehörigen Ausschnitts abzüglich des Volumens V_{Ke} des im Ausschnitt enthaltenen Kreiskegels. V_{Aus} berechnen wir über ein Bereichsintegral in Polarkoordinaten und nennen dabei den sonst mit φ bezeichneten Winkel ψ. Es ergibt sich dann:

   $$V_{Aus} = \int_0^R dr \int_0^{\varphi} d\vartheta \int_0^{2\pi} r^2 \sin \vartheta\, d\psi = \frac{2\pi R^3}{3}(1 - \cos \varphi).$$

   V_{Ke} berechnen wir nach der Formel „Grundfläche mal Höhe geteilt durch 3" und erhalten:

   $$V_{Ke} = \frac{1}{3}\left(R \sin \frac{\varphi}{2}\right)^2 \pi R \cos \frac{\varphi}{2} = \frac{\pi}{3} R^3 \sin^2 \frac{\varphi}{2} \cos \frac{\varphi}{2}.$$

Damit ergibt sich

$$V_{Kappe} = V_{Aus} - V_{Ke} = \frac{2\pi R^3}{3}(1 - \cos\varphi) - \frac{\pi R^3}{3}\sin^2\frac{\varphi}{2}\cos\frac{\varphi}{2}.$$

9. $\iiint\limits_{B_3} (x^2 + y^2 + z^2)\,dx\,dy\,dz = \int\limits_0^R \int\limits_0^\pi \int\limits_0^{2\pi} r^2 r^2 \sin\vartheta\, d\varphi\, d\vartheta\, dr = 4\pi \int\limits_0^R r^4\,dr = \frac{4\pi R^5}{5}$. Dasselbe Ergebnis erhält man auch über Gl. (111).

Abschnitt D

1. Der Grenzwert $\lim\limits_{n\to\infty}$ der Summe $\sum\limits_{i=1}^{n} f(x_i, y_i)\,\Delta x$, wobei die Werte y_i durch eine gegebene Kurve C bestimmt sind.
2. Beim gewöhnlichen Integral, $\lim\limits_{n\to\infty} \sum\limits_{i=1}^{n} f(x_i, y)\,\Delta x$, ist y ein konstanter Parameter; das Integral ist eine Funktion von y. Beim Kurvenintegral $\lim\limits_{n\to\infty} \sum\limits_{i=1}^{n} f(x_i, y_i)\,\Delta x$ wird zu jedem Wert x_i ein anderer Wert y_i verwendet, der durch die Kurve C definiert ist; das Kurvenintegral hängt nicht von y ab.
3. Wenn $\partial P/\partial y = \partial Q/\partial x$ ist und C in einem einfach zusammenhängenden Gebiet liegt.
4. Der Integrand ist ein vollständiges Differential, d. h. es gibt eine Funktion $F(x, y)$, für die gilt $P = \partial F/\partial x$ und $Q = \partial F/\partial y$.
5. Ein Differentialausdruck der Form $\bar{P}(x, y)\,dx + \bar{Q}(x, y)\,dy$, der nicht ein totales Differential irgendeiner Funktion ist.
6. Das Kurvenintegral unter a).
7. a) Null, da der Integrand ein totales Differential ist und über eine geschlossene Kurve integriert wird; b) 1/3; c) Null, aus den gleichen Gründen wie unter a).
8. a) Mit Hilfe von Gl. (151) ergibt sich

$$\int\limits_C (x\,dx + y\,dy) = \frac{x_B^2}{2} + \frac{y_B^2}{2} - \frac{x_A^2}{2} - \frac{y_A^2}{2} = \frac{9}{2} + \frac{81}{2} - \frac{4}{2} - \frac{16}{2} = 35;$$

b) $\int\limits_C (xy\,dx + x\,dy) = \int\limits_2^3 (x^3\,dx + 2x^2\,dx) = \frac{323}{12}$; c) $\int\limits_C (dx + dy) = \int\limits_2^3 (dx + 2x\,dx) = 6.$

9. Der Integrand ist ein vollständiges Differential in der ganzen x, y-Ebene mit Ausnahme des Punktes $x = y = 0$. Der Bereich, in dem der Einheitskreis liegt, ist somit nicht einfach zusammenhängend und das Kurvenintegral längs des Einheitskreises nicht notwendig Null. Tatsächlich ergibt die Rechnung

$$\int\limits_C \left(-\frac{y}{x^2 + y^2}\,dx + \frac{x}{x^2 + y^2}\,dy\right) = \int\limits_0^{2\pi} \left(\frac{\sin t}{1}\sin t\,dt + \frac{\cos t}{1}\cos t\,dt\right) = 2\pi.$$

10. a) $c_V(T_2 - T_1) + nRT_2 \ln\frac{V_2}{V_1}$; b) $c_V(T_2 - T_1) + nRT_1 \ln\frac{V_1}{V_2}$.
11. Gl. (171) lautet, wenn man $f = x$ und $g = 0$ setzt: $\iint\limits_G dx\,dy = \int\limits_R x\,dy$. Links steht gemäß Gl. (116) der Flächeninhalt von G.

Abschnitt E

1. Siehe Gl. (179).
2. a) $\iint\limits_F (P(x,y,z)\,dx\,dy + Q(x,y,z)\,dy\,dz + R(x,y,z)\,dx\,dz) = \iint\limits_F dx\,dy + dy\,dz + dx\,dz =$

$= 3 \iint_F dx\,dy = 3 \cdot [R^2\pi - R^2\pi] = 0$. Der Anteil der oberen Halbkugel hebt sich gegen den der unteren weg.

b) $3R^2\pi$.

Abschnitt F

1. $f(x_1 + h_1, x_2 + h_2, x_3 + h_3) = f(x_1, x_2, x_3) + \frac{\partial f}{\partial x_1} h_1 + \frac{\partial f}{\partial x_2} h_2 + \frac{\partial f}{\partial x_3} h_3 + \frac{1}{2!}\left[\frac{\partial^2 f}{\partial x_1^2} h_1^2 + \right.$
$\left. + \frac{\partial^2 f}{\partial x_2^2} h_2^2 + \frac{\partial^2 f}{\partial x_3^2} h_3^2 + 2\frac{\partial^2 f}{\partial x_1 \partial x_2} h_1 h_2 + 2\frac{\partial^2 f}{\partial x_1 \partial x_3} h_1 h_3 + 2\frac{\partial^2 f}{\partial x_2 \partial x_3} h_2 h_3\right].$
2. $1 - xy$.

Abschnitt G

1. Die Tangentialebene liegt parallel zur x, y-Ebene. Es kann ein Extremum oder Sattelpunkt vorliegen.
2. a) $f_x = f_y = 0, f_{xx}f_{yy} - f_{xy}^2 > 0, f_{xx} < 0$;
   b) $f_x = f_y = 0, f_{xx}f_{yy} - f_{xy}^2 > 0, f_{xx} > 0$;
   c) $f_x = f_y = 0, f_{xx}f_{yy} - f_{xy}^2 < 0$.
3. Elimination einer Variablen oder Methode der Lagrangeschen Multiplikatoren.
4. Siehe die Gln. (222) bis (225).
5. a) Sattelpunkt bei $x = y = 0$; b) Minimum bei $x = 1, y = 0$.
6. Minimum bei $x = -3/2$, $y = 3/2$. Gang der Rechnung bei Elimination: $z = 2xy = 2x(x + 3)$, $z' = 4x + 6 = 0$ bzw. $x = -3/2$. Durch Einsetzen dieses Wertes in die Nebenbedingung erhält man $y = 3/2$. $z'' = 4 > 0$ daher Minimum. Methode der Lagrangeschen Multiplikatoren: $F = 2xy + \lambda y - \lambda x - 3\lambda$. Nullsetzen der Ableitungen ergibt
   $$F_x = 2y - \lambda = 0 \qquad F_y = 2x + \lambda = 0 \qquad F_\lambda = y - x - 3 = 0.$$
   Durch Auflösung dieser Gleichungen nach x, y und λ erhält man $x = -3/2$, $y = 3/2$, $\lambda = 3$.
7. $n_1 = n_2 = \cdots = n_s = N/s$. Man erhält dieses Resultat in gleicher Weise wie Gl. (243) im entsprechenden Beispiel.

Abschnitt H

1. Es ist eine Funktion von zwei Variablen x und y, die an der Stelle $x = a$, $y = b$ unendlich und sonst überall Null ist. Das zweidimensionale Integral über $\delta(x - a, y - b)$ ergibt 1.
2. $\lim\limits_{a \to \infty} \lim\limits_{b \to \infty} \left(\frac{a}{\pi}\right) e^{-(ax^2 + by^2)}$
3. $16\,\delta(x + 0.11) + 12\,\delta(x) + 16\,\delta(x - 0.11)$
4. $\sum\limits_{j=0}^{\infty} \sum\limits_{k=0}^{\infty} \sum\limits_{l=0}^{\infty} \delta(x - ja, y - ka, z - la)$

Abschnitt I

1. Eine Verschiebung auf der x-Achse nach links um a.
2. Es ist unendlich für $x = -a$ und Null für alle anderen Werte von x. Das Integral über das Produkt ist $f(-a)$.
3. a) Um die Betragsstriche im Exponenten zu beseitigen, muß man das Fourierintegral aufspalten in eines für positive und eines für negative x-Werte:
   $$\int_0^\infty e^{-x'} \sin(x - x')\,dx' + \int_{-\infty}^0 e^{x'} \sin(x - x')\,dx'$$

Wir setzen $x - x' = z$, $dz = -dx'$ und erhalten für das erste Integral:

$$\int_x^{-\infty} e^{z-x}\sin z(-dz) = -e^{-x}\int_x^{-\infty} e^z \sin z\,dz = -e^{-x}\left[e^z/2(\sin z - \cos z)\right]\Big|_x^{-\infty} =$$

$$= -e^{-x}\left[-e^x/2(\sin x - \cos x)\right] = \frac{1}{2}\sin x - \cos x$$

In gleicher Weise erhalten wir für das zweite Integral $\frac{1}{2}$ $(\sin x + \cos x)$, so daß sich für das Faltungsprodukt $\sin x$ ergibt. Die Funktion $\sin x$ ändert sich also nicht bei der Faltung mit $e^{-|x|}$.

b) e^{x-a}

c) $\sin\left(\frac{\pi}{2}\right) = 1$

4. a) $\hat{p} = \int_{-\infty}^{+\infty} \sin(\alpha x')h(x'-x)dx' = \int_{x-\Delta x}^{x+\Delta x} \sin(\alpha x')dx' = \frac{1}{\alpha}\cos(\alpha x')\Big|_{x+\Delta x}^{x+\Delta x} =$

$$= -\frac{1}{\alpha}[\cos(\alpha(x+\Delta x)) - \cos(\alpha(x-\Delta x))] =$$

$$= -\frac{1}{\alpha}(-2\sin(\alpha x)\sin(\alpha\Delta x)) = \frac{2}{\alpha}\sin(\alpha\Delta x)\sin(\alpha x).$$

Die Verschiebung ändert nur die Amplitude, nicht aber, wie bei der in Gl. (258) betrachteten Gaußfunktion, auch die Form der Kurve. Bei $\Delta x = 0$, π/α, $2\pi/\alpha$, ..., also den Spaltbreiten $2\Delta x = 0$, $2\pi/\alpha$, $4\pi/\alpha$, ..., wird die „verschmierte“ Funktion $\hat{p}(x)$ gleich Null. Beim Spalt $\Delta x = 0$ ist dies so, weil kein Signal empfangen wird, bei den anderen Spaltbreiten, weil sich positive und negative Beiträge zu $\hat{p}(x)$ wegheben.

b) Zur Lösung kommt das Integral $\int_{x-\Delta x}^{x+\Delta x} dx' = 2\Delta x$ hinzu.

5. Für das Faltungsquadrat gilt $f^{2*} = \int_{-\infty}^{+\infty} f(x')f(x'+x)dx'$. Das Integral liefert nur dann einen Beitrag, wenn beide Funktionen im Integranden von Null verschieden sind, also definitionsgemäß für $|x'| < 1$ und $|x' + x| < 1$. Dies kann nur dann erfüllt sein, wenn x zwischen -2 und $+2$ liegt. Man kann sich dies anhand von Abb. 37a veranschaulichen, wo beide Funktionen übereinander gezeichnet sind. Für $|x| > 2$ ist das Faltungsquadrat somit Null. Für positive x-Werte, die kleiner als 2 sind, sind beide Funktionen, wie mit Hilfe von Abb. 37 feststellbar, genau dann von Null verschieden, wenn x' zwischen $-1 + x$ und 1 liegt. Für positive x gilt daher

$$f^{2*} = \int_{-1+x}^{1} a^2\,dx' = a^2x'\Big|_{-1+x}^{1} = a^2 + a^2 - a^2x = 2a^2 - a^2x.$$

Bei negativen Werten von x folgt in ähnlicher Weise, daß x' zwischen -1 und $1 + x$ liegen muß. Es folgt daher

$$f^{2*} = \int_{-1}^{1+x} a^2\,dx' = a^2x'\Big|_{-1}^{1+x} = a^2 + a^2x + a^2 = 2a^2 + a^2x.$$

Der Verlauf der gefalteten Funktion ist in Abb. 37b wiedergegeben.

Kapitel XII

Abschnitt A

1. Siehe die Gln. (6), (28), (35), (38) und (43). Anschaulich bedeutet grad u einen Vektor, der in die Richtung zeigt, in der u die größte Veränderung aufweist, und dessen Betrag diese Veränderung bezogen auf die Längeneinheit angibt. Die Divergenz gibt die Differenz zwischen der in ein Volumenelement einfließenden und ausfließenden Menge bezogen auf die Volumeneinheit an. Die Rotation ist ein Vektor, dessen Richtung mit der Drehachse übereinstimmt, um die sich ein Volumenelement dreht und dessen Betrag die doppelte Winkelgeschwindigkeit angibt.
2. $\frac{du}{dx}, \frac{dj}{dx}, \frac{d^2u}{dx^2}$.
3. Nicht durchführbar sind die Operationen in b), c) und e).
4. Die durch die Oberfläche eines Volumenelementes ausströmende Stoffmenge ist gleich der Abnahme der Menge dieses Stoffes innerhalb des Volumenelements.
5. Das Gradientenfeld steht senkrecht auf die Niveauflächen.
6. a) $\operatorname{div}(u\boldsymbol{a}) = \frac{\partial}{\partial x}(u a_x) + \frac{\partial}{\partial y}(u a_y) + \frac{\partial}{\partial z}(u a_z) = u\frac{\partial a_x}{\partial x} + a_x\frac{\partial u}{\partial x} + u\frac{\partial a_y}{\partial y} + a_y\frac{\partial u}{\partial y} + u\frac{\partial a_z}{\partial z} + {}$

   $+ a_z\frac{\partial u}{\partial z} = a \operatorname{grad} u + u \operatorname{div} a;$

   b) $\operatorname{div}\operatorname{rot}\boldsymbol{a} = \frac{\partial}{\partial x}\left(\frac{\partial a_z}{\partial y} - \frac{\partial a_y}{\partial z}\right) + \frac{\partial}{\partial y}\left(\frac{\partial a_x}{\partial z} - \frac{\partial a_z}{\partial x}\right) + \frac{\partial}{\partial x}\left(\frac{\partial a_y}{\partial x} - \frac{\partial a_x}{\partial y}\right) = 0$

   (dabei wurde Gl. (XI, 12) beachtet).
7. a) Über Gl. (6) erhält man, daß $j = -\operatorname{grad} c$ die Komponenten $j_x = 4x$, $j_y = 1$ und $j_z = 0$ hat. Über Gl. (28) ergibt sich $\operatorname{div}\boldsymbol{j} = 4$;

   b) $j_x = \frac{60x}{(2 + x^2 + y^2 + z^2)^2}$ usw., $\operatorname{div} j = \frac{180}{(x^2 + y^2 + z^2 + 2)^2} - \frac{240(x^2 + y^2 + z^2)}{(x^2 + y^2 + z^2 + 2)^3}$.

Abschnitt B

1. Ein Tensor 2. Stufe ordnet einem Vektor $\boldsymbol{a}$ einen Vektor $\boldsymbol{b}$ zu. Er kann durch eine quadratische Matrix dargestellt werden.
2. Das Tensorellipsoid ist das einem symmetrischen Tensor durch Gl. (76) zugeordnete Ellipsoid. Es dient zur Konstruktion des Vektors, der einem gegebenen Vektor durch den Tensor zugeordnet wird.
3. Wir führen ein kartesisches Koordinatensystem in der Weise ein, daß die Molekülachse mit der z-Achse zusammenfällt und die Feldlinien parallel zur x,z-Achse liegen. Der Vektor des elektrischen Feldes ist dann gegeben durch

   $$\boldsymbol{E} = \begin{pmatrix} 50 \\ 0 \\ 50\sqrt{3} \end{pmatrix}.$$

   Der Polarisierbarkeitstensor lautet

   $$\boldsymbol{P} = \begin{pmatrix} 19 & 0 & 0 \\ 0 & 19 & 0 \\ 0 & 0 & 40 \end{pmatrix}.$$

   Für die Polarisation ergibt sich mit Hilfe von Gl. (65)

   $$\boldsymbol{p} = \boldsymbol{P}\boldsymbol{E} = \begin{pmatrix} 950 \\ 0 \\ 2000\sqrt{3} \end{pmatrix}.$$

   Die Polarisation besitzt den Betrag $|\boldsymbol{p}| = 3590 \text{ V cm}^2$ und schließt mit der Molekülachse einen Winkel von 15° 20′ ein.
4. Der Drehwinkel ist 31° 15′. Die Komponenten des Tensors in Diagonalform lauten $(3 + \sqrt{5})/2$ und $(3 - \sqrt{5})/2$.

Kapitel XIII

Abschnitt B

1. Als Abbildung eines Gebietes der z-Ebene auf ein Gebiet der w-Ebene.
2. Den Anteil $u(x, y)$ bzw. $v(x, y)$, wenn man $f(x + \mathrm{i}y)$ auf die Form $u(x, y) + \mathrm{i}v(x, y)$ bringt. Um u und v zu bestimmen, muß man $f(x + \mathrm{i}y)$ wie angegeben umformen.
3. $\mathrm{e}^{\mathrm{i}x} = \cos x + \mathrm{i} \sin x$; $\cos y = (\mathrm{e}^{\mathrm{i}x} + \mathrm{e}^{-\mathrm{i}x})/2$, $\sin y = (\mathrm{e}^{\mathrm{i}x} - \mathrm{e}^{-\mathrm{i}x})/2\mathrm{i}$.
4. $\sin z = \frac{1}{2\mathrm{i}}(\mathrm{e}^{\mathrm{i}z} - \mathrm{e}^{-\mathrm{i}z})$. Sie ist periodisch mit der Periode 2π beim Fortschreiten längs der reellen Achse, aber nicht längs der imaginären Achse. Man kann daher die z-Ebene in Streifen der Breite 2π zerlegen, die parallel zur imaginären Achse liegen, so daß die Funktion für z-Werte eines Streifens alle Werte ihres Wertevorrats annimmt.
5. Durch Einführung der Riemannschen Fläche.
6. a) $\sqrt{34}\,\mathrm{e}^{1{,}03\varphi}$; b) $2\mathrm{e}^{\frac{\mathrm{i}\pi}{2}}$; c) $25\mathrm{e}^{0\cdot \mathrm{i}}$; d) $\sqrt{a^2 + b^2}\,\mathrm{e}^{\mathrm{i}\operatorname{arctg}\frac{b}{a}}$; e) $\sqrt{5}\,\mathrm{e}^{0{,}989\varphi}$.
7. a) $\sqrt{2}$ bzw. $\sqrt{2}$; b) -5 bzw. 0; c) $-\sqrt{3}$ bzw. 1; d) 3 bzw. 0.
8. a) $x^2 - x^2 - x$ bzw. $2xy - y$; b) $\frac{x}{x^2 + y^2}$ bzw. $\frac{-y}{x^2 + y^2}$; c) $3\mathrm{e}^{2x} \cos 2y$ bzw. $3\mathrm{e}^{2x} \sin 2y$; d) $\mathrm{e}^{-y} \cos x$ bzw. $\mathrm{e}^{-y} \sin x$; e) $\cosh y \cdot \cos x$ bzw. $-\sinh y \cdot \sin x$.
9. Ein Drittel eines Kreises um den Ursprung der z-Ebene wird jeweils auf einen vollen Kreis der w-Ebene abgebildet.

Abschnitt C

1. Eine singuläre Stelle ist eine Stelle, an der die gegebene Funktion nicht differenzierbar ist. Ist eine Funktion in jedem Punkt eines Bereiches differenzierbar, so ist sie dort regulär (analytisch).
2. Es müssen die Cauchy-Riemannschen Differentialgleichungen erfüllt sein.
3. Sie läßt sich unbegrenzt oft differenzieren. Sowohl der Real- als auch der Imaginärteil erfüllen die Laplacesche Differentialgleichung. Es existiert eine Stammfunktion.
4. Wesentlich singuläre Stellen, außerwesentlich singuläre Stellen (Pole) und Verzweigungspunkte.
5. nz^{n-1}, e^z, $\cos z$.
6. Als Kurvenintegral längs einer Kurve C in der komplexen z-Ebene. Liegt C in einem einfach zusammenhängenden Gebiet, in welchem die zu integrierende Funktion überall analytisch ist, ist das Integral wegunabhängig.
7. Das mit $1/2\pi\mathrm{i}$ multiplizierte Integral längs einer geschlossenen Kurve, die genau eine singuläre Stelle umschließt. Zu seiner Berechnung kann man als Kurve einen Kreis wählen, dessen Radius man gegen Null gehen läßt. Außerdem kann man es als Koeffizient a_{-1} einer Laurent-Reihe bestimmen. Man benützt es unter anderem zur Berechnung gewisser reeller uneigentlicher Integrale.
8. Daß eine in einem Bereich B analytische Funktion innerhalb von B vollständig durch ihre Werte auf der Randkurve von B bestimmt ist.
9. Es ist $\mathrm{e}^z = \mathrm{e}^x \cos y + \mathrm{i}\,\mathrm{e}^x \sin y$, also $u = \mathrm{e}^x \cos y$ und $v = \mathrm{e}^x \sin y$. Daraus folgt $\frac{\partial u}{\partial x} = \mathrm{e}^x \cos y$, $\frac{\partial v}{\partial y} = \mathrm{e}^x \cos y$, $\frac{\partial u}{\partial y} = -\mathrm{e}^x \sin y$, $\frac{\partial v}{\partial x} = \mathrm{e}^x \sin y$. Die Gln. (45) sind erfüllt.
10. $(\sin z)' = \frac{\partial}{\partial z}\left[\frac{1}{2\mathrm{i}}(\mathrm{e}^{\mathrm{i}z} - \mathrm{e}^{-\mathrm{i}z})\right] = (\mathrm{e}^{\mathrm{i}z} + \mathrm{e}^{-\mathrm{i}z})/2 = \cos z$. Beachte dabei Gl. (53)!
11. $\operatorname{Res}(0) = \frac{1}{2\pi\mathrm{i}} \oint \frac{1}{z}\,dz = \frac{1}{2\pi\mathrm{i}} \int\limits_0^{2\pi} \frac{-\sin t + \mathrm{i}\cos t}{\cos t + \mathrm{i}\sin t}\,dt = 1$, dabei wurde Gl. (66) beachtet.

Abschnitt D

1. Die Laurent-Reihe weist zum Unterschied zur Taylorreihe auch negative Potenzen auf. Eine Laurentreihe kann man auch um singuläre Stellen erhalten, eine Taylorreihe nur um eine reguläre Stelle. Sucht man eine Laurent-Reihe um eine reguläre Stelle auf, so ist sie mit der Taylorreihe identisch.
2. Durch Gl. (98).
3. Man muß die Koeffizienten für die Laurent- oder Taylorreihe nicht über die obige Integralformel berechnen, sondern kann die Reihe auch auf irgendeine andere Art finden, was bisweilen einfacher ist.
4. Im Reellen wird der Konvergenzradius mit Hilfe von Gl. (VI, 72) bzw. (VI, 73) bestimmt. Im Komplexen ist der Konvergenzkreis um einen Punkt z_0 der größte Kreis, der ganz in dem Bereich liegt, in dem $f(z)$ analytisch ist.
5. Das Residuum ist gleich dem Koeffizienten, der bei der ersten negativen Potenz in der Laurent-Reihe steht.
6. a) $\sum_{\nu=0}^{\infty} \frac{1}{\nu!} z^{\nu-1}$, Pol 1. Ordnung; b) $\frac{1}{(z-a)^n}$, Pol n-ter Ordnung;

   c) $\frac{1}{z(z-1)} = \frac{1}{z-1} - \frac{1}{z} = \frac{1}{z-1} - \frac{1}{1+(z-1)} = \frac{1}{z-1} - \sum_{k=0}^{\infty} (1-z)^k = \sum_{k=-1}^{\infty} (-1)^k (z-1)^k$,
   für $0 < |z-1| < 1$, Pol 1. Ordnung.
7. a) 1; b) 0; c) 1.

Kapitel XIV

Abschnitt A

1. Sie muß beschränkt, stückweise monoton und stückweise stetig sein.
2. a) Siehe die Gln. (4), (6), (11) und (12);
   b) Siehe die Gln. (36) und (40).
3. Den Mittelwert zwischen rechts- und linksseitigem Grenzwert.
4. a) Die Koeffizienten vor allen Sinus-Gliedern sind Null; b) Die Koeffizienten vor allen Kosinus-Gliedern sind Null.
5. Unter bestimmten Voraussetzungen, ja. Wenn z. B. die Integration über eine volle Periode geht, darf man zur oberen und unteren Grenze jeweils die gleiche Konstante addieren.
6. Ja.
7. Das Analogon der Fourierreihe im Falle einer nichtperiodischen Funktion, siehe die Gln. (60) und (61).
8. Die Funktion muß beschränkt, stückweise monoton und stückweise stetig sein.
9. Das Fourierintegral geht aus der Fourierreihe hervor, wenn die Periode der betrachteten Funktion unendlich groß wird. Der Index k kann dann kontinuierlich alle reellen Zahlen annehmen, die Summe geht in ein Integral über.
10. Sie ist überall gleich Null außer für den Wert $x = x_0$, für den sie unendlich wird. Außerdem gilt $\int_{-\infty}^{+\infty} \delta(x - x_0)\,dx = 1$. Aus diesen Eigenschaften folgt $\int_{-\infty}^{+\infty} f(x)\,\delta(x - x_0)\,dx = f(x_0)$.
11. Siehe die Gln. (XI, 244), (74a), (75).
12. a) Da $F(x) = -f(-x)$ ist, treten nur Sinus-Glieder auf. Es ist Gl. (11) zufolge

    $$a_\nu = \frac{1}{\pi} \int_{-\pi}^{+\pi} x \sin \nu\pi x\, dx = \begin{cases} -\frac{2}{\nu} & \text{für gerade } \nu \\ \frac{2}{\nu} & \text{für ungerade } \nu\,. \end{cases}$$

    Daher wird

    $$f(x) = 2 \sum_{\nu=1}^{\infty} \left\{ \frac{1}{2\nu - 1} \sin(2\nu - 1)x - \frac{1}{2\nu} \sin 2\nu x \right\};$$

    b) Da $f(x) = f(-x)$ ist, treten keine Sinus-Glieder auf. Man erhält mit Hilfe von Gl. (6) bzw. (12) $b_0 = \pi^2/3$ und $b_\nu = 4/\nu^2$ für gerade ν sowie $-4/\nu^2$ für ungerade ν. Es wird also

    $$f(x) = \frac{\pi^2}{3} + 4 \sum_{\nu=1}^{\infty} \left\{ -\frac{1}{(2\nu - 1)^2} \cos(2\nu - 1)x + \frac{1}{(2\nu)^2} \cos 2\nu x \right\};$$

c) Man erhält über Gl. (40) $c_\nu = \frac{1}{2\pi}\int\limits_{-\pi}^{+\pi}\delta(x)\mathrm{e}^{-\frac{i\nu\pi x}{\pi}} = \frac{1}{2\pi}$ und somit

$$f(x) = \frac{1}{2\pi}\sum_{-\infty}^{+\infty}\mathrm{e}^{\frac{i\nu\pi}{\pi}x} = \frac{1}{2\pi} + \frac{1}{\pi}\sum_{\nu=1}^{\infty}\cos\nu x\,.$$

13. a) $c(k) = \frac{1}{\sqrt{2\pi}}\int\limits_0^\infty \mathrm{e}^{-t}\sin\omega\xi\,\mathrm{e}^{-ik\xi}\,d\xi = \frac{1}{\sqrt{2\pi}}\frac{\omega}{\omega^2+(1+ik)^2} = \frac{1}{\sqrt{2\pi}}\frac{\omega(\omega^2-k^2+1-2ik)}{(\omega^2-k^2+1)^2-4k^2}$

$$f(t) = \frac{1}{2\pi}\int\limits_{-\infty}^{+\infty}\frac{\omega(\omega^2-k^2+1-2ik)}{(\omega^2-k^2+1)^2-4k^2}\mathrm{e}^{-ikt}\,dk\,;$$

b) $$f(x) = \frac{1}{\pi}\int\limits_{-\infty}^{+\infty}\left[\frac{\sin\left(k-\frac{2\pi}{\lambda}\right)5\lambda}{k-\frac{2\pi}{\lambda}} - \frac{\sin\left(k+\frac{2\pi}{\lambda}\right)5\lambda}{k+\frac{2\pi}{\lambda}}\right]\mathrm{e}^{ikx}\,dk =$$

$$= \frac{1}{\pi}\int\limits_{0}^{\infty}\left[\frac{\sin\left(k-\frac{2\pi}{\lambda}\right)5\lambda}{k-\frac{2\pi}{\lambda}} - \frac{\sin\left(k+\frac{2\pi}{\lambda}\right)5\lambda}{k+\frac{2\pi}{\lambda}}\right]\sin kx\,dk\,.$$

14. a) $\sin x_0$; b) 8π; c) $\pi\mathrm{e}^b$.

Abschnitt B

1. $f(x)$ ist a) symmetrisch, b) antisymmetrisch, c) keines von beiden.
2. a) Beide Transformierten sind identisch, b) die Kosinus-Transformierte ist Null, c) die Kosinus-Transformierte ist die Fouriertransformierte des symmetrischen Anteils von $f(x)$.
3. $f_s(x)$ und $f_a(x)$ lauten: a) e^{-x^2} bzw. 0, b) $\frac{1}{2}\left[\mathrm{e}^{(x-5)^2} + \mathrm{e}^{(x+5)^2}\right]$ bzw. $\frac{1}{2}\left[\mathrm{e}^{(x-5)^2} - \mathrm{e}^{(x+5)^2}\right]$, c) x^2 bzw. $3x$.
4. a) Sie sind gleich, b) sie unterscheiden sich im Vorzeichen, c) sie sind ein konjugiert komplexes Paar von Funktionen.
5. Mit Hilfe der Gln. (101) und (113) ergibt sich $g(u) = \mathrm{e}^{6iu}\cdot\frac{\sin(3u)}{u}$. Eine reelle Fouriertransformierte erhält man, wenn man zu $f(x)$ die Funktion $\varphi(x)$ addiert, die für $|x+6|<3$ gleich 1 und sonst Null wird. Eine imaginäre Fouriertransformierte ergibt sich, wenn man $\varphi(x)$ von $f(x)$ subtrahiert. Die entsprechenden fouriertransformierten Funktionen lauten $\cos(6u)\cdot\frac{\sin(3u)}{u}$ bzw. $i\sin(6u)\cdot\frac{\sin(3u)}{u}$.
6. a) $\frac{1}{\sqrt{2\pi}}\mathrm{e}^{\frac{-u^2}{4\alpha^2}}\cdot\frac{\sqrt{2\pi}}{\tau}\mathrm{e}^{\frac{-|u|}{\tau}}$

   b) Produkt einer Lorentzkurve $\frac{1}{\sqrt{2\pi}}\cdot\frac{\tau}{1+\tau^2u^2}$ und einer Rechteckfunktion $\frac{\sqrt{2\pi}}{2}\cdot f(u)$

   mit $f(u) = \begin{cases}1 \text{ für } |u|\le\omega\\ 0 \text{ für } |u|>\omega\end{cases}$
7. $M(t) = \cos(2\pi\nu_k)\mathrm{e}^{-\pi^2\alpha^2t^2}$. Mit kleiner werdendem α wird $g(\nu)$ immer schmaler, während $M(t)$ immer langsamer abfällt. Wenn $g(\nu)$ eine unendlich schmale Linie wäre, würde $M(t)$ konstant bleiben.
8. $M(t) = \cos(2\pi\nu_1)\mathrm{e}^{-\tau/\tau_1} + \cos(2\pi\nu_2)\mathrm{e}^{-\tau/\tau_2}$.
9. $\mathfrak{F}\left[s(x)*\sum\limits_{n=0}^{\infty}\delta(x-na)\right] = \mathfrak{F}[s(x)]\cdot\mathfrak{F}\left[\sum\limits_{n=0}^{\infty}\delta(x-na)\right] =$

$$= \mathfrak{F}[s(x)]\cdot\mathfrak{F}[\delta(x)+\delta(x-a)+\delta(x-2a)+\ldots] =$$

$$= \mathfrak{F}[s(x)]\cdot\left[\frac{1}{\sqrt{2\pi}} + \frac{1}{\sqrt{2\pi}}\cdot\mathrm{e}^{iay} + \frac{1}{\sqrt{2\pi}}\cdot\mathrm{e}^{2iay} + \ldots\right] =$$

$$= \mathfrak{F}[s(x)]\cdot\frac{1}{\sqrt{2\pi}}\sum_{n=0}^{\infty}\mathrm{e}^{niay} = \mathfrak{F}[s(x)]\cdot\frac{1}{\sqrt{2\pi}}\cdot\frac{1}{1-\mathrm{e}^{iay}}\,.$$

Abschnitt C

1. Siehe Gl. (153) bzw. (154).
2. Siehe Gl. (158) bzw. (162).
3. Siehe Gl. (161) bzw. (162). Wenn die Vollständigkeitsrelation erfüllt ist, ist die mittlere quadratische Abweichung der Reihe von der Funktion gleich Null.
4. Über Gl. (158).

Abschnitt D

1. Bei einer Integraldarstellung wird eine Funktion $f(x)$ durch ein Integral $\int_a^b c(k)\varphi(k,x)\,dk$ wiedergegeben. Den Übergang von $c(k)$ zu $f(x)$ bezeichnet man als Integraltransformation.
2. $\int_{-\infty}^{+\infty} K^*(x,y)K(x,y')\,dx = \delta(y-y')$.
3. $\mathfrak{F}[F(x)] = \frac{1}{\sqrt{2\pi}}\int_{-\infty}^{\infty} F(x)e^{ixy}\,dx;\quad \mathfrak{F}^{-1}[f(y)] = \int_{-\infty}^{+\infty} f(x)\mathrm{e}^{-ixy}\,dy\,.$
4. $\mathfrak{L}[F(t)] = \int_0^{\infty} \mathrm{e}^{-st}F(t)\,dt;\quad \mathfrak{L}^{-1}[f(s)] = \frac{1}{2\pi\mathrm{i}}\int_{\sigma-\mathrm{i}\infty}^{\sigma+\mathrm{i}\infty} f(s)\mathrm{e}^{st}\,ds\,.$
5. Der Oberbereich umfaßt die zu transformierenden Funktionen, der Unterbereich die Funktionen, die bei der Laplacetransformation erhalten werden.
6. Multiplikation.
7. Siehe Gl. (XI, 274a).
8. Das Faltungsprodukt geht bei den genannten Transformationen in ein gewöhnliches Produkt über (siehe die Gln. (117) und (174)).
9. a) $t * \mathrm{e}^{-\alpha^2t^2} = \int_{-\infty}^{+\infty} x^2\mathrm{e}^{-\alpha^2(t-x)^2}\,dx = \int_{-\infty}^{+\infty}(t-z)^2\mathrm{e}^{-\alpha^2z^2}\,dz = \frac{\sqrt{\pi}}{\alpha}\left(t^2+\frac{1}{2\alpha^2}\right)$; mit Hilfe einer partiellen Integration und Beachtung von Gl. (XI, 134);

   b) $\delta(x) * \sin x = \int_{-\infty}^{+\infty}\delta(t)\sin(x-t)\,dt = \sin x$; mit Hilfe von Gl. (XI, 247).

   c) $\mathfrak{L}[t] = \int_0^{\infty} t\,\mathrm{e}^{-st}\,dt = \frac{1}{s^2}$;

   d) $\mathfrak{L}[t-a] = \frac{1}{s^2} - \frac{a}{s}$;

   e) $\mathfrak{L}[t * \mathrm{e}^{-at}] = \mathfrak{L}\left[\frac{\sqrt{\pi}}{\alpha}\left(t^2+\frac{1}{2\alpha^2}\right)\right] = \frac{2\sqrt{\pi}}{\alpha s^3} + \frac{\sqrt{\pi}}{2\alpha^3 s}.$

Abschnitt F

1. x hat die Bedeutung eines Index und $y(x)$ stellt die Komponenten dar.
2. a) Durch eine einspaltige Matrix mit endlich vielen Zeilen; b) durch eine einspaltige Matrix aus unendlich vielen Zeilen; c) durch eine Funktion, bei der die unabhängige Variable dem Index im Fall a) und b) entspricht.
3. Ein Raum von abzählbar unendlich vielen Dimensionen.
4. Indem man die Funktion als Reihe $y(x) = \sum_{k=1}^{\infty} c_k\psi_k(x)$ darstellt, mit $c_k = \int_a^b y(x)\psi_k^*(x)\,dx$. $y(x)$ ist im Hilbertraum durch die Koeffizienten c_k gegeben, die man als einspaltige Matrix schreiben kann.

5. $(f,g) = \langle f|g\rangle = \int_a^b f^*(x)g(x)\,dx$.
6. Eine Vorschrift, die eine Funktion $f(x)$ in eine Funktion $g(x)$ überführt, wobei Gl. (180) erfüllt ist.
7. Durch eine Matrix.
8. Symbole, mit deren Hilfe man Funktionen ohne Festlegung auf eine bestimmte Darstellung schreibt. Das bra-Symbol gibt diejenige Funktion an, die zu der im ket-Symbol konjugiert komplex ist.
9. Es ergibt sich $f(x) = \frac{4}{\pi}(\sin \pi x + \frac{1}{3}\sin 3\pi x + \frac{1}{5}\sin 5\pi x + \cdots)$. Die Komponenten des entsprechenden Vektors im Hilbertraum lauten somit
   $0, \frac{4}{\pi}, 0, 0, 0, \frac{4}{3\pi}, 0, 0, 0, \frac{4}{5\pi}, \ldots$
10. Die Funktion ist bereits durch die aufzusuchende Reihe gegeben. Es sind lediglich zwei Komponenten von Null verschieden. Der Vektor im Hilbertraum hat somit die Komponenten
    $0, 1, 0, 0, 0, 0, 1, 0, 0, 0, 0, 0, \ldots$
    Zum Aufzeichnen dieses Vektors muß man die Koordinatenachse „2" und „7" in die Papierebene legen.

Kapitel XV

Abschnitt A

1. Eine gewöhnliche Differentialgleichung ist eine Gleichung, in der eine Funktion einer Variablen, Ableitungen dieser Funktion und die Variable vorkommen. In einer partiellen Differentialgleichung kommt eine Funktion mehrerer Variabler vor, partielle Ableitungen dieser Funktion und die Variablen. Ein System von gewöhnlichen Differentialgleichungen besteht aus mehreren Gleichungen, in denen mehrere unbekannte Funktionen einer Variablen, Ableitungen dieser Funktionen sowie die Variable auftreten.
2. Wie hoch die höchste Ableitung ist, die in der Differentialgleichung vorkommt.
3. Die unbekannte Funktion und ihre Ableitungen dürfen nur in der ersten Potenz auftreten, und es dürfen keine Produkte dieser Größen vorkommen.
4. Nein, sie muß noch durch zusätzliche Bedingungen festgelegt werden.
5. Aussagen über die Existenz, Mannigfaltigkeit und Eindeutigkeit der Lösungen zu machen und Lösungsmethoden zu finden.
6. a) $y = -x^3/3 + C$; b) $y = \pm\sqrt{a}x + C$; c) $y = -\cos x + C$; d) $y = Ce^{\frac{x^3}{3}}$.

Abschnitt B

1. a) Einen Punkt x_0, y_0, durch den die Lösung gehen soll; b) Einen Punkt x_0, y_0, durch den die Lösung gehen soll und welchen der möglichen Werte von y' die Lösung in diesem Punkt annehmen soll.
2. Die Gesamtheit der durch sie festgelegten Linienelemente.
3. Es ist durch irgendeine Funktion, die eine noch frei verfügbare Konstante enthält, gegeben. Man bestimmt es bei einer linearen homogenen Differentialgleichung durch Trennung der Variablen. Bei einer linearen inhomogenen Differentialgleichung ermittelt man zunächst die Lösung der zugehörigen homogenen Gleichung und wendet anschließend die Methode der Variation der Konstanten an.
4. Siehe die Erläuterungen zu den Gln. (43) und (56).
5. Ein fundamentales Lösungssystem besteht aus m linear unabhängigen Lösungen, wobei jede Lösung m Funktionen umfaßt. m Lösungen bilden ein fundamentales Lösungssystem, wenn die Determinante der Matrix, die man aus den Lösungen bildet, indem man jede Lösung als Spaltenvektor schreibt, nicht identisch verschwindet.
6. Nein.
7. Eine Differentialgleichung der Form $y' = \dfrac{P(x,y)}{Q(x,y)}$, für die gilt $\partial P/\partial y = \partial Q/\partial x$.
8. a) $y = Cx$ bzw. $y = 2x$ (Trennung der Variablen); b) $y = x(C - x)$ bzw. $y = x(3 - x)$ (zunächst homogene Differentialgleichung durch Trennung der Variablen, anschließend Variation der Konstanten).
9. $y = \dfrac{ak_1 - bk_2}{k_1 + k_2}\,e^{-(k_1+k_2)t} + \dfrac{k_2(a+b)}{k_1 + k_2}$.

10. $y = \frac{k_1 a}{k_1 + k_2} e^{-(k_1+k_2)t} + \frac{k_2 a}{k_1 + k_2}$.

Abschnitt C

1. Mit $y_1(x) = y(x)$ und $y_2(x) = y'(x)$ ergibt sich das System
$y'_1 = y_2$
$y'_2 = -k y_1$.
2. n Funktionen, die die Differentialgleichung erfüllen und deren Wronskische Determinante nicht identisch verschwindet.
3. Die Wronskische Determinante dieser Lösungen darf höchstens an endlich vielen Punkten gleich Null werden.
4. Eine Determinante, die aus n Funktionen $\overset{1}{y}(x), \overset{2}{y}(x), \ldots, \overset{n}{y}(x)$ gemäß Gl. (109) gebildet wird.
5. $y(x) = c_1 \overset{1}{y}(x) + c_2 \overset{2}{y}(x) + c_3 \overset{3}{y}(x) + y_0(x)$. Die Funktionen $\overset{1}{y}(x)$, $\overset{2}{y}(x)$ und $\overset{3}{y}(x)$ sind ein fundamentales Lösungssystem der zugehörigen homogenen Gleichung, $y_0(x)$ eine spezielle Lösung der inhomogenen Gleichung und c_1, c_2 und c_3 beliebige Konstanten.
6. Wenn ein Punkt vorgegeben ist, durch den die Lösungskurve gehen soll, und außerdem die Werte der ersten und zweiten Ableitung der Lösung in diesem Punkt.
7. $y = e^{ax}$.
8. Sowohl der Realteil als auch der Imaginärteil der erhaltenen Funktion sind Lösungen.
9. Ein Wert von x, bei dem in der Differentialgleichung $y^{(n)} + a_1(x) y^{(n-1)} + a_2(x) y^{(n-2)} + \cdots + a_n(x) = 0$ die Funktionen $a_j(x)$ jeweils einen Pol von höchstens j-ter Ordnung besitzen.
10. Um eine Stelle $x = a$, an der die Differentialgleichung regulär ist, kann man eine Reihe der Form $\sum_{k=0}^{\infty} c_k (x-a)^k$ ansetzen. Um eine außerwesentlich singuläre Stelle $x = a$ der Differentialgleichung kann man eine Reihe der Form $x^{-r} \sum_{k=0}^{\infty} c_k (x-a)^k$ ansetzen.
11. Man erhält für die gemäß Gl. (109) gebildete Wronskische Determinante
$$\begin{vmatrix} \sin kx & \cos kx \\ k \cos kx & -k \sin kx \end{vmatrix} = -k \quad \text{bzw.} \quad \begin{vmatrix} e^{ikx} & e^{-ikx} \\ ik e^{ikx} & -ik e^{-ikx} \end{vmatrix} = -ik.$$
12. Die Wronskische Determinante lautet:
$$\begin{vmatrix} x^2 & x^2 \log|x| & x^3 \\ 2x & 2x \log|x| + x & 3x^2 \\ 2 & 2\log|x| + 3 & 6x \end{vmatrix} = -x^4 \log|x| + x^4.$$
Das allgemeine Integral lautet: $y(x) = c_1 x^2 + c_2 x^2 \log|x| + c_3 x^3$.
13. Es ist $P_2(x) = \frac{1}{2}(3x^2 - 1)$. Die entsprechende Legendresche Differentialgleichung lautet $(1 - x^2) y'' - 2xy' + 6y = 0$. Sie ergibt $0 = 0$, wenn man in sie einsetzt $y = P_2(x) = \frac{1}{2}(3x^2 - 1)$, $y' = 3x$, $y'' = 3$.
14. a) Mit Hilfe des Ansatzes e^{kx} erhält man für das allgemeine Integral $y = c_1 \sin x + c_2 \cos x = A \sin(3x - \varphi)$, wobei c_1 und c_2 bzw. A und φ beliebige Konstante sind. Das partikuläre Integral lautet $y = 0$.
b) Mit Hilfe des Ansatzes $y = e^{kx}$ erhält man für k die Gleichung $k^3 - 2k^2 + k - 2 = 0$, die die Lösungen $k_1 = 2$, $k_2 = i$ und $k_3 = -i$ besitzt (eine der Lösungen muß man durch Erraten bestimmen und anschließend den Grad der Gleichung um 1 erniedrigen, wie im Zusammenhang mit Gl. (V, 19) ausgeführt). Das allgemeine Integral lautet $y = c_1 e^{2x} + c_2 \cos x + c_3 \cos x$. Ein partikuläres Integral kann mit Hilfe der angegebenen Zusatzbedingungen $y' = y = 0$ für $x = 0$ nicht bestimmt werden, da bei einer Differentialgleichung 3. Ordnung auch noch eine Aussage über y'' gemacht werden müßte. Die angegebenen Bedingungen werden vom Integral $y = a(e^{2x} - \cos x - 2 \sin x)$ erfüllt, wobei a eine frei verfügbare Konstante ist.
15. Die Lösung ergibt sich als Summe eines partikulären Integrals und des allgemeinen Integrals der zugehörigen homogenen Gleichung. Das partikuläre Integral findet man entweder mit Hilfe des Ansatzes $x = A \sin \omega_k t$ oder durch Übergang zu einem komplexen Ausdruck wie in Gl. (137), wobei es aber jetzt auf den Imaginärteil dieses Ausdruckes ankommt. Das Resultat lautet

$$y = c_1 \cos \sqrt{\frac{D}{m}}\, t + c_2 \sin \sqrt{\frac{D}{m}}\, t + \frac{K_0}{D - m\omega_k^2} \sin \omega_k t\,.$$

Es setzt sich aus einer ungedämpften freien Schwingung und einer erzwungenen Schwingung zusammen. Die Amplitude der erzwungenen Schwingung erreicht ihr Maximum (unendlich) wenn $\omega_k = \sqrt{D/m}$ ist.

Abschnitt D

1. Das Aufsuchen von Lösungen einer Differentialgleichung, die vorgegebene Bedingungen für zwei Raumpunkte erfüllen.
2. Nein.
3. *Eigenwerte:* Werte eines freien Parameters einer Differentialgleichung, bei denen die Lösung der Differentialgleichung bestimmte vorgegebene Randbedingungen erfüllt. *Eigenfunktionen:* Die zu den einzelnen Eigenwerten gehörenden Lösungen.
4. Indem man die Eigenwerte und Eigenfunktionen der zugehörigen Differentialgleichung (201) aufsucht.
5. Die allgemeine Lösung der Differentialgleichung lautet $y = c_1 \sin x\sqrt{2} + c_2 \cos x\sqrt{2}$. Das Einsetzen der Randbedingungen führt auf ein System von 2 homogenen Gleichungen zur Bestimmung von c_1 und c_2, dessen Koeffizientendeterminante

$$\begin{vmatrix} \sqrt{2}\cos 2\sqrt{2} & 1 - \sqrt{2}\sin 2\sqrt{2} \\ \sqrt{2} + \sin 2\sqrt{2} & \cos 2\sqrt{2} \end{vmatrix} = \sin 2\sqrt{2}$$

von Null verschieden ist. Es gibt also keine Lösung (außer der trivialen Lösung $y = 0$).

Abschnitt E

1. Im allgemeinen nicht.
2. Siehe Abb. 13.
3. Weil man keine allgemeine Lösung, die allen möglichen Anfangs- und Randbedingungen genügt, aufsuchen kann.
4. Siehe die Erläuterungen zu Gl. (207).
5. Vereinfachung der Gleichungen, die die Anfangs- und Randbedingungen ausdrücken.
6. a) $u(x,t)$ für $t = t_0$ und $\partial u(x,t)/\partial t$ für $t = t_0$;
   b) $c(x,t)$ für $t = t_0$.
7. Anstelle von Ableitungen treten Produkte auf. In gewissen Fällen wird eine Differentialgleichung in eine algebraische Gleichung umgewandelt.
8. Ja, siehe Gl. (XV, 281).
9. Sie stellt die Lösung der Differentialgleichung dar im Falle, daß lediglich eine punktförmige Quelle vorhanden ist.
10. a) $u = A \sin(kx - ct)$; b) $u = A \sin(kx + ct)$;
    c) $u = A[\sin(kx + ct) + \sin(kx - ct)]$.
11. Indem man den Ansatz $u(x,y,z) = X(x)Y(y)T(t)$ in die Differentialgleichung einführt, ergibt sich $X''/X + Y''/Y - T''/c^2 T = 0$. Daraus folgt $X''/X = \mu^2$, $Y''/Y = \nu^2$ und $T''/T = \kappa^2$ mit $\mu^2 + \nu^2 - \kappa^2/c^2 = 0$. Mit Hilfe der gleichen Überlegungen wie im Anschluß an Gl. (218) folgt daraus Gl. (240).
12. Durch Separation erhält man
    $$\frac{\Phi''(\varphi)}{\Phi(\varphi)} = -m^2$$
    und
    $$\sin^2\vartheta\, \Theta''(\vartheta) + \sin\vartheta \cos\vartheta\, \Theta'(\vartheta) - (\lambda \sin^2\vartheta - m^2)\Theta = 0\,.$$
    Eine Lösung der ersten Beziehung lautet $e^{im\varphi}$. Die zweite Beziehung wird durch die Substitution $x = \cos\vartheta$, $y(x) = \Theta(\vartheta)$ in die Legendresche Differentialgleichung (165) übergeführt.
13. $c(x,t) = -\dfrac{2c_0}{\pi} \sum\limits_{n=1}^{\infty} \dfrac{1}{n} e^{-\left(\frac{n\pi}{l}\right)^2 Dt} \sin \dfrac{n\pi}{l} - \dfrac{c_0}{l} x + c_0$. Die Rechnung verläuft analog zu der in den Gln. (214) bis (230).

14. Die fouriertransformierte Gleichung lautet entsprechend der Gln. (XV, 301), (XV, 303) und (XIV, 105) $-\omega^2 m\tilde{y}(\omega) - \mathrm{i}\rho\omega\tilde{y}(\omega) + D\tilde{y}(\omega) = \mathrm{e}^{\mathrm{i}\tau\omega}$. Daraus folgt

$$\tilde{y} = \frac{\mathrm{e}^{\mathrm{i}\tau\omega}}{-\omega^2 m - \mathrm{i}\rho\omega + D} \quad \text{bzw.} \quad y = \frac{1}{\sqrt{2\pi}}\int_{-\infty}^{+\infty}\tilde{y}\,\mathrm{e}^{-\mathrm{i}\omega t}d\omega = \frac{1}{\sqrt{2\pi}}\int_{-\infty}^{+\infty}\frac{\mathrm{e}^{\mathrm{i}\omega(\tau-t)}d\omega}{-\omega^2 m - \mathrm{i}\rho\omega + D}\,.$$

15. $G(t,\tau)$ ist die mit einem negativen Vorzeichen versehene Lösung von Aufgabe 14. Da $q(x) = -K(t)$, ergibt sich entsprechend Gl. (XI, 315) und Gl. (XV, 303)

$$y(t) = \frac{1}{\sqrt{2\pi}}\int_{-\infty}^{+\infty}\int_{-\infty}^{+\infty}\frac{\mathrm{e}^{\mathrm{i}\omega(\tau-t)}K(\tau)\,d\tau\,d\omega}{-\omega^2 m - \mathrm{i}\rho\omega + D} = \frac{1}{\sqrt{2\pi}}\int_{-\infty}^{+\infty}\frac{\tilde{K}(\omega)\mathrm{e}^{-\mathrm{i}\omega t}\,d\omega}{-\omega^2 m - \mathrm{i}\rho\omega + D}\,,$$

wobei $\tilde{K}(\omega)$ die Fouriertransformierte von $K(t)$ ist. Das Resultat stimmt mit Gl. (XV, 305) überein.

Kapitel XVI

Abschnitt A

1. S. Gln. (1) bis (4).
2. Eine Gruppe, bei der das kommutative Gesetz gilt.
3. Die Anzahl der Elemente, die sie enthält.
4. Ja.
5. Nicht notwendig.
6. Daß sich ein Element U finden läßt, für welches gilt $U^{-1}SU = T$.
7. S. Text.
8. h, da jedes Element nur zu sich selbst konjugiert ist.
9. a) nein, weil die inversen Elemente nicht vorhanden sind; b) ja.
10. Nur das Element 5, da für jedes Element a der Gruppe gilt $(1/a)\cdot 5\cdot a = 5$,
11. D_3, Π_3, Π_2, Π_4.
12. 2 Elemente $\Pi_1 = E = (1)(2)$ und $\Pi_2 = (1\ \ 2)$.

	E	Π_2
E	E	Π_2
Π_2	Π_2	E

13. Wegen der Voraussetzung gibt es zwei Elemente U und V, so daß $U^{-1}SU = T$ und $V^{-1}TV = R$. Daraus folgt $V^{-1}U^{-1}SUV = R$ oder $(UV)^{-1}S(UV) = R$. Das Produkt UV muß ein Element der Gruppe sein.

Abschnitt B

1. Identische Operation, Drehungen, Spiegelungen und Drehspiegelungen.
2. Eine Drehspiegelung mit einer Drehung um 180°.
3. Eine Drehachse ist n-zählig, wenn das Molekül bei einer Drehung um $360°/n$ in sich selbst überführt wird.
4. C_4, $C_4^2 = C_2$, C_4^3, $C_4^4 = \varepsilon$.

	ε	C_4	C_4^2	C_4^3
ε	ε	C_4	C_4^2	C_4^3
C_4	C_4	C_4^2	C_4^3	ε
C_4^2	C_4^2	C_4^3	ε	C_4
C_4^3	C_4^3	ε	C_4	C_4^2

5. a) ε, b) C_4^3, c) S_2, d) C_4.
6. $C_3, \sigma_d, \sigma_d', \sigma_d''$, drei horizontale C_2' und S_6 als Folge der Produkte $C_2' \sigma_d$ usw. Gruppe $\mathbf{D_{3d}}$.

Abschnitt C

1. Jedem Gruppenelement wird eine m-zeilige quadratische Matrix zugeordnet, in der Weise, daß für die Matrizen die gleiche Multiplikationstafel wie für die Gruppenelemente gilt. Die Zeilenzahl m kann beliebig gewählt werden.
2. Ja.
3. Eine Matrix, bei der die von Null verschiedenen Glieder blockförmig um die Diagonalglieder angeordnet sind.
4. a) Die Anzahl m der Zeilen der Matrix, b) eine Darstellung aus Blockdiagonalmatrizen, bei denen die Blöcke auf die kleinstmögliche Form gebracht wurden, c) eine Darstellung durch Matrizen, die aus den Blöcken einer reduzierten Darstellung gebildet wurden.
5. Zwei Darstellungen $\boldsymbol{D}_1, \boldsymbol{D}_2, \ldots, \boldsymbol{D}_n$ und $\hat{\boldsymbol{D}}_1, \hat{\boldsymbol{D}}_2, \ldots, \hat{\boldsymbol{D}}_n$ heißen äquivalent, wenn es eine orthogonale nichtsinguläre Matrix $\boldsymbol{T}$ gibt, so daß für alle i gilt $\hat{\boldsymbol{D}}_i = \boldsymbol{T}^{-1} \boldsymbol{D}_i \boldsymbol{T}$.
6. Sie ist gleich der Anzahl k der Klassen der Gruppe.
7. Beim Auftreten von r Blöcken zerfällt die Säkulargleichung in r Gleichungen entsprechend kleineren Grades.
8. Die quadratische Form $\boldsymbol{x}^{\mathrm{T}} \boldsymbol{A} \boldsymbol{x}$ ist invariant gegenüber einer Koordinatentransformation mit der Matrix $\boldsymbol{B}$.
9. $\boldsymbol{B}$ wird blockdiagonalisiert.
10. a) Man spricht von symmetrischen Koordinaten, wenn die Transformation der Koordinaten bei Anwendung einer Symmetrieoperation durch eine der irreduziblen Darstellungen gegeben ist. b) Normalkoordinaten sind symmetrische Koordinaten, die zusätzlich die Eigenschaft haben, eine Matrix $\boldsymbol{A}$, die mit den Darstellungsmatrizen der Symmetriegruppe vertauschbar ist, zu diagonalisieren.
11. a) Blockdiagonalisierung, b) Diagonalisierung.
12. Indem sie durch Einführung von symmetrischen Koordinaten blockdiagonalisiert wird und anschließend die Säkulargleichung der blockdiagonalen Matrix gelöst wird.
13. Wie man sich anschaulich überlegen kann, gilt $S_4^2 = C_2, S_4^4 = \varepsilon, S_4 C_2 = S_4^3, S_4^3 C_2 = S_4$ und $S_4^3 \cdot S_4^3 = C_2$. Es treten also bei der Multiplikation keine Elemente außer den genannten auf. Für die angegebenen Matrizen gilt die gleiche Multiplikationstafel wie für die Gruppenelemente, z. B. $S_4^3 C_2 = S_4$ und $(-1) \cdot (1) = (-1)$. Die Darstellung ist vom Grad 1.
14. a) 2, 0, 0, 2, b) 4, 0, 0, 0, c) 3, 0, 0, 1, 1, 1.
15. $\Pi_1 = \begin{pmatrix} 1 & 0 \\ 0 & 1 \end{pmatrix} \quad \Pi_2 = \begin{pmatrix} -1 & 0 \\ 0 & -1 \end{pmatrix}$.
16. $\varepsilon = \begin{pmatrix} 1 & 0 & 0 & 0 \\ 0 & 1 & 0 & 0 \\ 0 & 0 & 1 & 0 \\ 0 & 0 & 0 & 1 \end{pmatrix}, \quad C_3 = \begin{pmatrix} 1 & 0 & 0 & 0 \\ 0 & 1 & 0 & 0 \\ 0 & 0 & -\frac{1}{2} & -\frac{\sqrt{3}}{2} \\ 0 & 0 & \frac{\sqrt{3}}{2} & -\frac{1}{2} \end{pmatrix}, \quad C_3^2 = \begin{pmatrix} 1 & 0 & 0 & 0 \\ 0 & 1 & 0 & 0 \\ 0 & 0 & -\frac{1}{2} & \frac{\sqrt{3}}{2} \\ 0 & 0 & -\frac{\sqrt{3}}{2} & -\frac{1}{2} \end{pmatrix}$

$$\sigma_v = \begin{pmatrix} -1 & 0 & 0 & 0 \\ 0 & -1 & 0 & 0 \\ 0 & 0 & -1 & 0 \\ 0 & 0 & 0 & 1 \end{pmatrix}, \quad \sigma_v' = \begin{pmatrix} -1 & 0 & 0 & 0 \\ 0 & -1 & 0 & 0 \\ 0 & 0 & \frac{1}{2} & -\frac{\sqrt{3}}{2} \\ 0 & 0 & -\frac{\sqrt{3}}{2} & -\frac{1}{2} \end{pmatrix}, \quad \sigma_v'' = \begin{pmatrix} -1 & 0 & 0 & 0 \\ 0 & -1 & 0 & 0 \\ 0 & 0 & \frac{1}{2} & \frac{\sqrt{3}}{2} \\ 0 & 0 & \frac{\sqrt{3}}{2} & -\frac{1}{2} \end{pmatrix}.$$

17. nein.
18. Durch Anwendung des Laplaceschen Entwicklungssatzes ergibt sich

$$\begin{vmatrix} 2-\lambda & 3 & 0 & 0 \\ 1 & -\lambda & 0 & 0 \\ 0 & 0 & 2-\lambda & 21 \\ 0 & 0 & 1 & 6-\lambda \end{vmatrix} = \begin{vmatrix} 2-\lambda & 3 \\ 1 & -\lambda \end{vmatrix} \cdot \begin{vmatrix} 2-\lambda & 21 \\ 1 & 6-\lambda \end{vmatrix} = (\lambda^2 - 2\lambda - 3) \cdot (\lambda^2 - 8\lambda - 9) = 0\,.$$

Daraus folgt $\lambda^2 - 2\lambda - 3 = 0$ bzw. $\lambda_1 = 3, \lambda_2 = -1$ sowie $\lambda^2 - 8\lambda - 9 = 0$ bzw. $\lambda_3 = 9, \lambda_4 = -1$.

Kapitel XVII

Abschnitt A

1. Ein sicheres Ereignis ist durch den vorgegebenen Komplex von Bedingungen vollständig bestimmt, ein zufälliges dagegen nicht.
2. Ereignisse, die nicht gleichzeitig eintreten können.
3. Siehe Abschn. A 2.
4. Ein Ereignis heißt elementar, wenn es sich nicht als Summe von Ereignissen zusammensetzen läßt. Anderenfalls spricht man von einem zusammengesetzten Ereignis.
5. Er wird von sämtlichen Elementarereignissen gebildet, die zu einem vorgegebenen Komplex von Bedingungen gehören.
6. Eine Größe, durch die zufälligen Ereignissen Zahlenwerte zugeordnet werden.
7. Eine diskrete Zufallsgröße kann nur diskrete Zahlenwerte annehmen, eine kontinuierliche Zufallsgröße kontinuierliche Zahlenwerte.
8. a) „Augenzahlen 1 und 4" + „Augenzahlen 2 und 3" + „Augenzahlen 3 und 2" + „Augenzahlen 4 und 1".
   b) „Jeder der Würfel weist eine ungerade Augenzahl auf".
   c) Nein.
9. a) Die 28 verschiedenen Möglichkeiten, 2 Karten von 8 verschiedenen Karten herauszugreifen (Kombinationen von 8 Elementen zur 2. Klasse); b) z. B. das Ziehen zweier Könige oder das Ziehen zweier Karten mit roter Farbe (Herz oder Karo); c) „Kreuz-König und Karo-König".
10. Den Abstand zwischen Ziel und Einschußstelle; kontinuierliche Zufallsgröße.

Abschnitt B

1. Das Verhältnis aus der Anzahl der Versuche, bei denen das Ereignis eintritt, zur gesamten Anzahl der Versuche.
2. Grenzwert der relativen Häufigkeit, wenn die Anzahl der Versuche gegen unendlich geht.
3. a) Als Summe der Wahrscheinlichkeiten der einzelnen Ereignisse; b) als Produkt der Wahrscheinlichkeiten der einzelnen Ereignisse.
4. Siehe Gl. (17).
5. Siehe Gl. (20).
6. Die statistische Definition führt zu logischen Schwierigkeiten.
7. a) 1/4; b) 1/6; c) 2/9; d) 1/324.
8. a) 1/2; b) 35/1152.

Abschnitt C

1. $\lim\limits_{\Delta x \to 0} \dfrac{P\{x \leqq \xi \leqq x + \Delta x\}}{\Delta x}$.
2. Man erhält die Wahrscheinlichkeit dafür, daß die Zufallsgröße zwischen a und b liegt, indem man das bestimmte Integral über die Wahrscheinlichkeitsdichte in den Grenzen a bis b berechnet.
3. Das Faltungsprodukt aus den Wahrscheinlichkeitsdichten zweier Zufallsgrößen ergibt die Wahrscheinlichkeitsdichte dafür, daß die Summe der Zufallsgrößen einen bestimmten Wert annimmt.
4. a) $P = \int\limits_0^1 0{,}2\,e^{-0{,}2x}\,dx = 0{,}18;$

   b) Die Wahrscheinlichkeit, daß die Summe den Wert y hat, ist Gl. (33) zufolge gegeben durch

$$p_2(y) = \int\limits_{-\infty}^{+\infty} p(x)p(y-x)\,dx = \int\limits_0^y 0{,}2\,e^{-0{,}2x}\,0{,}2\,e^{-0{,}2(y-x)}\,dx = y(0{,}2)^2\,e^{-0{,}2y}.$$

Damit ergibt sich für die gesuchte Wahrscheinlichkeit

$$P = \int\limits_0^2 p_2(y)\,dy = (0{,}2)^2 \int\limits_0^2 y\,e^{-0{,}2y}\,dy = (0{,}2)^2 \left\{ \frac{y\,e^{-0{,}2y}}{-0{,}2}\Bigg|_0^2 - \int\limits_0^2 \frac{e^{-0{,}2y}}{-0{,}2}\,dy \right\} = 0{,}81\,.$$

Abschnitt D

1. Bei einer Folge von unabhängigen Versuchen ist die Wahrscheinlichkeit für das Eintreffen eines bestimmten Ereignisses bei jedem Versuch gleich. Bei einer homogenen Markowkette dagegen hängt sie vom Ausgang des vorangegangenen Versuches ab.
2. a) $p^m(1-p)^{n-m}$; b) $\binom{n}{m} p^m(1-p)^{n-m}$.
3. Wenn n groß wird, gilt näherungsweise

$$\binom{n}{m} p^m (1-p)^{n-m} \approx \begin{cases} \dfrac{1}{\sqrt{2\pi n p(1-p)}} \mathrm{e}^{-\frac{(m-np)^2}{2np(1-p)}} & \text{für} \quad p \approx 0{,}5 \\ \dfrac{(np)^m}{m!} \mathrm{e}^{-np} & \text{für} \quad p \ll 0{,}5 \,. \end{cases}$$

Man verwendet zwei Ausdrücke, weil für endliche n jeder Ausdruck jeweils nur für einen bestimmten Bereich von p eine gute Näherung darstellt.

4. Das Element der i-ten Zeile und k-ten Spalte gibt die Wahrscheinlichkeit dafür an, daß das Ereignis A_k eintritt, wenn im vorangegangenen Versuch das Ereignis A_i eingetreten ist.
5. Alle Zeilen sind einander gleich.
6. Bei einer inhomogenen Markowkette hängt die Übergangsmatrix von der Nummer des Versuchs ab.
7. Das Element $p_{ik}(m)$ gibt die Wahrscheinlichkeit dafür an, daß das Ereignis A_k eintritt, wenn m Versuche vorher das Ereignis A_i eingetreten ist. Für $m \to \infty$ werden die Zeilen der Matrix Π_m einander gleich, d. h. die Wahrscheinlichkeit für das Ereignis A_k wird unabhängig davon, welches Ereignis m Versuche vorher eingetreten ist.
8. a) 1/16; b) 1/4.
9. a) 0,056, über Gl. (44); b) $\dfrac{2}{\sqrt{2\pi}} \displaystyle\int_0^{2,697} \mathrm{e}^{-\frac{1}{2}u^2} = 0{,}993$, über Gl. (52).
10. a) $(\frac{18}{37})^3 = 0{,}115$; b) $(\frac{18}{37})^6 = 0{,}013$; c) $(\frac{18}{37})^{20} = 5{,}5 \cdot 10^{-7}$.
11. In beiden Fällen 18/37.
12. $P = \sum\limits_{m=0}^{2} P_n(m) = \sum\limits_{m=0}^{2} \dfrac{(np)^m}{m!} \mathrm{e}^{-np} = \sum\limits_{m=0}^{2} \dfrac{1^m}{m!} \mathrm{e}^{-1} = 0{,}92.$
13. $\Pi_2 = \begin{pmatrix} 0{,}9802 & 0{,}0198 \\ 0{,}0198 & 0{,}9802 \end{pmatrix}$, $\Pi_2 = \begin{pmatrix} 0{,}024 & 0{,}9706 \\ 0{,}9706 & 0{,}0294 \end{pmatrix}$. Die gesuchten Wahrscheinlichkeiten lauten 0,01, 0,9802 bzw. 0,029. Das Molekül wird nahezu den Aufbau ABABABAB ... zeigen (alternierendes Copolymeres).

Abschnitt E

1. Die zeitliche Veränderung des Zustandes eines Systems durch ein Ereignis, das zu statistisch willkürlichen Zeitpunkten immer wieder auftritt.
2. Poisson-Prozesse, diskrete Markowprozesse, kontinuierliche Markowprozesse. Bei den Markowprozessen unterscheidet man noch jeweils zwischen homogenen und inhomogenen Prozessen.
3. Ein stochastischer Prozeß, bei dem die Wahrscheinlichkeit für das Auftreten des Ereignisses E unabhängig von der Zeit t sowie davon ist, wie oft E bereits eingetreten ist.
4. Beim Poisson-Prozeß: Die Wahrscheinlichkeit $P_k(t)$ dafür, daß das Ereignis E innerhalb der Zeit t genau k-mal auftritt. Bei einem allgemeinen diskreten Markow-Prozeß: Die Wahrscheinlichkeit $P_{jk}(\tau,t)$ dafür, daß das Ereignis E in der Zeit zwischen τ und t genau $k-j$-mal auftritt, wenn es bis zur Zeit τ bereits j mal aufgetreten ist. Bei einem allgemeinen kontinuierlichen Markow-Prozeß: Die Wahrscheinlichkeit $f(x,\tau;y,t)\,dy$ dafür, daß die Zustandsvariable zur Zeit t einen Wert zwischen y und $y+dy$ annimmt, wenn sie zur Zeit τ den Wert x hatte.
5. a) $\dfrac{20^{20}}{20!} \mathrm{e}^{-20} = 0{,}0892$; b) 0,262.

Abschnitt F

1. $F(z) = \displaystyle\int_{-\infty}^{z} p(x)\,dx$ bzw. $F(z) = \sum\limits_{x_i < z} P(x_i)$.
2. Siehe die Gln. (102), (103), (105), (106), (107).

3. Eine Verteilung, die durch die Funktion in Gl. (100) gegeben ist.

4. $E = \frac{1}{\sigma\sqrt{2\pi}} \int_{-\infty}^{+\infty} x e^{-\frac{(x-a)^2}{2\sigma^2}} dx = \frac{1}{\sigma\sqrt{2\pi}} \left[\int_{-\infty}^{\infty} (x-a) e^{-\frac{(x-a)^2}{2\sigma^2}} dx + a \int_{-\infty}^{+\infty} e^{-\frac{(x-a)^2}{2\sigma^2}} dx \right] = a$ (das erste Integral verschwindet aus Symmetriegründen, das zweite wurde nach einer Substitution über Gl. (XI, 133) berechnet).

$$D = \frac{1}{\sigma\sqrt{2\pi}} \int_{-\infty}^{+\infty} (x-a)^2 e^{-\frac{(x-a)^2}{2\sigma^2}} dx = \frac{1}{\sigma\sqrt{2\pi}} \int_{-\infty}^{+\infty} u^2 e^{-\frac{u^2}{2\sigma^2}} du = \sigma^2$$ (mittels partieller Integration).

5. $E = \int_{-1}^{1} 1{,}5x^3\,dx = 0;\ D = \int_{-1}^{+1} 1{,}5x^4\,dx = 0{,}6.$

Kapitel XVIII

Abschnitt B

1. Zufällige Fehler führen zu einer Streuung der Meßwerte, systematische Fehler sind entweder immer gleich groß oder zeigen einen „Gang".
2. Eine Normalverteilung.
3. Wenn die Meßwerte gemäß einer Normalverteilung um den wahren Wert streuen.
4. Man braucht nur den Mittelwert der variierenden letzten Ziffern zu bilden und diesen Mittelwert den sich nicht ändernden Ziffern anzuhängen (siehe Gl. (28)).
5. Der mittlere Fehler m ist durch Gl. (16) gegeben. Der wahrscheinliche Fehler $m_{0,5}$ gibt diejenigen Abweichungen um den Mittelwert an, innerhalb derer ein Meßwert mit der Wahrscheinlichkeit 0,5 zu liegen kommt. Es gilt $m_{0,5} = 0{,}68\,m$.
6. $\bar{x} = 208{,}54$, $m = 0{,}172$, $m_{0,5} = 0{,}117$.

Abschnitt C

1. Der maximale Fehler gemäß
$$|w_M| = |u_M|\,|f_x(\bar{x},\bar{y})| + |v_M|\,|f_y(\bar{x},\bar{y})|,$$
der mittlere Fehler gemäß
$$m_z = \sqrt{m_x^2 f_x^2(\bar{x},\bar{y}) + m_y^2 f_y^2(\bar{x},\bar{y})}.$$
2. Der mittlere Fehler der Einzelmessungen ist ein Maß für die Streuung der einzelnen Messungen. Der mittlere Fehler des Mittelwertes ist ein Maß für die Genauigkeit, mit der man den Mittelwert kennt.
3. $\bar{m} = 0{,}065$.
4. $\bar{m}_U = 0{,}316$ Volt, $\bar{m}_J = 0{,}0063$ Ampère, $\bar{m}_U/|\bar{U}| = 0{,}0045$, $m_J/|\bar{J}| = 0{,}0046$, $\bar{R} = 51{,}05\,\Omega$, $\bar{m}_R = 0{,}091\,\Omega$.

Weiterführende Literatur

Allgemeine Lehrbücher

E. Asmus: Einführung in die höhere Mathematik. W. De Gruyter, Berlin 1969.
B. Baule: Die Mathematik des Naturforschers und Ingenieurs, Band 1 u. 2. H. Deutsch, Frankfurt 1979.
G. Behrendt und E. Weimar: Mathematik für Physiker I u. II. 2. Auflage, VCH Verlagsgesellschaft, Weinheim 1990.
K. Burg, H. Haf und F. Wille: Höhere Mathematik für Ingenieure. B. G. Teubner, Stuttgart 1992.
J. B. Dence: Mathematical Techniques in Chemistry. John Wiley & Sons, New York, London, Sydney, Toronto 1975.
A. Duschek: Vorlesungen über höhere Mathematik, Band I bis IV. Springer, Wien 1963.
H.-D. Försterling: Mathematik für Naturwissenschaftler. Vieweg Verlag, Braunschweig 1975.
Joos-Richter: Höhere Mathematik für den Praktiker. H. Deutsch, Frankfurt 1978.
K. Jug: Mathematik in der Chemie. Springer Verlag, Heidelberg 1993.
L. Kuipers und R. Timman: Handbuch der Mathematik. W. De Gruyter, Berlin 1968.
D. Laugwitz: Ingenieur-Mathematik, Band I bis IV. Bibliographisches Institut, Mannheim 1984.
H. v. Mangoldt und K. Knopp: Einführung in die höhere Mathematik, Band I bis IV. S. Hirzel, Stuttgart 1990.
G. Merzinger und T. Wirth: Repetitorium der höheren Mathematik. Verlag Binomi, Springer 1991.
L. Papula: Mathematik für Chemiker. Ferdinand Enke Verlag, Stuttgart 1982.
C. Perrin: Mathematics for Chemists. Wiley-Interscience, New York, London, Sydney, Toronto 1970.
W. I. Smirnow: Lehrgang der höheren Mathematik. 7 Bände, H. Deutsch, Frankfurt 1991.
K. Strubecker: Einführung in die höhere Mathematik. 4 Bände, R. Oldenbourg Verlag, München, Wien 1984.

Grundlagen, Einführung der Zahlen

R. Courant und H. Robbins: Was ist Mathematik? Springer, Berlin, Heidelberg, New York 1992.
H. Meschkowski: Zahlen. Bibliographisches Institut, Mannheim 1970 (BI Taschenbuch).
G. Polya: Mathematik und plausibles Schließen, 2 Bände. Birkhäuser, Basel und Stuttgart 1988.

Analytische Geometrie

G. Fischer: Analytische Geometrie. Friedr. Vieweg u. Sohn, Braunschweig, Wiesbaden 1992.
E. Sperner: Einführung in die analytische Geometrie und Algebra, Band I und II. Vandenhoek und Ruprecht, Göttingen 1969.

Differential- und Integralrechnung

R. Courant: Vorlesungen über Differential- und Integralrechnung, 2 Bände. Springer, Berlin, Göttingen, Heidelberg 1972.
F. Erwe: Differential- u. Integralrechnung I und II. Bibliographisches Institut Mannheim 1973 (BI Taschenbuch).
H. Heuser: Lehrbuch der Analysis 1 u. 2. B. G. Teubner, Stuttgart 1993.

Funktionentheorie

W. Fischer, I. Lieb: Funktionentheorie. Friedr. Vieweg u. Sohn, Braunschweig, Wiesbaden 1992.
K. Knopp: Funktionentheorie, Band I und II, Sammlung Göschen. W. De Gruyter, Berlin 1976.
R. Rennert: Funktionentheorie 1 u. 2. Springer Verlag, Heidelberg 1992.

Differentialgleichungen, Operatoren

H. Margenau und G. M. Murphy: Die Mathematik für Physik und Chemie. Verlag Harri Deutsch, Frankfurt a. M., Zürich 1965.
H. Preuß: Quantenchemie für Chemiker. Verlag Chemie, Weinheim 1966.
K. H. Weise: Differentialgleichungen. Vandenhoek u. Ruprecht, Göttingen 1966.

Gruppentheorie

L. Baumgartner: Gruppentheorie, Sammlung Göschen. W. De Gruyter, Berlin 1949.
W. Hein: Einführung in die Struktur- und Darstellungstheorie der klassischen Gruppen. Springer Verlag, Heidelberg 1990.
K. Mathiak und P. Stingl: Gruppentheorie. Vieweg u. Sohn, Braunschweig 1968.
F. Matossi: Gruppentheorie der Eigenschwingungen von Punktsystemen. Springer Verlag, Berlin, Göttingen, Heidelberg 1961.
A. Vincent: Molecular Symmetry and Group Theory. Wiley & Sons, London, New York 1977.
E. B. Wilson, J. C. Decius und P. C. Cross: Molecular Vibrations. Dover 1980.

Wahrscheinlichkeitsrechnung, Statistik und Fehlerrechnung

K. Bosch: Elementare Einführung in die Wahrscheinlichkeitsrechnung. Friedr. Vieweg u. Sohn, Braunschweig, Wiesbaden 1992.
G. Claus und H. Ebner: Grundlagen der Statistik. Verlag Harri Deutsch, Frankfurt a. M., Zürich 1971.
W. Feller: An Introduction to Probability Theory and its Applications. John Wiley, New York, London, Sydney 1968.
B. W. Gnedenko: Einführung in die Wahrscheinlichkeitsrechnung. Akademie Verlag, Berlin 1991.
J. Hartung: Statistik. R. Oldenbourg Verlag, München, Wien 1993.
H. Meschkowski: Wahrscheinlichkeitsrechnung. Bibliographisches Institut, Mannheim 1968 (BI Taschenbuch).
J. Pfanzagl: Allgemeine Methodenlehre der Statistik I und II. W. De Gruyter Verlag, Berlin 1983.

Numerische Mathematik

H. R. Schwarz: Numerische Mathematik. B. G. Teubner, Stuttgart 1993.
J. Stoer und R. Burlich: Einführung in die numerische Mathematik I und II. Springer Verlag, Berlin, Göttingen, Heidelberg 1993.
R. Zurmühl: Praktische Mathematik. Springer Verlag, Berlin, Heidelberg, New York 1994.

Nachschlagewerke

I. N. Bronstein und K. A. Semendjajew: Taschenbuch der Mathematik. Verlag Harri Deutsch, Zürich, Frankfurt a. M. 1993.
G. Heber: Mathematische Hilfsmittel der Physik. Vieweg u. Sohn, Braunschweig 1987 (WTB-Taschenbuch).

Register